HILFSBUCH

FÜR

DAMPFMASCHINEN-TECHNIKER

HERAUSGEGEBEN

VON

JOSEF HRABÁK

K. K. HOFRAT, EMER. PROFESSOR DER K. K. BERGAKADEMIE IN PŘIBRAM.

VIERTE AUFLAGE.

MIT IN DEN TEXT GEDRUCKTEN FIGUREN.

ERSTER BAND.

PRACTISCHER TEIL.

Springer-Verlag Berlin Heidelberg GmbH

1906

Softcover reprint of the hardcover 4th edition 1906

ISBN 978-3-662-33561-1   ISBN 978-3-662-33959-6 (eBook)
DOI 10.1007/978-3-662-33959-6

Vorwort zu der ersten Auflage des Hilfsbuches.

Es war schon seit Jahren mein Vorhaben, über Dampfmaschinen ein Tabellenwerk zu entwerfen, welches für eine Maschine beliebiger Hauptgattung und beliebiger Größe alle Daten beisammen enthalten würde, welche für den Techniker von Interesse und sonst nur durch eine mehr oder weniger umständliche Rechnung zu gewinnen sind. Dabei war eine möglichst gute Übereinstimmung der zu schaffenden Angaben mit den Ergebnissen der Anwendung selbstverständlich das vor allem wünschenswerte Erfordernis.

Diese Angaben betreffen im allgemeinen zunächst die Leistung (und zwar sowohl die indicierte, als auch die Netto-Leistung, letztere mit entsprechender Bewertung des Leergangswiderstandes nebst der zusätzlichen Reibung) dann den Dampfconsum bei beliebiger Spannung und beliebiger (für den Betrieb in betracht kommender) Füllung.

Nach beiden Richtungen — für die Bestimmung der Leistung eben so wie für die Bestimmung des Dampfconsums — stellten sich meinem Beginnen, insofern übermäßige Voluminösität vermieden und möglichste Übersichtlichkeit erreicht werden sollte, wesentliche Hindernisse entgegen.

Was erstlich die Angaben der Leistung betrifft, so ward die übliche Beurteilung und Bemessung derselben nach Pferdekräften bei der jeweiligen Kolbengeschwindigkeit vermöge der starken Variation der letzteren für meinen Zweck alsbald als untauglich befunden; trotz betreffender Regeln verschiedener Art ist es eben unumgänglich, die Kolbengeschwindigkeit denn doch innerhalb weiter Grenzen dem Ingenieur, ja oft auch dem Betriebsleiter freizugeben, da hierbei häufig ganz zufällige Rücksichten entscheiden. Hierzu kommt der Umstand, daß von der üblichen Bemessung der Maschinenstärke in Pferdekräften der Übergang zu dem in dieser Beziehung eigentlich maßgebenden „statischen Momente" jedenfalls umständlich ist und eben nur mittels der jeweiligen Kolbengeschwindigkeit resp. Umgangszahl geschehen kann.

Zur Beseitigung dieser Unzukömmlichkeiten mußte die Kolbengeschwindigkeit für die Angaben der Leistungen völlig eliminiert werden, und dies geschah

A*

durch die Einführung einer neuen Größe, nämlich der „Leistung pro 1 Meter Kolbengeschwindigkeit" — kurz gesagt „Leistung pro Meter" und zwar ebenso indiciert $\left(\dfrac{N_i}{c}\right)$ als auch Netto $\left(\dfrac{N_n}{c}\right)$; zu bezeichnen mit e/m, d. i. Pfdk. pro Meter. Diese Größe $\dfrac{N}{c}$ (gleichgültig ob indiciert oder Netto) charakterisiert unstreitig die Stärke einer Maschine viel präciser als N selbst. Dieselbe Größe $\dfrac{N}{c}$ hat zugleich die sehr angenehme Eigenschaft, daß durch die Multiplication derselben mit 75 (wegen $1\,e = 75\,mk$) sofort der mittlere effective Kolbendruck (in Kgr.) und durch Multiplication mit $47{,}_{75}$ (d. i. $\dfrac{2}{\pi}\,75$) der mittlere Druck im Kurbelkreise (in Kgr.) erhalten wird, von welch letzterem auf das stat. Moment einfach durch Multiplication mit der Kurbellänge zu übergehen ist.

Wenn durch die Einführung der Größe $\dfrac{N}{c}$ das Zustandekommen meines gegenwärtigen „Hilfsbuches für Dampfmaschinen-Techniker" überhaupt ermöglicht wurde, so ist andererseits kaum zu leugnen, daß diese Größe vermöge ihres präcisen Charakters und ihrer leichten Faßlichkeit auch einer weiteren Anwendung wert befunden werden könnte. Der Übergang von derselben zu der üblichen Größe N selbst geschieht einfach durch die Multiplication mit der jeweiligen Kolbengeschwindigkeit c.

Für die Angabe der Leistungen bei allen Maschinengattungen machte sich außerdem in den sämtlichen bisherigen für die Anwendung halbwegs adjustierten Theorien der Dampfmaschine eine Lücke fühlbar, welche darin besteht, daß hiernach (mittels der üblichen Spannungs-Coëfficienten) die indicierten Spannungen und sodann die Leistungen nebst dem Dampfconsum bei verschiedenen Cylinderfüllungen nur unter der Voraussetzung sofort zu eruieren sind, wenn die Absperrung des Admissionsdampfes durch irgend eine „Expansions-Vorrichtung" unabhängig von den übrigen Phasen der Dampfverteilung eingeleitet wird, während für die durch Coulissensteuerung bedingte Dampfverteilung die erwähnten Daten bisher im allgemeinen nicht vorhanden waren, so daß man darauf angewiesen war, die Reversiermaschinen im weiteren Sinne, bei welchen die Coulissensteuerung (ohne eine besondere Expansionsvorrichtung) vorherrscht und wohl auch stets vorherrschen wird, entweder nur für Volldruck zu rechnen*) oder aber von Fall zu Fall durch Verzeichnen der betreffenden Dampfverteilungs- und Dampfspannungs-Diagramme sich mühsam und doch nur höchst unvollkommen zu behelfen.

---

*) Wenn man etwa meinen sollte, es genüge, die Coulissenmaschinen als Locomotivmaschinen für das betreffende Adhäsionsgewicht und als Fördermaschinen für den Anhub aus dem Schachttiefsten in beiden Fällen bei Volldruck zu rechnen, so ist man im entschiedenen Irrtume; es ist im Gegenteile auch, bei diesen Maschinen die Kenntnis sowohl ihrer Kraftentwicklung, als auch ihres Dampfconsums bei verschiedenen, durch die Coulisse zu bewirkenden Füllungen schon deswegen notwendig, weil diese Maschinen vorwiegend, wenn nicht ausschließlich, mit solchen Füllungen tatsächlich arbeiten und ganz gewiß arbeiten sollen.

Um die gesteckte Aufgabe ganz zu lösen, habe ich mich der Mühe unterzogen, die Maschinen mit Coulissensteuerung bezüglich der Dampfwirkung etc. in einer analogen Weise analytisch zu untersuchen, wie dies bis dahin in Betreff der Maschinen mit selbständiger (durch die übrigen Dampfverteilungsphasen nicht beeinflußter) Absperrung zu geschehen pflegte. Es entsprach sodann völlig der Natur der Sache, gerade die theoretische Behandlung der Coulissenmaschinen als den allgemeinen Fall hinzustellen, aus welchem die die übrigen Maschinengattungen betreffenden Betrachtungen als specielle, vereinfachte Fälle abgeleitet wurden.

Wenn demnach in Betreff der theoretischen Behandlung der Eincylinder-Maschinen ein durchaus origineller Vorgang hier eingehalten wurde, wobei auch die heutzutage immer mehr zur Geltung kommende Compression des Vorderdampfes in einer für die Anwendung leichtfaßlichen Weise die gehörige Berücksichtigung fand, so erheischten die Zweicylinder-Maschinen (welche als die „Maschinen der Zukunft" wohl nur stets n e b e n den Eincylinder-Maschinen zu bezeichnen sein werden) eine besonders eingehende Bearbeitung; dieselbe stammt zum großen Teile direct von meinem Mitarbeiter Herrn k. k. Adjuncten*) Adalbert Káš, dessen ebenso unverdrossene als ausgiebige Mitwirkung in allen Teilen dieser Arbeit ich nicht genug anerkennen kann.

Ebenso wie bei Bestimmung der Leistungen mußte ich bei Ermittlung des Dampfconsums in dem vorliegenden Werke meinen eigenen Weg gehen und namentlich in dieser Beziehung von den bisher gangbaren Regeln gänzlich absehen. Vor allem konnte ich mit der üblichen Bestimmung des nutzbaren Dampfverbrauches und Dampfverlustes zuvörderst pro Secunde oder Stunde durchaus nicht weiter kommen, denn auf dieser Grundlage hätten die Dampfverbrauchs-Tabellen nahezu einen solchen Umfang eingenommen, den nunmehr das ganze „Hilfsbuch" (nämlich der tabellarische Teil desselben) besitzt. In dieser Beziehung fand ich einen Ausweg dadurch, daß ich Regeln zur directen Bestimmung des „Dampfverbrauches pro indicierte Pferdekraft und Stunde" feststellte, und zwar sowohl inbetreff des nutzbaren Dampfverbrauches, als auch inbetreff der Dampfverluste. Bezüglich der letzteren sah ich mich veranlaßt, mit der bisher hierfür angewandten Regel von Völckers völlig zu brechen, denn wenn diese auch zur Beurteilung des durch starke Dampflässigkeit des Kolbens allein bedingten Dampfverlustes im wesentlichen geeignet erscheint, so ist dies doch bei weitem nicht mehr der Fall, wenn es sich um die Ermittlung des Gesamtdampfverlustes handelt, dessen Hauptanteil bei einer halbwegs guten Maschine durch die Abkühlung des Dampfes innerhalb der Maschine und viel weniger durch die Dampflässigkeit bedingt ist.

---

*) Seitdem Professor.

Die Völckers'sche Formel zur Ermittelung des Gesamtdampfverlustes angewendet, ergibt denselben für sehr kleine Maschinen übertrieben groß, für sehr große Maschinen aber übertrieben klein. Nach mehrmaligem Versuche, diese Formel durch eine ähnliche etwas anders geformte zu ersetzen, ergaben sich stets zwar geringere Abweichungen von allen verfügbaren Versuchsresultaten aus der Anwendung, aber doch keine befriedigende Übereinstimmung. Zuletzt kam ich zu der Überzeugung, daß nichts anderes erübrige, als den Dampfverlust, so wie er stattfindet, auch in der Rechnung zu behandeln, nämlich denselben aus zwei Teilen zusammenzusetzen: der erste Teil rührt von der Abkühlung (innerhalb des Dampfcylinders, event. innerhalb des Dampfhemdes) her und kann als „Abkühlungsverlust" bezeichnet werden; der zweite Teil ist aber der „Dampflässigkeitsverlust". Durch die getrennte Bestimmung dieser beiden Anteile gelang es endlich, für Dampfmaschinen aller Gattungen und aller Größen Resultate zu erhalten, welche mit den betreffenden Ergebnissen der Anwendung verglichen, durchaus eine sehr befriedigende Übereinstimmung ergaben.

Die rechnungsmäßige Bestimmung der Dampfverluste bezieht sich überdies — ähnlich wie jene des nutzbaren Dampfverbrauches — unmittelbar auf die indicierte Pferdekraft und die Stunde. Hierdurch wurde der große Vorteil und zugleich mein Zweck erzielt, daß nämlich in dem vorliegenden Hilfsbuche durch Aufschlagen der (eine gewisse Maschinengattung bei bestimmter Admissionsspannung) betreffenden Seite (pagina) für Dampfmaschinen aller Größen nicht bloß die indicierte und Netto-Leistung, sondern auch alle drei Anteile des Dampfconsums pro indicierte Pferdekraft und Stunde bei verschiedenen Füllungen sofort zu entnehmen sind, und für die gewöhnlichen Verhältnisse (in bezug auf Füllung, Kolbengeschwindigkeit etc.) auch der jeweilige Dampfconsum im ganzen numerisch angesetzt ist.

Der „Practische Teil" des Hilfsbuches ist indessen mit Hilfe der beigegebenen „Einleitung" für den eigentlichen practischen Gebrauch an und für sich verständlich. In Betreff der theoretischen Begründung und allgemeineren Behandlung des Stoffes wird auf den zugehörigen „Theoretischen Teil" verwiesen.

Ich finde mich durch die schließliche Gestaltung dieses Hilfsbuches samt seiner theoretischen Basis nach jahrelanger Arbeit befriedigt und wünsche nur, daß es meine Fachgenossen bei dessen Gebrauche ebenfalls sind.

Die Verlagsbuchhandlung hat es sich sehr angelegen sein lassen, durch die Wahl der äußerst deutlichen und gefälligen Renaissance-Lettern, welche für das Werk großenteils neu gegossen wurden, sowie durch eine correcte Herstellung und würdige Ausstattung des Buches im ganzen zu der Erfüllung meines eben ausgesprochenen Wunsches möglichst beizutragen.

Schließlich kann ich nicht umhin, die gewissenhafte Beteiligung bei den tabellarischen Rechnungsarbeiten seitens des k. k. Bergschul-Professors

Herrn J. Schubert, seitens des Zbirover Bezirks-Ausschusses Herrn W. Kopp, sowie seitens meiner Gattin dankend zu constatieren und außerdem für die unermüdet eifrige Teilnahme an dem Correctur-Geschäfte dem k. k. Hauptmann-Rechnungsführer Herrn Simon Káš meine Verbindlichkeit auszusprechen.

Příbram (Böhmen), im November 1882.

Josef Hrabák.

Vorwort zu der zweiten Auflage des Hilfsbuches.

Die zweite Auflage ist auf dem Titelblatte als eine „wesentlich vermehrte und verbesserte" bezeichnet.

Was zunächst die „Verbesserungen" betrifft, so war an der Bestimmung der Fundamental-Größen, als welche man die „indicierte" Spannung (und Leistung) nebst dem „nutzbaren" Dampfverbrauche bezeichnen kann, für die in der ersten Auflage in Betracht gezogenen Maschinengattungen füglich Nichts zu verbessern.

Hingegen fand ich mich veranlaßt, in der Bemessung einerseits der passiven Widerstände, andererseits der Dampfverluste eine Änderung, bezw. Modification in der folgenden Weise vorzunehmen:

Inbetreff der passiven Widerstände blieb es bezüglich der rechnungsmäßigen Bestimmung des Leergangswiderstandes ebenfalls beim Alten; nur die zusätzliche Reibung schätze ich in der 2. Auflage nach Umständen etwas niedriger, als in der 1. Auflage. Ich habe nämlich in der 1. Auflage eben bei der Bemessung dieser „zusätzlichen Reibung" dem in der Praxis üblichen „Zugeben" Rechnung zu tragen befunden; da nun aber auch schon der Leergangswiderstand entsprechend reichlich bemessen ist, so habe ich in der 2. Auflage von dem weiteren „Zugeben" bei der zusätzlichen Reibung Abstand genommen und nehme diese letztere eben nur so groß an, wie sie sich bei durchschnittlich guten Maschinen beiläufig in der Tat gestaltet. Immerhin blieben jedoch in den Tabellen des „Practischen Teiles" des Hilfsbuches (welche bereits für die 1. Auflage stereotypiert wurden) die alten Ansätze der Nutzleistung unverändert, und können auch weiterhin von Denjenigen benutzt werden, welche einem reichlicheren (aber verständigen) „Zugeben" huldigen. Für Diejenigen aber, welche knapper rechnen' wollen, sind (zu den alten Tabellen) übersichtliche Daten über Leergangswiderstand und (knappere) zusätzliche Reibung in dem „Anhange" hinzugekommen, welche es auch leicht (durch eine einfache Subtraction) ermöglichen, die durch den Indicator nachweisbare Leistungsdifferenz (die indicierte abzüglich der Leergangsleistung) sofort zu eruieren und etwaigen Contact-Bedingungen zugrunde zu legen, ohne daß jedoch diese Leistungsdifferenz jemals (principiell) als die Netto-Leistung angesehen, bezw. die zusätzliche Reibung desavouiert werden könnte. — In dem „Theoretischen Teile" ist lediglich die knapper bemessene zusätzliche Reibung in Betracht gezogen worden.

Und nun zu den Dampfverlusten, welche ich irgendwo als die „Achillesferse" der Dampfmaschinen-Theorie bezeichnete. Bereits in der 1. Auflage trennte ich die rechnungsmäßige Bestimmung des Abkühlungsverlustes (als des Hauptverlustes) von jener des Dampflässigkeitsverlustes (als des untergeordneten Verlustanteiles). Seitdem ging man mancherseits daran, die Existenz des Dampflässigkeitsverlustes (welcher doch vordem vermöge der Völkers'schen Formel als der einzig bestehende hingestellt wurde!) völlig wegleugnen zu wollen. Auf diese Zumutung konnte ich (ebenso wie auf die Vernachlässigung der zusätzlichen Reibung) aus betreffenden Orts beleuchteten Gründen principiell keineswegs eingehen. Wohl gebe ich aber zu, daß ich dem Dampflässigkeitsverluste in der 1. Auflage des Buches (vermöge des wenigen bis dahin vorgelegenen Versuchsmaterials) immerhin noch einen größeren Einfluß anberaumt habe, als es bei „guten" Maschinen nunmehr (nach seither gewonnenem recht ausgiebigem Material) sach- und fachgemäß erscheint.

Es galt somit, in den stereotypierten Tabellen der 1. Auflage (Practischer Teil) die Angaben des Dampflässigkeitsverlustes (C_i''' pro indic. Pfdk. und Stunde) ansehnlich zu reducieren und die Angaben des Abkühlungsverlustes dementsprechend zu modificieren. Glücklicherweise konnte ich besagte Reduction (den betreffenden Versuchsresultaten zur Genüge entsprechend) rund auf die Hälfte der alten Beträge vornehmen, was einfach dadurch geschah, daß ich die alten Beträge von C_i''' (in den letzten Tabellenspalten) als die doppelten Beträge ($2\,C_i'''$) hinstellte.

Was aber die Modification der Beträge des Abkühlungsverlustes (C_i'' pro indic. Pfdk. und Stunde) betrifft, so habe ich an meiner ursprünglichen empirischen Formel für denselben eine (betreffenden Orts begründete) Änderung bezw. Correction auch ohnedem vorzunehmen befunden, deren Resultat sich dahin äußert, daß die alten Beträge des Productes $c\,C_i''$ (hierbei c die Kolbengeschwindigkeit) nunmehr als die Werthe von $x\,C_i''$ hingestellt sind, welche mit $\dfrac{1}{x}$ multipliciert, den neuen Abkühlungsverlust C_i'' ergeben; die Werte von $\dfrac{1}{x}$ sind aber auf der Titelseite jeder Tabellengruppe (in Abhängigkeit von der Kolbengeschwindigkeit c und von der Füllung $\dfrac{l_1}{l}$) numerisch angegeben; es wird sonach die frühere Division mit c in der neuen Auflage durch die Multiplication mit einer einfachen numerischen Zahl ersetzt, so daß die neue Bestimmung von C_i'' eigentlich noch einfacher ist, als die alte.

Einigermaßen schwieriger war die Nachhilfe inbetreff der fertigen Angaben des Gesamt-Dampfverbrauches in den letzten Spalten der stereotypierten Tabellen diese Angaben mußten (obwohl bei den großen Maschinen nur wenig geändert) aus den Stereotypplatten entfernt und durch neue Zahlen ersetzt werden.

Sonach erscheinen die Tabellen der neuen Auflage, trotz der erfolgten tatsächlich durchgreifenden Verbesserungen, verhältnismäßig nur sehr wenig verändert und der Gebrauch derselben ist in der 2. Auflage gewiß ebenso einfach und leicht wie er in der 1. Auflage war.

In dem „Theoretischen Teile" konnte ich mich der Untersuchung über die Dampfverluste nach Belieben hingeben; ich tat es auch so gründlich, als ich es eben im Stande war, und als es dieses wichtigste und schwierigste Kapitel des Dampfmaschinen-Studiums erheischt.

Ich verweise dieserhalb übrigens auf die betreffende Abhandlung selbst, nur erwähne ich, daß ich hierbei zu einer (meines Erachtens) geläuterten Ansicht über die Wirkung des Dampfhemdes und über den dampfökonomischen Einfluß der Receiverheizung gelangt bin, beiläufig darin gipfelnd, daß das Dampfhemd am

Admissions-Cylinder (bei den Verbund-Maschinen am Hochdruck-Cylinder) von hervorragendem Nutzen ist, indem hierdurch nicht bloß der nutzbare Dampfverbrauch, sondern auch (in noch höherem Maße) der Abkühlungsverlust pro Pfdk. und Stunde herabgemindert wird, während das Dampfhemd an den Expansions-Cylindern der Verbund-Maschinen, ebenso wie die mehrweniger ausgiebige Receiverheizung (ob bloß äußerlich — dampfhemdartig, ob durchgreifend — mittels Röhrensystems) nur partiell, somit in bedeutend geringerem Maße Dampfersparnis mit sich bringt, also (im Vergleiche mit der Heizung des Admissions-Cylinders) von untergeordnetem Nutzen ist; einen näheren Aufschluß gibt hierüber § 57 des „Theoretischen Teiles", das Übrige findet man an andern hierzu geeigneten Stellen des Buches.

Das Resultat der betreffenden Studie ist, daß die Ausmittlung des Dampfverbrauches, insbesondere des Dampfverlustes, nach den neu entwickelten Regeln des „Theoretischen Teiles" formell eine andere ist, als die Ausmittlungsweise in dem „Practischen Teile". Wenn trotzdem beide Ausmittlungsarten (zum Wenigsten bei den gewöhnlichen Verhältnissen) nahe zu dem gleichen Ergebnisse führen, so rührt dies daher, daß auf beiden Seiten die aufgestellten Regeln einesteils rationell sind, andernteils mit den betreffenden Versuchsresultaten eingehendst zusammengehalten und in möglichste Übereinstimmung gebracht wurden, wonach die mögliche zweimalige Ausmittlungsweise der prekärsten Größen nur willkommen geheißen werden kann.

Ebenso, wie in der angegebenen Beziehung, so ist auch in allem Übrigen der „Practische Teil" des Hilfsbuches (bezüglich des Gebrauches) unabhängig von dem „Theoretischen Teile", d. h. jeder dieser beiden Teile bildet eigentlich ein für sich abgeschlossenes und an sich verständliches Werk; der „Theoretische Teil" bildet hierbei allerdings die Grundlage des „Practischen Teiles", wie dies auch schon bei der ersten Auflage der Fall war.

Ich komme zu den in der zweiten Auflage vorgenommenen Erweiterungen des Hilfsbuches. Abgesehen von der Vervollständigung der theoretischen Partie über die Zweicylinder-Maschinen und von so manchen kleineren aber wesentlichen Ergänzungen an verschiedenen Stellen des Buches betreffen die besagten „Erweiterungen"

erstlich die Aufnahme zweier neuen Kapitel in den einleitenden Abschnitt des „Theoretischen Teiles",

zweitens die Bearbeitung der seit dem Erscheinen der ersten Auflage des Buches in Anwendung gekommenen „modernen" Maschinengattungen, welche ich zugleich mit meinem Mitarbeiter als „Maschinen mit hohem Dampfdruck" bezeichne und für die Anwendung (in den Tabellen) aus mehrfachem Grunde separat behandle.

Die „erstlich" erwähnten zwei neuen Kapitel in dem einleitenden Abschnitte des „Theoretischen Teiles" sind: das 1. Kapitel mit der Überschrift: „Der Wasserdampf und die Wärmeverhältnisse desselben", und das 3. Kapitel, betitelt: „Grundgesetze für die Dampfmaschinentheorie aus der Mechanik der Gase". Beide Kapitel gehören als theoretische Grundlagen in das vorliegende Hilfsbuch, welches hiermit nunmehr ein in sich abgeschlossenes Ganzes bildet, derart, daß jede Berufung auf die betreffenden Gesetze der Physik und Mechanik vorteilhafter Weise wegfallen konnte. In dem erstgenannten neuen Kapitel fanden auch die in den „Anhang" zu dem „Practischen Teile" aufgenommenen „Tabellen über die gesättigten Wasserdämpfe" ihre theoretische Erledigung. In dem anderen neuen Kapitel wird nach vorheriger Entwickelung der betreffenden physikalischen Gesetze schließlich aus·einandergesetzt, in welcher Weise und unter welchen Umständen bei den Dampfmaschinen einmal die Anwendung des einfachen Mariotteschen Gesetzes gestattet, das anderemal die Heranziehung eines anderen Gesetzes geboten ist.

Die „zweitens" genannte Bearbeitung der „Maschinen mit hohem Dampfdruck" und zwar

> a) der Zweicylinder-Auspuff-Maschinen,
> b) der Dreicylinder-Condens.-Maschinen

erstreckt sich in gleicher Weise auf den „Theoretischen" und auf den „Practischen" Teil des Hilfsbuches; beiderseits wurden den betreffenden Specialisierungen für die Anwendung Spannungen von 7 oder 8 bis 14 Atmosphären ins Auge gefaßt.

Inbetreff der Zweicylinder-Auspuff-Maschinen wurde die teils schon vorhandene, teils ergänzte Theorie der Zweicylinder-Maschinen (außer für Condensation) eben auch auf „Auspuff" ausgedehnt, bezw. hierfür specialisiert.

Die Dreicylinder-Maschinen wurden insbesondere nur als Condensator-Maschinen*) in Betracht gezogen; über drei Cylinder (selbst auch für Condensation) zu gehen, hielt ich aus betreffenden Orts angegebenen Gründen nicht für opportun. Die Aufgabe der Behandlung der Dreicylinder-Maschinen wurde möglichst allseitig aufgefaßt, und ich entledigte mich derselben unter Beihilfe meines Mitarbeiters und präsumtiven literarischen Erben, Professor Adalbert Káš, unter Benutzung seiner diesbezüglichen Publikationen, nach bestem Wissen und Gewissen. Die „möglichste" Allseitigkeit betreffend, muß jedoch bemerkt werden, daß zwar die Dreicylinder- als Dreikurbel-Maschine (mit Kurbeln unter 120°) für beide daselbst möglichen Kurbelanordnungen behandelt wurde, daß jedoch für die Dreicylinder- als Zweikurbel-Maschine (mit Kurbeln unter 90°) bei den Regeln für die Bemessung der Cylinder-Volumenverhältnisse lediglich nur die Anordnung mit isoliertem Niederdruck-Cylinder (Hochdruck und Mitteldruck an einer Kurbel), also das „Tandem-Compound"-System berücksichtigt worden ist, während die vereinzelt ausgeführte Anordnung mit isoliertem Mitteldruck-Cylinder, das sogen. „Doppel-Compound"-System (doch eben nur in betreff der besagten Volumenverhältnisse) unberücksichtigt geblieben ist; die Anwendung dürfte nichts zu bereuen haben, wenn sie an dem ins Detail hier erledigten Tandem-Compound-System, als dem natürlicheren, festhalten, und das sogen. „Doppel-Compound"-System (welches auch schon wegen der ungleichförmigen Verteilung der hin- und hergehenden Massen als „minder natürlich" zu bezeichnen sein dürfte) bei Seite lassen würde. Sollte man indes anderer Meinung sein, so beliebe man die Cylinder-Volumenverhältnisse für die gewünschte Arbeitsverteilung oder aber Verteilung des Temperaturgefälles auf die derart dislocierten Maschinencylinder sich selbst zu deducieren.

Die in dem „Practischen Teile" des Hilfsbuches über die „Maschinen mit hohem Dampfdruck" neu hinzugekommene III. Maschinen-Serie hat eine gegen die beiden ersten Serien nur unwesentlich abgeänderte, leicht verständliche und zudem betreffenden Orts beleuchtete Einrichtung.

---

*) Die Bezeichnung „Condensator-Maschine" erscheint mir treffender, als der (bisher auch von mir gebrauchte) Ausdruck „Condensations-Maschine", wodurch eigentlich eine Maschine bezeichnet ist, welche den Zweck hat, zu condensieren, Condensation herbeizuführen, während man doch sagen will, daß die Condensation als Mittel dient, bezw. daß die Maschine (zu anderweitigem Zwecke) mit einem Condensator versehen, also eine „Condensator-Maschine" ist.

Der Verfasser.

In den „Anhang" zu dem Practischen Teile des Hilfsbuches ist außer der bereits erwähnten Tabellengruppe über den Leergangswiderstand und die zusätzliche Reibung für die I. und II. Maschinen-Serie, zu der ursprünglichen Fliegnerschen eine zweite Tabelle für gesättigte Wasserdämpfe hinzugekommen und sind überdies die beiden Tabellen über die „Beiläufigen Maschinenpreise" (so sehr man auch diese Tabellen, wenn man just will, gering achten mag) großenteils umgerechnet worden. Selbstverständlich mußte auch die letzte Tabelle dieses Anhanges „Übersicht des Dampfconsums etc." entsprechend abgeändert und (für die Maschinen mit hohem Dampfdruck) erweitert werden. Eben diese Erweiterung (S. 192 des Pract. Teiles), der gleich eingerichteten Doppeltabelle über den Dampfconsum in § 81 des „Theoretischen Teiles" entgegenhalten, ermöglicht die Beurteilung, inwieweit den von dem Verfasser über den Dampfverbrauch hier und dort aufgestellten Regeln überhaupt zu trauen ist.

Der „Theoretische Teil" hat eine separate ganz kurze „Vorerinnerung", welche vor dem Gebrauche desselben zu lesen ist.

Die Verlagsbuchhandlung hat, keine Kosten scheuend, nicht ermangelt, für die zweite Auflage eine bedeutende Anzahl vorhandener Stereotypplatten nach Maßgabe der vorgenommenen Änderungen, bezw. Verbesserungen, durch andere zu ersetzen, und eine viel größere Zahl von Platten, entsprechend den ausgiebigen Erweiterungen neu herstellen zu lassen, sowie überhaupt dem Buche in seiner neuen Gestaltung eine Ausstattung zu geben, welche seiner inneren (wohl unzweifelhaften) Vervollkommnung auf das beste entspricht.

Přibram, im Juli 1891.

Josef Hrabák.

Vorwort zu der dritten Auflage des Hilfsbuches.

In dieser Auflage ist zunächst die unzweifelhaft schwierigste Partie der Dampfmaschinen-Theorie, nämlich die Ausmittlung der Dampfverluste einer sorgfältigen Sichtung, bezw. tunlichen Vereinfachung unterzogen worden.

Während nämlich in dem „Theoretischen Teile" der vorigen, zweiten Auflage die ganze Provenienz der hierbei zur Anwendung gekommenen Grundsätze dargelegt worden war, um in dieser heiklen Frage dennoch einen überzeugenden Eindruck zu erzielen, wurde in der vorliegenden dritten Auflage diese Provenienz nur angedeutet. Andererseits fand sich der Verfasser in der zweiten Auflage veranlaßt, bei der Behandlung des „Abkühlungsverlustes" den Einfluß der Abkühlungsdauer (im Verhältnis der Quadratwurzel) nach zwei Ansichten in Rechnung zu bringen, bezw. diesen Verlust zweimal zu berechnen und von beiden Berechnungsweisen das arithmet. Mittel als Resultat anzunehmen. Diese Unannehmlichkeit und Weitläufigkeit erscheint nunmehr in der dritten Auflage gänzlich vermieden. Unter einem wurde durch diese begründete Vereinfachung die gewünschte Übereinstimmung des „Theoretischen Teiles" mit dem „Practischen Teile" des vorliegenden Hilfsbuches erreicht, welche in der vorigen Auflage nicht vorhanden war.

Kurz gesagt: der Verfasser will hiermit seine langwierigen, weil eben sehr schwierigen Studien über eine sachentsprechende, möglichst theoretische Ausmittlung der Dampfverluste dem Wesen nach der schließlichen Erledigung zugeführt haben.

Die betreffenden Entwicklungen gelten allerdings zuvörderst für gesättigten, eventuell etwas feuchten Admissionsdampf, mit welchem die Dampfmaschinen bisher vorwiegend gespeist wurden.

In der neueren Zeit widmet man dem altbekannten Grundsatze, daß der bei Anwendung des gewöhnlichen Wasserdampfes unvermeidliche und sehr namhafte Abkühlungsverlust der Dampfmaschinen durch eine ausgiebige Überhitzung des Kesseldampfes großenteils paralysiert werden kann, eine erhöhte Aufmerksamkeit und überwindet allmählich die ehemaligen Schwierigkeiten der betreffenden technischen Ausführung durch zweckentsprechend eingerichtete Überhitzungsapparate.

Diese höchst zweckmäßige, wenn correct durchgeführte Neuerung wurde betreffendenorts (bei der Ausmittlung des Abkühlungsverlustes) in Berücksichtigung gebracht, wobei allerdings nicht übersehen wurde, daß die Beschaffung des überhitzten Dampfes unter allen Umständen eine entsprechende Anzahl Calorien, bezw. einen gewissen Brennstoffaufwand beansprucht und daß somit der Abkühlungsverlust nie ganz paralysiert werden kann.

Die Daten über die mit der Dampfüberhitzung zu erzielende Dampf- bezw. Brennstoffersparnis schöpfte der Verfasser vornehmlich aus den mit E. Schwoerers bestdurchdachten Überhitzern an verschiedenen Orten durchgeführten Versuchen. In dem „Practischen Teile", welcher mit Ausnahme der zugehörigen Einleitung und Gebrauchsanweisung gänzlich stereotypiert ist, wurde der Einfluß der Dampfüberhitzung auf den Dampfverbrauch erst am Schlusse in einem „Zusatze" in Betracht gezogen*).

Mit Rücksicht auf die (im Vergleiche mit der zweiten Auflage) präcisierte Ausmittlungsweise der Dampfverluste wurden die „Vergleichenden Dampfverbrauchs-Tabellen" sowohl des Theoretischen als auch des Practischen Teiles dieses Hilfsbuches völlig umgearbeitet, und ist beiderseits je eine Tabelle hinzugefügt, in welcher der Dampfconsum ganz exacter Condensions-Maschinen bei hoch überhitztem Admissionsdampfe, als das noch wohl erreichbare Minimum nach den angegebenen Regeln ausgewiesen ist: es sind die Dampfverbrauchs-Tabellen vornehmlich der Zukunft und nur zum geringen Teile der Gegenwart.

Die Tabellen des „Theoretischen Teiles" über die Cylinder-Volumenverhältnisse der Verbundmaschinen mit zweimaliger und dreimaliger Expansion erfuhren eine nachträgliche Ergänzung durch eine am Ende des „Theoretischen Teiles" (bezw. seiner Tabellen) angehängte „Vergleichungs-Tabelle", in welcher diese Volumenverhältnisse für die einfachste Bedingung, nämlich für die gleichmäßige Verteilung der Füllung auf die Dampfcylinder übersichtlich angegeben sind. Diese Angaben konnten an keiner anderen Stelle des Buches passender angebracht werden, und mögen zum Vergleiche mit den Angaben der betreffenden Haupttabellen, welche anderweitigen Bedingungen entsprechen, vorteilhaft benützt, oder auch an sich in Betracht gezogen werden.

In ähnlicher, aber ausgiebigerer Weise erhielt der „Practische Teil" am Schlusse eine „Nachträgliche Zugabe für alle Verbundmaschinen", in welcher die Bestimmung der Cylinder-Volumenverhältnisse dieser Maschinen vom Standpunkte einerseits der

---

*) Die den überhitzten Dampf betreffenden Partien wurden in der vierten Auflage weggelassen, da hierüber in einem neu hinzugekommenen dritten Bande besonders abgehandelt wird.

gleichmäßig verteilten Expansion, andererseits dei annähernd gleichen Arbeit der Dampfcylinder naturgemäß und einfach dargestellt wird. Diese leicht faßliche und übersichtliche Darstellung bildet im „Practischen Teile" ein willkommenes Gegenstück zu der unumgänglich verwickelteren, auch andere Gesichtspunkte verfolgenden Abhandlung desselben Gegenstandes in dem „Theoretischen Teile" und wird mit den zugehörigen erschöpfenden Tabellen zugleich als eine wesentliche Vervollständigung dieses wichtigen Gegenstandes anerkannt werden.

Außerdem wurden an verschiedenen Stellen des Buches — im Texte und in den Tabellen — einzelne nützliche Änderungen vorgenommen. —

An der allgemeinen Anordnung und Einrichtung des Buches fand der Verfasser nichts zu ändern. Die Herausgabe desselben in zwei gesonderten Bänden wird aber zur Handlichkeit desselben wesentlich beitragen.

Die dem „Practischen Teile" beigefügten leeren Blätter sollen zur schriftlichen Aufnahme vornehmlich dessen dienen, was der Maschinen-Ingenieur an anderweitigem Inhalt diesem Hilfsbuche beizufügen findet, welches — dem Verfasser seinerzeit freundlichst mitgeteilt — in einer künftigen Auflage eventuell Berücksichtigung finden könnte.

Přibram, im Januar 1897.

Josef Hrabák.

Vorwort zu der vierten Auflage des Hilfsbuches.

Durch die fortwährende Steigerung der in der Dampfmaschinen-Praxis zur Anwendung kommenden Dampfspannungen, welche auch seit dem Erscheinen der dritten Auflage noch fortgesetzt wurde, entstand in dem Hilfsbuche eine nicht unbedeutend fühlbare Lücke.

Zwar wurde den hohen Dampfspannungen bei den Zweicylinder-Auspuff-Maschinen und bei den Dreicylinder-Condens.-Maschinen schon in den vorhergehenden zwei Auflagen Rechnung getragen, indem diese Hochdruckmaschinen „par excellence" für Spannungen bis 14 Atmosphären einer Specialisierung unterzogen wurden; allein die Eincylinder-Auspuff- und die Zweicylinder-Condens.-Maschinen beharrten in dem Buche bei 10 Atmosphären (teilweise bloß 9 Atmosphären) als Maximalspannung. Da nun namentlich seit dem Erscheinen der dritten Auflage Spannungen über 10 Atmosphären auch bei den letztgenannten zwei Maschinengattungen und zwar mit begründeter Vorliebe angewendet werden, so machte sich der betreffende Mangel des Hilfsbuches in der Praxis deutlich fühlbar.

Diesem Mangel wurde nun in der vierten Auflage gründlich abgeholfen, indem erstlich die Zweicylinder-Condens.-Maschinen mit Dampfspannungen von 9 bis 12 Atm. als dritte Gruppe in die „Maschinen mit hohem Dampfdruck" eingereiht wurden*), und indem andererseits die Eincylinder-Auspuff-Maschinen ebenso mit Coulissensteuerung (insbesondere als Locomotiv- und Förderungsmaschinen) wie auch mit Expansionssteuerung (als eben solche oder als anderweitige einfache Maschinen) für Dampfspannungen bis 12 Atm. specialisiert worden sind.

Diese beiderlei Ergänzungen wurden im ganzen (inbetreff der Maschinenleistung — indiciert und Netto, des Dampfverbrauches etc.) bloß in dem „Practischen Teile" durchgeführt; die specielle Bestimmung des Dampfverbrauches, als diesbezügliche Hauptsache, wurde jedoch durchwegs auch in dem „Theoretischen Teile" erledigt, um den nach dem „Practischen Teile" sich ergebenden Dampfverbrauch in allen Fällen mittels der detaillierten Angaben des „Theoretischen Teiles" in leichter Weise controllieren zu können.

Außer dieser wesentlichsten Erweiterung des Buches wurden auf verschiedenen Stellen desselben nützliche Einschaltungen angebracht, wie z. B. bei der Bestimmung der Cylinder-Volumenverhältnisse, bei der Berechnung der Förderungsmaschinen, bei der Beurteilung der Compression etc.

Auslassungen — selbst bei den schon etwas veraltet scheinenden Gegenständen (bei den Schwungrädern und wo dies sonst im Texte bemerkt ist) glaubte der Verfasser vermeiden zu sollen, weil das Alte nicht eben schlecht ist, und weil bei dem Umstande, daß alle Tabellen des Buches stereotypiert sind, jede nicht unumgängliche Auslassung und Änderung zu überflüssiger Anstrengung des Verfassers und zu ebenso überflüssigen Mehrausgaben des Verlegers geführt hätte**).

Trotz dieser wohl gerechtfertigten Bemühung des Verfassers (Abänderungen möglichst auszuweichen) mußten für die vorliegende 4. Auflage 15 stereotypierte Tabellencolumnen durch andere ersetzt und für 10 Tabellencolumnen ganz neue Stereotypplatten hergestellt werden. Hiermit glaubt der Verfasser für die neue Ausgestaltung und Vervollständigung der beiden

---

*) Die Zweicylinder-Condens.-Maschinen mit hohem Dampfdruck (bis 12 Atm.) habe ich in dem Gefühle des wirklichen Bedürfnisses bereits früher (1902) für die vierte Auflage meines Hilfsbuches der speciellen Behandlung unterzogen und infolge mehrfach an mich ergangener Aufforderungen vor der Hand in einem Anhange zu meinem inzwischen erschienenen Werke „Theorie und practische Berechnung der Heißdampfmaschinen" zur gewünschten Publication gebracht. Dieser Anhang wird weiterhin von dem gedachten Werke selbstverständlich getrennt, denn mit dem Erscheinen dieser vierten Auflage des Hilfsbuches gelangen die Zweicylinder-Condens.-Maschinen mit Hochdruck dahin, wohin sie eigentlich gehören, nämlich in den I. Teil dieses Buches.

**) Hierher gehören insbesondere auch diejenigen Tabellen des „Practischen Teiles", welche die kleinen, gegenwärtig kaum mehr üblichen Dampfspannungen betreffen; in gewissen Fällen könnten dieselben doch von Interesse sein, von Schaden sind sie aber gewiß nicht.

bisherigen Bände (I. Practischer Teil, II. Theoretischer Teil) des Buches das Seinige in hinreichendem Maße getan zu haben.*)

Die vormaligen, nur oberflächlichen Bemerkungen über die Anwendung des überhitzten Dampfes sind ebenso aus dem Theoretischen wie aus dem Practischen Teile ganz weggeblieben, so daß beide Teile lediglich die Satt- bezw. Naßdampfmaschinen betreffen.

———

Auf Grundlage der Theorie der Sattdampfmaschinen hat der Verfasser eine besondere „Theorie und practische Berechnung der Heißdampfmaschinen" verfaßt, welche (mit dem bereits erwähnten Anhange) im Vorjahre (1904) als ein besonderes Werk erschien.

Dieses Erstlingswerk in seiner Art bildet nunmehr — entsprechend bereichert — den Hauptinhalt eines neuen, III. Bandes des Hilfsbuches, als eine sowohl zum I. Bande (Practischer Teil), wie auch zum II. Bande (Theoretischer Teil) gehörige Ergänzung.

Da in der ursprünglichen Abhandlung die Heißdampfmaschinen in betreff ihrer Leistung und ihres Dampfverbrauches umfassend erledigt erscheinen, betrifft die erwähnte hierortige Erweiterung vornehmlich die rechnungsmäßige Bestimmung des Wärme- und Brennstoffverbrauches.

Diese für die Anwendung eigentlich allerwichtigste, aber auch für die Lösung allerprekärste Aufgabe wird hier von zwei Gesichtspunkten ins Auge gefaßt:

Erstlich wird nämlich der Brennstoffverbrauch der Heißdampfmaschinen auf jenen der Sattdampfmaschinen bezogen, indem aus dem als bekannt angenommenen Verdampfungsfactor (Verdampfungsziffer) bei Sattdampf auf jenen bei Heißdampf rechnungsmäßig geschlossen wird.

Zweitens wird ganz allgemein für a l l e Arten der Dampfmaschinen (einschließlich der Sattdampfmaschinen) der W ä r m e verbrauch und hieraus schließlich der Brennstoffverbrauch pro indicierte und pro Netto-Pferdestunde rechnungsmäßig bestimmt.

Bei dem e r s t e n wie bei dem zweiten Vorgange begegnet man unumgänglich einem „Stein des Anstoßes", als welcher einmal die in Rechnung zu bringende Verdampfungsziffer für Sattdampf, das andere Mal der zu schätzende Wirkungsgrad der Kesselanlage zu betrachten ist.

Da indes in den meisten Fällen der Anwendung zum mindesten b e i läufige Erfahrungs- oder Versuchsdaten über die Verdampfungsfähigkeit des betreffenden Brennstoffes, sowie über den Heizeffect desselben vorliegen, so wird der Practiker an der Hand der beiden hier in Betracht gezogenen Methoden — wenn auch stets nur mit der diesfalls möglichen Annäherung — das Auskommen finden. —

———

*) Nur eine Änderung bezw. Kürzung hätte in dem „Theoretischen Teile" wohl vorgenommen werden können und war ursprünglich auch beabsichtigt, ohne jedoch (vorderhand) zustande zu kommen. Es ist die durch die „Nachträgliche Zugabe für alle Verbundmaschinen" am Schluß des „Practischen Teiles" möglich gewordene Kürzung der §§ 37, 38, 41, 42, welche nun der geneigte Leser selbst vornehmen möge, die jedoch in der nächsten Auflage nicht unterlassen werden soll.

Den übrigen Inhalt des neuen III. Bandes füllt eine zweite Ergänzung aus, welche eine theoretisch-practische Abhandlung über die Gebläsemaschinen mit besonderer Rücksicht auf den Dampfbetrieb enthält.

Die Aufnahme dieser Abhandlung in das Hilfsbuch wurde (abgesehen von wiederholter, aus Fachkreisen mir zugekommener Aufforderung) durch die folgende Erwägung herbeigeführt: In drei Fällen bildet die Dampfmaschine mit dem betreffenden Arbeitsmechanismus ein Ganzes und muß mit diesem Mechanismus zugleich berechnet werden:

1. bei der Locomotive,
2. bei der Förderungsmaschine,
3. bei dem Dampfgebläse.

Hiervon wurden 1 und 2 in meinem Hilfsbuche bereits seit der ersten Auflage nach Tunlichkeit im wesentlichen berücksichtigt. Nunmehr sollen (hiermit logischerweise) auch die Dampfgebläse (3) Aufnahme finden.

Allerdings erheischten hierbei die Gebläse an sich (zuvörderst ohne Rücksicht auf den Antrieb) eine besondere rechnungsmäßige Behandlung: ich mußte da etwas weiter ausholen und notwendigerweise mit der Ausmittlung der Windmengen beginnen, weil auf derselben die Berechnung der Gebläsemaschine beruht. Eben darum wird aber diese Abhandlung wohl allen Maschinen- und Hütten-Ingenieuren recht willkommen sein, denn sie finden diesen Gegenstand im ganzen nirgends so leicht faßlich, übersichtlich und für die Anwendung bequem dargestellt.

Hiermit dürfte das Hilfsbuch in seiner nunmehrigen Gestaltung und Erweiterung alles enthalten, was theoretisch und practisch hineingehört, und der Verfasser darf sonach die Hoffnung hegen, daß dasselbe — bei aller der Dampfmaschine durch die Verbrennungsmotoren, Dampfturbinen und durch die Elektromotoren erwachsenen Concurrenz — noch für ein dauernd ausgiebiges Feld der Anwendung seine guten Dienste leisten wird.

Příbram, im December 1905.

Josef Hrabák.

Inhalts-Verzeichnis

des „Practischen Teiles" des Hilfsbuches.

Einleitung und Gebrauchsanweisung.

(Separat mit fetten Ziffern paginiert.)

Tabellen.

(Detail-Übersicht siehe auf den folgenden zwei Seiten.)

Übersicht

der in die Tabellen aufgenommenen Admiss.-Spannungen und Füllungen.

(Zugleich detailliertes Inhalts-Verzeichnis.)

Maschinen-Gattung	Abs. Adm.-Spannung	Aufgenommene Füllungen:							I. Serie	II. Serie
Eincyl.-Auspuff-Maschinen mit Coulissen-Steuerung (nach Gooch, Stephenson etc.)	p = 3	0,8	*0,7*	*0,6*	0,5	0,4	0,333	0,3	S. 2. 3	S. 100
	3½	0,8	0,7	*0,6*	*0,5*	0,4	0,333	0,3	- 4. 5	- 101
	4	0,8	0,7	0,6	*0,5*	*0,4*	0,333	0,3	- 6. 7	- 102
	4½	0,8	0,7	0,6	*0,5*	*0,4*	0,333	0,3	- 8. 9	- 103
	5	0,7	0,6	0,5	*0,4*	*0,333*	0,3	0,25	- 10. 11	- 104
	5½	0,7	0,6	0,5	*0,4*	*0,333*	0,3	0,25	- 12. 13	- 105
	6	0,7	0,5	0,4	*0,333*	*0,3*	0,25	0,20	- 14. 15	- 106
	6½	0,7	0,5	0,4	*0,333*	*0,3*	0,25	0,20	- 16. 17	- 107
	7	0,7	0,5	0,4	*0,333*	*0,3*	0,25	0,20	- 18. 19	- 108
	8	0,7	0,5	0,4	*0,333*	*0,3*	0,25	0,20	- 20. 21	- 109
	9	0,7	0,5	0,4	0,333	*0,3*	*0,25*	0,20	- 22. 23	- 110
	10	0,7	0,5	0,4	0,333	*0,3*	*0,25*	0,20	- 24. 25	- 111
	11. 12	0,7	0,5	0,4	0,333	*0,3*	*0,25*	*0,20*	- 26.	- 26
Eincyl.-Auspuff-Maschinen mit Expansions-Steuerung (nach Meyer, Corliss etc.)	p = 3	0,8	0,7	0,6	*0,5*	*0,4*	0,333	0,3	S. 28. 29	S. 112
	3½	0,8	0,7	0,6	0,5	*0,4*	0,333	0,3	- 30. 31	- 113
	4	0,8	0,6	0,5	0,4	*0,333*	0,3	0,25	- 32. 33	- 114
	4½	0,8	0,6	0,5	0,4	*0,333*	0,3	0,25	- 34. 35	- 115
	5	0,7	0,5	0,4	*0,333*	0,3	0,25	0,20	- 36. 37	- 116
	5½	0,7	0,5	0,4	*0,333*	0,3	0,25	0,20	- 38. 39	- 117
	6	0,7	0,4	0,333	*0,3*	*0,25*	0,20	0,15	- 40. 41	- 118
	6½	0,7	0,4	0,333	*0,3*	*0,25*	0,20	0,15	- 42. 43	- 119
	7	0,7	0,333	0,3	*0,25*	*0,20*	0,15	0,125	- 44. 45	- 120
	8	0,7	0,333	0,3	0,25	*0,20*	0,15	0,125	- 46. 47	- 121
	9	0,7	0,333	0,3	0,25	*0,20*	*0,15*	0,125	- 48. 49	- 122
	10	0,7	0,333	0,3	0,25	*0,20*	*0,15*	0,125	- 50. 51	- 123
	11. 12	0,7	0,333	0,3	0,25	*0,20*	*0,15*	*0,125*	- 52.	- 52
Eincylinder-Condensations-Maschinen	p = 2½	0,4	0,333	*0,3*	*0,25*	0,20	0,15	0,125	S. 54. 55	S. 126
	3	0,4	0,333	*0,3*	*0,25*	0,20	0,15	0,125	- 56. 57	- 127
	3½	0,4	0,333	*0,3*	*0,25*	0,20	0,15	0,125	- 58. 59	- 128
	4	0,333	0,3	0,25	*0,20*	*0,15*	0,125	0,10	- 60. 61	- 129
	4½	0,333	0,3	0,25	*0,20*	*0,15*	0,125	0,10	- 62. 63	- 130
	5	0,3	0,25	0,20	*0,15*	*0,125*	0,10	0,07	- 64. 65	- 131
	5½	0,3	0,25	0,20	*0,15*	*0,125*	0,10	0,07	- 66. 67	- 132
	6	0,3	0,25	0,20	*0,15*	*0,125*	0,10	0,07	- 68. 69	- 133
	6½	0,3	0,25	0,20	*0,15*	*0,125*	0,10	0,07	- 70. 71	- 134
	7	0,25	0,20	0,15	*0,125*	*0,10*	0,07	0,05	- 72. 73	- 135
	8	0,25	0,20	0,15	*0,125*	*0,10*	0,07	0,05	- 74. 75	- 136
	9	0,25	0,20	0,15	*0,125*	*0,10*	0,07	0,05	- 76. 77	- 137
Zweicylinder-Condensations-Maschinen	p = 4	0,25	0,20	0,15	*0,125*	*0,10*	0,07	0,05	S. 80. 81	S. 138
	4½	0,25	0,20	0,15	*0,125*	*0,10*	0,07	0,05	- 82. 83	- 139
	5	0,20	0,15	0,125	*0,10*	0,07	0,05	0,04	- 84. 85	- 140
	5½	0,20	0,15	0,125	*0,10*	0,07	0,05	0,04	- 86. 87	- 141
	6	0,20	0,15	0,125	*0,10*	*0,07*	0,05	0,04	- 88. 89	- 142
	6½	0,20	0,15	0,125	*0,10*	*0,07*	0,05	0,04	- 90. 91	- 143
	7	0,20	0,15	0,125	0,10	*0,07*	0,05	0,04	- 92. 93	- 144
	8	0,20	0,15	0,125	0,10	*0,07*	0,05	0,04	- 94. 95	- 145
	9	0,20	0,15	0,125	0,10	*0,07*	*0,05*	0,04	- 96. 97	- 146

Die (beiläufig) „besten normalen Füllungen" sind durch Cursivschrift gekennzeichnet.

Fortsetzung der Tabellen-Übersicht.

III. Serie. Maschinen mit hohem Dampfdruck.

<table>
<tr><td>Maschinen-
Gattung</td><td>Abs. Adm.-
Spannung</td><td colspan="5" align="center">Aufgenommene Füllungen:</td><td>(III. Serie)</td></tr>
<tr><td rowspan="8">Zweicylinder-Auspuff-
Maschinen</td><td>$p = 7$</td><td>0,25</td><td>0,20</td><td>0,15</td><td>.</td><td>.</td><td>Seite 148</td></tr>
<tr><td>8</td><td>0,25</td><td>0,20</td><td>0,15</td><td>0,125</td><td>.</td><td>- 149</td></tr>
<tr><td>9</td><td>0,25</td><td>0,20</td><td>0,15</td><td>0,125</td><td>0,10</td><td>- 150</td></tr>
<tr><td>10</td><td>0,25</td><td>0,20</td><td>0,15</td><td>0,125</td><td>0,10</td><td>- 151</td></tr>
<tr><td>11</td><td>0,20</td><td>0,15</td><td>0,125</td><td>0,10</td><td>0,08</td><td>- 152</td></tr>
<tr><td>12</td><td>0,20</td><td>0,15</td><td>0,125</td><td>0,10</td><td>0,08</td><td>- 153</td></tr>
<tr><td>13</td><td>0,20</td><td>0,15</td><td>0,125</td><td>0,10</td><td>0,08</td><td>- 154</td></tr>
<tr><td>14</td><td>0,20</td><td>0,15</td><td>0,125</td><td>0,10</td><td>0,08</td><td>- 155</td></tr>
<tr><td rowspan="9">Dreicylinder-
Condens.-Maschinen</td><td>$p = 7$</td><td>0,10</td><td>0,08</td><td>0,06</td><td>0,05</td><td>0,04</td><td>Seite 158</td></tr>
<tr><td>8</td><td>0,10</td><td>0,08</td><td>0,06</td><td>0,05</td><td>0,04</td><td>- 159</td></tr>
<tr><td>9</td><td>0,08</td><td>0,06</td><td>0,05</td><td>0,04</td><td>0,03</td><td>- 160</td></tr>
<tr><td>10</td><td>0,08</td><td>0,06</td><td>0,05</td><td>0,04</td><td>0,03</td><td>- 161</td></tr>
<tr><td>11</td><td>0,06</td><td>0,05</td><td>0,04</td><td>0,03</td><td>0,025</td><td>- 162</td></tr>
<tr><td>12</td><td>0,06</td><td>0,05</td><td>0,04</td><td>0,03</td><td>0,025</td><td>- 163</td></tr>
<tr><td>13</td><td>0,05</td><td>0,04</td><td>0,03</td><td>0,025</td><td>0,02</td><td>- 164</td></tr>
<tr><td>14</td><td>0,05</td><td>0,04</td><td>0,03</td><td>0,025</td><td>0,02</td><td>- 165</td></tr>
<tr><td colspan="6">Zusätzliche Reibung zu den vorangehenden Maschinen der III. Serie . . .</td><td>- 166</td></tr>
<tr><td rowspan="5">Zweicylinder-
Condens.-Maschinen</td><td colspan="6" align="center">Ergänzung zu S. 97 und 146.</td><td></td></tr>
<tr><td>$p = 9$</td><td>0,10</td><td>0,08</td><td>0,07</td><td>0,06</td><td>0,05   0,04</td><td>S. 170, 171</td></tr>
<tr><td>10</td><td>0,10</td><td>0,08</td><td>0,07</td><td>0,06</td><td>0,05   0,04</td><td>- 172, 173</td></tr>
<tr><td>11</td><td>0,10</td><td>0,08</td><td>0,07</td><td>0,06</td><td>0,05   0,04</td><td>- 174, 175</td></tr>
<tr><td>12</td><td>0,10</td><td>0,08</td><td>0,07</td><td>0,06</td><td>0,05   0,04</td><td>- 176, 177</td></tr>
</table>

Die (beiläufig) „besten normalen Füllungen" sind durch Cursivschrift gekennzeichnet.

Einleitung

nebst

Gebrauchs-Anweisung

zu dem

Practischen Teile

des Hilfsbuches.

Vorerinnerung.

In dem vorliegenden „Practischen Teile" des „Hilfsbuches für Dampf-maschinen-Techniker" sind die Dampfmaschinen aller Hauptgattungen und aller Größen (von circa $0{,}_{16}$ bis 3 Meter Durchmesser in entsprechenden Abstufungen) für die verschiedenen Spannungen und Füllungen, sowohl in-betreff der Leistung (indiciert und Netto-, mit entsprechender Bewertung des Leergangswiderstandes und der zusätzlichen Reibung), als auch bezüglich des Dampfconsums auf Grundlage der Entwicklungen des zugehörigen „Theoretischen Teiles" fertig berechnet.

Für die Anwendung bildet indessen dieser „Practische Teil" an und für sich ein Ganzes und ist als solches ohne weiteres verständlich.

Bezeichnungen.

Dieselben sind zum Teile in den Tabellen selbst erklärt, werden aber hier ergänzt und übersichtlich vorgeführt.

O die wirksame Kolbenfläche (qm),

D der Kolbendurchmesser (m), somit

$\dfrac{D^2 \pi}{4}$ die ganze Kolbenfläche (qm); $\Big\}$ *)

l der Kolbenhub (m),

n die Tourenzahl pro Minute,

c die Kolbengeschwindigkeit (m pro Sec.); $\Big\}$ $nl = 30\,c$;

bei den Zweicylinder- und Dreicylinder-Maschinen beziehen sich die angeführten Größen auf den Niederdruck-Cylinder und bezeichnet außerdem V das Volumen dieses Cylinders; bei den Zweicylinder-Maschinen ist v das Volumen des Hochdruck-Cylinders, R das Receiver-Volumen; bei den Drei-(cylinder-Maschinen ist aber: v_1 das Volumen des Hochdruck-Cylinders, v_2 jenes des Mitteldruck-Cylinders, R_1 das Volumen des ersten Receivers zwischen v_1 und v_2), R_2 das Volumen des zweiten Receivers (zwischen v_2 und V);

p die (mittlere) absolute Admissionsspannung in Atmosphären à 1 Kgr pro Qu.-Centim.**);

---

*) Bezeichnet $o = \dfrac{d^2 \pi}{4}$ den Kolbenstangenquerschnitt, so ist:

für beiderseitige Kolbenstange $\dfrac{D^2 \pi}{4} = O + o$

„ einseitige „ „ $= O + \tfrac{1}{2}\,o$.

Hierbei ist je nach der relativen Stärke der Kolbenstange in der Regel $o = 0{,}03$ bis $0{,}02\ O$. In den Tabellen ist bei fortlaufenden Werten von O der Kolbendurchmesser D für $o = 0{,}03\ O$ also für beiderseitige stärkere Kolbenstange, in Centimeter angegeben.

**) Zu der absoluten Kesselspannung p_0 (in Atmosph.) passen als Annahme für die Rechnung folgende Werte von p, und zwar:

a) wenn zu einer absichtlichen Droßlung kein Anlaß vorhanden ist,

b) wenn eine namhaftere Droßlung (etwa durch den Regulator oder überhaupt bei absätzigem Betriebe etc.) unvermeidlich ist:

für $p_0 =$	4	$4^1/_2$	5	$5^1/_2$	6	$6^1/_2$	7	$7^1/_2$	8	9	10	11	12	13	14	15	16	Atm.
ad a) $p =$	$3^1/_4$	$3^3/_4$	$4^1/_4$	$4^1/_2$	5	$5^1/_2$	6	$6^1/_2$	7	$7^3/_4$	$8^3/_4$	$9^1/_2$	$10^1/_2$	$11^1/_2$	$12^1/_2$	$13^1/_2$	14	„
ad b) $p =$	$2^3/_4$	3	$3^1/_2$	4	$4^1/_4$	$4^3/_4$	5	$5^1/_2$	6	$6^3/_4$	$7^1/_2$	$8^1/_4$	9	10	11	12	13	„

$\dfrac{l_1}{l}$ die Füllung (bei den Zweicylinder- und Dreicylinder-Maschinen die auf den Niederdruck-Cylinder bezogene „reducierte" Füllung);

m die relative Größe des schädlichen Raumes (bezogen auf das wirksame Cylindervolumen Ol);

N_i die indicierte Leistung in Pfdk. (am Kolben);

N_o die Leergangs-Leistung in Pfdk. (am Kolben);

N_n die Netto-Leistung in Pfdk. (an der Welle);

$\dfrac{N_i}{c}$, $\dfrac{N_o}{c}$ und $\dfrac{N_n}{c}$ die indicierte, die Leergangs- und die Netto-Leistung pro 1 Meter Kolbengeschwindigkeit;

N (ohne Zeiger) bezieht sich auf N_i und N_n zugleich;

bei den Zweicylinder-Maschinen bezeichnet N die Gesamtleistung beider Cylinder, N' die Leistung des Hochdruck-Cylinders; $N' = {}^1/_2\,N$ bedeutet die gleiche Arbeitsverteilung auf beide Cylinder;

bei den Dreicylinder-Maschinen ist N (indic. oder Netto) die Gesamtleistung N_1', die Leistung des Hochdruck-Cylinders, N_2' jene des Mitteldruck-Cylinders.

C_i' der nutzbare Dampfverbrauch,

C_i'' der Abkühlungsverlust,

C_i''' der Dampflässigkeitsverlust

} pro indicierte Pfdk. u. Stde. in Kgr.

$C_i = C_i' + C_i'' + C_i'''$ der summarische Dampfconsum pro indic. Pfdk. und Stunde in der Maschine allein (also abgesehen von dem Verluste in der Dampfleitung und von dem mitgerissenen Kesselwasser);

$C_n = C_i\,\dfrac{N_i}{N_n}$ der summarische Dampfconsum pro Netto-Pfdk. und Stde. in der Maschine allein etc. (wie bei C_i).

Einteilung des „Practischen Teiles" des Hilfsbuches.

Es werden daselbst in den ersten zwei Tabellen-Serien für Dampfspannungen von höchstens 9 oder 10 Atmosphären die folgenden vier Dampfmaschinen-Gattungen behandelt:

A. Auspuff-Maschinen mit Coulissensteuerung (nach Gooch, Stephenson etc.);

B. Auspuff-Maschinen mit Expansions - Steuerung (nach Meyer, Corliss etc.);

C. Eincylinder-Condensations-Maschinen;

D. Zweicylinder-Condensations-Maschinen.

Die erste Serie umfaßt auf Seite 1 bis 97 Maschinen gewöhnlicher Größen bis zu einer (wirksamen) Kolbenfläche $O = 1$ Qu.-Meter, d. i. bis zu einem Durchmesser $D = 1{,}15$ Meter.

Die zweite Serie (S. 99 bis 146) betrifft unter dem Schlagworte „Sehr große Maschinen" solche von $O = 1$ bis 7 Qu.-Meter, d. i. von $D = 1{,}15$ bis $3{,}03$ Meter.

Die dritte Serie behandelt die „Dampfmaschinen mit hohem Dampfdruck" aller üblichen Größen (von $O = 0{,}08$ bis 7 Qu.-Meter), und zwar:

A. Zweicylinder-Auspuff-Maschinen (S. 147 bis 155);

B. Dreicylinder-Condensations-Maschinen (S. 157 bis 166);

C. Zweicylinder-Condens.-Maschinen mit Hochdruck (S. 167 bis 177).

Hierauf folgt ein Anhang (S. 178 bis 220).

In jeder der ersten zwei Serien sind die ersten drei Maschinengattungen, nämlich die Eincylinder-Maschinen mit Auspuff (A und B) und mit Condensation (C) für 12 nacheinander folgende Werte der absol. Admissionsspannung p behandelt, und zwar:

die Auspuff-Maschinen (A u. B) für $p = 3, 3^1/_2 \ldots 6^1/_2, 7, 8, 9, 10$ Atm. (nebst $p = 11, 12$ Atm.),

dieEincylinder-Condens.-Masch.(C)für $p = 2^1/_2, 3 \ldots 6^1/_2, 7, 8, 9$ ·Atm.

Für die Zweicylinder-Condens.-Maschinen, als vierte Gattung (D) wurden bloß neun Werte, und zwar $p = 4, 4^1/_2, 5, 5^1/_2, 6, 6^1/_2, 7, 8, 9$ Atmosphären berücksichtigt.

In der dritten Serie wurden ebenso für die Zweicylinder-Auspuff-Maschinen, als auch für die Dreicylinder-Condens.-Maschinen die Admissionsspannungen $p = 7, 8, 9, 10, 11, 12, 13, 14$ Atm. in Betracht gezogen. Bei den Zweicylinder-Condens.-Maschinen mit Hochdruck wurden bloß die Spannungen $p = 9, 10, 11, 12$ Atm. ins Auge gefaßt, was in der betreffenden Einleitung (S. 167 bis 169) begründet erscheint.

Einrichtung der Tabellen der I. und II. Serie

(für Spannungen zunächst von höchstens 9 oder 10 Atm.).

In der ersten Serie sind für die beiden Gattungen der (Eincylinder-) Auspuff-Maschinen (A und B) bei jeder der genannten Spannungen 120 Maschinen-Größen (von $O = 0{,}02$ bis 1 qm, resp. von $D = 0{,}16$ bis $1{,}15$ m) auf je einer Doppelseite (links und rechts) in Betracht gezogen; für die Eincylinder-Condens.-Maschinen (mit Hinweglassung der 5 kleinsten Caliber bis $D = 0{,}10$ m) 115 Maschinengrößen; für die Zweicylinder-Condens.-Maschinen (mit Auslassung der 20 kleinsten Caliber bis $D = 0{,}28$ m) 100 Maschinengrößen.

In der zweiten Serie wurden — für alle Maschinengattungen gleich — (zwischen $O = 1$ bis 7 qm, resp. zwischen $D = 1{,}15$ bis $3{,}03$ m) je 60 Maschinengrößen auf je einer einfachen Seite behandelt.

Die Angaben über Leistung und Dampfconsum erstrecken sich überall auf sieben verschiedene Füllungen zu beiden Seiten der beiläufig üblichen „normalen" Füllungen*), bei den Auspuff-Maschinen (A und B) einschließlich der nahezu ganzen Füllung ($\frac{l_1}{l} = 0{,}8$ oder $0{,}7$) aus Rücksicht für die Förderungs- und Lokomotiv-Maschinen.

Die Angaben über die indicierte und Netto-Leistung beziehen sich durchgehends vorbedachter Weise auf 1 Meter Kolbengeschwindigkeit. Die hiermit eingeführte „Leistung pro 1 m Kolbengeschwindigkeit" (wofür man kurz „Leistung pro 1 Meter" sagen könnte) charakterisiert die Stärke einer Maschine unstreitig viel präciser, als die übliche Angabe der Leistung bei der jeweiligen, in ziemlich weiten Grenzen willkürlichen Kolbengeschwindigkeit. Von jeder

---

*) „Normal" nennen wir diejenige Füllung, bei welcher die Maschine ihre gewöhnliche (normale) Leistung entwickelt. Insofern diese Füllung für eine herzustellende Maschine so gewählt wird, daß den ökonomischen Rücksichten in bezug auf Dampfconsum und Maschinenkosten zugleich entsprochen wird, gebrauchen wir den Ausdruck „beste normale Füllung". In den sämtlichen Tabellen dieses Hilfsbuches sind die den „besten normalen" beiläufig nächstliegenden Füllungen durch Fettdruck markiert.

tabellarischen Angabe der Leistung pro 1 Meter ($\frac{N_i}{c}$ und $\frac{N_n}{c}$) ist auf die Leistung (N_i und N_n) bei einer gewissen Kolbengeschwindigkeit c durch einfache Multiplication mit c leicht zu übergehen; ebenso ist, wenn von N_i oder N_n (als gegebenen Größen) ausgegangen werden sollte, die in den Tabellen vertretene, charakteristische Größe $\frac{N_i}{c}$ oder $\frac{N_n}{c}$ eben durch Division mit c leicht zu eruieren.

Die unmittelbaren Angaben der Leistung $\frac{N_i}{c}$ und $\frac{N_n}{c}$ gelten für Maschinen ohne (ansehnliche) Compression des Emissionsdampfes. Durch die Compression bis nahe zur Gegendampfspannung wird (bei einem gewissen schädlichen Raume) die Leistung $\frac{N_i}{c}$ einer Maschine bei beliebiger Füllung um eine bestimmte Größe (Mehrbetrag der Compressionsleistung) herabgemindert. Diese „subtractive Compressionsleistung pro $c = 1\,\mathrm{m}$" ist mit Ausnahme der Maschinen mit Coulissensteuerung bei allen Maschinengattungen auf jeder Tabelle in einer besonderen Spalte für einen schädlichen Raum von $3\frac{1}{2}\,^0/_0$ bei den Auspuff-Maschinen, von $2\frac{1}{2}\,^0/_0$ bei den Eincylinder-Condens.-Maschinen und von ca. $3\frac{1}{2}\,^0/_0$ bei den Zweicylinder-Condens.-Maschinen angegeben. Bei bedeutend größerem schädlichen Raume läßt sich bei Eincylinder-Condens.-Maschinen mit ansehnlicheren Spannungen bis zur Gegendampfspannung füglich nicht comprimieren, im übrigen ist die subtractive Compressionsleistung der Größe des schädlichen Raumes annähernd proportional und könnte hiernach eventuell corrigiert werden, indem man die tabellarischen Beträge

$$\text{bei Auspuff mit } \frac{m}{0{,}035},$$

$$\text{bei Eincylinder-Condens. mit } \frac{m}{0{,}025},$$

$$\text{bei Zweicylinder-Condens. mit } \frac{m}{0{,}035},$$

multipliciert, wenn m die jeweilige Größe des schädlichen Raumes bezeichnet. Man begeht einen ganz unmerklichen Fehler, wenn man die Angaben der subtractiven Compressionsleistung zugleich für $\frac{N_n}{c}$ als gültig annimmt, wodurch der jeweilige Wirkungsgrad der Maschine (in der Rechnung) ganz unbedeutend herabgesetzt wird.

Bei den Maschinen mit Coulissensteuerung ist die ihnen eigentümliche namhafte Compressionsleistung bereits in den Angaben von $\frac{N_i}{c}$ und $\frac{N_n}{c}$ selbstverständlich einbezogen.

Note. Es ist übrigens noch zu bemerken, daß die Angaben über die Compressionsleistung in Serie I und II für nur mäßig feuchten Dampf — insbesondere für Maschinen mit Dampfhemd (resp. auch geheiztem Receiver) — annähernd Geltung haben. Bei Maschinen ohne Heizung (bezw. bei feuchtem Dampfe) kann die Compressionsleistung (bis zur Gegendampfspannung) auch um 50 $^0/_0$ größer, als die tabellarischen Angaben ausfallen; es ist indes kein unumgängliches Erfordernis, unter allen Umständen bis zu der vollen Gegendampfspannung zu comprimieren.

Für die tabellarischen Angaben der Netto-Leistung $\frac{N_n}{c}$ ist der Leergangs-Widerstand nach den betreffenden Regeln des „Theoretischen Teiles" dieses Hilfsbuches gerechnet worden; die „zusätzliche Reibung" wurde jedoch geflissentlich (mit Rücksicht auf das in der Praxis übliche „Zugeben") merklich höher geschätzt, als sie sich bei wirklich guten Maschinen tatsächlich gestaltet. Will man nun die Netto-Leistung knapper rechnen, oder überhaupt auch die durch den Indicator nachweisbare Differenz zwischen der indicierten Leistung $\left(\dfrac{N_i}{c}\right)$ und der Leergangsleistung $\left(\dfrac{N_o}{c}\right)$ ermitteln, so findet man in dem „Anhange" (S. 178 bis 186) für alle Maschinen der I. und II. Serie (die Coulissen-Masch. in den „Eincyl.-Auspuff-Masch." einbegriffen), Zeile für Zeile, den „Leergangs-widerstand in Pfdk. pro 1 m Kolbengeschwindigkeit", d. h. die Größe $\dfrac{N_o}{c}$ angegeben, und in jeder Zeile auch den „knapperen" Wert des Coëfficienten μ der zusätzlichen Reibung $\left(\text{nebst}\dfrac{1}{1+\mu}\right)$ numerisch beigesetzt. (In jeder Spalte der Werte von $\dfrac{N_o}{c}$ ist unten die Seite, „pag.", der Haupttabelle angegeben, zu welcher diese Spalte gehört, ferner ist auf S. 187 eine erklärende „Bemerkung" über die genannten Tabellen des Leergangswiderstandes hinzugefügt.) Hiernach ergibt sich für jede beliebige Maschine durch einfache Subtraction zweier Tabellenwerte die durch den Indicator nachweisbare Leistungsdifferenz

$$\frac{N_i}{c} - \frac{N_o}{c}$$

und sodann durch eine einfache Multiplication mit $\dfrac{1}{1+\mu}$ die knapper gerechnete Netto-Leistung

$$\frac{N_n}{c} = \frac{1}{1+\mu}\left(\frac{N_i}{c} - \frac{N_o}{c}\right)$$

Für die höchsten Spannungen $p = 11$ und 12 Atm. bei den Eincylinder-Auspuff-Maschinen (mit Coulissensteuerung S. 26 und mit Expans.-Steuerung S. 52) sind die Leistungen $\dfrac{N_i}{c}$ und $\dfrac{N_n}{c}$ nicht unmittelbar angegeben; es ist vielmehr daselbst die indic. Leistung pro 1 m Kolbengeschwindigkeit und pro 1 m Kolbenfläche, nämlich

$$n_i = \frac{N_i}{O_c}$$

für je 8 Füllungen numerisch angesetzt. Aus diesen Ansätzen ermittelt man $\dfrac{N_i}{c}$ und $\dfrac{N_n}{c}$ nach der auf den betreffenden Seiten (26 und 52) angehängten Anleitung.

Für alle in Betracht gezogenen Füllungen und Spannungen sind bei jeder Maschinengattung (und Maschinengröße) außer der Leistung auch noch die zwei Hauptanteile C_i' und C_i'' des Dampfconsums (pro indic. Pfdk. und Stunde) sofort leicht zu ermitteln, indem aus einem auf jeder Doppelseite angeschlossenen Hilfstabellchen der nutzbare Dampfverbrauch C_i' direct zu entnehmen ist, der Abkühlungsverlust C_i'' aber durch einfache Multi-

Werte von $\frac{1}{x}$ zur Bestimmung des Abkühlungsverlustes C_i'' aus den tabellarischen Ansätzen von xC_i''

(durch Multiplication dieser Ansätze mit $\frac{1}{x}$).

Füllung $\frac{l'}{l}=$	0,8	0,7	0,6	0,5	0,4	0,333	0,30	0,25	0,20	0,15	0,125	0,10	0,09	0,08	0,07	0,06	0,05	0,04	0,035	0,03	0,025	0,02	$=\frac{l'}{l}$ Füllung
$c=0,5$ m	0,694	0,735	0,781	0,833	0,893	0,937	0,962	1,000	1,042	1,087	1,111	1,136	1,147	1,157	1,168	1,179	1,190	1,202	1,208	1,214	1,220	1,225	$c=0,5$ m
0,6	0,634	0,671	0,713	0,761	0,816	0,856	0,878	0,913	0,951	0,992	1,014	1,037	1,047	1,057	1,067	1,076	1,087	1,098	1,103	1,109	1,114	1,119	0,6
0,7	0,587	0,622	0,661	0,704	0,755	0,792	0,813	0,845	0,880	0,919	0,939	0,961	0,970	0,978	0,988	0,997	1,007	1,016	1,021	1,026	1,031	1,036	0,7
0,8	0,549	0,581	0,618	0,659	0,706	0,741	0,760	0,791	0,824	0,859	0,879	0,898	0,907	0,916	0,924	0,933	0,942	0,951	0,955	0,960	0,964	0,969	0,8
0,9	0,518	0,548	0,582	0,621	0,665	0,698	0,716	0,745	0,776	0,810	0,828	0,847	0,854	0,862	0,870	0,878	0,887	0,895	0,900	0,905	0,909	0,913	0,9
$c=1,0$ m	0,491	0,520	0,552	0,589	0,631	0,663	0,680	0,707	0,736	0,769	0,786	0,804	0,812	0,819	0,827	0,835	0,842	0,850	0,854	0,858	0,862	0,867	$c=1,0$ m
1,1	0,468	0,496	0,527	0,562	0,602	0,632	0,649	0,674	0,703	0,733	0,749	0,766	0,773	0,780	0,787	0,795	0,803	0,810	0,814	0,818	0,822	0,826	1,1
1,2	0,448	0,475	0,504	0,538	0,576	0,605	0,621	0,646	0,672	0,702	0,717	0,734	0,741	0,748	0,755	0,762	0,769	0,776	0,780	0,784	0,787	0,791	1,2
1,3	0,431	0,456	0,485	0,517	0,554	0,582	0,597	0,620	0,646	0,674	0,689	0,705	0,711	0,717	0,724	0,731	0,738	0,745	0,749	0,753	0,756	0,760	1,3
1,4	0,415	0,439	0,467	0,498	0,534	0,560	0,575	0,598	0,623	0,650	0,664	0,679	0,686	0,693	0,699	0,705	0,712	0,719	0,722	0,725	0,729	0,733	1,4
$c=1,5$ m	0,401	0,424	0,451	0,481	0,515	0,541	0,555	0,577	0,601	0,627	0,641	0,656	0,662	0,668	0,674	0,681	0,687	0,694	0,697	0,701	0,704	0,708	$c=1,5$ m
1,6	0,388	0,411	0,437	0,466	0,499	0,524	0,538	0,559	0,582	0,608	0,621	0,635	0,641	0,647	0,653	0,660	0,666	0,672	0,675	0,678	0,682	0,685	1,6
1,7	0,377	0,399	0,424	0,452	0,484	0,508	0,521	0,542	0,565	0,589	0,602	0,616	0,622	0,627	0,633	0,639	0,646	0,652	0,655	0,658	0,661	0,664	1,7
1,8	0,366	0,387	0,412	0,439	0,471	0,494	0,507	0,527	0,549	0,573	0,586	0,599	0,605	0,610	0,616	0,622	0,627	0,633	0,637	0,640	0,643	0,646	1,8
1,9	0,356	0,377	0,401	0,428	0,458	0,481	0,493	0,513	0,534	0,558	0,570	0,583	0,588	0,594	0,600	0,605	0,610	0,617	0,620	0,623	0,626	0,629	1,9
$c=2,0$ m	0,347	0,368	0,391	0,417	0,446	0,469	0,481	0,500	0,521	0,543	0,556	0,568	0,573	0,579	0,584	0,590	0,595	0,601	0,604	0,607	0,610	0,613	$c=2,0$ m
2,2	0,331	0,350	0,372	0,397	0,426	0,447	0,458	0,477	0,497	0,518	0,530	0,542	0,546	0,552	0,557	0,562	0,568	0,573	0,576	0,578	0,581	0,584	2,2
2,4	0,317	0,336	0,357	0,380	0,408	0,428	0,439	0,456	0,474	0,496	0,507	0,519	0,524	0,528	0,533	0,538	0,543	0,549	0,551	0,554	0,556	0,559	2,4
2,6	0,305	0,322	0,343	0,366	0,392	0,411	0,422	0,439	0,457	0,477	0,487	0,499	0,503	0,508	0,513	0,517	0,522	0,527	0,530	0,532	0,535	0,537	2,6
2,8	0,294	0,311	0,330	0,352	0,377	0,396	0,407	0,423	0,440	0,459	0,470	0,480	0,485	0,489	0,494	0,498	0,503	0,508	0,510	0,513	0,515	0,518	2,8
$c=3,0$ m	0,284	0,300	0,319	0,340	0,365	0,383	0,393	0,408	0,425	0,444	0,454	0,464	0,468	0,473	0,477	0,482	0,486	0,491	0,493	0,496	0,498	0,501	$c=3,0$ m
3,2	0,274	0,291	0,309	0,329	0,353	0,371	0,380	0,395	0,412	0,430	0,439	0,449	0,454	0,458	0,462	0,466	0,471	0,475	0,477	0,480	0,482	0,484	3,2
3,4	0,266	0,282	0,299	0,319	0,342	0,360	0,369	0,383	0,400	0,417	0,426	0,436	0,440	0,444	0,448	0,452	0,457	0,461	0,463	0,466	0,468	0,470	3,4
3,6	0,259	0,274	0,291	0,311	0,333	0,349	0,358	0,373	0,388	0,405	0,414	0,424	0,428	0,431	0,436	0,440	0,414	0,448	0,450	0,452	0,455	0,457	3,6
3,8	0,252	0,267	0,283	0,302	0,324	0,340	0,349	0,363	0,378	0,394	0,403	0,412	0,416	0,420	0,424	0,428	0,432	0,436	0,438	0,440	0,442	0,444	3,8
$c=4,0$ m	0,246	0,260	0,276	0,295	0,316	0,332	0,340	0,354	0,368	0,384	0,393	0,402	0,406	0,409	0,413	0,417	0,421	0,425	0,427	0,429	0,431	0,433	$c=4,0$ m
4,2	0,240	0,254	0,270	0,288	0,308	0,324	0,332	0,345	0,359	0,375	0,383	0,392	0,396	0,400	0,403	0,407	0,411	0,415	0,417	0,419	0,421	0,423	4,2
4,4	0,234	0,248	0,263	0,281	0,301	0,316	0,324	0,337	0,351	0,366	0,375	0,383	0,387	0,390	0,394	0,397	0,401	0,405	0,407	0,409	0,411	0,413	4,4
4,6	0,229	0,242	0,258	0,275	0,294	0,309	0,317	0,330	0,344	0,358	0,366	0,375	0,378	0,382	0,385	0,389	0,393	0,396	0,398	0,400	0,402	0,404	4,6
4,8	0,224	0,237	0,252	0,269	0,288	0,303	0,310	0,323	0,336	0,351	0,359	0,366	0,370	0,374	0,377	0,381	0,384	0,388	0,390	0,392	0,394	0,396	4,8
$c=5,0$ m	0,220	0,233	0,247	0,264	0,282	0,297	0,304	0,316	0,329	0,344	0,351	0,359	0,363	0,366	0,369	0,373	0,377	0,380	0,382	0,384	0,386	0,388	$c=5,0$ m

Note. Diese Werte von $\frac{1}{x}$ sind für alle Maschinengattungen (bei einer gewissen Füllung $\frac{l'}{l}$ und Kolbengeschwindigkeit c) die gleichen; dieselben sind indes auf der Titelseite jeder Tabellengruppe für die betreffenden Füllungen auf zwei Decimalen angesetzt.

Es ist $x = 0,8\left(1 + \frac{l'}{l}\right)\sqrt{2c}$.

plication der zugehörigen tabellarischen Angabe von xC_i'' mit $\dfrac{1}{x}$ sich ergibt.

Die Werte von $\dfrac{1}{x}$ sind in Abhängigkeit von der jeweiligen Füllung $\dfrac{l_1}{l}$ und Kolbengeschwindigkeit c auf der Titelseite jeder einzelnen Tabellengruppe auf 2 Decimalen angegeben. Außerdem ist hierselbst (S. 8) eine Tabelle angeschlossen, welche die Werte von $\dfrac{1}{x}$ für alle Maschinengattungen auf drei Decimalen enthält; für den practischen Gebrauch genügen die Titeltabellchen über $\dfrac{1}{x}$.*)

Da indes die Größe C_i'' auch noch von der relativen Hublänge abhängt und die tabellarischen Angaben von xC_i'' durchwegs für das mittlere Hubverhältnis $l:D = 2:1$ unmittelbare Geltung haben, so sind diese Angaben oder die hiervon abgeleiteten Größen von C_i'' bei einem von $2:1$ wesentlich abweichenden Hubverhältnisse $l:D$ mittels eines Coëfficienten zu corrigieren, dessen numerische Werte jedem betreffenden Titeltabellchen unten angehängt sind. Bei den Mehrcylinder-Maschinen betrifft $l:D$ den Admissions- (Hochdruck-) Cylinder.

Der dritte Anteil des Dampfconsums, nämlich der **Dampflässigkeitsverlust** C_i''' ist an Ort und Stelle nur dann unmittelbar zu finden, wenn es sich um die Angabe desselben in der Gegend der meist gebräuchlichen normalen Füllung bei der gewöhnlichen Kolbengeschwindigkeit handelt. Für solche (meist vorkommenden) Fälle ist C_i''' in der letzten Spalte einer jeden Seite auf jeder fünften Zeile für „gewöhnliche" Maschinen (d. i. solche mit leidlicher Dampflässigkeit) und zwar mit dem **doppelten** Betrage ($2\,C_i''$) numerisch angesetzt; unterhalb einer jeden solchen Angabe ist die als beiläufig „normal" angenommene (mäßige) Kolbengeschwindigkeit (c in Meter) eingeklammert, welche, wenn man will, auch als solche zur Kenntnis genommen werden kann.

Um nun den Dampflässigkeitsverlust bei einer beliebigen anderen Füllung und Kolbengeschwindigkeit zu bestimmen, schlage man stets nur die dreiteilige Tabelle des Anhanges (S. 188 und 189) auf, in welcher C_i''' zu der jeweiligen Größe von N_i und von c gehörig, für alle Maschinengattungen numerisch angesetzt ist.

Die drei Anteile C_i', C_i'' und C_i''' des Dampfconsums C_i sind durchwegs doppelt angegeben, und zwar einmal für „gewöhnliche" Maschinen, d. h. für solche von gewöhnlicher aber noch guter Ausführung und Instandhaltung, das anderemal für „exacte" Maschinen, d. h. solche von exacter Ausführung (mit kleinen schädlichen Räumen bei entsprechender Compression etc.) und Instandhaltung**). Die ersteren Angaben (für „gewöhnliche" Maschinen) kann man von jeder anständigen Maschine als gestattete Maxima verlangen, so daß

---

*) Durch die Größe x wird dem Einflusse der Kolbengeschwindigkeit c auf den Abkühlungsverlust C_i'' und zugleich einer Correction der ursprünglichen Dampfverlustformel des Verfassers Rechnung getragen, weshalb denn eben x außer von c auch noch von $\dfrac{l_1}{l}$ abhängig ist.

) Nur bei den Eincylinder-Auspuff-Maschinen mit Expansionssteuerung **ohne Dampfhemd fehlen die Angaben für „exact" und erübrigt zu bemerken, daß hierbei C_i' (nutzbar) etwa um höchstens 0,5 Kgr. kleiner angenommen werden kann, wenn man knapper rechnen will.

eine Maschine mit einem größeren Dampfconsum als in irgend einer Beziehung mangelhaft zu bezeichnen wäre; die anderen Angaben (für „exacte" Maschinen) sind zwar knapp, jedoch immerhin nicht so gar knapp, daß dieselben von einer umsichtigen Maschinenfabrik für den anfänglichen, selbstüberwachten Betrieb nicht garantiert werden könnten, wobei es indes ratsam ist, den Dampfconsum auch nach den Angaben des „Theoretischen Teiles" dieses Hilfsbuches zur Controle auszumitteln.

Bei den Zweicylinder-Condens.-Maschinen, welche hier durchaus als correcte Maschinen mit Dampfhemd mindestens am Hochdruck-Cylinder und mit Doppelsteuerung (behufs Vermeidung des Spannungsabfalls bei dem Dampfübertritte) vorausgesetzt werden, — während die alten Woolf'schen Maschinen (mit ganzer Füllung des Expansions-Cylinders) ganz unbeachtet bleiben, — ist C_i' nur einmal, hingegen C_i'' und C_i''' doppelt (einmal für „gewöhnliche", das anderemal für ganz „exacte" Maschinen) angegeben.

Wenn sonach der summarische Dampfconsum $C_i = C_i' + C_i'' + C_i'''$ einer Maschine gewisser Gattung und Einrichtung von bestimmtem Kolbendurchmesser nicht bloß durch die Admissionsspannung und Füllung bedingt ist, sondern auch (bezüglich der beiden Verluste) von der Kolbengeschwindigkeit und (bezüglich des Abkühlungsverlustes) auch noch von dem jeweiligen Hubverhältnisse beeinflußt wird, so konnte die Größe von C_i in einzelnen Zeilen des „Hilfsbuches" eben nur bedingungsweise, d. h. unter gewissen Voraussetzungen angegeben werden. Es geschah dies (für die I. Serie) an vier Stellen der letzten Spalte in fetter Cursivschrift unterhalb der betreffenden Angabe von C_i''' und der zugehörigen (eingeklammerten) Kolbengeschwindigkeit; alle diese Ansätze von C_i gelten für Dampfhemd-Maschinen von gewöhnlicher (guter) Ausführung und Instandhaltung (bei den Zweicylinder-Condens.-Maschinen für solche mit äußerlich geheiztem Receiver, wovon später) bei der jeweilig (in der betreffenden Spalte selbst) angegebenen Füllung und Kolbengeschwindigkeit, und außerdem unter der Voraussetzung des Hubverhältnisses $\dfrac{l}{D} = 2$. Die sonach mehrfach bedingten tabellarischen Angaben von C_i können also nur zur beiläufigen Beurteilung und eventuellen Vergleichung (welche indes in einer Tabelle des Anhanges auszugsweise durchgeführt ist) dienen; in irgend einem konkreten Falle hat man jedoch für die Größe C_i die drei Summanden C_i', C_i'' und C_i''' mit Beachtung der diesfalls obwaltenden Verhältnisse nach dem vorhergehends Mitgeteilten festzustellen, was allerdings mittels des jeder Tabelle beigegebenen Hilfstabellchens und mittels der allgemeinen Tabelle über C_i''' auf S. 188 und 189 für beliebige Verhältnisse ungemein leicht ausführbar ist.

Bei den Eincylinder-Maschinen (mit Auspuff und mit Condensation) ist (ausschließlich der Maschinen mit Coulissensteuerung) sowohl bezüglich der Leistung als auch bezüglich des Dampfconsums der Unterschied, ob mit oder ohne Dampfhemd durchgehends geltend gemacht, und zwar gelten die tabellarischen Angaben der Leistung durchaus für Dampfhemd-Maschinen, während die Leistung der Maschinen ohne Hemd durch Multiplication der tabellarischen Angaben mit denjenigen Coëfficienten erhalten wird, welche auf den einzelnen Seiten in den beigegebenen Tabellen (zugleich mit dem Dampfconsum) angesetzt sind.

Bei den Auspuff-Maschinen mit Coulissensteuerung wurde der Unterschied, ob mit oder ohne Hemd, außer Acht gelassen; dieselben sind jedoch bei allfälligen Vergleichen mit den Auspuff-Maschinen mit Expansionssteuerung als Dampfhemd-Maschinen anzunehmen, bezw. es sind die Coulissen-Maschinen mit den eigentlichen Expansions-Maschinen als Dampfhemd-Maschinen zu vergleichen.

Bei den Zweicylinder-Condens.-Maschinen wurde in bezug auf Leistung und Dampfverbrauch die Unterscheidung gemacht:

a) „ohne (geheizten) Receiver"

b) „mit (geheiztem) Receiver" (durchgreifende Heizung gemeint) und

c) — im Mittel von a und b — mit äußerlich geheiztem Receiver.

Bemerkung: Unter der bereits erwähnten Voraussetzung der vorhandenen und (behufs möglichster Vermeidung des Spannungsabfalls) gehörig ausgenützten Doppelsteuerung, d. i. unter der Voraussetzung der rechtzeitigen Absperrung des Expansions-Cylinders, ist für den durch das Zwei-Cylinder-System principiell bedingten Arbeitsverlust (bei einem gewissen Cylinder-Volumenverhältnisse) lediglich nur die Größe des eigentlichen schädlichen Raumes des Expansions-Cylinders (welcher unter allen Umständen entweder ohne Arbeitsverrichtung mit dem Receiverdampfe, oder aber unter Abgabe von Arbeit seitens der Maschine durch comprimierten Dampf ausgefüllt wird) und außerdem der Umstand maßgebend, ob der Verbindungsraum zwischen den beiden Cylindern mit Einschluß der Dampfkammer des Expansions-Cylinders (Receiverraum R) geheizt ist oder nicht, da durch diesen Raum lediglich nur in dem zweiten Falle (wenn er nicht geheizt wird) ein Arbeitsverlust (durch Abkühlung) innerhalb der Maschine herbeigeführt wird. Man kann nun den Receiver entweder nur an der Oberfläche (dampfhemdartig) heizen (wodurch wegen der mangelhaften Wärmeleitungsfähigkeit des Dampfes hauptsächlich nur die Abkühlung des übertretenden Dampfes, resp. dessen Condensation an den Receiverwänden zu vermeiden ist), oder eine durchgreifende Heizung (mittels eines Röhrensystems) einrichten (wodurch außerdem auch eine mehr oder weniger ausgiebige Verdampfung des Feuchtigkeitsgehaltes des übertretenden Dampfes zu erzielen ist) oder aber den Receiver ganz ungeheizt lassen, sodann aber möglichst wärmedicht umhüllen.

Zu der ersten Maschinenkategorie (a) gehören außer den Maschinen mit einfachem (nicht geheiztem) Übertrittsrohr auch die Maschinen Woolf'schen Systems (mit gleichsinniger oder entgegengesetzter Kolbenbewegung), insofern sie eine gehörig functionierende Doppelsteuerung, aber keinen eigentlichen (geheizten) Receiver besitzen, welche man als „corrigierte" oder „correcte" Woolf'sche Maschinen (anstatt, wie mitunter üblich, als „compoundisierte" Maschinen) bezeichnen könnte. Es ist hervorzuheben, daß auch bei diesen Maschinen (ohne Receiverheizung) der Hochdruck-Cylinder ein Dampfhemd besitzen soll und mit einem solchen hier auch vorausgesetzt wird.

Zu der zweiten und dritten Maschinenkategorie (b und c) gehören die eigentlichen (vollkommenen) Receiver-Maschinen, und zwar eben sowohl als

Receiver-Woolf-Maschinen (mit Kurbeln unter 0° oder 180°, bezw. mit gleichsinniger oder entgegengesetzter Kolbenbewegung), wie als

Compound-Maschinen (im engeren Sinne des Wortes, mit Kurbeln unter 90° oder dgl.), bei welch letzteren ein entsprechend bemessener und geheizter Receiver selbstverständlich ist.

Insbesondere die zweite Kategorie (b) betrifft die Maschinen mit durchgreifend (mittels Röhrensystems) geheiztem Receiver und Dampfhemd an beiden Cylindern; die dritte Kategorie (c) bezieht sich auf Maschinen mit bloß äußerlich (dampfhemdartig) geheiztem Receiver und Dampfhemd mindestens am Hochdruckcylinder. Aus gewissen Rücksichten ist die bloß äußerliche Heizung (c) der durchgreifenden (b) nach Umständen vorzuziehen; das Nähere darüber enthält § 57 des „Theoretischen Teiles" des Hilfsbuches.

Die erwähnten Rücksichten betreffen vornehmlich den Umstand, daß bei einer Zweicylinder- (und auch bei einer Dreicylinder-) Maschine durch die Heizung des Receivers lediglich der nutzbare Dampfverbrauch $C_i{}'$ (pro Pfdk. u. Std), und zwar im Verhältnisse der erhöhten Leistung herabgemindert wird, hingegen der Abkühlungsverlust $C_i{}''$ (pro Pfdk. u. Stde) nahezu ungeändert bleibt, wie immer der Receiver geheizt wird (ob durchgreifend oder nur äußerlich oder aber gar nicht). Diesem entsprechend sind für diese Maschinen (auf S. 80—96) die Werte von $xC_i{}''$ nur „ohne (geheizten) Receiver" (links) angegeben, und gelten diese Angaben auch für Maschinen „mit (geheiztem) Receiver" (rechts, woselbst die betreffenden Ansätze fehlen).

Zur Beachtung. Da der Dampfverbrauch C_i wohl als die wichtigste von allen Bestimmungsgrößen bei einer Dampfmaschine zu bezeichnen ist, so empfiehlt sich, diese Größe — einerseits zur Rechnungscontrole, andererseits zur detaillierteren Berechnung, namentlich wenn es sich um eine Garantie handelt — stets auch nach den Regeln des „Theoretischen Teiles" des Hilfsbuches zu ermitteln, und dies umsomehr, da diese Ermittlung mittels der Tabellen S. 38 bis 49 des „Theoretischen Teiles" ungemein einfach ausführbar ist. Dieselbe unterscheidet sich von der Ausmittlung nach dem „Practischen Teile" nur dadurch, daß für den Abkühlungsverlust $C_i{}''$ anstatt des Productes $xC_i{}''$ unmittelbar das Product $\sqrt{c}\, C_i{}''$ aus der betreffenden Tabelle numerisch entnommen und mit $\dfrac{1}{\sqrt{c}}$ aus Tab. 48, 49 multipliciert wird, während $C_i{}'$ aus der betreffenden Tabelle S. 38 bis 46 und $C_i{}'''$ aus Tabelle S. 47 fertig abzulesen ist. Sodann ist nach wie vor $C_i = C_i{}' + C_i{}'' + C_i{}'''$.

In den die Zweicylinder-Condens.-Maschinen betreffenden Tabellen sind (in den oberhalb angebrachten Hilfstabellchen) außer den bei den übrigen Maschinengattungen vertretenen Angaben (den Dampfconsum und die Leistungsverhältnisse betreffend), auch noch diejenigen Größen der C y l i n d e r - V o l u m e n verhältnisse $\dfrac{v}{V}$ notiert, welche bei den betreffenden (reducierten) Füllungen und Receiver-Volumen R (bezogen auf das Volumen V des Expansions-, oder jenes v des Hochdruck-Cylinders) eine beiläufig gleiche Arbeitsverteilung auf beide Cylinder bedingen, wenn der Spannungsabfall beim Dampfübertritte gänzlich vermieden wird. Die Füllung, bei welcher diese gleiche Arbeitsverteilung gewünscht wird, und welche in der Regel mit der betreffenden „normalen" Füllung nahe übereinstimmend ist, kann für die Maschinen ohne (geheizten) Receiver aus drei, bei den Receiver-Maschinen aus vier in jedem Hilfstabellchen angesetzten Füllungen entsprechend gewählt werden. Bei einer gewissen „normalen" Füllung ist die Füllung der gleichen Arbeitsverteilung im allgemeinen desto größer zu nehmen (und infolgedessen der Hochdruck-Cylinder im Verhältnisse zum Expansions-Cylinder desto größer zu machen), je mehr die betreffende Maschine zeitweilig über ihre gewöhnliche (normale) Leistung zu beanspruchen ist.

Bei den Compound-Maschinen fallen die Cylinder-Volumenverhältnisse $\frac{v}{V}$ (max.) für gleiche Arbeitsverteilung auf beide Cylinder im Vergleiche mit den übrigen Zweicylinder-Maschinen sehr groß und hiermit die Maschinen selbst sehr teuer aus. Man kommt bei den Compound-Maschinen auf bedeutend kleinere, und zwar nahezu auf dieselben Cylinder-Volumenverhältnisse, wie bei den Receiver-Woolf-Maschinen, wenn man anstatt der gleichen Arbeitsverteilung auf beide Cylinder vielmehr jene auf die vier Quadranten des Kurbelkreises als Bedingung hinstellt, und hiermit der Natur der Sache gemäß eine möglichst gleichförmige Rotation anstrebt. Diese (mit jenen der Receiver-Woolf-Maschinen nahe übereinstimmenden) Volumenverhältnisse empfehlen sich jedoch für die Anwendung nur in jenen seltenen Fällen, wenn die Compound-Maschine nie bedeutend über ihre Normalleistung zu beanspruchen ist, d. h. nie eine bedeutend größere als die in Betracht gezogene (reducierte normale) Füllung zu erfahren hat. Man halte in dieser Beziehung beiläufig fest, daß der Hochdruck-Cylinder einer Compound-Maschine selbst bei deren Maximalbeanspruchung nicht mehr als etwa zu $0{,}4$ gefüllt werden darf, wenn die Maschine auch diesfalls ohne Spannungsabfall arbeiten soll. Aus dieser Rücksicht wird man mitunter zu den in den Hilfstabellchen für $N' = \frac{1}{2}N$ angesetzten großen Werten von $\frac{v}{V}$ zu greifen veranlaßt sein, wenn man eben darauf ansteht, auch bei der größten Füllung, d. h. bei der Maximalbeanspruchung der Maschine den Spannungsabfall beim Dampfübertritt gänzlich zu vermeiden. In den meisten Fällen wird es genügen oder sich vielmehr empfehlen, bei Bemessung des Volumenverhältnisses einer Compound-Maschine der gleichen Arbeitsverteilung auf beide Cylinder einerseits und jener auf die vier Quadranten andererseits in nahe gleichem Maße Rechnung zu tragen, und dieser combinierten Bedingung entsprechen diejenigen Werte von $\frac{v}{V}$, welche in den Hilfstabellchen als „eventuell" die letzte Zeile einnehmen, und (bei Vermeidung des Spannungsabfalls) die „diesfalls" notierte Beziehung $N' \angle \frac{1}{2}N$ (d. h. die Leistung des Hochdruck-Cylinders kleiner als die halbe Gesamtleistung beider Cylinder zur Folge haben.

Bemerkung: Ein Spannungsabfall überhaupt vermindert stets die Gesamtarbeit beider Cylinder, vermehrt jedoch den Arbeitsanteil des Hochdruck-Cylinders, und würde für gleiche Arbeitsverteilung ein kleineres Cylinder-Volumenverhältnis $\frac{v}{V}$ (also ein kleineres Volumen des Hochdruck-Cylinders), als in den Hilfstabellchen angegeben wird, gestatten; es wäre jedoch nicht gerechtfertigt, von diesem scheinbaren Vorteile des Spannungsabfalls in halbwegs bedeutenderem Maße Gebrauch zu machen, denn diese würde stets einen entsprechend größeren Dampfverbrauch (pro Pferdekraft und Stunde) zur Folge haben.

Einrichtung der Tabellen der III. Serie.

Maschinen mit hohem Dampfdruck (7 bis 14 Atm.)

A. Zweicylinder-Auspuff-Maschinen, S. 147 bis 155;
B. Dreicylinder-Condens.-Maschinen, S. 157 bis 166.

Die Einrichtung dieser Tabellen-Serie ist mit jener der I. und II. Serie im wesentlichen wohl übereinstimmend, in einigen Details jedoch etwas abweichend.

Da nur größere Maschinen (bis zu den größten) dieser Art ausgeführt werden, so konnten alle in Betracht gezogenen Maschinengrößen von $O = 0{,}_{08}$ bis $7{,}_{00}$ Qu.-Met. (bezw. von $D = 0{,}_{32}$ bis $3{,}_{03}$ Met.) in zusammen 100 Abstufungen auf je zwei Spalten verteilt werden. Da ferner von der fertigen Angabe der Netto-Leistung hier abstrahiert und für jede Maschine bei jeder der angesetzten (hohen) Spannungen bloß fünferlei Füllung in Betracht gezogen wurde (indem ja derlei Maschinen für eine große Veränderlichkeit der Füllung ohnehin füglich nicht geeignet sind), so konnten jene zwei Spalten je auf einer einzigen (gespaltenen) Seite des Buches Platz finden, wobei auf jeder Seite oben noch so viel Raum übrig blieb, daß die betreffenden Hilfstabellchen (ähnlich wie bei den Zweicylinder-Condens.-Maschinen) daselbst angebracht werden konnten.

Demnach findet man auf einer einzelnen Seite für jede Maschine einer beliebigen Größe (in 100 Abstufungen) bei einer beliebigen der in Betracht gezogenen Spannungen

$$p = 7,\ 8,\ 9,\ 10,\ 11,\ 12,\ 13,\ 14\ \text{Atm.}$$

und für fünf Füllungen, wovon die „beste normale" beiläufig in der Mitte liegt und fett markiert (außerdem im Kopfe der letzten Einzelspalte notiert) ist, die nachstehenden Angaben, welche im allgemeinen ein Dampfhemd mindestens am Hochdruck-Cylinder (bei den Dreicylinder-Maschinen auch am Mitteldruck-Cylinder) und äußerlich geheizte Receiver voraussetzen:

erstlich die indicierte Leistung $\dfrac{N_i}{c}$ in Pfdk. (pro 1 Meter Kolbengeschwindigkeit);

zweitens die subtractive Compressionsleistung (ebenfalls pro $c = 1$ m); diese subtractive Größe ist selbst für nicht geheizte Receiver (bezw. für etwas feuchten Dampf) hinreichend bemessen und kann bei gehöriger Heizung der Receiver und der Cylinder wohl auf $50\,\%$ herabgebracht werden. Die tabellarischen Angaben beziehen sich auf $4\,\%$ schädlichen Raum, — bei größerem oder kleinerem schädlichen Raume ändert sich die subtractive Compressionsleistung beiläufig in demselben Verhältnisse. Bei den in Rede stehenden Maschinengattungen versteht sich die Einrichtung der Compression in beiden (bezw. in allen drei) Cylindern bis nahe zu der betreffenden Gegendampfspannung eigentlich von selbst;

drittens die Leergangsleistung pro $c = 1$ m in Pfdk., also die Größe $\dfrac{N_0}{c}$, wonach die durch den Indicator nachweisbare Leistungsdifferenz

$$\frac{N_i}{c} - \frac{N_0}{c}$$

durch die Subtraction zweier tabellarischen Zahlenwerte für jede Maschine bei jeder der angesetzten Spannungen und Füllungen leicht zu bestimmen ist;

viertens die zusätzliche Reibung betreffend, findet man in der letzten Einzelspalte einer jeden Tabelle in Querdruck die (auf 2 Decimalen) abgerundeten Werte von $\dfrac{1}{1 + \mu}$, während auf der letzten Seite (166) dieser Tabellen-Serie der Coëfficient μ der zusätzlichen Reibung nebst $\dfrac{1}{1 + \mu}$ genauer (auf 3 Decimalen) von Zeile zu Zeile der Haupttabellen erledigt ist;

hiermit ergibt sich durch einfache numerische Multiplication die Netto-Leistung (pro $c = 1$ m, in Pfdk.):

$$\frac{N_n}{c} = \frac{1}{1+\mu}\left(\frac{N_i}{c} - \frac{N_o}{c}\right)$$

wonach einfach

$$N_n = \left(\frac{N_n}{c}\right) c$$

oder auch

$$N_n = \frac{1}{1+\mu}\left(N_i - N_o\right)$$

folgt.

Den Dampfconsum betreffend, findet man auf jeder aufgeschlagenen Seite für jede Maschine

erstlich in dem obenan stehenden Hilfstabellchen bei jeder der angesetzten Füllungen den nutzbaren Dampfverbrauch C_i' (pro indic. Pfdk. und Stunde).

zweitens zur Ermittlung des Abkühlungsverlustes C_i'' (pro indic. Pfdk. und Stunde) eben daselbst den numerischen Wert des Productes $x\,C_i''$; indem man aus der betreffenden Titel-Tabelle (S. 147 für Zweicylinder-Auspuff-Masch. oder S. 157 für Dreicylinder-Condens.-Masch.) den numerischen (zu $\frac{l_1}{l}$ und c gehörigen) Wert von $\frac{1}{x}$ entnimmt, hat man durch einfache Multiplication $C_i'' = x\,C_i'' \times \frac{1}{x}$, welcher Wert noch für das betreffende Hubverhältnis $l : D$ des Admissions-Cylinders mit dem dortigen „Coëfficienten" (letzte Zeile) zu corrigieren ist;

den Dampflässigkeitsverlust C_i''' entnehme man (zu N_i und c gehörig) stets aus der Tabelle S. 189 des „Anhanges".

Hiermit ergibt sich der Dampfconsum pro indic. Pfdk. und Stunde:

$$C_i = C_i' + C_i'' + C_i''';$$

eventuell ist sodann pro Netto-Pfdk. und Stunde:

$$C_n = C_i\,\frac{N_i}{N_n}$$

In der letzten Einzelspalte einer jeden Tabelle ist an 8 Stellen der Dampf-Consum C_i (pro indic. Pfdk. und Stunde) für die (beiläufig) beste, im Kopfe oben angesetzte Füllung, für das Hubverhältnis $l : D = 2$ des Niederdruck-Cylinders und außerdem für die unterhalb angesetzte (eingeklammerte) Kolbengeschwindigkeit c in Fettdruck fertig angegeben. Diese Geschwindigkeitsansätze können als „mäßige" Kolbengeschwindigkeiten, welche einer Steigerung um $25\,^0/_0$ und für sehr schnell gehende Maschinen sogar um $50\,^0/_0$ fähig sind, mit zur Kenntnis genommen werden, um hiernach mittels der Beziehung $n\,l = 30\,c$ Kolbenhub und Umgangszahl einer etwa herzustellenden Maschine zu bestimmen.

Die angeführten Leistungs- und Dampfverbrauchs-Angaben beziehen sich erwähntermaßen auf äußerlich geheizte Receiver (im Mittel zwischen durch-

C*

greifend und nicht geheizten Receivern, wobei jedoch der Hochdruck-Cylinder in jedem Falle ein Dampfhemd besitzen soll). Bei durchgreifender Heizung kann (die Zweicylinder-Auspuff-Maschinen betreffend) N_i um 4 bis 7 $^0/_0$ größer und C_i um eben so viel kleiner angeschlagen werden, bei mangelnder Heizung N_i um eben so viel kleiner und C_i um eben so viel größer. Bei den Dreicylinder-Condens.-Maschinen kann durchgreifende Heizung N_i um 6 bis 8 $^0/_0$ erhöhen und C_i um eben so viel vermindern, mangelnde Heizung kann aber N_i um eben so viel vermindern und C_i um eben so viel steigern, C_i'' und C_i''' ist bei allen Modalitäten der Heizung gleich groß anzunehmen.

Die genannten tabellarischen Angaben gelten ferner durchwegs für Maschinen mit eigentlicher Expansionssteuerung; für Coulissensteuerung sind die Leistungsangaben mit den in jeder Tabelle zuunterst angesetzten „Coul.-Coëff." zu multiplicieren, hingegen die Angaben von C_i' mit demselben „Coul.-Coëff." zu dividieren; C_i'' ist bei Coulissensteuerung etwa um 10 $^0/_0$ größer anzunehmen, C_i''' wird auch diesfalls (zu N_i und c gehörig) aus der Tabelle S. 189 des Anhanges entnommen.

Über die Einrichtung der in die III. Serie noch gehörigen Gruppe C, nämlich „Zweicylinder-Condens.-Maschinen mit Hochdruck" (S. 167 bis 177) enthält das Notwendige die besondere Einleitung S. 167 bis 169.

Ebenso wie für die I. und II. Serie (gemäß pag. 12) ist auch bezüglich der III. Serie (Maschinen mit hohem Dampfdruck) anzuraten, den Dampfverbrauch C_i zur Controle usw. auch noch mittels des „Theoretischen Teiles", Tabellen S. 82 und 83 auszumitteln.

Die vorstehenden Angaben und Ermittlungen gelten für eine Zweicylinder-Auspuff- bezw. für eine Dreicylinder-Condens.-Maschine ohne Rücksicht auf die Einrichtung derselben inbetreff der Kurbelverstellung; also bei einer Zweicylinder-Auspuff-Maschine ebenso für System Woolf wie für das Compound-System, und bei einer Dreicylinder-Maschine ebenso für die Dreikurbel-Maschine (Kurbeln unter 120°) wie für die Zweikurbel-Maschine (Kurbeln unter 90°); diese Angaben und Ermittlungen gelten außerdem bei beliebiger der besagten Einrichtungen ohne Rücksicht darauf, wie die gesamte Maschinenarbeit auf die einzelnen Cylinder und Kurbeln verteilt ist, wenn nur der Hauptbedingung, daß bei dem Dampfübertritte ein Spannungsabfall nicht stattfindet, entsprochen wird. Mit dem Vorstehenden ist ferner für eine etwa herzustellende Maschine: der Niederdruck-Cylinder (in bezug auf Durchmesser Hub und Umgangszahl) abgetan.

Über die genannte Arbeitsverteilung entscheidet nun bei einer gewissen Maschineneinrichtung (System) das Volumenverhältnis der vorgelegten Cylinder zu dem Niederdruck-Cylinder als dem Hauptcylinder. Sonach muß für eine etwa herzustellende Maschine einer gewissen Einrichtung das Volumen des Hochdruck-Cylinders (bezw. auch des Mitteldruck-Cylinders) im Verhältnis zu dem Volumen des Niederdruck- als Hauptcylinders entsprechend bemessen werden, damit (bei steter Vermeidung des Spannungsabfalles) die gewünschte Arbeitsverteilung erreicht wird. Hierbei kommen auch die Receiver-Volumen in Berücksichtigung.

Über diese Umstände geben die in unseren Tabellen auf jeder Seite oben angesetzten, gespaltenen Hilfstabellchen den erforderlichen Aufschluß.

Bei den **Zweicylinder-Auspuff-Maschinen** sind die Volumenverhältnisse einerseits (links) für das Woolf-System, andererseits (rechts) für das Compound-System angegeben; die Angaben für $R = \infty$ (außer für $R = v$) sind zu benützen, um für $R > v$ die Größe des Volumenverhältnisses $v : V$ zu interpolieren; die rechtsseitigen Angaben „eventuell" sind in Betracht zu ziehen, wenn man bei den Compound-Maschinen außer der gleichen Arbeitsverteilung in den Quadranten auch eine solche auf die beiden Cylinder teilweise mit berücksichtigen will; über diese Angaben noch hinauszugehen, wäre nicht ratsam.

Bei den **Dreicylinder-Condens.-Maschinen** sind die Volumenverhältnisse einerseits (links) für die Dreikurbel-Maschinen (Kurbeln unter 120°), andererseits (rechts) für die Zweikurbel-Maschinen (Kurbeln unter 90°*)) angegeben; die dortigen (rechtsseitigen) Angaben der mittleren Zeile für $N_1' > N_{2}$, haben zum Zwecke, damit der Hochdruck-Cylinder nicht gar zu klein oder vielmehr, damit seine Füllung nicht zu groß ausfalle, wenn die Maschinenleistung zeitweilig (über die normale) gesteigert werden sollte. Die linksseitigen Angaben (für die Dreicylinder- als Dreikurbel-Maschinen) bedürfen einer (dort angesagten) Ergänzung für den Fall, wenn man neben der gleichen Arbeitsverteilung auf die Sextanten auch eine solche auf die einzelnen Cylinder teilweise mitberücksichtigen will, um eine mäßige (einer Steigerung fähige) Füllung des Hochdruck-Cylinders zu erzielen. Diese Ergänzung ist für die passenden Receivervolumina $R_1 = v_1$ und $R_2 = v_2$ (während die tabellarischen linksseitigen Angaben eigentlich für sehr große Receiver gelten) in der folgenden Tabelle enthalten, in welcher $\dfrac{l_1}{l}$ (reduc.) die reducierte „normale" Füllung bezeichnet.

Absol. Admiss.-Spannung	Mäßige (normale) Expansion (bis zur Endspannung 0,6 Atm.)						Mittlere (normale) Expansion (bis zur Endspannung 0,5 Atm.)						Starke (normale) Expansion (bis zur Endspannung 0,4 Atm.)					
	Mitteldruck-Kurbel eilt der Hochdruck-Kurbel **vor**			Mitteldruck-Kurbel eilt der Hochdruck-Kurbel **nach**			Mitteldruck-Kurbel eilt der Hochdruck-Kurbel **vor**			Mitteldruck-Kurbel eilt der Hochdruck-Kurbel **nach**			Mitteldruck-Kurbel eilt der Hochdruck-Kurbel **vor**			Mitteldruck-Kurbel eilt der Hochdruck-Kurbel **nach**		
Atm.	$\frac{l_1}{l}$ reduc.	$\frac{v_1}{V}$	$\frac{v_2}{V}$	$\frac{l_1}{l}$ reduc.	$\frac{v_1}{V}$	$\frac{v_2}{V}$	$\frac{l_1}{l}$ reduc.	$\frac{v_1}{V}$	$\frac{v_2}{V}$	$\frac{l_1}{l}$ reduc.	$\frac{v_1}{V}$	$\frac{v_2}{V}$	$\frac{l_1}{l}$ reduc.	$\frac{v_1}{V}$	$\frac{v_2}{V}$	$\frac{l_1}{l}$ reduc.	$\frac{v_1}{V}$	$\frac{v_2}{V}$
$p =$ 8	0,075	.	.	0,075	0,21	0,53	0,062	.	.	0,062	0,19	0,49	0,050	0,15	0,48	0,050	0,16	0,45
9	0,067	.	.	0,067	0,20	0,51	0,056	0,16	0,53	0,056	0,18	0,48	0,044	0,14	0,46	0,044	0,15	0,43
10	0,060	0,17	0,56	0,060	0,19	0,50	0,050	0,15	0,51	0,050	0,17	0,46	0,040	0,13	0,45	0,040	0,14	0,42
$p =$ 11	0,055	0,16	0,54	0,055	0,18	0,49	0,045	0,14	0,49	0,045	0,16	0,45	0,036	0,12	0,43	0,036	0,13	0,41
12	0,050	0,15	0,52	0,050	0,17	0,47	0,042	0,14	0,48	0,042	0,15	0,44	0,033	0,12	0,42	0,033	0,13	0,40
13	0,046	0,15	0,51	0,046	0,16	0,46	0,038	0,13	0,46	0,038	0,14	0,43	0,031	0,11	0,40	0,031	0,12	0,39
14	0,043	0,14	0,50	0,043	0,15	0,45	0,036	0,12	0,45	0,036	0,13	0,42	0,029	0,10	0,39	0,029	0,12	0,38

Die zur III. Serie außerdem noch gehörigen „Zweicylinder-Condens.-Maschinen mit hohem Dampfdruck" sind auf S. 167 bis 177 besonders abgehandelt.

---

*) Hierbei wird, was das Natürliche ist, „Hochdruck und Mitteldruck an **einer** Kurbel" also der Niederdruck-Cylinder isoliert gedacht.

Beziehungen für das statische Moment.

Mittels der tabellarischen Angaben von $\dfrac{N_n}{c}$ läßt sich mit Leichtigkeit der mittlere resultierende Kolbendruck $\mathfrak{P}m$ (Netto), welcher bei nahezu ganzer Cylinderfüllung und bei endlos gedachter Schubstange zugleich der Maximaldruck im Kurbelkreise ist, ferner (bei beliebiger Füllung) der mittlere Druck $\mathfrak{P}$ im Kurbelkreise, und sonach auch das statische Moment an der Maschinenwelle (das größte M_{max} bei ganzer Füllung, und das mittlere M bei beliebiger Füllung) feststellen, was für die Berechnung der Förderungs- und Locomotiv-Maschinen von Wesenheit ist.

Man hat einfach für einen Dampfcylinder:

$$\mathfrak{P}m = 75 \,\frac{N_n}{c}$$

$$\mathfrak{P} = \frac{2}{\pi}\,\mathfrak{P}m = 47{,}75 \,\frac{N_u}{c}$$

und sodann

$$M_{max} = \mathfrak{P}m \cdot \frac{l}{2} \text{ bei nahe ganzer Füllung;}$$

$$M = \mathfrak{P} \cdot \frac{l}{2} \text{ bei beliebiger Füllung.}$$

Bezeichnet nun

    W die von einer (Zwillings-) Locomotiv-Maschine geäußerte Zugkraft (in Kgr.),

    W' diejenige Zugkraft, welche — behufs Ingangsetzung des Zuges bei der toten Lage einer Kurbel — von der andern Kurbel mit Volldruck, bezw. mit der größten Füllung zu bewältigen wäre (wenn es eben darauf ankäme),

    R den Halbmesser der Triebräder (in Meter) und

    $\mathfrak{C}$ die auf die Secunde bezogene Fahrgeschwindigkeit (in Met.),

so hat man außerdem

$$W'R = M_{max} = \mathfrak{P}m \cdot \frac{l}{2} \text{ (bei der größten Füllung)}$$

$$\tfrac{1}{2}\,WR = M = \mathfrak{P} \cdot \frac{l}{2} \text{ (bei der betreffenden Füllung)}$$

$$\text{und } \frac{c}{\mathfrak{C}} = \frac{l}{R\,\pi}$$

mit welchen Beziehungen alle Erhebungen bei Locomotiv-Maschinen leicht vorgenommen werden können.

Note: Der mittlere resultierende „indicierte" Kolbendruck ist stets $\mathfrak{P}i = 75 \,\dfrac{N}{c}$ (Kgr.)

Besondere Bemerkungen zu den einzelnen Tabellengruppen.

I. Serie. S. 1—97. Maschinen gewöhnlicher Größen (bis zu einer wirksamen Kolbenfläche $O = 1$ qm, d. i. bis zu einem Kolbendurchmesser $D = 1{,}15$ m).

    A. Auspuff-Maschinen mit Coulissensteuerung (S. 1 bis 26). Die tabellarischen Angaben wurden für eine Coulisse mit constantem linearen Voreilen (nach Gooch oder dgl.) berechnet, gelten jedoch mit vollständig hinreichender Annäherung auch für die anderen Coulissen-arten, insbesondere für die Stephenson'sche Coulisse im Mittel zwischen ihrer Einrichtung mit offenen und jener mit gekreuzten Excenter-stangen etc.*). Die Einrichtung der einzelnen Tabellen ist an und für sich und aus dem Vorhergehenden verständlich.

Der schädliche Raum wurde mit 5 % in Rechnung gebracht; es ist füglich nicht anzuraten, denselben bei den Auspuff-Maschinen mit Coulissensteuerung kleiner zu machen, da dies leicht eine zu große Compressions-Endspannung und hiermit eine nachteilige Schlingenbildung im Indicatordiagramm (bei kleineren Füllungen) zur Folge haben könnte.

    B. Auspuff-Maschinen mit Expansionssteuerung (S. 27 bis 52).

    Die tabellarischen Angaben gelten für eine beliebige gut ein-gerichtete Steuerung nach Meyer oder Corliß oder dgl.

    Durch eine schleichende Schieberbewegung, oder eine ähnliche Uncorrectheit, ausserdem aber auch durch mehr als mäßige Droßlung (gleichgültig, ob dieselbe unter den obwaltenden Umständen als ein notwendiges oder als ein überflüssiges Übel zu bezeichnen ist) werden die Angaben der Leistung mehr oder weniger herabgedrückt, während die Beträge des Dampfconsums bei etwaiger größerer Droßlung und bei der betreffenden (größeren) Füllung nahezu un-berührt bleiben, jedoch sowohl nach den Tabellen als auch in Wirk-lichkeit kleiner ausfallen würden, wenn eine geringere Droßlung und entsprechend kleinere Füllung zur Anwendung kommen würde.

    C. Eincylinder-Condens.-Maschinen (S. 53 bis 77).

    Hier gilt das von den Auspuff-Maschinen unter B eben Gesagte in etwas erhöhtem Maße.

    D. Zweicylinder-Condens.-Maschinen (S. 79 bis 97).

    Um in betreff der indicierten und Netto-Leistung nicht zwei Gruppen von Tabellen — die eine für Maschinen ohne Heizung, die andere für Maschinen mit durchgreifender Heizung des Receivers — entwerfen zu müssen — wurden für die Berechnung von N_i und N_n $\left(\text{resp. } \dfrac{N_i}{c} \text{ und } \dfrac{N_n}{c}\right)$ mittlere (zwischen diesen beiden Maschinenkategorien beiläufig in der Mitte gelegene Daten) zu grunde gelegt; so daß die tabellarischen Angaben zunächst unmittelbar den Maschinen mit bloß äußerlich (dampfhemdartig) geheiztem Receiver (ohne ein inneres Röhren-system) zugemutet werden können.

    Mittels des Leistungs-Coëfficienten für „N_i oder N_n (min.)" und für „N_i oder N_n (max.)" des betreffenden, jeder Tabelle vorangehenden Hilfstabellchens können sodann diejenigen Leistungen ermittelt werden, welche einerseits eine Maschine ohne (geheizten) Receiver billiger Weise (selbst unter ungünstigeren Verhältnissen) wenigstens nachweisen soll, und welche andererseits eine Maschine mit durchgreifend geheiztem Receiver selbst unter den günstigsten Verhältnissen kaum merklich

---

*) Vermöge des erwähnten Umstandes erscheint in den Tabellen der Name Gooch jenem des eigentlichen Erfinders der Coulissensteuerung, Stephenson, vorangesetzt.

überschreiten dürfte. Bei all dem Gesagten wird aber vorausgesetzt, daß erstens mittels der stets vorhanden gedachten Doppelsteuerung für einen tunlichst kleinen Spannungsabfall vorgesorgt ist, daß zweitens nur unbedeutend gedrosselt wird und daß drittens mit einer gewissen Präcision (zum mindesten nicht schleichend) gesteuert wird.

Wenn diese Bedingungen nicht eingehalten werden, so können allerdings merklichere Abweichungen der geäußerten Leistungen von den tabellarischen Angaben eintreten; dergleichen Abweichungen oder vielmehr ihre Ursachen sind als Abnormitäten zu bezeichnen und konnten hier als solche nicht berücksichtigt werden.

In den Hilfstabellchen der Zweicylinder-Condens.-Maschinen sind außer den Angaben über die Leistung und den Dampfconsum auch noch diejenigen Volumenverhältnisse $\frac{v}{V}$ angegeben, welche unter verschiedenen Verhältnissen (bezüglich der Maschinenkategorie und der Größe R des Receiverraumes) bei der betreffenden als „normal" angenommenen oder dieserhalb überhaupt in Betracht gezogenen Füllung die nahe gleiche Arbeitsverteilung auf beide Cylinder herbeiführen und bei den Compound-Maschinen eventuell auch einer anderweitigen Bedingung in bereits früher angegebener Weise entsprechen.

Als Ergänzung zu den sämtlichen Hilfstabellchen der Zweicylinder-Condens.-Maschinen folgen hier die vorläufigen Werte der Füllung X des Expansions-Cylinders zur Vermeidung des Spannungsabfalls beim Dampfübertritt:

1. Bei den Zweicylinder-Condens.-Maschinen mit gleichsinniger oder entgegengesetzter Kolbenbewegung (Corr. Woolf- und Receiver-Woolf-Maschinen):

Receiver-Volumen $R =$	$0{,}06\ V$	$0{,}1\ V$	$0{,}15\ V$	$0{,}2\ V$	$0{,}3\ V$	$0{,}4\ V$	$0{,}6\ V$	$0{,}8\ V$	V
wenn $\frac{v}{V} = 0{,}4$; $X =$	0,81	0,74	0,69	0,65	0,59	0,55	0,50	0,48	0,46
„ „ $= 0{,}333$; „ $=$	0,73	0,66	0,59	0,55	0,49	0,46	0,42	0,39	0,38
„ „ $= 0{,}3$; „ $=$	0,69	0,60	0,54	0,49	0,44	0,41	0,37	0,35	0,33
„ „ $= 0{,}25$; „ $=$	0,60	0,51	0,45	0,41	0,36	0,33	0,30	0,28	0,27

2. Bei den Compound-Maschinen (mit Kurbeln unter 90° oder dgl.) ist vorläufig $X = \frac{v}{V}$ zu machen.

Die Füllung X ist an der in Gang gesetzten Maschine nach Maßgabe der abgenommenen Indicatordiagramme definitiv zu adjustieren, um den Spannungsabfall wirklich zu vermeiden.

II. Serie. S. 99—146. Sehr große Dampfmaschinen.

(Wirksame Kolbenfläche $O = 1$ bis 7 qm; Kolbendurchmesser $D = 1{,}15$ bis $3{,}03$ m.)

In dieser Serie sind die angeführten Maschinengattungen auf der halben Seitenzahl (da die in Betracht gezogenen 60 Abstufungen von O und D bloß je eine einzelne Seite in Anspruch nehmen) in derselben Reihenfolge und in der gleichen Weise behandelt, wie in der ersten Serie; nur die jeder Tabelle angehängten Hilfstabellchen sind dem vorhandenen kleineren Raume entsprechend reduciert und übrigens nach Bedarf mit Berufungen auf die correspondierenden Angaben der I. Serie versehen.

Es finden sich

Sehr große Auspuff-Maschinen:
    A' mit Coulissen-Steuerung   } auf S. 99 bis 124.
    B' mit Expansions-Steuerung }

Sehr große Condensations-Maschinen:
    C' als Eincylinder-Maschinen   } auf S. 125 bis 146.
    D' als Zweicylinder-Maschinen }

III. Serie. S. 147—177. Maschinen mit hohem Dampfdruck (7—14 Atm.)
    A. Zweicylinder-Auspuff-Maschinen, S. 147 bis 155.
    B. Dreicylinder-Condens.-Maschinen, S. 157 bis 165.

Zu A und B gehörige Werte von μ und $\dfrac{1}{1+\mu}$, S. 166.
    C. Zweicylinder-Condens.-Maschinen mit Hochdruck von 9 bis 12 Atm.
       S. 167 bis 177.

Über die zwei ersten Tabellengruppen A und B dieser III. Serie ist das Notwendige vorhergehends mitgeteilt worden; es erübrigt nur, als Ergänzung zu den sämtlichen betreffenden Hilfstabellchen, über die vorläufigen Werte der Füllung X des Expansions- (Niederdruck-) Cylinders der Zweicylinder-Auspuff-Maschinen, sowie über die Füllung X_1 des Mitteldruck-Cylinders und jene X_2 des Niederdruck-Cylinders der Dreicylinder-Condens.-Maschinen (zum Zwecke der Vermeidung des Spannungsabfalles bei dem Dampfübertritte) einiges zu bemerken.

Da die genannten Füllungen im wesentlichen nur von den Cylinder-Volumenverhältnissen und von der (relativen) Größe der Receiver-Volumen abhängen, so wird:

Erstlich die Füllung X bei den Zweicylinder-Auspuff-Maschinen nach den vorangehenden Angaben für Zweicylinder-Condens.-Maschinen beiläufig zu beurteilen sein (die definitive Feststellung von X kann ohnehin erst an der in Gang gesetzten Maschine mit Hilfe des Indicators geschehen).

Zweitens bei den Dreicylinder-Condens.-Maschinen sind auch diesfalls (sowie in betreff der Bemessung der Cylinder-Volumenverhältnisse) zwei Fälle bezüglich der Anordnung der Kurbeln zu unterscheiden, wie folgt:

a) Bei der Dreicylinder- als Dreikurbel-Maschine (Kurbeln unter 120°) mache man vorläufig $X_1 \gtrless \dfrac{v_1}{v_2}$ und $X_2 \gtrless \dfrac{v_2}{V}$; das Zeichen $>$ kommt beiderseits vornehmlich dann zur Geltung, wenn die Mitteldruckkurbel der Hochdruckkurbel nacheilt, welche (rechtsinnische) Kurbelfolge aus anderweitigen Gründen sich weniger empfiehlt, als die umgekehrte (widersinnische) Kurbelfolge, wobei die Mitteldruckkurbel der Hochdruckkurbel voreilt.

b) Bei der Dreicylinder- als Zweikurbel-Maschine (Kurbeln unter 90°) und zwar Hochdruck- und Mitteldruck an einer Kurbel, also der Niederdruck-Cylinder isoliert gedacht*) ist zunächst für den Niederdruck-Cylinder $X_2 = \dfrac{v_2}{V}$

---

    *) Das hiermit in Betracht gezogene „Tandem-Compound"-System dürfte dem vereinzelt bestehenden sog. „Doppel-Compound"-System (wobei der Mitteldruckcylinder isoliert ist) wohl entschieden vorzuziehen sein; bei diesem letzteren (hier weiter nicht beachteten) System wäre übrigens einfach $X_1 = \dfrac{v_1}{v_2}$ und $X_2 = \dfrac{v_2}{V}$ zu machen.

(dem Compound-System entsprechend) zu machen. Die (vorläufige) Füllung X_1 des Mitteldruck-Cylinders ist für zwei plausible Volumengrößen des ersten Receivers ($R_1 = v_1$ und $R_1 = v_2$) in Abhängigkeit von dem diesfalls maßgebenden Volumenverhältnisse $\dfrac{v_1}{v_2}$ aus der folgenden Zusammenstellung zu entnehmen.

$\dfrac{v_1}{v_2} =$	0,50	0,45	0,40	0,35	0,30	0,25	0,20
wenn $R_1 = v_1$; $X_1 =$	0,67	0,62	0,57	0,52	0,46	0,40	0,33
„ $R_1 = v_2$; $X_1 =$	0,60	0,54	0,48	0,42	0,36	0,29	0,23

Genaueres über die (vorläufige) Bemessungen der Füllungen X_1 und X_2 (nebst X bei den Zweicylinder-Masch.) findet man in dem „Theoretischen Teile" des Hilfsbuches.

Über die dritte Tabellengruppe C der III. Serie (Zweicylinder-Condens.-Maschinen mit Hochdruck) sind die notwendigen Erklärungen in der zugehörigen Einleitung S. 167 bis 169 enthalten.

Anhang.

Die erste Tabellengruppe (S. 178 bis 187) des Anhanges enthält die Angaben über den Leergangswiderstand und die zusätzliche Reibung für die Maschinen der I. und II. Tabellen-Serie, worüber das Notwendige bereits in dem Vorhergegangenen angeführt wurde.

Der Anhang enthält außerdem auf S. 188 und 189 die bereits erwähnte dreiteilige Tabelle (A, B und C) zur Bestimmung des **Dampfflässigkeits-verlustes** C_i''' für Eincylinder- und Mehrcylinder-Maschinen bei beliebiger Füllung und Kolbengeschwindigkeit, als Ergänzung der betreffenden Angaben in den Haupttabellen, welche Angaben in der I. Tabellen-Serie bloß die (beiläufig) beste normale Füllung bei der (beiläufig) gewöhnlichen Kolbengeschwindigkeit betreffen, in der II. und III. Serie aber überhaupt nicht vertreten sind.

Ferner ist auf S. 190 bis 193 „**Fliegner's ursprüngliche Tabelle für gesättigte Wasserdämpfe**" teilweise complettiert. Die Daten dieser Tabelle entsprechen (wie in ihrem Titel angegeben) der Annahme des mechanischen Wärmeäquivalentes

$$k = \frac{1}{A} = 436 \text{ Mkgr. pro 1 metrische Calorie;}$$

diese Annahme wurde in der letzteren Zeit (seit dem Erscheinen der 1. Auflage dieses Buches) wieder auf die ehemalige, bereits durch Joule festgesetzte Größe

$$k = \frac{1}{A} = 424 \text{ Mkgr. pro 1 metr. Cal.}$$

zurückgeführt, weshalb denn die durch diese Änderung betroffenen Spalten der Fliegner'schen Dampftabelle von Ingenieur Connert umgerechnet und aus Zeuner's „Technischer Thermodynamik" in unsern Anhang (S. 194 und 195) unter dem Titel „Fliegner-Connert's Tabelle für gesättigte Wasserdämpfe mit $\dfrac{1}{A} = 424$" aufgenommen wurde. Für den gegenwärtig meist gebrauchten

Wert $\dfrac{1}{A} = 430$ sind aus beiden Tabellen die Mittel zu nehmen, welche indes von den tabellarischen Angaben sehr wenig abweichen.

Die beiden angeführten Dampftabellen des Anhanges sind für den practischen Gebrauch (wobei vornehmlich nur die Spalten der Temperatur, Gesamtwärme, nebst dem specifischen Volumen und Gewichte benötigt werden) vermöge ihrer Einrichtung an und für sich verständlich; inbetreff ihrer Entstehungsweise und etwaiger Anwendung für wissenschaftliche Zwecke wird auf den „Theoretischen Teil" des Hilfsbuches, I. Abschnitt, 1. Kapitel (insbesondere § 5) verwiesen.

Sodann sind in dem Anhange S. 196 bis 199 zwei Tabellen über die beiläufigen Preise und Gewichte der Dampfmaschinen enthalten, wovon die erstere die Auspuff-Maschinen, die zweite die Condens.-Maschinen (beiderseits zunächst als Eincylinder-Maschinen) betrifft*).

Es ist ungemein schwer und in gewisser Beziehung ganz unmöglich, über diesen Gegenstand direct und endgültig brauchbare Anhaltspunkte zu geben. Es kommt vor, daß bei einer Offert-Ausschreibung eine Maschine von bestimmter Größe und beabsichtigter Durchführung von einer Maschinenfabrik um 30 bis 40 % (ja auch noch um mehr) billiger angeboten wird, als von einer zweiten Fabrik. Wie soll man da eine Regel herausfinden! Und doch gehört bei einem Maschinen-Entwurfe eine beiläufige, wenn auch noch so rohe Beurteilung des Maschinenpreises zum Ganzen! Mit Rücksicht auf diesen heiklen Standpunkt sind die tabellarischen Angaben über die Preise und Gewichte, welche sämtlich inclusive Schwungrad für gewöhnliche liegende Maschinen (die Preise auch samt Montage) gemeint sind, zu beurteilen. Es handelt sich hierbei nicht so sehr um absolute, als vielmehr um relative Angaben, welche je nach den obwaltenden Preisverhältnissen eventuell zu corrigieren sind. Diese Preis- und Gewichtsangaben sind selbstverständlich nach zunächst aufgestellten Formeln entwickelt, welchen vielseitig erworbene Daten aus der Anwendung zu Grunde liegen. Es ist unzweifelhaft, daß dergleichen aus vielen Daten gesetzmäßig entwickelte Angaben denn doch — insbesondere für die Vergleichung — eher zu brauchen sind, als aus einzelnen Fällen direct entlehnte Angaben, welche einander häufig ganz widersprechen.

Zweicylinder-Maschinen werden um 25 bis 50 % (bezw. als Woolf und Compound), Dreicylinder-Maschinen vielleicht um 50 bis 80 % (wohl auch noch darüber) mehr kosten und wiegen, als die (in bezug auf den Kolbendurchmesser D) äquivalenten Eincylinder-Maschinen, Zwillings-Maschinen je nach den Umständen um 75 bis 85 % mehr als einfache Maschinen.**)

Den Schluß des Anhanges bildet erstlich auf S. 200 und 201 eine „Übersicht des (summarischen) Dampfconsums C_i nebst der Leistung der gewöhnlichen (nicht ganz exacten) Dampfmaschinen stets in 4 nacheinander folgenden Zeilen, und zwar:

---

*) Die Preise sind einerseits in Gulden (ehemaligen Goldgulden) à 2 Mark = $\frac{1}{10}$ Livre (circa), andererseits in Francs à $\frac{1}{4}$ Rubel (circa) angegeben. Die österr. Krone kann bei diesen beiläufigen Angaben = 1 Francs angenommen werden (genauer ist 1 Francs = 0,95 Kronen).

**) Sollten diese schon aus der ersten Auflage (1883) herrührenden (stereotypierten) Tabellen heute auch nur einen problematischen Wert haben, so fand es der Verfasser doch nicht gerechtfertigt, dieselben hier wegzulassen, zumal derart umfassende Angaben auch heute kaum mit einer größeren Genauigkeit herzustellen sein dürften. Auch sind diese Tabellen doch besser als gar keine!

1. der Eincylinder-Auspuff-Maschinen mit Coulissen-Steuerung,
2. „   „   „   „   „ Expansions-   „
3. „ Eincylinder-Condensations-Maschinen (mit Dampfhemd),
4. „ Zweicylinder-   „   „   (mit äußerlich geheiztem Receiver).

Die Daten dieser Tabelle sind der I. Tabellen-Serie des Hilfsbuches (bis höchstens 9 Atm. Spannung) unmittelbar entnommen.

Hierauf folgt auf S. 202 bis 205 eine „Vergleichende Übersicht“ des Dampfconsums sämtlicher Maschinengattungen, und zwar sowohl der „gewöhnlichen“ als auch der „exacten“ Maschinen von gegebenen Stärken ($N_i = 10$, 50, 250 und 1000 Pfdk. indic.), wobei die Admissionsspannungen $p = 6$, 8, 10, 12 Atm. in Betracht gezogen wurden und alle drei Anteile C_i', C_i'' und C_i''' des Dampfconsums C_i (pro indic. Pfdk. u. Stde.) nach den Regeln dieses „Practischen Teiles“ des Hilfsbuches ausgewiesen sind.

Den Schluß bildet (auf S. 206 u. 207) eine vergleichende Tabelle über die **Grenzen des Dampfconsums** C_i für alle Maschinengattungen im Mittel der Angaben des Practischen und des Theoretischen Teiles des Hilfsbuches mit der zugehörigen Bemerkung.

Beispiele der Anwendung.

1. **Beispiel.** Für eine Auspuff-Maschine mit Meyer'scher oder dgl. Expansionssteuerung bei der absol. Admiss.-Spannung $p = 6$ findet man auf S. 40 und 41, wenn dieselbe eine wirksame Kolbenfläche $O = 0{,}600$ qm (bei einem Kolbendurchmesser $D = 0{,}887$ m) besitzt, bei der (nahe günstigsten) Füllung $\dfrac{l_1}{l} = 0{,}25$:

$$\frac{N_i}{c} = 196 \text{ Pfdk.}; \quad \frac{N_n}{c} = 169 \text{ Pfdk.}$$

(letzteres bei reichlicher Bemessung der zusätzlichen Reibung).

Der Leergangswiderstand dieser Maschine ist auf S. 179 mit

$$\frac{N_o}{c} = 10{,}6 \text{ Pfdk.}$$

und die (knapper bemessene) zusätzliche Reibung eben daselbst mit

$$\mu = 0{,}067, \quad \frac{1}{1 + \mu} = 0{,}937$$

angesetzt; es beträgt somit die mit dem Indicator nachweisbare Leistungsdifferenz

$$\frac{N_i}{c} - \frac{N_o}{c} = 196 - 10{,}6 = 185{,}4 \text{ Pfdk.}$$

und die hiermit zu gegenwärtigende Netto-Leistung

$$\frac{N_n}{c} = \frac{1}{1 + \mu}\left(\frac{N_i}{c} - \frac{N_o}{c}\right) = 174 \text{ Pfdk.}$$

(anstatt der behutsamen tabellarischen Angabe von 169 Pfdk.).

Im Falle diese Maschine mit einer mittleren Kolbengeschwindigkeit $c = 2{,}25$ m (siehe S. 41 letzte Spalte) arbeitet und einen Hub nahe $= 2D$ besitzt, so verbraucht sie als gewöhnliche Dampfhemd-Maschine (nach tabellar. Angabe)

$$C_i = 13{,}7 \text{ Kgr. Dampf pro indic. Pfdk. u. Stde.;}$$

ihre (normale) Leistung wäre diesfalls:

$$N_i = 196 \cdot 2{,}_{25} = 441 \text{ Pfdk.}; \quad N_n = 169 \cdot 2{,}_{25} = 380 \text{ Pfdk. (behutsam bemessen)};$$

ferner wäre (mit dem Indicator nachweisbar) $N_i - N_0 = 185{,}_4 \cdot 2{,}_{25} = 417$ Pfdk. und $N_n = 174 \cdot 2{,}_{25} = 391$ Pfdk. (kühner bemessen).

Ohne Dampfhemd wäre gemäß Hilfstabellchen S. 40 (unten) bei sonst gleichen Verhältnissen:

$$N_i = 0{,}_{96} \cdot 441 = 423 \text{ Pfdk.}; \quad N_n = 0{,}_{96} \cdot 380 = 365 \text{ Pfdk. (behutsam)}$$
$$N_i - N_0 = 0{,}_{96} \cdot 417 = 400 \text{ Pfdk.}; \quad N_n = 0{,}_{96} \cdot 391 = 375 \text{ Pfdk. (kühner)}.$$

Für den Dampfconsum findet man ebendaselbst (ohne Hemd):

$$C_i{}' = 9{,}_7 \text{ Kgr.}$$

$$xC_i{}'' = 8{,}_7 \text{ mithin } \left(\text{ wegen } \frac{1}{x} = 0{,}_{48} \text{ nach S. 27} \right) C_i = \frac{1}{x} \, 8{,}_7 = 4{,}_2 \quad \text{,,}$$

$$\text{gemäß der letzten Spalte (S. 41) } 2\,C_i{}''' = 1{,}_0, \text{ somit } C_i{}''' = \frac{1}{2}\, 1{,}_0 = 0{,}_5 \quad \text{,,}$$

$$C_i = C_i{}' + C_i{}'' + C_i{}''' = 14{,}_4 \text{ Kgr.}$$

pro indic. Pfdk. u. Stde. (gegen $C_i = 13{,}_7$ Kgr. mit Dampfhemd).

Man sieht, daß das Dampfhemd gemäß diesen Daten des „Practischen Teiles" bei einer Auspuff-Maschine wenig ausgibt. (Anders ist dies bei Condensations-Maschinen, bei welchen das Dampfhemd nie fehlen soll*).

Zur Controle bestimmen wir den Dampfverbrauch auch nach dem „Theoretischen Teile"

a) ohne Dampfhemd

nach Tab. S. 40 zu $p = 6$ und $\dfrac{l_1}{l} = 0{,}_{25}$ . . . . $C_i = \quad 9{,}_{67} \; kg$

und $\sqrt{c}\; C_i{}'' = 5{,}_{85}$: hierbei zu $c = 2{,}_{25}$ nach

Tab. S. 49, $\dfrac{1}{\sqrt{c}} = 0{,}_{665}$, somit . . . . $C_i{}'' = 5{,}_{85} \cdot 0{,}_{665} = \quad 3{,}_{89} \; \text{,,}$

zu $N_i = 441$ und $c = 2{,}_{25}$ nach Tab. S. 47 . . . . $C_i{}''' = \quad 0{,}_{52} \; \text{,,}$

$$C_i = C_i{}' + C_i{}'' + C_i{}''' = \mathbf{14}{,}_{08} \; kg$$

b) mit Dampfhemd

nach Tab. S. 41 zu $p = \mathbf{6}$ und $\dfrac{l_1}{l} = 0{,}_{25}$ . . . . $C_i = \quad 9{,}_{27} \; kg$

und $\sqrt{c}\; C_i{}'' = 4{,}_{49}$; hierbei wie oben $\dfrac{1}{\sqrt{c}} = 0{,}_{665}$,

somit . . . . $C_i{}'' = 4{,}_{49} \cdot 0{,}_{665} = \quad 2{,}_{99} \; \text{,,}$

ferner wie oben . . . . $C_i{}''' = \quad 0{,}_{52} \; \text{,,}$

$$C_i = C_i{}' + C_i{}'' + C_i{}''' = \mathbf{12}{,}_{78} \; kg$$

---

*) Es mag übrigens zugegeben werden, daß die Dampfersparnis auf Seite des Dampfhemdes (namentlich inbetreff des Abkühlungsverlustes $C_i{}''$) in Wirklichkeit nach Umständen größer sein kann, als nach den Angaben dieses „Practischen Teiles"; hierüber enthält Genaueres der „Theoretische Teil" des Hilfsbuches. Indes kann auch hier dem erwähnten Umstande dadurch Rechnung getragen werden, daß man bei der Bestimmung des Abkühlungsverlustes die Maschinen ohne Hemd vorwiegend als „gewöhnliche" Maschinen, die Dampfhemd-Maschinen hingegen mehr oder weniger als „exacte" Maschinen in Betracht zieht, was ohnehin auch anderweitig entsprechend erscheint. Besser ist es jedoch, den Dampfverbrauch stets auch nach den Regeln des „Theoretischen Teiles" zu ermitteln, wie dies oben geschehen.

2. Beispiel. Bei einer Locomotiv-Zwillingsmaschine mit Coulissensteuerung nach Gooch oder dgl. ist

$$D = 0,_{424}\ \mathrm{m}$$
$$O = 0,_{140}\ \mathrm{qm}$$
$$l = 0,_6\ \mathrm{m}$$
$$p = 8\ \mathrm{Atm.}$$

Es ist ferner der Triebradhalbmesser $R = 0,_9$ m (bei einer Fahrgeschwindigkeit $\mathfrak{C} = 15$ m pro Sec. gibt dies $c = \mathfrak{C}\,\dfrac{l}{R\pi} = 3,_{183}$ m); welche Zugkraft W (Netto) äußert die Locomotive bei den Füllungen 0,7 0,4 0,25 und wie groß ist hierbei der Dampfconsum?

Gemäß Tabelle S. 20 (nebst S. **18** dieser Einleitung) ist zunächst:

	0,7	0,4	0,25
für $\dfrac{l_1}{l} =$			
$\dfrac{N_i}{c} =$	108,7	75,8	49,7 Pfdk.
$\dfrac{N_n}{c} =$	91,4	62,9	40,2 „
somit ist (für 1 Cyl.) $\mathfrak{P} = 47,75\ \dfrac{N_n}{c} =$	4364	3002	1919 Kgr.
(für 1 Cyl.) $M = \mathfrak{P}\,\dfrac{l}{2} = \mathfrak{P}\,0,3 =$	1309	901	576
aus $\tfrac{1}{2} WR = M$ folgt $W = \dfrac{2M}{R} = \dfrac{2M}{0,9} =$	**2909**	**2002**	**1280** „
Für den Dampfconsum ist zunächst bei gewöhnlichem Maschinenzustand. . . . . . . $C_i' =$	13,5	10,6	9,2 Kgr.
ferner vor der Hand . . . . $xC_i'' =$	(12,4)	(10,6)	(10,8)
gemäß S. 1 ist zu $c = 3,2$ m und zu obigen Füllungen gehörig . . . . $\dfrac{1}{x} =$	(0,29)	(0,35)	(0,40)
wegen des Hubverhältnisses $\dfrac{l}{D} = \dfrac{0,6}{0,42} = 1,43$ ist der Correct.-Coëff. (S. 1) . . . . $=$	(0,90)	(0,90)	(0,90)
die eingeklammerten Zahlen multipliciert geben als Product . . . . $C_i'' =$	3,2	3,3	3,9
Behufs Bestimmung von C_i''' ist zunächst $N_i = \dfrac{N_i}{c}\cdot c =$	(345)	(241)	(157) Pfdk.
Zu diesen Werten von N_i und zu $c = 3,18$ gehörig nach Anhang, S. 188 . . . . $C_i''' =$	0,5	0,5	0,6 Kgr.
Summar. Dampfconsum . . $C_i = C_i' + C_i'' + C_i''' =$	**17,2**	**14,4**	**13,7 Kgr.**

für exacte Ausführung und Instandhaltung würde sich C_i um $1,_5$ bis $1,_8$ Kgr. geringer ergeben.

3. Beispiel. Es ist eine Eincylinder-Condens.-Maschine mit Dampfhemd festzustellen, welche bei

$$p = 6\ \mathrm{Atm.}$$
$$\dfrac{l_1}{l} = 0,_{10}$$
$$c = 2\ \mathrm{m}$$

eine Netto-Leistung $N_n = 250$ Pfdk. effectuieren würde.

Es ist $\dfrac{N_n}{c} = 125$ Pfdk., welcher Größe in der betreffenden Spalte $(0_{,10})$ auf S. 69 die Zahl $124_{,7}$ am nächsten ist, wonach die Maschine mit

$$O = 0_{,600} \text{ qm und } D = 0_{,887} \text{ m}$$

festgestellt ist. Die indicierte Leistung derselben beträgt $\dfrac{N_i}{c} = 152_{,6}$ Pfdk. und $N_i = 2 \cdot 152_{,6} = 305$ Pfdk.*).

Für die (etwa vorgeschriebene) Umgangszahl $n = 35$ pro Minute ergibt sich aus $nl = 30\,c$ der Hub $l = 1_{,7}$ m (nahe $= 2D$); sofort ist mittels des Hilfstabellchens (S. 68) im Mittel zwischen „gewöhnlichem“ und „exactem“ Maschinenzustand:

$$C_i' = \tfrac{1}{2}\,(5_{,9} + 5_{,1}) \ \ldots \ldots \ 5_{,5} \text{ Kgr.}$$

$xC_i'' = \tfrac{1}{2}\,(5_{,4} + 4_{,6}) = 5_{,0}$; hierbei $\dfrac{1}{x} = 0_{,57}$ (S. 53), somit $C_i'' = 5_{,0} \cdot 0_{,57} = 2_{,8}$ „

zu $N_i = 305$ und $c = 2$ nach Anhang S. 188 $C_i''' = \tfrac{1}{2}\,(0_{,6} + 0_{,3}) \cdot \ . = 0_{,5}$ „

$$C_i = C_i' + C_i'' + C_i''' = \mathbf{8{,}8} \text{ Kgr.}$$

In der letzten Spalte S. 69 ist für $\dfrac{l_1}{l} = 0_{,125}$ und $c = 2_{,26}$ m (für gewöhnlichen Zustand) angesetzt $C_i = 9_{,8}$ Kgr.

Bei mangelndem Dampfhemd wäre zuvörderst

$$\dfrac{N_i}{c} = 0_{,91} \cdot 152_{,6} = 139 \text{ und } N_i = 139 \cdot 2 = 278 \text{ Pfdk.}$$

sodann für gewöhnlichen Maschinenzustand):

$$C_i' = 6_{,5} \text{ Kgr.}$$

$xC_i'' = 6_{,6}$; wegen $\dfrac{1}{x} = 0_{,57}$ (S. 53) ist $C_i'' = 6_{,6} \cdot 0_{,57} = 3_{,76}$ „

zu $N_i = 278$ und $c = 2$ aus S. 188 des Anhanges $C_i''' = 0_{,65}$ „

$$C_i = C_i' + C_i'' + C_i''' = \mathbf{10{,}9} \text{ Kgr.}$$

gegen $8_{,8}$ bezw. $9_{,8}$ Kgr. mit Hemd, d. i. um $17\,^0/_0$ mehr, als mit Dampfhemd, welches sich somit bei Condens.-Maschinen als sehr nützlich erweiset und deshalb nie fehlen sollte.

4. Beispiel. Eine Zweicylinder-Condens.-Maschine mit eben derselben Größe des Expansions-Cylinders:

$$O = 0_{,600} \text{ qm, } D = 0_{,887} \text{ m und } c = 2 \text{ m}$$

und eben derselben Spannung $p = 6$ Atm. ist bezüglich der Leistung etc. bei den Füllungen $0_{,10}$ und $0_{,07}$ zu untersuchen.

---

*) Gemäß S. 181 Spalte $p = 6$, Zeile $O = 0_{,600}$ beträgt bei dieser Maschine der Leergangswiderstand $\dfrac{N_o}{c} = 15_{,9}$ Pfdk., während $\mu = 0_{,067}$ und $\dfrac{1}{1+\mu} = 0_{,937}$; es ist somit (durch Indicator nachweisbar) $\dfrac{N_i}{c} - \dfrac{N_o}{c} = 137$ Pfdk. und $\dfrac{N_n}{c} = \dfrac{1}{1+\mu}\left(\dfrac{N_i}{c} - \dfrac{N_o}{c}\right) = 128$ Pfdk. (gegen die obigen vorsichtig bemessenen 125 Pfdk.).

Gemäß S 89 ist für $\frac{l_1}{l} =$	0,10	0,07

zunächst im Mittel zwischen ausgiebig geheiztem und ungeheiztem Receiver, resp. bei bloß äußerlich geheiztem Receiver

	0,10	0,07
. . . . $\frac{N_\mathrm{i}}{c} =$	134,6	104,9 Pfdk.
und $\frac{N_\mathrm{n}}{c} =$	108,2	81,5 ,,
$N_i = \frac{N_\mathrm{i}}{c} \cdot 2 =$	269	210 ,,
$N_n = \frac{N_n}{c} \cdot 2 =$	216	163 ,,

Gemäß Hilfstabellchen S. 88 wäre ohne (geheizten) Receiver das beiläufige Minimum der Leistung (mit den Coëfficienten 0,94 und 0,93)

	0,10	0,07
(min.) $\frac{N_\mathrm{i}}{c} =$	126	97 ,,
(min.) $\frac{N_\mathrm{n}}{c} =$	102	76 ,,

mit ausgiebig geheiztem Receiver das beiläufige Maximum der Leistung (mit den Coëfficienten 1,07 und 1,09)

	0,10	0,07
(max.) $\frac{N_\mathrm{i}}{c} =$	144	114 ,,
(max.) $\frac{N_\mathrm{n}}{c} =$	116	89 ,,

Mit Compression in beiden Cylindern bis nahe zur Gegendampfspannung (bei ca. $3^0/_0$ schädl. Raume) wäre von der jeweiligen Leistung $\frac{N_\mathrm{i}}{c}$ (und ohne erheblichen Fehler auch von $\frac{N_\mathrm{n}}{c}$) zu subtrahieren, 11,3 Pfdk., womit sich ergibt:

	0,10	0,07
ohne (geheizten) Receiver (min.) $\frac{N_\mathrm{i}}{c} =$	115	86 ,,
(min.) $\frac{N_\mathrm{n}}{c} =$	91	65 ,,
mit ausgiebig geheiztem Receiver (max) $\frac{N_\mathrm{i}}{c} =$	133	103 ,,
(max.) $\frac{N_\mathrm{n}}{c} =$	105	78 ,,

Für den Dampfconsum der Zweicylinder-Condens.-Maschine hat man bei äußerlich geheiztem Receiver (im Mittel der tabellarischen Angaben „mit" und „ohne" geheizten Receiver):

gemäß Hilfstabellchen S. 88 für $\frac{l_1}{l} =$	0,10	0,07
$C_i{'} =$	5,2	5,0
$x C_i{''} =$	(4,9)	(4,7)

mit $\frac{1}{x} = 0{,}57$ und 0,58 (S. 79) ergibt sich (wenn diesfalls $l : D = 1{,}5$, somit der Corr. Coëff. $= 0{,}91$) . . . . $C_i{''} =$

	0,10	0,07
$C_i{''} =$	2,5	2,5

gemäß S. 189 des Anhanges zu $N_i = 269$ und 210 für $c = 2$ m gehörig

	0,10	0,07
$C_i{'''} =$	0,5	0,5
$C_i = C_i{'} + C_i{''} + C_i{'''} =$	8,2	8,0

Für ganz exacte Ausführung und Instandhaltung ergäbe sich knapp bemessen $C_i =$

	0,10	0,07
$C_i =$	7,7	7,6

Wir wollen die detailliertere Bestimmung des Dampfverbrauchs nach dem „Theoretischen Teile" Tab. S. 44 u. ff. vornehmen, und zwar bloß für $\frac{l_1}{l} = 0{,}10$.

a) Ohne (geheizten) Receiver:

nach Tab. S. 44 zu $p = 6$ *und* $\dfrac{l_1}{l} = 0{,}_{10}$ . . . . $C_i' = 5{,}_{37} \; kg$

und $\sqrt{c}\, C_i'' = 3{,}56;$ *mit* $c = 2\ m$ *ist nach Tab. S. 49* $\dfrac{1}{\sqrt{c}} = 0{,}_{707}:$

da wegen $l : D =$ *der Corr. Coëff.* $= 1$ *ist, so hat man* $C_i'' = 3{,}_{56} \cdot 0{,}_{707} = 2{,}_{51}$ „

Gemäß Tab. S. 47 zu $N_i = 269$ *und* $c = 2\ m\ provis.$ $C_i''' = 0{,}_{63};$

hiervon für Zweicylinder-Masch. 0,80, *somit definitiv* $C_i''' = 0{,}_{80} \cdot 0{,}_{63} = 0{,}_{50}$ „

$$C_i' = C_i' + C_i'' + C_i''' = 8{,}_{38} \; kg$$

b) Mit ausgiebig geheiztem Receiver:

nach Tab. S. 45 . . . . $C_i' = 4{,}_{93} \; kg$

und $\sqrt{c}\, C_i'' = 3{,}_{56},$ *daher wie vordem* . . . . $C_i'' = 2{,}_{51}$ „

ebenso wie vordem . . . . $C_i''' = 0{,}_{50}$ „

$$C_i = C_i' + C_i'' + C_i''' = 7{,}_{94} \; kg$$

c) Mit bloß äußerlich geheiztem Receiver:

nach Tab. S. 46 . . . . $C_i' = 5{,}_{16}$ „

und $\sqrt{c}\, C_i'' = 3{,}_{56},$ *daher wie vordem* . . . . $C_i'' = 2{,}_{51}$ „

ebenso wie vordem . . . . $C_i''' = 0{,}_{50}$ „

$$C_i = C_i' + C_i'' + C_i''' = 8{,}_{17} \; kg$$

Inbetreff des **Cylinder-Volumenverhältnisses** der Maschine zunächst als **Receiver-Woolf-Maschine** empfiehlt sich, wenn wir die gleiche Arbeitsverteilung auf beide Cylinder bei der Füllung $0{,}_{09}$ wünschen (im Hilfstabellchen zwischen $0{,}_{092}$ und $0{,}_{083}$)

$$\frac{v}{V} = 0{,}_{35}$$

sodann beträgt

	0,20	0,15	0,125	0,10	0,07
bei der reducierten Füllung $\dfrac{l_1}{l} =$	**0,20**	**0,15**	**0,125**	**0,10**	**0,07**
die Füllung des Hochdruck-Cylinders $=$	0,57	0,43	0,36	0,29	0,20
$\dfrac{N_n}{c} =$	177,0	146,0	128,1	108,2	81,5
$N_n = \dfrac{N_n}{c} \cdot 2 =$	354	292	256	216	163

hierbei ist die Netto-Leistung der Maschine, wenn wir (für diese beiläufige Uebersicht) von den tabellarischen Angaben direct Gebrauch machen

Die Maschine, welche normal als circa 200 pferdekräftig (Netto) zu bezeichnen wäre, wird zeitweilig ohne Anstand 350 Pfdk. (Netto), ja auch darüber ohne merklichen Spannungsabfall entwickeln können, da bei einer Receiver-Woolf-Maschine eine Füllung des Hochdruck-Cylinders $= 0{,}_6$ zeitweilig noch zu gestatten ist.

Hätten wir es hingegen mit der obigen Receiver-Maschine als Compound-Maschine zu tun, so könnte das obige Volumenverhältnis $\dfrac{v}{V} = 0{,}_{35}$ nur unter der Bedingung entsprechen, wenn die Maschine zeitweilig höchstens auf ca. 270 Pfdk. (Netto) zu beanspruchen wäre, da diesfalls die Füllung $0{,}_4$

des Hochdruck-Cylinders keineswegs überschritten werden soll (wenn man den Spannungsabfall vermeiden will). Sollte demnach die Compound-Maschine anstandslos auch nur 300 Pfdk. (Netto) zu effectuieren haben, so wäre nach Angabe der letzten Zeile des Hilfstabellchens (abgerundet)

$$\frac{v}{V} = 0{,}4$$

zu machen; man hätte sodann

bei den reducierten Füllungen $\frac{l_1}{l} =$	0,20	0,15	0,125	0,10	0,07
die Füllung des Hochdruck-Cylinders =	0,5	0,375	0.31	0,25	0,175
hiebei wie oben $N_n =$	354	292	256	216	163

diesem gemäß würden 300 Pfdk. (Netto) als Maximalleistung knapp bei $0{,}4$ Füllung des Hochdruck-Cylinders geleistet werden.

Sollten jedoch 350 Pfdk. oder etwa noch mehr zeitweilig ohne Spannungsabfall zu effectuieren sein, so müßte man nach Angabe der vorletzten Zeile des Hilfstabellchens (für Compound-Maschinen) zu dem Volumenverhältnisse (max.)

$$\frac{v}{V} = 0{,}5$$

oder aber zu einer größeren Maschine (bezüglich des Expansions-Cylinders) greifen; widrigenfalls müßte die obige Maschine bei starker Beanspruchung (über 300 Pfdk. Netto) mit einem Spannungsabfall arbeiten, damit der Hochdruckcylinder auch diesfalls einen entsprechenden Arbeitsanteil verrichte.

5. Beispiel. Eine Dreicylinder-Condens.-Maschine mit eben derselben Größe des Niederdruck-Cylinders

$$O = 0{,}600 \text{ qm und } D = 0{,}887 \text{ m}$$

ist bei der Spannung $p = 11$ Atm., Füllung $\frac{l_1}{l} = 0{,}05$ und bei der Kolbengeschwindigkeit $c = 3{,}3$ m bezüglich der Leistung und des Dampfconsums zu untersuchen, wenn die beiden Receiver äußerlich geheizt sind.

Gemäß S. 162 ist $\frac{N_i}{c} = 149{,}3$ Pfdk.; $\frac{N_o}{c} = 22{,}0$ Pfdk., somit $\frac{N_i}{c} - \frac{N_o}{c} = 127{,}3$ Pfdk.; wegen $\frac{1}{1+\mu} = 0{,}94$ (nach S. 166, genauer $0{,}937$) ergibt sich (mit unvollkommener Compression)

$$\frac{N_n}{c} = \frac{1}{1+\mu}\left(\frac{N_i}{c} - \frac{N_o}{c}\right) = 119{,}2 \text{ Pfdk.}$$

Mit $c = 3{,}3$ m ergibt sich

$$N_i = 493 \text{ Pfdk.}; N_o = 73 \text{ Pfdk.}; N_i - N_o = 420 \text{ Pfdk.}; N_n = 393 \text{ Pfdk.}$$

Mit der „subtractiven Compress.-Leistung" (rund) 10 Pfdk. pro $c = 1$ m, d. h. 33 Pfdk. bei $c = 3{,}3$ m wäre:

$$N_i = 493 - 33 = 460 \text{ Pfdk.}, N_i - N_o = 387 \text{ Pfdk.}, N_n = 362 \text{ Pfdk.}$$

Für den Dampfconsum wäre zunächst . . . . $C' = 4{,}1$ Kgr.
und $x C_i'' = 3{,}8$; hierbei $\frac{1}{x} = 0{,}46$ (S. 157) und (wenn diesfalls $l : D$ $= 1$) Corr.-Coëff. $0{,}82$; somit $C_i'' = 3{,}8 \cdot 0{,}46 \cdot 0{,}82$ . . . . $= 1{,}4$ „
zu $N_i = 460$ und $c = 3{,}3$ gemäß Anhang S. 189 . . . . $C_i''' = 0{,}3$ „

$$C_i = C_i' + C_i'' + C_i''' = 5{,}8 \text{ Kgr.}$$

gegen die Angabe $C_i = 6{,}_1$ auf S. 162, welche für die Annahme $l : D = 2$ gilt.

Die Angaben über die Cylinder-Volumenverhältnisse sind in ähnlicher Weise zu benützen, wie dies im 4. Beispiele für die Zweicylinder-Maschine geschehen ist.

Bemerkungen über Dreicylinder-Maschinen mit zweimaliger Expansion.

Dieses Maschinensystem, bei welchem der Dampf aus einem Hochdruck-Cylinder zugleich in zwei Niederdruck-Cylinder expandiert, wurde hier (und auch in dem „Theoretischen Teile" des Hilfsbuches) nicht besonders in Betracht gezogen.

Nach des Verfassers vorläufiger Meinung hat dieses System für die Anwendung eigentlich nur dann einen Sinn und Wert, wenn es sich darum handelt, eine Zwillingsmaschine in eine Compound-Maschine umzubauen, indem zu den vorhandenen zwei Cylindern ein dritter hinzukommt, welcher am einfachsten hinter einem der vorhandenen Cylinder angebracht wird und zugleich mit diesem als (zweiter) Niederdruck-Cylinder fungiert. Um hierbei behufs entsprechender Arbeitsverteilung nach Umständen ein größeres Gesamtvolumen V der beiden Niederdruck-Cylinder, als das doppelte von dem Volumen v des Hochdruck-Cylinders (also $\frac{v}{V} < \frac{1}{2}$ zu erhalten, wird der neue (dritte) Cylinder entsprechend größer, als jeder der beiden vorhandenen Cylinder zu machen sein. Die derart einzurichtende Maschine wird in jeder Beziehung nach den gegebenen Regeln der Zweicylinder-Compound-Maschine zu beurteilen sein, nur verteilt sich eben das Volumen V auf zwei Cylinder, die passiven Widerstände werden allerdings um einiges größer sein, als wenn ein einziger Niederdruck-Cylinder mit dem Volumen V vorhanden wäre. Nach dieser meines Erachtens einzig rücksichtswerten Richtung war sonach eine besondere Behandlung des besagten Maschinensystems durchaus keine Notwendigkeit.

Bei neuen Herstellungen könnten allerdings auch die beiden Niederdruck-Kolben an zwei um 90° verstellten Kurbeln zum Angriffe kommen, während die Hochdruck-Kurbel mit einer der Niederdruck-Kurbeln gleich oder entgegengesetzt gerichtet wäre. Eine solche Anordnung wurde neulich in Deutschland patentiert; es steht abzuwarten, inwieweit sich dieselbe in der Anwendung Eingang verschafft; Verfasser ist nicht in der Lage, dieser Anordnung irgend einen besonderen Vorteil gegenüber einer einfachen Zweicylinder-Compound-Maschine abzugewinnen, namentlich nicht einen ökonomischen Vorteil.

Es ist nur noch die Zweimal-Expansions-Maschine als Dreikurbel-Maschine mit Kurbeln unter 120° zu erwähnen, welche als Schiffsmaschine (mit Condensation) wirklich zur Ausführung kam, aber der seitdem eingeführten Dreimal-Expansions-Maschine entschieden nachsteht, es wäre denn, daß der für die letztere notwendige hohe Dampfdruck aus irgend einem Grunde nicht zur Verfügung wäre. Die zweimalige Expansion findet diesfalls erstlich in einem (kleineren) Hochdruck-Cylinder von dem Volumen v und aus diesem sodann zugleich in zwei untereinander gleiche (gegen v entsprechend größere) Niederdruck-Cylinder statt, deren Gesamtvolumen $= V$ ist, somit das Einzel-Volumen $= \frac{1}{2} V$. Für die gleiche Arbeitsverteilung auf die drei Cylinder, bezw. auf die drei Kurbeln wäre unter der Annahme eines sehr großen Receivers das Volumenverhältnis $\frac{v}{V}$ einzurichten, wie folgt:

erstlich bei einer **Auspuff**-Maschine, wenn man (normal) bis zu einer Endspannung von beiläufig $1{,}5$ Atm. expandieren würde:

$$\text{für } p = 8 \qquad 9 \qquad 10 \qquad 12 \text{ Atm.}$$

$$\frac{v}{V} = 0{,}35 \qquad 0{,}33 \qquad 0{,}31 \qquad 0{,}27$$

$$\text{d. i. } v : \tfrac{1}{2}\, V = 0{,}70 \qquad 0{,}66 \qquad 0{,}62 \qquad 0{,}54$$

zweitens bei einer **Condens.**-Maschine, wenn man (normal) bis zu einer Endspannung von beiläufig $0{,}6$ Atm. expandieren würde:

$$\text{für } p = 5 \qquad 6 \qquad 8 \qquad 10 \qquad 12 \text{ Atm.}$$

$$\frac{v}{V} = 0{,}30 \qquad 0{,}27 \qquad 0{,}22 \qquad 0{,}19 \qquad 0{,}17$$

$$\text{d. i. } v : \tfrac{1}{2}\, V = 0{,}60 \qquad 0{,}54 \qquad 0{,}44 \qquad 0{,}38 \qquad 0{,}34$$

Bei einem mäßigen Receiver-Volumen ergeben sich die Werte von $\frac{v}{V}$ entsprechend größer*).

Die indicierte Spannung und Leistung einer solchen Maschine wäre nach den gegebenen Regeln einer Zweicylinder-Compound-Maschine (die beiden Niederdruck-Cylinder vereinigt gedacht) zu beurteilen, die passiven Widerstände jedoch entsprechend höher (nahe gleich jenen einer äquivalenten Dreicylinder-Maschine) zu schätzen.

Bemerkung über die Beurteilung der Größe der Füllung nach abgenommenen Indicatordiagrammen.

Bei schleichender Absperrung des Admissionsdampfes, insbesondere bei namhafter Droßlung (und vor allem bei Coulissensteuerung, wenn eben durch die Coulisse selbst die Absperrung bereits nach einem relativen Kolbenwege ca. $0{,}333$ oder noch früher eingeleitet wird), zeichnet der Indicator die Admission und den Beginn der Expansion beiläufig in der aus nebenstehender Figur ersichtlichen Weise. Von a nach b verläuft die sichtliche Admissionslinie nahezu geradlinig, von c nach d die sichtliche Expansionscurve (nach innen) convex; dazwischen legt sich die (nach innen) concave krumme bc, welche evidenter Weise der schleichenden Verengung und schließlich Absperrung des

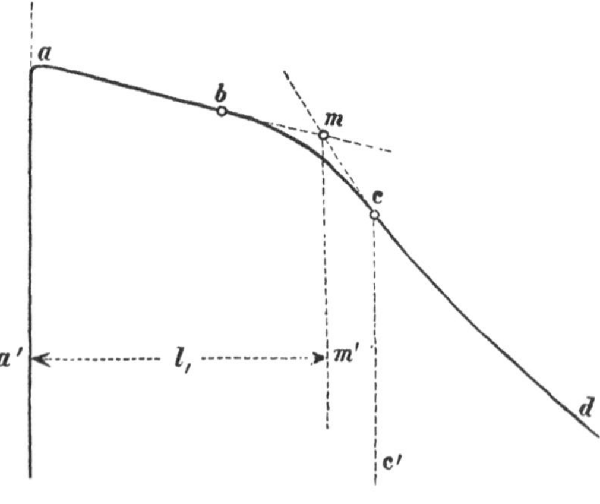

Einströmungskanals entspricht; die factische, totale Absperrung, sowohl in der Maschine als auch in dem betreffenden Schieberdiagramm, correspondiert so-

---

*) Siehe die Abhandlung von Prof. A. Ka̅š „Ueber Compound-Maschinen mit hohem Dampfdruck" in der Oesterr. Zeitschrift für Berg- und Hüttenwesen, XXXVI. Jahrg. 1888.

mit allerdings mit dem Punkte c; nichtsdestoweniger ist es unzulässig, die Admissionswirkung nach der zwischen aa′ und cc′ gelegenen Fläche, und die Expansionswirkung nach der über cc′ hinausgelegenen Fläche beurteilen zu wollen; die Canaleröffnung ist namentlich in der zweiten Hälfte der durch bc dargestellten Dampfverteilungsphase schon so gering, daß sich vielmehr die Spannung des bereits expandierenden Dampfes als jene des kärglich eintretenden Admissionsdampfes auf den Kolben geltend macht, — kurz gesagt: die Spannungslinie bc ist in der Tat eine gemischte Admissions- und Expansionscurve und muß demgemäß, wenn es sich eben um die Bestimmung der Dampfwirkung (und nicht um die Controle des betreffenden Schieberdiagramms) handelt, auf die Admission und Expansion entsprechend verteilt werden. Dieses geschieht am einfachsten in der altbekannten Weise, indem man am Anfangspunkte b und am Endpunkte c der (nach innen) concaven Curve bc Tangenten zieht, deren Schnittpunkt m diejenige Ordinate mm′ bestimmt, welche die Periode der Admission von jener der Expansion trennt und bis zu welcher sonach derjenige Kolbenweg l_1 zu messen ist, welcher durch den Hub l dividiert die jeweilige Füllung $\dfrac{l_1}{l}$ ergibt.

Für den Vergleich der Resultate von Indicatorversuchen mit den theoretischen Berechnungsdaten ist es ganz und gar unerläßlich, die Füllung $\dfrac{l_1}{l}$ in einem Diagramm in der hier mitgeteilten Weise zu beurteilen!

TABELLEN

des

Practischen Teiles

des Hilfsbuches.

———

I. SERIE.

A.

Auspuff-Maschinen mit Coulissen-Steuerung.

(Coulisse nach Gooch, Stephenson od. dgl.)

———◆———

Werthe von $\frac{1}{x}$

zur Bestimmung des Abkühlungs-Verlustes C_i'' aus den tabellarischen Ansätzen von $x C_i''$
(durch Multiplication dieser Ansätze mit $\frac{1}{x}$).

Füllung $\frac{l_1}{l} =$	0,8	0,7	0,6	0,5	0,4	0,333	0,3	0,25	0,20	0,15	0,125	0,10	$= \frac{l_1}{l}$ (Füllung)
$c = 0,5$ m	0,69	0,74	0,78	0,83	0,89	0,94	0,96	1,00	1,04	1,09	1,11	1,14	$c = 0,5$ m
0,6	0,63	0,67	0,71	0,76	0,82	0,86	0,88	0,91	0,95	0,99	1,01	1,04	0,6
0,7	0,59	0,62	0,66	0,70	0,75	0,79	0,81	0,85	0,88	0,92	0,94	0,96	0,7
0,8	0,55	0,58	0,62	0,66	0,71	0,74	0,76	0,79	0,82	0,86	0,88	0,90	0,8
0,9	0,52	0,55	0,58	0,62	0,67	0,70	0,72	0,75	0,78	0,81	0,83	0,85	0,9
$c = 1,0$ m	0,49	0,52	0,55	0,59	0,63	0,66	0,68	0,71	0,74	0,77	0,79	0,80	$c = 1,0$ m
1,1	0,47	0,50	0,53	0,56	0,60	0,63	0,65	0,67	0,70	0,73	0,75	0,77	1,1
1,2	0,45	0,47	0,50	0,54	0,58	0,61	0,62	0,65	0,67	0,70	0,72	0,73	1,2
1,3	0,43	0,46	0,48	0,52	0,55	0,58	0,60	0,62	0,65	0,67	0,69	0,70	1,3
1,4	0,42	0,44	0,47	0,50	0,53	0,56	0,57	0,60	0,62	0,65	0,66	0,68	1,4
$c = 1,5$ m	0,40	0,42	0,45	0,48	0,52	0,54	0,56	0,58	0,60	0,63	0,64	0,66	$c = 1,5$ m
1,6	0,39	0,41	0,44	0,47	0,50	0,52	0,54	0,56	0,58	0,61	0,62	0,64	1,6
1,7	0,38	0,40	0,42	0,45	0,48	0,51	0,52	0,54	0,56	0,59	0,60	0,62	1,7
1,8	0,37	0,39	0,41	0,44	0,47	0,49	0,51	0,53	0,55	0,57	0,59	0,60	1,8
1,9	0,36	0,38	0,40	0,43	0,46	0,48	0,49	0,51	0,53	0,56	0,57	0,58	1,9
$c = 2,0$ m	0,35	0,37	0,39	0,42	0,45	0,47	0,48	0,50	0,52	0,54	0,56	0,57	$c = 2,0$ m
2,2	0,33	0,35	0,37	0,40	0,43	0,45	0,46	0,48	0,50	0,52	0,53	0,54	2,2
2,4	0,32	0,34	0,36	0,38	0,41	0,43	0,44	0,46	0,48	0,50	0,51	0,52	2,4
2,6	0,31	0,32	0,34	0,37	0,39	0,41	0,42	0,44	0,46	0,48	0,49	0,50	2,6
2,8	0,29	0,31	0,33	0,35	0,38	0,40	0,41	0,42	0,44	0,46	0,47	0,48	2,8
$c = 3,0$ m	0,28	0,30	0,32	0,34	0,36	0,38	0,39	0,41	0,43	0,44	0,45	0,46	$c = 3,0$ m
3,2	0,27	0,29	0,31	0,33	0,35	0,37	0,38	0,40	0,41	0,43	0,44	0,45	3,2
3,4	0,27	0,28	0,30	0,32	0,34	0,36	0,37	0,38	0,40	0,42	0,43	0,44	3,4
3,6	0,26	0,27	0,29	0,31	0,33	0,35	0,36	0,37	0,39	0,41	0,41	0,42	3,6
3,8	0,25	0,27	0,28	0,30	0,32	0,34	0,35	0,36	0,38	0,39	0,40	0,41	3,8
$c = 4,0$ m	0,25	0,26	0,28	0,29	0,32	0,33	0,34	0,35	0,37	0,38	0,39	0,40	$c = 4,0$ m
4,2	0,24	0,25	0,27	0,29	0,31	0,32	0,33	0,35	0,36	0,38	0,38	0,39	4,2
4,4	0,23	0,25	0,26	0,28	0,30	0,32	0,32	0,34	0,35	0,37	0,37	0,38	4,4
4,6	0,23	0,24	0,26	0,27	0,29	0,31	0,32	0,33	0,34	0,36	0,37	0,37	4,6
4,8	0,22	0,24	0,25	0,27	0,29	0,30	0,31	0,32	0,34	0,35	0,36	0,37	4,8
$c = 5,0$ m	0,22	0,23	0,25	0,26	0,28	0,30	0,30	0,32	0,33	0,34	0,35	0,36	$c = 5,0$ m

Note. Diese Werthe von $\frac{1}{x}$ sind für alle Maschinengattungen (bei einer gewissen Füllung $\frac{l_1}{l}$ und Kolbengeschwindigkeit c) gleich gross; dieselben sind in der vorangehenden Einleitung für alle Füllungen auf drei Decimalen angegeben.

Corrections-Coëffic. für C_i'' bei dem jeweiligen Hubverhältnisse $l : D$.

Wenn $l : D =$	0,6	0,8	1,0	1,25	1,5	1,75	2	2,5	3	3,5	4	5
Coëffic. $=$	0,73	0,77	0,82	0,87	0,91	0,96	1	1,08	1,15	1,22	1,29	1,41

Auspuff-Maschinen mit Coulissen-Steuerung (nach Gooch, Stephenson . . . .).

Abs. Adm. Sp. $p = 3$ Kgr. od. Atm.

Wirksame Kolbenfläche O Qu.Met.	Kolben-Durchmesser D Centm.	Füllung $\frac{l}{l}$ 0,8	0,7	0,6	0,5	0,4	0,333	0,3	Füllung $\frac{l}{l}$ 0,8	0,7	0,6	0,5	0,4	0,333	0,3	$2C_i''' \text{ u. } C_i$ bei $\frac{l}{l}=0,7$ (gew. Masch.) Kgr.
		Indicirte Leistung $\frac{N_i}{c}$ in Pferdekraft							Netto-Leistung $\frac{N_n}{c}$ in Pferdekraft							
		pro 1 Meter Kolbengeschwindigkeit														
0,020	16,2	4,5	4,0	3,5	2,9	2,1	1,5	1,1	3,1	2,8	2,3	1,8	1,2	0,7	0,4	11,6
022	17,0	4,9	4,4	3,9	3,2	2,3	1,6	1,2	3,4	3,1	2,6	2,0	1,3	0,7	0,4	(bei $c =$
024	17,7	5,3	4,8	4,2	3,4	2,5	1,8	1,3	3,8	3,4	2,9	2,2	1,4	0,8	0,5	0,86 m)
026	18,5	5,8	5,2	4,6	3,7	2,7	1,9	1,4	4,1	3,7	3,1	2,4	1,6	0,9	0,6	
028	19,2	6,2	5,6	4,9	4,0	2,9	2,0	1,5	4,5	4,0	3,4	2,7	1,7	1,0	0,6	
0,030	19,8	6,7	6,1	5,3	4,3	3,1	2,1	1,6	4,8	4,3	3,6	2,8	1,9	1,1	0,7	9,1
032	20,5	7,1	6,5	5,6	4,6	3,3	2,3	1,7	5,1	4,6	3,9	3,1	2,0	1,2	0,7	(0,91 m)
034	21,1	7,6	6,9	6,0	4,9	3,5	2,4	1,8	5,5	4,9	4,2	3,3	2,2	1,3	0,8	31
036	21,7	8,0	7,3	6,3	5,2	3,7	2,6	2,0	5,8	5,3	4,5	3,5	2,3	1,4	0,8	
038	22,3	8,4	7,7	6,7	5,4	3,9	2,7	2,1	6,2	5,6	4,7	3,7	2,5	1,5	0,9	
0,040	22,9	8,9	8,1	7,0	5,7	4,1	2,8	2,2	6,5	5,9	5,0	3,9	2,6	1,5	1,0	7,6
042	23,5	9,3	8,5	7,4	6,0	4,3	3,0	2,3	6,9	6,2	5,3	4,2	2,8	1,6	1,0	(0,96 m)
044	24,0	9,8	8,9	7,7	6,3	4,6	3,1	2,4	7,2	6,5	5,5	4,4	2,9	1,7	1,1	
046	24,6	10,2	9,3	8,1	6,6	4,8	3,3	2,5	7,6	6,9	5,8	4,6	3,1	1,8	1,1	
048	25,1	10,6	9,7	8,4	6,9	5,0	3,4	2,6	7,9	7,2	6,1	4,8	3,2	1,9	1,2	
0,050	25,6	11,1	10,1	8,8	7,1	5,1	3,6	2,7	8,3	7,5	6,4	5,0	3,3	2,0	1,3	6,6
053	26,4	11,8	10,7	9,3	7,6	5,5	3,8	2,9	8,9	7,9	6,8	5,3	3,6	2,2	1,4	(0,99 m)
056	27,1	12,5	11,3	9,8	8,0	5,8	4,0	3,0	9,4	8,4	7,2	5,7	3,8	2,3	1,5	
059	27,8	13,1	11,9	10,4	8,4	6,1	4,2	3,2	9,9	8,9	7,6	6,0	4,0	2,5	1,6	
062	28,5	13,8	12,5	10,9	8,9	6,4	4,4	3,3	10,5	9,4	8,0	6,3	4,3	2,6	1,7	
0,065	29,2	14,5	13,1	11,4	9,3	6,7	4,6	3,5	11,0	9,9	8,5	6,7	4,5	2,8	1,8	5,9
068	29,9	15,1	13,7	12,0	9,7	7,0	4,8	3,7	11,6	10,4	8,9	7,0	4,7	2,9	1,9	(1,02 m)
071	30,5	15,8	14,3	12,5	10,2	7,3	5,0	3,8	12,1	10,9	9,3	7,3	4,9	3,1	2,0	29
074	31,2	16,5	14,9	13,0	10,6	7,6	5,3	4,0	12,6	11,4	9,7	7,6	5,2	3,2	2,1	
077	31,8	17,1	15,5	13,5	11,0	7,9	5,5	4,1	13,2	11,9	10,1	8,0	5,4	3,4	2,2	
0,080	32,4	17,8	16,1	14,0	11,4	8,2	5,7	4,3	13,7	12,3	10,5	8,3	5,6	3,5	2,3	5,2
084	33,2	18,7	16,9	14,7	12,0	8,6	6,0	4,5	14,5	13,0	11,1	8,8	5,9	3,7	2,4	(1,06 m)
088	34,0	19,6	17,8	15,4	12,6	9,0	6,3	4,8	15,2	13,6	11,7	9,2	6,2	3,9	2,6	
092	34,7	20,5	18,6	16,1	13,1	9,5	6,6	5,0	15,9	14,3	12,2	9,7	6,5	4,1	2,7	
096	35,5	21,3	19,4	16,8	13,7	9,9	6,9	5,2	16,6	15,0	12,8	10,1	6,9	4,3	2,9	
0,100	36,2	22,2	20,2	17,5	14,3	10,3	7,1	5,4	17,4	15,6	13,4	10,6	7,2	4,5	3,0	4,5
105	37,1	23,3	21,2	18,4	15,0	10,8	7,5	5,7	18,3	16,5	14,1	11,2	7,6	4,7	3,2	(1,10 m)
110	38,0	24,5	22,2	19,3	15,7	11,3	7,9	5,9	19,3	17,3	14,8	11,7	8,0	5,0	3,3	
115	38,8	25,6	23,2	20,2	16,4	11,8	8,2	6,2	20,2	18,1	15,5	12,3	8,4	5,2	3,5	
120	39,7	26,7	24,2	21,1	17,1	12,3	8,6	6,5	21,1	19,0	16,2	12,9	8,8	5,5	3,7	
0,125	40,5	27,8	25,2	21,9	17,8	12,8	8,9	6,8	22,0	19,8	17,0	13,5	9,2	5,8	3,9	3,9
130	41,3	28,9	26,2	22,8	18,5	13,3	9,3	7,0	23,0	20,7	17,7	14,1	9,6	6,0	4,1	(1,15 m)
135	42,1	30,0	27,2	23,7	19,3	13,8	9,7	7,3	23,9	21,5	18,4	14,6	10,0	6,3	4,2	28
140	42,8	31,1	28,2	24,6	20,0	14,4	10,0	7,6	24,8	22,3	19,1	15,2	10,4	6,5	4,4	
145	43,6	32,2	29,3	25,5	20,7	14,9	10,4	7,8	25,8	23,2	19,8	15,8	10,8	6,8	4,6	
0,150	44,4	33,3	30,2	26,3	21,4	15,4	10,7	8,1	26,7	24,0	20,6	16,4	11,1	7,0	4,8	3,5
155	45,1	34,5	31,3	27,2	22,1	15,9	11,1	8,4	27,7	24,9	21,3	17,0	11,6	7,3	5,0	(1,19 m)
160	45,8	35,6	32,3	28,1	22,8	16,4	11,4	8,6	28,6	25,7	22,1	17,5	12,0	7,6	5,1	
165	46,5	36,7	33,3	28,9	23,6	17,0	11,8	8,9	29,6	26,6	22,8	18,1	12,4	7,8	5,3	
170	47,2	37,8	34,3	29,8	24,3	17,5	12,1	9,2	30,5	27,4	23,6	18,7	12,8	8,1	5,5	
0,175	47,9	38,9	35,3	30,7	25,0	18,0	12,5	9,5	31,5	28,3	24,3	19,3	13,2	8,3	5,7	3,1
180	48,6	40,0	36,3	31,6	25,7	18,5	12,9	9,7	32,4	29,1	25,0	19,9	13,6	8,6	5,9	(1,23 m)
185	49,3	41,1	37,3	32,5	26,4	19,0	13,2	10,0	33,4	30,0	25,8	20,5	14,0	8,9	6,0	
190	49,9	42,2	38,3	33,3	27,1	19,5	13,6	10,3	34,3	30,8	26,5	21,1	14,4	9,1	6,2	
195	50,6	43,3	39,3	34,2	27,8	20,0	13,9	10,5	35,3	31,7	27,3	21,7	14,8	9,4	6,4	
0,200	51,2	44,5	40,3	35,1	28,6	20,6	14,3	10,8	36,2	32,6	28,0	22,2	15,2	9,7	6,6	3,0
205	51,8	45,6	41,3	36,0	29,3	21,1	14,6	11,1	37,2	33,4	28,7	22,8	15,6	9,9	6,8	(1,26 m)
210	52,5	46,7	42,3	36,8	30,0	21,6	15,0	11,3	38,1	34,3	29,4	23,4	16,0	10,2	7,0	27
215	53,1	47,8	43,4	37,7	30,7	22,1	15,4	11,6	39,1	35,1	30,2	24,0	16,4	10,5	7,2	
220	53,7	48,9	44,4	38,6	31,4	22,6	15,7	11,9	40,0	36,0	30,9	24,6	16,8	10,7	7,4	
0,225	54,3	50,0	45,4	39,5	32,1	23,1	16,1	12,2	41,0	36,9	31,7	25,2	17,2	11,0	7,6	2,8
230	54,9	51,1	46,4	40,4	32,8	23,6	16,4	12,4	42,0	37,7	32,4	25,8	17,7	11,3	7,8	(1,29 m)
235	55,5	52,2	47,4	41,2	33,5	24,1	16,8	12,7	42,9	38,6	33,1	26,4	18,1	11,6	7,9	
240	56,1	53,3	48,4	42,1	34,2	24,6	17,2	13,0	43,9	39,4	33,9	27,0	18,5	11,8	8,1	
245	56,7	54,4	49,4	43,0	35,0	25,2	17,5	13,2	44,8	40,3	34,6	27,6	18,9	12,1	8,3	
0,250	57,3	55,6	50,4	43,8	35,7	25,7	17,8	13,5	45,8	41,2	35,4	28,2	19,3	12,3	8,5	2,7 (1,32 m)
	$C_i' =$	20,7	19,6	18,6	18,0	18,2	19,4	.								
	$xC_i'' =$	13,2	12,9	12,8	13,3	15,1	18,5	.	gilt für gewöhnl. Masch. (auch rechts).							

Auspuff-Maschinen mit Coulissen-Steuerung.

Abs. Adm. Sp. $p = 3$ Kgr. od. Atm.

Wirksame Kolbenfläche O (Qu.Met.)	Kolben-Durchmesser D (Centm.)	Füllung $\frac{l}{i}$ — Indicirte Leistung $\frac{N_i}{c}$ in Pferdekraft							Füllung $\frac{l}{i}$ — Netto-Leistung $\frac{N_n}{c}$ in Pferdekraft							$2\,C_i''' \text{ u. } C_i$ bei $\frac{l}{i}=0,6$ (gew. Masch.) Kgr.
		0,8	0,7	0,6	0,5	0,4	0,333	0,3	0,8	0,7	0,6	0,5	0,4	0,333	0,3	
		pro 1 Meter Kolbengeschwindigkeit														
0,250	57,3	55,6	50,4	43,8	35,7	25,7	17,8	13,5	45,8	41,2	35,4	28,2	19,3	12,3	8,5	2,8
255	57,8	56,7	51,4	44,7	36,4	26,2	18,2	13,8	46,7	42,1	36,1	28,8	19,7	12,6	8,7	(bei
260	58,4	57,8	52,4	45,6	37,1	26,7	18,6	14,0	47,7	42,9	36,9	29,4	20,1	12,9	8,9	$c =$
265	59,0	58,9	53,4	46,5	37,8	27,2	18,9	14,3	48,7	43,8	37,6	30,0	20,6	13,1	9,1	1,32 m)
270	59,5	60,0	54,4	47,4	38,5	27,7	19,3	14,6	49,7	44,7	38,4	30,6	21,0	13,4	9,2	26
0,275	60,1	61,1	55,5	48,2	39,3	28,3	19,6	14,9	50,6	45,6	39,1	31,2	21,4	13,7	9,4	2,7
280	60,6	62,2	56,5	49,1	40,0	28,8	20,0	15,1	51,6	46,4	39,9	31,8	21,8	13,9	9,6	(1,35 m)
285	61,1	63,3	57,5	50,0	40,7	29,3	20,4	15,4	52,6	47,3	40,6	32,4	22,2	14,2	9,8	
290	61,7	64,5	58,5	50,9	41,4	29,8	20,7	15,7	53,5	48,2	41,4	33,0	22,7	14,5	10,0	
295	62,2	65,6	59,5	51,8	42,1	30,3	21,1	15,9	54,5	49,0	42,1	33,6	23,1	14,8	10,2	
0,300	62,7	66,7	60,5	52,6	42,8	30,8	21,4	16,2	55,4	49,9	42,9	34,2	23,5	15,0	10,4	2,5
310	63,8	68,9	62,5	54,4	44,3	31,9	22,1	16,7	57,4	51,7	44,4	35,4	24,3	15,6	10,8	(1,37 m)
320	64,8	71,1	64,5	56,1	45,7	32,9	22,8	17,3	59,3	53,4	45,9	36,6	25,1	16,1	11,2	
330	65,8	73,3	66,5	57,9	47,1	33,9	23,5	17,8	61,3	55,2	47,4	37,8	26,0	16,7	11,6	
340	66,8	75,6	68,6	59,6	48,6	35,0	24,2	18,4	63,2	56,9	49,0	39,0	26,8	17,2	12,0	
0,350	67,7	77,8	70,6	61,4	50,0	36,0	25,0	18,9	65,2	58,7	50,5	40,2	27,7	17,8	12,3	2,3
360	68,7	80,0	72,6	63,1	51,4	37,0	25,7	19,4	67,1	60,5	52,0	41,4	28,5	18,3	12,7	(1,42 m)
370	69,7	82,2	74,6	64,9	52,9	38,1	26,4	20,0	69,1	62,2	53,5	42,6	29,3	18,9	13,1	
380	70,6	84,4	76,6	66,6	54,3	39,1	27,1	20,5	71,0	64,0	55,0	44,8	30,2	19,4	13,5	
390	71,5	86,7	78,6	68,4	55,7	40,1	27,8	21,1	73,0	65,7	56,6	45,1	31,0	20,0	13,9	
0,400	72,4	88,9	80,6	70,1	57,1	41,1	28,5	21,6	75,0	67,5	58,0	46,3	31,9	20,5	14,3	2,2
410	73,3	91,1	82,7	71,9	58,6	42,2	29,2	22,1	76,9	69,3	59,6	47,5	32,7	21,1	14,7	(1,46 m)
420	74,2	93,4	84,7	73,6	60,0	43,2	30,0	22,7	78,9	71,0	61,1	48,7	33,6	21,6	15,1	25
430	75,1	95,6	86,7	75,4	61,4	44,2	30,7	23,2	80,8	72,8	62,6	50,0	34,4	22,2	15,5	
440	76,0	97,8	88,7	77,1	62,8	45,2	31,4	23,8	82,8	74,6	64,1	51,2	35,3	22,7	15,8	
0,450	76,8	100,0	90,7	78,9	64,3	46,3	32,1	24,3	84,8	76,4	65,6	52,4	36,1	23,3	16,2	2,0
460	77,7	102,2	92,8	80,6	65,7	47,3	32,8	24,8	86,7	78,1	67,2	53,6	37,0	23,8	16,6	(1,50 m)
470	78,5	104,5	94,8	82,4	67,1	48,3	33,5	25,4	88,7	79,9	68,7	54,8	37,8	24,4	17,0	
480	79,3	106,7	96,8	84,1	68,6	49,4	34,2	25,9	90,6	81,7	70,2	56,1	38,7	24,9	17,4	
490	80,2	108,9	98,8	85,9	70,0	50,4	34,9	26,5	92,6	83,4	71,7	57,3	39,5	25,5	17,8	
0,500	81,0	111,1	100,8	87,7	71,4	51,4	35,7	27,0	94,6	85,2	73,3	58,5	40,3	26,0	18,2	1,9
510	81,8	113,4	102,8	89,4	72,8	52,4	36,4	27,5	96,5	86,9	74,8	59,7	41,2	26,6	18,6	(1,54 m)
520	82,6	115,6	104,8	91,2	74,3	53,5	37,1	28,1	98,5	88,7	76,3	60,9	42,0	27,1	18,9	
530	83,4	117,8	106,9	92,9	75,7	54,5	37,8	28,6	100,4	90,4	77,8	62,1	42,8	27,7	19,3	
540	84,2	120,0	108,9	94,7	77,1	55,5	38,5	29,2	102,4	92,2	79,3	63,3	43,7	28,2	19,7	
0,550	84,9	122,2	110,9	96,4	78,6	56,6	39,2	29,7	104,3	93,9	80,8	64,5	44,5	28,8	20,1	1,9
560	85,7	124,5	112,9	98,2	80,0	57,6	39,9	30,2	106,3	95,7	82,3	65,8	45,4	29,3	20,5	(1,57 m)
570	86,5	126,7	114,9	99,9	81,4	58,6	40,6	30,8	108,2	97,4	83,8	67,0	46,2	29,9	20,9	
580	87,2	128,9	117,0	101,7	82,8	59,6	41,3	31,3	110,2	99,2	85,3	68,2	47,0	30,4	21,3	
590	88,0	131,1	119,0	103,4	84,3	60,7	42,1	31,9	112,1	100,9	86,9	69,4	47,9	31,0	21,7	
0,600	88,7	133,4	121,0	105,2	85,7	61,7	42,8	32,4	114,0	102,7	88,4	70,6	48,8	31,6	22,1	1,7
620	90,2	137,8	125,0	108,7	88,5	63,7	44,2	33,5	117,9	106,3	91,4	73,0	50,4	32,7	22,9	(1,60 m)
640	91,6	142,3	129,0	112,2	91,4	65,8	45,7	34,6	121,8	109,8	94,4	75,5	52,1	33,8	23,7	25
660	93,0	146,7	133,1	115,7	94,3	67,9	47,1	35,6	125,7	113,3	97,5	77,9	53,8	34,9	24,5	
680	94,4	151,2	137,1	119,2	97,1	69,9	48,5	36,7	129,6	116,8	100,5	80,3	55,5	36,0	25,2	
0,700	95,8	155,6	141,1	122,7	100,0	72,0	49,9	37,8	133,5	120,3	103,5	82,8	57,2	37,1	26,0	1,6
720	97,2	160,1	145,1	126,3	102,8	74,0	51,4	38,9	137,4	123,9	106,6	85,2	58,9	38,2	26,8	(1,65 m)
740	98,5	164,5	149,2	129,8	105,7	76,1	52,8	40,0	141,3	127,4	109,6	87,6	60,6	39,3	27,6	
760	99,8	169,0	153,2	133,3	108,6	78,2	54,2	41,0	145,2	130,9	112,6	90,0	62,3	40,4	28,4	
780	101,1	173,4	157,2	136,8	111,4	80,2	55,7	42,1	149,1	134,4	115,7	92,5	64,0	41,5	29,2	
0,800	102,4	177,8	161,3	140,3	114,2	82,2	57,1	43,2	153,0	137,9	118,7	94,9	65,7	42,6	30,0	1,5
820	103,7	182,3	165,3	143,8	117,1	84,3	58,5	44,3	157,0	141,5	121,8	97,4	67,4	43,8	30,8	(1,70 m)
840	105,0	186,7	169,3	147,3	120,0	86,4	59,9	45,4	160,9	145,0	124,8	99,8	69,1	44,9	31,6	
860	106,2	191,2	173,4	150,8	122,8	88,4	61,3	46,4	164,8	148,6	127,9	102,3	70,8	46,0	32,4	
880	107,4	195,6	177,4	154,3	125,7	90,5	62,8	47,5	168,8	152,1	130,9	104,7	72,5	47,1	33,2	
0,900	108,6	200,1	181,4	157,8	128,5	92,5	64,2	48,6	172,7	155,6	134,0	107,2	74,2	48,2	34,0	1,4
920	109,8	204,5	185,5	161,3	131,4	94,6	65,6	49,7	176,6	159,2	137,0	109,6	75,9	49,4	34,8	(1,74 m)
940	111,0	209,0	189,5	164,8	134,3	96,7	67,1	50,8	180,5	162,7	140,1	112,1	77,6	50,5	35,6	
960	112,2	213,4	193,5	168,3	137,1	98,7	68,5	51,8	184,5	166,3	143,1	114,5	79,3	51,6	36,4	
980	113,4	217,9	197,6	171,8	140,0	100,8	69,9	52,9	188,4	169,8	146,2	117,0	81,0	52,7	37,2	
1,000	114,5	222,3	201,6	175,3	142,8	102,8	71,3	54,0	192,3	173,3	149,2	119,4	82,7	53,8	37,9	1,4 (1,78 m) 24
$C_i' =$		19,9	18,8	17,8	17,2	17,4	18,6	·	gilt für exacte Masch., bei welchen C_i''' circa die Hälfte beträgt (auch links).							24
$2\,C_i'' =$		11,2	10,9	10,9	11,3	12,9	15,8	·								

Auspuff-Maschinen mit Coulissen-Steuerung (nach Gooch, Stephenson . . .).

Abs. Adm. Sp. $p = 3^{1}/_{2}$ Kgr. od. Atm.

Wirksame Kolbenfläche O Qu.Met.	Kolben-Durchmesser D Centm.	Füllung $\frac{l_i}{l}$ Indicirte Leistung $\frac{N_i}{c}$ in Pferdekraft 0,8	0,7	0,6	0,5	0,4	0,333	0,3	Füllung $\frac{l_i}{l}$ Netto-Leistung $\frac{N_n}{c}$ in Pferdekraft 0,8	0,7	0,6	0,5	0,4	0,333	0,3	$2C_i'' \text{ u.} C_i$ bei $\frac{l_i}{l} = 0,6$ (gew. Masch.) Kgr.
		pro 1 Meter Kolbengeschwindigkeit														
0,020	16,2	5,7	5,2	4,6	3,8	2,9	2,2	1,8	4,1	3,7	3,2	2,6	1,9	1,3	1,0	9,7 (bei $c =$ 0,93 m)
022	17,0	6,2	5,7	5,0	4,2	3,2	2,4	2,0	4,5	4,1	3,5	2,9	2,1	1,5	1,1	
024	17,7	6,8	6,2	5,5	4,6	3,5	2,7	2,2	4,9	4,5	3,9	3,2	2,3	1,6	1,2	
026	18,5	7,4	6,7	6,0	5,0	3,8	2,9	2,4	5,4	4,9	4,2	3,5	2,5	1,7	1,3	
028	19,2	7,9	7,3	6,4	5,4	4,1	3,1	2,5	5,8	5,3	4,6	3,8	2,7	1,9	1,4	
0,030	19,8	8,5	7,8	6,9	5,8	4,4	3,3	2,7	6,3	5,7	5,0	4,0	2,9	2,0	1,6	8,0 (0,98 m) 28
032	20,5	9,1	8,3	7,3	6,1	4,7	3,6	2,9	6,7	6,1	5,3	4,3	3,1	2,2	1,7	
034	21,1	9,6	8,8	7,8	6,5	5,0	3,8	3,1	7,2	6,5	5,7	4,6	3,4	2,4	1,8	
036	21,7	10,2	9,3	8,3	6,9	5,3	4,0	3,3	7,6	6,9	6,0	4,9	3,6	2,5	2,0	
038	22,3	10,8	9,9	8,7	7,3	5,6	4,2	3,5	8,1	7,3	6,4	5,2	3,8	2,7	2,1	
0,040	22,9	11,3	10,4	9,2	7,7	5,9	4,4	3,6	8,5	7,7	6,8	5,5	4,0	2,8	2,2	6,6 (1,03 m)
042	23,5	11,9	10,9	9,6	8,0	6,1	4,7	3,8	9,0	8,1	7,1	5,8	4,2	3,0	2,3	
044	24,0	12,5	11,4	10,1	8,4	6,4	4,9	4,0	9,4	8,6	7,5	6,1	4,5	3,2	2,5	
046	24,6	13,0	11,9	10,6	8,8	6,7	5,1	4,2	9,9	9,0	7,8	6,4	4,7	3,3	2,6	
048	25,1	13,6	12,5	11,0	9,2	7,0	5,3	4,4	10,3	9,4	8,2	6,7	4,9	3,5	2,7	
0,050	25,6	14,1	13,0	11,5	9,6	7,3	5,6	4,6	10,8	9,8	8,6	7,0	5,1	3,6	2,8	5,7 (1,06 m)
053	26,4	15,0	13,7	12,2	10,2	7,8	5,9	4,8	11,5	10,5	9,1	7,5	5,5	3,9	3,0	
056	27,1	15,8	14,5	12,8	10,8	8,2	6,2	5,1	12,2	11,1	9,7	7,9	5,8	4,1	3,2	
059	27,8	16,7	15,3	13,5	11,4	8,7	6,5	5,4	12,9	11,7	10,3	8,4	6,2	4,4	3,4	
062	28,5	17,5	16,1	14,2	11,9	9,1	6,9	5,6	13,6	12,3	10,8	8,9	6,5	4,6	3,6	
0,065	29,2	18,4	16,9	14,9	12,5	9,5	7,2	5,9	14,3	13,0	11,4	9,3	6,8	4,9	3,8	5,2 (1,10 m) 26
068	29,9	19,2	17,6	15,6	13,1	10,0	7,5	6,2	15,0	13,6	11,9	9,8	7,2	5,1	4,0	
071	30,5	20,1	18,4	16,3	13,7	10,4	7,9	6,5	15,7	14,2	12,5	10,2	7,5	5,4	4,2	
074	31,2	20,9	19,2	17,0	14,3	10,9	8,2	6,7	16,4	14,9	13,1	10,7	7,9	5,6	4,4	
077	31,8	21,8	20,0	17,7	14,8	11,3	8,5	7,0	17,1	15,5	13,6	11,2	8,2	5,9	4,6	
0,080	32,4	22,6	20,7	18,3	15,4	11,7	8,9	7,3	17,8	16,2	14,1	11,6	8,5	6,1	4,8	4,4 (1,14 m)
084	33,2	23,8	21,8	19,3	16,1	12,3	9,3	7,7	18,7	17,0	14,9	12,2	9,0	6,4	5,0	
088	34,0	24,9	22,8	20,2	16,9	12,9	9,8	8,0	19,7	17,9	15,6	12,9	9,5	6,8	5,3	
092	34,7	26,0	23,9	21,1	17,7	13,5	10,2	8,4	20,6	18,7	16,4	13,5	9,9	7,1	5,6	
096	35,5	27,1	24,9	22,0	18,5	14,1	10,6	8,7	21,5	19,6	17,1	14,1	10,4	7,5	5,8	
0,100	36,2	28,3	25,9	22,9	19,2	14,7	11,1	9,1	22,5	20,5	17,9	14,7	10,9	7,8	6,1	4,0 (1,18 m)
105	37,1	29,7	27,2	24,1	20,2	15,4	11,6	9,6	23,7	21,6	18,9	15,5	11,4	8,2	6,4	
110	38,0	31,1	28,5	25,2	21,1	16,1	12,2	10,0	24,9	22,7	19,8	16,3	12,0	8,7	6,8	
115	38,8	32,5	29,8	26,4	22,1	16,9	12,7	10,5	26,1	23,8	20,8	17,1	12,6	9,1	7,1	
120	39,7	33,9	31,1	27,5	23,1	17,6	13,3	11,0	27,3	24,9	21,8	17,9	13,2	9,5	7,5	
0,125	40,5	35,3	32,4	28,7	24,0	18,3	13,8	11,4	28,5	26,0	22,7	18,7	13,8	9,9	7,8	3,4 (1,23 m) 25
130	41,3	36,7	33,7	29,8	25,0	19,1	14,4	11,9	29,7	27,1	23,7	19,5	14,4	10,4	8,1	
135	42,1	38,1	35,0	31,0	25,9	19,8	14,9	12,3	30,9	28,2	24,6	20,3	15,0	10,8	8,5	
140	42,8	39,6	36,3	32,1	26,9	20,5	15,5	12,8	32,1	29,3	25,6	21,1	15,6	11,2	8,8	
145	43,6	41,0	37,6	33,3	27,9	21,2	16,0	13,3	33,3	30,4	26,6	21,9	16,2	11,7	9,2	
0,150	44,4	42,4	38,9	34,4	28,8	22,0	16,6	13,7	34,5	31,4	27,5	22,7	16,8	12,1	9,5	3,1 (1,28 m)
155	45,1	43,8	40,2	35,5	29,8	22,7	17,2	14,1	35,7	32,5	28,5	23,5	17,4	12,5	9,9	
160	45,8	45,2	41,5	36,7	30,7	23,5	17,7	14,6	36,9	33,6	29,5	24,3	18,0	13,0	10,2	
165	46,5	46,6	42,8	37,8	31,7	24,2	18,3	15,1	38,1	34,7	30,5	25,1	18,6	13,4	10,6	
170	47,2	48,0	44,1	39,0	32,7	24,9	18,8	15,5	39,4	35,9	31,4	25,9	19,2	13,9	10,9	
0,175	47,9	49,5	45,4	40,1	33,6	25,7	19,4	16,0	40,6	37,0	32,4	26,7	19,8	14,3	11,3	2,9 (1,32 m)
180	48,6	50,9	46,7	41,3	34,6	26,4	19,9	16,4	41,8	38,1	33,4	27,6	20,4	14,7	11,6	
185	49,3	52,3	48,0	42,4	35,5	27,1	20,5	16,9	43,0	39,2	34,4	28,4	21,0	15,2	12,0	
190	49,9	53,7	49,3	43,6	36,5	27,8	21,0	17,4	44,2	40,3	35,4	29,2	21,6	15,6	12,3	
195	50,6	55,1	50,6	44,7	37,5	28,6	21,6	17,8	45,5	41,4	36,3	30,0	22,2	16,1	12,7	
0,200	51,2	56,5	51,8	45,8	38,4	29,3	22,2	18,2	46,7	42,5	37,3	30,8	22,8	16,5	13,0	2,7 (1,35 m) 24
205	51,8	57,9	53,1	47,0	39,4	30,1	22,7	18,7	47,9	43,6	38,3	31,6	23,4	16,9	13,4	
210	52,5	59,4	54,4	48,1	40,4	30,8	23,3	19,2	49,1	44,8	39,3	32,4	24,0	17,4	13,7	
215	53,1	60,8	55,7	49,3	41,3	31,5	23,8	19,6	50,4	45,9	40,3	33,2	24,6	17,8	14,1	
220	53,7	62,2	57,0	50,4	42,3	32,3	24,4	20,1	51,6	47,0	41,2	34,0	25,2	18,2	14,4	
0,225	54,3	63,6	58,3	51,6	43,2	33,0	24,9	20,5	52,8	48,1	42,2	34,9	25,8	18,7	14,8	2,5 (1,39 m)
230	54,9	65,0	59,6	52,7	44,2	33,7	25,5	21,0	54,1	49,2	43,2	35,7	26,4	19,1	15,1	
235	55,5	66,4	60,9	53,9	45,2	34,4	26,0	21,5	55,3	50,4	44,2	36,5	27,0	19,6	15,5	
240	56,1	67,8	62,2	55,0	46,1	35,2	26,6	21,9	56,5	51,5	45,2	37,3	27,7	20,0	15,8	
245	56,7	69,2	63,5	56,2	47,1	35,9	27,1	22,4	57,8	52,6	46,2	38,1	28,3	20,4	16,2	
0,250	57,3	70,7	64,8	57,3	48,0	36,7	27,7	22,8	59,0	53,8	47,1	38,9	28,8	20,9	16,6	2,4 (1,42 m)
$C_i' =$		19,0	17,8	16,8	15,9	15,4	15,5	15,9								
$x C_i'' =$		13,2	12,7	12,4	12,6	13,5	15,1	16,9								

$\}$ gilt für gewöhnl. Masch. (auch rechts).

I. Serie. A.

Auspuff-Maschinen mit Coulissen-Steuerung.

Abs. Adm. Sp. $p = \mathbf{3}^{1}/_{2}$ Kgr. od. Atm.

| Wirksame Kolbenfläche | Kolben-Durchmesser | Füllung $\frac{l'}{l}$ — Indicirte Leistung $\frac{N_i}{c}$ in Pferdekraft — pro 1 Meter Kolbengeschwindigkeit | | | | | | | Füllung $\frac{l'}{l}$ — Netto-Leistung $\frac{N_n}{c}$ in Pferdekraft — pro 1 Meter Kolbengeschwindigkeit | | | | | | | $2\,C_i''' \text{ u. } C_i$ bei $\frac{l'}{l}=0,5$ (gew. Masch.) |
O Qu.Met.	D Centm.	0,8	0,7	0,6	0,5	0,4	0,333	0,3	0,8	0,7	0,6	0,5	0,4	0,333	0,3	Kgr.
0,250	57,3	70,7	64,8	57,3	48,0	36,7	27,7	22,8	59,0	53,8	47,1	38,9	28,8	20,9	16,6	2,6 (bei $c=$ 1,42 m) 23
255	57,8	72,1	66,1	58,5	49,0	37,4	28,3	23,3	60,2	54,9	48,1	39,7	29,5	21,4	16,9	
260	58,4	73,5	67,4	59,6	50,0	38,1	28,8	23,7	61,5	56,0	49,1	40,6	30,1	21,8	17,3	
265	59,0	74,9	68,7	60,8	50,9	38,9	29,4	24,2	62,7	57,1	50,1	41,4	30,7	22,3	17,6	
270	59,5	76,3	70,0	61,9	51,9	39,6	29,9	24,6	63,9	58,3	51,1	42,2	31,3	22,7	18,0	
0,275	60,1	77,7	71,3	63,1	52,8	40,3	30,5	25,1	65,2	59,4	52,1	43,1	31,9	23,2	18,4	2,5 (1,45 m)
280	60,6	79,1	72,6	64,2	53,8	41,1	31,0	25,6	66,4	60,5	53,1	43,9	32,5	23,6	18,7	
285	61,1	80,5	73,9	65,4	54,8	41,8	31,6	26,0	67,7	61,7	54,1	44,7	33,1	24,1	19,1	
290	61,7	82,0	75,2	66,5	55,7	42,5	32,1	26,5	68,9	62,8	55,1	45,6	33,7	24,5	19,4	
295	62,2	83,4	76,5	67,7	56,7	43,2	32,7	26,9	70,1	63,9	56,1	46,4	34,3	25,0	19,8	
0,300	62,7	84,8	77,7	68,8	57,6	44,0	33,3	27,4	71,4	65,1	57,1	47,2	35,0	25,4	20,1	2,3 (1,47 m)
310	63,8	87,6	80,3	71,1	59,6	45,5	34,4	28,3	73,9	67,4	59,1	48,8	36,2	26,3	20,9	
320	64,8	90,5	82,9	73,3	61,5	46,9	35,5	29,2	76,4	69,7	61,1	50,5	37,5	27,2	21,6	
330	65,8	93,3	85,5	75,6	63,4	48,4	36,6	30,1	78,9	71,9	63,1	52,1	38,7	28,2	22,3	
340	66,8	96,1	88,1	77,9	65,3	49,9	37,7	31,0	81,4	74,2	65,1	53,8	39,9	29,1	23,1	
0,350	67,7	99,0	90,7	80,2	67,2	51,4	38,8	31,9	83,9	76,5	67,1	55,5	41,2	30,0	23,8	2,1 (1,52 m)
360	68,7	101,8	93,3	82,5	69,2	52,8	39,9	32,8	86,5	78,8	69,1	57,1	42,4	30,9	24,5	
370	69,7	104,6	95,9	84,8	71,1	54,3	41,1	33,7	89,0	81,1	71,1	58,8	43,7	31,8	25,2	
380	70,6	107,4	98,4	87,1	73,0	55,8	42,2	34,6	91,5	83,4	73,2	60,4	44,9	32,7	26,0	
390	71,5	110,3	101,0	89,4	74,9	57,2	43,3	35,6	94,0	85,7	75,2	62,1	46,1	33,6	26,7	
0,400	72,4	113,1	103,6	91,7	76,9	58,7	44,4	36,5	96,4	87,9	77,2	63,8	47,4	34,5	27,4	2,0 (1,57 m) 23
410	73,3	115,9	106,2	94,0	78,8	60,1	45,5	37,4	99,0	90,2	79,2	65,5	48,7	35,4	28,1	
420	74,2	118,7	108,8	96,3	80,7	61,6	46,6	38,3	101,5	92,6	81,2	67,2	49,9	36,4	28,9	
430	75,1	121,6	111,4	98,6	82,6	63,1	47,7	39,2	104,0	94,9	83,3	68,8	51,2	37,3	29,6	
440	76,0	124,4	114,0	100,8	84,5	64,6	48,8	40,1	106,6	97,2	85,3	70,5	52,4	38,2	30,4	
0,450	76,8	127,2	116,6	103,1	86,5	66,0	49,9	41,0	109,1	99,5	87,3	72,2	53,7	39,1	31,1	1,9 (1,62 m)
460	77,7	130,1	119,2	105,4	88,4	67,5	51,0	41,9	111,6	101,8	89,3	73,9	54,9	40,0	31,8	
470	78,5	132,9	121,8	107,7	90,3	69,0	52,1	42,9	114,2	104,1	91,4	75,6	56,2	41,0	32,6	
480	79,3	135,7	124,4	110,0	92,2	70,4	53,3	43,8	116,7	106,4	93,4	77,2	57,4	41,9	33,3	
490	80,2	138,5	126,9	112,3	94,1	71,9	54,4	44,7	119,2	108,7	95,4	78,9	58,7	42,8	34,1	
0,500	81,0	141,3	129,5	114,6	96,1	73,3	55,5	45,5	121,7	111,0	97,4	80,6	59,9	43,7	34,8	1,8 (1,66 m)
510	81,8	144,2	132,1	116,9	98,0	74,8	56,6	46,5	124,2	113,3	99,4	82,2	61,2	44,6	35,5	
520	82,6	147,0	134,7	119,2	99,9	76,3	57,7	47,4	126,7	115,5	101,4	83,9	62,4	45,5	36,2	
530	83,4	149,8	137,3	121,5	101,8	77,8	58,8	48,3	129,2	117,8	103,4	85,5	63,6	46,4	36,9	
540	84,2	152,7	139,9	123,8	103,7	79,2	59,9	49,2	131,7	120,1	105,4	87,2	64,9	47,3	37,6	
0,550	84,9	155,5	142,5	126,1	105,7	80,7	61,0	50,2	134,2	122,3	107,4	88,8	66,1	48,2	38,4	1,7 (1,69 m)
560	85,7	158,3	145,1	128,3	107,6	82,2	62,1	51,1	136,6	124,6	109,4	90,5	67,3	49,1	39,1	
570	86,5	161,2	147,7	130,6	109,5	83,6	63,2	52,0	139,1	126,9	111,4	92,1	68,6	50,0	39,8	
580	87,2	164,0	150,3	132,9	111,4	85,1	64,3	52,9	141,6	129,1	113,4	93,8	69,8	50,9	40,5	
590	88,0	166,8	152,9	135,2	113,3	86,6	65,5	53,8	144,1	131,4	115,4	95,4	71,0	51,8	41,2	
0,600	88,7	169,6	155,5	137,5	115,3	88,0	66,6	54,7	146,6	133,7	117,4	97,1	72,3	52,8	42,0	1,6 (1,72 m) 22
620	90,2	175,3	160,6	142,1	119,1	90,9	68,8	56,5	151,6	138,3	121,4	100,5	74,8	54,6	43,4	
640	91,6	180,9	165,8	146,7	123,0	93,9	71,0	58,4	156,6	142,8	125,4	103,8	77,3	56,4	44,9	
660	93,0	186,6	171,0	151,3	126,8	96,8	73,2	60,2	161,6	147,4	129,4	107,1	79,8	58,2	46,4	
680	94,4	192,2	176,2	155,8	130,6	99,7	75,4	62,0	166,6	152,0	133,5	110,4	82,2	60,1	47,8	
0,700	95,8	197,9	181,4	160,4	134,5	102,7	77,7	63,8	171,7	156,5	137,5	113,8	84,7	61,9	49,3	1,5 (1,78 m)
720	97,2	203,5	186,5	165,0	138,3	105,6	79,9	65,6	176,7	161,1	141,5	117,1	87,1	63,7	50,7	
740	98,5	209,2	191,7	169,6	142,2	108,5	82,1	67,5	181,7	165,7	145,5	120,4	89,7	65,6	52,2	
760	99,8	214,8	196,9	174,2	146,0	111,5	84,3	69,3	186,7	170,3	149,5	123,8	92,2	67,4	53,7	
780	101,1	220,5	202,1	178,7	149,8	114,4	86,5	71,1	191,7	174,8	153,5	127,1	94,7	69,2	55,1	
0,800	102,4	226,2	207,3	183,4	153,7	117,4	88,7	73,0	196,7	179,4	157,5	130,4	97,2	71,0	56,6	1,3 (1,83 m)
820	103,7	231,8	212,5	187,9	157,5	120,3	91,0	74,8	201,7	184,0	161,6	133,8	99,7	72,9	58,1	
840	105,0	237,5	217,6	192,5	161,4	123,2	93,2	76,6	206,7	188,6	165,6	137,1	102,2	74,7	59,5	
860	106,2	243,1	222,8	197,1	165,2	126,1	95,4	78,4	211,7	193,1	169,7	140,5	104,7	76,5	61,0	
880	107,4	248,8	228,0	201,7	169,1	129,1	97,6	80,2	216,8	197,7	173,7	143,8	107,2	78,4	62,5	
0,900	108,6	254,4	233,2	206,3	172,9	132,0	99,8	82,1	221,8	202,3	177,7	147,2	109,7	80,2	63,9	1,3 (1,88 m)
920	109,8	260,1	238,4	210,8	176,7	134,9	102,1	83,9	226,8	206,9	181,8	150,5	112,2	82,1	65,4	
940	111,0	265,7	243,5	215,4	180,6	137,9	104,3	85,7	231,9	211,5	185,8	153,9	114,7	83,9	66,9	
960	112,2	271,4	248,7	220,0	184,4	140,8	106,5	87,5	236,9	216,1	189,9	157,2	117,2	85,7	68,3	
980	113,4	277,0	253,9	224,6	188,3	143,7	108,7	89,3	241,9	220,7	193,9	160,6	119,7	87,6	69,8	
1,000	114,5	282,7	259,1	229,2	192,1	146,7	110,9	91,2	247,0	225,3	197,9	163,9	122,2	89,4	71,3	1,3 (1,92 m) 22
$C_i' =$		18,2	17,0	16,0	15,1	14,6	14,7	15,1	gilt für exacte Masch., bei welchen C_i''' circa die							
$x\,C_i''' =$		11,2	10,8	10,6	10,7	11,4	12,0	14,3	Hälfte beträgt (auch links).							

Auspuff-Maschinen mit Coulissen-Steuerung (nach Gooch, Stephenson . . .).

Abs. Adm. Sp. $p = 4$ Kgr. od. Atm.

Wirksame Kolbenfläche O Qu.Met.	Kolben-Durchmesser D Centm.	Füllung $\frac{l}{i}$ — Indicirte Leistung $\frac{N_i}{c}$ in Pferdekraft							Füllung $\frac{l}{i}$ — Netto-Leistung $\frac{N_n}{c}$ in Pferdekraft							$2C_i''' \text{ u. } C_i$ bei $\frac{l}{i}=0{,}5$ (gew. Masch.) Kgr.
		0,8	0,7	0,6	0,5	0,4	0,333	0,3	0,8	0,7	0,6	0,5	0,4	0,333	0,3	
		pro 1 Meter Kolbengeschwindigkeit														
0,020	16,2	6,9	6,3	5,7	4,8	3,8	3,0	2,6	5,0	4,6	4,1	3,4	2,6	1,9	1,6	9,0
022	17,0	7,6	7,0	6,2	5,3	4,2	3,3	2,8	5,6	5,1	4,5	3,7	2,8	2,1	1,7	(bei
024	17,7	8,2	7,6	6,8	5,8	4,6	3,6	3,1	6,1	5,6	4,9	4,1	3,1	2,4	1,9	$c =$
026	18,5	8,9	8,2	7,4	6,3	5,0	3,9	3,4	6,6	6,1	5,4	4,5	3,4	2,6	2,1	0,99 m)
028	19,2	9,6	8,9	7,9	6,8	5,3	4,2	3,6	7,2	6,6	5,8	4,9	3,7	2,8	2,3	
0,030	19,8	10,3	9,5	8,5	7,2	5,7	4,5	3,9	7,7	7,1	6,3	5,2	4,0	3,0	2,5	7,4
032	20,5	11,0	10,1	9,1	7,7	6,1	4,8	4,1	8,3	7,6	6,7	5,6	4,3	3,2	2,6	(1,05 m)
034	21,1	11,7	10,8	9,6	8,2	6,5	5,1	4,4	8,9	8,1	7,2	6,0	4,6	3,5	2,8	25
036	21,7	12,4	11,4	10,2	8,7	6,9	5,4	4,6	9,4	8,6	7,6	6,4	4,9	3,7	3,0	
038	22,3	13,1	12,0	10,8	9,2	7,2	5,7	4,9	10,0	9,1	8,1	6,8	5,2	3,9	3,2	
0,040	22,9	13,8	12,7	11,3	9,6	7,6	6,0	5,2	10,5	9,6	8,5	7,1	5,5	4,2	3,4	6,2
042	23,5	14,4	13,3	11,9	10,1	8,0	6,3	5,4	11,1	10,1	9,0	7,5	5,8	4,4	3,6	(1,10 1,1)
044	24,0	15,1	13,9	12,5	10,6	8,4	6,6	5,7	11,7	10,6	9,4	7,9	6,1	4,6	3,8	
046	24,6	15,8	14,5	13,1	11,1	8,8	6,9	5,9	12,2	11,2	9,9	8,3	6,4	4,8	4,0	
048	25,1	16,5	15,2	13,6	11,6	9,1	7,2	6,2	12,8	11,7	10,3	8,7	6,7	5,1	4,2	
0,050	25,6	17,2	15,8	14,2	12,1	9,5	7,5	6,4	13,3	12,2	10,8	9,1	6,9	5,3	4,3	5,5
053	26,4	18,2	16,8	15,0	12.8	10,1	8,0	6,8	14,2	13,0	11,5	9,6	7,4	5,6	4,6	(1,14 m)
056	27,1	19,2	17,7	15,9	13,5	10,7	8,4	7,2	15,0	13,7	12,2	10,2	7,8	6,0	4,9	
059	27,8	20,3	18,7	16,7	14,2	11,2	8,9	7,6	15,9	14,5	12,9	10,8	8,3	6,3	5,2	
062	28,5	21,3	19,6	17,6	15,0	11,8	9,3	8,0	16,7	15,3	13,6	11,4	8,7	6,7	5,5	
0,065	29,2	22,3	20,6	18,4	15,7	12,4	9,8	8,4	17,6	16,1	14,3	12,0	9,2	7,0	5,8	4,8
068	29,9	23,3	21,5	19,3	16,4	13,0	10,2	8,8	18,4	16,9	15,0	12,6	9,6	7,4	6,1	(1,18 m)
071	30,5	24,4	22,5	20,1	17,1	13,5	10,7	9,2	19,3	17,6	15,7	13,2	10,1	7,7	6,4	24
074	31,2	25,4	23,4	21,0	17,8	14,1	11,1	9,5	20,1	18,4	16,4	13,8	10,5	8,1	6,7	
077	31,8	26,4	24,4	21,8	18,6	14,7	11,6	9,9	21,0	19,2	17,1	14,4	11,0	8,4	6,9	
0,080	32,4	27,5	25,3	22,7	19,3	15,3	12,0	10,3	21,8	20,0	17,7	14,9	11,5	8,7	7,2	4,1
084	33,2	28,8	26,6	23,8	20,3	16,0	12,6	10,8	23,0	21,1	18,7	15,7	12,1	9,2	7,6	(1,22 m)
088	34,0	30,2	27,9	24,9	21,3	16,8	13,2	11,3	24,1	22,1	19,6	16,5	12,7	9,7	8,0	
092	34,7	31,6	29,1	26,0	22,2	17,5	13,8	11,8	25,3	23,2	20,6	17,3	13,3	10,2	8,4	
096	35,5	32,9	30,4	27,2	23,2	18,3	14,4	12,3	26,5	24,3	21,5	18,1	13,9	10,7	8,8	
0,100	36,2	34,3	31,7	28,3	24,2	19,1	15,1	12,8	27,6	25,3	22,5	18,9	14,6	11,1	9,2	3,7
105	37,1	36,0	33,2	29,7	25,4	20,0	15,8	13,5	29,1	26,7	23,7	19,9	15,3	11,7	9,7	(1,27 m)
110	38,0	37,8	34,8	31,2	26,6	21,0	16,6	14,1	30,6	28,0	24,9	20,9	16,1	12,3	10,2	
115	38,8	39,5	36,4	32,6	27,8	21,9	17,3	14,8	32,0	29,4	26,1	21,9	16,9	13,0	10,8	
120	39,7	41,2	38,0	34,0	29,0	22,9	18,1	15,4	33,5	30,7	27,3	22,9	17,7	13,6	11,3	
0,125	40,5	42,9	39,6	35,4	30,2	23,8	18,8	16,0	35,0	32,1	28,5	24,0	18,5	14,2	11,8	3,2
130	41,3	44,6	41,1	36,8	31,4	24,8	19,6	16,7	36,4	33,4	29,7	25,0	19,3	14,8	12,3	(1,32 m)
135	42,1	46,4	42,7	38,3	32,6	25,7	20,3	17,3	37,9	34,8	30,9	26,0	20,1	15,4	12,8	23
140	42,8	48,1	44,3	39,7	33,8	26,7	21,1	18,0	39,4	36,1	32,1	27,0	20,9	16,0	13,3	
145	43,6	49,8	45,9	41,1	35,0	27,6	21,8	18,6	40,9	37,5	33,3	28,0	21,7	16,6	13,8	
0,150	44,4	51,5	47,5	42,5	36,2	28,6	22,6	19,3	42,3	38,8	34,5	29,0	22,4	17,2	14,3	2,9
155	45,1	53,2	49,1	43,9	37,4	29,6	23,3	19,9	43,8	40,2	35,7	30,1	23,2	17,8	14,8	(1,37 m)
160	45,8	54,9	50,6	45,3	38,6	30,5	24,1	20,5	45,3	41,6	36,9	31,1	24,0	18,4	15,3	
165	46,5	56,6	52,2	46,7	39,9	31,5	24,8	21,2	46,8	42,9	38,1	32,1	24,8	19,0	15,8	
170	47,2	58,4	53,8	48,1	41,1	32,4	25,6	21,8	48,3	44,3	39,3	33,1	25,6	19,7	16,3	
0,175	47,9	60,1	55,4	49,6	42,3	33,4	26,3	22,5	49,8	45,7	40,6	34,2	26,4	20,3	16,8	2,7
180	48,6	61,8	57,0	51,0	43,5	34,3	27,1	23,1	51,3	47,1	41,8	35,2	27,2	20,9	17,4	(1,41 m)
185	49,3	63,5	58,5	52,4	44,7	35,3	27,8	23,7	52,7	48,4	43,0	36,2	28,0	21,5	17,9	
190	49,9	65,2	60,1	53,8	45,9	36,2	28,6	24,4	54,2	49,8	44,2	37,3	28,8	22,1	18,4	
195	50,6	67,0	61,7	55,2	47,1	37,2	29,3	25,0	55,7	51,2	45,4	38,3	29,6	22,8	18,9	
0,200	51,2	68,6	63,3	56,6	48,3	38,1	30,1	25,7	57,2	52,5	46,6	39,3	30,4	23,3	19,4	2,4
205	51,8	70,4	64,9	58,0	49,5	39,1	30,9	26,3	58,7	53,9	47,9	40,4	31,2	24,0	20,0	(1,45 m)
210	52,5	72,1	66,5	59,5	50,7	40,0	31,6	27,0	60,2	55,3	49,1	41,4	32,0	24,6	20,5	22
215	53,1	73,8	68,1	60,9	51,9	41,0	32,4	27,6	61,7	56,7	50,3	42,4	32,8	25,2	21,0	
220	53,7	75,5	69,6	62,3	53,1	41,9	33,1	28,2	63,2	58,0	51,6	43,5	33,6	25,8	21,5	
0,225	54,3	77,2	71,2	63,7	54,3	42,9	33,9	28,9	64,7	59,4	52,8	44,5	34,4	26,4	22,0	2,3
230	54,9	79,0	72,8	65,1	55,6	43,8	34,6	29,5	66,2	60,8	54,0	45,6	35,3	27,1	22,6	(1,49 m)
235	55,5	80,7	74,4	66,6	56,8	44,8	35,4	30,2	67,7	62,2	55,2	46,6	36,1	27,7	23,1	
240	56,1	82,4	76,0	68,0	58,0	45,7	36,1	30,8	69,2	63,6	56,5	47,6	36,9	28,3	23,6	
245	56,7	84,1	77,5	69,4	59,2	46,7	36,9	31,4	70,7	64,9	57,7	48,7	37,7	28,9	24,1	
0,250	57,3	85,8	79,1	70,8	60,4	47,7	37,6	32,1	72,3	66,3	58,9	49,7	38,5	29,6	24,7	2,2 (1,52 m)
$C_i' =$		17,9	16,7	15,6	14,7	14,0	13,7	13,7								
$xC_i'' =$		13,2	12,6	12,2	12,1	12,6	13,6	14,5	gilt für gewöhnl. Masch. (auch rechts).							

Auspuff-Maschinen mit Coulissen-Steuerung.

Abs. Adm. Sp. $p = 4$ Kgr. od. Atm.

Wirksame Kolbenfläche O Qu.Met.	Kolben-Durchmesser D Centm.	Füllung $\frac{l}{i}$ — Indicirte Leistung $\frac{N_i}{c}$ in Pferdekraft pro 1 Meter Kolbengeschwindigkeit							Füllung $\frac{l}{i}$ — Netto-Leistung $\frac{N_n}{c}$ in Pferdekraft pro 1 Meter Kolbengeschwindigkeit							$2\,C_i''' \, \mathrm{u}\, C_i$ bei $\frac{l}{i}=0{,}4$ (gew. Masch.) Kgr.
		0,8	0,7	0,6	0,5	0,4	0,333	0,3	0,8	0,7	0,6	0,5	0,4	0,333	0,3	
0,250	57,3	85,8	79,1	70,8	60,4	47,7	37,6	32,1	72,3	66,3	58,9	49,7	38,5	29,6	24,7	2,3 (bei $c=$ 1,52 m) 21,5
255	57,8	87,5	80,7	72,2	61,6	48,6	38,4	32,7	73,8	67,7	60,2	50,8	39,3	30,2	25,2	
260	58,4	89,2	82,3	73,6	62,8	49,6	39,1	33,4	75,3	69,1	61,4	51,8	40,1	30,8	25,7	
265	59,0	91,0	83,9	75,0	64,0	50,5	39,9	34,0	76,8	70,5	62,7	52,9	40,9	31,4	26,2	
270	59,5	92,7	85,5	76,5	65,2	51,5	40,6	34,7	78,3	71,9	63,9	53,9	41,7	32,1	26,8	
0,275	60,1	94,4	87,0	77,9	66,4	52,4	41,4	35,3	79,9	73,3	65,1	55,0	42,5	32,7	27,3	2,2 (1,55 m)
280	60,6	96,1	88,6	79,3	67,6	53,4	42,1	35,9	81,4	74,7	66,4	56,0	43,3	33,3	27,8	
285	61,1	97,8	90,2	80,7	68,8	54,3	42,9	36,6	82,9	76,1	67,6	57,1	44,1	34,0	28,4	
290	61,7	99,6	91,8	82,1	70,1	55,3	43,6	37,2	84,4	77,5	68,9	58,1	44,9	34,6	28,9	
295	62,2	101,3	93,4	83,6	71,3	56,2	44,4	37,9	85,9	78,9	70,1	59,2	45,7	35,2	29,4	
0,300	62,7	103,0	95,0	84,9	72,4	57,2	45,2	38,5	87,4	80,3	71,3	60,2	46,6	35,8	29,9	2,2 (1,57 m)
310	63,8	106,4	98,1	87,8	74,9	59,1	46,7	39,8	90,5	83,1	73,8	62,3	48,2	37,1	31,0	
320	64,8	109,8	101,3	90,6	77,3	61,0	48,2	41,1	93,5	85,9	76,3	64,4	49,9	38,4	32,0	
330	65,8	113,3	104,5	93,4	79,7	62,9	49,7	42,4	96,6	88,7	78,8	66,5	51,5	39,7	33,1	
340	66,8	116,7	107,6	96,2	82,1	64,8	51,2	43,6	99,6	91,5	81,3	68,6	53,2	40,9	34,2	
0,350	67,7	120,1	110,8	99,1	84,5	66,8	52,7	44,9	102,7	94,3	83,8	70,7	54,8	42,2	35,2	2,0 (1,62 m)
360	68,7	123,5	114,0	101,9	86,9	68,7	54,2	46,2	105,7	97,2	86,3	72,8	56,4	43,5	36,3	
370	69,7	127,0	117,2	104,7	89,3	70,6	55,7	47,5	108,7	100,0	88,8	74,9	58,1	44,7	37,3	
380	70,6	130,4	120,3	107,6	91,7	72,5	57,2	48,8	111,8	102,8	91,3	77,1	59,7	46,0	38,4	
390	71,5	133,8	123,5	110,4	94,1	74,4	58,8	50,0	114,9	105,6	93,8	79,2	61,4	47,3	39,5	
0,400	72,4	137,3	126,6	113,2	96,6	76,3	60,2	51,4	118,0	108,4	96,3	81,3	63,0	48,5	40,5	1,8 (1,67 m) 21
410	73,3	140,7	129,8	116,1	99,0	78,2	61,7	52,6	121,1	111,2	98,8	83,4	64,6	49,8	41,6	
420	74,2	144,1	133,0	118,9	101,4	80,1	63,2	53,9	124,2	114,0	101,3	85,6	66,3	51,1	42,7	
430	75,1	147,6	136,2	121,7	103,8	82,0	64,7	55,2	127,2	116,9	103,9	87,7	68,0	52,4	43,8	
440	76,0	151,0	139,3	124,6	106,2	83,9	66,3	56,5	130,3	119,7	106,4	89,8	69,6	53,6	44,9	
0,450	76,8	154,4	142,5	127,4	108,6	85,8	67,8	57,8	133,4	122,6	108,9	91,9	71,3	54,9	45,9	1,7 (1,73 m)
460	77,7	157,9	145,7	130,2	111,1	87,7	69,3	59,0	136,5	125,4	111,4	94,1	72,9	56,2	47,0	
470	78,5	161,3	148,8	133,0	113,5	89,6	70,8	60,3	139,6	128,2	113,9	96,2	74,6	57,5	48,1	
480	79,3	164,7	152,0	135,9	115,9	91,6	72,3	61,6	142,7	131,1	116,5	98,3	76,3	58,8	49,2	
490	80,2	168,2	155,2	138,7	118,3	93,5	73,8	62,9	145,8	133,9	119,0	100,5	77,9	60,0	50,3	
0,500	81,0	171,6	158,3	141,5	120,7	95,3	75,3	64,2	148,8	136,7	121,5	102,6	79,6	61,3	51,3	1,6 (1,78 m)
510	81,8	175,0	161,5	144,4	123,2	97,3	76,8	65,5	151,9	139,5	124,0	104,7	81,2	62,6	52,3	
520	82,6	178,5	164,6	147,2	125,6	99,2	78,3	66,8	154,9	142,3	126,5	106,8	82,8	63,9	53,4	
530	83,4	181,9	167,8	150,0	128,0	101,1	79,8	68,0	158,0	145,1	129,0	109,0	84,5	65,1	54,5	
540	84,2	185,3	171,0	152,9	130,4	103,0	81,3	69,3	161,0	147,9	131,5	111,1	86,1	66,4	55,5	
0,550	84,9	188,8	174,1	155,7	132,8	104,9	82,8	70,6	164,1	150,7	134,0	113,2	87,8	67,7	56,6	1,5 (1,82 m)
560	85,7	192,2	177,3	158,5	135,2	106,8	84,3	71,9	167,1	153,5	136,5	115,3	89,4	69,0	57,6	
570	86,5	195,6	180,5	161,4	137,6	108,7	85,8	73,2	170,2	156,3	139,0	117,4	91,0	70,2	58,7	
580	87,2	199,0	183,7	164,2	140,0	110,6	87,3	74,4	173,2	159,1	141,5	119,5	92,7	71,5	59,8	
590	88,0	202,5	186,8	167,0	142,4	112,5	88,9	75,7	176,3	161,9	144,0	121,6	94,3	72,8	60,8	
0,600	88,7	205,9	189,9	169,9	144,9	114,4	90,3	77,0	179,3	164,7	146,5	123,7	96,0	74,0	61,1	1,4 (1,85 m) 20,5
620	90,2	212,8	196,3	175,5	149,7	118,2	93,3	79,6	185,4	170,4	151,5	127,9	99,2	76,6	64,1	
640	91,6	219,6	202,6	181,2	154,6	122,0	96,3	82,2	191,5	176,0	156,5	132,2	102,5	79,1	66,2	
660	93,0	226,5	208,9	186,8	159,4	125,8	99,3	84,8	197,6	181,6	161,5	136,4	105,8	81,7	68,4	
680	94,4	233,4	215,3	192,5	164,2	129,7	102,4	87,3	203,8	187,2	166,5	140,6	109,1	84,2	70,5	
0,700	95,8	240,2	221,6	198,2	169,0	133,5	105,4	89,9	209,9	192,8	171,5	144,9	112,4	86,8	72,6	1,3 (1,91 m)
720	97,2	247,1	227,9	203,8	173,9	137,3	108,4	92,5	216,0	198,5	176,5	149,1	115,7	89,3	74,8	
740	98,5	253,9	234,3	209,5	178,7	141,1	111,4	95,0	222,1	204,1	181,5	153,3	119,0	91,9	76,9	
760	99,8	260,8	240,6	215,1	183,5	144,9	114,4	97,6	228,2	209,7	186,5	157,6	122,3	94,4	79,1	
780	101,1	267,7	246,9	220,8	188,4	148,7	117,4	100,2	234,3	215,3	191,5	161,8	125,6	97,0	81,2	
0,800	102,4	274,6	253,2	226,5	193,2	152,6	120,4	102,7	240,5	220,9	196,5	166,0	128,9	99,5	83,3	1,2 (1,97 m)
820	103,7	281,4	259,6	232,1	198,0	156,4	123,4	105,3	246,6	226,6	201,5	170,3	132,2	102,0	85,4	
840	105,0	288,3	265,9	237,8	202,9	160,2	126,4	107,9	252,7	232,2	206,5	174,5	135,5	104,6	87,6	
860	106,2	295,1	272,2	243,5	207,7	164,0	129,4	110,4	258,8	237,9	211,5	178,7	138,8	107,1	89,7	
880	107,4	302,0	278,6	249,1	212,5	167,8	132,5	113,0	265,0	243,5	216,5	183,0	142,1	109,7	91,9	
0,900	108,6	308,9	284,9	254,8	217,3	171,6	135,5	115,6	271,1	249,1	221,5	187,2	145,4	112,2	94,0	1,2 (2,02 m)
920	109,8	315,7	291,2	260,4	222,2	175,4	138,5	118,1	277,2	254,8	226,5	191,5	148,7	114,8	96,1	
940	111,0	322,6	297,6	266,1	227,0	179,2	141,5	120,7	283,4	260,3	231,5	195,7	152,0	117,3	98,3	
960	112,2	329,4	303,9	271,8	231,8	183,0	144,5	123,3	289,5	266,0	236,5	199,9	155,3	119,9	100,4	
980	113,4	336,3	310,2	277,4	236,7	186,8	147,5	125,9	295,6	271,6	241,6	204,2	158,6	122,4	102,6	
1,000	114,5	343,2	316,5	283,1	241,5	190,7	150,5	128,4	301,8	277,3	246,6	208,4	161,8	125,0	104,7	1,2 (2,06 m) 20
$C_i' =$		17,1	15,9	14,8	13,9	13,2	12,9	12,9								
$xC_i'' =$		11,2	10,7	10,4	10,3	10,7	11,5	12,3								

(gilt für exacte Masch., bei welchen C_i''' circa die Hälfte beträgt (auch links).

I. Serie. A.

Auspuff-Maschinen mit Coulissen-Steuerung (nach Gooch, Stephenson . . .).

Abs. Adm. Sp. $p = 4^{1}/_{2}$ Kgr. od. Atm.

Wirksame Kolbenfläche O Qu.Met.	Kolben-Durchmesser D Centm.	Füllung $\frac{l_i}{l}$ 0,8	0,7	0,6	0,5	0,4	0,333	0,3	Füllung $\frac{l_i}{l}$ 0,8	0,7	0,6	0,5	0,4	0,333	0,3	$2\,C_i''' \text{ u. } C_i$ bei $\frac{l_i}{l}=0,5$ (gew. Masch.) Kgr.
		Indicirte Leistung $\frac{N_i}{c}$ in Pferdekraft							Netto-Leistung $\frac{N_n}{c}$ in Pferdekraft							
		pro 1 Meter Kolbengeschwindigkeit														
0,020	16,2	8,1	7,5	6,7	5,8	4,7	3,8	3,3	6,0	5,5	4,9	4,2	3,3	2,5	2,1	8,0
022	17,0	8,9	8,2	7,4	6,4	5,2	4,2	3,6	6,6	6,1	5,4	4,6	3,6	2,8	2,4	(bei
024	17,7	9,7	9,0	8,1	7,0	5,6	4,6	4,0	7,3	6,7	6,0	5,1	4,0	3,1	2,6	$c =$
026	18,5	10,5	9,7	8,8	7,6	6,1	4,9	4,3	7,9	7,3	6,5	5,5	4,3	3,4	2,9	1,05 m)
028	19,2	11,3	10,5	9,4	8,1	6,6	5,3	4,6	8,5	7,9	7,0	6,0	4,7	3,7	3,1	
0,030	19,8	12,1	11,2	10,1	8,7	7,0	5,7	5,0	9,2	8,5	7,6	6,4	5,0	4,0	3,4	6,3
032	20,5	12,9	12,0	10,8	9,3	7,5	6,1	5,3	9,9	9,1	8,1	6,9	5,4	4,2	3,6	(1,12 m)
034	21,1	13,7	12,7	11,5	9,9	8,0	6,5	5,6	10,5	9,7	8,7	7,4	5,8	4,5	3,9	24
036	21,7	14,5	13,5	12,1	10,5	8,5	6,8	6,0	11,2	10,3	9,2	7,8	6,2	4,8	4,1	
038	22,3	15,4	14,2	12,8	11,1	8,9	7,2	6,3	11,8	10,9	9,8	8,3	6,5	5,1	4,4	
0,040	22,9	16,2	15,0	13,5	11,6	9,4	7,6	6,6	12,5	11,5	10,3	8,8	6,9	5,4	4,6	5,5
042	23,5	17,0	15,7	14,1	12,2	9,9	8,0	6,9	13,2	12,1	10,9	9,3	7,3	5,7	4,9	(1,17 m)
044	24,0	17,8	16,5	14,8	12,8	10,3	8,4	7,3	13,8	12,7	11,4	9,7	7,6	6,0	5,1	
046	24,6	18,6	17,2	15,5	13,4	10,8	8,7	7,6	14,5	13,4	12,0	10,2	8,0	6,3	5,4	
048	25,1	19,4	18,0	16,1	14,0	11,3	9,1	7,9	15,1	14,0	12,5	10,7	8,4	6,6	5,6	
0,050	25,6	20,2	18,7	16,9	14,6	11,7	9,5	8,3	15,8	14,6	13,0	11,1	8,7	6,9	5,9	4,7
053	26,4	21,4	19,8	17,9	15,4	12,4	10,1	8,8	16,8	15,5	13,8	11,8	9,3	7,3	6,2	(1,21 m)
056	27,1	22,6	20,9	18,9	16,3	13,1	10,6	9,3	17,8	16,4	14,7	12,5	9,9	7,8	6,6	
059	27,8	23,8	22,1	19,9	17,2	13,8	11,2	9,8	18,8	17,4	15,5	13,2	10,4	8,2	7,0	
062	28,5	25,0	23,2	20,9	18,2	14,5	11,8	10,3	19,8	18,3	16,3	13,9	11,0	8,7	7,4	
0,065	29,2	26,2	24,3	21,9	18,9	15,2	12,4	10,8	20,8	19,2	17,2	14,6	11,6	9,1	7,8	4,2
068	29,9	27,4	25,4	22,9	19,8	15,9	12,9	11,3	21,9	20,1	18,0	15,4	12,2	9,6	8,2	(1,25 m)
071	30,5	28,7	26,5	23,9	20,6	16,6	13,5	11,8	22,9	21,1	18,8	16,1	12,7	10,0	8,6	22
074	31,2	29,9	27,7	24,9	21,5	17,3	14,1	12,3	23,9	22,0	19,7	16,8	13,3	10,5	9,0	
077	31,8	31,1	28,8	25,9	22,4	18,0	14,6	12,8	24,9	22,9	20,5	17,5	13,9	10,9	9,4	
0,080	32,4	32,3	29,9	27,0	23,3	18,8	15,2	13,2	25,9	23,9	21,4	18,2	14,4	11,4	9,7	3,5
084	33,2	33,9	31,4	28,3	24,4	19,7	16,0	13,9	27,3	25,1	22,5	19,2	15,2	12,0	10,2	(1,30 m)
088	34,0	35,5	32,9	29,7	25,6	20,6	16,7	14,6	28,6	26,4	23,6	20,2	15,9	12,6	10,8	
092	34,7	37,1	34,4	31,0	26,8	21,6	17,5	15,2	30,0	27,7	24,8	21,1	16,7	13,2	11,3	
096	35,5	38,7	35,9	32,4	27,9	22,5	18,2	15,9	31,4	29,0	25,9	22,1	17,5	13,8	11,8	
0,100	36,2	40,4	37,4	33,7	29,1	23,5	19,0	16,6	32,7	30,2	27,0	23,1	18,3	14,4	12,3	3,2
105	37,1	42,4	39,3	35,4	30,5	24,6	20,0	17,4	34,5	31,8	28,5	24,3	19,2	15,2	13,0	(1,35 m)
110	38,0	44,4	41,1	37,1	32,0	25,8	20,9	18,2	36,2	33,4	29,9	25,6	20,2	16,0	13,7	
115	38,8	46,4	43,0	38,7	33,4	27,0	21,9	19,0	38,0	35,0	31,4	26,8	21,2	16,8	14,4	
120	39,7	48,4	44,9	40,4	34,9	28,1	22,8	19,9	39,7	36,6	32,8	28,0	22,2	17,6	15,0	
0,125	40,5	50,5	46,8	42,1	36,3	29,3	23,8	20,7	41,4	38,2	34,2	29,2	23,2	18,3	15,7	2,9
130	41,3	52,5	48,6	43,8	37,8	30,5	24,7	21,5	43,2	39,8	35,7	30,5	24,1	19,1	16,4	(1,40 m)
135	42,1	54,5	50,5	45,5	39,2	31,6	25,7	22,4	44,9	41,4	37,1	31,7	25,1	19,9	17,0	21
140	42,8	56,5	52,4	47,1	40,7	32,8	26,6	23,2	46,7	43,0	38,6	32,9	26,1	20,7	17,7	
145	43,6	58,5	54,2	48,8	42,1	34,0	27,6	24,0	48,4	44,6	40,0	34,2	27,1	21,5	18,4	
0,150	44,4	60,5	56,1	50,5	43,6	35,2	28,5	24,8	50,1	46,2	41,4	35,4	28,0	22,2	19,0	2,5
155	45,1	62,6	58,0	52,2	45,1	36,4	29,5	25,7	51,9	47,9	42,9	36,7	29,0	23,0	19,7	(1,45 m)
160	45,8	64,6	59,8	53,9	46,5	37,5	30,4	26,5	53,6	49,5	44,3	37,9	30,0	23,8	20,4	
165	46,5	66,6	61,7	55,6	48,0	38,7	31,4	27,3	55,4	51,1	45,8	39,2	31,0	24,6	21,1	
170	47,2	68,6	63,6	57,3	49,4	39,9	32,3	28,1	57,1	52,8	47,2	40,4	32,0	25,4	21,8	
0,175	47,9	70,6	65,5	58,9	50,9	41,0	33,3	29,0	58,9	54,4	48,7	41,7	33,0	26,2	22,4	2,3
180	48,6	72,7	67,3	60,6	52,3	42,2	34,2	29,8	60,7	56,0	50,2	42,9	34,0	27,0	23,1	(1,50 m)
185	49,3	74,7	69,2	62,3	53,8	43,4	35,2	30,6	62,4	57,7	51,6	44,2	35,0	27,8	23,8	
190	49,9	76,7	71,1	64,0	55,2	44,5	36,1	31,5	64,2	59,3	53,1	45,4	36,0	28,6	24,5	
195	50,6	78,7	72,9	65,7	56,7	45,7	37,1	32,3	65,9	60,9	54,5	46,7	37,0	29,3	25,2	
0,200	51,2	80,7	74,8	67,4	58,2	46,9	38,0	33,1	67,7	62,5	56,0	47,9	38,0	30,2	25,8	2,2
205	51,8	82,7	76,7	69,1	59,6	48,1	39,0	33,9	69,5	64,1	57,5	49,2	39,0	31,0	26,5	(1,54 m)
210	52,5	84,8	78,5	70,8	61,1	49,3	39,9	34,8	71,3	65,8	58,9	50,4	40,0	31,8	27,2	20,5
215	53,1	86,8	80,4	72,4	62,5	50,4	40,9	35,6	73,0	67,4	60,4	51,7	41,0	32,6	27,9	
220	53,7	88,8	82,3	74,1	64,0	51,6	41,8	36,4	74,8	69,1	61,9	53,0	42,0	33,4	28,6	
0,225	54,3	90,8	84,2	75,8	65,4	52,8	42,8	37,2	76,6	70,7	63,3	54,2	43,0	34,2	29,3	2,0
230	54,9	92,8	86,0	77,5	66,9	53,9	43,7	38,1	78,4	72,3	64,8	55,5	44,0	35,0	30,0	(1,58 m)
235	55,5	94,9	87,9	79,2	68,3	55,1	44,7	38,9	80,2	74,0	66,3	56,7	45,0	35,8	30,7	
240	56,1	96,9	89,8	80,8	69,8	56,3	45,6	39,7	81,9	75,6	67,7	58,0	46,0	36,6	31,4	
245	56,7	98,9	91,6	82,5	71,2	57,4	46,6	40,6	83,7	77,3	69,2	59,3	47,0	37,4	32,1	
0,250	57,3	100,9	93,5	84,2	72,7	58,6	47,5	41,4	85,5	78,9	70,7	60,5	48,0	38,2	32,7	1,9 (1,61 m)
	$C_i' =$	16,3	15,9	14,8	13,9	13,0	12,6	12,4								
	$xC_i'' =$	13,2	12,5	12,1	11,8	12,0	12,6	13,2	} gilt für gewöhnl. Masch. (auch rechts).							

Auspuff-Maschinen mit Coulissen-Steuerung.

Abs. Adm. Sp. $p = 4^{1}/_{2}$ Kgr. od. Atm.

Wirksame Kolbenfläche	Kolben-Durchmesser	Füllung $\frac{l_i}{l}$							Füllung $\frac{l_i}{l}$							$2C_i''' \text{ u.} C_i$ bei $\frac{l_i}{l}=0{,}4$ (gew Masch.)
		0,8	0,7	0,6	0,5	0,4	0,333	0,3	0,8	0,7	0,6	0,5	0,4	0,333	0,3	
		Indicirte Leistung $\frac{N_i}{c}$ in Pferdekraft							Netto-Leistung $\frac{N_n}{c}$ in Pferdekraft							
O Qu.Met.	D Centm.	pro 1 Meter Kolbengeschwindigkeit														Kgr.
0,250	57,3	100,9	93,5	84,2	72,7	58,6	47,5	41,4	85,5	78,9	70,7	60,5	48,0	38,2	32,7	2,1 (bei
255	57,8	102,9	95,4	85,9	74,2	59,8	48,5	42,2	87,3	80,6	72,2	61,8	49,0	39,0	33,4	$c =$
260	58,4	104,9	97,2	87,6	75,6	61,0	49,4	43,0	89,1	82,2	73,7	63,1	50,0	39,8	34,1	1,61 m)
265	59,0	107,0	99,1	89,3	77,1	62,1	50,4	43,9	90,9	83,9	75,2	64,3	51,1	40,6	34,8	20
270	59,5	109,0	101,0	91,0	78,5	63,3	51,3	44,7	92,7	85,5	76,6	65,6	52,1	41,4	35,5	
0,275	60,1	111,0	102,9	92,6	80,0	64,5	52,3	45,5	94,4	87,2	78,1	66,9	53,1	42,2	36,2	2,0
280	60,6	113,0	104,7	94,3	81,4	65,7	53,2	46,4	96,2	88,8	79,6	68,1	54,1	43,0	36,9	(1,64 m)
285	61,1	115,0	106,6	96,0	82,9	66,8	54,2	47,2	98,0	90,5	81,1	69,4	55,1	43,8	37,6	
290	61,7	117,1	108,5	97,7	84,3	68,0	55,1	48,0	99,8	92,1	82,6	70,7	56,1	44,6	38,3	
295	62,2	119,1	110,3	99,4	85,8	69,2	56,1	48,8	101,6	93,8	84,0	71,9	57,1	45,4	39,0	
0,300	62,7	121,1	112,2	101,1	87,3	70,4	57,0	49,6	103,4	95,5	85,6	73,2	58,1	46,2	39,7	1,9
310	63,8	125,1	115,9	104,5	90,2	72,7	58,9	51,3	107,0	98,8	88,5	75,8	60,2	47,9	41,1	(1,67 m)
320	64,8	129,2	119,7	107,8	93,1	75,1	60,8	52,9	110,6	102,2	91,5	78,4	62,2	49,5	42,5	
330	65,8	133,2	123,4	111,2	96,0	77,4	62,7	54,6	114,2	105,5	94,5	81,0	64,3	51,1	43,9	
340	66,8	137,2	127,2	114,6	98,9	79,8	64,6	56,2	117,8	108,8	97,5	83,5	66,3	52,7	45,3	
0,350	67,7	141,3	130,9	117,9	101,8	82,1	66,5	57,9	121,4	112,2	100,5	86,1	68,3	54,4	46,7	1,8
360	68,7	145,3	134,6	121,3	104,7	84,5	68,4	59,5	125,1	115,5	103,5	88,7	70,4	56,0	48,1	(1,73 m)
370	69,7	149,4	138,4	124,7	107,7	86,8	70,3	61,2	128,7	118,9	106,5	91,2	72,4	57,6	49,5	
380	70,6	153,4	142,1	128,0	110,6	89,2	72,2	62,8	132,3	122,2	109,6	93,8	74,5	59,3	50,9	
390	71,5	157,4	145,9	131,4	113,5	91,5	74,1	64,5	135,9	125,5	112,5	96,4	76,5	60,9	52,3	
0,400	72,4	161,4	149,6	134,8	116,4	93,8	76,0	66,2	139,5	128,8	115,5	98,9	78,6	62,5	53,7	1,7
410	73,3	165,5	153,3	138,1	119,3	96,2	77,9	67,8	143,2	132,2	118,5	101,5	80,6	64,2	55,1	(1,78 m)
420	74,2	169,5	157,1	141,5	122,2	98,5	79,8	69,5	146,8	135,6	121,5	104,1	82,7	65,8	56,5	19,5
430	75,1	173,6	160,8	144,9	125,1	100,9	81,7	71,1	150,4	138,9	124,5	106,7	84,7	67,5	57,9	
440	76,0	177,6	164,6	148,3	128,0	103,2	83,6	72,8	154,1	142,3	127,6	109,3	86,8	69,1	59,3	
0,450	76,8	181,6	168,3	151,6	130,9	105,6	85,5	74,4	157,7	145,7	130,6	111,8	88,9	70,8	60,8	1,5
460	77,7	185,7	172,0	155,0	133,8	107,9	87,4	76,1	161,4	149,1	133,6	114,4	90,9	72,4	62,2	(1,83 m)
470	78,5	189,7	175,8	158,4	136,7	110,3	89,3	77,7	165,0	152,4	136,6	117,0	93,0	74,1	63,6	
480	79,3	193,8	179,5	161,7	139,7	112,6	91,2	79,4	168,6	155,8	139,6	119,6	95,0	75,7	65,0	
490	80,2	197,8	183,3	165,1	142,6	115,0	93,1	81,0	172,3	159,2	142,7	122,2	97,1	77,4	66,4	
0,500	81,0	201,8	187,0	168,5	145,5	117,3	95,0	82,7	175,9	162,5	145,7	124,8	99,2	79,0	67,8	1,4
510	81,8	205,8	190,7	171,8	148,4	119,6	96,9	84,4	179,5	165,8	148,7	127,3	101,2	80,6	69,2	(1,88 m)
520	82,6	209,9	194,5	175,2	151,3	122,0	98,8	86,0	183,1	169,2	151,7	129,9	103,3	82,2	70,6	
530	83,4	213,9	198,2	178,6	154,2	124,3	100,7	87,7	186,7	172,5	154,6	132,5	105,3	83,8	72,0	
540	84,2	218,0	202,0	181,9	157,1	126,7	102,6	89,3	190,3	175,8	157,6	135,0	107,3	85,5	73,4	
0,550	84,9	222,0	205,7	185,3	160,0	129,0	104,5	91,0	193,9	179,1	160,6	137,6	109,4	87,1	74,8	1,3
560	85,7	226,0	209,4	188,7	162,9	131,4	106,4	92,6	197,5	182,5	163,6	140,1	111,4	88,7	76,2	(1,92 m)
570	86,5	230,1	213,2	192,1	165,8	133,7	108,3	94,3	201,1	185,8	166,6	142,7	113,5	90,4	77,6	
580	87,2	234,1	216,9	195,4	168,7	136,1	110,2	95,9	204,7	189,1	169,6	145,3	115,5	92,0	79,0	
590	88,0	238,2	220,7	198,8	171,7	138,4	112,1	97,6	208,3	192,5	172,6	147,8	117,5	93,6	80,4	
0,600	88,7	242,2	224,4	202,2	174,6	140,7	114,0	99,3	212,0	195,8	175,5	150,4	119,6	95,2	81,8	1,2
620	90,2	250,2	231,9	208,9	180,4	145,4	117,8	102,6	219,2	202,4	181,5	155,5	123,7	98,5	84,6	(1,96 m)
640	91,6	258,3	239,4	215,6	186,2	150,1	121,6	105,9	226,4	209,1	187,5	160,7	127,7	101,8	87,5	19
660	93,0	266,4	246,8	222,4	192,0	154,8	125,4	109,2	233,6	215,8	193,5	165,8	131,8	105,0	90,3	
680	94,4	274,4	254,3	229,1	197,8	159,5	129,2	112,5	240,8	222,5	199,5	170,9	135,9	108,3	93,1	
0,700	95,8	282,5	261,8	235,9	203,7	164,2	133,0	115,8	248,1	229,1	205,5	176,0	140,0	111,6	95,9	1,2
720	97,2	290,6	269,3	242,6	209,5	168,9	136,8	119,2	255,3	235,8	211,5	181,2	144,1	114,8	98,7	(2,03 m)
740	98,5	299	277	249	215	174	141	122	262	242	217	186	148	118	102	
760	99,8	307	284	256	221	178	144	126	270	249	223	191	152	121	104	
780	101,1	315	292	263	227	183	148	129	277	256	229	197	156	125	107	
0,800	102,4	323	299	270	233	188	152	132	284	262	235	202	160	128	110	1,2
820	103,7	331	307	276	239	192	156	136	291	269	241	207	165	131	113	(2,09 m)
840	105,0	339	314	283	244	197	160	139	299	276	247	212	169	134	116	
860	106,2	347	322	290	250	202	163	142	306	283	253	217	173	138	118	
880	107,4	355	329	296	256	206	167	146	313	289	259	222	177	141	121	
0,900	108,6	363	337	303	262	211	171	149	320	296	265	227	181	144	124	1,1
920	109,8	371	344	310	268	216	175	152	328	303	271	233	185	148	127	(2,14 m)
940	111,0	379	352	317	273	220	179	156	335	309	277	238	189	151	130	
960	112,2	387	359	323	279	225	182	159	342	316	283	243	193	154	132	
980	113,4	396	367	330	285	230	186	162	349	323	289	248	197	157	135	
1,000	114,5	404	374	337	291	235	190	165	357	329	295	253	201	161	138	1,1 (2,18 m) 19
$C_i' =$		16,2	15,1	14,0	13,1	12,2	11,8	11,6								
$xC_i'' =$		11,2	10,7	10,3	10,1	10,2	10,7	11,3								

gilt für exacte Masch., bei welchen C_i''' circa die Hälfte beträgt (auch links).

Auspuff-Maschinen mit Coulissen-Steuerung (nach Gooch, Stephenson . . .).

Abs. Adm. Sp. $p = 5$ Kgr. od. Atm.

Wirksame Kolbenfläche O Qu.Met.	Kolben-Durchmesser D Centm.	Füllung $\frac{l_1}{l}$ 0,7	0,6	0,5	0,4	0,333	0,3	0,25	Füllung $\frac{l_1}{l}$ 0,7	0,6	0,5	0,4	0,333	0,3	0,25	$2C_1''$ u. C_1 bei $\frac{l_1}{l}=0{,}4$ (gew. Masch.) Kgr.
		Indicirte Leistung $\frac{N_i}{c}$ in Pferdekraft — pro 1 Meter Kolbengeschwindigkeit							Netto-Leistung $\frac{N_n}{c}$ in Pferdekraft							
0,020	16,2	8,6	7,8	6,8	5,6	4,6	4,1	3,2	6,4	5,8	5,0	3,9	3,2	2,7	2,0	7,7
022	17,0	9,5	8,6	7,5	6,1	5,1	4,5	3,5	7,1	6,4	5,5	4,4	3,5	3,0	2,3	(bei $c =$ 1,11 m)
024	17,7	10,4	9,4	8,2	6,7	5,5	4,9	3,8	7,8	7,0	6,0	4,8	3,9	3,3	2,5	
026	18,5	11,2	10,2	8,9	7,3	6,0	5,3	4,2	8,5	7,6	6,5	5,2	4,2	3,6	2,7	
028	19,2	12,1	10,9	9,5	7,8	6,4	5,7	4,5	9,2	8,2	7,1	5,6	4,6	3,9	3,0	
0,030	19,8	13,0	11,7	10,2	8,4	6,9	6,1	4,8	9,9	8,9	7,6	6,1	4,9	4,3	3,2	6,0
032	20,5	13,8	12,5	10,9	8,9	7,4	6,5	5,1	10,6	9,5	8,2	6,5	5,3	4,6	3,4	(1,18 m)
034	21,1	14,7	13,3	11,6	9,5	7,8	6,9	5,4	11,3	10,1	8,7	7,0	5,6	4,9	3,7	22
036	21,7	15,5	14,1	12,3	10,0	8,3	7,3	5,7	12,0	10,8	9,3	7,4	6,0	5,2	3,9	
038	22,3	16,4	14,8	12,9	10,6	8,7	7,7	6,1	12,7	11,4	9,8	7,9	6,3	5,5	4,1	
0,040	22,9	17,3	15,6	13,6	11,2	9,2	8,1	6,4	13,4	12,1	10,4	8,3	6,7	5,8	4,4	5,3
042	23,5	18,1	16,4	14,3	11,7	9,7	8,5	6,7	14,1	12,7	10,9	8,8	7,1	6,1	4,6	(1,23 m)
044	24,0	19,0	17,2	15,0	12,3	10,1	9,0	7,0	14,8	13,3	11,5	9,2	7,4	6,4	4,9	
046	24,6	19,8	18,0	15,7	12,8	10,6	9,4	7,3	15,6	14,0	12,0	9,7	7,8	6,7	5,1	
048	25,1	20,7	18,7	16,3	13,4	11,0	9,8	7,7	16,3	14,6	12,6	10,1	8,1	7,0	5,3	
0,050	25,6	21,6	19,5	17,0	13,9	11,5	10,1	8,0	16,9	15,2	13,1	10,5	8,5	7,4	5,6	4,5
053	26,4	22,9	20,7	18,0	14,8	12,2	10,7	8,5	18,0	16,2	14,0	11,2	9,1	7,9	5,9	(1,27 m)
056	27,1	24,2	21,9	19,1	15,6	12,9	11,4	8,9	19,1	17,2	14,8	11,9	9,6	8,3	6,3	
059	27,8	25,5	23,0	20,1	16,4	13,6	12,0	9,4	20,2	18,1	15,6	12,6	10,2	8,8	6,7	
062	28,5	26,7	24,2	21,1	17,3	14,2	12,6	9,9	21,3	19,1	16,5	13,3	10,7	9,3	7,1	
0,065	29,2	28,0	25,4	22,1	18,1	14,9	13,2	10,4	22,3	20,1	17,3	13,9	11,3	9,8	7,4	4,0
068	29,9	29,3	26,6	23,1	19,0	15,6	13,8	10,9	23,4	21,0	18,2	14,6	11,8	10,3	7,8	(1,32 m)
071	30,5	30,6	27,7	24,2	19,8	16,3	14,4	11,3	24,5	22,0	19,0	15,3	12,4	10,7	8,2	21
074	31,2	31,9	28,9	25,2	20,6	17,0	15,0	11,8	25,6	23,0	19,8	16,0	12,9	11,2	8,5	
077	31,8	33,2	30,1	26,2	21,5	17,7	15,6	12,3	26,7	24,0	20,7	16,7	13,5	11,7	8,9	
0,080	32,4	34,5	31,3	27,2	22,3	18,4	16,2	12,8	27,7	25,0	21,5	17,3	14,0	12,2	9,3	3,5
084	33,2	36,3	32,8	28,6	23,4	19,3	17,0	13,4	29,2	26,3	22,7	18,3	14,8	12,9	9,8	(1,37 m)
088	34,0	38,0	34,4	29,9	24,5	20,2	17,8	14,0	30,7	27,6	23,8	19,2	15,5	13,5	10,3	
092	34,7	39,7	35,9	31,3	25,6	21,1	18,7	14,7	32,2	28,9	25,0	20,1	16,3	14,2	10,8	
096	35,5	41,5	37,5	32,7	26,7	22,1	19,5	15,3	33,6	30,2	26,1	21,0	17,0	14,8	11,3	
0,100	36,2	43,2	39,1	34,0	27,8	23,0	20,3	15,9	35,1	31,6	27,3	22,0	17,8	15,5	11,8	3,0
105	37,1	45,3	41,0	35,7	29,2	24,1	21,3	16,8	36,9	33,3	28,7	23,1	18,7	16,3	12,4	(1,42 m)
110	38,0	47,5	43,0	37,4	30,6	25,3	22,3	17,6	38,8	34,9	30,2	24,3	19,7	17,1	13,1	
115	38,8	49,6	44,9	39,1	32,0	26,4	23,3	18,4	40,7	36,6	31,6	25,5	20,6	18,0	13,7	
120	39,7	51,8	46,9	40,8	33,4	27,6	24,3	19,2	42,5	38,3	33,1	26,6	21,6	18,8	14,3	
0,125	40,5	54,0	48,8	42,5	34,8	28,7	25,3	20,0	44,4	40,0	34,5	27,8	22,5	19,6	15,0	2,7
130	41,3	56,1	50,8	44,2	36,2	29,9	26,3	20,8	46,2	41,7	36,0	29,0	23,5	20,5	15,6	(1,48 m)
135	42,1	58,3	52,7	45,9	37,6	31,0	27,3	21,6	48,1	43,3	37,4	30,1	24,4	21,3	16,3	20
140	42,8	60,4	54,7	47,6	39,0	32,2	28,4	22,4	50,0	45,0	38,9	31,3	25,4	22,1	16,9	
145	43,6	62,6	56,6	49,3	40,4	33,3	29,4	23,2	51,8	46,7	40,3	32,5	26,3	22,9	17,5	
0,150	44,4	64,7	58,6	51,0	41,8	34,4	30,4	23,9	53,7	48,3	41,8	33,7	27,3	23,8	18,2	2,5
155	45,1	66,9	60,6	52,7	43,2	35,6	31,4	24,7	55,6	50,0	43,2	34,9	28,3	24,7	18,8	(1,53 m)
160	45,8	69,1	62,5	54,4	44,5	36,7	32,4	25,5	57,5	51,7	44,7	36,1	29,3	25,5	19,5	
165	46,5	71,2	64,5	56,1	45,9	37,9	33,4	26,3	59,3	53,4	46,2	37,2	30,2	26,4	20,1	
170	47,2	73,4	66,4	57,8	47,3	39,0	34,4	27,1	61,2	55,1	47,6	38,4	31,2	27,2	20,8	
0,175	47,9	75,5	68,4	59,5	48,7	40,2	35,5	27,9	63,1	56,8	49,1	39,6	32,2	28,1	21,4	2,2
180	48,6	77,7	70,3	61,2	50,1	41,3	36,5	28,7	65,0	58,5	50,6	40,8	33,1	28,9	22,1	(1,58 m)
185	49,3	79,9	72,3	62,9	51,5	42,5	37,5	29,5	66,9	60,2	52,1	42,0	34,1	29,8	22,7	
190	49,9	82,0	74,2	64,6	52,9	43,6	38,5	30,3	68,8	61,9	53,5	43,2	35,1	30,6	23,4	
195	50,6	84,2	76,2	66,3	54,3	44,8	39,5	31,1	70,7	63,6	55,0	44,4	36,0	31,5	24,0	
0,200	51,2	86,3	78,1	68,1	55,7	45,9	40,5	31,9	72,5	65,3	56,5	45,6	37,0	32,3	24,7	2,1
205	51,8	88,5	80,1	69,8	57,1	47,1	41,5	32,7	74,4	67,0	58,0	46,8	38,0	33,1	25,3	(1,62 m)
210	52,5	90,6	82,0	71,5	58,5	48,2	42,6	33,5	76,3	68,8	59,4	48,0	39,0	34,0	26,0	19
215	53,1	92,8	84,0	73,2	59,9	49,4	43,6	34,3	78,2	70,5	60,9	49,2	39,9	34,8	26,7	
220	53,7	95,0	85,9	74,9	61,2	50,5	44,6	35,1	80,1	72,2	62,4	50,4	40,9	35,7	27,3	
0,225	54,3	97,1	87,9	76,6	62,6	51,7	45,6	35,9	82,0	73,9	63,9	51,6	41,9	36,6	28,0	2,0
230	54,9	99,3	89,8	78,3	64,0	52,8	46,6	36,7	83,9	75,6	65,4	52,8	42,9	37,4	28,6	(1,66 m)
235	55,5	101,4	91,8	80,0	65,4	54,0	47,6	37,5	85,8	77,4	66,9	54,0	43,9	38,3	29,3	
240	56,1	103,6	93,7	81,7	66,8	55,1	48,6	38,3	87,7	79,1	68,4	55,2	44,8	39,1	30,0	
245	56,7	105,8	95,7	83,4	68,2	56,3	49,6	39,1	89,6	80,8	69,9	56,4	45,8	40,0	30,6	
0,250	57,3	107,9	97,7	85,1	69,6	57,4	50,7	39,9	91,6	82,5	71,3	57,6	46,8	40,8	31,2	1,9 (1,70 m)
$C_1' =$		15,3	14,2	13,3	12,4	11,9	11,6	11,3								
$xC_1'' =$		12,5	12,0	11,6	11,6	12,0	12,4	13,5	gilt für gewöhnl. Masch. (auch rechts).							

Auspuff-Maschinen mit Coulissen-Steuerung.

Abs. Adm. Sp. $p = 5$ Kgr. od. Atm.

Wirksame Kolbenfläche O Qu.Met.	Kolben-Durchmesser D Centm.	Füllung $\frac{l_i}{l}$ — Indicirte Leistung $\frac{N_i}{c}$ in Pferdekraft pro 1 Meter Kolbengeschwindigkeit 0,7	0,6	0,5	0,4	0,333	0,3	0,25	Füllung $\frac{l_i}{l}$ — Netto-Leistung $\frac{N_n}{c}$ in Pferdekraft pro 1 Meter Kolbengeschwindigkeit 0,7	0,6	0,5	0,4	0,333	0,3	0,25	$2C_i'''$ u. C_i bei $\frac{l_i}{l}=0,333$ (gew. Masch.) Kgr.
0,250	57,3	107,9	97,7	85,1	69,6	57,4	50,7	39,9	91,6	82,5	71,3	57,6	46,8	40,8	31,2	2,0
255	57,8	110,1	99,6	86,8	71,0	58,6	51,7	40,7	93,5	84,2	72,8	58,8	47,8	41,7	31,9	(bei
260	58,4	112,2	101,6	88,5	72,4	59,7	52,7	41,5	95,4	85,9	74,3	60,0	48,8	42,5	32,6	$c =$
265	59,0	114,4	103,5	90,2	73,8	60,9	53,7	42,3	97,3	87,7	75,8	61,2	49,8	43,4	33,2	1,70 m)
270	59,5	116,5	105,5	91,9	75,2	62,0	54,7	43,1	99,2	89,4	77,3	62,4	50,7	44,3	33,9	19
0,275	60,1	118,7	107,4	93,6	76,6	63,2	55,7	43,9	101,2	91,1	78,8	63,6	51,7	45,1	34,5	1,9
280	60,6	120,9	109,4	95,3	77,9	64,3	56,7	44,7	103,1	92,9	80,3	64,9	52,7	46,0	35,2	(1,73 m)
285	61,1	123,0	111,3	97,0	79,3	65,5	57,7	45,5	105,0	94,6	81,8	66,1	53,7	46,8	35,9	
290	61,7	125,2	113,3	98,7	80,7	66,6	58,8	46,3	106,9	96,3	83,3	67,3	54,7	47,7	36,5	
295	62,2	127,3	115,2	100,4	82,1	67,8	59,8	47,1	108,8	98,0	84,8	68,5	55,7	48,6	37,2	
0,300	62,7	129,5	117,2	102,1	83,5	68,9	60,8	47,8	110,7	99,8	86,3	69,7	56,6	49,4	37,9	1,8
310	63,8	133,8	121,1	105,5	86,3	71,2	62,8	49,4	114,6	103,2	89,3	72,2	58,6	51,2	39,2	(1,76 m)
320	64,8	138,1	125,0	108,9	89,1	73,5	64,9	51,0	118,5	106,7	92,3	74,6	60,6	52,9	40,6	
330	65,8	142,4	128,9	112,3	91,9	75,8	66,9	52,6	122,3	110,2	95,3	77,0	62,6	54,7	41,9	
340	66,8	146,8	132,8	115,7	94,6	78,1	68,9	54,2	126,2	113,7	98,4	79,5	64,6	56,4	43,2	
0,350	67,7	151,1	136,8	119,1	97,4	80,4	71,0	55,8	130,1	117,2	101,4	81,9	66,6	58,1	44,6	1,7
360	68,7	155,4	140,7	122,5	100,2	82,7	73,0	57,4	134,0	120,7	104,4	84,4	68,6	59,9	45,9	(1,82 m)
370	69,7	159,7	144,6	125,9	103,0	85,0	75,0	59,0	137,8	124,2	107,4	86,8	70,6	61,6	47,3	
380	70,6	164,0	148,5	129,3	105,8	87,3	77,0	60,6	141,7	127,7	110,4	89,2	72,6	63,4	48,6	
390	71,5	168,4	152,4	132,7	108,5	89,6	79,1	62,2	145,6	131,2	113,4	91,7	74,6	65,1	49,9	
0,400	72,4	172,6	156,3	136,1	111,4	91,8	81,1	63,8	149,4	134,6	116,4	94,1	76,6	66,8	51,3	1,6
410	73,3	177,0	160,2	139,5	114,1	94,1	83,1	65,4	153,3	138,1	119,5	96,6	78,6	68,6	52,6	(1,87 m)
420	74,2	181,3	164,1	142,9	116,9	96,4	85,1	67,0	157,2	141,7	122,5	99,1	80,6	70,3	54,0	18,5
430	75,1	185,6	168,0	146,3	119,7	98,7	87,2	68,6	161,1	145,2	125,6	101,5	82,6	72,1	55,3	
440	76,0	189,9	171,9	149,7	122,5	101,0	89,2	70,2	165,0	148,7	128,6	104,0	84,6	73,9	56,7	
0,450	76,8	194,2	175,8	153,1	125,3	103,3	91,2	71,7	168,9	152,2	131,6	106,5	86,6	75,6	58,0	1,4
460	77,7	198,6	179,7	156,5	128,0	105,6	93,3	73,3	172,8	155,7	134,7	108,9	88,6	77,4	59,4	(1,93 m)
470	78,5	202,9	183,6	159,9	130,8	107,9	95,3	74,9	176,7	159,3	137,7	111,4	90,6	79,1	60,7	
480	79,3	207,2	187,6	163,3	133,6	110,2	97,3	76,5	180,6	162,8	140,8	113,9	92,6	80,9	62,1	
490	80,2	211,5	191,5	166,7	136,4	112,5	99,3	78,1	184,5	166,3	143,8	116,4	94,6	82,7	63,4	
0,500	81,0	215,8	195,3	170,1	139,2	114,8	101,3	79,7	188,4	169,8	146,9	118,8	96,6	84,4	64,8	1,3
510	81,8	220,1	199,3	173,5	142,0	117,1	103,4	81,3	192,2	173,2	149,9	121,2	98,6	86,1	66,1	(1,98 m)
520	82,6	224,4	203,2	176,9	144,8	119,4	105,4	82,9	196,1	176,7	152,9	123,7	100,6	87,9	67,5	
530	83,4	228,8	207,1	180,3	147,5	121,7	107,4	84,5	199,9	180,2	155,9	126,1	102,6	89,6	68,8	
540	84,2	233,1	211,0	183,7	150,3	124,0	109,5	86,1	203,8	183,7	158,9	128,6	104,6	91,4	70,1	
0,550	84,9	237,4	214,9	187,1	153,1	126,3	111,5	87,7	207,6	187,2	161,9	131,0	106,6	93,1	71,5	1,3
560	85,7	241,7	218,8	190,5	155,9	128,6	113,5	89,3	211,5	190,6	164,9	133,4	108,6	94,8	72,8	(2,02 m)
570	86,5	246,0	222,7	193,9	158,7	130,9	115,6	90,9	215,3	194,1	168,0	135,9	110,6	96,6	74,2	
580	87,2	250,4	226,6	197,3	161,4	133,2	117,6	92,5	219,2	197,6	171,0	138,3	112,5	98,3	75,5	
590	88,0	254,7	230,5	200,7	164,2	135,5	119,6	94,1	223,0	201,1	174,0	140,8	114,5	100,1	76,8	
0,600	88,7	259,0	234,4	204,2	167,0	137,8	121,6	95,7	226,9	204,5	177,0	143,2	116,5	101,8	78,2	1,2
620	90,2	267,6	242,2	211,0	172,6	142,4	125,7	98,9	234,6	211,5	183,0	148,1	120,5	105,3	80,9	(2,06 m)
640	91,6	276,2	250,0	217,8	178,2	146,9	129,7	102,1	242,3	218,5	189,1	152,9	124,5	108,8	83,6	18
660	93,0	284,9	257,8	224,6	183,8	151,5	133,8	105,3	250,1	225,4	195,1	157,8	128,5	112,2	86,3	
680	94,4	293,5	265,7	231,4	189,3	156,1	137,8	108,5	257,8	232,4	201,1	162,7	132,5	115,7	88,9	
0,700	95,8	302,1	273,5	238,2	194,9	160,7	141,9	111,6	265,5	239,4	207,2	167,6	136,4	119,2	91,6	1,2
720	97,2	310,7	281,3	245,0	200,5	165,3	145,9	114,8	273,2	246,3	213,2	172,5	140,4	122,7	94,3	(2,13 m)
740	98,5	319,4	289,1	251,8	206,0	169,9	150,0	118,0	280,9	253,3	219,3	177,4	144,4	126,2	97,0	
760	99,8	328,0	296,9	258,7	211,6	174,5	154,0	121,2	288,7	260,3	225,3	182,3	148,4	129,7	99,7	
780	101,1	337	305	265	217	179	158	124	296	267	231	187	152	133	102	
0,800	102,4	345	313	272	223	184	162	128	304	274	237	192	156	137	105	1,1
820	103,7	354	320	279	228	188	166	131	312	281	243	197	160	140	108	(2,20 m)
840	105,0	363	328	286	234	193	170	134	320	288	249	202	164	144	110	
860	106,2	371	336	293	239	197	174	137	327	295	256	207	168	147	113	
880	107,4	380	344	299	245	202	178	140	335	302	262	212	172	151	116	
0,900	108,6	388	352	306	251	207	182	144	343	309	268	217	176	154	119	1,0
920	109,8	397	359	313	256	211	186	147	351	316	274	222	180	158	121	(2,25 m)
940	111,0	406	367	320	262	216	191	150	358	323	280	226	184	161	124	
960	112,2	414	375	327	267	220	195	153	366	330	286	231	188	165	127	
980	113,4	423	383	334	273	225	199	156	374	337	292	236	192	168	129	
1,000	114,5	432	391	340	278	230	203	159	382	344	298	241	196	172	132	1,0 (2,30 m)
$C_i' =$		14,5	13,4	12,5	11,6	11,1	10,8	10,5								17,5
$\pi C_i'' =$		10,6	10,2	9,9	9,9	10,2	10,6	11,5								

} gilt für exacte Masch. bei welchen C_i''' circa die Hälfte beträgt (auch links).

Auspuff-Maschinen mit Coulissen-Steuerung (nach Gooch, Stephenson . . .).

Abs. Adm. Sp. $p = 5^{1}/_{2}$ Kgr. od. Atm.

O Qu.Met.	D Centm.	Füllung $\frac{l}{l}$ 0,7	0,6	0,5	0,4	0,333	0,3	0,25	Füllung $\frac{l}{l}$ 0,7	0,6	0,5	0,4	0,333	0,3	0,25	$2C_i''' u.C_i$ bei $\frac{l}{l}=0,4$ (gew. Masch.) Kgr.
		Indicirte Leistung $\frac{N_i}{c}$ in Pferdekraft							Netto-Leistung $\frac{N_n}{c}$ in Pferdekraft							
		pro 1 Meter Kolbengeschwindigkeit														
0,020	16,2	9,8	8,9	7,8	6,5	5,4	4,8	3,8	7,3	6,6	5,7	4,7	3,8	3,3	2,5	6,9 (bei $c =$ 1,16 m)
022	17,0	10,8	9,8	8,6	7,1	5,9	5,3	4,2	8,1	7,3	6,4	5,2	4,2	3,7	2,8	
024	17,7	11,7	10,7	9,4	7,7	6,5	5,8	4,6	8,9	8,0	7,0	5,7	4,6	4,0	3,1	
026	18,5	12,7	11,6	10,1	8,4	7,0	6,2	5,0	9,7	8,8	7,6	6,2	5,1	4,4	3,4	
028	19,2	13,7	12,5	10,9	9,0	7,5	6,7	5,4	10,5	9,5	8,2	6,7	5,5	4,8	3,7	
0,030	19,8	14,7	13,3	11,7	9,7	8,1	7,2	5,8	11,3	10,2	8,8	7,2	5,9	5,1	4,0	5,5 (1,23 m) 21
032	20,5	15,7	14,2	12,5	10,3	8,6	7,7	6,1	12,1	10,9	9,5	7,7	6,3	5,5	4,3	
034	21,1	16,6	15,1	13,3	11,0	9,2	8,2	6,5	12,9	11,6	10,1	8,2	6,7	5,9	4,6	
036	21,7	17,6	16,0	14,0	11,6	9,7	8,6	6,9	13,7	12,4	10,7	8,7	7,2	6,3	4,8	
038	22,3	18,6	16,9	14,8	12,2	10,2	9,1	7,3	14,5	13,1	11,3	9,3	7,6	6,7	5,1	
0,040	22,9	19,6	17,8	15,6	12,9	10,8	9,6	7,7	15,3	13,8	12,0	9,8	8,0	7,0	5,4	4,7 (1,28 m)
042	23,5	20,6	18,7	16,4	13,5	11,3	10,1	8,0	16,1	14,6	12,6	10,3	8,5	7,4	5,7	
044	24,0	21,5	19,6	17,2	14,2	11,9	10,6	8,4	16,9	15,3	13,2	10,8	8,9	7,8	6,0	
046	24,6	22,5	20,5	17,9	14,8	12,4	11,0	8,8	17,7	16,0	13,9	11,3	9,3	8,2	6,3	
048	25,1	23,5	21,4	18,7	15,4	12,9	11,5	9,2	18,5	16,7	14,5	11,9	9,7	8,6	6,6	
0,050	25,6	24,5	22,2	19,5	16,1	13,5	12,0	9,6	19,3	17,5	15,2	12,4	10,1	8,9	6,9	4,2 (1,33 m)
053	26,4	25,9	23,6	20,7	17,1	14,3	12,7	10,2	20,5	18,6	16,1	13,1	10,8	9,5	7,4	
056	27,1	27,4	24,9	21,8	18,1	15,1	13,4	10,8	21,8	19,7	17,1	13,9	11,4	10,1	7,8	
059	27,8	28,9	26,2	23,0	19,0	15,9	14,2	11,3	23,0	20,8	18,1	14,7	12,1	10,7	8,3	
062	28,5	30,3	27,6	24,2	20,0	16,7	14,9	11,9	24,2	21,9	19,0	15,5	12,7	11,2	8,7	
0,065	29,2	31,8	28,9	25,3	21,0	17,5	15,6	12,5	25,5	23,0	20,0	16,3	13,4	11,8	9,2	3,5 (1,38 m) 20
068	29,9	33,3	30,2	26,5	21,9	18,3	16,3	13,1	26,7	24,1	21,0	17,1	14,0	12,4	9,6	
071	30,5	34,7	31,5	27,7	22,9	19,1	17,0	13,7	27,9	25,2	22,0	17,9	14,7	13,0	10,1	
074	31,2	36,2	32,9	28,8	23,9	19,9	17,8	14,2	29,2	26,3	22,9	18,7	15,3	13,6	10,5	
077	31,8	37,7	34,2	30,0	24,8	20,8	18,5	14,8	30,4	27,4	23,9	19,5	16,0	14,1	11,0	
0,080	32,4	39,1	35,6	31,2	25,8	21,5	19,2	15,4	31,6	28,6	24,9	20,3	16,7	14,7	11,4	3,1 (1,43 m)
084	33,2	41,1	37,3	32,7	27,1	22,6	20,2	16,1	33,3	30,1	26,2	21,4	17,6	15,5	12,0	
088	34,0	43,1	39,1	34,3	28,4	23,7	21,1	16,9	34,9	31,6	27,5	22,4	18,5	16,2	12,7	
092	34,7	45,0	40,9	35,9	29,7	24,8	22,1	17,7	36,6	33,1	28,8	23,5	19,3	17,0	13,3	
096	35,5	47,0	42,7	37,4	30,9	25,9	23,0	18,4	38,3	34,6	30,1	24,6	20,2	17,8	13,9	
0,100	36,2	48,9	44,5	39,0	32,2	26,9	24,0	19,2	39,9	36,1	31,4	25,7	21,1	18,6	14,5	2,7 (1,49 m)
105	37,1	51,4	46,7	40,9	33,8	28,3	25,2	20,2	42,1	38,0	33,1	27,0	22,2	19,6	15,3	
110	38,0	53,8	48,9	42,9	35,5	29,6	26,4	21,1	44,2	40,0	34,8	28,4	23,4	20,6	16,1	
115	38,8	56,3	51,1	44,8	37,1	31,0	27,6	22,1	46,3	41,9	36,4	29,8	24,5	21,6	16,8	
120	39,7	58,7	53,3	46,8	38,7	32,3	28,8	23,0	48,4	43,8	38,1	31,1	25,6	22,6	17,6	
0,125	40,5	61,2	55,6	48,7	40,3	33,7	30,0	24,0	50,5	45,7	39,8	32,5	26,8	23,6	18,4	2,5 (1,55 m) 19
130	41,3	63,6	57,8	50,7	41,9	35,0	31,2	25,0	52,6	47,6	41,4	33,9	27,9	24,6	19,2	
135	42,1	66,1	60,0	52,6	43,5	36,4	32,4	25,9	54,7	49,6	43,1	35,2	29,0	25,6	20,0	
140	42,8	68,5	62,2	54,6	45,1	37,7	33,6	26,9	56,8	51,5	44,8	36,6	30,1	26,6	20,7	
145	43,6	71,0	64,4	56,5	46,7	39,1	34,8	27,8	58,9	53,4	46,5	38,0	31,3	27,6	21,5	
0,150	44,4	73,4	66,7	58,4	48,3	40,4	36,0	28,8	61,1	55,3	48,1	39,3	32,4	28,6	22,3	2,2 (1,61 m)
155	45,1	75,8	68,9	60,4	50,0	41,7	37,2	29,8	63,2	57,2	49,8	40,7	33,5	29,6	23,1	
160	45,8	78,3	71,1	62,3	51,6	43,1	38,4	30,7	65,4	59,2	51,5	42,1	34,7	30,6	23,9	
165	46,5	80,7	73,3	64,3	53,2	44,4	39,6	31,7	67,5	61,1	53,2	43,5	35,8	31,6	24,7	
170	47,2	83,2	75,6	66,2	54,8	45,8	40,8	32,6	69,6	63,0	54,9	44,9	37,0	32,6	25,5	
0,175	47,9	85,6	77,8	68,2	56,4	47,1	42,0	33,6	71,8	65,0	56,6	46,3	38,1	33,6	26,3	2,1 (1,66 m)
180	48,6	88,1	80,0	70,1	58,0	48,5	43,2	34,6	73,9	66,9	58,2	47,7	39,3	34,6	27,1	
185	49,3	90,5	82,2	72,1	59,6	49,8	44,4	35,5	76,1	68,9	59,9	49,1	40,4	35,6	27,9	
190	49,9	93,0	84,4	74,0	61,2	51,2	45,6	36,5	78,2	70,8	61,6	50,4	41,6	36,6	28,7	
195	50,6	95,4	86,7	76,0	62,8	52,5	46,8	37,4	80,3	72,7	63,3	51,8	42,7	37,6	29,5	
0,200	51,2	97,8	88,9	77,9	64,5	53,8	48,0	38,4	82,5	74,7	65,0	53,2	43,8	38,7	30,3	1,9 (1,70 m) 18
205	51,8	100,3	91,1	79,9	66,1	55,2	49,2	39,4	84,7	76,6	66,7	54,6	45,0	39,7	31,1	
210	52,5	102,7	93,4	81,8	67,7	56,5	50,4	40,3	86,8	78,6	68,4	56,0	46,2	40,7	31,9	
215	53,1	105,2	95,6	83,8	69,3	57,9	51,6	41,3	89,0	80,6	70,2	57,4	47,3	41,7	32,7	
220	53,7	107,6	97,8	85,7	70,9	59,2	52,8	42,2	91,1	82,5	71,9	58,8	48,5	42,8	33,5	
0,225	54,3	110,1	100,0	87,7	72,5	60,6	54,0	43,2	93,3	84,5	73,6	60,2	49,6	43,8	34,3	1,8 (1,74 m)
230	54,9	112,5	102,2	89,6	74,1	61,9	55,2	44,2	95,5	86,4	75,3	61,6	50,8	44,8	35,1	
235	55,5	115,0	104,5	91,6	75,7	63,3	56,4	45,1	97,6	88,4	77,0	63,0	52,0	45,8	35,9	
240	56,1	117,4	106,7	93,5	77,3	64,6	57,6	46,1	99,8	90,4	78,7	64,4	53,1	46,8	36,7	
245	56,7	119,9	108,9	95,5	78,9	66,0	58,8	47,0	101,9	92,3	80,4	65,8	54,3	47,9	37,5	
0,250	57,3	122,3	111,1	97,4	80,6	67,3	60,0	48,0	104,1	94,3	82,1	67,2	55,4	48,9	38,3	1,7 (1,78 m)
$C_i' =$		14,9	13,8	12,8	11,9	11,3	11,1	10,8								
$xC_i'' =$		12,5	11,9	11,5	11,4	11,7	11,9	12,9								

} gilt für gewöhnl. Masch. (auch rechts).

Auspuff-Maschinen mit Coulissen-Steuerung.

Abs. Adm. Sp. $p = 5^1/_2$ Kgr. od. Atm.

Wirksame Kolbenfläche O Qu.Met.	Kolben-Durchmesser D Centm.	Füllung $\frac{l_i}{i}$							Füllung $\frac{l_i}{i}$							$2\,C_i'''\,u.\,C_i$ bei $\frac{l_i}{i} = 0{,}333$ (gew. Masch.) Kgr.
		0,7	0,6	0,5	0,4	0,333	0,3	0,25	0,7	0,6	0,5	0,4	0,333	0,3	0,25	
		Indicirte Leistung $\frac{N_i}{c}$ in Pferdekraft (pro 1 Meter Kolbengeschwindigkeit)							Netto-Leistung $\frac{N_n}{c}$ in Pferdekraft (pro 1 Meter Kolbengeschwindigkeit)							
0,250	57,3	122,3	111,1	97,4	80,6	67,3	60,0	48,0	104,1	94,3	82,1	67,2	55,4	48,9	38,3	1,8 (bei $c =$ 1,78 m) 18
255	57,8	124,7	113,4	99,4	82,2	68,7	61,2	49,0	106,3	96,2	83,8	68,6	56,6	49,9	39,1	
260	58,4	127,2	115,6	101,3	83,8	70,0	62,4	49,9	108,5	98,2	85,5	70,0	57,7	51,0	39,9	
265	59,0	129,6	117,8	103,3	85,4	71,4	63,6	50,9	110,7	100,2	87,2	71,4	58,9	52,0	40,7	
270	59,5	132,1	120,0	105,2	87,0	72,7	64,8	51,8	112,9	102,2	89,0	72,8	60,1	53,0	41,5	
0,275	60,1	134,5	122,2	107,2	88,6	74,1	66,0	52,8	115,0	104,1	90,7	74,2	61,3	54,1	42,3	1,7 (1,82 m)
280	60,6	137,0	124,5	109,1	90,2	75,4	67,2	53,8	117,2	106,1	92,4	75,6	62,4	55,1	43,2	
285	61,1	139,4	126,7	111,1	91,8	76,8	68,4	54,7	119,4	108,1	94,1	77,0	63,6	56,1	44,0	
290	61,7	141,9	128,9	113,0	93,5	78,1	69,6	55,7	121,6	110,0	95,8	78,4	64,8	57,1	44,8	
295	62,2	144,3	131,1	115,0	95,1	79,5	70,8	56,6	123,8	112,0	97,6	79,9	65,9	58,2	45,6	
0,300	62,7	146,7	133,4	116,9	96,7	80,8	72,0	57,6	125,9	114,0	99,3	81,3	67,1	59,2	46,4	1,6 (1,85 m)
310	63,8	151,6	137,8	120,8	99,9	83,5	74,4	59,5	130,3	118,0	102,8	84,1	69,4	61,3	48,1	
320	64,8	156,5	142,3	124,7	103,1	86,1	76,8	61,4	134,7	122,0	106,2	87,0	71,8	63,4	49,7	
330	65,8	161,4	146,7	128,6	106,3	88,8	79,2	63,4	139,1	125,9	109,7	89,8	74,1	65,5	51,3	
340	66,8	166,3	151,2	132,5	109,6	91,5	81,6	65,3	143,5	129,9	113,2	92,7	76,5	67,5	53,0	
0,350	67,7	171,2	155,6	136,4	112,8	94,2	84,0	67,2	147,9	133,9	116,6	95,5	78,9	69,6	54,6	1,5 (1,91 m)
360	68,7	176,1	160,1	140,3	116,0	96,9	86,4	69,1	152,3	137,9	120,1	98,4	81,2	71,7	56,3	
370	69,7	181,0	164,5	144,2	119,2	99,6	88,8	71,0	156,7	141,9	123,6	101,2	83,6	73,8	57,9	
380	70,6	185,8	169,0	148,1	122,4	102,3	91,2	73,0	161,1	145,8	127,1	104,1	85,9	75,9	59,5	
390	71,5	190,7	173,4	152,0	125,7	105,0	93,6	74,9	165,5	149,8	130,5	106,9	88,3	77,9	61,2	
0,400	72,4	195,6	177,8	155,8	128,9	107,7	96,0	76,8	169,9	153,8	134,0	109,7	90,6	80,0	62,8	1,4 (1,97 m) 17,5
410	73,3	200,5	182,3	159,7	132,1	110,4	98,4	78,7	174,3	157,9	137,5	112,6	93,0	82,1	64,4	
420	74,2	205,4	186,7	163,6	135,4	113,1	100,8	80,6	178,8	161,9	141,0	115,5	95,4	84,2	66,1	
430	75,1	210,3	191,2	167,5	138,6	115,8	103,2	82,6	183,2	165,9	144,5	118,4	97,7	86,3	67,7	
440	76,0	215,2	195,6	171,4	141,8	118,4	105,6	84,5	187,6	169,9	148,0	121,2	100,1	88,4	69,4	
0,450	76,8	220,1	200,1	175,3	145,0	121,1	108,0	86,4	192,1	173,9	151,5	124,1	102,5	90,5	71,0	1,3 (2,03 m)
460	77,7	225,0	204,5	179,2	148,2	123,8	110,4	88,3	196,5	178,0	155,0	127,0	104,8	92,6	72,7	
470	78,5	229,9	209,0	183,1	151,5	126,5	112,8	90,2	200,9	182,0	158,5	129,8	107,2	94,7	74,3	
480	79,3	234,8	213,4	187,0	154,7	129,2	115,2	92,2	205,3	186,0	162,0	132,7	109,6	96,8	76,0	
490	80,2	239,6	217,9	190,9	157,9	131,9	117,6	94,1	209,8	190,0	165,5	135,6	112,0	98,9	77,6	
0,500	81,0	244,5	222,3	194,8	161,1	134,6	119,9	96,0	214,2	194,0	169,0	138,5	114,4	101,0	79,3	1,2 (2,08 m)
510	81,8	249,4	226,7	198,7	164,4	137,3	122,3	97,9	218,6	197,9	172,5	141,3	116,7	103,1	80,9	
520	82,6	254,3	231,2	202,6	167,6	140,0	124,7	99,8	222,9	201,9	175,9	144,1	119,0	105,2	82,6	
530	83,4	259,2	235,6	206,5	170,8	142,7	127,1	101,8	227,3	205,9	179,4	147,0	121,4	107,3	84,2	
540	84,2	264,1	240,1	210,4	174,0	145,4	129,5	103,7	231,7	209,8	182,8	149,8	123,7	109,3	85,8	
0,550	84,9	269,0	244,5	214,3	177,2	148,1	131,9	105,6	236,1	213,8	186,3	152,6	126,1	111,4	87,5	1,2 (2,12 m)
560	85,7	273,9	249,0	218,2	180,5	150,7	134,3	107,5	240,4	217,7	189,7	155,4	128,4	113,5	89,1	
570	86,5	278,8	253,4	222,1	183,7	153,4	136,7	109,4	244,8	221,7	193,2	158,3	130,7	115,5	90,7	
580	87,2	283,7	257,9	226,0	186,9	156,1	139,1	111,4	249,2	225,7	196,6	161,1	133,1	117,6	92,4	
590	88,0	288,6	262,3	229,9	190,1	158,8	141,5	113,3	253,5	229,6	200,1	163,9	135,4	119,7	94,0	
0,600	88,7	293,5	266,7	233,8	193,4	161,5	143,9	115,2	257,9	233,6	203,6	166,8	137,8	121,8	95,6	1,1 (2,16 m) 17
620	90,2	303,2	275,6	241,6	199,8	166,9	148,7	119,0	266,7	241,5	210,5	172,5	142,5	125,9	98,9	
640	91,6	313	284	249	206	172	154	123	275	249	217	178	147	130	102	
660	93,0	323	293	257	213	178	158	127	284	257	224	184	152	134	105	
680	94,4	333	302	265	219	183	163	131	293	265	231	190	157	138	109	
0,700	95,8	342	311	273	226	188	168	134	302	273	238	195	161	143	112	1,1 (2,24 m)
720	97,2	352	320	281	232	194	173	138	311	281	245	201	166	147	115	
740	98,5	362	329	288	239	199	178	142	319	289	252	207	171	151	119	
760	99,8	372	338	296	245	205	182	146	328	297	259	212	175	155	122	
780	101,1	381	347	304	251	210	187	150	337	305	266	218	180	159	125	
0,800	102,4	391	356	312	258	215	192	154	346	313	273	224	185	163	128	1,0 (2,31 m)
820	103,7	401	365	319	264	221	197	157	355	321	280	229	190	168	132	
840	105,0	411	373	327	271	226	202	161	363	329	287	235	194	172	135	
860	106,2	421	382	335	277	232	206	165	372	337	294	241	199	176	138	
880	107,4	430	391	343	284	237	211	169	381	345	301	247	204	180	142	
0,900	108,6	440	400	351	290	242	216	173	390	353	308	252	208	184	145	0,9 (2,36 m)
920	109,8	450	409	358	297	248	221	177	399	361	315	258	213	189	148	
940	111,0	460	418	366	303	253	226	180	407	369	322	264	218	193	151	
960	112,2	470	427	374	309	258	230	184	416	377	329	269	223	197	155	
980	113,4	479	436	382	316	264	235	188	425	385	336	275	227	201	158	
1,000	114,5	489	445	390	322	269	240	192	434	393	343	281	232	205	161	0,8 (2,41 m) 16,5
$C_i' =$		14,1	13,0	12,0	11,1	10,5	10,3	10,0	gilt für exacte Masch., bei welchen C_i''' circa die Hälfte beträgt (auch links).							
$x\,C_i'' =$		10,6	10,1	9,8	9,7	9,9	10,1	10,9								

Auspuff-Maschinen mit Coulissen-Steuerung (nach Gooch, Stephenson . . .).

Abs. Adm. Sp. $p = 6$ Kgr. od. Atm.

Wirksame Kolbenfläche	Kolben-Durchmesser	Füllung $\frac{l}{i}$ — Indicirte Leistung $\frac{N_i}{c}$ in Pferdekraft pro 1 Meter Kolbengeschwindigkeit							Füllung $\frac{l}{i}$ — Netto-Leistung $\frac{N_n}{c}$ in Pferdekraft pro 1 Meter Kolbengeschwindigkeit							$2C_i'''$ u. C_i bei $\frac{l}{i}=0{,}333$ (gew. Masch.)
O Qu.Met.	D Centm.	0,7	0,5	0,4	0,333	0,3	0,25	0,20	0,7	0,5	0,4	0,333	0,3	0,25	0,20	Kgr.
0,020	16,2	10,9	8,8	7,3	6,2	5,5	4,5	3,3	8,3	6,5	5,4	4,4	3,9	3,1	2,1	6,7
022	17,0	12,0	9,7	8,1	6,8	6,1·	4,9	3,7	9,1	7,2	5,9	4,9	4,3	3,4	2,4	(bei
024	17,7	13,1	10,5	8,8	7,4	6,6	5,4	4,0	10,0	7,9	6,5	5,4	4,8	3,7	2,6	$c=$
026	18,5	14,2	11,4	9,5	8,0	7,2	5,8	4,3	10,9	8,6	7,1	5,9	5,2	4,1	2,8	1,21 m)
028	19,2	15,3	12,3	10,2	8,6	7,7	6,3	4,6	11,8	9,3	7,7	6,3	5,6	4,4	3,1	
0,030	19,8	16,4	13,2	11,0	9,3	8,3	6,7	5,0	12,7	10,0	8,2	6,8	6,0	4,8	3,3	5,2
032	20,5	17,5	14,1	11,7	9,9	8,9	7,2	5,3	13,6	10,7	8,8	7,3	6,5	5,1	3,6	(1,29 m)
034	21,1	18,6	14,9	12,4	10,5	9,4	7,6	5,6	14,5	11,5	9,4	7,8	6,9	5,5	3,8	20
036	21,7	19,7	15,8	13,2	11,1	10,0	8,1	6,0	15,4	12,2	10,0	8,3	7,4	5,8	4,1	
038	22,3	20,8	16,7	13,9	11,7	10,5	8,5	6,3	16,3	12,9	10,6	8,8	7,8	6,2	4,3	
0,040	22,9	21,9	17,6	14,6	12,4	11,1	9,0	6,6	17,2	13,6	11,2	9,3	8,2	6,5	4,6	4,5
042	23,5	22,9	18,4	15,4	13,0	11,6	9,4	7,0	18,1	14,3	11,8	9,8	8,7	6,9	4,8	(1,34 m)
044	24,0	24,0	19,3	16,1	13,6	12,2	9,9	7,3	19,0	15,1	12,4	10,3	9,1	7,2	5,1	
046	24,6	25,1	20,2	16,8	14,2	12,7	10,3	7,6	19,9	15,8	13,0	10,7	9,6	7,6	5,3	
048	25,1	26,2	21,1	17,6	14,8	13,3	10,8	8,0	20,8	16,5	13,5	11,2	10,0	7,9	5,6	
0,050	25,6	27,3	22,0	18,3	15,4	13,9	11,2	8,3	21,7	17,2	14,2	11,8	10,4	8,2	5,8	4,0
053	26,4	29,0	23,3	19,4	16,4	14,7	11,9	8,8	23,6	18,3	15,1	12,5	11,1	8,8	6,2	(1,39 m)
056	27,1	30,6	24,6	20,5	17,3	15,5	12,6	9,3	24,4	19,4	16,0	13,3	11,8	9,3	6,6	
059	27,8	32,3	25,9	21,6	18,2	16,3	13,2	9,8	25,8	20,5	16,9	14,0	12,4	9,9	6,9	
062	28,5	33,9	27,2	22,7	19,1	17,2	13,9	10,3	27,2	21,6	17,8	14,8	13,1	10,4	7,3	
0,065	29,2	35,5	28,6	23,8	20,1	18,0	14,6	10,8	28,6	22,7	18,7	15,6	13,8	10,9	7,7	3,4
068	29,9	37,2	29,9	24,9	21,0	18,8	15,3	11,3	30,0	23,8	19,6	16,3	14,4	11,5	8,1	(1,44 m)
071	30,5	38,8	31,2	26,0	21,9	19,7	15,9	11,8	31,3	24,9	20,5	17,1	15,1	12,0	8,5	19
074	31,2	40,4	32,6	27,1	22,9	20,5	16,6	12,3	32,7	26,0	21,4	17,8	15,8	12,6	8,8	
077	31,8	42,1	33,9	28,2	23,8	21,3	17,3	12,8	34,1	27,1	22,3	18,6	16,5	13,1	9,2	
0,080	32,4	43,7	35,1	29,3	24,7	22,2	18,0	13,3	35,5	28,2	23,2	19,3	17,2	13,6	9,6	3,1
084	33,2	45,9	36,9	30,8	25,9	23,3	18,9	14,0	37,3	29,6	24,4	20,4	18,1	14,3	10,2	(1,49 m)
088	34,0	48,1	38,6	32,2	27,2	24,4	19,8	14,6	39,2	31,1	25,7	21,4	19,0	15,1	10,7	
092	34,7	50,3	40,4	33,7	28,4	25,5	20,7	15,3	41,1	32,6	26,9	22,4	19,9	15,8	11,2	
096	35,5	52,5	42,1	35,1	29,6	26,6	21,6	15,9	42,9	34,1	28,1	23,4	20,8	16,5	11,7	
0,100	36,2	54,7	43,9	36,6	30,9	27,7	22,5	16,6	44,8	35,6	29,4	24,5	21,7	17,3	12,2	2,7
105	37,1	57,4	46,1	38,4	32,4	29,1	23,6	17,4	47,2	37,5	30,9	25,8	22,9	18,2	12,9	(1,56 m)
110	38,0	60,1	48,3	40,3	34,0	30,5	24,7	18,3	49,6	39,4	32,5	27,1	24,0	19,1	13,6	
115	38,8	62,8	50,5	42,1	35,5	31,8	25,8	19,1	51,9	41,3	34,0	28,4	25,2	20,0	14,2	
120	39,7	65,6	52,7	43,9	37,0	33,2	27,0	19,9	54,3	43,2	35,6	29,7	26,4	21,0	14,9	
0,125	40,5	68,3	54,8	45,8	38,6	34,6	28,1	20,8	56,7	45,1	37,2	31,0	27,5	21,9	15,5	2,3
130	41,3	71,0	57,0	47,6	40,1	36,0	29,2	21,6	59,0	46,9	38,7	32,3	28,7	22,8	16,2	(1,62 m)
135	42,1	73,8	59,2	49,4	41,7	37,4	30,3	22,4	61,4	48,8	40,3	33,6	29,8	23,8	16,9	18
140	42,8	76,5	61,4	51,3	43,2	38,7	31,4	23,3	63,8	50,7	41,8	34,9	31,0	24,7	17,5	
145	43,6	79,2	63,6	53,1	44,7	40,1	32,6	24,1	66,2	52,6	43,4	36,2	32,2	25,6	18,2	
0,150	44,4	82,0	65,8	54,9	46,3	41,5	33,7	24,9	68,5	54,5	45,0	37,5	33,3	26,5	18,9	2,1
155	45,1	84,7	68,0	56,8	47,8	42,9	34,8	25,8	70,9	56,4	46,6	38,8	34,5	27,5	19,6	(1,68 m)
160	45,8	87,4	70,2	58,6	49,4	44,3	35,9	26,6	73,3	58,3	48,1	40,1	35,7	28,4	20,2	
165	46,5	90,2	72,4	60,4	50,9	45,7	37,1	27,4	75,7	60,2	49,7	41,5	36,9	29,3	20,9	
170	47,2	92,9	74,6	62,2	52,5	47,1	38,2	28,2	78,1	62,1	51,3	42,8	38,0	30,3	21,6	
0,175	47,9	95,6	76,8	64,1	54,0	48,4	39,3	29,1	80,5	64,0	52,9	44,1	39,2	31,2	22,3	1,9
180	48,6	98,4	79,0	65,9	55,5	49,8	40,4	29,9	82,9	65,9	54,5	45,4	40,4	32,2	23,0	(1,73 m)
185	49,3	101,1	81,2	67,7	57,1	51,2	41,5	30,7	85,3	67,9	56,0	46,7	41,6	33,1	23,6	
190	49,9	103,8	83,4	69,6	58,6	52,6	42,7	31,6	87,7	69,8	57,6	48,1	42,8	34,0	24,3	
195	50,6	106,6	85,6	71,4	60,2	54,0	43,8	32,4	90,1	71,7	59,2	49,4	43,9	35,0	25,0	
0,200	51,2	109,3	87,8	73,2	61,7	55,4	44,9	33,2	92,5	73,6	60,8	50,7	45,1	35,9	25,6	1,8
205	51,8	112,0	90,0	75,1	63,3	56,8	46,1	34,1	94,9	75,5	62,4	52,1	46,3	36,9	26,3	(1,78 m)
210	52,5	114,8	92,2	76,9	64,8	58,2	47,2	34,9	97,4	77,5	64,0	53,4	47,5	37,8	27,0	17,5
215	53,1	117,5	94,4	78,7	66,4	59,5	48,3	35,7	99,8	79,4	65,6	54,7	48,7	38,8	27,7	
220	53,7	120,2	96,6	80,6	67,9	60,9	49,4	36,6	102,2	81,3	67,2	56,1	49,9	39,7	28,4	
0,225	54,3	123,0	98,7	82,4	69,4	62,3	50,5	37,4	104,6	83,2	68,8	57,4	51,1	40,7	29,0	1,7
230	54,9	125,7	100,9	84,2	71,0	63,7	51,7	38,2	107,0	85,2	70,4	58,8	52,3	41,6	29,7	(1,82 m)
235	55,5	128,4	103,1	86,0	72,5	65,1	52,8	39,0	109,5	87,1	72,0	60,1	53,4	42,6	30,4	
240	56,1	131,2	105,3	87,9	74,1	66,4	53,9	39,9	111,9	89,0	73,6	61,4	54,6	43,5	31,1	
245	56,7	133,9	107,5	89,7	75,6	67,8	55,0	40,7	114,3	91,0	75,2	62,8	55,8	44,5	31,8	
0,250	57,3	136,6	109,7	91,5	77,2	69,2	56,2	41,5	116,8	92,9	76,8	64,1	57,0	45,4	32,4	1,6 (1,86 m)
$C_i'=$		14,4	12,4	11,5	10,9	10,6	10,2	9,8								
$xC_i''=$		12,1	11,3	11,1	11,2	11,5	12,2	13,6	} gilt für gewöhnl. Masch. (auch rechts).							

Auspuff-Maschinen mit Coulissen-Steuerung.

Abs. Adm. Sp. $p = 6$ Kgr. od. Atm.

| | | Füllung $\frac{l}{i}$ — Indicirte Leistung $\frac{N_i}{c}$ in Pferdekraft (pro 1 Meter Kolbengeschwindigkeit) | | | | | | | Füllung $\frac{l}{i}$ — Netto-Leistung $\frac{N_n}{c}$ in Pferdekraft (pro 1 Meter Kolbengeschwindigkeit) | | | | | | | $2C_i''' \text{ u.} C_i$ bei $\frac{l}{i}=0,3$ (gew. Masch.) |
O Qu.Met.	D Centm.	0,7	0,5	0,4	0,333	0,3	0,25	0,20	0,7	0,5	0,4	0,333	0,3	0,25	0,20	Kgr.
0,250	57,3	136,6	109,7	91,5	77,2	69,2	56,2	41,5	116,8	92,9	76,8	64,1	57,0	45,4	32,4	1,7 (bei c = 1,86 m) 17,2
255	57,8	139,4	111,9	93,4	78,7	70,6	57,3	42,4	119,2	94,9	78,4	65,4	58,2	46,4	33,1	
260	58,4	142,1	114,1	95,2	80,3	72,0	58,4	43,2	121,6	96,8	80,0	66,8	59,4	47,3	33,8	
265	59,0	144,8	116,3	97,0	81,8	73,4	59,5	44,0	124,1	98,8	81,6	68,1	60,6	48,3	34,5	
270	59,5	147,6	118,5	98,9	83,3	74,8	60,7	44,9	126,5	100,7	83,2	69,5	61,8	49,3	35,2	
0,275	60,1	150,3	120,7	100,7	84,9	76,1	61,8	45,7	129,0	102,7	84,8	70,8	63,0	50,2	35,9	1,6 (1,90 m)
280	60,6	153,0	122,9	102,5	86,4	77,5	62,9	46,5	131,4	104,6	86,4	72,2	64,2	51,2	36,6	
285	61,1	155,7	125,1	104,3	88,0	78,9	64,0	47,3	133,8	106,6	88,0	73,5	65,4	52,1	37,3	
290	61,7	158,5	127,3	106,2	89,5	80,3	65,1	48,2	136,3	108,5	89,6	74,9	66,6	53,1	38,0	
295	62,2	161,2	129,4	108,0	91,0	81,7	66,3	49,0	138,7	110,5	91,3	76,2	67,8	54,1	38,7	
0,300	62,7	164,0	131,7	109,8	92,6	83,1	67,4	49,8	141,2	112,4	92,9	77,5	69,0	55,0	39,3	1,5 (1,93 m)
310	63,8	169,4	136,1	113,5	95,7	85,9	69,7	51,5	146,1	116,3	96,1	80,2	71,4	56,9	40,7	
320	64,8	174,9	140,5	117,2	98,8	88,6	71,9	53,2	151,0	120,2	99,4	82,9	73,8	58,9	42,1	
330	65,8	180,4	144,9	120,8	101,9	91,4	74,2	54,8	155,9	124,1	102,6	85,7	76,3	60,8	43,5	
340	66,8	185,8	149,2	124,5	105,0	94,2	76,4	56,5	160,9	128,0	105,9	88,4	78,7	62,7	44,9	
0,350	67,7	191,3	153,6	128,1	108,1	96,9	78,7	58,1	165,8	132,0	109,1	91,1	81,1	64,7	46,3	1,4 (2,00 m)
360	68,7	196,8	158,0	131,8	111,1	99,7	80,9	59,8	170,7	135,9	112,4	93,8	83,5	66,6	47,7	
370	69,7	202,3	162,4	135,5	114,2	102,5	83,2	61,5	175,6	139,8	115,6	96,5	85,9	68,5	49,1	
380	70,6	207,7	166,8	139,1	117,3	105,2	85,4	63,1	180,5	143,7	118,9	99,2	88,4	70,4	50,5	
390	71,5	213,2	171,2	142,8	120,4	108,0	87,7	64,8	185,5	147,6	122,1	101,9	90,8	72,4	51,9	
0,400	72,4	218,6	175,6	146,5	123,5	110,8	89,9	66,5	190,4	151,6	125,3	104,7	93,2	74,3	53,2	1,3 (2,06 m) 16,7
410	73,3	224,1	180,0	150,1	126,6	113,5	92,1	68,1	195,3	155,5	128,6	107,4	95,6	76,3	54,6	
420	74,2	229,5	184,4	153,8	129,7	116,3	94,4	69,8	200,3	159,5	131,9	110,1	98,0	78,2	56,0	
430	75,1	235,0	188,7	157,4	132,7	119,1	96,6	71,4	205,3	163,5	135,2	112,9	100,5	80,2	57,5	
440	76,0	240,5	193,1	161,1	135,8	121,9	98,9	73,1	210,2	167,4	138,5	115,6	102,9	82,1	58,9	
0,450	76,8	246,0	197,5	164,8	138,9	124,6	101,1	74,8	215,2	171,4	141,7	118,4	105,4	84,1	60,3	1,3 (2,12 m)
460	77,7	251,4	201,9	168,4	142,0	127,4	103,4	76,4	220,1	175,3	145,0	121,1	107,8	86,0	61,7	
470	78,5	256,9	206,3	172,1	145,1	130,2	105,6	78,1	225,1	179,3	148,3	123,8	110,2	88,0	63,1	
480	79,3	262,4	210,7	175,7	148,2	132,9	107,9	79,7	230,1	183,3	151,6	126,6	112,7	89,9	64,5	
490	80,2	267,8	215,1	179,4	151,3	135,7	110,1	81,4	235,0	187,2	154,9	129,3	115,1	91,9	65,9	
0,500	81,0	273,3	219,5	183,1	154,3	138,5	112,3	83,1	240,0	191,1	158,1	132,0	117,6	93,8	67,3	1,2 (2,17 m)
510	81,8	278,7	223,9	186,7	157,4	141,2	114,6	84,7	244,9	195,1	161,3	134,8	120,0	95,8	68,7	
520	82,6	284,2	228,2	190,4	160,5	144,0	116,8	86,4	249,8	199,0	164,6	137,5	122,4	97,7	70,1	
530	83,4	289,7	232,6	194,0	163,6	146,8	119,1	88,0	254,7	202,9	167,8	140,2	124,8	99,6	71,4	
540	84,2	295,1	237,0	197,7	166,7	149,5	121,3	89,7	259,6	206,8	171,0	142,9	127,2	101,6	72,8	
0,550	84,9	300,6	241,4	201,4	169,8	152,3	123,6	91,4	264,5	210,7	174,3	145,6	129,6	103,5	74,2	1,2 (2,22 m)
560	85,7	306,1	245,8	205,0	172,9	155,1	125,8	93,0	269,4	214,6	177,5	148,3	132,0	105,4	75,6	
570	86,5	311,6	250,2	208,7	176,0	157,9	128,1	94,7	274,3	218,5	180,8	151,0	134,4	107,4	77,0	
580	87,2	317,0	254,6	212,3	179,1	160,6	130,3	96,3	279,2	222,4	184,0	153,7	136,9	109,3	78,4	
590	88,0	322,5	259,0	216,0	182,2	163,4	132,6	98,0	284,1	226,3	187,2	156,4	139,3	111,2	79,8	
0,600	88,7	327,9	263,4	219,7	185,2	166,2	134,8	99,7	289,0	230,3	190,5	159,1	141,7	113,2	81,2	1,1 (2,26 m) 16,4
620	90,2	338,8	272,1	227,0	191,4	171,7	139,3	103,0	298,9	238,1	197,0	164,6	146,5	117,0	84,0	
640	91,6	349,8	280,9	234,3	197,6	177,2	143,8	106,3	308,7	245,9	203,5	170,0	151,4	120,9	86,8	
660	93,0	360,7	289,7	241,6	203,7	182,8	148,3	109,6	318,5	253,8	209,9	175,4	156,2	124,8	89,5	
680	94,4	371,6	298,5	249,0	209,9	188,3	152,8	113,0	328,4	261,6	216,4	180,9	161,1	128,6	92,3	
0,700	95,8	382,6	307,3	256,3	216,1	193,9	157,3	116,3	338,2	269,5	222,9	186,3	165,9	132,5	95,1	1,0 (2,34 m)
720	97,2	393,5	316,0	263,6	222,2	199,4	161,8	119,6	348,0	277,3	229,4	191,7	170,7	136,4	97,9	
740	98,5	404	325	271	228	205	166	123	358	285	236	197	176	140	101	
760	99,8	415	334	278	235	210	171	126	368	293	242	203	180	144	103	
780	101,1	426	342	286	241	216	175	130	378	301	249	208	185	148	106	
0,800	102,4	437	351	293	247	222	180	133	387	309	255	213	190	152	109	0,9 (2,41 m)
820	103,7	448	360	300	253	227	184	136	397	317	262	219	195	156	112	
840	105,0	459	369	308	259	233	189	140	407	324	268	224	200	160	115	
860	106,2	470	377	315	265	238	193	143	417	332	275	230	205	164	117	
880	107,4	481	386	322	272	244	198	146	427	340	281	235	210	167	120	
0,900	108,6	492	395	329	278	249	202	149	437	348	288	241	214	171	123	0,9 (2,47 m)
920	109,8	503	404	337	284	255	207	153	447	356	294	246	219	175	126	
940	111,0	514	413	344	290	260	211	156	457	364	301	252	224	179	129	
960	112,2	525	421	351	296	266	216	159	466	372	308	257	229	183	132	
980	113,4	536	430	359	302	271	220	163	476	380	314	263	234	187	134	
1,000	114,5	547	439	366	309	277	225	166	486	387	321	268	239	191	137	0,8 (2,52 m) 16
$C_i' =$		13,6	11,6	10,7	10,1	9,8	9,4	9,0	gilt für exacte Masch. bei welchen C_i''' circa die Hälfte beträgt (auch links).							
$x C_i'' =$		10,6	9,6	9,5	9,6	9,7	10,4	11,6								

Auspuff-Maschinen mit Coulissen-Steuerung (nach Gooch, Stephenson . . .).

Abs. Adm. Sp. $p = 6^{1}/_{2}$ Kgr. od. Atm.

Wirksame Kolbenfläche O Qu.Met.	Kolben-Durchmesser D Centm.	Füllung $\frac{l}{i}$ — Indicirte Leistung $\frac{N_i}{c}$ in Pferdekraft 0,7	0,5	0,4	0,333	0,3	0,25	0,20	Füllung $\frac{l}{i}$ — Netto-Leistung $\frac{N_n}{c}$ in Pferdekraft 0,7	0,5	0,4	0,333	0,3	0,25	0,20	$2C_i''$ u. C_i bei $\frac{l}{i}=0{,}333$ (gew. Masch.) Kgr.
0,020	16,2	12,1	9,8	8,2	7,0	6,3	5,1	3,9	9,2	7,3	6,0	5,1	4,5	3,6	2,5	6,2
022	17,0	13,3	10,7	9,0	7,7	6,9	5,7	4,2	10,2	8,1	6,7	5,6	5,0	4,0	2,8	(bei
024	17,7	14,5	11,7	9,8	8,4	7,5	6,2	4,6	11,1	8,9	7,3	6,2	5,5	4,4	3,1	$c =$
026	18,5	15,7	12,7	10,7	9,1	8,2	6,7	5,0	12,1	9,7	8,0	6,7	6,0	4,8	3,4	1,26 m)
028	19,2	16,9	13,6	11,5	9,8	8,8	7,2	5,4	13,1	10,4	8,6	7,3	6,5	5,1	3,7	
0,030	19,8	18,1	14,6	12,3	10,5	9,4	7,7	5,8	14,1	11,2	9,3	7,8	6,9	5,5	4,0	4,8
032	20,5	19,3	15,6	13,1	11,2	10,1	8,2	6,2	15,1	12,0	10,0	8,3	7,4	5,9	4,2	(1,35 m)
034	21,1	20,5	16,6	13,9	11,9	10,7	8,7	6,6	16,1	12,8	10,6	8,9	7,9	6,3	4,5	19
036	21,7	21,8	17,6	14,8	12,6	11,3	9,3	6,9	17,1	13,6	11,3	9,5	8,4	6,7	4,8	
038	22,3	23,0	18,6	15,6	13,3	11,9	9,8	7,3	18,1	14,4	12,0	10,0	8,9	7,1	5,1	
0,040	22,9	24,2	19,6	16,4	14,0	12,6	10,3	7,7	19,1	15,2	12,6	10,6	9,4	7,5	5,4	4,1
042	23,5	25,4	20,5	17,2	14,7	13,2	10,8	8,1	20,1	16,0	13,3	11,1	9,9	7,9	5,7	(1,40 m)
044	24,0	26,6	21,5	18,0	15,4	13,8	11,3	8,5	21,1	16,8	14,0	11,7	10,4	8,3	6,0	
046	24,6	27,8	22,5	18,9	16,0	14,5	11,8	8,9	22,1	17,6	14,7	12,3	10,9	8,7	6,3	
048	25,1	29,0	23,5	19,7	16,7	15,1	12,3	9,3	23,1	18,4	15,3	12,8	11,4	9,1	6,6	
0,050	25,6	30,2	24,4	20,5	17,4	15,7	12,9	9,6	24,1	19,2	16,0	13,4	12,0	9,6	6,9	3,6
053	26,4	32,0	25,9	21,7	18,5	16,7	13,6	10,2	25,6	20,5	17,0	14,2	12,7	10,2	7,3	(1,45 m)
056	27,1	33,8	27,3	23,0	19,5	17,6	14,4	10,8	27,1	21,7	18,0	15,1	13,5	10,8	7,8	
059	27,8	35,6	28,8	24,2	20,5	18,5	15,2	11,4	28,7	22,9	19,0	16,0	14,3	11,4	8,2	
062	28,5	37,4	30,3	25,4	21,6	19,5	15,9	12,0	30,2	24,1	20,0	16,8	15,0	12,1	8,7	
0,065	29,2	39,3	31,7	26,7	22,6	20,4	16,7	12,5	31,7	25,3	21,1	17,7	15,8	12,7	9,1	3,2
068	29,9	41,1	33,2	27,9	23,7	21,4	17,5	13,1	33,2	26,6	22,1	18,5	16,6	13,3	9,6	(1,50 m)
071	30,5	42,9	34,6	29,1	24,7	22,3	18,3	13,7	34,8	27,8	23,1	19,4	17,4	13,9	10,0	18
074	31,2	44,7	36,1	30,3	25,7	23,2	19,0	14,3	36,3	29,0	24,1	20,3	18,1	14,5	10,5	
077	31,8	46,5	37,6	31,6	26,8	24,2	19,8	14,9	37,8	30,2	25,1	21,1	18,9	15,2	10,9	
0,080	32,4	48,3	39,1	32,8	27,9	25,1	20,6	15,4	39,3	31,5	26,2	22,0	19,6	15,8	11,4	2,8
084	33,2	50,7	41,0	34,4	29,3	26,4	21,6	16,2	41,4	33,1	27,5	23,1	20,7	16,6	12,0	(1,56 m)
088	34,0	53,2	43,0	36,1	30,6	27,7	22,6	16,9	43,5	34,8	28,9	24,3	21,7	17,5	12,6	
092	34,7	55,6	44,9	37,7	32,0	28,9	23,7	17,7	45,5	36,5	30,3	25,5	22,8	18,3	13,2	
096	35,5	58,0	46,9	39,4	33,4	30,2	24,7	18,5	47,6	38,1	31,7	26,6	23,8	19,1	13,8	
0,100	36,2	60,4	48,8	41,0	34,8	31,4	25,7	19,3	49,7	39,8	33,1	27,8	24,9	20,0	14,5	2,5
105	37,1	63,4	51,3	43,1	36,6	33,0	27,0	20,2	52,3	41,9	34,8	29,3	26,2	21,1	15,2	(1,63 m)
110	38,0	66,4	53,7	45,1	38,3	34,6	28,3	21,2	55,0	44,0	36,6	30,8	27,5	22,1	16,0	
115	38,8	69,5	56,2	47,2	40,1	36,1	29,6	22,1	57,6	46,1	38,3	32,2	28,9	23,2	16,8	
120	39,7	72,5	58,6	49,2	41,8	37,7	30,9	23,1	60,2	48,2	40,1	33,7	30,2	24,3	17,6	
0,125	40,5	75,5	61,0	51,3	43,5	39,3	32,2	24,1	62,8	50,3	41,8	35,2	31,5	25,3	18,4	2,3
130	41,3	78,5	63,5	53,3	45,3	40,8	33,5	25,0	65,5	52,4	43,6	36,7	32,8	26,4	19,1	(1,69 m)
135	42,1	81,5	65,9	55,4	47,0	42,4	34,8	26,0	68,1	54,5	45,3	38,2	34,2	27,5	19,9	17,3
140	42,8	84,6	68,4	57,4	48,8	44,0	36,0	26,9	70,7	56,7	47,1	39,6	35,5	28,5	20,7	
145	43,6	87,6	70,8	59,5	50,5	45,5	37,3	27,9	73,4	58,8	48,8	41,1	36,8	29,6	21,5	
0,150	44,4	90,6	73,2	61,5	52,2	47,1	38,6	28,9	76,0	60,8	50,6	42,6	38,1	30,7	22,2	2,0
155	45,1	93,6	75,7	63,6	54,0	48,7	39,9	29,8	78,6	63,0	52,4	44,1	39,5	31,8	23,0	(1,75 m)
160	45,8	96,6	78,1	65,6	55,7	50,3	41,2	30,8	81,3	65,1	54,2	45,6	40,8	32,9	23,8	
165	46,5	99,7	80,6	67,7	57,5	51,8	42,5	31,8	83,9	67,3	56,0	47,1	42,1	34,0	24,6	
170	47,2	102,7	83,0	69,7	59,2	53,4	43,7	32,7	86,6	69,4	57,7	48,6	43,5	35,0	25,4	
0,175	47,9	105,7	85,4	71,8	60,9	55,0	45,0	33,7	89,3	71,5	59,5	50,1	44,8	36,1	26,2	1,9
180	48,6	108,7	87,9	73,8	62,7	56,5	46,3	34,6	91,9	73,7	61,3	51,6	46,2	37,2	27,0	(1,80 m)
185	49,3	111,7	90,3	75,9	64,4	58,1	47,6	35,6	94,6	75,8	63,1	53,1	47,5	38,3	27,8	
190	49,9	114,8	92,8	77,9	66,2	59,7	48,9	36,6	97,2	78,0	64,9	54,6	48,8	39,4	28,6	
195	50,6	117,8	95,2	80,0	67,9	61,3	50,2	37,5	99,9	80,1	66,6	56,1	50,2	40,5	29,4	
0,200	51,2	120,8	97,7	82,0	69,7	62,8	51,4	38,5	102,5	82,2	68,4	57,6	51,6	41,6	30,2	1,7
205	51,8	123,8	100,1	84,1	71,4	64,4	52,7	39,5	105,2	84,3	70,2	59,1	52,9	42,7	31,0	(1,85 m)
210	52,5	126,8	102,5	86,1	73,1	66,0	54,0	40,4	107,9	86,5	72,0	60,6	54,3	43,8	31,8	17
215	53,1	129,9	105,0	88,2	74,9	67,5	55,3	41,4	110,6	88,7	73,8	62,1	55,6	44,9	32,6	
220	53,7	132,9	107,4	90,2	76,6	69,1	56,6	42,4	113,3	90,8	75,6	63,6	57,0	46,0	33,4	
0,225	54,3	135,9	109,9	92,3	78,4	70,7	57,9	43,3	115,9	93,0	77,4	65,1	58,4	47,1	34,2	1,6
230	54,9	138,9	112,3	94,3	80,1	72,3	59,2	44,3	118,6	95,1	79,2	66,6	59,7	48,2	35,0	(1,90 m)
235	55,5	141,9	114,7	96,4	81,8	73,8	60,5	45,2	121,3	97,3	81,0	68,1	61,1	49,3	35,8	
240	56,1	145,0	117,2	98,4	83,6	75,4	61,8	46,2	124,0	99,5	82,8	69,6	62,4	50,4	36,6	
245	56,7	148,0	119,6	100,5	85,3	77,0	63,1	47,2	126,7	101,6	84,6	71,2	63,8	51,5	37,4	
0,250	57,3	151,0	122,1	102,5	87,1	78,5	64,3	48,1	129,4	103,7	86,4	72,7	65,1	52,5	38,2	1,5 (1,94 m)
$C_i' \equiv$		14,2	12,1	11,2	10,6	10,4	9,9	9,5								
$xC_i'' \equiv$		12,4	11,3	11,0	11,0	11,2	11,8	13,0	gilt für gewöhnl. Masch. (auch rechts).							

Auspuff-Maschinen mit Coulissen-Steuerung.

Abs. Adm. Sp. $p = \mathbf{6}^{1}/_{2}$ Kgr. od. Atm.

Wirksame Kolbenfläche	Kolben-Durchmesser	Füllung $\frac{l_i}{l}$ — Indicirte Leistung $\frac{N_i}{c}$ in Pferdekraft							Füllung $\frac{l_i}{l}$ — Netto-Leistung $\frac{N_n}{c}$ in Pferdekraft							$2C_i'''$ u. C_i bei $\frac{l_i}{l}=0{,}3$ (gew. Masch.)
O Qu.Met.	D Centm.	0,7	0,5	0,4	0,333	0,3	0,25	0,20	0,7	0,5	0,4	0,333	0,3	0,25	0,20	Kgr.
0,250	57,3	151,0	122,1	102,5	87,1	78,5	64,3	48,1	129,4	103,7	86,4	72,7	65,1	52,5	38,2	1,5
255	57,8	154,0	124,5	104,6	88,8	80,1	65,6	49,1	132,1	105,9	88,2	74,2	66,5	53,6	39,0	(bei
260	58,4	157,0	127,0	106,6	90,6	81,7	66,9	50,1	134,8	108,1	90,0	75,8	67,9	54,7	39,8	$c =$
265	59,0	160,1	129,4	108,7	92,3	83,2	68,2	51,0	137,5	110,2	91,8	77,3	69,2	55,8	40,6	1,94 m)
270	59,5	163,1	131,8	110,7	94,0	84,8	69,5	52,0	140,2	112,4	93,6	78,8	70,6	56,9	41,4	16,7
0,275	60,1	166,1	134,3	112,8	95,8	86,4	70,8	52,9	142,9	114,6	95,4	80,3	72,0	58,1	42,2	1,5
280	60,6	169,1	136,7	114,8	97,5	88,0	72,0	53,9	145,6	116,8	97,2	81,9	73,4	59,2	43,0	(1,98 m)
285	61,1	172,1	139,2	116,9	99,3	89,5	73,3	54,9	148,3	118,9	99,1	83,4	74,7	60,3	43,9	
290	61,7	175,2	141,6	118,9	101,0	91,1	74,6	55,8	151,1	121,1	100,9	84,9	76,1	61,4	44,7	
295	62,2	178,2	144,0	121,0	102,7	92,7	75,9	56,8	153,8	123,3	102,7	86,5	77,5	62,5	45,5	
0,300	62,7	181,2	146,5	123,0	104,5	94,2	77,2	57,8	156,4	125,4	104,5	88,0	78,8	63,6	46,3	1,4
310	63,8	187,2	151,4	127,1	108,0	97,4	79,7	59,7	161,9	129,8	108,1	91,0	81,6	65,8	47,9	(2,01 m)
320	64,8	193,3	156,3	131,2	111,4	100,5	82,3	61,6	167,3	134,2	111,8	94,1	84,3	68,0	49,5	
330	65,8	199,3	161,2	135,3	114,9	103,7	84,9	63,6	172,8	138,6	115,4	97,2	87,1	70,3	51,1	
340	66,8	205,4	166,1	139,4	118,4	106,8	87,4	65,5	178,2	143,0	119,1	100,2	89,9	72,5	52,8	
0,350	67,7	211,4	171,0	143,5	121,9	109,9	90,0	67,4	183,7	147,3	122,7	103,3	92,6	74,7	54,4	1,3
360	68,7	217,4	175,9	147,6	125,4	113,1	92,6	69,3	189,1	151,7	126,4	106,4	95,4	77,0	56,0	(2,08 m)
370	69,7	223,5	180,7	151,7	128,8	116,2	95,2	71,3	194,6	156,1	130,0	109,4	98,1	79,2	57,7	
380	70,6	229,5	185,6	155,8	132,3	119,4	97,7	73,2	200,0	160,5	133,7	112,5	100,9	81,4	59,3	
390	71,5	235,6	190,5	159,9	135,8	122,5	100,3	75,1	205,5	164,9	137,3	115,6	103,7	83,6	60,9	
0,400	72,4	241,6	195,3	164,0	139,3	125,7	102,9	77,0	210,9	169,2	141,0	118,7	106,4	85,9	62,5	1,2
410	73,3	247,6	200,2	168,1	142,8	128,8	105,5	78,9	216,4	173,6	144,6	121,8	109,2	88,1	64,2	(2,14 m)
420	74,2	253,7	205,1	172,2	146,3	131,9	108,0	80,9	221,9	178,0	148,3	124,9	112,0	90,4	65,8	16,2
430	75,1	259,7	210,0	176,3	149,8	135,1	110,6	82,8	227,4	182,4	152,0	128,0	114,8	92,6	67,5	
440	76,0	265,8	214,8	180,4	153,2	138,2	113,2	84,7	232,9	186,8	155,7	131,1	117,5	94,9	69,1	
0,450	76,8	271,8	219,7	184,5	156,7	141,4	115,7	86,7	238,4	191,2	159,4	134,2	120,3	97,1	70,8	1,1
460	77,7	277,8	224,6	188,6	160,2	144,5	118,3	88,6	243,9	195,6	163,0	137,3	123,1	99,4	72,4	(2,20 m)
470	78,5	283,9	229,5	192,7	163,7	147,6	120,9	90,5	249,4	200,1	166,7	140,4	125,9	101,6	74,1	
480	79,3	289,9	234,4	196,8	167,2	150,8	123,4	92,5	254,9	204,5	170,4	143,5	128,7	103,9	75,7	
490	80,2	296,0	239,2	200,9	170,6	153,9	126,0	94,4	260,4	208,9	174,1	146,6	131,5	106,1	77,4	
0,500	81,0	302,0	244,1	205,0	174,1	157,1	128,6	96,3	265,9	213,3	177,8	149,7	134,2	108,4	79,0	1,1
510	81,8	308,0	249,0	209,1	177,6	160,2	131,2	98,2	271,3	217,7	181,4	152,8	137,0	110,6	80,6	(2,26 m)
520	82,6	314,1	253,9	213,2	181,1	163,3	133,7	100,1	276,7	222,0	185,0	155,9	139,7	112,8	82,3	
530	83,4	320,1	258,8	217,3	184,6	166,5	136,3	102,1	282,1	226,4	188,7	158,9	142,5	115,1	83,9	
540	84,2	326,2	263,7	221,4	188,1	169,6	138,9	104,0	287,6	230,7	192,3	162,0	145,2	117,3	85,5	
0,550	84,9	332,2	268,5	225,5	191,5	172,8	141,5	105,9	293,0	235,1	196,0	165,1	148,0	119,5	87,2	1,1
560	85,7	338,2	273,4	229,6	195,0	175,9	144,0	107,8	298,4	239,5	199,6	168,2	150,7	121,8	88,8	(2,31 m)
570	86,5	344,3	278,3	233,7	198,5	179,0	146,6	109,8	303,9	243,8	203,2	171,2	153,5	124,0	90,4	
580	87,2	350,3	283,2	237,8	202,0	182,2	149,2	111,7	309,3	248,2	206,9	174,3	156,2	126,2	92,1	
590	88,0	356,4	288,1	241,9	205,5	185,3	151,7	113,6	314,7	252,5	210,5	177,4	159,0	128,5	93,7	
0,600	88,7	362,4	293,0	246,0	209,0	188,5	154,3	115,5	320,2	256,9	214,1	180,4	161,8	130,6	95,3	1,0
620	90,2	374,5	302,7	254,2	215,9	194,8	159,5	119,4	331,0	265,7	221,4	186,6	167,3	135,1	98,6	(2,35 m)
640	91,6	387	313	262	223	201	165	123	342	274	229	193	173	140	102	15,8
660	93,0	399	322	271	230	207	170	127	353	283	236	199	178	144	105	
680	94,4	411	332	279	237	214	175	131	364	292	243	205	184	148	108	
0,700	95,8	423	342	287	244	220	180	135	375	301	251	211	189	153	112	0,9
720	97,2	435	352	295	251	226	185	139	385	309	258	217	195	157	115	(2,43 m)
740	98,5	447	361	303	258	232	190	142	396	318	265	223	200	162	118	
760	99,8	459	371	312	265	239	195	146	407	327	272	230	206	166	121	
780	101,1	471	381	320	272	245	201	150	418	336	280	236	211	171	125	
0,800	102,4	483	391	328	279	251	206	154	429	344	287	242	217	175	128	0,9
820	103,7	495	400	336	286	258	211	158	440	353	294	248	222	180	131	(2,51 m)
840	105,0	507	410	344	293	264	216	162	451	362	302	254	228	184	135	
860	106,2	519	420	353	300	270	221	166	462	371	309	260	234	189	138	
880	107,4	532	430	361	307	276	226	169	473	379	316	267	239	193	141	
0,900	108,6	544	439	369	313	283	231	173	484	388	324	273	245	198	144	0,8
920	109,8	556	449	377	320	289	237	177	495	397	331	279	250	202	148	(2,57 m)
940	111,0	568	459	385	327	295	242	181	505	406	338	285	256	207	151	
960	112,2	580	469	394	334	302	247	185	516	414	346	291	261	211	154	
980	113,4	592	479	402	341	308	252	189	527	423	353	297	267	216	158	
1,000	114,5	604	488	410	348	314	257	193	538	432	360	304	272	220	161	0,8 (2,62 m) 15,5
$C_i' =$		13,4	11,3	10,4	9,8	9,6	9,1	8,7	gilt für exacte Masch., bei welchen C_i''' circa die							
$xC_i'' =$		10,5	9,6	9,3	9,4	9,5	10,0	11,1	Hälfte beträgt (auch links).							

Auspuff-Maschinen mit **Coulissen**-Steuerung (nach Gooch, Stephenson . . .).

Abs. Adm. Sp. $p = 7$ Kgr. od. Atm.

Wirksame Kolbenfläche O Qu.Met.	Kolben-Durchmesser D Centm.	Füllung $\frac{l_i}{l}$ — Indicirte Leistung $\frac{N_i}{c}$ in Pferdekraft							Füllung $\frac{l_i}{l}$ — Netto-Leistung $\frac{N_n}{c}$ in Pferdekraft							$2C_t'''$ u. C_t bei $\frac{l_i}{l}=0{,}333$ (gew. Masch.) Kgr.
		0,7	0,5	0,4	0,333	0,3	0,25	0,20	0,7	0,5	0,4	0,333	0,3	0,25	0,20	
0,020	16,2	13,2	10,8	9,1	7,8	7,0	5,8	4,4	10,1	8,1	6,8	5,7	5,1	4,1	3,0	5,7 (bei $c=$ 1,31 m)
022	17,0	14,6	11,8	10,0	8,5	7,7	6,4	4,8	11,2	9,0	7,5	6,3	5,6	4,6	3,3	
024	17,7	15,9	12,9	10,9	9,3	8,4	7,0	5,3	12,2	9,8	8,2	6,9	6,2	5,0	3,6	
026	18,5	17,2	14,0	11,8	10,1	9,1	7,5	5,7	13,3	10,7	8,9	7,5	6,7	5,5	3,9	
028	19,2	18,5	15,1	12,7	10,9	9,8	8,1	6,1	14,4	11,5	9,6	8,1	7,3	5,9	4,3	
0,030	19,8	19,8	16,1	13,6	11,6	10,5	8,7	6,6	15,5	12,4	10,4	8,7	7,8	6,3	4,6	4,5 (1,40 m) 18,5
032	20,5	21,2	17,2	14,5	12,4	11,2	9,3	7,0	16,6	13,3	11,1	9,4	8,4	6,8	4,9	
034	21,1	22,5	18,3	15,4	13,2	11,9	9,9	7,4	17,7	14,2	11,8	10,0	9,0	7,3	5,3	
036	21,7	23,8	19,4	16,4	14,0	12,6	10,4	7,9	18,8	15,1	12,6	10,6	9,6	7,7	5,6	
038	22,3	25,1	20,4	17,3	14,8	13,3	11,0	8,3	19,9	15,9	13,3	11,3	10,1	8,2	5,9	
0,040	22,9	26,4	21,5	18,2	15,5	14,0	11,6	8,8	21,0	16,8	14,1	11,9	10,7	8,6	6,3	4,0 (1,46 m)
042	23,5	27,8	22,6	19,1	16,3	14,7	12,2	9,2	22,1	17,7	14,8	12,5	11,3	9,1	6,6	
044	24,0	29,1	23,7	20,0	17,1	15,4	12,8	9,6	23,2	18,6	15,5	13,2	11,8	9,6	7,0	
046	24,6	30,4	24,8	20,9	17,9	16,1	13,3	10,1	24,3	19,4	16,3	13,8	12,4	10,0	7,3	
048	25,1	31,7	25,8	21,8	18,6	16,8	13,9	10,5	25,4	20,2	17,0	14,4	13,0	10,5	7,6	
0,050	25,6	33,1	26,9	22,7	19,4	17,6	14,5	10,9	26,4	21,3	17,8	15,0	13,5	10,9	8,0	3,3 (1,51 m)
053	26,4	35,1	28,5	24,1	20,6	18,6	15,4	11,6	28,1	22,6	18,9	16,0	14,4	11,6	8,5	
056	27,1	37,0	30,1	25,4	21,7	19,7	16,2	12,3	29,8	24,0	20,0	16,9	15,2	12,3	9,0	
059	27,8	39,0	31,7	26,8	22,9	20,7	17,1	12,9	31,5	25,3	21,2	17,9	16,1	13,0	9,5	
062	28,5	41,0	33,3	28,1	24,0	21,8	18,0	13,6	33,2	26,7	22,3	18,9	16,9	13,7	10,0	
0,065	29,2	43,0	34,9	29,5	25,2	22,8	18,8	14,2	34,8	28,0	23,4	19,8	17,8	14,4	10,6	2,9 (1,56 m) 17,4
068	29,9	45,0	36,5	30,9	26,4	23,9	19,7	14,9	36,5	29,4	24,6	20,8	18,7	15,1	11,1	
071	30,5	46,9	38,2	32,2	27,5	24,9	20,6	15,6	38,2	30,7	25,7	21,7	19,5	15,8	11,6	
074	31,2	48,9	39,8	33,6	28,7	26,0	21,5	16,2	39,9	32,1	26,8	22,7	20,4	16,5	12,1	
077	31,8	50,9	41,4	34,9	29,8	27,0	22,3	16,9	41,6	33,4	27,9	23,7	21,2	17,2	12,6	
0,080	32,4	52,9	43,0	36,3	31,0	28,1	23,2	17,5	43,2	34,8	29,1	24,6	22,1	18,0	13,1	2,6 (1,62 m)
084	33,2	55,6	45,2	38,1	32,6	29,5	24,3	18,4	45,5	36,6	30,6	25,9	23,3	18,9	13,8	
088	34,0	58,2	47,3	40,0	34,1	30,9	25,5	19,3	47,7	38,5	32,2	27,2	24,5	19,9	14,5	
092	34,7	60,9	49,5	41,8	35,7	32,3	26,7	20,1	50,0	40,3	33,7	28,5	25,7	20,8	15,2	
096	35,5	63,5	51,6	43,6	37,2	33,8	27,8	21,0	52,3	42,1	35,3	29,8	26,9	21,8	15,9	
0,100	36,2	66,1	53,8	45,4	38,8	35,1	29,0	21,9	54,6	44,0	36,8	31,1	28,0	22,7	16,7	2,3 (1,69 m)
105	37,1	69,5	56,5	47,7	40,7	36,9	30,4	23,0	57,4	46,3	38,7	32,8	29,5	23,9	17,6	
110	38,0	72,8	59,1	49,9	42,7	38,7	31,9	24,1	60,3	48,6	40,7	34,4	31,0	25,2	18,5	
115	38,8	76,1	61,8	52,2	44,6	40,4	33,3	25,2	63,2	50,9	42,6	36,1	32,5	26,4	19,4	
120	39,7	79,4	64,5	54,5	46,6	42,2	34,8	26,2	66,1	53,2	44,6	37,7	34,0	27,6	20,3	
0,125	40,5	82,7	67,2	56,7	48,5	43,9	36,2	27,3	69,0	55,6	46,5	39,4	35,5	28,8	21,2	2,0 (1,76 m) 16,7
130	41,3	86,0	69,9	59,0	50,4	45,7	37,7	28,4	71,8	57,9	48,5	41,0	37,0	30,0	22,1	
135	42,1	89,3	72,6	61,3	52,4	47,5	39,1	29,5	74,7	60,2	50,4	42,7	38,4	31,2	23,0	
140	42,8	92,6	75,3	63,6	54,3	49,2	40,6	30,6	77,6	62,5	52,4	44,3	39,9	32,4	23,9	
145	43,6	95,9	78,0	65,8	56,3	51,0	42,0	31,7	80,5	64,8	54,3	46,0	41,4	33,6	24,8	
0,150	44,4	99,2	80,6	68,1	58,2	52,7	43,5	32,8	83,4	67,2	56,3	47,7	42,9	34,9	25,6	1,9 (1,82 m)
155	45,1	102,5	83,3	70,4	60,1	54,5	44,9	33,9	86,3	69,6	58,3	49,3	44,4	36,1	26,5	
160	45,8	105,8	86,0	72,6	62,1	56,2	46,4	35,0	89,2	71,9	60,3	51,0	45,9	37,3	27,4	
165	46,5	109,2	88,7	74,9	64,0	58,0	47,8	36,1	92,1	74,3	62,2	52,7	47,4	38,6	28,3	
170	47,2	112,5	91,4	77,2	65,9	59,7	49,3	37,2	95,0	76,6	64,2	54,4	48,9	39,8	29,2	
0,175	47,9	115,8	94,1	79,4	67,9	61,5	50,7	38,3	98,0	79,0	66,2	56,1	50,5	41,0	30,2	1,8 (1,87 m)
180	48,6	119,1	96,8	81,7	69,8	63,3	52,2	39,4	100,9	81,4	68,2	57,7	52,0	42,3	31,1	
185	49,3	122,4	99,5	84,0	71,8	65,0	53,6	40,5	103,8	83,7	70,2	59,4	53,5	43,5	32,0	
190	49,9	125,7	102,2	86,2	73,7	66,8	55,1	41,5	106,7	86,1	72,1	61,1	55,0	44,7	32,9	
195	50,6	129,0	104,9	88,5	75,6	68,5	56,5	42,6	109,6	88,4	74,1	62,8	56,5	45,9	33,8	
0,200	51,2	132,3	107,5	90,8	77,6	70,3	58,0	43,8	112,6	90,8	76,0	64,4	58,0	47,2	34,7	1,6 (1,92 m) 16,2
205	51,8	135,6	110,2	93,0	79,5	72,0	59,4	44,9	115,5	93,1	78,0	66,1	59,5	48,4	35,6	
210	52,5	138,9	112,9	95,3	81,5	73,8	60,9	45,9	118,5	95,5	80,0	67,8	61,1	49,7	36,5	
215	53,1	142,2	115,6	97,6	83,4	75,6	62,3	47,0	121,4	97,9	82,0	69,5	62,6	50,9	37,5	
220	53,7	145,5	118,3	99,9	85,3	77,3	63,8	48,1	124,4	100,3	84,0	71,2	64,1	52,1	38,4	
0,225	54,3	148,8	121,0	102,1	87,3	79,1	65,2	49,2	127,3	102,7	86,0	72,9	65,6	53,4	39,3	1,5 (1,97 m)
230	54,9	152,2	123,7	104,4	89,2	80,8	66,7	50,3	130,3	105,0	88,0	74,6	67,1	54,6	40,2	
235	55,5	155,5	126,4	106,7	91,2	82,6	68,1	51,4	133,2	107,4	90,0	76,3	68,7	55,9	41,1	
240	56,1	158,8	129,0	109,0	93,1	84,4	69,6	52,5	136,2	109,8	92,0	78,0	70,2	57,1	42,1	
245	56,7	162,1	131,7	111,2	95,0	86,1	71,0	53,6	139,1	112,2	94,0	79,6	71,7	58,3	43,0	
0,250	57,3	165,4	134,4	113,5	97,0	87,8	72,4	54,7	142,0	114,5	96,0	81,4	73,3	59,6	43,9	1,4 (2,01 m)
$C_i' =$		13,9	11,9	10,9	10,3	10,0	9,6	9,2								
$xC_i'' =$		12,4	11,2	10,8	10,8	10,9	11,3	12,5								

pro 1 Meter Kolbengeschwindigkeit

$\}$ gilt für gewöhnl. Masch. (auch rechts).

Auspuff-Maschinen mit Coulissen-Steuerung.

Abs. Adm. Sp. $p = 7$ Kgr. od. Atm.

Wirksame Kolbenfläche O Qu.Met.	Kolben-Durchmesser D Centm.	Füllung $\frac{l_i}{l}$ — Indicirte Leistung $\frac{N_i}{c}$ in Pferdekraft pro 1 Meter Kolbengeschwindigkeit							Füllung $\frac{l_i}{l}$ — Netto-Leistung $\frac{N_n}{c}$ in Pferdekraft pro 1 Meter Kolbengeschwindigkeit							$2C_i''' \text{ u.} C_i$ bei $\frac{l_i}{l}=0,3$ (gew. Masch.) Kgr.
		0,7	0,5	0,4	0,333	0,3	0,25	0,20	0,7	0,5	0,4	0,333	0,3	0,25	0,20	
0,250	57,3	165,4	134,4	113,5	97,0	87,8	72,4	54,7	142,0	114,5	96,0	81,4	73,3	59,6	43,9	1,5 (bei $c =$ 2,01 m) 16,2
255	57,8	168,7	137,1	115,7	98,9	89,6	73,9	55,8	145,0	116,9	98,0	83,1	74,8	60,9	44,8	
260	58,4	172,0	139,8	118,0	100,9	91,4	75,3	56,9	147,9	119,3	100,0	84,8	76,3	62,1	45,7	
265	59,0	175,3	142,5	120,3	102,8	93,1	76,8	58,0	150,9	121,7	102,0	86,5	77,9	63,4	46,7	
270	59,5	178,6	145,2	122,6	104,7	94,9	78,2	59,1	153,9	124,1	104,0	88,2	79,4	64,6	47,6	
0,275	60,1	181,9	147,9	124,8	106,7	96,6	79,7	60,2	156,9	126,5	106,0	89,9	81,0	65,9	48,5	1,1 (2,05 m)
280	60,6	185,2	150,5	127,1	108,6	98,4	81,1	61,2	159,8	128,9	108,0	91,6	82,5	67,1	49,5	
285	61,1	188,5	153,2	129,4	110,6	100,2	82,6	62,3	162,8	131,3	110,1	93,3	84,0	68,4	50,4	
290	61,7	191,9	155,9	131,6	112,5	101,9	84,0	63,4	165,8	133,7	112,1	95,0	85,6	69,6	51,3	
295	62,2	195,2	158,6	133,9	114,4	103,7	85,5	64,5	168,7	136,1	114,1	96,7	87,1	70,9	52,3	
0,300	62,7	198,4	161,3	136,2	116,4	105,4	86,9	65,6	171,7	138,5	116,1	98,4	88,6	72,1	53,1	1,3 (2,08 m)
310	63,8	205,1	166,7	140,7	120,2	108,9	89,8	67,8	177,6	143,3	120,1	101,8	91,7	74,7	55,0	
320	64,8	211,7	172,0	145,2	124,1	112,4	92,7	70,0	183,6	148,2	124,1	105,3	94,8	77,2	56,9	
330	65,8	218,3	177,4	149,8	128,0	115,9	95,6	72,2	189,6	153,0	128,2	108,7	97,9	79,7	58,8	
340	66,8	224,9	182,8	154,3	131,9	119,4	98,5	74,4	195,6	157,8	132,3	112,2	101,0	82,3	60,6	
0,350	67,7	231,5	188,2	158,9	135,8	123,0	101,4	76,6	201,6	162,7	136,3	115,6	104,1	84,8	62,5	1,2 (2,15 m)
360	68,7	238,1	193,6	163,4	139,6	126,5	104,3	78,8	207,5	167,5	140,4	119,0	107,2	87,3	64,4	
370	69,7	244,7	198,9	167,9	143,5	130,0	107,2	81,0	213,5	172,3	144,4	122,5	110,3	89,9	66,2	
380	70,6	251,3	204,3	172,5	147,4	133,5	110,1	83,2	219,5	177,1	148,5	125,9	113,4	92,4	68,1	
390	71,5	257,9	209,7	177,0	151,3	137,0	113,0	85,4	225,5	182,0	152,5	129,4	116,5	94,9	70,0	
0,400	72,4	264,6	215,0	181,6	155,2	140,5	115,9	87,5	231,5	186,8	156,6	132,8	119,6	97,4	71,8	1,1 (2,22 m) 16,0
410	73,3	271,2	220,4	186,1	159,0	144,0	118,8	89,7	237,5	191,6	160,7	136,3	122,7	100,0	73,7	
420	74,2	277,8	225,8	190,6	162,9	147,6	121,7	91,9	243,5	196,5	164,8	139,7	125,9	102,5	75,6	
430	75,1	284,4	231,2	195,2	166,8	151,1	124,6	94,1	249,5	201,4	168,9	143,2	129,0	105,1	77,5	
440	76,0	291,0	236,6	199,7	170,7	154,6	127,5	96,3	255,6	206,3	172,9	146,7	132,1	107,6	79,4	
0,450	76,8	297,6	241,9	204,3	174,6	158,1	130,4	98,5	261,6	211,1	177,0	150,1	135,3	110,2	81,3	1,1 (2,28 m)
460	77,7	304,3	247,3	208,8	178,4	161,6	133,3	100,7	267,6	216,0	181,1	153,6	138,4	112,7	83,2	
470	78,5	310,9	252,7	213,3	182,3	165,1	136,2	102,9	273,6	220,9	185,2	157,1	141,5	115,3	85,1	
480	79,3	317,5	258,1	217,9	186,2	168,6	139,1	105,0	279,7	225,7	189,3	160,5	144,6	117,8	86,9	
490	80,2	324,1	263,5	222,4	190,1	172,1	142,0	107,2	285,7	230,6	193,4	164,0	147,8	120,4	88,8	
0,500	81,0	330,7	268,8	226,9	193,9	175,7	144,9	109,4	291,7	235,5	197,4	167,5	150,9	122,9	90,7	1,0 (2,34 m)
510	81,8	337,4	274,2	231,5	197,8	179,2	147,8	111,6	297,7	240,3	201,5	170,9	154,0	125,4	92,6	
520	82,6	344,0	279,6	236,0	201,7	182,7	150,7	113,8	303,6	245,1	205,5	174,3	157,1	128,0	94,4	
530	83,4	350,6	284,9	240,6	205,6	186,2	153,6	116,0	309,6	249,9	209,6	177,8	160,1	130,5	96,3	
540	84,2	357,2	290,3	245,1	209,5	189,7	156,5	118,2	315,5	254,7	213,6	181,2	163,2	133,0	98,2	
0,550	84,9	364	296	250	213	193	159	120	322	260	218	185	166	136	100	1,0 (2,39 m)
560	85,7	370	301	254	217	197	162	123	327	264	222	188	169	138	102	
570	86,5	377	306	259	221	200	165	125	333	269	226	191	173	141	104	
580	87,2	384	312	263	225	204	168	127	339	274	230	195	176	143	106	
590	88,0	390	317	268	229	207	171	129	345	279	234	198	179	146	108	
0,600	88,7	397	323	272	233	211	174	131	351	284	238	202	182	148	109	0,9 (2,44 m) 15,5
620	90,2	410	333	281	240	218	180	136	363	293	246	209	188	153	113	
640	91,6	423	344	290	248	225	185	140	375	303	254	215	194	158	117	
660	93,0	437	355	300	256	232	191	144	387	313	262	222	200	163	121	
680	94,4	450	366	309	264	239	197	149	399	322	270	229	207	168	124	
0,700	95,8	463	376	318	272	246	203	153	411	332	278	236	213	173	128	0,9 (2,52 m)
720	97,2	476	387	327	279	253	209	158	423	341	286	243	219	178	132	
740	98,5	490	398	336	287	260	214	162	435	351	295	250	225	184	136	
760	99,8	503	409	345	295	267	220	166	447	361	303	257	231	189	139	
780	101,1	516	419	354	303	274	226	171	459	370	311	264	238	194	143	
0,800	102,4	529	430	363	310	281	232	175	471	380	319	270	244	199	147	0,8 (2,60 m)
820	103,7	542	441	372	318	288	238	179	483	390	327	277	250	204	151	
840	105,0	556	452	381	326	295	243	184	495	399	335	284	256	209	154	
860	106,2	569	462	390	334	302	249	188	507	409	343	291	262	214	158	
880	107,4	582	473	399	341	309	255	193	519	419	351	298	269	219	162	
0,900	108,6	595	484	409	349	316	261	197	531	428	359	305	275	224	166	0,8 (2,66 m)
920	109,8	609	495	418	357	323	267	201	543	438	367	312	281	229	169	
940	111,0	622	505	427	365	330	272	206	555	448	376	319	287	234	173	
960	112,2	635	516	436	372	337	278	210	566	457	384	326	294	239	177	
980	113,4	648	527	445	380	344	284	214	578	467	392	333	300	244	181	
1,000	114,5	661	538	454	388	351	290	219	590	477	400	339	306	249	184	0,7 (2,72 m) 15
$C_i' =$		13,1	11,1	10,1	9,5	9,4	8,8	8,4								
$xC_i' =$		10,5	9,5	9,2	9,2	9,2	9,6	10,6								

gilt für exacte Masch., bei welchen C_i''' circa die Hälfte beträgt (auch links).

Auspuff-Maschinen mit Coulissen-Steuerung (nach Gooch, Stephenson . . .).

Abs. Adm. Sp. $p = 8$ Kgr. od. Atm.

Wirksame Kolbenfläche O (Qu.Met.)	Kolben-Durchmesser D (Centm.)	Füllung $\frac{l}{t}$ — Indicirte Leistung $\frac{N_i}{c}$ in Pferdekraft							Füllung $\frac{l}{t}$ — Netto-Leistung $\frac{N_n}{c}$ in Pferdekraft							$2\,C'''_t$ u. C_t bei $\frac{l}{t}=0,333$ (gew. Masch.) Kgr.
		0,7	0,5	0,4	0,333	0,3	0,25	0,20	0,7	0,5	0,4	0,333	0,3	0,25	0,20	
		pro 1 Meter Kolbengeschwindigkeit														
0,020	16,2	15,5	12,7	10,8	9,3	8,5	7,1	5,4	11,9	9,7	8,1	6,9	6,3	5,1	3,8	5,0 (bei $c =$ 1,40 m)
022	17,0	17,1	14,0	11,9	10,3	9,4	7,8	6,0	13,2	10,7	9,0	7,7	6,9	5,7	4,2	
024	17,7	18,6	15,3	13,0	11,2	10,2	8,5	6,5	14,5	11,7	9,9	8,4	7,6	6,2	4,6	
026	18,5	20,2	16,5	14,1	12,1	11,1	9,2	7,1	15,7	12,8	10,8	9,2	8,3	6,8	5,0	
028	19,2	21,7	17,8	15,2	13,1	11,9	9,9	7,6	17,0	13,8	11,6	9,9	9,0	7,3	5,4	
0,030	19,8	23,3	19,1	16,3	14,0	12,8	10,7	8,1	18,3	14,8	12,5	10,7	9,6	7,9	5,9	3,9 (1,49 m) 18
032	20,5	24,9	20,4	17,3	14,9	13,6	11,4	8,7	19,6	15,9	13,4	11,4	10,3	8,5	6,3	
034	21,1	26,4	21,6	18,4	15,9	14,5	12,1	9,2	20,8	16,9	14,3	12,2	11,0	9,0	6,7	
036	21,7	28,0	22,9	19,5	16,8	15,3	12,8	9,8	22,1	18,0	15,2	12,9	11,7	9,6	7,1	
038	22,3	29,5	24,2	20,6	17,7	16,2	13,5	10,3	23,4	19,0	16,1	13,7	12,4	10,2	7,6	
0,040	22,9	31,1	25,4	21,7	18,7	17,0	14,2	10,8	24,7	20,1	16,9	14,5	13,1	10,8	8,0	3,3 (1,56 m)
042	23,5	32,6	26,7	22,7	19,6	17,9	14,9	11,4	26,0	21,1	17,8	15,2	13,8	11,3	8,4	
044	24,0	34,2	28,0	23,8	20,5	18,7	15,6	11,9	27,3	22,2	18,7	16,0	14,5	11,9	8,9	
046	24,6	35,7	29,3	24,9	21,5	19,6	16,3	12,5	28,6	23,2	19,6	16,7	15,2	12,5	9,3	
048	25,1	37,3	30,5	26,0	22,4	20,4	17,0	13,0	29,9	24,3	20,5	17,5	15,9	13,0	9,7	
0,050	25,6	38,8	31,8	27,1	23,4	21,3	17,8	13,6	31,2	25,4	21,4	18,3	16,6	13,6	10,1	3,0 (1,61 m)
053	26,4	41,2	33,7	28,7	24,8	22,6	18,8	14,4	33,2	27,0	22,8	19,4	17,6	14,5	10,8	
056	27,1	43,5	35,6	30,3	26,2	23,8	19,9	15,2	35,1	28,6	24,1	20,6	18,7	15,3	11,4	
059	27,8	45,8	37,6	31,9	27,6	25,1	20,9	16,0	37,1	30,2	25,5	21,8	19,7	16,2	12,1	
062	28,5	48,2	39,5	33,6	29,0	26,4	22,0	16,8	39,1	31,8	26,8	23,0	20,8	17,1	12,7	
0,065	29,2	50,5	41,4	35,2	30,4	27,7	23,1	17,6	41,1	33,4	28,2	24,1	21,9	18,0	13,4	2,6 (1,67 m) 17
068	29,9	52,8	43,3	36,8	31,8	29,0	24,1	18,4	43,0	35,0	29,6	25,3	22,9	18,8	14,0	
071	30,5	55,1	45,2	38,4	33,2	30,2	25,2	19,2	45,0	36,6	30,9	26,5	24,0	19,7	14,7	
074	31,2	57,5	47,1	40,0	34,6	31,5	26,2	20,1	47,0	38,2	32,3	27,6	25,0	20,6	15,3	
077	31,8	59,8	49,0	41,7	36,0	32,8	27,3	20,9	48,9	39,8	33,6	28,8	26,1	21,4	16,0	
0,080	32,4	62,1	50,9	43,3	37,4	34,1	28,4	21,7	50,9	41,4	35,0	29,9	27,1	22,3	16,6	2,3 (1,73 m)
084	33,2	65,2	53,5	45,5	39,2	35,8	29,8	22,8	53,6	43,6	36,8	31,5	28,5	23,5	17,5	
088	34,0	68,3	56,0	47,7	41,1	37,5	31,2	23,9	56,3	45,8	38,7	33,1	30,0	24,7	18,4	
092	34,7	71,5	58,6	49,8	43,0	39,2	32,7	25,0	59,0	48,0	40,5	34,7	31,4	25,9	19,3	
096	35,5	74,6	61,1	52,0	44,8	40,9	34,1	26,1	61,7	50,2	42,4	36,2	32,8	27,0	20,2	
0,100	36,2	77,7	63,6	54,2	46,7	42,6	35,5	27,1	64,3	52,3	44,2	37,8	34,3	28,2	21,1	2,1 (1,80 m)
105	37,1	81,5	66,8	56,9	49,0	44,7	37,3	28,5	67,7	55,1	46,5	39,8	36,1	29,7	22,2	
110	38,0	85,4	70,0	59,6	51,4	46,8	39,0	29,9	71,1	57,8	48,9	41,8	37,9	31,2	23,3	
115	38,8	89,3	73,2	62,3	53,7	49,0	40,8	31,2	74,5	60,6	51,2	43,8	39,7	32,7	24,5	
120	39,7	93,2	76,4	65,0	56,0	51,1	42,6	32,6	77,9	63,4	53,6	45,8	41,6	34,2	25,6	
0,125	40,5	97,1	79,5	67,7	58,3	53,2	44,3	34,0	81,3	66,1	55,9	47,8	43,4	35,7	26,7	1,8 (1,87 m) 16
130	41,3	100,9	82,7	70,4	60,7	55,3	46,1	35,3	84,7	68,9	58,2	49,8	45,2	37,2	27,9	
135	42,1	104,8	85,9	73,1	63,0	57,5	47,9	36,7	88,1	71,6	60,6	51,8	47,0	38,7	29,0	
140	42,8	108,7	89,1	75,8	65,3	59,6	49,7	38,0	91,4	74,4	62,9	53,8	48,8	40,2	30,1	
145	43,6	112,6	92,3	78,6	67,7	61,7	51,4	39,4	94,8	77,2	65,3	55,8	50,7	41,7	31,2	
0,150	44,4	116,5	95,5	81,2	70,0	63,8	53,2	40,7	98,2	80,0	67,6	57,9	52,5	43,2	32,3	1,7 (1,94 m)
155	45,1	120,4	98,6	84,0	72,4	66,0	55,0	42,1	101,7	82,8	70,0	59,9	54,3	44,8	33,5	
160	45,8	124,2	101,8	86,7	74,7	68,1	56,8	43,4	105,1	85,6	72,3	61,9	56,1	46,3	34,6	
165	46,5	128,1	105,0	89,4	77,0	70,2	58,6	44,8	108,6	88,4	74,7	63,9	58,0	47,8	35,8	
170	47,2	132,0	108,2	92,1	79,4	72,4	60,3	46,2	112,0	91,2	77,1	66,0	59,8	49,3	36,9	
0,175	47,9	135,9	111,4	94,8	81,7	74,5	62,1	47,5	115,4	94,0	79,4	68,0	61,7	50,8	38,0	1,5 (2,00 m)
180	48,6	139,8	114,5	97,5	84,0	76,6	63,9	48,9	118,9	96,8	81,8	70,0	63,5	52,4	39,2	
185	49,3	143,6	117,7	100,2	86,4	78,8	65,6	50,2	122,3	99,6	84,2	72,1	65,3	53,9	40,3	
190	49,9	147,5	120,9	102,9	88,7	80,9	67,4	51,6	125,8	102,4	86,5	74,1	67,2	55,4	41,5	
195	50,6	151,4	124,1	105,6	91,0	83,0	69,2	53,0	129,2	105,2	88,9	76,1	69,0	56,9	42,6	
0,200	51,2	155,3	127,3	108,3	93,4	85,1	71,0	54,3	132,6	107,9	91,3	78,1	70,9	58,5	43,8	1,4 (2,05 m) 15,5
205	51,8	159,2	130,5	111,0	95,7	87,3	72,8	55,7	136,1	110,8	93,7	80,2	72,7	60,0	44,9	
210	52,5	163,1	133,6	113,7	98,0	89,4	74,5	57,0	139,5	113,6	96,1	82,2	74,6	61,5	46,1	
215	53,1	167,0	136,8	116,5	100,4	91,5	76,3	58,4	143,0	116,4	98,4	84,3	76,5	63,1	47,2	
220	53,7	170,8	140,0	119,2	102,7	93,6	78,1	59,7	146,5	119,3	100,8	86,3	78,3	64,6	48,4	
0,225	54,3	174,7	143,2	121,9	105,0	95,8	79,8	61,1	149,9	122,1	103,2	88,4	80,2	66,2	49,6	1,3 (2,10 m)
230	54,9	178,6	146,4	124,6	107,4	97,9	81,6	62,5	153,4	124,9	105,6	90,4	82,0	67,7	50,7	
235	55,5	182,5	149,5	127,3	109,7	100,0	83,4	63,8	156,9	127,8	108,0	92,5	83,9	69,2	51,9	
240	56,1	186,4	152,7	130,0	112,0	102,2	85,2	65,2	160,4	130,6	110,4	94,5	85,8	70,8	53,0	
245	56,7	190,2	155,9	132,7	114,4	104,3	86,9	66,5	163,8	133,4	112,8	96,6	87,6	72,3	54,2	
0,250	57,3	194,1	159,1	135,4	116,7	106,4	88,7	67,9	167,3	136,2	115,2	98,6	89,5	73,8	55,3	1,2 (2,15 m)
	$C_i' =$	13,5	11,5	10,6	10,0	9,6	9,2	8,9	gilt für gewöhnl. Masch. (auch rechts).							
	$x\,C_i'' =$	12,4	11,1	10,6	10,5	10,5	10,8	11,8								

Auspuff-Maschinen mit Coulissen-Steuerung.

Abs. Adm. Sp. $p = 8$ Kgr. od. Atm.

Wirksame Kolbenfläche	Kolben-Durchmesser	Füllung $\frac{l_i}{i}$							Füllung $\frac{l_i}{i}$							$2C_i''' \text{ u.} C_i$ bei $\frac{l_i}{i}=0,3$
		0,7	0,5	0,4	0,333	0,3	0,25	0,20	0,7	0,5	0,4	0,333	0,3	0,25	0,20	
O	D	Indicirte Leistung $\frac{N_i}{c}$ in Pferdekraft							Netto-Leistung $\frac{N_n}{c}$ in Pferdekraft							(gew. Masch.)
Qu.Met.	Centm.	pro 1 Meter Kolbengeschwindigkeit														Kgr.
0,250	57,3	194,1	159,1	135,4	116,7	106,4	88,7	67,9	167,3	136,2	115,2	98,6	89,5	73,8	55,3	1,3 (bei $c=2,15$ m) 15,1
255	57,8	198,0	162,3	138,1	119,1	108,5	90,5	69,2	170,8	139,1	117,6	100,7	91,4	75,4	56,5	
260	58,4	201,9	165,5	140,8	121,4	110,7	92,3	70,6	174,2	141,9	120,0	102,8	93,2	76,9	57,6	
265	59,0	205,8	168,6	143,5	123,7	112,8	94,0	72,0	177,7	144,8	122,4	104,9	95,1	78,5	58,8	
270	59,5	209,7	171,8	146,2	126,1	114,9	95,8	73,3	181,2	147,6	124,8	106,9	97,0	80,0	60,0	
0,275	60,1	213,5	175,0	149,0	128,4	117,1	97,6	74,7	184,7	150,5	127,2	109,0	98,9	81,6	61,1	1,2 (2,19 m)
280	60,6	217,4	178,2	151,7	130,7	119,2	99,4	76,0	188,2	153,3	129,7	111,1	100,8	83,1	62,3	
285	61,1	221,3	181,4	154,4	133,0	121,3	101,1	77,4	191,7	156,2	132,1	113,1	102,6	84,7	63,4	
290	61,7	225,2	184,5	157,1	135,4	123,4	102,9	78,8	195,2	159,0	134,5	115,2	104,5	86,2	64,6	
295	62,2	229,1	187,7	159,8	137,7	125,6	104,7	80,1	198,7	161,9	136,9	117,3	106,4	87,8	65,8	
0,300	62,7	233,0	190,9	162,5	140,1	127,7	106,5	81,4	202,2	164,7	139,3	119,3	108,2	89,3	67,0	1,1 (2,23 m)
310	63,8	240,7	197,3	167,9	144,8	131,9	110,0	84,2	209,2	170,4	144,1	123,5	112,0	92,4	69,3	
320	64,8	248,5	203,6	173,3	149,4	136,2	113,6	86,9	216,3	176,1	149,0	127,6	115,8	95,6	71,7	
330	65,8	256,3	210,0	178,7	154,1	140,5	117,1	89,6	223,3	181,9	153,9	131,8	119,6	98,7	74,0	
340	66,8	264,0	216,4	184,2	158,8	144,7	120,7	92,3	230,3	187,6	158,7	136,0	123,4	101,8	76,4	
0,350	67,7	271,8	222,7	189,6	163,4	149,0	124,2	95,0	237,4	193,4	163,6	140,1	127,1	105,0	78,7	1,1 (2,30 m)
360	68,7	279,6	229,1	195,0	168,1	153,2	127,8	97,7	244,4	199,1	168,4	144,3	130,9	108,1	81,1	
370	69,7	287,4	235,4	200,4	172,8	157,5	131,3	100,4	251,5	204,8	173,3	148,5	134,7	111,2	83,4	
380	70,6	295,1	241,8	205,8	177,4	161,8	134,9	103,1	258,5	210,6	178,2	152,7	138,5	114,4	85,8	
390	71,5	302,9	248,2	211,3	182,1	166,0	138,4	105,8	265,5	216,3	183,0	156,8	142,3	117,5	88,1	
0,400	72,4	310,6	254,6	216,6	186,8	170,2	142,0	108,6	272,6	222,1	187,9	161,0	146,1	120,6	90,5	1,1 (2,37 m) 14,8
410	73,3	318,4	260,9	222,1	191,4	174,5	145,5	111,3	279,7	227,8	192,8	165,1	149,9	123,7	92,8	
420	74,2	326,2	267,3	227,5	196,1	178,8	149,1	114,0	286,8	233,6	197,7	169,3	153,7	126,9	95,2	
430	75,1	333,9	273,6	232,9	200,8	183,0	152,6	116,7	293,9	239,4	202,5	173,5	157,5	130,0	97,6	
440	76,0	342	280	238	205	187	156	119	301	245	207	178	161	133	100	
0,450	76,8	349	286	244	210	192	160	122	308	251	212	182	165	136	102	1,0 (2,44 m)
460	77,7	357	293	249	215	196	163	125	315	257	217	186	169	139	105	
470	78,5	365	299	255	219	200	167	128	322	263	222	190	173	143	107	
480	79,3	373	305	260	224	204	170	130	329	268	227	194	177	146	109	
490	80,2	381	312	265	229	209	174	133	336	274	232	199	180	149	112	
0,500	81,0	388	318	271	233	213	177	136	343	280	237	203	184	152	114	0,9 (2,50 m)
510	81,8	396	325	276	238	217	181	138	350	286	242	207	188	155	116	
520	82,6	404	331	282	243	221	185	141	357	291	246	211	192	158	119	
530	83,4	412	337	287	247	226	188	144	364	297	251	215	195	161	121	
540	84,2	419	344	292	252	230	192	147	371	303	256	219	199	165	123	
0,550	84,9	427	350	298	257	234	195	149	379	308	261	224	203	168	126	0,9 (2,56 m)
560	85,7	435	356	303	261	238	199	152	386	314	266	228	207	171	128	
570	86,5	443	363	309	266	243	202	155	393	320	271	232	211	174	130	
580	87,2	450	369	314	271	247	206	157	400	326	276	236	214	177	133	
590	88,0	458	375	320	275	251	209	160	407	331	280	240	218	180	135	
0,600	88,7	466	382	325	280	255	213	163	414	337	285	244	222	183	138	0,8 (2,61 m) 14,4
620	90,2	481	395	336	289	264	220	168	428	348	295	253	229	189	142	
640	91,6	497	407	347	299	272	227	174	442	360	305	261	237	196	147	
660	93,0	513	420	357	308	281	234	179	456	371	314	269	244	202	152	
680	94,4	528	433	368	318	289	241	185	470	383	324	278	252	208	156	
0,700	95,8	544	445	379	327	298	248	190	484	394	334	286	260	214	161	0,8 (2,70 m)
720	97,2	559	458	390	336	306	256	195	498	406	343	294	267	221	166	
740	98,5	575	471	401	346	315	263	201	512	417	353	303	275	227	170	
760	99,8	590	484	412	355	323	270	206	526	429	363	311	282	233	175	
780	101,1	606	496	422	364	332	277	212	540	440	372	319	290	239	180	
0,800	102,4	621	509	433	374	340	284	217	554	452	382	328	297	246	185	0,8 (2,78 m)
820	103,7	637	522	444	383	349	291	223	568	463	392	336	305	252	189	
840	105,0	652	535	455	392	358	298	228	582	475	402	344	312	258	194	
860	106,2	668	547	466	402	366	305	233	596	486	411	353	320	264	199	
880	107,4	683	560	477	411	375	312	239	610	498	421	361	328	271	203	
0,900	108,6	699	573	487	420	383	319	244	625	509	431	369	335	277	208	0,7 (2,85 m)
920	109,8	714	586	498	430	392	327	250	639	521	441	378	343	283	213	
940	111,0	730	598	509	439	400	334	255	653	532	450	386	350	290	218	
960	112,2	745	611	520	448	409	341	261	667	544	460	394	358	296	222	
980	113,4	761	624	531	458	417	348	266	681	555	470	403	366	302	227	
1,000	114,5	777	636	542	467	426	355	271	695	567	480	411	373	308	232	0,6 (2,91 m) 14,1
$C_i' =$		12,7	10,7	9,8	9,2	8,8	8,4	8,0	gilt für exacte Masch., bei welchen C_i''' circa die							14,1
$xC_i'' =$		10,5	9,4	9,0	8,9	8,9	9,2	10,0	Hälfte beträgt (auch links).							

Auspuff-Maschinen mit Coulissen-Steuerung (nach Gooch, Stephenson . . .).

Abs. Adm. Sp. $p = 9$ Kgr. od. Atm.

Füllung $\frac{l}{i}$ (links): Indicirte Leistung $\frac{N_i}{c}$ in Pferdekraft — Füllung $\frac{l}{i}$ (rechts): Netto-Leistung $\frac{N_n}{c}$ in Pferdekraft — pro 1 Meter Kolbengeschwindigkeit. Letzte Spalte: $2C_i''$ u. C_i bei $\frac{l}{i}=0{,}3$ (gew. Masch.) in Kgr.

O Qu.Met.	D Centm.	Ind. 0,7	0,5	0,4	0,333	0,3	0,25	0,20	Netto 0,7	0,5	0,4	0,333	0,3	0,25	0,20	$2C_i''$ u. C_i
0,020	16,2	17,8	14,7	12,6	10,9	10,0	8,4	6,5	13,8	11,3	9,6	8,2	7,5	6,2	4,6	4,5 (bei $c =$ 1,49 m)
022	17,0	19,6	16,2	13,9	12,0	11,0	9,2	7,1	15,2	12,4	10,6	9,1	8,3	6,8	5,1	
024	17,7	21,4	17,6	15,1	13,1	12,0	10,1	7,8	16,7	13,6	11,6	10,0	9,1	7,5	5,6	
026	18,5	23,2	19,1	16,4	14,2	13,0	10,9	8,4	18,2	14,8	12,6	10,8	9,9	8,2	6,1	
028	19,2	25,0	20,6	17,6	15,3	14,0	11,8	9,1	19,6	16,0	13,6	11,7	10,7	8,8	6,6	
0,030	19,8	26,7	22,1	18,9	16,4	15,0	12,6	9,7	21,1	17,2	14,6	12,6	11,4	9,5	7,1	3,7 (1,58 m) 17
032	20,5	28,5	23,5	20,1	17,5	16,0	13,4	10,4	22,6	18,4	15,7	13,5	12,3	10,2	7,6	
034	21,1	30,3	25,0	21,4	18,6	17,0	14,3	11,0	24,0	19,7	16,7	14,4	13,1	10,8	8,2	
036	21,7	32,1	26,5	22,7	19,7	18,0	15,1	11,7	25,5	20,9	17,7	15,3	13,9	11,5	8,7	
038	22,3	33,9	27,9	23,9	20,8	19,0	16,0	12,3	27,0	22,1	18,8	16,2	14,7	12,2	9,2	
0,040	22,9	35,6	29,4	25,2	21,8	20,0	16,8	13,0	28,5	23,3	19,8	17,1	15,5	12,9	9,7	3,1 (1,65 m)
042	23,5	37,4	30,9	26,4	22,9	21,0	17,6	13,6	30,0	24,5	20,9	18,0	16,4	13,6	10,2	
044	24,0	39,2	32,3	27,7	24,0	22,0	18,5	14,3	31,5	25,8	21,9	18,9	17,2	14,2	10,8	
046	24,6	41,0	33,8	29,0	25,1	23,0	19,3	14,9	33,0	27,0	22,9	19,8	18,0	14,9	11,3	
048	25,1	42,8	35,3	30,2	26,2	24,0	20,2	15,6	34,5	28,2	24,0	20,7	18,8	15,6	11,8	
0,050	25,6	44,6	36,8	31,5	27,3	25,0	21,0	16,2	36,0	29,4	25,0	21,5	19,6	16,3	12,3	2,7 (1,71 m)
053	26,4	47,2	39,0	33,4	29,0	26,5	22,3	17,2	38,2	31,3	26,6	22,9	20,9	17,3	13,1	
056	27,1	49,9	41,2	35,3	30,6	28,0	23,5	18,2	40,5	33,1	28,2	24,3	22,1	18,4	13,9	
059	27,8	52,6	43,4	37,1	32,2	29,5	24,8	19,1	42,8	35,0	29,8	25,7	23,4	19,4	14,6	
062	28,5	55,3	45,6	39,0	33,9	31,0	26,0	20,1	45,0	36,9	31,4	27,0	24,6	20,4	15,4	
0,065	29,2	57,9	47,8	40,9	35,5	32,5	27,3	21,1	47,3	38,7	33,0	28,4	25,9	21,5	16,2	2,3 (1,77 m) 16
068	29,9	60,6	50,0	42,8	37,2	34,0	28,6	22,0	49,6	40,6	34,6	29,8	27,1	22,5	17,0	
071	30,5	63,3	52,2	44,7	38,8	35,5	29,8	23,0	51,8	42,4	36,1	31,1	28,4	23,6	17,8	
074	31,2	65,9	54,4	46,6	40,4	37,0	31,1	24,0	54,1	44,3	37,7	32,5	29,6	24,6	18,6	
077	31,8	68,6	56,6	48,5	42,1	38,5	32,3	24,9	56,4	46,2	39,3	33,9	30,9	25,6	19,4	
0,080	32,4	71,3	58,8	50,4	43,7	40,0	33,6	25,9	58,7	48,1	40,9	35,2	32,1	26,7	20,2	2,0 (1,83 m)
084	33,2	74,9	61,8	52,9	45,9	42,0	35,3	27,2	61,8	50,6	43,0	37,1	33,8	28,1	21,2	
088	34,0	78,5	64,7	55,4	48,1	44,0	37,0	28,5	64,8	53,1	45,2	39,0	35,5	29,5	22,3	
092	34,7	82,0	67,6	57,9	50,2	46,0	38,6	29,8	67,9	55,7	47,4	40,8	37,2	30,9	23,4	
096	35,5	85,6	70,6	60,4	52,4	48,0	40,3	31,1	71,0	58,2	49,5	42,7	38,9	32,3	24,4	
0,100	36,2	89,1	73,5	62,9	54,6	50,0	42,0	32,4	74,1	60,7	51,7	44,5	40,6	33,7	25,5	1,9 (1,91 m)
105	37,1	93,6	77,2	66,1	57,3	52,5	44,1	34,0	78,0	63,9	54,4	46,9	42,7	35,5	26,9	
110	38,0	98,1	80,9	69,3	60,1	55,0	46,2	35,7	81,9	67,1	57,1	49,2	44,9	37,3	28,2	
115	38,8	102,5	84,6	72,4	62,8	57,5	48,3	37,3	85,8	70,3	59,9	51,6	47,0	39,1	29,6	
120	39,7	107,0	88,2	75,6	65,5	60,0	50,4	38,9	89,7	73,5	62,6	53,9	49,2	40,9	30,9	
0,125	40,5	111,5	91,9	78,7	68,3	62,5	52,5	40,5	93,6	76,7	65,3	56,3	51,3	42,7	32,3	1,7 (1,99 m) 15
130	41,3	115,9	95,6	81,9	71,0	65,0	54,6	42,1	97,5	79,9	68,0	58,6	53,5	44,4	33,7	
135	42,1	120,4	99,3	85,0	73,7	67,5	56,7	43,8	101,4	83,1	70,8	61,0	55,6	46,2	35,0	
140	42,8	124,8	103,0	88,2	76,5	70,0	58,8	45,4	105,3	86,3	73,5	63,3	57,8	48,0	36,4	
145	43,6	129,3	106,6	91,3	79,2	72,5	60,9	47,0	109,2	89,5	76,2	65,7	59,9	49,8	37,7	
0,150	44,4	133,7	110,3	94,4	81,9	75,0	63,0	48,6	113,1	92,7	78,9	68,1	62,0	51,6	39,1	1,5 (2,06 m)
155	45,1	138,2	113,9	97,6	84,7	77,5	65,1	50,2	117,1	96,0	81,7	70,4	64,2	53,4	40,5	
160	45,8	142,6	117,6	100,7	87,4	80,0	67,2	51,9	121,0	99,2	84,5	72,8	66,4	55,2	41,9	
165	46,5	147,1	121,3	103,9	90,1	82,5	69,3	53,5	125,0	102,4	87,2	75,2	68,6	57,0	43,2	
170	47,2	151,6	125,0	107,0	92,8	85,0	71,4	55,1	128,9	105,7	90,0	77,6	70,7	58,8	44,6	
0,175	47,9	156,0	128,7	110,2	95,6	87,5	73,5	56,7	132,9	108,9	92,7	80,0	72,9	60,6	46,0	1,4 (2.12 m)
180	48,6	160,5	132,3	113,3	98,3	90,0	75,6	58,3	136,8	112,2	95,5	82,4	75,1	62,5	47,4	
185	49,3	164,9	136,0	116,5	101,0	92,5	77,7	60,0	140,8	115,4	98,3	84,8	77,3	64,3	48,8	
190	49,9	169,4	139,7	119,6	103,8	95,0	79,8	61,6	144,7	118,6	101,0	87,2	79,5	66,1	50,1	
195	50,6	173,9	143,4	122,8	106,5	97,5	81,9	63,2	148,7	121,9	103,8	89,6	81,6	67,9	51,5	
0,200	51,2	178,3	147,0	125,9	109,2	100,0	84,0	64,8	152,6	125,1	106,6	91,9	83,8	69,7	52,9	1,3 (2,17 m) 14,8
205	51,8	182,8	150,7	129,0	112,0	102,5	86,1	66,5	156,6	128,4	109,4	94,3	86,0	71,6	54,3	
210	52,5	187,2	154,4	132,2	114,7	105,0	88,2	68,1	160,6	131,7	112,2	96,7	88,2	73,4	55,7	
215	53,1	191,7	158,1	135,3	117,4	107,5	90,3	69,7	164,6	134,9	114,9	99,1	90,4	75,2	57,0	
220	53,7	196,1	161,7	138,5	120,2	110,0	92,4	71,3	168,6	138,2	117,7	101,6	92,6	77,1	58,4	
0,225	54,3	200,6	165,4	141,6	122,9	112,5	94,5	72,9	172,6	141,5	120,5	104,0	94,8	78,9	59,8	1,2 (2,22 m)
230	54,9	205,1	169,1	144,8	125,6	115,0	96,6	74,6	176,6	144,8	123,3	106,4	97,0	80,7	61,2	
235	55,5	209,5	172,8	147,9	128,3	117,5	98,7	76,2	180,6	148,0	126,1	108,8	99,2	82,5	62,6	
240	56,1	214,0	176,4	151,1	131,1	120,0	100,8	77,8	184,6	151,3	128,9	111,2	101,4	84,4	64,0	
245	56,7	218,4	180,1	154,2	133,8	122,5	102,9	79,4	188,6	154,6	131,7	113,6	103,6	86,2	65,4	
0,250	57,3	222,9	183,8	157,4	136,5	125,0	105,0	81,0	192,5	157,9	134,5	116,0	105,7	88,0	66,8	1,1 (2,27 m)
$C_i' =$		13,1	11,2	10,3	9,7	9,4	8,9	8,6								
$vC_i'' =$		12,3	11,0	10,5	10,3	10,3	10,5	11,3								

gilt für gewöhnl. Masch. (auch rechts).

Auspuff-Maschinen mit Coulissen-Steuerung.

Abs. Adm. Sp. $p = \mathbf{9}$ Kgr. od. Atm.

Wirksame Kolbenfläche O (Qu.Met.)	Kolben-Durchmesser D (Centm.)	Füllung $\frac{l_i}{l}$ — Indicirte Leistung $\frac{N_i}{c}$ in Pferdekraft pro 1 Meter Kolbengeschwindigkeit							Füllung $\frac{l_i}{l}$ — Netto-Leistung $\frac{N_n}{c}$ in Pferdekraft pro 1 Meter Kolbengeschwindigkeit							$2C_i''' \text{ u. } C_i$ bei $\frac{l_i}{l}=0{,}25$ (gew. Masch.) Kgr.
		0,7	0,5	0,4	0,333	0,3	0,25	0,20	0,7	0,5	0,4	0,333	0,3	0,25	0,20	
0,250	57,3	222,9	183,8	157,4	136,5	125,0	105,0	81,0	192,5	157,9	134,5	116,0	105,7	88,0	66,8	1,2 (bei $c =$ 2,27 m) 14,1
255	57,8	227,3	187,5	160,5	139,3	127,5	107,1	82,7	196,6	161,2	137,3	118,4	107,9	89,9	68,2	
260	58,4	231,8	191,1	163,7	142,0	130,0	109,2	84,3	200,6	164,5	140,1	120,9	110,2	91,7	69,6	
265	59,0	236,3	194,8	166,8	144,7	132,5	111,3	85,9	204,6	167,8	142,9	123,3	112,4	93,6	71,0	
270	59,5	240,7	198,5	170,0	147,5	135,0	113,4	87,5	208,6	171,1	145,7	125,7	114,6	95,4	72,4	
0,275	60,1	245,2	202,2	173,1	150,2	137,5	115,5	89,1	212,6	174,4	148,5	128,1	116,8	97,3	73,8	1,1 (2,32 m)
280	60,6	249,6	205,9	176,3	152,9	140,0	117,6	90,8	216,7	177,7	151,3	130,6	119,0	99,1	75,2	
285	61,1	254,1	209,5	179,4	155,6	142,5	119,7	92,4	220,7	181,0	154,1	133,0	121,2	101,0	76,6	
290	61,7	258,6	213,2	182,6	158,4	145,0	121,8	94,0	224,7	184,3	156,9	135,4	123,4	102,8	78,0	
295	62,2	263,0	216,9	185,7	161,1	147,5	123,9	95,6	228,7	187,6	159,8	137,9	125,6	104,7	79,4	
0,300	62,7	267,4	220,5	188,8	163,8	150,0	126,0	97,2	232,7	190,8	162,6	140,2	127,9	106,5	80,8	1,1 (2,36 m)
310	63,8	276,4	227,9	195,1	169,3	155,0	130,2	100,5	240,8	197,5	168,2	145,1	132,3	110,2	83,6	
320	64,8	285,3	235,2	201,4	174,8	160,0	134,4	103,7	248,9	204,1	173,9	150,0	136,8	113,9	86,5	
330	65,8	294,2	242,6	207,7	180,2	165,0	138,6	107,0	257,0	210,8	179,5	154,9	141,2	117,6	89,3	
340	66,8	303,1	249,9	214,0	185,7	170,0	142,8	110,2	265,1	217,4	185,2	159,8	145,7	121,4	92,1	
0,350	67,7	312,0	257,3	220,3	191,1	175,0	147,0	113,4	273,2	224,0	190,9	164,7	150,2	125,1	95,0	1,1 (2,44 m)
360	68,7	320,9	264,6	226,6	196,6	180,0	151,2	116,7	281,2	230,7	196,5	169,6	154,6	128,8	97,8	
370	69,7	330	272	233	202	185	155	120	289	237	202	174	159	133	101	
380	70,6	339	279	239	208	190	160	123	297	244	208	179	164	136	103	
390	71,5	348	287	245	213	195	164	126	306	251	213	184	168	140	106	
0,400	72,4	357	294	252	218	200	168	130	314	257	219	189	172	144	109	1,0 (2,51 m) 14,1
410	73,3	366	301	258	224	205	172	133	322	264	225	194	177	147	112	
420	74,2	374	309	264	229	210	176	136	330	271	231	199	181	151	115	
430	75,1	383	316	271	235	215	181	139	338	277	236	204	186	155	118	
440	76,0	392	323	277	240	220	185	143	346	284	242	209	190	159	121	
0,450	76,8	401	331	283	246	225	189	146	354	291	248	214	195	162	123	0,9 (2,58 m)
460	77,7	410	338	290	251	230	193	149	363	297	253	219	199	166	126	
470	78,5	419	345	296	257	235	197	152	371	304	259	224	204	170	129	
480	79,3	428	353	302	262	240	202	156	379	311	265	229	208	174	132	
490	80,2	437	360	308	268	245	206	159	387	318	271	233	213	177	135	
0,500	81,0	446	368	315	273	250	210	162	395	324	276	238	217	181	138	0,9 (2,65 m)
510	81,8	455	375	321	279	255	214	165	403	331	282	243	222	185	140	
520	82,6	464	382	327	284	260	218	169	411	337	288	248	226	189	143	
530	83,4	472	390	334	289	265	223	172	419	344	293	253	231	192	146	
540	84,2	481	397	340	295	270	227	175	427	351	299	258	235	196	149	
0,550	84,9	490	404	346	300	275	231	178	436	357	304	263	240	200	152	0,8 (2,71 m)
560	85,7	499	412	352	306	280	235	182	444	364	310	268	244	203	155	
570	86,5	508	419	359	311	285	239	185	452	371	316	273	249	207	157	
580	87,2	517	426	365	317	290	244	188	460	377	321	277	253	211	160	
590	88,0	526	434	371	322	295	248	191	468	384	327	282	257	215	163	
0,600	88,7	535	441	378	328	300	252	194	476	390	333	287	262	218	166	0,8 (2,76 m) 13,8
620	90,2	553	456	390	339	310	260	201	492	404	344	297	271	226	171	
640	91,6	571	470	403	350	320	269	207	508	417	355	307	280	233	177	
660	93,0	588	485	415	360	330	277	214	524	430	367	316	289	241	183	
680	94,4	606	500	428	371	340	286	220	541	443	378	326	298	248	188	
0,700	95,8	624	515	441	382	350	294	227	557	457	389	336	306	255	194	0,8 (2,85 m)
720	97,2	642	529	453	393	360	302	233	573	470	401	346	315	263	200	
740	98,5	660	544	466	404	370	311	240	589	483	412	356	324	270	205	
760	99,8	678	559	478	415	380	319	246	605	496	423	365	333	278	211	
780	101,1	695	573	491	426	390	328	253	621	510	434	375	342	285	217	
0,800	102,4	713	588	504	437	400	336	259	637	523	446	385	351	293	222	0,7 (2,94 m)
820	103,7	731	603	516	448	410	344	266	654	536	457	395	360	300	228	
840	105,0	749	617	529	459	420	353	272	670	550	468	404	369	307	234	
860	106,2	767	632	541	470	430	361	279	686	563	480	414	378	315	239	
880	107,4	785	647	554	481	440	370	285	702	576	491	424	387	322	245	
0,900	108,6	802	662	567	491	450	378	292	719	590	503	434	396	330	251	0,6 (3,01 m)
920	109,8	820	676	579	502	460	386	298	735	603	514	444	405	337	256	
940	111,0	838	691	592	513	470	395	305	751	616	525	453	414	345	262	
960	112,2	856	706	604	524	480	403	311	767	630	537	463	422	352	268	
980	113,4	874	720	617	535	490	412	318	783	643	548	473	431	360	273	
1,000	114,5	891	735	629	546	500	420	324	800	656	559	483	440	367	279	0,6 (3,08 m) 13,1
$C_i' =$		12,3	10,4	9,5	8,9	8,6	8,1	7,7								13,1
$xC_i'' =$		10,5	9,3	8,9	8,7	8,7	8,9	9,6								

gilt für exacte Masch., bei welchen C_i''' circa die Hälfte beträgt (auch links).

Auspuff-Maschinen mit Coulissen-Steuerung (nach Gooch, Stephenson . . .).

Abs. Adm. Sp. $p = 10$ Kgr. od. Atm.

Wirksame Kolbenfläche O Qu.Met.	Kolben-Durchmesser D Centm.	Füllung $\frac{l_i}{i}$ — Indicirte Leistung $\frac{N_i}{c}$ in Pferdekraft (pro 1 Meter Kolbengeschwindigkeit)							Füllung $\frac{l_i}{i}$ — Netto-Leistung $\frac{N_n}{c}$ in Pferdekraft (pro 1 Meter Kolbengeschwindigkeit)							$2 C_i'' \text{ u.} C_i$ bei $\frac{l_i}{i}=0,3$ (gew. Masch.) Kgr.
		0,7	0,5	0,4	0,333	0,3	0,25	0,20	0,7	0,5	0,4	0,333	0,3	0,25	0,20	
0,020	16,2	20,1	16,7	14,3	12,5	11,5	9,7	7,5	15,6	12,8	10,9	9,5	8,6	7,2	5,5	4,0
022	17,0	22,1	18,4	15,8	13,8	12,6	10,7	8,3	17,3	14,2	12,1	10,5	9,6	8,0	6,1	(bei
024	17,7	24,2	20,0	17,2	15,0	13,8	11,6	9,0	18,9	15,6	13,2	11,5	10,5	8,7	6,6	$c =$
026	18,5	26,2	21,7	18,6	16,3	14,9	12,6	9,8	19,6	16,9	14,4	12,5	11,4	9,5	7,2	1,57 m)
028	19,2	28,2	23,4	20,1	17,5	16,1	13,6	10,5	21,2	18,3	15,6	13,5	12,3	10,3	7,8	
0,030	19,8	30,2	25,0	21,5	18,8	17,2	14,6	11,3	23,9	19,6	16,8	14,5	13,2	11,1	8,4	3,3
032	20,5	32,2	26,7	23,0	20,0	18,4	15,5	12,1	25,6	21,0	18,0	15,5	14,2	11,9	9,0	(1,67m)
034	21,1	34,2	28,4	24,4	21,3	19,5	16,5	12,8	27,2	22,4	19,1	16,6	15,1	12,6	9,6	16
036	21,7	36,2	30,0	25,8	22,5	20,7	17,5	13,6	28,9	23,8	20,3	17,6	16,1	13,4	10,2	
038	22,3	38,2	31,7	27,2	23,8	21,8	18,4	14,3	30,6	25,2	21,5	18,6	17,0	14,2	10,8	
0,040	22,9	40,3	33,4	28,7	25,0	23,0	19,4	15,1	32,3	26,6	22,7	19,7	17,9	15,0	11,4	2,7
042	23,5	42,3	35,0	30,1	26,3	24,1	20,4	15,8	34,0	28,0	23,9	20,7	18,9	15,8	12,0	(1,74 m)
044	24,0	44,3	36,7	31,5	27,5	25,3	21,4	16,6	35,7	29,4	25,1	21,7	19,8	16,6	12,6	
046	24,6	46,3	38,4	33,0	28,8	26,4	22,3	17,3	37,4	30,7	26,3	22,7	20,8	17,4	13,2	
048	25,1	48,3	40,1	34,4	30,0	27,6	23,3	18,1	39,1	32,1	27,5	23,8	21,7	18,2	13,8	
0,050	25,6	50,3	41,7	35,9	31,3	28,7	24,3	18,9	40,7	33,5	28,6	24,8	22,7	19,0	14,4	2,5
053	26,4	53,4	44,2	38,0	33,1	30,4	25,7	20,0	43,3	35,6	30,5	26,4	24,1	20,2	15,4	(1,80 m)
056	27,1	56,4	46,7	40,2	35,0	32,2	27,2	21,1	45,9	37,8	32,3	27,9	25,6	21,4	16,3	
059	27,8	59,4	49,2	42,3	36,9	33,9	28,6	22,2	58,4	39,9	34,1	29,5	27,0	22,6	17,2	
062	28,5	62,4	51,7	44,5	38,8	35,6	30,1	23,4	51,0	42,0	35,9	31,1	28,4	23,8	18,1	
0,065	29,2	65,4	54,2	46,6	40,7	37,3	31,6	24,5	53,6	44,1	37,7	32,7	29,9	25,0	19,0	2,1
068	29,9	68,5	56,7	48,8	42,5	39,0	33,0	25,6	56,1	46,2	39,5	34,2	31,3	26,2	20,0	(1.87m)
071	30,5	71,5	59,2	50,9	44,4	40,8	34,5	26,8	58,7	48,4	41,3	35,8	32,8	27,4	20,9	15
074	31,2	74,5	61,7	53,1	46,3	42,5	36,0	27,9	61,3	50,5	43,1	37,4	34,2	28,6	21,8	
077	31,8	77,5	64,2	55,2	48,2	44,2	37,4	29,0	63,9	52,6	44,9	38,9	35,6	29,9	22,7	
0,080	32,4	80,5	66,7	57,4	50,0	45,9	38,8	30,2	66,4	54,7	46,8	40,5	37,1	31,0	23,7	1,9
084	33,2	84,6	70,0	60,3	52,5	48,2	40,8	31,7	69,9	57,6	49,2	42,7	39,0	32,7	24,9	(1,93 m)
088	34,0	88,6	73,4	63,1	55,0	50,5	42,7	33,2	73,4	60,5	51,6	44,8	41,0	34,3	26,2	
092	34,7	92,6	76,7	66,0	57,5	52,8	44,6	34,7	76,9	63,4	53,9	46,9	42,9	36,0	27,4	
096	35,5	96,6	80,1	68,9	60,0	55,1	46,6	36,2	80,4	66,2	56,3	49,1	44,9	37,6	28,7	
0,100	36,2	100,7	83,4	71,7	62,5	57,4	48,5	37,7	83,9	69,1	58,7	51,2	46,9	39,2	29,9	1,7
105	37,1	105,7	87,6	75,3	65,7	60,3	51,0	39,6	88,3	72,7	61,8	53,9	49,3	41,3	31,5	(2,02 m)
110	38,0	110,7	91,7	78,9	68,8	63,2	53,4	41,5	92,7	76,4	65,0	56,6	51,8	43,4	33,1	
115	38,8	115,7	95,9	82,5	71,9	66,0	55,8	43,3	97,1	80,0	68,2	59,3	54,3	45,5	34,7	
120	39,7	120,8	100,1	86,1	75,0	68,9	58,2	45,2	101,5	83,6	71,3	62,0	56,8	47,5	36,3	
0,125	40,5	125,8	104,2	89,7	78,2	71,8	60,7	47,1	105,9	87,3	74,5	64,8	59,3	49,6	37,9	1,5
130	41,3	130,8	108,4	93,3	81,3	74,7	63,1	49,0	110,3	90,9	77,6	67,5	61,7	51,7	39,5	(2,10m)
135	42,1	135,9	112,6	96,9	84,4	77,5	65,5	50,9	114,7	94,6	80,8	70,2	64,2	53,8	41,1	14,6
140	42,8	140,9	116,8	100,4	87,6	80,4	68,0	52,7	119,2	98,2	84,0	72,9	66,7	55,9	42,7	
145	43,6	145,9	120,9	104,0	90,7	83,3	70,4	54,6	123,6	101,8	87,1	75,6	69,2	57,9	44,3	
0,150	44,4	151,0	125,1	107,6	93,8	86,1	72,8	56,5	128,0	105,5	90,3	78,3	71,6	60,0	45,9	1,4
155	45,1	156,0	129,3	111,2	96,9	89,0	75,2	58,4	132,5	109,2	93,4	81,0	74,1	62,1	47,5	(2,17 m)
160	45,8	161,0	133,4	114,8	100,0	91,9	77,6	60,3	137,0	112,9	96,6	83,7	76,6	64,2	49,1	
165	46,5	166,1	137,6	118,4	103,2	94,8	80,1	62,2	141,4	116,6	99,7	86,5	79,1	66,3	50,7	
170	47,2	171,1	141,8	121,9	106,3	97,6	82,5	64,1	145,9	120,2	102,9	89,2	81,7	68,4	52,3	
0,175	47,9	176,1	145,9	125,5	109,4	100,5	84,9	65,9	150,4	123,9	106,1	92,0	84,2	70,5	53,9	1,3
180	48,6	181,2	150,1	129,1	112,6	103,4	87,4	67,8	154,8	127,6	109,2	94,7	86,7	72,6	55,5	(2,23 m)
185	49,3	186,2	154,3	132,7	115,7	106,2	89,8	69,7	159,3	131,3	112,4	97,4	89,2	74,7	57,1	
190	49,9	191,2	158,4	136,3	118,8	109,1	92,2	71,6	163,8	135,0	115,5	100,2	91,7	76,8	58,7	
195	50,6	196,3	162,6	139,9	122,0	112,0	94,6	73,5	168,2	138,7	118,7	102,9	94,2	78,9	60,3	
0,200	51,2	201,3	166,8	143,4	125,0	114,9	97,0	75,4	172,7	142,4	121,8	105,7	96,7	81,0	62,0	1,2
205	51,8	206,3	170,9	147,0	128,2	117,7	99,5	77,3	177,2	146,1	125,0	108,4	99,2	83,2	63,6	(2,29 m)
210	52,5	211,4	175,1	150,6	131,3	120,6	101,9	79,2	181,7	149,8	128,2	111,2	101,8	85,3	65,3	14,1
215	53,1	216,4	179,3	154,2	134,4	123,5	104,3	81,0	186,2	153,5	131,4	114,0	104,3	87,4	66,9	
220	53,7	221,4	183,5	157,8	137,6	126,3	106,8	82,9	190,8	157,2	134,6	116,7	106,8	89,6	68,5	
0,225	54,3	226,5	187,6	161,4	140,7	129,2	109,2	84,8	195,3	161,0	137,8	119,5	109,3	91,7	70,1	1,1
230	54,9	231,5	191,8	165,0	143,8	132,1	111,6	86,7	199,8	164,7	141,0	122,3	111,9	93,8	71,8	(2,35 m)
235	55,5	236,5	196,0	168,6	147,0	134,9	114,1	88,6	204,3	168,4	144,2	125,0	114,4	95,9	73,4	
240	56,1	241,6	200,1	172,2	150,1	137,8	116,5	90,4	208,8	172,1	147,4	127,8	116,9	98,1	75,0	
245	56,7	246,6	204,3	175,8	153,2	140,7	118,9	92,3	213,3	175,8	150,5	130,6	119,5	100,2	76,7	
0,250	57,3	251,6	208,5	179,3	156,3	143,6	121,3	94,2	217,8	179,6	153,7	133,3	122,0	102,3	78,3	1,0 (2,40 m)
	$C_i' =$	12,9	11,0	10,1	9,4	8,1	8,7	8,4								
	$x C_i'' =$	12,3	10,9	10,4	10,1	10,1	10 2	11,0								

} gilt für gewöhnl. Masch. (auch rechts).

Auspuff-Maschinen mit Coulissen-Steuerung.

Abs. Adm. Sp. $p = \mathbf{10}$ Kgr. od. Atm.

Füllung $\frac{l_i}{l}$, columns 0,7 … 0,20: **Indicirte Leistung** $\frac{N_i}{c}$ in Pferdekraft — und — **Netto-Leistung** $\frac{N_n}{c}$ in Pferdekraft, pro 1 Meter Kolbengeschwindigkeit. Letzte Spalte: $2C_i'''$ u. C_i bei $\frac{l_i}{l}=0,25$ (gew. Masch.) Kgr.

Wirksame Kolbenfläche O Qu.Met.	Kolben-Durchmesser D Centm.	0,7	0,5	0,4	0,333	0,3	0,25	0,20	0,7	0,5	0,4	0,333	0,3	0,25	0,20	$2C_i'''$ u. C_i bei $\frac{l_i}{l}=0,25$ (gew. Masch.) Kgr.
0,250	57,3	251,6	208,5	179,3	156,3	143,6	121,3	94,2	217,8	179,6	153,7	133,3	122,0	102,3	78,3	1,0 (bei $c=$ 2,40 m) 14,0
255	57,8	256,7	212,6	182,9	159,4	146,4	123,7	96,1	222,4	183,3	156,9	136,1	124,6	104,4	79,9	
260	58,4	261,7	216,8	186,5	162,6	149,3	126,2	98,0	226,9	187,1	160,1	138,9	127,1	106,6	81,6	
265	59,0	266,7	221,0	190,1	165,7	152,2	128,6	99,9	231,4	190,8	163,3	141,7	129,7	108,7	83,2	
270	59,5	271,8	225,2	193,7	168,8	155,1	131,0	101,8	236,0	194,6	166,5	144,5	132,2	110,8	84,8	
0,275	60,1	276,8	229,3	197,3	172,0	157,9	133,5	103,6	240,5	198,3	169,8	147,3	134,8	113,0	86,5	1,0 (2,45 m)
280	60,6	281,8	233,5	200,8	175,1	160,8	135,9	105,5	245,1	202,1	173,0	150,1	137,3	115,1	88,1	
285	61,1	286,8	237,7	204,4	178,2	163,7	138,3	107,4	249,6	205,8	176,2	152,8	139,9	117,3	89,8	
290	61,7	291,9	241,8	208,0	181,3	166,5	140,7	109,3	254,1	209,6	179,4	155,6	142,4	119,4	91,4	
295	62,2	296,9	246,0	211,6	184,5	169,4	143,2	111,2	258,7	213,3	182,6	158,4	145,0	121,5	93,0	
0,300	62,7	302,0	250,2	215,2	187,6	172,3	145,6	113,1	263,3	217,0	185,8	161,2	147,5	123,7	94,7	1,0 (2,49 m)
310	63,8	312,0	258,5	222,3	193,8	178,0	150,4	116,9	272,4	224,6	192,3	166,8	152,7	128,0	98,0	
320	64,8	322	267	230	200	184	155	121	282	232	199	172	158	132	101	
330	65,8	332	275	237	206	190	160	124	291	240	205	178	163	137	105	
340	66,8	342	284	244	213	195	165	128	300	247	212	184	168	141	108	
0,350	67,7	352	292	251	219	201	170	132	309	255	218	189	173	145	111	1,0 (2,57 m)
360	68,7	362	300	258	225	207	175	136	318	262	225	195	178	150	115	
370	69,7	372	309	265	231	212	180	139	327	270	231	201	184	154	118	
380	70,6	383	317	273	238	218	184	143	337	278	238	206	189	158	121	
390	71,5	393	325	280	244	224	189	147	346	285	244	212	194	163	124	
0,400	72,4	403	334	287	250	230	194	151	355	293	251	217	199	167	128	0,9 (2,65 m) 13,6
410	73,3	413	342	294	256	235	199	155	364	300	257	223	204	171	131	
420	74,2	423	350	301	263	241	204	158	373	308	264	229	209	176	134	
430	75,1	433	359	308	269	247	209	162	383	315	270	234	214	180	138	
440	76,0	443	367	316	275	253	213	166	392	323	277	240	220	184	141	
0,450	76,8	453	375	323	281	258	218	170	401	331	283	246	225	189	144	0,9 (2,73 m)
460	77,7	463	384	330	288	264	223	173	410	338	290	251	230	193	148	
470	78,5	473	392	337	294	270	228	177	419	346	296	257	235	197	151	
480	79,3	483	400	344	300	276	233	181	429	353	303	263	240	202	154	
490	80,2	493	409	351	306	281	238	185	438	361	309	268	246	206	158	
0,500	81,0	503	417	359	313	287	243	188	447	369	316	274	251	210	161	0,8 (2,80 m)
510	81,8	513	425	366	319	293	247	192	456	376	322	280	256	215	164	
520	82,6	523	434	373	325	299	252	196	465	384	329	285	261	219	168	
530	83,4	533	442	380	331	304	257	200	474	391	335	291	266	223	171	
540	84,2	544	450	387	338	310	262	204	484	399	341	296	271	228	174	
0,550	84,9	554	459	394	344	316	267	207	493	406	348	302	276	232	178	0,7 (2,86 m)
560	85,7	564	467	402	350	322	272	211	502	414	354	308	282	236	181	
570	86,5	574	475	409	356	327	277	215	511	421	361	313	287	240	184	
580	87,2	584	484	416	363	333	281	219	520	429	367	319	292	245	188	
590	88,0	594	492	423	369	339	286	222	529	436	374	324	297	249	191	
0,600	88,7	604	500	430	375	345	291	226	538	444	380	330	302	253	194	0,7 (2,92 m) 13,3
620	90,2	624	517	445	388	356	301	234	557	459	393	341	312	262	201	
640	91,6	644	534	459	400	368	311	241	575	474	406	352	323	271	207	
660	93,0	664	550	473	413	379	320	249	593	489	419	363	333	279	214	
680	94,4	684	567	488	425	391	330	256	611	504	432	375	343	288	221	
0,700	95,8	705	584	502	438	402	340	264	630	519	445	386	353	296	227	0,7 (3,02 m)
720	97,2	725	600	516	450	414	349	271	648	534	458	397	364	305	234	
740	98,5	745	617	531	463	425	359	279	666	549	471	408	374	314	241	
760	99,8	765	634	545	475	436	369	286	684	565	483	420	384	322	247	
780	101,1	785	650	559	488	448	378	294	703	580	496	431	394	331	254	
0,800	102,4	805	667	574	500	459	388	302	721	595	509	442	405	340	260	0,6 (3,11 m)
820	103,7	825	684	588	513	471	398	309	739	610	522	453	415	348	267	
840	105,0	845	700	602	525	482	408	317	758	625	535	464	425	357	274	
860	106,2	866	717	617	538	494	417	324	776	640	548	476	436	366	280	
880	107,4	886	734	631	550	505	427	332	794	655	561	487	446	374	287	
0,900	108,6	906	751	645	563	517	437	339	813	670	574	498	456	383	294	0,6 (3,18 m)
920	109,8	926	767	660	575	528	446	347	831	685	587	509	467	392	300	
940	111,0	946	784	674	588	540	456	354	849	701	600	521	477	400	307	
960	112,2	966	801	688	600	551	466	362	868	716	613	532	487	409	314	
980	113,4	986	817	703	613	563	475	369	886	731	626	543	498	417	320	
1,000	114,5	1007	834	717	625	574	485	377	904	746	639	555	508	426	327	0,6 (3,25 m) 13,0
$C_i' =$		12,1	10,2	9,3	8,6	8,3	7,9	7,5	gilt für exacte Masch., bei welchen C_i''' circa die							
$xC_i'' =$		10,5	9,2	8,8	8,6	8,6	8,7	9,3	Hälfte beträgt (auch links).							

Auspuff-Maschinen mit Coulissen-Steuerung.

Abs. Adm. Sp. $p = 11$ Kgr. od. Atm.

Füllung $\dfrac{l_i}{l} =$	0,7	0,5	0,4	0,333	0,3	0,25	0,20	0,15	
Indic. Spannung $p_i =$	8,41	7,00	6,04	5,28	4,87	4,13	3,22	2,07	Atm.
Indic. Leistung $n_i = \dfrac{N_i}{Oc} =$	1122	933	805	704	649	550	430	277	Pfdk.
Gewöhnl. Masch. $C_i' =$	12,7	10,8	9,9	9,3	9,0	8,6	8,3	8,0	kg
Exacte „ $C_i' =$	11,9	10,0	9,1	8,5	8,2	7,8	7,5	7,2	„
Gewöhnl. Masch. $x\,C_i'' =$	12,3	10,9	10,3	10,0	9,9	10,0	10,5	13,2	kg
Exacte „ $x\,C_i'' =$	10,5	9,3	8,8	8,5	8,4	8,5	8,9	11,2	„

Abs. Adm. Sp. $p = 12$ Kgr. od. Atm.

Füllung $\dfrac{l_i}{l} =$	0,7	0,5	0,4	0,333	0,3	0,25	0,20	0,15	
Indic. Spannung $p_i =$	9,28	7,74	6,70	5,88	5,42	4,62	3,62	2,34	Atm.
Indic. Leistung $n_i = \dfrac{N_i}{Oc} =$	1237	1032	893	783	723	616	483	•312	Pfdk.
Gewöhnl. Masch. $C_i' =$	12,6	10,7	9,9	9,2	8,9	8,6	8,2	7,9	kg
Exacte „ $C_i' =$	11,8	9,9	9,1	8,4	8,1	7,8	7,4	7,1	„
Gewöhnl. Masch. $x\,C_i'' =$	12,3	10,8	10,2	9,8	9,8	9,8	10,1	12,6	kg
Exacte „ $x\,C_i'' =$	10,5	9,2	8,7	8,3	8,3	8,3	8,6	10,7	„

Aus der obigen indic. Leistung $n_i = \dfrac{N_i}{Oc}$ (pro 1 m² Kolbenfläche und 1 m Kolbengeschw.) berechne man

$$\frac{N_i}{c} = O\,n_i$$

Mit der Leergang-Leistung $\dfrac{N_o}{c}$ nach S. 178, 179, bezw. 184 und mit dem dortigen $\dfrac{1}{1+\mu}$ ergibt sich

$$\frac{N_{\prime\prime}}{c} = \frac{1}{1+\mu}\left(\frac{N_i}{c} - \frac{N_o}{c}\right)$$

Sodann wird der Dampfverbrauch in der ganz gleichen Weise wie vorhergehends ermittelt, indem der Wert von $\dfrac{1}{x}$ (nebst Correct.-Coëffic.) auf S. 1 und der Dampfläss.-Verlust C_i''' auf S. 188 aufgesucht wird.

Beispiel: Gegeben (wie auf S. 23, Text): $D = 0{,}421$ m, $O = 0{,}140$ m², $l = 0{,}6$ m, $l : D = 1{,}43$; zu berechnen für $p = 12$ Atm. bei $\dfrac{l_i}{l} = 0{,}25$.

$$n_i = \frac{N_i}{Oc} = 616; \quad \frac{N_i}{c} = O\,n_i = 0{,}140\cdot616 = 86{,}2; \quad \frac{N_o}{c} = 3{,}8 \text{ (S. 178) und } \frac{1}{1+\mu} = 0{,}911; \quad \frac{N_{\prime\prime}}{c} = 0{,}911\,(86{,}2-3{,}8) = 75 \text{ Pfdk.}$$

Die obigen Angaben für $p = 11$ und 12 Atm. gelten auch für „Sehr große Maschinen" $(O > 1{,}00$ m²$)$ als Fortsetzung von S. 111.

I. SERIE.

B.

Auspuff-Maschinen mit Expansions-Steuerung.

(Steuerung nach Meyer oder Corliss etc.)

Werthe von $\frac{1}{x}$

zur Bestimmung des Abkühlungs-Verlustes C_i'' aus den tabellarischen Ansätzen von $x\,C_i''$ (durch Multiplication dieser Ansätze mit $\frac{1}{x}$).

Füllung $\frac{l_i}{l}$ =	0,8	0,7	0,6	0,5	0,4	0,333	0,3	0,25	0,20	0,15	0,125	0,10	$= \frac{l_i}{l}$ (Füllung)
$c = 0,5$ m	0,69	0,74	0,78	0,83	0,89	0,94	0,96	1,00	1,04	1,09	1,11	1,14	$c = 0,5$ m
0,6	0,63	0,67	0,71	0,76	0,82	0,86	0,88	0,91	0,95	0,99	1,01	1,04	0,6
0,7	0,59	0,62	0,66	0,70	0,75	0,79	0,81	0,85	0,88	0,92	0,94	0,96	0,7
0,8	0,55	0,58	0,62	0,66	0,71	0,74	0,76	0,79	0,82	0,86	0,88	0,90	0,8
0,9	0,52	0,55	0,58	0,62	0,67	0,70	0,72	0,75	0,78	0,81	0,83	0,85	0,9
$c = 1,0$ m	0,49	0,52	0,55	0,59	0,63	0,66	0,68	0,71	0,74	0,77	0,79	0,80	$c = 1,0$ m
1,1	0,47	0,50	0,53	0,56	0,60	0,63	0,65	0,67	0,70	0,73	0,75	0,77	1,1
1,2	0,45	0,47	0,50	0,54	0,58	0,61	0,62	0,65	0,67	0,70	0,72	0,73	1,2
1,3	0,43	0,46	0,48	0,52	0,55	0,58	0,60	0,62	0,65	0,67	0,69	0,70	1,3
1,4	0,42	0,44	0,47	0,50	0,53	0,56	0,57	0,60	0,62	0,65	0,66	0,68	1,4
$c = 1,5$ m	0,40	0,42	0,45	0,48	0,52	0,54	0,56	0,58	0,60	0,63	0,64	0,66	$c = 1,5$ m
1,6	0,39	0,41	0,44	0,47	0,50	0,52	0,54	0,56	0,58	0,61	0,62	0,64	1,6
1,7	0,38	0,40	0,42	0,45	0,48	0,51	0,52	0,54	0,56	0,59	0,60	0,62	1,7
1,8	0,37	0,39	0,41	0,44	0,47	0,49	0,51	0,53	0,55	0,57	0,59	0,60	1,8
1,9	0,36	0,38	0,40	0,43	0,46	0,48	0,49	0,51	0,53	0,56	0,57	0,58	1,9
$c = 2,0$ m	0,35	0,37	0,39	0,42	0,45	0,47	0,48	0,50	0,52	0,54	0,56	0,57	$c = 2,0$ m
2,2	0,33	0,35	0,37	0,40	0,43	0,45	0,46	0,48	0,50	0,52	0,53	0,54	2,2
2,4	0,32	0,34	0,36	0,38	0,41	0,43	0,44	0,46	0,48	0,50	0,51	0,52	2,4
2,6	0,31	0,32	0,34	0,37	0,39	0,41	0,42	0,44	0,46	0,48	0,49	0,50	2,6
2,8	0,29	0,31	0,33	0,35	0,38	0,40	0,41	0,42	0,44	0,46	0,47	0,48	2,8
$c = 3,0$ m	0,28	0,30	0,32	0,34	0,36	0,38	0,39	0,41	0,43	0,44	0,45	0,46	$c = 3,0$ m
3,2	0,27	0,29	0,31	0,33	0,35	0,37	0,38	0,40	0,41	0,43	0,44	0,45	3,2
3,4	0,27	0,28	0,30	0,32	0,34	0,36	0,37	0,38	0,40	0,42	0,43	0,44	3,4
3,6	0,26	0,27	0,29	0,31	0,33	0,35	0,36	0,37	0,39	0,41	0,41	0,42	3,6
3,8	0,25	0,27	0,28	0,30	0,32	0,34	0,35	0,36	0,38	0,39	0,40	0,41	3,8
$c = 4,0$ m	0,25	0,26	0,28	0,29	0,32	0,33	0,34	0,35	0,37	0,38	0,39	0,40	$c = 4,0$ m
4,2	0,24	0,25	0,27	0,29	0,31	0,32	0,33	0,35	0,36	0,38	0,38	0,39	4,2
4,4	0,23	0,25	0,26	0,28	0,30	0,32	0,32	0,34	0,35	0,37	0,37	0,38	4,4
4,6	0,23	0,24	0,26	0,27	0,29	0,31	0,32	0,33	0,34	0,36	0,37	0,37	4,6
4,8	0,22	0,24	0,25	0,27	0,29	0,30	0,31	0,32	0,34	0,35	0,36	0,37	4,8
$c = 5,0$ m	0,22	0,23	0,25	0,26	0,28	0,30	0,30	0,32	0,33	0,34	0,35	0,36	$c = 5,0$ m

Note. Diese Werthe von $\frac{1}{x}$ sind für alle Maschinengattungen (bei einer gewissen Füllung $\frac{l_i}{l}$ und Kolbengeschwindigkeit c) gleich gross; dieselben sind in der vorangehenden Einleitung für alle Füllungen auf drei Decimalen angegeben.

Corrections-Coëffic. für C_i'' bei dem jeweiligen Hubverhältnisse $l:D$.

Wenn $l:D$ =	0,6	0,8	1,0	1,25	1,5	1,75	2	2,5	3	3,5	4	5
Coëffic. =	0,73	0,77	0,82	0,87	0,91	0,96	1	1,08	1,15	1,22	1,29	1,41

I. Serie. B.

Auspuff-Maschinen mit Expansions-Steuerung. (Zunächst mit Dampfhemd.)

Abs. Adm. Sp. $p = 3$ Kgr. od. Atm.

Wirksame Kolbenfläche O Qu.Met.	Kolben-Durchmesser D Centm.	Füllung $\frac{l_1}{l}$ — Indicirte Leistung $\frac{N_i}{c}$ in Pferdekraft pro 1 Meter Kolbengeschwindigkeit							Füllung $\frac{l_1}{l}$ — Netto-Leistung $\frac{N_n}{c}$ in Pferdekraft pro 1 Meter Kolbengeschwindigkeit							Subtr. Compr. Lstg. pro $c=1$ m Pfdk.	$2C'''_i$ u.C_i bei $\frac{l_1}{l}=0,5$ (gew. Masch.) Kgr.
		0,8	0,7	0,6	0,5	0,4	0,333	0,3	0,8	0,7	0,6	0,5	0,4	0,333	0,3		
0,020	16,2	4,6	4,3	4,0	3,6	3,0	2,5	2,2	3,2	3,0	2,7	2,4	1,9	1,5	1,3	•	12,5
022	17,0	5,0	4,8	4,4	3,9	3,3	2,7	2,4	3,5	3,3	3,0	2,6	2,1	1,7	1,4	•	(bei
024	17,7	5,5	5,2	4,8	4,3	3,6	3,0	2,6	3,9	3,7	3,3	2,9	2,3	1,8	1,6	•	$c=$
026	18,5	6,0	5,6	5,2	4,6	3,9	3,2	2,9	4,2	4,0	3,6	3,2	2,5	2,0	1,7	•	0,86 m)
028	19,2	6,4	6,1	5,6	5,0	4,2	3,5	3,1	4,6	4,3	3,9	3,4	2,7	2,2	1,9	•	
0,030	19,8	6,9	6,5	6,0	5,3	4,4	3,7	3,3	4,9	4,7	4,2	3,7	3,0	2,4	2,0	•	9,5
032	20,5	7,3	6,9	6,4	5,7	4,7	4,0	3,5	5,3	5,0	4,6	4,0	3,2	2,5	2,2	•	(0,91 m)
034	21,1	7,8	7,4	6,8	6,0	5,0	4,2	3,7	5,7	5,3	4,9	4,2	3,4	2,7	2,4	•	28
036	21,7	8,2	7,8	7,2	6,4	5,3	4,5	4,0	6,0	5,7	5,2	4,5	3,6	2,9	2,5	•	
038	22,3	8,7	8,2	7,6	6,7	5,6	4,7	4,2	6,4	6,0	5,5	4,8	3,8	3,1	2,7	•	
0,040	22,9	9,2	8,7	8,0	7,1	5,9	5,0	4,4	6,7	6,4	5,8	5,0	4,1	3,3	2,8	•	7,9
042	23,5	9,6	9,1	8,4	7,4	6,2	5,2	4,6	7,1	6,7	6,1	5,3	4,3	3,4	3,0	•	(0,96 m)
044	24,0	10,1	9,5	8,8	7,8	6,5	5,5	4,8	7,5	7,0	6,4	5,6	4,5	3,6	3,2	•	
046	24,6	10,5	9,9	9,2	8,1	6,8	5,7	5,1	7,8	7,4	6,7	5,9	4,7	3,8	3,3	•	
048	25,1	11,0	10,4	9,6	8,5	7,1	6,0	5,3	8,2	7,7	7,0	6,1	4,9	4,0	3,5	•	
0,050	25,6	11,4	10,8	10,0	8,9	7,4	6,2	5,5	8,6	8,1	7,4	6,4	5,2	4,2	3,6	•	6,9
053	26,4	12,1	11,5	10,6	9,4	7,8	6,5	5,8	9,1	8,6	7,9	6,9	5,6	4,5	3,9	•	(0,99 m)
056	27,1	12,8	12,1	11,2	9,9	8,3	6,9	6,2	9,7	9,1	8,3	7,3	5,9	4,8	4,1	•	
059	27,8	13,5	12,8	11,8	10,5	8,7	7,3	6,5	10,3	9,7	8,8	7,7	6,3	5,0	4,4	•	
062	28,5	14,1	13,4	12,4	11,0	9,2	7,6	6,8	10,8	10,2	9,3	8,1	6,6	5,3	4,6	•	
0,065	29,2	14,8	14,1	13,0	11,5	9,6	8,0	7,1	11,4	10,7	9,8	8,5	7,0	5,6	4,9	•	6,2
068	29,9	15,5	14,7	13,6	12,1	10,0	8,4	7,5	11,9	11,3	10,3	9,0	7,3	5,9	5,1	•	(1,02 m)
071	30,5	16,2	15,4	14,2	12,6	10,5	8,8	7,8	12,5	11,8	10,7	9,4	7,7	6,2	5,4	•	26
074	31,2	16,9	16,0	14,8	13,1	10,9	9,1	8,1	13,1	12,3	11,2	9,8	8,0	6,4	5,6	•	
077	31,8	17,5	16,7	15,4	13,6	11,4	9,5	8,5	13,6	12,9	11,7	10,2	8,4	6,7	5,9	•	
0,080	32,4	18,3	17,3	16,0	14,2	11,8	9,9	8,8	14,1	13,3	12,2	10,7	8,7	7,0	6,1	•	5,4
084	33,2	19,2	18,2	16,8	14,9	12,4	10,4	9,2	14,9	14,1	12,9	11,3	9,1	7,4	6,4	•	(1,06 m)
088	34,0	20,1	19,1	17,6	15,6	13,0	10,9	9,7	15,6	14,8	13,5	11,8	9,6	7,8	6,7	•	
092	34,7	21,0	20,0	18,4	16,3	13,6	11,3	10,1	16,4	15,5	14,2	12,4	10,1	8,2	7,1	•	
096	35,5	21,9	20,8	19,2	17,0	14,2	11,8	10,5	17,1	16,2	14,8	13,0	10,5	8,5	7,4	•	
0,100	36,2	22,8	21,7	20,0	17,7	14,8	12,4	11,0	17,9	16,9	15,5	13,5	11,0	8,9	7,8	•	4,7
105	37,1	24,0	22,8	21,0	18,6	15,5	13,0	11,5	18,9	17,8	16,3	14,3	11,6	9,4	8,2	•	(1,10 m)
110	38,0	25,1	23,8	22,0	19,5	16,3	13,6	12,1	19,8	18,7	17,1	15,0	12,2	9,9	8,6	•	
115	38,8	26,3	24,9	23,0	20,4	17,0	14,2	12,6	20,8	19,6	18,0	15,7	12,8	10,4	9,0	•	
120	39,7	27,4	26,0	24,0	21,3	17,7	14,8	13,2	21,7	20,5	18,8	16,5	13,4	10,9	9,5	•	
0,125	40,5	28,5	27,1	25,0	22,2	18,5	15,5	13,7	22,7	21,4	19,6	17,2	14,0	11,4	9,9	•	4,2
130	41,3	29,7	28,2	26,0	23,1	19,2	16,1	14,3	23,7	22,4	20,5	17,9	14,6	11,9	10,3	•	(1,15 m)
135	42,1	30,8	29,2	27,0	24,0	20,0	16,7	14,8	24,6	23,3	21,3	18,6	15,2	12,4	10,8	•	24
140	42,8	32,0	30,3	28,0	24,9	20,7	17,3	15,4	25,6	24,2	22,1	19,4	15,8	12,8	11,2	•	
145	43,6	33,1	31,4	29,0	25,7	21,4	17,9	15,9	26,5	25,1	23,0	20,1	16,4	13,3	11,6	•	
0,150	44,4	34,2	32,5	30,0	26,6	22,2	18,5	16,5	27,5	26,0	23,8	20,9	17,0	13,8	12,0	•	3,7
155	45,1	35,4	33,6	31,0	27,5	22,9	19,1	17,0	28,5	26,9	24,7	21,6	17,6	14,3	12,5	•	(1,19 m)
160	45,8	36,5	34,7	32,0	28,4	23,6	19,8	17,6	29,5	27,8	25,5	22,4	18,2	14,8	12,9	•	
165	46,5	37,7	35,7	33,0	29,3	24,4	20,4	18,1	30,4	28,8	26,4	23,1	18,8	15,3	13,4	•	
170	47,2	38,8	36,8	34,0	30,2	25,1	21,0	18,7	31,4	29,7	27,2	23,9	19,4	15,8	13,8	•	
0,175	47,9	39,9	37,9	35,0	31,1	25,9	21,6	19,2	32,4	30,6	28,1	24,6	20,1	16,3	14,2	•	3,4
180	48,6	41,1	39,0	36,0	31,9	26,6	22,2	19,8	33,4	31,5	28,9	25,4	20,7	16,8	14,7	•	(1,23 m)
185	49,3	42,2	40,1	37,0	32,8	27,3	22,9	20,3	34,4	32,4	29,8	26,1	21,3	17,3	15,1	•	
190	49,9	43,4	41,1	38,0	33,7	28,1	23,5	20,9	35,3	33,4	30,6	26,9	21,9	17,8	15,6	•	
195	50,6	44,5	42,2	39,0	34,6	28,8	24,1	21,4	36,3	34,3	31,5	27,6	22,5	18,3	16,0	•	
0,200	51,2	45,6	43,3	40,0	35,5	29,6	24,7	21,9	37,3	35,2	32,3	28,3	23,1	18,8	16,4	•	3,1
205	51,8	46,8	44,4	41,0	36,4	30,3	25,3	22,5	38,2	36,2	33,1	29,1	23,7	19,3	16,9	•	(1,26 m)
210	52,5	47,9	45,5	42,0	37,3	31,0	25,9	23,0	39,2	37,1	34,0	29,8	24,3	19,9	17,3	•	23,4
215	53,1	49,1	46,6	43,0	38,1	31,8	26,6	23,6	40,2	38,0	34,8	30,6	25,0	20,4	17,7	•	
220	53,7	50,2	47,7	44,0	39,0	32,5	27,2	24,1	41,2	38,9	35,7	31,3	25,6	20,9	18,2	•	
0,225	54,3	51,4	48,7	45,0	39,9	33,3	27,8	24,7	42,2	39,9	36,6	32,1	26,2	21,4	18,6	•	3,0
230	54,9	52,5	49,8	46,0	40,8	34,0	28,4	25,2	43,2	40,8	37,4	32,8	26,8	21,9	19,1	•	(1,29 m)
235	55,5	53,6	50,9	47,0	41,7	34,7	29,0	25,8	44,2	41,7	38,3	33,6	27,4	22,4	19,5	•	
240	56,1	54,8	52,0	48,0	42,6	35,5	29,7	26,3	45,2	42,7	39,1	34,3	28,1	22,9	19,9	•	
245	56,7	55,9	53,1	49,0	43,5	36,2	30,3	26,9	46,2	43,6	40,0	35,1	28,7	23,4	20,4	•	
0,250	57,3	57,1	54,2	50,0	44,3	36,9	30,9	27,4	47,1	44,5	40,8	35,8	29,3	23,9	20,8	•	2,8 (1,32 m)
$* \{\ C'_i =$		20,2	18,7	17,3	16,3	15,6	15,6	15,8	20,4	18,9	17,6	16,7	16,2	16,4	16,7	$=C'_i$	$\}$ †
$xC''_i =$		12,9	12,0	11,2	10,7	10,5	10,7	10,9	13,0	12,1	11,4	11,0	10,9	11,3	11,7	$=xC''_i$	
$N =$		1	1	1	1	1	1	1	0,99	0,99	0,98	0,97	0,96	0,95	0,94	$=N$	

* Gew. Masch. mit Hemd (auch rechts).   † Für Masch. ohne Hemd (auch rechts).

Auspuff-Maschinen mit Expansions-Steuerung.

Abs. Adm. Sp. $p = 3$ Kgr. od. Atm.

Wirksame Kolbenfläche O Qu.Met.	Kolben-Durchmesser D Centm.	Füllung $\frac{l_i}{l}$ — Indicirte Leistung $\frac{N_i}{c}$ in Pferdekraft							Füllung $\frac{l_i}{l}$ — Netto-Leistung $\frac{N_n}{c}$ in Pferdekraft							Subtr. Compr. Lstg. pro $c=1$m Pfdk.	$2C_i''' \, u. \, C_i$ bei $\frac{l_i}{l}=0{,}4$ (gew. Masch.) Kgr.
		0,8	0,7	0,6	0,5	0,4	0,333	0,3	0,8	0,7	0,6	0,5	0,4	0,333	0,3		
0,250	57,3	57,1	54,2	50,0	44,3	36,9	30,9	27,4	47,1	44,5	40,8	35,8	29,3	23,9	20,8	•	2,9
255	57,8	58,2	55,3	51,0	45,2	37,7	31,5	28,0	48,1	45,5	41,7	36,6	29,9	24,4	21,3	•	(bei
260	58,4	59,4	56,3	52,0	46,1	38,4	32,1	28,5	49,1	46,4	42,5	37,3	30,5	24,9	21,7	•	$c=$
265	59,0	60,5	57,4	53,0	47,0	39,2	32,7	29,1	50,1	47,4	43,4	38,1	31,1	25,4	22,2	•	1,32 m)
270	59,5	61,6	58,5	54,0	47,9	39,9	33,4	29,6	51,1	48,3	44,3	38,9	31,7	25,9	22,6	•	23
0,275	60,1	62,8	59,6	55,0	48,8	40,6	34,0	30,2	52,1	49,2	45,1	39,6	32,4	26,4	23,1	•	2,8
280	60,6	63,9	60,7	56,0	49,7	41,4	34,6	30,7	53,1	50,2	46,0	40,4	33,0	26,9	23,5	•	(1,35 m)
285	61,1	65,1	61,7	57,0	50,6	42,1	35,2	31,3	54,0	51,1	46,8	41,1	33,6	27,5	24,0	•	
290	61,7	66,2	62,8	58,0	51,5	42,9	35,8	31,8	55,0	52,1	47,7	41,9	34,2	28,0	24,4	•	
295	62,2	67,3	63,9	59,0	52,3	43,6	36,5	32,4	56,0	53,0	48,6	42,7	34,8	28,5	24,9	•	
0,300	62,7	68,5	65,0	60,0	53,2	44,3	37,0	32,9	57,0	53,9	49,4	43,4	35,5	29,0	25,3	•	2,7
310	63,8	70,8	67,2	62,0	55,0	45,8	38,3	34,0	59,1	55,8	51,2	44,9	36,7	30,0	26,2	•	(1,37 m)
320	64,8	73,0	69,3	64,0	56,7	47,3	39,5	35,1	61,1	57,7	52,9	46,5	38,0	31,0	27,1	•	
330	65,8	75,3	71,5	66,0	58,5	48,8	40,7	36,2	63,1	59,6	54,7	48,0	39,2	32,1	28,0	•	
340	66,8	77,6	73,7	68,0	60,3	50,2	42,0	37,3	65,1	61,5	56,4	49,5	40,5	33,1	28,9	•	
0,350	67,7	79,9	75,9	70,0	62,1	51,7	43,2	38,4	67,1	63,4	58,1	51,1	41,8	34,1	29,9	•	2,5
360	68,7	82,2	78,0	72,0	63,8	53,2	44,4	39,5	69,1	65,3	59,9	52,6	43,0	35,2	30,8	•	(1,42 m)
370	69,7	84,4	80,2	74,0	65,6	54,7	45,7	40,6	71,1	67,2	61,6	54,1	44,3	36,2	31,7	•	
380	70,6	86,7	82,4	76,0	67,4	56,2	46,9	41,7	73,1	69,1	63,4	55,7	45,5	37,2	32,6	•	
390	71,5	89,0	84,5	78,0	69,1	57,6	48,1	42,8	75,1	71,0	65,1	57,2	46,8	38,3	33,5	•	
0,400	72,4	91,3	86,7	80,0	70,9	59,1	49,4	43,9	77,1	72,9	66,9	58,8	48,1	39,3	34,4	•	2,3
410	73,3	93,6	88,8	82,0	72,7	60,6	50,6	45,0	79,1	74,9	68,6	60,3	49,4	40,4	35,3	•	(1,46 m)
420	74,2	95,9	91,0	84,0	74,5	62,1	51,9	46,1	81,2	76,8	70,4	61,8	50,6	41,4	36,2	•	22,3
430	75,1	98,2	93,2	86,0	76,2	63,5	53,1	47,2	83,2	78,7	72,1	63,4	51,9	42,4	37,1	•	
440	76,0	100,4	95,4	88,0	78,0	65,0	54,3	48,3	85,2	80,6	73,9	64,9	53,2	43,5	38,0	•	
0,450	76,8	102,7	97,5	90,0	79,8	66,5	55,5	49,4	87,2	82,5	75,6	66,5	54,4	44,5	38,9	•	2,1
460	77,7	105,0	99,7	92,0	81,6	68,0	56,7	50,5	89,2	84,4	77,4	68,0	55,7	45,6	39,8	•	(1,50 m)
470	78,5	107,3	101,9	94,0	83,3	69,5	58,0	51,6	91,3	86,3	79,1	69,5	57,0	46,6	40,7	•	
480	79,3	109,6	104,0	96,0	85,1	70,9	59,2	52,7	93,3	88,2	80,9	71,1	58,2	47,6	41,7	•	
490	80,2	111,8	106,2	98,0	86,9	72,4	60,4	53,8	95,3	90,1	82,6	72,6	59,5	48,7	42,6	•	
0,500	81,0	114,1	108,3	99,9	88,7	73,9	61,6	54,9	97,3	92,0	84,4	74,2	60,7	49,7	43,5	•	2,1
510	81,8	116,4	110,5	101,9	90,4	75,3	62,9	56,0	99,3	93,9	86,1	75,7	62,0	50,7	44,4	•	(1,54 m)
520	82,6	118,7	112,7	103,9	92,2	76,8	64,1	57,1	101,3	95,8	87,9	77,2	63,3	51,8	45,3	•	
530	83,4	121,0	114,9	105,9	94,0	78,3	65,3	58,2	103,3	97,7	89,6	78,8	64,5	52,8	46,2	•	
540	84,2	123,3	117,0	107,9	95,7	79,8	66,6	59,3	105,3	99,6	91,3	80,3	65,8	53,8	47,1	•	
0,550	84,9	125,5	119,2	109,9	97,5	81,3	67,8	60,4	107,3	101,5	93,1	81,8	67,0	54,9	48,0	•	2,0
560	85,7	127,8	121,4	111,9	99,3	82,7	69,0	61,5	109,3	103,4	94,8	83,3	68,3	55,9	48,9	•	(1,57 m)
570	86,5	130,1	123,5	113,9	101,1	84,2	70,3	62,6	111,3	105,3	96,6	84,9	69,6	56,9	49,8	•	
580	87,2	132,4	125,7	115,9	102,8	85,7	71,5	63,7	113,3	107,2	98,3	86,4	70,8	57,9	50,8	•	
590	88,0	134,7	127,9	117,9	104,6	87,2	72,7	64,8	115,3	109,1	100,0	87,9	72,1	59,0	51,7	•	
0,600	88,7	137,0	130,0	119,9	106,4	88,6	74,0	65,8	117,3	111,0	101,8	89,5	73,3	60,0	52,5	•	1,9
620	90,2	141,5	134,3	123,9	109,9	91,6	76,5	68,0	121,3	114,8	105,3	92,5	75,8	62,1	54,4	•	(1,60 m)
640	91,6	146,1	138,7	127,9	113,5	94,5	78,9	70,2	125,3	118,6	108,8	95,6	78,3	64,2	56,2	•	22
660	93,0	150,7	143,0	131,9	117,0	97,5	81,4	72,4	129,3	122,4	112,2	98,7	80,9	66,3	58,0	•	
680	94,4	155,3	147,3	135,9	120,6	100,4	83,9	74,6	133,4	126,2	115,7	101,8	83,4	68,3	59,8	•	
0,700	95,8	159,8	151,7	139,9	124,1	103,4	86,3	76,8	137,4	130,0	119,2	104,8	85,9	70,4	61,6	•	1,7
720	97,2	164,4	156,0	143,9	127,7	106,3	88,8	79,0	141,4	133,8	122,7	107,9	88,4	72,5	63,5	•	(1,65 m)
740	98,5	169,0	160,3	147,9	131,2	109,3	91,3	81,2	145,4	137,6	126,2	111,0	90,9	74,5	65,3	•	
760	99,8	173,5	164,7	151,9	134,8	112,2	93,8	83,4	149,4	141,4	129,7	114,0	93,5	76,6	67,1	•	
780	101,1	178,1	169,0	155,9	138,3	115,2	96,2	85,5	153,4	145,2	133,2	117,1	96,0	78,7	68,9	•	
0,800	102,4	182,6	173,4	159,9	141,9	118,2	98,7	87,8	157,4	148,9	136,7	120,2	98,5	80,8	70,7	•	1,6
820	103,7	187,2	177,7	163,9	145,4	121,1	101,2	90,0	161,5	152,8	140,2	123,3	101,1	82,9	72,6	•	(1,70 m)
840	105,0	191,8	182,0	167,9	149,0	124,1	103,6	92,2	165,5	156,6	143,7	126,4	103,6	84,9	74,4	•	
860	106,2	196,3	186,3	171,9	152,5	127,0	106,1	94,3	169,6	160,4	147,2	129,4	106,1	87,0	76,2	•	
880	107,4	200,9	190,7	175,9	156,1	130,0	108,6	96,5	173,6	164,2	150,7	132,5	108,7	89,1	78,0	•	
0,900	108,6	205,5	195,0	179,9	159,6	132,9	111,1	98,7	177,6	168,0	154,2	135,6	111,2	91,2	79,9	•	1,5
920	109,8	210,1	199,3	183,9	163,2	135,9	113,5	100,9	181,7	171,9	157,7	138,7	113,8	93,3	81,7	•	(1,74 m)
940	111,0	214,6	203,7	187,9	166,7	138,8	116,0	103,1	185,7	175,7	161,2	141,8	116,3	95,4	83,5	•	
960	112,2	219,2	208,0	191,9	170,3	141,8	118,5	105,3	189,8	179,5	164,7	144,9	118,8	97,5	85,4	•	
980	113,4	223,8	212,3	195,9	173,8	144,7	120,9	107,5	193,8	183,3	168,3	148,0	121,4	99,6	87,2	•	
1,000	114,5	228,3	216,7	199,9	177,3	147,7	123,5	109,7	197,8	187,2	171,7	151,1	123,9	101,7	89,1	•	1,4 (1,78 m) 21,3
$C_i' =$		19,5	18,0	16,6	15,6	14,9	14,9	15,1									
$xC_i'' =$		10,9	10,2	9,6	9,1	8,9	9,1	9,2									

gilt für exacte Masch. mit Hemd, bei welchen C_i''' circa die Hälfte beträgt (auch links).

Auspuff-Maschinen mit Expansions-Steuerung. (Zunächst mit Dampfhemd.)

Abs. Adm. Sp. $p = 3^{1}/_{2}$ Kgr. od. Atm.

Wirksame Kolbenfläche O Qu.Met.	Kolben-Durchmesser D Centm.	Füllung $\frac{l_i}{l}$ — Indicirte Leistung $\frac{N_i}{c}$ in Pferdekraft (pro 1 Meter Kolbengeschwindigkeit)							Füllung $\frac{l_i}{l}$ — Netto-Leistung $\frac{N_n}{c}$ in Pferdekraft (pro 1 Meter Kolbengeschwindigkeit)							Subtr. Compr. Lstg. pro $c=1$ m Pfdk.	$2C_i''' $ u. C_i bei $\frac{l_i}{l}=0{,}4$ (gew. Masch.) Kgr.
		0,8	0,7	0,6	0,5	0,4	0,333	0,3	0,8	0,7	0,6	0,5	0,4	0,333	0,3		
0,020	16,2	5,8	5,6	5,2	4,7	4,0	3,4	3,1	4,2	4,0	3,7	3,2	2,7	2,2	2,0	0,1	10,8
022	17,0	6,4	6,1	5,7	5,1	4,4	3,7	3,4	4,7	4,4	4,1	3,6	3,0	2,5	2,2	0,1	(bei
024	17,7	7,0	6,7	6,2	5,6	4,8	4,1	3,7	5,1	4,9	4,5	4,0	3,3	2,7	2,4	0,1	$c=$
026	18,5	7,6	7,3	6,7	6,0	5,2	4,4	4,0	5,6	5,3	4,9	4,3	3,6	3,0	2,6	0,1	0,93 m)
028	19,2	8,2	7,8	7,3	6,5	5,6	4,8	4,3	6,0	5,7	5,3	4,7	3,9	3,2	2,9	0,1	
0,030	19,8	8,8	8,4	7,8	7,0	5,9	5,1	4,6	6,5	6,2	5,7	5,0	4,2	3,5	3,1	0,1	8,7
032	20,5	9,3	8,9	8,3	7,4	6,3	5,4	4,9	7,0	6,6	6,1	5,4	4,5	3,7	3,3	0,1	(0,98 m)
034	21,1	9,9	9,5	8,8	7,9	6,7	5,8	5,2	7,4	7,1	6,5	5,8	4,8	4,0	3,6	0,1	24
036	21,7	10,5	10,0	9,3	8,4	7,1	6,1	5,5	7,9	7,5	6,9	6,1	5,1	4,3	3,8	0,1	
038	22,3	11,1	10,6	9,8	8,8	7,5	6,5	5,9	8,4	8,0	7,3	6,5	5,4	4,5	4,0	0,1	
0,040	22,9	11,7	11,2	10,4	9,3	7,9	6,8	6,2	8,8	8,4	7,8	6,9	5,7	4,8	4,2	0,2	7,1
042	23,5	12,2	11,7	10,9	9,7	8,3	7,1	6,5	9,3	8,9	8,2	7,2	6,0	5,0	4,5	0,2	(1,03 m)
044	24,0	12,8	12,3	11,4	10,2	8,7	7,5	6,8	9,8	9,3	8,6	7,6	6,4	5,3	4,7	0,2	
046	24,6	13,4	12,8	11,9	10,7	9,1	7,8	7,1	10,2	9,8	9,0	8,0	6,7	5,6	4,9	0,2	
048	25,1	14,0	13,4	12,4	11,1	9,5	8,2	7,4	10,7	10,2	9,4	8,4	7,0	5,8	5,2	0,2	
0,050	25,6	14,6	13,9	12,9	11,6	9,9	8,5	7,7	11,2	10,6	9,8	8,7	7,3	6,1	5,4	0,2	6,4
053	26,4	15,5	14,7	13,7	12,3	10,5	9,0	8,1	11,9	11,3	10,4	9,3	7,8	6,5	5,8	0,2	(1,06 m)
056	27,1	16,4	15,6	14,5	13,0	11,1	9,5	8,6	12,6	12,0	11,1	9,8	8,2	6,9	6,1	0,2	
059	27,8	17,2	16,4	15,3	13,7	11,7	10,0	9,1	13,4	12,7	11,7	10,4	8,7	7,3	6,5	0,2	
062	28,5	18,1	17,2	16,1	14,4	12,3	10,5	9,5	14,1	13,3	12,3	11,0	9,2	7,7	6,9	0,2	
0,065	29,2	19,0	18,1	16,8	15,1	12,9	11,0	10,0	14,8	14,0	13,0	11,6	9,7	8,1	7,2	0,3	5,5
068	29,9	19,9	18,9	17,6	15,8	13,4	11,5	10,4	15,5	14,7	13,6	12,1	10,2	8,5	7,6	0,3	(1,10 m)
071	30,5	20,8	19,7	18,4	16,5	14,0	12,1	10,9	16,2	15,4	14,2	12,7	10,6	8,9	7,9	0,3	22
074	31,2	21,6	20,6	19,2	17,2	14,6	12,6	11,4	17,0	16,1	14,9	13,3	11,1	9,3	8,3	0,3	
077	31,8	22,5	21,4	20,0	17,9	15,2	13,1	11,8	17,7	16,7	15,5	13,8	11,6	9,7	8,7	0,3	
0,080	32,4	23,4	22,3	20,7	18,6	15,8	13,6	12,3	18,4	17,5	16,1	14,4	12,0	10,1	9,0	0,3	4,9
084	33,2	24,5	23,4	21,7	19,5	16,6	14,3	12,9	19,4	18,4	17,0	15,1	12,7	10,6	9,5	0,3	(1,14 m)
088	34,0	25,7	24,5	22,8	20,5	17,4	14,9	13,5	20,4	19,3	17,9	15,9	13,3	11,2	10,0	0,3	
092	34,7	26,9	25,6	23,8	21,4	18,2	15,6	14,1	21,3	20,3	18,7	16,7	14,0	11,7	10,5	0,4	
096	35,5	28,0	26,7	24,9	22,3	19,0	16,3	14,7	22,3	21,2	19,6	17,4	14,6	12,3	11,0	0,4	
0,100	36,2	29,2	27,8	25,9	23,2	19,8	17,0	15,4	23,3	22,1	20,4	18,2	15,3	12,8	11,4	0,4	4,3
105	37,1	30,7	29,2	27,2	24,4	20,8	17,8	16,1	24,5	23,3	21,5	19,2	16,1	13,5	12,1	0,4	(1,18 m)
110	38,0	32,1	30,6	28,5	25,6	21,8	18,7	16,9	25,8	24,5	22,6	20,1	16,9	14,2	12,7	0,4	
115	38,8	33,6	32,0	29,8	26,7	22,8	19,5	17,7	27,0	25,7	23,7	21,1	17,7	14,9	13,3	0,4	
120	39,7	35,0	33,4	31,0	27,9	23,8	20,4	18,4	28,2	26,8	24,8	22,1	18,5	15,6	13,9	0,5	
0,125	40,5	36,5	34,8	32,3	29,0	24,8	21,2	19,2	29,5	28,0	25,9	23,1	19,4	16,3	14,5	0,5	3,7
130	41,3	38,0	36,2	33,6	30,2	25,7	22,1	20,0	30,7	29,2	27,0	24,1	20,2	17,0	15,2	0,5	(1,23 m)
135	42,1	39,4	37,6	34,9	31,4	26,7	22,9	20,8	32,0	30,4	28,1	25,0	21,0	17,6	15,8	0,5	21
140	42,8	40,9	39,0	36,2	32,5	27,7	23,8	21,5	33,2	31,6	29,2	26,0	21,8	18,3	16,4	0,5	
145	43,6	42,3	40,3	37,5	33,7	28,7	24,6	22,3	34,4	32,7	30,3	27,0	22,6	19,0	17,0	0,6	
0,150	44,2	43,8	41,7	38,8	34,9	29,7	25,4	23,0	35,7	33,9	31,4	27,9	23,5	19,8	17,7	0,6	3,4
155	45,1	45,2	43,1	40,1	36,0	30,7	26,3	23,8	37,0	35,1	32,5	28,9	24,3	20,5	18,3	0,6	(1,28 m)
160	45,8	46,7	44,5	41,4	37,2	31,7	27,1	24,6	38,2	36,3	33,6	29,9	25,1	21,2	18,9	0,6	
165	46,5	48,2	45,9	42,7	38,3	32,7	28,0	25,4	39,5	37,5	34,7	30,9	25,9	21,9	19,6	0,6	
170	47,2	49,6	47,3	44,0	39,5	33,7	28,8	26,1	40,7	38,7	35,8	31,9	26,8	22,6	20,2	0,7	
0,175	47,9	51,1	48,7	45,3	40,7	34,7	29,7	26,9	42,0	39,9	36,9	32,9	27,6	23,3	20,8	0,7	3,0
180	48,6	52,5	50,1	46,6	41,8	35,6	30,5	27,7	43,3	41,1	38,0	33,9	28,4	24,0	21,4	0,7	(1,32 m)
185	49,3	54,0	51,5	47,9	43,0	36,6	31,4	28,4	44,5	42,3	39,1	34,9	29,3	24,7	22,1	0,7	
190	49,9	55,5	52,9	49,1	44,1	37,6	32,2	29,2	45,8	43,5	40,3	35,9	30,1	25,4	22,7	0,7	
195	50,6	56,9	54,3	50,4	45,3	38,6	33,1	30,0	47,0	44,7	41,4	36,8	30,9	26,1	23,3	0,8	
0,200	51,2	58,4	55,7	51,8	46,5	39,6	33,9	30,7	48,3	45,9	42,5	37,8	31,8	26,8	24,0	0,8	2,8
205	51,8	59,8	57,0	53,1	47,6	40,6	34,8	31,5	49,6	47,1	43,6	38,8	32,6	27,5	24,6	0,8	(1,35 m)
210	52,5	61,3	58,4	54,3	48,8	41,6	35,6	32,3	50,8	48,3	44,7	39,8	33,5	28,2	25,3	0,8	20,5
215	53,1	62,8	59,8	55,6	50,0	42,6	36,5	33,0	52,1	49,5	45,8	40,8	34,3	28,9	25,9	0,8	
220	53,7	64,2	61,2	56,9	51,1	43,6	37,3	33,8	53,4	50,7	47,0	41,8	35,2	29,6	26,6	0,8	
0,225	54,3	65,7	62,6	58,2	52,3	44,5	38,2	34,6	54,7	52,0	48,1	42,8	36,0	30,4	27,2	0,9	2,7
230	54,9	67,1	64,0	59,5	53,4	45,5	39,0	35,3	55,9	53,2	49,2	43,8	36,8	31,1	27,8	0,9	(1,39 m)
235	55,5	68,6	65,4	60,8	54,6	46,5	39,9	36,1	57,2	54,4	50,3	44,8	37,7	31,8	28,5	0,9	
240	56,1	70,1	66,8	62,1	55,8	47,5	40,7	36,9	58,5	55,6	51,4	45,8	38,5	32,5	29,1	0,9	
245	56,7	71,5	68,2	63,4	56,9	48,5	41,6	37,7	59,7	56,8	52,6	46,8	39,4	33,2	29,8	0,9	
0,250	57,3	73,0	69,6	64,7	58,1	49,5	42,4	38,4	61,0	58,0	53,7	47,8	40,2	33,9	30,4	1,0	2,5 (1,42 m)
* $\{$ $C_i' =$		18,4	16,9	15,6	14,5	13,7	13,4	13,3	18,6	17,1	15,9	14,8	14,1	13,9	14,0	$= C_i'$	$\}$ †
$xC_i'' =$		12,8	11,8	11,0	10,4	10,0	9,9	10,0	12,9	11,9	11,2	10,6	10,3	10,3	10,5	$= xC_i''$	
$N =$		1	1	1	1	1	1	1	0,99	0,99	0,98	0,98	0,97	0,96	0,95	$= N$	

* Gew. Masch. mit Hemd (auch rechts).   † Für Masch. ohne Hemd (auch rechts).

Auspuff-Maschinen mit Expansions-Steuerung.

Abs. Adm. Sp. $p = 3\frac{1}{2}$ Kgr. od. Atm.

Wirksame Kolbenfläche O Qu.Met.	Kolben-Durchmesser D Centm.	Füllung $\frac{l_i}{l}$							Füllung $\frac{l_i}{l}$							Subtr. Compr. Lstg. pro $c=1$m Pfdk.	$2C_i''' \, u. \, C_i$ bei $\frac{l_i}{l}=0,4$ (gew. Masch.) Kgr.
		Indicirte Leistung $\frac{N_i}{c}$ in Pferdekraft							Netto-Leistung $\frac{N_n}{c}$ in Pferdekraft								
		pro 1 Meter Kolbengeschwindigkeit															
		0,8	0,7	0,6	0,5	0,4	0,333	0,3	0,8	0,7	0,6	0,5	0,4	0,333	0,3		
0,250	57,3	73,0	69,6	64,7	58,1	49,5	42,4	38,4	61,0	58,0	53,7	47,8	40,2	33,9	30,4	1,0	2,5 (bei $c=$ 1,42 m) 20,3
255	57,8	74,4	71,0	66,0	59,3	50,5	43,3	39,2	62,3	59,2	54,8	48,9	41,1	34,6	31,0	1,0	
260	58,4	75,9	72,4	67,3	60,4	51,5	44,1	39,9	63,6	60,5	56,0	49,9	41,9	35,4	31,7	1,0	
265	59,0	77,4	73,7	68,6	61,6	52,5	45,0	40,7	64,9	61,7	57,1	50,9	42,8	36,1	32,3	1,0	
270	59,5	78,8	75,1	69,9	62,7	53,5	45,8	41,5	66,1	62,9	58,2	51,9	43,6	36,8	32,9	1,1	
0,275	60,1	80,3	76,5	71,2	63,9	54,5	46,7	42,3	67,4	64,1	59,3	52,9	44,5	37,5	33,6	1,1	2,4 (1,45 m)
280	60,6	81,7	77,9	72,4	65,1	55,4	47,5	43,0	68,7	65,3	60,5	53,9	45,3	38,2	34,2	1,1	
285	61,1	83,2	79,3	73,7	66,2	56,4	48,4	43,8	70,0	66,6	61,6	54,9	46,2	39,0	34,9	1,1	
290	61,7	84,7	80,7	75,0	67,4	57,4	49,2	44,6	71,3	67,8	62,7	55,9	47,0	39,7	35,5	1,1	
295	62,2	86,1	82,1	76,3	68,5	58,4	50,1	45,3	72,5	69,0	63,9	56,9	47,9	40,4	36,1	1,2	
0,300	62,7	87,6	83,5	77,6	69,7	59,4	50,9	46,1	73,9	70,2	65,0	57,9	48,7	41,1	36,8	1,2	2,2 1,47 m
310	63,8	90,5	86,3	80,2	72,0	61,4	52,6	47,6	76,4	72,7	67,3	60,0	50,5	42,6	38,2	1,2	
320	64,8	93,4	89,0	82,8	74,4	63,4	54,3	49,2	79,0	75,1	69,6	62,0	52,2	44,0	39,5	1,2	
330	65,8	96,3	91,8	85,4	76,7	65,3	56,0	50,7	81,6	77,6	71,8	64,1	53,9	45,5	40,8	1,3	
340	66,8	99,2	94,6	88,0	79,0	67,3	57,7	52,2	84,2	80,1	74,1	66,1	55,6	47,0	42,1	1,3	
0,350	67,7	102,2	97,4	90,6	81,3	69,3	59,4	53,8	86,8	82,5	76,4	68,1	57,3	48,4	43,4	1,4	2,1 (1,52 m)
360	68,7	105,1	100,2	93,2	83,6	71,3	61,1	55,3	89,4	85,0	78,7	70,2	59,1	49,9	44,7	1,4	
370	69,7	108,0	102,9	95,8	86,0	73,3	62,8	56,9	92,0	87,4	81,0	72,2	60,8	51,3	46,0	1,4	
380	70,6	110,9	105,7	98,4	88,3	75,2	64,5	58,4	94,6	89,9	83,2	74,3	62,5	52,8	47,3	1,5	
390	71,5	113,8	108,5	101,0	90,6	77,2	66,2	59,9	97,2	92,4	85,5	76,3	64,2	54,3	48,6	1,5	
0,400	72,4	116,8	111,3	103,5	93,0	79,2	67,8	61,4	99,8	94,8	87,8	78,3	65,9	55,7	49,9	1,6	2,0 (1,57 m) 19,7
410	73,3	119,7	114,1	106,1	95,3	81,2	69,5	63,0	102,4	97,3	90,1	80,4	67,6	57,1	51,2	1,6	
420	74,2	122,6	116,9	108,7	97,6	83,2	71,2	64,5	105,0	99,8	92,4	82,4	69,4	58,6	52,5	1,6	
430	75,1	125,5	119,7	111,3	99,9	85,1	72,9	66,1	107,6	102,3	94,7	84,5	71,1	60,1	53,9	1,7	
440	76,0	128,4	122,4	113,9	102,2	87,1	74,6	67,6	110,2	104,8	97,0	86,6	72,8	61,6	55,2	1,7	
0,450	76,8	131,4	125,2	116,5	104,6	89,1	76,3	69,1	112,8	107,3	99,3	88,6	74,6	63,0	56,5	1,8	1,8 (1,62 m)
460	77,7	134,3	128,0	119,1	106,9	91,1	78,0	70,7	115,4	109,8	101,6	90,7	76,3	64,5	57,8	1,8	
470	78,5	137,2	130,8	121,7	109,2	93,1	79,7	72,2	118,0	112,3	103,9	92,7	78,0	66,0	59,1	1,8	
480	79,3	140,1	133,6	124,2	111,5	95,0	81,4	73,8	120,6	114,8	106,2	94,8	79,8	67,4	60,5	1,9	
490	80,2	143,0	136,3	126,8	113,8	97,0	83,1	75,3	123,2	117,3	108,5	96,9	81,5	68,9	61,8	1,9	
0,500	81,0	145,9	139,1	129,4	116,2	99,0	84,8	76,8	125,9	119,7	110,9	98,9	83,3	70,4	63,1	1,9	1,7 (1,66 m)
510	81,8	148,9	141,9	132,0	118,5	101,0	86,5	78,3	128,5	122,1	113,1	100,9	85,0	71,8	64,4	2,0	
520	82,6	151,8	144,7	134,6	120,8	103,0	88,2	79,9	131,0	124,6	115,4	102,9	86,7	73,3	65,7	2,0	
530	83,4	154,7	147,5	137,2	123,2	104,9	89,9	81,4	133,6	127,0	117,7	105,0	88,4	74,7	67,0	2,1	
540	84,2	157,6	150,3	139,8	125,5	106,9	91,6	83,0	136,2	129,5	119,9	107,0	90,1	76,2	68,3	2,1	
0,550	84,9	160,5	153,0	142,4	127,8	•108,9	93,3	84,5	138,8	131,9	122,2	109,0	91,8	77,6	69,6	2,1	1,7 (1,69 m)
560	85,7	163,5	155,8	144,9	130,1	110,9	95,0	86,0	141,4	134,4	124,5	111,1	93,5	79,1	70,9	2,2	
570	86,5	166,4	158,6	147,5	132,4	112,9	96,7	87,6	143,9	136,8	126,8	113,1	95,2	80,5	72,2	2,2	
580	87,2	169,3	161,4	150,1	134,8	114,8	98,4	89,1	146,5	139,3	129,0	115,1	96,9	82,0	73,5	2,3	
590	88,0	172,2	164,2	152,7	137,1	116,8	100,1	90,7	149,1	141,8	131,3	117,1	98,6	83,4	74,8	2,3	
0,600	88,7	175,1	167,0	155,3	139,4	118,8	101,8	92,2	151,6	144,2	133,6	119,1	100,3	84,8	76,1	2,3	1,6 (1,72 m) 19,3
620	90,2	181,0	172,5	160,5	144,1	122,8	105,2	95,2	156,8	149,1	138,1	123,2	103,8	87,7	78,7	2,4	
640	91,6	186,8	178,1	165,6	148,7	126,7	108,5	98,3	162,0	154,0	142,7	127,3	107,2	90,6	81,3	2,5	
660	93,0	192,7	183,7	170,8	153,4	130,7	111,9	101,4	167,2	158,9	147,2	131,3	110,6	93,5	83,9	2,6	
680	94,4	198,5	189,2	176,0	158,0	134,6	115,3	104,4	172,3	163,9	151,8	135,4	114,1	96,5	86,5	2,6	
0,700	95,8	204,3	194,8	181,2	162,7	138,6	118,7	107,5	177,5	168,8	156,4	139,5	117,5	99,4	89,2	2,7	1,5 (1,78 m)
720	97,2	210,2	200,3	186,4	167,3	142,6	122,1	110,6	182,7	173,7	160,9	143,5	121,0	102,3	91,8	2,8	
740	98,5	216,0	205,9	191,5	172,0	146,5	125,5	113,7	187,9	178,6	165,5	147,6	124,4	105,2	94,4	2,9	
760	99,8	221,9	211,5	196,7	176,6	150,5	128,9	116,7	193,1	183,5	170,0	151,7	127,8	108,1	97,0	3,0	
780	101,1	227,7	217,0	201,9	181,3	154,4	132,3	119,8	198,2	188,5	174,6	155,8	131,3	111,0	99,6	3,0	
0,800	102,4	234	223	207	186	158	136	123	203	193	179	160	135	114	102	3	1,3 (1,83 m)
820	103,7	239	228	212	191	162	139	126	209	198	184	164	138	117	105	3	
840	105,0	245	234	217	195	166	142	129	214	203	188	168	142	120	107	3	
860	106,2	251	239	223	200	170	146	132	219	208	193	172	145	123	110	3	
880	107,4	257	245	228	205	174	149	135	224	213	198	176	149	126	113	3	
0,900	108,6	263	250	233	209	178	153	138	229	218	202	180	152	129	115	4	1,3 (1,88 m)
920	109,8	269	256	238	214	182	156	141	235	223	207	184	155	132	118	4	
940	111,0	274	262	243	218	186	159	144	240	228	211	189	159	134	121	4	
960	112,2	280	267	248	223	190	163	147	245	233	216	193	162	137	123	4	
980	113,4	286	273	254	228	194	166	151	250	238	220	197	166	140	126	4	
1,000	114,5	292	278	259	232	198	170	154	255	243	225	201	169	143	129	4	1,2 (1,92 m) 19
$C_i' =$		17,7	16,2	14,9	13,8	13,0	12,7	12,6									
$xC_i'' =$		10,9	10,1	9,4	8,8	8,5	8,4	8,5									

gilt für exacte Masch. mit Hemd, bei welchen C_i''' circa die Hälfte beträgt (auch links).

I. Serie. B.

Auspuff-Maschinen mit Expansions-Steuerung. (Zunächst mit Dampfhemd.)

Abs. Adm. Sp. $p = 4$ Kgr. od. Atm.

Wirksame Kolbenfläche O Qu.Met.	Kolben-Durchmesser D Centm.	Füllung $\frac{l_i}{l}$ — Indicirte Leistung $\frac{N_i}{c}$ in Pferdekraft pro 1 Meter Kolbengeschwindigkeit							Füllung $\frac{l_i}{l}$ — Netto-Leistung $\frac{N_n}{c}$ in Pferdekraft pro 1 Meter Kolbengeschwindigkeit							Subtr. Compr. Lstg. pro $c = 1$ m Pfdk.	$2C'''_i$ u. C_i bei $\frac{l_i}{l} = 0{,}333$ (gew. Masch.) Kgr.
		0,8	0,6	0,5	0,4	0,333	0,3	0,25	0,8	0,6	0,5	0,4	0,333	0,3	0,25		
0,020	16,2	7,1	6,4	5,8	5,0	4,3	4,0	3,3	5,2	4,6	4,1	3,5	3,0	2,7	2,2	0,1	9,6 (bei $c =$ 0,99 m)
022	17,0	7,8	7,0	6,3	5,5	4,7	4,3	3,7	5,8	5,1	4,6	3,9	3,3	3,0	2,4	0,1	
024	17,7	8,5	7,6	6,9	6,0	5,2	4,7	4,0	6,3	5,6	5,0	4,2	3,6	3,3	2,7	0,2	
026	18,5	9,2	8,3	7,5	6,5	5,6	5,1	4,3	6,9	6,1	5,5	4,6	4,0	3,6	2,9	0,2	
028	19,2	10,0	8,9	8,0	7,0	6,0	5,5	4,7	7,5	6,6	5,9	5,0	4,3	3,9	3,1	0,2	
0,030	19,8	10,7	9,5	8,6	7,4	6,5	5,9	5,0	8,0	7,1	6,4	5,4	4,6	4,2	3,4	0,2	7,6 (1,05 m) 22
032	20,5	11,4	10,2	9,2	7,9	6,9	6,3	5,3	8,6	7,6	6,8	5,8	4,9	4,5	3,7	0,2	
034	21,1	12,1	10,8	9,8	8,4	7,3	6,7	5,7	9,2	8,1	7,3	6,2	5,3	4,8	3,9	0,2	
036	21,7	12,8	11,5	10,3	8,9	7,8	7,1	6,0	9,8	8,6	7,7	6,6	5,6	5,1	4,2	0,2	
038	22,3	13,5	12,1	10,9	9,4	8,2	7,5	6,3	10,4	9,1	8,2	7,0	6,0	5,4	4,4	0,2	
0,040	22,9	14,2	12,7	11,5	9,9	8,6	7,9	6,7	10,9	9,7	8,7	7,3	6,3	5,7	4,7	0,3	6,4 (1,10 m)
042	23,5	14,9	13,4	12,0	10,4	9,1	8,3	7,0	11,5	10,2	9,1	7,7	6,6	6,0	5,0	0,3	
044	24,0	15,6	14,0	12,6	10,9	9,5	8,7	7,3	12,1	10,7	9,6	8,1	7,0	6,3	5,2	0,3	
046	24,6	16,3	14,7	13,2	11,4	9,9	9,0	7,6	12,7	11,2	10,0	8,5	7,3	6,6	5,5	0,3	
048	25,1	17,1	15,3	13,8	11,9	10,3	9,4	8,0	13,3	11,7	10,5	8,9	7,7	6,9	5,7	0,3	
0,050	25,6	17,8	15,9	14,4	12,4	10,8	9,9	8,3	13,8	12,2	11,0	9,3	8,0	7,2	5,9	0,3	5,6 (1,14 m)
053	26,4	18,8	16,8	15,2	13,2	11,4	10,5	8,8	14,7	13,0	11,7	9,9	8,5	7,7	6,3	0,3	
056	27,1	19,9	17,8	16,1	13,9	12,1	11,1	9,3	15,6	13,8	12,4	10,5	9,0	8,2	6,7	0,4	
059	27,8	21,0	18,7	17,0	14,6	12,7	11,6	9,8	16,5	14,6	13,1	11,1	9,5	8,6	7,1	0,4	
062	28,5	22,1	19,7	17,8	15,4	13,4	12,2	10,3	17,3	15,4	13,8	11,7	10,1	9,1	7,5	0,4	
0,065	29,2	23,1	20,6	18,7	16,1	14,0	12,8	10,8	18,2	16,2	14,5	12,3	10,6	9,6	7,9	0,4	4,9 (1,18 m) 20
068	29,9	24,2	21,6	19,5	16,9	14,7	13,4	11,3	19,1	17,0	15,2	12,9	11,1	10,0	8,3	0,4	
071	30,5	25,3	22,5	20,4	17,6	15,3	14,0	11,8	20,0	17,8	15,9	13,5	11,6	10,5	8,7	0,5	
074	31,2	26,3	23,5	21,3	18,3	16,0	14,6	12,3	20,9	18,6	16,7	14,1	12,1	11,0	9,1	0,5	
077	31,8	27,4	24,4	22,1	19,1	16,6	15,2	12,8	21,7	19,3	17,4	14,7	12,7	11,5	9,5	0,5	
0,080	32,4	28,4	25,4	23,0	19,9	17,3	15,8	13,3	22,7	20,1	18,0	15,4	13,2	11,9	9,9	0,5	4,3 (1,22 m)
084	33,2	29,9	26,7	24,2	20,8	18,1	16,6	14,0	23,9	21,2	19,0	16,2	13,9	12,6	10,4	0,5	
088	34,0	31,3	28,0	25,3	21,8	19,0	17,4	14,7	25,1	22,2	20,0	17,0	14,6	13,2	10,9	0,6	
092	34,7	32,7	29,2	26,5	22,8	19,8	18,2	15,4	26,3	23,3	20,9	17,8	15,3	13,9	11,4	0,6	
096	35,5	34,1	30,5	27,6	23,8	20,7	19,0	16,0	27,5	24,4	21,9	18,6	16,0	14,5	12,0	0,6	
0,100	36,2	35,6	31,8	28,8	24,8	21,6	19,8	16,7	28,7	25,4	22,9	19,5	16,7	15,2	12,5	0,7	3,8 (1,27 m)
105	37,1	37,3	33,4	30,2	26,1	22,7	20,7	17,5	30,2	26,8	24,1	20,5	17,6	16,0	13,2	0,7	
110	38,0	39,1	34,9	31,6	27,3	23,7	21,7	18,3	31,7	28,2	25,3	21,6	18,5	16,8	13,9	0,7	
115	38,8	40,9	36,5	33,1	28,5	24,8	22,7	19,2	33,3	29,5	26,5	22,6	19,4	17,6	14,6	0,8	
120	39,7	42,7	38,1	34,5	29,8	25,9	23,7	20,0	34,8	30,9	27,7	23,6	20,3	18,4	15,2	0,8	
0,125	40,5	44,5	39,7	36,0	31,0	27,0	24,7	20,8	36,3	32,2	29,0	24,7	21,2	19,2	15,9	0,8	3,3 (1,32 m) 19,2
130	41,3	46,2	41,3	37,4	32,3	28,1	25,7	21,7	37,8	33,6	30,2	25,7	22,1	20,0	16,6	0,9	
135	42,1	48,0	42,9	38,8	33,5	29,1	26,7	22,5	39,4	35,0	31,4	26,8	23,0	20,8	17,3	0,9	
140	42,8	49,8	44,5	40,3	34,7	30,2	27,7	23,3	40,9	36,3	32,6	27,8	23,9	21,6	18,0	0,9	
145	43,6	51,6	46,1	41,7	36,0	31,3	28,7	24,2	42,4	37,7	33,8	28,8	24,8	22,4	18,6	1,0	
0,150	44,4	53,3	47,6	43,1	37,2	32,4	29,6	25,0	43,9	39,0	35,0	29,9	25,7	23,3	19,3	1,0	3,0 (1,37 m)
155	45,1	55,1	49,2	44,6	38,5	33,4	30,6	25,9	45,5	40,4	36,3	31,0	26,6	24,1	20,0	1,0	
160	45,8	56,9	50,8	46,0	39,7	34,5	31,6	26,7	47,0	41,8	37,5	32,0	27,5	25,0	20,7	1,0	
165	46,5	58,7	52,4	47,4	40,9	35,6	32,6	27,5	48,6	43,1	38,8	33,1	28,4	25,8	21,4	1,1	
170	47,2	60,4	54,0	48,9	42,2	36,7	33,6	28,3	50,1	44,5	40,0	34,1	29,3	26,6	22,1	1,1	
0,175	47,9	62,2	55,6	50,3	43,4	37,8	34,6	29,2	51,7	45,9	41,2	35,2	30,2	27,4	22,7	1,1	2,7 (1,41 m)
180	48,6	64,0	57,2	51,8	44,7	38,8	35,6	30,0	53,2	47,3	42,5	36,3	31,1	28,3	23,4	1,2	
185	49,3	65,8	58,8	53,2	45,9	39,9	36,6	30,8	54,8	48,7	43,7	37,3	32,0	29,1	24,1	1,2	
190	49,9	67,6	60,4	54,6	47,1	41,0	37,5	31,7	56,3	50,0	45,0	38,4	33,0	29,9	24,8	1,2	
195	50,6	69,3	62,0	56,1	48,4	42,1	38,5	32,5	57,9	51,4	46,2	39,4	33,9	30,8	25,5	1,3	
0,200	51,2	71,1	63,5	57,5	49,6	43,2	39,5	33,4	59,4	52,7	47,4	40,5	34,8	31,6	26,2	1,3	2,5 (1,45 m) 18,7
205	51,8	72,9	65,1	58,9	50,9	44,2	40,5	34,2	60,9	54,1	48,7	41,6	35,7	32,4	26,9	1,3	
210	52,5	74,7	66,7	60,4	52,1	45,3	41,5	35,0	62,5	55,5	49,9	42,6	36,6	33,3	27,6	1,4	
215	53,1	76,4	68,3	61,8	53,4	46,4	42,5	35,9	64,1	56,9	51,2	43,7	37,6	34,1	28,3	1,4	
220	53,7	78,2	69,9	63,3	54,6	47,5	43,5	36,7	65,6	58,3	52,4	44,8	38,5	34,9	29,0	1,4	
0,225	54,3	80,0	71,5	64,7	55,8	48,6	44,4	37,5	67,2	59,7	53,7	45,8	39,4	35,8	29,7	1,5	2,4 (1,49 m)
230	54,9	81,8	73,1	66,1	57,1	49,6	45,4	38,3	68,7	61,1	54,9	46,9	40,3	36,6	30,4	1,5	
235	55,5	83,6	74,7	67,6	58,3	50,7	46,4	39,2	70,3	62,5	56,2	48,0	41,2	37,5	31,1	1,5	
240	56,1	85,3	76,2	69,0	59,6	51,8	47,4	40,0	71,9	63,9	57,4	49,1	42,2	38,3	31,8	1,6	
245	56,7	87,1	77,8	70,5	60,8	52,9	48,4	40,8	73,4	65,3	58,7	50,1	43,1	39,1	32,5	1,6	
0,250	57,3	88,9	79,4	71,9	62,0	53,9	49,4	41,7	75,0	66,6	59,9	51,2	44,0	40,0	33,2	1,6	2,3 (1,52 m)
*$\begin{cases} C'_i = \\ xC''_i = \\ N = \end{cases}$		17,3 12,7 1	14,6 10,9 1	13,5 10,2 1	12,6 9,7 1	12,1 9,5 1	12,0 9,4 1	11,9 9,6 1	17,4 12,8 0,99	14,8 11,1 0,98	13,7 10,4 0,98	12,9 9,9 0,97	12,5 9,8 0,96	12,5 9,8 0,96	12,5 10,1 0,95	$= C'_i$ $= xC''_i$ $= N$	$\}$ †

* Gew. Masch. mit Hemd (auch rechts). † Für Masch. ohne Hemd (auch rechts).

Auspuff-Maschinen mit Expansions-Steuerung.

Abs. Adm. Sp. $p = 4$ Kgr. od. Atm.

Wirksame Kolbenfläche — O Qu.Met.	Kolben-Durchmesser — D Centm.	Füllung $\frac{l_i}{l}$ — Indicirte Leistung $\frac{N_i}{c}$ in Pferdekraft pro 1 Meter Kolbengeschwindigkeit							Füllung $\frac{l_i}{l}$ — Netto-Leistung $\frac{N_n}{c}$ in Pferdekraft pro 1 Meter Kolbengeschwindigkeit							Subtr. Compr. Lstg. pro $c=1$ m Pfdk.	$2C'''_i$ u. C_i bei $\frac{l_i}{l}=0,333$ (gew. Masch.) Kgr.
		0,8	0,6	0,5	0,4	0,333	0,3	0,25	0,8	0,6	0,5	0,4	0,333	0,3	0,25		
0,250	57,3	88,9	79,4	71,9	62,0	53,9	49,4	41,7	75,0	66,6	59,9	51,2	44,0	40,0	33,2	1,6	2,3
255	57,8	90,7	81,0	73,3	63,3	55,0	50,4	42,5	76,5	68,0	61,2	52,3	44,9	40,8	33,9	1,7	(bei
260	58,4	92,4	82,6	74,8	64,5	56,1	51,4	43,4	78,1	69,4	62,4	53,4	45,9	41,7	34,6	1,7	$c=$
265	59,0	94,2	84,2	76,2	65,8	57,2	52,3	44,2	79,7	70,8	63,7	54,4	46,8	42,5	35,3	1,7	1,52 m)
270	59,5	96,0	85,8	77,6	67,0	58,3	53,3	46,0	81,2	72,2	64,9	55,5	47,7	43,4	36,0	1,8	18,4
0,275	60,1	97,8	87,4	79,1	68,2	59,3	54,3	46,9	82,8	73,6	66,2	56,6	48,6	44,2	36,7	1,8	2,2
280	60,6	99,6	88,9	80,5	69,5	60,4	55,3	47,7	84,4	75,0	67,5	57,7	49,6	45,1	37,4	1,8	(1,55 m)
285	61,1	101,3	90,5	82,0	70,7	61,5	56,3	48,5	86,0	76,4	68,7	58,8	50,5	45,9	38,1	1,8	
290	61,7	103,1	92,1	83,4	72,0	62,6	57,3	49,3	87,5	77,8	70,0	59,8	51,4	46,8	38,8	1,9	
295	62,2	104,9	93,7	84,8	73,2	63,7	58,3	50,2	89,1	79,2	71,2	60,9	52,4	47,6	39,5	1,9	
0,300	62,7	106,6	95,3	86,2	74,4	64,7	59,2	50,0	90,7	80,6	72,5	62,0	53,3	48,4	40,2	2,0	2,1
310	63,8	110,2	98,5	89,1	76,9	66,9	61,2	51,7	93,9	83,4	75,0	64,1	55,2	50,1	41,6	2,0	(1,57 m)
320	64,8	113,7	101,6	92,0	79,4	69,0	63,2	53,4	97,0	86,2	77,6	66,3	57,0	51,8	43,0	2,1	
330	65,8	117,3	104,8	94,9	81,9	71,2	65,2	54,1	100,2	89,1	80,1	68,5	58,9	53,5	44,5	2,2	
340	66,8	120,8	108,0	97,7	84,4	73,4	67,1	55,7	103,4	91,9	82,7	70,6	60,8	55,2	45,9	2,2	
0,350	67,7	124,4	111,2	100,6	86,8	75,5	69,1	57,4	106,6	94,7	85,2	72,8	62,6	56,9	47,3	2,3	2,0
360	68,7	127,9	114,4	103,5	89,3	77,7	71,1	59,1	109,7	97,5	87,7	75,0	64,5	58,6	48,7	2,4	(1,62 m)
370	69,7	131,5	117,5	106,3	91,8	79,8	73,0	60,7	112,9	100,3	90,3	77,2	66,4	60,3	50,1	2,4	
380	70,6	135,0	120,7	109,2	94,3	82,0	75,0	62,4	116,1	103,2	92,8	79,3	68,3	62,0	51,6	2,5	
390	71,5	138,6	123,9	112,1	96,8	84,2	77,0	64,1	119,2	106,0	95,4	81,5	70,1	63,7	53,0	2,6	
0,400	72,4	142,2	127,0	115,0	99,3	86,3	79,0	66,7	122,4	108,8	97,9	83,7	72,0	65,4	54,4	2,6	1,8
410	73,3	145,7	130,2	117,9	101,7	88,5	81,0	68,4	125,6	111,6	100,4	85,9	73,9	67,2	55,8	2,7	(1,67 m)
420	74,2	149,3	133,4	120,7	104,2	90,6	82,9	70,1	128,8	114,5	103,0	88,1	75,8	68,9	57,3	2,7	17,8
430	75,1	152,8	136,6	123,6	106,7	92,8	84,9	71,7	132,0	117,3	105,6	90,3	77,7	70,6	58,7	2,8	
440	76,0	156,4	139,8	126,5	109,2	94,9	86,9	73,4	135,2	120,2	108,1	92,5	79,6	72,3	60,1	2,9	
0,450	76,8	159,9	142,9	129,3	111,7	97,1	88,8	75,1	138,4	123,0	110,7	94,7	81,5	74,0	61,6	2,9	1,7
460	77,7	163,5	146,1	132,2	114,1	99,3	90,8	76,7	141,6	125,9	113,2	96,9	83,4	75,8	63,0	3,0	(1,73 m)
470	78,5	167,0	149,3	135,1	116,6	101,4	92,8	78,4	144,8	128,7	115,8	99,1	85,2	77,5	64,5	3,1	
480	79,3	170,5	152,5	138,0	119,1	103,6	94,8	80,1	148,0	131,6	118,4	101,3	87,1	79,2	65,9	3,1	
490	80,2	174,1	155,7	140,8	121,6	105,7	96,7	81,8	151,2	134,4	120,9	103,5	89,0	80,9	67,3	3,2	
0,500	81,0	177,7	158,8	143,7	124,1	107,9	98,7	83,4	154,4	137,3	123,5	105,7	90,9	82,6	68,7	3,3	1,6
510	81,8	181,3	162,0	146,6	126,5	110,0	100,7	85,1	157,6	140,1	126,1	107,8	92,8	84,3	70,1	3,3	(1,78 m)
520	82,6	184,8	165,2	149,5	129,0	112,2	102,7	86,7	160,7	142,9	128,6	110,0	94,7	86,0	71,6	3,4	
530	83,4	188,4	168,3	152,4	131,5	114,3	104,7	88,4	163,9	145,7	131,1	112,2	96,6	87,7	73,0	3,5	
540	84,2	191,9	171,5	155,2	134,0	116,5	106,6	90,1	167,0	148,5	133,7	114,3	98,4	89,4	74,4	3,5	
0,550	84,9	195,5	174,7	158,1	136,5	118,7	108,6	91,8	170,2	151,4	136,2	116,5	100,3	91,1	75,8	3,6	1,4
560	85,7	199,0	177,9	161,0	138,9	120,8	110,6	93,4	173,4	154,2	138,8	118,7	102,2	92,8	77,2	3,7	(1,82 m)
570	86,5	202,6	181,1	163,8	141,4	123,0	112,5	95,1	176,5	157,0	141,3	120,8	104,0	94,5	78,7	3,7	
580	87,2	206,1	184,2	166,7	143,9	125,1	114,5	96,8	179,7	159,8	143,8	123,0	105,9	96,2	80,1	3,8	
590	88,0	209,7	187,4	169,6	146,4	127,3	116,5	98,4	182,8	162,6	146,4	125,2	107,8	97,9	81,5	3,9	
0,600	88,7	213,3	190,6	172,5	148,9	129,4	118,5	100,1	186,0	165,4	148,9	127,4	109,7	99,7	82,9	3,9	1,4
620	90,2	220,4	196,9	178,2	153,8	133,7	122,4	103,4	192,4	171,0	153,9	131,7	113,4	103,1	85,8	4,1	(1,85 m)
640	91,6	227,5	203,3	184,0	158,8	138,1	126,4	106,8	198,7	176,7	159,0	136,1	117,2	106,5	88,6	4,2	17,4
660	93,0	234,6	209,6	189,7	163,8	142,4	130,3	110,1	205,0	182,3	164,1	140,1	120,9	109,9	91,5	4,3	
680	94,4	241,7	216,0	195,5	168,7	146,7	134,3	113,4	211,4	188,0	169,2	144,8	124,7	113,4	94,3	4,4	
0,700	95,8	248,8	222,3	201,2	173,7	151,0	138,2	116,7	217,7	193,6	174,3	149,1	128,4	116,8	97,2	4,6	1,3
720	97,2	256	229	207	179	155	142	120	224	199	179	153	132	120	100	5	(1,91 m)
740	98,5	263	235	213	184	160	146	123	230	205	184	158	136	124	103	5	
760	99,8	270	241	218	189	164	150	127	237	211	190	162	140	127	106	5	
780	101,1	277	248	224	194	168	154	130	243	216	195	167	143	130	109	5	
0,800	102,4	284	254	230	198	173	158	133	249	222	200	171	147	134	111	5	1,2
820	103,7	292	260	236	203	177	162	137	256	227	205	175	151	137	114	5	(1,97 m)
840	105,0	299	267	241	208	181	166	140	262	233	210	180	155	141	117	5	
860	106,2	306	273	247	213	186	170	143	269	239	215	184	158	144	120	6	
880	107,4	313	279	253	218	190	174	147	275	244	220	188	162	148	123	6	
0,900	108,6	320	286	259	223	194	178	150	281	250	225	193	166	151	126	6	1,2
920	109,8	327	292	264	228	198	182	153	288	256	230	197	170	154	129	6	(2,02 m)
940	111,0	334	299	270	233	203	186	157	294	261	235	201	174	158	131	6	
960	112,2	341	305	276	238	207	190	160	300	267	240	206	177	161	134	6	
980	113,4	348	311	282	243	211	194	164	307	273	246	210	181	165	137	6	
1,000	114,5	355	318	287	248	216	197	167	313	278	251	215	185	168	140	7	1,1 (2,06 m) 17,0
$C_i' =$		16,6	13,9	12,8	11,9	11,4	11,3	11,2	gilt für exacte Masch. mit Hemd, bei welchen C_i'''								
$xC_i'' =$		10,8	9,3	8,7	8,2	8,0	8,0	8,1	circa die Hälfte beträgt (auch links).								

Auspuff-Maschinen mit Expansions-Steuerung. (Zunächst mit Dampfhemd.)

Abs. Adm. Sp. $p = 4^{1}/_{2}$ Kgr. od. Atm.

Wirksame Kolbenfläche O Qu.Met.	Kolben-Durchmesser D Centm.	Füllung $\frac{l}{i}$ — Indicirte Leistung $\frac{N_i}{c}$ in Pferdekraft pro 1 Meter Kolbengeschwindigkeit							Füllung $\frac{l}{i}$ — Netto-Leistung $\frac{N_n}{c}$ in Pferdekraft pro 1 Meter Kolbengeschwindigkeit							Subtr. Compr. Lstg. pro $c=1$ m Pfdk.	$2C'''_i$ u. C_i bei $\frac{l}{i}=0{,}333$ (gew. Masch.) Kgr.
		0,8	0,6	0,5	0,4	0,333	0,3	0,25	0,8	0,6	0,5	0,4	0,333	0,3	0,25		
0,020	16,2	8,4	7,5	6,9	6,0	5,2	4,8	4,1	6,2	5,5	5,0	4,3	3,7	3,4	2,8	0,2	8,3
022	17,0	9,2	8,3	7,5	6,6	5,8	5,3	4,6	6,9	6,1	5,5	4,8	4,1	3,7	3,1	0,2	(bei
024	17,7	10,1	9,0	8,2	7,2	6,3	5,8	5,0	7,6	6,7	6,1	5,2	4,5	4,1	3,4	0,2	$c =$
026	18,5	10,9	9,8	8,9	7,8	6,8	6,3	5,4	8,3	7,3	6,6	5,7	4,9	4,5	3,7	0,3	1,05 m)
028	19,2	11,7	10,5	9,6	8,4	7,3	6,7	5,8	8,9	7,9	7,2	6,2	5,3	4,8	4,1	0,3	
0,030	19,8	12,6	11,3	10,3	9,0	7,9	7,2	6,2	9,6	8,5	7,7	6,6	5,7	5,2	4,4	0,3	6,5
032	20,5	13,4	12,1	11,0	9,6	8,4	7,7	6,6	10,3	9,1	8,3	7,1	6,1	5,6	4,7	0,3	(1,12 m)
034	21,1	14,3	12,8	11,7	10,2	8,9	8,2	7,0	11,0	9,7	8,8	7,6	6,6	6,0	5,0	0,3	20
036	21,7	15,1	13,6	12,4	10,8	9,4	8,7	7,4	11,6	10,4	9,4	8,1	7,0	6,4	5,3	0,4	
038	22,3	15,9	14,3	13,0	11,4	9,9	9,2	7,9	12,3	11,0	9,9	8,5	7,4	6,7	5,6	0,4	
0,040	22,9	16,8	15,1	13,7	12,0	10,5	9,6	8,3	13,0	11,6	10,5	9,0	7,8	7,1	6,0	0,4	5,7
042	23,5	17,6	15,8	14,4	12,6	11,0	10,1	8,7	13,7	12,2	11,1	9,5	8,2	7,5	6,3	0,4	(1,17 m)
044	24,0	18,5	16,6	15,1	13,2	11,5	10,6	9,1	14,4	12,8	11,6	10,0	8,7	7,9	6,6	0,4	
046	24,6	19,3	17,3	15,8	13,8	12,0	11,1	9,5	15,1	13,4	12,2	10,5	9,1	8,3	6,9	0,5	
048	25,1	20,1	18,1	16,5	14,4	12,5	11,6	9,9	15,8	14,0	12,7	10,9	9,5	8,6	7,2	0,5	
0,050	25,6	21,0	18,8	17,1	14,9	13,1	12,1	10,4	16,4	14,7	13,3	11,4	9,9	9,0	7,6	0,5	4,9
053	26,4	22,2	20,0	18,2	15,8	13,9	12,8	11,0	17,5	15,6	14,1	12,1	10,5	9,6	8,1	0,5	(1,21 m)
056	27,1	23,5	21,1	19,2	16,7	14,7	13,5	11,6	18,5	16,5	15,0	12,9	11,2	10,2	8,6	0,6	
059	27,8	24,7	22,2	20,2	17,6	15,5	14,2	12,2	19,6	17,5	15,8	13,6	11,7	10,8	9,1	0,6	
062	28,5	26,0	23,4	21,3	18,5	16,3	14,9	12,8	20,6	18,4	16,7	14,3	12,3	11,3	9,5	0,6	
0,065	29,2	27,3	24,5	22,3	19,4	17,0	15,7	13,5	21,7	19,4	17,5	15,1	13,0	11,9	10,0	0,6	4,2
068	29,9	28,5	25,6	23,3	20,3	17,8	16,4	14,1	22,7	20,3	18,4	15,8	13,6	12,5	10,5	0,7	(1 25 m)
071	30,5	29,8	26,7	24,3	21,2	18,6	17,1	14,7	23,8	21,2	19,2	16,5	14,3	13,1	11,0	0,7	19
074	31,2	31,0	27,9	25,4	22,1	19,4	17,8	15,3	24,8	22,2	20,2	17,2	14,9	13,7	11,5	0,7	
077	31,8	32,3	29,0	26,4	23,0	20,2	18,5	15,9	25,9	23,1	21,0	18,0	15,5	14,2	12,0	0,8	
0,080	32,4	33,5	30,1	27,4	23,9	21,0	19,3	16,6	26,9	24,0	21,7	18,7	16,3	14,9	12,5	0,8	3,7
084	33,2	35,2	31,6	28,8	25,1	22,0	20,3	17,4	28,4	25,3	22,9	19,7	17,1	15,6	13,2	0,8	(1,30 m)
088	34,0	36,9	33,1	30,2	26,3	23,1	21,2	18,2	29,8	26,6	24,1	20,7	18,0	16,4	13,9	0,9	
092	34,7	38,6	34,7	31,5	27,4	24,1	22,2	19,0	31,2	27,9	25,2	21,7	18,9	17,2	14,5	0,9	
096	35,5	40,3	36,2	32,9	28,6	25,2	23,1	19,9	32,6	29,1	26,4	22,7	19,7	18,0	15,2	0,9	
0,100	36,2	41,9	37,7	34,3	29,8	26,2	24,1	20,7	34,0	30,4	27,5	23,7	20,6	18,8	15,9	1,0	3,3
105	37,1	44,0	39,5	36,0	31,3	27,5	25,3	21,7	35,9	32,0	29,0	25,0	21,7	19,8	16,8	1,0	(1,35 m)
110	38,0	46,1	41,4	37,7	32,8	28,8	26,5	22,8	37,7	33,7	30,4	26,3	22,8	20,8	17,6	1,1	
115	38,8	48,2	43,3	39,4	34,3	30,1	27,8	23,8	39,5	35,3	31,9	27,5	23,9	21,8	18,5	1,1	
120	39,7	50,3	45,2	41,1	35,8	31,4	29,0	24,8	41,3	36,9	33,4	28,8	25,0	22,9	19,3	1,2	
0,125	40,5	52,4	47,1	42,8	37,3	32,7	30,2	25,8	43,1	38,5	34,8	30,1	26,1	23,9	20,2	1,2	2,9
130	41,3	54,5	48,9	44,5	38,8	34,1	31,4	26,9	44,9	40,1	36,3	31,3	27,2	24,9	21,1	1,3	(1,40 m)
135	42,1	56,6	50,8	46,2	40,3	35,4	32,6	27,9	46,7	41,8	37,7	32,6	28,3	25,9	21,9	1,3	18
140	42,8	58,7	52,7	48,0	41,8	36,7	33,8	28,9	48,5	43,4	39,2	33,9	29,4	26,9	22,8	1,4	
145	43,6	60,8	54,6	49,7	43,3	38,0	35,0	30,0	50,3	45,0	40,7	35,2	30,5	27,9	23,6	1,4	
0,150	44,4	62,9	56,5	51,4	44,8	39,3	36,2	31,0	52,1	46,6	42,2	36,4	31,6	28,9	24,5	1,5	2,6
155	45,1	65,0	58,4	53,1	46,3	40,6	37,4	32,1	53,9	48,2	43,6	37,6	32,7	29,9	25,3	1,5	(1,45 m)
160	45,8	67,1	60,2	54,8	47,7	41,9	38,6	33,1	55,8	49,8	45,1	38,9	33,8	31,0	26,2	1,6	
165	46,5	69,2	62,1	56,5	49,2	43,2	39,8	34,1	57,6	51,5	46,6	40,2	35,0	32,0	27,1	1,6	
170	47,2	71,3	64,0	58,2	50,7	44,5	41,0	35,2	59,4	53,1	48,1	41,5	36,1	33,0	27,9	1,7	
0,175	47,9	73,4	65,9	60,0	52,2	45,8	42,2	36,2	61,3	54,8	49,6	42,8	37,2	34,0	28,8	1,7	2,4
180	48,6	75,5	67,8	61,7	53,7	47,1	43,4	37,2	63,1	56,4	51,0	44,0	38,3	35,0	29,7	1,8	(1,50 m)
185	49,3	77,6	69,6	63,4	55,2	48,5	44,7	38,3	64,9	58,0	52,5	45,3	39,4	36,1	30,5	1,8	
190	49,9	79,7	71,5	65,1	56,7	49,8	45,9	39,3	66,8	59,7	54,0	46,6	40,6	37,1	31,4	1,9	
195	50,6	81,8	73,4	66,8	58,2	51,1	47,1	40,3	68,6	61,3	55,5	47,9	41,7	38,1	32,3	1,9	
0,200	51,2	83,8	75,3	68,5	59,7	52,4	48,2	41,4	70,4	63,0	57,0	49,2	42,8	39,2	33,1	2,0	2,3
205	51,8	85,9	77,2	70,2	61,2	53,7	49,5	42,4	72,3	64,6	58,5	50,5	43,9	40,2	34,0	2,0	(1,54 m)
210	52,5	88,0	79,1	72,0	62,7	55,0	50,7	43,5	74,1	66,3	60,0	51,8	45,1	41,2	34,9	2,1	17,3
215	53,1	90,1	81,0	73,7	64,2	56,3	51,9	44,5	76,0	67,9	61,5	53,1	46,2	42,3	35,8	2,1	
220	53,7	92,2	82,8	75,4	65,6	57,6	53,1	45,5	77,8	69,6	63,0	54,4	47,3	43,3	36,7	2,2	
0,225	54,3	94,3	84,7	77,1	67,1	58,9	54,3	46,5	79,7	71,2	64,5	55,7	48,4	44,4	37,5	2,2	2,1
230	54,9	96,4	86,6	78,8	68,6	60,2	55,5	47,6	81,5	72,9	66,0	57,0	49,6	45,4	38,4	2,3	(1,58 m)
235	55,5	98,5	88,5	80,5	70,1	61,5	56,7	48,6	83,4	74,5	67,5	58,3	50,7	46,4	39,3	2,3	
240	56,1	100,6	90,4	82,2	71,6	62,9	57,9	49,6	85,2	76,2	69,0	59,6	51,8	47,5	40,2	2,4	
245	56,7	102,7	92,2	83,9	73,1	64,2	59,1	50,7	87,1	77,8	70,5	60,9	53,0	48,5	41,1	2,4	
0,250	57,3	104,8	94,1	85,7	74,6	65,5	60,3	51,7	88,9	79,5	72,0	62,2	54,1	49,5	41,9	2,5	2,0 (1,61 m)
* $C_i' =$		16,4	13,8	12,7	11,8	11,3	11,1	10,9	16,5	14,0	13,0	12,0	11,6	11,5	11,4		$= C_i'$
$xC_i'' =$		12,7	10,8	10,0	9,4	9,1	9,1	9,1	12,8	10,9	10,2	9,7	9,5	9,4	9,5		$= xC_i''$ †
$N =$		1	1	1	1	1	1	1	0,99	0,99	0,98	0,97	0,97	0,96	0,95		$= N$

* Gew. Masch. mit Hemd (auch rechts). † Für Masch. ohne Hemd (auch rechts).

Auspuff-Maschinen mit Expansions-Steuerung.

Abs. Adm Sp. $p = 4\tfrac{1}{2}$ Kgr. od. Atm.

Indicirte Leistung $\frac{N_i}{c}$ in Pferdekraft (Füllung $\frac{l_i}{l}$) — Netto-Leistung $\frac{N_n}{c}$ in Pferdekraft (Füllung $\frac{l_i}{l}$) — pro 1 Meter Kolbengeschwindigkeit.

Wirksame Kolbenfläche O Qu.Met.	Kolben-Durchmesser D Centm.	Indic. 0,8	0,6	0,5	0,4	0,333	0,3	0,25	Netto 0,8	0,6	0,5	0,4	0,333	0,3	0,25	Subtr. Compr. Lstg. pro $c=1$m Pfdk.	$2C_i''' $ u. C_i bei $\frac{l_i}{l}=0{,}333$ (gew. Masch.) Kgr.
0,250	57,3	104,8	94,1	85,7	74,6	65,5	60,3	51,7	88,9	79,5	72,0	62,2	54,1	49,5	41,9	2,5	2,0
255	57,8	106,9	96,0	87,4	76,1	66,8	61,5	52,8	90,8	81,2	73,5	63,5	55,2	50,5	42,8	2,5	(bei
260	58,4	109,0	97,9	89,1	77,6	68,1	62,7	53,8	92,6	82,8	75,0	64,8	56,4	51,6	43,7	2,6	$c =$
265	59,0	111,1	99,8	90,8	79,1	69,4	63,9	54,8	94,5	84,5	76,5	66,1	57,5	52,6	44,6	2,6	1,61 m)
270	59,5	113,2	101,7	92,5	80,6	70,7	65,1	55,9	96,4	86,2	78,0	67,4	58,6	53,7	45,5	2,7	17,1
0,275	60,1	115,3	103,5	94,2	82,1	72,0	66,4	56,9	98,2	87,8	79,5	68,7	59,8	54,7	46,4	2,7	1,9
280	60,6	117,4	105,4	95,9	83,6	73,3	67,6	57,9	100,1	89,5	81,0	70,0	60,9	55,7	47,2	2,8	(1,64 m)
285	61,1	119,5	107,3	97,6	85,1	74,6	68,8	58,9	101,9	91,2	82,6	71,4	62,1	56,8	48,1	2,8	
290	61,7	121,6	109,2	99,4	86,5	76,0	70,0	60,0	103,8	92,9	84,1	72,7	63,2	57,8	49,0	2,9	
295	62,2	123,7	111,1	101,1	88,0	77,3	71,2	61,0	105,7	94,5	85,6	74,0	64,3	58,9	49,9	2,9	
0,300	62,7	125,7	113,0	102,8	89,5	78,6	72,4	62,1	107,6	96,2	87,1	75,2	65,5	59,9	50,8	3,0	1,9
310	63,8	129,9	116,7	106,2	92,5	81,2	74,8	64,2	111,3	99,5	90,1	77,9	67,8	62,0	52,6	3,1	(1,67 m)
320	64,8	134,1	120,5	109,7	95,5	83,8	77,2	66,2	115,1	102,9	93,2	80,5	70,1	64,1	54,3	3,2	
330	65,8	138,3	124,3	113,1	98,5	86,4	79,6	68,3	118,8	106,2	96,2	83,1	72,4	66,2	56,1	3,3	
340	66,8	142,5	128,0	116,5	101,4	89,0	82,0	70,4	122,6	109,6	99,3	85,8	74,7	68,3	57,9	3,4	
0,350	67,7	146,7	131,8	120,0	104,4	91,7	84,4	72,4	126,3	113,0	102,3	88,4	77,0	70,4	59,7	3,5	1,7
360	68,7	150,9	135,6	123,4	107,4	94,3	86,8	74,5	130,1	116,3	105,4	91,0	79,3	72,5	61,5	3,6	(1,73 m)
370	69,7	155,1	139,4	126,8	110,4	96,9	89,2	76,6	133,8	119,7	108,4	93,7	81,6	74,6	63,3	3,7	
380	70,6	159,2	143,1	130,2	113,4	99,5	91,6	78,6	137,6	123,0	111,5	96,3	83,9	76,7	65,1	3,8	
390	71,5	163,4	146,9	133,7	116,4	102,1	94,1	80,7	141,3	126,4	114,5	98,9	86,2	78,8	66,9	3,9	
0,400	72,4	167,6	150,6	137,1	119,4	104,8	96,5	82,8	145,1	129,7	117,5	101,6	88,4	81,0	68,6	4,0	1,6
410	73,3	171,8	154,4	140,5	122,3	107,4	98,9	84,8	148,9	133,1	120,6	104,2	90,7	83,1	70,4	4,1	(1,78 m)
420	74,2	176,0	158,2	143,9	125,3	110,0	101,3	86,9	152,7	136,5	123,7	106,9	93,1	85,2	72,2	4,2	16,7
430	75,1	180,2	161,9	147,4	128,3	112,6	103,7	89,0	156,5	139,9	126,8	109,6	95,4	87,3	74,0	4,3	
440	76,0	184,4	165,7	150,8	131,3	115,2	106,1	91,0	160,3	143,3	129,8	112,2	97,7	89,4	75,8	4,4	
0,450	76,8	188,6	169,5	154,2	134,3	117,9	108,5	93,1	164,0	146,7	132,9	114,9	100,0	91,6	77,6	4,5	1,4
460	77,7	192,8	173,2	157,7	137,2	120,5	110,9	95,2	167,8	150,1	136,0	117,5	102,3	93,7	79,4	4,6	(1,83 m)
470	78,5	197,0	177,0	161,1	140,2	123,1	113,4	97,3	171,6	153,5	139,0	120,2	104,7	95,8	81,2	4,7	
480	79,3	201,2	180,8	164,5	143,2	125,7	115,8	99,3	175,4	156,9	142,1	122,9	107,0	97,9	83,0	4,8	
490	80,2	205,3	184,5	167,9	146,2	128,3	118,2	101,4	179,2	160,3	145,2	125,5	109,3	100,0	84,8	4,9	
0,500	81,0	209,5	188,3	171,3	149,2	130,9	120,6	103,5	183,0	163,7	148,3	128,2	111,6	102,2	86,6	4,9	1,4
510	81,8	213,7	192,0	174,8	152,2	133,6	123,0	105,5	186,7	167,0	151,3	130,8	113,9	104,3	88,4	5,0	(1,88 m)
520	82,6	217,9	195,8	178,2	155,2	136,2	125,4	107,6	190,5	170,4	154,4	133,4	116,2	106,4	90,2	5,1	
530	83,4	222,1	199,6	181,6	158,1	138,8	127,8	109,7	194,2	173,7	157,4	136,1	118,5	108,5	92,0	5,2	
540	84,2	226,3	203,3	185,1	161,1	141,4	130,2	111,7	197,9	177,1	160,4	138,7	120,7	110,6	93,8	5,3	.
0,550	84,9	230,5	207,1	188,5	164,1	144,0	132,7	113,8	201,7	180,4	163,5	141,3	123,0	112,7	95,5	5,4	1,3
560	85,7	234,7	210,9	191,9	167,1	146,7	135,1	115,9	205,4	183,8	166,5	144,0	125,3	114,8	97,3	5,5	(1,92 m)
570	86,5	238,9	214,7	195,4	170,1	149,3	137,5	118,0	209,2	187,1	169,6	146,6	127,6	116,9	99,1	5,6	
580	87,2	243	218	199	173	152	140	120	213	190	173	149	130	119	101	6	
590	88,0	247	222	202	176	155	142	122	217	194	176	152	132	121	103	6	
0,600	88,7	251	226	206	179	157	145	124	220	197	179	154	134	123	104	6	1,2
620	90,2	260	233	212	185	162	150	128	228	204	185	160	139	127	108	6	(1,96 m)
640	91,6	268	241	219	191	168	154	132	235	211	191	165	144	132	112	6	16,1
660	93,0	277	249	226	197	173	159	137	243	217	197	170	148	136	115	7	
680	94,4	285	256	233	203	178	164	141	250	224	203	176	153	140	119	7	
0,700	95,8	293	264	240	209	183	169	145	258	231	209	181	157	144	122	7	1,2
720	97,2	302	271	247	215	189	174	149	265	237	215	186	162	148	126	7	(2,03 m)
740	98,5	310	279	254	221	194	178	153	273	244	221	191	167	153	130	8	
760	99,8	318	286	260	227	199	183	157	280	251	227	197	171	157	133	8	
780	101,1	327	294	267	233	204	188	161	288	258	233	202	176	161	137	8	
0,800	102,4	335	301	274	239	210	193	166	295	264	240	207	180	165	140	8	1,1
820	103,7	344	309	281	245	215	198	170	303	271	246	212	185	170	144	8	(2,09 m)
840	105,0	352	316	288	251	220	203	174	311	278	252	218	190	174	147	9	
860	106,2	360	324	295	257	225	207	178	318	285	258	223	194	178	151	9	
880	107,4	369	331	302	263	230	212	182	326	291	264	228	199	182	155	9	
0,900	108,6	377	339	308	269	236	217	186	333	298	270	234	204	186	158	9	1,0
920	109,8	386	346	315	275	241	222	190	341	305	276	239	208	191	162	9	(2,14 m)
940	111,0	394	354	322	281	246	227	195	348	312	282	244	213	195	165	10	
960	112,2	402	361	329	286	251	232	199	356	318	288	250	217	199	169	10	
980	113,4	411	369	336	292	257	236	203	363	325	295	255	222	203	173	10	
1,000	114,5	419	377	343	298	262	241	207	371	332	301	260	227	208	176	10	1,0 (2,18 m) 15,9
$C_i' =$		15,7	13,1	12,0	11,1	10,6	10,4	10,2									
$xC_i'' =$		10,8	9,2	8,5	8,0	7,8	7,7	7,7									

$\}$ gilt für exacte Masch. mit Hemd, bei welchen C_i''' circa die Hälfte beträgt (auch links).

Auspuff-Maschinen mit Expansions-Steuerung. (Zunächst mit Dampfhemd.)

Abs. Adm. Sp. $p = 5$ Kgr. od. Atm.

Wirksame Kolbenfläche	Kolben-Durchmesser	Füllung $\frac{l}{t}$							Füllung $\frac{l}{t}$							Subtr. Compr. Lstg. pro $c=1$ m	$2C'''_i$ u. C_i bei $\frac{l}{t}=0{,}333$ (gew. Masch.)
		0,7	0,5	0,4	0,333	0,3	0,25	0,20	0,7	0,5	0,4	0,333	0,3	0,25	0,20		
O	D	Indicirte Leistung $\frac{N_i}{c}$ in Pferdekraft							Netto-Leistung $\frac{N_n}{c}$ in Pferdekraft							Pfdk.	Kgr.
Qu.Met.	Centm.	pro 1 Meter Kolbengeschwindigkeit															
0,020	16,2	9,3	8,0	7,0	6,2	5,7	4,9	4,1	6,9	5,9	5,1	4,4	4,1	3,5	2,8	0,3	7,4 (bei $c=$ 1,11 m)
022	17,0	10,2	8,8	7,7	6,8	6,3	5,4	4,5	7,7	6,5	5,6	4,9	4,5	3,8	3,1	0,3	
024	17,7	11,1	9,6	8,4	7,4	6,9	5,9	4,9	8,4	7,1	6,2	5,4	4,9	4,2	3,4	0,3	
026	18,5	12,1	10,3	9,1	8,0	7,4	6,4	5,3	9,2	7,8	6,7	5,9	5,4	4,6	3,7	0,3	
028	19,2	13,0	11,1	9,8	8,6	8,0	6,9	5,7	9,9	8,4	7,3	6,4	5,8	4,9	4,0	0,4	
0,030	19,8	13,9	11,9	10,5	9,2	8,6	7,4	6,1	10,6	9,0	7,8	6,8	6,3	5,3	4,3	0,4	5,8 (1,18 m) 19
032	20,5	14,8	12,7	11,2	9,9	9,1	7,9	6,5	11,4	9,7	8,4	7,3	6,7	5,7	4,6	0,4	
034	21,1	15,8	13,5	11,9	10,5	9,7	8,4	6,9	12,2	10,3	9,0	7,8	7,2	6,1	4,9	0,4	
036	21,7	16,7	14,3	12,6	11,1	10,3	8,9	7,3	12,9	11,0	9,5	8,3	7,7	6,5	5,2	0,5	
038	22,3	17,6	15,1	13,3	11,7	10,8	9,4	7,7	13,7	11,6	10,1	8,8	8,1	6,9	5,5	0,5	
0,040	22,9	18,5	15,9	14,0	12,3	11,4	9,9	8,1	14,4	12,3	10,7	9,3	8,6	7,3	5,8	0,5	4,9 (1,23 m)
042	23,5	19,5	16,7	14,7	13,0	12,0	10,4	8,6	15,2	12,9	11,2	9,8	9,0	7,7	6,1	0,6	
044	24,0	20,4	17,5	15,3	13,6	12,5	10,8	9,0	16,0	13,6	11,8	10,3	9,5	8,1	6,4	0,6	
046	24,6	21,3	18,3	16,1	14,2	13,1	11,3	9,4	16,7	14,2	12,4	10,8	10,0	8,4	6,7	0,6	
048	25,1	22,2	19,1	16,8	14,8	13,7	11,8	9,8	17,5	14,9	13,0	11,3	10,4	8,8	7,1	0,6	
0,050	25,6	23,2	19,9	17,4	15,4	14,3	12,4	10,2	18,3	15,5	13,5	11,8	10,8	9,2	7,4	0,7	4,3 (1,27 m)
053	26,4	24,6	21,1	18,5	16,3	15,1	13,1	10,8	19,4	16,5	14,3	12,5	11,5	9,8	7,9	0,7	
056	27,1	25,9	22,3	19,5	17,2	16,0	13,8	11,4	20,6	17,5	15,2	13,3	12,2	10,4	8,4	0,7	
059	27,8	27,3	23,5	20,6	18,2	16,8	14,6	12,0	21,7	18,5	16,1	14,1	12,9	11,0	8,8	0,8	
062	28,5	28,7	24,7	21,6	19,1	17,8	15,3	12,6	22,9	19,5	16,9	14,8	13,6	11,6	9,3	0,8	
0,065	29,2	30,1	25,8	22,7	20,0	18,7	16,1	13,2	24,1	20,5	17,8	15,6	14,3	12,2	9,8	0,9	3,7 (1,32 m) 18
068	29,9	31,5	27,0	23,7	20,9	19,5	16,8	13,8	25,2	21,5	18,6	16,3	15,0	12,8	10,3	0,9	
071	30,5	32,9	28,2	24,8	21,8	20,4	17,5	14,4	26,4	22,5	19,5	17,1	15,7	13,4	10,8	0,9	
074	31,2	34,3	29,4	25,8	22,8	21,2	18,3	15,0	27,5	23,4	20,4	17,9	16,4	14,0	11,2	1,0	
077	31,8	35,7	30,6	26,9	23,7	22,1	19,0	15,7	28,7	24,4	21,2	18,6	17,1	14,6	11,7	1,0	
0,080	32,4	37,1	31,8	27,9	24,6	22,8	19,8	16,3	29,9	25,4	22,1	19,3	17,8	15,2	12,2	1,1	3,3 (1,37 m)
084	33,2	38,9	33,4	29,3	25,9	24,0	20,7	17,1	31,5	26,8	23,3	20,4	18,7	16,0	12,9	1,1	
088	34,0	40,8	35,0	30,7	27,1	25,1	21,7	17,9	33,0	28,1	24,4	21,4	19,7	16,8	13,5	1,2	
092	34,7	42,6	36,6	32,1	28,3	26,2	22,7	18,7	34,6	29,5	25,6	22,4	20,6	17,6	14,2	1,2	
096	35,5	44,5	38,2	33,4	29,6	27,4	23,7	19,5	36,2	30,8	26,8	23,5	21,6	18,4	14,9	1,3	
0,100	36,2	46,3	39,8	34,9	30,8	28,5	24,7	20,3	37,8	32,2	28,0	24,5	22,5	19,3	15,5	1,3	2,9 (1,42 m)
105	37,1	48,6	41,8	36,6	32,3	29,9	25,9	21,4	39,8	33,9	29,5	25,8	23,7	20,3	16,4	1,4	
110	38,0	51,0	43,8	38,3	33,9	31,4	27,2	22,4	41,8	35,6	30,9	27,1	24,9	21,3	17,2	1,5	
115	38,8	53,3	45,7	40,1	35,4	32,8	28,4	23,4	43,8	37,3	32,4	28,4	26,1	22,3	18,0	1,5	
120	39,7	55,6	47,7	41,8	37,0	34,2	29,6	24,4	45,8	39,0	33,9	29,7	27,3	23,4	18,9	1,6	
0,125	40,5	57,9	49,7	43,6	38,5	35,7	30,8	25,4	47,8	40,7	35,4	31,0	28,5	24,4	19,7	1,7	2,6 (1,48 m) 17
130	41,3	60,2	51,7	45,3	40,0	37,1	32,1	26,5	49,8	42,4	36,9	32,4	29,7	25,4	20,6	1,7	
135	42,1	62,6	53,7	47,0	41,6	38,5	33,3	27,5	51,8	44,2	38,4	33,7	30,9	26,5	21,4	1,8	
140	42,8	64,9	55,7	48,8	43,1	40,0	34,6	28,5	53,8	45,9	39,9	35,0	32,1	27,5	22,2	1,8	
145	43,6	67,2	57,7	50,5	44,7	42,4	35,8	29,5	55,8	47,6	41,4	36,3	33,3	28,5	23,1	1,9	
0,150	44,4	69,5	59,7	52,3	46,2	42,8	37,0	30,5	57,8	49,3	42,8	37,6	34,5	29,6	23,9	2,0	2,4 (1,53 m)
155	45,1	71,8	61,7	54,0	47,7	44,2	38,3	31,5	59,8	51,0	44,3	38,9	35,8	30,6	24,7	2,0	
160	45,8	74,1	63,6	55,8	49,3	45,6	39,5	32,5	61,9	52,7	45,8	40,2	37,0	31,7	25,6	2,1	
165	46,5	76,4	65,6	57,5	50,8	47,1	40,7	33,6	63,9	54,4	47,4	41,5	38,2	32,7	26,4	2,2	
170	47,2	78,8	67,6	59,2	52,4	48,5	42,0	34,6	65,9	56,2	48,9	42,8	39,4	33,8	27,3	2,2	
0,175	47,9	81,1	69,6	61,0	53,9	49,9	43,2	35,6	68,0	57,9	50,4	44,2	40,6	34,8	28,1	2,3	2,2 (1,58 m)
180	48,6	83,4	71,6	62,7	55,4	51,3	44,4	36,6	70,0	59,6	51,9	45,5	41,9	35,9	29,0	2,4	
185	49,3	85,7	73,6	64,5	57,0	52,8	45,7	37,6	72,0	61,4	53,4	46,8	43,1	36,9	29,8	2,4	
190	49,9	88,0	75,6	66,2	58,5	54,2	46,9	38,7	74,0	63,1	54,9	48,1	44,3	38,0	30,7	2,5	
195	50,6	90,4	77,6	67,9	60,1	55,6	48,1	39,7	76,1	64,8	56,4	49,4	45,5	39,0	31,5	2,6	
0,200	51,2	92,6	79,6	69,7	61,6	57,0	49,4	40,7	78,1	66,6	57,9	50,8	46,8	40,0	32,4	2,6	2,0 (1,62 m) 16,3
205	51,8	95,0	81,5	71,5	63,1	58,4	50,6	41,7	80,1	68,3	59,4	52,1	48,0	41,1	33,2	2,7	
210	52,5	97,3	83,5	73,2	64,7	59,9	51,9	42,7	82,2	70,1	61,0	53,5	49,2	42,2	34,1	2,8	
215	53,1	99,6	85,5	74,9	66,2	61,3	53,1	43,7	84,2	71,8	62,5	54,8	50,4	43,2	35,0	2,8	
220	53,7	101,9	87,5	76,7	67,8	62,7	54,3	44,8	86,3	73,6	64,0	56,1	51,7	44,3	35,8	2,9	
0,225	54,3	104,2	89,5	78,4	69,3	64,2	55,5	45,8	88,3	75,3	65,5	57,5	52,9	45,3	36,7	3,0	1,9 (1,66 m)
230	54,9	106,6	91,5	80,2	70,8	65,6	56,8	46,8	90,4	77,1	67,0	58,8	54,1	46,4	37,5	3,0	
235	55,5	108,9	93,5	81,9	72,4	67,0	58,0	47,8	92,4	78,8	68,6	60,2	55,4	47,5	38,4	3,1	
240	56,1	111,2	95,5	83,6	73,9	69,5	59,2	48,8	94,5	80,6	70,1	61,5	56,6	48,5	39,3	3,2	
245	56,7	113,5	97,5	85,4	75,5	70,9	60,5	49,8	96,5	82,3	71,6	62,8	57,8	49,6	40,1	3,2	
0,250	57,3	115,8	99,4	87,1	77,0	71,3	61,7	50,8	98,6	84,0	73,1	64,2	59,1	50,6	41,0	3,3	1,8 (1,70 m)
* $\left\{\begin{array}{l} C'_i = \\ xC''_i = \\ N = \end{array}\right.$		14,5 / 11,6 / 1	12,2 / 9,9 / 1	11,2 / 9,3 / 1	10,7 / 8,9 / 1	10,4 / 8,8 / 1	10,2 / 8,8 / 1	10,1 / 8,8 / 1	14,6 / 11,8 / 0,99	12,4 / 10,1 / 0,98	11,5 / 9,5 / 0,98	11,0 / 9,2 / 0,97	10,8 / 9,1 / 0,96	10,6 / 9,1 / 0,95	10,7 / 9,4 / 0,94	$\left.\begin{array}{l}=C'_i\\=xC''_i\\=N\end{array}\right\}$†	

* Gew. Masch. mit Hemd (auch rechts).   † Für Masch. ohne Hemd (auch rechts).

Auspuff-Maschinen mit Expansions-Steuerung.

Abs. Adm. Sp. $p = 5$ Kgr. od. Atm.

Wirksame Kolbenfläche O Qu.Met.	Kolben-Durchmesser D Centm.	Füllung $\frac{l}{i}$ — Indicirte Leistung $\frac{N_i}{c}$ in Pferdekraft 0,7	0,5	0,4	0,333	0,3	0,25	0,20	Füllung $\frac{l}{i}$ — Netto-Leistung $\frac{N_n}{c}$ in Pferdekraft 0,7	0,5	0,4	0,333	0,3	0,25	0,20	Subtr. Compr. Lstg. pro $c=1$m Pfdk.	$2C'''_i$ u.C_i bei $\frac{l}{i}=0,3$ (gew. Masch.) Kgr.
		pro 1 Meter Kolbengeschwindigkeit															
0,250	57,3	115,8	99,4	87,1	77,0	71,3	61,7	50,8	98,6	84,0	73,1	64,2	59,1	50,6	41,0	3,3	1,9
255	57,8	118,1	101,4	88,9	78,5	72,7	63,0	51,9	100,6	85,8	74,7	65,5	60,3	51,7	41,8	3,4	(bei
260	58,4	120,4	103,4	90,6	80,1	74,1	64,2	52,9	102,7	87,6	76,2	66,9	61,6	52,8	42,7	3,4	$c=$
265	59,0	122,8	105,4	92,4	81,6	75,6	65,4	53,9	104,7	89,3	77,8	68,2	62,8	53,8	43,6	3,5	1,70 m)
270	59,5	125,1	107,4	94,1	83,2	77,0	66,7	54,9	106,8	91,1	79,3	69,6	64,0	54,9	44,4	3,6	16,0
0,275	60,1	127,4	109,4	95,8	84,7	78,4	67,9	55,9	108,9	92,8	80,8	70,9	65,3	56,0	45,3	3,7	1,8
280	60,6	129,7	111,4	97,6	86,2	79,9	69,1	57,0	110,9	94,6	82,4	72,3	66,5	57,0	46,2	3,7	(1,73 m)
285	61,1	132,0	113,4	99,3	87,8	81,3	70,3	58,0	113,0	96,4	83,9	73,6	67,8	58,1	47,0	3,8	
290	61,7	134,4	115,4	101,1	89,3	82,7	71,6	59,0	115,0	98,1	85,5	75,0	69,0	59,2	47,9	3,9	
295	62,2	136,7	117,3	102,8	90,9	84,1	72,8	60,0	117,1	99,9	87,0	76,3	70,2	60,3	48,8	3,9	
0,300	62,7	139,0	119,3	104,6	92,4	85,5	74,1	61,0	119,2	101,7	88,5	77,6	71,5	61,3	49,6	4,0	.1,7
310	63,8	143,6	123,3	108,1	95,5	88,4	76,6	63,0	123,4	105,2	91,6	80,4	74,0	63,4	51,4	4,1	(1,76 m)
320	64,8	148,2	127,3	111,5	98,6	91,2	79,0	65,1	127,5	108,8	94,7	83,1	76,5	65,6	53,1	4,2	
330	65,8	152,9	131,3	115,0	101,6	94,1	81,5	67,1	131,7	112,3	97,8	85,8	79,0	67,7	54,9	4,4	
340	66,8	157,5	135,2	118,5	104,7	96,9	84,0	69,1	135,8	115,9	100,8	88,5	81,5	69,9	56,6	4,5	
0,350	67,7	162,1	139,2	122,0	107,8	99,8	86,4	71,2	140,0	119,4	103,9	91,2	84,0	72,1	58,4	4,6	1,5
360	68,7	166,8	143,2	125,5	110,9	102,6	88,9	73,2	144,2	123,0	107,0	94,0	86,5	74,2	60,1	4,7	(1,82 m)
370	69,7	171,4	147,2	129,0	114,0	105,5	91,4	75,2	148,3	126,5	110,1	96,7	89,0	76,3	61,9	4,9	
380	70,6	176,0	151,2	132,5	117,0	108,3	93,8	77,2	152,5	130,1	113,2	99,4	91,5	78,5	63,6	5,0	
390	71,5	180,6	155,1	136,0	120,1	111,2	96,3	79,3	156,6	133,6	116,3	102,1	94,0	80,6	65,4	5,1	
0,400	72,4	185,3	159,1	139,4	123,2	114,0	98,8	81,3	160,8	137,2	119,4	104,8	96,5	82,8	67,1	5,3	1,4
410	73,3	189,9	163,1	142,9	126,3	116,9	101,2	83,4	165,0	140,7	122,5	107,5	99,1	85,0	68,8	5,4	(1,87 m)
420	74,2	194,5	167,1	146,4	129,4	119,7	103,7	85,4	169,1	144,3	125,7	110,3	101,6	87,1	70,6	5,5	15,5
430	75,1	199,2	171,0	149,9	132,4	122,6	106,2	87,4	173,3	147,9	128,8	113,0	104,1	89,3	72,3	5,7	
440	76,0	203,8	175,0	153,4	135,5	125,4	108,7	89,5	177,5	151,5	131,9	115,8	106,7	91,5	74,1	5,8	
0,450	76,8	208,4	179,0	156,9	138,6	128,3	111,1	91,5	181,7	155,1	135,0	118,5	109,2	93,6	75,9	5,9	1,3
460	77,7	213,1	183,0	160,4	141,7	131,1	113,6	93,5	185,9	158,6	138,1	121,2	111,7	95,8	77,6	6,1	(1,93 m)
470	78,5	217,7	187,0	163,8	144,8	134,0	116,1	95,5	190,1	162,2	141,3	124,0	114,2	98,0	79,4	6,2	
480	79,3	222,3	190,9	167,3	147,8	136,8	118,5	97,6	194,3	165,8	144,4	126,7	116,8	100,1	81,1	6,3	
490	80,2	227,0	194,9	170,8	150,9	139,7	121,0	99,6	198,5	169,4	147,5	129,5	119,3	102,3	82,9	6,5	
0,500	81,0	231,6	198,9	174,3	154,0	142,5	123,5	101,7	202,7	173,0	150,6	132,2	121,8	104,5	84,7	6,6	1,2
510	81,8	236,2	202,8	177,8	157,1	145,4	125,9	103,7	206,9	176,5	153,7	134,9	124,3	106,7	86,4	6,7	(1,98 m)
520	82,6	240,9	206,8	181,2	160,2	148,2	128,4	105,7	211,0	180,1	156,8	137,6	126,8	108,8	88,2	6,9	
530	83,4	245,5	210,8	184,7	163,2	151,1	130,9	107,8	215,2	183,6	159,9	140,4	129,3	111,0	89,9	7,0	
540	84,2	250,1	214,8	188,2	166,3	153,9	133,3	109,8	219,3	187,1	163,0	143,1	131,8	113,1	91,7	7,1	
0,550	84,9	254,8	218,8	191,7	169,4	156,8	135,8	111,8	223,5	190,7	166,1	145,8	134,3	115,3	93,4	7,3	1,2
560	85,7	259,4	222,7	195,2	172,5	159,6	138,3	113,8	227,6	194,2	169,2	148,5	136,8	117,4	95,1	7,4	(2,02 m)
570	86,5	264,0	226,7	198,7	175,6	162,5	140,8	115,9	231,8	197,8	172,3	151,2	139,3	119,6	96,9	7,5	
580	87,2	268,6	230,7	202,2	178,6	165,3	143,2	117,9	235,9	201,3	175,4	153,9	141,8	121,7	98,6	7,6	
590	88,0	273	235	206	182	168	146	120	240	205	178	157	144	124	100	8	
0,600	88,7	278	239	209	185	171	148	.122	244	208	181	159	147	126	102	8	1,2
620	90,2	287	247	216	191	177	153	126	252	215	188	165	152	130	106	8	(2,06 m)
640	91,6	296	255	223	197	182	158	130	261	223	194	170	157	135	109	8	15,1
660	93,0	306	262	230	203	188	163	134	269	230	200	176	162	139	113	9	
680	94,4	315	270	237	209	194	168	138	277	237	206	181	167	143	116	9	
0,700	95,8	324	278	244	216	200	173	142	286	244	212	187	172	148	120	9	1,1
720	97,2	333	286	251	222	205	178	146	294	251	219	192	177	152	123	9	(2,13 m)
740	98,5	343	294	258	228	211	183	150	302	258	225	197	182	156	127	10	
760	99,8	352	302	265	234	217	188	155	311	265	231	203	187	160	130	10	
780	101,1	361	310	272	240	222	193	159	319	272	237	208	192	165	134	10	
0,800	102,4	371	318	279	246	228	198	163	327	279	243	214	197	169	137	11	1,0
820	103,7	380	326	286	253	234	202	167	336	286	250	219	202	173	141	11	(2,20 m)
840	105,0	389	334	293	259	239	207	171	344	294	256	225	207	178	144	11	
860	106,2	398	342	300	265	245	212	175	352	301	262	230	212	182	148	11	
880	107,4	408	350	307	271	251	217	179	361	308	268	236	217	186	151	12	
0,900	108,6	417	358	314	277	257	222	183	369	315	274	241	222	191	155	12	1,0
920	109,8	426	366	321	283	262	227	187	377	322	281	247	227	195	158	12	(2,25 m)
940	111,0	435	374	328	290	268	232	191	386	329	287	252	232	199	162	12	
960	112,2	445	382	335	296	274	237	195	394	336	293	257	237	204	165	13	
980	113,4	454	390	342	302	279	242	199	402	344	299	263	242	208	169	13	
1,000	114,5	463	398	349	308	285	247	203	411	351	306	268	247	212	172	13	0,9 (2,30 m) 14,7
$C_i' =$		13,8	11,5	10,5	10,0	9,7	9,5	9,4	gilt für exacte Masch. mit Hemd, bei welchen C_i''' circa die Hälfte beträgt (auch links).								
$xC_i'' =$		9,9	8,5	7,9	7,6	7,5	7,4	7,5									

I. Serie. B.

Auspuff-Maschinen mit Expansions-Steuerung. (Zunächst mit Dampfhemd.)

Abs. Adm. Sp. $p = 5\tfrac{1}{2}$ Kgr. od. Atm.

Wirksame Kolbenfläche O Qu.Met.	Kolben-Durchmesser D Centm.	Füllung $\frac{l_i}{l}$ — Indicirte Leistung $\frac{N_i}{c}$ in Pferdekraft							Füllung $\frac{l_i}{l}$ — Netto-Leistung $\frac{N_n}{c}$ in Pferdekraft							Subtr. Compr. Lstg. pro $c=1\,\mathrm{m}$ Pfdk.	$2C'''_i\,\mathrm{u.}C$ bei $\frac{l_i}{l}=0{,}333$ (gew. Masch.) Kgr.
		0,7	0,5	0,4	0,333	0,3	0,25	0,20	0,7	0,5	0,4	0,333	0,3	0,25	0,20		
0,020	16,2	10,5	9,1	8,0	7,1	6,6	5,7	4,8	7,9	6,8	5,9	5,2	4,8	4,1	3,3	0,3	6,5
022	17,0	11,6	10,0	8,8	7,8	7,2	6,3	5,3	8,8	7,5	6,5	5,7	5,3	4,5	3,7	0,4	(bei
024	17,7	12,6	10,9	9,6	8,5	7,9	6,9	5,7	9,6	8,2	7,1	6,3	5,8	5,0	4,0	0,4	$c=$
026	18,5	13,7	11,8	10,4	9,2	8,6	7,5	6,2	10,4	8,9	7,8	6,8	6,3	5,4	4,4	0,4	1,16 m)
028	19,2	14,7	12,7	11,2	9,9	9,2	8,0	6,7	11,3	9,6	8,4	7,4	6,8	5,9	4,7	0,5	
0,030	19,8	15,8	13,6	12,0	10,6	9,9	8,6	7,2	12,1	10,4	9,0	8,0	7,3	6,3	5,1	0,5	5,3
032	20,5	16,8	14,5	12,8	11,3	10,5	9,2	7,7	13,0	11,1	9,7	8,5	7,9	6,8	5,5	0,5	(1,23 m)
034	21,1	17,9	15,4	13,6	12,0	11,2	9,8	8,1	13,9	11,8	10,3	9,1	8,4	7,2	5,9	0,6	18
036	21,7	18,9	16,3	14,4	12,8	11,8	10,3	8,6	14,8	12,6	11,0	9,7	8,9	7,7	6,3	0,6	
038	22,3	20,0	17,2	15,2	13,5	12,5	10,9	9,1	15,6	13,3	11,6	10,2	9,5	8,1	6,6	0,6	
0,040	22,9	21,0	18,1	16,0	14,2	13,2	11,5	9,6	16,5	14,1	12,3	10,8	10,0	8,6	7,0	0,7	4,6
042	23,5	22,1	19,0	16,8	14,9	13,8	12,0	10,0	17,4	14,8	12,9	11,4	10,5	9,1	7,4	0,7	(1,28 m)
044	24,0	23,1	19,9	17,6	15,6	14,5	12,6	10,5	18,2	15,5	13,6	11,9	11,1	9,5	7,8	0,7	
046	24,6	24,2	20,9	18,4	16,3	15,1	13,2	11,0	19,1	16,3	14,2	12,5	11,6	10,0	8,2	0,8	
048	25,1	25,2	21,8	19,2	17,0	15,8	13,7	11,5	20,0	17,0	14,9	13,1	12,1	10,4	8,5	0,8	
0,050	25,6	26,2	22,6	19,9	17,7	16,4	14,3	12,0	20,8	17,8	15,5	13,7	12,6	10,9	8,9	0,8	3,9
053	26,4	27,8	24,0	21,1	18,8	17,4	15,2	12,7	22,1	18,9	16,5	14,6	13,4	11,6	9,4	0,9	(1.33 m)
056	27,1	29,4	25,4	22,3	19,8	18,4	16,1	13,4	23,5	20,1	17,5	15,4	14,2	12,3	10,0	0,9	
059	27,8	31,0	26,7	23,5	20,9	19,4	16,9	14,1	24,8	21,2	18,5	16,3	15,1	13,0	10,6	1,0	
062	28,5	32,5	28,1	24,7	22,0	20,4	17,8	14,8	26,1	22,4	19,5	17,2	15,9	13,7	11,2	1,0	
0,065	29,2	34,1	29,4	25,9	23,0	21,4	18,7	15,6	27,4	23,5	20,5	18,1	16,7	14,4	11,7	1,1	3,4
068	29,9	35,7	30,8	27,1	24,1	22,4	19,5	16,3	28,7	24,6	21,5	19,0	17,5	15,1	12,3	1,1	(1,38 m)
071	30,5	37,2	32,2	28,3	25,1	23,4	20,4	17,0	30,1	25,8	22,5	19,8	18,3	15,8	12,9	1,2	17
074	31,2	38,8	33,5	29,5	26,2	24,4	21,2	17,7	31,4	26,9	23,5	20,7	19,1	16,5	13,4	1,2	
077	31,8	40,4	34,9	30,7	27,3	25,4	22,1	18,4	32,7	28,1	24,5	21,6	19,9	17,2	14,0	1,3	
0,080	32,4	42,0	36,2	31,9	28,3	26,3	23,0	19,1	34,0	29,1	25,5	22,4	20,7	17,9	14,6	1,3	3,0
084	33,2	44,1	38,0	33,5	29,7	27,6	24,1	20,1	35,8	30,7	26,8	23,6	21,8	18,8	15,4	1,4	(1,43 m)
088	34,0	46,2	39,8	35,1	31,2	29,0	25,2	21,1	37,6	32,2	28,2	24,8	22,9	19,8	16,2	1,5	
092	34,7	48,3	41,7	36,7	32,6	30,3	26,4	22,0	39,4	33,8	29,5	26,0	24,0	20,7	17,0	1,5	
096	35,5	50,4	43,5	38,3	34,0	31,6	27,5	23,0	41,2	35,3	30,9	27,2	25,1	21,7	17,7	1,6	
0,100	36,2	52,5	45,3	39,9	35,4	32,9	28,7	23,9	43,0	36,8	32,2	28,4	26,2	22,6	18,5	1,7	2,6
105	37,1	55,1	47,5	41,9	37,2	34,5	30,1	25,1	45,3	38,8	33,9	29,9	27,6	23,8	19,5	1,8	(1,49 m)
110	38,0	57,7	49,8	43,9	39,0	36,2	31,6	26,3	47,6	40,7	35,6	31,4	29,0	25,0	20,5	1,8	
115	38,8	60,4	52,1	45,8	40,7	37,8	33,0	27,5	49,8	42,7	37,3	32,9	30,4	26,3	21,5	1,9	
120	39,7	63,0	54,3	47,8	42,5	39,5	34,4	28,7	52,1	44,6	39,0	34,4	31,8	27,5	22,5	2,0	
0,125	40,5	65,6	56,6	49,8	44,3	41,1	35,8	29,9	54,4	46,6	40,8	35,9	33,2	28,7	23,5	2,1	2,4
130	41,3	68,2	58,8	51,8	46,0	42,7	37,3	31,1	56,6	48,5	42,5	37,4	34,6	29,9	24,5	2,2	(1,55 m)
135	42,1	70,8	61,1	53,8	47,8	44,4	38,7	32,3	58,9	50,5	44,2	39,0	36,0	31,1	25,5	2,2	16
140	42,8	73,5	63,4	55,8	49,6	46,0	40,1	33,5	61,2	52,4	45,9	40,5	37,4	32,3	26,5	2,3	
145	43,6	76,1	65,6	57,8	51,3	47,7	41,6	34,7	63,4	54,4	47,6	42,0	38,8	33,5	27,5	2,4	
0,150	44,4	78,7	67,9	59,8	53,1	49,3	43,0	35,9	65,8	56,4	49,3	43,5	40,2	34,7	28,5	2,5	2,1
155	45,1	81,4	70,2	61,8	54,9	51,0	44,5	37,1	68,1	58,3	51,0	45,0	41,6	35,9	29,5	2,6	(1,61 m)
160	45,8	84,0	72,4	63,8	56,7	52,6	45,9	38,3	70,4	60,3	52,7	46,5	43,0	37,2	30,5	2,7	
165	46,5	86,6	74,7	65,8	58,4	54,3	47,3	39,5	72,7	62,3	54,5	48,1	44,5	38,4	31,5	2,8	
170	47,2	89,2	77,0	67,8	60,2	55,9	48,8	40,7	75,0	64,3	56,2	49,6	45,9	39,6	32,5	2,8	
0,175	47,9	91,8	79,2	69,8	62,0	57,5	50,2	41,9	77,3	66,3	57,9	51,1	47,3	40,9	33,5	2,9	2,0
180	48,6	94,5	81,5	71,7	63,7	59,2	51,6	43,1	79,6	68,2	59,7	52,7	48,7	42,1	34,5	3,0	(1,66 m
185	49,3	97,1	83,7	73,7	65,5	60,8	53,1	44,3	81,9	70,2	61,4	54,2	50,1	43,3	35,5	3,1	
190	49,9	99,7	86,0	75,7	67,3	62,5	54,5	45,5	84,2	72,2	63,1	55,7	51,6	44,5	36,5	3,2	
195	50,6	102,3	88,3	77,7	69,1	64,1	55,9	46,7	86,5	74,2	64,9	57,2	53,0	45,8	37,5	3,2	
0,200	51,2	105,0	90,6	79,7	70,8	65,8	57,4	47,8	88,8	76,1	66,6	58,8	54,3	47,0	38,5	3,3	1,9
205	51,8	107,6	92,8	81,7	72,6	67,4	58,8	49,0	91,1	78,1	68,4	60,3	55,8	48,2	39,6	3,4	(1,70 m)
210	52,5	110,2	95,1	83,7	74,4	69,1	60,3	50,2	93,5	80,1	70,1	61,9	57,2	49,5	40,6	3,5	15,3
215	53,1	112,9	97,3	85,7	76,1	70,7	61,7	51,4	95,8	82,1	71,9	63,4	58,6	50,7	41,6	3,6	
220	53,7	115,5	99,6	87,7	77,9	72,4	63,1	52,6	98,1	84,1	73,6	65,0	60,1	51,9	42,6	3,7	
0,225	54,3	118,1	101,9	89,7	79,7	74,0	64,5	53,8	100,5	86,1	75,4	66,5	61,5	53,2	43,6	3,8	1,8
230	54,9	120,7	104,1	91,7	81,5	75,6	66,0	55,0	102,8	88,1	77,1	68,1	62,9	54,4	44,7	3,8	(1,74 m)
235	55,5	123,3	106,4	93,7	83,2	77,3	67,4	56,2	105,1	90,1	78,9	69,6	64,4	55,7	45,7	3,9	
240	56,1	126,0	108,6	95,7	85,0	79,0	68,8	57,4	107,4	92,1	80,6	71,2	65,8	56,9	46,7	4,0	
245	56,7	128,6	110,9	97,7	86,8	80,7	70,3	58,6	109,8	94,1	82,4	72,7	67,2	58,1	47,7	4,1	
0,250	57,3	131,2	113,2	99,7	88,5	82,2	71,7	59,8	112,1	96,1	84,1	74,2	68,7	59,3	48,7	4,2	1,7 (1,78 m)
$*\;\{\;C'_i=$		14,1	11,8	10,8	10,3	10,0	9,7	9,5	14,2	12,0	11,1	10,6	10,4	10,1	10,1	$=C'_i$	
$xC''_i=$		11,6	9,9	9,2	8,8	8,7	8,5	8,5	11,7	10,0	9,4	9,1	9,0	8,9	9,0	$=xC''_i$	
$N=$		1	1	1	1	1	1	1	0,99	0,98	0,98	0,97	0,97	0,96	0,94	$=N$	†

* Gew. Masch. mit Hemd (auch rechts).   † Für Masch. ohne Hemd (auch rechts).

Auspuff-Maschinen mit Expansions-Steuerung.

Abs. Adm. Sp. $p = 5^{1}/_{2}$ Kgr. od. Atm.

O Qu.Met.	D Centm.	Füllung $\frac{l}{i}$ — Indicirte Leistung $\frac{N_i}{c}$ in Pferdekraft pro 1 Meter Kolbengeschwindigkeit							Füllung $\frac{l}{i}$ — Netto-Leistung $\frac{N_n}{c}$ in Pferdekraft pro 1 Meter Kolbengeschwindigkeit							Subtr. Compr. Lstg. pro $c=1\,m$ Pfdk.	$2C_i''' \text{ u. } C_i$ bei $\frac{l}{i}=0,3$ (gew. Masch.) Kgr.
		0,7	0,5	0,4	0,333	0,3	0,25	0,20	0,7	0,5	0,4	0,333	0,3	0,25	0,20		
0,250	57,3	131,2	113,2	99,7	88,5	82,2	71,7	59,8	112,1	96,1	84,1	74,2	68,7	59,3	48,7	4,2	1,7
255	57,8	133,9	115,5	101,7	90,3	83,9	73,2	61,0	114,4	98,1	85,9	75,8	70,1	60,6	49,8	4,3	(bei
260	58,4	136,5	117,7	103,7	92,1	85,5	74,6	62,2	116,8	100,1	87,6	77,4	71,5	61,8	50,8	4,3	$c=$
265	59,0	139,1	120,0	105,6	93,8	87,2	76,0	63,4	119,1	102,1	89,4	78,9	73,0	63,1	51,8	4,4	1,78 m)
270	59,5	141,7	122,2	107,6	95,6	88,8	77,5	64,6	121,5	104,2	91,1	80,5	74,4	64,3	52,8	4,5	15,3
0,275	60,1	144,3	124,5	109,6	97,4	90,4	78,9	65,8	123,8	106,2	92,9	82,0	75,9	65,6	53,9	4,6	1,6
280	60,6	147,0	126,8	111,6	99,2	92,1	80,3	67,0	126,1	108,2	94,7	83,6	77,3	66,8	54,9	4,7	(1,82 m)
285	61,1	149,6	129,0	113,6	100,9	93,7	81,7	68,2	128,5	110,2	96,4	85,2	78,7	68,1	55,9	4,7	
290	61,7	152,2	131,3	115,6	102,7	95,4	83,2	69,4	130,8	112,2	98,2	86,7	80,2	69,3	57,0	4,8	
295	62,2	154,8	133,5	117,6	104,5	97,0	84,6	70,6	133,2	114,2	99,9	88,3	81,6	70,6	58,0	4,9	
0,300	62,7	157,5	135,8	119,6	106,2	98,7	86,1	71,7	135,5	116,2	101,7	89,8	83,1	71,8	59,0	5,0	1,5
310	63,8	162,7	140,4	123,6	109,8	102,0	89,0	74,1	140,3	120,3	105,3	93,0	86,0	74,3	61,1	5,2	(1,85 m)
320	64,8	168,0	144,9	127,6	113,3	105,3	91,8	76,5	145,0	124,3	108,8	96,1	88,9	76,9	63,2	5,3	
330	65,8	173,2	149,4	131,6	116,9	108,6	94,7	78,9	149,7	128,4	112,4	99,2	91,8	79,4	65,2	5,5	
340	66,8	178,5	154,0	135,6	120,4	111,8	97,6	81,3	154,4	132,5	116,0	102,4	94,7	81,9	67,3	5,7	
0,350	67,7	183,7	158,5	139,6	123,9	115,1	100,4	83,7	159,2	136,5	119,5	105,5	97,6	84,4	69,4	5,9	1,3
360	68,7	189,0	163,0	143,5	127,5	118,4	103,3	86,1	163,9	140,6	123,1	108,7	100,5	86,9	71,5	6,0	(1,91 m)
370	69,7	194,2	167,6	147,5	131,0	121,7	106,2	88,5	168,6	144,6	126,6	111,8	103,4	89,5	73,6	6,2	
380	70,6	199,5	172,1	151,5	134,6	125,0	109,0	90,8	173,4	148,7	130,2	114,9	106,3	92,0	75,6	6,4	
390	71,5	204,7	176,6	155,5	138,1	128,3	111,9	93,2	178,1	152,8	133,8	118,1	109,3	94,5	77,7	6,5	
0,400	72,4	210,0	181,1	159,5	141,7	131,6	114,8	95,6	182,8	156,8	137,3	121,3	112,2	97,0	79,8	6,7	1,3
410	73,3	215,2	185,7	163,5	145,2	134,9	117,6	98,0	187,6	160,9	140,9	124,4	115,1	99,6	81,8	6,8	(1,97 m)
420	74,2	220,5	190,2	167,5	148,7	138,2	120,5	100,4	192,4	165,0	144,5	127,6	118,0	102,1	83,9	7,0	14,8
430	75,1	225,7	194,7	171,4	152,3	141,4	123,4	102,8	197,1	169,1	148,1	130,8	120,9	104,6	86,0	7,2	
440	76,0	231,0	199,2	175,4	155,8	144,7	126,3	105,2	201,9	173,2	151,7	133,9	123,9	107,2	88,1	7,4	
0,450	76,8	236,2	203,8	179,4	159,4	148,0	129,1	107,6	206,7	177,3	155,3	137,1	126,8	109,7	90,2	7,5	1,2
460	77,7	241,5	208,3	183,4	162,9	151,3	132,0	110,0	211,5	181,4	158,8	140,3	129,7	112,3	92,3	7,7	(2,03 m)
470	78,5	246,7	212,8	187,4	166,4	154,6	134,9	112,4	216,2	185,5	162,4	143,4	132,7	114,8	94,4	7,9	
480	79,3	252,0	217,4	191,4	170,0	157,9	137,7	114,8	221,0	189,5	166,0	146,6	135,6	117,3	96,5	8,0	
490	80,2	257,2	221,9	195,4	173,5	161,2	140,6	117,1	225,8	193,6	169,6	149,8	138,5	119,9	98,6	8,2	
0,500	81,0	262	226	199	177	164	143	120	230	198	173	153	141	122	101	8	1,2
510	81,8	268	231	203	181	168	146	122	235	202	177	156	144	125	103	9	(2,08 m)
520	82,6	273	235	207	184	171	149	124	240	206	180	159	147	127	105	9	
530	83,4	278	240	211	188	174	152	127	245	210	184	162	150	130	107	9	
540	84,2	283	245	215	191	178	155	129	249	214	187	165	153	132	109	9	
0,550	84,9	289	249	219	195	181	158	131	254	218	191	169	156	135	111	9	1,2
560	85,7	294	254	223	198	184	161	134	259	222	194	172	159	137	113	9	(2,12 m)
570	86,5	299	258	227	202	187	164	136	263	226	198	175	162	140	115	10	
580	87,2	304	263	231	205	191	166	139	268	230	201	178	165	143	117	10	
590	88,0	310	267	235	209	194	169	141	273	234	205	181	168	145	119	10	
0,600	88,7	315	272	239	212	197	172	143	278	238	209	184	170	147	121	10	1,1
620	90,2	325	281	247	220	204	178	148	287	246	216	190	176	153	125	11	(2,16 m)
640	91,6	336	290	255	227	211	184	153	296	254	223	197	182	158	130	11	14,6
660	93,0	346	299	263	234	217	189	158	306	262	230	203	188	163	134	11	
680	94,4	357	308	271	241	224	195	163	315	271	237	209	194	168	138	12	
0,700	95,8	367	317	279	248	230	201	167	325	279	244	216	199	173	142	12	1,0
720	97,2	378	326	287	255	237	207	172	334	287	251	222	205	178	146	12	(2,24 m)
740	98,5	388	335	295	262	243	212	177	344	295	258	228	211	183	150	13	
760	99,8	399	344	303	269	250	218	182	353	303	265	234	217	188	155	13	
780	101,1	409	353	311	276	257	224	186	362	311	272	241	223	193	159	13	
0,800	102,4	420	362	319	283	263	230	191	372	319	280	247	229	198	163	13	1,0
820	103,7	430	371	327	290	270	235	196	381	327	287	253	234	203	167	14	(2,31 m)
840	105,0	441	380	335	297	276	241	201	391	335	294	260	240	208	171	14	
860	106,2	451	389	343	305	283	247	206	400	344	301	266	246	213	175	14	
880	107,4	462	398	351	312	289	252	210	410	352	308	272	252	218	179	15	
0,900	108,6	472	408	359	319	296	258	215	419	360	315	279	258	223	184	15	0,9
920	109,8	483	417	367	326	303	264	220	429	368	322	285	264	228	188	15	(2,36 m)
940	111,0	493	426	375	333	309	270	225	438	376	330	291	269	233	192	16	
960	112,2	504	435	383	340	316	275	230	448	384	337	297	275	238	196	16	
980	113,4	514	444	391	347	322	281	234	457	392	344	304	281	243	200	16	
1,000	114,5	525	453	399	354	329	287	239	467	401	351	310	287	248	205	17	0,8 (2,41 m)
$C_i' =$		13,4	11,1	10,1	9,6	9,3	9,0	8,8									14,2
$x C_i'' =$		9,9	8,4	7,8	7,5	7,4	7,3	7,3									

} gilt für exacte Masch. mit Hemd, bei welchen C_i''' circa die Hälfte beträgt (auch links).

Auspuff-Maschinen mit Expansions-Steuerung. (Zunächst mit Dampfhemd.)

Abs. Adm. Sp. $p = 6$ Kgr. od. Atm.

Wirksame Kolbenfläche O Qu.Met.	Kolben-Durchmesser D Centm.	Füllung $\frac{l}{l}$ 0,7	0,4	0,333	0,3	0,25	0,20	0,15	Füllung $\frac{l}{l}$ 0,7	0,4	0,333	0,3	0,25	0,20	0,15	Subtr. Compr. Lstg. pro $c=1$ m Pfdk.	$2C'''$ u. C' bei $\frac{l}{l}=0,3$ (gew. Masch.) Kgr.
		Indicirte Leistung $\frac{N_i}{c}$ in Pferdekraft							Netto-Leistung $\frac{N_n}{c}$ in Pferdekraft								
		pro 1 Meter Kolbengeschwindigkeit															
0,020	16,2	11,7	9,0	8,0	7,5	6,5	5,5	4,3	8,9	6,7	5,9	5,5	4,7	3,9	2,9	0,4	6,2 (bei $c=1,21$ m)
022	17,0	12,9	9,9	8,8	8,2	7,2	6,0	4,7	9,9	7,4	6,5	6,0	5,2	4,3	3,2*	0,4	
024	17,7	14,1	10,8	9,6	9,0	7,8	6,6	5,2	10,8	8,1	7,2	6,6	5,7	4,7	3,5	0,5	
026	18,5	15,2	11,7	10,4	9,7	8,5	7,1	5,6	11,8	8,8	7,8	7,2	6,2	5,1	3,9	0,5	
028	19,2	16,4	12,6	11,2	10,5	9,1	7,7	6,0	12,7	9,6	8,4	7,8	6,8	5,6	4,2	0,6	
0,030	19,8	17,6	13,5	12,0	11,2	9,8	8,2	6,4	13,6	10,3	9,1	8,4	7,3	6,0	4,5	0,6	4,8 (1,29 m) 17
032	20,5	18,8	14,4	12,8	11,9	10,5	8,8	6,9	14,6	11,0	9,7	9,0	7,8	6,4	4,8	0,6	
034	21,1	19,9	15,3	13,6	12,7	11,1	9,3	7,3	15,6	11,7	10,4	9,6	8,3	6,9	5,2	0,7	
036	21,7	21,1	16,2	14,4	13,4	11,8	9,9	7,7	16,6	12,5	11,0	10,2	8,8	7,3	5,5	0,7	
038	22,3	22,3	17,1	15,2	14,2	12,4	10,4	8,2	17,5	13,2	11,7	10,8	9,4	7,7	5,8	0,8	
0,040	22,9	23,5	18,0	16,0	14,9	13,1	11,0	8,6	18,5	13,9	12,3	11,4	9,9	8,2	6,2	0,8	4,2 (1,34 m)
042	23,5	24,6	18,9	16,8	15,7	13,7	11,5	9,0	19,5	14,7	13,0	12,0	10,4	8,6	6,5	0,8	
044	24,0	25,8	19,8	17,6	16,4	14,4	12,1	9,5	20,4	15,4	13,6	12,6	10,9	9,1	6,8	0,9	
046	24,6	27,0	20,7	18,4	17,2	15,0	12,6	9,9	21,4	16,1	14,3	13,2	11,4	9,5	7,2	0,9	
048	25,1	28,1	21,6	19,2	17,9	15,7	13,2	10,3	22,4	16,8	14,9	13,8	12,0	9,9	7,5	1,0	
0,050	25,6	29,3	22,5	20,0	18,6	16,4	13,7	10,7	23,4	17,6	15,6	14,4	12,5	10,3	7,8	1,0	3,7 (1,39 m)
053	26,4	31,1	23,8	21,2	19,8	17,3	14,6	11,4	24,8	18,7	16,6	15,3	13,3	11,0	8,3	1,1	
056	27,1	32,8	25,2	22,4	20,9	18,3	15,4	12,0	26,3	19,9	17,6	16,3	14,1	11,7	8,9	1,1	
059	27,8	34,6	26,5	23,6	22,0	19,3	16,2	12,7	27,8	21,0	18,6	17,2	14,9	12,3	9,4	1,2	
062	28,5	36,4	27,9	24,8	23,1	20,3	17,0	13,3	29,3	22,1	19,6	18,1	15,7	13,0	9,9	1,2	
0,065	29,2	38,1	29,2	26,0	24,2	21,3	17,8	13,9	30,8	23,2	20,6	19,0	16,5	13,7	10,4	1,3	3,2 (1,44 m) 16,1
068	29,9	39,9	30,6	27,2	25,4	22,2	18,7	14,6	32,2	24,3	21,6	19,9	17,3	14,4	10,9	1,4	
071	30,5	41,7	31,9	28,4	26,5	23,2	19,5	15,2	33,7	25,5	22,6	20,9	18,1	15,0	11,4	1,4	
074	31,2	43,4	33,3	29,6	27,6	24,2	20,3	15,9	35,2	26,6	23,6	21,8	18,9	15,7	11,9	1,5	
077	31,8	45,2	34,6	30,8	28,7	25,2	21,1	16,5	36,7	27,7	24,6	22,7	19,7	16,4	12,4	1,5	
0,080	32,4	46,9	35,9	32,0	29,8	26,2	22,0	17,2	38,2	28,8	25,5	23,7	20,5	17,0	12,9	1,6	2,8 (1,49 m)
084	33,2	49,3	37,7	33,6	31,3	27,5	23,1	18,0	40,2	30,4	26,9	24,9	21,6	17,9	13,6	1,7	
088	34,0	51,6	39,5	35,2	32,8	28,8	24,2	18,9	42,2	31,9	28,2	26,2	22,7	18,8	14,3	1,8	
092	34,7	54,0	41,3	36,8	34,3	30,1	25,3	19,8	44,2	33,4	29,6	27,4	23,8	19,7	15,0	1,8	
096	35,5	56,3	43,1	38,4	35,8	31,4	26,4	20,6	46,2	35,0	31,0	28,7	24,9	20,6	15,7	1,9	
0,100	36,2	58,7	44,9	40,0	37,3	32,7	27,5	21,5	48,3	36,5	32,3	29,9	26,0	21,5	16,4	2,0	2,4 (1,56 m)
105	37,1	61,6	47,1	42,0	39,1	34,3	28,8	22,6	50,8	38,4	34,0	31,5	27,4	22,7	17,3	2,1	
110	38,0	64,5	49,4	44,0	41,0	36,0	30,2	23,6	53,4	40,3	35,7	33,1	28,8	23,8	18,2	2,2	
115	38,8	67,4	51,6	46,0	42,9	37,6	31,6	24,7	55,9	42,3	37,4	34,7	30,2	25,0	19,1	2,3	
120	39,7	70,4	53,9	48,0	44,7	39,2	33,0	25,8	58,5	44,2	39,1	36,3	31,6	26,1	19,9	2,4	
0,125	40,5	73,3	56,1	50,0	46,6	40,8	34,3	26,8	61,0	46,1	40,9	37,9	33,0	27,3	20,8	2,5	2,2 (1,62 m) 15,3
130	41,3	76,2	58,3	52,0	48,4	42,5	35,7	27,9	63,6	48,0	42,6	39,5	34,3	28,4	21,7	2,6	
135	42,1	79,2	60,6	54,0	50,3	44,1	37,1	29,0	66,1	50,0	44,3	41,1	35,7	29,6	22,6	2,7	
140	42,8	82,1	62,8	56,0	52,2	45,7	38,4	30,0	68,7	51,9	46,0	42,7	37,1	30,7	23,5	2,8	
145	43,6	85,0	65,1	58,0	54,0	47,4	39,8	31,1	71,2	53,8	47,7	44,2	38,5	31,9	24,3	2,9	
0,150	44,4	88,0	67,3	60,0	55,9	49,0	41,2	32,2	73,7	55,8	49,4	45,8	39,9	33,0	25,2	3,0	2,1 (1,68 m)
155	45,1	90,9	69,6	62,0	57,8	50,7	42,6	33,3	76,3	57,7	51,2	47,5	41,3	34,2	26,1	3,1	
160	45,8	93,8	71,8	64,0	59,6	52,3	43,9	34,4	78,9	59,7	52,9	49,1	42,7	35,4	27,0	3,2	
165	46,5	96,8	74,1	66,0	61,5	53,9	45,3	35,4	81,5	61,7	54,6	50,7	44,1	36,5	27,9	3,3	
170	47,2	99,7	76,3	68,0	63,4	55,6	46,7	36,5	84,1	63,6	56,4	52,3	45,5	37,7	28,8	3,4	
0,175	47,9	102,6	78,5	70,0	65,2	57,2	48,1	37,6	86,6	65,6	58,1	53,9	46,9	38,9	29,7	3,5	1,9 (1,73 m)
180	48,6	105,6	80,8	72,0	67,1	58,8	49,4	38,6	89,2	67,5	59,9	55,5	48,3	40,0	30,6	3,6	
185	49,3	108,5	83,0	74,0	68,9	60,5	50,8	39,7	91,8	69,5	61,6	57,1	49,7	41,2	31,5	3,7	
190	49,9	111,4	85,3	76,0	70,8	62,1	52,2	40,8	94,4	71,5	63,3	58,7	51,1	42,4	32,4	3,8	
195	50,6	114,4	87,5	78,0	72,7	63,7	53,5	41,9	97,0	73,4	65,1	60,3	52,6	43,6	33,3	3,9	
0,200	51,2	117,3	89,8	80,1	74,6	65,4	54,9	43,0	99,6	75,4	66,8	62,0	53,9	44,7	34,2	4,0	1,8 (1,78 m) 14,8
205	51,8	120,2	92,0	82,1	76,4	67,0	56,3	44,0	102,2	77,3	68,6	63,6	55,3	45,9	35,1	4,1	
210	52,5	123,2	94,3	84,1	78,3	68,7	57,7	45,1	104,8	79,3	70,3	65,2	56,8	47,1	36,0	4,2	
215	53,1	126,1	96,5	86,1	80,1	70,3	59,0	46,2	107,4	81,3	72,1	66,9	58,2	48,3	36,9	4,3	
220	53,7	129,0	98,8	88,1	82,0	71,9	60,4	47,2	110,0	83,3	73,8	68,5	59,6	49,4	37,8	4,4	
0,225	54,3	132,0	101,0	90,1	83,9	73,5	61,8	48,3	112,6	85,3	75,6	70,1	61,0	50,6	38,7	4,5	1,6 (1,82 m)
230	54,9	134,9	103,2	92,1	85,7	75,2	63,2	49,4	115,2	87,2	77,3	71,8	62,4	51,8	39,6	4,6	
235	55,5	137,8	105,5	94,1	87,6	76,8	64,5	50,5	117,8	89,2	79,1	73,4	63,9	53,0	40,6	4,7	
240	56,1	140,8	107,7	96,1	89,4	78,4	65,9	51,5	120,4	91,2	80,8	75,0	65,3	54,2	41,5	4,8	
245	56,7	143,7	110,0	98,1	91,3	80,1	67,3	52,6	123,1	93,2	82,6	76,6	66,7	55,3	42,4	4,9	
0,250	57,3	146,6	112,2	100,1	93,2	81,7	68,7	53,7	125,6	95,1	84,3	78,2	68,1	56,5	43,2	5,0	1,6 (1,86 m)
* $C_i' =$		13,7	10,5	9,9	9,6	9,3	9,0	9,0	13,7	10,7	10,2	9,9	9,7	9,5	9,7	$= C_i'$	
$xC_i'' =$		11,6	9,1	8,7	8,5	8,3	8,2	8,4	11,7	9,3	8,9	8,8	8,7	8,7	9,1	$= xC_i''$	
$N =$		1	1	1	1	1	1	1	0,99	0,98	0,97	0,97	0,96	0,95	0,93	$= N$	

* Gew. Masch. mit Hemd (auch rechts).   † Für Masch. ohne Hemd (auch rechts).

Auspuff-Maschinen mit Expansions-Steuerung.

Abs. Adm. Sp. $p = 6$ Kgr. od. Atm.

Indicirte Leistung $\frac{N_i}{c}$ und Netto-Leistung $\frac{N_n}{c}$ in Pferdekraft, pro 1 Meter Kolbengeschwindigkeit. Füllung $\frac{l_i}{l}$.

O Qu.Met.	D Centm.	N_i/c 0,7	0,4	0,333	0,3	0,25	0,20	0,15	N_n/c 0,7	0,4	0,333	0,3	0,25	0,20	0,15	Subtr. Compr. Lstg. pro c=1m Pfdk.	2C'''$_i$ u. C$_i$ bei $\frac{l_i}{l}=0,25$ (gew. Masch.) Kgr.
0,250	57,3	146,6	112,2	100,1	93,2	81,7	68,7	53,7	125,6	95,1	84,3	78,2	68,1	56,5	43,2	5,0	1,6
255	57,8	149,6	114,5	102,1	95,1	83,4	70,0	54,8	128,3	97,1	86,1	79,9	69,5	57,7	44,1	5,1	(bei c = 1,86 m)
260	58,4	152,5	116,7	104,1	96,9	85,0	71,4	55,8	130,9	99,1	87,9	81,5	71,0	58,9	45,1	5,2	
265	59,0	155,4	119,0	106,1	98,8	86,6	72,8	56,9	133,5	101,1	89,7	83,2	72,4	60,1	46,0	5,3	14,4
270	59,5	158,4	121,2	108,1	100,6	88,3	74,2	58,0	136,2	103,1	91,4	84,8	73,8	61,3	46,9	5,4	
0,275	60,1	161,3	123,5	110,1	102,5	89,9	75,5	59,1	138,8	105,1	93,2	86,4	75,2	62,5	47,8	5,5	1,5
280	60,6	164,2	125,8	112,1	104,4	91,5	76,9	60,1	141,4	107,1	95,0	88,1	76,7	63,7	48,7	5,6	(1,90 m)
285	61,1	167,1	128,0	114,1	106,2	93,1	78,3	61,2	144,0	109,1	96,7	89,7	78,1	64,8	49,6	5,7	
290	61,7	170,1	130,3	116,1	108,1	94,8	79,6	62,3	146,7	111,1	98,5	91,4	79,5	66,0	50,5	5,8	
295	62,2	173,0	132,5	118,1	109,9	96,4	81,0	63,3	149,3	113,1	100,3	93,0	81,0	67,2	51,4	5,9	
0,300	62,7	176,0	134,7	120,1	111,8	98,1	82,4	64,4	151,9	115,1	102,0	94,7	82,4	68,4	52,4	6,0	1,4
310	63,8	181,8	139,2	124,1	115,6	101,4	85,2	66,6	157,2	119,1	105,6	98,0	85,3	70,8	54,2	6,2	(1,93 m)
320	64,8	187,7	143,7	128,1	119,3	104,6	87,9	68,7	162,5	123,1	109,1	101,3	88,1	73,2	56,1	6,4	
330	65,8	193,6	148,2	132,1	123,0	107,9	90,7	70,9	167,8	127,1	112,7	104,6	91,0	75,6	57,9	6,6	
340	66,8	199,4	152,6	136,1	126,8	111,2	93,4	73,0	173,1	131,1	116,2	107,9	93,9	78,0	59,7	6,8	
0,350	67,7	205,3	157,1	140,1	130,5	114,4	96,2	75,2	178,3	135,1	119,8	111,2	96,8	80,4	61,6	7,0	1,3
360	68,7	211,2	161,6	144,1	134,2	117,7	98,9	77,3	183,6	139,1	123,4	114,5	99,7	82,8	63,4	7,2	(2,00 m)
370	69,7	217,1	166,1	148,1	138,0	121,0	101,7	79,5	188,9	143,1	126,9	117,8	102,5	85,2	65,3	7,4	
380	70,6	222,9	170,6	152,1	141,7	124,2	104,4	81,6	194,2	147,1	130,5	121,1	105,4	87,6	67,1	7,6	
390	71,5	228,8	175,1	156,1	145,4	127,5	107,2	83,8	199,5	151,1	134,0	124,4	108,3	90,0	68,9	7,8	
0,400	72,4	234,6	179,6	160,1	149,1	130,8	109,9	85,9	204,8	155,2	137,6	127,7	111,2	92,4	70,8	8,0	1,2
410	73,3	240,5	184,1	164,1	152,9	134,0	112,6	88,1	210,1	159,2	141,2	131,1	114,1	94,8	72,5	8,2	(2,06 m)
420	74,2	246,4	188,6	168,1	156,6	137,3	115,4	90,2	215,5	163,3	144,8	134,4	117,0	97,2	74,5	8,4	13,9
430	75,1	252,2	193,0	172,1	160,3	140,6	118,1	92,4	220,8	167,3	148,4	137,8	119,9	99,6	76,4	8,6	
440	76,0	258,1	197,5	176,1	164,0	143,9	120,9	94,5	226,2	171,4	152,0	141,1	122,8	102,0	78,2	8,8	
0,450	76,8	264,0	202,0	180,1	167,8	147,1	123,6	96,7	231,5	175,4	155,6	144,4	125,7	104,5	80,1	9,0	1,2
460	77,7	269,8	206,5	184,1	171,5	150,4	126,4	98,8	236,8	179,5	159,2	147,8	128,7	106,9	81,9	9,2	(2,12 m)
470	78,5	275,7	211,0	188,1	175,2	153,7	129,1	101,0	242,2	183,5	162,8	151,1	131,6	109,3	83,8	9,4	
480	79,3	281,6	215,5	192,1	179,0	156,9	131,9	103,1	247,5	187,6	166,4	154,5	134,5	111,7	85,7	9,6	
490	80,2	287,4	220,0	196,1	182,7	160,2	134,6	105,3	252,9	191,6	169,9	157,8	137,4	114,1	87,5	9,8	
0,500	81,0	293,3	224,5	200,1	186,4	163,5	137,3	107,4	258,2	195,7	173,6	161,1	140,3	116,6	89,4	10,0	1,1
510	81,8	299,1	229,0	204,1	190,1	166,7	140,1	109,6	263,4	199,7	177,1	164,4	143,2	118,9	91,2	10,2	(2,17 m)
520	82,6	305,0	233,4	208,1	193,9	170,0	142,8	111,7	268,7	203,7	180,7	167,7	146,0	121,3	93,1	10,4	
530	83,4	310,9	237,9	212,1	197,6	173,3	145,6	113,9	274,0	207,7	184,3	171,0	148,9	123,7	94,9	10,6	
540	84,2	316,7	242,4	216,1	201,3	176,5	148,3	116,0	279,2	211,7	187,8	174,3	151,8	126,1	96,7	10,8	
0,550	84,9	322,6	246,9	220,1	205,1	179,8	151,1	118,2	284,5	215,7	191,4	177,6	154,7	128,5	98,6	11,0	1,1
560	85,7	328	251	224	209	183	154	120	290	220	195	181	158	131	100	11	(2,22 m)
570	86,5	334	256	228	213	186	157	122	295	224	198	184	160	133	102	11	
580	87,2	340	260	232	216	190	159	125	300	228	202	188	163	136	104	12	
590	88,0	346	265	236	220	193	162	127	306	232	206	191	166	138	106	12	
0,600	88,7	352	269	240	224	196	165	129	311	236	209	194	169	140	108	12	1,0
620	90,2	364	278	248	231	203	170	133	321	244	216	201	175	145	111	12	(2,26 m)
640	91,6	375	287	256	239	209	176	137	332	252	223	207	181	150	115	13	13,7
660	93,0	387	296	264	246	216	181	142	343	260	230	214	186	155	119	13	
680	94,4	399	305	272	254	222	187	146	353	268	238	221	192	160	123	14	
0,700	95,8	411	314	280	261	229	192	150	364	276	245	227	198	164	126	14	0,9
720	97,2	422	323	288	268	235	198	155	374	284	252	234	204	169	130	14	(2,34 m)
740	98,5	434	332	296	276	242	203	159	385	292	259	240	209	174	134	15	
760	99,8	446	341	304	283	248	209	163	395	300	266	247	215	179	137	15	
780	101,1	457	350	312	291	255	214	168	406	308	273	254	221	184	141	16	
0,800	102,4	469	359	320	298	262	220	172	417	316	280	260	227	188	145	16	0,8
820	103,7	481	368	328	306	268	225	176	427	324	288	267	232	193	148	16	(2,41 m)
840	105,0	493	377	336	313	275	231	180	438	332	295	274	238	198	152	17	
860	106,2	504	386	344	321	281	236	185	448	340	302	280	244	203	156	17	
880	107,4	516	395	352	328	288	242	189	459	348	309	287	250	208	159	18	
0,900	108,6	528	404	360	336	294	247	193	470	356	316	293	256	213	163	18	0,8
920	109,8	540	413	368	343	301	253	198	480	364	323	300	261	217	167	18	(2,47 m)
940	111,0	551	422	376	350	307	258	202	491	372	330	307	267	222	171	19	
960	112,2	563	431	384	358	314	264	206	502	380	338	313	273	227	174	19	
980	113,4	575	440	392	365	320	269	211	512	388	345	320	279	232	178	20	
1,000	114,5	587	449	400	373	327	275	215	523	397	352	327	285	237	182	20	0,8 (2,52 m) 13,4
C$_i'$ =		13,0	9,8	9,2	8,9	8,6	8,3	8,3									
xC$_i''$ =		9,8	7,7	7,4	7,2	7,1	7,0	7,2									

gilt für exacte Masch. mit Hemd, bei welchen C$_i'''$ circa die Hälfte beträgt (auch links).

Auspuff-Maschinen mit Expansions-Steuerung. (Zunächst mit Dampfhemd.)

Abs. Adm. Sp. $p = 6^{1}/_{2}$ Kgr. od. Atm.

Indicirte Leistung $\frac{N_i}{c}$ und Netto-Leistung $\frac{N_n}{c}$ in Pferdekraft pro 1 Meter Kolbengeschwindigkeit.

Wirksame Kolbenfläche O Qu.Met.	Kolben-Durchmesser D Centm.	Füllung $\frac{l_i}{t}$ — Indicirte Leistung $\frac{N_i}{c}$							Füllung $\frac{l_i}{t}$ — Netto-Leistung $\frac{N_n}{c}$							Subtr. Compr. Lstg. pro $c=1$ m Pfdk.	$2C'''_i$ u. C bei $\frac{l_i}{t}=0,3$ $c=1$ m (gew. Masch.) Kgr.
		0,7	0,4	0,333	0,3	0,25	0,20	0,15	0,7	0,4	0,333	0,3	0,25	0,20	0,15		
0,020	16,2	13,0	10,0	8,9	8,3	7,3	6,2	4,9	9,9	7,5	6,6	6,2	5,4	4,4	3,4	0,5	5,6
022	17,0	14,2	11,0	9,8	9,2	8,1	6,8	5,4	10,9	8,3	7,4	6,8	5,9	4,9	3,8	0,5	(bei $c = $ 1,26 m)
024	17,7	15,5	12,0	10,7	10,0	8,8	7,5	5,9	12,0	9,1	8,1	7,5	6,5	5,4	4,1	0,6	
026	18,5	16,9	13,0	11,6	10,8	9,5	8,1	6,4	13,0	9,9	8,8	8,1	7,1	5,9	4,5	0,6	
028	19,2	18,2	14,0	12,5	11,7	10,3	8,7	6,9	14,1	10,7	9,5	8,8	7,7	6,4	4,9	0,7	
0,030	19,8	19,5	15,0	13,4	12,5	11,0	9,3	7,4	15,2	11,5	10,2	9,5	8,2	6,8	5,3	0,7	4,5
032	20,5	20,8	16,0	14,3	13,3	11,7	9,9	7,9	16,2	12,3	10,9	10,2	8,8	7,3	5,6	0,8	(1,35 m)
034	21,1	22,1	17,0	15,2	14,2	12,5	10,6	8,3	17,3	13,1	11,7	10,8	9,4	7,8	6,0	0,8	16,5
036	21,7	23,4	18,0	16,1	15,0	13,2	11,2	8,8	18,4	13,9	12,4	11,5	10,0	8,3	6,4	0,9	
038	22,3	24,7	19,0	17,0	15,8	13,9	11,8	9,3	19,5	14,8	13,1	12,2	10,6	8,8	6,8	0,9	
0,040	22,9	26,0	20,0	17,8	16,7	14,7	12,4	9,8	20,6	15,6	13,8	12,9	11,2	9,3	7,2	1,0	3,8
042	23,5	27,3	21,0	18,7	17,5	15,4	13,0	10,3	21,6	16,4	14,6	13,6	11,8	9,8	7,5	1,0	(1,40 m)
044	24,0	28,6	22,0	19,6	18,3	16,1	13,7	10,8	22,7	17,2	15,3	14,2	12,4	10,3	7,9	1,0	
046	24,6	29,9	23,0	20,5	19,2	16,9	14,3	11,3	23,8	18,0	16,0	14,9	13,0	10,8	8,3	1,1	
048	25,1	31,2	24,0	21,4	20,0	17,6	14,9	11,8	24,9	18,9	16,8	15,6	13,5	11,3	8,7	1,1	
0,050	25,6	32,4	24,9	22,3	20,8	18,3	15,5	12,3	25,9	19,7	17,5	16,2	14,2	11,8	9,1	1,2	3,3
053	26,4	34,4	26,5	23,7	22,1	19,5	16,4	13,0	27,6	20,9	18,6	17,3	15,1	12,6	9,7	1,3	(1,45 m)
056	27,1	36,3	28,0	25,0	23,3	20,6	17,4	13,7	29,2	22,2	19,7	18,3	16,0	13,3	10,3	1,3	
059	27,8	38,2	29,4	26,3	24,6	21,7	18,3	14,5	30,8	23,4	20,8	19,4	16,9	14,1	10,9	1,4	
062	28,5	40,2	30,9	27,7	25,8	22,8	19,2	15,2	32,5	24,7	21,9	20,4	17,8	14,8	11,5	1,5	
0,065	29,2	42,1	32,5	29,0	27,1	23,9	20,2	16,0	34,1	25,9	23,0	21,4	18,7	15,6	12,0	1,5	2,9
068	29,9	44,1	34,0	30,4	28,3	25,0	21,1	16,7	35,8	27,2	24,1	22,5	19,6	16,4	12,6	1,6	(1,50 m)
071	30,5	46,0	35,5	31,7	29,6	26,1	22,0	17,5	37,4	28,4	25,3	23,5	20,5	17,1	13,2	1,7	15,6
074	31,2	47,9	37,0	33,0	30,8	27,2	23,0	18,2	39,0	29,7	26,4	24,6	21,4	17,9	13,8	1,8	
077	31,8	49,9	38,5	34,4	32,1	28,3	23,9	18,9	40,7	30,9	27,5	25,6	22,4	18,6	14,4	1,8	
0,080	32,4	51,9	39,9	35,7	33,3	29,4	24,8	19,6	42,3	32,2	28,6	26,6	23,2	19,4	15,0	1,9	2,5
084	33,2	54,5	41,9	37,5	35,0	30,8	26,1	20,6	44,6	33,9	30,1	28,0	24,5	20,4	15,8	2,0	(1,56 m)
088	34,0	57,0	43,9	39,3	36,7	32,3	27,3	21,6	46,8	35,6	31,6	29,4	25,7	21,4	16,6	2,1	
092	34,7	59,6	45,9	41,1	38,4	33,8	28,5	22,6	49,0	37,3	33,2	30,8	26,9	22,5	17,4	2,2	
096	35,5	62,2	47,9	42,9	40,0	35,2	29,8	23,6	51,3	39,0	34,7	32,2	28,1	23,5	18,2	2,3	
0,100	36,2	64,8	49,9	44,6	41,7	36,7	31,0	24,5	53,5	40,7	36,2	33,6	29,4	24,6	19,0	2,4	2,3
105	37,1	68,1	52,4	46,9	43,8	38,5	32,6	25,8	56,3	42,9	38,1	35,4	30,9	25,9	20,0	2,5	(1,63 m)
110	38,0	71,3	54,9	49,1	45,8	40,4	34,1	27,0	59,1	45,0	40,0	37,2	32,5	27,2	21,0	2,6	
115	38,8	74,6	57,4	51,3	47,9	42,2	35,7	28,2	61,9	47,2	42,0	39,0	34,1	28,5	22,0	2,7	
120	39,7	77,8	59,9	53,6	50,0	44,0	37,2	29,5	64,8	49,3	43,9	40,8	35,6	29,8	23,1	2,8	
0,125	40,5	81,0	62,4	55,8	52,1	45,8	38,8	30,7	67,6	51,5	45,8	42,6	37,2	31,1	24,1	3,0	2,1
130	41,3	84,3	64,9	58,0	54,2	47,7	40,3	31,9	70,4	53,6	47,7	44,4	38,7	32,4	25,1	3,1	(1,69 m)
135	42,1	87,5	67,4	60,3	56,2	49,5	41,9	33,2	73,2	55,8	49,6	46,2	40,3	33,7	26,1	3,2	14,8
140	42,8	9,08	69,9	62,5	58,3	51,3	43,4	34,4	76,0	57,9	51,6	48,0	41,9	35,0	27,1	3,3	
145	43,6	94,0	72,4	64,7	60,4	53,2	45,0	35,6	78,9	60,1	53,5	49,8	43,4	36,3	28,1	3,4	
0,150	44,4	97,2	74,9	67,0	62,5	55,0	46,5	36,8	81,7	62,3	55,4	51,5	45,0	37,6	29,1	3,6	1,9
155	45,1	100,5	77,4	69,2	64,6	56,9	48,1	38,1	84,6	64,4	57,3	53,3	46,6	39,0	30,2	3,7	(1,75 m)
160	45,8	103,7	79,9	71,4	66,7	58,7	49,6	39,3	87,4	66,6	59,3	55,1	48,2	40,3	31,2	3,8	
165	46,5	107,0	82,4	73,7	68,7	60,5	51,2	40,5	90,3	68,8	61,2	56,9	49,8	41,6	32,2	3,9	
170	47,2	110,2	84,9	75,9	70,8	62,4	52,7	41,7	93,2	71,0	63,1	58,7	51,4	43,0	33,3	4,0	
0,175	47,9	113,4	87,4	78,1	72,9	64,2	54,3	43,0	96,0	73,2	65,1	60,5	53,0	44,3	34,3	4,2	1,8
180	48,6	116,7	89,9	80,3	75,0	66,0	55,8	44,2	98,9	75,3	67,0	62,4	54,5	45,6	35,3	4,3	(1,80 m)
185	49,3	119,9	92,4	82,6	77,1	67,9	57,4	45,4	101,7	77,5	69,0	64,2	56,1	46,9	36,4	4,4	
190	49,9	123,2	94,9	84,8	79,1	69,7	58,9	46,7	104,6	79,7	70,9	66,0	57,7	48,3	37,4	4,5	
195	50,6	126,4	97,4	87,0	81,2	71,5	60,5	47,9	107,5	81,9	72,8	67,8	59,3	49,6	38,4	4,6	
0,200	51,2	129,7	99,8	89,3	83,3	73,4	62,1	49,1	110,3	84,1	74,8	69,6	60,9	50,9	39,5	4,7	1,6
205	51,8	132,9	102,3	91,5	85,4	75,2	63,6	50,3	113,2	86,3	76,8	71,4	62,5	52,2	40,5	4,9	(1,85 m)
210	52,5	136,1	104,8	93,7	87,5	77,1	65,2	51,6	116,1	88,5	78,7	73,2	64,1	53,6	41,6	5,0	14,1
215	53,1	139,4	107,3	96,0	89,6	78,9	66,7	52,8	119,0	90,7	80,7	75,1	65,7	54,9	42,6	5,1	
220	53,7	141,6	109,8	98,2	91,6	80,7	68,3	54,0	121,9	92,9	82,7	76,9	67,3	56,3	43,6	5,2	
0,225	54,3	144,9	112,3	100,4	93,7	82,5	69,8	55,2	124,8	95,1	84,7	78,7	68,9	57,6	44,7	5,3	1,5
230	54,9	148,1	114,8	102,7	95,8	84,4	71,4	56,5	127,7	97,3	86,6	80,6	70,5	58,9	45,7	5,5	(1,90 m)
235	55,5	151,3	117,3	104,9	97,9	86,2	72,9	57,7	130,6	99,5	88,6	82,4	72,1	60,3	46,8	5,6	
240	56,1	154,6	119,8	107,1	100,0	88,0	74,5	58,9	133,4	101,8	90,6	84,2	73,7	61,6	47,8	5,7	
245	56,7	158,8	122,3	109,4	102,1	89,9	76,0	60,2	136,3	104,0	92,5	86,0	75,3	63,0	48,8	5,8	
0,250	57,3	162,1	124,8	111,6	104,2	91,7	77,6	61,4	139,2	106,1	94,5	87,9	76,8	64,3	49,9	5,9	1,4 (1,94 m)
* $C'_i =$		13,4	10,2	9,6	9,4	9,0	8,7	8,6	13,5	10,4	9,9	9,6	9,4	9,2	9,2		$= C'_i$
$xC''_i =$		11,6	9,0	8,6	8,4	8,2	8,1	8,2	11,6	9,2	8,8	8,7	8,5	8,5	8,8		$= xC''_i$ †
$N =$		1	1	1	1	1	1	1	0,99	0,98	0,97	0,97	0,96	0,95	0,93		$= N$

* Gew. Masch. mit Hemd (auch rechts).   † Für Masch. ohne Hemd (auch rechts).

Auspuff-Maschinen mit Expansions-Steuerung.

Abs. Adm. Sp. $p = 6^{1}/_{2}$ Kgr. od. Atm.

Wirksame Kolbenfläche O Qu.Met.	Kolben-Durchmesser D Centm.	Füllung $\frac{l}{i}$ — Indicirte Leistung $\frac{N_i}{c}$ in Pferdekraft pro 1 Meter Kolbengeschwindigkeit							Füllung $\frac{l}{i}$ — Netto-Leistung $\frac{N_n}{c}$ in Pferdekraft pro 1 Meter Kolbengeschwindigkeit							Subtr. Compr. Lstg. pro $c=1$ m Pfdk.	$2C_i'''\,v.\,C_i$ bei $\frac{l}{i}=0,25$ (gew. Masch.) Kgr.
		0,7	0,4	0,333	0,3	0,25	0,20	0,15	0,7	0,4	0,333	0,3	0,25	0,20	0,15		
0,250	57,3	162,1	124,8	111,6	104,2	91,7	77,6	61,4	139,2	106,1	94,5	87,9	76,8	64,3	49,9	5,9	1,5 (bei c= 1,94 m) 13,9
255	57,8	165,3	127,3	113,8	106,3	93,6	79,1	62,6	142,1	108,3	96,4	89,7	78,4	65,6	51,0	6,1	
260	58,4	168,6	129,8	116,1	108,3	95,4	80,7	63,8	145,0	110,6	98,4	91,5	80,1	67,0	52,0	6,2	
265	59,0	171,8	132,3	118,3	110,4	97,2	82,2	65,1	147,9	112,8	100,4	93,4	81,7	68,3	53,1	6,3	
270	59,5	175,0	134,8	120,5	112,5	99,1	83,8	66,3	150,8	115,0	102,4	95,2	83,3	69,7	54,1	6,4	
0,275	60,1	178,3	137,3	122,8	114,6	100,9	85,3	67,5	153,7	117,2	104,4	97,1	84,9	71,0	55,2	6,5	1,4 (1,98 m)
280	60,6	181,5	139,8	125,0	116,7	102,7	86,9	68,8	156,7	119,4	106,3	98,9	86,5	72,4	56,2	6,7	
285	61,1	184,8	142,3	127,2	118,7	104,5	88,4	70,0	159,6	121,7	108,3	100,7	88,1	73,7	57,3	6,8	
290	61,7	188,0	144,8	129,4	120,8	106,4	90,0	71,2	162,5	123,9	110,3	102,6	89,7	75,1	58,3	6,9	
295	62,2	191,2	147,3	131,7	122,9	108,2	91,5	72,4	165,4	126,1	112,3	104,4	91,3	76,4	59,4	7,0	
0,300	62,7	194,5	149,7	133,9	125,0	110,1	93,1	73,6	168,3	128,3	114,2	106,3	92,9	77,8	60,4	7,1	1,3 (2,01 m)
310	63,8	201,0	154,7	138,4	129,2	113,8	96,2	76,1	174,1	132,8	118,2	110,0	96,2	80,5	62,5	7,4	
320	64,8	207,4	159,7	142,8	133,3	117,4	99,3	78,5	180,0	137,3	122,2	113,7	99,4	83,3	64,7	7,6	
330	65,8	213,9	164,7	147,3	137,5	121,1	102,4	81,0	185,9	141,8	126,2	117,4	102,7	86,0	66,8	7,8	
340	66,8	220,4	169,7	151,8	141,7	124,8	105,5	83,4	191,7	146,2	130,2	121,1	105,9	88,7	68,9	8,1	
0,350	67,7	226,9	174,7	156,2	145,9	128,4	108,6	85,9	197,6	150,7	134,2	124,8	109,2	91,4	71,0	8,3	1,3 (2,08 m)
360	68,7	233,4	179,7	160,7	150,0	132,1	111,7	88,3	203,4	155,2	138,2	128,5	112,4	94,1	73,1	8,6	
370	69,7	239,8	184,7	165,1	154,2	135,8	114,8	90,8	209,3	159,7	142,2	132,2	115,7	96,9	75,3	8,8	
380	70,6	246,3	189,6	169,6	158,4	139,4	117,9	93,2	215,2	164,2	146,2	135,9	118,9	99,6	77,4	9,0	
390	71,5	252,8	194,6	174,1	162,5	143,1	121,0	95,7	221,0	168,6	150,1	139,6	122,2	102,3	79,5	9,3	
0,400	72,4	259,3	199,6	178,6	166,7	146,8	124,1	98,2	226,9	173,1	154,1	143,4	125,4	105,0	81,6	9,5	1,2 (2,14 m) 13,5
410	73,3	265,8	204,6	183,0	170,8	150,4	127,2	100,6	232,8	177,6	158,1	147,1	128,7	107,8	83,8	9,7	
420	74,2	272,3	209,6	187,5	175,0	154,1	130,3	103,1	238,7	182,1	162,1	150,8	132,0	110,5	85,9	10,0	
430	75,1	278,8	214,6	191,9	179,2	157,8	133,4	105,5	244,6	186,6	166,1	154,6	135,3	113,3	88,0	10,2	
440	76,0	285,2	219,6	196,4	183,4	161,5	136,5	108,0	250,5	191,1	170,2	158,3	138,5	116,0	90,2	10,5	
0,450	76,8	291,7	224,6	200,9	187,5	165,1	139,6	110,4	256,4	195,6	174,2	162,1	141,8	118,8	92,3	10,7	1,1 (2,20 m)
460	77,7	298,2	229,6	205,3	191,7	168,8	142,7	112,9	262,3	200,1	178,2	165,8	145,1	121,5	94,5	10,9	
470	78,5	304,7	234,6	209,8	195,9	172,5	145,8	115,3	268,2	204,6	182,2	169,5	148,4	124,3	96,6	11,2	
480	79,3	311,2	239,6	214,2	200,0	176,1	148,9	117,8	274,1	209,2	186,2	173,3	151,7	127,0	98,7	11,4	
490	80,2	318	245	219	204	180	152	120	280	214	190	177	155	130	101	12	
0,500	81,0	324	250	223	208	183	155	123	286	218	194	181	158	133	103	12	1,1 (2,26 m)
510	81,8	331	255	228	213	187	158	125	292	223	198	184	161	135	105	12	
520	82,6	337	260	232	217	191	161	128	298	227	202	188	165	138	107	12	
530	83,4	344	265	237	221	194	164	130	303	232	206	192	168	141	109	13	
540	84,2	350	270	241	225	198	168	133	309	236	210	196	171	143	112	13	
0,550	84,9	357	274	246	229	202	171	135	315	241	214	199	174	146	114	13	1,0 (2,31 m)
560	85,7	363	279	250	233	205	174	137	321	245	218	203	178	149	116	13	
570	86,5	370	284	254	238	209	177	140	327	249	222	207	181	152	118	14	
580	87,2	376	289	259	242	213	180	142	333	254	226	210	184	154	120	14	
590	88,0	382	294	263	246	216	183	145	339	258	230	214	187	157	122	14	
0,600	88,7	389	299	268	250	220	186	147	344	263	234	218	191	160	124	14	1,0 (2,35 m) 13,3
620	90,2	402	309	277	258	227	192	152	356	272	242	225	197	165	128	15	
640	91,6	415	319	286	267	235	199	157	368	281	250	233	204	171	133	15	
660	93,0	428	329	295	275	242	205	162	379	290	258	240	210	176	137	16	
680	94,4	441	339	304	283	250	211	167	391	299	266	247	217	182	141	16	
0,700	95,8	454	349	312	292	257	217	172	403	308	274	255	223	187	145	17	0,9 (2,43 m)
720	97,2	467	359	321	300	264	223	177	415	316	282	262	230	192	150	17	
740	98,5	480	369	330	308	272	230	182	426	325	290	270	236	198	154	18	
760	99,8	493	379	339	317	279	236	187	438	334	298	277	243	203	158	18	
780	101,1	506	389	348	325	286	242	191	450	343	306	285	249	209	162	18	
0,800	102,4	519	399	357	333	294	248	196	461	352	314	292	256	214	167	19	0,8 (2,51 m)
820	103,7	532	409	366	342	301	254	201	473	361	322	299	262	220	171	19	
840	105,0	545	419	375	350	308	261	206	485	370	330	307	269	225	175	20	
860	106,2	558	429	384	358	316	267	211	497	379	338	314	275	231	179	20	
880	107,4	571	439	393	367	323	273	216	508	388	346	322	282	236	184	21	
0,900	108,6	583	449	402	375	330	279	221	520	397	354	329	288	242	188	21	0,8 (2,57 m)
920	109,8	596	459	411	383	338	285	226	532	406	362	337	295	247	192	22	
940	111,0	609	469	420	392	345	292	231	544	415	370	344	301	252	197	22	
960	112,2	622	479	429	400	352	298	236	555	424	378	351	308	258	201	23	
980	113,4	635	489	437	408	360	304	241	567	433	386	359	314	263	205	23	
1,000	114,5	648	499	446	417	367	310	245	579	442	394	366	321	269	209	24	0,7 (2,62 m) 13,0
	$C_i' =$	12,7	9,5	8,9	8,7	8,3	8,0	7,9									
	$xC_i'' =$	9,8	7,7	7,3	7,1	7,0	6,9	6,9									

} gilt für exacte Masch. mit Hemd, bei welchen C_i''' circa die Hälfte beträgt (auch links).

Auspuff-Maschinen mit Expansions-Steuerung. (Zunächst mit Dampfhemd.)

Abs. Adm. Sp. $p = 7$ Kgr. od. Atm.

O Qu.Met. (Wirksame Kolbenfläche)	D Centm. (Kolben-Durchmesser)	Füllung $\frac{l}{i}$ — Indicirte Leistung $\frac{N_i}{c}$ in Pferdekraft, pro 1 Meter Kolbengeschwindigkeit — 0,7	0,333	0,3	0,25	0,20	0,15	0,125	Füllung $\frac{l}{i}$ — Netto-Leistung $\frac{N_n}{c}$ in Pferdekraft, pro 1 Meter Kolbengeschwindigkeit — 0,7	0,333	0,3	0,25	0,20	0,15	0,125	Subtr. Compr. Lstg. pro $c=1$ m Pfdk.	$2C'''_i$ u. C_i bei $\frac{l}{i}=0{,}25$ (gew. Masch.) Kgr.
0,020	16,2	14,2	9,9	9,2	8,1	6,9	5,5	4,7	10,9	7,4	6,9	6,0	5,0	3,9	3,2	0,6	5,7 (bei c = 1,31 m)
022	17,0	15,6	10,8	10,1	9,0	7,6	6,1	5,2	12,0	8,2	7,6	6,6	5,5	4,3	3,6	0,6	
024	17,7	17,0	11,8	11,1	9,8	8,3	6,6	5,7	13,2	9,0	8,3	7,3	6,1	4,7	4,0	0,7	
026	18,5	18,5	12,8	12,0	10,6	9,0	7,2	6,2	14,3	9,7	9,1	7,9	6,6	5,1	4,3	0,7	
028	19,2	19,9	13,8	12,9	11,4	9,7	7,7	6,6	15,5	10,5	9,8	8,6	7,2	5,6	4,7	0,8	
0,030	19,8	21,3	14,8	13,8	12,2	10,4	8,3	7,1	16,7	11,3	10,5	9,2	7,7	6,0	5,0	0,8	4,5 (1,40 m) 15,8
032	20,5	22,7	15,8	14,7	13,0	11,1	8,8	7,6	17,8	12,1	11,3	9,9	8,3	6,4	5,4	0,9	
034	21,1	24,1	16,8	15,7	13,8	11,8	9,4	8,1	19,0	12,9	12,0	10,5	8,8	6,9	5,8	0,9	
036	21,7	25,6	17,7	16,6	14,6	12,5	9,9	8,5	20,2	13,7	12,8	11,2	9,4	7,3	6,1	1,0	
038	22,3	27,0	18,7	17,5	15,5	13,1	10,5	9,0	21,4	14,6	13,5	11,8	10,0	7,8	6,5	1,0	
0,040	22,9	28,4	19,7	18,4	16,3	13,8	11,0	9,5	22,6	15,4	14,3	12,5	10,5	8,2	6,9	1,1	3,6 (1,46 m)
042	23,5	29,8	20,7	19,3	17,1	14,5	11,6	9,9	23,7	16,2	15,0	13,2	11,1	8,6	7,3	1,2	
044	24,0	31,2	21,7	20,3	17,9	15,2	12,1	10,4	24,9	17,0	15,8	13,8	11,6	9,1	7,6	1,2	
046	24,6	32,7	22,7	21,2	18,7	15,9	12,7	10,9	26,1	17,8	16,5	14,5	12,2	9,5	8,0	1,3	
048	25,1	34,1	23,7	22,1	19,5	16,6	13,2	11,4	27,3	18,6	17,3	15,1	12,8	9,9	8,4	1,3	
0,050	25,6	35,5	24,6	23,0	20,4	17,3	13,8	11,9	28,5	19,4	18,0	15,8	13,3	10,4	8,7	1,4	3,3 (1,51 m)
053	26,4	37,6	26,1	24,4	21,6	18,3	14,6	12,6	30,3	20,6	19,2	16,8	14,1	11,0	9,3	1,5	
056	27,1	39,8	27,6	25,8	22,8	19,4	15,5	13,3	32,1	21,8	20,3	17,8	15,0	11,7	9,9	1,5	
059	27,8	41,9	29,1	27,2	24,0	20,4	16,3	14,0	33,9	23,1	21,5	18,8	15,8	12,4	10,4	1,6	
062	28,5	44,0	30,6	28,6	25,2	21,5	17,1	14,7	35,7	24,3	22,6	19,9	16,7	13,0	11,0	1,7	
0,065	29,2	46,1	32,0	29,9	26,5	22,5	18,0	15,4	37,5	25,5	23,8	20,9	17,5	13,7	11,6	1,8	2,9 (1,56 m) 14,7
068	29,9	48,3	33,5	31,3	27,7	23,5	18,8	16,1	39,3	26,8	24,9	21,9	18,4	14,4	12,1	1,9	
071	30,5	50,4	35,0	32,7	28,9	24,6	19,6	16,8	41,1	28,0	26,1	22,9	19,2	15,0	12,7	2,0	
074	31,2	52,5	36,5	34,1	30,1	25,6	20,5	17,5	42,9	29,2	27,2	23,9	20,1	15,7	13,3	2,0	
077	31,8	54,7	38,0	35,5	31,3	26,7	21,3	18,3	44,7	30,5	28,4	24,9	20,9	16,4	13,9	2,1	
0,080	32,4	56,8	39,4	36,8	32,6	27,7	22,1	19,0	46,5	31,7	29,5	25,9	21,8	17,0	14,4	2,2	2,5 (1,62 m)
084	33,2	59,6	41,4	38,7	34,2	29,1	23,2	19,9	48,9	33,4	31,1	27,3	22,9	17,9	15,1	2,3	
088	34,0	62,5	43,3	40,5	35,8	30,4	24,3	20,9	51,4	35,1	32,7	28,7	24,1	18,9	15,9	2,4	
092	34,7	65,3	45,3	42,4	37,4	31,8	25,4	21,8	53,8	36,8	34,2	30,0	25,3	19,8	16,7	2,5	
096	35,5	68,2	47,3	44,2	39,1	33,2	26,5	22,8	56,2	38,4	35,8	31,4	26,4	20,7	17,5	2,6	
0,100	36,2	71,0	49,3	46,1	40,7	34,6	27,6	23,7	58,7	40,1	37,4	32,8	27,6	21,6	18,2	2,8	2,3 (1,69 m)
105	37,1	74,5	51,7	48,4	42,7	36,3	29,0	24,9	61,8	42,2	39,3	34,5	29,0	22,7	19,2	2,9	
110	38,0	78,1	54,2	50,7	44,8	38,1	30,4	26,1	64,9	44,3	41,3	36,3	30,5	23,9	20,2	3,0	
115	38,8	81,6	56,6	53,0	46,8	39,8	31,8	27,3	68,0	46,5	43,3	38,0	32,0	25,0	21,2	3,2	
120	39,7	85,2	59,1	55,3	48,8	41,5	33,1	28,5	71,1	48,6	45,3	39,7	33,4	26,2	22,2	3,3	
0,125	40,5	88,7	61,6	57,6	50,8	43,3	34,5	29,7	74,2	50,7	47,3	41,5	34,9	27,3	23,1	3,5	2,0 (1,76 m) 14,0
130	41,3	92,3	64,0	59,9	52,9	45,0	35,9	30,9	77,3	52,8	49,2	43,2	36,4	28,5	24,1	3,6	
135	42,1	95,8	66,5	62,2	54,9	46,7	37,3	32,1	80,4	54,9	51,2	45,0	37,9	29,6	25,1	3,7	
140	42,8	99,4	68,9	64,5	56,9	48,4	38,7	33,2	83,5	57,1	53,2	46,7	39,3	30,8	26,1	3,9	
145	43,6	102,9	71,4	66,8	59,0	50,2	40,0	34,4	86,6	59,2	55,2	48,4	40,8	31,9	27,1	4,0	
0,150	44,4	106,5	73,9	69,1	61,0	51,9	41,4	35,6	89,7	61,3	57,2	50,2	42,2	33,1	28,0	4,1	1,8 (1,82 m)
155	45,1	110,0	76,3	71,4	63,1	53,6	42,8	36,8	92,8	63,5	59,2	51,9	43,7	34,3	29,0	4,3	
160	45,8	113,6	78,8	73,7	65,1	55,4	44,2	38,0	96,0	65,6	61,2	53,7	45,2	35,4	30,0	4,4	
165	46,5	117,1	81,3	76,0	67,1	57,1	45,6	39,2	99,1	67,8	63,2	55,4	46,7	36,6	31,0	4,6	
170	47,2	120,7	83,7	78,3	69,2	58,8	46,9	40,3	102,3	69,9	65,2	57,2	48,2	37,8	32,0	4,7	
0,175	47,9	124,2	86,2	80,6	71,2	60,6	48,3	41,5	105,4	72,1	67,2	59,0	49,7	38,9	33,0	4,8	1,7 (1,87 m)
180	48,6	127,8	88,6	82,9	73,2	62,3	49,7	42,7	108,5	74,2	69,2	60,7	51,2	40,1	34,0	5,0	
185	49,3	131,3	91,1	85,2	75,3	64,0	51,1	43,9	111,7	76,4	71,2	62,5	52,6	41,3	34,9	5,1	
190	49,9	134,9	93,6	87,5	77,3	65,7	52,5	45,1	114,8	78,5	73,2	64,2	54,1	42,5	35,9	5,2	
195	50,6	138,4	96,0	89,8	79,3	67,5	53,8	46,3	118,0	80,7	75,2	66,0	55,6	43,6	36,9	5,4	
0,200	51,2	142,0	98,5	92,1	81,4	69,2	55,2	47,4	121,1	82,8	77,2	67,8	57,1	44,8	37,9	5,5	1,5 (1,92 m) 13,6
205	51,8	145,5	101,0	94,4	83,4	70,9	56,6	48,6	124,2	85,0	79,2	69,6	58,6	46,0	38,9	5,7	
210	52,5	149,1	103,4	96,7	85,5	72,7	58,0	49,8	127,4	87,2	81,3	71,3	60,1	47,1	39,9	5,8	
215	53,1	152,6	105,9	99,0	87,5	74,4	59,4	51,0	130,6	89,3	83,3	73,1	61,6	48,3	40,9	5,9	
220	53,7	156,2	108,4	101,3	89,5	76,1	60,8	52,2	133,7	91,5	85,3	74,9	63,1	49,5	41,9	6,1	
0,225	54,3	159,7	110,8	103,6	91,5	77,9	62,1	53,4	136,9	93,7	87,4	76,7	64,6	50,7	42,9	6,2	1,5 (1,97 m)
230	54,9	163,3	113,3	105,9	93,6	79,6	63,5	54,6	140,1	95,9	89,4	78,5	66,1	51,9	43,9	6,3	
235	55,5	166,8	115,7	108,2	95,6	81,3	64,9	55,8	143,2	98,0	91,4	80,2	67,6	53,0	44,9	6,5	
240	56,1	170,4	118,2	110,5	97,6	83,0	66,3	57,0	146,4	100,2	93,5	82,0	69,1	54,2	45,9	6,6	
245	56,7	173,9	120,7	112,8	99,7	84,8	67,7	58,2	149,6	102,4	95,5	83,8	70,6	55,4	46,9	6,8	
0,250	57,3	177,5	123,1	115,1	101,7	86,5	69,0	59,3	152,7	104,6	97,5	85,6	72,1	56,6	48,0	6,9	1,4 (2,01 m)
* $C_i' =$		13,1	9,4	9,1	8,7	8,4	8,2	8,2	13,2	9,6	9,4	9,1	8,8	8,8	9,0	$= C_i'$	
$xC_i'' =$		11,5	8,5	8,3	8,1	7,9	7,9	8,1	11,6	8,7	8,5	8,4	8,3	8,5	8,9	$= xC_i''$	†
$N =$		1	1	1	1	1	1	1	0,99	0,97	0,97	0,96	0,95	0,93	0,92	$= N$	

* Gew. Masch. mit Hemd (auch rechts).   † Für Masch. ohne Hemd (auch rechts).

Auspuff-Maschinen mit Expansions-Steuerung.

Abs. Adm. Sp. $p = 7$ Kgr. od. Atm.

Füllung $\frac{l}{i}$ — Indicirte Leistung $\frac{N_i}{c}$ in Pferdekraft | Füllung $\frac{l}{i}$ — Netto-Leistung $\frac{N_n}{c}$ in Pferdekraft   (pro 1 Meter Kolbengeschwindigkeit)

O Qu.Met. (Wirksame Kolbenfläche)	D Centm. (Kolben-Durchmesser)	Ind. 0,7	0,333	0,3	0,25	0,20	0,15	0,125	Netto 0,7	0,333	0,3	0,25	0,20	0,15	0,125	Subtr. Compr. Lstg. pro $c=1$m Pfdk.	$2C_i'''\,u.\,C_i$ bei $\frac{l}{i}=0{,}20$ (gew. Masch.) Kgr.
0,250	57,3	177,5	123,1	115,1	101,7	86,5	69,0	59,3	152,7	104,6	97,5	85,6	72,1	56,6	48,0	6,9	1,5 (bei $c=$ 2,01 m) 13,2
255	57,8	181,0	125,6	117,4	103,8	88,2	70,4	60,5	155,9	106,7	99,5	87,4	73,6	57,8	49,0	7,0	
260	58,4	184,6	128,1	119,7	105,8	90,0	71,8	61,7	159,1	108,9	101,5	89,2	75,1	59,0	50,0	7,2	
265	59,0	188,1	130,5	122,0	107,8	91,7	73,2	62,9	162,3	111,1	103,6	90,9	76,6	60,2	51,0	7,3	
270	59,5	191,7	133,0	124,3	109,9	93,4	74,6	64,1	165,5	113,3	105,6	92,7	78,1	61,4	52,0	7,5	
0,275	60,1	195,2	135,4	126,6	111,9	95,1	75,9	65,3	168,7	115,5	107,7	94,5	79,6	62,5	53,0	7,6	1,4 (2,05 m)
280	60,6	198,8	137,9	128,9	113,9	96,9	77,3	66,4	171,9	117,7	109,7	96,3	81,1	63,7	54,0	7,7	
285	61,1	202,3	140,4	131,2	115,9	98,6	78,7	67,6	175,1	119,9	111,7	98,1	82,6	64,9	55,0	7,9	
290	61,7	205,9	142,8	133,5	118,0	100,3	80,1	68,8	178,2	122,1	113,8	99,9	84,2	66,1	56,0	8,0	
295	62,2	209,4	145,3	135,8	120,0	102,1	81,5	70,0	181,4	124,3	115,8	101,7	85,7	67,3	57,1	8,2	
0,300	62,7	213,0	147,8	138,2	122,1	103,8	82,8	71,2	184,6	126,4	117,9	103,5	87,2	68,5	58,1	8,3	1,3 (2,08 m)
310	63,8	220,1	152,7	142,8	126,2	107,3	85,6	73,5	191,1	130,8	122,0	107,1	90,3	70,9	60,1	8,6	
320	64,8	227,2	157,6	147,4	130,2	110,7	88,4	75,9	197,5	135,3	126,1	110,7	93,3	73,3	62,2	8,8	
330	65,8	234,3	162,6	152,0	134,3	114,2	91,1	78,3	203,9	139,7	130,2	114,3	96,4	75,7	64,2	9,1	
340	66,8	241,4	167,5	156,6	138,4	117,6	93,9	80,6	210,3	144,1	134,3	118,0	99,4	78,1	66,2	9,4	
0,350	67,7	248,5	172,4	161,2	142,4	121,1	96,6	83,0	216,8	148,5	138,4	121,6	102,5	80,5	68,3	9,7	1,2 (2,15 m)
360	68,7	255,6	177,3	165,8	146,5	124,6	99,4	85,4	223,2	152,9	142,5	125,2	105,5	82,9	70,3	10,0	
370	69,7	262,7	182,3	170,4	150,6	128,0	102,2	87,8	229,6	157,3	146,6	128,8	108,6	85,3	72,4	10,2	
380	70,6	269,8	187,2	175,0	154,6	131,5	104,9	90,1	236,1	161,7	150,8	132,4	111,6	87,7	74,4	10,5	
390	71,5	276,9	192,1	179,7	158,7	134,9	107,7	92,5	242,5	166,1	154,9	136,0	114,7	90,1	76,4	10,8	
0,400	72,4	284,0	197,0	184,2	162,8	138,4	110,5	94,9	248,9	170,5	159,0	139,7	117,7	92,5	78,5	11,0	1,1 (2,22 m) 13,0
410	73,3	291,1	201,9	188,8	166,8	141,9	113,2	97,3	255,4	175,0	163,1	143,3	120,8	94,9	80,5	11,3	
420	74,2	298,2	206,9	193,4	170,9	145,3	116,0	99,6	261,9	179,4	167,3	147,0	123,8	97,3	82,6	11,6	
430	75,1	305,3	211,8	198,0	175,0	148,8	118,7	102,0	268,3	183,9	171,4	150,6	126,9	99,8	84,6	11,9	
440	76,0	312,4	216,7	202,7	179,1	152,2	121,5	104,4	274,8	188,3	175,6	154,3	130,0	102,2	86,7	12,2	
0,450	76,8	319,5	221,7	207,3	183,1	155,7	124,3	106,7	281,3	192,8	179,7	157,9	133,1	104,6	88,8	12,4	1,1 (2,28 m)
460	77,7	326,6	226,6	211,9	187,2	159,2	127,0	109,1	287,8	197,2	183,9	161,6	136,2	107,0	90,8	12,7	
470	78,5	333,7	231,5	216,5	191,3	162,6	129,8	111,5	294,3	201,7	188,0	165,2	139,2	109,4	92,9	13,0	
480	79,3	340,8	236,5	221,1	195,3	166,1	132,5	113,8	300,7	206,1	192,2	168,9	142,3	111,9	94,9	13,3	
490	80,2	347,9	241,4	225,7	199,4	169,5	135,3	116,2	307,2	210,6	196,3	172,5	145,4	114,3	97,0	13,6	
0,500	81,0	354,9	246,3	230,3	203,5	173,0	138,1	118,6	313,7	215,0	200,5	176,1	148,5	116,7	99,1	13,8	1,1 (2,34 m)
510	81,8	362	251	235	208	176	141	121	320	219	205	180	152	119	101	14	
520	82,6	369	256	239	212	180	144	123	326	224	209	183	155	122	103	14	
530	83,4	376	261	244	216	183	146	126	333	228	213	187	158	124	105	15	
540	84,2	383	266	249	220	187	149	128	339	233	217	191	161	126	107	15	
0,550	84,9	390	271	253	224	190	152	130	346	237	221	194	164	129	109	15	1,0 (2,39 m)
560	85,7	398	276	258	228	194	155	133	352	241	225	198	167	131	111	15	
570	86,5	405	281	263	232	197	157	135	358	246	229	201	170	134	113	16	
580	87,2	412	286	267	236	201	160	138	365	250	233	205	173	136	115	16	
590	88,0	419	291	272	240	204	163	140	371	255	237	209	176	138	117	16	
0,600	88,7	426	296	276	244	208	166	142	378	259	241	212	179	141	119	17	0,9 (2,44 m) 12,6
620	90,2	440	305	286	252	215	171	147	391	268	250	219	185	145	123	17	
640	91,6	454	315	295	260	221	177	152	403	277	258	227	191	150	128	18	
660	93,0	469	325	304	269	228	182	157	416	285	266	234	197	155	132	18	
680	94,4	483	335	313	277	235	188	161	429	294	274	241	203	160	136	19	
0,700	95,8	497	345	322	285	242	193	166	442	303	283	248	209	165	140	19	0,9 (2,52 m)
720	97,2	511	355	332	293	249	199	171	455	312	291	256	215	170	144	20	
740	98,5	525	364	341	301	256	204	176	468	321	299	263	222	174	148	20	
760	99,8	540	374	350	309	263	210	180	480	329	307	270	228	179	152	21	
780	101,1	554	384	359	317	270	215	185	493	338	315	277	234	184	156	22	
0,800	102,4	568	394	368	326	277	221	190	506	347	324	284	240	189	160	22	0,8 (2,60 m)
820	103,7	582	404	378	334	284	226	195	519	356	332	292	246	194	164	23	
840	105,0	596	414	387	342	291	232	199	532	365	340	299	252	198	168	23	
860	106,2	611	424	396	350	298	237	204	545	374	348	306	258	203	173	24	
880	107,4	625	433	405	358	304	243	209	558	382	357	313	264	208	177	24	
0,900	108,6	639	443	414	366	311	248	213	570	391	365	321	270	213	181	25	0,8 (2,66 m)
920	109,8	653	453	424	374	318	254	218	583	400	373	328	277	218	185	25	
940	111,0	667	463	433	383	325	260	223	596	409	381	335	283	222	189	26	
960	112,2	682	473	442	391	332	265	228	609	418	390	342	289	227	193	26	
980	113,4	696	483	451	399	339	271	232	622	427	398	350	295	232	197	27	
1,000	114,5	710	493	461	407	346	276	237	635	435	406	357	301	237	201	28	0,7 (2,72 m) 12,3
$C_i' =$		12,4	8,7	8,4	8,0	7,7	7,5	7,5									
$xC_i'' =$		9,8	7,2	7,1	6,8	6,7	6,7	6,9									

gilt für exacte Masch. mit Hemd, bei welchen C_i''' circa die Hälfte beträgt (auch links).

Auspuff-Maschinen mit Expansions-Steuerung. (Zunächst mit Dampfhemd.)

Abs. Adm. Sp. $p = 8$ Kgr. od. Atm.

Wirksame Kolbenfläche O Qu.Met.	Kolben-Durchmesser D Centm.	Füllung $\frac{l_i}{l}$ — Indicirte Leistung $\frac{N_i}{c}$ in Pferdekraft (pro 1 Meter Kolbengeschwindigkeit)							Füllung $\frac{l_i}{l}$ — Netto-Leistung $\frac{N_n}{c}$ in Pferdekraft (pro 1 Meter Kolbengeschwindigkeit)							Subtr. Compr. Lstg. pro $c=1$ m Pfdk.	$2C'''_i$ u. C_i bei $\frac{l_i}{l}=0,20$ (gew. Masch.) Kgr.
		0,7	0,333	0,3	0,25	0,20	0,15	0,125	0,7	0,333	0,3	0,25	0,20	0,15	0,125		
0,020	16,2	16,7	11,7	11,0	9,7	8,4	6,8	5,9	12,9	8,8	8,2	7,2	6,1	4,9	4,1	0,7	5,3 (bei $c = 1,40$ m)
022	17,0	18,3	12,9	12,1	10,7	9,2	7,4	6,5	14,2	9,8	9,1	8,0	6,8	5,4	4,6	0,8	
024	17,7	20,0	14,0	13,2	11,7	10,0	8,1	7,0	15,6	10,7	10,0	8,8	7,4	5,9	5,0	0,9	
026	18,5	21,7	15,2	14,3	12,7	10,8	8,8	7,6	16,9	11,7	10,9	9,6	8,1	6,4	5,5	0,9	
028	19,2	23,3	16,4	15,4	13,6	11,7	9,4	8,2	18,3	12,6	11,8	10,4	8,8	6,9	5,9	1,0	
0,030	19,8	25,0	17,5	16,4	14,6	12,5	10,1	8,8	19,7	13,6	12,6	11,1	9,4	7,5	6,4	1,1	4,0 (1,49 m) 14,6
032	20,5	26,7	18,7	17,5	15,6	13,4	10,8	9,4	21,0	14,5	13,5	11,9	10,1	8,0	6,8	1,1	
034	21,1	28,3	19,9	18,6	16,6	14,2	11,5	10,0	22,4	15,5	14,4	12,7	10,8	8,6	7,3	1,2	
036	21,7	30,0	21,1	19,7	17,5	15,0	12,1	10,6	23,8	16,4	15,3	13,5	11,5	9,1	7,8	1,3	
038	22,3	31,7	22,2	20,8	18,5	15,8	12,8	11,2	25,2	17,4	16,2	14,3	12,1	9,6	8,2	1,3	
0,040	22,9	33,4	23,4	21,9	19,5	16,7	13,5	11,7	26,6	18,4	17,1	15,1	12,8	10,2	8,7	1,4	3,4 (1,56 m)
042	23,5	35,0	24,6	23,0	20,4	17,5	14,1	12,3	28,0	19,3	18,0	15,9	13,5	10,7	9,1	1,5	
044	24,0	36,7	25,7	24,1	21,4	18,3	14,8	12,9	29,4	20,3	18,9	16,7	14,2	11,3	9,6	1,6	
046	24,6	38,4	26,9	25,2	22,4	19,2	15,5	13,5	30,8	21,2	19,8	17,5	14,9	11,8	10,1	1,6	
048	25,1	40,0	28,1	26,3	23,3	20,0	16,2	14,1	32,2	22,2	20,7	18,3	15,5	12,3	10,5	1,7	
0,050	25,6	41,7	29,2	27,4	24,4	20,9	16,9	14,6	33,6	23,2	21,7	19,1	16,2	12,9	11,0	1,8	3,1 (1,61 m)
053	26,4	44,2	31,0	29,1	25,8	22,1	17,9	15,5	35,7	24,7	23,0	20,3	17,2	13,7	11,7	1,9	
056	27,1	46,7	32,7	30,7	27,3	23,4	18,9	16,4	37,8	26,1	24,4	21,6	18,3	14,5	12,4	2,0	
059	27,8	49,2	34,5	32,3	28,7	24,6	19,9	17,3	39,9	27,6	25,8	22,8	19,3	15,4	13,1	2,1	
062	28,5	51,7	36,2	34,0	30,2	25,9	20,9	18,2	42,0	29,1	27,1	24,0	20,3	16,2	13,9	2,2	
0,065	29,2	54,2	38,0	35,6	31,7	27,1	21,9	19,1	44,2	30,5	28,5	25,2	21,4	17,0	14,6	2,3	2,7 (1,67 m) 13,6
068	29,9	56,7	39,7	37,3	33,1	28,4	22,9	19,9	46,3	32,0	29,9	26,4	22,4	17,8	15,3	2,4	
071	30,5	59,2	41,5	38,9	34,6	29,6	23,9	20,8	48,4	33,5	31,3	27,7	23,4	18,7	16,0	2,5	
074	31,2	61,7	43,2	40,5	36,0	30,9	25,0	21,7	50,5	35,0	32,6	28,9	24,4	19,5	16,7	2,6	
077	31,8	64,2	45,0	42,2	37,5	32,1	26,0	22,6	52,6	36,4	34,0	30,1	25,5	20,3	17,4	2,7	
0,080	32,4	66,7	46,8	43,9	39,0	33,4	27,0	23,4	54,8	37,9	35,3	31,3	26,5	21,1	18,1	2,8	2,3 (1,73 m)
084	33,2	70,0	49,1	46,0	40,9	35,1	28,4	24,6	57,7	39,9	37,2	32,9	27,9	22,2	19,1	3,0	
088	34,0	73,3	51,5	48,2	42,9	36,7	29,7	25,8	60,6	41,9	39,1	34,6	29,4	23,4	20,0	3,1	
092	34,7	76,7	53,8	50,4	44,8	38,4	31,1	26,9	63,4	43,9	41,0	36,2	30,8	24,5	21,0	3,3	
096	35,5	80,0	56,1	52,6	46,8	40,1	32,4	28,1	66,3	45,9	42,9	37,9	32,2	25,6	21,9	3,4	
0,100	36,2	83,3	58,5	54,8	48,7	41,7	33,7	29,3	69,2	47,9	44,8	39,5	33,6	26,7	22,9	3,5	2,1 (1,80 m)
105	37,1	87,5	61,4	57,6	51,2	43,8	35,4	30,8	72,8	50,5	47,1	41,6	35,4	28,2	24,1	3,7	
110	38,0	91,7	64,3	60,3	53,6	45,9	37,1	32,2	76,5	53,0	49,5	43,7	37,1	29,6	25,4	3,9	
115	38,8	95,8	67,2	63,0	56,0	48,0	38,8	33,7	80,1	55,5	51,9	45,8	38,9	31,0	26,6	4,1	
120	39,7	100,0	70,2	65,8	58,5	50,1	40,5	35,1	83,8	58,0	54,3	47,9	40,7	32,4	27,8	4,3	
0,125	40,5	104,2	73,1	68,5	60,9	52,2	42,2	36,6	87,4	60,6	56,6	50,0	42,5	33,8	29,0	4,4	1,8 (1,87 m) 13,0
130	41,3	108,3	76,0	71,3	63,4	54,3	43,9	38,1	91,1	63,1	59,0	52,1	44,3	35,3	30,2	4,6	
135	42,1	112,5	78,9	74,0	65,8	56,4	45,6	39,5	94,7	65,6	61,4	54,2	46,0	36,7	31,5	4,8	
140	42,8	116,7	81,8	76,7	68,2	58,5	47,3	41,0	98,4	68,2	63,7	56,3	47,8	38,1	32,7	5,0	
145	43,6	120,9	84,8	79,5	70,7	60,5	49,0	42,4	102,0	70,7	66,1	58,4	49,6	39,5	33,9	5,1	
0,150	44,4	125,0	87,7	82,2	73,1	62,6	50,6	43,9	105,7	73,2	68,5	60,5	51,4	41,0	35,2	5,3	1,7 (1,94 m)
155	45,1	129,2	90,6	85,0	75,5	64,7	52,3	45,4	109,3	75,8	70,9	62,6	53,2	42,4	36,4	5,5	
160	45,8	133,3	93,6	87,7	77,9	66,8	54,0	46,9	113,0	78,4	73,3	64,7	55,0	43,8	37,6	5,7	
165	46,5	137,5	96,5	90,4	80,4	68,9	55,7	48,3	116,7	80,9	75,7	66,8	56,8	45,3	38,9	5,9	
170	47,2	141,7	99,4	93,2	82,8	71,0	57,4	49,8	120,4	83,5	78,1	69,0	58,6	46,7	40,1	6,0	
0,175	47,9	145,8	102,3	95,9	85,3	73,1	59,1	51,2	124,1	86,0	80,5	71,1	60,4	48,2	41,4	6,2	1,5 (2,00 m)
180	48,6	150,0	105,2	98,7	87,7	75,1	60,8	52,7	127,8	88,6	82,9	73,2	62,2	49,6	42,6	6,4	
185	49,3	154,2	108,2	101,4	90,1	77,2	62,5	54,2	131,5	91,2	85,3	75,3	64,0	51,0	43,8	6,6	
190	49,9	158,3	111,1	104,1	92,6	79,3	64,1	55,6	135,2	93,7	87,7	77,4	65,8	52,5	45,1	6,7	
195	50,6	162,5	114,0	106,9	95,0	81,4	65,8	57,1	138,9	96,3	90,1	79,6	67,6	53,9	46,3	6,9	
0,200	51,2	166,6	117,0	109,6	97,4	83,5	67,5	58,6	142,6	98,9	92,4	81,7	69,4	55,4	47,6	7,1	1,5 (2,05 m) 12,8
205	51,8	170,8	119,9	112,4	99,9	85,6	69,2	60,1	146,3	101,5	94,9	83,8	71,2	56,8	48,8	7,3	
210	52,5	175,0	122,8	115,1	102,3	87,7	70,9	61,5	150,0	104,1	97,3	86,0	73,1	58,3	50,1	7,5	
215	53,1	179,2	125,7	117,9	104,7	89,7	72,6	63,0	153,8	106,6	99,7	88,1	74,9	59,8	51,3	7,6	
220	53,7	183,3	128,6	120,6	107,2	91,8	74,3	64,4	157,5	109,2	102,1	90,2	76,7	61,2	52,6	7,8	
0,225	54,3	187,5	131,6	123,3	109,6	93,9	75,9	65,9	161,2	111,8	104,5	92,4	78,5	62,7	53,8	8,0	1,4 (2,10 m)
230	54,9	191,7	134,5	126,1	112,1	96,0	77,6	67,4	164,9	114,4	107,0	94,5	80,3	64,1	55,1	8,2	
235	55,5	195,8	137,4	128,8	114,5	98,1	79,3	68,8	168,7	117,0	109,4	96,7	82,2	65,6	56,3	8,3	
240	56,1	200,0	140,3	131,6	116,9	100,2	81,0	70,3	172,4	119,6	111,8	98,8	84,0	67,1	57,6	8,5	
245	56,7	204,2	143,2	134,3	119,4	102,3	82,7	71,7	176,1	122,2	114,2	100,9	85,8	68,5	58,8	8,7	
0,250	57,3	208,3	146,2	137,0	121,8	104,3	84,4	73,2	179,8	124,8	116,6	103,1	87,6	69,9	60,1	8,9	1,3 (2,15 m)
* $\{$ $C_i' =$		12,7	9,0	8,7	8,3	8,0	7,7	7,7	12,8	9,3	9,0	8,6	8,4	8,2	8,3	$= C_i'$	$\}$ †
$xC_i'' =$		11,5	8,4	8,2	7,9	7,7	7,6	7,6	11,6	8,6	8,4	8,2	8,0	8,1	8,4	$= xC_i''$	
$N =$		1	1	1	1	1	1	1	0,99	0,97	0,97	0,96	0,96	0,94	0,93	$= N$	

* Gew. Masch. mit Hemd (auch rechts).   † Für Masch. ohne Hemd (auch rechts).

Auspuff-Maschinen mit Expansions-Steuerung.

Abs. Adm. Sp. $p = 8$ Kgr. od. Atm.

Wirksame Kolbenfläche O Qu.Met.	Kolben-Durchmesser D Centm.	Füllung $\frac{l_1}{l}$ — Indicirte Leistung $\frac{N_i}{c}$ in Pferdekraft — 0,7	0,333	0,3	0,25	0,20	0,15	0,125	Füllung $\frac{l_1}{l}$ — Netto-Leistung $\frac{N_n}{c}$ in Pferdekraft — 0,7	0,333	0,3	0,25	0,20	0,15	0,125	Subtr. Compr. Lstg. pro $c=1\,\mathrm{m}$ Pfdk.	$2C_i'''\,\mathrm{u.}\,C_i$ bei $\frac{l_1}{l}=0,15$ (gew. Masch.) Kgr.
									pro 1 Meter Kolbengeschwindigkeit								
0,250	57,3	208,3	146,2	137,0	121,8	104,3	84,4	73,2	179,8	124,8	116,6	103,1	87,6	69,9	60,1	8,9	1,4 (bei $c=2,15\,\mathrm{m}$)
255	57,8	212,5	149,1	139,8	124,2	106,4	86,1	74,7	183,6	127,4	119,1	105,3	89,5	71,4	61,3	9,1	
260	58,4	216,6	152,0	142,5	126,7	108,5	87,8	76,2	187,3	130,0	121,5	107,4	91,3	72,9	62,6	9,2	
265	59,0	220,8	155,0	145,3	129,1	110,6	89,4	77,6	191,1	132,6	124,0	109,6	93,2	74,4	63,9	9,4	
270	59,5	225,0	157,9	148,0	131,5	112,7	91,1	79,1	194,8	135,2	126,4	111,7	95,0	75,8	65,1	9,6	12,3
0,275	60,1	229,2	160,8	150,7	134,0	114,8	92,8	80,5	198,6	137,8	128,8	113,9	96,8	77,3	66,4	9,8	1,3 (2,19 m)
280	60,6	233,3	163,7	153,5	136,4	116,9	94,5	82,0	202,3	140,4	131,3	116,1	98,7	78,8	67,6	10,0	
285	61,1	237,5	166,6	156,2	138,9	119,0	96,2	83,5	206,1	143,0	133,7	118,2	100,5	80,2	68,9	10,1	
290	61,7	241,7	169,6	159,0	141,3	121,1	97,9	84,9	209,8	145,7	136,2	120,4	102,4	81,7	70,2	10,3	
295	62,2	245,8	172,5	161,7	143,7	123,1	99,6	86,4	213,6	148,3	138,6	122,5	104,2	83,2	71,4	10,5	
0,300	62,7	250,0	175,4	164,4	146,1	125,2	101,2	87,9	217,4	150,9	141,0	124,7	106,0	84,6	72,7	10,6	1,3 (2,23 m)
310	63,8	258,3	181,3	169,9	151,0	129,4	104,6	90,8	224,9	156,1	146,0	129,0	109,7	87,6	75,3	11,0	
320	64,8	266,6	187,1	175,4	155,9	133,5	108,0	93,7	232,5	161,4	150,9	133,4	113,4	90,6	77,8	11,3	
330	65,8	275,0	193,0	180,9	160,7	137,7	111,4	96,7	240,1	166,6	155,8	137,7	117,1	93,5	80,4	11,7	
340	66,8	283,3	198,8	186,4	165,6	141,9	114,7	99,6	247,6	171,9	160,7	142,1	120,8	96,5	82,9	12,0	
0,350	67,7	291,6	204,7	191,8	170,5	146,1	118,1	102,5	255,2	177,2	165,6	146,4	124,6	99,4	85,5	12,4	1,2 (2,30 m)
360	68,7	299,9	210,5	197,3	175,3	150,2	121,5	105,5	262,8	182,4	170,6	150,8	128,3	102,4	88,0	12,7	
370	69,7	308,3	216,4	202,8	180,2	154,4	124,8	108,4	270,3	187,7	175,5	155,1	132,0	105,4	90,6	13,1	
380	70,6	316,6	222,2	208,3	185,1	158,6	128,2	111,3	277,9	192,9	180,4	159,5	135,7	108,3	93,1	13,4	
390	71,5	324,9	228,1	213,8	190,0	162,7	131,6	114,3	285,5	198,2	185,3	163,8	139,4	111,3	95,7	13,8	
0,400	72,4	333,3	233,9	219,3	194,8	166,9	135,0	117,2	293,0	203,5	190,2	168,2	143,1	114,3	98,2	14,2	1,1 (2,37 m)
410	73,3	342	240	225	200	171	138	120	301	209	195	173	147	117	101	15	
420	74,2	350	246	230	205	175	142	123	308	214	200	177	151	120	103	15	12,1
430	75,1	358	251	236	209	179	145	126	316	219	205	181	154	123	106	15	
440	76,0	367	257	241	214	184	148	129	324	225	210	186	158	126	108	16	
0,450	76,8	375	263	247	219	188	152	132	331	230	215	190	162	129	111	16	1,0 (2,44 m)
460	77,7	383	269	252	224	192	155	135	339	235	220	194	165	132	114	16	
470	78,5	392	275	258	229	196	159	138	346	241	225	199	169	135	116	17	
480	79,3	400	281	263	234	200	162	141	354	246	230	203	173	138	119	17	
490	80,2	408	287	269	239	204	165	144	362	251	235	208	177	141	121	17	
0,500	81,0	417	292	274	244	209	169	146	369	256	240	212	180	144	124	18	1,0 (2,50 m)
510	81,8	425	298	280	248	213	172	149	377	262	245	216	184	147	126	18	
520	82,6	433	304	285	253	217	175	152	384	267	250	221	188	150	129	18	
530	83,4	442	310	291	258	221	179	155	392	272	254	225	191	153	131	19	
540	84,2	450	316	296	263	225	182	158	399	277	259	229	195	156	134	19	
0,550	84,9	458	322	301	268	230	186	161	407	283	264	234	199	159	137	19	0,9 (2,56 m)
560	85,7	467	328	307	273	234	189	164	414	288	269	238	203	162	139	20	
570	86,5	475	333	312	278	238	192	167	422	293	274	242	206	165	142	20	
580	87,2	483	339	318	283	242	196	170	429	298	279	247	210	168	144	21	
590	88,0	492	345	323	287	246	199	173	437	304	284	251	214	171	147	21	
0,600	88,7	500	351	329	292	250	202	176	445	309	289	255	217	174	149	21	0,9 (2,61 m)
620	90,2	517	363	340	302	259	209	182	460	319	299	264	225	180	154	22	
640	91,6	533	374	351	312	267	216	187	475	330	308	273	232	185	159	23	11,8
660	93,0	550	386	362	321	275	223	193	490	340	318	281	239	191	165	23	
680	94,4	567	398	373	331	284	229	199	505	351	328	290	247	197	170	24	
0,700	95,8	583	409	384	341	292	236	205	520	361	338	299	254	203	175	25	0,8 (2,70 m)
720	97,2	600	421	395	351	300	243	211	535	372	348	308	262	209	180	26	
740	98,5	617	433	406	360	309	250	217	550	382	357	316	269	215	185	26	
760	99,8	633	444	417	370	317	256	223	565	393	367	325	276	221	190	27	
780	101,1	650	456	428	380	326	263	228	580	403	377	334	284	227	195	28	
0,800	102,4	667	468	438	390	334	270	234	596	414	387	342	291	233	200	28	0,8 (2,78 m)
820	103,7	683	480	449	399	342	277	240	611	424	397	351	299	239	205	29	
840	105,0	700	491	460	409	351	283	246	626	435	407	360	306	245	211	30	
860	106,2	717	503	471	419	359	290	252	641	445	417	368	314	251	216	31	
880	107,4	733	515	482	429	367	297	258	656	456	426	377	321	257	221	31	
0,900	108,6	750	526	493	438	376	304	264	671	467	436	386	328	263	226	32	0,7 (2,85 m)
920	109,8	767	538	504	448	384	310	269	686	477	446	395	336	269	231	33	
940	111,0	783	550	515	458	392	317	275	702	488	456	403	343	274	236	33	
960	112,2	800	561	526	468	401	324	281	717	498	466	412	351	280	241	34	
980	113,4	817	573	537	477	409	331	287	732	509	476	421	358	286	246	35	
1,000	114,5	833	585	548	487	417	337	293	747	519	486	430	366	292	251	35	0,7 (2,91 m)
$C_i' =$		12,0	8,3	8,0	7,6	7,3	7,0	7,0	gilt für exacte Masch. mit Hemd, bei welchen C_i''' circa die Hälfte beträgt (auch links).								11,5
$x\,C_i'' =$		9,8	7,1	6,9	6,7	6,5	6,4	6,5									

Auspuff-Maschinen mit Expansions-Steuerung. (Zunächst mit Dampfhemd.)

Abs. Adm. Sp. $p = 9$ Kgr. od. Atm.

Wirksame Kolbenfläche O Qu.Met.	Kolben-Durchmesser D Centm.	Füllung $\frac{l_i}{l}$ 0,7	0,333	0,3	0,25	0,20	0,15	0,125	Füllung $\frac{l_i}{l}$ 0,7	0,333	0,3	0,25	0,20	0,15	0,125	Subtr. Compr. Lstg. pro $c=1$ m Pfdk.	$2C'''_4$ u. C_t bei $\frac{l_i}{l}=0{,}20$ (gew. Masch.) Kgr.
		Indicirte Leistung $\frac{N_i}{c}$ in Pferdekraft							Netto-Leistung $\frac{N_n}{c}$ in Pferdekraft								
		pro 1 Meter Kolbengeschwindigkeit															
0,020	16,2	19,1	13,5	12,7	11,3	9,8	8,0	7,0	14,8	10,3	9,6	8,6	7,3	5,8	5,0	0,9	4,4 (bei $c =$ 1,49 m)
022	17,0	21,0	14,9	14,0	12,5	10,8	8,8	7,7	16,4	11,4	10,6	9,5	8,1	6,5	5,6	1,0	
024	17,7	23,0	16,2	15,3	13,6	11,7	9,6	8,4	18,0	12,5	11,7	10,4	8,8	7,1	6,1	1,0	
026	18,5	24,9	17,6	16,5	14,7	12,7	10,4	9,1	19,5	13,6	12,7	11,3	9,6	7,7	6,6	1,1	
028	19,2	26,8	18,9	17,8	15,9	13,7	11,2	9,8	21,1	14,7	13,7	12,2	10,4	8,3	7,2	1,2	
0,030	19,8	28,7	20,3	19,1	17,0	14,7	12,0	10,5	22,7	15,8	14,8	13,1	11,2	9,0	7,7	1,3	3,4 (1,58 m) 14,0
032	20,5	30,6	21,7	20,4	18,1	15,6	12,8	11,2	24,3	16,9	15,8	·14,0	12,0	9,6	8,3	1,4	
034	21,1	32,5	23,0	21,6	19,3	16,6	13,6	11,9	25,9	18,0	16,9	15,0	12,8	10,2	8,9	1,5	
036	21,7	34,4	24,4	22,9	20,4	17,6	14,4	12,6	27,5	19,2	17,9	15,9	13,6	10,9	9,4	1,6	
038	22,3	36,3	25,7	24,2	21,5	18,6	15,2	13,3	29,1	20,3	19,0	16,8	14,4	11,5	10,0	1,6	
0,040	22,9	38,3	27,1	25,4	22,7	19,6	16,0	14,0	30,7	21,4	20,0	17,7	15,2	12,2	10,5	1,7	3,1 (1,65 m)
042	23,5	40,2	28,4	26,7	23,8	20,5	16,8	14,7	32,3	22,5	21,1	18,7	16,0	12,8	11,1	1,8	
044	24,0	42,1	29,8	28,0	24,9	21,5	17,6	15,4	33,9	23,6	22,1	19,6	16,8	13,4	11,7	1,9	
046	24,6	44,0	31,1	29,2	26,1	22,5	18,4	16,1	35,5	24,8	23,2	20,5	17,6	14,1	12,2	2,0	
048	25,1	45,9	32,5	30,5	27,2	23,5	19,1	16,7	37,1	25,9	24,2	21,5	18,4	14,7	12,8	2,1	
0,050	25,6	47,8	33,9	31,8	28,4	24,4	19,9	17,4	38,7	27,0	25,3	22,4	19,1	15,4	13,3	2,2	2,7 (1,71 m)
053	26,4	50,7	35,9	33,7	30,1	25,9	21,1	18,5	41,1	28,7	26,9	23,8	20,4	16,4	14,2	2,3	
056	27,1	53,6	37,9	35,6	31,8	27,4	22,3	19,5	43,5	30,4	28,5	25,3	21,6	17,4	15,0	2,4	
059	27,8	56,4	39,9	37,5	33,5	28,8	23,5	20,6	46,0	32,1	30,1	26,7	22,8	18,3	15,9	2,6	
062	28,5	59,3	42,0	39,4	35,2	30,3	24,7	21,6	48,4	33,8	31,7	28,1	24,0	19,3	16,7	2,7	
0,065	29,2	62,2	44,0	41,3	36,9	31,8	25,9	22,7	50,9	35,6	33,3	29,5	25,2	20,3	17,6	2,8	2,4 (1,77 m) 13,1
068	29,9	65,1	46,0	43,3	38,6	33,2	27,1	23,7	53,3	37,3	34,9	30,9	26,5	21,3	18,4	2,9	
071	30,5	67,9	48,1	45,2	40,3	34,7	28,3	24,8	55,7	39,0	36,5	32,4	27,7	22,3	19,3	3,1	
074	31,2	70,8	50,1	47,1	42,0	36,2	29,5	25,8	58,2	40,7	38,1	33,8	28,9	23,2	20,1	3,2	
077	31,8	73,7	52,1	49,0	43,7	37,7	30,7	26,9	60,6	42,4	39,7	35,2	30,1	24,2	21,0	3,3	
0,080	32,4	76,5	54,2	50,9	45,4	39,1	31,9	27,9	63,1	44,1	41,3	36,7	31,3	25,2	21,8	3,5	2,1 (1,83 m)
084	33,2	80,4	56,9	53,4	47,6	41,1	33,5	29,3	66,4	46,4	43,5	38,6	33,0	26,6	23,0	3,6	
088	34,0	84,2	59,6	56,0	49,9	43,0	35,1	30,7	69,7	48,8	45,7	40,5	34,6	27,9	24,1	3,8	
092	34,7	88,0	62,3	58,5	52,2	45,0	36,7	32,1	73,1	51,1	47,9	42,4	36,3	29,3	25,3	4,0	
096	35,5	91,8	65,0	61,0	54,5	46,9	38,3	33,5	76,4	53,4	50,0	44,4	38,0	30,6	26,5	4,1	
0,100	36,2	95,7	67,7	63,6	56,7	48,9	39,9	34,9	79,7	55,7	52,2	46,3	39,6	31,9	27,6	4,3	1,9 (1,91 m)
105	37,1	100,4	71,1	66,8	59,6	51,3	41,9	36,6	83,9	58,7	55,0	48,8	41,7	33,6	29,1	4,5	
110	38,0	105,2	74,5	70,0	62,4	53,8	43,9	38,4	88,1	61,6	57,7	51,2	43,8	35,3	30,6	4,8	
115	38,8	110,0	77,9	73,1	65,2	56,2	45,9	40,1	92,2	64,6	60,5	53,7	45,9	37,0	32,0	5,0	
120	39,7	114,8	81,3	76,3	68,1	58,6	47,7	41,8	96,4	67,5	63,3	56,1	48,0	38,7	33,5	5,2	
0,125	40,5	119,6	84,7	79,5	70,9	61,1	49,8	43,6	100,6	70,4	66,0	58,6	50,1	40,4	35,0	5,4	1,7 (1,99 m) 12,4
130	41,3	124,3	88,1	82,7	73,8	63,5	51,8	45,3	104,8	73,4	68,8	61,0	52,2	42,1	36,4	5,6	
135	42,1	129,1	91,4	85,9	76,6	66,0	53,8	47,1	109,0	76,3	71,5	63,5	54,3	43,7	37,9	5,8	
140	42,8	133,9	94,8	89,0	79,4	68,4	55,8	48,8	113,2	79,3	74,3	65,9	56,4	45,4	39,4	6,0	
145	43,6	138,7	98,2	92,2	82,3	70,8	57,8	50,5	117,4	82,2	77,1	68,4	58,5	47,1	40,9	6,3	
0,150	44,4	143,5	101,6	95,4	85,1	73,3	59,8	52,3	121,6	85,1	79,8	70,8	60,6	48,9	42,3	6,5	1,5 (2,06 m)
155	45,1	148,3	105,0	98,6	87,9	75,7	61,8	54,1	125,9	88,1	82,6	73,3	62,7	50,6	43,8	6,7	
160	45,8	153,0	108,3	101,7	90,7	78,2	63,8	55,8	130,1	91,1	85,3	75,8	64,8	52,3	45,3	6,9	
165	46,5	157,8	111,7	104,9	93,6	80,6	65,9	57,5	134,4	94,1	88,1	78,2	66,9	54,0	46,8	7,1	
170	47,2	162,6	115,1	108,1	96,4	83,1	67,8	59,3	138,6	97,1	90,9	80,7	69,0	55,7	48,3	7,3	
0,175	47,9	167,4	118,5	111,3	99,3	85,5	69,8	61,0	142,9	100,0	93,7	83,2	71,2	57,5	49,8	7,6	1,4 (2,12 m)
180	48,6	172,2	121,9	114,5	102,1	87,9	71,8	62,8	147,1	103,0	96,5	85,7	73,3	59,2	51,3	7,8	
185	49,3	176,9	125,3	117,6	104,9	90,4	73,8	64,5	151,4	106,0	99,3	88,2	75,4	60,9	52,7	8,0	
190	49,9	181,7	128,7	120,8	107,8	92,8	75,8	66,2	155,6	109,0	102,1	90,6	77,5	62,6	54,2	8,2	
195	50,6	186,5	132,1	124,0	110,6	95,3	77,8	68,0	159,9	112,0	104,9	93,1	79,6	64,3	55,7	8,4	
0,200	51,2	191,3	135,4	127,2	113,4	97,7	79,8	69,8	164,1	115,0	107,7	95,6	81,8	66,0	57,2	8,6	1,3 (2,17 m) 12,1
205	51,8	196,1	138,8	130,4	116,3	100,2	81,8	71,5	168,4	118,0	110,5	98,1	84,0	67,8	58,7	8,9	
210	52,5	200,9	142,2	133,5	119,1	102,6	83,7	73,2	172,7	121,0	113,3	100,6	86,1	69,5	60,2	9,1	
215	53,1	205,7	145,6	136,7	121,9	105,1	85,7	75,0	177,0	124,0	116,2	103,1	88,3	71,2	61,7	9,3	
220	53,7	210,4	149,0	139,9	124,8	107,5	87,7	76,7	181,2	127,0	119,0	105,6	90,4	72,9	63,2	9,5	
0,225	54,3	215,2	152,4	143,1	127,6	109,9	89,7	78,5	185,5	130,0	121,8	108,1	92,6	74,7	64,7	9,7	1,2 (2,22 m)
230	54,9	220,0	155,8	146,3	130,5	112,4	91,7	80,2	189,8	133,0	124,6	110,6	94,7	76,4	66,2	9,9	
235	55,5	224,8	159,1	149,4	133,3	114,8	93,7	81,9	194,1	136,0	127,4	113,2	96,9	78,1	67,7	10,2	
240	56,1	229,6	162,5	152,6	136,1	117,3	95,7	83,7	198,4	139,0	130,3	115,7	99,0	79,9	69,2	10,4	
245	56,7	234,3	165,9	155,8	139,0	119,7	97,7	85,4	202,7	142,0	133,1	118,2	101,2	81,6	70,7	10,6	
0,250	57,3	239,1	169,3	159,0	141,8	122,2	99,7	87,2	207,0	145,0	135,9	120,6	103,3	83,4	72,3	10,8	1,1 (2,27 m)
* $C'_t =$		12,4	8,7	8,5	8,1	7,7	7,4	7,3	12,5	9,0	8,7	8,3	8,1	7,9	7,9	$= C'_t$	
$xC''_t =$		11,5	8,3	8,1	7,8	7,5	7,4	7,4	11,6	8,5	8,3	8,0	7,8	7,8	7,9	$= xC''_t$	
$N =$		1	1	1	1	1	1	1	0,99	0,97	0,97	0,96	0,96	0,94	0,93	$= N$	†

* Gew. Masch. mit Hemd (auch rechts).   † Für Masch. ohne Hemd (auch rechts).

Auspuff-Maschinen mit Expansions-Steuerung.

Abs. Adm. Sp. $p = 9$ Kgr. od. Atm.

Wirksame Kolbenfläche O Qu.Met.	Kolben-Durchmesser D Centm.	Füllung $\frac{l}{t}$ — Indicirte Leistung $\frac{N_i}{c}$ 0,7	0,333	0,3	0,25	0,20	0,15	0,125	Füllung $\frac{l}{t}$ — Netto-Leistung $\frac{N_a}{c}$ 0,7	0,333	0,3	0,25	0,20	0,15	0,125	Subtr. Compr. Lstg. pro $c=1$ m Pfdk.	$2C_i''' \text{ u. } C_i$ bei $\frac{l}{t}=0{,}15$ (gew. Masch.) Kgr.
0,250	57,3	239,1	169,3	159,0	141,8	122,2	99,7	87,2	207,0	145,0	135,9	120,6	103,3	83,4	72,3	10,8	1,3 (bei c = 2,27 m)
255	57,8	243,9	172,7	162,2	144,6	124,6	101,7	88,9	211,3	148,0	138,7	123,2	105,4	85,1	73,8	11,0	
260	58,4	248,7	176,1	165,3	147,5	127,1	103,7	90,7	215,6	151,1	141,6	125,7	107,6	86,9	75,3	11,2	
265	59,0	253,5	179,4	168,5	150,3	129,5	105,7	92,4	219,9	154,1	144,4	128,2	109,7	88,6	76,8	11,5	12,0
270	59,5	258,3	182,8	171,7	153,1	131,9	107,7	94,2	224,2	157,1	147,2	130,7	111,9	90,4	78,3	11,7	
0,275	60,1	263,0	186,2	174,9	156,0	134,4	109,7	95,9	228,6	160,2	150,1	133,2	114,1	92,1	79,9	11,9	1,2 (2,32 m)
280	60,6	267,8	189,6	178,1	158,8	136,8	111,6	97,6	233,0	163,2	152,9	135,8	116,2	93,9	81,4	12,1	
285	61,1	272,6	193,0	181,2	161,7	139,3	113,6	99,4	237,2	166,2	155,8	138,3	118,4	95,6	82,9	12,3	
290	61,7	277,4	196,4	184,4	164,5	141,7	115,6	101,1	241,5	169,3	158,6	140,8	120,5	97,4	84,4	12,6	
295	62,2	282,2	199,8	187,6	167,3	144,1	117,6	102,9	245,8	172,3	161,4	143,3	122,7	99,1	85,9	12,8	
0,300	62,7	287,0	203,1	190,8	170,1	146,6	119,6	104,6	250,1	175,3	164,3	145,9	124,9	100,8	87,4	13,0	1,1 (2,36 m)
310	63,8	296,5	209,9	197,1	175,8	151,5	123,6	108,1	258,8	181,4	170,0	150,9	129,2	104,4	90,5	13,4	
320	64,8	306,1	216,7	203,5	181,5	156,4	127,6	111,6	267,5	187,5	175,7	156,0	133,6	107,9	93,5	13,8	
330	65,8	315,7	223,4	209,8	187,1	161,3	131,6	115,1	276,2	193,6	181,4	161,1	137,9	111,4	96,6	14,3	
340	66,8	325,2	230,2	216,2	192,8	166,2	135,6	118,6	284,9	199,7	187,2	166,2	142,3	114,9	99,7	14,7	
0,350	67,7	335	237	223	198	171	140	122	294	206	193	171	147	118	103	15	1,0 (2,44 m)
360	68,7	344	244	229	204	176	144	126	302	212	199	176	151	122	106	16	
370	69,7	354	251	235	210	181	148	129	311	218	204	181	155	125	109	16	
380	70,6	364	257	242	215	186	152	133	320	224	210	186	160	129	112	16	
390	71,5	373	264	248	221	191	156	136	328	230	216	192	164	133	115	17	
0,400	72,4	383	271	254	227	195	160	140	337	236	221	197	168	136	118	17	1,0 (2,51 m)
410	73,3	392	278	261	233	200	164	143	346	242	227	202	173	140	121	18	11,5
420	74,2	402	284	267	238	205	168	147	355	249	233	207	177	143	124	18	
430	75,1	411	291	273	244	210	171	150	363	255	239	212	182	147	127	19	
440	76,0	421	298	280	250	215	175	153	372	261	245	217	186	150	130	19	
0,450	76,8	430	305	286	255	220	179	157	381	267	250	222	190	154	133	19	1,0 (2,58 m)
460	77,7	440	311	293	261	225	183	160	390	273	256	227	195	157	137	20	
470	78,5	450	318	299	267	230	187	164	399	279	262	233	199	161	140	20	
480	79,3	459	325	305	272	235	191	167	407	286	268	238	204	164	143	21	
490	80,2	469	332	312	278	239	195	171	416	292	273	243	208	168	146	21	
0,500	81,0	478	339	318	284	244	199	174	425	298	279	248	212	172	149	22	0,9 (2,65 m)
510	81,8	488	345	324	289	249	203	178	433	304	285	253	217	175	152	22	
520	82,6	497	352	331	295	254	207	181	442	310	291	258	221	179	155	22	
530	83,4	507	359	337	301	259	211	185	451	316	296	263	225	182	158	23	
540	84,2	517	366	343	306	264	215	188	459	322	302	268	230	186	161	23	
0,550	84,9	526	372	350	312	269	219	192	468	328	308	273	234	189	164	24	0,9 (2,71 m)
560	85,7	536	379	356	318	274	223	195	477	334	313	278	238	193	167	24	
570	86,5	545	386	362	323	279	227	199	485	340	319	283	243	196	170	25	
580	87,2	555	393	369	329	283	231	202	494	347	325	288	247	200	173	25	
590	88,0	564	399	375	335	288	235	206	503	353	330	294	251	203	176	25	
0,600	88,7	574	406	382	340	293	239	209	511	359	336	299	256	207	179	26	0,8 (2,76 m)
620	90,2	593	420	394	352	303	247	216	529	371	348	309	264	214	185	27	11,2
640	91,6	612	433	407	363	313	255	223	546	383	359	319	273	221	192	28	
660	93,0	631	447	420	374	323	263	230	564	395	370	329	282	228	198	29	
680	94,4	650	460	432	386	332	271	237	581	407	382	339	291	235	204	29	
0,700	95,8	670	474	445	397	342	279	244	598	420	393	349	299	242	210	30	0,7 (2,85 m)
720	97,2	689	487	458	408	352	287	251	616	432	405	359	308	249	216	31	
740	98,5	708	501	471	420	362	295	258	633	444	416	370	317	256	222	32	
760	99,8	727	515	483	431	371	303	265	650	456	428	380	325	263	228	33	
780	101,1	746	528	496	442	381	311	272	668	468	439	390	334	270	234	34	
0,800	102,4	765	542	509	454	391	319	279	685	481	450	400	343	277	240	35	0,7 (2,94 m)
820	103,7	784	555	521	465	401	327	286	702	493	462	410	351	284	247	35	
840	105,0	803	569	534	476	410	335	293	720	505	473	421	360	291	253	36	
860	106,2	823	582	547	488	420	343	300	737	517	485	431	369	298	259	37	
880	107,4	842	596	560	499	430	351	307	755	530	496	441	378	305	265	38	
0,900	108,6	861	609	572	510	440	359	314	772	542	508	451	386	312	271	39	0,6 (3,01 m)
920	109,8	880	623	585	522	450	367	321	790	554	519	461	395	319	277	40	
940	111,0	899	636	598	533	459	375	328	807	566	531	471	404	327	283	41	
960	112,2	918	650	610	544	469	383	335	824	578	542	482	413	334	289	42	
980	113,4	937	664	623	556	479	391	342	842	591	554	492	421	341	296	42	
1,000	114,5	957	677	636	567	489	399	349	859	603	565	502	430	348	302	43	0,6 (3,08 m) 11,0
$C_i' =$		11,7	8,0	7,8	7,4	7,0	6,7	6,6									
$x C_i'' =$		9,8	7,0	6,9	6,6	6,4	6,2	6,2									

Indicirte Leistung $\frac{N_i}{c}$ in Pferdekraft — Netto-Leistung $\frac{N_a}{c}$ in Pferdekraft — pro 1 Meter Kolbengeschwindigkeit.

gilt für exacte Masch. mit Hemd, bei welchen C_i''' circa die Hälfte beträgt (auch links).

I. Serie. B.

Auspuff-Maschinen mit **Expansions**-Steuerung. (Zunächst mit Dampfhemd.)

Abs. Adm. Sp. $p = \mathbf{10}$ Kgr. od. Atm.

Wirksame Kolbenfläche O Qu.Met.	Kolben-Durchmesser D Centm.	Füllung $\frac{l}{l}$ — Indicirte Leistung $\frac{N_i}{c}$ in Pferdekraft							Füllung $\frac{l}{l}$ — Netto-Leistung $\frac{N_n}{c}$ in Pferdekraft							Subtr. Compr. Lstg. pro $c=1\,m$ Pfdk.	$2C'''_i\,u.C_i$ bei $\frac{l}{l}=0{,}20$ (gew. Masch.) Kgr.
		0,7	0,333	0,3	0,25	0,20	0,15	0,125	0,7	0,333	0,3	0,25	0,20	0,15	0,125		
0,020	16,2	21,6	15,4	14,5	12,9	11,2	9,2	8,1	16,8	11,8	11,1	9,8	8,4	6,8	5,9	1,1	4,1
022	17,0	23,8	16,9	15,9	14,2	12,3	10,1	8,9	18,6	13,0	12,2	10,9	9,3	7,5	6,5	1,2	(bei
024	17,7	25,9	18,5	17,4	15,5	13,4	11,0	9,7	20,4	14,3	13,4	11,9	10,2	8,3	7,2	1,3	$c=$
026	18,5	28,1	20,0	18,8	16,8	14,6	12,0	10,5	22,1	15,5	14,6	13,0	11,1	9,0	7,8	1,4	1,57 m)
028	19,2	30,2	21,6	20,3	18,1	15,7	12,9	11,3	23,9	16,8	15,7	14,0	12,0	9,7	8,4	1,5	
0,030	19,8	32,4	23,1	21,7	19,4	16,8	13,8	12,1	25,7	18,0	16,9	15,0	12,9	10,4	9,1	1,6	3,3
032	20,5	34,6	24,6	23,2	20,7	17,9	14,7	13,0	27,5	19,3	18,1	16,1	13,8	11,2	9,7	1,7	(1,67 m)
034	21,1	36,7	26,2	24,6	22,0	19,0	15,6	13,8	29,3	20,6	19,3	17,2	14,7	11,9	10,4	1,8	13,3
036	21,7	38,9	27,7	26,1	23,3	20,2	16,6	14,6	31,1	21,9	20,5	18,3	15,7	12,7	11,0	1,9	
038	22,3	41,0	29,2	27,5	24,6	21,3	17,5	15,4	32,9	23,1	21,7	19,3	16,6	13,4	11,7	2,0	
0,040	22,9	43,2	30,8	29,0	25,9	22,4	18,4	16,2	34,7	24,4	22,9	20,4	17,5	14,2	12,3	2,2	2,7
042	23,5	45,4	32,3	30,4	27,2	23,5	19,3	17,0	36,5	25,7	24,1	21,5	18,4	14,9	13,0	2,3	(1,74 m)
044	24,0	47,5	33,9	31,9	28,4	24,6	20,2	17,8	38,3	27,0	25,3	22,5	19,3	15,7	13,6	2,4	
046	24,6	49,7	35,4	33,3	29,7	25,8	21,2	18,6	40,1	28,3	26,5	23,6	20,3	16,4	14,3	2,5	
048	25,1	51,8	36,9	34,8	31,0	26,9	22,1	19,4	42,0	29,5	27,7	24,7	21,2	17,2	14,9	2,6	
0,050	25,6	54,0	38,5	36,2	32,4	28,0	23,0	20,2	43,8	30,8	28,9	25,7	22,1	17,9	15,6	2,7	2,5
053	26,4	57,2	40,8	38,3	34,3	29,7	24,4	21,4	46,5	32,8	30,7	27,4	23,5	19,1	16,6	2,9	(1,80 m)
056	27,1	60,5	43,1	40,5	36,2	31,4	25,8	22,7	49,3	34,7	32,6	29,0	24,9	20,2	17,6	3,0	
059	27,8	63,7	45,4	42,7	38,2	33,0	27,2	23,9	52,1	36,7	34,4	30,6	26,3	21,3	18,6	3,2	
062	28,5	67,0	47,7	44,9	40,1	34,7	28,5	25,1	54,8	38,6	36,2	32,2	27,7	22,5	19,6	3,3	
0,065	29,2	70,2	50,0	47,0	42,1	36,4	29,9	26,3	57,6	40,6	38,1	33,9	29,1	23,6	20,6	3,5	2,1
068	29,9	73,4	52,3	49,2	44,0	38,1	31,3	27,5	60,4	42,5	39,9	35,5	30,5	24,8	21,6	3,7	(1,87 m)
071	30,5	76,7	54,6	51,4	45,9	39,8	32,7	28,7	63,2	44,5	41,7	37,1	31,9	25,9	22,6	3,8	12,6
074	31,2	79,9	57,0	53,5	47,9	41,4	34,1	29,9	65,9	46,4	43,5	38,8	33,3	27,0	23,6	4,0	
077	31,8	83,2	59,3	55,7	49,8	43,1	35,4	31,1	68,7	48,4	45,4	40,4	34,7	28,2	24,6	4,1	
0,080	32,4	86,4	61,6	57,9	51,8	44,8	36,8	32,4	71,4	50,3	47,2	42,0	36,1	29,3	25,6	4,3	1,9
084	33,2	90,7	64,6	60,8	54,4	47,0	38,7	34,0	75,2	53,0	49,7	44,2	38,0	30,9	26,9	4,5	(1,93 m)
088	34,0	95,0	67,7	63,7	57,0	49,3	40,5	35,6	78,9	55,6	52,2	46,4	39,9	32,4	28,3	4,8	
092	34,7	99,4	70,8	66,6	59,5	51,5	42,3	37,2	82,7	58,3	54,7	48,7	41,8	34,0	29,6	5,0	
096	35,5	103,7	73,9	69,4	62,1	53,8	44,2	38,8	86,4	60,9	57,1	50,9	43,7	35,5	31,0	5,2	
0,100	36,2	108,0	76,9	72,3	64,7	56,0	46,0	40,5	90,2	63,6	59,6	53,1	45,6	37,1	32,3	5,4	1,7
105	37,1	113,4	80,8	76,0	68,0	58,9	48,3	42,5	94,9	66,9	62,8	55,9	48,0	39,0	34,0	5,7	(2,02 m)
110	38,0	118,8	84,6	79,6	71,2	61,6	50,6	44,5	99,6	70,3	65,9	58,7	50,5	41,0	35,7	5,9	
115	38,8	124,2	88,5	83,2	74,4	64,4	52,9	46,5	104,4	73,6	69,1	61,5	52,9	43,0	37,5	6,2	
120	39,7	129,6	92,3	86,8	77,7	67,2	55,2	48,5	109,1	77,0	72,2	64,3	55,3	44,9	39,2	6,5	
0,125	40,5	135,0	96,2	90,5	80,9	70,0	57,5	50,6	113,9	80,3	75,4	67,1	57,7	46,9	40,9	6,8	1,5
130	41,3	140,4	100,0	94,1	84,2	72,8	59,8	52,6	118,6	83,7	78,5	69,9	60,1	48,8	42,6	7,0	(2,10 m)
135	42,1	145,8	103,9	97,7	87,4	75,6	62,1	54,6	123,3	87,0	81,7	72,7	62,5	50,8	44,3	7,3	12,1
140	42,8	151,2	107,7	101,3	90,6	78,4	64,4	56,6	128,1	90,4	84,8	75,5	64,9	52,8	46,0	7,6	
145	43,6	156,6	111,6	104,9	93,9	81,2	66,7	58,6	132,8	93,7	88,0	78,3	67,3	54,7	47,7	7,8	
0,150	44,4	162,0	115,4	108,5	97,1	84,0	69,0	60,7	137,6	97,1	91,1	81,1	69,8	56,7	49,5	8,1	1,3
155	45,1	167,4	119,3	112,1	100,3	86,9	71,3	62,7	142,4	100,5	94,3	84,0	72,2	58,7	51,2	8,4	(2,17 m)
160	45,8	172,8	123,1	115,8	103,5	89,6	73,6	64,7	147,2	103,9	97,5	86,8	74,6	60,7	53,0	8,6	
165	46,5	178,2	127,0	119,4	106,8	92,4	75,9	66,7	152,0	107,2	100,7	89,6	77,1	62,7	54,7	8,9	
170	47,2	183,6	130,8	123,0	110,0	95,4	78,2	68,8	156,8	110,6	103,8	92,5	79,5	64,7	56,4	9,2	
0,175	47,9	189,0	134,7	126,6	113,3	98,0	80,5	70,8	161,6	114,0	107,0	95,3	82,0	66,7	58,2	9,5	1,3
180	48,6	194,4	138,5	130,2	116,5	100,8	82,8	72,8	166,4	117,4	110,2	98,2	84,4	68,7	59,9	9,7	(2,23 m)
185	49,3	199,8	142,4	133,9	119,7	103,6	85,1	74,8	171,2	120,8	113,4	101,0	86,8	70,7	61,7	10,0	
190	49,9	205,2	146,2	137,5	122,9	106,4	87,4	76,8	176,0	124,2	116,6	103,8	89,3	72,6	63,4	10,3	
195	50,6	210,6	150,1	141,1	126,1	109,2	89,7	78,9	180,8	127,6	119,8	106,7	91,7	74,6	65,1	10,5	
0,200	51,2	216,0	153,9	144,7	129,4	112,0	92,0	80,9	185,6	131,0	122,9	109,5	94,2	76,6	66,8	10,8	1,2
205	51,8	221,4	157,7	148,3	132,7	114,8	94,3	82,9	190,5	134,4	126,2	112,4	96,7	78,6	68,6	11,1	(2,29 m)
210	52,5	226,8	161,6	151,9	135,9	117,6	96,6	85,0	195,3	137,9	129,4	115,2	99,1	80,6	70,4	11,3	11,7
215	53,1	232,2	165,4	155,6	139,1	120,4	98,9	87,0	200,2	141,3	132,6	118,1	101,6	82,6	72,1	11,6	
220	53,7	237,6	169,3	159,2	142,4	123,2	101,2	89,0	205,0	144,7	135,8	121,0	104,1	84,7	73,9	11,9	
0,225	54,3	243,0	173,1	162,8	145,6	126,0	103,5	91,0	209,9	148,1	139,0	123,8	106,5	86,7	75,6	12,2	1,1
230	54,9	248,4	177,0	166,4	148,9	128,8	105,8	93,0	214,7	151,6	142,2	126,7	109,0	88,7	77,4	12,4	(2,35 m)
235	55,5	253,8	180,8	170,0	152,1	131,6	108,1	95,1	219,6	155,0	145,4	129,6	111,5	90,7	79,2	12,7	
240	56,1	259,2	184,7	173,7	155,3	134,4	110,4	97,1	224,4	158,4	148,6	132,5	113,9	92,7	80,9	13,0	
245	56,7	264,6	188,5	177,3	158,6	137,2	112,7	99,1	229,3	161,9	151,8	135,3	116,4	94,7	82,7	13,2	
0,250	57,3	270,0	192,3	180,9	161,8	140,0	115,0	101,1	234,1	165,3	155,1	138,2	118,9	96,7	84,4	13,5	1,0 (2,40 m)
* $C'_i =$		12,2	8,5	8,3	7,9	7,5	7,1	7,0	12,2	8,7	8,5	8,1	7,8	7,6	7,5	$= C'_i$	
$xC''_i =$		11,5	8,2	8,0	7,7	7,4	7,2	7,2	11,6	8,4	8,2	7,9	7,7	7,6	7,7	$= xC''_i$	
$N =$		1	1	1	1	1	1	1	0,99	0,97	0,97	0,97	0,96	0,94	0,93	$= N$	†

* Gew. Masch. mit Hemd (auch rechts).　　　† Für Masch. ohne Hemd (auch rechts).

Auspuff-Maschinen mit Expansions-Steuerung.

Abs. Adm. Sp. $p = 10$ Kgr. od. Atm.

O Qu.Met.	D Centm.	Indicirte Leistung $\frac{N_i}{c}$ — Füllung $\frac{l_i}{l}$ 0,7	0,833	0,3	0,25	0,20	0,15	0,125	Netto-Leistung $\frac{N_n}{c}$ — Füllung $\frac{l_i}{l}$ 0,7	0,833	0,3	0,25	0,20	0,15	0,125	Subtr. Compr. Lstg. pro $c=1$ m Pfdk.	$2C'''_i$ u. C_i bei $\frac{l_i}{l}=0,15$ (gew. Masch.) Kgr.
							pro 1 Meter Kolbengeschwindigkeit										
0,250	57,3	270,0	192,3	180,9	161,8	140,0	115,0	101,1	234,1	165,3	155,1	138,2	118,9	96,7	84,4	13,5	1,1 (bei $c=$ 2,40 m) 11,3
255	57,8	275,4	196,2	184,5	165,0	142,8	117,3	103,2	239,0	168,7	158,3	141,1	121,4	98,8	86,2	13,8	
260	58,4	280,8	200,0	188,1	168,3	145,6	119,6	105,2	243,8	172,2	161,6	143,9	123,8	100,8	87,9	14,0	
265	59,0	286,2	203,9	191,7	171,5	148,4	121,9	107,2	248,7	175,6	164,8	146,8	126,3	102,8	89,7	14,3	
270	59,5	291,6	207,7	195,4	174,7	151,2	124,2	109,2	253,6	179,1	168,0	149,7	128,8	104,8	91,5	14,6	
0,275	60,1	297,0	211,6	199,0	178,0	154,0	126,5	111,2	258,5	182,5	171,3	152,6	131,3	106,8	93,2	14,9	1,0 (2,45 m)
280	60,6	302,4	215,4	202,6	181,2	156,8	128,8	113,3	263,4	186,0	174,5	155,5	133,8	108,9	95,0	15,1	
285	61,1	307,8	219,3	206,2	184,5	159,6	131,1	115,3	268,2	189,4	177,8	158,4	136,3	110,9	96,8	15,4	
290	61,7	313,2	223,1	209,8	187,7	162,4	133,4	117,3	273,1	192,9	181,0	161,3	138,8	112,9	98,6	15,7	
295	62,2	319	227	213	191	165	136	119	278	196	184	164	141	115	100	16	
0,300	62,7	324	231	217	194	168	138	121	283	200	187	167	144	117	102	16	1,0 (2,49 m)
310	63,8	335	238	224	201	174	143	125	293	207	194	173	149	121	106	17	
320	64,8	346	246	232	207	179	147	129	303	214	201	179	154	125	109	17	
330	65,8	356	254	239	214	185	152	134	312	221	207	184	159	129	113	18	
340	66,8	367	262	246	220	190	156	138	322	228	214	190	164	133	116	18	
0,350	67,7	378	269	253	226	196	161	142	332	235	220	196	169	137	120	19	1,0 (2,57 m)
360	68,7	389	277	260	233	202	166	146	342	242	227	202	174	142	124	19	
370	69,7	400	285	268	239	207	170	150	352	248	233	208	179	146	127	20	
380	70,6	410	292	275	246	213	175	154	362	255	240	214	184	150	131	21	
390	71,5	421	300	282	252	218	179	158	371	262	246	219	189	154	134	21	
0,400	72,4	432	308	289	259	224	184	162	381	269	253	225	194	158	138	22	0,9 (2,65 m) 11,0
410	73,3	443	315	297	265	230	189	166	391	276	259	231	199	162	141	22	
420	74,2	454	323	304	272	235	193	170	401	283	266	237	204	166	145	23	
430	75,1	464	331	311	278	241	198	174	411	290	273	243	209	170	149	23	
440	76,0	475	338	318	285	246	202	178	421	297	279	249	214	174	152	24	
0,450	76,8	486	346	326	291	252	207	182	431	304	286	255	219	178	156	24	0,9 (2,73 m)
460	77,7	497	354	333	298	258	212	186	441	311	292	260	224	182	159	25	
470	78,5	508	362	340	304	263	216	190	451	318	299	266	229	187	163	25	
480	79,3	518	369	347	311	269	221	194	461	325	305	272	234	191	167	26	
490	80,2	529	377	354	317	274	225	198	470	332	312	278	239	195	170	26	
0,500	81,0	540	385	362	324	280	230	202	480	339	319	284	244	199	174	27	0,8 (2,80 m)
510	81,8	551	392	369	330	286	235	206	490	346	325	290	249	203	177	28	
520	82,6	562	400	376	336	291	239	210	500	353	332	295	254	207	181	28	
530	83,4	572	408	383	343	297	244	214	510	360	338	301	259	211	184	29	
540	84,2	583	415	391	349	302	248	218	520	367	345	307	264	215	188	29	
0,550	84,9	594	423	398	356	308	253	223	529	374	351	313	269	219	191	30	0,7 (2,86 m)
560	85,7	605	431	405	362	314	258	227	539	381	358	319	274	223	195	30	
570	86,5	616	438	412	369	319	262	231	549	388	364	324	279	227	199	31	
580	87,2	626	446	420	375	325	267	235	559	395	371	330	284	232	202	31	
590	88,0	637	454	427	382	330	271	239	568	402	377	336	289	236	206	32	
0,600	88,7	648	462	434	388	336	276	243	578	409	384	342	294	240	209	32	0,7 (2,92 m) 10,7
620	90,2	670	477	449	401	347	285	251	598	423	397	353	304	248	216	33	
640	91,6	691	492	463	414	358	294	259	618	436	410	365	314	256	224	35	
660	93,0	713	508	478	427	370	304	267	637	450	423	377	324	264	231	36	
680	94,4	734	523	492	440	381	313	275	657	464	436	388	334	272	238	37	
0,700	95,8	756	539	506	453	392	322	283	676	478	449	400	344	280	245	38	0,7 (3,02 m)
720	97,2	778	554	521	466	403	331	291	696	492	462	412	354	289	252	39	
740	98,5	799	569	535	479	414	340	299	716	506	475	423	364	297	259	40	
760	99,8	821	585	550	492	426	350	307	735	520	488	435	374	305	266	41	
780	101,1	842	600	564	505	437	359	316	755	534	501	446	384	313	273	42	
0,800	102,4	864	615	579	518	448	368	324	775	547	514	458	394	321	281	43	0,6 (3,11 m)
820	103,7	886	631	593	531	459	377	332	794	561	527	470	404	329	288	44	
840	105,0	907	646	608	544	470	386	340	814	575	540	481	414	338	295	45	
860	106,2	929	662	622	556	482	396	348	834	589	553	493	424	346	302	46	
880	107,4	950	677	637	569	493	405	356	853	603	566	505	434	354	309	48	
0,900	108,6	972	692	651	582	504	414	364	873	617	579	516	445	362	316	49	0,6 (3,18 m)
920	109,8	994	708	666	595	515	423	372	893	631	592	528	455	370	323	50	
940	111,0	1015	723	680	608	526	432	380	913	645	605	540	465	379	331	51	
960	112,2	1037	739	695	621	538	442	388	932	659	619	551	475	387	338	52	
980	113,4	1058	754	709	634	549	451	396	952	673	632	563	485	395	345	53	
1,000	114,5	1080	769	723	647	560	460	405	972	687	645	575	495	403	352	54	0,6 (3,25 m) 10,5
$C_i =$		11,5	7,8	7,6	7,2	6,8	6,4	6,3									
$xC_i'' =$		9,8	7,0	6,8	6,5	6,3	6,1	6,1									

gilt für exacte Masch. mit Hemd, bei welchen C_i''' circa die Hälfte beträgt (auch links).

Auspuff-Maschinen mit Expansions-Steuerung.

Abs. Adm. Sp. $p = 11$ Kgr. od. Atm.

Füllung $\frac{l_i}{l} =$	0,7	0,333	0,3	0,25	0,20	0,15	0,125	0,10	
(Ohne Compr) Indic. Spannung $p_i =$	9,02	6,46	6,08	5,45	4,73	3,91	3,45	2,96	Atm.
Indic. Leistung ohne Compr. $n_i = \dfrac{N_i}{Oc} =$	1203	862	811	727	631	522	460	394	Pfdk.
„ „ mit „ $n_i = \dfrac{N_i}{Oc} =$	1141	800	749	665	569	460	398	332	„
Gewöhnl. Masch. $C_i' =$	12,0	8,4	8,1	7,7	7,3	6,9	6,8	6,7	kg
Exacte „ $C_i' =$	11,3	7,7	7,4	7,0	6,6	6,2	6,1	6,0	„
Gewöhnl. Masch. $x\,C_i'' =$	11,5	8,1	7,9	7,6	7,3	7,1	7,0	7,0	kg
Exacte „ $x\,C_i'' =$	9,8	6,9	6,7	6,5	6,2	6,0	6,0	6,0	„

Abs. Adm. Sp. $p = 12$ Kgr. od. Atm.

Füllung $\frac{l_i}{l} =$	0,7	0,333	0,3	0,25	0,20	0,15	0,125	0,10	
(Ohne Compr.) Indic. Spannung $p_i =$	9,95	7,15	6,74	6,05	5,27	4,37	3,87	3,333	Atm.
Indic. Leistung ohne Compr. $n_i = \dfrac{N_i}{Oc} =$	1327	954	899	807	703	583	516	444	Pfdk.
„ „ mit „ $n_i = \dfrac{N_i}{Oc} =$	1256	883	828	736	632	512	445	373	„
Gewöhnl. Masch. $C_i' =$	11,8	8,2	7,9	7,5	7,1	6,8	6,6	6,5	kg
Exacte „ $C_i' =$	11,1	7,5	7,2	6,8	6,4	6,1	5,9	5,8	„
Gewöhnl. Masch. $x\,C_i'' =$	11,5	8,0	7,8	7,5	7,2	7,0	6,8	6,8	kg
Exacte „ $x\,C_i'' =$	9,8	6,8	6,6	6,4	6,1	5,9	5,8	5,8	„

Aus der obigen indic. Leistung $n_i = \dfrac{N_i}{Oc}$ (pro 1 m² Kolbenfläche und 1 m Kolbengeschw.) berechne man

$$\frac{N_i}{c} = O\,n_i$$

Mit der Leergang-Leistung $\dfrac{N_0}{c}$ nach S. 178, 179, bezw. 184 und mit dem dortigen $\dfrac{1}{1+\mu}$ ergibt sich

$$\frac{N_{\prime\prime}}{c} = \frac{1}{1+\mu}\left(\frac{N_i}{c} - \frac{N_0}{c}\right)$$

Sodann wird der Dampfverbrauch in der ganz gleichen Weise wie vorhergehends ermittelt, indem der Wert von $\dfrac{1}{x}$ (nebst Correct -Coëffic.) auf S. 27 und der Dampfläss.-Verlust C_i''' auf S. 188 aufgesucht wird.

Die obigen Angaben für $p = 11$ und 12 Atm. gelten auch für „Sehr große Maschinen" ($O > 1{,}00$ m²) als Fortsetzung von S. 123.

I. SERIE.

C.

Eincylinder-Condensations-Maschinen.

Werthe von $\frac{1}{x}$

zur Bestimmung des Abkühlungs-Verlustes C_i'' aus den tabellarischen Ansätzen von $x\,C_i''$ (durch Multiplication dieser Ansätze mit $\frac{1}{x}$).

Füllung $\frac{l}{l}=$	0,4	0,333	0,3	0,25	0,20	0,15	0,125	0,10	0,08	0,07	0,06	0,05	0,04	$=\frac{l}{l}$ (Füllung)
$c=0,5$ m	0,89	0,94	0,96	1,00	1,04	1,09	1,11	1,14	1,16	1,17	1,18	1,19	1,20	$c=0,5$ m
0,6	0,82	0,86	0,88	0,91	0,95	0,99	1,01	1,04	1,06	1,07	1,08	1,09	1,10	0,6
0,7	0,75	0,79	0,81	0,85	0,88	0,92	0,94	0,96	0,98	0,99	1,00	1,01	1,02	0,7
0,8	0,71	0,74	0,76	0,79	0,82	0,86	0,88	0,90	0,92	0,92	0,93	0,94	0,95	0,8
0,9	0,67	0,70	0,72	0,75	0,78	0,81	0,83	0,85	0,86	0,87	0,88	0,89	0,90	0,9
$c=1,0$ m	0,63	0,66	0,68	0,71	0,74	0,77	0,79	0,80	0,82	0,83	0,83	0,84	0,85	$c=1,0$ m
1,1	0,60	0,63	0,65	0,67	0,70	0,73	0,75	0,77	0,78	0,79	0,79	0,80	0,81	1,1
1,2	0,58	0,61	0,62	0,65	0,67	0,70	0,72	0,73	0,75	0,75	0,76	0,77	0,78	1,2
1,3	0,55	0,58	0,60	0,62	0,65	0,67	0,69	0,70	0,72	0,72	0,73	0,74	0,75	1,3
1,4	0,53	0,56	0,57	0,60	0,62	0,65	0,66	0,68	0,69	0,70	0,71	0,71	0,72	1,4
$c=1,5$ m	0,52	0,54	0,56	0,58	0,60	0,63	0,64	0,66	0,67	0,67	0,68	0,69	0,69	$c=1,5$ m
1,6	0,50	0,52	0,54	0,56	0,58	0,61	0,62	0,64	0,65	0,65	0,66	0,67	0,67	1,6
1,7	0,48	0,51	0,52	0,54	0,56	0,59	0,60	0,62	0,63	0,63	0,64	0,65	0,65	1,7
1,8	0,47	0,49	0,51	0,53	0,55	0,57	0,59	0,60	0,61	0,62	0,62	0,63	0,63	1,8
1,9	0,46	0,48	0,49	0,51	0,53	0,56	0,57	0,58	0,59	0,60	0,61	0,61	0,62	1,9
$c=2,0$ m	0,45	0,47	0,48	0,50	0,52	0,54	0,56	0,57	0,58	0,58	0,59	0,59	0,60	$c=2,0$ m
2,2	0,43	0,45	0,46	0,48	0,50	0,52	0,53	0,54	0,55	0,56	0,56	0,57	0,57	2,2
2,4	0,41	0,43	0,44	0,46	0,48	0,50	0,51	0,52	0,53	0,53	0,54	0,54	0,55	2,4
2,6	0,39	0,41	0,42	0,44	0,46	0,48	0,49	0,50	0,51	0,51	0,52	0,52	0,53	2,6
2,8	0,38	0,40	0,41	0,42	0,44	0,46	0,47	0,48	0,49	0,49	0,50	0,50	0,51	2,8
$c=3,0$ m	0,36	0,38	0,39	0,41	0,43	0,44	0,45	0,46	0,47	0,48	0,48	0,49	0,49	$c=3,0$ m
3,2	0,35	0,37	0,38	0,40	0,41	0,43	0,44	0,45	0,46	0,46	0,47	0,47	0,48	3,2
3,4	0,34	0,36	0,37	0,38	0,40	0,42	0,43	0,44	0,44	0,45	0,45	0,46	0,46	3,4
3,6	0,33	0,35	0,36	0,37	0,39	0,41	0,41	0,42	0,43	0,44	0,44	0,44	0,45	3,6
3,8	0,32	0,34	0,35	0,36	0,38	0,39	0,40	0,41	0,42	0,42	0,43	0,43	0,44	3,8
$c=4,0$ m	0,32	0,33	0,34	0,35	0,37	0,38	0,39	0,40	0,41	0,41	0,42	0,42	0,43	$c=4,0$ m
4,2	0,31	0,32	0,33	0,35	0,36	0,38	0,38	0,39	0,40	0,40	0,41	0,41	0,41	4,2
4,4	0,30	0,32	0,32	0,34	0,35	0,37	0,37	0,38	0,39	0,39	0,40	0,40	0,41	4,4
4,6	0,29	0,31	0,32	0,33	0,34	0,36	0,37	0,37	0,38	0,39	0,39	0,39	0,40	4,6
4,8	0,29	0,30	0,31	0,32	0,34	0,35	0,36	0,37	0,37	0,38	0,38	0,38	0,39	4,8
$c=5,0$ m	0,28	0,30	0,30	0,32	0,33	0,34	0,35	0,36	0,37	0,37	0,37	0,38	0,38	$c=5,0$ m

Note. Diese Werthe von $\frac{1}{x}$ sind für alle Maschinengattungen (bei einer gewissen Füllung $\frac{l}{l}$ und Kolbengeschwindigkeit c) gleich gross; dieselben sind in der vorangehenden Einleitung für alle Füllungen auf drei Decimalen angegeben.

Corrections-Coëffic. für C_i'' bei dem jeweiligen Hubverhältnisse $l:D$.

Wenn $l\cdot D=$	0,6	0,8	1,0	1,25	1,5	1,75	2	2,5	3	3,5	4	5
Coëffic. =	0,73	0,77	0,82	0,87	0,91	0,96	1	1,08	1,15	1,22	1,29	1,41

I. Serie. C.

Eincylinder-Condensations-Maschinen. (Zunächst mit Dampfhemd).

Abs. Adm. Sp. $p = 2\frac{1}{2}$ Kgr. od. Atm.

		Mit Hemd							Ohne Hemd							
(Füllung) $\frac{l}{l}=$		0,4	0,333	0,3	0,25	0,20	0,15	0,125	0,4	0,333	0,3	0,25	0,20	0,15	0,125	$=\frac{l}{l}$ (Füllung)
N_i oder $N_n =$		1	1	1	1	1	1	1	0,97	0,96	0,96	0,95	0,94	0,93	0,92	$= N_i$ oder N_n
gewöhnl. Masch. $\{ C_i =$		9,6	9,0	8,7	8,2	7,8	7,3	7,2	9,9	9,3	9,0	8,6	8,3	8,0	7,9	$= C_i$ } gewöhnl. Masch.
$\{ xC_i'' =$		8,4	7,8	7,5	7,1	6,7	6,4	6,2	8,9	8,4	8,2	7,9	7,6	7,4	7,4	$= xC_i''$
exacte Masch.*) $\{ C_i =$		9,1	8,4	8,1	7,6	7,1	6,6	6,4	9,3	8,7	8,4	8,0	7,5	7,2	7,1	$= C_i$ } exacte Masch.*)
$\{ xC_i'' =$		7,1	6,6	6,4	6,0	5,7	5,4	5,3	7,6	7,2	7,0	6,7	6,5	6,3	6,3	$= xC_i''$

Wirksame Kolbenfläche	Kolben-Durchmesser	Füllung $\frac{l}{l}$ — Indicirte Leistung $\frac{N_i}{c}$ in Pferdekraft (pro 1 Meter Kolbengeschwindigkeit)							Füllung $\frac{l}{l}$ — Netto-Leistung $\frac{N_n}{c}$ in Pferdekraft							Subtr. Compr. Lstg. pro $c=1$ m	$2C_i'''$ u. C_i bei $\frac{l}{l}=0,25$ (gew. Masch.)
O Qu.Met.	D Centm.	0,4	0,333	0,3	0,25	0,20	0,15	0,125	0,4	0,333	0,3	0,25	0,20	0,15	0,125	Pfdk.	Kgr.
0,030	19,8	6,7	6,0	5,7	5,1	4,4	3,6	3,2	4,3	3,8	3,6	3,1	2,5	1,9	1,5	0,3	10,6 (bei $c = 0,84$ m) 19,0
032	20,5	7,1	6,4	6,1	5,5	4,7	3,9	3,4	4,7	4,1	3,8	3,4	2,8	2,0	1,7	0,4	
034	21,1	7,5	6,8	6,5	5,8	5,0	4,1	3,6	5,0	4,4	4,1	3,6	3,0	2,2	1,8	0,4	
036	21,7	8,0	7,2	6,8	6,1	5,3	4,3	3,8	5,3	4,7	4,4	3,9	3,2	2,4	1,9	0,4	
038	22,3	8,4	7,6	7,2	6,5	5,6	4,6	4,0	5,6	5,0	4,7	4,1	3,4	2,5	2,1	0,4	
0,040	22,9	8,9	8,0	7,6	6,8	5,9	4,8	4,2	6,0	5,3	5,0	4,3	3,6	2,7	2,2	0,5	8,9 (0,88 m)
042	23,5	9,3	8,4	8,0	7,2	6,2	5,1	4,4	6,3	5,6	5,2	4,6	3,8	2,9	2,3	0,5	
044	24,0	9,7	8,8	8,4	7,5	6,5	5,3	4,6	6,6	5,9	5,5	4,8	4,0	3,0	2,5	0,5	
046	24,6	10,2	9,2	8,7	7,9	6,8	5,5	4,8	7,0	6,2	5,8	5,1	4,2	3,2	2,6	0,5	
048	25,1	10,6	9,6	9,1	8,2	7,1	5,8	5,1	7,3	6,5	6,1	5,3	4,4	3,3	2,8	0,5	
0,050	25,6	11,1	10,1	9,5	8,5	7,4	6,0	5,3	7,6	6,8	6,4	5,6	4,6	3,5	2,9	0,6	7,9 (0,90 m)
053	26,4	11,7	10,7	10,1	9,0	7,8	6,4	5,6	8,1	7,3	6,8	6,0	4,9	3,8	3,1	0,6	
056	27,1	12,4	11,3	10,6	9,6	8,3	6,7	5,9	8,7	7,7	7,2	6,3	5,3	4,0	3,3	0,6	
059	27,8	13,1	11,9	11,2	10,1	8,7	7,1	6,2	9,2	8,2	7,6	6,7	5,6	4,3	3,5	0,7	
062	28,5	13,7	12,5	11,8	10,6	9,1	7,5	6,5	9,7	8,7	8,1	7,1	5,9	4,5	3,7	0,7	
0,065	29,2	14,4	13,1	12,3	11,1	9,6	7,8	6,9	10,2	9,1	8,5	7,5	6,2	4,8	4,0	0,7	7,0 (0,93 m) 16,9
068	29,9	15,0	13,7	12,9	11,6	10,0	8,2	7,2	10,7	9,6	8,9	7,9	6,6	5,0	4,2	0,8	
071	30,5	15,7	14,3	13,5	12,1	10,5	8,5	7,5	11,2	10,0	9,4	8,3	6,9	5,3	4,4	0,8	
074	31,2	16,4	14,9	14,1	12,6	10,9	8,9	7,8	11,7	10,5	9,8	8,7	7,2	5,6	4,6	0,8	
077	31,8	17,0	15,5	14,6	13,1	11,3	9,3	8,1	12,2	11,0	10,2	9,0	7,5	5,8	4,8	0,9	
0,080	32,4	17,7	16,1	15,2	13,7	11,8	9,6	8,4	12,8	11,4	10,7	9,4	7,9	6,1	5,0	0,9	6,1 (0,97 m)
084	33,2	18,6	16,9	16,0	14,3	12,4	10,1	8,8	13,5	12,1	11,3	9,9	8,3	6,4	5,3	1,0	
088	34,0	19,5	17,7	16,7	15,0	13,0	10,6	9,3	14,2	12,7	11,9	10,5	8,7	6,8	5,6	1,0	
092	34,7	20,4	18,5	17,5	15,7	13,6	11,1	9,7	14,9	13,3	12,5	11,0	9,2	7,1	5,9	1,0	
096	35,5	21,3	19,3	18,2	16,4	14,2	11,6	10,1	15,6	14,0	13,0	11,5	9,6	7,5	6,2	1,1	
0,100	36,2	22,2	20,1	19,0	17,1	14,7	12,1	10,5	16,3	14,6	13,6	12,0	10,1	7,8	6,5	1,1	5,3 (1,02 m)
105	37,1	23,3	21,1	19,9	17,9	15,5	12,7	11,1	17,2	15,4	14,4	12,7	10,6	8,3	6,9	1,2	
110	38,0	24,4	22,2	20,9	18,8	16,2	13,3	11,6	18,1	16,2	15,1	13,4	11,2	8,7	7,3	1,2	
115	38,8	25,5	23,2	21,8	19,6	17,0	13,9	12,1	19,0	17,0	15,9	14,1	11,8	9,2	7,7	1,3	
120	39,7	26,6	24,2	22,8	20,5	17,7	14,5	12,7	19,8	17,8	16,7	14,7	12,4	9,6	8,1	1,4	
0,125	40,5	27,7	25,2	23,7	21,3	18,4	15,1	13,2	20,7	18,6	17,4	15,4	12,9	10,1	8,4	1,4	4,7 (1,06 m) 15,1
130	41,3	28,8	26,2	24,7	22,2	19,2	15,7	13,7	21,6	19,4	18,2	16,1	13,5	10,5	8,8	1,5	
135	42,1	29,9	27,2	25,6	23,0	19,9	16,3	14,2	22,5	20,3	18,9	16,7	14,1	11,0	9,2	1,5	
140	42,8	31,0	28,2	26,6	23,9	20,7	16,9	14,8	23,4	21,1	19,7	17,4	14,6	11,4	9,6	1,6	
145	43,6	32,2	29,2	27,5	24,7	21,4	17,5	15,3	24,3	21,9	20,5	18,1	15,2	11,9	10,0	1,6	
0,150	44,4	33,2	30,2	28,5	25,6	22,1	18,1	15,8	25,2	22,6	21,2	18,7	15,7	12,3	10,4	1,7	4,2 (1,09 m)
155	45,1	34,4	31,2	29,4	26,5	22,9	18,7	16,3	26,1	23,5	21,9	19,4	16,3	12,8	10,7	1,8	
160	45,8	35,5	32,2	30,4	27,3	23,6	19,3	16,9	27,0	24,3	22,7	20,1	16,9	13,2	11,1	1,8	
165	46,5	36,6	33,2	31,3	28,2	24,3	19,9	17,4	27,9	25,1	23,5	20,8	17,5	13,7	11,5	1,9	
170	47,2	37,7	34,2	32,3	29,0	25,1	20,5	17,9	28,8	25,9	24,3	21,5	18,1	14,1	11,9	1,9	
0,175	47,9	38,8	35,3	33,2	29,9	25,8	21,1	18,5	29,7	26,7	25,0	22,1	18,6	14,6	12,3	2,0	3,8 (1,12 m)
180	48,6	39,9	36,3	34,2	30,7	26,6	21,7	19,0	30,7	27,6	25,8	22,8	19,2	15,1	12,7	2,0	
185	49,3	41,0	37,3	35,1	31,6	27,3	22,3	19,5	31,6	28,4	26,6	23,5	19,8	15,5	13,1	2,1	
190	49,9	42,1	38,3	36,1	32,4	28,0	22,9	20,0	32,5	29,2	27,3	24,2	20,4	16,0	13,5	2,2	
195	50,6	43,2	39,3	37,0	33,3	28,8	23,5	20,6	33,4	30,0	28,1	24,9	21,0	16,4	13,9	2,2	
0,200	51,2	44,3	40,3	38,0	34,1	29,5	24,1	21,1	34,3	30,8	28,9	25,6	21,6	16,9	14,3	2,3	3,5 (1,15 m) 14,8
205	51,8	45,4	41,3	38,9	35,0	30,2	24,7	21,6	35,2	31,7	29,6	26,3	22,1	17,4	14,7	2,3	
210	52,5	46,5	42,3	39,9	35,8	31,0	25,3	22,1	36,1	32,5	30,4	27,0	22,7	17,9	15,1	2,4	
215	53,1	47,7	43,3	40,8	36,7	31,7	25,9	22,7	37,0	33,3	31,2	27,7	23,3	18,3	15,5	2,4	
220	53,7	48,8	44,3	41,8	37,5	32,4	26,5	23,2	38,0	34,2	32,0	28,4	23,9	18,8	15,9	2,5	
0,225	54,3	49,9	45,3	42,7	38,4	33,2	27,1	23,7	38,9	35,0	32,8	29,1	24,5	19,3	16,3	2,6	3,2 (1,18 m)
230	54,9	51,0	46,3	43,7	39,2	33,9	27,7	24,3	39,8	35,8	33,5	29,8	25,1	19,7	16,7	2,6	
235	55,5	52,1	47,3	44,6	40,1	34,7	28,3	24,8	40,7	36,6	34,3	30,5	25,7	20,2	17,1	2,7	
240	56,1	53,2	48,3	45,6	40,9	35,4	28,9	25,3	41,6	37,5	35,1	31,2	26,3	20,7	17,5	2,7	
245	56,7	54,3	49,3	46,5	41,8	36,1	29,5	25,8	42,6	38,3	35,9	31,9	26,9	21,1	17,9	2,8	
0,250	57,3	55,4	50,3	47,5	42,7	36,8	30,1	26,3	43,5	39,2	36,7	32,5	27,5	21,6	18,3	2,8	3,1 (1,20 m)

Eincylinder-Condensations-Maschinen.

Abs. Adm. Sp. $p = 2\frac{1}{2}$ Kgr. od. Atm.

The two seven-column groups below are **Füllung $\frac{l}{l}$ — Indicirte Leistung $\frac{N_i}{c}$ in Pferdekraft** and **Füllung $\frac{l}{l}$ — Netto-Leistung $\frac{N_n}{c}$ in Pferdekraft**, both *pro 1 Meter Kolbengeschwindigkeit*. The last two columns are *Subtr. Compr. Lstg. pro $c=1$ m, Pfdk.* and *$2C_i'''$ u. C_i bei $\frac{l}{l}=0,25$ (gew. Masch.), Kgr.*

Wirks. Kolbenfl. O Qu.Met.	Kolben-Durchm. D Centm.	Ind. 0,4	0,333	0,3	0,25	0,20	0,15	0,125	Netto 0,4	0,333	0,3	0,25	0,20	0,15	0,125	Subtr. Compr.	$2C_i'''$ u.C_i
0,250	57,3	55,4	50,3	47,5	42,7	36,8	30,1	26,3	43,5	39,2	36,7	32,5	27,5	21,6	18,3	2,8	3,1 (bei $c=$ 1,20 m) 14,3
255	57,8	56,5	51,3	48,4	43,5	37,6	30,7	26,9	44,4	40,0	37,5	33,2	28,1	22,1	18,7	2,9	
260	58,4	57,6	52,4	49,4	44,4	38,3	31,3	27,4	45,4	40,8	38,3	33,9	28,7	22,5	19,1	3,0	
265	59,0	58,7	53,4	50,3	45,2	39,1	31,9	27,9	46,3	41,7	39,0	34,6	29,3	23,0	19,5	3,0	
270	59,5	59,8	54,4	51,3	46,1	39,8	32,5	28,5	47,2	42,5	39,8	35,3	29,9	23,5	19,9	3,1	
0,275	60,1	61,0	55,4	52,2	46,9	40,5	33,1	29,0	48,2	43,4	40,6	36,0	30,5	24,0	20,3	3,1	2,9 (1,23 m)
280	60,6	62,1	56,4	53,2	47,8	41,3	33,7	29,5	49,1	44,2	41,4	36,7	31,1	24,4	20,8	3,2	
285	61,2	63,2	57,4	54,1	48,6	42,0	34,3	30,0	50,0	45,0	42,2	37,4	31,7	24,9	21,2	3,2	
290	61,7	64,3	58,4	55,1	49,5	42,8	34,9	30,6	50,9	45,9	43,0	38,1	32,3	25,4	21,6	3,3	
295	62,2	65,4	59,4	56,0	50,3	43,5	35,5	31,1	51,9	46,7	43,8	38,8	32,9	25,8	22,0	3,3	
0,300	62,7	66,5	60,4	57,0	51,2	44,2	36,1	31,6	52,8	47,6	44,5	39,6	33,4	26,3	22,4	3,4	2,8 (1,25 m)
310	63,8	68,7	62,4	58,9	52,9	45,7	37,3	32,7	54,7	49,3	46,1	41,0	34,6	27,3	23,2	3,5	
320	64,8	70,9	64,4	60,8	54,6	47,2	38,5	33,7	56,6	51,0	47,7	42,4	35,8	28,3	24,0	3,6	
330	65,8	73,1	66,4	62,7	56,3	48,6	39,7	34,8	58,4	52,7	49,3	43,8	37,0	29,2	24,8	3,7	
340	66,8	75,4	68,4	64,6	58,0	50,1	40,9	35,8	60,3	54,4	50,9	45,2	38,3	30,2	25,6	3,8	
0,350	67,7	77,6	70,5	66,5	59,7	51,6	42,1	36,9	62,2	56,1	52,5	46,7	39,5	31,1	26,5	4,0	2,6 (1,29 m)
360	68,7	79,8	72,5	68,4	61,4	53,0	43,3	37,9	64,1	57,8	54,1	48,1	40,7	32,1	27,3	4,1	
370	69,7	82,0	74,5	70,3	63,1	54,5	44,5	39,0	66,0	59,5	55,7	49,5	41,9	33,1	28,1	4,2	
380	70,6	84,2	76,5	72,2	64,9	56,0	45,7	40,0	67,8	61,2	57,3	50,9	43,1	34,0	28,9	4,3	
390	71,5	86,5	78,5	74,1	66,6	57,4	46,9	41,1	69,7	62,9	58,9	52,3	44,3	35,0	29,7	4,4	
0,400	72,4	88,6	80,5	76,0	68,3	59,0	48,2	42,1	71,6	64,5	60,5	53,8	45,5	36,0	30,6	4,5	2,4 (1,33 m) 13,8
410	73,3	90,9	82,5	77,9	70,0	60,4	49,4	43,2	73,5	66,2	62,1	55,2	46,7	36,9	31,4	4,6	
420	74,2	93,1	84,6	79,8	71,7	61,9	50,6	44,2	75,4	68,0	63,7	56,6	47,9	37,9	32,3	4,8	
430	75,1	95,3	86,6	81,7	73,4	63,4	51,8	45,3	77,3	69,7	65,3	58,1	49,1	38,9	33,1	4,9	
440	76,0	97,5	88,6	83,6	75,1	64,8	53,0	46,3	79,2	71,4	66,9	59,5	50,4	39,9	33,9	5,0	
0,450	76,8	99,7	90,6	85,5	76,8	66,3	54,2	47,4	81,1	73,1	68,5	61,0	51,6	40,9	34,8	5,1	2,2 (1,37 m)
460	77,7	102,0	92,6	87,4	78,5	67,8	55,4	48,4	83,0	74,8	70,1	62,4	52,8	41,8	35,6	5,2	
470	78,5	104,2	94,6	89,3	80,2	69,2	56,6	49,5	84,9	76,5	71,7	63,8	54,0	42,8	30,5	5,3	
480	79,3	106,4	96,6	91,2	81,9	70,7	57,8	50,5	86,8	78,2	73,4	65,3	55,2	43,8	37,3	5,4	
490	80,2	108,6	98,6	93,1	83,6	72,2	59,0	51,6	88,7	80,0	75,0	66,7	56,5	44,8	38,1	5,5	
0,500	81,0	110,8	100,7	94,9	85,3	73,7	60,2	52,6	90,6	81,7	76,6	68,1	57,7	45,7	38,9	5,7	2,1 (1,40 m)
510	81,8	113,0	102,7	96,8	87,0	75,2	61,4	53,7	92,5	83,4	78,2	69,5	58,9	46,7	39,8	5,8	
520	82,6	115,2	104,7	98,7	88,7	76,6	62,6	54,7	94,3	85,1	79,8	71,0	60,1	47,7	40,6	5,9	
530	83,4	117,5	106,7	100,6	90,4	78,1	63,8	55,8	96,2	86,8	81,4	72,4	61,3	48,6	41,4	6,0	
540	84,2	119,7	108,7	102,5	92,2	79,6	65,0	56,8	98,1	88,5	83,0	73,8	62,5	49,6	42,3	6,1	
0,550	84,9	121,9	110,7	104,4	93,9	81,0	66,2	57,9	100,0	90,2	84,5	75,2	63,8	50,6	43,1	6,2	2,0 (1,43 m)
560	85,7	124,1	112,7	106,3	95,6	82,5	67,4	58,9	101,9	91,9	86,1	76,6	65,0	51,5	43,9	6,3	
570	86,5	126,3	114,7	108,2	97,3	84,0	68,6	60,0	103,7	93,6	87,7	78,1	66,2	52,5	44,7	6,4	
580	87,2	128,6	116,7	110,1	99,0	85,5	69,8	61,0	105,6	95,3	89,3	79,5	67,4	53,5	45,6	6,5	
590	88,0	130,8	118,8	112,0	100,7	86,9	71,0	62,1	107,5	97,0	90,9	80,9	68,6	54,4	46,4	6,7	
0,600	88,7	133,0	120,8	113,9	102,4	88,4	72,3	63,2	109,4	98,7	92,5	82,3	69,8	55,4	47,2	6,8	1,9 (1,45 m) 13,4
620	90,2	137,4	124,8	117,7	105,8	91,4	74,7	65,3	113,1	102,1	95,7	85,2	72,2	57,3	48,9	7,0	
640	91,6	141,8	128,9	121,5	109,2	94,3	77,1	67,4	116,9	105,5	98,9	88,1	74,6	59,3	50,6	7,3	
660	93,0	146,3	132,9	125,3	112,6	97,3	79,5	69,5	120,7	108,9	102,1	90,9	77,1	61,2	52,2	7,5	
680	94,4	150,7	136,9	129,1	116,0	100,2	81,9	71,6	124,4	112,3	105,3	93,8	79,5	63,1	53,9	7,7	
0,700	95,8	155,1	140,9	132,9	119,4	103,2	84,3	73,7	128,2	115,7	108,5	96,6	81,9	65,1	55,6	7,9	1,8 (1,50 m)
720	97,2	159,5	145,0	136,7	122,8	106,1	86,8	75,8	132,0	119,1	111,7	99,5	84,3	67,0	57,2	8,2	
740	98,5	164,0	149,0	140,5	126,2	109,1	89,2	77,9	135,8	122,5	114,9	102,4	86,7	69,0	58,9	8,4	
760	99,8	168,4	153,0	144,3	129,7	112,0	91,6	80,0	139,5	125,9	118,1	105,2	89,2	70,9	60,6	8,6	
780	101,1	172,8	157,1	148,1	133,1	115,0	94,0	82,2	143,3	129,3	121,3	108,1	91,6	72,8	62,2	8,9	
0,800	102,4	177,3	161,1	151,9	136,5	117,9	96,4	84,2	147,1	132,8	124,6	110,9	94,0	74,8	63,9	9,1	1,6 (1,55 m)
820	103,7	181,7	165,1	155,7	139,9	120,9	98,8	86,3	150,9	136,2	127,8	113,8	96,5	76,8	65,6	9,3	
840	105,0	186,1	169,1	159,5	143,3	123,8	101,2	88,4	154,7	139,6	131,0	116,7	98,9	78,7	67,2	9,5	
860	106,2	190,6	173,1	163,3	146,7	126,8	103,6	90,6	158,4	143,0	134,2	119,5	101,4	80,7	68,9	9,7	
880	107,4	195,0	177,2	167,1	150,1	129,7	106,0	92,7	162,2	146,4	137,4	122,4	103,8	82,6	70,6	10,0	
0,900	108,6	199,4	181,2	170,9	153,5	132,7	108,4	94,8	166,0	149,8	140,6	125,3	106,3	84,6	72,2	10,2	1,6 (1,59 m)
920	109,8	203,9	185,2	174,7	157,0	135,6	110,9	96,9	169,8	153,2	143,8	128,1	108,7	86,5	73,9	10,4	
940	111,0	208,3	189,3	178,5	160,4	138,6	113,3	99,0	173,6	156,7	147,0	131,0	111,2	88,5	75,6	10,7	
960	112,2	212,7	193,3	182,3	163,8	141,5	115,7	101,1	177,3	160,1	150,2	133,9	113,6	90,4	77,3	10,9	
980	113,4	217,2	197,3	186,1	167,2	144,5	118,1	103,2	181,1	163,5	153,5	136,7	116,1	92,4	78,9	11,1	
1,000	114,5	221,6	201,3	189,9	170,6	147,4	120,5	105,3	184,9	166,9	156,7	139,6	118,5	94,3	80,6	11,3	1,5 (1,63 m) 12,9

*) C_i''' beträgt bei exacten Masch. circa die Hälfte.

I. Serie. C.
Eincylinder-Condensations-Maschinen. (Zunächst mit Dampfhemd.)

Abs. Adm. Sp. $p = 3$ Kgr. od. Atm.

(Füllung) $\frac{l}{i} =$	Mit Hemd							Ohne Hemd							$= \frac{l}{i}$ (Füllung)
	0,4	0,333	0,3	0,25	0,20	0,15	0,125	0,4	0,333	0,3	0,25	0,20	0,15	0,125	
N_i oder $N_n =$	1	1	1	1	1	1	1	0,97	0,96	0,96	0,95	0,94	0,93	0,92	$= N_i$ oder N_n
gewöhnl. Masch. $C_i =$	9,3	8,7	8,4	7,9	7,5	7,1	6,9	9,7	9,0	8,8	8,3	8,0	7,6	7,5	$= C_i$ gewöhnl. Masch.
$xC_i'' =$	8,3	7,7	7,4	7,0	6,6	6,2	6,0	8,9	8,3	8,1	7,8	7,5	7,2	7,2	$= xC_i''$
exacte Masch.*) $C_i =$	8,8	8,1	7,8	7,3	6,8	6,4	6,1	9,0	8,4	8,1	7,7	7,2	6,9	6,7	$= C_i$ exacte Masch.*)
$xC_i' =$	7,1	6,6	6,3	6,0	5,6	5,3	5,1	7,5	7,1	6,9	6,6	6,3	6,2	6,1	$= xC_i'$

Wirksame Kolbenfläche O Qu.Met.	Kolben-Durchmesser D Centim.	Füllung $\frac{l}{i}$ — Indicirte Leistung $\frac{N_i}{c}$ in Pferdekraft							Füllung $\frac{l}{i}$ — Netto-Leistung $\frac{N_n}{c}$ in Pferdekraft							Subtr. Compr. Lstg. pro $c=1$m Pfdk.	$2C_i'''$ u. C_i bei $\frac{l}{i}=0{,}20$ ($c=1$m) (gew. Masch.) Kgr.
		0,4	0,333	0,3	0,25	0,20	0,15	0,125	0,4	0,333	0,3	0,25	0,20	0,15	0,125		
0,030	19,8	8,2	7,4	7,0	6,3	5,5	4,5	4,0	5,5	4,9	4,6	4,1	3,4	2,6	2,2	0,4	9,6
032	20,5	8,7	7,9	7,5	6,7	5,8	4,8	4,2	5,9	5,3	5,0	4,4	3,7	2,8	2,4	0,5	(bei
034	21,1	9,2	8,4	8,0	7,2	6,2	5,1	4,5	6,4	5,7	5,3	4,7	3,9	3,0	2,5	0,5	$c =$
036	21,7	9,8	8,9	8,4	7,6	6,6	5,4	4,8	6,8	6,0	5,7	5,0	4,2	3,3	2,7	0,5	0,91 m)
038	22,3	10,3	9,4	8,9	8,0	6,9	5,7	5,0	7,2	6,4	6,0	5,3	4,4	3,5	2,9	0,6	17,3
0,040	22,9	10,9	9,9	9,4	8,4	7,3	6,0	5,3	7,6	6,8	6,4	5,6	4,7	3,7	3,1	0,6	8,0
042	23,5	11,4	10,4	9,8	8,9	7,7	6,3	5,6	8,0	7,2	6,7	5,9	5,0	3,9	3,2	0,6	(0,96 m)
044	24,0	11,9	10,9	10,3	9,3	8,1	6,6	5,8	8,5	7,5	7,1	6,2	5,2	4,1	3,4	0,7	
046	24,6	12,5	11,4	10,8	9,7	8,4	6,9	6,1	8,9	7,9	7,4	6,5	5,5	4,3	3,6	0,7	
048	25,1	13,0	11,9	11,2	10,1	8,8	7,2	6,3	9,3	8,3	7,8	6,9	5,8	4,5	3,8	0,7	
0,050	25,6	13,6	12,4	11,7	10,5	9,1	7,5	6,6	9,7	8,7	8,1	7,2	6,0	4,7	4,0	0,7	6,9
053	26,4	14,4	13,1	12,4	11,2	9,7	8,0	7,0	10,3	9,3	8,7	7,7	6,4	5,0	4,2	0,8	(0,99 m)
056	27,1	15,2	13,9	13,1	11,8	10,2	8,4	7,4	10,9	9,8	9,2	8,1	6,9	5,4	4,5	0,8	
059	27,8	16,0	14,6	13,8	12,4	10,8	8,9	7,8	11,6	10,4	9,7	8,6	7,3	5,7	4,8	0,9	
062	28,5	16,9	15,4	14,5	13,1	11,3	9,3	8,2	12,2	11,0	10,3	9,1	7,7	6,0	5,1	0,9	
0,065	29,2	17,7	16,1	15,2	13,7	11,9	9,8	8,6	12,9	11,6	10,8	9,6	8,1	6,3	5,4	1,0	6,2
068	29,9	18,5	16,8	15,9	14,3	12,4	10,2	9,0	13,5	12,2	11,4	10,1	8,5	6,7	5,6	1,0	(1,02 m)
071	30,5	19,3	17,6	16,6	14,9	13,0	10,7	9,4	14,1	12,7	11,9	10,6	8,9	7,0	5,9	1,0	15,4
074	31,2	20,2	18,4	17,3	15,6	13,5	11,1	9,8	14,8	13,3	12,4	11,1	9,3	7,3	6,2	1,1	
077	31,8	21,0	19,2	18,0	16,2	14,1	11,6	10,2	15,4	13,9	13,0	11,6	9,7	7,7	6,5	1,1	
0,080	32,4	21,7	19,8	18,7	16,9	14,6	12,0	10,6	16,1	14,4	13,5	12,0	10,2	8,0	6,8	1,2	5,3
084	33,2	22,8	20,8	19,6	17,7	15,4	12,6	11,1	16,9	15,2	14,3	12,7	10,7	8,5	7,2	1,2	(1,06 m)
088	34,0	23,9	21,8	20,6	18,5	16,1	13,2	11,6	17,8	16,0	15,0	13,3	11,3	8,9	7,6	1,3	
092	34,7	25,0	22,8	21,5	19,4	16,8	13,8	12,2	18,7	16,8	15,8	14,0	11,8	9,4	8,0	1,4	
096	35,5	26,1	23,8	22,4	20,2	17,5	14,4	12,7	19,5	17,6	16,5	14,7	12,4	9,8	8,3	1,4	
0,100	36,2	27,2	24,7	23,4	21,1	18,3	15,0	13,2	20,4	18,4	17,3	15,3	13,0	10,3	8,7	1,5	4,7
105	37,1	28,5	26,0	24,5	22,1	19,2	15,8	13,9	21,5	19,4	18,2	16,2	13,7	10,8	9,2	1,6	(1,10 m)
110	38,0	29,9	27,2	25,7	23,2	20,1	16,5	14,6	22,6	20,4	19,2	17,0	14,4	11,4	9,7	1,6	
115	38,8	31,3	28,5	26,9	24,2	21,0	17,3	15,2	23,7	21,4	20,1	17,9	15,1	12,0	10,2	1,7	
120	39,7	32,6	29,7	28,1	25,3	21,9	18,0	15,9	24,8	22,4	21,1	18,7	15,9	12,6	10,7	1,8	
0,125	40,5	34,0	31,0	29,2	26,3	22,8	18,8	16,5	26,0	23,4	22,0	19,5	16,6	13,2	11,2	1,9	4,1
130	41,3	35,3	32,2	30,4	27,4	23,7	19,5	17,2	27,1	24,4	23,0	20,4	17,3	13,7	11,7	1,9	(1,15 m)
135	42,1	36,7	33,4	31,6	28,4	24,6	20,3	17,9	28,2	25,5	23,9	21,2	18,0	14,3	12,2	2,0	14,0
140	42,8	38,1	34,7	32,7	29,5	25,6	21,0	18,5	29,3	26,4	24,9	22,1	18,7	14,9	12,7	2,1	
145	43,6	39,4	35,9	33,9	30,5	26,5	21,8	19,2	30,4	27,5	25,8	22,9	19,5	15,5	13,2	2,1	
0,150	44,4	40,8	37,1	35,1	31,6	27,4	22,6	19,8	31,5	28,5	26,7	23,8	20,2	16,0	13,7	2,2	3,7
155	45,1	42,1	38,4	36,2	32,7	28,3	23,3	20,5	32,6	29,5	27,7	24,6	20,9	16,6	14,2	2,3	(1,19 m)
160	45,8	43,5	39,6	37,4	33,7	29,2	24,1	21,2	33,8	30,5	28,6	25,5	21,7	17,2	14,7	2,4	
165	46,5	44,8	40,8	38,6	34,8	30,1	24,8	21,8	34,9	31,5	29,6	26,4	22,4	17,8	15,2	2,4	
170	47,2	46,2	42,1	39,7	35,8	31,1	25,6	22,5	36,0	32,5	30,6	27,2	23,1	18,4	15,8	2,5	
0,175	47,9	47,6	43,3	40,9	36,9	32,0	26,3	23,1	37,2	33,5	31,5	28,1	23,9	19,0	16,3	2,6	3,4
180	48,6	49,9	44,6	42,1	37,9	32,9	27,1	23,8	38,3	34,6	32,5	28,9	24,6	19,6	16,8	2,7	(1,23 m)
185	49,3	51,3	45,8	43,3	39,0	33,8	27,8	24,5	39,4	35,6	33,4	29,8	25,4	20,2	17,3	2,7	
190	49,9	52,6	47,0	44,4	40,0	34,7	28,6	25,1	40,6	36,6	34,4	30,7	26,1	20,8	17,8	2,8	
195	50,6	53,0	48,3	45,6	41,1	35,6	29,3	25,8	41,7	37,6	35,4	31,5	26,8	21,4	18,3	2,9	
0,200	51,2	54,4	49,5	46,8	42,1	36,5	30,1	26,5	42,8	38,7	36,3	32,4	27,5	22,0	18,8	3,0	3,1
205	51,8	55,7	50,7	47,9	43,2	37,5	30,8	27,1	44,0	39,7	37,3	33,2	28,3	22,6	19,3	3,0	(1,26 m)
210	52,5	57,1	52,0	49,1	44,2	38,4	31,6	27,8	45,1	40,7	38,3	34,1	29,0	23,2	19,9	3,1	13,4
215	53,1	58,4	53,2	50,3	45,3	39,3	32,3	28,4	46,2	41,8	39,2	35,0	29,8	23,8	20,4	3,2	
220	53,7	59,8	54,5	51,4	46,3	40,2	33,1	29,1	47,4	42,8	40,2	35,8	30,5	24,4	20,9	3,3	
0,225	54,3	61,2	55,7	52,6	47,4	41,1	33,8	29,8	48,5	43,8	41,2	36,7	31,2	25,0	21,4	3,3	2,9
230	54,9	62,5	56,9	53,8	48,4	42,0	34,6	30,4	49,7	44,9	42,1	37,6	32,0	25,6	21,9	3,4	(1,29 m)
235	55,5	63,9	58,2	54,9	49,5	42,9	35,3	31,1	50,8	45,9	43,1	38,5	32,7	26,2	22,4	3,5	
240	56,1	65,2	59,4	56,1	50,5	43,8	36,1	31,7	51,9	46,9	44,1	39,3	33,5	26,8	23,0	3,5	
245	56,7	66,6	60,7	57,3	51,6	44,7	36,8	32,4	53,1	47,9	45,1	40,2	34,2	27,4	23,5	3,6	
0,250	57,3	67,9	61,9	58,4	52,7	45,7	37,6	33,1	54,2	49,0	46,0	41,1	35,0	27,9	24,0	3,7	2,8 (1,32 m)

Eincylinder-Condensations-Maschinen.

Abs. Adm. Sp. $p = 3$ Kgr. od. Atm.

Wirksame Kolbenfläche	Kolben-Durchmesser	Füllung $\frac{l_i}{l}$							Füllung $\frac{l_i}{l}$							Subtr. Compr. Lstg. pro $c=1$ m	$2C_i''' $ u. C_i bei $\frac{l_i}{l}=0{,}20$ pro $c=1$ m (gew. Masch.)
		0,4	0,333	0,3	0,25	0,20	0,15	0,125	0,4	0,333	0,3	0,25	0,20	0,15	0,125		
O	D	Indicirte Leistung $\frac{N_i}{c}$ in Pferdekraft							Netto-Leistung $\frac{N_n}{c}$ in Pferdekraft								
Qu.Met.	Centm.	pro 1 Meter Kolbengeschwindigkeit														Pfdk.	Kgr.
0,250	57,3	67,9	61,9	58,4	52,7	45,7	37,6	33,1	54,2	49,0	46,0	41,1	35,0	27,9	24,0	3,7	2,8
255	57,8	69,3	63,1	59,6	53,7	46,6	38,4	33,7	55,4	50,0	47,0	41,9	35,7	28,5	24,5	3,8	(bei
260	58,4	70,7	64,4	60,8	54,8	47,5	39,1	34,4	56,5	51,1	48,0	42,8	36,5	29,2	25,0	3,8	$c=$
265	59,0	72,0	65,6	61,9	55,8	48,4	39,9	35,1	57,7	52,1	49,0	43,7	37,2	29,8	25,5	3,9	1,32 m)
270	59,5	73,4	66,8	63,1	56,9	49,3	40,6	35,7	58,8	53,2	50,0	44,6	38,0	30,4	26,1	4,0	13,1
0,275	60,1	74,7	68,1	64,3	57,9	50,2	41,4	36,4	60,0	54,2	50,9	45,5	38,7	31,0	26,6	4,1	2,7
280	60,6	76,1	69,3	65,5	59,0	51,1	42,1	37,0	61,1	55,2	51,9	46,4	39,5	31,6	27,1	4,1	(1,35 m)
285	61,1	77,5	70,6	66,6	60,0	52,0	42,9	37,7	62,3	56,3	52,9	47,2	40,2	32,2	27,6	4,2	
290	61,7	78,8	71,8	67,8	61,1	53,0	43,6	38,4	63,4	57,3	53,9	48,1	41,0	32,8	28,1	4,3	
295	62,2	80,2	73,0	69,0	62,1	53,9	44,4	39,0	64,6	58,4	54,9	49,0	41,7	33,4	28,7	4,3	
0,300	62,7	81,5	74,2	70,1	63,2	54,8	45,1	39,7	65,7	59,4	55,9	49,8	42,5	34,0	29,2	4,4	2,5
310	63,8	84,2	76,7	72,5	65,3	56,6	46,6	41,0	68,1	61,5	57,9	51,6	44,0	35,2	30,3	4,6	(1,37 m)
320	64,8	87,0	79,2	74,8	67,4	58,5	48,1	42,3	70,4	63,6	59,9	53,4	45,5	36,5	31,3	4,7	
330	65,8	89,7	81,7	77,1	69,5	60,3	49,6	43,6	72,7	65,8	61,8	55,2	47,0	37,7	32,4	4,9	
340	66,8	92,4	84,1	79,5	71,6	62,1	51,1	45,0	75,1	67,9	63,8	57,0	48,6	38,9	33,4	5,0	
0,350	67,7	95,1	86,6	81,8	73,7	64,0	52,6	46,3	77,4	70,0	65,8	58,7	50,1	40,1	34,5	5,2	2,3
360	68,7	97,8	89,1	84,2	75,9	65,8	54,1	47,6	79,7	72,1	67,8	60,5	51,6	41,4	35,6	5,3	(1,42 m)
370	69,7	100,6	91,5	86,5	78,0	67,6	55,6	48,9	82,1	74,2	69,8	62,3	53,1	42,6	36,6	5,5	
380	70,6	103,3	94,0	88,8	80,1	69,5	57,1	50,2	84,4	76,3	71,8	64,1	54,6	43,8	37,7	5,6	
390	71,5	106,0	96,5	91,2	82,2	71,3	58,6	51,6	86,7	78,4	73,8	65,9	56,2	45,1	38,7	5,8	
0,400	72,4	108,7	99,0	93,5	84,3	73,1	60,2	52,9	89,0	80,5	75,7	67,6	57,7	46,3	39,8	5,9	2,1
410	73,3	111,4	101,5	95,8	86,4	74,9	61,7	54,2	91,4	82,7	77,7	69,4	59,2	47,5	40,9	6,1	(1,46 m)
420	74,2	114,1	103,9	98,2	88,5	76,7	63,2	55,6	93,7	84,8	79,7	71,2	60,8	48,7	42,0	6,2	12,7
430	75,1	116,9	106,4	100,5	90,6	78,6	64,7	56,9	96,1	86,9	81,8	73,0	62,3	50,0	43,1	6,4	
440	76,0	119,6	108,9	102,9	92,7	80,4	66,2	58,2	98,4	89,0	83,8	74,8	63,9	51,2	44,1	6,5	
0,450	76,8	122,3	111,3	105,2	94,8	82,2	67,7	59,5	100,8	91,2	85,8	76,6	65,4	52,5	45,2	6,7	2,0
460	77,7	125,0	113,8	107,5	96,9	84,1	69,2	60,8	103,1	93,3	87,8	78,4	66,9	53,7	46,3	6,8	(1,50 m)
470	78,5	127,7	116,3	109,9	99,0	85,9	70,7	62,2	105,5	95,4	89,8	80,2	68,5	54,9	47,4	7,0	
480	79,3	130,5	118,8	112,2	101,1	87,7	72,2	63,5	107,8	97,6	91,8	82,0	70,0	56,2	48,5	7,1	
490	80,2	133,2	121,2	114,6	103,2	89,6	73,7	64,8	110,2	99,7	93,8	83,8	71,6	57,4	49,5	7,3	
0,500	81,0	135,9	123,7	116,9	105,3	91,4	75,2	66,1	112,6	101,8	95,8	85,6	73,1	58,7	50,6	7,4	1,9
510	81,8	138,6	126,2	119,2	107,4	93,2	76,7	67,5	114,9	103,9	97,8	87,3	74,6	59,9	51,6	7,6	(1,54 m)
520	82,6	141,3	128,7	121,5	109,5	95,0	78,2	68,8	117,2	106,1	99,7	89,1	76,1	61,1	52,7	7,7	
530	83,4	144,0	131,2	123,9	111,6	96,8	79,7	70,1	119,5	108,2	101,7	90,9	77,6	62,4	53,8	7,9	
540	84,2	146,7	133,6	126,2	113,8	98,7	81,2	71,4	121,9	110,3	103,7	92,7	79,2	63,6	54,8	8,0	
0,550	84,9	149,5	136,1	128,6	115,9	100,5	82,7	72,7	124,2	112,4	105,7	94,5	80,7	64,8	55,9	8,2	1,8
560	85,7	152,2	138,6	130,9	118,0	102,3	84,2	74,1	126,5	114,5	107,7	96,2	82,2	66,1	57,0	8,3	(1,57 m)
570	86,5	154,9	141,0	133,2	120,1	104,2	85,7	75,4	128,9	116,6	109,6	98,0	83,7	67,3	58,1	8,5	
580	87,2	157,6	143,5	135,6	122,2	106,0	87,2	76,7	131,2	118,7	111,6	99,8	85,2	68,5	59,1	8,6	
590	88,0	160,3	146,0	137,9	124,3	107,8	88,7	78,0	133,5	120,8	113,6	101,6	86,8	69,7	60,2	8,8	
0,600	88,7	163,0	148,5	140,2	126,4	109,6	90,3	79,4	135,8	122,9	115,6	103,3	88,3	71,0	61,2	8,9	1,7
620	90,2	168,5	153,4	144,9	130,6	113,3	93,3	82,0	140,5	127,1	119,6	106,9	91,4	73,4	63,4	9,2	(1,60 m)
640	91,6	173,9	158,4	149,6	134,8	116,9	96,3	84,7	145,2	131,4	123,6	110,4	94,4	75,9	65,5	9,5	12,2
660	93,0	179,3	163,3	154,2	139,0	120,6	99,3	87,3	149,8	135,6	127,6	114,0	97,5	78,4	67,6	9,8	
680	94,4	184,8	168,3	158,9	143,2	124,2	102,3	90,0	154,5	139,8	131,6	117,6	100,6	80,9	69,8	10,1	
0,700	95,8	190,2	173,2	163,6	147,4	127,9	105,3	92,6	159,2	144,1	135,6	121,2	103,7	83,3	71,9	10,4	1,6
720	97,2	195,6	178,2	168,3	151,6	131,5	108,3	95,3	163,8	148,3	139,6	124,7	106,7	85,8	74,1	10,7	(1,65 m)
740	98,5	201,0	183,1	172,9	155,8	135,2	111,3	97,9	168,5	152,5	143,5	128,3	109,7	88,3	76,2	11,0	
760	99,8	206,3	188,1	177,6	160,1	138,8	114,3	100,6	173,2	156,7	147,5	131,9	112,8	90,7	79,3	11,3	
780	101,1	211,9	193,0	182,3	164,3	142,5	117,3	103,2	177,8	161,0	151,5	135,4	115,9	93,2	81,5	11,6	
0,800	102,4	217,4	198,0	187,0	168,5	146,2	120,3	105,8	182,5	165,2	155,5	139,0	118,9	95,7	82,6	11,8	1,5
820	103,7	222,8	202,9	191,6	172,7	149,8	123,3	108,5	187,2	169,5	159,5	142,6	122,0	98,2	84,8	12,1	(1,70 m)
840	105,0	228,2	207,9	196,3	176,9	153,5	126,4	111,1	191,9	173,8	163,5	146,3	125,1	100,7	86,9	12,4	
860	106,2	233,7	212,8	201,0	181,1	157,1	129,4	113,8	196,5	178,0	167,5	149,8	128,2	103,2	89,1	12,7	
880	107,4	239,1	217,8	205,7	185,3	160,8	132,4	116,4	201,2	182,3	171,5	153,4	131,2	105,7	91,3	13,0	
0,900	108,6	244,5	222,7	210,3	189,5	164,4	135,4	119,1	205,9	186,5	175,5	157,0	134,3	108,1	93,4	13,3	1,4
920	109,8	250,0	227,7	215,0	193,8	168,1	138,4	121,7	210,6	190,8	179,5	160,5	137,4	110,6	95,6	13,6	(1,74 m)
940	111,0	255,4	232,6	219,7	198,0	171,7	141,4	124,4	215,3	195,1	183,6	164,1	140,5	113,1	97,7	13,9	
960	112,2	260,8	237,6	224,3	202,2	175,4	144,4	127,0	219,9	199,3	187,6	167,7	143,6	115,6	99,9	14,2	
980	113,4	266,2	242,5	229,0	206,4	179,0	147,4	129,7	224,6	203,6	191,6	171,3	146,6	118,1	102,1	14,5	
1,000	114,5	271,7	247,5	233,7	210,6	182,7	150,4	132,3	229,3	207,8	195,6	174,9	149,7	120,5	104,2	14,8	1,3 (1,78 m) 11,8

*) C_i''' beträgt bei exacten Masch. circa die Hälfte.

Hrabák, Hilfsbuch f. Dampfmasch.-Techn.

Eincylinder-Condensations-Maschinen. (Zunächst mit Dampfhemd.)

Abs. Adm. Sp. $p = 3\frac{1}{2}$ Kgr. od. Atm.

(Füllung) $\frac{l_i}{l}=$	Mit Hemd							Ohne Hemd							$=\frac{l_i}{l}$ (Füllung)
	0,4	0,333	0,3	0,25	0,20	0,15	0,125	0,4	0,333	0,3	0,25	0,20	0,15	0,125	
N_i oder $N_n=$	1	1	1	1	1	1	1	0,97	0,96	0,96	0,95	0,94	0,93	0,92	$= N_i$ oder N_n
gewöhnl. Masch. $C'_i=$	9,1	8,5	8,2	7,7	7,3	6,9	6,7	9,4	8,8	8,6	8,1	7,7	7,4	7,3	$=C'_i$ } gewöhnl. Masch.
$xC''_i=$	8,3	7,7	7,4	7,0	6,5	6,1	5,9	8,8	8,3	8,1	7,7	7,4	7,1	7,0	$=xC''_i$
exacte Masch.*) $C'_i=$	8,6	7,9	7,6	7,1	6,6	6,2	5,9	8,8	8,2	7,9	7,4	7,0	6,6	6,4	$=C'_i$ } exacte Masch.*)
$xC''_i=$	7,0	6,5	6,3	5,9	5,6	5,2	5,0	7,5	7,1	6,8	6,5	6,3	6,0	6,0	$=xC''_i$

Wirksame Kolbenfläche	Kolben-Durchmesser	Füllung $\frac{l_i}{l}$ — Indicirte Leistung $\frac{N_i}{c}$ in Pferdekraft							Füllung $\frac{l_i}{l}$ — Netto-Leistung $\frac{N_n}{c}$ in Pferdekraft							Subtr. Compr. Lstg. pro $c=1$ m	$2C'''_i$ u. C bei $\frac{l_i}{l}=0,20$ (gew. Masch.)
O	D	0,4	0,333	0,3	0,25	0,20	0,15	0,125	0,4	0,333	0,3	0,25	0,20	0,15	0,125		
Qu.Met.	Centm.	pro 1 Meter Kolbengeschwindigkeit														Pfdk.	Kgr.
0,030	19,8	9,7	8,8	8,3	7,5	6,5	5,4	4,8	6,7	6,0	5,6	5,1	4,3	3,4	2,8	0,6	8,2
032	20,5	10,3	9,4	8,9	8,0	7,0	5,8	5,1	7,2	6,5	6,1	5,4	4,6	3,6	3,1	0,6	(bei $c=$
034	21,1	10,9	10,0	9,5	8,5	7,4	6,1	5,4	7,7	6,9	6,5	5,8	4,9	3,9	3,3	0,6	0.98 m)
036	21,7	11,6	10,6	10,0	9,0	7,9	6,5	5,7	8,2	7,4	6,9	6,2	5,2	4,1	3,5	0,7	16,2
038	22,3	12,2	11,2	10,6	9,5	8,3	6,9	6,0	8,7	7,8	7,4	6,5	5,5	4,4	3,7	0,7	
0,040	22,9	12,9	11,8	11,1	10,0	8,7	7,2	6,4	9,2	8,3	7,8	6,9	5,8	4,6	3,9	0,8	6,8
042	23,5	13,5	12,4	11,7	10,5	9,2	7,6	6,7	9,7	8,7	8,2	7,3	6,2	4,9	4,1	0,8	(1,03 m)
044	24,0	14,2	12,9	12,2	11,0	9,6	7,9	7,0	10,2	9,2	8,6	7,7	6,5	5,1	4,4	0,8	
046	24,6	14,8	13,5	12,8	11,5	10,0	8,3	7,3	10,7	9,6	9,1	8,0	6,8	5,4	4,6	0,9	
048	25,1	15,4	14,1	13,3	12,0	10,5	8,7	7,7	11,2	10,1	9,5	8,4	7,1	5,6	4,8	0,9	
0,050	25,6	16,1	14,7	13,9	12,5	10,9	9,0	8,0	11,7	10,5	9,9	8,8	7,5	5,9	5,0	0,9	6,1
053	26,4	17,1	15,6	14,7	13,3	11,6	9,6	8,4	12,5	11,2	10,5	9,4	8,0	6,3	5,4	1,0	(1,06 m)
056	27,1	18,0	16,4	15,5	14,0	12,2	10,1	8,9	13,2	11,9	11,2	9,9	8,5	6,7	5,7	1,1	
059	27,8	19,0	17,3	16,4	14,8	12,9	10,6	9,4	14,0	12,6	11,8	10,5	9,0	7,1	6,1	1,1	
062	28,5	20,0	18,2	17,2	15,5	13,5	11,2	9,9	14,8	13,3	12,5	11,1	9,5	7,5	6,4	1,2	
0,065	29,2	21,0	19,1	18,0	16,3	14,2	11,7	10,4	15,5	14,0	13,1	11,7	10,0	7,9	6,8	1,2	5,2
068	29,9	21,9	20,0	18,9	17,0	14,8	12,3	10,8	16,3	14,7	13,8	12,3	10,5	8,3	7,1	1,3	(1,10 m)
071	30,5	22,9	20,8	19,7	17,8	15,5	12,8	11,3	17,1	15,4	14,4	12,9	11,0	8,7	7,5	1,3	14,5
074	31,2	23,9	21,7	20,5	18,5	16,1	13,3	11,8	17,9	16,1	15,1	13,5	11,5	9,1	7,8	1,4	
077	31,8	24,8	22,6	21,4	19,3	16,8	13,9	12,3	18,6	16,7	15,7	14,1	12,0	9,6	8,2	1,4	
0,080	32,4	25,8	23,5	22,2	20,1	17,4	14,4	12,7	19,4	17,5	16,4	14,6	12,5	10,0	8,5	1,5	4,5
084	33,2	27,1	24,7	23,3	21,1	18,3	15,2	13,4	20,4	18,4	17,3	15,4	13,1	10,5	9,0	1,6	(1,14 m)
088	34,0	28,3	25,8	24,4	22,1	19,2	15,9	14,0	21,4	19,4	18,2	16,2	13,8	11,1	9,5	1,7	
092	34,7	29,6	27,0	25,5	23,1	20,1	16,6	14,7	22,5	20,3	19,1	17,0	14,5	11,6	10,0	1,7	
096	35,5	30,9	28,2	26,7	24,1	20,9	17,3	15,3	23,5	21,3	20,0	17,8	15,2	12,2	10,5	1,8	
0,100	36,2	32,2	29,4	27,8	25,1	21,8	18,0	15,9	24,6	22,2	20,9	18,6	15,9	12,7	10,9	1,9	4,0
105	37,1	33,8	30,8	29,2	26,3	22,9	18,9	16,7	25,9	23,4	22,0	19,6	16,8	13,4	11,5	2,0	(1,18 m)
110	38,0	35,4	32,3	30,5	27,6	24,0	19,8	17,5	27,2	24,6	23,2	20,7	17,6	14,1	12,2	2,1	
115	38,8	37,0	33,8	31,9	28,8	25,1	20,7	18,3	28,6	25,8	24,3	21,7	18,5	14,8	12,8	2,2	
120	39,7	38,6	35,2	33,3	30,1	26,2	21,6	19,1	29,9	27,1	25,4	22,7	19,4	15,6	13,4	2,3	
0,125	40,5	40,3	36,7	34,7	31,3	27,3	22,5	19,9	31,2	28,3	26,6	23,7	20,2	16,3	14,0	2,4	3,6
130	41,3	41,9	38,2	36,1	32,6	28,3	23,4	20,7	32,6	29,5	27,7	24,7	21,1	17,0	14,6	2,4	(1,23 m)
135	42,1	43,5	39,7	37,5	33,8	29,4	24,3	21,5	33,9	30,7	28,9	25,8	22,0	17,7	15,3	2,5	13,4
140	42,8	45,1	41,1	38,9	35,1	30,5	25,2	22,3	35,2	31,9	30,0	26,8	22,8	18,4	15,9	2,6	
145	43,6	46,7	42,6	40,3	36,3	31,6	26,1	23,1	36,5	33,1	31,1	27,8	23,7	19,1	16,5	2,7	
0,150	44,4	48,3	44,0	41,6	37,6	32,7	27,1	23,9	37,9	34,3	32,2	28,8	24,6	19,8	17,1	2,8	3,2
155	45,1	49,9	45,5	43,0	38,9	33,8	28,0	24,7	39,2	35,5	33,4	29,8	25,5	20,5	17,7	2,9	(1,28 m)
160	45,8	51,5	47,0	44,4	40,1	34,9	28,9	25,5	40,6	36,7	34,5	30,9	26,4	21,2	18,3	3,0	
165	46,5	53,1	48,5	45,8	41,4	36,0	29,8	26,3	41,9	37,9	35,7	31,9	27,3	21,9	19,0	3,1	
170	47,2	54,7	49,9	47,2	42,6	37,1	30,7	27,1	43,3	39,1	36,8	32,9	28,2	22,6	19,6	3,2	
0,175	47,9	56,4	51,4	48,6	43,9	38,2	31,6	27,9	44,6	40,4	38,0	34,0	29,1	23,3	20,2	3,3	2,9
180	48,6	58,0	52,9	50,0	45,1	39,3	32,5	28,7	46,0	41,6	39,1	35,0	30,0	24,0	20,9	3,4	(1,32 m)
185	49,3	59,6	54,3	51,4	46,4	40,3	33,4	29,5	47,3	42,8	40,3	36,0	30,9	24,8	21,5	3,5	
190	49,9	61,2	55,8	52,8	47,6	41,4	34,3	30,3	48,7	44,0	41,4	37,0	31,7	25,5	22,1	3,6	
195	50,6	62,8	57,3	54,2	48,9	42,5	35,2	31,1	50,0	45,2	42,6	38,1	32,6	26,2	22,7	3,7	
0,200	51,2	64,4	58,7	55,5	50,1	43,6	36,1	31,8	51,4	46,5	43,8	39,1	33,5	27,0	23,3	3,8	2,8
205	51,8	66,0	60,2	56,9	51,4	44,7	37,0	32,6	52,7	47,7	44,9	40,2	34,4	27,7	24,0	3,9	(1,35 m)
210	52,5	67,6	61,7	58,3	52,6	45,8	37,9	33,4	54,1	49,0	46,1	41,2	35,3	28,5	24,6	3,9	12,8
215	53,1	69,2	63,1	59,7	53,9	46,9	38,8	34,2	55,4	50,2	47,3	42,3	36,2	29,2	25,2	4,0	
220	53,7	70,8	64,6	61,1	55,1	48,0	39,7	35,0	56,8	51,5	48,4	43,3	37,1	29,9	25,9	4,1	
0,225	54,3	72,5	66,1	62,5	56,4	49,1	40,6	35,8	58,2	52,7	49,6	44,4	38,0	30,6	26,5	4,2	2,6
230	54,9	74,1	67,5	63,9	57,6	50,2	41,5	36,6	59,5	53,9	50,8	45,4	38,9	31,4	27,1	4,3	(1,39 m)
235	55,5	75,7	69,0	65,3	58,9	51,2	42,4	37,4	60,9	55,2	51,9	46,5	39,8	32,1	27,7	4,4	
240	56,1	77,3	70,5	66,6	60,1	52,3	43,3	38,2	62,2	56,4	53,1	47,5	40,7	32,8	28,4	4,5	
245	56,7	78,9	72,0	68,0	61,4	53,4	44,2	39,0	63,6	57,7	54,3	48,6	41,6	33,6	29,0	4,6	
0,250	57,3	80,5	73,4	69,4	62,7	54,5	45,1	39,8	65,0	58,9	55,4	49,6	42,5	34,3	29,7	4,7	2,4 (1,42 m)

Eincylinder-Condensations-Maschinen.

Abs. Adm. Sp. $p = 3^{1}/_{2}$ Kgr. od. Atm.

Wirksame Kolbenfläche O Qu.Met.	Kolben-Durchmesser D Centm.	Füllung $\frac{l}{i}$ — Indicirte Leistung $\frac{N_i}{c}$ in Pferdekraft							Füllung $\frac{l}{i}$ — Netto-Leistung $\frac{N_n}{c}$ in Pferdekraft							Subtr. Compr. Lstg. pro $c=1\,m$ Pfdk.	$2C_i'''$ u. C_i bei $\frac{l}{i}=0{,}20$ (gew. Masch.) Kgr.
		0,4	0,333	0,3	0,25	0,20	0,15	0,125	0,4	0,333	0,3	0,25	0,20	0,15	0,125		
0,250	57,3	80,5	73,4	69,4	62,7	54,5	45,1	39,8	65,0	58,9	55,4	49,6	42,5	34,3	29,7	4,7	2,4
255	57,8	82,1	74,9	70,8	63,9	55,6	46,0	40,6	66,4	60,1	56,6	50,7	43,4	35,0	30,3	4,8	(bei
260	58,4	83,7	76,3	72,2	65,2	56,7	46,9	41,4	67,7	61,4	57,8	51,7	44,3	35,8	31,0	4,9	$c=$
265	59,0	85,3	77,8	73,6	66,4	57,8	47,8	42,2	69,1	62,6	59,0	52,8	45,2	36,5	31,6	5,0	1,42 m)
270	59,5	86,9	79,3	75,0	67,7	58,9	48,7	43,0	70,5	63,9	60,1	53,8	46,1	37,2	32,2	5,1	12,5
0,275	60,1	88,6	80,8	76,4	68,9	60,0	49,6	43,8	71,9	65,1	61,3	54,9	47,1	38,0	32,9	5,2	2,3
280	60,6	90,2	82,2	77,7	70,2	61,1	50,5	44,6	73,3	66,4	62,5	56,0	48,0	38,7	33,5	5,2	(1,45 m)
285	61,1	91,8	83,7	79,1	71,4	62,1	51,4	45,4	74,6	67,6	63,7	57,0	48,9	39,5	34,2	5,3	
290	61,7	93,4	85,2	80,5	72,7	63,2	52,3	46,2	76,0	68,9	64,9	58,1	49,8	40,2	34,8	5,4	
295	62,2	95,0	86,6	81,9	73,9	64,3	53,2	47,0	77,4	70,1	66,0	59,1	50,7	40,9	35,5	5,5	
0,300	62,7	96,6	88,1	83,3	75,2	65,4	54,1	47,8	78,7	71,3	67,2	60,1	51,6	41,7	36,1	5,6	2,2
310	63,8	99,8	91,0	86,1	77,7	67,6	55,9	49,4	81,5	73,9	69,6	62,3	53,4	43,2	37,4	5,8	(1,47 m)
320	64,8	103,0	94,0	88,8	80,2	69,8	57,7	50,9	84,3	76,4	71,9	64,4	55,3	44,6	38,7	6,0	
330	65,8	106,3	96,9	91,6	82,7	72,0	59,5	52,5	87,1	78,9	74,3	66,6	57,1	46,1	40,0	6,2	
340	66,8	109,5	99,8	94,4	85,2	74,2	61,3	54,1	89,9	81,4	76,7	68,7	58,9	47,6	41,3	6,4	
0,350	67,7	112,7	102,8	97,2	87,7	76,3	63,1	55,7	92,6	83,9	79,1	70,8	60,8	49,1	42,6	6,6	2,0
360	68,7	115,9	105,7	100,0	90,3	78,5	64,9	57,3	95,4	86,5	81,5	73,0	62,6	50,6	43,9	6,8	(1,52 m)
370	69,7	119,1	108,7	102,7	92,8	80,7	66,7	58,9	98,2	89,0	83,8	75,1	64,5	52,1	45,2	7,0	
380	70,6	122,4	111,6	105,5	95,3	82,9	68,5	60,5	101,0	91,5	86,2	77,3	66,3	53,6	46,5	7,2	
390	71,5	125,6	114,5	108,3	97,8	85,1	70,3	62,1	103,8	94,0	88,6	79,4	68,1	55,1	47,8	7,4	
0,400	72,4	128,8	117,4	111,0	100,3	87,2	72,2	63,7	106,5	96,6	91,0	81,5	70,0	56,6	49,1	7,5	1,9
410	73,3	132,0	120,4	113,8	102,8	89,4	74,0	65,3	109,3	99,1	93,4	83,7	71,8	58,1	50,4	7,7	(1,57 m)
420	74,2	135,2	123,3	116,6	105,3	91,6	75,8	66,9	112,2	101,7	95,8	85,8	73,7	59,6	51,7	7,9	12,1
430	75,1	138,5	126,3	119,4	107,8	93,8	77,6	68,5	115,0	104,2	98,2	88,0	75,5	61,1	53,1	8,1	
440	76,0	141,7	129,2	122,2	110,3	95,9	79,4	70,0	117,8	106,8	100,6	90,1	77,4	62,6	54,4	8,3	
0,450	76,8	144,9	132,1	124,9	112,8	98,1	81,2	71,6	120,6	109,3	103,0	92,3	79,3	64,1	55,7	8,5	1,7
460	77,7	148,1	135,1	127,7	115,3	100,3	83,0	73,2	123,4	111,9	105,4	94,5	81,1	65,7	57,0	8,7	(1,62 m)
470	78,5	151,3	138,0	130,5	117,8	102,5	84,8	74,8	126,2	114,4	107,8	96,6	83,0	67,2	58,3	8,9	
480	79,3	154,6	141,0	133,3	120,3	104,7	86,6	76,4	129,0	117,0	110,2	98,8	84,8	68,7	59,6	9,0	
490	80,2	157,8	143,9	136,1	122,8	106,8	88,4	78,0	131,8	119,5	112,6	100,9	86,7	70,2	61,0	9,2	
0,500	81,0	161,0	146,8	138,8	125,3	109,0	90,2	79,6	134,6	122,1	115,0	103,1	88,5	71,7	62,2	9,4	1,6
510	81,8	164,2	149,7	141,6	127,8	111,2	92,0	81,2	137,4	124,6	117,4	105,2	90,4	73,2	63,5	9,6	(1,66 m)
520	82,6	167,4	152,7	144,4	130,3	113,4	93,8	82,8	140,2	127,1	119,7	107,3	92,2	74,7	64,8	9,8	
530	83,4	170,7	155,6	147,1	132,8	115,6	95,6	84,4	142,9	129,6	122,1	109,4	94,0	76,2	66,1	10,0	
540	84,2	173,9	158,6	149,9	135,4	117,7	97,4	86,0	145,7	132,1	124,5	111,6	95,9	77,7	67,4	10,2	
0,550	84,9	177,1	161,5	152,6	137,9	119,9	99,2	87,6	148,5	134,7	126,9	113,7	97,7	79,2	68,7	10,4	1,6
560	85,7	180,3	164,4	155,4	140,4	122,1	101,0	89,1	151,3	137,2	129,3	115,8	99,6	80,7	70,0	10,5	(1,69 m)
570	86,5	183,5	167,4	158,2	142,9	124,3	102,8	90,7	154,1	139,7	131,6	118,0	101,4	82,2	71,3	10,7	
580	87,2	186,8	170,3	160,9	145,4	126,5	104,6	92,3	156,8	142,2	134,0	120,1	103,2	83,7	72,6	10,9	
590	88,0	190,0	173,3	163,7	147,9	128,6	106,4	93,9	159,6	144,7	136,4	122,2	105,1	85,2	73,9	11,1	
0,600	88,7	193,2	176,2	166,6	150,4	130,8	108,2	95,5	162,3	147,3	138,7	124,4	106,9	86,6	75,3	11,3	1,5
620	90,2	199,6	182,0	172,1	155,4	135,2	111,9	98,7	167,9	152,3	143,5	128,7	110,6	89,6	77,9	11,7	(1,72 m)
640	91,6	206,1	187,9	177,7	160,4	139,5	115,5	101,9	173,5	157,4	148,3	132,9	114,3	92,6	80,5	12,0	11,7
660	93,0	212,5	193,8	183,2	165,4	143,9	119,1	105,1	179,1	162,4	153,0	137,2	118,0	95,6	83,1	12,4	
680	94,4	219,0	199,6	188,8	170,4	148,3	122,7	108,2	184,6	167,5	157,8	141,5	121,7	98,6	85,8	12,8	
0,700	95,8	225,4	205,5	194,3	175,4	152,6	126,3	111,4	190,2	172,6	162,6	145,8	125,3	101,6	88,4	13,2	1,4
720	97,2	231,8	211,4	199,9	180,4	157,0	129,9	114,6	195,8	177,6	167,3	150,1	129,0	104,6	91,0	13,6	(1,78 m)
740	98,5	238,3	217,3	205,4	185,4	161,3	133,5	117,8	201,3	182,7	172,1	154,3	132,7	107,6	93,6	13,9	
760	99,8	244,7	223,1	211,0	190,5	165,7	137,1	121,0	206,9	187,7	176,9	158,6	136,4	110,6	96,2	14,3	
780	101,1	251,2	229,0	216,5	195,5	170,1	140,7	124,1	212,5	192,8	181,7	162,9	140,1	113,6	98,9	14,7	
0,800	102,4	258	235	222	200	174	144	127	218	198	186	167	144	117	101	15	1,3
820	103,7	264	241	228	206	179	148	131	224	203	191	172	147	120	104	15	(1,83 m)
840	105,0	270	247	233	211	183	152	134	229	208	196	176	151	123	107	16	
860	106,2	277	252	239	216	188	155	137	235	213	201	180	155	126	109	16	
880	107,4	283	258	244	221	192	159	140	240	218	206	184	159	129	112	17	
0,900	108,6	290	264	250	226	196	162	143	246	223	210	189	162	132	115	17	1,2
920	109,8	296	270	255	231	201	166	146	252	228	215	193	166	135	117	17	(1,88 m)
940	111,0	303	276	261	236	205	170	150	257	233	220	197	170	138	120	18	
960	112,2	309	282	266	241	209	173	153	263	239	225	202	173	141	123	18	
980	113,4	316	288	272	246	214	177	156	268	244	230	206	177	144	125	18	
1,000	114,5	322	294	278	251	218	180	159	274	249	234	210	181	147	128	19	1,1 (1,92 m) 11,3

*) C_i''' beträgt bei exacten Masch. circa die Hälfte.

I. Serie. C.

Eincylinder-Condensations-Maschinen. (Zunächst mit Dampfhemd.)

Abs. Adm. Sp. $p = 4$ Kgr. od. Atm.

	Mit Hemd							Ohne Hemd							
(Füllung) $\frac{l_i}{l} =$	0,333	0,3	0,25	0,20	0,15	0,125	0,10	0,333	0,3	0,25	0,20	0,15	0,125	0,10	$= \frac{l_i}{l}$ (Füllung)
N_i oder $N_n =$	1	1	1	1	1	1	1	0,96	0,96	0,95	0,94	0,93	0,92	0,91	$= N_i$ oder N_n
gewöhnl. Masch. $C_i' =$	8,4	8,1	7,6	7,2	6,7	6,5	6,3	8,7	8,4	8,0	7,6	7,2	7,1	7,0	$= C_i'$ gewöhnl. Masch.
$xC_i'' =$	7,6	7,4	6,9	6,5	6,0	5,8	5,6	8,3	8,0	7,6	7,3	7,0	6,9	6,9	$= xC_i''$
exacte Masch.*) $C_i' =$	7,8	7,5	7,0	6,5	6,0	5,8	5,5	8,0	7,7	7,3	6,9	6,5	6,3	6,1	$= C_i'$ exacte Masch.*)
$xC_i'' =$	6,5	6,	5,9	5,5	5,1	5,0	4,8	7,0	6,8	6,5	6,2	6,0	5,9	5,8	$= xC_i''$

Wirksame Kolbenfläche O Qu.Met.	Kolben-Durchmesser D Centm.	Füllung $\frac{l_i}{l}$ — Indicirte Leistung $\frac{N_i}{c}$ in Pferdekraft pro 1 Meter Kolbengeschwindigkeit							Füllung $\frac{l_i}{l}$ — Netto-Leistung $\frac{N_n}{c}$ in Pferdekraft pro 1 Meter Kolbengeschwindigkeit							Subtr. Compr. Lstg. pro $c=1$ m Pfdk.	$2C_i'''$ u. C_i' bei $\frac{l_i}{l}=0{,}15$ $c=1$ m (gew. Masch.) Kgr.
		0,333	0,3	0,25	0,20	0,15	0,125	0,10	0,333	0,3	0,25	0,20	0,15	0,125	0,10		
0,030	19,8	10,2	9,6	8,7	7,6	6,3	5,6	4,8	7,1	6,7	6,0	5,1	4,1	3,5	2,8	0,7	7,7 (bei $c=$ 1,05 m) 15,0
032	20,5	10,9	10,3	9,3	8,1	6,7	6,0	5,1	7,7	7,2	6,5	5,5	4,4	3,7	3,1	0,7	
034	21,1	11,6	10,9	9,9	8,6	7,2	6,3	5,4	8,2	7,7	6,9	5,9	4,7	4,0	3,3	0,8	
036	21,7	12,2	11,6	10,5	9,1	7,6	6,7	5,8	8,7	8,2	7,3	6,2	5,0	4,2	3,5	0,8	
038	22,3	12,9	12,2	11,0	9,6	8,0	7,1	6,1	9,2	8,7	7,7	6,6	5,2	4,5	3,7	0,9	
0,040	22,9	13,6	12,8	11,6	10,1	8,4	7,5	6,4	9,8	9,2	8,2	7,0	5,6	4,8	3,9	0,9	6,5 (1,10 m)
042	23,5	14,3	13,5	12,2	10,7	8,8	7,8	6,7	10,3	9,7	8,6	7,3	5,9	5,0	4,1	1,0	
044	24,0	15,0	14,1	12,8	11,2	9,3	8,2	7,0	10,8	10,2	9,1	7,7	6,2	5,3	4,4	1,0	
046	24,6	15,6	14,8	13,4	11,7	9,7	8,6	7,4	11,4	10,7	9,5	8,1	6,5	5,6	4,6	1,1	
048	25,1	16,3	15,4	14,0	12,2	10,1	8,9	7,7	11,9	11,2	10,0	8,5	6,8	5,8	4,8	1,1	
0,050	25,6	17,0	16,1	14,5	12,7	10,5	9,3	8,0	12,4	11,7	10,4	8,9	7,1	6,1	5,0	1,2	5,7 (1,14 m)
053	26,4	18,0	17,0	15,4	13,4	11,2	9,9	8,5	13,2	12,4	11,1	9,5	7,6	6,5	5,4	1,2	
056	27,1	19,0	18,0	16,3	14,2	11,8	10,4	9,0	14,0	13,2	11,8	10,1	8,1	6,9	5,7	1,3	
059	27,8	20,1	19,0	17,1	15,0	12,4	11,0	9,4	14,8	13,9	12,4	10,6	8,6	7,3	6,1	1,4	
062	28,5	21,1	19,9	18,0	15,7	13,0	11,6	9,9	15,6	14,7	13,1	11,2	9,0	7,8	6,4	1,4	
0,065	29,2	22,1	20,9	18,9	16,5	13,7	12,1	10,4	16,5	15,5	13,8	11,8	9,5	8,2	6,8	1,5	4,9 (1,18 m) 13,4
068	29,9	23,1	21,8	19,8	17,2	14,3	12,7	10,9	17,3	16,2	14,5	12,4	10,0	8,6	7,1	1,6	
071	30,5	24,1	22,8	20,6	18,0	14,9	13,2	11,4	18,1	17,0	15,2	13,0	10,5	9,1	7,5	1,6	
074	31,2	25,2	23,8	21,5	18,8	15,6	13,8	11,8	18,9	17,7	15,9	13,6	10,9	9,5	7,8	1,7	
077	31,8	26,2	24,7	22,4	19,5	16,2	14,4	12,3	19,7	18,5	16,6	14,2	11,4	9,9	8,2	1,8	
0,080	32,4	27,2	25,7	23,3	20,3	16,8	14,9	12,8	20,5	19,3	17,3	14,8	11,9	10,3	8,5	1,8	4,4 (1,22 m)
084	33,2	28,5	27,0	24,4	21,3	17,7	15,6	13,4	21,6	20,3	18,2	15,6	12,6	10,9	9,0	1,9	
088	34,0	29,9	28,3	25,6	22,3	18,5	16,4	14,1	22,7	21,4	19,1	16,4	13,2	11,4	9,5	2,0	
092	34,7	31,3	29,6	26,7	23,3	19,4	17,1	14,7	23,8	22,4	20,1	17,2	13,9	12,0	10,0	2,1	
096	35,5	32,6	30,9	27,9	24,3	20,2	17,9	15,4	24,9	23,5	21,0	18,0	14,6	12,6	10,4	2,2	
0,100	36,2	34,0	32,1	29,1	25,3	21,0	18,6	16,0	26,0	24,5	21,9	18,8	15,2	13,1	10,9	2,3	3,9 (1,27 m)
105	37,1	35,7	33,8	30,5	26,6	22,1	19,5	16,8	27,4	25,8	23,1	19,8	16,0	13,9	11,5	2,4	
110	38,0	37,4	35,4	32,0	27,9	23,1	20,5	17,6	28,8	27,2	24,3	20,9	16,9	14,6	12,1	2,5	
115	38,8	39,1	37,0	33,4	29,2	24,2	21,4	18,4	30,2	28,5	25,5	21,9	17,7	15,3	12,8	2,7	
120	39,7	40,8	38,6	34,9	30,4	25,2	22,3	19,2	31,6	29,8	26,7	22,9	18,6	16,1	13,4	2,8	
0,125	40,5	42,5	40,2	36,3	31,7	26,3	23,3	20,0	33,0	31,1	27,9	24,0	19,4	16,8	14,0	2,9	3,4 (1,32 m) 12,1
130	41,3	44,2	41,8	37,8	33,0	27,3	24,2	20,8	34,5	32,4	29,1	25,0	20,2	17,5	14,6	3,0	
135	42,1	45,9	43,4	39,2	34,2	28,4	25,1	21,6	35,9	33,8	30,3	26,0	21,1	18,2	15,2	3,1	
140	42,8	47,6	45,0	40,7	35,5	29,4	26,1	22,4	37,3	35,1	31,5	27,1	21,9	19,0	15,8	3,2	
145	43,6	49,3	46,6	42,1	36,8	30,5	27,0	23,2	38,7	36,4	32,7	28,1	22,8	19,7	16,4	3,3	
0,150	44,4	51,0	48,2	43,6	38,0	31,6	27,9	24,0	40,1	37,8	33,8	29,1	23,5	20,4	17,0	3,5	3,0 (1,37 m)
155	45,1	52,7	49,8	45,1	39,3	32,6	28,9	24,8	41,5	39,1	35,0	30,1	24,4	21,2	17,7	3,6	
160	45,8	54,4	51,4	46,5	40,6	33,7	29,8	25,6	43,0	40,5	36,2	31,1	25,2	21,9	18,3	3,7	
165	46,5	56,1	53,1	48,0	41,8	34,7	30,7	26,4	44,4	41,8	37,5	32,2	26,1	22,6	18,9	3,8	
170	47,2	57,8	54,7	49,4	43,1	35,8	31,6	27,2	45,8	43,2	38,7	33,2	26,9	23,4	19,6	3,9	
0,175	47,9	59,5	56,3	50,9	44,4	36,8	32,6	28,0	47,2	44,5	39,9	34,3	27,8	24,1	20,2	4,0	2,8 (1,41 m)
180	48,6	61,2	57,9	52,3	45,6	37,9	33,5	28,8	48,7	45,9	41,1	35,3	28,6	24,9	20,8	4,2	
185	49,3	62,9	59,5	53,8	46,9	38,9	34,4	29,6	50,1	47,2	42,3	36,3	29,5	25,6	21,4	4,3	
190	49,9	64,6	61,1	55,2	48,2	40,0	35,4	30,4	51,5	48,6	43,5	37,4	30,3	26,3	22,1	4,4	
195	50,6	66,3	62,7	56,7	49,4	41,0	36,3	31,2	53,0	49,9	44,7	38,4	31,2	27,1	22,7	4,5	
0,200	51,2	68,0	64,3	58,1	50,7	42,1	37,2	32,0	54,4	51,2	45,9	39,5	32,1	27,8	23,3	4,6	2,6 (1,45 m) 11,8
205	51,8	69,7	65,9	59,6	52,0	43,1	38,2	32,8	55,8	52,6	47,1	40,6	32,9	28,6	23,9	4,7	
210	52,5	71,4	67,5	61,0	53,2	44,2	39,1	33,6	57,2	53,9	48,4	41,6	33,8	29,3	24,6	4,8	
215	53,1	73,1	69,1	62,5	54,5	45,2	40,0	34,4	58,7	55,3	49,6	42,7	34,6	30,1	25,2	5,0	
220	53,7	74,8	70,7	63,9	55,8	46,3	41,0	35,2	60,1	56,7	50,8	43,7	35,5	30,8	25,8	5,1	
0,225	54,3	76,5	72,3	65,4	57,0	47,3	41,9	36,0	61,6	58,0	52,1	44,8	36,4	31,6	26,5	5,2	2,4 (1,49 m)
230	54,9	78,2	74,0	66,8	58,3	48,4	42,8	36,8	63,0	59,4	53,3	45,9	37,2	32,3	27,1	5,3	
235	55,5	79,9	75,6	67,3	59,6	49,4	43,7	37,6	64,4	60,7	54,5	46,9	38,1	33,1	27,8	5,4	
240	56,1	81,6	77,2	68,7	60,8	50,5	44,7	38,4	65,9	62,1	55,7	48,0	38,9	33,8	28,4	5,5	
245	56,7	83,3	78,8	71,2	62,1	51,5	45,6	39,2	67,3	63,5	57,0	49,0	39,8	34,6	29,0	5,7	
0,250	57,3	84,9	80,4	72,7	63,3	52,6	46,5	40,0	68,8	64,8	58,2	50,1	40,7	35,4	29,6	5,8	2,3 (1,52 m)

Eincylinder-Condensations-Maschinen.

Abs. Adm. Sp. $p = 4$ Kgr. od. Atm.

Wirksame Kolbenfläche O Qu.Met.	Kolben-Durchmesser D Centm.	Füllung $\frac{l}{i}$ 0,333	0,3	0,25	0,20	0,15	0,125	0,10	Füllung $\frac{l}{i}$ 0,333	0,3	0,25	0,20	0,15	0,125	0,10	Subtr. Compr. Lstg. pro $c=1$ m Pfdk.	$2C_i'''$ u. C_i bei $\frac{l}{i}=0{,}15$ pro $c=1$ m (gew. Masch.) Kgr.
		Indicirte Leistung $\frac{N_i}{c}$ in Pferdekraft							Netto-Leistung $\frac{N_n}{c}$ in Pferdekraft								
		pro 1 Meter Kolbengeschwindigkeit															
0,250	57,3	84,9	80,4	72,7	63,3	52,6	46,5	40,0	68,8	64,8	58,2	50,1	40,7	35,4	29,6	5,8	2,3 (bei c = 1,52 m) 11,6
255	57,8	86,6	82,0	74,1	64,6	53,7	47,5	40,8	70,3	66,2	59,4	51,1	41,6	36,1	30,3	5,9	
260	58,4	88,3	83,6	75,6	65,9	54,7	48,4	41,6	71,7	67,6	60,6	52,2	42,4	36,9	30,9	6,0	
265	59,0	90,0	85,2	77,0	67,2	55,8	49,3	42,4	73,2	69,0	61,9	53,3	43,3	37,7	31,6	6,1	
270	59,5	91,7	86,8	78,5	68,4	56,8	50,3	43,2	74,6	70,3	63,1	54,3	44,2	38,4	32,2	6,3	
0,275	60,1	93,4	88,4	79,9	69,7	57,9	51,2	44,0	76,1	71,7	64,3	55,4	45,0	39,2	32,8	6,4	2,2 (1,55 m)
280	60,6	95,1	90,0	81,4	71,0	58,9	52,1	44,8	77,6	73,1	65,5	56,5	45,9	39,9	33,5	6,5	
285	61,1	96,8	91,6	82,8	72,2	60,0	53,0	45,6	79,0	74,4	66,8	57,6	46,8	40,7	34,1	6,6	
290	61,7	98,5	93,3	84,3	73,5	61,0	54,0	46,4	80,5	75,8	68,0	58,6	47,7	41,5	34,8	6,7	
295	62,2	100,2	94,9	85,7	74,8	62,1	54,9	47,2	81,9	77,2	69,2	59,7	48,5	42,2	35,4	6,9	
0,300	62,7	101,9	96,4	87,2	76,0	63,1	55,8	48,0	83,4	78,6	70,5	60,7	49,4	43,0	36,1	6,9	2,1 (1,57 m)
310	63,8	105,3	99,7	90,1	78,5	65,2	57,7	49,6	86,3	81,3	73,0	62,9	51,2	44,5	37,4	7,2	
320	64,8	108,7	102,9	93,0	81,1	67,3	59,6	51,2	89,2	84,1	75,5	65,0	52,9	46,1	38,7	7,4	
330	65,8	112,1	106,1	95,9	83,6	69,4	61,4	52,8	92,2	86,9	78,0	67,2	54,7	47,6	40,0	7,6	
340	66,8	115,5	109,3	98,8	86,1	71,5	63,3	54,4	95,1	89,7	80,5	69,3	56,4	49,1	41,3	7,8	
0,350	67,7	118,9	112,5	101,7	88,7	73,6	65,1	56,0	98,1	92,4	83,0	71,5	58,2	50,7	42,6	8,1	2,0 (1,62 m)
360	68,7	122,3	115,7	104,7	91,2	75,7	67,0	57,6	101,0	95,2	85,4	73,6	60,0	52,2	43,9	8,3	
370	69,7	125,7	118,9	107,6	93,7	77,8	68,9	59,2	103,9	98,0	87,9	75,8	61,7	53,8	45,2	8,5	
380	70,6	129,1	122,1	110,5	96,3	79,9	70,7	60,8	106,9	100,7	90,4	77,9	63,5	55,3	46,5	8,8	
390	71,5	132,5	125,3	113,4	98,8	82,0	72,6	62,4	109,8	103,5	92,9	80,1	65,2	56,8	47,8	9,0	
0,400	72,4	135,9	128,6	116,3	101,4	84,2	74,5	63,9	112,7	106,3	95,4	82,3	67,0	58,4	49,0	9,2	1,8 (1,67 m) 11,2
410	73,3	139,3	131,8	119,2	103,9	86,3	76,3	65,5	115,7	109,1	98,0	84,4	68,8	59,9	50,4	9,5	
420	74,2	142,7	135,0	122,1	106,4	88,4	78,2	67,1	118,7	111,9	100,5	86,6	70,6	61,5	51,7	9,7	
430	75,1	146,1	138,2	125,0	108,9	90,5	80,0	68,7	121,6	114,7	103,0	88,8	72,4	63,0	53,0	9,9	
440	76,0	149,5	141,4	127,9	111,5	92,6	81,9	70,3	124,6	117,5	105,5	91,0	74,1	64,6	54,3	10,2	
0,450	76,8	152,9	144,6	130,8	114,0	94,7	83,8	71,9	127,6	120,3	108,0	93,2	75,9	66,2	55,6	10,4	1,7 (1,73 m)
460	77,7	156,3	147,9	133,7	116,5	96,8	85,6	73,5	130,6	123,1	110,6	95,3	77,7	67,7	56,9	10,6	
470	78,5	159,7	151,1	136,6	119,1	98,9	87,5	75,1	133,5	125,9	113,1	97,5	79,5	69,3	58,2	10,8	
480	79,3	163,1	154,3	139,5	121,6	101,0	89,3	76,7	136,5	128,7	115,6	99,7	81,3	70,8	59,5	11,1	
490	80,2	166,5	157,5	142,4	124,1	103,1	91,2	78,3	139,5	131,5	118,1	101,9	83,0	72,4	60,8	11,3	
0,500	81,0	169,9	160,7	145,3	126,7	105,2	93,1	79,9	142,4	134,3	120,6	104,0	84,8	73,9	62,2	11,5	1,6 (1,78 m)
510	81,8	173,3	164,0	148,2	129,2	107,3	94,9	81,5	145,3	137,1	123,1	106,2	86,6	75,5	63,5	11,8	
520	82,6	176,7	167,2	151,1	131,8	109,4	96,8	83,1	148,3	139,8	125,6	108,3	88,3	77,0	64,8	12,0	
530	83,4	180,1	170,4	154,0	134,3	111,5	98,6	84,7	151,2	142,6	128,1	110,5	90,1	78,6	66,1	12,2	
540	84,2	183,5	173,6	157,0	136,8	113,6	100,5	86,3	154,1	145,4	130,6	112,6	91,9	80,1	67,4	12,5	
0,550	84,9	186,9	176,8	159,9	139,3	115,7	102,4	87,9	157,1	148,1	133,1	114,8	93,6	81,6	68,7	12,7	1,5 (1,82 m)
560	85,7	190,3	180,0	162,8	141,9	117,8	104,2	89,5	160,0	150,9	135,6	116,9	95,4	83,2	70,0	12,9	
570	86,5	193,7	183,2	165,7	144,4	119,9	106,1	91,1	162,9	153,7	138,0	119,1	97,1	84,7	71,3	13,2	
580	87,2	197,1	186,4	168,6	146,9	122,0	107,9	92,7	165,8	156,5	140,5	121,2	98,9	86,3	72,6	13,4	
590	88,0	200,5	189,6	171,5	149,5	124,1	109,8	94,3	168,8	159,2	143,0	123,4	100,7	87,8	73,9	13,6	
0,600	88,7	203,8	192,9	174,4	152,0	126,2	111,7	95,9	171,7	162,0	145,5	125,5	102,5	89,3	75,2	13,9	1,4 (1,85 m) 10,8
620	90,2	210,6	199,3	180,2	157,1	130,5	115,4	99,1	177,6	167,5	150,5	129,9	106,0	92,4	77,8	14,3	
640	91,6	217,4	205,8	186,0	162,2	134,7	119,1	102,3	183,5	173,1	155,5	134,2	109,5	95,5	80,4	14,8	
660	93,0	224,2	212,2	191,8	167,2	138,9	122,8	105,5	189,4	178,7	160,5	138,5	113,1	98,6	83,1	15,2	
680	94,4	231,0	218,6	197,6	172,3	143,1	126,6	108,7	195,3	184,2	165,5	142,8	116,6	101,7	85,7	15,7	
0,700	95,8	237,8	225,0	203,4	177,4	147,3	130,3	111,9	201,2	189,8	170,5	147,1	120,2	104,8	88,3	16,2	1,3 (1,91 m)
720	97,2	244,6	231,5	209,2	182,5	151,5	134,0	115,1	207,1	195,3	175,5	151,5	123,7	107,9	90,9	16,6	
740	98,5	251,4	237,9	215,0	187,5	155,7	137,7	118,3	213,0	200,9	180,5	155,8	127,2	111,0	93,5	17,1	
760	99,8	258,2	244,3	220,9	192,6	159,9	141,4	121,5	218,9	206,5	185,5	160,1	130,8	114,1	96,2	17,5	
780	101,1	264,9	250,8	226,7	197,7	164,1	145,2	124,7	224,7	212,0	190,5	164,4	134,3	117,1	98,8	18,0	
0,800	102,4	272	257	232	203	168	149	128	231	218	195	169	138	120	101	18	1,2 (1,97 m)
820	103,7	279	264	238	208	173	153	131	237	223	200	173	141	123	104	19	
840	105,0	285	270	244	213	177	156	134	242	229	206	177	145	126	107	19	
860	106,2	292	276	250	218	181	160	137	248	234	211	182	148	130	109	20	
880	107,4	299	283	256	223	185	164	141	254	240	216	186	152	133	112	20	
0,900	108,6	306	289	262	228	189	167	144	260	245	221	190	156	136	114	21	1,2 (2,02 m)
920	109,8	313	296	267	233	194	171	147	266	251	226	195	159	139	117	21	
940	111,0	319	302	273	238	198	175	150	272	257	231	199	163	142	120	22	
960	112,2	326	309	279	243	202	179	153	278	262	236	203	166	145	122	22	
980	113,4	333	315	285	248	206	182	157	284	268	241	208	170	148	125	23	
1,000	114,5	340	321	291	253	210	186	160	290	273	246	212	173	151	128	23	1,1 (2,06 m) 10,5

*) C_i''' beträgt bei exacten Masch. circa die Hälfte.

I. Serie. C.

Eincylinder-Condensations-Maschinen. (Zunächst mit Dampfhemd.)

Abs. Adm. Sp. $p = 4\frac{1}{2}$ Kgr. od. Atm.

(Füllung) $\frac{l}{t}$ =	Mit Hemd 0,333	0,3	0,25	0,20	0,15	0,125	0,10	Ohne Hemd 0,333	0,3	0,25	0,20	0,15	0,125	0,10	= $\frac{l}{t}$ (Füllung)
N_i oder N_n =	1	1	1	1	1	1	1	0,96	0,96	0,95	0,94	0,93	0,92	0,91	= N_i oder N_n
gewöhnl. Masch. C_i' =	8,2	7,9	7,5	7,0	6,6	6,4	6,2	8,6	8,3	7,8	7,4	7,1	6,9	6,8	= C_i' gewöhnl. Masch.
xC_i'' =	7,6	7,3	6,9	6,4	6,0	5,8	5,5	8,2	8,0	7,6	7,2	7,0	6,8	6,8	= xC_i''
exacte Masch.*) C_i' =	7,7	7,4	6,9	6,4	5,9	5,7	5,4	7,9	7,6	7,2	6,7	6,3	6,1	5,9	= C_i' exacte Masch.*)
xC_i'' =	6,5	6,2	5,8	5,5	5,1	4,9	4,7	7,0	6,8	6,5	6,1	5,9	5,8	5,8	= xC_i''

Wirksame Kolbenfläche O Qu.Met.	Kolben-Durchmesser D Centm.	Füllung $\frac{l}{t}$ 0,333	0,3	0,25	0,20	0,15	0,125	0,10	Füllung $\frac{l}{t}$ 0,333	0,3	0,25	0,20	0,15	0,125	0,10	Subtr. Compr. Lstg. pro $c=1$m Pfdk.	$2C_i'''$ u. C_i bei $\frac{l}{t}=0,15$ (gew. Masch.) Kgr.
		Indicirte Leistung $\frac{N_i}{c}$ in Pferdekraft pro 1 Meter Kolbengeschwindigkeit							Netto-Leistung $\frac{N_n}{c}$ in Pferdekraft								
0,030	19,8	11,6	11,0	9,9	8,7	7,2	6,4	5,5	8,2	7,7	7,0	6,0	4,8	4,1	3,4	0,8	6,8
032	20,5	12,4	11,7	10,6	9,2	7,7	6,8	5,9	8,8	8,3	7,5	6,4	5,1	4,4	3,7	0,9	(bei
034	21,1	13,1	12,4	11,2	9,8	8,2	7,2	6,2	9,4	8,9	8,0	6,8	5,5	4,7	3,9	0,9	c =
036	21,7	13,9	13,2	11,9	10,4	8,7	7,7	6,6	10,0	9,4	8,5	7,2	5,8	5,0	4,2	1,0	1,12 m)
038	22,3	14,7	13,9	12,6	11,0	9,1	8,1	7,0	10,7	10,0	9,0	7,7	6,2	5,3	4,4	1,0	14,4
0,040	22,9	15,4	14,6	13,2	11,6	9,6	8,5	7,3	11,3	10,6	9,5	8,1	6,5	5,6	4,7	1,1	5,8
042	23,5	16,2	15,3	13,9	12,1	10,1	9,0	7,7	11,9	11,1	10,0	8,5	6,9	5,9	4,9	1,1	(1,17 m)
044	24,0	17,0	16,1	14,6	12,7	10,6	9,4	8,1	12,5	11,7	10,5	9,0	7,2	6,3	5,2	1,2	
046	24,6	17,7	16,8	15,2	13,3	11,1	9,8	8,5	13,1	12,3	11,0	9,4	7,6	6,6	5,4	1,3	
048	25,1	18,5	17,5	15,9	13,9	11,5	10,2	8,8	13,7	12,9	11,5	9,9	8,0	6,9	5,7	1,3	
0,050	25,6	19,3	18,3	16,5	14,4	12,0	10,7	9,2	14,3	13,4	12,0	10,3	8,3	7,2	6,0	1,4	5,1
053	26,2	20,5	19,4	17,5	15,3	12,7	11,3	9,7	15,2	14,3	12,8	11,0	8,9	7,7	6,4	1,4	(1,21 m)
056	27,1	21,6	20,5	18,5	16,2	13,5	11,9	10,3	16,1	15,2	13,6	11,7	9,4	8,2	6,8	1,5	
059	27,8	22,8	21,6	19,5	17,1	14,2	12,6	10,8	17,1	16,1	14,4	12,3	10,0	8,6	7,1	1,6	
062	28,5	23,9	22,7	20,5	17,9	14,9	13,2	11,4	18,0	17,0	15,2	13,0	10,5	9,1	7,5	1,7	
0,065	29,2	25,1	23,8	21,5	18,8	15,6	13,9	11,9	18,9	17,8	16,0	13,7	11,1	9,6	7,9	1,8	4,4
068	29,9	26,3	24,9	22,5	19,7	16,3	14,5	12,5	19,9	18,7	16,8	14,4	11,6	10,1	8,3	1,9	(1,25 m)
071	30,5	27,4	26,0	23,5	20,5	17,1	15,1	13,0	20,8	19,6	17,5	15,1	12,2	10,6	8,8	1,9	12,9
074	31,2	28,6	27,1	24,5	21,4	17,8	15,8	13,6	21,7	20,5	18,3	15,7	12,8	11,1	9,2	2,0	
077	31,8	29,7	28,2	25,4	22,3	18,5	16,4	14,1	22,6	21,4	19,1	16,4	13,3	11,6	9,6	2,1	
0,080	32,4	30,9	29,2	26,4	23,1	19,2	17,1	14,7	23,6	22,2	19,9	17,1	13,9	12,0	10,1	2,2	3,8
084	33,2	32,4	30,7	27,8	24,3	20,2	17,9	15,4	24,8	23,4	21,0	18,0	14,6	12,7	10,6	2,3	(1,30 m)
088	34,0	34,0	32,1	29,1	25,4	21,2	18,8	16,1	26,1	24,6	22,0	19,0	15,4	13,4	11,2	2,4	
092	34,7	35,5	33,6	30,4	26,6	22,1	19,6	16,9	27,3	25,8	23,1	19,9	16,1	14,0	11,7	2,5	
096	35,5	37,0	35,1	31,7	27,7	23,1	20,5	17,6	28,6	27,0	24,2	20,8	16,9	14,7	12,3	2,6	
0,100	36,2	38,6	36,5	33,1	28,9	24,0	21,3	18,3	29,9	28,2	25,3	21,7	17,7	15,4	12,9	2,7	3,4
105	37,1	40,5	38,4	34,7	30,3	25,2	22,4	19,3	31,5	29,7	26,6	22,9	18,6	16,2	13,6	2,9	(1,35 m)
110	38,0	42,5	40,2	36,4	31,8	26,4	23,5	20,2	33,1	31,2	28,0	24,1	19,6	17,0	14,3	3,0	
115	38,8	44,4	42,0	38,0	33,2	27,6	24,5	21,1	34,7	32,7	29,3	25,3	20,6	17,9	15,0	3,1	
120	39,7	46,3	43,8	39,7	34,6	28,8	25,6	22,0	36,3	34,2	30,7	26,5	21,5	18,7	15,7	3,3	
0,125	40,5	48,2	45,7	41,3	36,1	30,0	26,7	23,0	37,9	35,7	32,1	27,6	22,5	19,6	16,4	3,4	3,1
130	41,3	50,2	47,5	43,0	37,5	31,2	27,7	23,9	39,5	37,2	33,4	28,8	23,5	20,4	17,1	3,6	(1,40 m)
135	42,1	52,1	49,3	44,6	39,0	32,4	28,8	24,8	41,1	38,7	34,8	30,0	24,4	21,2	17,8	3,7	12,0
140	42,8	54,0	51,2	46,3	40,4	33,6	29,9	25,7	42,7	40,2	36,1	31,2	25,4	22,1	18,5	3,8	
145	43,6	56,0	53,0	47,9	41,8	34,8	30,9	26,6	44,3	41,7	37,5	32,4	26,4	22,9	19,2	4,0	
0,150	44,4	57,9	54,8	49,6	43,3	36,1	32,0	27,5	45,9	43,3	38,9	33,5	27,3	23,8	20,0	4,1	2,7
155	45,1	59,8	56,6	51,3	44,8	37,3	33,0	28,4	47,5	44,8	40,3	34,7	28,3	24,6	20,7	4,2	(1,45 m)
160	45,8	61,7	58,4	52,9	46,2	38,5	34,1	29,4	49,2	46,4	41,7	35,9	29,3	25,5	21,4	4,4	
165	46,5	63,7	60,3	54,6	47,6	39,7	35,2	30,3	50,8	47,9	43,1	37,1	30,2	26,4	22,2	4,5	
170	47,2	65,6	62,1	56,2	49,1	40,9	36,2	31,2	52,4	49,4	44,5	38,3	31,2	27,2	22,9	4,6	
0,175	47,9	67,5	63,9	57,9	50,5	42,1	37,3	32,1	54,1	51,0	45,8	39,5	32,2	28,1	23,6	4,8	2,5
180	48,6	69,5	65,8	59,5	52,0	43,3	38,4	33,0	55,7	52,5	47,2	40,7	33,2	28,9	24,4	4,9	(1,50 m)
185	49,3	71,4	67,6	61,2	53,4	44,5	39,5	34,0	57,3	54,1	48,6	41,9	34,2	29,9	25,1	5,1	
190	49,9	73,3	69,4	62,8	54,8	45,7	40,5	34,9	58,9	55,6	50,0	43,1	35,1	30,7	25,8	5,2	
195	50,6	75,3	71,3	64,5	56,3	46,9	41,6	35,8	60,6	57,1	51,4	44,3	36,1	31,5	26,5	5,3	
0,200	51,2	77,2	73,0	66,1	57,7	48,1	42,6	36,7	62,2	58,8	52,7	45,5	37,1	32,4	27,3	5,5	2,3
205	51,8	79,1	74,9	67,8	59,2	49,3	43,7	37,6	63,9	60,2	54,1	46,7	38,1	33,3	28,0	5,6	(1,54 m)
210	52,5	81,0	76,7	69,4	60,6	50,5	44,8	38,5	65,5	61,8	55,5	47,9	39,1	34,1	28,7	5,7	11,5
215	53,1	83,0	78,5	71,1	62,1	51,7	45,8	39,5	67,2	63,4	56,9	49,1	40,1	35,0	29,5	5,9	
220	53,7	84,9	80,4	72,7	63,5	52,9	46,9	40,4	68,8	64,9	58,3	50,3	41,1	35,9	30,2	6,0	
0,225	54,3	86,8	82,2	74,4	64,9	54,1	48,0	41,3	70,5	66,5	59,7	51,5	42,1	36,7	31,0	6,2	2,2
230	54,9	88,8	84,0	76,0	66,4	55,3	49,0	42,2	72,1	68,0	61,1	52,8	43,1	37,6	31,7	6,3	(1,58 m)
235	55,5	90,7	85,9	77,7	67,8	56,5	50,1	43,1	73,8	69,6	62,5	54,0	44,1	38,5	32,4	6,4	
240	56,1	92,6	87,7	79,3	69,3	57,7	51,2	44,1	75,4	71,2	63,9	55,2	45,1	39,3	33,1	6,6	
245	56,7	94,5	89,5	81,0	70,7	58,9	52,2	45,0	77,1	72,7	65,3	56,4	46,1	40,2	33,9	6,7	
0,250	57,3	96,5	91,3	82,7	72,2	60,1	53,3	45,9	78,7	74,2	66,8	57,6	47,1	41,1	34,6	6,8	2,1 (1,61 m)

Eincylinder-Condensations-Maschinen.

Abs. Adm. Sp. $p = 4\frac{1}{2}$ Kgr. od. Atm.

Wirksame Kolbenfläche O Qu.Met.	Kolben-Durchmesser D Centm.	Füllung $\frac{l}{i}$ — Indicirte Leistung $\frac{N_i}{c}$ in Pferdekraft (pro 1 Meter Kolbengeschwindigkeit)							Füllung $\frac{l}{i}$ — Netto-Leistung $\frac{N_n}{c}$ in Pferdekraft (pro 1 Meter Kolbengeschwindigkeit)							Subtr. Compr. Lstg. pro $c=1$ m Pfdk.	$2C_i'''$ u. C_i bei $\frac{l}{i}=0{,}15$ (gew. Masch.) Kgr.
		0,333	0,3	0,25	0,20	0,15	0,125	0,10	0,333	0,3	0,25	0,20	0,15	0,125	0,10		
0,250	57,3	96,5	91,3	82,7	72,2	60,1	53,3	45,9	78,7	74,2	66,8	57,6	47,1	41,1	34,6	6,8	2,1 (bei $c=1{,}61$ m) 11,4
255	57,8	98,4	93,1	84,3	73,6	61,3	54,3	46,8	80,4	75,8	68,2	58,9	48,1	42,0	35,4	7,0	
260	58,4	100,3	95,0	86,0	75,1	62,5	55,4	47,7	82,0	77,4	69,6	60,1	49,1	42,9	36,1	7,1	
265	59,0	102,3	96,8	87,6	76,5	63,7	56,5	48,6	83,7	79,0	71,0	61,3	50,1	43,8	36,9	7,3	
270	59,5	104,2	98,6	89,3	77,9	64,9	57,6	49,6	85,3	80,5	72,4	62,5	51,1	44,6	37,6	7,4	
0,275	60,1	106,1	100,5	90,9	79,4	66,1	58,6	50,5	87,0	82,1	73,8	63,7	52,1	45,5	38,3	7,5	2,0 (1,64 m)
280	60,6	108,1	102,3	92,6	80,8	67,3	59,7	51,4	88,7	83,7	75,2	65,0	53,1	46,4	39,1	7,7	
285	61,1	110,0	104,1	94,2	82,3	68,5	60,8	52,3	90,3	85,2	76,6	66,2	54,1	47,3	39,8	7,8	
290	61,7	111,9	105,9	95,9	83,7	69,7	61,8	53,2	92,0	86,8	78,0	67,4	55,1	48,2	40,6	8,0	
295	62,2	113,8	107,8	97,5	85,1	70,9	62,9	54,2	93,6	88,4	79,5	68,6	56,1	49,0	41,3	8,1	
0,300	62,7	115,8	109,6	99,2	86,6	72,1	63,9	55,0	95,3	89,9	80,9	69,9	57,1	49,9	42,2	8,2	1,9 (1,67 m)
310	63,8	119,6	113,2	102,5	89,5	74,5	66,1	56,9	98,6	93,1	83,7	72,3	59,1	51,7	43,6	8,5	
320	64,8	123,5	116,9	105,8	92,4	76,9	68,2	58,7	102,0	96,3	86,6	74,8	61,2	53,5	45,1	8,7	
330	65,8	127,3	120,5	109,1	95,3	79,3	70,3	60,5	105,3	99,4	89,4	77,3	63,2	55,2	46,6	9,0	
340	66,8	131,2	124,2	112,4	98,2	81,7	72,4	62,4	108,7	102,6	92,3	79,7	65,2	57,0	48,1	9,3	
0,350	67,7	135,1	127,8	115,7	101,1	84,1	74,6	64,2	112,0	105,8	95,1	82,2	67,3	58,8	49,6	9,6	1,7 (1,73 m)
360	68,7	138,9	131,5	119,1	104,0	86,5	76,7	66,0	115,4	108,9	98,0	84,7	69,3	60,6	51,1	9,8	
370	69,7	142,8	135,1	122,4	106,8	88,9	78,8	67,9	118,7	112,1	100,8	87,1	71,3	62,4	52,7	10,1	
380	70,6	146,6	138,8	125,7	109,7	91,3	81,0	69,7	122,1	115,3	103,7	89,6	73,4	64,1	54,2	10,4	
390	71,5	150,5	142,4	129,0	112,6	93,7	83,1	71,5	125,4	118,5	106,5	92,1	75,4	65,9	55,7	10,6	
0,400	72,4	154,4	146,1	132,3	115,5	96,2	85,2	73,4	128,8	121,6	109,4	94,6	77,4	67,7	57,2	10,9	1,6 (1,78 m) 10,9
410	73,3	158,2	149,7	135,6	118,4	98,6	87,4	75,2	132,2	124,8	112,3	97,1	79,5	69,5	58,7	11,2	
420	74,2	162,1	153,4	138,9	121,3	101,0	89,5	77,1	135,6	128,0	115,2	99,6	81,5	71,3	60,2	11,5	
430	75,1	165,9	157,0	142,2	124,2	103,4	91,6	78,9	139,0	131,2	118,1	102,1	83,6	73,1	61,8	11,7	
440	76,0	169,8	160,7	145,5	127,0	105,8	93,8	80,7	142,4	134,4	120,9	104,6	85,6	74,9	63,3	12,0	
0,450	76,8	173,7	164,3	148,8	129,9	108,2	95,9	82,5	145,7	137,6	123,8	107,1	87,7	76,7	64,8	12,3	1,5 (1,83 m)
460	77,7	177,5	168,0	152,1	132,8	110,6	98,0	84,4	149,1	140,8	126,7	109,6	89,7	78,5	66,3	12,6	
470	78,5	181,4	171,6	155,4	135,7	113,0	100,1	86,2	152,5	144,0	129,6	112,1	91,8	80,3	67,9	12,8	
480	79,3	185,2	175,3	158,7	138,6	115,4	102,3	88,0	155,9	147,2	132,5	114,6	93,8	82,1	69,4	13,1	
490	80,2	189,1	178,9	162,0	141,5	117,8	104,4	89,9	159,3	150,4	135,3	117,1	95,9	83,9	70,9	13,4	
0,500	81,0	192,9	182,6	165,3	144,4	120,2	106,5	91,7	162,7	153,5	138,2	119,5	97,9	85,7	72,4	13,7	1,4 (1,88 m)
510	81,8	196,8	186,3	168,6	147,2	122,6	108,7	93,6	166,0	156,7	141,1	122,0	99,9	87,5	73,9	13,9	
520	82,6	200,7	189,9	171,9	150,1	125,0	110,8	95,4	169,4	159,9	143,9	124,5	102,0	89,2	75,4	14,2	
530	83,4	204,5	193,6	175,2	153,0	127,4	112,9	97,2	172,7	163,0	146,8	126,9	104,0	91,0	76,9	14,5	
540	84,2	208,4	197,2	178,6	155,9	129,8	115,1	99,1	176,1	166,2	149,6	129,4	106,0	92,8	78,5	14,7	
0,550	84,9	212,2	200,9	181,9	158,8	132,2	117,2	100,9	179,4	169,3	152,5	131,9	108,1	94,6	80,0	15,0	1,3 (1,92 m)
560	85,7	216,1	204,5	185,2	161,7	134,6	119,3	102,7	182,8	172,5	155,3	134,4	110,1	96,4	81,5	15,3	
570	86,5	220,0	208,2	188,5	164,6	137,0	121,5	104,6	186,1	175,7	158,2	136,8	112,1	98,1	83,0	15,6	
580	87,2	223,8	211,8	191,8	167,5	139,4	123,6	106,4	189,5	178,8	161,0	139,3	114,1	99,9	84,5	15,8	
590	88,0	227,7	215,5	195,1	170,4	141,8	125,7	108,2	192,8	182,0	163,9	141,8	116,2	101,7	86,0	16,1	
0,600	88,7	231,5	219,1	198,4	173,2	144,2	127,9	110,1	196,1	185,1	166,7	144,2	118,2	103,5	87,5	16,4	1,2 (1,96 m) 10,5
620	90,2	239,3	226,4	205,0	179,0	149,0	132,1	113,8	202,9	191,5	172,4	149,1	122,3	107,0	90,5	16,9	
640	91,6	247,0	233,7	211,6	184,8	153,8	136,4	117,4	209,6	197,8	178,1	154,1	126,3	110,6	93,6	17,5	
660	93,0	254,7	241,0	218,2	190,5	158,7	140,6	121,1	216,3	204,1	183,9	159,0	130,4	114,2	96,6	18,0	
680	94,4	262,4	248,3	224,8	196,3	163,5	144,9	124,8	223,0	210,5	189,6	164,0	134,5	117,8	99,6	18,6	
0,700	95,8	270	256	231	202	168	149	128	230	217	195	169	139	121	103	19	1,2 (2,03 m)
720	97,2	278	263	238	208	173	153	132	236	223	201	174	143	125	106	20	
740	98,5	286	270	245	214	178	158	136	243	230	207	179	147	128	109	20	
760	99,8	293	278	251	219	183	162	139	250	236	212	184	151	132	112	21	
780	101,1	301	285	258	225	188	166	143	257	242	218	189	155	136	115	21	
0,800	102,4	309	292	264	231	192	170	147	263	249	224	194	159	139	118	22	1,2 (2,09 m)
820	103,7	316	299	271	237	197	175	150	270	255	230	199	163	143	121	22	
840	105,0	324	307	278	243	202	179	154	277	261	235	204	167	146	124	23	
860	106,2	332	314	284	248	207	183	158	283	268	241	209	171	150	127	23	
880	107,4	340	321	291	254	212	188	161	290	274	247	214	175	154	130	24	
0,900	108,6	347	329	298	260	216	192	165	297	280	253	219	179	157	133	25	1,1 (2,14 m)
920	109,8	355	336	304	266	221	196	169	304	287	258	224	183	161	136	25	
940	111,0	363	343	311	271	226	200	172	310	293	264	229	188	164	139	26	
960	112,2	370	351	317	277	231	205	176	317	299	270	233	192	168	142	26	
980	113,4	378	358	324	283	236	209	180	324	306	275	238	196	171	145	27	
1,000	114,5	386	365	331	289	240	213	183	331	312	281	243	200	175	148	27	1,0 (2,18 m) 10,2

*) C_i''' beträgt bei exacten Masch. circa die Hälfte.

Eincylinder-Condensations-Maschinen. (Zunächst mit Dampfhemd.)

Abs. Adm. Sp. $p = 5$ Kgr. od. Atm.

	Mit Hemd							Ohne Hemd							
(Füllung) $\frac{l_i}{l} =$	0,3	0,25	0,20	0,15	0,125	0,10	0,07	0,3	0,25	0,20	0,15	0,125	0,10	0,07	$= \frac{l_i}{l}$ (Füllung)
N_i oder $N_n =$	1	1	1	1	1	1	1	0,96	0,95	0,94	0,93	0,92	0,91	0,89	$= N_i$ oder N_n
gewöhnl. Masch. $C_i' =$	7,8	7,4	6,9	6,5	6,3	6,1	5,9	8,2	7,7	7,3	7,0	6,8	6,7	6,6	$= C_i'$ gewöhnl. Masch.
$xC_i'' =$	7,3	6,9	6,4	6,0	5,7	5,5	5,2	8,0	7,6	7,2	6,9	6,8	6,7	6,7	$= xC_i''$
exacte Masch.*) $C_i' =$	7,2	6,8	6,3	5,8	5,5	5,3	5,0	7,5	7,1	6,6	6,2	6,0	5,8	5,7	$= C_i'$ exacte Masch.*)
$xC_i'' =$	6,2	5,8	5,4	5,1	4,9	4,7	4,4	6,8	6,4	6,1	5,9	5,8	5,7	5,7	$= xC_i''$

Füllung $\frac{l_i}{l}$ — Indicirte Leistung $\frac{N_i}{c}$ in Pferdekraft (pro 1 Meter Kolbengeschwindigkeit); Füllung $\frac{l_i}{l}$ — Netto-Leistung $\frac{N_n}{c}$ in Pferdekraft (pro 1 Meter Kolbengeschwindigkeit)

Wirksame Kolbenfläche O Qu.Met.	Kolben-Durchmesser D Centim.	0,3	0,25	0,20	0,15	0,125	0,10	0,07	0,3	0,25	0,20	0,15	0,125	0,10	0,07	Subtr. Compr. Lstg. pro $c=1$m Pfdk.	$2C_i''' $ u. C_i bei $\frac{l_i}{l}=0,125$ ($c=1$m) (gew. Masch.) Kgr.
0,030	19,8	12,3	11,1	9,7	8,1	7,2	6,2	4,9	8,8	7,9	6,8	5,5	4,8	4,0	2,9	1,0	6,5 (bei $c=1,18$m) 13,6
032	20,5	13,1	11,9	10,4	8,6	7,7	6,6	5,2	9,4	8,5	7,3	5,9	5,1	4,3	3,1	1,0	
034	21,1	13,9	12,6	11,0	9,2	8,2	7,0	5,5	10,1	9,1	7,8	6,3	5,5	4,6	3,3	1,1	
036	21,7	14,7	13,3	11,7	9,7	8,6	7,5	5,9	10,7	9,6	8,3	6,7	5,8	4,8	3,5	1,1	
038	22,3	15,6	14,1	12,3	10,3	9,1	7,9	6,3	11,3	10,2	8,8	7,1	6,2	5,1	3,7	1,2	
0,040	22,9	16,4	14,8	13,0	10,8	9,6	8,3	6,5	12,0	10,7	9,2	7,5	6,5	5,4	4,0	1,3	5,5 (1,23m)
042	23,5	17,2	15,6	13,6	11,4	10,1	8,7	6,9	12,6	11,3	9,7	7,9	6,8	5,7	4,2	1,3	
044	24,0	18,0	16,3	14,3	11,9	10,6	9,1	7,2	13,3	11,9	10,2	8,3	7,2	6,0	4,4	1,4	
046	24,6	18,8	17,0	14,9	12,4	11,0	9,5	7,5	13,9	12,5	10,7	8,7	7,5	6,3	4,6	1,4	
048	25,1	19,7	17,8	15,6	13,0	11,5	9,9	7,8	14,5	13,0	11,2	9,1	7,9	6,6	4,9	1,5	
0,050	25,6	20,5	18,5	16,2	13,5	12,0	10,4	8,2	15,2	13,6	11,7	9,5	8,3	6,9	5,1	1,6	4,9 (1,27m)
053	26,4	21,7	19,6	17,2	14,3	12,7	11,0	8,7	16,2	14,5	12,5	10,1	8,8	7,4	5,5	1,7	
056	27,1	22,9	20,8	18,1	15,1	13,4	11,6	9,1	17,2	15,4	13,3	10,8	9,4	7,8	5,8	1,8	
059	27,8	24,1	21,9	19,1	15,9	14,2	12,2	9,6	18,2	16,3	14,0	11,4	9,9	8,3	6,2	1,9	
062	28,5	25,4	23,0	20,1	16,8	14,9	12,8	10,1	19,2	17,2	14,8	12,0	10,5	8,8	6,5	2,0	
0,065	29,2	26,6	24,1	21,1	17,6	15,6	13,5	10,6	20,2	18,1	15,6	12,7	11,0	9,2	6,9	2,1	4,2 (1,32m) 12,2
068	29,9	27,8	25,2	22,0	18,4	16,3	14,1	11,1	21,1	19,0	16,3	13,3	11,6	9,7	7,2	2,2	
071	30,5	29,1	26,3	23,0	19,2	17,0	14,7	11,6	22,1	19,8	17,1	13,9	12,1	10,2	7,6	2,3	
074	31,2	30,3	27,4	23,9	20,0	17,8	15,3	12,1	23,1	20,7	17,9	14,5	12,7	10,6	7,9	2,3	
077	31,8	31,5	28,5	24,9	20,8	18,5	15,9	12,6	24,1	21,6	18,6	15,2	13,3	11,1	8,3	2,4	
0,080	32,4	32,7	29,7	25,9	21,6	19,2	16,6	13,1	25,1	22,5	19,4	15,8	13,8	11,6	8,6	2,5	3,7 (1,37m)
084	33,2	34,4	31,1	27,2	22,7	20,2	17,4	13,7	26,4	23,7	20,5	16,7	14,5	12,2	9,1	2,7	
088	34,0	36,0	32,6	28,5	23,8	21,1	18,2	14,4	27,8	24,9	21,5	17,5	15,3	12,8	9,6	2,8	
092	34,7	37,7	34,1	29,8	24,9	22,1	19,1	15,0	29,1	26,1	22,6	18,4	16,0	13,5	10,1	2,9	
096	35,5	39,3	35,6	31,1	25,9	23,0	19,9	15,7	30,4	27,3	23,6	19,2	16,8	14,1	10,6	3,0	
0,100	36,2	40,9	37,1	32,4	27,0	24,0	20,7	16,3	31,8	28,6	24,6	20,1	17,6	14,8	11,1	3,2	3,3 (1,42m)
105	37,1	43,0	38,9	34,0	28,4	25,2	21,8	17,1	33,5	30,1	26,0	21,2	18,5	15,6	11,7	3,3	
110	38,0	45,0	40,8	35,7	29,7	26,4	22,8	18,0	35,2	31,6	27,3	22,3	19,5	16,4	12,3	3,5	
115	38,8	47,1	42,6	37,3	31,1	27,6	23,8	18,8	36,9	33,2	28,6	23,4	20,4	17,2	12,9	3,7	
120	39,7	49,1	44,5	38,9	32,4	28,8	24,9	19,6	38,6	34,7	30,0	24,5	21,4	18,0	13,5	3,8	
0,125	40,5	51,2	46,3	40,5	33,8	30,0	25,9	20,4	40,3	36,3	31,3	25,6	22,4	18,9	14,2	4,0	2,8 (1,48m) 11,4
130	41,3	53,2	48,2	42,1	35,1	31,2	27,0	21,2	42,0	37,8	32,6	26,7	23,3	19,7	14,8	4,1	
135	42,1	55,3	50,0	43,8	36,5	32,4	28,0	22,1	43,7	39,3	34,0	27,8	24,3	20,5	15,4	4,3	
140	42,8	57,3	51,9	45,4	37,8	33,6	29,0	22,9	45,5	40,9	35,3	28,9	25,2	21,3	16,0	4,4	
145	43,6	59,4	53,7	47,0	39,2	34,8	30,1	23,7	47,2	42,4	36,6	30,0	26,2	22,1	16,6	4,6	
0,150	44,4	61,4	55,6	48,6	40,5	36,0	31,1	24,5	48,9	43,9	38,0	31,1	27,2	22,9	17,3	4,8	2,6 (1,53m)
155	45,1	63,4	57,4	50,2	41,9	37,2	32,1	25,3	50,6	45,5	39,3	32,2	28,2	23,8	17,9	4,9	
160	45,8	65,5	59,3	51,9	43,2	38,4	33,1	26,1	52,3	47,1	40,7	33,3	29,1	24,6	18,5	5,1	
165	46,5	67,5	61,1	53,5	44,6	39,6	34,2	26,9	54,0	48,6	42,0	34,4	30,1	25,4	19,2	5,2	
170	47,2	69,6	63,0	55,1	45,9	40,8	35,2	27,8	55,8	50,2	43,4	35,5	31,1	26,3	19,8	5,4	
0,175	47,9	71,6	64,8	56,7	47,3	42,0	36,3	28,6	57,5	51,7	44,8	36,7	32,1	27,1	20,4	5,6	2,5 (1,58m)
180	48,6	73,7	66,7	58,3	48,6	43,2	37,3	29,4	59,2	53,3	46,1	37,8	33,1	27,9	21,1	5,7	
185	49,3	75,7	68,5	59,9	50,0	44,4	38,3	30,2	61,0	54,9	47,5	38,9	34,0	28,7	21,7	5,9	
190	49,9	77,8	70,4	61,6	51,3	45,6	39,4	31,0	62,7	56,4	48,8	40,0	35,0	29,6	22,3	6,0	
195	50,6	79,8	72,2	63,2	52,7	46,8	40,4	31,9	64,4	58,0	50,2	41,1	36,0	30,4	23,0	6,2	
0,200	51,2	81,8	74,1	64,8	54,1	48,0	41,4	32,6	66,2	59,5	51,5	42,2	37,0	31,2	23,6	6,3	2,3 (1,62m) 11,0
205	51,8	83,9	76,0	66,4	55,4	49,2	42,5	33,4	67,9	61,1	52,9	43,3	37,9	32,1	24,3	6,5	
210	52,5	85,9	77,8	68,1	56,8	50,4	43,5	34,3	69,7	62,7	54,2	44,5	38,9	32,9	24,9	6,7	
215	53,1	88,0	79,7	69,7	58,1	51,6	44,5	35,1	71,4	64,3	55,6	45,6	39,9	33,8	25,5	6,8	
220	53,7	90,0	81,5	71,3	59,5	52,8	45,6	35,9	73,2	65,9	57,0	46,7	40,9	34,6	26,2	7,0	
0,225	54,3	92,1	83,4	72,9	60,8	54,0	46,6	36,7	74,9	67,4	58,4	47,9	41,9	35,4	26,8	7,1	2,1 (1,66m)
230	54,9	94,1	85,2	74,5	62,2	55,2	47,7	37,5	76,7	69,0	59,7	49,0	42,9	36,3	27,5	7,3	
235	55,5	96,2	87,1	76,2	63,5	56,4	48,7	38,4	78,4	70,6	61,1	50,1	43,9	37,1	28,1	7,5	
240	56,1	98,2	88,9	77,8	64,9	57,6	49,7	39,2	80,2	71,2	62,5	51,2	44,9	38,0	28,7	7,6	
245	56,7	100,3	90,8	79,4	66,2	58,8	50,8	40,0	81,9	73,8	63,8	52,4	45,9	38,8	29,4	7,8	
0,250	57,3	102,3	92,6	81,0	67,6	60,0	51,8	40,8	83,7	75,3	65,2	53,5	46,8	39,6	30,0	7,9	1,9 (1,70m)

Eincylinder-Condensations-Maschinen.

Abs. Adm. Sp. $p = 5$ Kgr. od. Atm.

Wirksame Kolbenfläche O Qu.Met.	Kolben-Durchmesser D Centm.	Füllung $\frac{l}{i}$ 0,3	0,25	0,20	0,15	0,125	0,10	0,07	Füllung $\frac{l}{i}$ 0,3	0,25	0,20	0,15	0,125	0,10	0,07	Subtr. Compr Lstg. pro $c=1$ m Pfdk.	$2C'''_i$ u.C'_i bei $\frac{l}{i}=0{,}125$ (gew. Masch.) Kgr.
		Indicirte Leistung $\frac{N_i}{c}$ in Pferdekraft							Netto-Leistung $\frac{N_n}{c}$ in Pferdekraft								
		pro 1 Meter Kolbengeschwindigkeit															
0,250	57,3	102,3	92,6	81,0	67,6	60,0	51,8	40,8	83,7	75,3	65,2	53,5	46,8	39,6	30,0	7,9	1,9 (bei $c=$ 1,70 m) 10,6
255	57,8	104,3	94,5	82,6	68,9	61,2	52,8	41,6	85,4	76,9	66,5	54,6	47,8	40,5	30,7	8,1	
260	58,4	106,4	96,3	84,3	70,3	62,4	53,8	42,4	87,2	78,5	67,9	55,7	48,8	41,3	31,3	8,3	
265	59,0	108,4	98,2	85,9	71,6	63,6	54,9	43,2	88,9	80,1	69,3	56,9	49,8	42,2	32,0	8,4	
270	59,5	110,5	100,0	87,5	73,0	64,8	55,9	44,1	90,7	81,7	70,7	58,0	50,8	43,0	32,6	8,6	
0,275	60,1	112,5	101,9	89,1	74,3	66,0	57,0	44,9	92,5	83,3	72,1	59,2	51,8	43,9	33,3	8,7	1,9 (1,73 m)
280	60,6	114,6	103,7	90,7	75,7	67,2	58,0	45,7	94,2	84,8	73,4	60,3	52,8	44,7	33,9	8,9	
285	61,1	116,6	105,6	92,4	77,0	68,4	59,0	46,5	96,0	86,4	74,8	61,4	53,8	45,6	34,6	9,1	
290	61,7	118,7	107,4	94,0	78,4	69,6	60,1	47,3	97,7	88,0	76,2	62,6	54,8	46,4	35,2	9,2	
295	62,2	120,7	109,3	95,6	79,7	70,8	61,1	48,2	99,5	89,6	77,6	63,7	55,8	47,3	35,9	9,4	
0,300	62,7	122,7	111,2	97,2	81,1	72,0	62,1	48,9	101,3	91,2	79,0	64,8	56,8	48,1	36,5	9,5	1,8 (1,76 m)
310	63,8	126,8	114,9	100,5	83,8	74,4	64,2	50,6	104,9	94,4	81,8	67,1	58,8	49,8	37,8	9,8	
320	64,8	130,9	118,6	103,7	86,5	76,8	66,3	52,2	108,4	97,6	84,5	69,4	60,9	51,6	39,1	10,2	
330	65,8	135,0	122,3	106,9	89,2	79,2	68,3	53,8	112,0	100,8	87,3	71,7	62,9	53,3	40,5	10,5	
340	66,8	139,1	126,0	110,2	91,9	81,6	70,4	55,5	115,5	104,0	90,1	74,0	64,9	55,0	41,8	10,8	
0,350	67,7	143,2	129,7	113,4	94,6	84,0	72,5	57,1	119,1	107,3	92,9	76,3	66,9	56,7	43,1	11,1	1,7 (1,82 m)
360	68,7	147,3	133,4	116,7	97,3	86,4	74,5	58,7	122,7	110,5	95,7	78,6	68,9	58,4	44,4	11,4	
370	69,7	151,4	137,1	119,9	100,0	88,8	76,6	60,3	126,2	113,7	98,5	80,9	71,0	60,2	45,7	11,8	
380	70,6	155,4	140,9	123,1	102,7	91,2	78,7	63,0	129,8	116,9	101,3	83,2	73,0	61,9	47,0	12,1	
390	71,5	159,5	144,6	126,4	105,4	93,6	80,8	64,6	133,3	120,1	104,1	85,5	75,0	63,6	48,3	12,4	
0,400	72,4	163,6	148,2	129,6	108,1	96,0	82,8	65,2	136,9	123,3	106,8	87,8	77,0	65,3	49,7	12,7	1,6 (1,87 m) 10,3
410	73,3	167,7	151,9	132,9	110,8	98,4	84,9	66,9	140,5	126,6	109,6	90,1	79,1	67,0	51,0	13,0	
420	74,2	171,8	155,7	136,1	113,5	100,8	87,0	68,5	144,1	129,8	112,4	92,4	81,1	68,8	52,3	13,3	
430	75,1	175,9	159,4	139,4	116,2	103,2	89,0	70,1	147,7	133,0	115,3	94,8	83,1	70,5	53,7	13,7	
440	76,0	180,0	163,1	142,6	118,9	105,6	91,1	71,8	151,3	136,3	118,1	97,1	85,2	72,2	55,0	14,0	
0,450	76,8	184,1	166,8	145,8	121,6	108,0	93,2	73,4	154,9	139,5	120,9	99,4	87,2	74,0	56,3	14,3	1,4 (1,93 m)
460	77,7	188,2	170,5	149,1	124,3	110,4	95,3	75,0	158,5	142,8	123,7	101,7	89,3	75,7	57,6	14,6	
470	78,5	192,3	174,2	152,3	127,0	112,8	97,3	76,7	162,0	146,0	126,5	104,0	91,3	77,5	59,0	14,9	
480	79,3	196,4	177,9	155,6	129,7	115,2	99,4	78,3	165,6	149,2	129,3	106,4	93,3	79,2	60,3	15,3	
490	80,2	200,4	181,6	158,8	132,4	117,6	101,5	79,9	169,2	152,5	132,1	108,7	95,4	80,9	61,6	15,6	
0,500	81,0	204,5	185,3	162,0	135,1	120,0	103,5	81,6	172,9	155,7	135,0	111,0	97,4	82,6	63,0	15,9	1,3 (1,98 m)
510	81,8	208,6	189,0	165,3	137,8	122,4	105,6	83,2	176,4	158,9	137,7	113,3	99,4	84,4	64,3	16,2	
520	82,6	212,7	192,7	168,5	140,5	124,8	107,7	84,8	180,0	162,1	140,5	115,6	101,5	86,1	65,6	16,5	
530	83,4	216,8	196,4	171,8	143,2	127,2	109,8	86,4	183,5	165,3	143,3	117,9	103,5	87,8	66,9	16,8	
540	84,2	220,9	200,1	175,0	145,9	129,6	111,8	88,1	187,1	168,5	146,1	120,2	105,5	89,5	68,3	17,1	
0,550	84,9	225,0	203,8	178,2	148,6	132,0	113,9	89,7	190,6	171,7	148,9	122,5	107,5	91,2	69,6	17,5	1,3 (2,02 m)
560	85,7	229,1	207,6	181,5	151,3	134,4	116,0	91,3	194,2	174,9	151,6	124,8	109,5	93,0	70,9	17,8	
570	86,5	233,2	211,3	184,7	154,0	136,8	118,0	93,0	197,7	178,1	154,4	127,1	111,6	94,7	72,2	18,1	
580	87,2	237,3	215,0	188,0	156,7	139,2	120,1	94,6	201,2	181,3	157,2	129,4	113,6	96,4	73,5	18,4	
590	88,0	241,4	218,7	191,2	159,4	141,6	122,2	96,2	204,8	184,5	160,0	131,7	115,6	98,1	74,9	18,7	
0,600	88,7	245,5	222,4	194,5	162,2	144,0	124,3	97,9	208,4	187,8	162,8	133,9	117,6	99,8	76,1	19,0	1,2 (2,06 m) 10,0
620	90,2	253,6	229,8	200,9	167,6	148,8	128,4	101,1	215,5	194,2	168,4	138,5	121,7	103,3	78,8	19,7	
640	91,6	261,8	237,2	207,4	173,0	153,6	132,5	104,4	222,7	200,6	173,9	143,1	125,7	106,7	81,4	20,3	
660	93,0	270,0	244,6	213,9	178,4	158,4	136,7	107,6	229,8	207,1	179,5	147,7	129,8	110,2	84,1	20,9	
680	94,4	278,2	252,0	220,4	183,8	163,2	140,8	110,9	236,9	213,5	185,1	152,3	133,8	113,6	86,7	21,6	
0,700	95,8	286,4	259,4	226,9	189,2	168,0	145,0	114,2	244,0	219,9	190,7	156,9	137,9	117,1	89,4	22,2	1,1 (2,13 m)
720	97,2	294,5	266,8	233,3	194,6	172,8	149,1	117,4	251,2	226,3	196,3	161,5	141,9	120,5	92,0	22,8	
740	98,5	302,7	274,2	239,8	200,0	177,6	153,2	120,7	258,3	232,8	201,8	166,1	146,0	124,0	94,7	23,4	
760	99,8	310,9	281,6	246,3	205,5	182,4	157,4	123,9	265,4	239,2	207,4	170,7	150,0	127,4	97,3	24,1	
780	101,1	319	289	253	211	187	162	127	273	246	213	175	154	131	100	25	
0,800	102,4	327	296	259	216	192	166	130	280	252	219	180	158	134	103	25	1,1 (2,20 m)
820	103,7	335	304	266	222	197	170	134	287	259	224	185	162	138	105	26	
840	105,0	344	311	272	227	202	174	137	294	265	230	189	166	141	108	27	
860	106,2	352	319	279	232	206	178	140	301	271	235	194	170	145	111	27	
880	107,4	360	326	285	238	211	182	144	308	278	241	198	174	148	113	28	
0,900	108,6	368	334	292	243	216	186	147	316	284	247	203	179	152	116	29	1,0 (2,25 m)
920	109,8	376	341	298	249	221	191	150	323	291	252	208	183	155	119	29	
940	111,0	385	348	305	254	226	195	153	330	297	258	212	187	159	121	30	
960	112,2	393	356	311	260	230	199	157	337	304	263	217	191	162	124	30	
980	113,4	401	363	318	265	235	203	160	344	310	269	222	195	166	127	31	
1,000	114,5	409	371	324	270	240	207	163	351	317	275	226	199	169	129	32	0,9 (2,30 m) 9,8

*) C'' beträgt bei exacten Masch. circa die Hälfte.

Eincylinder-Condensations-Maschinen. (Zunächst mit Dampfhemd.)

Abs. Adm. Sp. $p = 5^{1}/_{2}$ Kgr. od. Atm.

(Füllung) $\frac{l_i}{l} =$	Mit Hemd							Ohne Hemd							$= \frac{l}{l}$ (Füllung)
	0,3	0,25	0,20	0,15	0,125	0,10	0,07	0,3	0,25	0,20	0,15	0,125	0,10	0,07	
N_i oder $N_n =$	1	1	1	1	1	1	1	0,96	0,95	0,94	0,93	0,92	0,91	0,89	$= N_i$ oder N_n
gewöhnl. Masch. $C_i' =$	7,8	7,3	6,9	6,4	6,2	6,0	5,8	8,1	7,7	7,3	6,9	6,7	6,6	6,5	$= C_i'$ } gewöhnl. Masch.
$xC_i'' =$	7,3	6,8	6,4	5,9	5,7	5,5	5,2	7,9	7,5	7,2	6,9	6,7	6,6	6,7	$= xC_i''$
exacte Masch.*) $C_i' =$	7,2	6,7	6,2	5,7	5,5	5,2	4,9	7,4	7,0	6,4	6,1	5,9	5,7	5,6	$= C_i'$ } exacte Masch.*)
$xC_i'' =$	6,2	5,8	5,4	5,0	4,8	4,6	4,4	6,7	6,4	6,1	5,8	5,7	5,7	5,7	$= xC_i''$

Wirksame Kolbenfläche O Qu.Met.	Kolben-Durchmesser D Centm.	Füllung $\frac{l_i}{l}$ — Indicirte Leistung $\frac{N_i}{c}$ in Pferdekraft 0,3	0,25	0,20	0,15	0,125	0,10	0,07	Füllung $\frac{l_i}{l}$ — Netto-Leistung $\frac{N_n}{c}$ in Pferdekraft 0,3	0,25	0,20	0,15	0,125	0,10	0,07	Subtr. Compr. Lstg. pro $c=1$ m Pfdk.	$2C_i'''$ u. C_t bei $\frac{l_i}{l}=0,125$ (gew. Masch.) Kgr.
0,030	19,8	13,6	12,3	10,8	9,0	8,0	6,9	5,5	9,8	8,9	7,7	6,3	5,5	4,6	3,4	1,1	5,8 (bei $c=$ 1,23 m) 13,2
032	20,5	14,5	13,1	11,5	9,6	8,5	7,4	5,8	10,5	9,5	8,3	6,7	5,8	4,9	3,6	1,2	
034	21,1	15,4	14,0	12,2	10,2	9,1	7,8	6,2	11,3	10,2	8,8	7,1	6,2	5,2	3,9	1,2	
036	21,7	16,3	14,8	12,9	10,8	9,6	8,3	6,6	12,0	10,8	9,3	7,6	6,6	5,5	4,1	1,3	
038	22,3	17,2	15,6	13,7	11,4	10,1	8,8	6,9	12,7	11,4	9,8	8,0	7,0	5,8	4,3	1,4	
0,040	22,9	18,1	16,4	14,4	12,0	10,7	9,2	7,3	13,4	12,0	10,4	8,4	7,3	6,1	4,6	1,5	5,0 (1,28 m)
042	23,5	19,0	17,2	15,1	12,6	11,2	9,7	7,7	14,1	12,7	10,9	8,9	7,7	6,5	4,8	1,5	
044	24,0	20,0	18,1	15,8	13,2	11,7	10,2	8,0	14,9	13,3	11,5	9,4	8,1	6,8	5,1	1,6	
046	24,6	20,9	18,9	16,5	13,8	12,3	10,6	8,4	15,6	14,0	12,0	9,8	8,5	7,2	5,3	1,7	
048	25,1	21,8	19,7	17,3	14,4	12,8	11,1	8,7	16,3	14,6	12,6	10,3	8,9	7,5	5,6	1,7	
0,050	25,6	22,7	20,5	18,0	15,0	13,4	11,5	9,1	17,0	15,3	13,1	10,7	9,3	7,9	5,9	1,8	4,4 (1,33 m)
053	26,4	24,0	21,8	19,1	15,9	14,2	12,2	9,7	18,1	16,2	14,0	11,4	10,0	8,4	6,3	1,9	
056	27,1	25,4	23,0	20,1	16,8	15,0	12,9	10,2	19,2	17,2	14,9	12,1	10,6	8,9	6,7	2,0	
059	27,8	26,7	24,2	21,2	17,7	15,8	13,6	10,8	20,3	18,2	15,7	12,8	11,2	9,4	7,1	2,1	
062	28,5	28,1	25,5	22,3	18,6	16,6	14,3	11,3	21,4	19,2	16,6	13,5	11,8	10,0	7,5	2,3	
0,065	29,2	29,5	26,7	23,4	19,5	17,4	15,0	11,9	22,5	20,2	17,4	14,2	12,4	10,5	7,9	2,4	3,9 (1,38 m) 11,8
068	29,9	30,8	27,9	24,5	20,4	18,2	15,7	12,4	23,6	21,2	18,3	15,0	13,1	11,0	8,3	2,5	
071	30,5	32,2	29,1	25,5	21,3	19,0	16,4	13,0	24,7	22,2	19,2	15,7	13,7	11,5	8,7	2,6	
074	31,2	33,5	30,4	26,6	22,2	19,8	17,1	13,5	25,8	23,2	20,0	16,4	14,3	12,0	9,1	2,7	
077	31,8	34,9	31,6	27,7	23,1	20,6	17,8	14,1	26,9	24,1	20,9	17,1	14,9	12,6	9,5	2,8	
0,080	32,4	36,2	32,9	28,8	24,0	21,4	18,5	14,6	27,9	25,1	21,7	17,8	15,5	13,1	9,9	2,9	3,4 (1,43 m)
084	33,2	38,0	34,5	30,2	25,2	22,4	19,4	15,3	29,4	26,5	22,9	18,8	16,4	13,8	10,4	3,1	
088	34,0	39,9	36,1	31,6	26,4	23,5	20,3	16,1	30,9	27,8	24,1	19,7	17,2	14,6	11,0	3,2	
092	34,7	41,7	37,8	33,1	27,6	24,6	21,2	16,8	32,4	29,2	25,2	20,7	18,1	15,3	11,5	3,4	
096	35,5	43,5	39,4	34,5	28,8	25,6	22,1	17,5	33,9	30,5	26,4	21,7	18,9	16,0	12,1	3,5	
0,100	36,2	45,3	41,1	35,9	30,0	26,7	23,1	18,2	35,4	31,9	27,6	22,6	19,8	16,7	12,6	3,6	2,9 (1,49 m)
105	37,1	47,6	43,1	37,7	31,5	28,0	24,2	19,2	37,3	33,6	29,1	23,8	20,9	17,7	13,3	3,8	
110	38,0	49,8	45,2	39,5	33,0	29,4	25,4	20,1	39,2	35,3	30,5	25,1	21,9	18,6	14,0	4,0	
115	38,8	52,1	47,2	41,3	34,5	30,7	26,5	21,0	41,1	37,0	32,0	26,3	23,0	19,5	14,7	4,2	
120	39,7	54,3	49,3	43,1	36,0	32,0	27,7	21,9	43,0	38,7	33,5	27,5	24,1	20,4	15,4	4,4	
0,125	40,5	56,6	51,3	44,9	37,5	33,4	28,8	22,8	44,9	40,4	35,0	28,7	25,2	21,3	16,1	4,6	2,6 (1,55 m) 11,1
130	41,3	58,9	53,4	46,7	39,0	34,7	30,0	23,7	46,8	42,1	36,5	29,9	26,3	22,3	16,8	4,7	
135	42,1	61,1	55,4	48,5	40,5	36,0	31,1	24,6	48,7	43,8	37,9	31,2	27,3	23,2	17,5	4,9	
140	42,8	63,4	57,5	50,3	42,0	37,3	32,3	25,5	50,6	45,6	39,4	32,4	28,4	24,1	18,2	5,1	
145	43,6	65,6	59,5	52,1	43,5	38,7	33,4	26,4	52,5	47,3	40,9	33,6	29,5	25,0	18,9	5,3	
0,150	44,1	67,9	61,6	53,9	45,0	40,0	34,6	27,4	54,4	49,0	42,4	34,9	30,6	25,9	19,7	5,5	2,4 (1,61 m)
155	45,1	70,2	63,6	55,7	46,5	41,4	35,8	28,3	56,3	50,7	43,9	36,1	31,7	26,8	20,4	5,6	
160	45,8	72,5	65,7	57,5	48,0	42,7	36,9	29,2	58,2	52,5	45,4	37,3	32,7	27,7	21,1	5,8	
165	46,5	74,7	67,7	59,3	49,5	44,0	38,1	30,1	60,2	54,2	47,0	38,6	33,8	28,7	21,8	6,0	
170	47,2	77,0	69,8	61,1	51,0	45,4	39,2	31,0	62,1	55,9	48,5	39,8	34,9	29,6	22,5	6,2	
0,175	47,9	79,2	71,8	62,9	52,5	46,7	40,4	31,9	64,0	57,7	50,0	41,1	36,0	30,5	23,3	6,4	2,2 (1,66 m)
180	48,6	81,5	73,9	64,7	54,0	48,0	41,5	32,8	65,9	59,4	51,5	42,3	37,1	31,5	24,0	6,6	
185	49,3	83,8	75,9	66,5	55,5	49,4	42,7	33,7	67,8	61,2	53,0	43,5	38,2	32,4	24,7	6,7	
190	49,9	86,0	78,0	68,3	57,0	50,7	43,8	34,6	69,8	62,9	54,5	44,8	39,3	33,3	25,4	6,9	
195	50,6	88,3	80,0	70,1	58,5	52,0	45,0	35,5	71,7	64,6	56,0	46,0	40,4	34,3	26,1	7,1	
0,200	51,2	90,6	82,1	71,9	60,1	53,4	46,1	36,5	73,6	66,3	57,5	47,3	41,5	35,2	26,8	7,3	2,0 (1,70 m) 10,6
205	51,8	92,8	84,2	73,7	61,6	54,7	47,3	37,4	75,6	68,1	59,0	48,6	42,6	36,2	27,6	7,5	
210	52,5	95,1	86,2	75,5	63,1	56,1	48,4	38,3	77,5	69,9	60,6	49,8	43,7	37,1	28,3	7,6	
215	53,1	97,4	88,3	77,3	64,6	57,4	49,6	39,2	79,5	71,6	62,1	51,1	44,8	38,1	29,0	7,8	
220	53,7	99,6	90,3	79,1	66,1	58,7	50,7	40,1	81,4	73,4	63,6	52,3	45,9	39,0	29,8	8,0	
0,225	54,2	101,9	92,4	80,9	67,6	60,0	51,9	41,1	83,4	75,1	65,2	53,6	47,1	40,0	30,5	8,2	1,9 (1,74 m)
230	54,9	104,1	94,4	82,7	69,1	61,4	53,0	41,9	85,3	76,9	66,7	54,9	48,2	40,9	31,2	8,4	
235	55,5	106,4	96,5	84,5	70,6	62,7	54,2	42,8	87,3	78,7	68,2	56,1	49,3	41,9	31,9	8,6	
240	56,1	108,7	98,5	86,3	72,1	64,0	55,3	43,8	89,2	80,4	69,7	57,4	50,4	42,8	32,7	8,7	
245	56,7	110,9	100,6	88,1	73,6	65,4	56,5	44,7	91,2	82,2	71,3	58,6	51,5	43,8	33,4	8,9	
0,250	57,3	113,2	102,6	89,9	75,1	66,7	57,7	45,6	93,1	83,9	72,8	59,9	52,6	44,7	34,1	9,1	1,8 (1,78 m)

Eincylinder-Condensations-Maschinen.

Abs. Adm. Sp. $p = \mathbf{5}\tfrac{1}{2}$ Kgr. od. Atm.

Columns under **Füllung $\frac{l}{L}$** give the Indicirte Leistung $\frac{N_i}{c}$ in Pferdekraft (left group) and the Netto-Leistung $\frac{N_n}{c}$ in Pferdekraft (right group), pro 1 Meter Kolbengeschwindigkeit.

Wirksame Kolbenfläche O (Qu.Met.)	Kolben-Durchmesser D (Centm.)	0,3	0,25	0,20	0,15	0,125	0,10	0,07	0,3	0,25	0,20	0,15	0,125	0,10	0,07	Subtr. Compr. Lstg. pro $c=1$ m (Pfdk.)	$2C_i''' \text{ u. } C_i$ bei $\frac{l}{L}=0{,}125$ (gew. Masch.) Kgr.
0,250	57,3	113,2	102,6	89,9	75,1	66,7	57,7	45,6	93,1	83,9	72,8	59,9	52,6	44,7	34,1	9,1	1,8 (bei $c=1{,}78$ m) 10,4
255	57,8	115,5	104,7	91,7	76,6	68,1	58,8	46,5	95,1	85,7	74,3	61,2	53,7	45,6	34,8	9,3	
260	58,4	117,8	106,7	93,5	78,1	69,4	60,0	47,4	97,0	87,4	75,8	62,4	54,8	46,6	35,6	9,5	
265	59,0	120,0	108,8	95,3	79,6	70,7	61,1	48,3	99,0	89,2	77,4	63,7	56,0	47,5	36,3	9,6	
270	59,5	122,3	110,8	97,1	81,1	72,1	62,3	49,2	100,9	91,0	78,9	65,0	57,1	48,5	37,0	9,8	
0,275	60,1	124,5	112,9	98,9	82,6	73,4	63,4	50,1	102,9	92,7	80,5	66,2	58,2	49,4	37,8	10,0	1,7 (1,82 m)
280	60,6	126,8	114,9	100,7	84,1	74,7	64,6	51,1	104,9	94,5	82,0	67,5	59,3	50,4	38,5	10,2	
285	61,1	129,1	117,0	102,5	85,6	76,1	65,7	52,0	106,8	96,3	83,5	68,8	60,4	51,3	39,2	10,4	
290	61,7	131,3	119,0	104,3	87,1	77,4	66,9	52,9	108,8	98,0	85,1	70,1	61,6	52,3	40,0	10,5	
295	62,2	133,6	121,1	106,1	88,6	78,7	68,0	53,8	110,7	99,8	86,6	71,3	62,7	53,2	40,7	10,7	
0,300	62,7	135,9	123,2	107,8	90,1	80,1	69,2	54,7	112,7	101,6	88,1	72,6	63,8	54,2	41,5	10,9	1,6 (1,85 m)
310	63,8	140,4	127,3	111,4	93,1	82,8	71,5	56,5	116,7	105,2	91,2	75,2	66,0	56,2	42,9	11,3	
320	64,8	144,9	131,4	115,0	96,1	85,4	73,8	58,4	120,6	108,7	94,3	77,7	68,3	58,1	44,4	11,6	
330	65,8	149,5	135,5	118,6	99,1	88,1	76,1	60,2	124,6	112,3	97,4	80,3	70,6	60,0	45,9	12,0	
340	66,8	154,0	139,6	122,2	102,1	90,8	78,5	62,0	128,5	115,9	100,5	82,9	72,8	62,0	47,4	12,4	
0,350	67,7	158,5	143,7	125,8	105,1	93,4	80,8	63,8	132,5	119,4	103,6	85,5	75,1	63,9	48,9	12,7	1,5 (1,91 m)
360	68,7	163,1	147,8	129,4	108,1	96,1	83,1	65,6	136,5	123,0	106,7	88,0	77,3	65,8	50,4	13,1	
370	69,7	167,6	151,9	133,0	111,1	98,8	85,4	67,5	140,4	126,6	109,8	90,6	79,6	67,7	51,9	13,4	
380	70,6	172,1	156,1	136,5	114,1	101,4	87,7	69,3	144,4	130,1	112,9	93,2	81,9	69,7	53,4	13,8	
390	71,5	176,7	160,2	140,1	117,1	104,1	90,0	71,1	148,3	133,7	116,0	95,7	84,1	71,6	54,9	14,2	
0,400	72,4	181,2	164,2	143,8	120,1	106,8	92,3	73,0	152,3	137,3	119,2	98,3	86,4	73,5	56,3	14,6	1,4 (1,97 m) 10,1
410	73,3	185,7	168,3	147,4	123,1	109,4	94,6	74,8	156,3	140,9	122,3	100,9	88,7	75,5	57,8	14,9	
420	74,2	190,2	172,5	150,9	126,1	112,1	96,9	76,6	160,2	144,5	125,4	103,4	91,0	77,4	59,3	15,3	
430	75,1	194,8	176,6	154,5	129,1	114,8	99,2	78,4	164,2	148,1	128,5	106,0	93,2	79,3	60,8	15,6	
440	76,0	199,3	180,7	158,1	132,1	117,5	101,5	80,2	168,2	151,7	131,6	108,6	95,5	81,3	62,3	16,0	
0,450	76,8	203,8	184,8	161,7	135,1	120,1	103,8	82,1	172,2	155,3	134,7	111,2	97,8	83,2	63,8	16,4	1,3 (2,03 m)
460	77,7	208,4	188,9	165,3	138,1	122,8	106,1	83,9	176,2	158,9	137,9	113,8	100,1	85,2	65,3	16,7	
470	78,5	212,9	193,0	168,9	141,1	125,5	108,5	85,7	180,2	162,5	141,0	116,4	102,4	87,1	66,8	17,1	
480	79,3	217,4	197,1	172,5	144,1	128,1	110,8	87,5	184,2	166,1	144,1	119,0	104,6	89,0	68,3	17,4	
490	80,2	221,9	201,2	176,1	147,1	130,8	113,1	89,3	188,2	169,7	147,2	121,6	106,9	91,0	69,8	17,8	
0,500	81,0	226,5	205,3	179,7	150,1	133,5	115,4	91,2	192,1	173,3	150,5	124,1	109,2	92,9	71,3	18,2	1,2 (2,08 m)
510	81,8	231,0	209,4	183,3	153,1	136,1	117,7	93,0	196,1	176,8	153,6	126,7	111,4	94,9	72,8	18,6	
520	82,6	235,5	213,5	186,9	156,1	138,8	120,0	94,8	200,0	180,4	156,7	129,2	113,7	96,8	74,2	18,9	
530	83,4	240,1	217,6	190,5	159,1	141,5	122,3	96,7	204,0	184,0	159,8	131,8	115,9	98,7	75,7	19,3	
540	84,2	244,6	221,7	194,1	162,1	144,2	124,6	98,5	207,9	187,5	162,9	134,4	118,2	100,7	77,2	19,6	
0,550	84,9	249,1	225,8	197,7	165,1	146,8	126,9	100,3	211,9	191,1	166,0	136,9	120,5	102,6	78,7	20,0	1,2 (2,12 m)
560	85,7	253,6	230,0	201,2	168,1	149,5	129,2	102,1	215,8	194,6	169,1	139,5	122,7	104,5	80,2	20,4	
570	86,5	258,2	234,1	204,8	171,1	152,2	131,5	103,9	219,8	198,2	172,2	142,0	125,0	106,5	81,7	20,7	
580	87,2	262,7	238,2	208,4	174,1	154,8	133,8	105,8	223,7	201,8	175,3	144,6	127,2	108,4	83,2	21,1	
590	88,0	267,2	242,3	212,0	177,1	157,5	136,1	107,6	227,7	205,3	178,4	147,2	129,5	110,3	84,7	21,4	
0,600	88,7	271,8	246,4	215,6	180,1	160,2	138,4	109,4	231,6	208,9	181,4	149,7	131,7	112,2	86,1	21,8	1,1 (2,16 m) 9,9
620	90,2	280,8	254,6	222,8	186,1	165,5	143,0	113,1	239,5	216,0	187,7	154,9	136,3	116,1	89,1	22,6	
640	91,6	289,9	262,8	230,0	192,1	170,8	147,6	116,7	247,4	223,2	193,9	160,0	140,8	120,0	92,1	23,3	
660	93,0	298,9	271,0	237,2	198,1	176,2	152,3	120,4	255,3	230,3	200,1	165,2	145,3	123,8	95,1	24,0	
680	94,4	308,0	279,2	244,4	204,1	181,5	156,9	124,0	263,2	237,5	206,3	170,3	149,9	127,7	98,1	24,8	
0,700	95,8	317	287	252	210	187	161	128	271	245	213	175	154	132	101	25	1,1 (2,24 m)
720	97,2	326	296	259	216	192	166	131	279	252	219	181	159	135	104	26	
740	98,5	335	304	266	222	198	171	135	287	259	225	186	163	139	107	27	
760	99,8	344	312	273	228	203	175	139	295	266	231	191	168	143	110	28	
780	101,1	353	320	280	234	208	180	142	303	273	237	196	173	147	113	28	
0,800	102,4	362	328	288	240	214	185	146	311	280	244	201	177	151	116	29	1,0 (2,31 m)
820	103,7	371	337	295	246	219	189	150	319	288	250	206	182	155	119	30	
840	105,0	380	345	302	252	224	194	153	327	295	256	211	186	159	122	31	
860	106,2	390	353	309	258	230	198	157	335	302	262	217	191	163	125	31	
880	107,4	399	361	316	264	235	203	161	342	309	269	222	195	166	128	32	
0,900	108,6	408	370	323	270	240	208	164	350	316	275	227	200	170	131	33	0,9 (2,36 m)
920	109,8	417	378	331	276	246	212	168	358	323	281	232	204	174	134	34	
940	111,0	426	386	338	282	251	217	171	366	331	287	237	209	178	137	34	
960	112,2	435	394	345	288	256	221	175	374	338	294	242	214	182	140	35	
980	113,4	444	402	352	294	262	226	179	382	345	300	248	218	186	143	36	
1,000	114,5	453	411	359	300	267	231	182	390	352	306	253	223	190	146	36	0,9 (2,41 m) 9,7

*) C_i''' beträgt bei exacten Masch. circa die Hälfte.

Eincylinder-Condensations-Maschinen. (Zunächst mit Dampfhemd.)

Abs. Adm. Sp. $p = 6$ Kgr. od. Atm.

		Mit Hemd							Ohne Hemd							
(Füllung) $\frac{l_i}{l} =$		0,3	0,25	0,20	0,15	0,125	0,10	0,07	0,3	0,25	0,20	0,15	0,125	0,10	0,07	$= \frac{l_i}{l}$ (Füllung)
N_i oder $N_n =$		1	1	1	1	1	1	1	0,96	0,95	0,94	0,93	0,92	0,91	0,89	$= N_i$ oder N_n
gewöhnl. Masch.	$C_i' =$	7,7	7,2	6,8	6,4	6,2	5,9	5,7	8,0	7,6	7,2	6,8	6,6	6,5	6,4	$= C_i'$ gewöhnl. Masch.
	$xC_i'' =$	7,3	6,8	6,4	5,9	5,7	5,4	5,1	7,9	7,5	7,2	6,8	6,7	6,6	6,6	$= xC_i''$
exacte Masch.*)	$C_i' =$	7,1	6,6	6,1	5,7	5,4	5,1	4,8	7,3	6,9	6,5	6,0	5,8	5,6	5,5	$= C_i'$ exacte Masch.*)
	$xC_i'' =$	6,2	5,8	5,4	5,0	4,8	4,6	4,4	6,7	6,4	6,1	5,8	5,7	5,6	5,6	$= xC_i''$

Füllung $\frac{l_i}{l}$ — Indicirte Leistung $\frac{N_i}{c}$ in Pferdekraft — pro 1 Meter Kolbengeschwindigkeit. Netto-Leistung $\frac{N_n}{c}$ in Pferdekraft. Subtr. Compr. Lstg. pro $c = 1$ m (Pfdk.). $2C_i'''$ u. C_i' bei $\frac{l_i}{l} = 0,125$ (gew. Masch.) (Kgr.).

Wirksame Kolbenfläche O Qu.Met.	Kolben-Durchmesser D Centm.	0,3	0,25	0,20	0,15	0,125	0,10	0,07	0,3	0,25	0,20	0,15	0,125	0,10	0,07	Subtr. Compr. Lstg.	$2C_i'''$ u. C_i'
0,030	19,8	14,9	13,5	11,8	9,9	8,8	7,6	6,0	11,0	9,9	8,5	7,0	6,1	5,2	3,9	1,2	5,6
032	20,5	15,9	14,4	12,6	10,6	9,4	8,1	6,5	11,8	10,6	9,1	7,5	6,5	5,5	4,1	1,3	(bei
034	21,1	16,9	15,3	13,4	11,2	10,0	8,6	6,9	12,5	11,3	9,7	8,0	7,0	5,9	4,4	1,4	$c =$
036	21,7	17,9	16,2	14,2	11,9	10,6	9,2	7,3	13,3	11,9	10,3	8,4	7,4	6,2	4,7	1,5	1,29 m
038	22,3	18,9	17,1	15,0	12,5	11,2	9,7	7,7	14,0	12,6	10,9	8,9	7,8	6,6	4,9	1,6	12,9
0,040	22,9	19,9	18,0	15,8	13,2	11,8	10,2	8,1	14,8	13,3	11,5	9,4	8,2	6,9	5,2	1,6	4,6
042	23,5	20,9	18,9	16,6	13,9	12,4	10,7	8,5	15,6	14,0	12,1	9,9	8,6	7,3	5,5	1,7	(1,34 m)
044	24,0	21,9	19,8	17,4	14,5	12,9	11,2	8,9	16,4	14,7	12,7	10,4	9,1	7,7	5,8	1,8	
046	24,6	22,8	20,7	18,2	15,2	13,5	11,7	9,3	17,2	15,4	13,3	10,9	9,5	8,1	6,1	1,9	
048	25,1	23,8	21,6	19,0	15,9	14,1	12,2	9,7	18,0	16,2	14,0	11,4	10,0	8,4	6,3	2,0	
0,050	25,6	24,8	22,5	19,7	16,5	14,7	12,7	10,1	18,8	16,9	14,6	11,9	10,4	8,8	6,6	2,1	4,1
053	26,4	26,3	23,9	20,9	17,5	15,6	13,5	10,7	20,0	18,0	15,5	12,7	11,1	9,4	7,1	2,2	(1,39 m)
056	27,1	27,8	25,2	22,1	18,5	16,5	14,2	11,3	21,2	19,1	16,5	13,5	11,8	10,0	7,5	2,3	
059	27,8	29,3	26,6	23,3	19,5	17,3	15,0	11,9	22,4	20,1	17,4	14,3	12,5	10,6	8,0	2,4	
062	28,5	30,8	27,9	24,5	20,5	18,2	15,8	12,5	23,6	21,2	18,4	15,0	13,2	11,2	8,4	2,5	
0,065	29,2	32,3	29,3	25,6	21,5	19,1	16,5	13,1	24,8	22,3	19,3	15,8	13,9	11,7	8,9	2,7	3,5
068	29,9	33,8	30,6	26,8	22,5	20,0	17,3	13,7	26,0	23,4	20,3	16,6	14,6	12,3	9,3	2,8	(1,44 m)
071	30,5	35,3	32,0	28,0	23,4	20,9	18,0	14,3	27,2	24,5	21,2	17,4	15,3	12,9	9,8	2,9	11,6
074	31,2	36,8	33,3	29,2	24,4	21,7	18,8	14,9	28,4	25,6	22,2	18,2	15,9	13,5	10,2	3,0	
077	31,8	38,3	34,7	30,4	25,4	22,6	19,6	15,5	29,6	26,7	23,1	18,9	16,6	14,1	10,7	3,2	
0,080	32,4	39,7	36,0	31,6	26,4	23,5	20,4	16,1	30,8	27,8	24,1	19,7	17,3	14,7	11,1	3,3	3,1
084	33,2	41,7	37,8	33,2	27,7	24,7	21,4	16,9	32,7	29,3	25,4	20,8	18,3	15,5	11,7	3,5	(1,49 m)
088	34,0	43,7	39,6	34,7	29,1	25,9	22,4	17,8	34,5	30,7	26,6	21,9	19,2	16,3	12,3	3,6	
092	34,7	45,7	41,4	36,3	30,4	27,1	23,4	18,6	36,4	32,2	27,9	22,9	20,1	17,1	13,0	3,8	
096	35,5	47,7	43,2	37,9	31,7	28,2	24,4	19,4	38,2	33,7	29,2	24,0	21,1	17,9	13,6	3,9	
0,100	36,2	49,7	45,1	39,5	33,0	29,4	25,4	20,2	40,1	35,2	30,5	25,1	22,1	18,7	14,2	4,1	2,8
105	37,1	52,2	47,3	41,4	34,7	30,9	26,7	21,2	42,1	37,1	32,1	26,4	23,2	19,7	15,0	4,3	(1,56 m)
110	38,0	54,6	49,6	43,4	36,3	32,3	28,0	22,2	44,1	39,0	33,8	27,8	24,4	20,7	15,8	4,5	
115	38,8	57,1	51,8	45,4	38,0	33,8	29,2	23,2	46,1	40,9	35,4	29,1	25,6	21,7	16,6	4,7	
120	39,7	59,6	54,1	47,4	39,6	35,3	30,5	24,2	48,0	42,8	37,1	30,5	26,8	22,7	17,3	4,9	
0,125	40,5	62,1	56,3	49,3	41,3	36,7	31,8	25,2	50,0	44,6	38,7	31,8	28,0	23,8	18,1	5,1	2,4
130	41,3	64,6	58,6	51,3	42,9	38,2	33,1	26,2	52,0	46,5	40,3	33,2	29,2	24,8	18,9	5,3	(1,62 m)
135	42,1	67,0	60,8	53,3	44,6	39,7	34,3	27,2	54,0	48,4	42,0	34,5	30,3	25,8	19,7	5,5	10,9
140	42,8	69,5	63,1	55,2	46,2	41,2	35,6	28,2	56,0	50,3	43,6	35,9	31,5	26,8	20,5	5,7	
145	43,6	72,0	65,3	57,2	47,9	42,6	36,9	29,2	58,0	52,2	45,3	37,2	32,7	27,8	21,3	6,0	
0,150	44,4	74,5	67,6	59,2	49,5	44,1	38,2	30,2	60,0	54,1	46,9	38,6	34,0	28,9	22,0	6,2	2,2
155	45,1	77,0	69,8	61,2	51,2	45,6	39,4	31,3	62,1	56,0	48,5	40,0	35,2	29,9	22,8	6,4	(1,68 m)
160	45,8	79,5	72,1	63,2	52,8	47,0	40,7	32,3	64,2	57,9	50,2	41,4	36,4	30,9	23,6	6,6	
165	46,5	82,0	74,3	65,1	54,5	48,5	42,0	33,3	66,3	59,8	51,9	42,7	37,6	32,0	24,4	6,8	
170	47,2	84,4	76,6	67,1	56,1	50,0	43,2	34,3	68,4	61,7	53,5	44,1	38,8	33,0	25,2	7,0	
0,175	47,9	86,9	78,8	69,1	57,8	51,4	44,5	35,3	70,6	63,6	55,2	45,5	40,0	34,1	26,0	7,2	2,0
180	48,6	89,4	81,1	71,0	59,4	52,9	45,8	36,3	72,7	65,5	56,8	46,9	41,2	35,1	26,8	7,4	(1,73 m)
185	49,3	91,9	83,3	73,0	61,1	54,4	47,0	37,3	74,8	67,4	58,5	48,3	42,4	36,1	27,6	7,6	
190	49,9	94,4	85,6	75,0	62,7	55,8	48,3	38,3	76,9	69,3	60,2	49,6	43,6	37,2	28,4	7,8	
195	50,6	96,8	87,8	76,9	64,4	57,3	49,6	39,3	79,0	71,3	61,8	51,0	44,8	38,2	29,2	8,0	
0,200	51,2	99,4	90,1	78,9	66,0	58,8	50,9	40,3	81,1	73,2	63,5	52,4	46,1	39,2	30,0	8,2	1,9
205	51,8	101,8	92,4	80,9	67,7	60,3	52,1	41,3	83,3	75,1	65,2	53,8	47,3	40,3	30,8	8,4	(1,78 m)
210	52,5	104,3	94,6	82,9	69,3	61,7	53,4	42,3	85,4	77,0	66,9	55,1	48,5	41,3	31,7	8,6	10,5
215	53,1	106,8	96,9	84,9	71,0	63,2	54,7	43,4	87,5	79,0	68,6	56,5	49,8	42,4	32,5	8,8	
220	53,7	109,3	99,1	86,8	72,6	64,7	56,0	44,4	89,7	80,9	70,2	57,9	51,0	43,4	33,3	9,0	
0,225	54,3	111,8	101,4	88,8	74,3	66,1	57,2	45,4	91,8	82,8	71,9	59,3	52,2	44,5	34,1	9,2	1,8
230	54,9	114,2	103,6	90,8	75,9	67,6	58,5	46,4	94,0	84,8	73,6	60,7	53,5	45,5	34,9	9,4	(1,82 m)
235	55,5	116,7	105,9	92,7	77,6	69,1	59,8	47,4	96,1	86,7	75,3	62,1	54,7	46,6	35,7	9,7	
240	56,1	119,2	108,1	94,7	79,2	70,5	61,0	48,4	98,2	88,6	77,0	63,5	55,9	47,6	36,5	9,9	
245	56,7	121,7	110,4	96,7	80,9	72,0	62,3	49,4	100,4	90,6	78,6	64,9	57,1	48,7	37,3	10,1	1,7
0,250	57,3	124,2	112,6	98,7	82,6	73,5	63,6	50,4	102,5	92,5	80,3	66,3	58,3	49,7	38,1	10,3	(1,86 m)

Eincylinder-Condensations-Maschinen.

Abs. Adm. Sp. $p = 6$ Kgr. od. Atm.

Wirksame Kolbenfläche O Qu.Met.	Kolben-Durchmesser D Centm.	Füllung $\frac{l_i}{l}$ — Indicirte Leistung $\frac{N_i}{c}$ in Pferdekraft 0,3	0,25	0,20	0,15	0,125	0,10	0,07	Füllung $\frac{l_i}{l}$ — Netto-Leistung $\frac{N_n}{c}$ in Pferdekraft 0,3	0,25	0,20	0,15	0,125	0,10	0,07	Subtr. Compr. Lstg. pro $c=1$ m Pfdk.	$2C_i''' \text{ u. } C_i$ bei $\frac{l_i}{l}=0{,}125$ (gew. Masch.) Kgr.
0,250	57,3	124,2	112,6	98,7	82,6	73,5	63,6	50,4	102,5	92,5	80,3	66,3	58,3	49,7	38,1	10,3	1,7 (bei $c =$ 1,86 m) 10,3
255	57,8	126,7	114,9	100,7	84,2	74,9	64,9	51,4	104,7	94,5	82,0	67,7	59,6	50,8	39,0	10,5	
260	58,4	129,2	117,1	102,6	85,9	76,4	66,1	52,4	106,8	96,4	83,7	69,1	60,8	51,8	39,8	10,7	
265	59,0	131,6	119,4	104,6	87,5	77,9	67,4	53,4	109,0	98,4	85,4	70,5	62,1	52,9	40,6	10,9	
270	59,5	134,1	121,6	106,6	89,2	79,4	68,7	54,4	111,2	100,3	87,1	71,9	63,3	53,9	41,4	11,1	
0,275	60,1	136,6	123,9	108,5	90,8	80,8	69,9	55,5	113,3	102,3	88,8	73,3	64,5	55,0	42,2	11,3	1,5 (1,90 m)
280	60,6	139,1	126,1	110,5	92,5	82,3	71,2	56,5	115,5	104,2	90,5	74,7	65,8	56,1	43,1	11,5	
285	61,1	141,6	128,4	112,5	94,1	83,8	72,5	57,5	117,6	106,2	92,2	76,1	67,0	57,1	43,9	11,7	
290	61,7	144,0	130,6	114,4	95,8	85,2	73,7	58,5	119,8	108,1	93,9	77,5	68,3	58,2	44,7	12,0	
295	62,2	146,5	132,9	116,4	97,4	86,7	75,0	59,5	122,0	110,1	95,6	78,9	69,5	59,2	45,5	12,2	
0,300	62,7	149,0	135,2	118,4	99,1	88,2	76,3	60,5	124,1	112,0	97,3	80,3	70,7	60,3	46,3	12,3	1,5 (1,93 m)
310	63,8	154,0	139,7	122,4	102,4	91,1	78,8	62,5	128,5	115,9	100,7	83,2	73,2	62,5	48,0	12,7	
320	64,8	159,0	144,2	126,3	105,7	94,0	81,4	64,5	132,8	119,9	104,1	86,0	75,7	64,6	49,6	13,1	
330	65,8	164,0	148,7	130,3	109,0	97,0	83,9	66,5	137,2	123,8	107,6	88,8	78,2	66,7	51,3	13,6	
340	66,8	168,9	153,2	134,2	112,3	99,9	86,5	68,5	141,5	127,7	111,0	91,6	80,7	68,9	52,9	14,0	
0,350	67,7	173,9	157,7	138,2	115,6	102,9	89,0	70,6	145,9	131,7	114,4	94,5	83,2	71,0	54,6	14,4	1,4 (2,00 m)
360	68,7	178,9	162,2	142,1	118,9	105,8	91,5	72,6	150,2	135,6	117,8	97,3	85,7	73,2	56,2	14,8	
370	69,7	183,8	166,7	146,1	122,2	108,7	94,1	74,6	154,6	139,5	121,2	100,1	88,2	75,3	57,9	15,2	
380	70,6	188,8	171,2	150,0	125,5	111,7	96,6	76,6	159,0	143,5	124,7	103,0	90,7	77,4	59,5	15,6	
390	71,5	193,8	175,8	154,0	128,8	114,6	99,2	78,7	163,3	147,4	128,1	105,8	93,2	79,6	61,2	16,0	
0,400	72,4	198,7	180,2	157,9	132,1	117,6	101,7	80,7	167,6	151,3	131,5	108,6	95,7	81,7	62,8	16,4	1,3 (2,06 m) 10,0
410	73,3	203,7	184,7	161,8	135,4	120,5	104,3	82,7	172,0	155,3	134,9	111,5	98,2	83,8	64,5	16,8	
420	74,2	208,7	189,2	165,8	138,7	123,4	106,8	84,7	176,4	159,2	138,4	114,3	100,8	86,0	66,2	17,3	
430	75,1	213,6	193,7	169,7	142,0	126,4	109,4	86,7	180,8	163,2	141,8	117,2	103,3	88,2	67,9	17,7	
440	76,0	218,6	198,3	173,7	145,3	129,3	111,9	88,7	185,2	167,2	145,3	120,0	105,8	90,3	69,5	18,1	
0,450	76,8	223,6	202,8	177,6	148,6	132,3	114,4	90,7	189,5	171,2	148,7	122,9	108,4	92,5	71,2	18,5	1,2 (2,12 m)
460	77,7	228,5	207,3	181,6	151,9	135,2	117,0	92,8	193,9	175,1	152,2	125,8	110,9	94,6	72,9	18,9	
470	78,5	233,5	211,8	185,5	155,2	138,1	119,5	94,8	198,3	179,1	155,6	128,6	113,4	96,8	74,5	19,3	
480	79,3	238,5	216,3	189,5	158,5	141,1	122,1	96,8	202,7	183,1	159,1	131,5	116,0	99,0	76,2	19,7	
490	80,2	243,5	220,8	193,4	161,8	144,0	124,6	98,8	207,1	187,0	162,5	134,3	118,5	101,1	77,9	20,1	
0,500	81,0	248,4	225,3	197,4	165,1	146,9	127,2	100,8	211,5	191,0	166,0	137,2	121,0	103,3	79,6	20,5	1,1 (2,17 m)
510	81,8	253,4	229,8	201,3	168,4	149,9	129,7	102,8	215,8	194,9	169,4	140,0	123,5	105,4	81,2	21,0	
520	82,6	258,3	234,3	205,3	171,7	152,8	132,2	104,8	220,2	198,8	172,8	142,9	126,0	107,6	82,9	21,4	
530	83,4	263,3	238,8	209,2	175,0	155,8	134,8	106,9	224,5	202,7	176,2	145,7	128,5	109,7	84,5	21,8	
540	84,2	268,3	243,3	213,2	178,3	158,7	137,3	108,9	228,9	206,6	179,7	148,5	131,0	111,9	86,2	22,2	
0,550	84,9	273,3	247,8	217,1	181,6	161,6	139,9	110,9	233,2	210,6	183,1	151,3	133,5	114,0	87,9	22,6	1,1 (2,22 m)
560	85,7	278,2	252,3	221,1	184,9	164,6	142,4	112,9	237,5	214,5	186,5	154,2	136,0	116,1	89,5	23,0	
570	86,5	283,2	256,8	225,0	188,2	167,5	144,9	114,9	241,9	218,4	189,9	157,0	138,5	118,3	91,2	23,4	
580	87,2	288,2	261,3	229,0	191,5	170,5	147,5	117,0	246,2	222,3	193,3	159,8	141,0	120,4	92,8	23,8	
590	88,0	293,1	265,9	232,9	194,8	173,4	150,0	119,0	250,6	226,2	196,7	162,7	143,5	122,6	94,5	24,2	
0,600	88,7	298,1	270,3	236,8	198,1	176,3	152,6	121,0	254,9	230,2	200,1	165,5	146,0	124,7	96,1	24,7	1,1 (2,26 m) 9,8
620	90,2	308,0	279,3	244,7	204,7	182,2	157,7	125,0	263,6	238,0	207,0	171,1	151,0	129,0	99,4	25,5	
640	91,6	318	288	253	211	188	163	129	272	246	214	177	156	133	103	26	
660	93,0	328	297	261	218	194	168	133	281	254	221	182	161	138	106	27	
680	94,4	338	306	268	225	200	173	137	290	262	228	188	166	142	109	28	
0,700	95,8	348	315	276	231	206	178	141	298	269	234	194	171	146	113	29	1,0 (2,34 m)
720	97,2	358	324	284	238	212	183	145	307	277	241	199	176	150	116	30	
740	98,5	368	333	292	244	217	188	149	316	285	248	205	181	155	119	30	
760	99,8	378	342	300	251	223	193	153	324	293	255	211	186	159	123	31	
780	101,1	388	351	308	258	229	198	157	333	301	262	217	191	163	126	32	
0,800	102,4	397	360	316	264	235	203	161	342	309	269	222	196	168	129	33	0,9 (2,41 m)
820	103,7	407	369	324	271	241	209	165	351	317	276	228	201	172	133	34	
840	105,0	417	378	332	277	247	214	169	359	325	282	234	206	176	136	35	
860	106,2	427	387	339	284	253	219	173	368	333	289	239	211	181	139	35	
880	107,4	437	396	347	291	259	224	177	377	340	296	245	216	185	143	36	
0,900	108,6	447	405	355	297	265	229	181	386	348	303	251	221	189	146	37	0,8 (2,47 m)
920	109,8	457	414	363	304	270	234	185	394	356	310	256	226	194	149	38	
940	111,0	467	423	371	310	276	239	189	403	364	317	262	231	198	153	39	
960	112,2	477	432	379	317	282	244	194	412	372	324	268	236	202	156	39	
980	113,4	487	442	387	324	288	249	198	421	380	331	274	241	206	159	40	
1,000	114,5	497	451	395	330	294	254	202	429	388	337	279	246	211	163	41	0,8 (2,52 m) 9,4

*) C_i''' beträgt bei exacten Masch. circa die Hälfte.

Eincylinder-Condensations-Maschinen. (Zunächst mit Dampfhemd.)

Abs. Adm. Sp. $p = 6^1/_2$ Kgr. od. Atm.

		Mit Hemd							Ohne Hemd							
$(F\ddot{u}llung)\ \frac{l_i}{l} =$		0,3	0,25	0,20	0,15	0,125	0,10	0,07	0,3	0,25	0,20	0,15	0,125	0,10	0,07	$= \frac{l_i}{l}\ (F\ddot{u}llung)$
N_i oder $N_n =$		1	1	1	1	1	1	1	0,96	0,95	0,94	0,93	0,92	0,91	0,89	$= N_i$ oder N_n
gewöhnl. Masch. $C_i' =$		7,6	7,2	6,7	6,3	6,1	5,9	5,7	7,9	7,5	7,1	6,7	6,6	6,4	6,4	$= C_i'$ } gewöhnl. Masch.
$xC_i'' =$		7,3	6,8	6,3	5,9	5,6	5,4	5,1	7,9	7,5	7,1	6,8	6,7	6,6	6,5	$= xC_i''$
exacte Masch.*) $C_i' =$		7,0	6,6	6,1	5,6	5,3	5,1	4,7	7,3	6,8	6,4	6,0	5,8	5,6	5,4	$= C_i'$ } exacte Masch.*)
$xC_i'' =$		6,2	5,8	5,4	5,0	4,8	4,6	4,3	6,7	6,4	6,1	5,8	5,6	5,6	5,6	$= xC_i''$

Wirksame Kolbenfläche	Kolben-Durchmesser	Füllung $\frac{l_i}{l}$							Füllung $\frac{l_i}{l}$							Subtr. Compr. Lstg. pro $c = 1$ m	$2C_i'''$ u. C_i bei $\frac{l_i}{l} = 0,125$ (gew. Masch.)
		0,3	0,25	0,20	0,15	0,125	0,10	0,07	0,3	0,25	0,20	0,15	0,125	0,10	0,07		
		Indicirte Leistung $\frac{N_i}{c}$ in Pferdekraft							Netto-Leistung $\frac{N_n}{c}$ in Pferdekraft								
O	D	pro 1 Meter Kolbengeschwindigkeit															
Qu.Met.	Centm.															Pfdk.	Kgr.
0,030	19,8	16,2	14,7	12,9	10,8	9,6	8,3	6,6	12,1	10,9	9,4	7,7	6,8	5,7	4,3	1,4	5,2
032	20,5	17,3	15,7	13,8	11,5	10,3	8,9	7,1	12,9	11,6	10,0	8,2	7,2	6,1	4,6	1,5	(bei
034	21,1	18,4	16,7	14,6	12,2	10,9	9,5	7,5	13,7	12,4	10,7	8,8	7,7	6,5	4,9	1,6	$c =$
036	21,7	19,5	17,7	15,5	13,0	11,6	10,0	8,0	14,6	13,1	11,3	9,3	8,1	6,9	5,2	1,7	1,35 m)
038	22,3	20,6	18,6	16,3	13,7	12,2	10,6	8,4	15,4	13,9	12,0	9,8	8,6	7,2	5,5	1,8	12,5
0,040	22,9	21,6	19,6	17,2	14,4	12,8	11,1	8,8	16,2	14,6	12,6	10,4	9,1	7,6	5,8	1,8	4,3
042	23,5	22,7	20,6	18,1	15,1	13,5	11,7	9,3	17,1	15,4	13,3	10,9	9,5	8,1	6,1	1,9	(1,40 m)
044	24,0	23,8	21,6	18,9	15,9	14,1	12,2	9,7	17,9	16,1	14,0	11,5	10,0	8,5	6,4	2,0	
046	24,6	24,9	22,6	19,8	16,6	14,8	12,8	10,2	18,8	16,9	14,6	12,0	10,5	8,9	6,7	2,1	
048	25,1	26,0	23,5	20,6	17,3	15,4	13,4	10,6	19,7	17,7	15,3	12,6	11,0	9,3	7,1	2,2	
0,050	25,6	27,0	24,5	21,5	18,0	16,0	13,9	11,0	20,5	18,5	16,0	13,1	11,5	9,8	7,4	2,3	3,7
053	26,4	28,7	26,0	22,8	19,1	17,0	14,7	11,7	21,9	19,7	17,0	14,0	12,3	10,4	7,9	2,4	(1,45 m)
056	27,1	30,3	27,5	24,1	20,2	18,0	15,6	12,4	23,2	20,9	18,1	14,9	13,0	11,0	8,4	2,6	
059	27,8	31,9	28,9	25,4	21,3	18,9	16,4	13,0	24,5	22,1	19,1	15,7	13,8	11,7	8,9	2,7	
062	28,5	33,5	30,4	26,7	22,3	19,9	17,2	13,7	25,8	23,3	20,2	16,6	14,6	12,3	9,4	2,9	
0,065	29,2	35,1	31,9	28,0	23,4	20,8	18,1	14,3	27,1	24,4	21,2	17,4	15,3	13,0	9,9	3,0	3,2
068	29,9	36,8	33,4	29,2	24,5	21,8	18,9	15,0	28,5	25,6	22,2	18,3	16,1	13,6	10,4	3,1	(1,50 m)
071	30,5	38,4	34,8	30,5	25,6	22,8	19,7	15,7	29,8	26,8	23,3	19,1	16,8	14,3	10,9	3,3	11,3
074	31,2	40,0	36,3	31,8	26,7	23,7	20,5	16,3	31,1	28,0	24,3	20,0	17,6	14,9	11,3	3,4	
077	31,8	41,6	37,8	33,1	27,7	24,7	21,4	17,0	32,4	29,2	25,4	20,9	18,3	15,6	11,8	3,5	
0,080	32,4	43,3	39,2	34,4	28,8	25,7	22,2	17,7	33,8	30,4	26,4	21,7	19,1	16,2	12,4	3,7	2,9
084	33,2	45,4	41,2	36,1	30,3	27,0	23,4	18,6	35,5	32,0	27,9	22,9	20,1	17,1	13,0	3,9	(1,56 m)
088	34,0	47,6	43,2	37,8	31,7	28,2	24,5	19,4	37,3	33,7	29,2	24,0	21,2	18,0	13,7	4,0	
092	34,7	49,7	45,1	39,6	33,1	29,5	25,6	20,3	39,1	35,3	30,6	25,2	22,2	18,9	14,4	4,2	
096	35,5	51,9	47,1	41,3	34,6	30,8	26,7	21,2	40,9	36,9	32,0	26,4	23,2	19,7	15,1	4,4	
0,100	36,2	54,1	49,1	43,0	36,0	32,1	27,8	22,1	42,7	38,5	33,4	27,5	24,2	20,6	15,8	4,6	2,5
105	37,1	56,8	51,5	45,2	37,8	33,7	29,2	23,2	45,0	40,6	35,2	29,0	25,5	21,7	16,6	4,8	(1,63 m)
110	38,0	59,5	54,0	47,3	39,6	35,3	30,5	24,3	47,3	42,7	37,0	30,5	26,9	22,9	17,5	5,1	
115	38,8	62,2	56,4	49,5	41,4	36,9	31,9	25,4	49,6	44,7	38,8	32,0	28,2	24,0	18,4	5,3	
120	39,7	64,9	58,9	51,6	43,2	38,5	33,3	26,5	51,8	46,8	40,6	33,5	29,5	25,1	19,2	5,5	
0,125	40,5	67,6	61,3	53,8	45,0	40,1	34,7	27,6	54,1	48,9	42,4	35,0	30,8	26,2	20,1	5,8	2,3
130	41,3	70,3	63,8	55,9	46,8	41,7	36,0	28,7	56,4	50,9	44,2	36,5	32,1	27,3	21,0	6,0	(1,69 m)
135	42,1	73,0	66,2	58,1	48,6	43,3	37,4	29,8	58,7	53,0	46,0	38,0	33,4	28,5	21,9	6,2	10,6
140	42,8	75,7	68,7	60,2	50,4	44,9	38,8	30,9	61,0	55,1	47,8	39,5	34,7	29,6	22,7	6,4	
145	43,6	78,4	71,1	62,4	52,2	46,5	40,2	32,0	63,2	57,2	49,6	40,9	36,0	30,7	23,6	6,7	
0,150	44,4	81,1	73,6	64,5	54,0	48,1	41,7	33,1	65,5	59,2	51,4	42,4	37,3	31,8	24,5	6,9	2,1
155	45,1	83,8	76,0	66,7	55,8	49,7	43,1	34,2	67,8	61,3	53,2	43,9	38,7	32,9	25,3	7,1	(1,75 m)
160	45,8	86,5	78,5	68,8	57,6	51,3	44,5	35,3	70,1	63,4	55,0	45,4	40,0	34,1	26,2	7,4	
165	46,5	89,2	80,9	71,0	59,4	52,9	45,9	36,4	72,4	65,4	56,8	46,9	41,3	35,2	27,1	7,6	
170	47,2	91,9	83,4	73,1	61,2	54,5	47,3	37,5	74,8	67,5	58,6	48,4	42,7	36,4	28,0	7,8	
0,175	47,9	94,6	85,8	75,3	63,0	56,1	48,7	38,6	77,1	69,6	60,5	50,0	44,0	37,5	28,9	8,1	1,9
180	48,6	97,3	88,3	77,4	64,8	57,7	50,0	39,7	79,4	71,7	62,3	51,5	45,3	38,6	29,7	8,3	(1,80 m)
185	49,3	100,0	90,7	79,6	66,6	59,3	51,4	40,8	81,7	73,8	64,1	53,0	46,6	39,8	30,6	8,5	
190	49,9	102,7	93,2	81,7	68,4	60,9	52,8	41,9	84,0	75,8	65,9	54,5	48,0	40,9	31,5	8,7	
195	50,6	105,4	95,6	83,9	70,2	62,5	54,2	43,0	86,3	77,9	67,7	56,0	49,3	42,1	32,4	9,0	
0,200	51,2	108,2	98,1	86,0	72,0	64,2	55,6	44,2	88,6	80,0	69,5	57,5	50,7	43,2	33,3	9,2	1,8
205	51,8	110,9	100,6	88,2	73,8	65,8	57,0	45,3	91,0	82,1	71,4	59,0	52,0	44,4	34,2	9,4	(1,85 m)
210	52,5	113,6	103,0	90,3	75,6	67,4	58,4	46,4	93,3	84,2	73,2	60,5	53,3	45,5	35,1	9,7	10,2
215	53,1	116,3	105,5	92,5	77,4	69,0	59,8	47,5	95,6	86,3	75,1	62,0	54,7	46,7	35,9	9,9	
220	53,7	119,0	107,9	94,6	79,2	70,6	61,2	48,6	98,0	88,4	76,9	63,6	56,0	47,8	36,8	10,1	
0,225	54,3	121,7	110,4	96,8	81,0	72,2	62,6	49,7	100,3	90,6	78,7	65,1	57,4	49,0	37,7	10,4	1,6
230	54,9	124,4	112,8	98,9	82,8	73,8	63,9	50,8	102,7	92,7	80,6	66,6	58,7	50,1	38,6	10,6	(1,90 m)
235	55,5	127,1	115,3	101,1	84,6	75,4	65,3	51,9	105,0	94,8	82,4	68,1	60,0	51,3	39,5	10,8	
240	56,1	129,8	117,7	103,2	86,4	77,0	66,7	53,0	107,3	96,9	84,3	69,6	61,4	52,4	40,4	11,0	
245	56,7	132,5	120,2	105,4	88,2	78,6	68,1	54,1	109,7	99,0	86,1	71,2	62,7	53,6	41,3	11,3	
0,250	57,3	135,2	122,6	107,5	90,0	80,2	69,5	55,2	112,0	101,1	87,9	72,7	64,1	54,7	42,2	11,5	1,5 (1,94 m)

Eincylinder-Condensations-Maschinen.

Abs. Adm. Sp. $p = 6^{1}/_{2}$ Kgr. od. Atm.

Wirksame Kolbenfläche	Kolben-Durchmesser	Füllung $\frac{l}{l}$ — Indicirte Leistung $\frac{N_i}{c}$ in Pferdekraft								Füllung $\frac{l}{l}$ — Netto-Leistung $\frac{N_n}{c}$ in Pferdekraft								Subtr. Compr. Lstg. pro $c=1$ m	$2C_i'''$ u. C_i' bei $\frac{l}{l}=0{,}125$ (gew. Masch.)
O Qu.Met.	D Centm.	0,3	0,25	0,20	0,15	0,125	0,10	0,07	0,3	0,25	0,20	0,15	0,125	0,10	0,07	Pfdk.	Kgr.
0,250	57,3	135,2	122,6	107,5	90,0	80,2	69,5	55,2	112,0	101,1	87,9	72,7	64,1	54,7	42,2	11,5	1,5 (bei $c=$ 1,94 m) 10,0
255	57,8	137,9	125,1	109,7	91,8	81,8	70,9	56,3	114,3	103,2	89,8	74,2	65,5	55,9	43,1	11,7	
260	58,4	140,6	127,5	111,8	93,6	83,4	72,3	57,4	116,7	105,4	91,7	75,8	66,8	57,1	44,0	12,0	
265	59,0	143,3	130,0	114,0	95,4	85,0	73,7	58,5	119,1	107,5	93,5	77,3	68,2	58,2	44,9	12,2	
270	59,5	146,0	132,4	116,1	97,2	86,6	75,1	59,6	121,4	109,6	95,4	78,9	69,5	59,4	45,8	12,4	
0,275	60,1	148,7	134,9	118,3	99,0	88,2	76,4	60,7	123,8	111,8	97,2	80,4	70,9	60,6	46,7	12,7	1,5 (1,98 m)
280	60,6	151,4	137,3	120,4	100,8	89,8	77,8	61,8	126,1	113,9	99,1	81,9	72,3	61,8	47,6	12,9	
285	61,1	154,1	139,8	122,6	102,6	91,4	79,2	62,9	128,5	116,0	101,0	83,5	73,6	62,9	48,5	13,1	
290	61,7	156,8	142,2	124,7	104,4	93,0	80,6	64,0	130,9	118,1	102,8	85,0	75,0	64,1	49,4	13,3	
295	62,2	159,5	144,7	126,9	106,2	94,6	82,0	65,1	133,2	120,3	104,7	86,6	76,3	65,3	50,3	13,6	
0,300	62,7	162,2	147,2	129,0	108,1	96,2	83,4	66,3	135,5	122,4	106,5	88,1	77,7	66,4	51,2	13,8	1,4 (2,01 m)
310	63,8	167,6	152,1	133,3	111,7	99,5	86,2	68,5	140,3	126,7	110,2	91,2	80,4	68,7	53,1	14,3	
320	64,8	173,1	157,0	137,6	115,3	102,7	89,0	70,7	145,0	131,0	114,0	94,3	83,2	71,1	54,9	14,7	
330	65,8	178,5	161,9	141,9	118,9	105,9	91,7	72,9	149,8	135,3	117,7	97,4	85,9	73,4	56,7	15,2	
340	66,8	183,9	166,8	146,2	122,5	109,1	94,5	75,1	154,5	139,6	121,4	100,5	88,7	75,8	58,5	15,6	
0,350	67,7	189,3	171,7	150,5	126,1	112,3	97,3	77,3	159,3	143,9	125,2	103,6	91,4	78,1	60,4	16,1	1,3 (2,08 m)
360	68,7	194,7	176,6	154,8	129,7	115,5	100,1	79,5	164,0	148,1	128,9	106,7	94,1	80,5	62,2	16,6	
370	69,7	200,1	181,5	159,1	133,3	118,7	102,9	81,7	168,8	152,4	132,7	109,8	96,9	82,8	64,0	17,0	
380	70,6	205,5	186,4	163,4	136,9	121,9	105,6	83,9	173,5	156,7	136,4	112,9	99,6	85,2	65,9	17,5	
390	71,5	210,9	191,4	167,7	140,5	125,1	108,4	86,1	178,3	161,0	140,1	116,0	102,4	87,5	67,7	17,9	
0,400	72,4	216,3	196,2	172,0	144,1	128,3	111,2	88,3	183,0	165,3	143,8	119,1	105,1	89,9	69,5	18,4	1,2 (2,14 m) 9,7
410	73,3	221,7	201,1	176,3	147,7	131,5	114,0	90,5	187,8	169,6	147,6	122,2	107,9	92,2	71,3	18,9	
420	74,2	227,1	206,0	180,6	151,3	134,7	116,8	92,8	192,6	173,9	151,4	125,3	110,6	94,6	73,2	19,3	
430	75,1	232,5	210,9	184,9	154,9	138,0	119,5	95,0	197,4	178,3	155,2	128,5	113,4	97,0	75,0	19,8	
440	76,0	237,9	215,9	189,2	158,5	141,2	122,3	97,2	202,1	182,6	158,9	131,6	116,2	99,3	76,9	20,2	
0,450	76,8	243,4	220,8	193,5	162,1	144,4	125,1	99,4	206,9	186,9	162,7	134,7	118,9	101,7	78,7	20,7	1,1 (2,20 m)
460	77,7	248,8	225,7	197,8	165,7	147,6	127,9	101,6	211,7	191,3	166,5	137,9	121,7	104,1	80,6	21,2	
470	78,5	254,2	230,6	202,1	169,3	150,8	130,7	103,8	216,5	195,6	170,2	140,1	124,5	105,4	82,4	21,6	
480	79,3	259,6	235,5	206,4	172,9	154,0	133,4	106,0	221,3	199,9	174,0	144,1	127,3	108,8	84,3	22,1	
490	80,2	265,0	240,4	210,7	176,5	157,2	136,2	108,2	226,1	204,3	177,8	147,3	130,0	111,2	86,1	22,5	
0,500	81,0	270,4	245,3	215,0	180,1	160,4	139,0	110,4	230,9	208,6	181,6	150,4	132,8	113,6	87,9	23,0	1,1 (2,26 m)
510	81,8	275,8	250,2	219,3	183,7	163,6	141,8	112,6	235,6	212,9	185,3	153,5	135,5	115,9	89,7	23,5	
520	82,6	281,2	255,1	223,6	187,3	166,8	144,6	114,8	240,3	217,1	189,0	156,6	138,2	118,3	91,6	23,9	
530	83,4	286,6	260,0	227,9	190,9	170,0	147,3	117,0	245,1	221,4	192,8	159,7	141,0	120,6	93,4	24,4	
540	84,2	292,0	264,9	232,2	194,5	173,3	150,1	119,3	249,8	225,7	196,5	162,8	143,7	123,0	95,2	24,8	
0,550	84,9	297,4	269,8	236,5	198,1	176,5	152,9	121,5	254,5	230,0	200,2	165,9	146,4	125,3	97,0	25,3	1,1 (2,31 m)
560	85,7	302,8	274,7	240,8	201,7	179,7	155,7	123,7	259,2	234,3	204,0	169,0	149,2	127,7	98,8	25,8	
570	86,5	308	280	245	205	183	158	126	264	239	208	172	152	130	101	26	
580	87,2	314	285	249	209	186	161	128	269	243	211	175	155	132	102	27	
590	88,0	319	289	254	212	189	164	130	273	247	215	178	157	135	104	27	
0,600	88,7	324	294	258	216	192	167	132	278	251	219	181	160	137	106	28	1,0 (2,35 m) 9,5
620	90,2	335	304	267	223	199	172	137	288	260	226	188	166	142	110	29	
640	91,6	346	314	275	230	205	178	141	297	269	234	194	171	146	113	29	
660	93,0	357	324	284	238	212	183	146	307	277	241	200	177	151	117	30	
680	94,4	368	334	292	245	218	189	150	316	286	249	206	182	156	121	31	
0,700	95,8	379	343	301	252	225	195	155	326	294	256	212	188	161	125	32	0,9 (2,43 m)
720	97,2	389	353	310	259	231	200	159	335	303	264	219	193	165	128	33	
740	98,5	400	363	318	266	237	206	163	345	311	271	225	199	170	132	34	
760	99,8	411	373	327	274	244	211	168	354	320	279	231	204	175	136	35	
780	101,1	422	383	335	281	250	217	172	364	329	286	237	210	179	139	36	
0,800	102,4	433	392	344	288	257	222	177	373	337	294	243	215	184	143	37	0,8 (2,51 m)
820	103,7	443	402	353	295	263	228	181	383	346	301	250	221	189	147	38	
840	105,0	454	412	361	303	269	234	185	392	354	309	256	226	194	150	39	
860	106,2	465	422	370	310	276	239	190	402	363	316	262	232	198	154	40	
880	107,4	476	432	378	317	282	245	194	411	372	324	268	237	203	157	40	
0,900	108,6	487	441	387	324	289	250	199	421	380	331	275	243	208	161	41	0,8 (2,57 m)
920	109,8	498	451	396	331	295	256	203	430	389	339	281	248	213	165	42	
940	111,0	508	461	404	339	302	261	208	440	398	346	387	254	217	169	43	
960	112,2	519	471	413	346	308	267	212	449	406	354	293	259	222	172	44	
980	113,4	530	481	421	353	314	272	216	459	415	361	300	265	227	176	45	
1,000	114,5	541	491	430	360	321	278	221	469	423	369	306	270	232	180	46	0,8 (2,62 m) 9,2

*) C_i''' beträgt bei exacten Masch. circa die Hälfte.

Eincylinder-Condensations-Maschinen. (Zunächst mit Dampfhemd.)

Abs. Adm. Sp. $p = 7$ Kgr. od. Atm.

(Füllung) $\frac{l_i}{l} =$	Mit Hemd							Ohne Hemd							$= \frac{l_i}{l}$ (Füllung)
	0,25	0,20	0,15	0,125	0,10	0,07	0,05	0,25	0,20	0,15	0,125	0,10	0,07	0,05	
N_i oder $N_n =$	1	1	1	1	1	1	1	0,95	0,94	0,93	0,92	0,91	0,89	0,87	$= N_i$ oder N_n
gewöhnl. Masch. $C_i' =$	7,1	6,7	6,2	6,0	5,8	5,6	5,5	7,5	7,1	6,7	6,5	6,4	6,3	6,3	$= C_i'$ gewöhnl. Masch.
$xC_i'' =$	6,8	6,3	5,9	5,6	5,4	5,1	4,8	7,5	7,1	6,8	6,6	6,5	6,5	6,6	$= xC_i''$
exacte Masch.*) $C_i' =$	6,5	6,0	5,5	5,3	5,0	4,7	4,5	6,8	6,3	5,9	5,7	5,5	5,3	5,3	$= C_i'$ exacte Masch.*)
$xC_i'' =$	5,8	5,4	5,0	4,8	4,5	4,3	4,1	6,4	6,0	5,8	5,6	5,5	5,5	5,6	$= xC_i''$

Wirksame Kolbenfläche O Qu.Met.	Kolben-Durchmesser D Centim.	Füllung $\frac{l_i}{l}$ — Indicirte Leistung $\frac{N_i}{c}$ in Pferdekraft							Füllung $\frac{l_i}{l}$ — Netto-Leistung $\frac{N_n}{c}$ in Pferdekraft							Subtr. Compr. Lstg. pro $c=1$ m Pfdk.	$2C_i'''$ u. C_i' bei $\frac{l_i}{l} = 0,10$ (gew. Masch.) Kgr.
		0,25	0,20	0,15	0,125	0,10	0,07	0,05	0,25	0,20	0,15	0,125	0,10	0,07	0,05		
0,030	19,8	15,9	14,0	11,7	10,4	9,0	7,2	5,8	11,7	10,3	8,4	7,4	6,3	4,8	3,7	1,5	4,9 (bei c = 1,40 m) *11,8*
032	20,5	17,0	14,9	12,5	11,1	9,7	7,7	6,2	12,5	11,0	9,0	7,9	6,7	5,1	3,9	1,6	
034	21,1	18,1	15,8	13,3	11,8	10,3	8,2	6,6	13,4	11,7	9,6	8,4	7,1	5,4	4,2	1,7	
036	21,7	19,1	16,8	14,0	12,5	10,9	8,6	7,0	14,2	12,4	10,2	8,9	7,6	5,8	4,4	1,8	
038	22,3	20,2	17,7	14,8	13,2	11,5	9,1	7,4	15,1	13,1	10,8	9,4	8,0	6,1	4,7	1,9	
0,040	22,9	21,2	18,6	15,6	13,9	12,1	9,6	7,8	15,9	13,8	11,3	9,9	8,4	6,4	4,9	2,0	4,2 (1,46 m)
042	23,5	22,3	19,6	16,4	14,6	12,7	10,1	8,2	16,8	14,5	11,9	10,5	8,9	6,7	5,2	2,1	
044	24,0	23,4	20,5	17,2	15,3	13,3	10,6	8,6	17,6	15,2	12,5	11,0	9,3	7,1	5,5	2,2	
046	24,6	24,4	21,4	17,9	16,0	13,9	11,0	9,0	18,5	16,0	13,1	11,5	9,8	7,4	5,7	2,3	
048	25,1	25,5	22,3	18,7	16,7	14,5	11,5	9,3	19,3	16,7	13,8	12,1	10,3	7,8	6,0	2,5	
0,050	25,6	26,6	23,3	19,5	17,4	15,1	12,0	9,7	20,1	17,5	14,4	12,6	10,7	8,2	6,3	2,6	3,7 (1,51 m)
053	26,4	28,1	24,7	20,7	18,4	16,0	12,7	10,3	21,4	18,6	15,3	13,4	11,4	8,7	6,7	2,7	
056	27,1	29,7	26,1	21,9	19,5	16,9	13,4	10,9	22,7	19,7	16,2	14,2	12,1	9,3	7,2	2,9	
059	27,8	31,3	27,5	23,0	20,5	17,8	14,2	11,5	24,0	20,8	17,1	15,1	12,8	9,8	7,6	3,0	
062	28,5	32,9	28,9	24,2	21,6	18,7	14,9	12,0	25,3	21,9	18,1	15,9	13,5	10,4	8,0	3,2	
0,065	29,2	34,5	30,3	25,4	22,6	19,6	15,6	12,6	26,6	23,1	19,0	16,7	14,2	10,9	8,4	3,3	3,3 (1,56 m) *10,8*
068	29,9	36,1	31,7	26,5	23,6	20,5	16,3	13,2	27,9	24,2	19,9	17,5	14,9	11,4	8,8	3,5	
071	30,5	37,7	33,1	27,7	24,7	21,4	17,0	13,8	29,2	25,3	20,9	18,3	15,6	12,0	9,3	3,6	
074	31,2	39,3	34,5	28,9	25,7	22,3	17,8	14,4	30,5	26,5	21,8	19,2	16,3	12,5	9,7	3,8	
077	31,8	40,9	35,9	30,0	26,8	23,2	18,5	14,9	31,8	27,6	22,7	20,0	17,0	13,1	10,1	3,9	
0,080	32,4	42,5	37,2	31,2	27,8	24,1	19,2	15,6	33,1	28,7	23,7	20,9	17,7	13,6	10,5	4,1	2,8 (1,62 m)
084	33,2	44,6	39,1	32,8	29,2	25,3	20,2	16,3	34,9	30,2	25,0	22,0	18,7	14,4	11,1	4,3	
088	34,0	46,7	41,0	34,3	30,6	26,6	21,1	17,1	36,6	31,8	26,2	23,1	19,7	15,1	11,7	4,5	
092	34,7	48,8	42,8	35,9	32,0	27,8	22,1	17,9	38,4	33,3	27,5	24,2	20,7	15,9	12,3	4,7	
096	35,5	51,0	44,7	37,5	33,4	29,0	23,1	18,7	40,1	34,9	28,8	25,3	21,6	16,6	12,9	4,9	
0,100	36,2	53,1	46,5	39,0	34,8	30,2	24,0	19,4	41,9	36,4	30,0	26,5	22,6	17,4	13,5	5,1	2,6 (1,69 m)
105	37,1	55,7	48,9	41,0	36,5	31,7	25,2	20,4	44,1	38,3	31,6	27,9	23,8	18,3	14,2	5,4	
110	38,0	58,4	51,2	42,9	38,3	33,2	26,4	21,4	46,4	40,3	33,3	29,3	25,0	19,3	15,0	5,6	
115	38,8	61,0	53,5	44,9	40,0	34,7	27,6	22,4	48,6	42,2	34,9	30,8	26,2	20,2	15,7	5,9	
120	39,7	63,7	55,9	46,8	41,7	36,2	28,8	23,3	50,8	44,2	36,5	32,2	27,5	21,2	16,5	6,1	
0,125	40,5	66,3	58,2	48,8	43,5	37,7	30,0	24,3	53,1	46,1	38,1	33,6	28,7	22,1	17,2	6,4	2,3 (1,76 m) *10,2*
130	41,3	69,0	60,5	50,7	45,2	39,2	31,2	25,3	55,3	48,1	39,7	35,1	29,9	23,1	18,0	6,6	
135	42,1	71,6	62,9	52,7	47,0	40,7	32,4	26,2	57,5	50,0	41,3	36,5	31,1	24,0	18,7	6,9	
140	42,8	74,3	65,2	54,6	48,7	42,2	33,6	27,2	59,7	52,0	42,9	37,9	32,3	25,0	19,5	7,1	
145	43,6	76,9	67,5	56,6	50,4	43,8	34,8	28,2	62,0	53,9	44,5	39,3	33,6	25,9	20,2	7,4	
0,150	44,4	79,6	69,8	58,5	52,2	45,2	36,0	29,2	64,2	55,8	46,2	40,7	34,8	26,9	21,0	7,7	2,0 (1,82 m)
155	45,1	82,3	72,1	60,5	53,9	46,8	37,2	30,1	66,5	57,8	47,8	42,2	36,0	27,8	21,7	7,9	
160	45,8	84,9	74,5	62,4	55,6	48,3	38,4	31,1	68,8	59,8	49,5	43,6	37,3	28,8	22,5	8,2	
165	46,5	87,6	76,8	64,4	57,4	49,8	39,6	32,1	71,1	61,7	51,1	45,1	38,5	29,8	23,2	8,4	
170	47,2	90,2	79,1	66,3	59,1	51,3	40,8	33,0	73,3	63,7	52,7	46,5	39,7	30,7	24,0	8,7	
0,175	47,9	92,9	81,5	68,3	60,9	52,8	42,0	34,0	75,6	65,7	54,4	48,0	41,0	31,7	24,8	8,9	1,8 (1,87 m)
180	48,6	95,5	83,8	70,2	62,6	54,3	43,2	35,0	77,9	67,7	56,0	49,4	42,2	32,7	25,5	9,2	
185	49,3	98,2	86,1	72,2	64,3	55,8	44,4	36,0	80,1	69,6	57,7	50,9	43,5	33,7	26,3	9,4	
190	49,9	100,8	88,5	74,1	66,1	57,3	45,6	36,9	82,4	71,6	59,3	52,3	44,7	34,6	27,0	9,7	
195	50,6	103,5	90,8	76,1	67,8	58,8	46,8	37,9	84,7	73,6	60,9	53,8	45,9	35,6	27,8	10,0	
0,200	51,2	106,2	93,1	78,0	69,6	60,3	48,0	38,9	86,9	75,6	62,6	55,2	47,2	36,5	28,6	10,2	1,7 (1,92 m) *9,8*
205	51,8	108,8	95,4	80,0	71,3	61,8	49,2	39,9	89,2	77,6	64,2	56,7	48,5	37,5	29,3	10,5	
210	52,5	111,5	97,7	81,9	73,0	63,3	50,4	40,8	91,5	79,6	65,9	58,2	49,7	38,5	30,1	10,7	
215	53,1	114,1	100,1	83,9	74,8	64,9	51,6	41,8	93,8	81,6	67,3	59,6	51,0	39,5	30,9	11,0	
220	53,7	116,8	102,4	85,8	76,5	66,4	52,8	42,8	96,1	83,6	69,2	61,1	52,2	40,4	31,6	11,2	
0,225	54,3	119,4	104,7	87,8	78,3	67,9	54,0	43,7	98,4	85,6	70,9	62,6	53,5	41,4	32,4	11,5	1,6 (1,97 m)
230	54,9	122,1	107,1	89,7	80,0	69,4	55,2	44,7	100,7	87,6	72,5	64,0	54,8	42,4	33,2	11,7	
235	55,5	124,7	109,4	91,7	81,7	70,9	56,4	45,7	103,0	89,6	74,2	65,5	56,0	43,4	33,9	12,0	
240	56,1	127,4	111,7	93,6	83,5	72,4	57,6	46,7	105,3	91,6	75,8	67,0	57,3	44,4	34,7	12,3	
245	56,7	130,0	114,1	95,6	85,2	73,9	58,8	47,6	107,6	93,6	77,5	68,5	58,5	45,3	35,5	12,5	
0,250	57,3	132,7	116,4	97,5	86,9	75,4	60,0	48,6	109,9	95,6	79,1	69,9	59,8	46,3	36,3	12,8	1,5 (2,01 m)

Eincylinder-Condensations-Maschinen.

Abs. Adm. Sp. $p = 7$ Kgr. od. Atm.

Wirksame Kolbenfläche O Qu.Met.	Kolben-Durchmesser D Centm.	Füllung $\frac{l_1}{l}$ — Indicirte Leistung $\frac{N_i}{c}$ in Pferdekraft 0,25	0,20	0,15	0,125	0,10	0,07	0,05	Füllung $\frac{l_1}{l}$ — Netto-Leistung $\frac{N_n}{c}$ in Pferdekraft 0,25	0,20	0,15	0,125	0,10	0,07	0,05	Subtr. Compr. Lstg. pro $c=1$ m Pfdk.	$2C_i''' u. C_i$ bei $\frac{l_1}{l}=0,10$ (gew. Masch.) Kgr.
0,250	57,3	132,7	116,4	97,5	86,9	75,4	60,0	48,6	109,9	95,6	79,1	69,9	59,8	46,3	36,3	12,8	1,5
255	57,8	135,4	118,7	99,5	88,7	76,9	61,2	49,6	112,2	97,6	80,8	71,4	61,1	47,3	37,1	13,0	(bei
260	58,4	138,0	121,0	101,4	90,4	78,4	62,4	50,6	114,5	99,6	82,5	72,8	62,3	48,3	37,9	13,3	$c =$
265	59,0	140,7	123,3	103,4	92,2	79,9	63,6	51,5	116,8	101,6	84,2	74,3	63,6	49,3	38,6	13,6	2,01 m)
270	59,5	143,3	125,7	105,3	93,9	81,4	64,8	52,5	119,1	103,6	85,8	75,8	64,9	50,3	39,4	13,8	9,6
0,275	60,1	146,0	128,0	107,3	95,6	83,0	66,0	53,5	121,4	105,6	87,5	77,3	66,1	51,3	40,2	14,1	1,5
280	60,6	148,6	130,3	109,2	97,4	84,5	67,2	54,4	123,7	107,6	89,2	78,8	67,4	52,3	41,0	14,3	(2,05 m)
285	61,1	151,3	132,7	111,2	99,1	86,0	68,4	55,4	126,0	109,6	90,8	80,2	68,7	53,3	41,8	14,6	
290	61,7	153,9	135,0	113,1	100,9	87,5	69,6	56,4	128,3	111,6	92,5	81,7	69,9	54,3	42,5	14,9	
295	62,2	156,6	137,3	115,1	102,6	89,0	70,8	57,3	130,6	113,6	94,2	83,2	71,2	55,2	43,3	15,1	
0,300	62,7	159,3	139,6	117,0	104,3	90,5	72,0	58,3	132,9	115,7	95,8	84,7	72,5	56,2	44,1	15,3	1,4
310	63,8	164,6	144,3	120,9	107,8	93,5	74,4	60,3	137,6	119,7	99,2	87,7	75,0	58,2	45,7	15,8	(2,08 m)
320	64,8	169,9	148,9	124,8	111,3	96,5	76,8	62,2	142,2	123,8	102,6	90,6	77,6	60,2	47,3	16,3	
330	65,8	175,2	153,6	128,7	114,8	99,5	79,2	64,2	146,9	127,8	106,0	93,6	80,1	62,2	48,8	16,9	
340	66,8	180,5	158,2	132,6	118,2	102,6	81,6	66,1	151,6	131,9	109,3	96,6	82,7	64,2	50,4	17,4	
0,350	67,7	185,8	162,9	136,5	121,7	105,6	84,0	68,0	156,2	136,0	112,7	99,6	85,3	66,2	52,0	17,9	1,3
360	68,7	191,1	167,5	140,4	125,2	108,6	86,4	70,0	160,9	140,0	116,1	102,6	87,8	68,2	53,6	18,4	(2,15 m)
370	69,7	196,5	172,2	144,3	128,7	111,6	88,8	71,9	165,5	144,1	119,4	105,5	90,4	70,2	55,2	18,9	
380	70,6	201,8	176,8	148,2	132,2	114,6	91,2	73,9	170,2	148,1	122,8	108,5	92,9	72,2	56,7	19,4	
390	71,5	207,1	181,5	152,1	135,6	117,6	93,6	75,8	174,9	152,2	126,2	111,5	95,5	74,2	58,3	19,9	
0,400	72,4	212,4	186,2	156,0	139,1	120,6	96,0	77,8	179,5	156,2	129,6	114,5	98,1	76,2	59,9	20,4	1,2
410	73,3	217,7	190,8	159,9	142,6	123,7	98,4	79,7	184,2	160,3	133,0	117,5	100,7	78,2	61,5	20,9	(2,22 m)
420	74,2	223,0	195,5	163,8	146,1	126,7	100,8	81,7	188,9	164,4	136,4	120,5	103,3	80,2	63,1	21,5	9,3
430	75,1	228,3	200,1	167,7	149,5	129,7	103,2	83,6	193,6	168,5	139,8	123,5	105,8	82,3	64,7	22,0	
440	76,0	233,6	204,8	171,6	153,0	132,7	105,6	85,5	198,3	172,6	143,2	126,6	108,4	84,3	66,3	22,5	
0,450	76,8	238,9	209,4	175,5	156,5	135,7	108,0	87,5	203,0	176,7	146,6	129,6	111,0	86,3	67,9	23,0	1,1
460	77,7	244,2	214,1	179,4	160,0	138,8	110,4	89,4	207,7	180,8	150,0	132,6	113,6	88,3	69,5	23,5	(2,28 m)
470	78,5	249,5	218,7	183,3	163,5	141,8	112,8	91,4	212,4	184,9	153,4	135,6	116,2	90,3	71,1	24,0	
480	79,3	254,9	223,4	187,2	166,9	144,8	115,2	93,3	217,1	189,0	156,8	138,6	118,8	92,4	72,7	24,5	
490	80,2	260,2	228,0	191,1	170,4	147,8	117,6	95,2	221,8	193,1	160,2	141,6	121,4	94,4	74,3	25,0	
0,500	81,0	265,5	232,7	195,1	173,9	150,8	120,0	97,2	226,5	197,2	163,6	144,6	123,9	96,4	75,8	25,5	1,1
510	81,8	270,8	237,4	199,0	177,3	153,8	122,4	99,2	231,1	201,2	167,0	147,6	126,5	98,4	77,4	26,1	(2,34 m)
520	82,6	276,1	242,0	202,9	180,8	156,9	124,8	101,1	235,8	205,3	170,3	150,6	129,0	100,4	79,0	26,6	
530	83,4	281,4	246,7	206,8	184,3	159,9	127,2	103,0	240,4	209,3	173,7	153,5	131,6	102,3	80,5	27,1	
540	84,2	286,7	251,3	210,7	187,8	162,9	129,6	105,0	245,1	213,4	177,0	156,5	134,1	104,3	82,1	27,6	
0,550	84,9	292,0	256,0	214,6	191,3	165,9	132,0	106,9	249,7	217,4	180,4	159,5	136,7	106,3	83,7	28,1	1,0
560	85,7	297,3	260,6	218,5	194,7	168,9	134,4	108,9	254,3	221,4	183,8	162,5	139,2	108,3	85,2	28,6	(2,39 m)
570	86,5	302,6	265,3	222,4	198,2	172,0	136,8	110,8	259,0	225,5	187,1	165,4	141,8	110,3	86,8	29,1	
580	87,2	307,9	269,9	226,3	201,7	175,0	139,2	112,7	263,6	229,5	190,5	168,4	144,3	112,2	88,4	29,6	
590	88,0	313,3	274,6	230,2	205,2	178,0	141,6	114,7	268,3	233,6	193,8	171,4	146,9	114,2	89,9	30,1	
0,600	88,7	318,6	279,2	234,1	208,6	181,0	144,1	116,7	272,9	237,6	197,2	174,4	149,4	116,2	91,5	30,7	1,0
620	90,2	329,2	288,6	241,9	215,6	187,0	148,9	120,5	282,2	245,7	203,9	180,3	154,6	120,2	94,7	31,7	(2,44 m)
640	91,6	339,8	297,9	249,7	222,5	193,1	153,7	124,4	291,5	253,8	210,7	186,3	159,7	124,2	97,8	32,7	9,0
660	93,0	350	307	257	229	199	158	128	301	262	217	192	165	128	101	34	
680	94,4	361	316	265	236	205	163	132	310	270	224	198	170	132	104	35	
0,700	95,8	372	326	273	243	211	168	136	319	278	231	204	175	136	107	36	0,9
720	97,2	382	335	281	250	217	173	140	329	286	238	210	180	140	111	37	(2,52 m)
740	98,5	393	344	289	257	223	178	144	338	294	244	216	185	144	114	38	
760	99,8	404	354	296	264	229	182	148	347	303	251	222	190	148	117	39	
780	101,1	414	363	304	271	235	187	152	357	311	258	228	196	152	120	40	
0,800	102,4	425	372	312	278	241	192	156	366	319	265	234	201	156	123	41	0,8
820	103,7	435	382	320	285	247	197	159	375	327	271	240	206	160	126	42	(2,60 m)
840	105,0	446	391	328	292	253	202	163	385	335	278	246	211	164	130	43	
860	106,2	457	400	335	299	259	206	167	394	343	285	252	216	168	133	44	
880	107,4	467	410	343	306	265	211	171	403	351	292	258	221	172	136	45	
0,900	108,6	478	419	351	313	271	216	175	413	359	299	264	227	177	139	46	0,8
920	109,8	488	428	359	320	277	221	179	422	368	305	270	232	181	142	47	(2,66 m)
940	111,0	499	437	367	327	284	226	183	432	376	312	276	237	185	146	48	
960	112,2	510	447	374	334	290	230	187	441	384	319	282	242	189	149	49	
980	113,4	520	456	382	341	296	235	191	450	392	326	288	247	193	152	50	
1,000	114,5	531	465	390	348	302	240	194	460	400	332	294	252	197	155	51	0,8 (2,72 m) 8,8

*) C_i''' beträgt bei exacten Masch. circa die Hälfte.

Eincylinder-Condensations-Maschinen. (Zunächst mit Dampfhemd.)

Abs. Adm. Sp. $p = 8$ Kgr. od. Atm.

(Füllung) $\frac{l_i}{l}=$	Mit Hemd							Ohne Hemd							$=\frac{l_i}{l}$ (Füllung)
	0,25	0,20	0,15	0,125	0,10	0,07	0,05	0,25	0,20	0,15	0,125	0,10	0,07	0,05	
N_i oder $N_n=$	1	1	1	1	1	1	1	0,95	0,94	0,93	0,92	0,91	0,89	0,87	$=N_i$ oder N_n
gewöhnl. Masch. $\{\ C_i'=$	7,0	6,6	6,2	5,9	5,7	5,5	5,4	7,4	7,0	6,6	6,4	6,3	6,2	6,2	$=C_i'\ \}$ gewöhnl. Masch.
$\{\ xC_i''=$	6,8	6,3	5,8	5,6	5,3	5,0	4,8	7,5	7,1	6,7	6,6	6,5	6,4	6,5	$=xC_i''\ \}$
exacte Masch.*) $\{\ C_i'=$	6,4	5,9	5,5	5,2	4,9	4,6	4,4	6,7	6,2	5,8	5,6	5,4	5,2	5,1	$=C_i'\ \}$ exacte Masch.*)
$\{\ xC_i''=$	5,8	5,3	5,0	4,7	4,5	4,3	4,0	6,3	6,0	5,7	5,6	5,5	5,4	5,5	$=xC_i''\ \}$

Wirksame Kolbenfläche O Qu.Met.	Kolben-Durchmesser D Centim.	Füllung $\frac{l_i}{l}$ 0,25	0,20	0,15	0,125	0,10	0,07	0,05	Füllung $\frac{l_i}{l}$ 0,25	0,20	0,15	0,125	0,10	0,07	0,05	Subtr. Compr. Lstg. pro $c=1$m Pfdk.	$2C_i'''$ u. C_i bei $\frac{l_i}{l}=0,10$ $c=1$m (gew. Masch.) Kgr.
		Indicirte Leistung $\frac{N_i}{c}$ in Pferdekraft							Netto-Leistung $\frac{N_n}{c}$ in Pferdekraft								
0,030	19,8	18,3	16,1	13,5	12,0	10,5	8,4	6,8	13,6	12,0	9,9	8,7	7,4	5,7	4,5	1,8	4,4
032	20,5	19,6	17,2	14,4	12,9	11,2	8,9	7,2	14,6	12,8	10,6	9,3	7,9	6,1	4,8	2,0	(bei
034	21,1	20,8	18,2	15,3	13,7	11,9	9,5	7,7	15,5	13,6	11,2	9,9	8,4	6,5	5,1	2,1	$c=$
036	21,7	22,0	19,3	16,2	14,5	12,6	10,0	8,1	16,5	14,4	11,9	10,5	8,9	6,9	5,3	2,2	1,49 m)
038	22,3	23,2	20,4	17,1	15,3	13,3	10,6	8,6	17,5	15,2	12,6	11,1	9,4	7,2	5,6	2,3	11,3
0,040	22,9	24,4	21,4	18,0	16,1	14,0	11,1	9,1	18,5	16,0	13,2	11,7	9,9	7,6	5,9	2,4	3,8
042	23,5	25,7	22,5	18,9	16,9	14,7	11,7	9,5	19,5	16,9	13,9	12,3	10,5	8,0	6,2	2,6	(1,56 m)
044	24,0	26,9	23,6	19,8	17,7	15,4	12,3	10,0	20,4	17,7	14,7	12,9	11,0	8,5	6,6	2,7	
046	24,6	28,1	24,7	20,7	18,5	16,1	12,8	10,4	21,4	18,6	15,4	13,5	11,5	8,9	6,9	2,8	
048	25,1	29,3	25,7	21,6	19,3	16,8	13,4	10,9	22,4	19,4	16,1	14,2	12,1	9,3	7,2	2,9	
0,050	25,6	30,6	26,8	22,5	20,1	17,5	13,9	11,3	23,4	20,3	16,8	14,8	12,6	9,7	7,6	3,1	3,3
053	26,4	32,4	28,4	23,9	21,3	18,5	14,8	12,0	24,9	21,6	17,9	15,8	13,4	10,3	8,1	3,2	(1,61 m)
056	27,1	34,2	30,0	25,2	22,5	19,6	15,6	12,7	26,4	22,9	18,9	16,7	14,2	11,0	8,6	3,4	
059	27,8	36,0	31,6	26,6	23,7	20,6	16,5	13,4	27,9	24,2	20,0	17,7	15,1	11,6	9,1	3,6	
062	28,5	37,9	33,2	27,9	24,9	21,7	17,3	14,1	29,4	25,5	21,1	18,6	15,9	12,3	9,6	3,8	
0,065	29,2	39,7	34,9	29,3	26,1	22,7	18,1	14,8	30,9	26,8	22,2	19,6	16,7	12,9	10,1	4,0	2,9
068	29,9	41,5	36,5	30,6	27,3	23,8	19,0	15,5	32,4	28,1	23,3	20,5	17,6	13,5	10,6	4,2	(1,67 m)
071	30,5	43,4	38,1	32,0	28,5	24,8	19,8	16,2	33,9	29,5	24,4	21,5	18,4	14,2	11,1	4,3	10,4
074	31,2	45,2	39,7	33,3	29,7	25,9	20,7	16,9	35,4	30,8	25,5	22,5	19,2	14,8	11,6	4,5	
077	31,8	47,0	41,3	34,7	30,9	26,9	21,5	17,6	36,9	32,1	26,6	23,4	20,0	15,5	12,1	4,7	
0,080	32,4	48,9	42,9	36,0	32,1	27,9	22,3	18,1	38,4	33,4	27,6	24,4	20,9	16,1	12,6	4,9	2,5
084	33,2	51,3	45,0	37,8	33,7	29,3	23,4	19,0	40,4	35,1	29,1	25,7	22,0	17,0	13,3	5,1	(1,73 m)
088	34,0	53,8	47,2	39,6	35,4	30,7	24,5	19,9	42,5	36,9	30,6	27,0	23,1	17,9	14,0	5,4	
092	34,7	56,2	49,3	41,4	37,0	32,1	25,6	20,8	44,5	38,8	32,1	28,3	24,2	18,8	14,7	5,6	
096	35,5	58,7	51,5	43,2	38,6	33,5	26,7	21,8	46,5	40,6	33,6	29,6	25,3	19,6	15,4	5,9	
0,100	36,2	61,1	53,6	45,0	40,2	34,9	27,9	22,6	48,6	42,2	35,0	30,9	26,5	20,5	16,1	6,1	2,3
105	37,1	64,2	56,3	47,3	42,2	36,6	29,3	23,8	51,2	44,5	36,9	32,6	27,9	21,6	17,0	6,4	(1,80 m)
110	38,0	67,2	59,0	49,5	44,2	38,4	30,6	24,9	53,7	46,8	38,8	34,2	29,3	22,8	17,9	6,7	
115	38,8	70,3	61,7	51,8	46,2	40,1	32,0	26,0	56,3	49,0	40,7	35,9	30,8	23,9	18,8	7,0	
120	39,7	73,4	64,3	54,0	48,2	41,9	33,4	27,2	58,9	51,3	42,5	37,6	32,2	25,0	19,6	7,3	
0,125	40,5	76,4	67,0	56,3	50,2	43,6	34,8	28,3	61,5	53,5	44,4	39,2	33,6	26,1	20,5	7,6	2,0
130	41,3	79,5	69,7	58,5	52,2	45,3	36,2	29,4	64,1	55,8	46,3	40,9	35,0	27,2	21,4	7,9	(1,87 m)
135	42,1	82,5	72,4	60,8	54,2	47,1	37,6	30,6	66,7	58,1	48,2	42,5	36,4	28,4	22,3	8,2	9,3
140	42,8	85,6	75,1	63,0	56,2	48,8	39,0	31,7	69,3	60,3	50,1	44,2	37,8	29,5	23,2	8,5	
145	43,6	88,7	77,7	65,3	58,2	50,6	40,4	32,8	71,9	62,6	51,9	45,9	39,2	30,6	24,0	8,9	
0,150	44,4	91,7	80,4	67,5	60,2	52,3	41,8	34,0	74,4	64,8	53,8	47,5	40,7	31,7	24,9	9,2	1,7
155	45,1	94,7	83,1	69,8	62,3	54,1	43,2	35,1	77,0	67,1	55,7	49,2	42,2	32,8	25,8	9,5	(1,94 m)
160	45,8	97,8	85,8	72,0	64,3	55,8	44,6	36,2	79,7	69,4	57,6	50,9	43,6	33,9	26,7	9,8	
165	46,5	100,8	88,5	74,3	66,3	57,6	46,0	37,4	82,3	71,7	59,5	52,6	45,1	35,1	27,6	10,1	
170	47,2	103,9	91,1	76,5	68,3	59,3	47,3	38,5	84,9	74,0	61,4	54,3	46,5	36,2	28,5	10,4	
0,175	47,9	107,0	93,8	78,8	70,3	61,0	48,7	39,6	87,5	76,2	63,3	56,0	48,0	37,3	29,4	10,7	1,7
180	48,6	110,0	96,5	81,0	72,3	62,8	50,1	40,7	90,1	78,5	65,2	57,7	49,4	38,5	30,3	11,0	(2,00 m)
185	49,3	113,1	99,2	83,3	74,3	64,5	51,5	41,9	92,8	80,8	67,1	59,4	50,9	39,6	31,2	11,3	
190	49,9	116,1	101,9	85,5	76,3	66,3	52,9	43,0	95,4	83,1	69,0	61,0	52,3	40,7	32,1	11,6	
195	50,6	119,2	104,5	87,8	78,3	68,0	54,3	44,1	98,0	85,4	70,9	62,7	53,8	41,8	33,0	11,9	
0,200	51,2	122,2	107,2	90,0	80,3	69,8	55,7	45,3	100,6	87,6	72,8	64,4	55,2	43,0	33,9	12,2	1,6
205	51,8	125,3	109,9	92,3	82,3	71,5	57,1	46,4	103,3	90,0	74,7	66,1	56,7	44,1	34,8	12,5	(2,05 m)
210	52,5	128,3	112,6	94,5	84,3	73,3	58,5	47,5	105,9	92,3	76,6	67,8	58,2	45,3	35,8	12,8	9,5
215	53,1	131,4	115,3	96,8	86,4	75,0	59,9	48,7	108,6	94,6	78,6	69,5	59,7	46,4	36,7	13,1	
220	53,7	134,5	117,9	99,0	88,4	76,7	61,3	49,8	111,2	96,9	80,5	71,2	61,1	47,6	37,6	13,4	
0,225	54,3	137,5	120,6	101,3	90,4	78,5	62,7	50,9	113,9	99,2	82,4	72,9	62,6	48,7	38,5	13,7	1,5
230	54,9	140,6	123,3	103,5	92,4	80,2	64,1	52,1	116,5	101,5	84,4	74,7	64,1	49,9	39,4	14,0	(2,10 m)
235	55,5	143,6	126,0	105,8	94,4	82,0	65,4	53,2	119,2	103,8	86,3	76,4	65,5	51,0	40,3	14,4	
240	56,1	146,7	128,7	108,0	96,4	83,7	66,8	54,3	121,8	106,1	88,2	78,1	67,0	52,2	41,2	14,7	
245	56,7	149,8	131,3	110,3	98,4	85,4	68,2	55,5	124,5	108,4	90,1	79,8	68,5	53,3	42,1	15,0	
0,250	57,3	152,8	134,0	112,5	100,4	87,2	69,6	56,6	127,1	110,8	92,0	81,5	69,9	54,5	43,1	15,3	1,4 (2,15 m)

Eincylinder-Condensations-Maschinen.

Abs. Adm. Sp. $p = 8$ Kgr. od. Atm.

Wirksame Kolbenfläche O (Qu.Met.)	Kolben-Durchmesser D (Centm.)	Füllung $\frac{l}{i}$ 0,25	0,20	0,15	0,125	0,10	0,07	0,05	Füllung $\frac{l}{i}$ 0,25	0,20	0,15	0,125	0,10	0,07	0,05	Subtr. Compr. Lstg. pro $c=1$ m (Pfdk.)	$2C_i'''$ u. C_i bei $\frac{l}{i}=0,10$ pro $c=1$ m (gew. Masch.) (Kgr.)
		Indicirte Leistung $\frac{N_i}{c}$ in Pferdekraft							Netto-Leistung $\frac{N_n}{c}$ in Pferdekraft								
0,250	57,3	152,8	134,0	112,5	100,4	87,2	69,6	56,6	127,1	110,8	92,0	81,5	69,9	54,5	43,1	15,3	1,4 (bei $c =$ 2,15 m) 9,3
255	57,8	155,8	136,7	114,8	102,4	89,0	71,0	57,7	129,8	113,1	94,0	83,2	71,4	55,7	44,0	15,6	
260	58,4	158,9	139,4	117,0	104,4	90,7	72,4	58,9	132,5	115,4	95,9	84,9	72,9	56,8	44,9	15,9	
265	59,0	162,0	142,1	119,3	106,4	92,4	73,8	60,0	135,1	117,8	97,9	86,6	74,4	58,0	45,8	16,2	
270	59,5	165,0	144,7	121,5	108,4	94,2	75,2	61,1	137,8	120,1	99,8	88,3	75,8	59,1	46,7	16,5	
0,275	60,1	168,1	147,4	123,8	110,5	95,9	76,6	62,3	140,5	122,4	101,7	90,1	77,3	60,3	47,7	16,8	1,3 (2,19 m)
280	60,6	171,1	150,1	126,0	112,5	97,7	78,0	63,4	143,1	124,7	103,7	91,8	78,8	61,5	48,6	17,1	
285	61,1	174,2	152,8	128,3	114,5	99,4	79,4	64,5	145,8	127,1	105,6	93,5	80,3	62,6	49,5	17,4	
290	61,7	177,3	155,5	130,5	116,5	101,1	80,8	65,6	148,5	129,4	107,6	95,2	81,8	63,8	50,4	17,8	
295	62,2	180,3	158,1	132,8	118,5	102,9	82,2	66,8	151,1	131,7	109,5	96,9	83,2	64,9	51,3	18,1	
0,300	62,7	183,3	160,8	135,0	120,5	104,7	83,6	67,9	153,8	134,0	111,4	98,6	84,7	66,1	52,3	18,3	1,3 (2,23 m)
310	63,8	189,4	166,2	139,5	124,5	108,2	86,4	70,2	159,2	138,7	115,3	102,1	87,7	68,4	54,1	18,9	
320	64,8	195,5	171,5	144,0	128,5	111,7	89,1	72,4	164,5	143,4	119,2	105,6	90,7	70,8	56,0	19,5	
330	65,8	201,7	176,9	148,5	132,5	115,1	91,9	74,7	169,9	148,1	123,1	109,0	93,6	73,1	57,8	20,2	
340	66,8	207,8	182,3	153,0	136,6	118,6	94,7	77,0	175,3	152,8	127,1	112,5	96,6	75,4	59,7	20,8	
0,350	67,7	213,9	187,6	157,5	140,6	122,1	97,5	79,2	180,7	157,5	131,0	115,9	99,6	77,8	61,6	21,4	1,1 (2,30 m)
360	68,7	220,0	193,0	162,0	144,6	125,6	100,3	81,5	186,1	162,2	134,9	119,4	102,6	80,1	63,4	22,0	
370	69,7	226,1	198,3	166,5	148,6	129,1	103,1	83,7	191,4	166,9	138,8	122,9	105,6	82,5	65,3	22,6	
380	70,6	232,2	203,7	171,0	152,6	132,6	105,9	86,0	196,8	171,6	142,7	126,3	108,5	84,8	67,1	23,2	
390	71,5	238,3	209,1	175,5	156,6	136,1	108,7	88,3	202,2	176,2	146,6	129,8	111,5	87,1	69,0	23,8	
0,400	72,4	244,4	214,4	180,0	160,6	139,6	111,4	90,6	207,5	181,0	150,5	133,3	114,5	89,4	70,8	24,4	1,1 (2,37 m) 9,1
410	73,3	250,5	219,8	184,5	164,7	143,1	114,2	92,8	213,0	185,7	154,4	136,8	117,5	91,8	72,7	25,0	
420	74,2	256,7	225,2	189,0	168,7	146,5	117,0	95,1	218,4	190,4	158,4	140,3	120,5	94,1	74,6	25,7	
430	75,1	262,8	230,5	193,5	172,7	150,0	119,8	97,3	223,8	195,2	162,3	143,8	123,5	96,5	76,5	26,3	
440	76,0	268,9	235,9	198,0	176,7	153,5	122,6	99,6	229,3	199,9	166,3	147,3	126,6	98,9	78,3	26,9	
0,450	76,8	275,0	241,2	202,5	180,7	157,0	125,4	101,9	234,7	204,7	170,2	150,8	129,6	101,2	80,2	27,5	1,0 (2,44 m)
460	77,7	281,1	246,6	207,0	184,8	160,5	128,2	104,1	240,1	209,4	174,2	154,3	132,6	103,6	82,1	28,1	
470	78,5	287,2	252,0	211,5	188,8	164,0	130,9	106,4	245,6	214,1	178,1	157,8	135,6	105,9	84,0	28,7	
480	79,3	293,3	257,3	216,0	192,8	167,5	133,7	108,6	251,0	218,9	182,1	161,3	138,6	108,3	85,9	29,3	
490	80,2	299,4	262,7	220,5	196,8	171,0	136,5	110,9	256,4	223,6	186,0	164,8	141,6	110,7	87,7	29,9	
0,500	81,0	305,5	268,0	225,0	200,8	174,5	139,3	113,2	261,8	228,3	189,9	168,3	144,6	113,0	89,6	30,5	1,0 (2,50 m)
510	81,8	311,7	273,4	229,5	204,8	177,9	142,1	115,5	267,2	233,0	193,8	171,7	147,6	115,4	91,5	31,2	
520	82,6	317,8	278,8	234,0	208,8	181,4	144,8	117,7	272,5	237,7	197,7	175,2	150,6	117,7	93,3	31,8	
530	83,4	323,9	284,1	238,5	212,9	184,9	147,6	120,0	277,9	242,4	201,6	178,6	153,6	120,1	95,2	32,4	
540	84,2	330,0	289,5	243,0	216,9	188,4	150,4	122,2	283,2	247,0	205,5	182,1	156,6	122,4	97,1	33,0	
0,550	84,9	336,1	294,8	247,5	220,9	191,9	153,2	124,5	288,6	251,7	209,4	185,6	159,5	124,7	98,9	33,6	0,9 (2,56 m)
560	85,7	342	300	252	225	195	156	127	294	256	213	189	163	127	101	34	
570	86,5	348	306	257	229	199	159	129	299	261	217	192	165	129	103	35	
580	87,2	354	311	261	233	202	162	131	305	266	221	196	168	132	104	35	
590	88,0	361	316	266	237	206	164	134	310	270	225	199	171	134	106	36	
0,600	88,7	367	322	270	241	209	167	136	315	275	229	203	174	136	108	37	0,9 (2,61 m) 8,9
620	90,2	379	332	279	249	216	173	140	326	285	237	210	180	141	112	38	
640	91,6	391	343	288	257	223	178	145	337	294	245	217	186	146	116	39	
660	93,0	403	354	297	265	230	184	149	348	303	252	224	192	150	119	40	
680	94,4	416	365	306	273	237	189	154	358	313	260	231	198	155	123	42	
0,700	95,8	428	375	315	281	244	195	158	369	322	268	238	204	160	127	43	0,8 (2,70 m)
720	97,2	440	386	324	289	251	201	163	380	331	276	244	210	165	131	44	
740	98,5	452	397	333	297	258	206	168	391	341	284	251	216	169	134	45	
760	99,8	464	407	342	305	265	212	172	401	350	291	258	222	174	138	46	
780	101,1	477	418	351	313	272	217	177	412	360	299	265	228	179	142	48	
0,800	102,4	489	429	360	321	279	223	181	423	369	307	272	234	183	146	49	0,8 (2,78 m)
820	103,7	501	440	369	329	286	228	186	434	378	315	279	240	188	149	50	
840	105,0	513	450	378	337	293	234	190	445	388	323	286	246	193	153	51	
860	106,2	526	461	387	345	300	240	195	455	397	331	293	252	197	157	53	
880	107,4	538	472	396	353	307	245	199	466	407	339	300	258	202	161	54	
0,900	108,6	550	482	405	361	314	251	204	477	416	347	307	264	207	164	55	0,7 (2,85 m)
920	109,8	562	493	414	369	321	256	208	488	426	354	314	270	212	168	56	
940	111,0	574	504	423	377	328	262	213	499	435	362	321	276	216	172	57	
960	112,2	587	515	432	386	335	267	217	509	444	370	328	282	221	176	59	
980	113,4	599	525	441	394	342	273	222	520	454	378	335	288	226	179	60	
1,000	114,5	611	536	450	402	349	279	226	531	463	386	342	294	230	183	61	0,7 (2,91 m) 8,6

*) C_i''' beträgt bei exacten Masch. circa die Hälfte.

Eincylinder-Condensations-Maschinen. (Zunächst mit Dampfhemd.)

Abs. Adm. Sp. $p = 9$ Kgr. od. Atm.

(Füllung) $\frac{l_i}{l} =$	Mit Hemd							Ohne Hemd							$= \frac{l_i}{l}$ (Füllung)
	0,25	0,20	0,15	0,125	0,10	0,07	0,05	0,25	0,20	0,15	0,125	0,10	0,07	0,05	
N_i oder $N_n =$	1	1	1	1	1	1	1	0,95	0,94	0,93	0,92	0,91	0,89	0,87	$= N_i$ oder N_n
gewöhnl. Masch. $C_i =$	6,9	6,5	6,1	5,9	5,7	5,4	5,3	7,3	6,9	6,5	6,3	6,2	6,1	6,1	$= C_i$ } gewöhnl. Masch.
$xC_i'' =$	6,8	6,3	5,8	5,5	5,3	5,0	4,7	7,5	7,1	6,7	6,5	6,4	6,4	6,4	$= xC_i''$
exacte Masch.*) $C_i =$	6,3	5,9	5,4	5,1	4,8	4,5	4,3	6,6	6,2	5,7	5,5	5,3	5,1	5,0	$= C_i$ } exacte Masch.*)
$xC_i'' =$	5,7	5,3	4,9	4,7	4,5	4,2	4,0	6,3	6,0	5,7	5,6	5,5	5,4	5,4	$= xC_i''$

Wirksame Kolbenfläche O Qu Met.	Kolben-Durchmesser D Centm.	Füllung $\frac{l_i}{l}$ — Indicirte Leistung $\frac{N_i}{c}$ in Pferdekraft							Füllung $\frac{l_i}{l}$ — Netto-Leistung $\frac{N_n}{c}$ in Pferdekraft							Subtr. Compr. Lstg. pro $c=1$ m Pfdk.	$2C_i''' $ u. C_i bei $\frac{l_i}{l}=0,10$ (gew. Masch.) Kgr.
		0,25	0,20	0,15	0,125	0,10	0,07	0,05	0,25	0,20	0,15	0,125	0,10	0,07	0,05		
0,030	19,8	20,7	18,2	15,3	13,7	11,9	9,5	7,8	15,5	13,7	11,4	10,0	8,6	6,7	5,3	2,1	3,9 (bei $c = 1,58$ m) 10,6
032	20,5	22,1	19,4	16,3	14,6	12,7	10,1	8,3	16,6	14,6	12,1	10,7	9,2	7,1	5,6	2,3	
034	21,1	23,5	20,6	17,3	15,5	13,5	10,8	8,8	17,7	15,5	12,9	11,4	9,7	7,5	5,9	2,4	
036	21,7	24,9	21,8	18,4	16,4	14,3	11,4	9,3	18,8	16,5	13,6	12,0	10,3	8,0	6,2	2,6	
038	22,3	26,3	23,1	19,4	17,3	15,1	12,0	9,8	19,9	17,4	14,4	12,7	10,9	8,4	6,6	2,7	
0,040	22,9	27,6	24,3	20,4	18,2	15,9	12,7	10,3	21,1	18,3	15,2	13,4	11,4	8,8	6,9	2,9	3,4 (1,65 m)
042	23,5	29,0	25,5	21,4	19,1	16,6	13,3	10,9	22,2	19,2	16,0	14,1	12,1	9,3	7,3	3,0	
044	24,0	30,4	26,7	22,4	20,0	17,4	13,9	11,4	23,3	20,3	16,8	14,8	12,7	9,8	7,7	3,1	
046	24,6	31,8	27,9	23,5	21,0	18,2	14,6	11,9	24,4	21,2	17,6	15,5	13,3	10,3	8,1	3,3	
048	25,1	33,2	29,1	24,5	21,9	19,0	15,2	12,4	25,5	22,2	18,4	16,3	13,9	10,8	8,4	3,4	
0,050	25,6	34,6	30,3	25,5	22,8	19,8	15,9	12,9	26,6	23,2	19,2	17,0	14,5	11,3	8,8	3,6	3,0 (1,71 m)
053	26,4	36,6	32,2	27,0	24,1	21,0	16,8	13,7	28,3	24,7	20,4	18,1	15,5	12,0	9,4	3,8	
056	27,1	38,7	34,0	28,6	25,5	22,2	17,8	14,5	30,0	26,1	21,7	19,2	16,4	12,7	10,0	4,0	
059	27,8	40,8	35,8	30,1	26,9	23,4	18,7	15,3	31,7	27,6	22,9	20,3	17,3	13,5	10,6	4,2	
062	28,5	42,8	37,6	31,6	28,3	24,6	19,7	16,0	33,4	29,1	24,1	21,4	18,3	14,2	11,2	4,4	
0,065	29,2	44,9	39,4	33,2	29,6	25,8	20,6	16,8	35,1	30,6	25,4	22,4	19,2	14,9	11,8	4,6	2,5 (1,77 m) 10,2
068	29,9	47,0	41,3	34,7	31,0	27,0	21,6	17,6	36,8	32,1	26,6	23,5	20,2	15,7	12,3	4,9	
071	30,5	49,0	43,1	36,2	32,4	28,1	22,5	18,4	38,5	33,6	27,8	24,6	21,1	16,4	12,9	5,1	
074	31,2	51,1	44,9	37,7	33,7	29,3	23,5	19,2	40,2	35,1	29,1	25,7	22,1	17,2	13,5	5,3	
077	31,8	53,2	46,7	39,3	35,1	30,5	24,4	19,9	41,9	36,6	30,3	26,8	23,0	17,9	14,1	5,5	
0,080	32,4	55,3	48,5	40,8	36,4	31,7	25,4	20,7	43,7	38,0	31,6	27,9	24,0	18,6	14,7	5,7	2,2 (1,83 m)
084	33,2	58,1	51,0	42,8	38,3	33,3	26,6	21,7	46,0	40,1	33,2	29,4	25,2	19,7	15,5	6,0	
088	34,0	60,8	53,4	44,9	40,1	34,9	27,9	22,7	48,3	42,1	34,9	30,9	26,5	20,7	16,3	6,3	
092	34,7	63,6	55,8	46,9	41,9	36,4	29,2	23,8	50,6	44,1	36,6	32,4	27,8	21,7	17,1	6,6	
096	35,5	66,3	58,3	49,0	43,7	38,0	30,4	24,8	52,9	46,1	38,3	33,9	29,1	22,7	17,9	6,8	
0,100	36,2	69,1	60,7	51,0	45,5	39,6	31,7	25,8	55,2	48,2	40,0	35,4	30,4	23,7	18,7	7,1	1,9 (1,91 m)
105	37,1	72,6	63,7	53,6	47,8	41,6	33,3	27,1	58,2	50,7	42,1	37,3	32,0	25,0	19,7	7,5	
110	38,0	76,0	66,7	56,1	50,1	43,6	34,9	28,4	61,1	53,3	44,3	39,2	33,6	26,2	20,7	7,8	
115	38,8	79,5	69,8	58,7	52,4	45,6	36,5	29,7	64,0	55,8	46,4	41,1	35,3	27,5	21,8	8,2	
120	39,7	83,0	72,8	61,2	54,7	47,5	38,1	31,0	67,0	58,4	48,6	43,0	36,9	28,8	22,8	8,6	
0,125	40,5	86,4	75,8	63,8	57,0	49,5	39,7	32,3	69,9	61,0	50,7	44,8	38,5	30,1	23,8	8,9	1,7 (1,99 m) 9,6
130	41,3	89,9	78,9	66,3	59,2	51,5	41,2	33,6	72,8	63,5	52,8	46,7	40,2	31,4	24,8	9,3	
135	42,1	93,3	81,9	68,9	61,5	53,5	42,8	34,9	75,8	66,1	55,0	48,6	41,8	32,6	25,8	9,6	
140	42,8	96,8	84,9	71,4	63,8	55,5	44,4	36,2	78,7	68,6	57,1	50,5	43,4	33,9	26,9	10,0	
145	43,6	100,3	87,9	74,0	66,1	57,4	46,0	37,5	81,6	71,2	59,3	52,4	45,0	35,2	27,9	10,3	
0,150	44,4	103,7	91,0	76,5	68,3	59,4	47,6	38,8	84,6	73,8	61,3	54,3	46,6	36,5	28,9	10,7	1,7 (2,06 m)
155	45,1	107,1	94,0	79,0	70,6	61,4	49,1	40,1	87,5	76,4	63,5	56,2	48,3	37,8	29,9	11,1	
160	45,8	110,6	97,1	81,6	72,9	63,4	50,7	41,3	90,5	79,0	65,7	58,2	50,0	39,1	31,0	11,4	
165	46,5	114,0	100,1	84,1	75,2	65,4	52,3	42,6	93,5	81,6	67,9	60,1	51,6	40,4	32,0	11,8	
170	47,2	117,5	103,1	86,7	77,4	67,4	53,9	43,9	96,5	84,2	70,0	62,0	53,3	41,7	33,0	12,1	
0,175	47,9	121,0	106,2	89,2	79,7	69,3	55,5	45,2	99,4	86,8	72,2	63,9	55,0	43,0	34,0	12,5	1,5 (2,12 m)
180	48,6	124,4	109,2	91,8	82,0	71,3	57,1	46,5	102,4	89,4	74,4	65,8	56,6	44,3	35,1	12,8	
185	49,3	127,9	112,2	94,3	84,3	73,3	58,7	47,8	105,4	92,0	76,5	67,8	58,3	45,6	36,1	13,2	
190	49,9	131,3	115,3	96,9	86,6	75,3	60,3	49,1	108,3	94,6	78,7	69,7	59,9	46,9	37,1	13,6	
195	50,6	134,8	118,3	99,4	88,8	77,3	61,9	50,4	111,3	97,2	80,9	71,6	61,6	48,2	38,2	13,9	
0,200	51,2	138,2	121,3	102,0	91,1	79,2	63,4	51,7	114,3	99,7	83,0	73,5	63,2	49,5	39,2	14,3	1,4 (2,17 m) 9,3
205	51,8	141,7	124,4	104,5	93,4	81,2	65,0	53,0	117,3	102,3	85,2	75,5	64,9	50,8	40,2	14,6	
210	52,5	145,1	127,4	107,1	95,7	83,2	66,6	54,3	120,3	105,0	87,4	77,4	66,6	52,1	41,3	15,0	
215	53,1	148,6	130,4	109,6	97,9	85,2	68,2	55,6	123,3	107,6	89,6	79,4	68,3	53,5	42,4	15,3	
220	53,7	152,1	133,5	112,2	100,2	87,2	69,8	56,8	126,3	110,2	91,8	81,3	70,0	54,8	43,4	15,7	
0,225	54,3	155,5	136,5	114,7	102,5	89,1	71,4	58,1	129,4	112,9	94,0	83,3	71,6	56,1	44,5	16,1	1,3 (2,22 m)
230	54,9	159,0	139,5	117,3	104,8	91,1	73,0	59,4	132,4	115,5	96,1	85,2	73,3	57,4	45,5	16,4	
235	55,5	162,4	142,6	119,8	107,1	93,1	74,5	60,7	135,4	118,1	98,3	87,2	75,0	58,7	46,6	16,8	
240	56,1	165,9	145,6	122,4	109,3	95,1	76,1	62,0	138,4	120,7	100,5	89,1	76,7	60,1	47,7	17,1	
245	56,7	169,4	148,6	124,9	111,6	97,1	77,7	63,3	141,4	123,4	102,7	91,1	78,4	61,4	48,7	17,5	
0,250	57,3	172,8	151,7	127,5	113,9	99,0	79,3	64,6	144,4	126,0	104,9	93,0	80,0	62,7	49,8	17,8	1,2 (2,27 m)

Eincylinder-Condensations-Maschinen.

Abs. Adm. Sp. $p = 9$ Kgr. od. Atm.

Wirksame Kolbenfläche O Qu.Met.	Kolben-Durchmesser D Centm.	Füllung $\frac{l}{i}$ — Indicirte Leistung $\frac{N_i}{c}$ in Pferdekraft 0,25	0,20	0,15	0,125	0,10	0,07	0,05	Füllung $\frac{l}{i}$ — Netto-Leistung $\frac{N_n}{c}$ in Pferdekraft 0,25	0,20	0,15	0,125	0,10	0,07	0,05	Subtr. Compr. Lstg. pro $c=1$m Pfdk.	$2C_i''' \text{u.} C_i$ bei $\frac{l}{i}=0,10$ (gew. Masch.) Kgr.
0,250	57,3	172,8	151,7	127,5	113,9	99,0	79,3	64,6	144,4	126,0	104,9	93,0	80,0	62,7	49,8	17,8	1,2 (bei $c=$ 2,27 m) 9,1
255	57,8	176,2	154,7	130,0	116,2	101,0	80,9	65,9	147,4	128,7	107,1	94,9	81,7	64,0	50,8	18,2	
260	58,4	179,7	157,7	132,6	118,4	103,0	82,4	67,2	150,4	131,3	109,3	96,9	83,4	65,3	51,9	18,6	
265	59,0	183,2	160,8	135,1	120,7	105,0	84,0	68,5	153,5	134,0	111,6	98,9	85,1	66,7	53,0	18,9	
270	59,5	186,6	163,8	137,7	123,0	107,0	85,6	69,8	156,5	136,6	113,8	100,8	86,8	68,0	54,0	19,3	
0,275	60,1	190,1	166,8	140,2	125,3	108,9	87,2	71,0	159,5	139,3	116,0	102,8	88,5	69,3	55,1	19,6	1,2 (2,32 m)
280	60,6	193,5	169,9	142,8	127,6	110,9	88,8	72,3	162,5	141,9	118,2	104,7	90,1	70,7	56,1	20,0	
285	61,1	197,0	172,9	145,3	129,8	112,9	90,4	73,6	165,6	144,6	120,4	106,7	91,8	72,0	57,2	20,4	
290	61,7	200,5	175,9	147,9	132,1	114,9	92,0	74,9	168,6	147,2	122,6	108,7	93,5	73,3	58,3	20,7	
295	62,2	203,9	179,0	150,4	134,4	116,9	93,6	76,2	171,6	149,9	124,8	110,6	95,2	74,7	59,3	21,1	
0,300	62,7	207,3	182,0	153,0	136,6	118,9	95,1	77,5	174,6	152,5	127,0	112,6	96,9	76,0	60,4	21,4	1,1 (2,36 m)
310	63,8	214,2	188,1	158,1	141,2	122,8	98,3	80,1	180,7	157,8	131,4	116,5	100,3	78,6	62,5	22,1	
320	64,8	221,1	194,2	163,2	145,7	126,8	101,5	82,7	186,8	163,1	135,9	120,5	103,7	81,3	64,7	22,8	
330	65,8	228,1	200,2	168,3	150,3	130,7	104,6	85,3	192,9	168,5	140,3	124,4	107,1	84,0	66,8	23,5	
340	66,8	235,0	206,3	173,4	154,8	134,7	107,8	87,8	199,1	173,8	144,8	128,4	110,5	86,7	69,0	24,2	
0,350	67,7	241,9	212,4	178,5	159,4	138,7	111,0	90,4	205,2	179,1	149,2	132,3	113,9	89,4	71,1	24,9	1,0 (2,44 m)
360	68,7	248,8	218,4	183,6	163,9	142,6	114,1	93,0	211,3	184,4	153,7	136,3	117,3	92,0	73,3	25,7	
370	69,7	255,7	224,5	188,7	168,5	146,6	117,3	95,6	217,4	189,8	158,1	140,2	120,8	94,7	75,4	26,4	
380	70,6	262,6	230,6	193,8	173,0	150,5	120,5	98,2	223,5	195,1	162,6	144,2	124,2	97,4	77,6	27,1	
390	71,5	269,5	236,7	198,9	177,6	154,5	123,6	100,7	229,6	200,4	167,0	148,1	127,6	100,1	79,7	27,8	
0,400	72,4	276,4	242,7	204,0	182,2	158,5	126,8	103,4	235,7	205,8	171,5	152,1	131,0	102,8	81,8	28,5	1,0 (2,51 m) 8,9
410	73,3	283,3	248,8	209,1	186,7	162,4	130,0	105,9	241,8	211,2	176,0	156,1	134,4	105,5	84,0	29,2	
420	74,2	290,3	254,8	214,2	191,3	166,4	133,2	108,5	248,0	216,5	180,5	160,0	137,8	108,2	86,2	29,9	
430	75,1	297,2	260,9	219,3	195,8	170,4	136,3	111,1	254,1	221,9	185,0	164,0	141,3	110,9	88,3	30,7	
440	76,0	304,1	267,0	224,4	200,4	174,3	139,5	113,7	260,3	227,3	189,5	168,0	144,7	113,6	90,5	31,4	
0,450	76,8	311,0	273,0	229,5	204,9	178,3	142,7	116,3	266,5	232,7	193,9	172,0	148,2	116,3	92,6	32,1	1,0 (2,58 m)
460	77,7	317,9	279,1	234,6	209,5	182,2	145,8	118,8	272,6	238,0	198,4	176,0	151,6	119,0	94,8	32,8	
470	78,5	324,8	285,2	239,7	214,0	186,2	149,0	121,4	278,8	243,4	202,9	180,0	155,0	121,8	97,0	33,5	
480	79,3	331,7	291,3	244,8	218,6	190,2	152,2	124,0	284,9	247,8	207,4	184,0	158,5	124,5	99,1	34,2	
490	80,2	339	297	250	223	194	155	127	291	253	212	188	162	127	101	35	
0,500	81,0	346	303	255	228	198	159	129	297	260	216	192	165	130	103	36	0,9 (2,65 m)
510	81,8	352	309	260	232	202	162	132	303	265	221	196	169	133	106	36	
520	82,6	359	316	265	237	206	165	134	309	270	225	200	172	135	108	37	
530	83,4	366	322	270	241	210	168	137	315	276	230	204	176	138	110	38	
540	84,2	373	328	275	246	214	171	140	322	281	234	208	179	141	112	39	
0,550	84,9	380	333	280	250	218	174	142	328	286	239	212	182	143	114	39	0,9 (2,71 m)
560	85,7	387	340	286	255	222	178	145	334	291	243	216	186	146	116	40	
570	86,5	394	346	291	260	226	181	147	340	297	247	220	189	149	118	41	
580	87,2	401	352	296	264	230	184	150	346	302	252	223	193	151	121	41	
590	88,0	408	358	301	269	234	187	152	352	307	256	227	196	154	123	42	
0,600	88,7	415	364	306	273	238	190	155	358	313	261	231	199	157	125	43	0,8 (2,76 m) 8,8
620	90,2	428	376	316	282	246	197	160	370	323	270	239	206	162	129	44	
640	91,6	442	388	326	292	254	203	165	382	334	279	247	213	167	133	46	
660	93,0	456	400	337	301	261	209	171	395	345	287	255	220	173	138	47	
680	94,4	470	413	347	310	269	216	176	407	355	296	263	227	178	142	49	
0,700	95,8	484	425	357	319	277	222	181	419	366	305	271	233	184	146	50	0,7 (2,85 m)
720	97,2	498	437	367	328	285	228	186	431	377	314	279	240	189	151	51	
740	98,5	511	449	377	337	293	235	191	443	387	323	287	247	194	155	53	
760	99,8	525	461	388	346	301	241	196	456	398	332	295	254	200	159	54	
780	101,1	539	473	398	355	309	247	202	468	409	341	302	261	205	164	56	
0,800	102,4	553	485	408	364	317	254	207	480	419	350	310	268	210	168	57	0,7 (2,94 m)
820	103,7	567	498	418	374	325	260	212	492	430	359	318	274	216	172	58	
840	105,0	581	510	428	383	333	266	217	505	441	368	326	281	221	177	60	
860	106,2	594	522	439	392	341	273	222	517	452	377	334	288	227	181	61	
880	107,4	608	534	449	401	349	279	227	529	462	386	342	295	232	185	63	
0,900	108,6	622	546	459	410	357	285	233	541	473	394	350	302	237	189	64	0,7 (3,01 m)
920	109,8	636	558	469	419	364	292	238	551	484	403	358	309	243	194	66	
940	111,0	650	570	479	428	372	298	243	566	494	412	366	315	248	198	67	
960	112,2	663	582	490	437	380	304	248	578	505	421	374	322	254	202	68	
980	113,4	677	595	500	446	388	311	253	590	516	430	382	329	259	207	70	
1,000	114,5	691	607	510	455	396	317	258	602	526	439	390	336	264	211	71	0,6 (3,08 m) 8,1

*) C_i''' beträgt bei exacten Masch. circa die Hälfte.

I. SERIE.

D.

Zweicylinder-Condensations-Maschinen.

(Mit Doppelsteuerung und Dampfhemd mindestens am Hochdruckcylinder.)

Indic. und Netto-Leistung, sowie Dampf-Consum C_i in der letzten Spalte gelten für gewöhnl. Masch. im Mittel zwischen ausgiebig. geheiztem und nicht geheiztem Receiver.

Werthe von $\frac{1}{x}$

zur Bestimmung des Abkühlungs-Verlustes C_i'' aus den tabellarischen Ansätzen von $x\,C_i''$ (durch Multiplication dieser Ansätze mit $\frac{1}{x}$).

Füllung $\frac{l}{i}=$	0,4	0,333	0,3	0,25	0,20	0,15	0,125	0,10	0,08	0,07	0,06	0,05	0,04	$=\frac{l}{i}$(Füllung)
$c=0,5$ m	0,89	0,94	0,96	1,00	1,04	1,09	1,11	1,14	1,16	1,17	1,18	1,19	1,20	$c=0,5$ m
0,6	0,82	0,86	0,88	0,91	0,95	0,99	1,01	1,04	1,06	1,07	1,08	1,09	1,10	0,6
0,7	0,75	0,79	0,81	0,85	0,88	0,92	0,94	0,96	0,98	0,99	1,00	1,01	1,02	0,7
0,8	0,71	0,74	0,76	0,79	0,82	0,86	0,88	0,90	0,92	0,92	0,93	0,94	0,95	0,8
0,9	0,67	0,70	0,72	0,75	0,78	0,81	0,83	0,85	0,86	0,87	0,88	0,89	0,90	0,9
$c=1,0$ m	0,63	0,66	0,68	0,71	0,74	0,77	0,79	0,80	0,82	0,83	0,83	0,84	0,85	$c=1,0$ m
1,1	0,60	0,63	0,65	0,67	0,70	0,73	0,75	0,77	0,78	0,79	0,79	0,80	0,81	1,1
1,2	0,58	0,61	0,62	0,65	0,67	0,70	0,72	0,73	0,75	0,75	0,76	0,77	0,78	1,2
1,3	0,55	0,58	0,60	0,62	0,65	0,67	0,69	0,70	0,72	0,72	0,73	0,74	0,75	1,3
1,4	0,53	0,56	0,57	0,60	0,62	0,65	0,66	0,68	0,69	0,70	0,71	0,71	0,72	1,4
$c=1,5$ m	0,52	0,54	0,56	0,58	0,60	0,63	0,64	0,66	0,67	0,67	0,68	0,69	0,69	$c=1,5$ m
1,6	0,50	0,52	0,54	0,56	0,58	0,61	0,62	0,64	0,65	0,65	0,66	0,67	0,67	1,6
1,7	0,48	0,51	0,52	0,54	0,56	0,59	0,60	0,62	0,63	0,63	0,64	0,65	0,65	1,7
1,8	0,47	0,49	0,51	0,53	0,55	0,57	0,59	0,60	0,61	0,62	0,62	0,63	0,63	1,8
1,9	0,46	0,48	0,49	0,51	0,53	0,56	0,57	0,58	0,59	0,60	0,61	0,61	0,62	1,9
$c=2,0$ m	0,45	0,47	0,48	0,50	0,52	0,54	0,56	0,57	0,58	0,58	0,59	0,59	0,60	$c=2,0$ m
2,2	0,43	0,45	0,46	0,48	0,50	0,52	0,53	0,54	0,55	0,56	0,56	0,57	0,57	2,2
2,4	0,41	0,43	0,44	0,46	0,48	0,50	0,51	0,52	0,53	0,53	0,54	0,54	0,55	2,4
2,6	0,39	0,41	0,42	0,44	0,46	0,48	0,49	0,50	0,51	0,51	0,52	0,52	0,53	2,6
2,8	0,38	0,40	0,41	0,42	0,44	0,46	0,47	0,48	0,49	0,49	0,50	0,50	0,51	2,8
$c=3,0$ m	0,36	0,38	0,39	0,41	0,43	0,44	0,45	0,46	0,47	0,48	0,48	0,49	0,49	$c=3,0$ m
3,2	0,35	0,37	0,38	0,40	0,41	0,43	0,44	0,45	0,46	0,46	0,47	0,47	0,48	3,2
3,4	0,34	0,36	0,37	0,38	0,40	0,42	0,43	0,44	0,44	0,45	0,45	0,46	0,46	3,4
3,6	0,33	0,35	0,36	0,37	0,39	0,41	0,41	0,42	0,43	0,44	0,44	0,44	0,45	3,6
3,8	0,32	0,34	0,35	0,36	0,38	0,39	0,40	0,41	0,42	0,42	0,43	0,43	0,44	3,8
$c=4,0$ m	0,32	0,33	0,34	0,35	0,37	0,38	0,39	0,40	0,41	0,41	0,42	0,42	0,43	$c=4,0$ m
4,2	0,31	0,32	0,33	0,35	0,36	0,38	0,38	0,39	0,40	0,40	0,41	0,41	0,41	4,2
4,4	0,30	0,32	0,32	0,34	0,35	0,37	0,37	0,38	0,39	0,39	0,40	0,40	0,41	4,4
4,6	0,29	0,31	0,32	0,33	0,34	0,36	0,37	0,37	0,38	0,39	0,39	0,39	0,40	4,6
4,8	0,29	0,30	0,31	0,32	0,34	0,35	0,36	0,37	0,37	0,38	0,38	0,38	0,39	4,8
$c=5,0$ m	0,28	0,30	0,30	0,32	0,33	0,34	0,35	0,36	0,37	0,37	0,37	0,38	0,38	$c=5,0$ m

Note. Diese Werthe von $\frac{1}{x}$ sind für alle Maschinengattungen (bei einer gewissen Füllung $\frac{l}{i}$ und Kolbengeschwindigkeit c) gleich gross; dieselben sind in der vorangehenden Einleitung für alle Füllungen auf drei Decimalen angegeben.

Corrections-Coëffic. für C_i'' bei dem jeweiligen Hubverhältnisse $l:D$.

Wenn $l:D=$	0,6	0,8	1,0	1,25	1,5	1,75	2	2,5	3	3,5	4	5
Coëffic. $=$	0,73	0,77	0,82	0,87	0,91	0,96	1	1,08	1,15	1,22	1,29	1,41

Zweicylinder-Condensations-Maschinen (mit Doppelsteuerung und Dampfhemd).

Abs. Adm. Sp. $p = 4$ Kgr. od. Atm.

Füll. $\frac{l}{l} =$	Ohne (geheizten) Receiver.							Mit (geheiztem) Receiver.							$= \frac{l}{l}$ (reduc.)
	0,25	0,20	0,15	0,125	0,10	0,07	0,05	0,25	0,20	0,15	0,125	0,10	0,07	0,05	
N_i od. N_n min. =	0,96	0,96	0,95	0,95	0,94	0,92	0,90	1,05	1,05	1,06	1,06	1,07	1,10	1,12	$= N_i$ od. N_n max.
$C_i' =$	7,3	6,8	6,3	6,0	5,9	5,8	5,9	7,1	6,5	5,9	5,6	5,4	5,2	5,1	$= C_i'$
$xC_i'' =$	6,2	5,8	5,4	5,2	5,0	4,8	4,8								$= xC_i''$
min. $xC_i'' =$	4,9	4,6	4,3	4,1	4,0	3,9	3,8								$= xC_i''$ min.

xC_i'' min. gilt für ganz exacte Maschinen, bei welchen C_i'' beiläufig die Hälfte der tabellar. Angaben für gewöhnl. Maschinen betragen kann.

Für $N' = \frac{1}{2} N$ ohne Spann.-Abfall:					Für $N' = \frac{1}{2} N$ ohne Spann.-Abfall:				
bei (normal) $\frac{l}{l} =$		0,14	0,125	0,11	bei (normal) $\frac{l}{l} =$	0,14	0,125	0,11	0,10
Corr. Woolf-Masch. wenn $R = 0,1\,V$; $\frac{v}{V} =$		0,38	0,35	0,32	Rec. Woolf $\frac{v}{V} =$	0,45	0,42	0,39	0,36
„ $R = \frac{3}{4} v$; $\frac{v}{V} =$		0,42	0,39	0,36	Compound (max) $\frac{v}{V} =$	(0,61)	(0,57)	(0,53)	0,49
„ $R = v$; $\frac{v}{V} =$		0,44	0,41	0,38	„ event. $\frac{v}{V} =$	0,50	0,47	0,44	0,40

$R = v$ bis V

(diesfalls $N' < \frac{1}{2} N$)

Wirksame Kolbenfläche O Qu.Met.	Kolben-Durchmesser D Centim.	Füllung $\frac{l}{l}$ (reduc.) — Indicirte Leistung $\frac{N_i}{c}$ in Pferdekraft pro 1 Meter Kolbengeschwindigkeit							Füllung $\frac{l}{l}$ (reduc.) — Netto-Leistung $\frac{N_n}{c}$ in Pferdekraft pro 1 Meter Kolbengeschwindigkeit							Subtr. Compr. Lstg. pro $c = 1$m Pfdk.	$2C_i'''$ u. C_i' bei $\frac{l}{l} = 0,125$ (gew. Masch.) Kgr.
		0,25	0,20	0,15	0,125	0,10	0,07	0,05	0,25	0,20	0,15	0,125	0,10	0,07	0,05		
0,065	29,2	17,1	15,0	12,4	10,9	9,3	7,2	5,6	12,3	10,5	8,4	7,2	5,9	4,1	2,7	0,8	3,9
068	29,9	17,9	15,7	12,9	11,4	9,8	7,5	5,8	12,9	11,1	8,8	7,6	6,2	4,3	2,9	0,9	(bei
071	30,5	18,7	16,3	13,5	11,9	10,2	7,8	6,1	13,6	11,6	9,3	8,0	6,5	4,5	3,0	0,9	$c =$
074	31,2	19,5	17,0	14,1	12,4	10,6	8,2	6,3	14,2	12,1	9,7	8,3	6,8	4,7	3,2	0,9	1,18 m)
077	31,8	20,3	17,7	14,7	12,9	11,1	8,5	6,6	14,8	12,7	10,1	8,7	7,1	5,0	3,4	1,0	11,3
0,080	32,4	21,1	18,4	15,3	13,5	11,5	8,8	6,8	15,4	13,2	10,6	9,1	7,4	5,2	3,5	1,0	3,4
084	33,2	22,1	19,3	16,0	14,1	12,1	9,3	7,2	16,3	13,9	11,2	9,6	7,8	5,5	3,7	1,1	(1,22 m)
088	34,0	23,2	20,3	16,8	14,8	12,6	9,7	7,5	17,1	14,6	11,7	10,1	8,3	5,8	4,0	1,1	
092	34,7	24,2	21,2	17,5	15,5	13,2	10,2	7,8	17,9	15,4	12,3	10,6	8,7	6,1	4,2	1,2	
096	35,5	25,3	22,1	18,3	16,1	13,8	10,6	8,2	18,8	16,1	12,9	11,1	9,1	6,4	4,4	1,2	
0,100	36,2	26,4	23,0	19,1	16,8	14,4	11,1	8,5	19,6	16,8	13,5	11,6	9,5	6,7	4,6	1,3	3,0
105	37,1	27,7	24,2	20,0	17,7	15,1	11,6	9,0	20,7	17,7	14,2	12,2	10,1	7,1	4,9	1,3	(1,27 m)
110	38,0	29,0	25,3	21,0	18,5	15,8	12,2	9,4	21,7	18,6	15,0	12,9	10,6	7,5	5,2	1,4	
115	38,8	30,3	26,5	21,9	19,4	16,5	12,7	9,8	22,8	19,6	15,7	13,5	11,1	7,9	5,4	1,4	
120	39,7	31,6	27,6	22,9	20,2	17,2	13,3	10,3	23,9	20,5	16,5	14,2	11,7	8,3	5,7	1,5	
0,125	40,5	33,0	28,8	23,8	21,0	18,0	13,8	10,7	25,0	21,4	17,2	14,8	12,2	8,7	6,0	1,6	2,6
130	41,3	34,3	29,9	24,8	21,9	18,7	14,4	11,1	26,0	22,3	18,0	15,5	12,8	9,1	6,3	1,6	(1,32 m)
135	42,1	35,6	31,1	25,7	22,7	19,4	14,9	11,5	27,1	23,2	18,7	16,1	13,3	9,4	6,6	1,7	10,5
140	42,8	36,9	32,2	26,7	23,6	20,1	15,5	12,0	28,2	24,2	19,5	16,8	13,8	9,8	6,8	1,8	
145	43,6	38,2	33,4	27,6	24,4	20,8	16,0	12,4	29,2	25,1	20,2	17,4	14,4	10,2	7,1	1,8	
0,150	44,4	39,5	34,5	28,6	25,2	21,5	16,6	12,8	30,3	26,0	21,0	18,1	14,9	10,6	7,4	1,9	2,4
155	45,1	40,9	35,7	29,6	26,1	22,3	17,1	13,2	31,4	27,0	21,7	18,7	15,5	11,0	7,7	1,9	(1,37 m)
160	45,8	42,2	36,8	30,5	26,9	23,0	17,7	13,7	32,5	27,9	22,5	19,4	16,0	11,4	8,0	2,0	
165	46,5	43,5	38,0	31,5	27,8	23,7	18,2	14,1	33,6	28,9	23,3	20,1	16,6	11,8	8,3	2,1	
170	47,2	44,8	39,1	32,4	28,6	24,4	18,8	14,5	34,6	29,8	24,0	20,7	17,1	12,2	8,6	2,1	
0,175	47,9	46,1	40,3	33,4	29,4	25,1	19,3	14,9	35,7	30,7	24,8	21,4	17,7	12,6	8,9	2,2	2,1
180	48,6	47,5	41,4	34,3	30,3	25,9	19,9	15,4	36,8	31,7	25,5	22,0	18,2	13,0	9,2	2,3	(1,41 m)
185	49,3	48,8	42,6	35,3	31,1	26,6	20,4	15,8	37,9	32,6	26,3	22,7	18,8	13,4	9,4	2,3	
190	49,9	50,1	43,7	36,2	32,0	27,3	21,0	16,2	39,0	33,6	27,1	23,4	19,3	13,8	9,7	2,4	
195	50,6	51,4	44,9	37,2	32,8	28,0	21,5	16,7	40,1	34,5	27,8	24,0	19,9	14,2	10,0	2,4	
0,200	51,2	52,7	46,0	38,1	33,7	28,7	22,1	17,1	41,2	35,4	28,6	24,7	20,4	14,6	10,3	2,5	1,9
205	51,8	54,0	47,2	39,1	34,5	29,4	22,6	17,5	42,3	36,4	29,4	25,4	21,0	15,0	10,6	2,6	(1,45 m)
210	52,5	55,4	48,3	40,0	35,3	30,2	23,2	17,9	43,4	37,3	30,1	26,0	21,5	15,5	10,9	2,6	10,0
215	53,1	56,7	49,5	41,0	36,2	30,9	23,7	18,4	44,5	38,3	30,9	26,7	22,1	15,9	11,2	2,7	
220	53,7	58,0	50,6	41,9	37,0	31,6	24,3	18,8	45,6	39,2	31,7	27,4	22,7	16,3	11,5	2,8	
0,225	54,3	59,3	51,8	42,9	37,9	32,3	24,8	19,2	46,7	40,2	32,4	28,0	23,2	16,7	11,8	2,8	1,8
230	54,9	60,6	52,9	43,8	38,7	33,0	25,4	19,6	47,8	41,1	33,2	28,7	23,8	17,1	12,1	2,9	(1,49 m)
235	55,5	62,0	54,1	44,8	39,5	33,8	25,9	20,1	48,9	42,1	34,0	29,4	24,3	17,5	12,4	2,9	
240	56,1	63,3	55,2	45,7	40,4	34,5	26,5	20,5	50,0	43,0	34,8	30,1	24,9	17,9	12,7	3,0	
245	56,7	64,6	56,4	46,7	41,2	35,2	27,0	20,9	51,1	44,0	35,5	30,7	25,5	18,3	13,0	3,1	
0,250	57,3	65,9	57,5	47,7	42,1	35,9	27,6	21,3	52,2	44,9	36,3	31,4	26,0	18,8	13,3	3,1	1,8 (1,52 m)

Zweicylinder-Condensations-Maschinen.

Abs. Adm. Sp. $p = 4$ Kgr. od. Atm.

Wirksame Kolbenfläche O Qu.Met.	Kolben-Durchmesser D Centm.	Füllung $\frac{l_i}{l}$ (reduc.) — Indicirte Leistung $\frac{N_i}{c}$ in Pferdekraft							Füllung $\frac{l_i}{l}$ (reduc.) — Netto-Leistung $\frac{N_n}{c}$ in Pferdekraft							Subtr. Compr. Lstg. pro $c=1$ m Pfdk.	$2C_i'''$ u. C_i bei $\frac{l_i}{l}=0,125$ (gew. Masch.) Kgr.
		0,25	0,20	0,15	0,125	0,10	0,07	0,05	0,25	0,20	0,15	0,125	0,10	0,07	0,05		
		pro 1 Meter Kolbengeschwindigkeit															
0,250	57,3	65,9	57,5	47,7	42,1	35,9	27,6	21,3	52,2	44,9	36,3	31,4	26,0	18,8	13,3	3,1	1,8
255	57,8	67,2	58,7	48,6	42,9	36,6	28,2	21,8	53,3	45,9	37,1	32,1	26,6	19,2	13,6	3,2	(bei
260	58,4	68,5	59,8	49,6	43,8	37,3	28,7	22,2	54,4	46,8	37,9	32,8	27,2	19,6	13,9	3,3	$c=$
265	59,0	69,9	61,0	50,5	44,6	38,1	29,3	22,6	55,5	47,8	38,7	33,5	27,7	20,0	14,2	3,3	1,52 m)
270	59,5	71,2	62,1	51,5	45,4	38,8	29,8	23,1	56,6	48,8	39,4	34,1	28,3	20,4	14,5	3,4	9,9
0,275	60,1	72,5	63,3	52,4	46,3	39,5	30,4	23,5	57,7	49,7	40,2	34,8	28,9	20,8	14,8	3,4	1,7
280	60,6	73,8	64,4	53,4	47,1	40,2	30,9	23,9	58,8	50,7	41,0	35,5	29,5	21,2	15,1	3,5	(1,55 m)
285	61,1	75,1	65,6	54,3	48,0	40,9	31,5	24,3	59,9	51,6	41,8	36,2	30,0	21,6	15,4	3,6	
290	61,7	76,5	66,7	55,3	48,8	41,7	32,0	24,8	61,0	52,6	42,6	36,9	30,6	22,0	15,7	3,6	
295	62,2	77,8	67,9	56,2	49,6	42,4	32,6	25,2	62,1	53,6	43,3	37,5	31,2	22,5	16,0	3,7	
0,300	62,7	79,1	69,0	57,2	50,5	43,1	33,1	25,6	63,2	54,5	44,1	38,2	31,7	22,9	16,3	3,8	1,6
310	63,8	81,7	71,3	59,1	52,2	44,5	34,2	26,4	65,5	56,5	45,7	39,6	32,8	23,7	16,9	3,9	(1,57 m)
320	64,8	84,4	73,6	61,0	53,8	46,0	35,3	27,3	67,7	58,4	47,3	40,9	34,0	24,6	17,5	4,0	
330	65,8	87,0	75,9	62,9	55,5	47,4	36,4	28,1	70,0	60,3	48,9	42,3	35,1	25,4	18,2	4,2	
340	66,8	89,6	78,2	64,8	57,2	48,8	37,5	29,0	72,2	62,3	50,4	43,7	36,3	26,3	18,8	4,3	
0,350	67,7	92,3	80,5	66,8	58,9	50,3	38,6	29,8	74,4	64,2	52,0	45,0	37,4	27,1	19,4	4,4	1,5
360	68,7	94,9	82,8	68,7	60,6	51,7	39,7	30,7	76,7	66,2	53,6	46,4	38,6	27,9	20,0	4,5	(1,62 m)
370	69,7	97,6	85,1	70,6	62,2	53,2	40,8	31,5	78,9	68,1	55,2	47,8	39,7	28,8	20,6	4,7	
380	70,6	100,2	87,4	72,5	63,9	54,6	41,9	32,4	81,2	70,0	56,8	49,2	40,9	29,6	21,2	4,8	
390	71,5	102,8	89,7	74,4	65,6	56,0	43,0	33,2	83,4	72,0	58,3	50,5	42,0	30,5	21,8	4,9	
0,400	72,4	105,4	92,1	76,3	67,3	57,4	44,2	34,1	85,7	73,9	59,9	51,9	43,2	31,3	22,5	5,0	1,4
410	73,3	108,1	94,4	78,2	69,0	58,9	45,3	35,0	87,9	75,9	61,5	53,3	44,3	32,2	23,1	5,1	(1,67 m)
420	74,2	110,7	96,7	80,1	70,7	60,3	46,4	35,8	90,2	77,8	63,1	54,7	45,5	33,1	23,7	5,3	9,5
430	75,1	113,4	99,0	82,0	72,4	61,8	47,5	36,7	92,5	79,8	64,7	56,1	46,6	33,9	24,3	5,4	
440	76,0	116,0	101,3	83,9	74,0	63,2	48,6	37,5	94,7	81,7	66,3	57,5	47,8	34,8	25,0	5,5	
0,450	76,8	118,6	103,6	85,8	75,7	64,6	49,7	38,4	97,0	83,7	67,9	58,9	49,0	35,6	25,6	5,7	1,3
460	77,7	121,3	105,9	87,7	77,4	66,1	50,8	39,2	99,2	85,7	69,5	60,3	50,1	36,5	26,2	5,8	(1,73 m)
470	78,5	123,9	108,2	89,6	79,1	67,5	51,9	40,1	101,5	87,6	71,1	61,7	51,3	37,4	26,8	5,9	
480	79,3	126,6	110,5	91,6	80,8	69,0	53,0	40,9	103,8	89,6	72,7	63,0	52,4	38,2	27,4	6,1	
490	80,2	129,2	112,8	93,5	82,4	70,4	54,1	41,8	106,0	91,5	74,3	64,4	53,6	39,1	28,1	6,2	
0,500	81,0	131,8	115,1	95,3	84,1	71,8	55,2	42,7	108,3	93,5	75,9	65,8	54,8	39,9	28,7	6,3	1,2
510	81,8	134,4	117,4	97,3	85,8	73,2	56,3	43,5	110,6	95,4	77,5	67,2	55,9	40,7	29,3	6,4	(1,78 m)
520	82,6	137,1	119,7	99,2	87,5	74,7	57,4	44,4	112,8	97,4	79,0	68,6	57,1	41,6	29,9	6,5	
530	83,4	139,7	122,0	101,1	89,2	76,1	58,5	45,2	115,0	99,3	80,6	69,9	58,2	42,4	30,6	6,7	
540	84,2	142,4	124,3	103,0	90,9	77,6	59,6	46,1	117,3	101,2	82,2	71,3	59,4	43,3	31,2	6,8	
0,550	84,9	145,0	126,6	104,9	92,5	79,0	60,7	46,9	119,5	103,2	83,8	72,7	60,5	44,1	31,8	6,9	1,1
560	85,7	147,6	128,9	106,8	94,2	80,4	61,8	47,8	121,8	105,1	85,4	74,0	61,7	45,0	32,4	7,0	(1,82 m)
570	86,5	150,3	131,2	108,7	95,9	81,9	62,9	48,6	124,0	107,1	86,9	75,4	62,8	45,8	33,0	7,2	
580	87,2	152,9	133,5	110,6	97,6	83,3	64,0	49,5	126,2	109,0	88,5	76,8	64,0	46,7	33,7	7,3	
590	88,0	155,6	135,8	112,5	99,3	84,8	65,1	50,3	128,5	110,9	90,1	78,1	65,1	47,5	34,3	7,4	
0,600	88,7	158,2	138,1	114,4	101,0	86,2	66,2	51,2	130,7	112,9	91,7	79,6	66,3	48,4	34,9	7,5	1,0
620	90,2	163,4	142,7	118,2	104,3	89,0	68,5	52,9	135,2	116,7	94,8	82,3	68,6	50,1	36,1	7,8	(1,85 m)
640	91,6	168,7	147,3	122,0	107,7	91,9	70,7	54,6	139,7	120,6	98,0	85,1	70,9	51,8	37,4	8,0	9,2
660	93,0	174,0	151,9	125,8	111,1	94,8	72,9	56,3	144,2	124,5	101,2	87,9	73,3	53,5	38,6	8,3	
680	94,4	179,2	156,5	129,7	114,4	97,6	75,1	58,0	148,7	128,4	104,4	90,6	75,6	55,2	39,9	8,5	
0,700	95,8	184,5	161,1	133,5	117,8	100,5	77,3	59,7	153,2	132,3	107,5	93,4	77,9	56,9	41,1	8,8	0,9
720	97,2	189,8	165,7	137,3	121,2	103,4	79,5	61,4	157,7	136,2	110,7	96,2	80,2	58,6	42,4	9,0	(1,91 m)
740	98,5	195,1	170,3	141,1	124,5	106,3	81,7	63,2	162,2	140,1	113,9	98,9	82,5	60,3	43,6	9,3	
760	99,8	200,3	174,9	144,9	127,9	109,1	83,9	64,9	166,7	144,0	117,1	101,7	84,8	62,1	44,9	9,5	
780	101,1	205,6	179,5	148,7	131,3	112,0	86,1	66,6	171,2	147,9	120,2	104,5	87,1	63,8	46,1	9,8	
0,800	102,4	210,9	184,1	152,6	134,6	114,9	88,3	68,2	175,7	151,8	123,4	107,2	89,5	65,5	47,4	10,0	0,9
820	103,7	216,2	188,7	156,4	138,0	117,8	90,5	70,0	180,2	155,7	126,6	110,0	91,8	67,2	48,7	10,3	(1,97 m)
840	105,0	221,4	193,3	160,2	141,4	120,6	92,7	71,7	184,7	159,6	129,8	112,8	94,1	68,9	49,9	10,5	
860	106,2	226,7	197,9	164,0	144,7	123,5	95,0	73,4	189,2	163,5	132,9	115,5	96,4	70,6	51,2	10,8	
880	107,4	232,0	202,5	167,8	148,1	126,4	97,2	75,1	193,7	167,4	136,1	118,3	98,7	72,4	52,4	11,0	
0,900	108,6	237,2	207,1	171,6	151,4	129,2	99,4	76,8	198,2	171,3	139,3	121,1	101,0	74,1	53,7	11,3	0,9
920	109,8	242,5	211,7	175,4	154,8	132,1	101,6	78,5	202,7	175,2	142,5	123,8	103,3	75,8	54,9	11,5	(2,02 m)
940	111,0	247,8	216,3	179,2	158,2	135,0	103,8	80,2	207,2	179,1	145,7	126,6	105,6	77,5	56,2	11,8	
960	112,2	253,0	220,9	183,0	161,5	137,8	106,0	81,9	211,7	183,0	148,8	129,4	107,9	79,2	57,4	12,0	
980	113,4	258,3	225,5	186,9	164,9	140,7	108,2	83,6	216,2	186,9	152,0	132,1	110,3	80,9	58,7	12,3	
1,000	114,5	263,6	230,1	190,7	168,3	143,6	110,4	85,3	220,7	190,8	155,2	134,9	112,6	82,6	59,9	12,5	0,8 (2,06 m) 8,9

Zweicylinder-Condensations-Maschinen (mit Doppelsteuerung und Dampfhemd).

Abs. Adm. Sp. $p = 4\tfrac{1}{2}$ Kgr. od. Atm.

Füll. $\tfrac{l_i}{l} =$	Ohne (geheizten) Receiver.							Mit (geheiztem) Receiver.							$= \tfrac{l_i}{l}$ (reduc.)
	0,25	0,20	0,15	0,125	0,10	0,07	0,05	0,25	0,20	0,15	0,125	0,10	0,07	0,05	
N' od. N_n min. $=$	0,95	0,95	0,95	0,95	0,94	0,93	0,91	1,04	1,05	1,05	1,06	1,06	1,09	1,13	$= N'$ od. N_n max.
$C_i' =$	7,2	6,7	6,2	5,9	5,7	5,6	5,6	7,0	6,4	5,8	5,5	5,3	5,0	4,9	$= C_i'$
$x C_i'' =$	6,2	5,7	5,3	5,1	4,9	4,8	4,7								$= x C_i''$
min. $x C_i'' =$	4,9	4,6	4,3	4,1	4,0	3,8	3,8								$= x C_i''$ min.

$x C_i''$ min. gilt für ganz exacte Maschinen, bei welchen C_i'' beiläufig die Hälfte der tabellar. Angaben für gewöhnl. Maschinen betragen kann.

Für $N' = \tfrac{1}{2} N$ ohne Spann.-Abfall:					Für $N' = \tfrac{1}{2} N$ ohne Spann.-Abfall:					
bei (normal) $\tfrac{l_i}{l} =$	0,125	0,11	0,10		bei (normal) $\tfrac{l_i}{l} =$	0,125	0,11	0,10	0,09	
Corr. wenn $R = 0{,}1\,V$; $\tfrac{v}{V} =$	0,36	0,33	0,30		Rec. Woolf $\tfrac{v}{V} =$	0,43	0,40	0,37	0,34	$R = v$ bis V
Woolf- ,, $R = \tfrac{3}{4}\,v$; $\tfrac{v}{V} =$	0,39	0,37	0,34		Compound (max) $\tfrac{v}{V} =$	(0,58)	(0,55)	0,51	0,47	
Masch. ,, $R = v$; $\tfrac{v}{V} =$	0,41	0,39	0,36		,, event. $\tfrac{v}{V} =$	0,48	0,45	0,42	0,38	

(diesfalls $N' < \tfrac{1}{2} N$).

Wirksame Kolbenfläche O Qu.Met.	Kolben-Durchmesser D Centm.	Füllung $\tfrac{l_i}{l}$ (reduc.) Indicirte Leistung $\tfrac{N_i}{c}$ in Pferdekraft pro 1 Meter Kolbengeschwindigkeit							Füllung $\tfrac{l_i}{l}$ (reduc.) Netto-Leistung $\tfrac{N_n}{c}$ in Pferdekraft pro 1 Meter Kolbengeschwindigkeit							Subtr. Compr. Lstg. pro $c = 1$ m Pfdk.	$2C_i''' \text{u.} C_i$ bei $\tfrac{l_i}{l} = 0{,}125$ (gew. Masch.) Kgr.
		0,25	0,20	0,15	0,125	0,10	0,07	0,05	0,25	0,20	0,15	0,125	0,10	0,07	0,05		
0,065	29,2	19,4	17,0	14,1	12,5	10,7	8,2	6,4	14,2	12,2	9,8	8,4	6,9	4,9	3,4	0,9	3,5
068	29,9	20,3	17,8	14,8	13,1	11,2	8,6	6,7	14,9	12,8	10,3	8,9	7,3	5,2	3,6	1,0	(bei
071	30,5	21,2	18,6	15,4	13,6	11,7	9,0	7,0	15,6	13,4	10,8	9,3	7,7	5,4	3,8	1,0	$c =$
074	31,2	22,1	19,3	16,1	14,2	12,2	9,4	7,3	16,3	14,0	11,3	9,7	8,0	5,7	4,0	1,1	1,25 m)
077	31,8	23,0	20,1	16,7	14,8	12,6	9,8	7,6	17,0	14,6	11,8	10,2	8,4	5,9	4,2	1,1	11,0
0,080	32,4	23,9	20,9	17,4	15,4	13,1	10,1	7,9	17,7	15,3	12,3	10,6	8,7	6,2	4,4	1,2	3,0
084	33,2	25,1	22,0	18,2	16,1	13,8	10,7	8,3	18,7	16,1	13,0	11,2	9,2	6,6	4,6	1,2	(1,30 m)
088	34,0	26,3	23,0	19,1	16,9	14,5	11,2	8,7	19,7	16,9	13,5	11,8	9,7	6,9	4,9	1,3	
092	34,7	27,5	24,1	20,0	17,7	15,1	11,7	9,1	20,6	17,7	14,3	12,3	10,2	7,3	5,1	1,3	
096	35,5	28,7	25,1	20,9	18,4	15,8	12,2	9,5	21,6	18,6	15,0	12,9	10,7	7,7	5,4	1,4	
0,100	36,2	29,9	26,2	21,7	19,2	16,4	12,7	9,9	22,5	19,4	15,6	13,5	11,2	8,0	5,7	1,4	2,7
105	37,1	31,4	27,5	22,8	20,2	17,3	13,3	10,4	23,7	20,5	16,5	14,3	11,8	8,5	6,0	1,5	(1,35 m)
110	38,0	32,9	28,8	23,9	21,1	18,1	13,9	10,8	25,0	21,5	17,4	15,0	12,5	8,9	6,3	1,6	
115	38,8	34,4	30,1	25,0	22,1	18,9	14,6	11,3	26,2	22,6	18,2	15,8	13,1	9,4	6,7	1,7	
120	39,7	35,9	31,4	26,1	23,0	19,7	15,2	11,8	27,4	23,6	19,1	16,5	13,7	9,9	7,0	1,7	
0,125	40,5	37,3	32,7	27,2	24,0	20,5	15,8	12,3	28,6	24,7	19,9	17,3	14,3	10,3	7,4	1,8	2,4
130	41,3	38,8	34,0	28,3	25,0	21,4	16,5	12,8	29,8	25,8	20,8	18,0	15,0	10,8	7,7	1,9	(1,40 m)
135	42,1	40,3	35,3	29,3	25,9	22,2	17,1	13,3	31,1	26,8	21,7	18,8	15,6	11,2	8,0	1,9	10,1
140	42,8	41,8	36,6	30,4	26,9	23,0	17,7	13,8	32,3	27,9	22,5	19,5	16,2	11,7	8,4	2,0	
145	43,6	43,3	37,9	31,5	27,8	23,8	18,3	14,3	33,5	28,9	23,4	20,3	16,9	12,2	8,7	2,1	
0,150	44,4	44,8	39,2	32,6	28,8	24,6	19,0	14,8	34,8	30,0	24,3	21,0	17,5	12,6	9,0	2,2	2,1
155	45,1	46,3	40,5	33,7	29,7	25,5	19,6	15,3	36,0	31,0	25,1	21,8	18,1	13,1	9,4	2,2	(1,45 m)
160	45,8	47,8	41,8	34,7	30,7	26,3	20,3	15,8	37,2	32,1	26,0	22,5	18,8	13,6	9,7	2,3	
165	46,5	49,3	43,2	35,8	31,7	27,1	20,9	16,3	38,5	33,2	26,9	23,3	19,4	14,0	10,1	2,4	
170	47,2	50,8	44,5	36,9	32,6	27,9	21,5	16,8	39,7	34,2	27,8	24,1	20,0	14,5	10,4	2,4	
0,175	47,9	52,3	45,8	38,0	33,6	28,7	22,2	17,2	41,0	35,3	28,6	24,8	20,7	15,0	10,8	2,5	1,9
180	48,6	53,8	47,1	39,1	34,5	29,5	22,8	17,7	42,2	36,4	29,5	25,6	21,3	15,4	11,1	2,6	(1,50 m)
185	49,3	55,3	48,4	40,2	35,5	30,4	23,4	18,2	43,4	37,5	30,4	26,3	22,0	15,9	11,5	2,7	
190	49,9	56,8	49,7	41,3	36,5	31,2	24,1	18,7	44,7	38,5	31,2	27,1	22,6	16,4	11,8	2,7	
195	50,6	58,3	51,0	42,4	37,4	32,0	24,7	19,2	45,9	39,6	32,1	27,9	23,2	16,8	12,2	2,8	
0,200	51,2	59,8	52,3	43,4	38,4	32,9	25,3	19,7	47,2	40,7	33,0	28,7	23,9	17,4	12,5	2,9	1,8
205	51,8	61,3	53,6	44,5	39,3	33,7	26,0	20,2	48,4	41,8	33,9	29,4	24,5	17,8	12,9	3,0	(1,54 m)
210	52,5	62,8	54,9	45,6	40,3	34,5	26,6	20,7	49,7	42,9	34,8	30,2	25,2	18,3	13,2	3,0	9,7
215	53,1	64,3	56,2	46,7	41,3	35,3	27,2	21,2	50,9	44,0	35,7	31,0	25,8	18,8	13,6	3,1	
220	53,7	65,8	57,5	47,8	42,2	36,1	27,9	21,7	52,2	45,1	36,6	31,8	26,5	19,3	13,9	3,2	
0,225	54,3	67,2	58,8	48,9	43,2	37,0	28,5	22,2	53,5	46,2	37,5	32,5	27,1	19,8	14,3	3,2	1,7
230	54,9	68,7	60,2	50,0	44,1	37,8	29,1	22,7	54,7	47,2	38,4	33,3	27,8	20,2	14,7	3,3	(1,58 m)
235	55,5	70,2	61,5	51,0	45,1	38,6	29,7	23,2	56,0	48,3	39,2	34,1	28,4	20,7	15,0	3,3	
240	56,1	71,7	62,8	52,1	46,1	39,4	30,4	23,6	57,2	49,4	40,1	34,9	29,1	21,2	15,4	3,5	
245	56,7	73,2	64,1	53,2	47,0	40,2	31,0	24,1	58,5	50,5	41,0	35,6	29,7	21,7	15,7	3,5	
0,250	57,3	74,7	65,4	54,3	48,0	41,1	31,7	24,7	59,7	51,6	41,9	36,4	30,4	22,2	16,1	3,6	1,6 (1,61 m)

Zweicylinder-Condensations-Maschinen.

Abs. Adm. Sp. $p = 4^{1}/_{2}$ Kgr. od. Atm.

Wirksame Kolbenfläche O Qu.Met.	Kolben-Durchmesser D Centm	Füllung $\frac{l_i}{l}$ (reduc.) — Indicirte Leistung $\frac{N_i}{c}$ in Pferdekraft 0,25	0,20	0,15	0,125	0,10	0,07	0,05	Füllung $\frac{l_i}{l}$ (reduc.) — Netto-Leistung $\frac{N_n}{c}$ in Pferdekraft 0,25	0,20	0,15	0,125	0,10	0,07	0,05	Subtr. Compr. Lstg. pro $c=1$ m Pfdk.	$2C'''_i$ u. C_i bei $\frac{l_i}{l}=0{,}125$ (gew. Masch.) Kgr.
0,250	57,3	74,7	65,4	54,3	48,0	41,1	31,7	24,7	59,7	51,6	41,9	36,4	30,4	22,2	16,1	3,6	1,6 (bei $c=$ 1,61 m) 9,6
255	57,8	76,2	66,7	55,4	48,9	41,9	32,3	25,1	61,0	52,7	42,8	37,2	31,0	22,7	16,4	3,7	
260	58,4	77,7	68,0	56,5	49,9	42,7	32,9	25,6	62,2	53,8	43,7	38,0	31,7	23,2	16,8	3,7	
265	59,0	79,2	69,3	57,5	50,9	43,5	33,6	26,1	63,5	54,9	44,6	38,8	32,4	23,6	17,1	3,8	
270	59,5	80,7	70,6	58,6	51,8	44,4	34,2	26,6	64,8	56,0	45,5	39,5	33,0	24,1	17,5	3,9	
0,275	60,1	82,2	71,9	59,7	52,8	45,2	34,8	27,1	66,0	57,1	46,4	40,3	33,7	24,6	17,9	4,0	1,6 (1,64 m)
280	60,6	83,7	73,2	60,8	53,7	46,0	35,5	27,6	67,3	58,2	47,3	41,1	34,3	25,1	18,2	4,0	
285	61,1	85,2	74,5	61,9	54,7	46,8	36,1	28,1	68,5	59,3	48,2	41,9	35,0	25,6	18,6	4,1	
290	61,7	86,7	75,9	63,0	55,7	47,6	36,7	28,6	69,8	60,4	49,1	42,7	35,7	26,1	18,9	4,2	
295	62,2	88,1	77,2	64,1	56,6	48,5	37,3	29,1	71,1	61,5	50,0	43,4	36,3	26,6	19,3	4,2	
0,300	62,7	89,7	78,4	65,1	57,6	49,3	38,0	29,6	72,4	62,6	50,9	44,2	37,0	27,0	19,6	4,3	1,4 (1,67 m)
310	63,8	92,7	81,1	67,3	59,5	50,9	39,3	30,6	75,0	64,8	52,7	45,8	38,3	28,0	20,4	4,5	
320	64,8	95,7	83,7	69,5	61,4	52,6	40,5	31,6	77,6	67,1	54,6	47,5	39,7	29,0	21,1	4,6	
330	65,8	98,7	86,3	71,6	63,3	54,2	41,8	32,6	80,2	69,3	56,4	49,1	41,0	30,0	21,8	4,7	
340	66,8	101,6	88,9	73,8	65,2	55,9	43,1	33,5	82,8	71,6	58,2	50,7	42,4	31,0	22,6	4,9	
0,350	67,7	104,6	91,5	76,0	67,2	57,5	44,4	34,5	85,4	73,8	60,1	52,3	43,7	32,0	23,3	5,0	1,3 (1,73 m)
360	68,7	107,6	94,1	78,1	69,1	59,1	45,6	35,5	88,0	76,1	61,9	53,9	45,1	33,0	24,0	5,2	
370	69,7	110,6	96,7	80,3	71,0	60,8	46,9	36,5	90,6	78,3	63,8	55,5	46,4	34,0	24,8	5,3	
380	70,6	113,6	99,4	82,5	72,9	62,4	48,2	37,5	93,2	80,6	65,6	57,1	47,8	35,0	25,5	5,4	
390	71,5	116,6	102,0	84,7	74,8	64,1	49,4	38,5	95,8	83,8	67,4	58,7	49,1	36,0	26,2	5,6	
0,400	72,4	119,6	104,6	86,8	76,8	65,7	50,7	39,4	98,4	85,1	69,3	60,3	50,5	37,0	26,9	5,8	1,2 (1,78 m) 9,3
410	73,3	122,6	107,2	89,0	78,7	67,4	51,9	40,4	100,9	87,3	71,1	61,9	51,8	38,0	27,7	5,9	
420	74,2	125,6	109,8	91,2	80,6	69,0	53,2	41,4	103,5	89,5	72,9	63,5	53,1	39,0	28,4	6,0	
430	75,1	128,5	112,4	93,3	82,5	70,6	54,5	42,4	106,0	91,7	74,7	65,0	54,4	40,0	29,2	6,2	
440	76,0	131,5	115,1	95,5	84,4	72,3	55,8	43,4	108,5	93,9	76,5	66,6	55,8	40,9	29,9	6,3	
0,450	76,8	134,5	117,7	97,7	86,4	73,9	57,0	44,4	111,1	96,2	78,3	68,2	57,1	41,9	30,7	6,5	1,2 (1,83 m)
460	77,7	137,5	120,3	99,9	88,3	75,6	58,3	45,4	113,6	98,4	80,1	69,8	58,4	42,9	31,4	6,6	
470	78,5	140,5	122,9	102,0	90,2	77,2	59,6	46,4	116,2	100,6	81,9	71,4	59,7	43,9	32,2	6,7	
480	79,3	143,5	125,6	104,2	92,1	78,8	60,8	47,4	118,7	102,8	83,7	72,9	61,1	44,9	32,9	6,9	
490	80,2	146,5	128,2	106,4	94,0	80,5	62,1	48,4	121,2	105,0	85,5	74,5	62,4	45,9	33,7	7,0	
0,500	81,0	149,5	130,7	108,5	95,9	82,1	63,3	49,3	123,8	107,2	87,3	76,1	63,7	46,9	34,4	7,2	1,1 (1,88 m)
510	81,8	152,5	133,4	110,7	97,9	83,8	64,6	50,3	126,4	109,4	89,1	77,6	65,0	47,9	35,1	7,3	
520	82,6	155,4	136,0	112,9	99,8	85,4	65,9	51,3	128,9	111,6	90,9	79,2	66,4	48,8	35,8	7,5	
530	83,4	158,4	138,6	115,0	101,7	87,1	67,2	52,3	131,5	113,8	92,7	80,8	67,7	49,8	36,6	7,6	
540	84,2	161,4	141,2	117,2	103,6	88,7	68,4	53,3	134,1	116,1	94,6	82,4	69,0	50,8	37,3	7,8	
0,550	84,9	164,4	143,8	119,4	105,5	90,3	69,7	54,3	136,6	118,3	96,4	84,0	70,4	51,8	38,0	7,9	1,0 (1,92 m)
560	85,7	167,4	146,4	121,6	107,5	92,0	71,0	55,2	139,2	120,5	98,2	85,5	71,7	52,8	38,8	8,0	
570	86,5	170,4	149,0	123,7	109,4	93,6	72,2	56,2	141,7	122,7	100,0	87,1	73,0	53,8	39,5	8,2	
580	87,2	173,4	151,7	125,9	111,3	95,3	73,5	57,2	144,3	124,9	101,8	88,7	74,3	54,8	40,2	8,3	
590	88,0	176,4	154,3	128,1	113,2	96,9	74,8	58,2	146,9	127,2	103,6	90,3	75,7	55,8	41,0	8,5	
0,600	88,7	179,4	156,9	130,3	115,1	98,6	76,0	59,2	149,4	129,3	105,4	91,9	77,0	56,8	41,7	8,6	0,9 (1,96 m) 8,9
620	90,2	185,3	162,1	134,6	119,0	101,9	78,5	61,1	154,5	133,8	109,1	95,1	79,7	58,7	43,2	8,9	
640	91,6	191,3	167,4	138,9	122,8	105,1	81,1	63,1	159,6	138,2	112,7	98,2	82,4	60,7	44,6	9,2	
660	93,0	197,3	172,6	143,3	126,7	108,4	83,6	65,1	164,8	142,7	116,3	101,4	85,0	62,7	46,1	9,5	
680	94,4	203,3	177,8	147,6	130,5	111,7	86,1	67,0	169,9	147,1	120,0	104,6	87,7	64,7	47,6	9,8	
0,700	95,8	209,3	183,0	152,0	134,3	115,0	88,7	69,0	175,0	151,6	123,6	107,8	90,4	66,7	49,1	10,1	0,9 (2,03 m)
720	97,2	215,2	188,3	156,3	138,2	118,3	91,2	71,0	180,2	156,0	127,3	111,0	93,1	68,7	50,6	10,4	
740	98,5	221,2	193,5	160,6	142,0	121,6	93,7	73,0	185,3	160,5	130,9	114,1	95,8	70,7	52,0	10,7	
760	99,8	227,2	198,7	165,0	145,9	124,9	96,3	74,9	190,4	164,9	134,5	117,3	98,4	72,7	53,5	11,0	
780	101,1	233,2	204,0	169,3	149,7	128,1	98,8	76,9	195,5	169,4	138,2	120,5	101,1	74,7	55,0	11,3	
0,800	102,4	239,1	209,2	173,7	153,5	131,4	101,4	78,9	200,7	173,8	141,8	123,7	103,8	76,7	56,5	11,5	0,9 (2,09 m)
820	103,7	245,1	214,4	178,0	157,4	134,7	103,9	80,9	205,8	178,3	145,5	126,9	106,5	78,7	58,0	11,8	
840	105,0	251,1	219,6	182,4	161,2	138,0	106,4	82,8	210,9	182,8	149,1	130,1	109,2	80,7	59,5	12,1	
860	106,2	257,1	224,9	186,7	165,0	141,3	108,9	84,8	216,1	187,2	152,8	133,2	111,8	82,6	60,9	12,4	
880	107,4	263,1	230,1	191,0	168,9	144,6	111,5	86,8	221,2	191,7	156,4	136,4	114,5	84,6	62,4	12,7	
0,900	108,6	269,0	235,3	195,4	172,7	147,8	114,0	88,7	226,3	196,1	160,1	139,6	117,2	86,6	63,9	13,0	0,8 (2,14 m)
920	109,8	275,0	240,6	199,7	176,6	151,1	116,5	90,7	231,5	200,6	163,7	142,8	119,9	88,6	65,4	13,3	
940	111,0	281,0	245,8	204,1	180,4	154,4	119,1	92,7	236,6	205,1	167,4	146,0	122,6	90,6	66,9	13,6	
960	112,2	287,0	251,0	208,4	184,2	157,7	121,6	94,6	241,7	209,5	171,0	149,1	125,2	92,6	68,4	13,8	
980	113,4	293,0	256,3	212,7	188,1	161,0	124,1	96,6	246,8	214,0	174,7	152,3	127,9	94,6	69,9	14,1	
1,000	114,5	298,9	261,5	217,1	191,9	164,3	126,7	98,6	252,0	218,4	178,3	155,5	130,6	96,6	71,4	14,4	0,8 (2,18 m) 8,7

Zweicylinder-Condensations-Maschinen (mit Doppelsteuerung und Dampfhemd).

Abs. Adm. Sp. $p = 5$ Kgr. od. Atm.

Füll. $\frac{l_i}{l}=$	Ohne (geheizten) Receiver.							Mit (geheiztem) Receiver.							$=\frac{l_i}{l}$ (reduc.)
	0,20	0,15	0,125	0,10	0,07	0,05	0,04	0,20	0,15	0,125	0 10	0,07	0,05	0,04	
N_i od. N_n min. $=$	0,96	0,95	0,95	0,94	0,93	0,91	0,89	1,05	1,05	1,06	1,07	1,09	1,12	1,15	$=N_i$ od. N_n max.
$C_i'=$	6,6	6,0	5,7	5,5	5,4	5,4	5,4	6,3	5,7	5,3	5,1	4,9	4,7	4,7	$=C_i'$
$xC_i''=$	5,7	5,3	5,1	4,9	4,7	4,6	4,7								$=xC_i''$
min. $xC_i''=$	4,6	4,2	4,1	3,9	3,8	3,7	3,7								$\doteq xC_i''$ min.

xC_i'' min. gilt für ganz exacte Maschinen, bei welchen C_i'' beiläufig die Hälfte der tabellar Angaben für gewöhnl. Maschinen betragen kann.

Für $N' = \frac{1}{2} N$ ohne Spann.-Abfall:

bei (normal) $\frac{l_i}{l}=$	0,11	0,10	0,09
Corr. Woolf-Masch. wenn $R = 0,1 V$; $\frac{v}{V}=$	0,34	0,31	0,29
„ $R = \frac{3}{4} v$; $\frac{v}{V}=$	0,37	0,34	0,32
„ $R = v$; $\frac{v}{V}=$	0,39	0,36	0,34

Für $N' = \frac{1}{2} N$ ohne Spann.-Abfall:

bei (normal) $\frac{l_i}{l}=$	0.11	0,10	0,09	0,08	
Rec. Woolf $\frac{v}{V}=$	0,40	0,38	0,35	0,32	
Compound(max) $\frac{v}{V}=$	(0,56)	(0,52)	0,48	0,45	$R = v$ bis V
„ event. $\frac{v}{V}=$	0,45	0,43	0,39	0,36	

(diesfalls $N' < \frac{1}{2} N$).

Wirksame Kolbenfläche O Qu.Met.	Kolben-Durchmesser D Centm.	Füllung $\frac{l_i}{l}$ (reduc.) Indicirte Leistung $\frac{N_i}{c}$ in Pferdekraft							Füllung $\frac{l_i}{l}$ (reduc.) Netto-Leistung $\frac{N_n}{c}$ in Pferdekraft							Subtr. Compr. Lstg. pro $c=1$m Pfdk.	$2C_i''$u.C_i' bei $\frac{l_i}{l}=0,10$ (gew. Masch.) Kgr.
		0,20	0,15	0,125	0,10	0,07	0,05	0,04	0,20	0,15	0,125	0,10	0,07	0,05	0,04		
0,065	29,2	19,0	15,8	14,0	12,0	9,3	7,3	6,2	13,8	11,2	9,7	8,0	5,7	4,1	3,2	1,0	3,3
068	29,9	19,9	16,6	14,7	12,6	9,7	7,6	6,4	14,5	11,7	10,2	8,4	6,1	4,3	3,3	1,1	(bei
071	30,5	20,8	17,3	15,3	13,1	10,2	7,9	6,7	15,2	12,3	10,6	8,8	6,4	4,5	3,5	1,1	$c =$
074	31,2	21,7	18,0	16,0	13,7	10,6	8,3	7,0	15,9	12,9	11,1	9,2	6,7	4,7	3,7	1,2	1,32 m)
077	31,8	22,5	18,8	16,6	14,2	11,0	8,6	7,3	16,6	13,5	11,6	9,6	7,0	4,9	3,9	1,2	10,4
0,080	32,4	23,4	19,5	17,2	14,8	11,5	8,9	7,6	17,3	14,0	12,1	10,1	7,3	5,2	4,0	1,3	2,9
084	33,2	24,6	20,5	18,1	15,5	12,0	9,4	8,0	18,2	14,8	12,8	10,6	7,7	5,5	4,3	1,3	(1,37m)
088	34,0	25,7	21,4	19,0	16,3	12,6	9,8	8,3	19,1	15,5	13,5	11,2	8,1	5,8	4,5	1,4	
092	34,7	26,9	22,4	19,8	17,0	13,2	10,3	8,7	20,1	16,3	14,1	11,7	8,5	6,1	4,8	1,5	
096	35,5	28,1	23,4	20,7	17,7	13,7	10,7	9,1	21,0	17,0	14,8	12,3	8,9	6,4	5,0	1,5	
0,100	36,2	29,3	24,4	21,6	18,5	14,3	11,2	9,5	21,9	17,8	15,4	12,9	9,3	6,7	5,3	1,6	2,6
105	37,1	30,7	25,6	22,6	19,4	15,0	11,7	10,0	23,1	18,8	16,3	13,6	9,9	7,1	5,6	1,7	(1,42m)
110	38,0	32,2	26,8	23,7	20,3	15,7	12,3	10,4	24,3	19,8	17,1	14,3	10,4	7,5	5,9	1,8	
115	38,8	33,6	28,0	24,8	21,2	16,5	12,9	10,9	25,5	20,8	18,0	15,0	10,9	7,9	6,2	1,8	
120	39,7	35,1	29,2	25,9	22,2	17,2	13,4	11,4	26,7	21,7	18,8	15,7	11,5	8,3	6,5	1,9	
0,125	40,5	36,6	30,5	27,0	23,1	17,9	14,0	11,8	27,9	22,7	19,7	16,5	12,0	8,7	6,9	2,0	2,3
130	41,3	38,0	31,7	28,0	24,0	18,6	14,5	12,3	29,1	23,7	20,5	17,2	12,5	9,0	7,2	2,1	(1,48m)
135	42,1	39,5	32,9	29,1	24,9	19,3	15,1	12,8	30,3	24,7	21,4	17,9	13,1	9,4	7,5	2,2	9,5
140	42,8	40,9	34,1	30,2	25,8	20,0	15,7	13,2	31,5	25,7	22,2	18,6	13,6	9,8	7,8	2,2	
145	43,6	42,4	35,3	31,3	26,8	20,7	16,2	13,7	32,6	26,6	23,1	19,3	14,1	10,2	8,1	2,3	
0,150	44,4	43,9	36,5	32,3	27,7	21,5	16,8	14,2	33,9	27,6	24,0	20,0	14,7	10,6	8,5	2,4	2,0
155	45,1	45,3	37,7	33,4	28,6	22,2	17,3	14,7	35,1	28,6	24,9	20,7	15,2	11,0	8,8	2,5	(1,53m)
160	45,8	46,8	39,0	34,5	29,5	22,8	17,9	15,2	36,3	29,6	25,7	21,5	15,7	11,4	9,1	2,6	
165	46,5	48,3	40,2	35,6	30,5	23,6	18,4	15,6	37,5	30,6	26,6	22,2	16,3	11,8	9,4	2,6	
170	47,2	49,7	41,4	36,6	31,4	24,3	19,0	16,1	38,7	31,5	27,5	22,9	16,8	12,2	9,8	2,7	
0,175	47,9	51,2	42,6	37,7	32,3	25,0	19,6	16,6	39,9	32,5	28,3	23,7	17,4	12,6	10,1	2,8	1,9
180	48,6	52,6	43,8	38,8	33,2	25,7	20,1	17,0	41,1	33,5	29,2	24,4	17,9	13,0	10,4	2,9	(1,58m)
185	49,3	54,1	45,1	39,9	34,1	26,4	20,7	17,5	42,3	34,5	30,1	25,1	18,4	13,4	10,8	3,0	
190	49,9	55,6	46,3	41,0	35,1	27,2	21,2	18,0	43,5	35,5	30,9	25,9	19,0	13,8	11,1	3,0	
195	50,6	57,0	47,5	42,0	36,0	27,9	21,8	18,5	44,8	36,5	31,8	26,6	19,5	14,2	11,4	3,1	
0,200	51,2	58,5	48,7	43,1	36,9	28,6	22,4	19,0	46,0	37,5	32,7	27,3	20,1	14,6	11,7	3,2	1,8
205	51,8	60,0	49,9	44,2	37,9	29,3	22,9	19,4	47,2	38,5	33,5	28,0	20,6	15,0	12,1	3,3	(1,62m)
210	52,5	61,4	51,1	45,3	38,8	30,0	23,5	19,9	48,4	39,5	34,4	28,8	21,2	15,4	12,4	3,4	9,2
215	53,1	62,9	52,4	46,3	39,7	30,8	24,0	20,4	49,6	40,5	35,3	29,5	21,7	15,9	12,7	3,4	
220	53,7	64,4	53,6	47,4	40,6	31,5	24,6	20,8	50,8	41,5	36,2	30,3	22,3	16,3	13,1	3,5	
0,225	54,3	65,8	54,8	48,5	41,5	32,2	25,2	21,3	52,1	42,5	37,0	31,0	22,8	16,7	13,4	3,6	1,7
230	54,9	67,3	56,0	49,6	42,5	32,9	25,7	21,8	53,3	43,5	37,9	31,7	23,4	17,1	13,7	3,7	(1,66m)
235	55,5	68,7	57,2	50,7	43,4	33,6	26,3	22,3	54,5	44,5	38,8	32,5	23,9	17,5	14,0	3,8	
240	56,1	70,2	58,5	51,7	44,3	34,3	26,8	22,7	55,7	45,5	39,7	33,2	24,5	17,9	14,4	3,8	
245	56,7	71,7	59,7	52,8	45,2	35,0	27,4	23,2	56,9	46,5	40,5	34,0	25,0	18,3	14,7	3,9	
0,250	57,3	73,1	60,9	53,9	46,2	35,8	27,9	23,7	58,2	47,5	41,4	34,7	25,6	18,7	15,0	4,0	1,5 (1,70m)

Zweicylinder-Condensations-Maschinen.

Abs. Adm. Sp. $p = 5$ Kgr. od. Atm.

Wirksame Kolbenfläche O Qu.Met.	Kolben-Durchmesser D Centm.	Füllung $\frac{l}{i}$ (reduc.) Indicirte Leistung $\frac{N_i}{c}$ in Pferdekraft 0,20	0,15	0,125	0,10	0,07	0,05	0,04	Füllung $\frac{l}{i}$ (reduc.) Netto-Leistung $\frac{N_n}{c}$ in Pferdekraft 0,20	0,15	0,125	0,10	0,07	0,05	0,04	Subtr. Compr. Lstg. pro $c=1$ m Pfdk.	$2C'''_i$ u.C_i bei $\frac{l}{i}=0,10$ (gew. Masch.) Kgr.
0,250	57,3	73,1	60,9	53,9	46,2	35,8	27,9	23,7	58,2	47,5	41,4	34,7	25,6	18,7	15,0	4,0	1,5 (bei $c=$ 1,70 m) 9,0
255	57,8	74,6	62,1	55,0	47,1	36,5	28,5	24,2	59,4	48,5	42,3	35,4	26,1	19,1	15,4	4,1	
260	58,4	76,1	63,3	56,0	48,0	37,2	29,1	24,6	60,6	49,5	43,2	36,2	26,7	19,5	15,7	4,2	
265	59,0	77,5	64,5	57,1	48,9	37,9	29,6	25,1	61,9	50,5	44,1	36,9	27,2	19,9	16,1	4,2	
270	59,5	79,0	65,8	58,2	49,9	38,6	30,2	25,6	63,1	51,6	45,0	37,7	27,8	20,4	16,4	4,3	
0,275	60,1	80,4	67,0	59,3	50,8	39,3	30,7	26,1	64,3	52,6	45,9	38,4	28,4	20,8	16,7	4,4	1,5 (1,73 m)
280	60,6	81,9	68,2	60,4	51,7	40,1	31,3	26,5	65,6	53,6	46,7	39,2	28,9	21,2	17,1	4,5	
285	61,1	83,4	69,4	61,4	52,6	40,8	31,9	27,0	66,8	54,6	47,6	39,9	29,5	21,6	17,4	4,6	
290	61,7	84,8	70,6	62,5	53,5	41,5	32,4	27,5	68,0	55,6	48,5	40,7	30,0	22,0	17,8	4,6	
295	62,2	86,3	71,9	63,6	54,5	42,2	33,0	27,9	69,3	56,6	49,4	41,4	30,6	22,4	18,1	4,7	
0,300	62,7	87,8	73,0	64,6	55,4	42,9	33,5	28,4	70,5	57,7	50,3	42,1	31,1	22,8	18,4	4,8	1,4 (1,76 m)
310	63,8	90,7	75,5	66,8	57,3	44,4	34,6	29,4	73,0	59,7	52,1	43,6	32,2	23,7	19,1	5,0	
320	64,8	93,6	77,9	69,0	59,1	45,8	35,8	30,3	75,5	61,8	53,8	45,1	33,4	24,5	19,8	5,1	
330	65,8	96,5	80,3	71,1	61,0	47,2	36,9	31,3	78,0	63,8	55,6	46,7	34,5	25,4	20,5	5,3	
340	66,8	99,5	82,8	73,3	62,8	48,6	38,0	32,2	80,5	65,9	57,4	48,2	35,6	26,2	21,2	5,4	
0,350	67,7	102,4	85,2	75,4	64,7	50,1	39,1	33,2	83,0	67,9	59,2	49,7	36,8	27,0	21,9	5,6	1,3 (1,82 m)
360	68,7	105,3	87,7	77,6	66,5	51,5	40,2	34,1	85,5	70,0	61,0	51,2	37,9	27,9	22,6	5,8	
370	69,7	108,2	90,1	79,7	68,4	52,9	41,4	35,1	88,0	72,0	62,8	52,7	39,0	28,7	23,3	5,9	
380	70,6	111,2	92,5	81,9	70,2	54,4	42,5	36,0	90,5	74,1	64,6	54,2	40,2	29,6	24,0	6,1	
390	71,5	114,1	95,0	84,0	72,1	55,8	43,6	37,0	93,0	76,1	66,4	55,7	41,3	30,4	24,6	6,2	
0,400	72,4	117,0	97,4	86,2	73,9	57,2	44,7	37,9	95,5	78,1	68,2	57,2	42,4	31,2	25,3	6,4	1,2 (1,87 m) 8,7
410	73,3	119,9	99,8	88,3	75,7	58,7	45,8	38,9	98,0	80,2	70,0	58,7	43,5	32,1	26,0	6,6	
420	74,2	122,9	102,3	90,5	77,6	60,1	46,9	39,8	100,5	82,3	71,8	60,3	44,7	32,9	26,7	6,7	
430	75,1	125,8	104,7	92,7	79,4	61,5	48,1	40,8	103,0	84,3	73,6	61,8	45,8	33,8	27,4	6,9	
440	76,0	128,7	107,1	94,8	81,3	63,0	49,2	41,7	105,6	86,4	75,4	63,3	47,0	34,6	28,1	7,0	
0,450	76,8	131,6	109,6	97,0	83,1	64,4	50,3	42,7	108,1	88,5	77,2	64,9	48,1	35,5	28,8	7,2	1,1 (1,93 m)
460	77,7	134,6	112,0	99,1	85,0	65,8	51,4	43,6	110,6	90,5	79,0	66,4	49,2	36,3	29,6	7,4	
470	78,5	137,5	114,4	101,3	86,8	67,2	52,5	44,6	113,1	92,6	80,8	67,9	50,4	37,2	30,3	7,5	
480	79,3	140,4	116,9	103,4	88,7	68,7	53,7	45,5	115,6	94,7	82,7	69,5	51,5	38,0	31,0	7,7	
490	80,2	143,3	119,3	105,6	90,5	70,1	54,8	46,5	118,2	96,8	84,5	71,0	52,7	38,9	31,7	7,8	
0,500	81,0	146,3	121,7	107,7	92,3	71,5	55,9	47,4	120,7	98,8	86,3	72,5	53,8	39,8	32,4	8,0	1,0 (1,98 m)
510	81,8	149,2	124,2	109,9	94,2	73,0	57,0	48,4	123,2	100,9	88,1	74,0	54,9	40,6	33,1	8,2	
520	82,6	152,1	126,6	112,1	96,0	74,4	58,1	49,3	125,7	102,9	89,9	75,5	56,1	41,5	33,7	8,3	
530	83,4	155,0	129,0	114,2	97,9	75,8	59,2	50,3	128,1	104,9	91,7	77,0	57,2	42,3	34,4	8,5	
540	84,2	158,0	131,5	116,4	99,7	77,3	60,3	51,2	130,6	107,0	93,4	78,5	58,3	43,2	35,1	8,6	
0,550	84,9	160,9	133,9	118,5	101,6	78,7	61,5	52,2	133,1	109,0	95,2	80,0	59,5	44,0	35,8	8,8	1,0 (2,02 m)
560	85,7	163,8	136,3	120,7	103,4	80,1	62,6	53,1	135,6	111,1	97,0	81,5	60,6	44,9	36,5	9,0	
570	86,5	166,7	138,8	122,8	105,3	81,5	63,7	54,1	138,1	113,1	98,8	83,0	61,7	45,7	37,1	9,1	
580	87,2	169,6	141,2	125,0	107,1	83,0	64,8	55,0	140,6	115,2	100,6	84,6	62,9	46,6	37,8	9,3	
590	88,0	172,6	143,6	127,1	109,0	84,4	65,9	56,0	143,1	117,2	102,4	86,1	64,0	47,4	38,5	9,4	
0,600	88,7	175,5	146,1	129,3	110,8	85,9	67,0	56,9	145,6	119,3	104,2	87,6	65,1	48,2	39,2	9,6	0,9 (2,06 m) 8,5
620	90,2	181,4	151,0	133,6	114,5	88,7	69,3	58,8	150,6	123,4	107,8	90,6	67,4	49,9	40,6	9,9	
640	91,6	187,2	155,8	137,9	118,2	91,6	71,5	60,7	155,6	127,5	111,4	93,7	69,7	51,6	42,0	10,2	
660	93,0	193,1	160,7	142,2	121,9	94,4	73,7	62,6	160,6	131,6	115,0	96,7	72,0	53,3	43,4	10,6	
680	94,4	198,9	165,6	146,5	125,6	97,3	76,0	64,5	165,6	135,7	118,6	99,7	74,3	55,0	44,8	10,9	
0,700	95,8	204,8	170,4	150,8	129,3	100,2	78,2	66,4	170,6	139,8	122,2	102,8	76,5	56,7	46,2	11,2	0,9 (2,13 m)
720	97,2	210,6	175,3	155,2	133,0	103,0	80,4	68,3	175,6	143,9	125,8	105,8	78,8	58,4	47,6	11,5	
740	98,5	216,5	180,2	159,5	136,6	105,9	82,7	70,2	180,6	148,0	129,4	108,9	81,1	60,1	49,0	11,8	
760	99,8	222,3	185,1	163,8	140,3	108,7	84,9	72,1	185,6	152,1	133,0	111,9	83,4	61,8	50,4	12,2	
780	101,1	228,2	189,9	168,1	144,0	111,6	87,1	74,0	190,6	156,3	136,6	114,9	85,7	63,5	51,8	12,5	
0,800	102,4	234,0	194,8	172,4	147,8	114,5	89,4	75,8	195,6	160,4	140,2	117,9	87,9	65,3	53,2	12,8	0,9 (2,20 m)
820	103,7	239,9	199,7	176,7	151,4	117,3	91,6	77,7	200,6	164,5	143,8	121,0	90,2	67,0	54,6	13,1	
840	105,0	245,7	204,5	181,0	155,1	120,2	93,8	79,6	205,6	168,6	147,4	124,1	92,5	68,7	56,0	13,4	
860	106,2	251,6	209,4	185,3	158,8	123,1	96,1	81,5	210,7	172,8	151,0	127,1	94,8	70,4	57,4	13,8	
880	107,4	257,4	214,3	189,6	162,5	125,9	98,3	83,4	215,7	176,9	154,6	130,2	97,1	72,2	58,8	14,1	
0,900	108,6	263,3	219,1	193,9	166,2	128,8	100,5	85,3	220,7	181,0	158,2	133,2	99,4	73,9	60,2	14,4	0,8 (2,25 m)
920	109,8	269,2	224,0	198,3	169,9	131,6	102,8	87,2	225,7	185,2	161,8	136,3	101,6	75,6	61,6	14,7	
940	111,0	275,0	228,9	202,6	173,6	134,5	105,0	89,1	230,7	189,3	165,5	139,4	103,9	77,3	63,0	15,0	
960	112,2	280,8	233,8	206,9	177,3	137,4	107,2	91,0	235,8	193,4	169,1	142,4	106,2	79,1	64,4	15,4	
980	113,4	286,6	238,6	211,2	181,0	140,2	109,4	92,9	240,8	197,5	172,7	145,5	108,5	80,8	65,8	15,7	
1,000	114,5	292,5	243,5	215,5	184,7	143,1	111,7	94,8	245,8	201,7	176,3	148,5	110,8	82,5	67,3	16,0	0,7 (2,30 m) 8,2

Zweicylinder-Condensations-Maschinen (mit Doppelsteuerung und Dampfhemd)

Abs. Adm. Sp. $p = 5\tfrac{1}{2}$ Kgr. od. Atm.

Füll. $\tfrac{l}{t} =$	Ohne (geheizten) Receiver							Mit (geheiztem) Receiver.							$= \tfrac{l}{t}$ (reduc.)
	0,20	0,15	0,125	0,10	0,07	0,05	0,04	0,20	0,15	0,125	0,10	0,07	0,05	0,04	
N_i od. N_n min. $=$	0,96	0,95	0,95	0,94	0,93	0,91	0,89	1,05	1,06	1,06	1,07	1,09	1,12	1,14	$= N_i$ od. N_n max.
$C_i =$	6,5	6,0	5,7	5,5	5,3	5,2	5,3	6,3	5,7	5,3	5,0	4,8	4,6	4,6	$= C_i$
$x C_i'' =$	5,7	5,3	5,1	4,9	4,7	4,6	4,6								$= x C_i''$
min. $x C_i'' =$	4,6	4,2	4,1	3,9	3,8	3,7	3,7								$= x C_i''$ min.

$x C_i''$ min. gilt für ganz exacte Maschinen, bei welchen C_i'' beiläufig die Hälfte der tabellar. Angaben für gewöhnl. Maschinen betragen kann.

Für $N' = \tfrac{1}{2} N$ ohne Spann.-Abfall:					Für $N' = \tfrac{1}{2} N$ ohne Spann.-Abfall:					
bei (normal) $\tfrac{l}{t} =$	0,10	0,091	0,082		bei (normal) $\tfrac{l}{t} =$	0,10	0,091	0,082	0,073	
Corr. Woolf-Masch. wenn $R = 0,1 V$; $\tfrac{v}{V} =$	0,32	0,30	0,28		Rec. Woolf $\tfrac{v}{V} =$	0,38	0,36	0,33	0,31	$R = v$ bis V
„ $R = \tfrac{3}{4} v$; $\tfrac{v}{V} =$	0,35	0,33	0,31		Compound (max) $\tfrac{v}{V} =$	(0,53)	0,50	0,46	0,43	
„ $R = v$; $\tfrac{v}{V} =$	0,37	0,34	0,32		„ event. $\tfrac{v}{V} =$	0,43	0,41	0,37	0,35	

(diesfalls $N' < \tfrac{1}{2} N$).

Wirksame Kolbenfläche O Qu.Met.	Kolben-Durchmesser D Centm.	Füllung $\tfrac{l}{t}$ (reduc.) — Indicirte Leistung $\tfrac{N_i}{c}$ in Pferdekraft							Füllung $\tfrac{l}{t}$ (reduc.) — Netto-Leistung $\tfrac{N_n}{c}$ in Pferdekraft							Subtr. Compr. Lstg. pro $c=1$ m Pfdk.	$2C_i''' $ u. C_i bei $\tfrac{l}{t}=0.10$ (gew. Masch.) Kgr.
		0,20	0,15	0,125	0,10	0,07	0,05	0,04	0,20	0,15	0,125	0,10	0,07	0,05	0,04		
		pro 1 Meter Kolbengeschwindigkeit															
0,065	29,2	21,0	17,5	15,5	13,3	10,3	8,1	6,9	15,4	12,5	10,9	9,0	6,6	4,7	3,7	1,1	3,1 (bei $c =$ (1,38 m) 10,0
068	29,9	21,9	18,3	16,2	13,9	10,8	8,5	7,2	16,2	13,1	11,4	9,5	6,9	5,0	3,9	1,2	
071	30,5	22,9	19,1	16,9	14,5	11,3	8,9	7,5	16,9	13,8	12,0	10,0	7,3	5,2	4,1	1,2	
074	31,2	23,9	19,9	17,6	15,1	11,8	9,2	7,9	17,7	14,4	12,5	10,4	7,6	5,5	4,4	1,3	
077	31,8	24,8	20,7	18,3	15,7	12,3	9,6	8,2	18,5	15,0	13,1	10,9	7,9	5,7	4,6	1,3	
0,080	32,4	25,8	21,5	19,1	16,4	12,7	10,0	8,5	19,2	15,7	13,6	11,3	8,3	6,0	4,8	1,4	2,7 (1,43 m)
084	33,2	27,1	22,6	20,0	17,2	13,4	10,5	8,9	20,2	16,5	14,4	12,0	8,8	6,3	5,0	1,5	
088	34,0	28,4	23,7	21,0	18,0	14,0	11,0	9,3	21,3	17,4	15,1	12,6	9,2	6,7	5,3	1,5	
092	34,7	29,7	24,8	21,9	18,8	14,6	11,5	9,8	22,3	18,2	15,8	13,2	9,7	7,0	5,6	1,6	
096	35,5	31,0	25,8	22,9	19,6	15,3	12,0	10,2	23,4	19,1	16,6	13,8	10,2	7,4	5,9	1,7	
0,100	36,2	32,2	26,9	23,8	20,4	15,9	12,5	10,6	24,4	19,9	17,3	14,5	10,6	7,7	6,2	1,7	2,3 (1,49 m)
105	37,1	33,9	28,2	25,0	21,5	16,7	13,1	11,1	25,7	21,0	18,3	15,3	11,2	8,2	6,5	1,8	
110	38,0	35,5	29,6	26,2	22,5	17,5	13,7	11,7	27,0	22,1	19,2	16,1	11,8	8,6	6,9	1,9	
115	38,8	37,1	30,9	27,4	23,5	18,3	14,3	12,2	28,4	23,2	20,2	16,9	12,4	9,1	7,3	2,0	
120	39,7	38,7	32,3	28,6	24,5	19,1	15,0	12,7	29,7	24,3	21,1	17,7	13,0	9,5	7,6	2,1	
0,125	40,5	40,3	33,6	29,8	25,5	19,8	15,6	13,3	31,0	25,3	22,1	18,5	13,6	10,0	8,0	2,2	2,1 (1,55 m) 9,4
130	41,3	41,9	34,9	31,0	26,6	20,6	16,2	13,8	32,3	26,4	23,0	19,3	14,2	10,4	8,3	2,3	
135	42,1	43,5	36,3	32,2	27,6	21,4	16,8	14,3	33,6	27,5	24,0	20,1	14,8	10,9	8,7	2,4	
140	42,8	45,1	37,6	33,4	28,6	22,2	17,4	14,9	35,0	28,6	24,9	20,9	15,4	11,3	9,1	2,4	
145	43,6	46,7	39,0	34,5	29,6	23,0	18,1	15,4	36,3	29,7	25,9	21,7	16,0	11,8	9,4	2,5	
0,150	44,4	48,4	40,3	35,7	30,7	23,8	18,7	15,9	37,6	30,8	26,8	22,5	16,6	12,2	9,8	2,6	1,9 (1,61 m)
155	45,1	50,0	41,7	36,9	31,7	24,6	19,3	16,4	38,9	31,9	27,8	23,3	17,2	12,7	10,2	2,7	
160	45,8	51,6	43,0	38,1	32,7	25,4	20,0	17,0	40,3	33,0	28,7	24,1	17,8	13,1	10,6	2,8	
165	46,5	53,2	44,4	39,3	33,7	26,2	20,6	17,5	41,6	34,1	29,7	24,9	18,4	13,6	10,9	2,9	
170	47,2	54,8	45,7	40,5	34,7	27,0	21,2	18,0	43,0	35,2	30,7	25,7	19,0	14,0	11,3	3,0	
0,175	47,9	56,4	47,0	41,7	35,8	27,8	21,8	18,6	44,3	36,3	31,6	26,5	19,7	14,5	11,7	3,1	1,7 (1,66 m)
180	48,6	58,0	48,4	42,9	36,8	28,6	22,4	19,1	45,6	37,4	32,6	27,3	20,3	15,0	12,0	3,1	
185	49,3	59,6	49,7	44,1	37,8	29,4	23,1	19,6	47,0	38,5	33,5	28,1	20,9	15,4	12,4	3,2	
190	49,9	61,2	51,1	45,3	38,8	30,2	23,7	20,2	48,3	39,6	34,5	29,0	21,5	15,9	12,8	3,3	
195	50,6	62,9	52,4	46,5	39,8	31,0	24,3	20,7	49,7	40,7	35,5	29,8	22,1	16,3	13,1	3,4	
0,200	51,2	64,5	53,8	47,7	40,9	31,8	25,0	21,2	51,0	41,8	36,5	30,6	22,7	16,8	13,6	3,5	1,6 (1,70 m) 9,0
205	51,8	66,1	55,1	48,8	41,9	32,6	25,6	21,8	52,4	42,9	37,4	31,4	23,3	17,2	13,9	3,6	
210	52,5	67,7	56,5	50,0	42,9	33,4	26,2	22,3	53,7	44,0	38,4	32,3	23,9	17,7	14,3	3,7	
215	53,1	69,3	57,8	51,2	43,9	34,2	26,8	22,8	55,1	45,1	39,4	33,1	24,6	18,2	14,7	3,8	
220	53,7	70,9	59,2	52,4	45,0	35,0	27,4	23,3	56,4	46,3	40,4	33,9	25,2	18,6	15,1	3,8	
0,225	54,3	72,5	60,5	53,6	46,0	35,7	28,1	23,9	57,8	47,4	41,4	34,8	25,8	19,1	15,5	3,9	1,5 (1,74 m)
230	54,9	74,1	61,8	54,8	47,0	36,5	28,7	24,4	59,2	48,5	42,3	35,6	26,4	19,6	15,8	4,0	
235	55,5	75,8	63,2	56,0	48,0	37,3	29,3	24,9	60,5	49,6	43,3	36,4	27,0	20,0	16,2	4,1	
240	56,1	77,4	64,5	57,2	49,0	38,1	29,9	25,5	61,9	50,7	44,3	37,2	27,7	20,5	16,6	4,2	
245	56,7	79,0	65,9	58,4	50,1	38,9	30,5	26,0	63,2	51,9	45,3	38,1	28,3	21,0	17,0	4,3	
0,250	57,3	80,6	67,2	59,6	51,1	39,7	31,2	26,5	64,6	53,0	46,2	38,9	28,9	21,4	17,4	4,4	1,4 (1,78 m)

Zweicylinder-Condensations-Maschinen.

Adm. Sp. $p = 5^{1}/_{2}$ Kgr. od. Atm.

Wirksame Kolbenfläche	Kolben-Durchmesser	Füllung $\frac{l_i}{l}$ (reduc.)							Füllung $\frac{l_i}{l}$ (reduc.)							Subtr. Compr. Lstg. pro $c=1\,\mathrm{m}$	$2C_i'''\,\mathrm{u.}\,C_i'$ bei $\frac{l_i}{l}=0,10$ (gew. Masch.)
		0,20	0,15	0,125	0,10	0,07	0,05	0,04	0,20	0,15	0,125	0,10	0,07	0,05	0,04		
O	D	Indicirte Leistung $\frac{N_i}{c}$ in Pferdekraft							Netto-Leistung $\frac{N_n}{c}$ in Pferdekraft								
Qu.Met.	Centm.	pro 1 Meter Kolbengeschwindigkeit														Pfdk.	Kgr.
0,250	57,3	80,6	67,2	59,6	51,1	39,7	31,2	26,5	64,6	53,0	46,2	38,9	28,9	21,4	17,4	4,4	1,4 (bei $c=$ 1,78 m) 8,8
255	57,8	82,2	68,6	60,8	52,1	40,5	31,8	27,1	65,9	54,1	47,2	39,7	29,5	21,9	17,8	4,5	
260	58,4	83,8	69,9	62,0	53,1	41,3	32,4	27,6	67,3	55,2	48,2	40,5	30,2	22,4	18,2	4,6	
265	59,0	85,4	71,3	63,1	54,2	42,1	33,1	28,1	68,7	56,4	49,2	41,4	30,8	22,8	18,5	4,6	
270	59,5	87,0	72,6	64,3	55,2	42,9	33,7	28,7	70,0	57,5	50,2	42,2	31,4	23,3	18,9	4,7	
0,275	60,1	88,7	73,9	65,5	56,2	43,7	34,3	29,2	71,4	58,6	51,2	43,0	32,0	23,8	19,3	4,8	1,3 (1,82 m)
280	60,6	90,3	75,3	66,7	57,2	44,5	34,9	29,7	72,8	59,7	52,2	43,8	32,6	24,2	19,7	4,9	
285	61,1	91,9	76,6	67,9	58,2	45,3	35,5	30,2	74,2	60,9	53,2	44,7	33,3	24,7	20,1	5,0	
290	61,7	93,5	78,0	69,1	59,3	46,1	36,2	30,8	75,5	62,0	54,2	45,5	33,9	25,2	20,5	5,1	
295	62,2	95,1	79,3	70,3	60,3	46,8	36,8	31,3	76,9	63,1	55,2	46,3	34,5	25,7	20,9	5,2	
0,300	62,7	96,7	80,7	71,5	61,3	47,7	37,4	31,8	78,2	64,2	56,1	47,2	35,2	26,1	21,2	5,2	1,2 (1,85 m)
310	63,8	99,9	83,4	73,9	63,4	49,3	38,7	32,9	81,0	66,5	58,1	48,9	36,4	27,1	22,0	5,4	
320	64,8	103,2	86,1	76,2	65,4	50,9	39,9	34,0	83,8	68,8	60,1	50,6	37,7	28,0	22,8	5,6	
330	65,8	106,4	88,8	78,6	67,4	52,5	41,2	35,0	86,5	71,0	62,1	52,2	39,0	29,0	23,6	5,8	
340	66,8	109,6	91,4	81,0	69,5	54,0	42,4	36,1	89,3	73,3	64,1	53,9	40,2	29,9	24,4	5,9	
0,350	67,7	112,8	94,1	83,4	71,5	55,6	43,7	37,1	92,0	75,6	66,1	55,6	41,5	30,9	25,2	6,1	1,1 (1,91 m)
360	68,7	116,0	96,8	85,8	73,6	57,2	44,9	38,2	94,8	77,9	68,1	57,3	42,8	31,9	26,0	6,3	
370	69,7	119,3	99,5	88,1	75,6	58,8	46,2	39,3	97,6	80,1	70,1	59,0	44,0	32,8	26,7	6,4	
380	70,6	122,5	102,2	90,5	77,6	60,4	47,4	40,3	100,3	82,4	72,1	60,7	45,3	33,8	27,5	6,6	
390	71,5	125,7	104,9	92,9	79,7	62,0	48,7	41,4	103,1	84,7	74,1	62,4	46,6	34,7	28,3	6,8	
0,400	72,4	129,0	107,6	95,3	81,8	63,6	49,9	42,4	105,9	87,0	76,1	64,0	47,8	35,7	29,1	7,0	1,1 (1,97 m) 8,6
410	73,3	132,2	110,3	97,7	83,8	65,2	51,2	43,5	108,6	89,3	78,1	65,7	49,1	36,6	29,9	7,2	
420	74,2	135,4	113,0	100,1	85,8	66,8	52,4	44,6	111,4	91,6	80,1	67,4	50,4	37,6	30,7	7,3	
430	75,1	138,6	115,6	102,5	87,9	68,3	53,7	45,6	114,2	93,8	82,1	69,1	51,7	38,6	31,5	7,5	
440	76,0	141,8	118,3	104,8	89,9	69,9	54,9	46,7	117,0	96,1	84,1	70,8	53,0	39,5	32,3	7,7	
0,450	76,8	145,1	121,0	107,2	92,0	71,5	56,2	47,7	119,8	98,4	86,1	72,5	54,2	40,5	33,0	7,8	1,0 (2,03 m)
460	77,7	148,3	123,7	109,6	94,0	73,1	57,4	48,8	122,5	100,7	88,1	74,2	55,5	41,4	33,8	8,0	
470	78,5	151,5	126,4	112,0	96,0	74,7	58,7	49,9	125,3	103,0	90,1	75,9	56,8	42,4	34,6	8,2	
480	79,3	154,7	129,1	114,4	98,1	76,3	59,9	50,9	128,1	105,3	92,1	77,6	58,1	43,4	35,4	8,4	
490	80,2	157,9	131,8	116,7	100,1	77,9	61,2	52,0	130,9	107,6	94,1	79,3	59,4	44,3	36,2	8,5	
0,500	81,0	161,2	134,5	119,1	102,2	79,5	62,4	53,1	133,7	109,9	96,1	81,0	60,6	45,3	37,0	8,7	0,9 (2,08 m)
510	81,8	164,4	137,2	121,5	104,2	81,1	63,7	54,1	136,4	112,2	98,1	82,7	61,9	46,2	37,8	8,9	
520	82,6	167,6	139,8	123,9	106,3	82,6	64,9	55,2	139,2	114,4	100,1	84,4	63,2	47,2	38,6	9,1	
530	83,4	170,9	142,5	126,3	108,3	84,2	66,2	56,2	142,0	116,7	102,1	86,1	64,4	48,2	39,4	9,3	
540	84,2	174,1	145,2	128,7	110,4	85,8	67,4	57,3	144,7	119,0	104,1	87,7	65,7	49,1	40,2	9,4	
0,550	84,9	177,3	147,9	131,0	112,4	87,4	68,7	58,4	147,5	121,2	106,1	89,4	67,0	50,1	41,0	9,6	0,9 (2,12 m)
560	85,7	180,5	150,6	133,4	114,4	89,0	69,9	59,4	150,2	123,5	108,1	91,1	68,2	51,0	41,7	9,8	
570	86,5	183,7	153,3	135,8	116,5	90,6	71,2	60,5	153,0	125,8	110,1	92,8	69,5	52,0	42,5	9,9	
580	87,2	187,0	156,0	138,2	118,5	92,2	72,4	61,5	155,8	128,1	112,1	94,5	70,8	53,0	43,3	10,1	
590	88,0	190,2	158,7	140,6	120,6	93,8	73,7	62,6	158,5	130,3	114,1	96,1	72,0	53,9	44,1	10,3	
0,600	88,7	193,4	161,4	143,0	122,6	95,4	74,9	63,7	161,3	132,6	116,1	97,9	73,3	54,9	44,9	10,5	0,9 (2,16 m) 8,4
620	90,2	199,9	166,7	147,7	126,7	98,5	77,4	65,8	166,8	137,2	120,1	101,2	75,8	56,8	46,5	10,8	
640	91,6	206,3	172,1	152,5	130,8	101,7	79,9	67,9	172,3	141,7	124,1	104,6	78,4	58,7	48,1	11,2	
660	93,0	212,8	177,5	157,3	134,9	104,9	82,4	70,0	177,8	146,3	128,1	108,0	80,9	60,7	49,7	11,5	
680	94,4	219,2	182,9	162,1	139,0	108,1	84,9	72,1	183,4	150,9	132,1	111,4	83,5	62,6	51,3	11,9	
0,700	95,8	225,7	188,3	166,8	143,1	111,3	87,4	74,3	188,9	155,4	136,1	114,8	86,0	64,5	52,8	12,2	0,9 (2,24 m)
720	97,2	232,1	193,6	171,6	147,2	114,4	89,9	76,4	194,4	160,0	140,1	118,2	88,6	66,4	54,4	12,6	
740	98,5	238,6	199,0	176,4	151,3	117,6	92,4	78,5	200,0	164,5	144,1	121,5	91,1	68,4	56,0	12,9	
760	99,8	245,0	204,4	181,1	155,4	120,8	94,9	80,6	205,5	169,1	148,1	124,9	93,7	70,3	57,6	13,3	
780	101,1	251,5	209,8	185,9	159,5	124,0	97,4	82,7	211,0	173,7	152,1	128,3	96,2	72,2	59,2	13,6	
0,800	102,4	257,9	215,1	190,6	163,5	127,1	99,8	84,9	216,6	178,2	156,1	131,7	98,8	74,1	60,8	14,0	0,8 (2,31 m)
820	103,7	264,4	220,5	195,4	167,6	130,3	102,3	87,0	222,1	182,8	160,1	135,1	101,4	76,1	62,4	14,3	
840	105,0	270,8	225,9	200,2	171,7	133,5	104,8	89,1	227,7	187,4	164,1	138,5	104,0	78,0	64,0	14,7	
860	106,2	277,3	231,3	204,9	175,8	136,7	107,3	91,2	233,3	192,0	168,1	141,9	106,5	80,0	65,6	15,0	
880	107,4	283,7	236,7	209,7	179,9	139,9	109,8	93,4	238,8	196,5	172,2	145,3	109,1	81,9	67,2	15,4	
0,900	108,6	290,2	242,0	214,5	184,0	143,0	112,3	95,5	244,4	201,1	176,2	148,7	111,7	83,8	68,8	15,7	0,8 (2,36 m)
920	109,8	296,6	247,4	219,3	188,1	146,2	114,8	97,6	249,9	205,7	180,2	152,1	114,2	85,8	70,4	16,1	
940	111,0	303,1	252,8	224,0	192,2	149,4	117,3	99,7	255,5	210,3	184,2	155,5	116,8	87,7	72,0	16,4	
960	112,2	309,5	258,2	228,8	196,2	152,6	119,8	101,8	261,1	214,9	188,2	158,9	119,4	89,7	73,6	16,8	
980	113,4	316,0	263,6	233,6	200,3	155,8	122,3	104,0	266,6	219,4	192,3	162,3	122,0	91,6	75,3	17,1	
1,000	114,5	322,4	268,9	238,3	204,4	158,9	124,8	106,1	272,2	224,0	196,3	165,7	124,5	93,5	76,9	17,5	0,7 (2,41 m) 8,1

Zweicylinder-Condensations-Maschinen (mit Doppelsteuerung und Dampfhemd).

Abs. Adm. Sp. $p = 6$ Kgr. od. Atm.

Füll. $\frac{l_i}{l}=$	Ohne (geheizten) Receiver.							Mit (geheiztem) Receiver.							$=\frac{l_i}{l}$ (reduc.)
	0,20	0,15	0,125	0,10	0 07	0,05	0,04	0,20	0,15	0,125	0,10	0,07	0,05	0,04	
N_i od. N_n min. $=$	0,95	0,95	0,95	0,94	0,93	0,91	0,90	1,05	1,06	1,06	1,07	1,09	1,11	1,14	$=N_i$ od. N_n max.
$C_i'=$	6,5	5,9	5,6	5,4	5,2	5,1	5,1	6,2	5,6	5,3	4,9	4,7	4,5	4,4	$=C_i'$
$xC_i''=$	5,7	5,3	5,1	4,9	4,7	4,6	4,6								$=xC_i''$
min. $xC_i''=$	4,6	4,2	4,1	3,9	3,7	3,6	3,6								$=xC_i''$ min.

xC_i'' min. gilt für ganz exacte Maschinen, bei welchen C_i'' beiläufig die Hälfte der tabellar. Angaben für gewöhnl. Maschinen betragen kann

Für $N' = \frac{1}{2} N$ ohne Spann.-Abfall:					Für $N' = \frac{1}{2} N$ ohne Spann.-Abfall:				
bei (normal) $\frac{l_i}{l}=$	0,10	0,092	0,083		bei (normal) $\frac{l_i}{l}=$	0,10	0,092	0,083	0,075
Corr. Woolf-Masch. wenn $R = 0{,}1\,V$; $\frac{v}{V}=$	0,32	0,30	0,28		Rec. Woolf $\frac{v}{V}=$	0,38	0,36	0,33	0,31
„ $R = \frac{3}{4}\,v$; $\frac{v}{V}=$	0,35	0,33	0,31		Compound (max) $\frac{v}{V}=$	(0,54)	(0,52)	0,47	0,44
„ $R = v$; $\frac{v}{V}=$	0,37	0,35	0,32		„ event. $\frac{v}{V}=$	0,43	0,41	0,38	0,35

$R = v$ bis V

(diesfalls $N' < \frac{1}{2} N$)

Wirksame Kolbenfläche O Qu.Met.	Kolben-Durchmesser D Centim.	Füllung $\frac{l_i}{l}$ (reduc.) — Indicirte Leistung $\frac{N_i}{c}$ in Pferdekraft							Füllung $\frac{l_i}{l}$ (reduc.) — Netto-Leistung $\frac{N_n}{c}$ in Pferdekraft							Subtr. Compr. Lstg. pro $c=1$m Pfdk.	$2C_i'''$ u. C_i bei $\frac{l_i}{l}=0{,}10$ (gew. Masch.) Kgr.
		0,20	0,15	0,125	0,10	0,07	0,05	0,04	0,20	0,15	0,125	0,10	0,07	0,05	0,04		
		pro 1 Meter Kolbengeschwindigkeit															
0,065	29,2	22,9	19,1	17,0	14,6	11,4	9,0	7,6	17,0	13,9	12,1	10,1	7,4	5,4	4,3	1,2	2,7 (bei $c = 1{,}44$ m) 9,7
068	29,9	24,0	20,0	17,8	15,3	11,9	9,4	8,0	17,8	14,5	12,7	10,6	7,8	5,7	4,5	1,3	
071	30,5	25,0	20,9	18,5	15,9	12,4	9,8	8,3	18,6	15,2	13,3	11,1	8,2	6,0	4,8	1,3	
074	31,2	26,1	21,8	19,3	16,6	12,9	10,2	8,7	19,5	15,9	13,9	11,6	8,6	6,3	5,0	1,4	
077	31,8	27,1	22,7	20,1	17,3	13,5	10,6	9,0	20,3	16,6	14,5	12,1	9,0	6,5	5,2	1,4	
0,080	32,4	28,2	23,6	20,9	17,9	14,0	11,0	9,4	21,2	17,3	15,1	12,6	9,3	6,8	5,5	1,5	2,5 (1,49 m)
084	33,2	29,6	24,7	21,9	18,8	14,7	11,6	9,9	22,3	18,3	15,9	13,3	9,8	7,2	5,8	1,6	
088	34,0	31,0	25,9	23,0	19,7	15,4	12,1	10,3	23,4	19,2	16,7	14,0	10,4	7,6	6,1	1,7	
092	34,7	32,4	27,1	24,0	20,6	16,1	12,7	10,8	24,6	20,1	17,6	14,7	10,9	8,0	6,4	1,7	
096	35,5	33,8	28,3	25,1	21,5	16,8	13,2	11,3	25,7	21,0	18,4	15,4	11,4	8,4	6,7	1,8	
0,100	36,2	35,2	29,4	26,1	22,4	17,5	13,8	11,7	26,8	22,0	19,2	16,1	11,9	8,8	7,0	1,9	2,2 (1,56 m)
105	37,1	37,0	30,9	27,4	23,6	18,4	14,5	12,3	28,3	23,2	20,2	17,0	12,6	9,3	7,4	2,0	
110	38,0	38,8	32,4	28,7	24,7	19,2	15,2	12,9	29,7	24,4	21,3	17,8	13,2	9,8	7,9	2,1	
115	38,8	40,5	33,9	30,1	25,8	20,1	15,8	13,5	31,2	25,6	22,3	18,7	13,9	10,3	8,3	2,2	
120	39,7	42,3	35,3	31,4	26,9	21,0	16,5	14,1	32,6	26,8	23,4	19,6	14,6	10,8	8,7	2,3	
0,125	40,5	44,0	36,8	32,7	28,0	21,8	17,2	14,7	34,1	28,0	24,4	20,5	15,2	11,3	9,1	2,4	1,9 (1,62 m) 9,1
130	41,3	45,8	38,3	34,0	29,2	22,7	17,9	15,3	35,5	29,2	25,5	21,4	15,9	11,8	9,5	2,4	
135	42,1	47,6	39,7	35,3	30,3	23,6	18,6	15,9	37,0	30,4	26,5	22,3	16,6	12,3	9,9	2,5	
140	42,8	49,3	41,2	36,6	31,4	24,5	19,3	16,5	38,4	31,6	27,6	23,2	17,3	12,8	10,3	2,6	
145	43,6	51,1	42,7	37,9	32,5	25,3	20,0	17,0	39,9	32,8	28,6	24,1	17,9	13,3	10,7	2,7	
0,150	44,4	52,8	44,2	39,2	·33,6	26,2	20,7	17,6	41,4	34,0	29,7	24,9	18,6	13,8	11,1	2,8	1,7 (1,68 m)
155	45,1	54,6	45,6	40,5	34,8	27,1	21,4	18,2	42,8	35,2	30,7	25,8	19,2	14,3	11,6	2,9	
160	45,8	56,4	47,1	41,8	35,9	28,0	22,0	18,8	44,3	36,4	31,8	26,7	19,9	14,8	12,0	3,0	
165	46,5	58,1	48,6	43,1	37,0	28,9	22,7	19,4	45,8	37,6	32,9	27,6	20,6	15,3	12,4	3,1	
170	47,2	59,9	50,0	44,4	38,1	29,7	23,4	20,0	47,2	38,8	33,9	28,5	21,3	15,8	12,8	3,2	
0,175	47,9	61,6	51,5	45,7	39,2	30,6	24,1	20,5	48,7	40,0	35,0	29,4	22,0	16,3	13,2	3,3	1,6 (1,73 m)
180	48,6	63,4	53,0	47,0	40,4	31,5	24,8	21,1	50,2	41,2	36,1	30,3	22,6	16,8	13,7	3,4	
185	49,3	65,2	54,5	48,4	41,5	32,3	25,5	21,7	51,7	42,4	37,1	31,2	23,3	17,3	14,1	3,5	
190	49,9	66,9	55,9	49,7	42,6	33,2	26,2	22,3	53,1	43,6	38,2	32,1	24,0	17,9	14,5	3,6	
195	50,6	68,7	57,4	51,0	43,7	34,1	26,9	22,9	54,6	44,8	39,3	33,0	24,7	18,4	14,9	3,7	
0,200	51,2	70,5	58,9	52,2	44,9	35,0	27,6	23,5	56,1	46,1	40,3	33,9	25,3	18,9	15,3	3,8	1,5 (1,78 m) 8,8
205	51,8	72,2	60,4	53,6	46,0	35,9	28,2	24,1	57,6	47,3	41,4	34,8	26,0	19,4	15,8	3,9	
210	52,5	74,0	61,8	54,9	47,1	36,7	28,9	24,6	59,0	48,5	42,5	35,8	26,7	19,9	16,2	3,9	
215	53,1	75,7	63,3	56,2	48,2	37,6	29,6	25,2	60,5	49,8	43,6	36,7	27,4	20,4	16,6	4,0	
220	53,7	77,5	64,8	57,5	49,3	38,5	30,3	25,8	62,0	51,0	44,7	37,6	28,1	21,0	17,1	4,1	
0,225	54,3	79,3	66,2	58,8	50,5	39,3	31,0	26,4	63,5	52,2	45,7	38,5	28,8	21,5	17,5	4,2	1,4 (1,82 m)
230	54,9	81,0	67,7	60,1	51,6	40,2	31,7	27,0	65,0	53,4	46,8	39,4	29,5	22,0	17,9	4,3	
235	55,5	82 8	69,2	61,4	52,7	41,1	32,4	27,6	66,5	54,7	47,9	40,3	30,2	22,5	18,3	4,4	
240	56,1	84 3	70,6	62,7	53,8	42,0	33,1	28,2	68,0	55,9	49,0	41,2	30,9	23,0	18,8	4,5	
245	56,7	86,3	72,1	64,0	54,9	42,8	33,8	28,8	69,4	57,1	50,1	42,1	31,6	23,6	19,2	4,6	
0,250	57,3	88,1	73,6	65,3	56,1	43,7	34,4	29,3	70,9	58,3	51,1	43,0	32,2	24,1	19,6	4,7	1,3 (1,86 m)

Zweicylinder-Condensations-Maschinen.

Abs. Adm. Sp. $p = \mathbf{6}$ Kgr. od. Atm.

Wirksame Kolbenfläche O Qu.Met.	Kolben-Durchmesser D Centm.	Füllung $\frac{l}{i}$ (reduc.) 0,20	0,15	0,125	0,10	0,07	0,05	0,04	Füllung $\frac{l}{i}$ (reduc.) 0,20	0,15	0,125	0,10	0,07	0,05	0,04	Subtr. Compr. Lstg. pro $c=1$m Pfdk.	$2C_i'''$ u. C_i' bei $\frac{l}{i}=0{,}10$ $c=1$m (gew. Mnsch.) Kgr.
		Indicirte Leistung $\frac{N_i}{c}$ in Pferdekraft							Netto-Leistung $\frac{N_n}{c}$ in Pferdekraft								
		pro 1 Meter Kolbengeschwindigkeit															
0,250	57,3	88,1	73,6	65,3	56,1	43,7	34,4	29,3	70,9	58,3	51,1	43,0	32,2	24,1	19,6	4,7	1,3
255	57,8	89,8	75,1	66,6	57,2	44,6	35,1	29,9	72,4	59,6	52,2	43,9	32,9	24,6	20,0	4,8	(bei
260	58,4	91,6	76,5	67,9	58,3	45,5	35,8	30,5	73,9	60,8	53,3	44,9	33,6	25,1	20,5	4,9	$c =$
265	59,0	93,4	78,0	69,2	59,4	46,3	36,5	31,1	75,4	62,1	54,4	45,8	34,3	25,6	20,9	5,0	1,86 m)
270	59,5	95,1	79,5	70,5	60,6	47,2	37,2	31,7	76,9	63,3	55,5	46,7	35,0	26,2	21,4	5,1	8,6
0,275	60,1	96,9	81,0	71,9	61,7	48,1	37,9	32,3	78,4	64,6	56,5	47,6	35,7	26,7	21,8	5,2	1,2
280	60,6	98,6	82,4	73,2	62,8	49,0	38,6	32,9	79,9	65,8	57,6	48,5	36,4	27,2	22,2	5,2	1,90 m)
285	61,1	100,4	83,9	74,5	63,9	49,8	39,3	33,5	81,4	67,0	58,7	49,5	37,1	27,8	22,7	5,3	
290	61,7	102,2	85,4	75,8	65,0	50,7	40,0	34,1	82,9	68,3	59,8	50,4	37,8	28,3	23,1	5,4	
295	62,2	103,9	86,8	77,1	66,2	51,6	40,6	34,6	84,4	69,5	60,9	51,3	38,5	28,8	23,6	5,5	
0,300	62,7	105,7	88,3	78,4	67,3	52,5	41,3	35,2	86,0	70,7	62,0	52,3	39,2	29,3	24,0	5,6	1,1
310	63,8	109,2	91,3	81,0	69,5	54,2	42,7	36,4	89,0	73,2	64,2	54,1	40,6	30,4	24,8	5,8	(1,93 m)
320	64,8	112,7	94,2	83,6	71,8	56,0	44,1	37,5	92,0	75,7	66,4	56,0	42,0	31,5	25,7	6,0	
330	65,8	116,2	97,1	86,2	74,0	57,7	45,5	38,7	95,0	78,2	68,6	57,8	43,4	32,5	26,6	6,2	
340	66,8	119,8	100,1	88,8	76,2	59,5	46,8	39,9	98,1	80,7	70,8	59,7	44,8	33,6	27,4	6,4	
0,350	67,7	123,3	103,0	91,4	78,5	61,2	48,2	41,0	101,1	83,2	73,0	61,5	46,2	34,6	28,3	6,6	1,1
360	68,7	126,8	106,0	94,0	80,7	63,0	49,6	42,2	104,1	85,7	75,1	63,4	47,6	35,7	29,2	6,8	(2,00 m)
370	69,7	130,3	108,9	96,6	83,0	64,7	51,0	43,4	107,1	88,2	77,3	65,2	49,0	36,8	30,1	7,0	
380	70,6	133,8	111,8	99,2	85,2	66,5	52,4	44,6	110,2	90,7	79,5	67,1	50,4	37,8	30,9	7,2	
390	71,5	137,4	114,8	101,9	87,4	68,2	53,7	45,7	113,2	93,2	81,7	69,0	51,8	38,9	31,8	7,4	
0,400	72,4	140,9	117,8	104,5	89,7	70,0	55,1	46,9	116,2	95,7	83,9	70,8	53,2	40,0	32,7	7,5	1,0
410	73,3	144,4	120,7	107,1	92,0	71,7	56,5	48,1	119,3	98,2	86,2	72,7	54,7	41,0	33,6	7,7	(2,06 m)
420	74,2	148,0	123,6	109,7	94,2	73,5	57,9	49,3	122,3	100,8	88,4	74,6	56,1	42,1	34,5	7,9	8,3
430	75,1	151,5	126,6	112,3	96,4	75,2	59,2	50,4	125,4	103,3	90,6	76,5	57,5	43,2	35,4	8,1	
440	76,0	155,0	129,5	114,9	98,7	77,0	60,6	51,6	128,4	105,8	92,8	78,3	58,9	44,3	36,3	8,3	
0,450	76,8	158,5	132,5	117,5	100,9	78,7	62,0	52,8	131,5	108,3	95,0	80,2	60,3	45,3	37,1	8,5	0,9
460	77,7	162,0	135,4	120,2	103,2	80,5	63,4	53,9	134,6	110,9	97,3	82,1	61,8	46,4	38,0	8,7	(2,12 m)
470	78,5	165,5	138,3	122,8	105,4	82,2	64,8	55,1	137,6	113,4	99,5	84,0	63,2	47,5	38,9	8,9	
480	79,3	169,1	141,3	125,4	107,6	84,0	66,1	56,3	140,7	115,9	101,7	85,9	64,6	48,6	39,8	9,0	
490	80,2	172,6	144,2	128,0	109,9	85,7	67,5	57,5	143,7	118,4	103,9	87,7	66,0	49,7	40,7	9,2	
0,500	81,0	176,1	147,2	130,6	112,1	87,5	68,9	58,7	146,8	121,0	106,1	89,6	67,5	50,7	41,6	9,4	0,9
510	81,8	179,7	150,1	133,2	114,4	89,2	70,2	59,8	149,8	123,5	108,3	91,5	68,9	51,8	42,5	9,6	(2,17 m)
520	82,6	183,2	153,1	135,8	116,6	91,0	71,6	61,0	152,8	126,0	110,5	93,3	70,3	52,9	43,4	9,8	
530	83,4	186,7	156,0	138,4	118,9	92,7	73,0	62,2	155,8	128,5	112,7	95,2	71,7	53,9	44,2	10,0	
540	84,2	190,2	159,0	141,0	121,1	94,5	74,4	63,3	158,8	131,0	114,9	97,1	73,1	55,0	45,1	10,2	
0,550	84,9	193,7	161,9	143,7	123,3	96,2	75,8	64,5	161,9	133,5	117,1	98,9	74,5	56,1	46,0	10,4	0,9
560	85,7	197,3	164,8	146,3	125,6	98,0	77,1	65,7	164,9	136,0	119,3	100,8	75,9	57,2	46,9	10,5	(2,22 m)
570	86,5	200,8	167,8	148,9	127,8	99,7	78,5	66,8	167,9	138,5	121,5	102,6	77,3	58,2	47,8	10,7	
580	87,2	204,3	170,7	151,5	130,1	101,5	79,9	68,0	170,9	141,0	123,7	104,5	78,7	59,3	48,6	10,9	
590	88,0	207,8	173,7	154,1	132,3	103,2	81,3	69,2	173,9	143,5	125,9	106,4	80,1	60,4	49,5	11,1	
0,600	88,7	211,4	176,6	156,7	134,6	104,9	82,6	70,4	177,0	146,0	128,1	108,2	81,5	61,4	50,4	11,3	0,8
620	90,2	218,5	182,5	161,9	139,1	108,4	85,4	72,7	183,1	151,0	132,5	111,9	84,4	63,6	52,2	11,7	(2,26 m)
640	91,6	225,5	188,4	167,2	143,6	111,9	88,1	75,1	189,1	156,0	136,9	115,7	87,2	65,7	54,0	12,0	8,1
660	93,0	232,5	194,3	172,4	148,1	115,4	90,9	77,4	195,2	161,0	141,3	119,4	90,0	67,8	55,8	12,4	
680	94,4	239,6	200,2	177,6	152,5	118,9	93,6	79,8	201,3	166,0	145,7	123,1	92,9	70,0	57,5	12,8	
0,700	95,8	246,6	206,1	182,8	157,0	122,4	96,4	82,1	207,3	171,0	150,1	126,9	95,7	72,1	59,3	13,2	0,8
720	97,2	253,7	212,0	188,0	161,5	125,9	99,1	84,5	213,4	176,0	154,6	130,6	98,5	74,3	61,1	13,6	(2,34 m)
740	98,5	260,7	217,9	193,3	166,0	129,4	101,9	86,8	219,5	181,0	159,0	134,4	101,3	76,4	62,9	13,9	
760	99,8	267,8	223,8	198,5	170,5	132,9	104,6	89,2	225,5	186,0	163,4	138,1	104,2	78,5	64,7	14,3	
780	101,1	274,8	229,7	203,7	175,0	136,4	107,4	91,5	231,6	191,0	167,8	141,8	107,0	80,7	66,4	14,7	
0,800	102,4	281,8	235,5	209,0	179,4	139,9	110,2	93,8	237,7	196,1	172,2	145,6	109,8	82,8	68,2	15,0	0,7
820	103,7	288,9	241,4	214,2	183,9	143,4	112,9	96,2	243,7	201,1	176,6	149,3	112,7	85,0	70,0	15,4	(2,41 m)
840	105,0	295,9	247,3	219,4	188,4	146,9	115,7	98,5	249,8	206,2	181,0	153,0	115,5	87,2	71,8	15,8	
860	106,2	303,0	253,2	224,6	192,9	150,4	118,4	100,9	255,9	211,2	185,5	156,8	118,4	89,3	73,5	16,2	
880	107,4	310,0	259,1	229,8	197,4	153,9	121,2	103,2	262,0	216,2	189,9	160,5	121,2	91,5	75,3	16,6	
0,900	108,6	317,1	265,0	235,1	201,9	157,4	123,9	105,6	268,1	221,2	194,3	164,3	124,1	93,7	77,1	16,9	0,7
920	109,8	324,1	270,9	240,3	206,4	160,9	126,7	107,9	274,1	226,3	198,7	168,0	126,9	95,8	78,9	17,3	(2,47 m)
940	111,0	331,2	276,8	245,5	210,9	164,4	129,4	110,3	280,2	231,3	203,1	171,7	129,8	98,0	80,7	17,7	
960	112,2	338,2	282,6	250,7	215,4	167,9	132,2	112,6	286,3	236,3	207,5	175,5	132,6	100,2	82,5	18,1	
980	113,4	345,3	288,5	255,9	219,9	171,4	134,9	115,0	292,4	241,4	212,0	179,2	135,5	102,4	84,3	18,5	
1,000	114,5	352,3	294,4	261,2	224,3	174,9	137,7	117,3	298,5	246,4	216,4	183,0	138,3	104,5	86,1	18,8	0,6 (2,52 m) 7,9

Zweicylinder-Condensations-Maschinen (mit Doppelsteuerung und Dampfhemd)

Abs. Adm. Sp. $p = 6\tfrac{1}{2}$ Kgr. od. Atm.

	Ohne (geheizten) Receiver.							Mit (geheiztem) Receiver.							
Füll. $\tfrac{l_i}{l}=$	0,20	0,15	0,125	0,10	0,07	0,05	0,04	0,20	0,15	0,125	0,10	0,07	0,05	0,04	$=\tfrac{l_i}{l}$ (reduc.)
N_i od. N_n min. $=$	0,96	0,95	0,95	0,95	0,94	0,92	0,90	1,06	1,06	1,06	1,07	1,09	1,12	1,14	$=N_i$ od. N_n max.
$C_i'=$	6,4	5,8	5,6	5,3	5,0	4,9	5,0	6,2	5,6	5,2	4,8	4,6	4,4	4,3	$=C_i'$
$xC_i''=$	5,7	5,3	5,1	4,9	4,7	4,6	4,5								$=xC_i''$
min. $xC_i''=$	4,6	4,2	4,1	3,9	3,7	3,6	3,6								$=xC_i''$ min.

xC_i'' min. gilt für ganz exacte Maschinen, bei welchen C_i''' beiläufig die Hälfte der tabellar. Angaben für gewöhnl. Maschinen betragen kann.

Für $N' = \tfrac{1}{2} N$ ohne Spann.-Abfall:

bei (normal) $\tfrac{l_i}{l}=$	0,093	0,085	0,077
Corr. Woolf-Masch. wenn $R = 0,1\,V$; $\tfrac{v}{V}=$	0,31	0,29	0,27
„ $R = \tfrac{3}{4}\,v$; $\tfrac{v}{V}=$	0,34	0,32	0,30
„ $R = v$; $\tfrac{v}{V}=$	0,36	0,33	0,31

Für $N' = \tfrac{1}{2} N$ ohne Spann.-Abfall:

bei (normal) $\tfrac{l_i}{l}=$	0,093	0,085	0,077	0,070	
Rec. Woolf $\tfrac{v}{V}=$	0,37	0,35	0,32	0,30	
Compound(max) $\tfrac{v}{V}=$	(0,52)	0,49	0,46	0,42	$R = v$ bis V
„ event. $\tfrac{v}{V}=$	0,42	0,40	0,37	0,34	

(diesfalls $N' < \tfrac{1}{2} N$).

Wirksame Kolbenfläche O Qu Met.	Kolben-Durchmesser D Centm.	Füllung $\tfrac{l_i}{l}$ (reduc.) Indicirte Leistung $\tfrac{N_i}{c}$ in Pferdekraft — pro 1 Meter Kolbengeschwindigkeit							Füllung $\tfrac{l_i}{l}$ (reduc.) Netto-Leistung $\tfrac{N_n}{c}$ in Pferdekraft — pro 1 Meter Kolbengeschwindigkeit							Subtr. Compr. Lstg. pro $c=1$ m Pfdk.	$2C_i'''$ u. C_i bei $\tfrac{l_i}{l}=0,10$ (gew. Masch.) Kgr.
		0,20	0,15	0,125	0,10	0,07	0,05	0,04	0,20	0,15	0,125	0,10	0,07	0,05	0,04		
0,065	29,2	24,8	20,8	18,4	15,8	12,4	9,8	8,4	18,5	15,2	13,2	11,1	8,2	6,0	4,9	1,3	2,6
068	29,9	25,9	21,7	19,3	16,6	13,0	10,2	8,7	19,4	15,9	13,9	11,6	8,6	6,4	5,1	1,4	(bei
071	30,5	27,1	22,7	20,1	17,3	13,5	10,7	9,1	20,3	16,7	14,5	12,2	9,0	6,7	5,4	1,4	$c=$
074	31,2	28,2	23,6	21,0	18,0	14,1	11,1	9,5	21,2	17,4	15,2	12,7	9,5	7,0	5,6	1,5	1,50 m)
077	31,8	29,3	24,6	21,8	18,8	14,7	11,6	9,9	22,2	18,2	15,9	13,3	9,9	7,3	5,9	1,5	9,5
0,080	32,4	30,5	25,5	22,7	19,5	15,2	12,0	10,3	23,1	18,9	16,5	13,9	10,3	7,6	6,2	1,6	2,3
084	33,2	32,0	26,8	23,8	20,5	16,0	12,6	10,8	24,3	20,0	17,4	14,6	10,9	8,0	6,5	1,7	(1.56 m)
088	34,0	33,5	28,1	24,9	21,4	16,7	13,2	11,3	25,5	21,0	18,3	15,4	11,5	8,5	6,9	1,8	
092	34,7	35,1	29,4	26,1	22,4	17,5	13,8	11,8	26,8	22,0	19,2	16,2	12,0	8,9	7,2	1,9	
096	35,5	36,6	30,7	27,2	23,4	18,3	14,4	12,3	28,0	23,0	20,1	16,9	12,6	9,3	7,6	1,9	
0,100	36,2	38,1	31,9	28,4	24,4	19,0	15,0	12,9	29,2	24,0	21,0	17,7	13,2	9,8	7,9	2,0	2,0
105	37,1	40,0	33,4	29,8	25,6	20,0	15,8	13,5	30,8	25,3	22,2	18,6	13,9	10,3	8,4	2,1	(1,63 m)
110	38,0	41,9	35,0	31,2	26,8	20,9	16,5	14,1	32,4	26,6	23,3	19,6	14,6	10,9	8,8	2,2	
115	38,8	43,9	36,6	32,6	28,0	21,9	17,3	14,8	34,0	27,9	24,4	20,6	15,3	11,4	9,3	2,3	
120	39,7	45,8	38,2	34,0	29,2	22,8	18,0	15,4	35,5	29,2	25,6	21,5	16,1	12,0	9,8	2,4	
0,125	40,5	47,7	39,8	35,5	30,5	23,8	18,8	16,1	37,1	30,5	26,7	22,5	16,8	12,5	10,2	2,5	1,3
130	41,3	49,6	41,4	36,9	31,7	24,7	19,5	16,7	38,7	31,8	27,9	23,5	17,5	13,1	10,7	2,6	(1,69 m)
135	42,1	51,5	43,0	38,3	32,9	25,7	20,3	17,3	40,3	33,1	29,0	24,4	18,3	13,6	11,1	2,7	8,9
140	42,8	53,4	44,6	39,7	34,1	26,6	21,0	18,0	41,8	34,4	30,1	25,4	19,0	14,2	11,6	2,8	
145	43,6	55,3	46,2	41,1	35,3	27,6	21,8	18,6	43,4	35,7	31,3	26,4	19,7	14,7	12,1	2,9	
0,150	44,4	57,2	47,9	42,5	36,5	28,6	22,6	19,3	45,0	37,1	32,5	27,3	20,5	15,3	12,5	3,0	1,6
155	45,1	59,1	49,5	43,9	37,7	29,5	23,3	19,9	46,5	38,4	33,6	28,3	21,2	15,9	13,0	3,1	(1,75 m)
160	45,8	61,0	51,1	45,4	39,0	30,5	24,1	20,6	48,1	39,7	34,8	29,3	22,0	16,4	13,4	3,2	
165	46,5	62,9	52,7	46,8	40,2	31,4	24,8	21,2	49,7	41,0	36,0	30,3	22,7	17,0	13,9	3,3	
170	47,2	64,8	54,3	48,2	41,4	32,4	25,6	21,8	51,3	42,3	37,1	31,2	23,5	17,6	14,4	3,4	
0,175	47,9	66,7	55,9	49,6	42,6	33,3	26,3	22,5	52,9	43,7	38,3	32,2	24,2	18,1	14,8	3,5	1,5
180	48,6	68,6	57,5	51,0	43,8	34,3	27,1	23,1	54,5	45,0	39,4	33,2	25,0	18,7	15,3	3,6	(1,80 m)
185	49,3	70,6	59,1	52,5	45,1	35,2	27,8	23,8	56,1	46,3	40,6	34,2	25,7	19,3	15,8	3,7	
190	49,9	72,5	60,7	53,9	46,3	36,2	28,6	24,4	57,7	47,6	41,8	35,2	26,4	19,8	16,3	3,8	
195	50,6	74,4	62,3	55,3	47,5	37,1	29,3	25,0	59,3	48,9	42,9	36,1	27,2	20,4	16,7	3,9	
0,200	51,2	76,2	63,8	56,7	48,7	38,1	30,1	25,7	61,0	50,3	44,1	37,1	27,9	21,0	17,2	4,0	1,4
205	51,8	78,2	65,4	58,1	49,9	39,0	30,8	26,3	62,6	51,6	45,3	38,1	28,7	21,5	17,6	4,1	(1,85 m)
210	52,5	80,1	67,0	59,5	51,1	40,0	31,6	27,0	64,2	53,0	46,4	39,1	29,4	22,1	18,1	4,2	8,6
215	53,1	82,0	68,6	61,0	52,4	40,9	32,3	27,6	65,8	54,3	47,6	40,1	30,2	22,7	18,6	4,3	
220	53,7	83,9	70,2	62,4	53,6	41,9	33,1	28,3	67,4	55,6	48,8	41,1	30,9	23,2	19,1	4,4	
0,225	54,3	85,8	71,8	63,8	54,8	42,8	33,8	28,9	69,0	57,0	49,9	42,1	31,7	23,8	19,5	4,5	1,2
230	54,9	87,7	73,4	65,2	56,0	43,8	34,6	29,5	70,6	58,3	51,1	43,1	32,4	24,4	20,0	4,6	(1,90 m)
235	55,5	89,6	75,0	66,6	57,2	44,7	35,3	30,2	72,2	59,6	52,3	44,1	33,2	25,0	20,5	4,7	
240	56,1	91,5	76,6	68,1	58,5	45,7	36,1	30,8	73,8	61,0	53,5	45,1	33,9	25,5	20,9	4,8	
245	56,7	93,4	78,2	69,5	59,7	46,6	36,8	31,5	75,5	62,3	54,6	46,1	34,7	26,1	21,4	4,9	
0,250	57,3	95,3	79,8	70,9	60,9	47,6	37,6	32,2	77,1	63,6	55,8	47,1	35,5	26,7	21,9	5,0	1,2 (1,94 m)

Zweicylinder-Condensations-Maschinen.

Abs. Adm. Sp. $p = 6^{1}/_{2}$ Kgr. od. Atm.

Wirksame Kolbenfläche O Qu.Met.	Kolben-Durchmesser D Centm.	Füllung $\frac{l}{l}$ (reduc) — Indicirte Leistung $\frac{N_i}{c}$ in Pferdekraft							Füllung $\frac{l}{l}$ (reduc.) — Netto-Leistung $\frac{N_n}{c}$ in Pferdekraft							Subtr. Compr. Lstg. pro $c=1\,m$ Pfdk.	$2C'''_l$ u. C_l bei $\frac{l}{l}=0{,}10$ (gew. Masch.) Kgr.
		0,20	0,15	0,125	0,10	0,07	0,05	0,04	0,20	0,15	0,125	0,10	0,07	0,05	0,04		
0,250	57,3	95,3	79,8	70,9	60,9	47,6	37,6	32,1	77,1	63,6	55,8	47,1	35,5	26,7	21,9	5,0	1,2
255	57,8	97,2	81,4	72,3	62,1	48,6	38,4	32,8	78,7	65,0	57,0	48,1	36,2	27,3	22,4	5,1	(bei
260	58,4	99,1	83,0	73,7	63,3	49,5	39,1	33,4	80,4	66,3	58,2	49,1	37,0	27,9	22,9	5,2	$c =$
265	59,0	101,0	84,6	75,1	64,5	50,5	39,9	34,1	82,0	67,7	59,4	50,1	37,8	28,4	23,3	5,3	1,94 m)
270	59,5	102,9	86,2	76,6	65,8	51,4	40,6	34,7	83,6	69,0	60,6	51,1	38,5	29,0	23,8	5,4	8,1
0,275	60,1	104,9	87,8	78,0	67,0	52,4	41,4	35,3	85,2	70,4	61,8	52,1	39,3	29,6	24,3	5,5	1,1
280	60,6	106,8	89,4	79,4	68,2	53,3	42,1	36,0	86,9	71,7	63,0	53,1	40,1	30,2	24,8	5,6	(1,98 m)
285	61,1	108,7	91,0	80,8	69,4	54,3	42,9	36,6	88,5	73,1	64,1	54,2	40,9	30,8	25,3	5,7	
290	61,7	110,6	92,6	82,2	70,6	55,2	43,6	37,3	90,1	74,4	65,3	55,2	41,6	31,3	25,7	5,8	
295	62,2	112,5	94,2	83,6	71,9	56,2	44,4	37,9	91,7	75,8	66,5	56,2	42,4	31,9	26,2	5,9	
0,300	62,7	114,4	95,8	85,0	73,0	57,1	45,1	38,6	93,4	77,1	67,7	57,2	43,1	32,5	26,7	6,0	1,1
310	63,8	118,2	99,0	87,9	75,5	59,0	46,6	39,8	96,7	79,9	70,1	59,2	44,7	33,7	27,7	6,2	(2,01 m)
320	64,8	122,0	102,1	90,7	77,9	60,9	48,1	41,1	100,0	82,6	72,5	61,2	46,2	34,9	28,7	6,4	
330	65,8	125,8	105,3	93,5	80,3	62,8	49,6	42,4	103,3	85,3	74,9	63,2	47,7	36,0	29,7	6,6	
340	66,8	129,6	108,5	96,4	82,8	64,7	51,1	43,7	106,5	88,0	77,3	65,3	49,3	37,2	30,6	6,8	
0,350	67,7	133,4	111,7	99,2	85,4	66,6	52,6	45,0	109,8	90,7	79,7	67,3	50,8	38,4	31,6	7,0	1,0
360	68,7	137,2	114,9	102,1	87,7	68,5	54,1	46,2	113,1	93,5	82,0	68,3	52,4	39,5	32,6	7,2	(2,08 m)
370	69,7	141,0	118,1	105,0	90,1	70,4	55,6	47,5	116,4	96,2	84,4	70,3	53,9	40,7	33,5	7,4	
380	70,6	144,8	121,3	107,7	92,5	72,3	57,1	48,8	119,7	98,9	86,8	72,4	55,4	41,9	34,5	7,6	
390	71,5	148,7	124,5	110,6	95,0	74,2	58,6	50,1	122,9	101,6	89,2	75,4	57,0	43,1	35,5	7,8	
0,400	72,4	152,5	127,7	113,4	97,4	76,2	60,2	51,4	126,2	104,3	91,6	77,4	58,5	44,2	36,4	8,1	0,9
410	73,3	156,3	130,9	116,2	99,8	78,1	61,7	52,7	129,6	107,1	94,1	79,5	60,1	45,4	37,4	8,3	(2,14 m)
420	74,2	160,1	134,1	119,1	102,3	80,0	63,2	54,0	132,9	109,8	96,5	81,5	61,6	46,6	38,4	8,5	8,1
430	75,1	163,9	137,3	121,9	104,7	81,9	64,7	55,2	136,2	112,6	98,9	83,6	63,2	47,8	39,4	8,7	
440	76,0	167,7	140,4	124,7	107,1	83,8	66,2	56,5	139,5	115,3	101,3	85,6	64,8	49,0	40,4	8,9	
0,450	76,8	171,5	143,6	127,6	109,6	85,7	67,7	57,8	142,8	118,1	103,7	87,7	66,3	50,2	41,4	9,1	0,9
460	77,7	175,3	146,8	130,4	112,0	87,6	69,2	59,1	146,2	120,8	106,2	89,7	67,9	51,4	42,4	9,3	(2,20 m)
470	78,5	179,2	150,0	133,2	114,4	89,5	70,7	60,4	149,5	123,6	108,6	91,8	69,4	52,6	43,4	9,5	
480	79,3	183,0	153,2	136,1	116,9	91,4	72,2	61,6	152,8	126,3	111,0	93,8	71,0	53,7	44,4	9,7	
490	80,2	186,8	156,4	138,9	119,3	93,3	73,7	62,9	156,1	129,1	113,4	95,9	72,6	54,9	45,4	9,9	
0,500	81,0	190,6	159,6	141,7	121,7	95,2	75,2	64,3	159,4	131,8	115,8	98,0	74,1	56,1	46,3	10,1	0,9
510	81,8	194,4	162,8	144,6	124,2	97,1	76,7	65,5	162,7	134,5	118,2	100,0	75,7	57,3	47,3	10,3	(2,26 m)
520	82,6	198,2	166,0	147,4	126,6	99,0	78,2	66,8	166,0	137,2	120,6	102,0	77,2	58,5	48,3	10,5	
530	83,4	202,0	169,2	150,2	129,0	100,9	79,7	68,1	169,3	140,0	123,0	104,0	78,7	59,7	49,3	10,7	
540	84,2	205,8	172,4	153,1	131,5	102,8	81,2	69,4	172,5	142,7	125,4	106,0	80,3	60,8	50,2	10,9	
0,550	84,9	209,7	175,6	155,9	133,9	104,7	82,7	70,7	175,8	145,4	127,8	108,1	81,8	62,0	51,2	11,1	0,8
560	85,7	213,5	178,7	158,8	136,4	106,6	84,2	71,9	179,1	148,1	130,2	110,1	83,4	63,2	52,2	11,3	(2,31 m)
570	86,5	217,3	181,9	161,6	138,8	108,5	85,7	73,2	182,4	150,8	132,6	112,1	84,9	64,4	53,2	11,5	
580	87,2	221,1	185,1	164,4	141,2	110,4	87,2	74,5	185,7	153,6	135,0	114,1	86,4	65,6	54,2	11,7	
590	88,0	224,9	188,3	167,3	143,7	112,3	88,7	75,8	188,9	156,3	137,3	116,1	88,0	66,7	55,1	11,9	
0,600	88,7	228,7	191,5	170,1	146,1	114,2	90,2	77,1	192,2	159,0	139,8	118,2	89,5	67,9	56,1	12,1	0,8
620	90,2	236,3	197,9	175,8	151,0	118,1	93,3	79,7	198,8	164,4	144,6	122,3	92,6	70,3	58,1	12,5	(2,35 m)
640	91,6	244,0	204,3	181,4	155,8	121,9	96,3	82,2	205,4	169,9	149,4	126,3	95,7	72,6	60,1	12,9	7,9
660	93,0	251,6	210,7	187,1	160,8	125,7	99,3	84,8	212,0	175,3	154,2	130,4	98,8	75,0	62,0	13,3	
680	94,4	259,2	217,0	192,8	165,6	129,5	102,3	87,4	218,5	180,8	159,0	134,5	101,9	77,4	64,0	13,7	
0,700	95,8	266,8	223,4	198,4	170,4	133,3	105,3	90,0	225,1	186,2	163,8	138,5	105,0	79,7	66,0	14,1	0,7
720	97,2	274,4	229,8	204,1	175,3	137,1	108,3	92,5	231,7	191,7	168,6	142,6	108,1	82,1	67,9	14,5	(2,43 m)
740	98,5	282,1	236,2	209,8	180,2	140,9	111,3	95,1	238,3	197,1	173,4	146,7	111,2	84,5	69,9	14,9	
760	99,8	289,7	242,6	215,5	185,1	144,7	114,3	97,7	244,9	202,6	178,2	150,7	114,3	86,9	71,9	15,3	
780	101,1	297,3	248,9	221,1	189,9	148,5	117,3	100,2	251,4	208,0	183,0	154,8	117,4	89,2	73,8	15,7	
0,800	102,4	305,0	255,4	226,8	194,8	152,3	120,3	102,8	258,0	213,5	187,8	158,9	120,6	91,6	75,8	16,1	0,7
820	103,7	312,6	261,7	232,5	199,7	156,1	123,3	105,4	264,6	219,0	192,6	163,0	123,7	94,0	77,8	16,5	(2,51 m)
840	105,0	320,2	268,1	238,1	204,5	159,9	126,3	107,9	271,2	224,5	197,4	167,1	126,8	96,4	79,8	16,9	
860	106,2	327,8	274,5	243,8	209,4	163,8	129,4	110,5	277,8	230,0	202,3	171,2	129,9	98,8	81,7	17,3	
880	107,4	335,4	280,9	249,5	214,3	167,6	132,4	113,1	284,4	235,4	207,1	175,3	133,0	101,2	83,7	17,7	
0,900	108,6	343,1	287,3	255,1	219,1	171,4	135,4	115,7	291,1	240,9	211,9	179,4	136,2	103,5	85,7	18,1	0,6
920	109,8	350,7	293,6	260,8	224,0	175,2	138,4	118,2	297,7	246,4	216,8	183,5	139,3	105,9	87,7	18,5	(2,57 m)
940	111,0	358,3	300,0	266,5	228,9	179,0	141,4	120,8	304,3	251,9	221,6	187,6	142,4	108,3	89,7	18,9	
960	112,2	365,9	306,4	272,2	233,7	182,8	144,4	123,4	310,9	257,4	226,4	191,7	145,5	110,7	91,6	19,3	
980	113,4	373,5	312,8	277,8	238,6	186,6	147,4	125,9	317,5	262,8	231,3	195,8	148,6	113,1	93,6	19,7	
1,000	114,5	381,2	319,2	283,5	243,5	190,4	150,4	128,5	324,1	268,3	236,1	199,9	151,8	115,5	95,6	20,1	0,6 (2,62 m) 7,7

Zweicylinder-Condensations-Maschinen (mit Doppelsteuerung und Dampfhemd)

Abs. Adm. Sp. $p = 7$ Kgr. od. Atm.

	Ohne (geheizten) Receiver.							Mit (geheiztem) Receiver.							
Füll. $\frac{l_i}{l} =$	0,20	0,15	0,125	0,10	0.07	0,05	0,04	0,20	0,15	0,125	0,10	0,07	0,05	0,04	$= \frac{l_i}{l}$ (reduc.)
N_i od. N_n min. $=$	0,96	0,95	0,95	0,95	0,94	0,92	0,90	1,06	1,06	1,07	1,08	1,09	1,12	1,13	$= N_i$ od. N_n max.
$C_i' =$	6,3	5,8	5,5	5,2	4,9	4,8	4,8	6,1	5,5	5,2	4,8	4,5	4,3	4,2	$= C_i'$
$x C_i'' =$	5,8	5,3	5,1	4,9	4,7	4,5	4,5								$= x C_i''$
min. a $C_i'' =$	4,6	4,2	4,1	3,9	3,7	3,6	3,6								$= x C_i''$ min.

a C_i'' min. gilt für ganz exacte Maschinen, bei welchen C_i''' beiläufig die Hälfte der tabellar. Angaben für gewöhnl. Maschinen betragen kann

Für $N' = \frac{1}{2} N$ ohne Spann.-Abfall:

bei (normal) $\frac{l_i}{l} =$	0,086	0,078	0,071
Corr. Woolf Masch. wenn $R = 0,1\,V$; $\frac{v}{V} =$	0,29	0,28	0,26
„ $R = \frac{3}{4} v$; $\frac{v}{V} =$	0,32	0,30	0,29
„ $R = v$; $\frac{v}{V} =$	0,34	0,32	0,30

Für $N' = \frac{1}{2} N$ ohne Spann.-Abfall:

bei (normal) $\frac{l_i}{l} =$	0,086	0,078	0,071	0,064
Rec. Woolf $\frac{v}{V} =$	0,35	0,33	0,31	0,29
Compound(max) $\frac{v}{V} =$	0,50	0,48	0,44	0,41
„ event. $\frac{v}{V} =$	0,40	0,38	0,35	0,33

$R = v$ bis V

(diesfalls $N' < \frac{1}{2} N$).

Füllung $\frac{l_i}{l}$ (reduc.) — erste Gruppe: Indicirte Leistung $\frac{N_i}{c}$ in Pferdekraft pro 1 Meter Kolbengeschwindigkeit; zweite Gruppe: Netto-Leistung $\frac{N_n}{c}$ in Pferdekraft pro 1 Meter Kolbengeschwindigkeit.

Wirksame Kolbenfläche O Qu.Met.	Kolben-Durchmesser D Centm.	0,20	0,15	0,125	0,10	0,07	0,05	0,04	0,20	0,15	0,125	0,10	0,07	0,05	0,04	Subtr. Compr. Lstg. pro $c=1$ m Pfdk.	$2C_i'''$ u. C_i bei $\frac{l_i}{l}=0,07$ (gew. Masch.) Kgr.
0,065	29,2	26,7	22,4	19,9	17,1	13,4	10,6	9,1	20,0	16,5	14,4	12,1	9,0	6,7	5,4	1,4	2,6
068	29,9	27,9	23,4	20,8	17,9	14,0	11,1	9,5	21,0	17,3	15,1	12,7	9,5	7,0	5,7	1,5	(bei
071	30,5	29,1	24,4	21,7	18,7	14,6	11,6	9,9	22,0	18,1	15,8	13,3	9,9	7,4	6,0	1,5	$c =$
074	31,2	30,4	25,4	22,6	19,5	15,3	12,1	10,3	23,0	18,9	16,6	13,9	10,4	7,7	6,3	1,6	1,56 m)
077	31,8	31,6	26,5	23,6	20,3	15,9	12,6	10,8	24,0	19,7	17,3	14,5	10,8	8,1	6,6	1,7	8,9
0,080	32,4	32,8	27,5	24,5	21,0	16,5	13,0	11,2	25,0	20,5	18,0	15,1	11,3	8,4	6,9	1,7	2,4
084	33,2	34,5	28,9	25,7	22,1	17,3	13,7	11,7	26,3	21,7	19,0	15,9	11,9	8,9	7,3	1,8	(1,62 m)
088	34,0	36,1	30,3	26,9	23,1	18,1	14,3	12,3	27,6	22,8	19,9	16,8	12,5	9,4	7,6	1,9	
092	34,7	37,7	31,7	28,1	24,2	18,9	15,0	12,9	29,0	23,9	20,9	17,6	13,2	9,8	8,0	2,0	
096	35,5	39,4	33,0	29,3	25,2	19,8	15,6	13,4	30,3	25,0	21,9	18,4	13,8	10,3	8,4	2,1	
0,100	36,2	41,0	34,4	30,6	26,3	20,6	16,3	14,0	31,6	26,1	22,9	19,2	14,4	10,8	8,8	2,1	2,1
105	37,1	43,1	36,1	32,1	27,6	21,6	17,1	14,7	33,3	27,5	24,1	20,3	15,2	11,4	9,3	2,3	(1,69 m)
110	38,0	45,1	37,8	33,6	28,9	22,7	17,9	15,4	35,0	28,9	25,3	21,3	16,0	12,0	9,8	2,4	
115	38,8	47,2	39,6	35,2	30,2	23,7	18,7	16,1	36,7	30,3	26,6	22,4	16,8	12,6	10,3	2,5	
120	39,7	49,2	41,3	36,7	31,5	24,7	19,5	16,8	38,4	31,7	27,8	23,4	17,6	13,2	10,8	2,6	
0,125	40,5	51,3	43,0	38,2	32,8	25,7	20,3	17,5	40,1	33,1	29,1	24,5	18,4	13,8	11,3	2,7	1,8
130	41,3	53,3	44,7	39,8	34,1	26,8	21,2	18,2	41,8	34,5	30,3	25,5	19,2	14,4	11,8	2,8	(1,76 m)
135	42,1	55,4	46,4	41,3	35,5	27,8	22,0	18,9	43,5	36,0	31,5	26,6	20,0	15,1	12,3	2,9	8,4
140	42,8	57,4	48,2	42,8	36,8	28,8	22,8	19,6	45,2	37,4	32,8	27,6	20,8	15,7	12,8	3,0	
145	43,6	59,5	49,9	44,3	38,1	29,9	23,6	20,3	46,9	38,8	34,0	28,7	21,6	16,3	13,3	3,1	
0,150	44,4	61,5	51,6	45,9	39,4	30,9	24,4	20,9	48,7	40,2	35,3	29,7	22,4	16,8	13,9	3,2	1,6
155	45,1	63,6	53,3	47,4	40,7	31,9	25,3	21,6	50,4	41,6	36,5	30,8	23,2	17,5	14,4	3,3	(1,82 m)
160	45,8	65,6	55,0	48,9	42,0	32,9	26,1	22,3	52,1	43,0	37,8	31,9	24,0	18,1	14,9	3,4	
165	46,5	67,7	56,8	50,5	43,4	34,0	26,9	23,0	53,8	44,5	39,0	32,9	24,8	18,7	15,4	3,5	
170	47,2	69,7	58,5	52,0	44,7	35,0	27,7	23,7	55,5	45,9	40,3	34,0	25,6	19,3	15,9	3,6	
0,175	47,9	71,8	60,2	53,5	46,0	36,0	28,5	24,4	57,3	47,3	41,6	35,1	26,4	19,9	16,4	3,8	1,5
180	48,6	73,8	61,9	55,0	47,3	37,1	29,3	25,1	59,0	48,7	42,8	36,1	27,3	20,6	16,9	3,9	(1,87 m)
185	49,3	75,9	63,6	56,6	48,6	38,1	30,1	25,8	60,7	50,2	44,1	37,2	28,1	21,2	17,4	4,0	
190	49,9	77,9	65,4	58,1	49,9	39,1	30,9	26,5	62,4	51,6	45,3	38,3	28,9	21,8	17,9	4,1	
195	50,6	80,0	67,1	59,6	51,2	40,2	31,7	27,2	64,1	53,0	46,6	39,4	29,7	22,4	18,4	4,2	
0,200	51,2	82,1	68,8	61,2	52,6	41,2	32,6	27,9	65,9	54,5	47,8	40,4	30,5	23,0	19,0	4,3	1,3
205	51,8	84,1	70,5	62,7	53,9	42,2	33,4	28,6	67,6	55,9	49,1	41,5	31,3	23,7	19,5	4,4	(1,92 m)
210	52,5	86,2	72,2	64,2	55,2	43,2	34,2	29,3	69,4	57,4	50,4	42,5	32,2	24,3	20,0	4,5	8,1
215	53,1	88,2	74,0	65,7	56,5	44,3	35,0	30,0	71,1	58,8	51,7	43,6	33,0	24,9	20,6	4,6	
220	53,7	90,3	75,7	67,3	57,8	45,3	35,8	30,7	72,9	60,3	53,0	44,7	33,8	25,6	21,1	4,7	
0,225	54,3	92,3	77,4	68,8	59,1	46,3	36,6	31,4	74,6	61,7	54,2	45,8	34,6	26,2	21,6	4,8	1,3
230	54,9	94,4	79,1	70,3	60,4	47,4	37,5	32,1	76,4	63,2	55,5	46,9	35,4	26,8	22,1	4,9	(1,97 m)
235	55,5	96,4	80,8	71,9	61,7	48,4	38,3	32,8	78,1	64,6	56,8	47,9	36,3	27,4	22,6	5,0	
240	56,1	98,5	82,6	73,4	63,0	49,4	39,1	33,5	79,9	66,1	58,1	49,0	37,1	28,1	23,2	5,2	
245	56,7	100,5	84,3	74,9	64,4	50,4	39,9	34,2	81,6	67,5	59,4	50,1	37,9	28,7	23,7	5,3	
0,250	57,3	102,6	86,0	76,4	65,7	51,5	40,7	34,9	83,3	68,9	60,6	51,2	38,7	29,3	24,2	5,4	1,2 (2,01 m)

Zweicylinder-Condensations-Maschinen.

Abs. Adm. Sp. $p = 7$ Kgr. od. Atm.

Wirksame Kolbenfläche O Qu.Met.	Kolben-Durchmesser D Centm.	Füllung $\frac{l_i}{l}$ (reduc.) — Indicirte Leistung $\frac{N_i}{c}$ in Pferdekraft — pro 1 Meter Kolbengeschwindigkeit							Füllung $\frac{l_i}{l}$ (reduc.) — Netto-Leistung $\frac{N_n}{c}$ in Pferdekraft — pro 1 Meter Kolbengeschwindigkeit							Subtr. Compr. Lstg. pro $c=1$ m Pfdk.	$2C_i'''$ u. C_i bei $\frac{l_i}{l}=0{,}07$ (gew. Masch.) Kgr.
		0,20	0,15	0,125	0,10	0,07	0,05	0,04	0,20	0,15	0,125	0,10	0,07	0,05	0,04		
0,250	57,3	102,6	86,0	76,4	65,7	51,5	40,7	34,9	83,3	68,9	60,6	51,2	38,7	29,3	24,2	5,4	1,2
255	57,8	104,6	87,7	78,0	67,0	52,5	41,5	35,6	85,1	70,4	61,9	52,3	39,6	30,0	24,8	5,5	(bei
260	58,4	106,7	89,4	79,5	68,3	53,5	42,4	36,3	86,9	71,8	63,2	53,4	40,4	30,6	25,3	5,6	$c=$
265	59,0	108,7	91,2	81,0	69,6	54,6	43,2	37,0	88,6	73,3	64,5	54,5	41,2	31,2	25,8	5,7	2,01 m)
270	59,5	110,8	92,9	82,6	70,9	55,6	44,0	37,7	90,4	74,8	65,7	55,5	42,1	31,8	26,4	5,8	7,8
0,275	60,1	112,8	94,6	84,1	72,3	56,6	44,8	38,4	92,1	76,2	67,0	56,6	42,9	32,5	26,9	5,9	1,2
280	60,6	114,9	96,3	85,6	73,6	57,7	45,6	39,1	93,9	77,7	68,3	57,7	43,7	33,1	27,4	6,0	(2,05 m)
285	61,1	116,9	98,0	87,1	74,9	58,7	46,4	39,8	95,7	79,1	69,6	58,8	44,6	33,7	27,9	6,1	
290	61,7	119,0	99,8	88,7	76,2	59,7	47,2	40,5	97,4	80,6	70,9	59,9	45,4	34,4	28,5	6,3	
295	62,2	121,0	101,5	90,2	77,5	60,7	48,0	41,2	99,2	82,1	72,2	61,0	46,2	35,0	29,0	6,4	
0,300	62,7	123,1	103,2	91,7	78,8	61,8	48,9	41,9	100,9	83,5	73,4	62,1	47,1	35,7	29,5	6,4	1,1
310	63,8	127,2	106,6	94,8	81,5	63,8	50,5	43,3	104,5	86,4	76,0	64,3	48,7	37,0	30,6	6,7	(2,08 m)
320	64,8	131,3	110,1	97,8	84,1	65,9	52,1	44,7	108,0	89,4	78,6	66,5	50,4	38,2	31,7	6,9	
330	65,8	135,4	113,5	100,9	86,7	67,9	53,8	46,1	111,6	92,3	81,2	68,7	52,1	39,5	32,7	7,1	
340	66,8	139,5	117,0	104,0	89,4	70,0	55,4	47,5	115,1	95,3	83,8	70,9	53,8	40,8	33,8	7,3	
0,350	67,7	143,6	120,4	107,0	92,0	72,1	57,0	48,9	118,7	98,2	86,4	73,1	55,5	42,1	34,9	7,5	1,0
360	68,7	147,7	123,8	110,1	94,6	74,1	58,7	50,3	122,2	101,1	89,0	75,3	57,1	43,4	35,9	7,7	(2,15 m)
370	69,7	151,8	127,3	113,1	97,3	76,2	60,3	51,7	125,8	104,1	91,6	77,5	58,8	44,7	37,0	7,9	
380	70,6	155,9	130,7	116,2	99,9	78,2	61,9	53,1	129,3	107,0	94,2	79,7	60,5	46,0	38,1	8,1	
390	71,5	160,0	134,2	119,3	102,5	80,3	63,6	54,5	132,9	110,0	96,7	81,9	62,2	47,3	39,1	8,3	
0,400	72,4	164,1	137,6	122,3	105,1	82,4	65,2	55,8	136,4	112,9	99,4	84,1	63,8	48,5	40,2	8,6	0,9
410	73,3	168,2	141,0	125,4	107,8	84,4	66,8	57,2	140,0	115,9	102,0	86,3	65,5	49,8	41,3	8,8	(2,22 m)
420	74,2	172,3	144,5	128,4	110,4	86,5	68,4	58,6	143,6	118,9	104,6	88,5	67,2	51,1	42,4	9,0	7,6
430	75,1	176,4	147,9	131,5	113,0	88,5	70,1	60,0	147,1	121,8	107,2	90,7	68,9	52,4	43,5	9,2	
440	76,0	180,5	151,4	134,5	115,6	90,6	71,7	61,4	150,7	124,8	109,9	93,0	70,6	53,7	44,6	9,4	
0,450	76,8	184,6	154,8	137,6	118,3	92,7	73,3	62,8	154,3	127,8	112,5	95,2	72,3	55,0	45,7	9,6	0,9
460	77,7	188,7	158,2	140,7	120,9	94,7	75,0	64,2	157,9	130,8	115,1	97,4	74,0	56,3	46,8	9,9	(2,28 m)
470	78,5	192,8	161,7	143,7	123,5	96,8	76,6	65,6	161,5	133,7	117,7	99,6	75,7	57,6	47,9	10,1	
480	79,3	196,9	165,1	146,8	126,2	98,8	78,2	67,0	165,0	136,7	120,3	101,8	77,4	58,9	49,0	10,3	
490	80,2	201,0	168,6	149,8	128,8	100,9	79,8	68,4	168,6	139,7	123,0	104,1	79,1	60,2	50,1	10,5	
0,500	81,0	205,1	172,0	152,9	131,4	102,9	81,5	69,8	172,2	142,6	125,6	106,3	80,8	61,5	51,1	10,7	0,8
510	81,8	209,2	175,4	155,9	134,0	105,0	83,1	71,2	175,7	145,6	128,2	108,5	82,5	62,8	52,2	11,0	(2,34 m)
520	82,6	213,3	178,9	159,0	136,7	107,1	84,7	72,6	179,3	148,5	130,7	110,7	84,2	64,1	53,2	11,2	
530	83,4	217,4	182,3	162,0	139,3	109,1	86,4	74,0	182,8	151,4	133,3	112,9	85,8	65,4	54,3	11,4	
540	84,2	221,5	185,8	165,1	141,9	111,2	88,0	75,4	186,3	154,4	135,9	115,1	87,5	66,6	55,4	11,6	
0,550	84,9	225,6	189,2	168,2	144,6	113,2	89,6	76,8	189,8	157,3	138,5	117,3	89,2	67,9	56,5	11,8	0,8
560	85,7	229,7	192,6	171,2	147,2	115,3	91,2	78,2	193,4	160,2	141,1	119,5	90,9	69,2	57,5	12,0	(2,39 m)
570	86,5	233,8	196,1	174,3	149,8	117,4	92,9	79,6	196,9	163,2	143,6	121,7	92,5	70,5	58,6	12,2	
580	87,2	237,9	199,5	177,3	152,4	119,4	94,5	81,0	200,4	166,1	146,2	123,8	94,2	71,8	59,7	12,4	
590	88,0	242,0	203,0	180,4	155,1	121,5	96,1	82,4	204,0	169,0	148,8	126,0	95,9	73,0	60,7	12,6	
0,600	88,7	246,2	206,4	183,4	157,7	123,5	97,8	83,8	207,5	172,0	151,4	128,2	97,6	74,3	61,8	12,9	0,7
620	90,2	254,4	213,3	189,5	162,9	127,7	101,0	86,6	214,6	177,9	156,6	132,7	100,9	76,9	64,0	13,3	(2,44 m)
640	91,6	262,6	220,2	195,7	168,2	131,8	104,3	89,3	221,7	183,7	161,8	137,1	104,3	79,5	66,1	13,8	7,4
660	93,0	270,8	227,0	201,8	173,5	135,9	107,5	92,1	228,8	189,6	167,0	141,5	107,7	82,1	68,3	14,2	
680	94,4	279,0	233,9	207,9	178,7	140,0	110,8	94,9	235,9	195,5	172,2	145,9	111,0	84,7	70,4	14,6	
0,700	95,8	287,2	240,8	214,0	184,0	144,1	114,1	97,7	243,0	201,4	177,4	150,3	114,4	87,3	72,6	15,0	0,7
720	97,2	295,4	247,7	220,1	189,2	148,3	117,3	100,5	250,1	207,3	182,6	154,7	117,8	89,9	74,8	15,5	(2,52 m)
740	98,5	303,6	254,6	226,2	194,5	152,4	120,6	103,3	257,2	213,2	187,8	159,1	121,2	92,5	76,9	15,9	
760	99,8	311,9	261,4	232,3	199,8	156,5	123,8	106,1	264,3	219,1	193,0	163,5	124,5	95,0	79,1	16,3	
780	101,1	320,1	268,3	238,4	205,0	160,6	127,1	108,9	271,4	225,0	198,2	167,9	127,9	97,6	81,2	16,8	
0,800	102,4	328,2	275,2	244,6	210,2	164,7	130,3	111,7	278,5	230,9	203,4	172,4	131,3	100,2	83,4	17,2	0,7
820	103,7	336,4	282,1	250,7	215,5	168,8	133,6	114,5	285,6	236,8	208,6	176,8	134,7	102,8	85,6	17,6	(2,60 m)
840	105,0	344,7	289,0	256,8	220,8	173,0	136,9	117,3	292,8	242,7	213,8	181,2	138,1	105,4	87,8	18,1	
860	106,2	352,9	295,8	262,9	226,0	177,1	140,1	120,1	299,9	248,7	219,1	185,7	141,5	108,0	89,9	18,5	
880	107,4	361,1	302,7	269,0	231,3	181,2	143,4	122,8	307,1	254,6	224,3	190,1	144,9	110,6	92,1	18,9	
0,900	108,6	369,3	309,6	275,1	236,5	185,3	146,6	125,6	314,2	260,5	229,5	194,6	148,3	113,2	94,3	19,3	0,7
920	109,8	377,5	316,5	281,2	241,8	189,4	149,9	128,4	321,3	266,4	234,8	199,0	151,7	115,8	96,5	19,8	(2,66 m)
940	111,0	385,7	323,4	287,3	247,1	193,6	153,2	131,2	328,5	272,3	240,0	203,4	155,1	118,5	98,7	20,2	
960	112,2	393,9	330,2	293,5	252,3	197,7	156,4	134,0	335,6	278,3	245,2	207,9	158,5	121,1	100,8	20,6	
980	113,4	402,1	337,1	299,6	257,6	201,8	159,7	136,8	342,8	284,2	250,5	212,3	161,9	123,7	103,0	21,1	
1,000	114,5	410,3	344,0	305,7	262,8	205,9	162,9	139,6	349,8	290,1	255,6	216,7	165,3	126,2	105,2	21,5	0,6 (2,72 m) 7,2

Zweicylinder-Condensations-Maschinen (mit Doppelsteuerung und Dampfhemd).

Abs. Adm. Sp. $p = 8$ Kgr. od. Atm.

	Ohne (geheizten) Receiver							Mit (geheiztem) Receiver.							
Füll. $\frac{l}{t} =$	0,20	0,15	0,125	0,10	0,07	0,05	0,04	0,20	0,15	0,125	0,10	0,07	0,05	0,04	$= \frac{l}{t}$ (reduc.)
N_i od. N_n min. $=$	0,95	0,94	0,94	0,94	0,93	0,91	0,89	1,06	1,06	1,06	1,07	1,08	1,10	1,11	$= N_i$ od. N_n max.
$C_i' =$	6,3	5,7	5,4	5,1	4,8	4,7	4,7	6,1	5,5	5,1	4,7	4,3	4,2	4,1	$= C_i'$
$xC_i'' =$	5,8	5,3	5,1	4,9	4,7	4,5	4,5								$= xC_i''$
min. $xC_i'' =$	4,6	4,2	4,1	3,9	3,7	3,6	3,6								$= xC_i''$ min.

xC_i'' min. gilt für ganz exacte Maschinen, bei welchen C_i'' beiläufig die Hälfte der tabellar. Angaben für gewöhnl. Maschinen betragen kann.

Für $N' = \frac{1}{2} N$ ohne Spann.-Abfall:					Für $N' = \frac{1}{4} N$ ohne Spann.-Abfall:					
bei (normal) $\frac{l}{t} =$	0,075	0,069	0,0625		bei (normal) $\frac{l}{t} =$	0,075	0,069	0,0625	0,056	
Corr. Woolf-Masch. — wenn $R = 0,1 V$; $\frac{v}{V} =$	0,27	0,26	0,24		Rec. Woolf $\frac{v}{V} =$	0,33	0,32	0,29	0,27	$R = v$ bis V
„ $R = \frac{3}{4} v$; $\frac{v}{V} =$	0,30	0,28	0,26		Compound(max) $\frac{v}{V} =$	0,48	0,44	0,41	0,38	
„ $R = v$; $\frac{v}{V} =$	0,32	0,30	0,28		„ event. $\frac{v}{V} =$	0,38	0,36	0,33	0,31	

(diesfalls $N' < \frac{1}{2} N$).

Wirksame Kolbenfläche O Qu.Met.	Kolben-Durchmesser D Centm.	Füllung $\frac{l}{t}$ (reduc.) — Indicirte Leistung $\frac{N_i}{c}$ in Pferdekraft (pro 1 Meter Kolbengeschwindigkeit)							Füllung $\frac{l}{t}$ (reduc.) — Netto-Leistung $\frac{N_n}{c}$ in Pferdekraft (pro 1 Meter Kolbengeschwindigkeit)							Subtr. Compr. Lstg. pro $c = 1$ m Pfdk.	$2C_i''' u.C_i$ bei $\frac{l}{t} = 0,07$ (gew. Masch.) Kgr.
		0,20	0,15	0,125	0,10	0,07	0,05	0,04	0,20	0,15	0,125	0,10	0,07	0,05	0,04		
0,065	29,2	30,8	25,8	23,0	19,8	15,6	12,4	10,6	23,3	19,3	16,9	14,3	10,8	8,1	6,7	1,5	2,4 (bei $c = 1,67$ m) 8,6
068	29,9	32,2	27,0	24,0	20,7	16,3	12,9	11,1	24,5	20,2	17,8	15,0	11,3	8,5	7,0	1,6	
071	30,5	33,6	28,2	25,1	21,6	17,0	13,5	11,6	25,6	21,2	18,6	15,7	11,8	8,9	7,4	1,7	
074	31,2	35,0	29,4	26,2	22,5	17,7	14,1	12,1	26,8	22,1	19,4	16,4	12,4	9,4	7,7	1,7	
077	31,8	36,4	30,6	27,2	23,4	18,5	14,7	12,6	27,9	23,1	20,3	17,1	12,9	9,8	8,1	1,8	
0,080	32,4	37,9	31,8	28,3	24,4	19,2	15,2	13,1	29,1	24,1	21,1	17,8	13,5	10,2	8,4	1,9	2,1 (1,73 m)
084	33,2	39,7	33,4	29,7	25,6	20,1	16,0	13,8	30,7	25,3	22,3	18,8	14,2	10,7	8,9	2,0	
088	34,0	41,6	35,0	31,1	26,8	21,1	16,8	14,4	32,2	26,6	23,4	19,8	15,0	11,3	9,3	2,1	
092	34,7	43,5	36,6	32,5	28,0	22,0	17,5	15,1	33,8	27,9	24,5	20,7	15,7	11,9	9,8	2,2	
096	35,5	45,4	38,2	33,9	29,2	23,0	18,3	15,7	35,3	29,2	25,6	21,7	16,4	12,4	10,3	2,3	
0,100	36,2	47,3	39,7	35,4	30,5	23,9	19,0	16,4	36,8	30,5	26,8	22,7	17,2	13,0	10,7	2,4	1,9 (1,80 m)
105	37,1	49,7	41,7	37,1	32,0	25,2	20,0	17,2	38,8	32,1	28,2	23,9	18,1	13,7	11,4	2,5	
110	38,0	52,1	43,7	38,9	33,5	26,4	20,9	18,0	40,8	33,8	29,7	25,1	19,0	14,5	12,0	2,6	
115	38,8	54,4	45,7	40,7	35,0	27,6	21,9	18,8	42,8	35,4	31,1	26,3	20,0	15,2	12,6	2,7	
120	39,7	56,8	47,7	42,4	36,5	28,8	22,8	19,7	44,7	37,0	32,6	27,6	20,9	15,9	13,2	2,8	
0,125	40,5	59,2	49,7	44,2	38,1	30,0	23,8	20,5	46,7	38,7	34,0	28,8	21,9	16,6	13,8	3,0	1,6 (1,87 m) 8,1
130	41,3	61,5	51,7	46,0	39,6	31,2	24,7	21,3	48,7	40,3	35,5	30,0	22,8	17,4	14,4	3,1	
135	42,1	63,9	53,7	47,8	41,1	32,4	25,7	22,1	50,7	42,0	36,9	31,3	23,7	18,1	15,0	3,2	
140	42,8	66,3	55,7	49,5	42,6	33,6	26,6	22,9	52,6	43,7	38,4	32,5	24,7	18,8	15,6	3,3	
145	43,6	68,6	57,6	51,3	44,1	34,8	27,6	23,8	54,6	45,3	39,8	33,7	25,6	19,6	16,2	3,4	
0,150	44,4	71,0	59,6	53,0	45,7	35,9	28,6	24,6	56,6	46,9	41,3	35,0	26,6	20,2	16,8	3,5	1,4 (1,94 m)
155	45,1	73,3	61,6	54,8	47,2	37,1	29,5	25,4	58,6	48,6	42,7	36,2	27,5	21,0	17,4	3,7	
160	45,8	75,7	63,6	56,6	48,7	38,3	30,5	26,2	60,6	50,2	44,2	37,5	28,5	21,7	18,1	3,8	
165	46,5	78,1	65,6	58,4	50,2	39,5	31,4	27,0	62,6	51,9	45,7	38,7	29,5	22,5	18,7	3,9	
170	47,2	80,4	67,6	60,1	51,8	40,7	32,4	27,8	64,6	53,5	47,2	40,0	30,4	23,2	19,3	4,0	
0,175	47,9	82,8	69,6	61,9	53,3	41,9	33,3	28,7	66,6	55,2	48,6	41,2	31,4	23,9	19,9	4,1	1,3 (2,00 m)
180	48,6	85,2	71,5	63,7	54,8	43,1	34,3	29,5	68,6	56,9	50,1	42,5	32,3	24,7	20,5	4,2	
185	49,3	87,6	73,5	65,4	56,3	44,3	35,2	30,3	70,6	58,5	51,6	43,7	33,3	25,4	21,2	4,4	
190	49,9	89,9	75,5	67,2	57,8	45,5	36,2	31,1	72,6	60,2	53,0	45,0	34,3	26,2	21,8	4,5	
195	50,6	92,3	77,5	69,0	59,4	46,7	37,1	31,9	74,6	61,8	54,5	46,2	35,2	26,9	22,4	4,6	
0,200	51,2	94,6	79,5	70,7	60,9	47,9	38,1	32,8	76,6	63,5	56,0	47,4	36,1	27,6	23,0	4,7	1,2 (2,05 m) 7,7
205	51,8	97,0	81,5	72,5	62,4	49,1	39,0	33,6	78,6	65,2	57,4	48,7	37,1	28,4	23,6	4,8	
210	52,5	99,4	83,5	74,3	64,0	50,3	40,0	34,4	80,6	66,9	58,9	50,0	38,1	29,1	24,2	5,0	
215	53,1	101,7	85,4	76,0	65,5	51,5	40,9	35,2	82,6	68,7	60,4	51,2	39,0	29,9	24,9	5,1	
220	53,7	104,1	87,4	77,8	67,0	52,7	41,9	36,0	84,7	70,2	61,9	52,5	40,0	30,6	25,5	5,2	
0,225	54,3	106,5	89,4	79,6	68,5	53,9	42,8	36,9	86,7	71,9	63,4	53,7	41,0	31,4	26,1	5,3	1,2 (2,10 m)
230	54,9	108,8	91,4	81,3	70,0	55,1	43,8	37,7	88,7	73,6	64,9	55,0	42,0	32,1	26,8	5,4	
235	55,5	111,2	93,4	83,1	71,6	56,3	44,7	38,5	90,7	75,3	66,4	56,3	42,9	32,9	27,4	5,5	
240	56,1	113,6	95,4	84,9	73,1	57,5	45,7	39,3	92,7	77,0	67,9	57,5	43,9	33,6	28,0	5,5	
245	56,7	115,9	97,4	86,7	74,6	58,7	46,6	40,1	94,8	78,6	69,4	58,8	44,9	34,4	28,7	5,8	
0,250	57,3	118,3	99,3	88,4	76,1	59,9	47,6	40,9	96,8	80,4	70,8	60,1	45,8	35,1	29,3	5,9	1,1 (2,15 m)

Zweicylinder-Condensations-Maschinen.

Abs. Adm. Sp. $p = 8$ Kgr. od. Atm.

Wirksame Kolbenfläche O Qu.Met.	Kolben-Durchmesser D Centm.	Füllung $\frac{l_i}{l}$ (reduc.) 0,20	0,15	0,125	0,10	0,07	0,05	0,04	Füllung $\frac{l_i}{l}$ (reduc.) 0,20	0,15	0,125	0,10	0,07	0,05	0,04	Subtr. Compr. Lstg. pro $c=1$ m Pfdk.	$2C_i''' \text{ u.} C_i$ bei $\frac{l_i}{l}=0,07$ (gew. Masch.) Kgr.
		Indicirte Leistung $\frac{N_i}{c}$ in Pferdekraft							Netto-Leistung $\frac{N_n}{c}$ in Pferdekraft								
		pro 1 Meter Kolbengeschwindigkeit															
0,250	57,3	118,3	99,3	88,4	76,1	59,9	47,6	40,9	96,8	80,4	70,8	60,1	45,8	35,1	29,3	5,9	1,1
255	57,8	120,6	101,3	90,2	77,7	61,1	48,6	41,8	98,9	82,1	72,3	61,4	46,8	35,8	29,9	6,0	(bei
260	58,4	123,0	103,3	91,9	79,2	62,3	49,5	42,6	100,9	83,8	73,8	62,6	47,8	36,6	30,5	6,1	$c =$
265	59,0	125,4	105,3	93,7	80,7	63,5	50,5	43,4	102,9	85,5	75,3	63,9	48,8	37,3	31,1	6,3	2,15 m)
270	59,5	127,8	107,3	95,5	82,2	64,7	51,4	44,2	105,0	87,2	76,8	65,2	49,8	38,1	31,8	6,4	7,16
0,275	60,1	130,1	109,3	97,3	83,7	65,9	52,4	45,0	107,0	88,9	78,3	66,4	50,7	38,8	32,4	6,5	1,0
280	60,6	132,5	111,3	99,0	85,3	67,1	53,3	45,9	109,1	90,6	79,8	67,7	51,7	39,6	33,0	6,6	(2,19 m)
285	61,1	134,9	113,3	100,8	86,8	68,3	54,3	46,7	111,1	92,3	81,3	69,0	52,7	40,3	33,7	6,7	
290	61,7	137,2	115,3	102,6	88,3	69,5	55,2	47,5	113,1	94,0	82,8	70,2	53,7	41,1	34,3	6,9	
295	62,2	139,6	117,2	104,3	89,8	70,7	56,2	48,3	115,2	95,7	84,3	71,5	54,7	41,8	34,9	7,0	
0,300	62,7	141,9	119,2	106,1	91,4	71,8	57,1	49,1	117,2	97,3	85,8	72,8	55,6	42,6	35,6	7,1	1,0
310	63,8	146,7	123,2	109,6	94,4	74,2	59,0	50,8	121,3	100,7	88,8	75,4	57,6	44,1	36,9	7,3	(2,23 m)
320	64,8	151,4	127,1	113,2	97,5	76,6	60,9	52,4	125,4	104,2	91,8	78,0	59,6	45,7	38,2	7,6	
330	65,8	156,1	131,1	116,7	100,5	79,0	62,8	54,0	129,5	107,6	94,8	80,5	61,5	47,2	39,4	7,8	
340	66,8	160,8	135,1	120,2	103,6	81,4	64,7	55,7	133,6	111,0	97,9	83,1	63,5	48,7	40,7	8,0	
0,350	67,7	165,6	139,1	123,8	106,6	83,8	66,6	57,3	137,7	114,4	100,9	85,7	65,5	50,2	42,0	8,3	0,9
360	68,7	170,3	143,0	127,3	109,7	86,2	68,5	59,0	141,9	117,8	103,9	88,2	67,4	51,7	43,3	8,5	(2,30 m)
370	69,7	175,0	147,0	130,9	112,7	88,6	70,4	60,6	146,0	121,3	106,9	90,8	69,4	53,3	44,6	8,8	
380	70,6	179,8	151,0	134,4	115,8	91,0	72,3	62,2	150,1	124,7	109,9	93,4	71,4	54,8	45,8	9,0	
390	71,5	184,5	154,9	137,9	118,8	93,4	74,2	63,9	154,2	128,1	113,0	96,0	73,4	56,3	47,1	9,2	
0,400	72,4	189,2	158,9	141,4	121,8	95,8	76,2	65,5	158,3	131,5	116,0	98,5	75,3	57,8	48,4	9,4	0,8
410	73,3	194,0	162,9	145,0	124,9	98,2	78,1	67,1	162,4	134,9	119,0	101,1	77,3	59,4	49,7	9,7	(2,37 m) 7,14
420	74,2	198,7	166,9	148,5	127,9	100,6	80,0	68,8	166,6	138,4	122,1	103,7	79,3	60,9	51,0	9,9	
430	75,1	203,4	170,8	152,1	131,0	103,0	81,9	70,4	170,7	141,8	125,1	106,3	81,3	62,5	52,3	10,2	
440	76,0	208,2	174,8	155,6	134,0	105,4	83,8	72,1	174,9	145,3	128,2	108,9	83,3	64,0	53,6	10,4	
0,450	76,8	212,9	178,8	159,1	137,1	107,7	85,7	73,7	179,0	148,7	131,2	111,5	85,3	65,5	54,9	10,6	0,8
460	77,7	217,6	182,8	162,7	140,1	110,1	87,6	75,3	183,2	152,2	134,3	114,1	87,3	67,1	56,2	10,9	(2,44 m)
470	78,5	222,3	186,7	166,2	143,2	112,5	89,5	77,0	187,3	155,6	137,3	116,7	89,3	68,6	57,5	11,1	
480	79,3	227,1	190,7	169,8	146,2	114,9	91,4	78,6	191,5	159,1	140,4	119,3	91,3	70,2	58,8	11,4	
490	80,2	231,8	194,7	173,3	149,3	117,3	93,3	80,3	195,6	162,5	143,4	121,9	93,3	71,7	60,1	11,6	
0,500	81,0	236,5	198,7	176,8	152,3	119,7	95,2	81,9	199,7	166,0	146,5	124,5	95,3	73,3	61,3	11,8	0,7
510	81,8	241,3	202,6	180,3	155,3	122,1	97,1	83,5	203,8	169,4	149,5	127,1	97,3	74,8	62,6	12,0	(2,50 m)
520	82,6	246,0	206,6	183,9	158,4	124,5	99,0	85,1	207,9	172,8	152,5	129,6	99,3	76,3	63,9	12,3	
530	83,4	250,7	210,6	187,4	161,4	126,9	100,9	86,8	212,0	176,3	155,5	132,2	101,2	77,9	65,2	12,5	
540	84,2	255,5	214,5	191,0	164,5	129,3	102,8	88,4	216,1	179,7	158,5	134,8	103,2	79,4	66,5	12,8	
0,550	84,9	260,2	218,5	194,5	167,5	131,7	104,7	90,1	220,2	183,1	161,6	137,3	105,2	80,9	67,8	13,0	0,7
560	85,7	264,9	222,5	198,0	170,6	134,1	106,6	91,7	224,3	186,5	164,6	139,9	107,2	82,4	69,1	13,2	(2,56 m)
570	86,5	269,7	226,5	201,6	173,6	136,5	108,5	93,3	228,4	189,9	167,6	142,5	109,2	84,0	70,4	13,5	
580	87,2	274,4	230,4	205,1	176,7	138,9	110,4	95,0	232,5	193,3	170,6	145,0	111,1	85,5	71,7	13,7	
590	88,0	279,1	234,4	208,7	179,7	141,3	112,3	96,6	236,6	196,7	173,6	147,6	113,1	87,0	72,9	14,0	
0,600	88,7	283,9	238,4	212,2	182,7	143,7	114,2	98,2	240,7	200,2	176,6	150,2	115,1	88,5	74,2	14,2	0,7
620	90,2	293,3	246,3	219,2	188,8	148,5	118,1	101,5	249,0	207,0	182,7	155,3	119,0	91,6	76,8	14,6	(2,61 m) 7,12
640	91,6	302,8	254,3	226,3	194,9	153,3	121,9	104,8	257,2	213,9	188,7	160,5	123,0	94,7	79,3	15,1	
660	93,0	312,2	262,2	233,4	201,0	158,1	125,7	108,0	265,4	220,7	194,8	165,7	127,0	97,7	81,9	15,6	
680	94,4	321,7	270,2	240,4	207,1	162,9	129,5	111,3	273,6	227,6	200,8	170,8	130,9	100,8	84,5	16,0	
0,700	95,8	331,2	278,1	247,5	213,2	167,6	133,3	114,6	281,8	234,4	206,9	176,0	134,9	103,9	87,1	16,5	0,7
720	97,2	340,6	286,1	254,6	219,3	172,4	137,1	117,9	290,1	241,3	212,9	181,1	138,9	107,0	89,7	17,0	(2,70 m)
740	98,5	350,1	294,0	261,7	225,3	177,2	140,9	121,2	298,3	248,1	219,0	186,3	142,8	110,0	92,2	17,5	
760	99,8	359,5	302,0	268,7	231,4	182,0	144,7	124,4	306,5	255,0	225,0	191,5	146,8	113,1	94,8	17,9	
780	101,1	369,0	309,9	275,8	237,5	186,8	148,5	127,7	314,7	261,8	231,1	196,6	150,8	116,2	97,4	18,4	
0,800	102,4	378	318	283	244	192	152	131	323	269	237	202	155	119	100	19	0,6
820	103,7	388	326	290	250	196	156	134	331	276	243	207	159	122	103	19	(2,78 m)
840	105,0	397	334	297	256	201	160	138	339	282	249	212	163	125	105	20	
860	106,2	407	342	304	262	206	164	141	348	289	255	217	167	128	108	20	
880	107,4	416	350	311	268	211	168	144	356	296	261	222	171	132	110	21	
0,900	108,6	426	358	318	274	216	171	147	364	303	268	228	175	135	113	21	0,6
920	109,8	435	366	325	280	220	175	151	373	310	274	233	179	138	116	22	(2,85 m)
940	111,0	445	374	332	286	225	179	154	381	317	280	238	183	141	118	22	
960	112,2	454	381	339	292	230	183	157	389	324	286	243	187	144	121	23	
980	113,4	464	389	347	298	235	187	160	397	331	292	248	191	147	123	23	
1,000	114,5	473	397	354	305	239	190	164	406	337	298	254	195	150	126	24	0,5 (2,91 m) 7,0

Zweicylinder-Condensations-Maschinen (mit Doppelsteuerung und Dampfhemd).

Abs. Adm. Sp. $p = 9$ Kgr. od. Atm.

	Ohne (geheizten) Receiver.							Mit (geheiztem) Receiver.							
Füll. $\frac{l_i}{l} =$	0,20	0,15	0,125	0,10	0 07	0,05	0,04	0,20	0,15	0,125	0,10	0.07	0,05	0,04	$= \frac{l_i}{l}$ (reduc.)
N_i od. N_n min. $=$	0,94	0,94	0,94	0,93	0,92	0,90	0,88	1,05	1,05	1,06	1,06	1,07	1,09	1,10	$= N_i$ od. N_n max.
$C_i' =$	6,2	5,6	5,4	5,0	4,7	4,6	4,5	6,0	5,4	5,1	4,7	4,2	4,0	3,9	$= C_i'$
$x C_i'' =$	5,8	5,3	5,1	4,9	4,7	4,5	4,5								$= x C_i''$
min. $x C_i'' =$	4,6	4,2	4,1	3,9	3,7	3,6	3,6								$= x C_i''$ min.

$x C_i''$ min. gilt für ganz exacte Maschinen, bei welchen C_i'' beiläufig die Hälfte der tabellar. Angaben für gewöhnl. Maschinen betragen kann.

Für $N' = \frac{1}{2} N$ ohne Spann.-Abfall:				Für $N' = \frac{1}{2} N$ ohne Spann.-Abfall:				
bei (normal) $\frac{l_i}{l} =$	0,067	0,061	0,056	bei (normal) $\frac{l_i}{l} =$	0,067	0,061	0,056	0,050
Corr. Woolf-Masch. wenn $R = 0,1\ V$; $\frac{v}{V} =$	0,26	0,25	0,23	Rec. Woolf $\frac{v}{V} =$	0,31	0,30	0,28	0,26
„ $R = \frac{3}{4} v$; $\frac{v}{V} =$	0,29	0,27	0,25	Compound (max) $\frac{v}{V} =$	0,44	0,41	0,38	0,36
„ $R = v$; $\frac{v}{V} =$	0,30	0,28	0,26	„ event. $\frac{v}{V} =$	0,36	0,34	0,31	0,29

$R = v$ bis V

(diesfalls $N' < \frac{1}{2} N$)

Wirksame Kolbenfläche O Qu.Met.	Kolben-Durchmesser D Centim.	Füllung $\frac{l_i}{l}$ (reduc.) — Indicirte Leistung $\frac{N_i}{c}$ in Pferdekraft							Füllung $\frac{l_i}{l}$ (reduc.) — Netto-Leistung $\frac{N_n}{c}$ in Pferdekraft							Subtr. Compr. Lstg. pro $c = 1\,m$ Pfdk.	$2C_i'''$ u. C_i bei $\frac{l_i}{l} = 0,07$ (gew. Masch.) Kgr.
		0,20	0,15	0,125	0,10	0,07	0,05	0,04	0,20	0,15	0,125	0,10	0,07	0,05	0,04		
0,065	29,2	34,8	29,3	26,1	22,5	17,8	14,1	12,2	26,7	22,1	19,4	16,5	12,5	9,5	7,9	1,7	2,1 (bei $c = 1,77$ m) 8,2
068	29,9	36,5	30,6	27,3	23,6	18,6	14,8	12,8	28,0	23,2	20,4	17,3	13,1	10,0	8,3	1,8	
071	30,5	38,1	32,0	28,5	24,6	19,4	15,4	13,3	29,3	24,3	21,4	18,1	13,8	10,5	8,7	1,8	
074	31,2	39,7	33,3	29,7	25,6	20,2	16,1	13,9	30,6	25,4	22,3	18,9	14,4	11,0	9,1	1,9	
077	31,8	41,3	34,7	30,9	26,7	21,0	16,7	14,4	31,9	26,5	23,3	19,7	15,0	11,5	9,5	2,0	
0,080	32,4	42,9	36,1	32,1	27,7	21,9	17,4	15,0	33,2	27,6	24,3	20,6	15,7	12,0	10,0	2,1	1,9 (1,83 m)
084	33,2	45,0	37,9	33,7	29,1	22,9	18,3	15,8	35,0	29,0	25,6	21,7	16,5	12,6	10,5	2,2	
088	34,0	47,1	39,7	35,3	30,5	24,0	19,2	16,5	36,8	30,5	26,9	22,8	17,4	13,3	11,1	2,3	
092	34,7	49,3	41,5	37,0	31,9	25,1	20,0	17,3	38,5	32,0	28,2	23,9	18,2	13,9	11,6	2,4	
096	35,5	51,4	43,3	38,6	33,3	26,2	20,9	18,0	40,3	33,4	29,5	25,0	19,0	14,6	12,2	2,5	
0,100	36,2	53,6	45,1	40,1	34,6	27,3	21,8	18,8	42,1	34,9	30,7	26,1	19,9	15,2	12,7	2,6	1,6 (1,91 m)
105	37,1	56,3	47,3	42,2	36,4	28,7	22,9	19,7	44,3	36,8	32,4	27,5	21,0	16,1	13,4	2,7	
110	38,0	59,0	49,6	44,2	38,1	30,1	24,0	20,7	46,6	38,6	34,0	28,9	22,1	16,9	14,1	2,9	
115	38,8	61,6	51,8	46,2	39,8	31,4	25,1	21,6	48,8	40,5	35,7	30,3	23,1	17,7	14,8	3,0	
120	39,7	64,3	54,1	48,2	41,6	32,8	26,2	22,6	51,1	42,4	37,3	31,7	24,2	18,6	15,5	3,1	
0,125	40,5	67,0	56,3	50,2	43,3	34,2	27,2	23,5	53,3	44,2	39,0	33,1	25,3	19,4	16,3	3,3	1,4 (1,99 m) 7,8
130	41,3	69,7	58,6	52,2	45,0	35,5	28,3	24,4	55,6	46,1	40,6	34,6	26,4	20,3	17,0	3,4	
135	42,1	72,4	60,8	54,2	46,7	36,9	29,4	25,4	57,8	48,0	42,3	36,0	27,5	21,1	17,7	3,5	
140	42,8	75,0	63,1	56,2	48,5	38,3	30,5	26,3	60,1	49,9	43,9	37,4	28,5	21,9	18,4	3,6	
145	43,6	77,7	65,3	58,2	50,2	39,6	31,6	27,3	62,3	51,7	45,6	38,8	29,6	22,8	19,1	3,8	
0,150	44,4	80,4	67,6	60,2	51,9	41,0	32,7	28,2	64,5	53,6	47,3	40,2	30,7	23,6	19,8	3,9	1,3 (2,05 m)
155	45,1	83,1	69,9	62,2	53,7	42,3	33,8	29,1	66,8	55,5	49,0	41,6	31,8	24,5	20,5	4,0	
160	45,8	85,7	72,1	64,2	55,4	43,7	34,9	30,1	69,1	57,4	50,6	43,0	32,9	25,3	21,2	4,2	
165	46,5	88,4	74,4	66,3	57,1	45,1	36,0	31,0	71,4	59,3	52,3	44,5	34,0	26,2	21,9	4,3	
170	47,2	91,1	76,6	68,3	58,9	46,4	37,0	31,9	73,7	61,2	54,0	45,9	35,1	27,0	22,7	4,4	
0,175	47,9	93,8	78,9	70,3	60,6	47,8	38,1	32,9	75,9	63,1	55,7	47,3	36,2	27,9	23,4	4,6	1,2 (2,12 m)
180	48,6	96,5	81,1	72,3	62,3	49,2	39,2	33,8	78,2	65,0	57,4	48,8	37,3	28,7	24,1	4,7	
185	49,3	99,1	83,4	74,3	64,1	50,6	40,3	34,8	80,5	66,9	59,0	50,2	38,4	29,6	24,8	4,8	
190	49,9	101,8	85,6	76,3	65,8	51,9	41,4	35,7	82,8	68,8	60,7	51,6	39,5	30,4	25,5	4,9	
195	50,6	104,5	87,9	78,3	67,5	53,3	42,5	36,6	85,1	70,7	62,4	53,1	40,6	31,3	26,3	5,1	
0,200	51,2	107,2	90,1	80,3	69,3	54,6	43,6	37,6	87,3	72,6	64,0	54,5	41,8	32,2	27,0	5,2	1,1 (2,17 m) 7,5
205	51,8	109,9	92,4	82,3	71,0	56,0	44,7	38,5	89,6	74,5	65,7	55,9	42,9	33,0	27,7	5,3	
210	52,5	112,5	94,6	84,3	72,7	57,4	45,8	39,5	91,9	76,4	67,4	57,4	44,0	33,9	28,5	5,5	
215	53,1	115,2	96,9	86,3	74,4	58,7	46,8	40,4	94,2	78,3	69,1	58,8	45,1	34,8	29,2	5,6	
220	53,7	117,9	99,1	88,3	76,2	60,1	47,9	41,3	96,5	80,3	70,8	60,3	46,2	35,6	29,9	5,7	
0,225	54,3	120,6	101,4	90,3	77,9	61,5	49,0	42,3	98,8	82,2	72,5	61,7	47,4	36,5	30,6	5,9	1,0 (2,22 m)
230	54,9	123,3	103,6	92,4	79,6	62,8	50,1	43,2	101,1	84,1	74,2	63,2	48,5	37,4	31,4	6,0	
235	55,5	125,9	105,9	94,4	81,4	64,2	51,2	44,2	103,4	86,0	75,9	64,6	49,6	38,2	32,1	6,1	
240	56,1	128,6	108,1	96,4	83,1	65,6	52,3	45,1	105,7	87,9	77,6	66,1	50,7	39,1	32,8	6,2	
245	56,7	131,3	110,4	98,4	84,8	66,9	53,4	46,0	108,0	89,9	79,3	67,5	51,8	40,0	33,6	6,4	
0,250	57,3	134,0	112,7	100,4	86,6	68,3	54,5	47,0	110,3	91,8	81,0	69,0	52,9	40,8	34,3	6,5	1,0 (2,27 m)

Zweicylinder-Condensations-Maschinen.

Abs. Adm. Sp. $p = 9$ Kgr. od. Atm.

Wirksame Kolbenfläche O Qu.Met.	Kolben-Durchmesser D Centm.	Füllung $\frac{l_i}{l}$ — Indicirte Leistung $\frac{N_i}{c}$ in Pferdekraft 0,20	0,15	0,125	0,10	0,07	0,05	0,04	Füllung $\frac{l_i}{l}$ — Netto-Leistung $\frac{N_n}{c}$ in Pferdekraft 0,20	0,15	0,125	0,10	0,07	0,05	0,04	Subtr. Compr. Lstg. pro $c=1\,$m Pfdk.	$2C_i'''$u.C_i bei $\frac{l_i}{l}=0,07$ (gew. Masch.) Kgr.
0,250	57,3	134,0	112,7	100,4	86,6	68,3	54,5	47,0	110,3	91,8	81,0	69,0	52,9	40,8	34,3	6,5	1,0 (bei $c=$ 2,27 m) 7,3
255	57,8	136,7	114,9	102,4	88,3	69,6	55,6	47,9	112,6	93,7	82,7	70,4	54,1	41,7	35,1	6,6	
260	58,4	139,3	117,2	104,4	90,0	71,0	56,7	48,9	115,0	95,6	84,4	71,9	55,2	42,6	35,8	6,8	
265	59,0	142,0	119,4	106,4	91,8	72,4	57,7	49,8	117,3	97,6	86,1	73,3	56,3	43,4	36,5	6,9	
270	59,5	144,7	121,7	108,4	93,5	73,8	58,8	50,7	119,6	99,5	87,8	74,8	57,5	44,3	37,3	7,0	
0,275	60,1	147,4	123,9	110,4	95,2	75,1	59,9	51,7	121,9	101,4	89,6	76,3	58,6	45,2	38,0	7,2	0,9 (2,32 m)
280	60,6	150,1	126,2	112,4	97,0	76,5	61,0	52,6	124,2	103,3	91,3	77,7	59,7	46,0	38,8	7,3	
285	61,1	152,7	128,4	114,4	98,7	77,9	62,1	53,6	126,6	105,3	93,0	79,2	60,8	46,9	39,5	7,4	
290	61,7	155,4	130,7	116,5	100,4	79,2	63,2	54,5	128,9	107,2	94,7	80,6	62,0	47,8	40,2	7,5	
295	62,2	158,1	132,9	118,5	102,1	80,6	64,3	55,4	131,2	109,1	96,4	82,1	63,1	48,6	41,0	7,7	
0,300	62,7	160,8	135,2	120,5	103,9	81,9	65,4	56,4	133,5	111,1	98,1	83,5	64,2	49,6	41,7	7,8	0,9 (2,36 m)
310	63,8	166,1	139,7	124,5	107,3	84,7	67,5	58,2	138,2	115,0	101,6	86,5	66,5	51,3	43,2	8,1	
320	64,8	171,5	144,2	128,5	110,8	87,4	69,7	60,1	142,9	118,9	105,0	89,4	68,7	53,1	44,7	8,3	
330	65,8	176,8	148,7	132,5	114,3	90,1	71,9	62,0	147,6	122,8	108,5	92,4	71,0	54,9	46,2	8,6	
340	66,8	182,2	153,2	136,5	117,7	92,8	74,1	63,9	152,2	126,7	111,9	95,3	73,3	56,6	47,7	8,8	
0,350	67,7	187,6	157,8	140,5	121,2	95,6	76,3	65,8	156,9	130,6	115,4	98,3	75,5	58,4	49,2	9,1	0,8 (2,44 m)
360	68,7	192,9	162,3	144,5	124,6	98,3	78,4	67,6	161,6	134,5	118,8	101,2	77,8	60,2	50,6	9,4	
370	69,7	198,3	166,8	148,5	128,1	101,0	80,6	69,5	166,3	138,4	122,3	104,2	80,1	61,9	52,1	9,6	
380	70,6	203,6	171,3	152,5	131,6	103,8	82,8	71,4	171,0	142,3	125,7	107,1	82,3	63,7	53,6	9,9	
390	71,5	209,0	175,8	156,5	135,0	106,5	85,0	73,3	175,6	146,2	129,2	110,1	84,6	65,5	55,1	10,1	
0,400	72,4	214,4	180,3	160,6	138,5	109,2	87,2	75,2	180,3	150,1	132,6	113,0	86,9	67,2	56,6	10,4	0,8 (2,51 m) 7,1
410	73,3	219,7	184,8	164,6	142,0	112,0	89,3	77,0	185,0	154,0	136,1	116,0	89,2	69,0	58,1	10,7	
420	74,2	225,1	189,3	168,6	145,4	114,7	91,5	78,9	189,7	158,0	139,6	118,9	91,5	70,8	59,7	10,9	
430	75,1	230,4	193,8	172,6	148,9	117,4	93,7	80,8	194,5	161,9	143,0	121,9	93,8	72,6	61,2	11,2	
440	76,0	235,8	198,3	176,6	152,4	120,2	95,9	82,7	199,2	165,9	146,5	124,9	96,1	74,4	62,7	11,4	
0,450	76,8	241,2	202,8	180,6	155,8	122,9	98,1	84,6	203,9	169,8	150,0	127,8	98,4	76,2	64,2	11,7	0,7 (2,58 m)
460	77,7	246,5	207,3	184,7	159,3	125,6	100,2	86,4	208,6	173,7	153,5	130,8	100,7	78,0	65,7	12,0	
470	78,5	251,9	211,8	188,7	162,7	128,3	102,4	88,3	213,3	177,7	157,0	133,8	103,0	79,7	67,2	12,2	
480	79,3	257,2	216,4	192,7	166,2	131,1	104,6	90,2	218,1	181,6	160,4	136,7	105,3	81,5	68,7	12,5	
490	80,2	262,6	220,9	196,7	169,7	133,8	106,8	92,1	222,8	185,6	163,9	139,7	107,6	83,3	70,2	12,7	
0,500	81,0	267,9	225,3	200,7	173,1	136,5	108,9	93,9	227,5	189,5	167,4	142,7	109,9	85,1	71,8	13,0	0,7 (2,65 m)
510	81,8	273,3	229,9	204,8	176,6	139,3	111,1	95,8	232,1	193,3	170,9	145,7	112,2	86,8	73,3	13,3	
520	82,6	278,7	234,4	208,8	180,1	142,0	113,3	97,7	236,8	197,2	174,3	148,6	114,4	88,6	74,8	13,5	
530	83,4	284,0	238,9	212,8	183,5	144,7	115,5	99,6	241,5	201,1	177,7	151,5	116,7	90,4	76,3	13,8	
540	84,2	289,4	243,4	216,8	187,0	147,5	117,7	101,5	246,2	205,0	181,2	154,5	119,0	92,2	77,8	14,0	
0,550	84,9	294,7	247,9	220,8	190,4	150,2	119,8	103,3	250,8	208,9	184,6	157,4	121,2	93,9	79,3	14,3	0,7 (2,71 m)
560	85,7	300,1	252,4	224,8	193,9	152,9	122,0	105,2	255,5	212,8	188,1	160,4	123,5	95,7	80,8	14,6	
570	86,5	305,5	256,9	228,8	197,4	155,7	124,2	107,1	260,2	216,7	191,5	163,3	125,8	97,5	82,3	14,8	
580	87,2	310,8	261,4	232,8	200,8	158,4	126,4	109,0	264,8	220,6	194,9	166,2	128,1	99,2	83,8	15,1	
590	88,0	316,2	265,9	236,8	204,3	161,1	128,6	110,9	269,5	224,5	198,4	169,2	130,3	101,0	85,3	15,3	
0,600	88,7	321,5	270,4	240,9	207,8	163,9	130,7	112,7	274,1	228,4	201,8	172,1	132,6	102,7	86,7	15,6	0,6 (2,76 m) 6,9
620	90,2	332,2	279,4	248,9	214,7	169,3	135,1	116,5	283,5	236,2	208,7	178,0	137,2	106,3	89,7	16,1	
640	91,6	343,0	288,4	257,0	221,6	174,8	139,5	120,3	292,8	244,0	215,7	183,9	141,7	109,8	92,7	16,6	
660	93,0	353,7	297,4	265,0	228,6	180,2	143,8	124,0	302,2	251,8	222,6	189,8	146,3	113,4	95,7	17,2	
680	94,4	364,4	306,5	273,0	235,5	185,7	148,2	127,8	311,5	259,6	229,5	195,7	150,9	116,9	98,8	17,7	
0,700	95,8	375	315	281	242	191	153	132	321	267	236	202	155	120	102	18	0,6 (2,85 m)
720	97,2	386	324	289	249	197	157	135	330	275	243	208	160	124	105	19	
740	98,5	397	333	297	256	202	161	139	340	283	250	213	165	128	108	19	
760	99,8	407	342	305	263	208	166	143	349	291	257	219	169	131	111	20	
780	101,1	418	352	313	270	213	170	147	358	299	264	225	174	135	114	20	
0,800	102,4	429	361	321	277	218	174	150	368	306	271	231	178	138	117	21	0,5 (2,94 m)
820	103,7	439	370	329	284	224	179	154	377	314	278	237	183	142	120	21	
840	105,0	450	379	337	291	229	183	158	386	322	285	243	187	145	123	22	
860	106,2	461	388	345	298	235	187	162	396	330	292	249	192	149	126	22	
880	107,4	472	397	353	305	240	192	165	405	338	299	255	197	152	129	23	
0,900	108,6	482	406	361	312	246	196	169	415	346	306	261	201	156	132	23	0,5 (3,01 m)
920	109,8	493	415	369	319	251	200	173	424	353	312	267	206	160	135	24	
940	111,0	504	424	377	326	257	205	177	433	361	319	273	210	163	138	24	
960	112,2	514	433	385	332	262	209	180	443	369	326	278	215	167	141	25	
980	113,4	525	442	393	339	268	214	184	452	377	333	284	219	170	144	25	
1,000	114,5	536	451	401	346	273	218	188	462	385	340	290	224	174	147	26	0,5 (3,08 m) 6,8

Zweicylinder-Condensations-Maschinen.

Fortsetzung für $p \gtrless 9$ Atm. siehe „Maschinen mit hohem Dampfdruck", S. 167 bis 177.

II. SERIE.

A′ und B′.

Sehr grosse Auspuff-Maschinen.

A′. Mit Coulissen-Steuerung.

B′. Mit Expansions-Steuerung.

Werthe von $\frac{1}{x}$

zur Bestimmung des Abkühlungs-Verlustes C_i'' aus den tabellarischen Ansätzen von $x\,C_i''$
(durch Multiplication dieser Ansätze mit $\frac{1}{x}$).

Füllung $\frac{l_i}{l} =$	0,8	0,7	0,6	0,5	0,4	0,333	0,3	0,25	0,20	0,15	0,125	0,10	$= \frac{l_i}{l}$ (Füllung)
$c = 0,5$ m	0,69	0,74	0,78	0,83	0,89	0,94	0,96	1,00	1,04	1,09	1,11	1,14	$c = 0,5$ m
0,6	0,63	0,67	0,71	0,76	0,82	0,86	0,88	0,91	0,95	0,99	1,01	1,04	0,6
0,7	0,59	0,62	0,66	0,70	0,75	0,79	0,81	0,85	0,88	0,92	0,94	0,96	0,7
0,8	0,55	0,58	0,62	0,66	0,71	0,74	0,76	0,79	0,82	0,86	0,88	0,90	0,8
0,9	0,52	0,55	0,58	0,62	0,67	0,70	0,72	0,75	0,78	0,81	0,83	0,85	0,9
$c = 1,0$ m	0,49	0,52	0,55	0,59	0,63	0,66	0,68	0,71	0,74	0,77	0,79	0,80	$c = 1,0$ m
1,1	0,47	0,50	0,53	0,56	0,60	0,63	0,65	0,67	0,70	0,73	0,75	0,77	1,1
1,2	0,45	0,47	0,50	0,54	0,58	0,61	0,62	0,65	0,67	0,70	0,72	0,73	1,2
1,3	0,43	0,46	0,48	0,52	0,55	0,58	0,60	0,62	0,65	0,67	0,69	0,70	1,3
1,4	0,42	0,44	0,47	0,50	0,53	0,56	0,57	0,60	0,62	0,65	0,66	0,68	1,4
$c = 1,5$ m	0,40	0,42	0,45	0,48	0,52	0,54	0,56	0,58	0,60	0,63	0,64	0,66	$c = 1,5$ m
1,6	0,39	0,41	0,44	0,47	0,50	0,52	0,54	0,56	0,58	0,61	0,62	0,64	1,6
1,7	0,38	0,40	0,42	0,45	0,48	0,51	0,52	0,54	0,56	0,59	0,60	0,62	1,7
1,8	0,37	0,39	0,41	0,44	0,47	0,49	0,51	0,53	0,55	0,57	0,59	0,60	1,8
1,9	0,36	0,38	0,40	0,43	0,46	0,48	0,49	0,51	0,53	0,56	0,57	0,58	1,9
$c = 2,0$ m	0,35	0,37	0,39	0,42	0,45	0,47	0,48	0,50	0,52	0,54	0,56	0,57	$c = 2,0$ m
2,2	0,33	0,35	0,37	0,40	0,43	0,45	0,46	0,48	0,50	0,52	0,53	0,54	2,2
2,4	0,32	0,34	0,36	0,38	0,41	0,43	0,44	0,46	0,48	0,50	0,51	0,52	2,4
2,6	0,31	0,32	0,34	0,37	0,39	0,41	0,42	0,44	0,46	0,48	0,49	0,50	2,6
2,8	0,29	0,31	0,33	0,35	0,38	0,40	0,41	0,42	0,44	0,46	0,47	0,48	2,8
$c = 3,0$ m	0,28	0,30	0,32	0,34	0,36	0,38	0,39	0,41	0,43	0,44	0,45	0,46	$c = 3,0$ m
3,2	0,27	0,29	0,31	0,33	0,35	0,37	0,38	0,40	0,41	0,43	0,44	0,45	3,2
3,4	0,27	0,28	0,30	0,32	0,34	0,36	0,37	0,38	0,40	0,42	0,43	0,44	3,4
3,6	0,26	0,27	0,29	0,31	0,33	0,35	0,36	0,37	0,39	0,41	0,41	0,42	3,6
3,8	0,25	0,27	0,28	0,30	0,32	0,34	0,35	0,36	0,38	0,39	0,40	0,41	3,8
$c = 4,0$ m	0,25	0,26	0,28	0,29	0,32	0,33	0,34	0,35	0,37	0,38	0,39	0,40	$c = 4,0$ m
4,2	0,24	0,25	0,27	0,29	0,31	0,32	0,33	0,35	0,36	0,38	0,38	0,39	4,2
4,4	0,23	0,25	0,26	0,28	0,30	0,32	0,32	0,34	0,35	0,37	0,37	0,38	4,4
4,6	0,23	0,24	0,26	0,27	0,29	0,31	0,32	0,33	0,34	0,36	0,37	0,37	4,6
4,8	0,22	0,24	0,25	0,27	0,29	0,30	0,31	0,32	0,34	0,35	0,36	0,37	4,8
$c = 5,0$ m	0,22	0,23	0,25	0,26	0,28	0,30	0,30	0,32	0,33	0,34	0,35	0,36	$c = 5,0$ m

Note. Diese Werthe von $\frac{1}{x}$ sind für alle Maschinengattungen (bei einer gewissen Füllung $\frac{l_i}{l}$ und Kolbengeschwindigkeit c) gleich gross; dieselben sind in der vorangehenden Einleitung für alle Füllungen auf drei Decimalen angegeben.

Corrections-Coëffic. für C_i'' bei dem jeweiligen Hubverhältnisse $l : D$.

Wenn $l : D =$	0,6	0,8	1,0	1,25	1,5	1,75	2	2,5	3	3,5	4	5
Coëffic. $=$	0,73	0,77	0,82	0,87	0,91	0,96	1	1,08	1,15	1,22	1,29	1,41

Sehr grosse **Auspuff**-Maschinen mit **Coulissen**-Steuerung (nach Gooch, Stephenson . . .).

Abs. Adm. Sp. $p = 3$ Kgr. od. Atm.

Wirksame Kolbenfläche O Qu.Met.	Kolben-Durchmesser D Centm.	Füllung $\frac{l_i}{l}$ 0,8	0,7	0,6	0,5	0,4	0,333	0,3	Füllung $\frac{l_i}{l}$ 0,8	0,7	0,6	0,5	0,4	0,333	0,3	C_i'' u. C_i Kgr.
		Indicirte Leistung $\frac{N_i}{c}$ in Pferdekraft							Netto-Leistung $\frac{N_n}{c}$ in Pferdekraft							
		pro 1 Meter Kolbengeschwindigkeit														
1,00	115	222	202	175	143	103	71	54	192	173	149	119	83	54	38	
05	117	233	212	184	150	108	75	57	202	182	157	126	87	57	40	
10	120	245	222	193	157	113	79	59	212	191	165	132	91	59	42	
15	123	256	232	202	164	118	82	62	222	200	172	138	96	62	44	
20	125	267	242	211	171	123	86	65	232	209	180	144	100	65	46	
1,25	128	278	252	219	178	128	89	68	242	218	188	150	104	68	48	
30	131	289	262	228	185	133	93	70	252	227	195	157	109	71	50	
35	133	300	272	237	193	138	97	73	262	236	203	163	113	73	52	
40	135	311	282	246	200	144	100	76	272	245	211	169	117	76	54	
45	138	322	292	255	207	149	104	78	281	253	219	175	121	79	56	
1,50	140	333	302	263	214	154	107	81	291	263	226	181	125	82	58	
55	143	345	313	272	221	159	111	84	301	272	234	187	130	84	60	
60	145	356	323	281	228	164	114	86	311	280	242	193	134	87	62	
65	147	367	333	289	236	170	118	89	321	289	249	199	138	90	64	
70	149	378	343	298	243	175	121	92	331	298	257	205	143	93	66	
1,75	151	389	353	307	250	180	125	95	341	307	265	211	147	96	68	
80	154	400	363	316	257	185	129	97	351	316	272	218	151	98	70	
85	156	411	373	325	264	190	132	100	361	325	280	224	155	101	72	
90	158	422	383	333	271	195	136	103	371	334	288	230	160	104	74	
95	160	433	393	342	278	200	139	105	380	343	295	236	164	107	76	
2,00	162	445	403	351	286	206	143	108	390	352	303	242	168	109	77	
10	166	467	423	368	300	216	150	113	410	370	318	255	176	115	81	
20	170	489	444	386	314	226	157	119	430	388	334	267	185	121	85	
30	174	511	464	404	328	236	164	124	450	406	349	280	194	126	89	
40	177	533	484	421	342	246	172	130	470	424	365	292	202	132	93	
2,50	181	556	504	438	357	257	178	135	490	442	380	304	211	137	97	
60	185	578	524	456	371	267	186	140	510	460	396	317	219	143	100	
70	188	600	544	474	385	277	193	146	530	478	411	329	228	149	104	
80	192	622	565	491	400	288	200	151	550	496	427	342	237	154	108	
90	195	645	585	509	414	298	207	157	569	514	442	354	245	160	112	
3,00	198	667	605	526	428	303	214	162	589	531	457	366	253	165	116	
10	202	689	625	544	443	319	221	167	609	549	473	378	262	171	120	
20	205	711	645	561	457	329	228	173	629	567	488	391	271	176	124	
30	208	733	665	579	471	339	235	178	649	585	504	403	279	182	128	
40	211	756	686	596	486	350	242	184	669	603	519	416	288	187	132	
3,50	214	778	706	614	500	360	250	189	689	621	535	428	296	193	136	
60	217	800	726	631	514	370	257	194	709	639	550	440	305	199	140	
70	220	822	746	649	529	381	264	200	729	657	566	453	314	204	144	
80	223	844	766	666	543	391	271	205	749	675	581	465	322	210	148	
90	226	867	786	684	557	401	278	211	769	693	597	478	331	215	151	
4,00	229	889	806	701	571	411	285	216	789	711	612	490	339	221	156	
10	232	911	827	719	586	422	292	221	808	729	627	502	348	226	159	
20	235	934	847	736	600	432	300	227	828	747	643	514	356	232	163	
30	237	956	867	754	614	442	307	232	848	765	658	527	365	238	167	
40	240	978	887	771	628	452	314	238	868	783	674	539	373	243	171	
4,50	243	1000	907	789	643	463	321	243	888	801	689	552	382	249	175	
60	246	1022	928	806	657	473	328	248	908	819	705	564	391	254	179	
70	248	1045	948	824	671	483	335	254	928	837	720	576	399	260	183	
80	251	1067	968	841	686	494	342	259	948	855	736	589	408	266	187	
90	253	1089	988	859	700	504	349	265	968	873	751	601	416	271	191	
5,00	256	1111	1008	877	714	514	357	270	988	890	766	613	425	277	195	
20	261	1156	1048	912	743	535	371	281	1027	926	797	638	442	288	203	
40	266	1200	1089	947	771	555	385	292	1067	962	828	663	459	299	211	
60	271	1245	1129	982	800	576	399	302	1107	998	859	687	476	310	219	
80	276	1289	1170	1017	828	596	413	313	1147	1034	890	712	493	321	226	
6,00	281	1334	1210	1052	857	617	428	324	1187	1070	921	737	510	333	234	
20	285	1378	1250	1087	885	637	442	335	1226	1106	952	761	527	344	242	
40	290	1423	1290	1122	914	658	457	346	1266	1142	983	786	544	355	250	
60	294	1467	1331	1157	943	679	471	356	1306	1177	1014	811	561	366	258	
80	299	1512	1371	1192	971	699	485	367	1346	1213	1045	835	579	377	266	
7,00	303	1556	1411	1227	1000	720	499	378	1386	1249	1075	860	596	388	273	

Rechte Spalte: $2C_i''' = 1,4$ bis $0,9$ (exact $0,7$ bis $0,5$), $C_i = 24$ bei $\frac{l_i}{l} = 0,6$, wenn $c \gtrless 1,8$ m.

		Für gewöhnliche Maschinen:							Für exacte Maschinen:							
	$C_i' =$	20,7	19,6	18,6	18,0	18,2	19,4	.	19,9	18,8	17,8	17,2	17,4	18,6	.	$= C_i'$
	$x C_i'' =$	13,2	12,9	12,8	13,3	15,1	18,5	.	11,2	10,9	10,9	11,3	12,9	15,8	.	$= x C_i''$

Sehr grosse Auspuff-Maschinen mit Coulissen-Steuerung (nach Gooch, Stephenson ...).

Abs. Adm. Sp. $p = 3\frac{1}{2}$ Kgr. od. Atm.

Wirksame Kolbenfläche O Qu.Met.	Kolben-Durchmesser D Centm.	Füllung $\frac{l_i}{l}$ 0,8	0,7	0,6	0,5	0,4	0,333	0,3	Füllung $\frac{l_i}{l}$ 0,8	0,7	0,6	0,5	0,4	0,333	0,3
		Indicirte Leistung $\frac{N_i}{c}$ in Pferdekraft							Netto-Leistung $\frac{N_n}{c}$ in Pferdekraft						
		pro 1 Meter Kolbengeschwindigkeit													
1,00	115	283	259	229	192	147	111	91	247	225	198	164	122	89	71
05	117	297	272	241	202	154	116	96	260	237	208	172	129	94	75
10	120	311	285	252	211	161	122	100	272	249	218	181	135	99	79
15	123	325	298	264	221	169	127	105	285	260	229	189	141	103	82
20	125	339	311	275	231	176	133	110	298	272	239	198	147	108	86
1,25	128	353	324	287	240	183	138	114	311	283	249	206	154	112	90
30	131	367	337	298	250	191	144	119	323	295	259	214	160	117	94
35	133	381	350	310	259	198	149	123	336	307	269	223	166	122	97
40	135	396	363	321	269	205	155	128	349	318	280	231	173	126	101
45	138	410	376	333	279	212	160	133	361	330	290	240	179	131	105
1,50	140	424	389	344	288	220	166	137	374	341	300	248	185	136	108
55	143	438	402	355	298	227	172	141	387	353	310	257	192	140	112
60	145	452	415	367	307	235	177	146	400	365	320	265	198	145	116
65	147	466	428	378	317	242	183	151	412	376	331	274	204	149	119
70	149	480	441	390	327	249	188	155	425	388	341	282	210	154	123
1,75	151	495	454	401	336	257	194	160	438	399	351	290	217	159	127
80	154	509	467	413	346	264	199	164	450	411	361	299	223	163	130
85	156	523	480	424	355	271	205	169	463	423	371	307	229	168	134
90	158	537	493	436	365	278	210	174	476	434	382	316	236	172	138
95	160	551	506	447	375	286	216	178	489	446	392	324	242	177	141
2,00	162	565	518	458	384	293	222	182	501	457	402	333	248	182	145
10	166	594	544	481	404	308	233	192	527	481	422	350	261	191	152
20	170	622	570	504	423	323	244	201	553	504	443	367	274	200	160
30	174	650	596	527	442	337	255	210	578	527	463	384	286	209	167
40	177	678	622	550	461	352	266	219	604	551	484	401	299	219	174
2,50	181	707	648	573	480	367	277	228	629	574	504	418	312	228	182
60	185	735	674	596	500	381	288	237	655	597	525	435	324	237	189
70	188	763	700	619	519	396	299	246	681	621	545	452	337	247	197
80	192	791	726	642	538	411	310	256	706	644	566	469	350	256	204
90	195	820	752	665	557	425	321	265	732	667	586	486	362	265	211
3,00	198	848	777	688	576	440	333	274	757	691	607	502	375	274	219
10	202	876	803	711	596	455	344	283	783	714	627	519	387	283	226
20	205	905	829	733	615	469	355	292	808	737	648	536	400	293	233
30	208	933	855	756	634	484	366	301	834	761	668	553	413	302	241
40	211	961	881	779	653	499	377	310	859	784	689	570	425	311	248
3,50	214	990	907	802	672	514	388	319	885	807	709	587	438	321	256
60	217	1018	933	825	692	528	399	328	911	831	730	604	451	330	263
70	220	1046	959	848	711	543	411	337	936	854	750	621	464	339	270
80	223	1074	984	871	730	558	422	346	962	877	771	638	476	349	278
90	226	1103	1010	894	749	572	433	356	987	900	791	655	489	358	285
4,00	229	1131	1036	917	769	587	444	365	1013	924	812	672	501	367	292
10	232	1159	1062	940	788	601	455	374	1038	947	832	689	514	376	300
20	235	1187	1088	963	807	616	466	383	1064	971	853	706	527	385	307
30	237	1216	1114	986	826	631	477	392	1090	994	873	723	539	395	315
40	240	1244	1140	1008	845	646	488	401	1115	1017	894	740	552	404	322
4,50	243	1272	1166	1031	865	660	499	410	1141	1040	914	757	565	413	329
60	246	1301	1192	1054	884	675	510	419	1166	1064	935	774	577	422	337
70	248	1329	1218	1077	903	690	521	429	1192	1087	955	791	590	432	344
80	251	1357	1244	1100	922	704	533	438	1218	1110	976	808	603	441	352
90	253	1385	1269	1123	941	719	544	447	1243	1134	996	825	615	450	359
5,00	256	1413	1295	1146	961	733	555	456	1268	1157	1017	842	628	459	366
20	261	1470	1347	1192	999	763	577	474	1320	1204	1058	876	653	478	381
40	266	1527	1399	1238	1037	792	599	492	1371	1251	1099	910	678	496	396
60	271	1583	1451	1283	1076	822	621	511	1422	1297	1140	944	704	515	411
80	276	1640	1503	1329	1114	851	643	529	1473	1344	1181	977	729	533	425
6,00	281	1696	1555	1375	1153	880	666	547	1524	1391	1222	1011	754	552	440
20	285	1753	1606	1421	1191	909	688	565	1575	1437	1263	1045	779	570	455
40	290	1809	1658	1467	1230	939	710	584	1626	1484	1304	1079	805	589	470
60	294	1866	1710	1513	1268	968	732	602	1677	1531	1345	1113	830	607	485
80	299	1922	1762	1558	1306	997	754	620	1728	1578	1386	1147	855	626	499
7,00	303	1979	1814	1604	1345	1027	777	638	1780	1624	1426	1181	881	644	514
		Für gewöhnliche Maschinen:							Für exacte Maschinen:						
	$C_i' =$	19,0	17,8	16,8	15,9	15,4	15,5	15,9	18,2	17,0	16,0	15,1	14,6	14,7	15,1	$= C_i'$
	$xC_i'' =$	13,2	12,7	12,4	12,6	13,5	15,1	16,9	11,2	10,8	10,6	10,7	11,4	12,9	14,3	$= xC_i''$

Rechte Spalte (C_i'' u. C_i, Kgr.): $2\,C_i'' = 1,3$ bis $0,9$ (exact $0,7$ bis $0,5$), $C_i = 22$ bei $\frac{l_i}{l} = 0,5$, wenn $c \geq 1,9$ m.

Sehr grosse Auspuff-Maschinen mit Coulissen-Steuerung (nach Gooch, Stephenson . . .).

Abs. Adm. Sp. $p = 4$ Kgr. od. Atm.

O Qu.Met.	D Centm.	Füllung $\frac{l_i}{l}$ 0,8	0,7	0,6	0,5	0,4	0,333	0,3	Füllung $\frac{l_i}{l}$ 0,8	0,7	0,6	0,5	0,4	0,333	0,3
		Indicirte Leistung $\frac{N_i}{c}$ in Pferdekraft							Netto-Leistung $\frac{N_n}{c}$ in Pferdekraft						
		pro 1 Meter Kolbengeschwindigkeit													
1,00	115	343	317	283	241	191	151	128	302	277	247	208	162	125	105
05	117	360	332	297	254	200	158	135	317	292	259	219	170	131	110
10	120	378	348	312	266	210	166	141	333	306	272	230	178	138	116
15	123	395	364	326	278	219	173	148	348	320	285	241	187	144	121
20	125	412	380	340	290	229	181	154	364	335	297	251	195	151	126
1,25	128	429	396	354	302	238	188	160	379	349	310	262	203	157	132
30	131	446	411	368	314	248	196	167	395	363	323	273	212	163	137
35	133	464	427	383	326	257	203	173	410	377	336	283	220	170	143
40	135	481	443	397	338	267	211	180	426	392	348	294	228	176	148
45	138	498	459	411	350	276	218	186	441	406	361	305	237	183	153
1,50	140	515	475	425	362	286	226	193	457	420	374	316	245	189	159
55	143	532	491	439	374	296	233	199	473	434	386	327	254	196	164
60	145	549	506	453	386	305	241	205	488	449	399	337	262	202	170
65	147	566	522	467	399	315	248	212	504	463	412	348	270	209	175
70	149	584	538	481	411	324	256	218	519	477	424	359	278	215	180
1,75	151	601	554	496	423	334	263	225	535	492	437	369	287	221	186
80	154	618	570	510	435	343	271	231	550	506	450	380	295	228	191
85	156	635	585	524	447	353	278	237	566	520	463	391	303	234	197
90	158	652	601	538	459	362	286	244	581	535	475	401	312	241	202
95	160	670	617	552	471	372	293	250	597	549	488	412	320	247	207
2,00	162	686	633	566	483	381	301	257	613	563	501	423	329	254	213
10	166	721	665	595	507	400	316	270	644	592	526	445	345	267	223
20	170	755	696	623	531	419	331	282	675	620	552	466	362	280	234
30	174	790	728	651	556	438	346	295	706	649	577	488	379	293	245
40	177	824	760	680	580	457	361	308	737	678	603	510	396	305	256
2,50	181	858	791	708	604	477	376	321	769	706	628	531	413	318	267
60	185	892	823	736	628	496	391	334	800	735	654	553	429	331	277
70	188	927	855	765	652	515	406	347	831	764	679	574	446	344	288
80	192	961	886	793	676	534	421	359	862	793	705	596	463	357	299
90	195	996	918	821	701	553	436	372	893	821	730	618	480	370	310
3,00	198	1030	950	849	724	572	452	385	925	850	756	639	496	383	321
10	202	1064	981	878	749	591	467	398	956	879	781	661	513	396	332
20	205	1098	1013	906	773	610	482	411	987	907	807	682	530	409	343
30	208	1133	1045	934	797	629	497	424	1019	936	832	704	546	422	353
40	211	1167	1076	962	821	648	512	436	1050	965	858	725	563	435	364
3,50	214	1201	1108	991	845	668	527	449	1081	994	883	747	580	448	375
60	217	1235	1140	1019	869	687	542	462	1112	1022	909	769	597	461	386
70	220	1270	1172	1047	893	706	557	475	1143	1051	934	790	614	474	397
80	223	1304	1203	1076	917	725	572	488	1175	1080	960	812	630	486	407
90	226	1338	1235	1104	941	744	588	500	1206	1108	985	833	647	499	418
4,00	229	1373	1266	1132	966	763	602	514	1237	1137	1011	855	664	513	429
10	232	1407	1298	1161	990	782	617	526	1269	1166	1037	876	680	526	440
20	235	1441	1330	1189	1014	801	632	539	1300	1195	1062	898	697	538	451
30	237	1476	1362	1217	1038	820	647	552	1331	1223	1088	920	714	551	462
40	240	1510	1393	1246	1062	839	663	565	1362	1252	1113	941	731	564	473
4,50	243	1544	1425	1274	1086	858	678	578	1393	1281	1139	963	748	577	483
60	246	1579	1457	1302	1111	877	693	590	1425	1309	1164	984	764	590	494
70	248	1613	1488	1330	1135	896	708	603	1456	1338	1190	1006	781	603	505
80	251	1647	1520	1359	1159	916	723	616	1487	1367	1215	1028	798	616	516
90	253	1682	1552	1387	1183	935	738	629	1518	1395	1241	1049	815	629	527
5,00	256	1716	1583	1415	1207	953	753	642	1550	1424	1267	1071	831	642	538
20	261	1785	1646	1472	1256	992	783	668	1612	1482	1318	1114	865	668	560
40	266	1853	1710	1529	1304	1030	813	693	1675	1539	1369	1157	898	694	581
60	271	1922	1773	1585	1352	1068	843	719	1737	1596	1420	1200	932	720	603
80	276	1990	1837	1642	1400	1105	873	744	1800	1654	1471	1243	965	746	625
6,00	281	2059	1899	1699	1449	1144	903	770	1862	1711	1522	1287	999	772	646
20	285	2128	1963	1755	1497	1182	933	796	1925	1769	1573	1330	1032	798	668
40	290	2196	2026	1812	1546	1220	963	822	1987	1826	1624	1373	1066	823	690
60	294	2265	2089	1868	1594	1258	993	848	2050	1883	1675	1416	1099	849	711
80	299	2334	2153	1925	1642	1297	1024	873	2112	1941	1726	1459	1133	875	733
7,00	303	2402	2216	1982	1690	1335	1054	899	2175	1998	1777	1502	1166	901	755
		Für gewöhnliche Maschinen:							Für exacte Maschinen:						
	$C_i' =$	17,9	16,7	15,6	14,7	14,0	13,7	13,7	17,1	15,9	14,8	13,9	13,2	12,9	12,9	$= C_i'$
	$xC_i'' =$	13,2	12,6	12,2	12,1	12,6	13,6	14,5	11,2	10,7	10,4	10,3	10,7	11,5	12,3	$= xC_i''$

Rechte Spalte: C_i''' u. C_i (Kgr.)

$2C_i''' = 1{,}2$ bis $0{,}8$ (exact $0{,}6$ bis $0{,}4$), $C_i = 20{,}1$ bei $\frac{l_i}{l} = 0{,}4$, wenn $c = > 2$ m.

Sehr grosse Auspuff-Maschinen mit Coulissen-Steuerung (nach Gooch, Stephenson …).

Abs. Adm. Sp. $p = 4^1/_2$ Kgr. od. Atm.

Wirksame Kolbenfläche O (Qu.Met.)	Kolben-Durchmesser D (Centm.)	Füllung $\frac{l_i}{l}$ — Indicirte Leistung $\frac{N_i}{c}$ in Pferdekraft pro 1 Meter Kolbengeschwindigkeit							Füllung $\frac{l_i}{l}$ — Netto-Leistung $\frac{N_n}{c}$ in Pferdekraft							C_i'' u. C_i (Kgr.)
		0,8	0,7	0,6	0,5	0,4	0,333	0,3	0,8	0,7	0,6	0,5	0,4	0,333	0,3	
1,00	115	404	374	337	291	235	190	165	357	329	295	253	201	161	138	
05	117	424	393	354	305	246	200	174	375	346	311	266	212	169	145	
10	120	444	411	371	320	258	209	182	393	363	326	279	222	177	152	
15	123	464	430	387	334	270	219	190	412	380	341	292	233	186	159	
20	125	484	449	404	349	281	228	199	430	397	356	305	243	194	166	
1,25	128	505	468	421	363	293	238	207	449	414	371	318	254	202	174	
30	131	525	486	438	378	305	247	215	467	431	387	331	264	210	181	
35	133	545	505	455	392	316	257	224	485	448	402	344	274	219	188	
40	135	565	524	471	407	328	266	232	504	465	417	357	285	227	195	
45	138	585	542	488	421	340	276	240	522	482	432	370	295	235	202	
1,50	140	605	561	505	436	352	285	248	540	499	448	384	305	243	209	
55	143	626	580	522	451	364	295	257	559	516	463	397	316	252	216	
60	145	646	598	539	465	375	304	265	577	533	478	410	326	260	223	
65	147	666	617	556	480	387	314	273	595	550	493	423	336	268	231	
70	149	686	636	573	494	399	323	281	614	567	508	436	347	277	238	
1,75	151	706	655	589	509	410	333	290	632	584	524	449	357	285	245	
80	154	727	673	606	523	422	342	298	651	601	539	462	368	293	252	
85	156	747	692	623	538	434	352	306	669	618	554	475	378	301	259	
90	158	767	711	640	552	445	361	315	687	635	569	488	388	310	266	
95	160	787	729	657	567	457	371	323	706	652	584	501	399	318	273	
2,00	162	807	748	674	582	469	380	331	724	669	600	514	409	326	280	
10	166	848	785	708	611	493	399	348	761	703	630	540	430	343	295	
20	170	888	823	741	640	516	418	364	798	737	661	566	451	359	309	
30	174	928	860	775	669	539	437	381	835	771	692	593	472	376	323	
40	177	969	898	808	698	563	456	397	871	805	722	619	493	392	338	
2,50	181	1009	935	842	727	586	475	414	908	839	753	645	513	409	352	
60	185	1049	972	876	756	610	494	430	945	873	783	671	534	426	366	
70	188	1090	1010	910	785	633	513	447	982	907	814	697	555	442	380	
80	192	1130	1047	943	814	657	532	464	1019	942	845	724	576	459	395	
90	195	1171	1085	977	843	680	551	480	1046	976	875	750	597	475	409	
3,00	198	1211	1122	1011	873	704	570	496	1093	1010	906	776	618	492	423	
10	202	1251	1159	1045	902	727	589	513	1130	1044	936	802	638	509	438	
20	205	1292	1197	1078	931	751	608	529	1167	1078	967	829	659	526	452	
30	208	1332	1234	1112	960	774	627	546	1204	1112	997	855	680	542	466	
40	211	1372	1272	1146	989	798	646	562	1241	1146	1028	881	701	559	481	
3,50	214	1413	1309	1179	1018	821	665	579	1278	1180	1059	907	722	575	495	
60	217	1453	1346	1213	1047	845	684	595	1314	1214	1089	933	743	592	509	
70	220	1494	1384	1247	1077	868	703	612	1351	1249	1120	960	764	609	523	
80	223	1534	1421	1280	1106	892	722	628	1388	1283	1150	986	785	625	538	
90	226	1574	1459	1314	1135	915	741	645	1425	1317	1181	1012	806	642	552	
4,00	229	1614	1496	1348	1164	938	760	662	1462	1351	1211	1038	826	659	566	
10	232	1655	1533	1381	1193	962	779	678	1499	1385	1242	1065	847	675	581	
20	235	1695	1571	1415	1222	985	798	695	1536	1419	1273	1091	868	692	595	
30	237	1736	1608	1449	1251	1009	817	711	1573	1453	1303	1117	889	708	609	
40	240	1776	1646	1483	1280	1032	836	728	1610	1487	1334	1143	910	725	624	
4,50	243	1816	1683	1516	1309	1056	855	744	1647	1521	1364	1169	931	742	638	
60	246	1857	1720	1550	1338	1079	874	761	1684	1555	1395	1196	952	758	652	
70	248	1897	1758	1584	1367	1103	893	777	1720	1590	1426	1222	972	775	666	
80	251	1938	1795	1617	1397	1126	912	794	1757	1624	1456	1248	993	791	681	
90	253	1978	1833	1651	1426	1150	931	810	1794	1658	1487	1274	1014	808	695	
5,00	256	2018	1870	1685	1455	1173	950	827	1831	1692	1517	1301	1035	825	709	
20	261	2099	1945	1752	1513	1220	988	860	1905	1760	1578	1353	1076	858	738	
40	266	2180	2020	1819	1571	1267	1026	893	1979	1828	1640	1405	1118	892	767	
60	271	2260	2094	1887	1629	1314	1064	926	2053	1897	1701	1458	1160	925	795	
80	276	2341	2169	1954	1687	1361	1102	959	2127	1965	1762	1510	1202	958	824	
6,00	281	2422	2244	2022	1746	1407	1140	993	2200	2033	1823	1563	1243	991	852	
20	285	2502	2319	2089	1804	1454	1178	1026	2274	2101	1884	1615	1285	1025	881	
40	290	2583	2394	2156	1862	1501	1216	1059	2348	2169	1946	1667	1327	1058	910	
60	294	2664	2468	2224	1920	1548	1254	1092	2422	2238	2007	1720	1368	1091	938	
80	299	2744	2543	2291	1978	1595	1292	1125	2496	2306	2068	1772	1410	1125	967	
7,00	303	2825	2618	2359	2037	1642	1330	1158	2570	2374	2129	1825	1452	1158	995	
		Für gewöhnliche Maschinen:							Für exacte Maschinen:							
$C_i' =$		16,9	15,9	14,8	13,9	13,0	12,6	12,4	16,2	15,1	14,0	13,1	12,2	11,8	11,6	$= C_i'$
$xC_i'' =$		13,2	12,5	12,1	11,8	12,0	12,6	13,2	11,2	10,7	10,3	10,1	10,2	10,7	11,3	$= xC_i''$

Letzte Spalte (C_i'' u. C_i): $2\,C_i'' = 1{,}1$ bis $0{,}7$ (exact $0{,}6$ bis $0{,}4$), $C_i \lessgtr 18{,}8$ bei $\frac{l_i}{l} = 0{,}4$, wenn $c \gtrless 2{,}2$ m.

Sehr grosse **Auspuff**-Maschinen mit **Coulissen**-Steuerung (nach Gooch, Stephenson . . .).

Abs. Adm. Sp. $p = 5$ Kgr. od. Atm.

Wirksame Kolbenfläche O Qu.Met.	Kolben-Durchmesser D Centm.	Füllung $\frac{l_i}{l}$ 0,7	0,6	0,5	0,4	0,333	0,3	0,25	Füllung $\frac{l_i}{l}$ 0,7	0,6	0,5	0,4	0,333	0,3	0,25	C'''_i u. C_i Kgr.
		Indicirte Leistung $\frac{N_i}{c}$ in Pferdekraft							Netto-Leistung $\frac{N_n}{c}$ in Pferdekraft							
		pro 1 Meter Kolbengeschwindigkeit														
1,00	115	432	391	340	278	230	203	159	382	344	298	241	196	172	132	
05	117	453	410	357	292	241	213	168	402	362	313	254	207	181	139	
10	120	475	430	374	306	253	223	176	421	380	329	266	217	190	146	
15	123	496	449	391	320	264	233	184	441	397	344	278	227	198	153	
20	125	518	469	408	334	276	243	192	461	415	360	291	237	207	159	
1,25	128	540	488	425	348	287	253	200	480	433	375	303	247	216	166	
30	131	561	508	442	362	299	263	208	500	450	390	316	257	225	173	
35	133	583	527	459	376	310	273	216	520	468	406	328	267	234	180	
40	135	604	547	476	390	322	284	224	539	486	421	340	277	243	187	
45	138	626	566	493	404	333	294	232	559	504	437	353	287	252	193	
1,50	140	647	586	510	418	344	304	239	578	522	452	366	298	260	200	
55	143	669	606	527	432	356	314	247	598	539	467	378	308	269	207	
60	145	691	625	544	445	367	324	255	618	557	482	390	318	278	214	
65	147	712	645	561	459	379	334	263	638	575	498	403	328	287	221	
70	149	734	664	578	473	390	344	271	657	592	513	415	338	295	227	
1,75	151	755	684	595	487	402	355	279	677	610	529	428	348	304	234	
80	154	777	703	612	501	413	365	287	697	628	544	440	358	313	241	
85	156	799	723	629	515	425	375	295	716	645	559	452	368	322	248	
90	158	820	742	646	529	436	385	303	736	663	575	465	378	331	255	
95	160	842	762	663	543	448	395	311	756	681	590	477	389	339	261	
2,00	162	863	781	681	557	459	405	319	775	699	605	490	399	349	268	
10	166	906	820	715	585	482	426	335	815	734	636	515	419	366	282	
20	170	950	859	749	612	505	446	351	854	770	667	540	439	384	296	
30	174	993	898	783	640	528	466	367	894	806	698	565	460	402	309	
40	177	1036	937	817	668	551	486	383	933	841	729	590	480	420	323	
2,50	181	1079	977	851	696	574	507	399	973	877	759	615	500	438	337	
60	185	1122	1016	885	724	597	527	415	1012	912	790	640	521	455	350	
70	188	1165	1055	919	752	620	547	431	1052	948	821	665	541	473	364	
80	192	1209	1094	953	779	643	567	447	1091	984	852	690	561	491	378	
90	195	1252	1133	987	807	666	588	463	1131	1019	883	715	581	509	392	
3,00	198	1295	1172	1021	835	689	608	478	1170	1055	913	739	602	526	405	
10	202	1338	1211	1055	863	712	628	494	1210	1091	944	764	622	544	419	
20	205	1381	1250	1089	891	735	649	510	1249	1126	975	789	643	562	432	
30	208	1424	1289	1123	919	758	669	526	1289	1162	1006	814	663	580	446	
40	211	1468	1328	1157	946	781	689	542	1328	1198	1037	839	683	598	460	
3,50	214	1511	1368	1191	974	804	710	558	1368	1233	1068	864	704	615	474	
60	217	1554	1407	1225	1002	827	730	574	1407	1269	1099	889	724	633	487	
70	220	1597	1446	1259	1030	850	750	590	1447	1304	1130	914	744	651	501	
80	223	1640	1485	1293	1058	873	770	606	1486	1340	1161	939	765	669	515	
90	226	1684	1524	1327	1085	896	791	622	1526	1376	1192	964	785	687	528	
4,00	229	1726	1563	1361	1114	918	811	638	1565	1412	1222	989	805	704	542	
10	232	1770	1602	1395	1141	941	831	654	1605	1447	1253	1014	826	722	555	
20	235	1813	1641	1429	1169	964	851	670	1644	1483	1284	1039	846	740	569	
30	237	1856	1680	1463	1197	987	872	686	1684	1518	1315	1064	866	758	583	
40	240	1899	1719	1497	1225	1010	892	702	1723	1554	1346	1089	887	775	597	
4,50	243	1942	1758	1531	1253	1033	912	717	1763	1590	1376	1114	907	793	610	
60	246	1986	1797	1565	1280	1056	933	733	1802	1625	1407	1139	927	811	624	
70	248	2029	1836	1599	1308	1079	953	749	1842	1661	1438	1164	948	829	638	
80	251	2072	1876	1633	1336	1102	973	765	1881	1696	1469	1189	968	847	651	
90	253	2115	1915	1667	1364	1125	993	781	1921	1732	1500	1214	988	864	665	
5,00	256	2158	1953	1701	1392	1148	1013	797	1961	1768	1530	1239	1009	882	679	
20	261	2244	2032	1769	1448	1194	1054	829	2040	1839	1592	1289	1050	918	706	
40	266	2331	2110	1837	1503	1240	1095	861	2119	1911	1654	1339	1090	253	733	
60	271	2417	2188	1905	1559	1286	1135	893	2198	1982	1716	1389	1131	989	761	
80	276	2504	2266	1973	1614	1332	1176	925	2277	2053	1777	1439	1172	1024	788	
6,00	281	2590	2344	2042	1670	1378	1216	957	2356	2124	1839	1489	1212	1060	816	
20	285	2676	2422	2110	1726	1424	1257	989	2435	2196	1901	1539	1253	1096	843	
40	290	2762	2500	2178	1782	1469	1297	1021	2514	2267	1962	1589	1294	1131	870	
60	294	2849	2578	2246	1838	1515	1338	1053	2594	2338	2024	1639	1334	1167	898	
80	299	2935	2657	2314	1893	1561	1378	1085	2673	2410	2086	1689	1375	1202	925	
7,00	303	3021	2735	2382	1949	1607	1419	1116	2751	2481	2147	1739	1416	1238	952	
		Für gewöhnliche Maschinen:							Für exacte Maschinen:							
	$C'_i =$	15,3	14,2	13,3	12,4	11,9	11,6	11,3	14,5	13,4	12,5	11,6	11,1	10,8	10,5	$= C'_i$
	$xC''_i =$	12,5	12,0	11,6	11,6	12,0	12,4	13,5	10,6	10,2	9,9	9,9	10,2	10,6	11,5	$= xC''_i$

$2C'''_i = 1,0$ bis $0,6$ (exact $0,5$ bis $0,4$), $C_i \lessgtr 17,7$ bei $\frac{l_i}{l} = 0,333$, wenn $c \gtrless 2,3$ m.

Sehr grosse Auspuff-Maschinen mit Coulissen-Steuerung (nach Gooch, Stephenson . . .).

Abs. Adm. Sp. $p = 5^{1}/_{2}$ Kgr. od. Atm.

Wirksame Kolbenfläche O Qu.Met.	Kolben-Durchmesser D Centm.	Füllung $\frac{l_i}{l}$ 0,7	0,6	0,5	0,4	0,333	0,3	0,25	Füllung $\frac{l_i}{l}$ 0,7	0,6	0,5	0,4	0,333	0,3	0,25	$C_t''' u. C_t$ Kgr.
		Indicirte Leistung $\frac{N_i}{c}$ in Pferdekraft							Netto-Leistung $\frac{N_n}{c}$ in Pferdekraft							
		pro 1 Meter Kolbengeschwindigkeit														
1,00	115	489	445	390	322	269	240	192	434	393	343	281	232	205	161	
05	117	514	467	409	338	283	252	202	456	413	360	295	244	216	170	
10	120	538	489	429	355	296	264	211	479	433	378	310	256	227	178	
15	123	563	511	448	371	310	276	221	501	454	396	324	268	237	186	
20	125	587	533	468	387	323	288	230	523	474	413	339	280	248	195	
1,25	128	612	556	487	403	337	300	240	545	494	431	353	292	258	203	
30	131	636	578	507	419	350	312	250	568	514	449	368	304	269	211	
35	133	661	600	526	435	364	324	259	590	534	467	382	316	280	219	
40	135	685	622	546	451	377	336	269	612	555	484	397	328	290	228	
45	138	710	644	565	467	391	348	278	635	575	502	411	340	301	236	
1,50	140	734	667	584	483	404	360	288	657	595	519	426	352	311	244	
55	143	758	689	604	500	417	372	298	680	616	537	440	364	322	253	
60	145	783	711	623	516	431	384	307	702	636	554	455	376	332	261	
65	147	807	733	643	532	444	396	317	724	656	572	469	388	343	269	
70	149	832	756	662	548	458	408	326	747	676	590	484	400	353	278	
1,75	151	856	778	682	564	471	420	336	769	696	607	498	412	364	286	
80	154	881	800	701	580	485	432	346	791	717	625	513	424	375	294	
85	156	905	822	721	596	498	444	355	813	737	642	527	436	385	303	
90	158	930	844	740	612	512	456	365	836	757	660	542	448	396	311	
95	160	954	867	760	628	525	468	374	858	777	678	556	460	406	319	
2,00	162	978	889	779	645	538	480	384	881	798	696	570	471	417	328	
10	166	1027	934	818	677	565	504	403	926	839	731	599	495	438	344	
20	170	1076	978	857	709	592	528	422	971	879	767	628	519	459	361	
30	174	1125	1022	896	741	619	552	442	1015	920	802	657	543	481	378	
40	177	1174	1067	935	773	646	576	461	1060	961	838	687	567	502	394	
2,50	181	1223	1111	974	806	673	600	480	1105	1001	873	716	591	523	411	
60	185	1272	1156	1013	838	700	624	499	1150	1042	909	745	615	545	428	
70	188	1321	1200	1052	870	727	648	518	1195	1083	944	774	639	566	454	
80·	192	1370	1245	1091	902	754	672	538	1240	1123	980	803	663	587	461	
90	195	1419	1289	1130	935	781	696	557	1285	1164	1015	832	687	608	478	
3,00	198	1467	1334	1169	967	808	720	576	1330	1205	1050	861	712	629	495	
10	202	1516	1378	1208	999	835	744	595	1375	1245	1086	890	736	651	511	
20	205	1565	1423	1247	1031	861	768	614	1420	1286	1121	919	760	672	528	
30	208	1614	1467	1286	1063	888	792	634	1465	1327	1157	948	784	693	545	
40	211	1663	1512	1325	1096	915	816	653	1510	1368	1192	977	808	714	561	
3,50	214	1712	1556	1364	1128	942	840	672	1554	1408	1228	1006	832	736	578	
60	217	1761	1601	1403	1160	969	864	691	1599	1449	1263	1036	856	757	595	
70	220	1810	1645	1442	1192	996	888	710	1644	1490	1299	1065	880	778	612	
80	223	1858	1690	1481	1224	1023	912	730	1689	1530	1334	1094	904	800	628	
90	226	1907	1734	1520	1257	1050	936	749	1734	1571	1370	1123	928	821	645	
4,00	229	1956	1778	1558	1289	1077	960	768	1779	1612	1405	1152	952	842	662	
10	232	2005	1823	1597	1321	1104	984	787	1824	1652	1441	1181	976	863	678	
20	235	2054	1867	1636	1354	1131	1008	806	1869	1693	1476	1210	1000	884	695	
30	237	2103	1912	1675	1386	1158	1032	826	1914	1734	1512	1239	1024	906	712	
40	240	2152	1956	1714	1418	1184	1056	845	1959	1774	1547	1268	1048	927	728	
4,50	243	2201	2001	1753	1450	1211	1080	864	2004	1815	1583	1297	1072	948	745	
60	246	2250	2045	1792	1482	1238	1104	883	2049	1856	1618	1326	1096	970	762	
70	248	2299	2090	1831	1515	1265	1128	902	2093	1897	1654	1355	1120	991	779	
80	251	2348	2134	1870	1547	1292	1152	922	2138	1937	1689	1384	1144	1012	795	
90	253	2396	2179	1909	1579	1319	1176	941	2183	1978	1725	1414	1168	1033	812	
5,00	256	2445	2223	1948	1611	1346	1199	960	2228	2019	1760	1442	1192	1054	829	
20	261	2543	2312	2026	1676	1400	1247	998	2318	2100	1831	1501	1241	1097	862	
40	266	2641	2401	2104	1740	1454	1295	1037	2408	2181	1902	1559	1289	1139	896	
60	271	2739	2490	2182	1805	1507	1343	1075	2498	2263	1972	1617	1337	1182	929	
80	276	2837	2579	2260	1869	1561	1391	1114	2588	2344	2043	1675	1385	1224	962	
6,00	281	2935	2667	2338	1934	1615	1439	1152	2677	2426	2114	1733	1433	1267	996	
20	285	3032	2756	2416	1998	1669	1487	1190	2767	2507	2185	1792	1481	1309	1029	
40	290	3130	2845	2493	2063	1723	1535	1229	2857	2588	2256	1850	1529	1352	1063	
60	294	3228	2934	2571	2127	1777	1583	1267	2947	2670	2327	1908	1577	1394	1096	
80	299	3326	3023	2649	2192	1830	1631	1306	3037	2751	2398	1966	1625	1437	1129	
7,00	303	3424	3112	2727	2256	1884	1679	1344	3127	2832	2469	2024	1673	1479	1163	
		Für gewöhnliche Maschinen:							Für exacte Maschinen:							
$C_t' =$		14,9	13,8	12,8	11,9	11,3	11,1	10,8	14,1	13,0	12,0	11,1	10,5	10,3	10,0	$= C_t'$
$xC_t'' =$		12,5	11,9	11,5	11,4	11,7	11,9	12,9	10,6	10,1	9,8	9,7	9,9	10,1	10,9	$= xC_t''$

Right-hand column note: $2C_t''' = 0{,}8$ bis $0{,}6$ (exact $0{,}4$ bis $0{,}3$), $C_i \angle = 16{,}7$ bei $\frac{l_i}{l} = 0{,}333$, wenn $c \geqq 2{,}4$ m.

Sehr grosse **Auspuff**-Maschinen mit **Coulissen**-Steuerung (nach Gooch, Stephenson ...)

Abs. Adm. Sp. $p = 6$ Kgr. od. Atm.

Wirksame Kolbenfläche O Qu.Met.	Kolben-Durchmesser D Centm.	Füllung $\frac{l_i}{l}$ — Indicirte Leistung $\frac{N_i}{c}$ in Pferdekraft 0,7	0,5	0,4	0,333	0,3	0,25	0,20	Füllung $\frac{l_i}{l}$ — Netto-Leistung $\frac{N_n}{c}$ in Pferdekraft 0,7	0,5	0,4	0,333	0,3	0,25	0,20
		pro 1 Meter Kolbengeschwindigkeit													
1,00	115	547	439	366	309	277	225	166	486	387	321	268	239	191	137
05	117	574	461	384	324	291	236	174	511	407	337	282	251	201	144
10	120	601	483	403	340	305	247	183	536	427	354	296	263	210	151
15	123	628	505	421	355	318	258	191	561	447	370	309	276	220	158
20	125	656	527	439	370	332	270	199	586	467	387	323	288	230	165
1,25	128	683	548	458	386	346	281	208	611	487	403	337	300	240	173
30	131	710	570	476	401	360	292	216	636	507	420	351	313	250	180
35	133	738	592	494	417	374	303	224	661	527	436	365	325	259	187
40	135	765	614	513	432	387	314	233	686	547	453	378	337	269	194
45	138	792	636	531	447	401	326	241	711	567	469	392	350	279	201
1,50	140	820	658	549	463	415	337	249	737	587	486	406	362	289	208
55	143	847	680	568	478	429	348	258	761	607	502	420	374	299	215
60	145	874	702	586	494	443	359	266	786	627	519	434	386	309	222
65	147	902	724	604	509	457	371	274	811	647	535	447	399	319	229
70	149	929	746	622	525	471	382	282	836	667	552	461	411	328	236
1,75	151	956	768	641	540	484	393	291	861	687	568	475	423	338	243
80	154	984	790	659	555	498	404	299	886	707	585	489	436	348	250
85	156	1011	812	677	571	512	415	307	911	727	601	503	448	358	258
90	158	1038	834	696	586	526	427	316	936	747	618	516	460	368	265
95	160	1066	856	714	602	540	438	324	961	767	634	530	473	377	272
2,00	162	1093	878	732	617	554	449	332	987	787	651	544	485	387	278
10	166	1148	922	769	648	582	472	349	1037	827	684	572	509	407	293
20	170	1202	966	806	679	609	494	366	1087	867	717	600	534	427	307
30	174	1257	1009	842	710	637	517	382	1138	907	750	627	559	447	321
40	177	1312	1053	879	741	664	539	399	1188	947	784	655	584	467	335
2,50	181	1366	1097	915	772	692	562	415	1238	987	817	683	608	486	349
60	185	1421	1141	952	803	720	584	432	1289	1027	850	711	633	506	364
70	188	1476	1185	989	833	748	607	449	1339	1067	883	739	658	526	378
80	192	1530	1229	1025	864	775	629	465	1389	1107	916	766	682	546	392
90	195	1585	1273	1062	895	803	651	482	1440	1147	950	794	707	566	406
3,00	198	1640	1317	1098	926	831	674	498	1490	1188	983	822	732	585	420
10	202	1694	1361	1135	957	859	697	515	1540	1228	1016	849	757	605	435
20	205	1749	1405	1172	988	886	719	532	1591	1268	1049	877	781	625	449
30	208	1804	1449	1208	1019	914	742	548	1641	1308	1082	905	806	644	463
40	211	1858	1492	1245	1050	942	764	565	1691	1348	1116	933	831	664	477
3,50	214	1913	1536	1281	1081	969	787	581	1742	1388	1149	961	855	684	491
60	217	1968	1580	1318	1111	997	809	598	1792	1428	1182	988	880	704	506
70	220	2023	1624	1355	1142	1025	832	615	1842	1468	1215	1016	905	724	520
80	223	2077	1668	1391	1173	1052	854	631	1893	1508	1248	1044	929	743	534
90	226	2132	1712	1428	1204	1080	877	648	1943	1548	1282	1072	954	763	548
4,00	229	2186	1756	1465	1235	1108	899	665	1993	1589	1315	1099	979	783	562
10	232	2241	1800	1501	1266	1135	921	681	2044	1629	1348	1127	1004	802	577
20	235	2296	1844	1538	1297	1163	944	698	2094	1669	1381	1155	1029	822	591
30	237	2350	1887	1574	1327	1191	966	714	2144	1709	1414	1182	1053	842	605
40	240	2405	1931	1611	1358	1219	989	731	2195	1749	1448	1210	1078	862	619
4,50	243	2460	1975	1648	1389	1246	1011	748	2245	1789	1481	1238	1103	882	633
60	246	2514	2019	1684	1420	1274	1034	764	2295	1829	1514	1266	1127	901	648
70	248	2569	2063	1721	1451	1302	1056	781	2345	1869	1547	1294	1152	921	662
80	251	2624	2107	1757	1482	1329	1079	797	2396	1909	1580	1321	1177	941	676
90	253	2678	2151	1794	1513	1357	1101	814	2446	1949	1614	1349	1201	961	690
5,00	256	2733	2195	1831	1543	1385	1123	831	2497	1990	1647	1377	1226	980	704
20	261	2842	2282	1904	1605	1440	1168	864	2597	2070	1713	1432	1276	1020	733
40	266	2951	2370	1977	1667	1495	1213	897	2698	2150	1779	1488	1325	1059	761
60	271	3061	2458	2050	1729	1551	1258	930	2799	2230	1846	1543	1375	1099	790
80	276	3170	2546	2123	1791	1606	1303	963	2899	2310	1912	1599	1424	1138	818
6,00	281	3279	2634	2197	1852	1662	1348	997	3000	2391	1979	1654	1473	1178	846
20	285	3388	2721	2270	1914	1717	1393	1030	3101	2471	2045	1710	1523	1217	875
40	290	3498	2809	2343	1976	1772	1438	1063	3202	2551	2111	1765	1572	1257	903
60	294	3607	2897	2416	2037	1828	1483	1096	3302	2631	2178	1821	1622	1296	932
80	299	3716	2985	2490	2099	1883	1528	1130	3403	2711	2244	1876	1671	1336	960
7,00	303	3826	3073	2563	2161	1939	1573	1163	3503	2792	2310	1932	1721	1375	988
		Für gewöhnliche Maschinen:							Für exacte Maschinen:						
$C_i' =$		14,4	12,4	11,5	10,9	10,6	10,2	9,8	13,6	11,6	10,7	10,1	9,8	9,4	9,0 $= C_i'$
$xC_i'' =$		12,4	11,3	11,1	11,2	11,5	12,2	13,6	10,6	9,6	9,5	9,6	9,7	10,4	11,6 $= xC_i''$

Rechte Spalte: C_i''' u. C_i — Kgr.

$2C_i''' = 0,8$ bis $0,6$ (exact $0,4$ bis $0,6$), $C_i \lessgtr 16,0$ bei $\frac{l_i}{l} = 0,3$, wenn $c \gtrless 2,5$ m.

Sehr grosse Auspuff-Maschinen mit Coulissen-Steuerung (nach Gooch, Stephenson ...).

Abs. Adm. Sp. $p = 6^{1}/_{2}$ Kgr. od. Atm.

Wirksame Kolbenfläche O Qu.Met.	Kolben-Durchmesser D Centm.	Füllung $\frac{l_i}{l}$							Füllung $\frac{l_i}{l}$							$C_i''' \text{ u. } C_i$
		0,7	0,5	0,4	0,333	0,3	0,25	0,20	0,7	0,5	0,4	0,333	0,3	0,25	0,20	
		Indicirte Leistung $\frac{N_i}{c}$ in Pferdekraft							Netto-Leistung $\frac{N_n}{c}$ in Pferdekraft							Kgr.
		pro 1 Meter Kolbengeschwindigkeit														
1,00	115	604	488	410	348	314	257	193	538	432	360	304	272	220	161	
05	117	634	513	431	366	330	270	202	566	454	379	319	286	231	169	
10	120	664	537	451	383	346	283	212	594	477	397	335	300	243	177	
15	123	695	562	472	401	361	296	221	621	499	416	350	314	254	186	
20	125	725	586	492	418	377	309	231	649	521	435	366	328	265	194	
1,25	128	755	610	513	435	393	322	241	677	544	453	382	342	277	202	
30	131	785	635	533	453	408	335	250	704	566	472	397	356	288	211	
35	133	815	659	554	470	424	348	260	732	588	490	413	370	299	219	
40	135	846	684	574	488	440	360	269	760	610	509	428	384	311	227	
45	138	876	708	595	505	455	373	279	788	633	528	444	398	322	235	
1,50	140	906	732	615	522	471	386	289	815	655	546	460	413	333	244	
55	143	936	757	636	540	487	399	298	843	677	564	476	427	345	252	
60	145	966	781	656	557	503	412	308	871	699	583	491	441	356	260	
65	147	997	806	677	575	518	425	318	899	721	602	507	455	367	268	
70	149	1027	830	697	592	534	437	327	926	744	620	522	469	379	277	
1,75	151	1057	854	718	609	550	450	337	954	766	639	538	483	390	285	
80	154	1087	879	738	627	565	463	346	982	788	657	554	497	401	293	
85	156	1117	903	759	644	581	476	356	1009	811	676	569	511	413	302	
90	158	1148	928	779	662	597	489	366	1037	833	695	585	525	424	310	
95	160	1178	952	800	679	613	502	375	1065	855	713	600	539	435	318	
2,00	162	1208	977	820	697	628	514	385	1093	877	731	616	553	447	326	
10	166	1268	1025	861	731	660	540	404	1148	922	769	648	581	470	343	
20	170	1329	1074	902	766	691	566	424	1204	966	806	679	609	492	360	
30	174	1389	1123	943	801	723	592	443	1260	1011	843	711	637	515	376	
40	177	1450	1172	984	836	754	618	462	1315	1056	881	742	666	538	393	
2,50	181	1510	1221	1025	871	785	643	481	1371	1101	918	773	694	561	409	
60	185	1570	1270	1066	905	817	669	501	1427	1145	955	805	722	584	426	
70	188	1631	1318	1107	940	848	695	520	1483	1190	992	836	750	606	443	
80	192	1691	1367	1148	975	880	720	539	1538	1235	1030	868	778	629	459	
90	195	1752	1416	1189	1010	911	746	558	1594	1279	1067	899	807	652	476	
3,00	198	1812	1465	1230	1045	942	772	578	1650	1324	1104	931	835	675	493	
10	202	1872	1514	1271	1080	974	797	597	1706	1369	1142	962	863	697	509	
20	205	1933	1563	1312	1114	1005	823	616	1761	1414	1179	993	891	720	526	
30	208	1993	1612	1353	1149	1037	849	636	1817	1458	1216	1025	919	743	543	
40	211	2054	1661	1394	1184	1068	874	655	1873	1503	1254	1056	947	766	559	
3,50	214	2114	1710	1435	1219	1099	900	674	1928	1548	1291	1088	976	789	576	
60	217	2174	1759	1476	1254	1131	926	693	1984	1593	1328	1119	1004	811	592	
70	220	2235	1807	1517	1288	1162	952	713	2040	1637	1365	1150	1032	834	609	
80	223	2295	1856	1558	1323	1194	977	732	2095	1682	1403	1182	1060	857	626	
90	226	2356	1905	1599	1358	1225	1003	751	2151	1727	1440	1213	1088	880	642	
4,00	229	2416	1953	1640	1393	1257	1029	770	2207	1772	1477	1245	1117	902	659	
10	232	2476	2002	1681	1428	1288	1055	789	2263	1816	1515	1276	1145	925	676	
20	235	2537	2051	1722	1463	1319	1080	809	2318	1861	1552	1308	1173	948	692	
30	237	2597	2100	1763	1498	1351	1106	828	2374	1906	1589	1339	1201	971	709	
40	240	2658	2148	1804	1532	1382	1132	847	2430	1950	1626	1371	1229	994	726	
4,50	243	2718	2197	1845	1567	1414	1157	867	2486	1995	1664	1402	1258	1016	742	
60	246	2778	2246	1886	1602	1445	1183	886	2541	2040	1701	1433	1286	1039	759	
70	248	2839	2295	1927	1637	1476	1209	905	2597	2085	1738	1465	1314	1062	775	
80	251	2899	2344	1968	1672	1508	1234	925	2653	2129	1776	1496	1342	1085	792	
90	253	2960	2392	2009	1706	1539	1260	944	2708	2174	1813	1528	1370	1108	809	
5,00	256	3020	2441	2050	1741	1571	1286	963	2764	2219	1850	1559	1398	1131	826	
20	261	3141	2539	2132	1811	1633	1337	1001	2876	2308	1925	1622	1455	1176	859	
40	266	3262	2637	2214	1881	1696	1389	1040	2987	2398	1999	1685	1511	1222	892	
60	271	3382	2734	2296	1950	1759	1440	1078	3099	2487	2074	1748	1568	1267	925	
80	276	3503	2832	2378	2020	1822	1492	1117	3210	2577	2149	1811	1624	1313	959	
6,00	281	3624	2930	2460	2090	1885	1543	1155	3322	2666	2223	1874	1680	1359	992	
20	285	3745	3027	2542	2159	1948	1595	1194	3433	2756	2298	1937	1737	1404	1025	
40	290	3866	3125	2624	2229	2010	1646	1232	3545	2845	2372	2000	1793	1450	1059	
60	294	3986	3223	2706	2299	2073	1697	1271	3656	2935	2447	2063	1850	1495	1092	
80	299	4107	3321	2788	2369	2136	1749	1309	3768	3024	2522	2125	1906	1541	1125	
7,00	303	4228	3418	2870	2438	2199	1800	1348	3879	3114	2596	2188	1962	1587	1158	
		Für gewöhnliche Maschinen:							Für exacte Maschinen:							
$C_i' =$		14,2	12,1	11,2	10,6	10,4	9,9	9,5	13,4	11,3	10,4	9,8	9,6	9,1	8,7	$= C_i'$
$x C_i'' =$		12,4	11,3	11,0	11,0	11,2	11,8	13,0	10,5	9,6	9,3	9,4	9,5	10,0	11,1	$= x C_i''$

Rechte Spalte ($C_i''' \text{ u. } C_i$, Kgr.): $2 C_i''' = 0,8$ bis $0,6$ (exact $0,4$ bis $0,3$), $C_i \leq 15,5$ bei $\frac{l_i}{l} = 0,3$, wenn $c \geq 2,6$ m.

Sehr grosse Auspuff-Maschinen mit Coulissen-Steuerung (nach Gooch, Stephenson …).

Abs. Adm. Sp. $p = 7$ Kgr. od. Atm.

O Qu.Met.	D Centm.	Füllung $\frac{l_i}{l}$ 0,7	0,5	0,4	0,333	0,3	0,25	0,20	Füllung $\frac{l_i}{l}$ 0,7	0,5	0,4	0,333	0,3	0,25	0,20
		Indicirte Leistung $\frac{N_i}{c}$ in Pferdekraft							Netto-Leistung $\frac{N_n}{c}$ in Pferdekraft						
		pro 1 Meter Kolbengeschwindigkeit													
1,00	115	661	538	454	388	351	290	219	590	477	400	339	306	249	184
05	117	695	565	477	407	369	304	230	621	501	421	357	322	262	194
10	120	728	591	499	427	387	319	241	651	526	441	374	338	275	203
15	123	761	618	522	446	404	333	252	682	551	462	392	353	288	213
20	125	794	645	545	466	422	348	262	712	575	482	409	369	301	222
1,25	128	827	672	567	485	439	362	273	742	600	503	427	385	314	232
30	131	860	699	590	504	457	377	284	773	624	524	444	401	327	241
35	133	893	726	613	524	475	391	295	803	649	544	462	417	340	251
40	135	926	753	636	543	492	406	306	834	674	565	479	432	353	260
45	138	959	780	658	563	510	420	317	864	698	585	497	448	366	270
1,50	140	992	806	681	582	527	435	328	895	722	606	514	464	378	279
55	143	1025	833	704	601	545	449	339	925	747	627	532	479	391	289
60	145	1058	860	726	621	562	464	350	955	772	647	549	495	404	298
65	147	1092	887	749	640	580	478	361	986	796	668	567	511	416	308
70	149	1125	914	772	659	597	493	372	1016	821	688	584	527	429	317
1,75	151	1158	941	794	679	615	507	383	1047	845	709	602	543	442	327
80	154	1191	968	817	698	633	522	394	1077	870	730	619	558	455	336
85	156	1224	995	840	718	650	536	405	1107	895	750	637	574	468	346
90	158	1257	1022	862	737	668	551	415	1138	919	771	654	590	480	355
95	160	1290	1049	885	756	685	565	426	1168	944	791	672	606	493	365
2,00	162	1323	1075	908	776	703	580	438	1199	968	812	689	621	506	374
10	166	1389	1129	953	815	738	609	459	1260	1017	853	724	653	532	393
20	170	1455	1183	999	853	773	638	481	1321	1067	895	759	684	558	412
30	174	1521	1237	1044	892	808	667	503	1382	1116	936	794	716	584	432
40	177	1588	1290	1090	931	844	696	525	1443	1166	978	830	748	610	451
2,50	181	1654	1344	1135	970	878	724	547	1504	1215	1019	865	780	635	470
60	185	1720	1398	1180	1009	914	753	569	1565	1264	1060	900	811	661	489
70	188	1786	1452	1226	1047	949	782	591	1626	1314	1102	935	843	687	508
80	192	1852	1505	1271	1086	984	811	612	1687	1363	1143	970	875	713	527
90	195	1919	1559	1316	1125	1019	840	634	1749	1413	1185	1005	906	739	546
3,00	198	1984	1613	1362	1164	1054	869	656	1810	1462	1226	1041	938	765	565
10	202	2051	1667	1407	1202	1089	898	678	1871	1511	1268	1076	969	790	584
20	205	2117	1720	1452	1241	1124	927	700	1932	1560	1309	1111	1001	816	603
30	208	2183	1774	1498	1280	1159	956	722	1993	1610	1350	1146	1033	842	622
40	211	2249	1828	1543	1319	1194	985	744	2054	1659	1392	1181	1065	868	641
3,50	214	2315	1882	1589	1358	1230	1014	766	2115	1709	1433	1216	1096	894	661
60	217	2381	1936	1634	1396	1265	1043	788	2177	1758	1475	1251	1128	919	680
70	220	2447	1989	1679	1435	1300	1072	810	2238	1807	1516	1286	1160	945	699
80	223	2513	2043	1725	1474	1335	1101	832	2299	1857	1557	1321	1191	971	718
90	226	2579	2097	1770	1513	1370	1130	854	2360	1906	1599	1356	1223	997	737
4,00	229	2646	2150	1816	1552	1405	1159	875	2421	1955	1640	1392	1254	1023	756
10	232	2712	2204	1861	1590	1440	1188	897	2482	2005	1682	1427	1286	1049	775
20	235	2778	2258	1906	1629	1476	1217	919	2543	2054	1723	1462	1318	1074	794
30	237	2844	2312	1952	1668	1511	1246	941	2605	2103	1764	1497	1350	1100	813
40	240	2910	2366	1997	1707	1546	1275	963	2666	2153	1806	1532	1382	1126	832
4,50	243	2976	2419	2043	1746	1581	1304	985	2727	2202	1847	1567	1413	1152	851
60	246	3043	2473	2088	1784	1616	1333	1007	2788	2252	1889	1603	1445	1178	870
70	248	3109	2527	2133	1823	1651	1362	1029	2849	2301	1930	1638	1476	1203	890
80	251	3175	2581	2179	1862	1686	1391	1050	2910	2350	1971	1673	1508	1229	909
90	253	3241	2635	2224	1901	1721	1420	1072	2971	2400	2013	1708	1540	1255	928
5,00	256	3307	2688	2269	1939	1757	1449	1094	3033	2449	2054	1743	1571	1281	947
20	261	3440	2796	2360	2017	1827	1507	1138	3155	2548	2137	1814	1634	1333	985
40	266	3572	2903	2451	2095	1897	1565	1182	3277	2646	2220	1884	1698	1384	1023
60	271	3704	3011	2542	2172	1967	1623	1225	3399	2745	2303	1954	1761	1436	1061
80	276	3836	3118	2633	2250	2037	1681	1269	3522	2844	2386	2025	1824	1488	1100
6,00	281	3969	3226	2723	2327	2108	1738	1313	3644	2942	2468	2095	1888	1540	1138
20	285	4101	3333	2814	2405	2178	1796	1357	3766	3041	2551	2165	1951	1591	1176
40	290	4234	3441	2905	2483	2249	1854	1400	3889	3140	2634	2236	2014	1643	1214
60	294	4366	3548	2296	2560	2319	1912	1444	4011	3239	2717	2306	2078	1695	1252
80	299	4498	3656	3087	2638	2389	1970	1488	4133	3337	2800	2376	2141	1746	1291
7,00	303	4630	3763	3177	2715	2459	2028	1532	4255	3436	2883	2446	2205	1798	1329
		Für gewöhnliche Maschinen:							Für exacte Maschinen:						
$C_i' =$		13,9	11,9	10,9	10,3	10,0	9,6	9,2	13,1	11,1	10,1	9,5	9,4	8,6	8,4
$xC_i'' =$		12,4	11,2	10,8	10,8	10,9	11,3	12,5	10,5	9,5	9,2	9,2	9,2	9,6	10,6

Rechte Spalte: $c_i''' \text{ u. } C_i$ (Kgr.) — $2C_i''' = 0{,}7$ bis $0{,}5$ (exact $0{,}4$ bis $0{,}3$), $C_i \lessgtr 15{,}0$ bei $\frac{l_i}{l} = 0{,}3$, wenn $c \gtrless 2{,}7$ m.

Sehr grosse Auspuff-Maschinen mit Coulissen-Steuerung (nach Gooch, Stephenson …).

Abs. Adm. Sp. $p = 8$ Kgr. od. Atm.

Wirksame Kolbenfläche O Qu.Met.	Kolben-Durchmesser D Centm.	Füllung $\frac{l}{l}$ 0,7	0,5	0,4	0,333	0,3	0,25	0,20	Füllung $\frac{l}{l}$ 0,7	0,5	0,4	0,333	0,3	0,25	0,20
		Indicirte Leistung $\frac{N_i}{c}$ in Pferdekraft							Netto-Leistung $\frac{N_n}{c}$ in Pferdekraft						
		pro 1 Meter Kolbengeschwindigkeit													
1,00	115	777	636	542	467	426	355	271	695	567	480	411	373	308	232
05	117	815	668	569	490	447	373	285	731	596	504	432	392	324	244
10	120	854	700	596	514	468	390	299	767	635	529	454	412	340	256
15	123	893	732	623	537	490	408	312	803	664	554	475	431	356	268
20	125	932	764	650	560	511	426	326	838	693	578	496	450	372	280
1,25	128	971	795	677	583	532	443	340	874	723	603	517	469	388	292
30	131	1009	827	704	607	553	461	353	910	752	628	538	488	404	304
35	133	1048	859	731	630	575	479	367	946	781	652	560	508	420	316
40	135	1087	891	758	653	596	497	380	982	810	677	581	527	436	328
45	138	1126	923	786	677	617	514	394	1017	829	702	602	546	452	340
1,50	140	1165	955	812	700	638	532	407	1053	858	727	623	565	467	351
55	143	1204	986	840	724	660	550	421	1089	888	751	644	585	483	363
60	145	1242	1018	867	747	681	568	434	1125	917	776	665	604	499	375
65	147	1281	1050	894	770	702	586	448	1161	946	801	687	623	515	387
70	149	1320	1082	921	794	724	603	462	1196	975	825	708	642	531	399
1,75	151	1359	1114	948	817	745	621	475	1232	1004	850	729	661	547	411
80	154	1398	1145	975	840	766	639	489	1268	1034	875	750	681	563	423
85	156	1436	1177	1002	864	788	656	502	1304	1063	899	771	700	579	435
90	158	1475	1209	1029	887	809	674	516	1340	1092	924	793	719	594	447
95	160	1514	1241	1056	910	830	692	530	1375	1121	949	814	738	610	459
2,00	162	1553	1273	1083	934	851	710	543	1411	1150	974	835	758	626	471
10	166	1631	1336	1137	981	894	745	570	1483	1209	1023	877	796	658	495
20	170	1708	1400	1192	1027	936	781	597	1555	1268	1073	920	835	690	519
30	174	1786	1464	1246	1074	979	816	625	1627	1326	1123	962	873	722	543
40	177	1864	1527	1300	1120	1022	852	652	1699	1385	1172	1005	912	754	567
2,50	181	1941	1591	1354	1167	1064	887	679	1771	1444	1222	1048	951	786	591
60	185	2019	1655	1408	1214	1107	923	706	1843	1502	1272	1090	989	817	615
70	188	2097	1718	1462	1261	1149	958	733	1915	1561	1321	1133	1028	849	639
80	192	2174	1782	1517	1307	1192	994	760	1987	1620	1371	1175	1066	881	663
90	195	2252	1845	1571	1354	1234	1029	788	2059	1679	1421	1218	1105	913	687
3,00	198	2330	1909	1625	1401	1277	1065	814	2131	1737	1470	1260	1144	945	711
10	202	2407	1973	1679	1448	1319	1100	842	2203	1796	1520	1303	1183	977	735
20	205	2485	2036	1733	1494	1362	1136	869	2275	1854	1569	1345	1221	1009	759
30	208	2563	2100	1787	1541	1405	1171	896	2347	1913	1619	1388	1260	1041	783
40	211	2640	2164	1842	1588	1447	1207	923	2419	1972	1668	1431	1298	1073	807
3,50	214	2718	2227	1896	1634	1490	1242	950	2491	2030	1718	1473	1337	1105	831
60	217	2796	2291	1950	1681	1532	1278	977	2563	2089	1768	1516	1376	1137	855
70	220	2874	2354	2004	1728	1575	1313	1004	2635	2148	1817	1558	1414	1169	879
80	223	2951	2418	2058	1774	1618	1349	1031	2707	2206	1867	1601	1453	1201	903
90	226	3029	2482	2113	1821	1660	1384	1058	2779	2265	1916	1644	1491	1232	927
4,00	229	3106	2546	2166	1868	1702	1420	1086	2851	2323	1966	1686	1530	1265	951
10	232	3184	2609	2221	1914	1745	1455	1113	2923	2382	2016	1728	1569	1296	975
20	235	3262	2673	2275	1961	1788	1491	1140	2995	2441	2066	1771	1608	1328	999
30	237	3339	2736	2329	2008	1830	1526	1167	3067	2499	2116	1814	1646	1360	1023
40	240	3417	2800	2383	2055	1873	1562	1194	3139	2558	2165	1856	1685	1392	1047
4,50	243	3495	2864	2437	2101	1915	1597	1221	3211	2617	2215	1899	1723	1424	1071
60	246	3572	2927	2492	2148	1958	1633	1249	3283	2676	2265	1941	1762	1456	1095
70	248	3650	2991	2546	2195	2001	1668	1276	3355	2734	2314	1984	1801	1488	1119
80	251	3728	3054	2600	2241	2043	1704	1303	3427	2793	2364	2027	1839	1520	1143
90	253	3805	3118	2654	2288	2086	1739	1330	3499	2852	2414	2069	1878	1552	1167
5,00	256	3883	3182	2708	2335	2128	1775	1357	3570	2910	2463	2112	1917	1584	1191
20	261	4038	3309	2816	2428	2213	1846	1412	3714	3027	2562	2197	1994	1648	1239
40	266	4193	3436	2925	2521	2298	1917	1466	3858	3145	2662	2282	2071	1712	1287
60	271	4349	3564	3033	2615	2384	1988	1520	4002	3262	2761	2367	2149	1776	1335
80	276	4504	3691	3142	2708	2469	2059	1574	4146	3379	2860	2452	2226	1839	1383
6,00	281	4659	3818	3250	2802	2554	2130	1629	4290	3497	2959	2537	2303	1903	1431
20	285	4814	3946	3358	2895	2639	2201	1683	4434	3614	3059	2622	2381	1967	1479
40	290	4970	4073	3466	2988	2724	2272	1738	4578	3731	3158	2707	2458	2031	1527
60	294	5125	4200	3575	3082	2809	2343	1792	4722	3848	3257	2792	2535	2095	1575
80	299	5280	4328	3683	3175	2894	2414	1846	4866	3966	3357	2877	2613	2159	1623
7,00	303	5436	4455	3791	3269	2979	2485	1900	5010	4083	3456	2963	2690	2222	1671
$C_i' =$	Für gewöhnliche Maschinen:	13,5	11,5	10,6	10,0	9,6	9,2	8,8	Für exacte Maschinen: 12,7	10,7	9,8	9,2	8,8	8,4	8,0 $= C_i'$
$2\,C_i'' =$		12,4	11,1	10,6	10,5	10,5	10,8	11,8	10,5	9,4	9,0	8,9	8,9	9,2	10,0 $= 2\,C_i''$

$C_i''' \text{ u. } C_i$ — Kgr.

$2\,C_i''' = 0,6$ bis $0,5$ (exact $0,4$ bis $0,3$), $C_i \lessgtr 14,1$ bei $\frac{l}{l} = 0,3$, wenn $c \ngtr 2,9$ m.

Sehr grosse Auspuff-Maschinen mit Coulissen-Steuerung (nach Gooch, Stephenson ...).

Abs. Adm. Sp. $p = 9$ Kgr. od. Atm.

Wirksame Kolbenfläche O Qu.Met.	Kolben-Durchmesser D Centm.	Füllung $\frac{l_i}{l}$ — Indicirte Leistung $\frac{N_i}{c}$ in Pferdekraft (pro 1 Meter Kolbengeschwindigkeit) 0,7	0,5	0,4	0,333	0,3	0,25	0,20	Füllung $\frac{l_i}{l}$ — Netto-Leistung $\frac{N_n}{c}$ in Pferdekraft (pro 1 Meter Kolbengeschwindigkeit) 0,7	0,5	0,4	0,333	0,3	0,25	0,20	C'''_i u. C_i Kgr.
1,00	115	891	735	629	546	500	420	324	800	656	559	483	440	367	279	
05	117	936	772	661	573	525	441	340	841	690	588	508	463	386	294	
10	120	981	809	693	601	550	462	357	882	724	617	533	486	405	308	
15	123	1025	846	724	628	575	483	373	923	758	646	558	509	424	322	
20	125	1070	882	756	655	600	504	389	964	791	674	582	531	443	337	
1,25	128	1115	919	787	683	625	525	405	1006	825	703	607	554	462	351	
30	131	1159	956	819	710	650	546	421	1047	859	732	632	577	481	366	
35	133	1204	993	850	737	675	567	438	1088	893	761	657	599	499	380	
40	135	1248	1030	882	765	700	588	454	1129	927	790	682	622	518	394	
45	138	1293	1066	913	792	725	609	470	1170	960	818	707	645	537	409	
1,50	140	1337	1103	944	819	750	630	486	1211	994	847	732	667	556	423	
55	143	1382	1139	976	847	775	651	502	1253	1028	876	756	690	575	437	
60	145	1426	1176	1007	874	800	672	519	1294	1062	905	781	713	594	452	
65	147	1471	1213	1039	901	825	693	535	1335	1095	934	806	735	613	466	
70	149	1516	1250	1070	928	850	714	551	1376	1129	963	831	758	632	481	
1,75	151	1560	1287	1102	956	875	735	567	1417	1163	991	856	781	651	495	
80	154	1605	1323	1133	983	900	756	583	1459	1197	1020	881	803	670	509	
85	156	1649	1360	1165	1010	925	777	600	1500	1231	1049	906	826	689	524	
90	158	1694	1397	1196	1038	950	798	616	1541	1264	1078	931	849	707	538	
95	160	1739	1434	1228	1065	975	819	632	1582	1298	1107	956	872	726	553	
2,00	162	1783	1470	1259	1092	1000	840	648	1623	1332	1135	980	894	745	567	
10	166	1872	1544	1322	1147	1050	882	681	1706	1400	1193	1030	940	783	596	
20	170	1961	1617	1385	1202	1100	924	713	1789	1468	1251	1080	985	821	624	
30	174	2051	1691	1448	1256	1150	966	746	1872	1536	1309	1130	1031	859	653	
40	177	2140	1764	1511	1311	1200	1008	778	1954	1604	1367	1180	1076	897	682	
2,50	181	2229	1838	1574	1365	1250	1050	810	2037	1671	1425	1230	1122	935	711	
60	185	2318	1911	1637	1420	1300	1092	843	2120	1739	1483	1280	1168	973	740	
70	188	2407	1985	1700	1475	1350	1134	875	2203	1807	1541	1330	1213	1011	769	
80	192	2496	2059	1763	1529	1400	1176	908	2286	1875	1599	1380	1259	1049	798	
90	195	2586	2132	1826	1584	1450	1218	940	2368	1943	1656	1430	1304	1087	827	
3,00	198	2674	2205	1888	1638	1500	1260	972	2451	2011	1714	1480	1350	1125	856	
10	202	2764	2279	1951	1693	1550	1302	1005	2534	2079	1772	1530	1395	1163	885	
20	205	2853	2352	2014	1748	1600	1344	1037	2617	2147	1830	1580	1441	1201	913	
30	208	2942	2426	2077	1802	1650	1386	1070	2699	2215	1888	1630	1487	1239	942	
40	211	3031	2499	2140	1857	1700	1428	1102	2782	2283	1946	1680	1532	1277	971	
3,50	214	3120	2573	2203	1911	1750	1470	1134	2865	2351	2004	1730	1578	1315	1000	
60	217	3209	2646	2266	1966	1800	1512	1167	2948	2419	2062	1780	1623	1353	1029	
70	220	3298	2720	2329	2021	1850	1554	1199	3031	2487	2120	1830	1669	1391	1058	
80	223	3387	2793	2392	2075	1900	1596	1232	3113	2554	2178	1880	1715	1429	1087	
90	226	3476	2867	2455	2130	1950	1638	1264	3196	2622	2235	1930	1760	1467	1116	
4,00	229	3566	2940	2518	2185	2000	1680	1297	3279	2691	2293	1980	1806	1505	1145	
10	232	3655	3014	2581	2239	2050	1722	1329	3362	2758	2351	2030	1851	1543	1174	
20	235	3744	3087	2644	2294	2100	1764	1361	3444	2826	2409	2080	1897	1581	1202	
30	237	3833	3161	2707	2348	2150	1806	1394	3527	2894	2467	2130	1943	1619	1231	
40	240	3922	3234	2770	2403	2200	1848	1426	3610	2962	2525	2180	1988	1657	1260	
4,50	243	4011	3308	2832	2458	2250	1890	1459	3693	3030	2583	2230	2034	1695	1289	
60	246	4101	3381	2895	2512	2300	1932	1491	3776	3098	2641	2280	2079	1733	1318	
70	248	4190	3455	2958	2567	2350	1974	1523	3858	3166	2699	2330	2125	1771	1347	
80	251	4279	3528	3021	2621	2400	2016	1556	3941	3234	2756	2380	2171	1809	1376	
90	253	4368	3602	3084	2676	2450	2058	1588	4024	3302	2814	2430	2216	1847	1405	
5,00	256	4457	3675	3147	2731	2499	2100	1621	4107	3370	2872	2480	2262	1885	1434	
20	261	4636	3822	3273	2840	2599	2184	1685	4272	3506	2988	2580	2353	1961	1491	
40	266	4814	3969	3399	2949	2699	2268	1750	4438	3642	3104	2680	2444	2037	1549	
60	271	4992	4116	3525	3058	2799	2352	1815	4604	3778	3220	2780	2535	2113	1607	
80	276	5170	4263	3651	3167	2899	2436	1880	4769	3914	3336	2880	2627	2189	1665	
6,00	281	5349	4411	3777	3277	2999	2520	1945	4935	4049	3451	2980	2718	2265	1723	
20	285	5527	4558	3903	3386	3099	2604	2010	5100	4185	3567	3080	2809	2341	1780	
40	290	5706	4705	4029	3495	3199	2688	2074	5266	4321	3683	3180	2900	2417	1838	
60	294	5884	4852	4155	3604	3299	2772	2139	5432	4457	3799	3280	2991	2493	1896	
80	299	6062	4999	4281	3714	3399	2856	2204	5597	4593	3915	3380	3083	2569	1954	
7,00	303	6240	5146	4406	3823	3499	2940	2269	5763	4729	4031	3480	3174	2646	2012	
Für gewöhnliche Maschinen:									Für exacte Maschinen:							
$C'_i =$		13,1	11,2	10,3	9,7	9,4	8,9	8,5	12,3	10,4	9,5	8,9	8,6	8,1	7,7	$= C'_i$
$xC''_i =$		12,3	11,0	10,5	10,3	10,3	10,5	11,	10,5	9,3	8,9	8,7	8,7	8,9	9,6	$= xC''_i$

$2C'''_i = 0{,}6$ bis $0{,}4$ (exact $0{,}3$ bis $0{,}2$), $C_i \lessgtr 13{,}4$ bei $\frac{l_i}{l} = 0{,}25$, wenn $c = 3$ m.

Sehr grosse Auspuff-Maschinen mit Coulissen-Steuerung (nach Gooch, Stephenson...).

Abs. Adm. Sp. $p = \mathbf{10}$ Kgr. od. Atm.

Wirksame Kolbenfläche	Kolben-Durchmesser	Füllung $\frac{l_1}{l}$							Füllung $\frac{l_1}{l}$							C_i''' u. C_i
		0,7	0,5	0,4	0,333	0,3	0,25	0,20	0,7	0,5	0,4	0,333	0,3	0,25	0,20	
O	D	Indicirte Leistung $\frac{N_i}{c}$ in Pferdekraft							Netto-Leistung $\frac{N_n}{c}$ in Pferdekraft							
Qu.Met.	Centm.	pro 1 Meter Kolbengeschwindigkeit														Kgr.
1,00	115	1007	834	717	625	574	485	377	904	746	639	555	508	426	327	
05	117	1057	876	753	657	603	510	396	951	784	672	583	534	448	344	
10	120	1107	917	789	688	632	534	415	998	823	705	612	560	470	360	
15	123	1157	959	825	719	660	558	433	1044	861	738	640	587	492	377	
20	125	1208	1001	861	750	689	582	452	1091	900	771	669	613	514	394	
1,25	128	1258	1042	897	782	718	607	471	1137	938	804	698	639	536	411	
30	131	1308	1084	933	813	747	631	490	1184	976	836	726	665	558	428	
35	133	1359	1126	969	844	775	655	509	1231	1015	869	755	691	580	444	
40	135	1409	1168	1004	876	804	680	527	1277	1053	902	783	718	602	461	
45	138	1459	1209	1040	907	833	704	546	1324	1092	935	812	744	624	478	
1,50	140	1510	1251	1076	938	861	728	565	1370	1130	968	840	770	646	495	
55	143	1560	1293	1112	969	890	752	584	1417	1169	1001	869	796	668	512	
60	145	1610	1334	1148	1000	919	776	603	1463	1207	1034	897	822	690	529	
65	147	1661	1376	1184	1032	948	801	622	1510	1245	1067	926	848	711	546	
70	149	1711	1418	1219	1063	976	825	641	1557	1284	1100	955	874	733	562	
1,75	151	1761	1459	1255	1094	1005	849	659	1603	1322	1133	983	901	755	579	
80	154	1812	1501	1291	1126	1034	874	678	1650	1361	1166	1012	927	777	596	
85	156	1862	1543	1327	1157	1062	898	697	1696	1399	1198	1040	953	799	613	
90	158	1912	1584	1363	1188	1091	922	716	1743	1437	1231	1069	979	821	630	
95	160	1963	1626	1399	1220	1120	947	735	1790	1476	1264	1098	1005	843	646	
2,00	162	2013	1668	1434	1250	1149	970	754	1836	1514	1297	1126	1031	865	664	
10	166	2114	1751	1506	1313	1206	1019	792	1930	1592	1363	1183	1084	909	697	
20	170	2214	1835	1578	1376	1263	1068	829	2023	1669	1430	1241	1136	953	731	
30	174	2315	1918	1650	1438	1321	1116	867	2117	1746	1496	1298	1189	997	765	
40	177	2416	2001	1722	1501	1378	1165	904	2210	1823	1562	1355	1241	1042	799	
2,50	181	2516	2085	1793	1563	1436	1213	942	2304	1900	1628	1413	1294	1086	833	
60	185	2617	2168	1865	1626	1493	1262	980	2398	1978	1694	1470	1347	1130	866	
70	188	2718	2252	1937	1688	1551	1310	1018	2491	2055	1761	1528	1399	1174	900	
80	192	2818	2335	2008	1751	1608	1359	1055	2585	2132	1827	1585	1452	1218	934	
90	195	2919	2418	2080	1813	1665	1407	1093	2678	2209	1893	1642	1504	1262	968	
3,00	198	3020	2502	2152	1876	1723	1456	1131	2772	2287	1959	1700	1557	1306	1002	
10	202	3120	2585	2223	1938	1780	1504	1169	2866	2364	2025	1757	1609	1350	1036	
20	205	3221	2668	2295	2001	1838	1553	1206	2960	2441	2091	1815	1662	1395	1070	
30	208	3322	2752	2367	2063	1895	1601	1244	3053	2518	2157	1872	1715	1439	1103	
40	211	3422	2835	2438	2126	1952	1650	1282	3147	2596	2224	1930	1767	1483	1137	
3,50	214	3523	2919	2510	2188	2010	1698	1319	3240	2673	2290	1987	1820	1527	1171	
60	217	3624	3002	2582	2251	2067	1747	1357	3334	2750	2356	2044	1872	1571	1205	
70	220	3725	3085	2654	2313	2125	1795	1395	3428	2827	2422	2102	1925	1615	1239	
80	223	3825	3169	2725	2376	2182	1844	1432	3521	2904	2488	2159	1978	1659	1272	
90	226	3926	3252	2797	2438	2239	1892	1470	3615	2982	2555	2217	2030	1703	1306	
4,00	229	4026	3336	2869	2501	2297	1941	1508	3709	3059	2620	2274	2083	1748	1340	
10	232	4127	3419	2941	2563	2355	1989	1545	3802	3136	2687	2332	2135	1792	1374	
20	235	4228	3502	3012	2626	2412	2038	1583	3896	3214	2753	2389	2188	1836	1408	
30	237	4328	3586	3084	2688	2469	2086	1621	3990	3291	2819	2446	2240	1880	1442	
40	240	4429	3669	3156	2751	2527	2135	1659	4083	3368	2885	2504	2293	1924	1475	
4,50	243	4530	3753	3227	2813	2584	2183	1696	4177	3445	2951	2561	2346	1968	1509	
60	246	4630	3836	3299	2876	2642	2232	1734	4270	3522	3018	2619	2398	2012	1543	
70	248	4731	3919	3371	2938	2699	2280	1772	4364	3600	3084	2676	2451	2056	1577	
80	251	4832	4003	3442	3001	2756	2329	1809	4458	3677	3150	2733	2503	2100	1611	
90	253	4932	4086	3514	3063	2814	2377	1847	4551	3754	3216	2791	2556	2144	1644	
5,00	256	5033	4169	3586	3126	2871	2426	1885	4645	3832	3282	2848	2608	2189	1679	
20	261	5234	4336	3729	3251	2986	2523	1960	4833	3986	3414	2963	2714	2277	1746	
40	266	5435	4503	3873	3376	3101	2620	2035	5020	4141	3547	3078	2819	2365	1814	
60	271	5637	4670	4016	3501	3216	2717	2111	5207	4295	3679	3193	2924	2454	1882	
80	276	5838	4837	4160	3626	3331	2814	2186	5394	4450	3811	3308	3029	2542	1949	
6,00	281	6039	5003	4303	3751	3446	2911	2262	5582	4604	3943	3422	3134	2630	2017	
20	285	6240	5170	4447	3876	3561	3008	2337	5769	4759	4076	3537	3240	2719	2085	
40	290	6442	5337	4590	4001	3676	3105	2412	5956	4913	4208	3652	3345	2807	2153	
60	294	6643	5504	4733	4126	3790	3202	2488	6144	5068	4340	3767	3450	2895	2220	
80	299	6844	5671	4877	4251	3905	3299	2563	6331	5222	4473	3882	3555	2984	2288	
7,00	303	7046	5837	5020	4376	4020	3396	2639	6518	5376	4605	3997	3660	3071	2355	
		Für gewöhnliche Maschinen:							Für exacte Maschinen:							
	$C_i' =$	12,9	11,0	10,1	9,4	9,1	8,7	8,3	12,1	10,2	9,3	8,6	8,3	7,9	7,5	$= C_i'$
	$xC_i'' =$	12,3	10,9	10,4	10,1	10,1	10,2	11,0	10,5	9,2	8,8	8,6	8,6	8,7	9,3	$= xC_i''$

$2C_i''' = 0,6$ bis $0,4$ (exact $0,3$ bis $0,2$), $C_i \gtreqless 13,0$ bei $\frac{l_1}{l} = 0,25$, wenn $c \lesseqgtr 3,2$ m.

II. Serie. B′.

Sehr grosse Auspuff-Maschinen mit Expansions-Steuerung (mit Hemd).

Abs. Adm. Sp. $p = 3$ Kgr. od. Atm.

Indicirte Leistung $\frac{N_i}{c}$ in Pferdekraft; Netto-Leistung $\frac{N_n}{c}$ in Pferdekraft; pro 1 Meter Kolbengeschwindigkeit.

Wirksame Kolbenfläche O Qu.Met.	Kolben-Durchmesser D Centm.	Füllung $\frac{l}{t}$ 0,8	0,7	0,6	0,5	0,4	0,333	0,3	Füllung $\frac{l}{t}$ 0,8	0,7	0,6	0,5	0,4	0,333	0,3	Subtr. Compr. Lstg. pro $c=1$ m Pfdk.
1,00	115	228	217	200	177	148	123	110	198	187	172	151	124	102	89	·
05	117	240	228	210	186	155	130	115	208	197	181	159	130	107	94	·
10	120	251	238	220	195	163	136	121	218	206	190	167	137	112	98	·
15	123	263	249	230	204	170	142	126	228	216	198	175	143	117	103	·
20	125	274	260	240	213	177	148	132	239	226	207	182	150	123	108	·
1,25	128	285	271	250	222	185	155	137	249	235	216	190	156	128	112	·
30	131	297	282	260	231	192	161	142	259	245	225	198	162	133	117	·
35	133	308	292	270	240	200	167	148	269	254	234	206	169	138	122	·
40	135	320	303	280	249	207	173	154	279	264	243	214	175	143	126	·
45	138	331	314	290	257	214	179	159	289	274	252	221	182	149	131	·
1,50	140	342	325	300	266	222	185	165	300	284	260	229	188	154	135	·
55	143	354	336	310	275	229	191	170	310	293	269	237	194	159	140	·
60	145	365	347	320	284	236	198	176	320	303	278	245	201	165	144	·
65	147	377	357	330	293	244	204	181	330	312	287	252	207	170	149	·
70	149	388	368	340	302	251	210	187	341	322	296	260	213	175	153	·
1,75	151	399	379	350	311	259	216	192	351	332	305	268	220	180	158	·
80	154	411	390	360	319	266	222	198	361	341	314	276	226	185	163	·
85	156	422	401	370	328	273	229	203	371	351	323	284	233	191	167	·
90	158	434	411	380	337	280	235	209	381	360	331	291	239	196	172	·
95	160	445	422	390	346	288	241	214	392	370	340	299	245	201	176	·
2,00	162	457	433	400	355	296	247	219	402	380	349	307	252	206	181	·
10	166	479	455	420	373	310	259	230	422	399	366	322	264	217	190	·
20	170	502	477	440	390	325	272	241	443	419	384	338	277	227	199	·
30	174	525	498	460	408	340	284	252	463	438	402	354	290	238	208	·
40	177	548	520	480	426	355	297	263	484	458	420	369	303	248	218	·
2,50	181	571	542	500	443	369	309	274	504	477	438	385	316	259	227	·
60	185	594	563	520	461	384	321	285	525	496	455	400	328	269	236	·
70	188	617	585	540	479	399	334	296	545	516	473	416	341	280	245	·
80	192	639	607	560	497	414	346	307	566	535	491	432	354	290	254	·
90	195	662	628	580	515	429	358	318	586	555	509	447	367	301	264	·
3,00	198	685	650	600	532	443	370	329	606	574	526	463	380	312	273	·
10	202	708	672	620	550	458	383	340	627	593	544	479	393	322	282	·
20	205	730	693	640	567	473	395	351	647	613	562	494	405	333	291	·
30	208	753	715	660	585	488	407	362	668	632	580	510	418	343	301	·
40	211	776	737	680	603	502	420	373	688	651	598	526	431	354	310	·
3,50	214	800	759	700	621	517	432	384	709	671	615	541	444	364	319	·
60	217	822	780	720	638	532	444	395	729	690	633	557	457	375	328	·
70	220	844	802	740	656	547	457	406	750	710	651	572	469	385	337	·
80	223	867	824	760	674	562	469	417	770	729	669	588	482	396	347	·
90	226	890	845	780	691	576	481	428	791	747	687	604	495	406	356	·
4,00	229	913	867	800	709	591	494	439	811	767	704	619	508	417	365	·
10	232	936	888	820	727	606	506	450	832	787	722	635	521	427	374	·
20	235	959	910	840	745	621	519	461	852	806	740	651	534	438	384	·
30	237	982	932	860	762	635	531	472	873	826	758	666	547	448	393	·
40	240	1004	954	880	780	650	543	483	893	845	775	682	559	459	402	·
4,50	243	1027	975	900	798	665	555	494	914	864	793	697	572	469	411	·
60	246	1050	997	920	816	680	567	505	934	884	811	713	585	480	420	·
70	248	1073	1019	940	833	695	580	516	955	903	829	729	598	490	430	·
80	251	1096	1040	960	851	709	592	527	975	923	847	744	611	501	439	·
90	253	1118	1062	980	869	724	604	538	996	942	864	760	623	511	448	·
5,00	256	1141	1083	999	887	739	616	549	1016	961	882	776	636	522	457	·
20	261	1187	1127	1039	922	768	641	571	1057	1000	918	807	662	543	476	·
40	266	1233	1170	1079	957	798	666	593	1098	1039	953	838	688	564	494	·
60	271	1278	1214	1119	993	827	690	615	1139	1078	989	870	714	585	513	·
80	276	1324	1257	1159	1028	857	715	637	1180	1116	1024	901	739	607	531	·
6,00	281	1370	1300	1199	1064	886	740	658	1221	1155	1060	932	765	628	549	·
20	285	1415	1343	1239	1099	916	765	680	1262	1194	1096	964	791	649	568	·
40	290	1461	1387	1279	1135	945	789	702	1303	1233	1131	995	816	670	586	·
60	294	1507	1430	1319	1170	975	814	724	1344	1272	1167	1026	842	691	605	·
80	299	1553	1473	1359	1206	1004	839	746	1385	1310	1202	1058	868	712	623	·
7,00	303	1598	1517	1399	1241	1034	863	768	1425	1349	1238	1089	893	733	642	·
*$C_i' =$		20,2	18,7	17,3	16,3	15,6	15,6	15,8	19,5	18,0	16,6	15,6	14,9	14,9	15,1	$= C_i'$
*$xC_i'' =$		12,9	12,0	11,2	10,7	10,5	10,7	10,9	10,9	10,2	9,6	9,1	8,9	9,1	9,2	$= xC_i''$

* Für gewöhnliche Maschinen. † Für exacte Maschinen.

$2C_i''' = 1,4$ bis $1,0$ (exact $0,7$ bis $0,5$), $C_i = 21,3$ bei $\frac{l}{t} = 0,4$, wenn $c \ngtr 1,8$ m.

Sehr grosse Auspuff-Maschinen mit Expansions-Steuerung (mit Hemd).

Abs. Adm. Sp. $p = 3\tfrac{1}{2}$ Kgr. od. Atm.

Wirksame Kolbenfläche O (Qu.Met.)	Kolben-Durchmesser D (Centm.)	Füllung $\frac{l_i}{l}$ — Indicirte Leistung $\frac{N_i}{c}$ in Pferdekraft							Füllung $\frac{l_i}{l}$ — Netto-Leistung $\frac{N_n}{c}$ in Pferdekraft							Subtr. Compr. Lstg. pro $c=1$m (Pfdk.)
		0,8	0,7	0,6	0,5	0,4	0,333	0,3	0,8	0,7	0,6	0,5	0,4	0,333	0,3	
1,00	115	292	278	259	232	198	170	154	255	243	225	201	169	143	129	4
05	117	307	292	272	244	208	178	161	269	255	237	211	178	151	135	4
10	120	321	306	285	256	218	187	169	282	268	248	222	187	158	142	4
15	123	336	320	298	267	228	195	177	295	280	260	232	195	165	148	4
20	125	350	334	310	279	238	204	184	308	293	272	242	204	173	155	5
1,25	128	365	348	323	290	248	212	192	321	305	283	253	213	180	162	5
30	131	380	362	336	302	257	221	200	335	318	295	263	222	188	168	5
35	133	394	376	349	314	267	229	208	348	330	306	274	230	195	175	5
40	135	409	390	362	325	277	238	215	361	343	318	284	239	202	181	5
45	138	423	403	375	337	287	246	223	374	355	330	294	248	210	188	6
1,50	140	438	417	388	349	297	254	230	387	368	341	304	257	217	195	6
55	143	452	431	401	360	307	263	238	400	381	353	315	265	224	201	6
60	145	467	445	414	372	317	271	246	413	393	364	325	274	232	208	6
65	147	482	459	427	383	327	280	254	427	406	376	336	283	239	215	6
70	149	496	473	440	395	337	288	261	440	418	387	346	291	247	221	7
1,75	151	511	487	453	407	347	297	269	453	431	399	356	300	254	228	7
80	154	525	501	466	418	356	305	277	466	443	411	367	309	261	234	7
85	156	540	515	479	430	366	314	284	479	456	422	377	317	269	241	7
90	158	555	529	491	441	376	322	292	493	468	434	388	326	276	248	7
95	160	569	543	504	453	386	331	300	506	481	445	398	335	284	254	8
2,00	162	584	557	518	465	396	339	307	519	493	457	408	344	291	261	8
10	166	613	584	543	488	416	356	323	545	518	480	429	361	306	274	8
20	170	642	612	569	511	436	373	338	571	544	504	449	379	320	288	8
30	174	671	640	595	534	455	390	353	598	569	527	470	396	335	301	9
40	177	701	668	621	558	475	407	369	624	594	550	491	414	350	314	9
2,50	181	730	696	647	581	495	424	384	651	619	573	512	431	365	328	10
60	185	759	724	673	604	515	441	399	677	644	597	533	449	380	341	10
70	188	788	751	699	627	535	458	415	703	670	620	553	466	394	354	11
80	192	817	779	724	651	554	475	430	730	695	643	574	484	409	367	11
90	195	847	807	750	674	574	492	446	756	720	667	595	501	424	381	11
3,00	198	876	835	776	697	594	509	461	783	745	690	616	519	439	394	12
10	202	905	863	802	720	614	526	476	809	770	713	636	537	454	407	12
20	205	934	890	828	744	634	543	492	836	795	737	657	554	469	421	12
30	208	963	918	854	767	653	560	507	862	820	760	678	572	484	434	13
40	211	992	946	880	790	673	577	522	889	845	783	699	589	498	447	13
3,50	214	1022	974	906	813	693	594	538	915	871	806	720	607	513	461	14
60	217	1051	1002	932	836	713	611	553	941	896	830	741	624	528	474	14
70	220	1080	1029	958	860	733	628	569	968	921	853	761	642	543	487	14
80	223	1109	1057	984	883	752	645	584	994	946	876	782	659	558	501	15
90	226	1138	1085	1010	906	772	662	599	1021	971	900	803	677	572	514	15
4,00	229	1168	1113	1035	930	792	678	614	1047	996	923	824	694	587	527	16
10	232	1197	1141	1061	953	812	695	630	1074	1021	946	844	712	602	541	16
20	235	1226	1169	1087	976	832	712	645	1100	1047	970	865	729	617	554	16
30	237	1255	1197	1113	999	851	729	661	1127	1072	993	886	747	632	567	17
40	240	1284	1224	1139	1022	871	746	676	1153	1097	1016	907	764	647	580	17
4,50	243	1314	1252	1165	1046	891	763	691	1179	1122	1039	928	782	661	594	18
60	246	1343	1280	1191	1069	911	780	707	1206	1147	1063	948	799	676	607	18
70	248	1372	1308	1217	1092	931	797	722	1232	1173	1086	969	817	691	620	18
80	251	1401	1336	1242	1115	950	814	738	1259	1198	1109	990	834	706	634	19
90	253	1430	1363	1268	1138	970	831	753	1285	1223	1133	1011	852	721	647	19
5,00	256	1459	1391	1294	1162	990	848	768	1312	1248	1156	1032	870	736	660	19
20	261	1518	1447	1346	1208	1030	882	799	1365	1298	1203	1073	905	765	687	20
40	266	1576	1503	1398	1255	1069	916	830	1418	1348	1249	1115	940	795	714	21
60	271	1635	1558	1449	1301	1109	950	860	1471	1399	1296	1156	975	825	740	22
80	276	1693	1614	1501	1348	1148	984	891	1523	1449	1342	1198	1010	854	767	23
6,00	281	1751	1670	1553	1394	1188	1018	922	1576	1499	1389	1240	1045	884	793	23
20	285	1810	1725	1605	1441	1228	1052	952	1629	1549	1436	1281	1080	914	820	24
40	290	1868	1781	1656	1487	1267	1085	983	1682	1600	1482	1323	1115	944	847	25
60	294	1927	1837	1708	1534	1307	1119	1014	1735	1650	1529	1364	1150	973	873	26
80	299	1985	1892	1760	1580	1346	1153	1044	1788	1700	1575	1406	1185	1003	900	26
7,00	303	2043	1948	1812	1627	1386	1187	1075	1841	1751	1622	1447	1220	1032	927	27
$C_i' =$		18,4	16,9	15,6	14,5	13,7	13,4	13,3	17,7	16,2	14,9	13,8	13,0	12,7	12,6	$= C_i'$
$xC_i'' =$		12,8	11,8	11,0	10,4	10,0	9,9	10,0	10,9	10,1	9,4	8,8	8,5	8,4	8,5	$= xC_i''$

Right-hand marginal note: $2C_i''' = 1,2$ bis $0,9$ (exact $0,6$ bis $0,5$), $C_i = 18,9$ bei $\frac{l_i}{l} = 0,4$, wenn $c \gtrless 1,9$ m.

* Für gewöhnliche Maschinen.   † Für exacte Maschinen.

Sehr grosse Auspuff-Maschinen mit Expansions-Steuerung (mit Hemd).

Abs. Adm. Sp. $p = 4$ Kgr. od. Atm.

Wirksame Kolbenfläche O Qu.Met.	Kolben-Durchmesser D Centm.	Füllung $\frac{l_1}{l}$ — Indicirte Leistung $\frac{N_i}{c}$ in Pferdekraft pro 1 Meter Kolbengeschwindigkeit							Füllung $\frac{l_1}{l}$ — Netto-Leistung $\frac{N_n}{c}$ in Pferdekraft pro 1 Meter Kolbengeschwindigkeit							Subtr Compr. Lstg. pro $c=1$ m Pfdk.
		0,8	0,6	0,5	0,4	0,333	0,3	0,25	0,8	0,6	0,5	0,4	0,333	0,3	0,25	
1,00	115	355	318	287	248	216	197	167	313	278	251	215	185	168	140	7
05	117	373	334	302	261	227	207	175	329	293	264	226	194	177	147	7
10	120	391	349	316	273	237	217	183	345	307	276	237	204	186	154	7
15	123	409	365	331	285	248	227	192	361	321	289	248	213	194	162	8
20	125	427	381	345	298	259	237	200	377	336	302	259	223	203	169	8
1,25	128	445	397	360	310	270	247	208	394	350	315	270	232	212	176	8
30	131	462	413	374	323	281	257	217	410	364	328	281	242	220	183	9
35	133	480	429	.388	335	291	267	225	426	379	341	292	251	229	190	9
40	135	498	445	403	347	302	277	233	442	393	354	303	261	238	198	9
45	138	516	461	417	360	313	287	242	458	407	367	315	270	246	205	10
1,50	140	533	476	431	372	324	296	250	474	422	380	325	280	255	212	10
55	143	551	492	446	385	334	306	259	490	436	393	336	290	263	219	10
60	145	569	508	460	397	345	316	267	506	450	406	347	299	272	226	10
65	147	587	524	474	409	356	326	275	523	465	418	358	309	281	234	11
70	149	604	540	489	422	367	336	283	539	479	431	370	318	290	241	11
1,75	151	622	556	503	434	378	346	292	555	493	444	381	328	298	248	11
80	154	640	572	518	447	388	356	300	571	508	457	392	337	307	255	12
85	156	658	588	532	459	399	366	308	587	522	470	403	347	316	262	12
90	158	676	604	546	471	410	375	317	603	536	483	414	356	324	270	12
95	160	693	620	561	484	421	385	325	619	551	496	425	366	333	277	13
2,00	162	711	635	575	496	432	395	334	635	565	509	436	375	341	284	13
10	166	747	667	604	521	453	415	350	668	594	535	458	394	359	299	14
20	170	782	699	633	546	475	435	367	700	623	561	480	413	376	313	14
30	174	818	731	661	571	496	454	383	733	652	587	502	433	393	328	15
40	177	853	762	690	596	518	474	400	765	680	612	524	452	411	342	16
2,50	181	889	794	719	620	539	494	417	797	709	638	547	471	428	357	16
60	185	924	826	748	645	561	514	434	830	738	664	569	490	446	371	17
70	188	960	858	776	670	583	533	460	862	767	690	591	509	463	386	18
80	192	996	889	805	695	604	553	477	895	796	716	613	528	480	400	18
90	195	1031	921	834	720	626	573	493	927	824	742	635	547	498	415	19
3,00	198	1066	953	862	744	647	592	500	960	853	768	658	567	515	429	20
10	202	1102	985	891	769	669	612	517	992	882	794	680	586	533	444	20
20	205	1137	1016	920	794	690	632	534	1024	911	820	702	605	550	458	21
30	208	1173	1048	949	819	712	652	541	1057	940	845	724	624	567	473	22
40	211	1208	1080	977	844	734	671	557	1089	969	871	747	643	585	487	22
3,50	214	1244	1112	1006	868	755	691	574	1122	997	897	769	662	602	502	23
60	217	1279	1144	1035	893	777	711	591	1154	1026	923	791	681	620	516	24
70	220	1315	1175	1063	918	798	730	607	1186	1055	949	813	700	637	531	24
80	223	1350	1207	1092	943	820	750	624	1219	1084	975	835	719	654	545	25
90	226	1386	1239	1121	968	842	770	641	1251	1113	1001	858	739	672	560	26
4,00	229	1422	1270	1150	993	863	790	667	1284	1142	1027	880	758	689	574	26
10	232	1457	1302	1179	1017	885	810	684	1316	1170	1053	902	777	707	588	27
20	235	1493	1334	1207	1042	906	829	701	1348	1199	1079	924	796	724	603	27
30	237	1528	1366	1236	1067	928	849	717	1381	1228	1104	946	815	741	617	28
40	240	1564	1398	1265	1092	949	869	734	1413	1257	1130	969	834	759	632	29
4,50	243	1599	1429	1293	1117	971	888	751	1446	1286	1156	991	853	776	646	29
60	246	1635	1461	1322	1141	993	908	767	1478	1314	1182	1013	873	794	661	30
70	248	1670	1493	1351	1166	1014	928	784	1510	1343	1208	1035	892	811	675	31
80	251	1706	1525	1380	1191	1036	948	801	1543	1372	1234	1057	911	828	690	31
90	253	1741	1557	1408	1216	1057	967	818	1575	1401	1260	1080	930	846	704	32
5,00	256	1777	1588	1437	1241	1079	987	834	1608	1430	1286	1102	949	863	719	33
20	261	1848	1652	1495	1290	1122	1027	867	1673	1488	1338	1146	988	898	748	34
40	266	1919	1715	1552	1340	1165	1066	901	1737	1545	1390	1191	1026	933	777	35
60	271	1990	1779	1610	1389	1208	1106	934	1802	1603	1442	1235	1064	968	806	37
80	276	2061	1842	1667	1439	1251	1145	968	1867	1661	1494	1280	1103	1002	835	38
6,00	281	2133	1906	1725	1489	1294	1185	1001	1932	1718	1546	1324	1141	1037	864	39
20	285	2204	1969	1782	1538	1337	1224	1034	1997	1776	1597	1368	1179	1072	893	41
40	290	2275	2033	1840	1588	1381	1264	1068	2061	1834	1649	1413	1217	1107	922	42
60	294	2346	2096	1897	1638	1424	1303	1101	2126	1892	1701	1457	1256	1142	951	43
80	299	2417	2160	1955	1687	1467	1343	1134	2191	1949	1753	1502	1294	1176	980	44
7,00	303	2488	2223	2012	1737	1510	1382	1167	2256	2007	1805	1546	1332	1211	1009	46
*{ $C_i' =$		17,3	14,6	13,5	12,6	12,1	12,0	11,9	16,6	13,9	12,8	11,9	11,4	11,3	11,2	$= C_i'$
{ $xC_i'' =$		12,7	10,9	10,2	9,7	9,5	9,4	9,6	10,8	9,3	8,7	8,2	8,0	8,0	8,1	$= xC_i''$ }†

Rightmost column heading: C_i''' u. C_i (Kgr.) — $2C_i''' = 1{,}1$ bis $0{,}8$ (exact $0{,}6$ bis $0{,}4$), $C_i = 17{,}0$ bei $\frac{l_1}{l} = 0{,}333$, wenn $c \gtrless 2$ m.

* Für gewöhnliche Maschinen.   † Für exacte Maschinen.

Sehr grosse Auspuff-Maschinen mit Expansions-Steuerung (mit Hemd).

Abs. Adm. Sp. $p = 4^{1}/_{2}$ Kgr. od. Atm.

Wirksame Kolbenfläche O Qu.Met.	Kolben-Durchmesser D Centm.	Füllung $\frac{l}{i}$							Füllung $\frac{l}{i}$							Subtr. Compr. Lstg. pro $c=1$ m Pfdk	C'''_i u. C'_i Kgr.
		Indicirte Leistung $\frac{N_i}{c}$ in Pferdekraft							Netto-Leistung $\frac{N_n}{c}$ in Pferdekraft								
		0,8	0,6	0,5	0,4	0,333	0,3	0,25	0,8	0,6	0,5	0,4	0,333	0,3	0,25		
1,00	115	419	377	343	298	262	241	207	371	332	301	260	227	208	176	10	
05	117	440	395	360	313	275	253	217	390	349	316	274	238	218	185	10	
10	120	461	414	377	328	288	265	228	409	366	332	287	250	229	194	11	
15	123	482	433	394	343	301	278	238	428	383	347	300	262	240	203	11	
20	125	503	452	411	358	314	290	248	447	400	363	314	273	250	213	12	
1,25	128	524	471	428	373	327	302	258	466	417	378	327	285	261	222	12	
30	131	545	489	445	388	341	314	269	485	434	394	341	297	272	231	13	
35	133	566	508	462	403	354	326	279	505	451	409	354	308	283	240	13	
40	135	587	527	480	418	367	338	289	524	469	425	367	320	293	249	14	
45	138	608	546	497	433	380	350	300	543	486	440	381	332	304	258	14	
1,50	140	629	565	514	448	393	362	310	562	503	456	394	343	315	267	15	
55	143	650	584	531	463	406	374	321	581	520	471	407	355	325	276	15	
60	145	671	602	548	477	419	386	331	600	537	487	421	367	336	285	16	
65	147	692	621	565	492	432	398	341	619	554	502	434	378	347	294	16	
70	149	713	640	582	507	445	410	352	638	571	518	448	390	357	303	17	
1,75	151	734	659	600	522	458	422	362	657	588	533	461	402	368	312	17	
80	154	755	678	617	537	471	434	372	676	605	549	474	413	379	322	18	
85	156	776	696	634	552	485	447	383	695	622	564	488	425	389	331	18	
90	158	797	715	651	567	498	459	393	715	639	580	501	437	400	340	19	
95	160	818	734	668	582	511	471	403	734	657	595	515	449	411	349	19	
2,00	162	838	753	685	597	524	482	414	753	673	610	528	460	421	358	20	
10	166	880	791	720	627	550	507	435	791	708	642	555	483	443	376	21	
20	170	922	828	754	656	576	531	455	829	742	673	582	507	464	394	22	
30	174	964	866	788	686	602	555	476	868	777	704	609	530	486	412	23	
40	177	1006	904	822	716	629	579	496	907	811	735	636	554	507	430	24	
2,50	181	1048	941	857	746	655	603	517	945	845	766	662	577	529	449	25	
60	185	1090	979	891	776	681	627	538	983	880	797	689	601	550	467	26	
70	188	1132	1017	925	806	707	651	559	1021	914	828	716	624	572	485	27	
80	192	1174	1054	959	836	733	676	579	1060	949	859	743	648	593	503	28	
90	195	1216	1092	994	865	760	700	600	1098	983	890	770	671	615	521	29	
3,00	198	1257	1130	1028	895	786	724	621	1137	1017	922	797	694	636	540	30	
10	202	1299	1167	1062	925	812	748	642	1175	1051	953	824	718	658	558	31	
20	205	1341	1205	1097	955	838	772	662	1213	1086	984	851	741	679	576	32	
30	208	1383	1243	1131	985	864	796	683	1252	1120	1015	878	765	701	595	33	
40	211	1425	1280	1165	1014	890	820	704	1290	1155	1046	905	788	722	613	34	
3,50	214	1467	1318	1200	1044	917	844	724	1329	1189	1077	932	812	744	631	35	
60	217	1509	1356	1234	1074	943	868	745	1367	1223	1108	959	835	765	649	36	
70	220	1551	1394	1268	1104	969	892	766	1405	1258	1139	986	859	787	667	37	
80	223	1592	1431	1302	1134	995	916	786	1444	1292	1171	1012	882	808	686	38	
90	226	1634	1469	1337	1164	1021	941	807	1482	1327	1202	1039	906	830	704	39	
4,00	229	1676	1506	1371	1194	1048	965	828	1520	1360	1233	1066	929	851	722	40	
10	232	1718	1544	1405	1223	1074	989	848	1559	1395	1264	1093	952	873	741	41	
20	235	1760	1582	1439	1253	1100	1013	869	1597	1429	1295	1120	976	894	759	42	
30	237	1802	1619	1474	1283	1126	1037	890	1636	1464	1326	1147	999	916	777	43	
40	240	1844	1657	1508	1313	1152	1061	910	1674	1498	1357	1174	1023	937	795	44	
4,50	243	1886	1695	1542	1343	1179	1085	931	1712	1532	1388	1201	1046	959	813	45	
60	246	1928	1732	1577	1372	1205	1109	952	1751	1567	1420	1228	1070	980	832	46	
70	248	1970	1770	1611	1402	1231	1134	973	1789	1601	1451	1255	1093	1002	850	47	
80	251	2012	1808	1645	1432	1257	1158	993	1828	1636	1482	1282	1117	1023	868	48	
90	253	2053	1845	1679	1462	1283	1182	1014	1866	1670	1513	1309	1140	1045	886	49	
5,00	256	2095	1883	1713	1492	1309	1206	1035	1904	1704	1544	1336	1163	1066	905	49	
20	261	2179	1958	1782	1552	1362	1254	1076	1981	1773	1607	1390	1210	1109	941	51	
40	266	2263	2033	1851	1611	1414	1302	1117	2058	1841	1669	1444	1257	1152	978	53	
60	271	2347	2109	1919	1671	1467	1351	1159	2135	1910	1731	1497	1304	1195	1014	55	
80	276	2431	2184	1988	1730	1519	1399	1200	2211	1979	1793	1551	1351	1238	1051	57	
6,00	281	2515	2259	2056	1790	1571	1447	1242	2288	2047	1856	1605	1398	1281	1087	59	
20	285	2598	2334	2125	1850	1624	1495	1283	2365	2116	1918	1659	1445	1324	1124	61	
40	290	2682	2410	2193	1910	1676	1544	1324	2442	2185	1980	1713	1492	1367	1160	63	
60	294	2766	2485	2262	1970	1729	1592	1366	2519	2253	2043	1767	1539	1410	1197	65	
80	299	2850	2560	2330	2029	1781	1640	1407	2595	2322	2105	1821	1586	1453	1233	67	
7,00	303	2934	2636	2399	2089	1833	1688	1449	2672	2391	2167	1874	1632	1496	1270	69	
* $C'_i =$		16,4	13,8	12,7	11,8	11,3	11,1	10,9	15,7	13,1	12,0	11,1	10,6	10,4	10,2	$= C'_i$	} †
$xC''_i =$		12,7	10,8	10,0	9,4	9,1	9,1	9,1	10,8	9,2	8,5	8,0	7,8	7,7	7,7	$= xC''_i$	

* Für gewöhnliche Maschinen.   † Für exacte Maschinen.

$2C'''_i = 16{,}0$ bei $\frac{l}{i} = 0{,}333$, wenn $c \gtrless 2{,}2$ m. — $C_i \gtrless 16{,}0$ (exact 0,5 bis 0,4), $C_i \gtrless 1{,}0$ bis 0,6.

Sehr grosse Auspuff-Maschinen mit Expansions-Steuerung (mit Hemd).

Abs. Adm. Sp. $p = 5$ Kgr. od. Atm.

Wirksame Kolbenfläche O Qu.Met.	Kolben-Durchmesser D Centm.	Füllung $\frac{l_i}{l}$ 0,7	0,5	0,4	0,333	0,3	0,25	0,20	Füllung $\frac{l_i}{l}$ 0,7	0,5	0,4	0,333	0,3	0,25	0,20	Subtr. Compr. Lstg. pro $c=1$ m Pfdk.
		Indicirte Leistung $\frac{N_i}{c}$ in Pferdekraft							Netto-Leistung $\frac{N_n}{c}$ in Pferdekraft							
		pro 1 Meter Kolbengeschwindigkeit														
1,00	115	463	398	349	308	285	247	203	411	351	306	268	247	212	172	13
05	117	486	418	366	323	299	259	214	432	369	321	282	260	223	181	14
10	120	510	438	383	339	314	272	224	453	387	337	296	273	234	190	15
15	123	533	457	401	354	328	284	234	474	405	353	310	285	245	199	15
20	125	556	477	418	370	342	296	244	496	423	368	324	298	256	208	16
1,25	128	579	497	436	385	357	308	254	517	441	384	337	311	267	217	17
30	131	602	517	453	400	371	321	265	538	459	400	351	324	278	226	17
35	133	626	537	470	416	385	333	275	559	477	416	365	336	289	235	18
40	135	649	557	488	431	400	346	285	580	496	431	379	349	300	244	18
45	138	672	577	505	447	424	358	295	602	514	447	393	362	310	253	19
1,50	140	695	597	523	462	428	370	305	622	531	463	407	375	322	261	20
55	143	718	617	540	477	442	383	315	644	549	479	420	387	333	270	20
60	145	741	636	558	493	456	395	325	665	568	494	434	400	344	279	21
65	147	764	656	575	508	471	407	336	686	586	510	448	413	354	288	22
70	149	788	676	592	524	485	420	346	707	604	526	462	426	365	297	22
1,75	151	811	696	610	539	499	432	356	728	622	542	476	438	376	306	23
80	154	834	716	627	554	513	444	366	750	640	557	489	451	387	315	24
85	156	857	736	645	570	528	457	376	771	658	573	503	464	398	324	24
90	158	880	756	662	585	542	469	387	792	676	589	517	476	409	332	25
95	160	904	776	679	601	556	481	397	813	694	604	531	489	420	341	26
2,00	162	926	796	697	616	570	494	407	834	712	620	545	502	431	350	26
10	166	973	835	732	647	599	519	427	876	748	652	573	528	453	368	28
20	170	1019	875	767	678	627	543	448	919	785	684	600	553	475	386	29
30	174	1066	915	802	708	656	568	468	961	821	715	628	579	497	403	30
40	177	1112	955	836	739	695	592	488	1004	857	747	656	605	519	421	32
2,50	181	1158	994	871	770	713	617	508	1046	893	778	684	630	541	439	33
60	185	1204	1034	906	801	741	642	529	1089	930	810	712	656	563	457	34
70	188	1251	1074	941	832	770	667	549	1131	966	842	739	681	585	475	36
80	192	1297	1114	976	862	799	691	570	1174	1002	873	767	707	607	492	37
90	195	1344	1154	1011	893	827	716	590	1216	1039	905	795	733	629	510	39
3,00	198	1390	1193	1046	924	855	741	610	1259	1075	937	823	758	651	528	40
10	202	1436	1233	1081	955	884	766	630	1302	1111	968	851	784	673	546	41
20	205	1482	1273	1115	986	912	790	651	1344	1148	1000	878	809	695	564	42
30	208	1529	1313	1150	1016	941	815	671	1387	1184	1032	906	835	717	582	44
40	211	1575	1352	1185	1047	969	840	691	1429	1220	1063	934	861	739	600	45
3,50	214	1621	1392	1220	1078	998	864	712	1472	1257	1095	962	886	761	617	46
60	217	1668	1432	1255	1109	1026	889	732	1514	1293	1126	990	912	783	635	47
70	220	1714	1472	1290	1140	1055	914	752	1557	1329	1158	1017	937	805	653	49
80	223	1760	1512	1325	1170	1083	938	772	1599	1365	1190	1045	963	827	671	50
90	226	1806	1551	1360	1201	1112	963	793	1642	1402	1221	1073	989	849	689	51
4,00	229	1853	1591	1394	1232	1140	988	813	1684	1438	1253	1101	1014	871	707	53
10	232	1899	1631	1429	1263	1169	1012	834	1727	1474	1285	1128	1040	893	725	54
20	235	1945	1671	1464	1294	1197	1037	854	1769	1511	1316	1156	1065	915	742	55
30	237	1992	1710	1499	1324	1226	1062	874	1812	1547	1348	1184	1091	937	760	57
40	240	2038	1750	1534	1355	1254	1087	895	1854	1583	1379	1212	1117	959	778	58
4,50	243	2084	1790	1569	1386	1283	1111	915	1897	1620	1411	1240	1142	981	796	59
60	246	2131	1830	1604	1417	1311	1136	935	1939	1656	1443	1267	1168	1003	814	61
70	248	2177	1870	1638	1448	1340	1161	955	1982	1692	1474	1295	1193	1025	831	62
80	251	2223	1909	1673	1478	1368	1185	976	2024	1728	1506	1323	1219	1047	849	63
90	253	2270	1949	1708	1509	1397	1210	996	2067	1765	1537	1351	1245	1069	867	65
5,00	256	2316	1989	1743	1540	1425	1235	1017	2110	1801	1569	1378	1270	1091	885	66
20	261	2409	2068	1812	1602	1482	1284	1057	2195	1874	1633	1434	1322	1135	921	69
40	266	2501	2148	1882	1663	1539	1333	1098	2280	1946	1696	1490	1373	1179	957	71
60	271	2594	2227	1952	1725	1596	1383	1138	2365	2019	1759	1545	1424	1223	992	74
80	276	2686	2307	2022	1786	1653	1432	1179	2450	2092	1823	1601	1475	1267	1028	76
6,00	281	2779	2386	2091	1848	1711	1482	1220	2535	2164	1886	1656	1526	1311	1064	79
20	285	2872	2466	2161	1910	1768	1531	1261	2620	2237	1949	1712	1578	1355	1099	82
40	290	2964	2545	2231	1971	1825	1580	1301	2705	2309	2013	1768	1629	1399	1135	84
60	294	3057	2625	2300	2033	1882	1630	1342	2791	2382	2076	1823	1680	1443	1171	87
80	299	3150	2704	2370	2094	1939	1679	1383	2876	2455	2139	1879	1731	1487	1207	90
7,00	303	3242	2784	2440	2156	1996	1729	1423	2960	2527	2202	1934	1783	1530	1242	92
* $C_i' =$		14,5	12,2	11,2	10,7	10,4	10,2	10,1	13,8	11,5	10,5	10,0	9,7	9,5	9,4	$= C_i'$
$x C_i'' =$		11,6	9,9	9,3	8,9	8,8	8,7	8,8	9,9	8,5	7,9	7,6	7,5	7,4	7,5	$= x C_i''$

* Für gewöhnliche Maschinen.   † Für exacte Maschinen.

Randnotiz: $2C_i''' = 0,9$ bis $0,6$ (exact $0,5$ bis $0,3$), $C_i = 14,7$ bei $\frac{l_i}{l} = 0,3$, wenn $c \gtrless 2,3$ m.

Sehr grosse Auspuff-Maschinen mit Expansions-Steuerung (mit Hemd).

Abs. Adm. Sp. $p = 5^{1}/_{2}$ Kgr. od. Atm.

Wirksame Kolbenfläche O Qu.Met.	Kolben-Durchmesser D Centm.	Füllung $\frac{l}{l}$ 0,7	0,5	0,4	0,333	0,3	0,25	0,20	Füllung $\frac{l}{l}$ 0,7	0,5	0,4	0,333	0,3	0,25	0,20	Subtr. Compr Lstg. pro $c=1\,m$ Pfdk.
		Indicirte Leistung $\frac{N_i}{c}$ in Pferdekraft							Netto-Leistung $\frac{N_n}{c}$ in Pferdekraft							
		pro 1 Meter Kolbengeschwindigkeit														
1,00	115	525	453	399	354	329	287	239	467	401	351	310	287	248	205	17
05	117	551	475	419	372	345	301	251	491	421	369	326	302	261	215	18
10	120	577	498	439	390	362	316	263	515	442	387	342	317	274	226	18
15	123	604	521	458	407	378	330	275	539	462	405	358	331	287	236	19
20	125	630	543	478	425	395	344	287	563	483	423	374	346	300	247	20
1,25	128	656	566	498	443	411	358	299	587	504	441	390	361	312	257	21
30	131	682	588	518	460	427	373	311	611	524	460	406	376	325	268	22
35	133	708	611	538	478	444	387	323	635	545	478	422	391	338	278	22
40	135	735	634	558	496	460	401	335	659	565	496	438	405	351	289	23
45	138	761	656	578	513	477	416	347	683	586	514	454	420	364	299	24
1,50	140	787	679	598	531	493	430	359	707	607	532	470	435	376	310	25
55	143	814	702	618	549	510	445	371	731	628	550	486	450	389	320	26
60	145	840	724	638	567	526	459	383	755	648	568	502	464	402	331	27
65	147	866	747	658	584	543	473	395	779	669	586	518	479	415	341	28
70	149	892	770	678	602	559	488	407	803	689	604	534	494	428	352	28
1,75	151	918	792	698	620	575	502	419	827	710	622	550	509	440	362	29
80	154	945	815	717	637	592	516	431	851	731	640	566	524	453	373	30
85	156	971	837	737	655	608	531	443	875	751	658	582	538	466	383	31
90	158	997	860	757	673	625	545	455	899	772	677	598	553	479	394	32
95	160	1023	883	777	691	641	559	467	923	792	695	614	568	492	404	32
2,00	162	1050	906	797	708	658	574	478	948	813	712	630	583	504	415	33
10	166	1102	951	837	744	691	603	502	996	855	749	662	612	530	436	35
20	170	1155	996	877	779	724	631	526	1044	896	785	694	642	556	458	37
30	174	1207	1041	917	815	756	660	550	1092	938	821	726	672	581	479	38
40	177	1260	1086	957	850	790	688	574	1141	979	858	758	701	607	500	40
2,50	181	1312	1132	997	885	822	717	598	1189	1021	894	790	731	633	521	42
60	185	1365	1177	1037	921	855	746	622	1237	1062	930	822	761	659	542	43
70	188	1417	1222	1076	956	888	775	646	1286	1104	967	854	790	684	564	45
80	192	1470	1268	1116	992	921	803	670	1334	1145	1003	886	820	710	585	47
90	195	1522	1313	1156	1027	954	832	694	1382	1187	1039	918	850	735	606	48
3,00	198	1575	1358	1196	1062	987	861	717	1431	1228	1076	951	880	762	627	50
10	202	1627	1404	1236	1098	1020	890	741	1479	1270	1112	983	909	787	648	52
20	205	1680	1449	1276	1133	1053	918	765	1527	1311	1148	1015	939	813	669	53
30	208	1732	1494	1316	1169	1086	947	789	1576	1353	1185	1047	969	839	691	55
40	211	1785	1540	1356	1204	1118	976	813	1624	1394	1221	1079	998	864	712	57
3,50	214	1837	1585	1396	1239	1151	1004	837	1672	1436	1257	1111	1028	890	733	59
60	217	1890	1630	1435	1275	1184	1033	861	1721	1477	1294	1143	1058	916	754	60
70	220	1942	1676	1475	1310	1217	1062	885	1769	1519	1330	1175	1088	941	775	62
80	223	1995	1721	1515	1346	1250	1090	908	1817	1560	1366	1207	1117	967	797	64
90	226	2047	1766	1555	1381	1283	1119	932	1866	1602	1403	1239	1147	993	818	65
4,00	229	2100	1811	1595	1417	1316	1148	956	1914	1643	1439	1272	1177	1019	839	67
10	232	2152	1857	1635	1452	1349	1176	980	1962	1684	1475	1304	1206	1044	860	68
20	235	2205	1902	1675	1487	1382	1205	1004	2011	1726	1512	1336	1236	1070	881	70
30	237	2257	1947	1714	1523	1414	1234	1028	2059	1767	1548	1368	1266	1096	902	72
40	240	2310	1992	1754	1558	1447	1263	1052	2107	1809	1584	1400	1296	1122	923	74
4,50	243	2362	2038	1794	1594	1480	1291	1076	2156	1850	1621	1432	1325	1147	945	75
60	246	2415	2083	1834	1629	1513	1320	1100	2204	1892	1657	1464	1355	1173	966	77
70	248	2467	2128	1874	1664	1546	1349	1124	2259	1933	1693	1496	1385	1199	987	79
80	251	2520	2174	1914	1700	1579	1377	1148	2300	1975	1730	1528	1414	1224	1008	80
90	253	2572	2219	1954	1735	1612	1406	1171	2349	2016	1766	1560	1444	1250	1029	82
5,00	256	2625	2264	1993	1771	1645	1435	1195	2397	2058	1803	1593	1474	1276	1050	83
20	261	2730	2355	2073	1841	1710	1492	1243	2494	2141	1875	1657	1533	1327	1093	87
40	266	2835	2445	2153	1912	1776	1549	1291	2591	2224	1948	1721	1593	1379	1135	90
60	271	2940	2536	2233	1983	1842	1607	1339	2687	2307	2021	1785	1652	1430	1178	94
80	276	3045	2626	2313	2054	1908	1664	1387	2784	2390	2093	1849	1711	1482	1220	97
6,00	281	3150	2717	2392	2125	1974	1722	1435	2881	2473	2166	1914	1771	1533	1262	100
20	285	3255	2807	2472	2196	2039	1779	1482	2978	2556	2239	1978	1830	1584	1305	103
40	290	3360	2898	2552	2266	2105	1836	1530	3074	2639	2311	2042	1890	1636	1347	107
60	294	3465	2989	2631	2337	2171	1894	1578	3171	2722	2384	2106	1949	1687	1390	110
80	299	3570	3079	2711	2408	2237	1951	1626	3268	2805	2457	2170	2008	1739	1432	113
7,00	303	3675	3170	2791	2479	2303	2009	1674	3364	2887	2529	2235	2068	1790	1474	117
* $C_i' =$		14,1	11,8	10,8	10,3	10,0	9,7	9,5	13,4	11,1	10,1	9,6	9,3	9,0	8,8	$= C_i'$
$xC_i'' =$		11,6	9,9	9,2	8,8	8,7	8,5	8,5	9,9	8,4	7,8	7,5	7,4	7,3	7,3	$= xC_i''$

* Für gewöhnliche Maschinen.   † Für exacte Maschinen.

$2C_i'' = 0{,}8$ bis $0{,}6$ (exact $0{,}4$ bis $0{,}3$), $C_i = 14{,}2$ bei $\frac{l}{l} = 0{,}3$, wenn $c \lessgtr 7 \geq 2{,}4$ m.

Sehr grosse Auspuff-Maschinen mit Expansions-Steuerung (mit Hemd).

Abs. Adm. Sp. $p = 6$ Kgr. od. Atm.

Wirksame Kolbenfläche O Qu.Met.	Kolben-Durchmesser D Centm.	Füllung $\frac{l_1}{l}$ — Indicirte Leistung $\frac{N_i}{c}$ in Pferdekraft — pro 1 Meter Kolbengeschwindigkeit							Füllung $\frac{l_1}{l}$ — Netto-Leistung $\frac{N_n}{c}$ in Pferdekraft — pro 1 Meter Kolbengeschwindigkeit							Subtr. Compr. Lstg. pro $c=1$ m Pfdk.
		0,7	0,4	0,333	0,3	0,25	0,20	0,15	0,7	0,4	0,333	0,3	0,25	0,20	0,15	
1,00	115	587	449	400	373	327	275	215	523	397	352	327	285	237	182	20
05	117	616	471	420	391	343	288	226	550	417	370	344	299	249	191	21
10	120	645	494	440	410	360	302	236	577	437	388	360	314	261	201	22
15	123	674	516	460	429	376	316	247	604	458	406	377	329	273	210	23
20	125	704	539	480	447	392	330	258	630	478	424	394	343	286	219	24
1,25	128	733	561	500	466	408	343	268	657	499	442	411	358	298	229	25
30	131	762	583	520	484	425	357	279	684	519	461	428	373	310	238	26
35	133	792	606	540	503	441	371	290	711	539	479	444	388	322	248	27
40	135	821	628	560	522	457	384	300	738	560	497	461	402	334	257	28
45	138	850	651	580	540	474	398	311	765	580	515	478	417	347	266	29
1,50	140	880	673	600	559	490	412	322	792	601	533	495	431	359	275	30
55	143	909	696	620	578	507	426	333	819	621	551	512	446	371	285	31
60	145	938	718	640	596	523	439	344	846	642	569	529	461	383	294	32
65	147	968	741	660	615	539	453	354	873	662	588	545	475	395	304	33
70	149	997	763	680	634	556	467	365	900	682	606	562	490	407	313	34
1,75	151	1026	785	700	652	572	481	376	927	703	624	579	505	420	322	35
80	154	1056	808	720	671	588	494	386	954	723	642	596	519	432	332	36
85	156	1085	830	740	689	605	508	397	980	744	660	613	534	444	341	37
90	158	1114	853	760	708	621	522	408	1007	764	678	629	549	456	351	38
95	160	1144	875	780	727	637	535	419	1034	784	696	646	564	468	360	39
2,00	162	1173	898	801	746	654	549	430	1061	805	714	663	578	481	369	40
10	166	1232	943	841	783	687	577	451	1115	846	751	697	607	505	388	42
20	170	1290	988	881	820	719	604	472	1170	887	787	731	637	530	407	44
30	174	1349	1032	921	857	752	632	494	1224	928	824	765	666	554	425	46
40	177	1408	1077	961	894	784	659	515	1278	969	860	798	696	579	444	48
2,50	181	1466	1122	1001	932	817	687	537	1332	1011	897	832	725	603	463	50
60	185	1525	1167	1041	969	850	714	558	1386	1052	933	866	755	628	482	52
70	188	1584	1212	1081	1006	883	742	580	1440	1093	970	900	784	652	501	54
80	192	1642	1258	1121	1044	915	769	601	1494	1134	1006	934	814	677	519	56
90	195	1701	1303	1161	1081	948	796	623	1548	1175	1042	967	843	701	538	58
3,00	198	1760	1347	1201	1118	981	824	644	1603	1216	1079	1002	873	726	557	60
10	202	1818	1392	1241	1156	1014	852	666	1657	1267	1115	1035	902	751	576	62
20	205	1877	1437	1281	1193	1046	879	687	1711	1308	1152	1069	932	775	595	64
30	208	1936	1482	1321	1230	1079	907	709	1765	1349	1188	1103	961	799	614	66
40	211	1994	1526	1361	1268	1112	934	730	1819	1390	1224	1137	991	824	632	68
3,50	214	2053	1571	1401	1305	1144	962	752	1873	1421	1261	1171	1020	848	651	70
60	217	2112	1616	1441	1342	1177	989	773	1927	1462	1297	1204	1050	873	670	72
70	220	2171	1661	1481	1380	1210	1017	795	1981	1503	1334	1238	1079	897	689	74
80	223	2229	1706	1521	1417	1242	1044	816	2035	1544	1370	1272	1109	922	708	76
90	226	2288	1751	1561	1454	1275	1072	838	2090	1586	1406	1306	1138	946	726	78
4,00	229	2346	1796	1601	1491	1308	1099	859	2144	1626	1443	1340	1167	971	745	80
10	232	2405	1841	1641	1529	1340	1126	881	2198	1667	1480	1374	1197	995	764	82
20	235	2464	1886	1681	1566	1373	1154	902	2252	1708	1516	1407	1226	1020	783	84
30	237	2522	1930	1721	1603	1406	1181	924	2306	1749	1552	1441	1256	1044	802	86
40	240	2581	1975	1761	1640	1439	1209	945	2360	1791	1589	1475	1285	1069	821	88
4,50	243	2640	2020	1801	1678	1471	1236	967	2414	1832	1625	1509	1315	1093	839	90
60	246	2698	2065	1841	1715	1504	1264	988	2468	1873	1662	1543	1344	1118	858	92
70	248	2757	2110	1881	1752	1537	1291	1010	2523	1914	1698	1576	1374	1142	877	94
80	251	2816	2155	1921	1790	1569	1319	1031	2577	1955	1734	1610	1403	1167	896	96
90	253	2874	2200	1961	1827	1602	1346	1053	2631	1996	1771	1644	1433	1191	915	98
5,00	256	2933	2245	2001	1864	1635	1373	1074	2685	2037	1808	1678	1462	1216	934	100
20	261	3050	2334	2081	1939	1700	1428	1117	2793	2119	1880	1746	1521	1265	971	104
40	266	3167	2424	2161	2013	1765	1483	1160	2902	2201	1953	1813	1580	1314	1009	108
60	271	3285	2514	2241	2088	1831	1538	1203	3010	2283	2026	1881	1639	1363	1046	112
80	276	3402	2604	2321	2162	1896	1593	1246	3118	2365	2099	1949	1698	1412	1084	116
6,00	281	3519	2694	2402	2237	1962	1648	1289	3227	2447	2172	2017	1756	1461	1122	120
20	285	3636	2783	2482	2311	2027	1703	1332	3335	2529	2245	2084	1815	1510	1159	124
40	290	3754	2873	2562	2386	2092	1758	1375	3443	2611	2318	2152	1874	1559	1197	128
60	294	3871	2963	2642	2461	2158	1813	1418	3552	2694	2391	2220	1933	1608	1234	132
80	299	3988	3053	2722	2535	2223	1868	1461	3660	2776	2464	2287	1992	1657	1272	136
7,00	303	4106	3143	2802	2610	2289	1923	1504	3768	2858	2536	2355	2051	1706	1310	140
$C_i' =$		13,7	10,5	9,9	9,6	9,3	9,0	9,0	13,0	9,8	9,2	8,9	8,6	8,3	8,3	$= C_i'$
$xC_i'' =$		11,6	9,1	8,7	8,5	8,3	8,2	8,4	9,8	7,7	7,4	7,2	7,1	7,0	7,2	$= xC_i''$

* Für gewöhnliche Maschinen.   † Für exacte Maschinen.

$2C_i''' = 0,8$ bis $0,6$ (exact $0,4$ bis $0,3$), $C_i' = 13,4$ bei $\frac{l_1}{l} = 0,25$, wenn $c = 2,5$ m.

Sehr grosse Auspuff-Maschinen mit Expansions-Steuerung (mit Hemd).

Abs. Adm. Sp. $p = 6^{1}/_{2}$ Kgr. od. Atm.

Wirksame Kolbenfläche O Qu.Met.	Kolben-Durchmesser D Centm.	Füllung $\frac{l_i}{l}$ — Indicirte Leistung $\frac{N_i}{c}$ in Pferdekraft (pro 1 Meter Kolbengeschwindigkeit)							Füllung $\frac{l_i}{l}$ — Netto-Leistung $\frac{N_n}{c}$ in Pferdekraft (pro 1 Meter Kolbengeschwindigkeit)							Subtr. Compr. Lstg. pro $c=1$ m Pfdk.	$C_i''' $ u. C_i Kgr.
		0,7	0,4	0,333	0,3	0,25	0,20	0,15	0,7	0,4	0,333	0,3	0,25	0,20	0,15		
1,00	115	648	499	446	417	367	310	245	579	442	394	366	321	269	209	24	
05	117	681	524	469	438	385	326	258	609	465	414	385	337	283	220	25	
10	120	713	549	491	458	404	341	270	638	488	434	404	354	297	231	26	
15	123	746	574	513	479	422	357	282	668	510	455	423	370	311	242	27	
20	125	778	599	536	500	440	372	295	698	533	475	442	387	325	253	28	
1,25	128	810	624	558	521	458	388	307	728	556	495	461	403	338	263	30	
30	131	843	649	580	542	477	403	319	758	579	515	480	420	352	274	31	
35	133	875	674	603	562	495	419	332	787	602	536	499	436	366	285	32	
40	135	908	699	625	583	513	434	344	817	624	556	518	453	380	296	33	
45	138	940	724	647	604	532	450	356	847	647	576	537	469	394	307	34	
1,50	140	972	749	670	625	550	465	368	877	670	596	555	486	407	317	36	
55	143	1005	774	692	646	569	481	381	907	692	617	574	502	421	328	37	
60	145	1037	799	714	667	587	496	393	937	715	637	593	519	435	339	38	
65	147	1070	824	737	687	605	512	405	966	738	657	612	535	449	350	39	
70	149	1102	849	759	708	624	527	417	996	761	678	631	552	463	360	40	
1,75	151	1134	874	781	729	642	543	430	1026	784	698	650	568	477	371	42	
80	154	1167	899	803	750	660	558	442	1056	806	718	669	585	491	382	43	
85	156	1199	924	826	771	679	574	454	1086	829	739	687	601	505	393	44	
90	158	1232	949	848	791	697	589	467	1115	852	759	706	618	519	404	45	
95	160	1264	974	870	812	715	605	480	1145	875	779	725	634	533	414	46	
2,00	162	1297	998	893	833	734	621	491	1175	897	799	744	651	546	425	47	
10	166	1361	1048	937	875	771	652	516	1235	943	840	782	684	574	447	50	
20	170	1416	1098	982	916	807	683	540	1295	989	881	820	718	601	468	52	
30	174	1481	1148	1027	958	844	714	565	1355	1035	922	857	751	629	490	55	
40	177	1546	1198	1071	1000	880	745	589	1415	1080	962	895	784	657	512	57	
2,50	181	1621	1248	1116	1042	917	776	614	1475	1126	1003	933	817	685	533	59	
60	185	1686	1298	1161	1083	954	807	638	1534	1172	1044	971	850	713	555	62	
70	188	1750	1348	1205	1125	991	838	663	1594	1218	1085	1009	884	740	577	64	
80	192	1815	1398	1250	1167	1027	869	688	1654	1264	1126	1047	917	768	598	67	
90	195	1880	1448	1294	1208	1064	900	712	1714	1309	1166	1085	950	796	620	69	
3,00	198	1945	1497	1339	1250	1101	931	736	1774	1355	1207	1123	983	824	642	71	
10	202	2010	1547	1384	1292	1138	962	761	1834	1401	1247	1161	1016	852	663	74	
20	205	2074	1597	1428	1333	1174	993	785	1894	1446	1288	1199	1050	880	685	76	
30	208	2139	1647	1473	1375	1211	1024	810	1954	1492	1329	1237	1083	908	707	78	
40	211	2204	1697	1518	1417	1248	1055	834	2014	1538	1370	1275	1116	935	728	80	
3,50	214	2269	1747	1562	1459	1284	1086	859	2074	1584	1411	1313	1149	963	750	83	
60	217	2334	1797	1607	1500	1321	1117	883	2134	1630	1451	1350	1182	991	772	86	
70	220	2398	1847	1651	1542	1358	1148	908	2194	1675	1492	1388	1216	1019	793	88	
80	223	2463	1896	1696	1584	1394	1179	932	2254	1721	1533	1426	1249	1047	815	90	
90	226	2528	1946	1741	1625	1431	1210	957	2313	1767	1574	1464	1282	1074	837	93	
4,00	229	2593	1996	1786	1667	1468	1241	982	2374	1812	1614	1502	1315	1103	858	95	
10	232	2658	2046	1830	1708	1504	1272	1006	2433	1858	1655	1540	1349	1130	880	97	
20	235	2723	2096	1875	1750	1541	1303	1031	2493	1904	1696	1578	1382	1158	902	100	
30	237	2788	2146	1919	1792	1578	1334	1055	2553	1950	1737	1616	1415	1186	923	102	
40	240	2852	2196	1964	1834	1615	1365	1080	2613	1995	1777	1654	1448	1214	945	105	
4,50	243	2917	2246	2009	1875	1651	1396	1104	2673	2041	1818	1692	1481	1242	967	107	
60	246	2982	2296	2053	1917	1688	1427	1129	2733	2087	1859	1730	1514	1269	988	109	
70	248	3047	2346	2098	1959	1725	1458	1153	2793	2133	1900	1768	1548	1297	1010	112	
80	251	3112	2396	2142	2000	1761	1489	1178	2853	2179	1941	1806	1581	1325	1032	114	
90	253	3176	2445	2187	2042	1798	1520	1202	2913	2224	1981	1843	1614	1353	1054	117	
5,00	256	3241	2495	2232	2083	1835	1551	1227	2973	2270	2022	1882	1647	1381	1075	119	
20	261	3371	2595	2321	2167	1908	1613	1276	3093	2361	2103	1958	1714	1437	1118	124	
40	266	3501	2695	2410	2250	1981	1675	1325	3213	2453	2185	2033	1780	1492	1162	128	
60	271	3630	2795	2500	2334	2055	1737	1374	3333	2544	2266	2109	1846	1548	1205	133	
80	276	3760	2895	2589	2417	2128	1799	1423	3452	2636	2348	2185	1913	1604	1248	138	
6,00	281	3890	2995	2678	2500	2202	1862	1473	3572	2727	2429	2261	1979	1659	1291	142	
20	285	4019	3094	2768	2583	2275	1924	1522	3692	2819	2511	2337	2046	1715	1335	147	
40	290	4149	3194	2857	2667	2348	1986	1571	3812	2910	2592	2413	2112	1771	1378	152	
60	294	4279	3294	2946	2750	2422	2048	1620	3932	3002	2674	2489	2178	1827	1421	157	
80	299	4409	3394	3036	2833	2495	2110	1669	4052	3093	2755	2565	2245	1882	1465	161	
7,00	303	4538	3494	3125	2917	2569	2172	1718	4171	3185	2837	2640	2311	1938	1508	166	
*] $C_i' =$		13,4	10,2	9,6	9,4	9,0	8,7	8,6	12,7	9,5	8,9	8,7	8,3	8,0	7,9	$= C_i'$	}†
] $xC_i'' =$		11,6	9,0	8,6	8,4	8,2	8,1	8,2	9,8	7,7	7,3	7,1	7,0	6,0	6,9	$= xC_i''$	

* Für gewöhnliche Maschinen. † Für exacte Maschinen.

$2C_i''' = 0,7$ bis $0,5$ (exact $0,4$ bis $0,3$), $C_i = 13,0$ bei $\frac{l_i}{l} = 0,25$, wenn $c \geqq 2,6$ m.

Sehr grosse **Auspuff**-Maschinen mit **Expansions**-Steuerung (mit Hemd).

Abs. Adm. Sp. $p = 7$ Kgr. od. Atm.

Wirksame Kolbenfläche	Kolben-Durchmesser	Füllung $\frac{l_i}{l}$ — Indicirte Leistung $\frac{N_i}{c}$ in Pferdekraft							Füllung $\frac{l_i}{l}$ — Netto-Leistung $\frac{N_n}{c}$ in Pferdekraft							Subtr Compr. Lstg. pro $c=1$ m
O	D	0,7	0,333	0,3	0,25	0,20	0,15	0,125	0,7	0,333	0,3	0,25	0,20	0,15	0,125	
Qu.Met.	Centm.															Pfdk.
1,00	115	710	493	461	407	346	276	237	635	435	406	357	301	237	201	28
05	117	745	517	484	427	363	290	249	668	458	427	375	317	249	212	29
10	120	781	542	507	448	381	304	261	700	480	448	394	332	261	222	30
15	123	816	566	530	468	398	318	273	733	503	469	412	348	274	232	32
20	125	852	591	553	488	415	331	285	766	525	490	431	363	286	243	33
1,25	128	887	616	576	508	433	345	297	798	548	511	449	379	298	253	35
30	131	923	640	599	529	450	359	309	831	570	532	467	394	310	264	36
35	133	958	665	622	549	467	373	321	864	592	552	486	410	322	274	37
40	135	994	689	645	569	484	387	332	896	615	573	504	425	335	284	39
45	138	1029	714	668	590	502	400	344	929	637	594	523	441	347	295	40
1,50	140	1065	739	691	610	519	414	356	962	660	615	541	456	359	305	41
55	143	1100	763	714	631	536	428	368	995	682	636	559	472	371	315	43
60	145	1136	788	737	651	554	442	380	1027	705	657	578	487	383	326	44
65	147	1171	813	760	671	571	456	392	1060	727	678	596	503	396	336	46
70	149	1207	837	783	692	588	469	403	1093	749	699	614	518	408	347	47
1,75	151	1242	862	806	712	605	483	415	1125	772	720	633	534	420	357	48
80	154	1278	886	829	732	623	497	427	1158	794	741	651	549	432	367	50
85	156	1313	911	852	753	640	511	439	1191	817	762	670	565	444	378	51
90	158	1349	936	875	773	657	525	451	1223	839	783	688	580	457	388	52
95	160	1384	960	898	793	675	538	463	1256	861	803	706	596	469	399	54
2,00	162	1420	985	921	814	692	552	474	1289	884	824	725	611	481	409	55
10	166	1491	1034	967	855	727	580	498	1354	929	867	762	642	506	429	58
20	170	1562	1084	1013	895	761	608	522	1420	974	909	799	674	530	450	61
30	174	1633	1133	1059	936	796	635	546	1486	1019	951	836	705	555	471	63
40	177	1704	1182	1105	976	830	663	570	1552	1064	993	873	736	579	492	66
2,50	181	1775	1231	1151	1017	865	690	593	1617	1110	1035	910	767	604	513	69
60	185	1846	1281	1197	1058	900	718	617	1683	1155	1077	947	798	628	533	72
70	188	1917	1330	1243	1099	934	746	641	1749	1200	1119	984	830	653	554	75
80	192	1988	1379	1289	1139	969	773	664	1814	1245	1161	1021	861	677	575	77
90	195	2059	1428	1335	1180	1003	801	688	1880	1290	1203	1058	892	702	596	80
3,00	198	2130	1478	1382	1221	1038	828	712	1946	1335	1245	1094	923	726	617	83
10	202	2201	1527	1428	1262	1073	856	735	2012	1380	1287	1131	954	751	638	86
20	205	2272	1576	1474	1302	1107	884	759	2077	1425	1329	1168	985	775	658	88
30	208	2343	1626	1520	1343	1142	911	783	2143	1470	1371	1205	1016	800	679	91
40	211	2414	1675	1566	1384	1176	939	806	2209	1515	1413	1242	1048	824	700	94
3,50	214	2485	1724	1612	1424	1211	966	830	2275	1560	1455	1279	1079	849	721	97
60	217	2556	1773	1658	1465	1246	994	854	2340	1605	1498	1316	1110	873	742	100
70	220	2627	1823	1704	1506	1280	1022	878	2406	1651	1540	1353	1141	898	762	102
80	223	2698	1872	1750	1546	1315	1049	901	2472	1696	1582	1390	1172	922	783	105
90	226	2769	1921	1797	1587	1349	1077	925	2537	1741	1624	1427	1204	947	804	108
4,00	229	2840	1970	1842	1628	1384	1105	949	2603	1786	1665	1464	1234	972	825	110
10	232	2911	2019	1888	1668	1419	1132	973	2669	1831	1707	1501	1266	996	846	113
20	235	2982	2069	1934	1709	1453	1160	996	2735	1876	1750	1538	1297	1021	867	116
30	237	3053	2118	1980	1750	1488	1187	1020	2800	1921	1792	1575	1328	1045	888	119
40	240	3124	2167	2027	1791	1522	1215	1044	2866	1966	1834	1612	1359	1070	908	122
4,50	243	3195	2217	2073	1831	1557	1243	1067	2932	2011	1876	1649	1390	1094	929	124
60	246	3266	2266	2119	1872	1592	1270	1091	2997	2056	1918	1686	1422	1119	950	127
70	248	3337	2315	2165	1913	1626	1298	1115	3063	2101	1960	1723	1453	1143	971	130
80	251	3408	2365	2211	1953	1661	1325	1138	3129	2146	2002	1760	1484	1168	992	133
90	253	3479	2414	2257	1994	1695	1353	1162	3195	2192	2044	1797	1515	1192	1012	136
5,00	256	3549	2463	2303	2035	1730	1381	1186	3261	2237	2086	1833	1546	1217	1033	138
20	261	3691	2561	2395	2116	1799	1436	1233	3392	2327	2170	1907	1608	1266	1075	144
40	266	3833	2660	2487	2197	1868	1491	1281	3524	2417	2254	1981	1671	1315	1117	149
60	271	3975	2758	2579	2279	1938	1546	1328	3655	2507	2338	2055	1733	1364	1159	155
80	276	4117	2857	2671	2360	2007	1601	1376	3787	2697	2422	2129	1795	1413	1200	160
6,00	281	4259	2955	2763	2442	2076	1657	1423	3918	2788	2506	2203	1858	1462	1242	166
20	285	4401	3054	2855	2523	2145	1712	1471	4050	2878	2590	2277	1920	1512	1284	171
40	290	4543	3152	2947	2604	2214	1767	1518	4181	2968	2675	2351	1982	1561	1325	177
60	294	4685	3251	3039	2686	2284	1822	1565	4313	3058	2759	2424	2045	1610	1367	182
80	299	4827	3349	3132	2767	2353	1878	1613	4444	3148	2843	2498	2107	1659	1409	188
7,00	303	4969	3448	3224	2849	2422	1933	1660	4575	3238	2927	2572	2170	1708	1450	193
*) $C_i' =$		13,1	9,4	9,1	8,7	8,4	8,2	8,2	12,4	8,7	8,4	8,0	7,7	7,5	7,5	C_i'
$xC_i'' =$		11,8	8,5	8,3	8,1	7,9	7,9	8,1	9,8	7,2	7,1	6,8	6,7	6,7	6,9	$= xC_i''$

Rechte Randspalte: C_i'' u C_i (Kgr.)

Randnotiz (rechts, vertikal): $2C_i'' = 0{,}7$ bis $0{,}5$ (exact $0{,}4$ bis $0{,}3$), $C_i \lneq 12{,}3$ bei $\frac{l_i}{l} = 0{,}20$, wenn $c \gneq 2{,}7$ m.

* Für gewöhnliche Maschinen.   † Für exacte Maschinen.

Sehr grosse Auspuff-Maschinen mit Expansions-Steuerung (mit Hemd).

Abs. Adm. Sp. $p = 8$ Kgr. od. Atm.

Wirksame Kolbenfläche O (Qu.Met.)	Kolben-Durchmesser D (Centm.)	Füllung $\frac{l_i}{l}$ 0,7	0,333	0,3	0,25	0,20	0,15	0,125	Füllung $\frac{l_i}{l}$ 0,7	0,333	0,3	0,25	0,20	0,15	0,125	Subtr. Compr. Lstg. pro $c=1$ m Pfdk.
		Indicirte Leistung $\frac{N_i}{c}$ in Pferdekraft							Netto-Leistung $\frac{N_n}{c}$ in Pferdekraft							
		pro 1 Meter Kolbengeschwindigkeit														
1,00	115	833	585	548	487	417	337	293	747	519	486	430	366	292	251	35
05	117	875	614	576	512	438	354	308	786	546	511	452	384	308	265	37
10	120	917	643	603	536	459	371	322	824	573	536	474	403	323	278	39
15	123	958	672	630	560	480	388	337	863	600	561	496	422	338	291	41
20	125	1000	702	658	585	501	405	351	901	626	586	518	441	353	304	43
1,25	128	1042	731	685	609	522	422	366	940	653	611	540	460	368	317	44
30	131	1083	760	713	634	543	439	381	978	680	636	562	478	383	330	46
35	133	1125	789	740	658	564	456	395	1017	707	661	584	497	398	343	48
40	135	1167	818	767	682	585	473	410	1055	734	686	606	516	413	356	50
45	138	1209	848	795	707	605	490	424	1094	760	711	629	535	428	369	51
1,50	140	1250	877	822	731	626	506	439	1132	787	736	651	554	443	381	53
55	143	1292	906	850	755	647	523	454	1170	814	761	673	573	458	394	55
60	145	1333	936	877	779	668	540	469	1209	840	786	695	592	473	407	57
65	147	1375	965	904	804	689	557	483	1247	867	811	717	610	488	420	59
70	149	1417	994	932	828	710	574	498	1286	894	836	739	629	503	433	60
1,75	151	1458	1023	959	853	731	591	512	1324	921	861	761	648	519	446	62
80	154	1500	1052	987	877	751	608	527	1363	948	886	784	667	534	459	64
85	156	1542	1082	1014	901	772	625	542	1401	974	911	806	686	549	472	66
90	158	1583	1111	1041	926	793	641	556	1440	1001	936	828	704	564	485	67
95	160	1625	1140	1069	950	814	658	571	1478	1028	961	850	723	579	498	69
2,00	162	1666	1170	1096	974	835	675	586	1517	1054	986	872	742	594	511	71
10	166	1750	1228	1151	1023	877	709	615	1594	1108	1036	917	780	624	537	75
20	170	1833	1286	1206	1072	918	743	644	1672	1162	1086	961	818	654	563	78
30	174	1917	1345	1261	1121	960	776	674	1749	1216	1137	1006	856	684	589	82
40	177	2000	1403	1316	1169	1002	810	703	1826	1269	1187	1050	894	715	615	85
2,50	181	2083	1462	1370	1218	1043	844	732	1904	1323	1237	1095	932	745	641	89
60	185	2166	1520	1425	1267	1085	878	762	1981	1377	1288	1139	970	775	667	92
70	188	2250	1579	1480	1315	1127	911	791	2059	1431	1338	1184	1008	806	693	96
80	192	2333	1637	1535	1364	1169	945	820	2136	1485	1388	1228	1045	836	719	100
90	195	2417	1696	1590	1413	1211	979	849	2213	1538	1439	1273	1083	866	745	103
3,00	198	2500	1754	1644	1461	1252	1012	879	2290	1592	1489	1317	1121	896	771	106
10	202	2583	1813	1699	1510	1294	1046	908	2368	1646	1539	1361	1159	927	797	110
20	205	2666	1871	1754	1559	1335	1080	937	2445	1692	1589	1406	1197	957	823	113
30	208	2750	1930	1809	1607	1377	1114	967	2522	1753	1640	1450	1234	987	849	117
40	211	2833	1988	1864	1656	1419	1147	996	2600	1807	1690	1495	1272	1017	875	120
3,50	214	2916	2047	1918	1705	1461	1181	1025	2677	1861	1740	1539	1310	1048	901	124
60	217	2999	2105	1973	1753	1502	1215	1055	2755	1915	1790	1584	1348	1078	927	127
70	220	3083	2164	2028	1802	1544	1248	1084	2832	1968	1841	1628	1386	1108	953	131
80	223	3166	2222	2083	1851	1586	1282	1113	2909	2022	1891	1673	1424	1139	979	134
90	226	3249	2281	2138	1900	1627	1316	1143	2987	2076	1941	1717	1462	1169	1005	138
4,00	229	3333	2339	2193	1948	1669	1350	1172	3064	2129	1991	1762	1499	1199	1031	142
10	232	3416	2398	2247	1997	1711	1384	1201	3141	2183	2042	1806	1537	1229	1057	145
20	235	3499	2456	2302	2046	1753	1417	1230	3219	2237	2092	1851	1575	1259	1083	149
30	237	3583	2515	2357	2094	1794	1451	1260	3296	2291	2142	1895	1613	1290	1109	152
40	240	3666	2573	2412	2143	1836	1485	1289	3373	2344	2193	1940	1651	1320	1135	156
4,50	243	3749	2632	2467	2192	1878	1518	1318	3451	2398	2243	1984	1689	1350	1161	159
60	246	3833	2690	2521	2241	1920	1552	1348	3528	2452	2293	2029	1727	1381	1187	163
70	248	3916	2749	2576	2289	1961	1586	1377	3606	2506	2343	2073	1765	1411	1213	166
80	251	3999	2807	2631	2338	2003	1620	1406	3683	2560	2394	2118	1802	1441	1239	170
90	253	4083	2866	2686	2387	2045	1653	1435	3760	2613	2444	2162	1840	1472	1265	173
5,00	256	4166	2924	2741	2435	2087	1687	1465	3837	2667	2494	2206	1878	1502	1292	177
20	261	4333	3041	2850	2533	2170	1755	1523	3992	2774	2595	2295	1954	1562	1344	184
40	266	4499	3158	2960	2630	2253	1822	1582	4147	2882	2695	2384	2029	1623	1396	191
60	271	4666	3275	3069	2728	2337	1890	1640	4301	2989	2796	2473	2105	1683	1448	198
80	276	4832	3391	3179	2825	2420	1957	1699	4456	3097	2897	2562	2181	1744	1500	205
6,00	281	4999	3509	3289	2923	2504	2025	1758	4611	3204	2997	2651	2256	1804	1552	213
20	285	5166	3626	3398	3020	2587	2092	1816	4766	3312	3098	2740	2332	1865	1604	220
40	290	5332	3743	3508	3117	2671	2160	1875	4920	3419	3198	2829	2408	1925	1656	227
60	294	5499	3860	3618	3215	2754	2227	1933	5075	3527	3299	2918	2483	1986	1709	234
80	299	5666	3977	3727	3312	2838	2295	1992	5230	3634	3400	3007	2559	2046	1761	241
7,00	303	5832	4094	3837	3410	2921	2362	2051	5385	3742	3500	3096	2635	2107	1813	248
* $C_i' =$		12,7	9,0	8,7	8,3	8,0	7,7	7,7	12,0	8,3	8,0	7,6	7,3	7,0	7,0	$= C_i'$
$xC_i'' =$		11,5	8,4	8,2	7,9	7,7	7,6	7,6	9,8	7,1	6,9	6,7	6,5	6,4	6,5	$= xC_i''$

* Für gewöhnliche Maschinen.　　　† Für exacte Maschinen.

Randbemerkung (rechte Spalte): $2C_i'' = 0{,}7$ bis $0{,}5$ (exact $0{,}4$ bis $0{,}3$), $C_i = 11{,}5$ bei $\frac{l_i}{l} = 0{,}15$, wenn $c \gtrless 2{,}9$ m.

Sehr grosse Auspuff-Maschinen mit Expansions-Steuerung (mit Hemd).

Abs. Adm. Sp. $p = 9$ Kgr. od. Atm.

Wirksame Kolbenfläche	Kolben-Durchmesser	Füllung $\frac{l_i}{l}$							Füllung $\frac{l_i}{l}$							Subtr. Compr. Lstg. pro $c=1\,m$	C_i''' u. C_i
		0,7	0,333	0,3	0,25	0,20	0,15	0,125	0,7	0,333	0,3	0,25	0,20	0,15	0,125		
O Qu.Met.	D Centm.	Indicirte Leistung $\frac{N_i}{c}$ in Pferdekraft							Netto-Leistung $\frac{N_n}{c}$ in Pferdekraft							Pfdk.	Kgr.
		pro 1 Meter Kolbengeschwindigkeit															
1,00	115	957	677	636	567	489	399	349	859	603	565	502	430	348	302	43	
05	117	1004	711	668	596	513	419	366	904	634	594	528	452	366	317	45	
10	120	1052	745	700	624	538	439	384	948	665	623	554	475	384	333	48	
15	123	1100	779	731	652	562	459	401	992	696	652	580	497	402	348	50	
20	125	1148	813	763	681	586	478	418	1037	727	682	606	519	419	364	52	
1,25	128	1196	847	795	709	611	498	436	1081	758	711	632	541	437	379	54	
30	131	1243	881	827	738	635	518	453	1125	790	740	657	563	455	395	56	
35	133	1291	914	859	766	660	538	471	1169	821	769	683	586	473	410	58	
40	135	1339	948	890	794	684	558	488	1214	852	798	709	608	491	426	60	
45	138	1387	982	922	823	708	578	505	1258	883	827	735	630	509	441	63	
1,50	140	1435	1016	954	851	733	598	523	1302	913	856	761	652	527	457	65	
55	143	1483	1050	986	879	757	618	541	1346	945	885	787	674	545	473	67	
60	145	1530	1083	1017	907	782	638	558	1391	976	914	812	696	563	488	69	
65	147	1578	1117	1049	936	806	658	575	1435	1007	944	838	718	581	504	71	
70	149	1626	1151	1081	964	831	678	593	1479	1038	973	864	740	599	519	73	
1,75	151	1674	1185	1113	993	855	698	610	1523	1069	1002	890	763	616	535	76	
80	154	1722	1219	1145	1021	879	718	628	1568	1100	1031	916	785	634	550	78	
85	156	1769	1253	1176	1049	904	738	645	1612	1131	1060	942	807	652	566	80	
90	158	1817	1287	1208	1078	928	758	662	1656	1162	1089	968	829	670	581	82	
95	160	1865	1321	1240	1106	953	778	680	1701	1193	1118	994	851	688	597	84	
2,00	162	1913	1354	1272	1134	977	798	698	1744	1224	1147	1019	873	706	613	86	
10	166	2009	1422	1335	1191	1026	837	732	1833	1286	1206	1071	918	742	644	91	
20	170	2104	1490	1399	1248	1075	877	767	1922	1349	1264	1123	962	778	675	95	
30	174	2200	1558	1463	1305	1124	917	802	2011	1411	1323	1175	1007	814	706	99	
40	177	2296	1625	1526	1361	1173	957	837	2100	1474	1381	1227	1051	850	737	104	
2,50	181	2391	1693	1590	1418	1222	997	872	2189	1536	1440	1279	1096	886	769	108	
60	185	2487	1761	1653	1475	1271	1037	907	2278	1598	1498	1331	1140	922	800	112	
70	188	2583	1828	1717	1531	1319	1077	942	2367	1661	1557	1383	1185	958	831	117	
80	192	2678	1896	1781	1588	1368	1116	976	2456	1723	1615	1435	1229	994	862	121	
90	195	2774	1964	1844	1645	1417	1156	1011	2545	1786	1674	1487	1274	1030	893	126	
3,00	198	2870	2031	1908	1701	1466	1196	1046	2634	1848	1732	1539	1318	1066	925	130	
10	202	2965	2099	1971	1758	1515	1236	1081	2723	1911	1791	1591	1363	1102	956	134	
20	205	3061	2167	2035	1815	1564	1276	1116	2812	1973	1849	1643	1407	1138	987	138	
30	208	3157	2234	2098	1871	1613	1316	1151	2901	2035	1908	1695	1452	1174	1019	143	
40	211	3252	2302	2162	1928	1662	1356	1186	2990	2098	1966	1747	1496	1210	1050	147	
3,50	214	3348	2370	2226	1985	1711	1396	1221	3079	2160	2025	1799	1541	1246	1081	151	
60	217	3444	2437	2289	2041	1759	1436	1256	3168	2223	2083	1851	1585	1282	1112	155	
70	220	3540	2505	2353	2098	1808	1476	1291	3257	2285	2142	1903	1630	1318	1143	160	
80	223	3635	2573	2416	2155	1857	1516	1326	3346	2347	2200	1955	1674	1354	1175	164	
90	226	3731	2641	2480	2212	1906	1556	1361	3435	2410	2259	2007	1719	1390	1206	168	
4,00	229	3826	2708	2544	2268	1955	1595	1395	3524	2472	2317	2059	1764	1426	1237	173	
10	232	3922	2776	2607	2325	2004	1635	1430	3613	2535	2376	2111	1808	1462	1269	177	
20	235	4018	2844	2671	2382	2053	1675	1465	3702	2597	2434	2163	1853	1498	1300	181	
30	237	4113	2911	2734	2438	2101	1715	1500	3791	2660	2493	2215	1897	1534	1331	186	
40	240	4209	2979	2798	2495	2150	1755	1535	3880	2722	2551	2267	1942	1570	1362	190	
4,50	243	4304	3047	2862	2552	2199	1795	1570	3969	2784	2610	2319	1986	1606	1393	194	
60	246	4399	3115	2925	2609	2248	1835	1605	4058	2847	2668	2371	2031	1642	1425	199	
70	248	4495	3182	2989	2665	2297	1875	1640	4147	2909	2727	2423	2075	1678	1456	203	
80	251	4591	3250	3052	2722	2346	1914	1674	4236	2972	2785	2475	2120	1714	1487	207	
90	253	4686	3318	3116	2779	2395	1954	1709	4325	3034	2844	2527	2164	1750	1518	212	
5,00	256	4783	3385	3179	2835	2443	1994	1744	4413	3097	2902	2578	2209	1786	1550	216	
20	261	4974	3521	3307	2949	2541	2074	1814	4591	3222	3119	2682	2298	1858	1612	225	
40	266	5165	3656	3434	3062	2639	2154	1884	4769	3346	3236	2786	2387	1930	1675	233	
60	271	5357	3792	3561	3176	2737	2233	1953	4947	3471	3353	2890	2476	2002	1737	242	
80	276	5548	3927	3688	3289	2835	2313	2023	5125	3596	3470	2994	2565	2074	1800	250	
6,00	281	5739	4063	3815	3403	2932	2393	2093	5303	3721	3587	3098	2654	2146	1862	259	
20	285	5930	4198	3942	3516	3030	2473	2163	5481	3846	3704	3202	2743	2218	1925	268	
40	290	6122	4333	4070	3629	3128	2552	2232	5659	3971	3821	3306	2833	2290	1987	276	
60	294	6313	4469	4197	3743	3225	2632	2302	5837	4096	3938	3409	2922	2362	2050	285	
80	299	6504	4604	4324	3856	3323	2712	2372	6015	4221	4055	3513	3011	2434	2112	294	
7,00	303	6696	4740	4451	3970	3421	2792	2442	6193	4345	4073	3618	3099	2506	2175	302	
*{ $C_i' =$		12,4	8,7	8,5	8,1	7,7	7,4	7,3	11,7	8,0	7,8	7,4	7,0	6,7	6,6	$= C_i'$	
$xC_i'' =$		11,5	8,3	8,1	7,8	7,5	7,4	7,4	9,8	7,0	6,9	6,6	6,4	6,2	6,2	$= xC_i''$	

Rechts (vertikal): $2C_i''' = 0,6$ bis $0,4$ (exact $0,3$ bis $0,2$), $C_i \lessgtr = 11,0$ bei $\frac{l_i}{l} = 0,15$, wenn $c \lessgtr 3$ m.

* Für gewöhnliche Maschinen.   † Für exacte Maschinen.

Sehr grosse **Auspuff-Maschinen** mit **Expansions-**Steuerung (mit Hemd).

Abs. Adm. Sp. $p = \mathbf{10}$ Kgr. od. Atm.

Wirksame Kolbenfläche O (Qu.Met.)	Kolben-Durchmesser D (Centm.)	Füllung $\frac{l_1}{i}$ — Indicirte Leistung $\frac{N_i}{c}$ in Pferdekraft							Füllung $\frac{l_1}{i}$ — Netto-Leistung $\frac{N_n}{c}$ in Pferdekraft							Subtr. Compr. Lstg. pro $c=1$ m (Pfdk.)
		0,7	0,333	0,3	0,25	0,20	0,15	0,125	0,7	0,333	0,3	0,25	0,20	0,15	0,125	pro $c=1$ m
1,00	115	1080	769	723	647	560	460	405	972	687	645	575	495	403	352	54
05	117	1134	808	760	680	588	483	425	1022	722	678	604	520	424	370	57
10	120	1188	846	796	712	616	506	445	1072	758	711	634	546	445	388	59
15	123	1242	885	832	744	644	529	465	1122	793	744	664	571	466	407	62
20	125	1296	923	868	777	672	552	485	1172	828	778	693	597	486	425	65
1,25	128	1350	962	905	809	700	575	506	1222	864	811	723	622	507	443	68
30	131	1404	1000	941	842	728	598	526	1272	899	844	752	648	528	461	70
35	133	1458	1039	977	874	756	621	546	1322	935	877	782	673	549	479	73
40	135	1512	1077	1013	906	784	644	566	1372	970	910	812	699	570	497	76
45	138	1566	1116	1049	939	812	667	586	1422	1006	944	841	724	590	515	78
1,50	140	1620	1154	1085	971	840	690	607	1472	1041	977	871	750	611	534	81
55	143	1674	1193	1121	1003	868	713	627	1522	1076	1010	900	775	632	552	84
60	145	1728	1231	1158	1035	896	736	647	1572	1111	1043	930	801	652	570	86
65	147	1782	1270	1194	1068	924	759	667	1623	1147	1076	960	826	673	588	89
70	149	1836	1308	1230	1100	952	782	688	1673	1182	1110	989	852	694	606	92
1,75	151	1890	1347	1266	1133	980	805	708	1723	1218	1143	1019	877	715	624	95
80	154	1944	1385	1302	1165	1008	828	728	1773	1253	1176	1048	903	736	642	97
85	156	1998	1424	1339	1197	1036	851	748	1823	1288	1209	1078	928	756	660	100
90	158	2052	1462	1375	1229	1064	874	768	1873	1324	1242	1108	954	777	678	103
95	160	2106	1501	1411	1261	1092	897	789	1923	1359	1276	1137	979	798	697	105
2,00	162	2160	1539	1447	1294	1120	920	809	1973	1394	1309	1167	1004	818	715	108
10	166	2268	1616	1519	1359	1176	966	850	2073	1465	1376	1226	1056	860	751	113
20	170	2376	1693	1592	1424	1232	1012	890	2174	1536	1442	1286	1107	902	788	119
30	174	2484	1770	1664	1489	1288	1058	930	2274	1608	1509	1345	1158	944	824	124
40	177	2592	1847	1737	1553	1344	1104	971	2375	1679	1576	1405	1209	985	861	130
2,50	181	2700	1923	1809	1618	1400	1150	1011	2476	1750	1643	1464	1260	1027	897	135
60	185	2808	2000	1881	1683	1456	1196	1052	2576	1821	1710	1524	1312	1069	934	140
70	188	2916	2077	1954	1747	1512	1242	1092	2677	1892	1776	1583	1363	1110	970	146
80	192	3024	2154	2026	1812	1568	1288	1133	2777	1963	1843	1643	1414	1152	1007	151
90	195	3132	2231	2098	1877	1624	1334	1173	2878	2034	1910	1702	1465	1194	1043	157
3,00	198	3240	2308	2170	1941	1680	1380	1214	2979	2105	1976	1762	1517	1236	1080	162
10	202	3348	2385	2243	2006	1736	1426	1254	3079	2176	2043	1821	1568	1278	1116	167
20	205	3456	2462	2215	2071	1792	1472	1295	3180	2248	2110	1881	1619	1319	1153	173
30	208	3564	2539	2387	2135	1848	1518	1335	3280	2319	2177	1940	1670	1361	1189	178
40	211	3672	2616	2460	2200	1904	1564	1376	3381	2390	2244	2000	1722	1403	1226	184
3,50	214	3780	2693	2532	2265	1960	1610	1416	3482	2461	2310	2059	1773	1444	1262	189
60	217	3888	2769	2604	2329	2016	1656	1457	3582	2532	2377	2119	1824	1486	1299	194
70	220	3996	2846	2677	2394	2072	1702	1497	3683	2603	2444	2178	1875	1528	1335	200
80	223	4104	2923	2749	2459	2128	1748	1538	3783	2674	2511	2238	1926	1569	1372	205
90	226	4212	3000	2821	2524	2184	1794	1578	3884	2745	2578	2297	1978	1611	1408	211
4,00	229	4320	3077	2894	2588	2240	1841	1618	3985	2816	2644	2357	2029	1653	1444	216
10	232	4428	3154	2966	2653	2296	1887	1659	4085	2888	2711	2416	2080	1695	1481	221
20	235	4536	3231	3039	2718	2352	1933	1699	4186	2959	2778	2476	2131	1737	1517	227
30	237	4644	3308	3111	2782	2408	1979	1740	4286	3030	2844	2535	2183	1778	1554	232
40	240	4752	3385	3183	2847	2464	2025	1780	4387	3101	2911	2595	2234	1820	1590	238
4,50	243	4860	3462	3255	2912	2520	2071	1821	4488	3172	2978	2654	2285	1862	1627	243
60	246	4968	3539	3328	2977	2576	2117	1861	4588	3243	3045	2714	2336	1903	1663	248
70	248	5076	3616	3400	3041	2632	2163	1902	4689	3314	3112	2773	2387	1945	1700	254
80	251	5184	3693	3472	3106	2688	2209	1942	4789	3385	3178	2833	2439	1987	1736	259
90	253	5292	3769	3545	3171	2744	2255	1983	4890	3456	3245	2892	2490	2029	1773	265
5,00	256	5399	3847	3617	3235	2800	2301	2023	4991	3528	3312	2952	2542	2071	1809	270
20	261	5615	4000	3762	3365	2912	2393	2104	5192	3670	3445	3071	2644	2154	1882	281
40	266	5831	4154	3907	3494	3024	2485	2185	5393	3812	3579	3190	2746	2238	1955	292
60	271	6047	4308	4051	3624	3136	2577	2266	5594	3954	3712	3309	2849	2321	2027	302
80	276	6263	4462	4196	3753	3248	2669	2347	5796	4096	3846	3428	2951	2405	2100	313
6,00	281	6479	4616	4341	3883	3360	2761	2427	5997	4239	3979	3547	3054	2488	2173	324
20	285	6695	4770	4486	4012	3472	2853	2508	6198	4381	4113	3666	3156	2572	2246	335
40	290	6911	4924	4630	4141	3584	2945	2589	6399	4523	4246	3785	3258	2655	2319	346
60	294	7127	5078	4775	4271	3696	3037	2670	6600	4665	4380	3904	3361	2739	2392	356
80	299	7343	5232	4920	4400	3808	3129	2751	6802	4807	4513	4023	3463	2822	2465	367
7,00	303	7559	5385	5064	4530	3920	3221	2832	7003	4950	4647	4142	3566	2905	2538	378
* { $C_i' =$		12,2	8,5	8,3	7,9	7,5	7,1	7,0	11,5	7,8	7,6	7,2	6,8	6,4	6,3	$=C_i'$ } †
$x C_i'' =$		11,5	8,2	8,0	7,7	7,4	7,2	7,2	9,8	7,0	6,8	6,5	6,3	6,1	6,1	$=x C_i''$

* Für gewöhnliche Maschinen.   † Für exacte Maschinen.

Rechte Randspalte (C_i''' u. C_i, Kgr.): $2C_i''' = 0,6$ bis $0,4$ (exact $0,3$ bis $0,2$), $C_i \gtrless 10,5$ bei $\frac{l_1}{l} = 0,15$, wenn $c \gtrless 3,2$ m.

Sehr grosse Auspuff-Maschinen

für $p = 11$ und 12 Atm.

siehe S. 26 mit Coulissen-Steuerung und S. 52 mit Expansions-Steuerung.

II. SERIE.

C' und D'.

Sehr grosse Condensations-Maschinen.

C'. Eincylinder-Maschinen.

D'. Zweicylinder-Maschinen.

Werthe von $\frac{1}{x}$

zur Bestimmung des Abkühlungs-Verlustes C_i'' aus den tabellarischen Ansätzen von $x\,C_i''$ (durch Multiplication dieser Ansätze mit $\frac{1}{x}$).

Füllung $\frac{l_i}{l}=$	0,4	0,333	0,3	0,25	0,20	0,15	0,125	0,10	0,08	0,07	0,06	0,05	0,04	$=\frac{l_i}{l}$(Füllung)
$c=0,5$ m	0,89	0,94	0,96	1,00	1,04	1,09	1,11	1,14	1,16	1,17	1,18	1,19	1,20	$c=0,5$ m
0,6	0,82	0,86	0,88	0,91	0,95	0,99	1,01	1,04	1,06	1,07	1,08	1,09	1,10	0,6
0,7	0,75	0,79	0,81	0,85	0,88	0,92	0,94	0,96	0,98	0,99	1,00	1,01	1,02	0,7
0,8	0,71	0,74	0,76	0,79	0,82	0,86	0,88	0,90	0,92	0,92	0,93	0,94	0,95	0,8
0,9	0,67	0,70	0,72	0,75	0,78	0,81	0,83	0,85	0,86	0,87	0,88	0,89	0,90	0,9
$c=1,0$ m	0,63	0,66	0,68	0,71	0,74	0,77	0,79	0,80	0,82	0,83	0,83	0,84	0,85	$c=1,0$ m
1,1	0,60	0,63	0,65	0,67	0,70	0,73	0,75	0,77	0,78	0,79	0,79	0,80	0,81	1,1
1,2	0,58	0,61	0,62	0,65	0,67	0,70	0,72	0,73	0,75	0,75	0,76	0,77	0,78	1,2
1,3	0,55	0,58	0,60	0,62	0,65	0,67	0,69	0,70	0,72	0,72	0,73	0,74	0,75	1,3
1,4	0,53	0,56	0,57	0,60	0,62	0,65	0,66	0,68	0,69	0,70	0,71	0,71	0,72	1,4
$c=1,5$ m	0,52	0,54	0,56	0,58	0,60	0,63	0,64	0,66	0,67	0,67	0,68	0,69	0,69	$c=1,5$ m
1,6	0,50	0,52	0,54	0,56	0,58	0,61	0,62	0,64	0,65	0,65	0,66	0,67	0,67	1,6
1,7	0,48	0,51	0,52	0,54	0,56	0,59	0,60	0,62	0,63	0,63	0,64	0,65	0,65	1,7
1,8	0,47	0,49	0,51	0,53	0,55	0,57	0,59	0,60	0,61	0,62	0,62	0,63	0,63	1,8
1,9	0,46	0,48	0,49	0,51	0,53	0,56	0,57	0,58	0,59	0,60	0,61	0,61	0,62	1,9
$c=2,0$ m	0,45	0,47	0,48	0,50	0,52	0,54	0,56	0,57	0,58	0,58	0,59	0,59	0,60	$c=2,0$ m
2,2	0,43	0,45	0,46	0,48	0,50	0,52	0,53	0,54	0,55	0,56	0,56	0,57	0,57	2,2
2,4	0,41	0,43	0,44	0,46	0,48	0,50	0,51	0,52	0,53	0,53	0,54	0,54	0,55	2,4
2,6	0,39	0,41	0,42	0,44	0,46	0,48	0,49	0,50	0,51	0,51	0,52	0,52	0,53	2,6
2,8	0,38	0,40	0,41	0,42	0,44	0,46	0,47	0,48	0,49	0,49	0,50	0,50	0,51	2,8
$c=3,0$ m	0,36	0,38	0,39	0,41	0,43	0,44	0,45	0,46	0,47	0,48	0,48	0,49	0,49	$c=3,0$ m
3,2	0,35	0,37	0,38	0,40	0,41	0,43	0,44	0,45	0,46	0,46	0,47	0,47	0,48	3,2
3,4	0,34	0,36	0,37	0,38	0,40	0,42	0,43	0,44	0,44	0,45	0,45	0,46	0,46	3,4
3,6	0,33	0,35	0,36	0,37	0,39	0,41	0,41	0,42	0,43	0,44	0,44	0,44	0,45	3,6
3,8	0,32	0,34	0,35	0,36	0,38	0,39	0,40	0,41	0,42	0,42	0,43	0,43	0,44	3,8
$c=4,0$ m	0,32	0,33	0,34	0,35	0,37	0,38	0,39	0,40	0,41	0,41	0,42	0,42	0,43	$c=4,0$ m
4,2	0,31	0,32	0,33	0,35	0,36	0,38	0,38	0,39	0,40	0,40	0,41	0,41	0,41	4,2
4,4	0,30	0,32	0,32	0,34	0,35	0,37	0,37	0,38	0,39	0,39	0,40	0,40	0,41	4,4
4,6	0,29	0,31	0,32	0,33	0,34	0,36	0,37	0,37	0,38	0,39	0,39	0,39	0,40	4,6
4,8	0,29	0,30	0,31	0,32	0,34	0,35	0,36	0,37	0,37	0,38	0,38	0,38	0,39	4,8
$c=5,0$ m	0,28	0,30	0,30	0,32	0,33	0,34	0,35	0,36	0,37	0,37	0,37	0,38	0,38	$c=5,0$ m

Note. Diese Werthe von $\frac{1}{x}$ sind für alle Maschinengattungen (bei einer gewissen Füllung $\frac{l_i}{l}$ und Kolbengeschwindigkeit c) gleich gross; dieselben sind in der vorangehenden Einleitung für alle Füllungen auf drei Decimalen angegeben.

Corrections-Coëffic. für C_i'' bei dem jeweiligen Hubverhältnisse $l:D$.

Wenn $l:D=$	0,6	0,8	1,0	1,25	1,5	1,75	2	2,5	3	3,5	4	5
Coëffic. $=$	0,73	0,77	0,82	0,87	0,91	0,96	1	1,08	1,15	1,22	1,29	1,41

Sehr grosse **Eincylinder-Condensations-Maschinen** (Zunächst mit Dampfhemd.)

Abs. Adm. Sp. $p = 2^{1}/_{2}$ Kgr. od. Atm.

Wirksame Kolbenfläche O Qu.Met.	Kolben-Durchmesser D Centm.	Füllung $\frac{l_i}{l}$ — Indicirte Leistung $\frac{N_i}{c}$ in Pferdekraft 0,4	0,333	0,3	0,25	0,20	0,15	0,125	Füllung $\frac{l_i}{l}$ — Netto-Leistung $\frac{N_n}{c}$ in Pferdekraft 0,4	0,333	0,3	0,25	0,20	0,15	0,125	Subtr. Compr. Lstg. pro $c = 1$ m Pfdk.	C_i''' u. C Kgr.
						pro 1 Meter Kolbengeschwindigkeit										
1,00	115	222	201	190	171	147	120	105	185	167	157	140	119	94	81	11	
05	117	233	211	199	179	155	127	111	194	176	165	147	125	99	85	12	
10	120	244	222	209	188	162	133	116	204	184	173	154	131	104	89	12	
15	123	255	232	218	196	170	139	121	213	193	181	161	137	109	93	13	
20	125	266	242	228	205	177	145	127	223	201	189	168	143	114	97	14	
1,25	128	277	252	237	213	184	151	132	232	210	197	176	149	119	102	14	
30	131	288	262	247	222	192	157	137	242	219	205	183	155	124	106	15	
35	133	299	272	256	230	199	163	142	251	227	213	190	161	129	110	15	
40	135	310	282	266	239	207	169	148	261	236	222	197	167	134	114	16	
45	138	322	292	275	247	214	175	153	270	244	230	204	173	138	118	16	
1,50	140	332	302	285	256	221	181	158	280	253	237	212	180	143	122	17	
55	143	344	312	294	265	229	187	163	290	262	246	219	186	148	126	18	
60	145	355	322	304	273	236	193	169	299	270	254	226	192	153	131	18	
65	147	366	332	313	282	243	199	174	309	279	262	233	198	158	135	19	
70	149	377	342	323	290	251	205	179	318	287	270	240	204	163	139	19	
1,75	151	388	353	332	299	258	211	185	328	296	278	248	210	167	143	20	
80	154	399	363	342	307	266	217	190	337	305	286	255	216	172	147	20	
85	156	410	373	351	316	273	223	195	347	313	294	262	222	177	152	21	
90	158	421	383	361	324	280	229	200	356	322	302	269	228	182	156	22	
95	160	432	393	370	333	288	235	206	366	330	310	276	235	187	160	22	
2,00	162	443	403	380	341	295	241	211	375	339	318	283	241	192	164	23	
10	166	465	423	399	358	310	253	221	395	356	334	298	253	201	172	24	
20	170	488	443	418	375	324	265	232	414	374	351	312	265	211	180	25	
30	174	510	463	437	392	339	277	243	433	391	367	327	278	221	189	26	
40	177	532	483	456	409	354	289	253	452	408	383	341	290	231	197	27	
2,50	181	554	503	475	427	368	301	263	471	426	399	356	302	241	206	28	
60	185	576	524	494	444	383	313	274	491	443	415	370	314	250	214	30	
70	188	598	544	513	461	398	325	285	510	460	432	385	327	260	222	31	
80	192	621	564	532	478	413	337	295	529	477	448	399	339	270	231	32	
90	195	643	584	551	495	428	349	306	548	495	464	414	351	280	239	33	
3,00	198	665	604	570	512	442	361	316	567	512	480	428	363	289	247	34	
10	202	687	624	589	529	457	373	327	586	529	497	443	376	299	256	35	
20	205	709	644	608	546	472	385	337	605	547	513	457	388	309	264	36	
30	208	731	664	627	563	486	397	348	625	564	529	472	400	319	272	37	
40	211	754	684	646	580	501	409	358	644	581	545	486	413	328	281	38	
3,50	214	776	705	665	597	516	421	369	663	598	561	501	425	338	289	40	
60	217	798	725	684	614	530	433	379	682	616	578	515	437	348	298	41	
70	220	820	745	703	631	545	445	390	701	633	594	530	450	358	306	42	
80	223	842	765	722	649	560	457	400	721	650	610	544	462	368	314	43	
90	226	865	785	741	666	574	469	411	740	668	626	559	474	377	323	44	
4,00	229	886	805	760	682	590	482	421	758	685	643	573	486	387	331	45	
10	232	909	825	779	700	604	494	432	778	702	659	587	498	397	339	46	
20	235	931	846	798	717	619	506	442	797	719	675	602	511	406	347	48	
30	237	953	866	817	734	634	518	453	816	737	691	616	523	416	356	49	
40	240	975	886	836	751	648	530	463	834	754	707	631	535	426	364	50	
4,50	243	997	906	855	768	663	542	474	853	771	724	645	548	436	373	51	
60	246	1020	926	874	785	678	554	484	873	789	740	660	560	446	381	52	
70	248	1042	946	893	802	692	566	495	892	806	756	674	572	455	389	53	
80	251	1064	966	912	819	707	578	505	911	823	772	689	585	465	398	54	
90	253	1086	986	931	836	722	590	516	930	840	788	703	597	475	406	55	
5,00	256	1108	1007	949	853	737	602	526	950	858	805	717	609	484	414	57	
20	261	1152	1047	987	887	766	626	547	988	892	837	746	633	504	431	59	
40	266	1197	1087	1025	922	796	650	568	1027	927	870	775	658	523	448	61	
60	271	1241	1127	1063	956	825	674	589	1065	961	902	804	683	543	464	63	
80	276	1286	1167	1101	990	855	698	610	1103	996	934	833	707	562	481	65	
6,00	281	1330	1208	1139	1024	884	723	632	1141	1031	967	862	732	582	498	68	
20	285	1374	1248	1177	1058	914	747	653	1180	1065	999	890	756	601	514	70	
40	290	1418	1289	1215	1092	943	771	674	1218	1100	1032	919	781	621	531	73	
60	294	1463	1329	1253	1126	973	795	695	1256	1134	1064	948	806	640	548	75	
80	299	1507	1369	1291	1160	1002	819	716	1295	1169	1096	977	830	660	564	77	
7,00	303	1551	1409	1329	1194	1032	843	737	1333	1203	1129	1006	854	680	581	79	
mit Hemd $N=$		1	1	1	1	1	1	1									
ohne „ $N=$		0,97	0,96	0,96	0,95	0,94	0,93	0,92	C_i' und C_i'' siehe S. 54.								

Rechte Randbeschriftung: $2C_i'' = 1,5$ bis $1,0$ (exact $0,8$ bis $0,5$), $C_i = 12,9$ bei $\frac{l_i}{l} = 0,25$, wenn $c \gtrless = 1,6$ m.

Sehr grosse Eincylinder-Condensations-Maschinen. (Zunächst mit Dampfhemd.)

Abs. Adm. Sp. $p = 3$ Kgr. od. Atm.

Wirksame Kolbenfläche O (Qu.Met.)	Kolben-Durchmesser D (Centm.)	Füllung $\frac{l_i}{i}$ — Indicirte Leistung $\frac{N_i}{c}$ in Pferdekraft							Füllung $\frac{l_i}{i}$ — Netto-Leistung $\frac{N_n}{c}$ in Pferdekraft							Subtr. Compr. Lstg. pro $c=1$ m (Pfdk.)
		0,4	0,333	0,3	0,25	0,20	0,15	0,125	0,4	0,333	0,3	0,25	0,20	0,15	0,125	
1,00	115	272	247	234	211	183	150	132	229	208	196	175	150	121	104	15
05	117	285	260	245	221	192	158	139	241	219	206	184	157	127	110	16
10	120	299	272	257	232	201	165	146	253	229	216	193	165	133	115	16
15	123	313	285	269	242	210	173	152	265	240	226	202	173	139	120	17
20	125	326	297	281	253	219	180	159	277	251	236	211	181	145	126	18
1,25	128	340	310	292	263	228	188	165	289	261	246	220	188	152	131	19
30	131	353	322	304	274	237	195	172	300	272	256	229	196	158	137	19
35	133	367	334	316	284	246	203	179	312	283	266	238	204	164	142	20
40	135	381	347	327	295	256	210	185	324	293	276	247	211	170	147	21
45	138	394	359	339	305	265	218	192	336	304	286	256	219	176	153	21
1,50	140	408	371	351	316	274	226	198	348	315	296	265	227	183	158	22
55	143	421	384	362	327	283	233	205	360	326	307	274	235	189	163	23
60	145	435	396	374	337	292	241	212	371	336	317	283	242	195	169	24
65	147	448	408	386	348	301	248	218	383	347	327	292	250	201	174	24
70	149	462	421	397	358	311	256	225	395	358	337	301	258	208	180	25
1,75	151	476	433	409	369	320	263	231	407	368	347	310	265	214	185	26
80	154	499	446	421	379	329	271	238	419	379	357	319	273	220	190	27
85	156	513	458	433	390	338	278	245	430	390	367	328	281	226	196	27
90	158	526	470	444	400	347	286	251	442	401	377	337	288	232	201	28
95	160	530	483	456	411	356	293	258	454	411	387	346	296	239	207	29
2,00	162	544	495	468	421	365	301	265	466	422	397	355	304	245	212	30
10	166	571	520	491	442	384	316	278	490	443	417	373	319	257	222	31
20	170	598	545	514	463	402	331	291	513	465	438	391	335	270	233	33
30	174	625	569	538	484	420	346	304	537	486	458	409	350	282	244	34
40	177	652	594	561	505	438	361	317	561	508	478	428	366	295	255	36
2,50	181	679	619	584	527	457	376	331	585	529	499	446	381	307	266	37
60	185	707	644	608	548	475	391	344	609	551	519	464	397	320	276	38
70	188	734	668	631	569	493	406	357	632	572	539	482	412	332	287	40
80	192	761	693	655	590	511	421	370	656	594	560	500	428	345	298	41
90	195	788	718	678	611	530	436	384	680	615	580	518	443	357	309	43
3,00	198	815	742	701	632	548	451	397	703	637	600	536	459	370	320	44
10	202	842	767	725	653	566	466	410	727	659	620	554	474	382	330	46
20	205	870	792	748	674	585	481	423	751	680	640	572	490	395	341	47
30	208	897	817	771	695	603	496	436	775	702	661	591	505	407	352	49
40	211	924	841	795	716	621	511	450	799	723	681	609	521	420	363	50
3,50	214	951	866	818	737	640	526	463	822	745	701	627	536	432	374	52
60	217	978	891	842	759	658	541	476	846	766	721	645	552	445	384	53
70	220	1006	915	865	780	676	556	489	870	788	742	663	567	457	395	55
80	223	1033	940	888	801	695	571	502	894	809	762	681	583	470	406	56
90	226	1060	965	912	822	713	586	516	918	831	782	699	598	482	417	58
4,00	229	1087	990	935	843	731	602	529	941	852	802	717	614	495	427	59
10	232	1114	1015	958	864	749	617	542	965	874	822	735	629	507	438	61
20	235	1141	1039	982	885	767	632	556	989	895	843	754	645	520	449	62
30	237	1169	1064	1005	906	786	647	569	1012	917	863	772	660	532	460	64
40	240	1196	1089	1029	927	804	662	582	1036	938	883	790	676	545	471	65
4,50	243	1223	1113	1052	948	822	677	595	1060	960	904	808	691	557	481	67
60	246	1250	1138	1075	969	841	692	608	1084	981	924	826	707	570	492	68
70	248	1277	1163	1099	990	859	707	622	1108	1003	944	844	722	582	503	70
80	251	1305	1188	1122	1011	877	722	635	1131	1024	964	862	738	595	514	71
90	253	1332	1212	1146	1032	896	737	648	1155	1046	985	880	753	607	525	73
5,00	256	1359	1237	1169	1053	914	752	661	1179	1067	1005	898	769	619	535	74
20	261	1413	1287	1215	1095	950	782	688	1226	1110	1045	935	800	644	557	77
40	266	1467	1336	1262	1138	987	812	714	1274	1153	1086	971	831	669	579	80
60	271	1522	1386	1309	1180	1023	842	741	1321	1196	1126	1007	862	694	600	83
80	276	1576	1435	1356	1222	1060	872	767	1369	1239	1167	1043	893	719	622	86
6,00	281	1630	1485	1402	1264	1096	903	794	1416	1282	1207	1079	924	744	643	89
20	285	1685	1534	1449	1306	1133	933	820	1464	1325	1248	1116	955	769	665	92
40	290	1739	1584	1496	1348	1169	963	847	1511	1368	1288	1152	986	794	687	95
60	294	1793	1633	1542	1390	1206	993	873	1559	1411	1329	1188	1017	819	708	98
80	299	1848	1683	1589	1432	1242	1023	900	1606	1454	1369	1224	1048	844	730	101
7,00	303	1902	1732	1636	1474	1279	1053	926	1654	1498	1410	1261	1079	869	751	104
mit Hemd $N =$		1	1	1	1	1	1	1								
ohne „ $N =$		0,97	0,96	0,96	0,95	0,94	0,93	0,92								

C_i' und C_i'' siehe S. 56.

$2\,C_i''' = 1{,}3$ bis $0{,}9$ (exact $0{,}7$ bis $0{,}5$), $C_i \gtrless 11{,}8$ bei $\frac{l_i}{i} = 0{,}20$, wenn $c \gtrless 1{,}8$ m.

Sehr grosse Eincylinder-Condensations-Maschinen. (Zunächst mit Dampfhemd.)

Abs. Adm. Sp. $p = 3\frac{1}{2}$ Kgr. od. Atm.

Wirksame Kolbenfläche O Qu.Met.	Kolben-Durchmesser D Centm.	Füllung $\frac{l_i}{l}$ — Indicirte Leistung $\frac{N_i}{c}$ in Pferdekraft							Füllung $\frac{l_i}{l}$ — Netto-Leistung $\frac{N_n}{c}$ in Pferdekraft							Subtr. Compr. Lstg pro $c=1$ m Pfdk.
		0,4	0,333	0,3	0,25	0,20	0,15	0,125	0,4	0,333	0,3	0,25	0,20	0,15	0,125	
		pro 1 Meter Kolbengeschwindigkeit														
1,00	115	322	294	278	251	218	180	159	274	249	234	210	181	147	128	19
05	117	338	308	292	263	229	189	167	288	262	247	221	190	155	134	20
10	120	354	323	305	276	240	198	175	302	274	259	232	200	162	141	21
15	123	370	338	319	288	251	207	183	316	287	271	243	209	170	148	22
20	125	386	352	333	301	262	216	191	330	300	283	254	218	177	154	23
1,25	128	403	367	347	313	273	225	199	345	313	295	264	227	185	161	24
30	131	419	382	361	326	283	234	207	359	326	307	275	237	193	167	24
35	133	435	397	375	338	294	243	215	373	338	319	286	246	200	174	25
40	135	451	411	389	351	305	252	223	387	351	331	297	255	208	181	26
45	138	467	426	403	363	316	261	231	401	364	343	308	265	215	187	27
1,50	140	483	440	416	376	327	271	239	415	377	355	319	274	223	194	28
55	143	499	455	430	389	338	280	247	429	390	367	329	283	230	200	29
60	145	515	470	444	401	349	289	255	443	402	379	340	293	238	207	30
65	147	531	485	458	414	360	298	263	457	415	391	351	302	245	214	31
70	149	547	499	472	426	371	307	271	472	428	404	362	311	253	220	32
1,75	151	564	514	486	439	382	316	279	486	441	416	373	321	261	227	33
80	154	580	529	500	451	393	325	287	500	454	428	383	330	268	233	34
85	156	596	543	514	464	403	334	295	514	466	440	394	339	276	240	35
90	158	612	558	528	476	414	343	303	528	479	452	405	349	283	247	36
95	160	628	573	542	489	425	352	311	542	492	464	416	358	291	253	37
2,00	162	644	587	555	501	436	361	318	556	505	476	427	367	298	260	38
10	166	676	617	583	526	458	379	334	585	531	500	449	386	313	273	39
20	170	708	646	611	551	480	397	350	613	556	524	470	405	329	286	41
30	174	741	675	639	576	502	415	366	641	582	549	492	423	344	299	43
40	177	773	705	666	601	523	433	382	670	608	573	514	442	359	312	45
2,50	181	805	734	694	627	545	451	398	698	634	597	536	461	374	326	47
60	185	837	763	722	652	567	469	414	727	660	622	538	480	389	339	49
70	188	869	793	750	677	589	487	430	755	685	646	579	498	405	352	51
80	192	902	822	777	702	611	505	446	783	711	670	601	517	420	365	52
90	195	934	852	805	727	632	523	462	812	737	695	623	536	435	378	54
3,00	198	966	881	833	752	654	541	478	840	762	718	645	555	450	392	56
10	202	998	910	861	777	676	559	494	868	788	743	666	573	466	405	58
20	205	1030	940	888	802	698	577	509	897	814	767	688	592	481	418	60
30	208	1063	969	916	827	720	595	525	925	840	791	710	611	496	432	62
40	211	1095	998	944	852	742	613	541	954	866	816	732	629	511	445	64
3,50	214	1127	1028	972	877	763	631	557	982	891	840	754	648	526	458	66
60	217	1159	1057	1000	903	785	649	573	1010	917	864	775	667	542	471	68
70	220	1191	1087	1027	928	807	667	589	1039	943	889	797	686	557	484	70
80	223	1224	1116	1055	953	829	685	605	1067	969	913	819	704	572	498	72
90	226	1256	1145	1083	978	851	703	621	1096	995	937	841	723	587	511	74
4,00	229	1288	1174	1110	1003	872	722	637	1124	1020	961	862	742	602	524	75
10	232	1320	1204	1138	1028	894	740	653	1152	1046	985	884	761	618	537	77
20	235	1352	1233	1166	1053	916	758	669	1180	1071	1010	906	779	633	551	79
30	237	1385	1263	1194	1078	938	776	685	1209	1097	1034	928	798	648	564	81
40	240	1417	1292	1222	1103	959	794	700	1237	1023	1058	949	817	663	577	83
4,50	243	1449	1321	1249	1128	981	812	716	1266	1149	1083	971	835	678	590	85
60	246	1481	1351	1277	1153	1003	830	732	1294	1175	1107	993	854	694	603	87
70	248	1513	1380	1305	1178	1025	848	748	1322	1200	1131	1015	873	709	617	89
80	251	1546	1410	1333	1203	1047	866	764	1351	1226	1155	1037	891	724	630	90
90	253	1578	1439	1361	1228	1068	884	780	1379	1252	1180	1058	910	739	643	92
5,00	256	1610	1468	1388	1253	1090	902	796	1407	1277	1204	1080	929	755	657	94
20	261	1674	1527	1444	1303	1134	938	828	1464	1329	1252	1123	967	785	683	98
40	266	1739	1586	1499	1354	1177	974	860	1521	1380	1301	1167	1004	815	710	102
60	271	1803	1644	1554	1404	1221	1010	891	1577	1432	1349	1210	1042	846	736	105
80	276	1868	1703	1609	1454	1265	1046	923	1634	1483	1398	1254	1079	876	763	109
6,00	281	1932	1762	1666	1504	1308	1082	955	1691	1535	1446	1297	1117	907	789	113
20	285	1996	1820	1721	1554	1352	1119	987	1747	1586	1495	1341	1154	937	816	117
40	290	2061	1879	1777	1604	1395	1155	1019	1804	1638	1543	1384	1192	967	842	120
60	294	2125	1938	1832	1654	1439	1191	1051	1861	1689	1592	1428	1229	998	869	124
80	299	2190	1996	1888	1704	1483	1227	1082	1918	1741	1640	1471	1267	1028	895	128
7,00	303	2254	2055	1943	1754	1526	1263	1114	1975	1792	1689	1515	1304	1059	921	132
mit Hemd $N=$		1	1	1	1	1	1	1								
ohne „ $N=$		0,97	0,96	0,96	0,95	0,94	0,93	0,92								

C_i' und C_i'' siehe S. 58.

$2C_i''' = 1{,}1$ bis $0{,}9$ (exact $0{,}6$ bis $0{,}5$), $C_i \lessgtr 11{,}3$ bei $\frac{l_i}{l} = 0{,}20$, wenn $c \gtrless 1{,}9$ m.

Sehr grosse Eincylinder-Condensations-Maschinen. (Zunächst mit Dampfhemd.)

Abs. Adm. Sp. $p = 4$ Kgr. od. Atm.

Indicirte Leistung $\frac{N_i}{c}$ in Pferdekraft — Netto-Leistung $\frac{N_n}{c}$ in Pferdekraft — pro 1 Meter Kolbengeschwindigkeit

Wirksame Kolbenfläche O (Qu.Met.)	Kolben-Durchmesser D (Centm.)	Indicirte Leistung — Füllung $\frac{l_1}{l}$							Netto-Leistung — Füllung $\frac{l_1}{l}$							Subtr. Compr. Lstg. pro $c=1$m (Pfdk.)
		0,333	0,3	0,25	0,20	0,15	0,125	0,10	0,333	0,3	0,25	0,20	0,15	0,125	0,10	
1,00	115	340	321	291	253	210	186	160	290	273	246	212	173	151	128	23
05	117	357	338	305	266	221	195	168	305	287	258	223	182	159	134	24
10	120	374	354	320	279	231	205	176	320	302	271	234	191	167	141	25
15	123	391	370	334	292	242	214	184	334	316	284	245	200	175	147	27
20	125	408	386	349	304	252	223	192	349	330	296	256	209	183	154	28
1,25	128	425	402	363	317	263	233	200	364	344	309	267	218	190	161	29
30	131	442	418	378	330	273	242	208	379	358	322	278	227	198	167	30
35	133	459	434	392	342	284	251	216	394	372	335	288	236	206	174	31
40	135	476	450	407	355	294	261	224	409	386	347	299	245	214	180	32
45	138	493	466	421	368	305	270	232	424	400	360	310	253	222	187	33
1,50	140	510	482	436	380	316	279	240	439	414	372	321	263	229	193	35
55	143	527	498	451	393	326	289	248	454	428	385	332	272	237	200	36
60	145	544	514	465	406	337	298	256	469	442	398	343	280	245	207	37
65	147	561	531	480	418	347	307	264	484	456	410	354	289	253	213	38
70	149	578	547	494	431	358	316	272	499	470	423	365	298	260	220	39
1,75	151	595	563	509	444	368	326	280	513	485	436	376	307	268	226	40
80	154	612	579	523	456	379	335	288	528	499	448	387	316	276	233	42
85	156	629	595	538	469	389	344	296	543	513	461	398	325	284	240	43
90	158	646	611	552	482	400	354	304	558	527	474	409	334	292	246	44
95	160	663	627	567	494	410	363	312	573	541	486	420	343	300	253	45
2,00	162	680	643	581	507	421	372	320	588	555	499	431	352	307	259	46
10	166	714	675	610	532	442	391	336	618	583	524	453	370	323	272	48
20	170	748	707	639	558	463	410	352	648	611	549	475	388	339	285	51
30	174	782	740	668	583	484	428	368	678	640	575	497	406	354	299	53
40	177	816	772	687	608	505	447	384	708	668	600	519	424	370	312	55
2,50	181	849	804	727	633	526	465	400	738	696	626	541	442	386	325	58
60	185	883	836	756	659	547	484	416	768	725	651	563	460	401	338	60
70	188	917	868	785	684	568	503	432	798	753	676	585	478	417	351	63
80	192	951	900	814	710	589	521	448	828	781	702	607	496	433	365	65
90	195	985	933	843	735	610	540	464	858	809	727	629	514	448	378	67
3,00	198	1019	964	872	760	631	558	480	888	838	753	650	531	464	391	69
10	202	1053	997	901	785	652	577	496	918	866	778	672	549	480	404	72
20	205	1087	1029	930	811	673	596	512	948	894	804	694	567	495	418	74
30	208	1121	1061	959	836	694	614	528	978	923	829	716	585	511	431	76
40	211	1155	1093	988	861	715	633	544	1008	951	855	738	603	527	444	78
3,50	214	1189	1125	1017	887	736	651	560	1038	979	880	760	621	542	457	81
60	217	1223	1157	1047	912	757	670	576	1068	1008	905	782	639	558	470	83
70	220	1257	1189	1076	937	778	689	592	1098	1036	931	804	657	574	484	85
80	223	1291	1221	1105	963	799	707	608	1128	1064	956	826	675	589	497	88
90	226	1325	1253	1134	988	820	726	624	1158	1092	982	848	693	605	510	90
4,00	229	1359	1286	1163	1014	842	745	639	1188	1121	1007	870	711	620	523	92
10	232	1393	1318	1192	1039	863	763	655	1218	1149	1033	892	729	636	536	95
20	235	1427	1350	1221	1064	884	782	671	1248	1177	1058	914	747	652	550	97
30	237	1461	1382	1250	1089	905	800	687	1278	1206	1083	936	765	668	563	99
40	240	1495	1414	1279	1115	926	819	703	1308	1234	1109	958	783	683	576	102
4,50	243	1529	1446	1308	1140	947	838	719	1338	1262	1134	980	801	699	589	104
60	246	1563	1479	1337	1165	968	856	735	1368	1290	1160	1002	819	715	602	106
70	248	1597	1511	1366	1191	989	875	751	1398	1319	1185	1024	837	730	616	108
80	251	1631	1543	1395	1216	1010	893	767	1428	1347	1210	1046	855	746	629	111
90	253	1665	1575	1424	1241	1031	912	783	1458	1375	1236	1068	873	762	642	113
5,00	256	1699	1607	1453	1267	1052	931	799	1488	1404	1262	1089	890	777	655	115
20	261	1767	1672	1511	1318	1094	968	831	1548	1460	1312	1133	926	808	682	120
40	266	1835	1736	1570	1368	1136	1005	863	1608	1517	1363	1177	962	840	708	125
60	271	1903	1800	1628	1419	1178	1042	895	1668	1573	1414	1221	998	871	735	129
80	276	1971	1864	1686	1469	1220	1079	927	1728	1630	1465	1265	1034	902	761	134
6,00	281	2038	1929	1744	1520	1262	1117	959	1788	1687	1516	1309	1070	934	787	139
20	285	2106	1993	1802	1571	1305	1154	991	1848	1743	1567	1353	1106	965	814	143
40	290	2174	2058	1860	1622	1347	1191	1023	1908	1800	1618	1397	1142	996	840	148
60	294	2242	2122	1918	1672	1389	1228	1055	1968	1856	1669	1441	1177	1028	867	152
80	299	2310	2186	1976	1723	1431	1266	1087	2028	1913	1720	1484	1213	1059	893	157
7,00	303	2378	2250	2034	1774	1473	1303	1119	2088	1970	1770	1529	1249	1091	920	162
mit Hemd $N=$		1	1	1	1	1	1	1								
ohne „ $N=$		0,96	0,96	0,95	0,94	0,93	0,92	0,91								

C_i' und C_i'' siehe S. 60.

Right margin: C_i'' u. C_i (Kgr.). — $2\,C_i''' = 1,1$ bis $0,8$ (exact $0,6$ bis $0,4$), $C_i \lessgtr 10,5$ bei $\frac{l_1}{l} = 0,15$, wenn $c \gtreqless 2,1$ m.

Sehr grosse Eincylinder-Condensations-Maschinen. (Zunächst mit Dampfhemd.)

Abs. Adm. Sp. $p = 4^{1}/_{2}$ Kgr. od. Atm.

Wirksame Kolbenfläche O (Qu.Met.)	Kolben-Durchmesser D (Centm.)	Füllung $\frac{l_i}{l}$ 0,333	0,3	0,25	0,20	0,15	0,125	0,10	Füllung $\frac{l_i}{l}$ 0,333	0,3	0,25	0,20	0,15	0,125	0,10	Subtr. Compr. Lstg. pro $c=1$ m (Pfdk.)
		Indicirte Leistung $\frac{N_i}{c}$ in Pferdekraft (pro 1 Meter Kolbengeschwindigkeit)							Netto-Leistung $\frac{N_n}{c}$ in Pferdekraft (pro 1 Meter Kolbengeschwindigkeit)							
1,00	115	386	365	331	289	240	213	183	331	312	281	243	200	175	148	27
05	117	405	384	347	303	252	224	193	348	328	296	256	210	184	156	29
10	120	425	402	364	318	264	235	202	365	344	310	268	220	193	163	30
15	123	444	420	380	332	276	245	211	382	361	325	281	231	202	171	31
20	125	463	438	397	346	288	256	220	399	377	339	293	241	211	179	33
1,25	128	482	457	413	361	300	267	230	416	393	354	306	251	220	186	34
30	131	502	475	430	375	312	277	239	433	409	368	318	262	229	194	36
35	133	521	493	446	390	324	288	248	450	425	383	331	272	238	201	37
40	135	540	512	463	404	336	299	257	467	441	397	343	282	247	209	38
45	138	560	530	479	418	348	309	266	484	457	412	356	293	256	217	40
1,50	140	579	548	496	433	361	320	275	501	473	426	369	303	265	225	41
55	143	598	566	513	448	373	330	284	518	489	441	381	313	274	232	42
60	145	617	584	529	462	385	341	294	535	505	455	394	323	283	240	44
65	147	637	603	546	476	397	352	303	552	521	470	406	334	292	247	45
70	149	656	621	562	491	409	362	312	569	537	484	419	344	301	255	46
1,75	151	675	639	579	505	421	373	321	586	554	499	431	354	310	263	48
80	154	695	658	595	520	433	384	330	603	570	513	444	365	319	270	49
85	156	714	676	612	534	445	395	340	620	586	528	456	375	328	278	51
90	158	733	694	628	548	457	405	349	637	602	542	469	385	337	285	52
95	160	753	713	645	563	469	416	358	654	618	557	481	395	346	293	53
2,00	162	772	730	661	577	481	426	367	671	634	571	494	406	356	301	55
10	166	810	767	694	606	505	448	385	705	666	600	519	426	374	316	57
20	170	849	804	727	635	529	469	404	740	698	629	545	447	392	332	60
30	174	888	840	760	664	553	490	422	774	731	658	570	468	410	347	63
40	177	926	877	793	693	577	512	441	808	763	687	595	488	428	363	66
2,50	181	965	913	827	722	601	533	459	842	795	716	620	509	446	378	68
60	185	1003	950	860	751	625	554	477	876	828	746	645	530	464	393	71
70	188	1042	986	893	779	649	576	496	911	860	775	671	550	482	409	74
80	192	1081	1023	926	808	673	597	514	945	892	804	696	571	500	424	77
90	195	1119	1059	959	837	697	618	532	979	924	833	721	592	518	440	80
3,00	198	1158	1096	992	866	721	639	550	1014	957	862	746	612	537	454	82
10	202	1196	1132	1025	895	745	661	569	1048	989	891	771	633	555	470	85
20	205	1235	1169	1058	924	769	682	587	1082	1022	920	797	654	573	485	87
30	208	1273	1205	1091	953	793	703	605	1116	1054	949	822	674	591	501	90
40	211	1312	1242	1124	982	817	724	624	1150	1086	978	847	695	609	516	93
3,50	214	1351	1278	1157	1011	841	746	642	1185	1118	1008	872	716	627	531	96
60	217	1389	1315	1191	1040	865	767	660	1219	1151	1037	897	737	645	547	98
70	220	1428	1351	1224	1068	889	788	679	1243	1183	1066	923	757	663	562	101
80	223	1466	1388	1257	1097	913	810	697	1277	1215	1095	948	778	681	578	104
90	226	1505	1424	1290	1126	937	831	715	1311	1248	1124	973	799	700	593	106
4,00	229	1544	1461	1323	1155	962	852	734	1356	1280	1153	998	819	718	608	109
10	232	1582	1497	1356	1184	986	874	752	1390	1312	1182	1023	840	736	623	112
20	235	1621	1534	1389	1213	1010	895	771	1424	1345	1211	1049	861	754	639	115
30	237	1659	1570	1422	1242	1034	916	789	1458	1377	1240	1074	881	772	654	117
40	240	1698	1607	1455	1270	1058	938	807	1493	1409	1270	1099	902	790	670	120
4,50	243	1737	1643	1488	1299	1082	959	825	1527	1442	1299	1124	923	808	685	123
60	246	1775	1680	1521	1328	1106	980	844	1561	1474	1328	1149	943	826	700	126
70	248	1814	1716	1554	1357	1130	1001	862	1595	1506	1357	1175	964	845	716	128
80	251	1852	1753	1587	1386	1154	1023	880	1629	1538	1386	1200	985	863	731	131
90	253	1891	1789	1620	1415	1178	1044	899	1664	1571	1415	1225	1005	881	747	134
5,00	256	1929	1826	1653	1444	1202	1065	917	1698	1603	1444	1250	1026	899	761	137
20	261	2007	1899	1719	1501	1250	1108	954	1767	1668	1503	1301	1067	935	792	142
40	266	2084	1972	1786	1559	1298	1151	991	1835	1732	1561	1351	1109	971	823	147
60	271	2161	2045	1852	1617	1346	1193	1027	1904	1797	1619	1401	1150	1008	854	153
80	276	2238	2118	1918	1675	1394	1236	1064	1972	1862	1677	1452	1192	1044	884	158
6,00	281	2315	2191	1984	1732	1442	1279	1101	2041	1926	1735	1502	1233	1080	915	164
20	285	2393	2264	2050	1790	1490	1321	1138	2109	1991	1794	1553	1274	1116	946	169
40	290	2470	2337	2116	1848	1538	1364	1174	2178	2055	1852	1603	1316	1152	976	175
60	294	2547	2410	2182	1905	1587	1406	1211	2246	2120	1910	1653	1357	1189	1007	180
80	299	2624	2483	2248	1963	1635	1449	1248	2315	2185	1968	1704	1399	1225	1038	186
7,00	303	2701	2556	2314	2021	1683	1492	1284	2383	2250	2027	1754	1440	1261	1068	191
mit Hemd $N=$		1	1	1	1	1	1	1	C_i' und C_i'' siehe S. 62.							
ohne „ $N=$		0,96	0,96	0,95	0,94	0,93	0,92	0,91								

$2C_i''' = 1,0$ bis 0,7 (exact 0,5 bis 0,4), $C_i = 10,2$ bei $\frac{l_i}{l} = 0,15$, wenn $c = 2,2$ m.

Sehr grosse Eincylinder-Condensations-Maschinen. (Zunächst mit Dampfhemd.)

Abs. Adm. Sp. $p = 5$ Kgr. od. Atm.

The two seven-column groups below are both "Füllung $\frac{l}{i}$": the first group (headed **0,3 … 0,07**) is the **Indicirte Leistung $\frac{N_i}{c}$ in Pferdekraft** and the second group the **Netto-Leistung $\frac{N_n}{c}$ in Pferdekraft**, both "pro 1 Meter Kolbengeschwindigkeit". The last value column is **Subtr. Compr. Lstg. pro $c=1$ m** (Pfdk.).

O Qu.Met.	D Centm.	0,3	0,25	0,20	0,15	0,125	0,10	0,07	0,3	0,25	0,20	0,15	0,125	0,10	0,07	Subtr.
1,00	115	409	371	324	270	240	207	163	351	317	275	226	199	169	129	32
05	117	430	389	340	284	252	218	171	369	333	289	238	209	178	136	35
10	120	450	408	357	297	264	228	180	388	349	303	250	219	186	143	35
15	123	471	426	373	311	276	238	188	406	366	317	261	230	195	149	37
20	125	491	445	389	324	288	249	196	424	382	332	273	240	204	156	38
1,25	128	512	463	405	338	300	259	204	442	398	346	285	250	213	163	40
30	131	532	482	421	351	312	270	212	460	415	360	297	260	221	170	41
35	133	553	500	438	365	324	280	221	478	431	374	308	270	230	176	43
40	135	573	519	454	378	336	290	229	496	447	388	320	281	239	183	44
45	138	594	537	470	392	348	301	237	514	463	403	332	291	247	190	46
1,50	140	614	556	486	405	360	311	245	532	480	416	343	301	256	196	48
55	143	634	574	502	419	372	321	253	550	496	430	355	312	265	203	49
60	145	655	593	519	432	384	331	261	568	512	445	366	322	274	209	51
65	147	675	611	535	446	396	342	269	587	529	459	378	332	282	216	52
70	149	696	630	551	459	408	352	278	605	545	473	390	342	291	223	54
1,75	151	716	648	567	473	420	363	286	623	561	487	401	352	300	229	56
80	154	737	667	583	486	432	373	294	641	578	501	413	363	308	236	57
85	156	757	685	599	500	444	383	302	659	594	516	425	373	317	243	59
90	158	778	704	616	513	456	394	310	677	610	530	437	383	326	250	60
95	160	798	722	632	527	468	404	319	695	627	544	448	393	334	256	62
2,00	162	818	741	648	541	480	414	326	713	643	558	459	404	343	263	63
10	166	859	778	681	568	504	435	343	750	676	586	483	424	361	276	67
20	170	900	815	713	595	528	456	359	786	709	615	506	445	378	289	70
30	174	941	852	745	622	552	477	375	822	741	643	530	466	396	303	73
40	177	982	889	778	649	576	497	392	859	774	671	553	486	413	316	76
2,50	181	1023	926	810	676	600	518	408	895	807	700	576	507	431	330	79
60	185	1064	963	843	703	624	538	424	932	840	728	600	527	448	343	83
70	188	1105	1000	875	730	648	559	441	968	873	757	623	548	466	356	86
80	192	1146	1037	907	757	672	580	457	1004	905	785	647	569	483	370	89
90	195	1187	1074	940	784	696	601	473	1041	938	813	670	589	501	383	92
3,00	198	1227	1112	972	811	720	621	489	1077	971	842	694	610	518	396	95
10	202	1268	1149	1005	838	744	642	506	1113	1004	871	717	630	536	410	98
20	205	1309	1186	1037	865	768	663	522	1150	1036	899	741	651	553	423	102
30	208	1350	1223	1069	892	792	683	538	1186	1069	927	764	672	571	437	105
40	211	1391	1260	1102	919	816	704	555	1222	1102	956	787	692	588	450	108
3,50	214	1432	1297	1134	946	840	725	571	1259	1135	984	811	713	606	463	111
60	217	1473	1334	1167	973	864	745	587	1295	1168	1013	834	733	623	477	114
70	220	1514	1371	1199	1000	888	766	603	1332	1200	1041	858	754	641	490	118
80	223	1554	1409	1231	1027	912	787	630	1368	1233	1069	881	775	658	504	121
90	226	1595	1446	1264	1054	936	808	646	1404	1266	1098	904	795	676	517	124
4,00	229	1636	1482	1296	1081	960	828	652	1441	1299	1127	928	816	693	530	127
10	232	1677	1519	1329	1108	984	849	669	1477	1331	1155	951	836	711	544	130
20	235	1718	1557	1361	1135	1008	870	685	1513	1364	1183	975	857	728	557	133
30	237	1759	1594	1394	1162	1032	890	701	1550	1397	1212	998	877	746	570	137
40	240	1800	1631	1426	1189	1056	911	718	1586	1430	1240	1022	898	763	584	140
4,50	243	1841	1668	1458	1216	1080	932	734	1623	1463	1269	1045	919	781	597	143
60	246	1882	1705	1491	1243	1104	953	750	1659	1495	1297	1068	939	798	611	146
70	248	1923	1742	1523	1270	1128	973	767	1695	1528	1325	1092	960	816	624	149
80	251	1964	1779	1556	1297	1152	994	783	1732	1561	1354	1115	980	833	637	153
90	253	2004	1816	1588	1324	1176	1015	799	1768	1594	1382	1139	1001	851	651	156
5,00	256	2045	1853	1620	1351	1200	1035	816	1804	1627	1411	1162	1022	868	664	159
20	261	2127	1927	1685	1405	1248	1077	848	1877	1692	1468	1209	1063	903	691	165
40	266	2209	2001	1750	1459	1296	1118	881	1950	1758	1525	1256	1104	938	718	171
60	271	2291	2076	1815	1513	1344	1160	913	2023	1823	1582	1303	1145	973	744	178
80	276	2373	2150	1880	1567	1392	1201	946	2096	1889	1639	1350	1186	1008	771	184
6,00	281	2455	2224	1945	1622	1440	1243	979	2168	1955	1696	1397	1228	1043	798	190
20	285	2536	2298	2009	1676	1488	1284	1011	2241	2020	1752	1444	1269	1078	825	197
40	290	2618	2372	2074	1730	1536	1325	1044	2314	2086	1809	1491	1310	1113	852	203
60	294	2700	2446	2139	1784	1584	1367	1076	2387	2151	1866	1538	1351	1148	879	209
80	299	2782	2520	2204	1838	1632	1408	1109	2460	2217	1923	1584	1392	1183	905	216
7,00	303	2864	2594	2269	1892	1680	1450	1142	2532	2282	1980	1631	1433	1218	932	222
mit Hemd $N=$		1	1	1	1	1	1	1								
ohne „ $N=$		0,96	0,95	0,94	0,93	0,92	0,91	0,89								

C_i' und C_i'' siehe S. 64.

Right-hand marginal column (C_i''' u. C_i, Kgr.), read from bottom to top:

$$2\,C_i''' = 0{,}9 \text{ bis } 0{,}7 \text{ (exact } 0{,}5 \text{ bis } 0{,}4\text{)}, \quad C_i \gtrless 9{,}8 \text{ bei } \tfrac{l_i}{l} = 0{,}125, \text{ wenn } c \gtrless 2{,}3 \text{ m.}$$

Sehr grosse Eincylinder-Condensations-Maschinen. (Zunächst mit Dampfhemd)

Abs. Adm. Sp. $p = 5\tfrac{1}{2}$ Kgr. od. Atm.

Wirksame Kolbenfläche O Qu.Met.	Kolben-Durchmesser D Centm.	Füllung $\frac{l}{l}$ — Indicirte Leistung $\frac{N_i}{c}$ in Pferdekraft (pro 1 Meter Kolbengeschwindigkeit)							Füllung $\frac{l}{l}$ — Netto-Leistung $\frac{N_n}{c}$ in Pferdekraft (pro 1 Meter Kolbengeschwindigkeit)							Subtr. Compr. Lstg. pro $c=1$ m Pfdk.	C'''_i u. C_i Kgr.
		0,3	0,25	0,20	0,15	0,125	0,10	0,07	0,3	0,25	0,20	0,15	0,125	0,10	0,07		
1,00	115	453	411	359	300	267	231	182	390	352	306	253	223	190	146	36	
05	117	476	431	377	315	280	242	192	410	370	322	266	234	200	154	38	
10	120	498	452	395	330	294	254	201	430	388	338	279	246	209	161	40	
15	123	521	472	413	345	307	265	210	451	407	353	292	257	219	169	42	
20	125	543	493	431	360	320	277	219	471	425	369	305	269	229	176	44	
1,25	128	566	513	449	375	334	288	228	491	443	385	318	280	239	184	46	
30	131	589	534	467	390	347	300	237	511	461	401	331	292	249	191	47	
35	133	611	554	485	405	360	311	246	531	479	417	344	303	258	199	49	
40	135	634	575	503	420	373	323	255	551	497	432	357	315	268	206	51	
45	138	656	595	521	435	387	334	264	571	515	448	370	326	278	214	53	
1,50	140	679	616	539	450	400	346	274	591	534	464	383	337	288	221	55	
55	143	702	636	557	465	414	358	283	611	552	480	396	349	297	229	56	
60	145	725	657	575	480	427	369	292	631	570	495	409	360	307	236	58	
65	147	747	677	593	495	440	381	301	652	588	511	422	372	317	244	60	
70	149	770	698	611	510	454	392	310	672	606	527	435	383	327	251	62	
1,75	151	792	718	629	525	467	404	319	692	624	543	448	395	337	259	64	
80	154	815	739	647	540	480	415	328	712	642	559	461	406	346	266	66	
85	156	838	759	665	555	494	427	337	732	660	574	474	418	356	274	67	
90	158	860	780	683	570	507	438	346	752	678	590	487	429	366	281	69	
95	160	883	800	701	585	520	450	355	772	697	606	500	441	376	289	71	
2,00	162	906	821	719	601	534	461	365	792	715	621	513	452	385	297	73	
10	166	951	862	755	631	561	484	383	833	751	653	539	475	405	312	76	
20	170	996	903	791	661	587	507	401	873	788	685	566	498	425	327	80	
30	174	1041	944	827	691	614	530	419	913	824	716	592	521	445	342	84	
40	177	1087	985	863	721	640	553	438	954	861	748	618	544	464	357	87	
2,50	181	1132	1026	899	751	667	577	456	994	897	780	644	567	484	372	91	
60	185	1178	1067	935	781	694	600	474	1035	934	812	670	591	504	387	95	
70	188	1223	1108	971	811	721	623	492	1075	970	843	697	614	523	402	98	
80	192	1268	1149	1007	841	747	646	511	1115	1007	875	723	637	543	417	102	
90	195	1313	1190	1043	871	774	669	529	1156	1043	907	749	660	563	432	105	
3,00	198	1359	1232	1078	901	801	692	547	1196	1080	938	775	682	582	448	109	
10	202	1404	1273	1114	931	828	715	565	1237	1116	970	801	706	602	463	113	
20	205	1449	1314	1150	961	854	738	584	1277	1153	1002	827	729	621	478	116	
30	208	1495	1355	1186	991	881	761	602	1317	1189	1033	854	752	641	493	120	
40	211	1540	1396	1222	1021	908	785	620	1358	1226	1065	880	775	661	508	124	
3,50	214	1585	1437	1258	1051	934	808	638	1398	1262	1097	906	798	681	523	127	
60	217	1631	1478	1294	1081	961	831	656	1439	1299	1128	932	821	700	538	131	
70	220	1676	1519	1330	1111	988	854	675	1479	1335	1160	958	844	720	553	134	
80	223	1721	1561	1365	1141	1014	877	693	1519	1372	1192	985	867	740	569	138	
90	226	1767	1602	1401	1171	1041	900	711	1560	1408	1224	1011	890	759	584	142	
4,00	229	1812	1642	1438	1201	1068	923	730	1600	1444	1255	1037	913	779	599	146	
10	232	1857	1683	1474	1231	1094	946	748	1641	1481	1287	1063	936	798	614	149	
20	235	1902	1725	1509	1261	1121	969	766	1681	1517	1318	1089	959	818	629	153	
30	237	1948	1766	1545	1291	1148	992	784	1721	1554	1350	1115	982	838	644	156	
40	240	1993	1807	1581	1321	1175	1015	802	1762	1590	1382	1142	1005	857	659	160	
4,50	243	2038	1848	1617	1351	1201	1038	821	1802	1627	1414	1168	1028	877	674	164	
60	246	2084	1889	1653	1381	1228	1061	839	1843	1663	1445	1194	1052	897	690	167	
70	248	2129	1930	1689	1411	1255	1085	857	1883	1700	1477	1220	1075	916	705	171	
80	251	2174	1971	1725	1441	1281	1108	875	1923	1736	1509	1246	1098	936	720	174	
90	253	2219	2012	1761	1471	1308	1131	893	1964	1773	1540	1273	1121	956	735	178	
5,00	256	2265	2053	1797	1501	1335	1154	912	2004	1809	1572	1299	1143	975	750	182	
20	261	2355	2135	1869	1561	1388	1200	948	2085	1882	1635	1351	1190	1014	780	189	
40	266	2446	2217	1941	1621	1442	1246	985	2166	1955	1699	1403	1236	1054	811	196	
60	271	2536	2300	2012	1681	1495	1292	1021	2247	2027	1762	1456	1282	1093	841	204	
80	276	2627	2382	2084	1741	1548	1338	1058	2327	2100	1826	1508	1328	1132	871	211	
6,00	281	2718	2464	2156	1801	1602	1384	1094	2408	2173	1889	1561	1374	1172	901	218	
20	285	2808	2546	2228	1861	1655	1430	1131	2489	2246	1952	1613	1420	1211	931	226	
40	290	2899	2628	2300	1921	1708	1476	1167	2570	2319	2016	1665	1466	1250	962	233	
60	294	2989	2710	2372	1981	1762	1523	1204	2651	2392	2079	1718	1512	1290	992	240	
80	299	3080	2792	2444	2041	1815	1569	1240	2731	2465	2143	1770	1558	1329	1022	248	
7,00	303	3171	2874	2516	2101	1869	1615	1277	2812	2538	2206	1822	1604	1368	1053	255	
mit Hemd $N=$		1	1	1	1	1	1	1									
ohne „ $N=$		0,96	0,95	0,94	0,93	0,92	0,91	0,89									

C_i' und C_i'' siehe S. 66.

Randnote (rechts): $2C'''_i = 0,9$ bis $0,6$ (exact $0,5$ bis $0,3$), $C_i = \gtrless 9,7$ bei $\frac{l_i}{l} = 0,125$, wenn $c \gtrless 2,4$ m.

Sehr grosse Eincylinder-Condensations-Maschinen. (Zunächst mit Dampfhemd.)

Abs. Adm. Sp. $p = 6$ Kgr. od. Atm.

Wirksame Kolbenfläche O Qu.Met.	Kolben-Durchmesser D Centm.	Füllung $\frac{l_i}{i}$ — Indicirte Leistung $\frac{N_i}{c}$ in Pferdekraft							Füllung $\frac{l_i}{i}$ — Netto-Leistung $\frac{N_n}{i}$ in Pferdekraft							Subtr. Compr. Lstg. pro $c=1$ m Pfdk.	C_i'' u. C_i Kgr.
		0,3	0,25	0,20	0,15	0,125	0,10	0,07	0,3	0,25	0,20	0,15	0,125	0,10	0,07		
1,00	115	497	451	395	330	294	254	202	429	388	337	279	246	211	163	41	
05	117	522	473	414	347	309	267	212	452	408	355	294	259	222	171	43	
10	120	546	496	434	363	323	280	222	474	428	372	308	272	233	180	45	
15	123	571	518	454	380	338	292	232	496	448	390	323	285	244	188	47	
20	125	596	541	474	396	353	305	242	518	468	407	337	297	254	196	49	
1,25	128	621	563	493	413	367	318	252	540	488	425	351	310	265	205	51	
30	131	646	586	513	429	382	331	262	562	508	442	366	323	276	213	53	
35	133	670	608	533	446	397	343	272	584	528	459	380	335	287	222	55	
40	135	695	631	552	462	412	356	282	606	548	477	395	348	298	230	57	
45	138	720	653	572	479	426	369	292	628	568	494	409	361	309	238	60	
1,50	140	745	676	592	495	441	382	302	651	588	511	423	373	319	247	62	
55	143	770	698	612	512	456	394	313	673	608	529	438	386	330	255	64	
60	145	795	721	632	528	470	407	323	695	628	546	452	399	341	264	66	
65	147	820	743	651	545	485	420	333	717	648	564	466	412	352	272	68	
70	149	844	766	671	561	500	432	343	739	668	581	481	424	363	280	70	
1,75	151	869	788	691	578	514	445	353	761	688	598	495	437	374	289	72	
80	154	894	811	710	594	529	458	363	783	708	616	510	450	385	297	74	
85	156	919	833	730	611	544	470	373	805	728	633	524	462	396	306	76	
90	158	944	856	750	627	558	483	383	827	748	651	538	475	407	314	78	
95	160	968	878	769	644	573	496	393	850	768	668	553	488	417	322	80	
2,00	162	994	901	789	660	588	509	403	872	788	685	567	500	428	331	82	
10	166	1043	946	829	693	617	534	423	916	828	720	596	526	450	347	86	
20	170	1093	991	868	726	647	560	444	961	868	755	625	551	471	364	90	
30	174	1142	1036	908	759	676	585	464	1005	908	790	654	577	493	381	94	
40	177	1192	1081	947	792	705	610	484	1050	948	825	683	602	515	398	99	
2,50	181	1242	1126	987	826	735	636	504	1094	988	860	711	628	537	415	103	
60	185	1292	1171	1026	859	764	661	524	1138	1029	895	740	653	559	432	107	
70	188	1341	1216	1066	892	794	687	544	1183	1069	929	769	679	580	449	111	
80	192	1391	1261	1105	925	823	712	565	1227	1109	964	798	704	602	466	115	
90	195	1440	1306	1144	958	852	737	585	1272	1149	999	827	730	624	483	120	
3,00	198	1490	1352	1184	991	882	763	605	1316	1189	1035	856	756	646	499	123	
10	202	1540	1397	1224	1024	911	788	625	1361	1229	1069	885	781	668	516	127	
20	205	1590	1442	1263	1057	940	814	645	1405	1269	1104	914	807	690	533	131	
30	208	1640	1487	1303	1090	970	839	665	1450	1310	1139	943	832	711	550	136	
40	211	1689	1532	1342	1123	999	865	686	1494	1350	1174	972	858	733	567	140	
3,50	214	1739	1577	1382	1156	1029	890	706	1539	1390	1209	1001	883	755	584	144	
60	217	1789	1622	1421	1189	1058	915	726	1583	1430	1244	1029	909	777	601	148	
70	220	1838	1667	1461	1222	1087	941	746	1627	1470	1279	1058	934	799	617	152	
80	223	1888	1712	1500	1255	1117	966	766	1672	1511	1314	1087	960	820	634	156	
90	226	1938	1758	1540	1288	1146	992	787	1716	1551	1349	1116	985	842	651	160	
4,00	229	1987	1802	1579	1321	1176	1017	807	1761	1591	1384	1145	1011	864	668	164	
10	232	2037	1847	1618	1354	1205	1043	827	1805	1631	1419	1174	1036	886	685	168	
20	235	2087	1892	1658	1387	1234	1068	847	1850	1671	1454	1203	1062	908	701	173	
30	237	2136	1937	1697	1420	1264	1094	867	1894	1711	1489	1232	1087	930	718	177	
40	240	2186	1983	1737	1453	1293	1119	887	1939	1751	1524	1261	1113	951	735	181	
4,50	243	2236	2028	1776	1486	1323	1144	907	1983	1792	1558	1290	1138	973	752	185	
60	246	2285	2073	1816	1519	1352	1170	928	2028	1832	1593	1319	1164	995	769	189	
70	248	2335	2118	1855	1552	1381	1195	948	2072	1872	1628	1347	1189	1017	786	193	
80	251	2385	2163	1895	1585	1411	1221	968	2116	1912	1663	1376	1215	1039	803	197	
90	253	2435	2208	1934	1618	1440	1246	988	2161	1952	1698	1405	1240	1060	820	201	
5,00	256	2484	2253	1974	1651	1469	1272	1008	2205	1992	1733	1434	1266	1082	836	205	
20	261	2583	2343	2053	1717	1528	1322	1048	2294	2072	1803	1492	1317	1126	870	214	
40	266	2683	2433	2132	1783	1587	1373	1089	2383	2153	1873	1550	1368	1170	904	222	
60	271	2782	2523	2211	1849	1646	1424	1129	2472	2233	1943	1608	1419	1213	937	230	
80	276	2882	2613	2290	1915	1705	1475	1170	2561	2313	2013	1666	1470	1257	971	238	
6,00	281	2981	2703	2368	1981	1763	1526	1210	2650	2393	2083	1723	1521	1300	1005	247	
20	285	3080	2793	2447	2047	1822	1577	1250	2739	2474	2153	1781	1572	1344	1038	255	
40	290	3180	2883	2526	2113	1881	1628	1290	2828	2554	2223	1839	1623	1388	1072	263	
60	294	3279	2973	2605	2179	1940	1679	1331	2917	2634	2293	1897	1674	1431	1106	271	
80	299	3378	3064	2684	2245	1999	1730	1371	3006	2715	2362	1955	1725	1475	1140	279	
7,00	303	3478	3154	2763	2311	2057	1780	1411	3095	2795	2432	2013	1776	1519	1173	288	
mit Hemd $N=$		$\frac{1}{0,96}$	$\frac{1}{0,95}$	$\frac{1}{0,94}$	$\frac{1}{0,93}$	$\frac{1}{0,92}$	$\frac{1}{0,91}$	$\frac{1}{0,89}$	C_i' und C_i'' siehe S. 68.								
ohne ,, $N=$																	

Randbemerkung (senkrecht): $2C_i'' = 0{,}8$ bis $0{,}6$ (exact $0{,}4$ bis $0{,}3$), $C_i \leqq 9{,}4$ bei $\frac{l_i}{i} = 0{,}125$, wenn $c = 2{,}5$ m.

Sehr grosse Eincylinder-Condensations-Maschinen. (Zunächst mit Dampfhemd.)

Abs. Adm. Sp. $p = 6\tfrac{1}{2}$ Kgr. od. Atm.

Wirksame Kolbenfläche O Qu.Met.	Kolben-Durchmesser D Centm.	Füllung $\tfrac{l_i}{i}$ 0,3	0,25	0,20	0,15	0,125	0,10	0,07	Füllung $\tfrac{l_i}{i}$ 0,3	0,25	0,20	0,15	0,125	0,10	0,07	Subtr. Compr. Lstg. pro $c=1\,$m Pfdk.
		Indicirte Leistung $\tfrac{N_i}{c}$ in Pferdekraft							Netto-Leistung $\tfrac{N_n}{c}$ in Pferdekraft							
		pro 1 Meter Kolbengeschwindigkeit														
1,00	115	541	491	430	360	321	278	221	469	423	369	306	270	232	180	46
05	117	568	515	452	378	337	292	232	493	445	388	322	284	244	189	48
10	120	595	540	473	396	353	305	243	517	467	407	338	298	255	198	51
15	123	622	564	495	414	369	319	254	541	489	426	353	312	267	208	53
20	125	649	589	516	432	385	333	265	565	511	445	369	326	279	217	55
1,25	128	676	613	538	450	401	347	276	589	533	464	385	340	291	226	58
30	131	703	638	559	468	417	360	287	613	554	483	401	354	303	236	60
35	133	730	662	581	486	433	374	298	637	576	502	417	368	315	245	62
40	135	757	687	602	504	449	388	309	661	598	521	432	382	327	254	64
45	138	784	711	624	522	465	402	320	685	620	540	448	395	339	263	67
1,50	140	811	736	645	540	481	417	331	710	642	559	464	410	351	272	69
55	143	838	760	667	558	497	431	342	734	663	578	479	424	363	282	71
60	145	865	785	688	576	513	445	353	758	685	597	495	437	375	291	74
65	147	892	809	710	594	529	459	364	782	707	616	511	451	387	300	76
70	149	919	834	731	612	545	473	375	806	729	635	527	465	399	309	78
1,75	151	946	858	753	630	561	487	386	830	751	654	543	479	410	319	81
80	154	973	883	774	648	577	500	397	854	772	673	558	493	422	328	83
85	156	1000	907	796	666	593	514	408	879	794	692	574	507	434	337	85
90	158	1027	932	817	684	609	528	419	903	816	711	590	521	446	347	87
95	160	1054	956	839	702	625	542	430	927	838	730	606	535	458	356	90
2,00	162	1082	981	860	720	642	556	442	951	860	749	621	549	470	365	92
10	166	1136	1030	903	756	674	584	464	1000	904	787	653	577	494	383	97
20	170	1190	1079	946	792	706	612	486	1048	947	825	684	605	518	402	101
30	174	1244	1128	989	828	738	639	508	1097	991	864	716	633	542	421	106
40	177	1298	1177	1032	864	770	667	530	1145	1035	902	748	661	566	439	110
2,50	181	1352	1226	1075	900	802	695	552	1194	1079	940	780	689	590	458	115
60	185	1406	1275	1118	936	834	723	574	1242	1123	978	811	717	614	476	120
70	188	1460	1324	1161	972	866	751	596	1291	1167	1016	843	745	638	495	124
80	192	1514	1373	1204	1008	898	778	618	1339	1211	1055	875	773	662	514	129
90	195	1568	1422	1247	1044	930	806	640	1388	1255	1093	906	801	686	532	133
3,00	198	1622	1472	1290	1081	962	834	663	1436	1298	1131	938	829	710	551	138
10	202	1676	1521	1333	1117	995	862	685	1485	1342	1169	969	857	734	569	143
20	205	1731	1570	1376	1153	1027	890	707	1533	1386	1207	1001	885	758	588	147
30	208	1785	1619	1419	1189	1059	917	729	1582	1430	1246	1033	913	782	607	152
40	211	1839	1668	1462	1225	1091	945	751	1630	1474	1284	1065	941	806	625	156
3,50	214	1893	1717	1505	1261	1123	973	773	1679	1518	1322	1096	969	830	644	161
60	217	1947	1766	1548	1297	1155	1001	795	1727	1562	1360	1128	997	854	662	166
70	220	2001	1815	1591	1333	1187	1029	817	1776	1605	1398	1160	1025	878	681	170
80	223	2055	1864	1634	1369	1219	1056	839	1824	1649	1437	1191	1053	902	700	175
90	226	2109	1914	1677	1405	1251	1084	861	1873	1693	1475	1223	1081	926	718	179
4,00	229	2163	1962	1720	1441	1283	1112	883	1921	1737	1513	1254	1109	950	737	184
10	232	2217	2011	1763	1477	1315	1140	905	1970	1780	1551	1286	1137	974	755	189
20	235	2271	2060	1806	1513	1347	1168	928	2018	1824	1589	1318	1165	998	774	193
30	237	2325	2109	1849	1549	1380	1195	950	2067	1868	1627	1350	1193	1022	792	198
40	240	2379	2159	1892	1585	1412	1223	972	2115	1912	1666	1381	1221	1046	811	202
4,50	243	2434	2208	1935	1621	1444	1251	994	2164	1956	1704	1413	1249	1070	830	207
60	246	2488	2257	1978	1657	1476	1279	1016	2212	2000	1742	1445	1277	1094	848	212
70	248	2542	2306	2021	1693	1508	1307	1038	2261	2044	1780	1476	1305	1118	867	216
80	251	2596	2355	2064	1729	1540	1334	1060	2309	2088	1818	1508	1333	1142	885	221
90	253	2650	2404	2107	1765	1572	1362	1082	2358	2132	1857	1540	1361	1166	904	225
5,00	256	2704	2453	2150	1801	1604	1390	1104	2406	2175	1895	1571	1388	1189	923	230
20	261	2812	2551	2236	1873	1668	1446	1148	2503	2263	1971	1635	1444	1237	960	239
40	266	2920	2649	2322	1945	1733	1501	1193	2600	2350	2048	1698	1500	1285	997	248
60	271	3028	2747	2408	2017	1797	1557	1237	2697	2438	2124	1761	1556	1333	1034	258
80	276	3137	2845	2494	2089	1861	1612	1281	2794	2526	2200	1825	1612	1381	1071	267
6,00	281	3244	2943	2580	2161	1925	1668	1325	2891	2614	2277	1888	1668	1429	1109	276
20	285	3353	3041	2666	2233	1989	1724	1369	2988	2701	2353	1952	1724	1477	1146	285
40	290	3461	3139	2752	2305	2053	1779	1413	3085	2789	2430	2015	1780	1525	1183	294
60	294	3569	3237	2838	2377	2118	1835	1458	3182	2877	2506	2078	1836	1573	1220	304
80	299	3677	3336	2924	2449	2182	1890	1502	3279	2964	2582	2142	1892	1621	1257	313
7,00	303	3785	3434	3010	2521	2246	1946	1546	3376	3052	2659	2205	1948	1669	1295	322
mit Hemd $N=$		1	1	1	1	1	1	1								
ohne „ $N=$		0,96	0,95	0,94	0,93	0,92	0,91	0,89								

Rechte Randspalte (C'''_i u. C_i, Kgr.): $2C'''_i = 0,8$ bis $0,6$ (exact $0,4$ bis $0,3$), $C_i = 9,2$ bei $\tfrac{l_i}{i} = 0,125$, wenn $c \gtrless 2,6$ m.

C_i' und C_i'' siehe S. 70.

Sehr grosse Eincylinder-Condensations-Maschinen. (Zunächst mit Dampfhemd).

Abs. Adm. Sp. $p = 7$ Kgr. od. Atm.

Wirksame Kolbenfläche O Qu.Met.	Kolben-Durchmesser D Centm.	Füllung $\frac{l_i}{i}$ 0,25	0,20	0,15	0,125	0,10	0,07	0,05	Füllung $\frac{l_i}{i}$ 0,25	0,20	0,15	0,125	0,10	0,07	0,05	Subtr. Compr. Lstg. pro $c=1$ m Pfdk.
		Indicirte Leistung $\frac{N_i}{c}$ in Pferdekraft							Netto-Leistung $\frac{N_n}{c}$ in Pferdekraft							
		pro 1 Meter Kolbengeschwindigkeit														
1,00	115	531	465	390	348	302	240	194	460	400	333	294	252	197	155	51
05	117	557	489	410	365	317	252	204	483	421	350	309	265	207	163	54
10	120	584	512	429	383	332	264	214	507	441	367	325	278	217	171	56
15	123	610	535	449	400	347	276	224	531	462	384	340	291	227	179	59
20	125	637	559	468	417	362	288	233	554	483	401	355	304	237	187	61
1,25	128	663	582	488	435	377	300	243	578	503	418	370	317	247	195	64
30	131	690	605	507	452	392	312	253	602	524	435	385	330	257	203	66
35	133	716	629	527	470	407	324	262	625	544	452	401	343	267	211	69
40	135	743	652	546	487	422	336	272	649	565	469	416	356	278	219	71
45	138	769	675	566	504	438	348	282	673	586	486	431	369	288	227	74
1,50	140	796	698	585	522	452	360	292	696	606	504	446	382	298	235	77
55	143	823	721	605	539	468	372	301	720	627	521	461	395	308	243	79
60	145	849	745	624	556	483	384	311	744	648	538	476	408	318	251	82
65	147	876	768	644	574	498	396	321	767	668	555	491	421	328	259	84
70	149	902	791	663	591	513	408	330	791	689	572	507	434	338	267	87
1,75	151	929	815	683	609	528	420	340	815	709	589	522	447	349	275	89
80	154	955	838	702	626	543	432	350	839	730	606	537	460	359	283	92
85	156	982	861	722	643	558	444	360	862	751	623	552	473	369	291	94
90	158	1008	885	741	661	573	456	369	886	771	641	567	486	379	299	97
95	160	1035	908	761	678	588	468	379	910	792	658	583	499	389	307	100
2,00	162	1062	931	780	696	603	480	389	933	812	675	597	512	399	315	102
10	166	1115	977	819	730	633	504	408	981	854	709	628	538	420	331	107
20	170	1168	1024	858	765	664	528	428	1028	895	744	658	565	440	347	112
30	174	1221	1071	897	800	694	552	447	1076	937	778	689	591	461	363	117
40	177	1274	1117	936	835	724	576	467	1123	978	813	719	617	481	379	123
2,50	181	1327	1164	975	869	754	600	486	1171	1019	847	750	643	501	395	128
60	185	1380	1210	1014	904	784	624	506	1219	1061	881	780	669	522	412	133
70	188	1433	1257	1053	939	814	648	525	1266	1102	916	811	695	542	428	138
80	192	1486	1303	1092	974	845	672	544	1314	1144	950	841	721	563	444	143
90	195	1539	1350	1131	1009	875	696	564	1361	1185	985	872	747	583	460	149
3,00	198	1593	1396	1170	1043	905	720	583	1409	1227	1019	902	774	603	476	153
10	202	1646	1443	1209	1078	935	744	603	1456	1268	1054	932	800	623	492	158
20	205	1699	1489	1248	1113	965	768	622	1504	1309	1088	963	826	644	508	163
30	208	1752	1536	1287	1148	995	792	642	1552	1351	1122	993	852	664	524	169
40	211	1805	1582	1326	1182	1026	816	661	1599	1392	1157	1024	878	685	540	174
3,50	214	1858	1629	1365	1217	1056	840	680	1647	1434	1191	1054	904	705	556	179
60	217	1911	1675	1404	1252	1086	864	700	1694	1475	1226	1085	930	725	572	184
70	220	1965	1722	1443	1287	1116	888	719	1742	1516	1260	1115	956	746	588	189
80	223	2018	1768	1482	1322	1146	912	739	1790	1558	1294	1146	982	766	604	194
90	226	2071	1815	1521	1356	1177	936	758	1837	1599	1329	1176	1009	787	620	199
4,00	229	2124	1862	1560	1391	1206	960	778	1885	1641	1363	1206	1035	807	636	204
10	232	2177	1908	1599	1426	1237	984	797	1932	1682	1398	1237	1061	827	652	209
20	235	2230	1955	1638	1461	1267	1008	817	1980	1724	1432	1267	1087	847	668	215
30	237	2283	2001	1677	1495	1297	1032	836	2027	1765	1467	1298	1113	868	684	220
40	240	2336	2048	1716	1530	1327	1056	855	2075	1807	1501	1328	1139	888	700	225
4,50	243	2389	2094	1755	1565	1357	1080	875	2123	1848	1535	1359	1165	909	717	230
60	246	2442	2141	1794	1600	1388	1104	894	2170	1889	1570	1389	1191	929	733	235
70	248	2495	2187	1833	1635	1418	1128	914	2218	1931	1604	1420	1218	949	749	240
80	251	2549	2234	1872	1669	1448	1152	933	2265	1972	1639	1450	1244	970	765	245
90	253	2602	2280	1911	1704	1478	1176	952	2313	2014	1673	1481	1270	990	781	250
5,00	256	2655	2327	1951	1739	1508	1200	972	2360	2055	1708	1511	1296	1010	797	255
20	261	2761	2420	2029	1808	1569	1248	1011	2456	2138	1776	1572	1348	1051	829	266
40	266	2867	2513	2107	1878	1629	1296	1050	2551	2221	1845	1633	1401	1092	861	276
60	271	2973	2606	2185	1947	1689	1344	1089	2646	2304	1914	1694	1453	1132	893	286
80	276	3079	2699	2263	2017	1750	1392	1127	2741	2387	1983	1755	1505	1173	925	296
6,00	281	3186	2792	2341	2086	1810	1441	1167	2836	2470	2051	1815	1558	1214	957	307
20	285	3292	2886	2419	2156	1870	1489	1205	2932	2553	2120	1876	1610	1254	989	317
40	290	3398	2979	2497	2225	1931	1537	1244	3027	2636	2189	1937	1662	1295	1021	327
60	294	3504	3072	2575	2295	1991	1585	1283	3122	2718	2258	1998	1715	1336	1053	337
80	299	3610	3165	2653	2364	2051	1633	1322	3217	2801	2327	2059	1767	1377	1086	347
7,00	303	3717	3258	2731	2434	2111	1681	1361	3312	2884	2396	2120	1819	1418	1118	358
mit Hemd $N=$		1	1	1	1	1	1	1								
ohne „ $N=$		0,95	0,94	0,93	0,92	0,91	0,89	0,87								

C_i' und C_i'' siehe S. 72.

Randvermerk (rechte Spalte C_i''' u C_i, Kgr.): $2C_i''' = 0{,}8$ bis $0{,}6$ (exact $0{,}4$ bis $0{,}3$), $C_i \lessgtr 8{,}8$ bei $\frac{l_i}{i} = 0{,}10$, wenn $c \gtrless 2{,}7$ m.

Sehr grosse Eincylinder-Condensations-Maschinen. (Zunächst mit Dampfhemd.)

Abs. Adm. Sp. $p = 8$ Kgr od. Atm.

Wirksame Kolbenfläche O Qu.Met.	Kolben-Durchmesser D Centm.	Füllung $\frac{l_1}{l}$ 0,25	0,20	0,15	0,125	0,10	0,07	0,05	Füllung $\frac{l_1}{l}$ 0,25	0,20	0,15	0,125	0,10	0,07	0,05	Subtr. Compr. Lstg. pro $c=1$ m Pfdk.
		Indicirte Leistung $\frac{N_i}{c}$ in Pferdekraft							Netto-Leistung $\frac{N_n}{c}$ in Pferdekraft							
		pro 1 Meter Kolbengeschwindigkeit														
1,00	115	611	536	450	402	349	279	226	531	463	386	342	294	231	183	61
05	117	642	563	473	422	366	293	238	558	487	406	360	310	242	193	64
10	120	672	590	495	442	384	306	249	586	511	426	377	325	254	202	67
15	123	703	617	518	462	401	320	260	613	535	446	395	340	266	211	70
20	125	734	643	540	482	419	334	272	641	559	465	412	355	278	221	73
1,25	128	764	670	563	502	436	348	283	668	583	485	430	370	290	230	76
30	131	795	697	585	522	453	362	294	695	607	505	448	386	302	240	79
35	133	825	724	608	542	471	376	306	723	631	525	465	401	314	249	82
40	135	856	751	630	562	488	390	317	750	655	545	483	416	326	258	85
45	138	887	777	653	583	506	404	328	778	678	565	500	431	338	268	89
1,50	140	917	804	675	602	523	418	340	805	702	585	518	446	349	277	92
55	143	947	831	698	623	541	432	351	832	726	604	536	461	361	287	95
60	145	978	858	720	643	558	446	362	859	750	624	553	476	373	296	98
65	147	1008	885	743	663	576	460	374	886	774	644	571	492	385	306	101
70	149	1039	911	765	683	593	473	385	914	798	664	589	507	397	315	104
1,75	151	1070	938	788	703	610	487	396	941	822	684	606	522	409	324	107
80	154	1100	965	810	723	628	501	407	968	845	704	624	537	421	334	110
85	156	1131	992	833	743	645	515	419	996	869	724	641	552	433	343	113
90	158	1161	1019	855	763	663	529	430	1023	893	744	659	568	444	353	116
95	160	1192	1045	878	783	680	543	441	1050	917	764	677	583	456	362	119
2,00	162	1222	1072	900	803	698	557	453	1078	941	783	694	597	468	372	122
10	166	1283	1126	945	843	733	585	475	1133	989	823	730	628	492	391	128
20	170	1345	1179	990	884	767	613	498	1188	1037	863	765	658	516	410	134
30	174	1406	1233	1035	924	802	641	521	1243	1085	903	801	689	540	429	140
40	177	1467	1287	1080	964	837	668	543	1298	1133	943	836	719	563	448	147
2,50	181	1528	1340	1125	1004	872	696	566	1353	1181	983	871	750	587	467	153
60	185	1589	1394	1170	1044	907	724	589	1408	1229	1023	907	780	611	486	159
70	188	1650	1447	1215	1084	942	752	611	1463	1277	1063	942	811	635	505	165
80	192	1711	1501	1260	1125	977	780	634	1518	1325	1102	978	841	659	524	171
90	195	1773	1555	1305	1165	1011	808	656	1573	1373	1142	1013	872	683	543	178
3,00	198	1833	1608	1350	1205	1047	836	679	1628	1420	1183	1048	902	706	561	183
10	202	1894	1662	1395	1245	1082	864	702	1683	1468	1223	1084	933	730	580	189
20	205	1955	1715	1440	1285	1117	891	724	1738	1516	1262	1119	963	754	599	195
30	208	2017	1769	1485	1325	1151	919	747	1793	1564	1302	1155	994	778	618	202
40	211	2078	1823	1530	1366	1186	947	770	1848	1612	1342	1190	1024	802	637	208
3,50	214	2139	1876	1575	1406	1221	975	792	1903	1660	1382	1225	1055	826	656	214
60	217	2200	1930	1620	1446	1256	1003	815	1958	1708	1422	1261	1085	850	675	220
70	220	2261	1983	1665	1486	1291	1031	837	2013	1756	1462	1296	1116	874	694	226
80	223	2322	2037	1710	1526	1326	1059	860	2068	1804	1502	1332	1146	898	713	232
90	226	2383	2091	1755	1567	1361	1087	883	2123	1852	1542	1367	1177	922	732	238
4,00	229	2444	2144	1800	1606	1396	1114	906	2177	1900	1582	1402	1207	945	751	244
10	232	2505	2198	1845	1647	1431	1142	928	2232	1948	1622	1438	1237	969	770	250
20	235	2567	2252	1890	1687	1465	1170	951	2287	1996	1662	1473	1268	993	789	257
30	237	2628	2305	1935	1727	1500	1198	973	2342	2044	1702	1509	1298	1017	808	263
40	240	2689	2359	1980	1767	1535	1226	996	2397	2092	1742	1544	1329	1041	827	269
4,50	243	2750	2412	2025	1807	1570	1254	1019	2452	2140	1782	1579	1359	1065	846	275
60	246	2811	2466	2070	1848	1605	1282	1041	2507	2188	1821	1615	1390	1088	865	281
70	248	2872	2520	2115	1888	1640	1309	1064	2562	2236	1861	1650	1420	1112	884	287
80	251	2933	2573	2160	1928	1675	1337	1086	2617	2284	1901	1686	1451	1136	903	293
90	253	2994	2627	2205	1968	1710	1365	1109	2672	2332	1941	1721	1481	1160	922	299
5,00	256	3055	2680	2250	2008	1745	1393	1132	2727	2380	1981	1757	1512	1184	941	305
20	261	3178	2788	2340	2088	1814	1448	1177	2837	2476	2061	1827	1572	1231	978	318
40	266	3300	2895	2430	2169	1884	1504	1222	2947	2572	2141	1898	1633	1279	1016	330
60	271	3422	3002	2520	2249	1954	1560	1268	3057	2667	2221	1969	1694	1327	1054	342
80	276	3544	3109	2610	2330	2024	1616	1313	3167	2763	2301	2040	1755	1374	1092	354
6,00	281	3667	3217	2700	2410	2093	1671	1358	3277	2859	2381	2111	1816	1422	1130	367
20	285	3789	3324	2790	2490	2163	1727	1404	3387	2955	2461	2181	1877	1470	1168	379
40	290	3911	3431	2880	2570	2233	1783	1449	3497	3051	2541	2252	1938	1518	1206	391
60	294	4033	3538	2970	2651	2303	1838	1494	3607	3147	2621	2323	1999	1565	1244	403
80	299	4155	3645	3060	2731	2373	1894	1540	3717	3243	2701	2394	2060	1613	1282	415
7,00	303	4278	3753	3150	2811	2442	1950	1585	3827	3339	2781	2465	2121	1661	1320	428
mit Hemd $N=$		1	1	1	1	1	1	1								
ohne „ $N=$		0,95	0,94	0,93	0,92	0,91	0,89	0,87	C_i' und C_i'' siehe S. 74.							

Randnotiz (C_i''' u. C_i, Kgr.): $c = 2,9$ m; $\frac{l_1}{l} = 0,10$, wenn $c =$; $C_i \lessgtr 8,6$ bei; $2C_i'' = 0,7$ bis $0,5$ (exact $0,4$ bis $0,5$), $C_i = 0,5$ (exact $0,4$ bis $0,3$).

Sehr grosse Eincylinder-Condensations-Maschinen. (Zunächst mit Dampfhemd).

Abs. Adm. Sp. $p = 9$ Kgr. od. Atm.

Füllung $\frac{l_i}{l}$: Indicirte Leistung $\frac{N_i}{c}$ in Pferdekraft — Netto-Leistung $\frac{N_n}{c}$ in Pferdekraft — pro 1 Meter Kolbengeschwindigkeit.

Wirksame Kolbenfläche O (Qu.Met.)	Kolben-Durchmesser D (Centm.)	Ind. 0,25	0,20	0,15	0,125	0,10	0,07	0,05	Netto 0,25	0,20	0,15	0,125	0,10	0,07	0,05	Subtr. Compr. Lstg. pro $c=1$ m (Pfdk)
1,00	115	691	607	510	455	396	317	258	602	526	439	390	336	264	211	71
05	117	726	637	536	478	416	333	271	633	554	462	410	353	278	222	75
10	120	760	667	561	501	436	349	284	664	581	484	430	371	292	233	78
15	123	795	698	587	524	456	365	297	695	608	507	450	388	305	244	82
20	125	830	728	612	547	475	381	310	726	635	530	470	405	319	255	86
1,25	128	864	758	638	570	495	397	323	757	662	552	490	422	332	266	89
30	131	899	789	663	592	515	412	336	788	689	575	510	440	346	276	93
35	133	933	819	689	615	535	428	349	819	716	597	530	457	360	287	96
40	135	968	849	714	638	555	444	362	850	743	620	551	474	373	298	100
45	138	1003	879	740	661	574	460	375	881	770	643	571	492	387	309	103
1,50	140	1037	910	765	683	594	476	388	913	798	665	591	509	401	320	107
55	143	1071	940	790	706	614	491	401	944	825	688	611	526	414	331	111
60	145	1106	971	816	729	634	507	413	975	852	711	631	544	428	342	114
65	147	1140	1001	841	752	654	523	426	1006	879	733	651	561	441	352	118
70	149	1175	1031	867	774	674	539	439	1037	906	756	671	578	455	363	121
1,75	151	1210	1062	892	797	693	555	452	1068	933	778	691	596	469	374	125
80	154	1244	1092	918	820	713	571	465	1099	960	801	711	613	482	385	128
85	156	1279	1122	943	843	733	587	478	1130	987	824	731	630	496	396	132
90	158	1313	1153	969	866	753	603	491	1161	1014	846	751	648	509	407	136
95	160	1348	1183	994	888	773	619	504	1192	1042	869	771	665	523	418	139
2,00	162	1382	1213	1020	911	792	634	517	1223	1069	891	791	682	537	428	143
10	166	1451	1274	1071	957	832	666	543	1285	1123	937	832	717	564	450	150
20	170	1521	1335	1122	1002	872	698	568	1348	1178	982	872	752	591	472	157
30	174	1590	1395	1173	1048	911	730	594	1410	1232	1028	912	787	619	494	164
40	177	1659	1456	1224	1093	951	761	620	1473	1287	1073	953	821	646	516	171
2,50	181	1728	1517	1275	1139	990	793	646	1535	1341	1119	993	856	674	538	178
60	185	1797	1577	1326	1184	1030	824	672	1597	1396	1164	1034	891	701	560	186
70	188	1866	1638	1377	1230	1070	856	698	1660	1450	1210	1074	926	728	582	193
80	192	1935	1699	1428	1276	1109	888	723	1722	1505	1255	1114	961	756	604	200
90	195	2005	1759	1479	1321	1149	920	749	1785	1559	1301	1155	995	783	625	207
3,00	198	2073	1820	1530	1366	1189	951	775	1847	1614	1346	1195	1030	810	647	214
10	202	2142	1881	1581	1412	1228	983	801	1909	1668	1392	1235	1065	838	669	221
20	205	2211	1942	1632	1457	1268	1015	827	1971	1723	1437	1275	1100	865	691	228
30	208	2281	2002	1683	1503	1307	1046	853	2034	1777	1483	1316	1134	893	713	235
40	211	2350	2063	1734	1548	1347	1078	878	2096	1832	1528	1356	1169	920	734	242
3,50	214	2419	2124	1785	1594	1387	1110	904	2159	1886	1574	1397	1204	947	756	250
60	217	2488	2184	1836	1639	1426	1141	930	2221	1941	1619	1437	1239	975	778	257
70	220	2557	2245	1887	1685	1466	1173	956	2283	1995	1665	1477	1274	1002	800	264
80	223	2626	2306	1938	1730	1505	1205	982	2346	2050	1710	1517	1308	1030	822	271
90	226	2695	2367	1989	1776	1545	1236	1007	2408	2104	1756	1558	1343	1057	844	278
4,00	229	2764	2427	2040	1822	1585	1268	1034	2470	2159	1801	1598	1378	1084	865	285
10	232	2833	2488	2091	1867	1624	1300	1059	2533	2213	1846	1638	1413	1111	887	292
20	235	2903	2548	2142	1913	1664	1332	1085	2595	2268	1892	1679	1447	1139	909	300
30	237	2972	2609	2193	1958	1704	1363	1111	2658	2322	1937	1719	1482	1166	932	307
40	240	3041	2670	2244	2004	1743	1395	1137	2720	2377	1983	1760	1517	1194	954	314
4,50	243	3110	2730	2295	2049	1783	1427	1163	2782	2431	2028	1800	1552	1221	976	321
60	246	3179	2791	2346	2095	1822	1458	1188	2845	2486	2074	1840	1587	1248	998	328
70	248	3248	2852	2397	2140	1862	1490	1214	2907	2540	2119	1881	1621	1276	1020	335
80	251	3317	2913	2448	2186	1902	1522	1240	2970	2595	2165	1921	1656	1303	1041	342
90	253	3386	2973	2499	2231	1941	1553	1266	3032	2649	2210	1962	1691	1331	1063	349
5,00	256	3455	3034	2550	2277	1981	1585	1292	3094	2704	2255	2002	1726	1358	1084	357
20	261	3594	3155	2652	2368	2060	1649	1344	3219	2813	2346	2082	1795	1412	1127	371
40	266	3732	3276	2754	2459	2139	1712	1395	3344	2922	2437	2163	1865	1467	1171	385
60	271	3870	3398	2856	2550	2219	1775	1447	3469	3031	2528	2244	1935	1522	1215	399
80	276	4008	3519	2958	2641	2298	1839	1498	3593	3140	2619	2324	2004	1576	1259	413
6,00	281	4147	3640	3060	2733	2377	1902	1550	3718	3249	2710	2405	2074	1631	1302	428
20	285	4285	3762	3162	2824	2456	1966	1602	3843	3358	2801	2486	2143	1686	1346	442
40	290	4423	3883	3264	2915	2536	2029	1654	3968	3467	2892	2566	2213	1741	1390	457
60	294	4561	4004	3366	3006	2615	2092	1705	4093	3576	2983	2647	2283	1795	1433	471
80	299	4699	4126	3468	3097	2694	2156	1757	4217	3685	3074	2728	2352	1850	1477	485
7,00	303	4838	4247	3570	3188	2773	2219	1809	4342	3794	3165	2809	2422	1905	1521	499
mit Hemd $N=$		1	1	1	1	1	1	1								
ohne „ $N=$		0,95	0,94	0,93	0,92	0,91	0,89	0,87								

C_i' und C_i'' siehe S. 76.

$2C_i''' = 0,6$ bis $0,5$ (exact $0,3$ bis $0,25$), $C_i \angle = 8,4$ bei $\frac{l_i}{l} = 0,10$, wenn $c \geqslant 3,0$ m.

Sehr grosse Zweicylinder-Condens.-Maschinen (mit Doppelsteuerung und Dampfhemd)

Abs. Adm. Sp. $p = 4$ Kgr. od. Atm.

Wirksame Kolbenfläche O Qu.Met.	Kolben-Durchmesser D Centm.	Füllung $\frac{l_i}{l}$ (reduc.) Indicirte Leistung $\frac{N_i}{c}$ 0,25	0,20	0,15	0,125	0,10	0,07	0,05	Füllung $\frac{l_i}{l}$ (reduc.) Netto-Leistung $\frac{N_n}{c}$ 0,25	0,20	0,15	0,125	0,10	0,07	0,05	Subtr. Compr. Lstg. pro $c=1$ m Pfdk.
1,00	115	264	230	191	168	144	111	85	221	191	155	135	113	83	60	13
05	117	277	242	200	177	151	116	90	232	201	163	142	118	87	63	13
10	120	290	253	210	185	158	122	94	244	210	171	149	124	91	66	14
15	123	303	265	219	194	165	127	98	255	220	179	156	130	96	69	14
20	125	316	276	229	202	172	133	103	266	230	187	163	136	100	72	15
1,25	128	330	288	238	210	180	138	107	278	240	195	170	142	104	75	16
30	131	343	299	248	219	187	144	111	289	250	203	177	147	108	79	16
35	133	356	311	257	227	194	149	115	301	259	211	184	153	113	82	17
40	135	369	322	267	236	201	155	120	312	269	219	191	159	117	85	18
45	138	382	334	276	244	208	160	124	323	279	227	198	165	121	88	18
1,50	140	395	345	286	252	215	166	128	334	289	235	204	171	125	91	19
55	143	409	357	296	261	223	171	132	346	299	243	211	176	130	94	19
60	145	422	368	305	269	230	177	137	357	309	251	218	182	134	97	20
65	147	435	380	315	278	237	182	141	369	319	259	225	188	138	100	21
70	149	448	391	324	286	244	188	145	380	328	267	232	194	142	103	21
1,75	151	461	403	334	294	251	193	149	391	338	275	240	200	147	106	22
80	154	475	414	343	303	259	199	154	403	348	283	246	205	151	109	23
85	156	488	426	353	311	266	204	158	414	358	291	253	211	155	113	23
90	158	501	437	362	320	273	210	162	426	368	299	260	217	160	116	24
95	160	514	449	372	328	280	215	167	437	377	307	267	223	164	119	24
2,00	162	527	460	381	337	287	221	171	448	387	315	274	229	168	122	25
10	166	554	483	400	353	302	232	179	471	407	331	288	240	176	128	26
20	170	580	506	419	370	316	243	188	494	427	347	302	252	185	134	28
30	174	606	529	438	387	330	254	196	517	447	363	316	264	193	140	29
40	177	633	552	457	404	345	265	205	539	466	380	330	275	202	146	30
2,50	181	659	575	477	421	359	276	213	562	486	396	344	287	210	153	31
60	185	685	598	496	438	373	287	222	585	506	412	358	299	219	159	33
70	188	712	621	515	454	388	298	231	608	525	428	372	311	228	165	34
80	192	738	644	534	471	402	309	239	631	545	444	386	322	236	171	35
90	195	765	667	553	488	417	320	248	654	565	460	400	334	245	177	36
3,00	198	791	690	572	505	431	331	256	677	585	476	414	345	253	184	38
10	202	817	713	591	522	445	342	264	699	605	492	428	357	262	190	39
20	205	844	736	610	538	460	353	273	722	624	518	442	369	270	196	40
30	208	870	759	629	555	474	364	281	745	644	534	456	380	279	202	42
40	211	896	782	648	572	488	375	290	768	664	550	470	392	287	208	43
3,50	214	923	805	668	589	503	386	298	791	684	566	484	404	296	215	44
60	217	949	828	687	606	517	397	307	814	703	582	498	415	305	221	45
70	220	976	851	706	622	532	408	315	837	723	599	512	427	313	227	47
80	223	1002	874	725	639	546	419	324	859	743	615	526	439	322	233	48
90	226	1028	897	744	656	560	430	332	882	763	631	540	451	330	239	49
4,00	229	1054	921	763	673	574	442	341	905	782	637	553	462	339	246	50
10	232	1081	944	782	690	589	453	350	928	802	653	567	473	347	252	51
20	235	1107	967	801	707	603	464	358	951	822	669	581	485	356	258	53
30	237	1134	990	820	724	618	475	367	974	842	685	595	497	364	264	54
40	240	1160	1013	839	740	632	486	375	996	861	701	609	509	373	270	55
4,50	243	1186	1036	858	757	646	497	384	1019	881	717	623	520	381	277	57
60	246	1213	1059	877	774	661	508	392	1042	901	733	637	532	390	283	58
70	248	1239	1082	896	791	675	519	401	1065	921	749	651	544	399	289	59
80	251	1266	1105	916	808	690	530	409	1088	940	765	665	555	407	295	61
90	253	1292	1128	935	824	704	541	418	1111	960	781	679	567	416	301	62
5,00	256	1318	1151	953	841	718	552	427	1134	980	797	693	578	424	308	63
20	261	1371	1197	992	875	747	574	444	1179	1019	829	721	602	441	320	65
40	266	1424	1243	1030	909	776	596	461	1225	1059	861	749	625	458	332	68
60	271	1476	1289	1068	942	804	618	478	1271	1098	894	777	648	476	345	70
80	276	1529	1335	1106	976	833	640	495	1316	1138	926	804	672	493	357	73
6,00	281	1582	1381	1144	1010	862	662	512	1362	1177	958	832	695	510	370	75
20	285	1634	1427	1182	1043	890	685	529	1408	1217	990	860	718	527	382	78
40	290	1687	1473	1220	1077	919	707	546	1453	1256	1022	888	741	544	394	80
60	294	1740	1519	1258	1111	948	729	563	1499	1296	1054	916	765	561	407	83
80	299	1792	1565	1296	1144	976	751	580	1545	1335	1086	944	788	578	419	85
7,00	303	1845	1611	1335	1178	1005	773	597	1591	1375	1119	972	812	595	432	88
*$N_i$od.N_n(min.)=		0,96	0,96	0,95	0,95	0,94	0,92	0,90	1,05	1,05	1,06	1,06	1,07	1,10	1,12	= N (max.)†

* Ohne (geheizten) Receiver.   † Mit (geheiztem) Receiver.

Right margin: $2C_i''' = 0,8$ bis $0,5$ (exact $0,4$ bis $0,3$), $C_i \lessgtr 8,9$ bei $\frac{l_i}{l} = 0,125$, wenn $c \gtrless 2,1$ m.

C_i' und C_i'' nebst $\frac{v}{V}$ siehe S. 80.

Sehr grosse Zweicylinder-Condens.-Maschinen (mit Doppelsteuerung und Dampfhemd).

Abs. Adm. Sp. $p = 4^{1}/_2$ Kgr. od. Atm.

Wirksame Kolbenfläche O Qu.Met.	Kolben-Durchmesser D Centm	Füllung $\frac{l_1}{l}$ (reduc.) — Indicirte Leistung $\frac{N_i}{c}$ in Pferdekraft							Füllung $\frac{l_1}{l}$ (reduc.) — Netto-Leistung $\frac{N_n}{c}$ in Pferdekraft							Subtr. Compr. Lstg. pro $c = 1$ m Pfdk.
		0,25	0,20	0,15	0,125	0,10	0,07	0,05	0,25	0,20	0,15	0,125	0,10	0,07	0,05	
1,00	115	299	262	217	192	164	127	99	252	218	178	156	131	97	71	14
05	117	314	275	228	202	173	133	104	265	230	188	164	137	102	75	15
10	120	329	288	239	211	181	139	108	278	241	197	172	144	107	79	16
15	123	344	301	250	221	189	146	113	291	252	206	180	151	112	83	17
20	125	359	314	261	230	197	152	118	304	263	215	188	157	117	86	17
1,25	128	373	327	272	240	205	158	123	317	275	224	196	164	122	90	18
30	131	388	340	283	250	214	165	128	330	286	234	204	171	127	94	19
35	133	403	353	293	259	222	171	133	343	297	243	212	178	132	97	19
40	135	418	366	304	269	230	177	138	356	308	252	220	184	137	101	20
45	138	433	379	315	278	238	183	143	369	320	261	228	191	142	105	21
1,50	140	448	392	326	288	246	190	148	382	331	270	236	198	146	108	22
55	143	463	405	337	297	255	196	153	395	342	279	244	205	151	112	22
60	145	478	418	347	307	263	203	158	408	353	289	252	211	156	116	23
65	147	493	432	358	317	271	209	163	421	365	298	260	218	161	119	24
70	149	508	445	369	326	279	215	168	434	376	307	268	225	166	123	24
1,75	151	523	458	380	336	287	222	172	447	387	316	276	231	171	127	25
80	154	538	471	391	345	295	228	177	460	398	325	284	238	176	130	26
85	156	553	484	402	355	304	234	182	473	410	335	292	245	181	134	26
90	158	568	497	413	365	312	241	187	486	421	344	300	252	186	138	27
95	160	583	510	424	374	320	247	192	499	432	353	308	258	191	142	28
2,00	162	598	523	434	384	329	253	197	512	443	362	316	265	196	145	29
10	166	628	549	456	403	345	266	207	538	466	380	332	279	206	152	30
20	170	658	575	478	422	361	279	217	564	489	399	348	292	216	160	32
30	174	687	602	500	441	378	291	227	590	511	417	364	306	226	167	33
40	177	717	628	521	461	394	304	236	616	534	436	380	319	236	175	35
2,50	181	747	654	543	480	411	317	247	642	556	454	396	333	246	182	36
60	185	777	680	565	499	427	329	256	668	579	473	412	346	256	189	37
70	188	807	706	586	518	444	342	266	694	602	491	428	360	266	197	39
80	192	837	732	608	537	460	355	276	720	624	510	445	373	276	204	40
90	195	867	759	630	557	476	367	286	747	647	528	461	386	286	212	42
3,00	198	897	784	651	576	493	380	296	773	669	547	477	400	296	219	43
10	202	927	811	673	595	509	393	306	799	692	565	493	413	306	226	45
20	205	957	837	695	614	526	405	316	825	715	584	509	427	316	234	46
30	208	987	863	716	633	542	418	326	851	737	602	525	441	326	241	47
40	211	1016	889	738	652	559	431	335	877	760	621	541	454	336	248	49
3,50	214	1046	915	760	672	575	444	345	903	782	639	557	468	346	256	50
60	217	1076	941	781	691	591	456	355	929	805	658	573	481	356	263	52
70	220	1106	967	803	710	608	469	365	955	828	676	589	495	366	271	53
80	223	1136	994	825	729	624	482	375	981	850	694	606	508	376	278	54
90	226	1166	1020	847	748	641	494	385	1007	873	713	622	522	386	285	56
4,00	229	1196	1046	868	768	657	507	394	1033	896	731	638	536	396	293	58
10	232	1226	1072	890	787	674	519	404	1060	918	750	654	549	406	300	59
20	235	1256	1098	912	806	690	532	414	1086	941	768	670	563	416	308	60
30	237	1285	1124	933	825	706	545	424	1112	963	787	686	576	426	315	62
40	240	1315	1151	955	844	723	558	434	1138	986	805	702	590	436	322	63
4,50	243	1345	1177	977	864	739	570	444	1164	1009	824	718	603	446	330	65
60	246	1375	1203	999	883	756	583	454	1190	1031	842	734	617	456	337	66
70	248	1405	1229	1020	902	772	596	464	1216	1054	861	750	630	466	345	67
80	251	1435	1256	1042	921	788	608	474	1242	1076	879	767	644	476	352	69
90	253	1465	1282	1064	940	805	621	484	1268	1099	898	783	657	486	359	70
5,00	256	1495	1307	1085	959	821	633	493	1294	1122	916	799	671	496	367	72
20	261	1554	1360	1129	998	854	659	513	1347	1167	953	831	698	516	381	75
40	266	1614	1412	1172	1036	887	684	533	1399	1212	989	863	725	536	396	78
60	271	1674	1464	1216	1075	920	710	552	1451	1257	1026	895	752	556	411	80
80	276	1734	1517	1259	1113	953	735	572	1503	1302	1063	928	779	576	426	83
6,00	281	1794	1569	1303	1151	986	760	592	1555	1348	1100	960	806	596	441	86
20	285	1853	1621	1346	1190	1019	785	611	1608	1393	1137	992	833	616	455	89
40	290	1913	1674	1389	1228	1051	811	631	1660	1438	1174	1024	860	636	470	92
60	294	1973	1726	1433	1267	1084	836	651	1712	1483	1211	1056	887	656	485	95
80	299	2033	1778	1476	1305	1117	861	670	1764	1528	1248	1089	914	676	500	98
7,00	303	2093	1830	1520	1343	1150	887	690	1816	1574	1285	1121	941	696	514	101
*N_i od. N_n (min.) =		0,96	0,95	0,95	0,95	0,94	0,93	0,91	1,04	1,05	1,05	1,06	1,06	1,09	1,13	= N (max.) †

Subtr. Compr. Lstg. column header also marked C_i''' u. C_i (Kgr.):
$2C_i''' = 0,8$ bis $0,5$ (exact $0,4$ bis $0,3$), $C_i' = 8,7$ bei $\frac{l_1}{l} = 0,125$, wenn $c \gtrless 2,2$ m.

* Ohne (geheizten) Receiver.   † Mit (geheiztem) Receiver.

C_i' und C_i'' nebst $\frac{v}{V}$ siehe S. 82.

Sehr grosse Zweicylinder-Condens.-Maschinen (mit Doppelsteuerung und Dampfhemd).

Abs. Adm. Sp. $p = 5$ Kgr. od. Atm.

Wirksame Kolbenfläche O Qu.Met.	Kolben-Durchmesser D Centm.	Füllung $\frac{l_i}{l}$ (reduc.) 0,20	0,15	0,125	0,10	0,07	0,05	0,04	Füllung $\frac{l_i}{l}$ (reduc.) 0,20	0,15	0,125	0,10	0,07	0,05	0,04	Subtr. Compr. Lstg. pro $c=1$ m Pfdk.	C_i''' u. C_i Kgr
		Indicirte Leistung $\frac{N_i}{c}$ in Pferdekraft							Netto-Leistung $\frac{N_n}{c}$ in Pferdekraft								
		pro 1 Meter Kolbengeschwindigkeit															
1,00	115	293	244	216	185	143	112	95	246	202	176	149	111	83	67	16	
05	117	307	256	226	194	150	117	100	259	212	185	156	117	87	71	17	
10	120	322	268	237	203	157	123	104	271	223	195	164	122	91	74	18	
15	123	336	280	248	212	165	129	109	284	233	204	171	128	95	78	18	
20	125	351	292	259	222	172	134	114	297	243	213	179	134	100	81	19	
1,25	128	366	305	270	231	179	140	118	309	254	222	187	139	104	85	20	
30	131	380	317	280	240	186	145	123	322	264	231	194	145	108	88	21	
35	133	395	329	291	249	193	151	128	335	275	240	202	151	112	92	22	
40	135	409	341	302	258	200	157	132	347	285	249	210	156	117	95	22	
45	138	424	353	313	268	207	162	137	360	295	258	217	162	121	99	23	
1,50	140	439	365	323	277	215	168	142	372	306	267	225	168	125	102	24	
55	143	453	377	334	286	222	173	147	385	316	276	233	174	129	106	25	
60	145	468	390	345	295	229	179	152	398	326	285	240	179	134	109	26	
65	147	483	402	356	305	236	184	156	411	337	294	248	185	138	113	26	
70	149	497	414	366	314	243	190	161	423	347	304	256	191	142	116	27	
1,75	151	512	426	377	323	250	196	166	436	358	313	263	196	146	120	28	
80	154	526	438	388	332	257	201	170	449	368	322	271	202	151	123	29	
85	156	541	451	399	341	264	207	175	461	378	331	279	208	155	127	30	
90	158	556	463	410	351	272	212	180	474	389	340	286	214	159	130	30	
95	160	570	475	420	360	279	218	185	487	399	349	294	219	163	134	31	
2,00	162	585	487	431	369	286	224	190	499	409	358	301	225	168	137	32	
10	166	614	511	453	388	300	235	199	524	430	376	317	236	176	144	34	
20	170	644	536	474	406	315	246	208	550	451	394	332	248	185	151	35	
30	174	673	560	496	425	329	257	218	575	472	413	348	259	193	158	37	
40	177	702	585	517	443	343	268	227	601	493	431	363	271	202	165	38	
2,50	181	731	609	539	462	358	279	237	626	514	449	378	282	210	172	40	
60	185	761	633	560	480	372	291	246	652	535	467	394	294	219	179	42	
70	188	790	658	582	499	386	302	256	677	556	486	409	305	227	186	43	
80	192	819	682	604	517	401	313	265	703	577	504	425	317	236	193	45	
90	195	848	706	625	535	415	324	275	728	598	522	440	328	244	200	46	
3,00	198	878	730	646	554	429	335	284	754	618	540	455	340	253	206	48	
10	202	907	755	668	573	444	346	294	779	639	559	471	351	261	213	50	
20	205	936	779	690	591	458	358	303	804	660	577	486	363	270	220	51	
30	208	965	803	711	610	472	369	313	830	681	595	501	374	278	227	53	
40	211	995	828	733	628	486	380	322	855	702	613	517	386	287	234	54	
3,50	214	1024	852	754	647	501	391	332	881	723	632	532	397	295	241	56	
60	217	1053	877	776	665	515	402	341	906	744	650	548	409	304	248	58	
70	220	1082	901	797	684	529	414	351	932	765	668	563	420	312	255	59	
80	223	1112	925	819	702	544	425	360	957	785	686	578	432	321	262	61	
90	226	1141	950	840	721	558	436	370	982	806	705	594	443	329	269	62	
4,00	229	1170	974	862	739	572	447	379	1008	827	723	609	454	338	276	64	
10	232	1199	998	883	757	587	458	389	1033	848	741	624	466	347	283	66	
20	235	1229	1023	905	776	601	469	398	1059	869	759	640	477	355	290	67	
30	237	1258	1047	927	794	615	481	408	1084	890	778	655	489	364	297	69	
40	240	1287	1071	948	813	630	492	417	1110	911	796	670	500	372	304	70	
4,50	243	1316	1096	970	831	644	503	427	1135	932	814	686	512	381	311	72	
60	246	1346	1120	991	850	658	514	436	1161	952	832	701	523	389	318	74	
70	248	1375	1144	1013	868	672	525	446	1186	973	851	717	535	398	325	75	
80	251	1404	1169	1034	887	687	537	455	1212	994	869	732	546	406	332	77	
90	253	1433	1193	1056	905	701	548	465	1238	1015	887	747	558	415	339	78	
5,00	256	1463	1217	1077	923	715	559	474	1263	1036	905	763	569	424	346	80	
20	261	1521	1266	1121	960	744	581	493	1313	1078	942	793	592	441	360	83	
40	266	1580	1315	1164	997	773	603	512	1364	1120	978	824	615	458	373	86	
60	271	1638	1363	1207	1034	801	626	531	1415	1161	1015	855	638	475	387	90	
80	276	1696	1412	1250	1071	830	648	550	1466	1203	1051	885	661	492	401	93	
6,00	281	1755	1461	1293	1108	859	670	569	1517	1245	1088	916	684	509	415	96	
20	285	1814	1510	1336	1145	887	693	588	1568	1287	1124	947	706	526	429	99	
40	290	1872	1558	1379	1182	916	715	607	1619	1328	1161	977	729	544	443	102	
60	294	1931	1607	1422	1219	944	737	626	1670	1370	1197	1008	752	561	457	106	
80	299	1989	1656	1465	1256	973	760	645	1721	1412	1234	1039	775	578	471	109	
7,00	303	2048	1704	1508	1293	1002	782	664	1772	1453	1270	1070	798	595	485	112	
*N_i' od. N_n (min.) =		0,96	0,95	0,95	0,94	0,93	0,91	0,89	1,05	1,05	1,06	1,07	1,09	1,12	1,15	= N (max.) †	

Right-margin note (Kgr column): $2C_i''' = 0,7$ bis $0,5$ (exact $0,4$ bis $0,3$), $C_i = 8,2$ bei $\frac{l_i}{l} = 0,10$, wenn $c \gtreqless 2,3$ m.

* Ohne (geheizten) Receiver.   † Mit (geheiztem) Receiver.

C_i' und C_i'' nebst $\frac{v}{V}$ siehe S. 84.

Sehr grosse **Zweicylinder-Condens.-Maschinen** (mit Doppelsteuerung und Dampfhemd)

Abs. Adm. Sp. $p = 5\tfrac{1}{2}$ Kgr. od. Atm.

O Qu.Met.	D Centm.	Füllung $\frac{l_i}{l}$ (reduc.) — Indicirte Leistung $\frac{N_i}{c}$ in Pferdekraft							Füllung $\frac{l_i}{l}$ (reduc.) — Netto-Leistung $\frac{N_n}{c}$ in Pferdekraft							Subtr. Compr. Lstg. pro $c=1$ m Pfdk.	C_i''' u. C_i Kgr.
Wirks. Kolbenfläche	Kolben-Durchm.	0,20	0,15	0,125	0,10	0,07	0,05	0,04	0,20	0,15	0,125	0,10	0,07	0,05	0,04	pro 1 Meter Kolbengeschwindigkeit	
1,60	115	322	269	238	204	159	125	106	272	224	196	166	125	94	77	17	
05	117	339	282	250	215	167	131	111	286	236	206	174	131	98	81	18	
10	120	355	296	262	225	175	137	117	300	247	217	183	137	103	85	19	
15	123	371	309	274	235	183	143	122	314	259	227	191	144	108	89	20	
20	125	387	323	286	245	191	150	127	328	270	237	200	150	113	93	21	
1,25	128	403	336	298	255	198	156	133	342	282	247	208	157	118	97	22	
30	131	419	349	310	266	206	162	138	356	293	257	217	163	122	101	23	
35	133	435	363	322	276	214	168	143	370	305	267	225	169	127	105	24	
40	135	451	376	334	286	222	174	149	384	316	277	234	176	132	109	24	
45	138	467	390	345	296	230	181	154	398	328	287	242	182	137	113	25	
1,50	140	484	403	357	307	238	187	159	412	339	297	251	189	142	117	26	
55	143	500	417	369	317	246	193	164	426	351	308	260	195	147	121	27	
60	145	516	430	381	327	254	200	170	440	362	318	268	201	151	125	28	
65	147	532	444	393	337	262	206	175	454	374	328	277	208	156	129	29	
70	149	548	457	405	347	270	212	180	468	385	338	285	214	161	133	30	
1,75	151	564	470	417	358	278	218	186	482	397	348	294	221	166	137	31	
80	154	580	484	429	368	286	224	191	496	408	358	302	227	171	141	31	
85	156	596	497	441	378	294	231	196	510	420	368	311	233	175	145	32	
90	158	612	511	453	388	302	237	202	524	431	378	319	240	180	149	33	
95	160	629	524	465	398	310	243	207	538	443	388	328	246	185	153	34	
2,00	162	645	538	477	409	318	250	212	553	455	399	336	253	190	156	35	
10	166	677	565	500	429	334	262	223	581	478	419	354	266	200	164	37	
20	170	709	592	524	450	350	274	233	609	501	439	371	279	209	172	38	
30	174	741	618	548	470	365	287	244	637	524	459	388	291	219	180	40	
40	177	774	645	572	490	381	299	255	665	548	480	405	304	229	188	42	
2,50	181	806	672	596	511	397	312	265	694	571	500	422	317	238	196	44	
60	185	838	699	620	531	413	324	276	722	594	520	440	330	248	204	46	
70	188	870	726	643	552	429	337	287	750	617	541	457	343	258	212	47	
80	192	903	753	667	572	445	349	297	778	640	561	474	356	267	220	49	
90	195	935	780	691	593	461	362	308	806	664	581	491	369	277	228	51	
3,00	198	967	807	715	613	477	374	318	834	687	602	508	382	287	236	52	
10	202	999	834	739	634	493	387	329	863	710	622	525	395	296	244	54	
20	205	1032	861	762	654	509	399	340	891	733	642	542	407	306	252	56	
30	208	1064	888	786	674	525	412	350	919	756	663	560	420	316	260	58	
40	211	1096	914	810	695	540	424	361	947	779	683	577	433	325	268	59	
3,50	214	1128	941	834	715	556	437	371	975	803	703	594	446	335	276	61	
60	217	1160	968	858	736	572	449	382	1004	826	724	611	459	345	284	63	
70	220	1193	995	881	756	588	462	393	1032	849	744	628	472	355	292	64	
80	223	1225	1022	905	776	604	474	403	1060	872	764	646	485	364	300	66	
90	226	1257	1049	929	797	620	487	414	1088	895	785	663	498	374	308	68	
4,00	229	1290	1076	953	818	636	499	424	1116	919	805	680	510	383	315	70	
10	232	1322	1103	977	838	652	512	435	1144	942	825	697	523	393	323	72	
20	235	1354	1130	1001	858	668	524	446	1173	965	846	714	536	403	331	73	
30	237	1386	1156	1025	879	683	537	456	1201	988	866	731	549	413	339	75	
40	240	1418	1183	1048	899	699	549	467	1229	1011	886	748	562	422	347	77	
4,50	243	1451	1210	1072	920	715	562	477	1257	1035	907	766	575	432	355	78	
60	246	1483	1237	1096	940	731	574	488	1285	1058	927	783	588	442	363	80	
70	248	1515	1264	1120	960	747	587	499	1314	1081	947	800	601	451	371	82	
80	251	1547	1291	1144	981	763	599	509	1342	1104	967	817	614	461	379	84	
90	253	1579	1318	1167	1001	779	612	520	1370	1127	988	834	627	471	387	85	
5,00	256	1612	1345	1191	1022	795	624	531	1398	1150	1008	851	639	480	395	87	
20	261	1676	1398	1239	1063	826	649	552	1455	1197	1049	885	665	500	411	91	
40	266	1741	1452	1287	1104	858	674	573	1511	1243	1090	920	691	519	427	94	
60	271	1805	1506	1334	1144	890	699	594	1567	1290	1130	954	717	538	443	98	
80	276	1870	1560	1382	1185	922	724	615	1624	1336	1171	988	743	558	459	101	
6,00	281	1934	1614	1430	1226	954	749	637	1680	1382	1212	1023	768	577	474	105	
20	285	1999	1667	1477	1267	985	774	658	1737	1429	1253	1057	794	597	490	108	
40	290	2063	1721	1525	1308	1017	799	679	1793	1475	1293	1091	820	616	506	112	
60	294	2128	1775	1573	1349	1049	824	700	1849	1522	1334	1126	846	635	522	115	
80	299	2192	1829	1621	1390	1081	849	721	1906	1568	1375	1160	872	655	538	119	
7,00	303	2257	1883	1668	1431	1113	874	743	1962	1614	1415	1194	897	674	554	122	
*N_i od. N_n(min.)=		0,96	0,95	0,95	0,94	0,93	0,91	0,89	1,05	1,06	1,06	1,07	1,09	1,12	1,14	= N (max.) †	

Vertical note (right margin): $2C_i''' = 0{,}7$ bis $0{,}5$ (exact $0{,}4$ bis $0{,}3$); $C_i = 8{,}1$ bei $\frac{l_i}{l} = 0{,}10$, wenn $c \gtreqless 2{,}4$ m.

* Ohne (geheizten) Receiver.   † Mit (geheiztem) Receiver.

C_i' und C_i'' nebst $\frac{v}{V}$ siehe S. 86.

Sehr grosse **Zweicylinder-Condens.**-Maschinen (mit Doppelsteuerung und Dampfhemd).

Abs. Adm. Sp. $p = 6$ Kgr. od. Atm.

Wirksame Kolbenfläche	Kolben-Durchmesser	Füllung $\frac{l_i}{l}$ (reduc.)							Füllung $\frac{l_i}{l}$ (reduc.)							Subtr. Compr. Lstg. pro $c = 1\,m$	C_i''' u. C_i'
		0,20	0,15	0,125	0,10	0,07	0,05	0,04	0,20	0,15	0,125	0,10	0,07	0,05	0,04		
O	D	Indicirte Leistung $\frac{N_i}{c}$ in Pferdekraft							Netto-Leistung $\frac{N_n}{c}$ in Pferdekraft								
Qu.Met.	Centm.	pro 1 Meter Kolbengeschwindigkeit														Pfdk.	Kgr
1,00	115	352	294	261	224	175	138	117	299	246	216	183	138	105	86	19	
05	117	370	309	274	236	184	145	123	314	259	228	192	145	110	91	20	
10	120	388	324	287	247	192	152	129	329	272	239	202	153	115	95	21	
15	123	405	339	301	258	201	158	135	345	285	250	211	160	121	99	22	
20	125	423	353	314	269	210	165	141	360	297	261	221	167	126	104	23	
1,25	128	440	368	327	280	218	172	147	376	310	272	230	174	132	108	24	
30	131	458	383	340	292	227	179	153	391	323	283	239	181	137	113	24	
35	133	476	397	353	303	236	186	159	406	335	294	249	188	142	117	25	
40	135	493	412	366	314	245	193	165	422	348	306	258	195	148	121	26	
45	138	511	427	379	325	253	200	170	437	361	317	268	202	153	126	27	
1,50	140	528	442	392	336	262	207	176	452	373	328	277	210	158	131	28	
55	143	546	456	405	348	271	214	182	468	386	339	287	217	164	135	29	
60	145	564	471	418	359	280	220	188	483	399	350	296	224	169	139	30	
65	147	581	486	431	370	289	227	194	498	411	361	306	231	175	144	31	
70	149	599	500	444	381	297	234	200	514	424	373	315	238	180	148	32	
1,75	151	616	515	457	392	306	241	205	529	437	384	324	245	185	153	33	
80	154	634	530	470	404	315	248	211	545	450	395	334	252	191	157	34	
85	156	652	545	484	415	323	255	217	560	462	406	343	259	196	161	35	
90	158	669	559	497	426	332	262	223	575	475	417	353	266	202	166	36	
95	160	687	574	510	437	341	269	229	591	488	428	362	273	207	170	37	
2,00	162	705	589	522	449	350	276	235	606	500	439	372	281	212	175	38	
10	166	740	618	549	471	367	289	246	637	526	462	390	295	223	184	39	
20	170	775	648	575	493	385	303	258	668	551	484	409	309	234	193	41	
30	174	810	677	601	516	402	317	270	699	577	507	428	324	245	202	43	
40	177	845	706	627	538	420	331	282	730	602	529	447	338	255	210	45	
2,50	181	881	736	653	561	437	344	293	760	628	551	466	352	266	219	47	
60	185	916	765	679	583	455	358	305	791	653	574	485	367	277	228	49	
70	188	951	795	705	606	472	372	317	822	679	596	504	381	288	237	51	
80	192	986	824	732	628	490	386	329	853	704	619	523	395	299	246	52	
90	195	1022	854	758	650	507	400	341	884	730	641	542	409	309	255	54	
3,00	198	1057	883	784	673	525	413	352	915	755	663	561	424	320	264	56	
10	202	1092	913	810	695	542	427	364	946	781	686	580	438	331	273	58	
20	205	1127	942	836	718	560	441	375	977	806	708	599	453	342	282	60	
30	208	1162	971	862	740	577	455	387	1008	832	731	618	467	353	291	62	
40	211	1198	1001	888	762	595	468	399	1039	857	753	637	481	364	300	64	
3,50	214	1233	1030	914	785	612	482	410	1069	883	775	656	495	374	309	66	
60	217	1268	1060	940	807	630	496	422	1100	908	798	675	510	385	317	68	
70	220	1303	1089	966	830	647	510	434	1131	934	820	694	524	396	326	70	
80	223	1338	1118	992	852	665	524	446	1162	959	843	713	538	407	335	72	
90	226	1374	1148	1019	874	682	537	457	1193	985	865	732	553	418	344	74	
4,00	229	1409	1178	1045	897	700	551	469	1224	1010	887	750	567	428	353	75	
10	232	1444	1207	1071	920	717	565	481	1255	1036	910	769	581	439	362	77	
20	235	1480	1236	1097	942	735	579	493	1286	1061	932	788	596	450	371	79	
30	237	1515	1266	1123	964	752	592	504	1317	1087	955	807	610	461	380	81	
40	240	1550	1295	1149	987	770	606	516	1348	1112	977	826	624	472	389	83	
4,50	243	1585	1325	1175	1009	787	620	528	1378	1138	999	845	639	482	398	85	
60	246	1620	1354	1202	1032	805	634	539	1409	1163	1022	864	653	493	407	87	
70	248	1656	1383	1228	1054	822	648	551	1440	1189	1044	883	667	504	415	89	
80	251	1691	1413	1254	1076	840	661	563	1471	1214	1067	902	681	515	424	90	
90	253	1726	1442	1280	1099	857	675	575	1502	1240	1089	921	696	526	433	92	
5,00	256	1761	1472	1306	1121	875	689	587	1533	1266	1112	940	710	537	442	94	
20	261	1832	1531	1358	1166	910	716	610	1595	1317	1156	978	739	558	460	98	
40	266	1902	1590	1410	1211	945	744	633	1657	1368	1201	1016	767	580	478	102	
60	271	1973	1648	1463	1256	980	771	657	1718	1419	1246	1054	796	601	496	105	
80	276	2043	1707	1515	1301	1015	799	680	1780	1470	1291	1092	825	623	513	109	
6,00	281	2114	1766	1567	1346	1049	826	704	1842	1521	1336	1129	853	645	531	113	
20	285	2184	1825	1619	1391	1084	854	727	1904	1572	1380	1167	882	666	549	117	
40	290	2255	1884	1672	1436	1119	881	751	1966	1623	1425	1205	910	688	567	120	
60	294	2325	1943	1724	1481	1154	909	774	2027	1674	1470	1243	939	709	585	124	
80	299	2396	2002	1776	1525	1189	936	798	2089	1725	1515	1281	968	731	602	128	
7,00	303	2466	2061	1828	1570	1224	964	821	2151	1776	1560	1319	997	753	621	132	
*N_i od. N_n (min.) =		0,95	0,95	0,95	0,94	0,93	0,91	0,90	1,05	1,06	1,06	1,07	1,09	1,11	1,14	$= N$ (max) †	

$z C_i''' = 0,6$ bis $0,4$ (exact $0,3$ bis $0,25$), $C_i = 7,9$ bei $\frac{l_i}{l} = 0,10$, wenn $c \geqslant 2,5\,m$.

* **Ohne** (geheizten) Receiver.   † **Mit** (geheiztem) Receiver.

C_i' und C_i'' nebst $\frac{v}{V}$ siehe S. 88.

Sehr grosse Zweicylinder-Condens.-Maschinen (mit Doppelsteuerung und Dampfhemd).

Abs. Adm. Sp. $p = 6^1/_2$ Kgr. od. Atm.

Wirksame Kolbenfläche O Qu. Met.	Kolben-Durchmesser D Centm.	Füllung $\frac{l_i}{l}$ (reduc.) 0,20	0,15	0,125	0,10	0,07	0,05	0,04	Füllung $\frac{l_i}{l}$ (reduc.) 0,20	0,15	0,125	0,10	0,07	0,05	0,04	Subtr. Compr. Lstg. pro $c = 1$ m Pfdk.
		Indicirte Leistung $\frac{N_i}{c}$ in Pferdekraft							Netto-Leistung $\frac{N_n}{c}$ in Pferdekraft							
		pro 1 Meter Kolbengeschwindigkeit														
1,00	115	381	319	284	244	190	150	128	324	268	236	200	152	116	96	20
05	117	400	334	298	256•	200	158	135	341	282	248	210	160	121	101	21
10	120	419	350	312	268	209	165	141	358	296	261	221	167	127	106	22
15	123	439	366	326	280	219	173	148	374	310	273	231	175	133	111	23
20	125	458	382	340	292	228	180	154	391	324	285	241	183	139	116	24
1,25	128	477	398	355	305	238	188	161	408	337	297	251	191	145	121	25
30	131	496	414	369	317	247	195	167	424	351	309	262	199	151	126	26
35	133	515	430	383	329	257	203	173	441	365	322	272	206	157	131	27
40	135	534	446	397	341	266	210	180	458	379	334	282	214	163	136	28
45	138	553	462	411	353	276	218	186	474	393	346	293	222	169	141	29
1,50	140	572	479	425	365	286	226	193	491	407	358	303	230	175	145	30
55	143	591	495	439	377	295	233	199	508	420	370	313	238	181	150	31
60	145	610	511	454	390	305	241	206	524	434	382	324	246	187	155	32
65	147	629	527	468	402	314	248	212	541	448	394	334	253	193	160	33
70	149	648	543	482	414	324	256	218	558	462	407	344	261	199	165	34
1,75	151	667	559	496	426	333	263	225	575	476	419	354	269	205	170	35
80	154	686	575	510	438	343	271	231	591	489	431	365	277	211	175	36
85	156	706	591	525	451	352	278	238	608	503	443	375	285	217	180	37
90	158	725	607	539	463	362	286	244	625	517	455	385	292	222	185	38
95	160	744	623	553	475	371	293	250	641	531	468	396	300	228	190	39
2,00	162	762	638	567	487	381	301	257	658	545	479	406	308	235	194	40
10	166	801	670	595	511	400	316	270	691	572	504	427	324	247	204	42
20	170	839	702	624	536	419	331	283	725	600	528	447	340	259	214	44
30	174	877	734	652	560	438	346	295	759	628	553	468	355	271	224	46
40	177	915	766	681	585	457	361	308	792	656	577	489	371	283	234	48
2,50	181	953	798	709	609	476	376	321	826	684	602	509	387	295	244	50
60	185	991	830	737	633	495	391	334	859	711	626	530	402	307	254	52
70	188	1030	862	766	658	514	406	347	893	739	650	551	418	319	263	54
80	192	1068	894	794	682	533	421	360	926	767	675	571	434	331	273	56
90	195	1106	926	822	706	552	436	373	960	795	699	592	449	343	283	58
3,00	198	1144	958	850	730	571	451	386	993	822	724	613	465	354	293	60
10	202	1182	990	879	755	590	466	398	1027	850	748	634	481	366	303	62
20	205	1220	1021	907	779	609	481	411	1061	878	773	654	497	378	313	64
30	208	1258	1053	935	803	628	496	424	1094	906	797	675	512	390	323	66
40	211	1296	1085	964	828	647	511	437	1128	934	822	696	528	402	333	68
3,50	214	1334	1117	992	852	666	526	450	1161	961	846	716	544	414	343	70
60	217	1372	1149	1021	877	685	541	462	1195	989	871	737	560	426	353	72
70	220	1410	1181	1049	901	704	556	475	1228	1017	895	758	575	438	362	74
80	223	1448	1213	1077	925	723	571	488	1262	1045	919	778	591	450	372	76
90	226	1487	1245	1106	950	742	586	501	1295	1073	944	799	607	462	382	78
4,00	229	1525	1277	1134	974	762	602	514	1329	1100	968	820	622	474	392	81
10	232	1563	1309	1162	998	781	617	527	1362	1128	993	840	638	486	402	83
20	235	1601	1341	1191	1023	800	632	540	1396	1156	1017	861	654	498	412	85
30	237	1639	1373	1219	1047	819	647	552	1430	1184	1042	882	670	510	422	87
40	240	1677	1404	1247	1071	838	662	565	1463	1211	1066	903	685	522	432	89
4,50	243	1715	1436	1276	1096	857	677	578	1497	1239	1090	923	701	534	442	91
60	246	1753	1468	1304	1120	876	692	591	1530	1267	1115	944	717	546	452	93
70	248	1792	1500	1332	1144	895	707	604	1564	1295	1139	965	732	558	461	95
80	251	1830	1532	1361	1169	914	722	616	1597	1323	1164	985	748	570	471	97
90	253	1868	1564	1389	1193	933	737	629	1631	1350	1188	1006	764	582	481	99
5,00	256	1906	1596	1417	1217	952	752	642	1665	1378	1213	1027	780	593	491	101
20	261	1982	1660	1474	1266	990	782	668	1732	1434	1262	1068	811	617	511	105
40	266	2058	1724	1531	1315	1028	812	694	1799	1489	1311	1110	842	641	531	109
60	271	2135	1787	1588	1364	1066	842	719	1866	1545	1359	1151	874	665	551	113
80	276	2211	1851	1644	1412	1104	872	745	1933	1600	1408	1192	905	689	570	117
6,00	281	2287	1915	1701	1461	1142	902	771	2000	1656	1457	1234	937	713	590	121
20	285	2363	1979	1758	1510	1181	933	797	2067	1712	1506	1275	968	737	610	125
40	290	2440	2043	1814	1558	1219	963	822	2134	1767	1555	1317	999	761	630	129
60	294	2516	2107	1871	1608	1257	993	848	2201	1823	1604	1358	1031	784	650	133
80	299	2592	2170	1923	1656	1295	1023	874	2268	1878	1653	1399	1062	808	669	137
7,00	303	2668	2234	1984	1704	1333	1053	900	2336	1934	1702	1441	1094	833	689	141
$*N_i$ od. N_n (min.) =		0,96	0,95	0,95	0,95	0,94	0,92	0,90	1,06	1,06	1,06	1,07	1,09	1,12	1,14	$= N$ (max.) †

* Ohne (geheizten) Receiver. † Mit (geheiztem) Receiver.

Rechte Randspalte (C_i''' u. C_i, Kgr.): $2C_i''' = 0,6$ bis $0,4$ (exact $0,3$ bis $0,25$), $C_i = 7,7 \lessgtr$ bei $\frac{l_i}{l} = 0,10$, wenn $c \gtrless 2,6$ m.

C_i' und C_i nebst $\frac{v}{V}$ siehe S. 90.

Sehr grosse Zweicylinder-Condens.-Maschinen (mit Doppelsteuerung und Dampfhemd).

Abs. Adm. Sp. $p = 7$ Kgr. od. Atm.

Wirksame Kolbenfläche O Qu.Met.	Kolben-Durchmesser D Centm.	Füllung $\frac{l_1}{l}$ (reduc.) — Indicirte Leistung $\frac{N_i}{c}$ in Pferdekraft							Füllung $\frac{l_1}{l}$ (reduc.) — Netto-Leistung $\frac{N_n}{c}$ in Pferdekraft							Subtr. Compr. Lstg. pro $c=1$ m Pfdk.
		0,20	0,15	0,125	0,10	0,07	0,05	0,04	0,20	0,15	0,125	0,10	0,07	0,05	0,04	
1,00	115	410	344	306	263	206	163	140	350	290	256	217	165	126	105	21
05	117	431	361	321	276	216	171	147	368	305	269	228	174	133	111	23
10	120	451	378	336	289	227	179	154	386	320	282	239	182	139	116	24
15	123	472	396	352	302	237	187	161	404	335	295	250	191	146	121	25
20	125	492	413	367	315	247	195	168	422	350	308	262	199	152	127	26
1,25	128	513	430	382	328	257	203	175	440	365	322	273	208	159	132	27
30	131	533	447	398	341	268	212	182	458	380	335	284	216	165	138	28
35	133	554	464	413	355	278	220	189	476	395	348	295	225	172	143	29
40	135	574	482	428	368	288	228	196	494	410	361	306	233	178	148	30
45	138	595	499	443	381	299	236	203	512	425	374	318	242	185	154	31
1,50	140	615	516	459	394	309	244	209	530	440	387	328	250	191	159	32
55	143	636	533	474	407	319	253	216	548	455	401	340	259	198	165	33
60	145	656	550	489	420	329	261	223	566	470	414	351	267	204	170	34
65	147	677	568	505	434	340	269	230	584	485	427	362	276	211	176	35
70	149	697	585	520	447	350	277	237	602	500	440	373	284	217	181	36
1,75	151	718	602	535	460	360	285	244	620	515	453	384	293	224	186	38
80	154	738	619	550	473	371	293	251	638	530	467	396	301	230	192	39
85	156	759	636	566	486	381	301	258	656	545	480	407	310	237	197	40
90	158	779	654	581	499	391	309	265	674	560	493	418	318	243	203	41
95	160	800	671	596	512	402	317	272	692	575	506	429	327	250	208	42
2,00	162	820	688	612	526	412	326	279	710	589	519	440	336	256	214	43
10	166	861	722	642	552	432	342	293	746	619	546	462	353	269	225	45
20	170	902	757	673	578	453	358	307	783	649	572	485	370	283	235	47
30	174	943	791	703	604	474	375	321	819	679	599	507	387	296	246	49
40	177	984	826	734	630	494	391	335	855	709	625	530	404	309	257	52
2,50	181	1026	860	764	657	515	407	349	891	739	652	552	421	322	268	54
60	185	1067	894	795	683	535	424	363	927	769	678	574	438	335	279	56
70	188	1108	929	826	709	556	440	377	964	799	705	597	455	348	290	58
80	192	1149	963	856	736	577	456	391	1000	829	731	619	472	361	301	60
90	195	1190	998	887	762	597	472	405	1036	859	758	642	489	374	312	63
3,00	198	1231	1032	917	788	618	489	419	1072	889	784	664	507	387	323	64
10	202	1272	1066	948	815	638	505	433	1109	919	810	687	524	400	333	67
20	205	1313	1101	978	841	659	521	447	1145	949	837	709	541	413	344	69
30	208	1354	1135	1009	867	679	538	461	1181	979	863	732	558	426	355	71
40	211	1395	1170	1040	894	700	554	475	1217	1009	890	754	575	439	366	73
3,50	214	1436	1204	1070	920	721	570	489	1253	1039	916	776	592	453	377	75
60	217	1477	1238	1101	946	741	587	503	1290	1069	943	799	609	466	388	77
70	220	1518	1273	1131	973	762	603	517	1326	1099	969	821	626	479	399	79
80	223	1559	1307	1162	999	782	619	531	1362	1129	996	844	643	492	410	81
90	226	1600	1342	1193	1025	803	636	545	1398	1159	1022	866	661	505	421	83
4,00	229	1641	1376	1223	1051	824	652	558	1434	1190	1049	889	678	518	431	86
10	232	1682	1410	1254	1078	844	668	572	1471	1220	1075	911	695	531	442	88
20	235	1723	1445	1284	1104	865	684	586	1507	1250	1101	934	712	544	453	90
30	237	1764	1479	1315	1130	885	701	600	1543	1280	1128	956	729	557	464	92
40	240	1805	1514	1345	1156	906	717	614	1579	1310	1154	978	746	570	475	94
4,50	243	1846	1548	1376	1183	927	733	628	1615	1340	1181	1001	763	583	486	96
60	246	1887	1582	1407	1209	947	750	642	1652	1370	1207	1023	780	596	497	99
70	248	1928	1617	1437	1235	968	766	656	1688	1400	1234	1046	797	609	508	101
80	251	1969	1651	1468	1262	988	782	670	1724	1430	1260	1068	815	622	519	103
90	253	2010	1686	1498	1288	1009	798	684	1760	1460	1287	1090	832	636	530	105
5,00	256	2051	1720	1529	1314	1029	815	698	1797	1490	1313	1113	849	648	540	107
20	261	2133	1789	1590	1367	1071	847	726	1869	1550	1366	1158	883	675	562	112
40	266	2215	1858	1651	1419	1112	880	754	1941	1610	1419	1203	917	701	584	116
60	271	2297	1926	1712	1472	1153	912	782	2014	1670	1472	1248	951	727	606	120
80	276	2379	1995	1773	1524	1194	945	810	2086	1731	1525	1293	986	753	628	124
6,00	281	2462	2064	1834	1577	1235	978	838	2159	1791	1578	1338	1020	779	649	129
20	285	2544	2133	1895	1629	1277	1010	866	2231	1851	1630	1383	1054	805	671	133
40	290	2626	2202	1957	1682	1318	1043	893	2303	1911	1683	1428	1088	831	693	138
60	294	2708	2270	2018	1735	1359	1075	921	2376	1971	1736	1472	1122	857	715	142
80	299	2790	2339	2079	1787	1400	1108	949	2448	2031	1789	1517	1157	883	737	146
7,00	303	2872	2408	2140	1840	1441	1141	977	2521	2091	1842	1562	1191	910	758	150
* N_i od. N_n (min.) =		0,96	0,95	0,95	0,95	0,94	0,92	0,90	1,06	1,06	1,07	1,08	1,09	1,12	1,13	= N (max.) †

pro 1 Meter Kolbengeschwindigkeit

Randnote (letzte Spalte, C_i''' u. C_i Kgr.): $2C_i''' = 0,6$ bis $0,4$ (exact $0,3$ bis $0,25$), $C_i = 7,2 \lessgtr$ bei $\frac{l_1}{l} = 0,07$, wenn $c \ngtr = 2,7$ m.

* Ohne (geheizten) Receiver.   † Mit (geheiztem) Receiver.

C_i' und C_i'' nebst $\frac{v}{V}$ siehe S. 92.

Sehr grosse Zweicylinder-Condens.-Maschinen (mit Doppelsteuerung und Dampfhemd).

Abs. Adm. Sp. $p = 8$ Kgr. od. Atm.

Wirksame Kolbenfläche O Qu.Met.	Kolben-Durchmesser D Centm.	Füllung $\frac{l_i}{l}$ (reduc.) — Indicirte Leistung $\frac{N_i}{c}$ in Pferdekraft							Füllung $\frac{l_i}{l}$ (reduc.) — Netto-Leistung $\frac{N_n}{c}$ in Pferdekraft							Subtr. Compr. Lstg. pro $c=1\,m$ Pfdk.	C_i'' u. C_i Kgr.
		0,20	0,15	0,125	0,10	0,07	0,05	0,04	0,20	0,15	0,125	0,10	0,07	0,05	0,04		
1,00	115	473	397	354	305	239	190	164	406	337	298	254	195	150	126	24	
05	117	497	417	371	320	252	200	172	426	355	313	267	205	158	133	25	
10	120	520	437	389	335	264	209	180	447	372	329	280	215	166	139	26	
15	123	544	457	407	350	276	219	188	468	390	344	293	225	173	146	27	
20	125	568	477	424	365	288	228	197	489	407	360	306	235	181	152	28	
1,25	128	592	497	442	381	300	238	205	510	425	375	319	245	189	159	30	
30	131	615	517	460	396	312	247	213	531	442	390	332	255	196	165	31	
35	133	639	537	478	411	324	257	221	552	459	406	345	265	204	172	32	
40	135	663	557	495	426	336	266	229	573	477	421	358	275	212	178	33	
45	138	686	576	513	441	348	276	238	594	494	437	372	285	219	185	34	
1,50	140	710	596	530	457	359	286	246	614	511	452	384	295	227	191	35	
55	143	733	616	548	472	371	295	254	635	529	467	397	305	235	197	37	
60	145	757	636	566	487	383	305	262	656	546	482	410	315	243	204	38	
65	147	781	656	584	502	395	314	270	677	564	498	424	325	251	210	39	
70	149	804	676	601	518	407	324	278	698	581	513	437	335	258	217	40	
1,75	151	828	696	619	533	419	333	287	719	598	529	450	345	266	223	41	
80	154	852	715	637	548	431	343	295	740	616	544	463	355	274	230	42	
85	156	875	735	654	563	443	352	303	761	633	559	476	365	281	236	44	
90	158	899	755	672	578	455	362	311	782	651	575	489	375	289	243	45	
95	160	923	775	690	594	467	371	319	803	668	590	502	385	297	249	46	
2,00	162	946	795	707	609	479	381	328	823	685	605	515	395	305	256	47	
10	166	993	835	743	640	503	400	344	865	720	636	541	415	320	269	50	
20	170	1041	874	778	670	527	419	360	907	755	667	567	436	336	282	52	
30	174	1088	914	813	700	551	438	377	949	790	698	594	456	351	295	54	
40	177	1136	954	849	731	575	457	393	991	825	729	620	476	367	308	57	
2,50	181	1183	993	884	761	599	476	409	1033	860	759	646	496	382	321	59	
60	185	1230	1033	919	792	623	495	426	1075	895	790	673	516	398	334	61	
70	188	1277	1073	955	822	647	514	442	1117	929	821	699	537	413	347	64	
80	192	1325	1113	990	853	671	533	459	1159	964	852	725	557	429	360	66	
90	195	1372	1153	1026	883	695	552	475	1201	999	883	752	577	444	373	69	
3,00	198	1419	1192	1061	914	718	571	491	1243	1035	913	777	597	460	386	71	
10	202	1466	1232	1096	944	742	590	508	1285	1069	944	804	617	476	399	73	
20	205	1514	1271	1132	975	766	609	524	1327	1104	975	830	637	491	412	76	
30	208	1561	1311	1167	1005	790	628	540	1369	1139	1006	856	657	507	425	78	
40	211	1608	1351	1202	1036	814	647	557	1411	1174	1037	883	677	522	438	80	
3,50	214	1656	1391	1238	1066	838	666	573	1453	1209	1068	909	698	538	451	83	
60	217	1703	1430	1273	1097	862	685	590	1495	1244	1099	935	718	553	464	85	
70	220	1750	1470	1309	1127	886	704	606	1537	1279	1130	961	738	569	477	88	
80	223	1798	1510	1344	1158	910	723	622	1579	1314	1161	988	758	584	490	90	
90	226	1845	1549	1379	1188	934	742	639	1621	1349	1182	1014	778	600	503	92	
4,00	229	1892	1589	1414	1218	958	762	655	1663	1384	1222	1040	798	615	517	94	
10	232	1940	1629	1450	1249	982	781	671	1705	1419	1253	1066	818	631	530	97	
20	235	1987	1669	1485	1279	1006	800	688	1747	1454	1284	1092	838	646	543	99	
30	237	2034	1708	1521	1310	1030	819	704	1789	1489	1315	1119	859	662	556	102	
40	240	2081	1748	1556	1340	1054	838	721	1831	1524	1346	1145	879	677	569	104	
4,50	243	2129	1788	1591	1371	1077	857	737	1873	1558	1376	1171	899	693	582	106	
60	246	2176	1828	1627	1401	1101	876	753	1915	1593	1407	1198	919	708	595	109	
70	248	2223	1867	1662	1432	1125	895	770	1957	1628	1438	1224	939	724	608	111	
80	251	2271	1907	1698	1462	1149	914	786	1999	1663	1469	1250	960	739	621	114	
90	253	2318	1947	1733	1493	1173	933	803	2041	1698	1500	1277	980	755	634	116	
5,00	256	2365	1987	1768	1523	1197	952	819	2083	1733	1530	1302	1000	771	647	118	
20	261	2460	2066	1839	1584	1245	990	851	2167	1803	1592	1355	1040	802	673	123	
40	266	2555	2145	1910	1645	1293	1028	884	2251	1873	1654	1407	1080	833	699	128	
60	271	2649	2225	1980	1706	1341	1066	917	2335	1943	1716	1460	1121	864	725	132	
80	276	2744	2304	2051	1767	1389	1104	950	2419	2013	1777	1512	1161	895	752	137	
6,00	281	2838	2384	2122	1827	1437	1142	982	2503	2083	1839	1565	1201	926	778	142	
20	285	2933	2463	2192	1888	1485	1181	1015	2587	2153	1901	1617	1242	957	804	146	
40	290	3028	2543	2263	1949	1533	1219	1048	2671	2223	1962	1670	1282	989	830	151	
60	294	3122	2622	2334	2010	1581	1257	1080	2755	2293	2024	1722	1322	1020	856	156	
80	299	3217	2702	2404	2071	1629	1295	1113	2839	2362	2086	1775	1363	1051	882	160	
7,00	303	3311	2781	2475	2132	1676	1333	1146	2923	2432	2147	1828	1403	1082	908	165	
$*N_i$ od. N_n (min.)=		0,95	0,94	0,94	0,94	0,93	0,91	0,89	1,06	1,06	1,06	1,07	1,08	1,10	1,11	$= N$ (max.) †	

Text of the rightmost column (C_i'' u. C_i): $2C_i''' = 0,5$ bis $0,4$ (exact $0,3$ bis $0,25$), $C_i \lessgtr 7,0$ bei $\frac{l_i}{l} = 0,07$, wenn $c \lessgtr = 2,9$ .m.

* Ohne (geheizten) Receiver.   † Mit (geheiztem) Receiver.

C_i' und C_i'' nebst $\frac{v}{V}$ siehe S. 94.

Sehr grosse Zweicylinder-Condens.-Maschinen (mit Doppelsteuerung und Dampfhemd).

Abs. Adm. Sp. $p = 9$ Kgr. od. Atm.

Wirksame Kolbenfläche O Qu.Met.	Kolben-Durchmesser D Centm.	Füllung $\frac{l_i}{l}$ (reduc.) 0,20	0,15	0,125	0,10	0,07	0,05	0,04	Füllung $\frac{l_i}{l}$ (reduc.) 0,20	0,15	0,125	0,10	0,07	0,05	0,04	Subtr. Compr. Lstg. pro $c=1$ m Pfdk.	C_i''' u. C_i Kgr.
		Indicirte Leistung $\frac{N_i}{c}$ in Pferdekraft							Netto-Leistung $\frac{N_n}{c}$ in Pferdekraft								
		pro 1 Meter Kolbengeschwindigkeit															
1,00	115	536	451	401	346	273	218	188	462	385	340	290	224	174	147	26	
05	117	563	473	422	364	287	229	197	485	405	358	305	236	183	155	27	
10	120	589	496	442	381	301	240	207	509	424	375	320	247	192	162	29	
15	123	616	518	462	398	314	251	216	533	444	393	335	259	201	170	30	
20	125	643	541	482	416	328	262	226	557	464	410	350	270	210	177	31	
1,25	128	670	563	502	433	342	272	235	580	484	428	365	282	219	185	33	
30	131	697	586	522	450	355	283	244	604	504	445	380	293	228	193	34	
35	133	723	608	542	467	369	294	254	628	523	463	395	305	237	200	35	
40	135	750	631	562	485	383	305	263	652	543	480	410	316	246	208	36	
45	138	777	653	582	502	396	316	273	676	563	498	425	328	255	215	38	
1,50	140	804	676	602	519	410	327	282	699	583	515	440	339	263	223	39	
55	143	831	699	622	537	423	338	291	723	603	533	455	351	272	230	40	
60	145	857	721	642	554	437	349	301	747	622	550	470	362	281	238	42	
65	147	884	744	663	571	451	360	310	771	642	568	485	374	290	245	43	
70	149	911	766	683	589	464	370	319	794	662	585	500	385	299	253	44	
1,75	151	938	789	703	606	478	381	329	818	682	603	515	397	308	261	46	
80	154	965	811	723	623	492	392	338	842	702	620	530	408	317	268	47	
85	156	991	834	743	641	506	403	348	866	721	638	545	420	326	276	48	
90	158	1018	856	763	658	519	414	357	890	741	655	560	431	335	283	49	
95	160	1045	879	783	675	533	425	366	913	761	673	575	443	344	291	51	
2,00	162	1072	901	803	693	546	436	376	937	781	691	589	455	353	298	52	
10	166	1125	946	843	727	574	458	395	985	821	726	619	478	371	313	55	
20	170	1179	991	883	762	601	479	413	1032	861	761	650	501	389	329	57	
30	174	1232	1036	924	796	628	501	432	1080	900	796	680	524	407	344	60	
40	177	1286	1081	964	831	656	523	451	1128	940	831	710	548	425	359	62	
2,50	181	1340	1127	1004	866	683	545	470	1176	980	867	740	571	443	374	65	
60	185	1393	1172	1044	900	710	567	489	1224	1020	902	770	594	461	389	68	
70	188	1447	1217	1084	935	738	588	507	1271	1060	937	800	617	479	405	70	
80	192	1500	1262	1124	970	765	610	526	1319	1099	972	830	640	497	420	73	
90	195	1554	1307	1165	1004	792	632	545	1367	1139	1007	860	664	515	435	75	
3,00	198	1608	1352	1205	1039	819	654	564	1415	1179	1043	890	687	533	450	78	
10	202	1661	1397	1245	1073	847	675	582	1462	1219	1078	920	710	551	466	81	
20	205	1715	1442	1285	1108	874	697	601	1510	1259	1113	950	733	569	481	83	
30	208	1768	1487	1325	1143	901	719	620	1558	1299	1148	980	756	587	496	86	
40	211	1822	1532	1365	1177	928	741	639	1606	1338	1184	1010	779	605	511	88	
3,50	214	1876	1578	1405	1212	956	763	658	1654	1378	1219	1040	803	623	526	91	
60	217	1929	1623	1445	1246	983	784	676	1701	1418	1254	1070	826	641	542	94	
70	220	1983	1668	1485	1281	1010	806	695	1749	1458	1289	1101	849	659	557	96	
80	223	2036	1713	1525	1316	1038	828	714	1797	1498	1324	1131	872	677	572	99	
90	226	2090	1758	1565	1350	1065	850	733	1845	1537	1360	1161	895	695	587	101	
4,00	229	2143	1803	1606	1385	1092	872	752	1892	1577	1395	1191	918	713	602	104	
10	232	2197	1848	1646	1420	1120	893	770	1940	1617	1430	1221	942	731	618	107	
20	235	2251	1893	1686	1454	1147	915	789	1988	1657	1465	1251	965	749	633	109	
30	237	2304	1938	1726	1489	1174	937	808	2036	1697	1501	1281	988	767	648	112	
40	240	2358	1983	1766	1524	1202	959	827	2084	1737	1536	1311	1011	785	663	114	
4,50	243	2411	2028	1806	1558	1229	981	846	2131	1777	1571	1341	1034	803	679	117	
60	246	2465	2073	1847	1593	1256	1002	864	2179	1816	1606	1371	1058	821	694	120	
70	248	2519	2118	1887	1627	1283	1024	883	2227	1856	1641	1401	1081	839	709	122	
80	251	2572	2164	1927	1662	1311	1046	902	2275	1896	1677	1431	1104	857	724	125	
90	253	2626	2209	1967	1697	1338	1068	921	2323	1936	1712	1461	1127	875	739	127	
5,00	256	2679	2253	2007	1731	1365	1089	939	2370	1976	1747	1491	1150	893	755	130	
20	261	2787	2344	2088	1801	1420	1133	977	2466	2056	1818	1551	1197	929	785	135	
40	266	2894	2434	2168	1870	1475	1177	1015	2562	2135	1888	1611	1243	965	815	140	
60	271	3001	2524	2248	1939	1529	1220	1052	2657	2215	1958	1671	1290	1001	846	146	
80	276	3108	2614	2328	2008	1584	1264	1090	2753	2295	2029	1731	1336	1037	876	151	
6,00	281	3215	2704	2409	2078	1639	1307	1127	2848	2374	2099	1791	1382	1073	907	156	
20	285	3322	2794	2489	2147	1693	1351	1165	2944	2454	2170	1852	1429	1109	937	161	
40	290	3430	2884	2570	2216	1748	1395	1203	3040	2534	2240	1912	1475	1145	967	166	
60	294	3537	2974	2650	2286	1802	1438	1240	3135	2613	2310	1972	1522	1181	998	172	
80	299	3644	3065	2730	2355	1857	1482	1278	3231	2693	2381	2032	1568	1217	1028	177	
7,00	303	3751	3155	2810	2424	1912	1525	1315	3326	2772	2452	2092	1614	1253	1059	182	
*$N_i$od.N_n(min.)=		0,94	0,94	0,94	0,93	0,92	0,90	0,88	1,05	1,05	1,06	1,06	1,07	1,09	1,10	$= N$ (max.) †	

* Ohne (geheizten) Receiver.   † Mit (geheiztem) Receiver.

C_i' und C_i'' nebst $\frac{v}{V}$ siehe S. 96.

Rechter Rand: $2C_i''' = 0{,}5$ bis $0{,}4$ (exact $0{,}3$ bis $0{,}2$), $C_i = 6{,}8$ bei $\frac{l_i}{l} = 0{,}07$, wenn $c = 7 = 3{,}1$ m.

III. SERIE.

Maschinen mit hohem Dampfdruck (7 bis 14 Atm.)

A.

Zweicylinder-Auspuff-Maschinen.

(Mit Expansions-Steuerung, im Mittel zwischen ausgiebig geheiztem und nicht geheiztem Receiver, bezw. mit bloss äusserlich geheiztem Receiver).

Die in den Köpfen der Tabellen für Compound-Masch. mit „eventuell" notierten Volum-Verhältnisse $v:V$ gelten für gleichzeitige (nur partielle) Rücksicht auf gleiche Arbeit der beiden Cylinder.

Werthe von $\frac{1}{x}$

zur Bestimmung des Abkühlungs-Verlustes C_i'' aus den tabellarischen Ansätzen von $x\,C_i''$ (durch Multiplication dieser Ansätze mit $\frac{1}{x}$).

red. Füll. $\frac{l_i}{l} =$	0,25	0,20	0,15	0,125	0,10	0,08	0,07	0,06	$= \frac{l_i}{l}$ (red. Füll.)
$c = 0,5$ m	1,00	1,04	1,09	1,11	1,14	1,16	1,17	1,18	$c = 0,5$ m
0,6	0,91	0,95	0,99	1,01	1,04	1,06	1,07*	1,08	0,6
0,7	0,85	0,88	0,92	0,94	0,96	0,98	0,99	1,00	0,7
0,8	0,79	0,82	0,86	0,88	0,90	0,92	0,92	0,93	0,8
0,9	0,75	0,78	0,81	0,83	0,85	0,86	0,87	0,88	0,9
$c = 1,0$ m	0,71	0,74	0,77	0,79	0,80	0,82	0,83	0,83	$c = 1,0$ m
1,1	0,67	0,70	0,73	0,75	0,77	0,78	0,79	0,79	1,1
1,2	0,65	0,67	0,70	0,72	0,73	0,75	0,75	0,76	1,2
1,3	0,62	0,65	0,67	0,69	0,70	0,72	0,72	0,73	1,3
1,4	0,60	0,62	0,65	0,66	0,68	0,69	0,70	0,71	1,4
$c = 1,5$ m	0,58	0,60	0,63	0,64	0,66	0,67	0,67	0,68	$c = 1,5$ m
1,6	0,56	0,58	0,61	0,62	0,64	0,65	0,65	0,66	1,6
1,7	0,54	0,56	0,59	0,60	0,62	0,63	0,63	0,64	1,7
1,8	0,53	0,55	0,57	0,59	0,60	0,61	0,62	0,62	1,8
1,9	0,51	0,53	0,56	0,57	0,58	0,59	0,60	0,61	1,9
$c = 2,0$ m	0,50	0,52	0,54	0,56	0,57	0,58	0,58	0,59	$c = 2,0$ m
2,2	0,48	0,50	0,52	0,53	0,54	0,55	0,56	0,56	2,2
2,4	0,46	0,48	0,50	0,51	0,52	0,53	0,53	0,54	2,4
2,6	0,44	0,46	0,48	0,49	0,50	0,51	0,51	0,52	2,6
2,8	0,42	0,44	0,46	0,47	0,48	0,49	0,49	0,50	2,8
$c = 3,0$ m	0,41	0,43	0,44	0,45	0,46	0,47	0,48	0,48	$c = 3,0$ m
3,2	0,40	0,41	0,43	0,44	0,45	0,46	0,46	0,47	3,2
3,4	0,38	0,40	0,42	0,43	0,44	0,44	0,45	0,45	3,4
3,6	0,37	0,39	0,41	0,41	0,42	0,43	0,44	0,44	3,6
3,8	0,36	0,38	0,39	0,40	0,41	0,42	0,42	0,43	3,8
$c = 4,0$ m	0,35	0,37	0,38	0,39	0,40	0,41	0,41	0,42	$c = 4,0$ m
4,2	0,35	0,36	0,38	0,38	0,39	0,40	0,40	0,41	4,2
4,4	0,34	0,35	0,37	0,37	0,38	0,39	0,39	0,40	4,4
4,6	0,33	0,34	0,36	0,37	0,37	0,38	0,39	0,39	4,6
4,8	0,32	0,34	0,35	0,36	0,37	0,37	0,38	0,38	4,8
$c = 5,0$ m	0,32	0,33	0,34	0,35	0,36	0,37	0,37	0,37	$c = 5,0$ m

Note. Diese Werthe von $\frac{1}{x}$ sind für alle Maschinengattungen (bei einer gewissen Füllung $\frac{l_i}{l}$ und Kolbengeschwindigkeit c) gleich gross; dieselben sind in der vorangehenden Einleitung für alle Füllungen auf drei Decimalen angegeben.

Corrections-Coëffic. für C_i'' bei dem jeweiligen Hubverhältnisse $l:D$.

Wenn $l:D =$	0,6	0,8	1,0	1,25	1,5	1,75	2	2,5	3	3,5	4	5
Coëffic. =	0,73	0,77	0,82	0,87	0,91	0,96	1	1,08	1,15	1,22	1,29	1,41

Zweicylinder-Auspuff-Maschinen (mit Expans.-Steuerung).

Abs. Adm. Sp. $p = 7$ Kgr. od. Atm.

Red. Füll. $\frac{l_i}{l}$ =	0,25	0,20	0,15	.	
C_i =	9,0	8,7	8,5	.	.
xC_i'' =	7,0	6,8	6,8	.	.

Corr. Woolf- und Receiv.-Woolf-Masch. Für $N^i = \frac{1}{2}N$ ohne Spannungs-Abfall:

bei (normal) $\frac{l_i}{l}$ =	0,225	0,20	0,175
wenn $R = \frac{1}{4}v$; $v:V$ =	0,41	0,35	0,30
„ $R = v$; $v:V$ =	0,47	0,41	0,35
„ $R = \infty$; $v:V$ =	0,54	0,49	0,43

O (Qu. Met.)	D (Centm.)	red. Füll. $\frac{l_i}{l}$ = 0,25	0,20	0,15	.	.	Subtr. Cmpr. Lstg.	Leer-gang Lstg. (pro $c=1$ m)	C_i bei $\frac{l_i}{l}$ = 0,20
		Indic. Leistung $\frac{N_i}{c}$ in Pfdk. (pro 1 Meter Kolbengeschw.)							
0,080	32,4	29,2	24,4	18,8	.	.	1,0	2,5	$=\frac{1}{1+\mu}$ = 0,90
084	33,2	30,6	25,7	19,8	.	.	1,1	2,6	
088	34,0	32,1	26,9	20,7	.	.	1,1	2,7	
092	34,7	33,6	28,1	21,7	.	.	1,2	2,8	
096	35,5	35,0	29,3	22,6	.	.	1,2	2,9	
0,100	36,2	36,5	30,6	23,6	.	.	1,3	3,0	13,5 (bei c = 1,58)
105	37,1	38,3	32,1	24,7	.	.	1,3	3,1	
110	38,0	40,1	33,6	25,9	.	.	1,4	3,2	
115	38,8	41,9	35,1	27,1	.	.	1,5	3,3	
120	39,7	43,8	36,7	28,3	.	.	1,5	3,4	
0,125	40,5	45,6	38,2	29,5	.	.	1,6	3,5	0,91
130	41,3	47,4	39,7	30,6	.	.	1,7	3,6	
135	42,1	49,2	41,3	31,8	.	.	1,7	3,7	
140	42,8	51,0	42,8	33,0	.	.	1,8	3,8	
145	43,6	52,9	44,3	34,2	.	.	1,9	3,9	
0,15	44,4	54,7	45,8	35,3	.	.	1,9	4,0	
16	45,8	58,4	48,9	37,7	.	.	2,0	4,2	
17	47,2	62,0	51,9	40,0	.	.	2,2	4,4	
18	48,6	65,7	55,0	42,4	.	.	2,3	4,6	
19	49,9	69,3	58,1	44,8	.	.	2,4	4,8	
0,20	51,2	72,9	61,1	47,1	.	.	2,6	5,0	12,9 (c = 1,87)
21	52,5	76,6	64,2	49,5	.	.	2,7	5,2	
22	53,7	80,2	67,2	51,8	.	.	2,8	5,4	
23	54,9	83,9	70,3	54,2	.	.	2,9	5,6	
24	56,1	87,5	73,3	56,5	.	.	3,1	5,8	
0,25	57,3	91,2	76,4	58,9	.	.	3,2	6,0	0,92
26	58,4	94,8	79,4	61,2	.	.	3,3	6,2	
27	59,5	98,5	82,5	63,6	.	.	3,5	6,4	
28	60,6	102,1	85,5	65,9	.	.	3,6	6,6	
29	61,7	105,8	88,6	68,3	.	.	3,7	6,8	
0,30	62,7	109,4	91,7	70,7	.	.	3,8	7,0	
32	64,8	116,7	97,8	75,4	.	.	4,1	7,4	
34	66,8	124,0	103,9	80,1	.	.	4,4	7,8	
36	68,7	131,3	110,0	84,8	.	.	4,6	8,1	
38	70,6	138,6	116,1	89,5	.	.	4,9	8,5	0,93
0,40	72,4	145,9	122,2	94,2	.	.	5,1	8,9	12,5 (c = 2,22)
42	74,2	153,2	128,3	98,9	.	.	5,4	9,2	
44	76,0	160,5	134,4	103,6	.	.	5,6	9,6	
46	77,7	167,8	140,5	108,3	.	.	5,9	10,0	
48	79,3	175,0	146,6	113,0	.	.	6,1	10,3	
0,50	81,0	182,3	152,8	117,8	.	.	6,4	10,7	
52	82,6	189,6	158,9	122,5	.	.	6,7	11,0	
54	84,2	196,9	165,0	127,2	.	.	6,9	11,4	
56	85,7	204,2	171,1	131,9	.	.	7,2	11,7	
58	87,2	211,5	177,2	136,6	.	.	7,4	12,1	
0,60	88,7	218,8	183,3	141,3	.	.	7,7	12,5	
64	91,6	233,4	195,5	150,7	.	.	8,2	13,2	
68	94,4	248,0	207,7	160,1	.	.	8,7	13,9	0,94
72	97,2	262,6	220,0	169,6	.	.	9,2	14,6	
76	99,8	277,2	232,2	179,0	.	.	9,7	15,3	12,0 (c = 2,65)
0,80	102,4	291,8	244,4	188,4	.	.	10,2	16,0	
Coul. Coëff.:		0,90	0,88	0,86	.	.			

Compound-Masch. Für gleiche Arbeit in den Quadranten ohne Spannungs-Abfall:

bei (normal) $\frac{l_i}{l}$ =	0,225	0,20	0,175
wenn $R = \infty$; $v:V$ =	0,47	0,45	0,42
„ $R = v$; $v:V$ =	0,51	0,48	0,45
eventuell $v:V$ =	0,57	0,53	0,50

O (Qu. Met.)	D (Centm.)	red. Füll. $\frac{l_i}{l}$ = 0,25	0,20	0,15	.	.	Subtr. Cmpr. Lstg.	Leer-gang Lstg. (pro $c=1$ m)	C_i bei $\frac{l_i}{l}$ = 0,20
		Indic. Leistung $\frac{N_i}{c}$ in Pfdk. (pro 1 Meter Kolbengeschw.)							
0,80	102,4	291,8	244,4	188,4	.	.	10,2	16,0	$=\frac{1}{1+\mu}$ = 0,94
84	105,0	306,4	256,6	197,8	.	.	10,8	16,7	
88	107,4	320,9	268,8	207,2	.	.	11,3	17,4	
92	109,8	335,5	281,1	216,7	.	.	11,8	18,1	
96	112,2	350,1	293,3	226,1	.	.	12,3	18,8	
1,00	115	365	306	236	.	.	13	19	12,0 (c = 2,81)
05	117	383	321	247	.	.	13	20	
10	120	401	336	259	.	.	14	21	
15	123	419	351	271	.	.	15	22	
20	125	438	367	283	.	.	15	23	
1,25	128	456	382	295	.	.	16	24	
30	131	474	397	306	.	.	17	25	
35	133	492	413	318	.	.	17	25	
40	135	510	428	330	.	.	18	25	
45	138	529	443	342	.	.	19	27	
1,50	140	547	458	353	.	.	19	28	
60	145	584	489	377	.	.	20	30	
70	149	620	519	400	.	.	22	31	0,945
80	154	657	550	424	.	.	23	33	
90	158	693	581	448	.	.	24	35	
2,00	162	729	611	471	.	.	26	36	11,7 (c = 3,12)
10	166	766	642	495	.	.	27	38	
20	170	802	672	518	.	.	28	39	
30	174	839	703	542	.	.	29	41	
40	177	875	733	565	.	.	31	43	
2,50	181	912	764	589	.	.	32	44	
60	185	948	794	612	.	.	33	46	
70	188	985	825	636	.	.	35	48	
80	192	1021	855	659	.	.	36	49	
90	195	1058	886	683	.	.	37	51	
3,00	198	1094	917	707	.	.	38	53	
20	205	1167	978	754	.	.	41	56	
40	211	1240	1039	801	.	.	44	59	
60	217	1313	1100	848	.	.	46	62	0,950
80	223	1386	1161	895	.	.	49	65	
4,00	229	1459	1222	942	.	.	51	69	11,6 (c = 3,42)
20	235	1532	1283	989	.	.	54	72	
40	240	1605	1344	1036	.	.	56	75	
60	246	1678	1405	1083	.	.	59	78	
80	251	1750	1466	1130	.	.	61	81	
5,00	256	1823	1528	1178	.	.	64	84	
20	261	1896	1589	1225	.	.	67	88	
40	266	1969	1650	1272	.	.	69	91	
60	271	2042	1711	1319	.	.	72	94	
80	276	2115	1772	1366	.	.	74	97	
6,00	281	2188	1833	1413	.	.	77	100	
20	285	2261	1894	1460	.	.	79	103	
40	290	2334	1955	1507	.	.	82	107	0,955
60	294	2407	2016	1554	.	.	84	110	
80	299	2480	2077	1601	.	.	87	113	11,4 (c = 3,60)
7,00	303	2553	2139	1649	.	.	90	116	
Coul. Coëff:		0,90	0,88	0,86	.	.			

Zweicylinder-Auspuff-Maschinen (mit Expans.-Steuerung).

Abs. Adm. Sp. $p = 8$ Kgr. od. Atm.

Red. Füll. $\frac{l_1}{l} =$	0,25	0,20	0,15	0,125	.
$C'_i =$	8,5	8,1	7,9	7,8	.
$xC''_i =$	6,9	6,6	6,6	6,7	.

Corr. Woolf- und Receiv.-Woolf-Masch. Für $N' = \frac{1}{2}N$ ohne Spannungs-Abfall:

bei (normal) $\frac{l_1}{l} =$	0,20	0,175	0,15
wenn $R = \frac{1}{4} v$; $v:V =$	0,38	0,33	0,27
„ $R = v$; $v:V =$	0,44	0,38	0,33
„ $R = \infty$; $v:V =$	0,52	0,46	0,40

O Qu. Met.	D Centm.	0,25	0,20	0,15	0,125	.	Subtr. Cmpr. Lstg.	Leer-gang Lstg.	C_i bei $\frac{l_1}{l} = 0,20$
0,080	32,4	34,7	29,4	23,1	19,5	.	1,3	2,6	$\frac{1}{1+\mu} = 0,90$
084	33,2	36,5	30,8	24,2	20,5	.	1,3	2,7	
088	34,0	38,2	32,3	25,4	21,4	.	1,4	2,8	
092	34,7	40,0	33,8	26,5	22,4	.	1,5	2,9	
096	35,5	41,7	35,2	27,7	23,4	.	1,5	3,0	
0,100	36,2	43,4	36,7	28,8	24,4	.	1,6	3,1	**12,7** (bei $c =$ 1,69)
105	37,1	45,6	38,5	30,3	25,6	.	1,7	3,2	
110	38,0	47,8	40,4	31,7	26,8	.	1,8	3,3	
115	38,8	49,9	42,2	33,2	28,0	.	1,8	3,4	
120	39,7	52,1	44,0	34,6	29,2	.	1,9	3,5	
0,125	40,5	54,3	45,8	36,0	30,5	.	2,0	3,6	0,90
130	41,3	56,5	47,7	37,5	31,7	.	2,1	3,7	
135	42,1	58,6	49,5	38,9	32,9	.	2,2	3,8	
140	42,8	60,8	51,3	40,4	34,1	.	2,2	3,9	
145	43,6	63,0	53,2	41,9	35,3	.	2,3	4,0	
0,15	44,4	65,2	55,0	43,3	36,5	.	2,4	4,2	
16	45,8	69,5	58,7	46,1	39,0	.	2,6	4,4	
17	47,2	73,8	62,4	49,0	41,4	.	2,7	4,6	
18	48,6	78,2	66,1	51,9	43,8	.	2,9	4,8	
19	49,9	82,5	69,7	54,8	46,3	.	3,0	5,0	
0,20	51,2	86,9	73,4	57,7	48,7	.	3,2	5,3	**12,0** (c = 2,00)
21	52,5	91,2	77,1	60,5	51,1	.	3,4	5,5	
22	53,7	95,5	80,7	63,4	53,6	.	3,5	5,7	0,92
23	54,9	99,9	84,4	66,3	56,0	.	3,7	5,9	
24	56,1	104,2	88,1	69,2	58,4	.	3,8	6,1	
0,25	57,3	108,6	91,7	72,1	60,9	.	4,0	6,3	
26	58,4	112,9	95,4	74,9	63,3	.	4,2	6,5	
27	59,5	117,2	99,1	77,8	65,7	.	4,3	6,7	
28	60,6	121,6	102,7	80,7	68,2	.	4,5	6,9	
29	61,7	125,9	106,4	83,6	70,6	.	4,6	7,1	
0,30	62,7	130,3	110,1	86,5	73,1	.	4,8	7,3	
32	64,8	139,0	117,4	92,3	77,9	.	5,1	7,7	
34	66,8	147,7	124,8	98,0	82,8	.	5,4	8,1	
36	68,7	156,4	132,1	103,8	87,7	.	5,8	8,5	
38	70,6	165,1	139,4	109,6	92,5	.	6,1	8,9	0,93
0,40	72,4	173,7	146,8	115,3	97,4	.	6,4	9,3	**11,7** (c = 2,38)
42	74,2	182,4	154,1	121,1	102,3	.	6,7	9,7	
44	76,0	191,1	161,4	126,9	107,1	.	7,0	10,1	
46	77,7	199,8	168,8	132,6	112,0	.	7,4	10,4	
48	79,3	208,5	176,1	138,4	116,9	.	7,7	10,8	
0,50	81,0	217,2	183,5	144,2	121,8	.	8,0	11,2	
52	82,6	225,9	190,8	149,9	126,6	.	8,3	11,6	
54	84,2	234,6	198,1	155,7	131,5	.	8,6	12,0	
56	85,7	243,2	205,5	161,5	136,4	.	9,0	12,3	
58	87,2	251,9	212,8	167,3	141,2	.	9,3	12,7	
0,60	88,7	260,6	220,1	173,0	146,1	.	9,6	13,1	
64	91,6	278,0	234,8	184,5	155,8	.	10,2	13,9	
68	94,4	295,3	249,5	196,0	165,6	.	10,9	14,6	0,94
72	97,2	312,7	264,2	207,6	175,3	.	11,5	15,4	
76	99,8	330,1	278,9	219,1	185,1	.	12,2	16,1	**11,3** (c = 2,83)
0,80	102,4	347,4	293,5	230,6	194,8	.	12,8	16,8	
Coul. Coëff.:		0,90	0,88	0,86	0,84	.			

Compound-Masch. Für gleiche Arbeit in den Quadranten ohne Spannungs-Abfall:

bei (normal) $\frac{l_1}{l} =$	0,20	0,175	0,15
wenn $R = \infty$; $v:V =$	0,45	0,42	0,39
„ $R = v$; $v:V =$	0,48	0,45	0,42
eventuell $v:V =$	0,54	0,50	0,46

O Qu. Met.	D Centm.	0,25	0,20	0,15	0,125	.	Subtr. Cmpr. Lstg.	Leer-gang Lstg.	C_i bei $\frac{l_1}{l} = 0,20$
0,80	102,4	347,4	293,5	230,6	194,8	.	12,8	16,8	$\frac{1}{1+\mu} = 0,90$
84	105,0	364,8	308,2	242,2	204,5	.	13,4	17,6	
88	107,4	382,2	322,9	253,7	214,3	.	14,1	18,3	
92	109,8	399,6	337,6	265,2	224,0	.	14,7	19,0	
96	112,2	416,9	352,2	276,8	233,8	.	15,4	19,8	
1,00	115	434	367	288	244	.	16	20	**11,0** (c = 3,01)
05	117	456	385	303	256	.	17	21	
10	120	478	404	317	268	.	18	22	
15	123	499	422	332	280	.	18	23	
20	125	521	440	346	292	.	19	24	
1,25	128	543	458	360	305	.	20	25	
30	131	565	477	375	317	.	21	26	
35	133	586	495	389	329	.	22	27	
40	135.	608	513	404	341	.	22	28	
45	138	630	532	419	353	.	23	29	
1,50	140	652	550	433	365	.	24	29	0,945
60	145	695	587	461	390	.	26	31	
70	149	738	624	490	414	.	27	33	
80	154	782	661	519	438	.	29	35	
90	158	825	697	548	463	.	30	37	
2,00	162	869	734	577	487	.	32	38	**10,9** (c = 3,33)
10	166	912	771	605	511	.	34	40	
20	170	955	807	634	536	.	35	42	
30	174	999	844	663	560	.	37	43	
40	177	1042	881	692	584	.	38	45	
2,50	181	1086	917	721	609	.	40	47	
60	185	1129	954	749	633	.	42	49	
70	188	1172	991	778	657	.	43	50	
80	192	1216	1027	807	682	.	45	52	
90	195	1259	1064	836	706	.	46	54	
3,00	198	1303	1101	865	731	.	48	56	0,950
20	205	1390	1174	923	779	.	51	59	
40	211	1477	1248	980	828	.	54	62	
60	217	1564	1321	1038	877	.	58	66	
80	223	1651	1394	1096	925	.	61	69	
4,00	229	1737	1468	1153	974	.	64	73	**10,8** (c = 3,65)
20	235	1824	1541	1211	1023	.	67	76	
40	240	1911	1614	1269	1071	.	70	79	
60	246	1998	1688	1326	1120	.	74	83	
80	251	2085	1761	1384	1169	.	77	86	
5,00	256	2172	1835	1442	1218	.	80	90	
20	261	2259	1908	1499	1266	.	83	93	
40	266	2346	1981	1557	1315	.	86	96	
60	271	2432	2055	1615	1364	.	90	100	
80	276	2519	2128	1673	1412	.	93	103	
6,00	281	2606	2201	1730	1461	.	96	106	0,955
20	285	2693	2275	1788	1510	.	99	110	
40	290	2780	2348	1845	1558	.	102	113	
60	294	2867	2422	1903	1607	.	106	116	
80	299	2953	2495	1961	1656	.	109	120	**10,7** (c = 3,84)
7,00	303	3040	2568	2018	1705	.	112	123	
Coul. Coëff.:		0,90	0,88	0,86	0,84	.			

Zweicylinder-Auspuff-Maschinen (mit Expans.-Steuerung).

Abs. Adm. Sp. $p = 9$ Kgr. od. Atm.

Red. Füll. $\frac{l_i}{l}$ =	0,25	0,20	0,15	0,125	0,10
C_i =	8,3	7,8	7,5	7,4	7,4
xC_i =	6,8	6,5	6,3	6,4	6,5

Corr. Woolf- und Receiv.-Woolf-Masch. Für $N' = \frac{1}{2} N$ ohne Spannungs-Abfall:

bei (normal) $\frac{l_i}{l}$ =	0,20	0,175	0,15
wenn $R = \frac{1}{4} v$; $v:V$ =	0,40	0,34	0,29
„ $R = v$; $v:V$ =	0,46	0,40	0,35
„ $R = \infty$; $v:V$ =	0,54	0,48	0,42

Compound-Masch. Für gleiche Arbeit in den Quadranten ohne Spannungs-Abfall:

bei (normal) $\frac{l_i}{l}$ =	0,20	0,175	0,15
wenn $R = \infty$; $v:V$ =	0,45	0,42	0,39
„ $R = v$; $v:V$ =	0,48	0,45	0,42
eventuell $v:V$ =	0,55	0,51	0,47

Corr. Woolf- und Receiv.-Woolf-Masch.

red. Füll. $\frac{l_i}{l}$ = O (Qu.Met.)	D (Centm)	0,25	0,20	0,15	0,125	0,10	Subtr. Cmpr. Lstg.	Leergang Lstg. pro c = 1 m	C_i bei $\frac{l_i}{l}$ = 0,15
		Indic. Leistung $\frac{N_i}{c}$ in Pfdk. (pro 1 Meter Kolbengeschw.)							
0,080	32,4	40,2	34,2	27,1	23,1	18,7	1,5	2,7	$\frac{1}{1+\mu}$ = 0,90
084	33,2	42,2	35,9	28,5	24,3	19,7	1,6	2,8	
088	34,0	44,2	37,6	29,9	25,4	20,6	1,7	2,9	
092	34,7	46,2	39,3	31,2	26,6	21,6	1,8	3,0	
096	35,5	48,3	41,0	32,6	27,7	22,5	1,9	3,1	
0,100	36,2	50,3	42,8	33,9	28,9	23,4	1,9	3,2	11,9 (bei c = 1,79)
105	37,1	52,8	44,9	35,6	30,3	24,6	2,0	3,3	
110	38,0	55,3	47,0	37,3	31,8	25,8	2,1	3,4	
115	38,8	57,8	49,2	39,0	33,2	26,9	2,2	3,5	
120	39,7	60,3	51,3	40,7	34,7	28,1	2,3	3,6	
0,125	40,5	62,8	53,5	42,4	36,1	29,3	2,4	3,8	0,91
130	41,3	65,3	55,6	44,1	37,5	30,5	2,5	3,9	
135	42,1	67,8	57,7	45,8	39,0	31,6	2,6	4,0	
140	42,8	70,4	59,9	47,5	40,4	32,8	2,7	4,1	
145	43,6	72,9	62,0	49,2	41,9	34,0	2,8	4,2	
0,15	44,4	75,4	64,1	50,9	43,3	35,2	2,9	4,3	
16	45,8	80,4	68,4	54,3	46,2	37,5	3,1	4,5	
17	47,2	85,5	72,7	57,7	49,1	39,8	3,3	4,8	
18	48,6	90,5	77,0	61,1	52,0	42,2	3,5	5,0	
19	49,9	95,5	81,3	64,5	54,9	44,5	3,7	5,2	
0,20	51,2	100,5	85,5	67,9	57,8	46,9	3,9	5,4	11,4 (c = 2,13); 0,92
21	52,5	105,6	89,8	71,3	60,7	49,2	4,1	5,7	
22	53,7	110,6	94,1	74,6	63,6	51,5	4,2	5,9	
23	54,9	115,6	98,4	78,0	66,5	53,9	4,4	6,1	
24	56,1	120,7	102,6	81,4	69,3	56,2	4,6	6,3	
0,25	57,3	125,7	106,9	84,8	72,2	58,6	4,8	6,5	
26	58,4	130,7	111,2	88,2	75,1	60,9	5,0	6,8	
27	59,5	135,8	115,5	91,6	78,0	63,2	5,2	7,0	
28	60,6	140,8	119,8	95,0	80,9	65,6	5,4	7,2	
29	61,7	145,8	124,0	98,4	83,8	67,9	5,6	7,4	
0,30	62,7	150,8	128,3	101,8	86,7	70,3	5,8	7,6	0,93
32	64,8	160,9	136,8	108,6	92,5	75,0	6,2	8,0	
34	66,8	170,9	145,4	115,4	98,2	79,7	6,6	8,4	
36	68,7	181,0	153,9	122,2	104,0	84,4	6,9	8,9	
38	70,6	191,0	162,5	129,0	109,8	89,1	7,3	9,3	
0,40	72,4	201,1	171,0	135,7	115,6	93,7	7,7	9,7	10,9 (c = 2,53)
42	74,2	211,1	179,6	142,5	121,3	98,4	8,1	10,1	
44	76,0	221,2	188,1	149,3	127,1	103,1	8,5	10,5	
46	77,7	231,2	196,7	156,1	132,9	107,8	8,9	10,9	
48	79,3	241,3	205,2	162,9	138,7	112,5	9,3	11,3	
0,50	81,0	251,3	213,8	169,7	144,5	117,2	9,7	11,7	
52	82,6	261,4	222,3	176,5	150,2	121,9	10,0	12,1	
54	84,2	271,4	230,9	183,3	156,0	126,6	10,4	12,5	
56	85,7	281,5	239,4	190,0	161,8	131,2	10,8	12,9	
58	87,2	291,5	248,0	196,8	167,6	135,9	11,2	13,3	
0,60	88,7	301,6	256,6	203,6	173,3	140,6	11,6	13,7	0,94
64	91,6	321,7	273,7	217,2	184,9	150,0	12,3	14,5	
68	94,4	341,8	290,8	230,7	196,5	159,3	13,1	15,3	
72	97,2	362,0	307,9	244,3	208,0	168,7	13,9	16,0	
76	99,8	382,1	325,0	257,9	219,6	178,1	14,7	16,8	10,5 (c = 3,01)
0,80	102,4	402,2	342,1	271,4	231,1	187,4	15,4	17,6	
Coul. Coëff.:		0,90	0,89	0,87	0,85	0,83			

Compound-Masch.

red. Füll. $\frac{l_i}{l}$ = O (Qu.Met.)	D (Centm)	0,25	0,20	0,15	0,125	0,10	Subtr. Cmpr. Lstg.	Leergang Lstg. pro c = 1 m	C_i bei $\frac{l_i}{l}$ = 0,15
		Indic. Leistung $\frac{N_i}{c}$ in Pfdk. (pro 1 Meter Kolbengeschw.)							
0,80	102,4	402,2	342,1	271,4	231,1	187,4	15,4	17,6	$\frac{1}{1+\mu}$ = 0,91
84	105,0	422,3	359,2	285,0	242,7	196,8	16,2	18,4	
88	107,4	442,4	376,3	298,6	254,2	206,2	17,0	19,2	
92	109,8	462,5	393,4	312,2	265,8	215,6	17,8	19,9	
96	112,2	482,6	410,5	325,7	277,4	224,9	18,5	20,7	
1,00	115	503	428	339	289	234	19	21	10,4 (c = 3,19)
05	117	528	449	356	303	246	20	22	
10	120	553	470	373	318	258	21	23	
15	123	578	492	390	332	269	22	24	
20	125	603	513	407	347	281	23	25	
1,25	128	628	535	424	361	293	24	26	
30	131	653	556	441	375	305	25	27	
35	133	678	577	458	390	316	26	28	
40	135	704	599	475	404	328	27	29	
45	138	729	620	492	419	340	28	30	
1,50	140	754	641	509	433	352	29	31	0,945
60	145	804	684	543	462	375	31	33	
70	149	855	727	577	491	398	33	35	
80	154	905	770	611	520	422	35	36	
90	158	955	813	645	549	445	37	38	
2,00	162	1005	855	679	578	469	39	40	10,3 (c = 3,53)
10	166	1056	898	713	607	492	41	42	
20	170	1106	941	746	636	515	42	44	
30	174	1156	984	780	665	539	44	46	
40	177	1207	1026	814	693	562	46	48	
2,50	181	1257	1069	848	722	586	48	49	
60	185	1307	1112	882	751	609	50	51	
70	188	1358	1155	916	780	632	52	53	
80	192	1408	1198	950	809	656	54	55	
90	195	1458	1240	984	838	679	56	57	
3,00	198	1508	1283	1018	867	703	58	58	0,950
20	205	1609	1368	1086	925	750	62	62	
40	211	1709	1454	1154	982	797	66	66	
60	217	1810	1539	1222	1040	844	69	69	
80	223	1910	1625	1290	1098	891	73	73	
4,00	229	2011	1710	1357	1156	937	77	77	10,1 (c = 3,88)
20	235	2111	1796	1425	1213	984	81	80	
40	240	2212	1881	1493	1271	1031	85	84	
60	246	2312	1967	1561	1329	1078	89	87	
80	251	2413	2052	1629	1387	1125	93	91	
5,00	256	2513	2138	1697	1445	1172	97	94	
20	261	2614	2223	1765	1502	1219	100	98	
40	266	2714	2309	1833	1560	1266	104	102	
60	271	2815	2394	1900	1618	1312	108	105	
80	276	2915	2480	1968	1676	1359	112	109	
6,00	281	3016	2566	2036	1733	1406	116	112	0,955
20	285	3117	2651	2104	1791	1453	120	116	
40	290	3217	2737	2172	1849	1500	124	119	
60	294	3318	2822	2240	1907	1547	127	123	
80	299	3418	2908	2307	1965	1593	131	126	
7,00	303	3519	2993	2375	2022	1640	135	130	10,0 (c = 4,09)
Coul. Coëff.:		0,90	0,89	0,87	0,85	0,83			

Zweicylinder-Auspuff-Maschinen (mit Expans.-Steuerung).

Abs. Adm. Sp. $p = \mathbf{10}$ Kgr. od. Atm.

Red. Füll. $\frac{l}{l} =$	0,25	0,20	0,15	0,125	0,10
$C'_i =$	8,0	7,5	7,1	7,0	6,9
$xC''_i =$	6,6	6,3	6,1	6,0	6,1

Corr. Woolf- und Receiv.-Woolf-Masch. Für $N' = \tfrac{1}{2}N$ ohne Spannungs-Abfall:

bei (normal) $\frac{l}{l} =$	0,175	0,15	0,125
wenn $R = \tfrac{1}{4} v$; $v:V =$	0,36	0,31	0,25
„ $R = v$; $v:V =$	0,42	0,36	0,30
„ $R = \infty$; $v:V =$	0,50	0,44	0,37

Compound-Masch. Für gleiche Arbeit in den Quadranten ohne Spannungs-Abfall:

bei (normal) $\frac{l}{l} =$	0,175	0,15	0,125
wenn $R = \infty$; $v:V =$	0,42	0,39	0,35
„ $R = v$; $v:V =$	0,45	0,42	0,38
eventuell $v:V =$	0,52	0,48	0,43

Corr. Woolf- und Receiv.-Woolf-Masch.

red.Füll. $\frac{l}{l} =$ O (Qu.Met.)	D (Centm.)	0,25	0,20	0,15	0,125	0,10	Subtr. Cmpr. Lstg.	Leer-gang Lstg.	C_i bei $\frac{l}{l} = 0{,}15$
0,080	32,4	45,6	39,0	31,1	26,7	21,9	1,8	2,7	$\frac{1}{1+\mu} = 0{,}90$
084	33,2	47,9	40,9	32,7	28,0	23,0	1,9	2,8	
088	34,0	50,2	42,9	34,3	29,3	24,1	2,0	2,9	
092	34,7	52,4	44,8	35,8	30,7	25,1	2,1	3,0	
096	35,5	54,7	46,8	37,4	32,0	26,2	2,2	3,1	
0,100	36,2	57,0	48,7	38,9	33,3	27,3	2,2	3,2	11,2 (bei c=1,88)
105	37,1	59,9	51,2	40,9	35,0	28,7	2,4	3,4	
110	38,0	62,7	53,6	42,8	36,7	30,1	2,5	3,5	
115	38,8	65,6	56,1	44,8	38,3	31,4	2,6	3,6	
120	39,7	68,4	58,5	46,7	40,0	32,8	2,7	3,7	
0,125	40,5	71,3	60,9	48,7	41,7	34,2	2,8	3,8	0,91
130	41,3	74,1	63,4	50,6	43,4	35,6	2,9	4,0	
135	42,1	77,0	65,8	52,6	45,0	36,9	3,0	4,1	
140	42,8	79,8	68,3	54,5	46,7	38,3	3,1	4,2	
145	43,6	82,7	70,7	56,5	48,4	39,7	3,2	4,3	
0,15	44,1	85,5	73,1	58,4	50,0	41,0	3,4	4,5	
16	45,8	91,2	78,0	62,3	53,3	43,7	3,6	4,7	
17	47,2	96,9	82,8	66,2	56,7	46,5	3,8	4,9	
18	48,6	102,6	87,7	70,1	60,0	49,2	4,0	5,2	
19	49,9	108,3	92,6	74,0	63,3	51,9	4,3	5,4	
0,20	51,2	114,0	97,5	77,9	66,7	54,7	4,5	5,6	10,7 (c=2,24)
21	52,5	119,7	102,3	81,8	70,0	57,4	4,7	5,8	0,92
22	53,7	125,4	107,2	85,6	73,3	60,1	4,9	6,1	
23	54,9	131,1	112,1	89,5	76,7	62,9	5,2	6,3	
24	56,1	136,8	116,9	93,4	80,0	65,6	5,4	6,5	
0,25	57,3	142,5	121,8	97,3	83,3	68,3	5,6	6,7	
26	58,4	148,2	126,7	101,2	86,6	71,0	5,8	6,9	
27	59,5	153,9	131,6	105,1	90,0	73,8	6,0	7,2	
28	60,6	159,6	136,4	109,0	93,3	76,5	6,3	7,4	
29	61,7	165,3	141,3	112,9	96,6	79,2	6,5	7,6	
0,30	62,7	171,0	146,2	116,8	100,0	82,0	6,7	7,9	0,93
32	64,8	182,4	155,9	124,6	106,7	87,5	7,2	8,3	
34	66,8	193,8	165,7	132,4	113,3	92,9	7,6	8,7	
36	68,7	205,2	175,4	140,2	120,0	98,4	8,1	9,2	
38	70,6	216,6	185,2	148,0	126,7	103,9	8,5	9,6	
0,40	72,4	228,0	194,9	155,7	133,3	109,3	9,0	10,0	10,3 (c=2,66)
42	74,2	239,4	204,7	163,5	140,0	114,8	9,4	10,5	
44	76,0	250,8	214,4	171,3	146,7	120,3	9,9	10,9	
46	77,7	262,2	224,2	179,1	153,3	125,7	10,3	11,3	
48	79,3	273,6	233,9	186,9	160,0	131,2	10,8	11,7	
0,50	81,0	285,0	243,7	194,7	166,7	136,7	11,2	12,1	
52	82,6	296,4	253,4	202,5	173,3	142,1	11,6	12,6	
54	84,2	307,8	263,2	210,3	180,0	147,6	12,1	13,0	
56	85,7	319,2	272,9	218,0	186,7	153,1	12,5	13,4	
58	87,2	330,6	282,7	225,8	193,4	158,6	13,0	13,8	
0,60	88,7	342,0	292,4	233,6	200,0	164,0	13,4	14,2	0,94
64	91,6	364,8	311,9	249,2	213,3	174,9	14,3	15,1	
68	94,4	387,6	331,4	264,7	226,6	185,8	15,2	15,9	
72	97,2	410,4	350,9	280,3	240,0	196,8	16,1	16,7	
76	99,8	433,2	370,3	295,9	253,3	207,7	17,0	17,5	9,9 (c=3,17)
0,80	102,4	456,0	389,8	311,4	266,6	218,6	17,9	18,3	
Coul. Coëff.:		0,90	0,89	0,87	0,855	0,84			

Compound-Masch.

red.Füll. $\frac{l}{l} =$ O (Qu.Met.)	D (Centm.)	0,25	0,20	0,15	0,125	0,10	Subtr. Cmpr. Lstg.	Leer-gang Lstg.	C_i bei $\frac{l}{l} = 0{,}15$
0,80	102,4	456,0	389,8	311,4	266,6	218,6	17,9	18,3	$\frac{1}{1+\mu} = 0{,}94$
84	105,0	478,8	409,3	327,0	280,0	229,6	18,3	19,2	
88	107,4	501,6	428,8	342,6	293,3	240,5	19,7	20,0	
92	109,8	524,4	448,3	358,2	306,6	251,4	20,6	20,8	
96	112,2	547,2	467,8	373,7	320,0	262,4	21,5	21,6	
1,00	115	570	487	389	333	273	22	22	9,9 (c=3,36)
05	117	599	512	409	350	287	24	23	
10	120	627	536	428	367	301	25	24	
15	123	656	561	448	383	314	26	25	
20	125	684	585	467	400	328	27	26	
1,25	128	713	609	487	417	342	28	27	
30	131	741	634	506	434	356	29	28	
35	133	770	658	526	450	369	30	29	
40	135	798	683	545	467	383	31	30	
45	138	827	707	565	484	397	32	31	
1,50	140	855	731	584	500	410	34	32	0,845
60	145	912	780	623	533	437	36	34	
70	149	969	828	662	567	465	38	36	
80	154	1026	877	701	600	492	40	38	
90	158	1083	926	740	633	519	43	40	
2,00	162	1140	975	779	667	547	45	42	9,7 (c=3,73)
10	166	1197	1023	818	700	574	47	44	
20	170	1254	1072	856	733	601	49	46	
30	174	1311	1121	895	767	629	52	48	
40	177	1368	1169	934	800	656	54	50	
2,50	181	1425	1218	973	833	683	56	52	
60	185	1482	1267	1012	866	710	58	54	
70	188	1539	1316	1051	900	738	60	55	
80	192	1596	1364	1090	933	765	63	57	
90	195	1653	1413	1129	966	792	65	59	
3,00	198	1710	1462	1168	1000	820	67	61	0,850
20	205	1824	1559	1246	1067	875	72	65	
40	211	1938	1657	1324	1133	929	76	69	
60	217	2052	1754	1402	1200	984	81	73	
80	223	2166	1852	1480	1267	1039	85	76	
4,00	229	2280	1949	1557	1333	1093	90	80	9,6 (c=4,09)
20	235	2394	2047	1635	1400	1148	94	84	
40	240	2508	2144	1713	1467	1203	99	88	
60	246	2622	2242	1791	1533	1257	103	91	
80	251	2736	2339	1869	1600	1312	108	95	
5,00	256	2850	2437	1947	1667	1367	112	99	
20	261	2964	2534	2025	1733	1421	116	103	
40	266	3078	2632	2103	1800	1476	121	106	
60	271	3192	2729	2180	1867	1531	125	110	
80	276	3306	2827	2258	1934	1586	130	114	
6,00	281	3420	2924	2336	2000	1640	134	118	0,855
20	285	3534	3021	2414	2067	1695	139	121	
40	290	3648	3119	2492	2133	1749	143	125	
60	294	3762	3216	2570	2200	1804	148	129	
80	299	3876	3314	2647	2267	1859	152	133	
7,00	303	3990	3411	2725	2333	1913	157	136	9,5 (c=4,32)
Coul. Coëff.:		0,90	0,89	0,87	0,855	0,84			

Zweicylinder-Auspuff-Maschinen (mit Expans.-Steuerung).

Abs. Adm. Sp. $p = 11$ Kgr. od. Atm.

Red. Füll. $\frac{l_i}{l} =$	0,20	0,15	0,125	0,10	0,08
$C_i' =$	7,3	6,9	6,7	6,6	6,6
$x C_i'' =$	6,3	6,0	5,9	5,9	6,1

Corr. Woolf- und Receiv.-Woolf-Masch. Für $N' = \frac{1}{2} N$ ohne Spannungs-Abfall:

bei (normal) $\frac{l_i}{l} =$	0,15	0,138	0,125
wenn $R = \frac{1}{4} v$; $v:V =$	0,32	0,29	0,26
„ $R = v$; $v:V =$	0,38	0,34	0,31
„ $R = \infty$; $v:V =$	0,45	0,41	0,38

Compound-Masch. Für gleiche Arbeit in den Quadranten ohne Spannungs-Abfall:

bei (normal) $\frac{l_i}{l} =$	0,15	0,138	0,125
wenn $R = \infty$; $v:V =$	0,39	0,37	0,35
„ $R = v$; $v:V =$	0,42	0,40	0,38
eventuell $v:V =$	0,48	0,46	0,44

Corr. Woolf- und Receiv.-Woolf-Masch.

red. Füll. $\frac{l_i}{l} =$		0,20	0,15	0,125	0,10	0,08	Subtr. Cmpr. Lstg.	Leergang Lstg.	C_i bei $\frac{l_i}{l} = 0,125$
O Qu. Met.	D Centm.	Indic. Leistung $\frac{N_i}{c}$ in Pfdk. (pro 1 Meter Kolbengeschw.)						pro $c=1$ m	pro $c=1$ m, 0,125
0,080	32,4	43,7	35,1	30,2	24,9	20,2	2,0	2,8	
084	33,2	45,9	36,9	31,8	26,2	21,2	2,1	2,9	
088	34,0	48,1	38,7	33,3	27,4	22,2	2,2	3,0	$\frac{1}{1+\mu}=0,90$
092	34,7	50,3	40,4	34,8	28,7	23,2	2,3	3,1	
096	35,5	52,4	42,2	36,3	29,9	24,2	2,4	3,2	
0,100	36,2	54,6	43,9	37,8	31,2	25,2	2,5	3,3	**10,7** (bei $c=1,98$)
105	37,1	57,4	46,1	39,7	32,7	26,5	2,6	3,5	
110	38,0	60,1	48,3	41,6	34,3	27,7	2,7	3,6	
115	38,8	62,8	50,5	43,5	35,9	29,0	2,9	3,7	
120	39,7	65,6	52,7	45,4	37,4	30,2	3,0	3,9	
0,125	40,5	68,3	54,9	47,3	39,0	31,5	3,1	4,0	
130	41,3	71,0	57,1	49,1	40,5	32,8	3,2	4,1	
135	42,1	73,7	59,3	51,0	42,1	34,0	3,4	4,2	0,91
140	42,8	76,5	61,5	52,9	43,7	35,3	3,5	4,4	
145	43,6	79,2	63,7	54,8	45,2	36,5	3,6	4,5	
0,15	44,4	82,0	65,9	56,7	46,8	37,8	3,7	4,6	
16	45,8	87,4	70,3	60,5	49,9	40,3	4,0	4,8	
17	47,2	92,9	74,7	64,3	53,0	42,8	4,2	5,1	
18	48,6	98,3	79,1	68,0	56,1	45,4	4,5	5,3	
19	49,9	103,8	83,4	71,8	59,2	47,9	4,7	5,6	
0,20	51,2	109,3	87,8	75,6	62,3	50,4	5,0	5,8	**10,2** (c=2,35)
21	52,5	114,7	92,2	79,4	65,5	52,9	5,2	6,0	
22	53,7	120,2	96,6	83,2	68,6	55,4	5,5	6,3	
23	54,9	125,6	101,0	86,9	71,7	58,0	5,7	6,5	0,92
24	56,1	131,1	105,4	90,7	74,8	60,5	6,0	6,7	
0,25	57,3	136,6	109,8	94,5	77,9	63,0	6,2	6,9	
26	58,4	142,0	114,2	98,3	81,1	65,5	6,5	7,2	
27	59,5	147,5	118,6	102,1	84,2	68,0	6,7	7,4	
28	60,6	152,9	123,0	105,8	87,3	70,6	7,0	7,6	
29	61,7	158,4	127,4	109,6	90,4	73,1	7,2	7,9	
030	62,7	163,9	131,8	113,4	93,5	75,6	7,5	8,1	
32	64,8	174,8	140,5	121,0	99,7	80,6	8,0	8,6	
34	66,8	185,8	149,3	128,5	106,0	85,7	8,5	9,0	
36	68,7	196,7	158,1	136,1	112,2	90,7	9,0	9,5	0,93
38	70,6	207,6	166,9	143,6	118,4	95,8	9,5	9,9	
0,40	72,4	218,5	175,7	151,2	124,7	100,8	10,0	10,4	**9,8** (c=2,79)
42	74,2	229,5	184,5	158,8	130,9	105,8	10,5	10,8	
44	76,0	240,4	193,2	166,3	137,1	110,9	11,0	11,3	
46	77,7	251,3	202,0	173,9	143,4	115,9	11,5	11,7	
48	79,3	262,2	210,8	181,4	149,6	121,0	12,0	12,1	
0,50	81,0	273,2	219,6	189,0	155,8	126,0	12,5	12,6	
52	82,6	284,1	228,4	196,6	162,1	131,0	12,9	13,0	
54	84,2	295,0	237,1	204,1	168,3	136,1	13,4	13,5	
56	85,7	306,0	245,9	211,7	174,5	141,1	13,9	13,9	
58	87,2	316,9	254,7	219,2	180,8	146,2	14,4	14,3	
0,60	88,7	327,8	263,5	226,8	187,0	151,2	14,9	14,8	
64	91,6	349,6	281,1	241,9	199,5	161,3	15,9	15,6	
68	94,4	371,5	298,7	257,0	212,0	171,4	16,9	16,5	0,95
72	97,2	393,3	316,2	272,2	224,4	181,4	17,9	17,3	
76	99,8	415,2	333,8	287,3	236,9	191,5	18,9	18,2	**9,4** (c=3,32)
0,80	102,4	437,0	351,4	302,4	249,4	201,6	19,9	19,0	
Coul. Coëff.:		0,89	0,88	0,86	0,85	0,83			

Compound-Masch.

red. Füll. $\frac{l_i}{l} =$		0,20	0,15	0,125	0,10	0,08	Subtr. Cmpr. Lstg.	Leergang Lstg.	C_i bei $\frac{l_i}{l} = 0,125$
O Qu. Met.	D Centm.	Indic. Leistung $\frac{N_i}{c}$ in Pfdk. (pro 1 Meter Kolbengeschw.)						pro $c=1$ m	pro $c=1$ m, 0,125
0,80	102,4	437,0	351,4	302,4	249,4	201,6	19,9	19,0	
84	105,0	458,9	368,9	317,5	261,8	211,7	20,9	19,9	
88	107,4	480,7	386,5	332,6	274,3	221,8	21,9	20,7	
92	109,8	502,6	404,0	347,8	286,8	231,8	22,9	21,6	$\frac{1}{1+\mu}=0,94$
96	112,2	524,4	421,6	362,9	299,2	241,9	23,9	22,4	
1,00	115	546	439	378	312	252	25	23	**9,4** (c=3,52)
05	117	574	461	397	327	265	26	24	
10	120	601	483	416	343	277	27	25	
15	123	628	505	435	359	290	29	26	
20	125	656	527	454	374	302	30	27	
1,25	128	683	549	473	390	315	31	28	
30	131	710	571	491	405	328	32	29	
35	133	737	593	510	421	340	34	30	
40	135	765	615	529	437	353	35	31	
45	138	792	637	548	452	365	36	33	
1,50	140	820	659	567	468	378	37	34	
60	145	874	703	605	499	403	40	36	
70	149	929	747	643	530	428	42	38	0,945
80	154	983	791	680	561	454	45	40	
90	158	1038	834	718	592	479	47	42	
2,00	162	1093	878	756	623	504	50	44	**9,2** (c=3,90)
10	166	1147	922	794	655	529	52	46	
20	170	1202	966	832	686	554	55	48	
30	174	1256	1010	869	717	580	57	50	
40	177	1311	1054	907	748	605	60	52	
2,50	181	1366	1098	945	779	630	62	54	
60	185	1420	1142	983	811	655	65	56	
70	188	1475	1186	1021	842	680	67	58	
80	192	1529	1230	1058	873	706	70	60	
90	195	1584	1274	1096	904	731	72	62	
3,00	198	1639	1318	1134	935	756	75	64	
20	205	1748	1405	1210	997	806	80	68	
40	211	1858	1493	1285	1060	857	85	72	
60	217	1967	1581	1361	1122	907	90	76	0,950
80	223	2076	1669	1436	1184	958	95	80	
4,00	229	2185	1757	1512	1247	1008	100	84	**9,1** (c=4,29)
20	235	2295	1845	1588	1309	1058	105	88	
40	240	2404	1932	1663	1371	1109	110	91	
60	246	2513	2020	1739	1434	1159	115	95	
80	251	2622	2108	1814	1496	1210	120	99	
5,00	256	2732	2196	1890	1558	1260	125	103	
20	261	2841	2284	1966	1621	1310	129	107	
40	266	2950	2371	2041	1683	1361	134	111	
60	271	3060	2459	2117	1745	1411	139	115	
80	276	3169	2547	2192	1808	1462	144	119	
6,00	281	3278	2635	2268	1870	1512	149	123	
20	285	3387	2723	2344	1933	1562	154	127	
40	290	3496	2811	2419	1995	1613	159	131	0,955
60	294	3606	2899	2495	2057	1663	164	135	
80	299	3715	2986	2570	2119	1714	169	138	
7,00	303	3824	3074	2646	2182	1764	174	142	**9,0** (c=4,52)
Coul. Coëff.:		0,89	0,88	0,86	0,85	0,83			

Zweicylinder-Auspuff-Maschinen (mit Expans.-Steuerung).

Abs. Adm. Sp. $p = 12$ Kgr. od. Atm.

Red. Füll. $\frac{l_i}{l}=$	0,20	0,15	0,125	0,10	0,08
$C_i =$	7,2	6,7	6,5	6,3	6,3
$x\,C_i'' =$	6,2	5,9	5,8	5,8	5,9

Corr. Woolf- und Receiv.-Woolf-Masch. Für $N' = \tfrac{1}{2} N$ ohne Spannungs-Abfall:

bei (normal) $\frac{l_i}{l}=$	0,15	0,125	0,10
wenn $R = \tfrac{1}{4} v$; $v:V =$	0,33	0,27	0,21
„ $R = v$; $v:V =$	0,39	0,33	0,26
„ $R = \infty$; $v:V =$	0,46	0,40	0,32

Compound-Masch. Für gleiche Arbeit in den Quadranten ohne Spannungs-Abfall:

bei (normal) $\frac{l_i}{l}=$	0,15	0,125	0,10
wenn $R = \infty$; $v:V =$	0,39	0,35	0,32
„ $R = v$; $v:V =$	0,42	0,38	0,34
eventuell $v:V =$	0,49	0,45	0,38

Corr. Woolf- und Receiv.-Woolf-Masch. — Die Spalten 0,20 / 0,15 / 0,125 / 0,10 / 0,08 geben die Indic. Leistung $\frac{Ni}{c}$ in Pfdk. (pro 1 Meter Kolbengeschw.).

O Qu. Met.	D Centm.	0,20	0,15	0,125	0,10	0,08	Subtr. Cmpr. Lstg. (pro $c=1$ m)	Leer-gang Lstg. (pro $c=1$ m)	C_i bei $\frac{l_i}{l}=$ 0,125
0,080	32,4	48,4	39,1	33,8	28,0	22,8	2,2	2,9	$\frac{1}{1+\mu}=0{,}90$
084	33,2	50,8	41,1	35,5	29,4	24,0	2,3	3,0	
088	34,0	53,2	43,0	37,2	30,8	25,1	2,4	3,1	
092	34,7	55,7	45,0	38,9	32,2	26,2	2,5	3,2	
096	35,5	58,1	47,0	40,6	33,6	27,4	2,6	3,3	
0,100	36,2	60,5	48,9	42,3	35,0	28,5	2,7	3,4	**10,3** (bei $c=$ 2,06)
105	37,1	63,5	51,4	44,4	36,8	30,0	2,8	3,5	
110	38,0	66,6	53,8	46,5	38,5	31,4	3,0	3,7	
115	38,8	69,6	56,3	48,6	40,3	32,8	3,1	3,8	
120	39,7	72,6	58,7	50,7	42,0	34,3	3,2	3,9	
0,125	40,5	75,7	61,2	52,8	43,8	35,7	3,4	4,1	0,91
130	41,3	78,7	63,6	54,9	45,5	37,1	3,5	4,2	
135	42,1	81,7	66,1	57,0	47,3	38,5	3,6	4,3	
140	42,8	84,8	68,5	59,2	49,0	40,0	3,8	4,5	
145	43,6	87,8	71,0	61,3	50,8	41,4	3,9	4,6	
0,15	44,4	90,8	73,4	63,4	52,5	42,8	4,0	4,7	
16	45,8	96,8	78,3	67,6	56,0	45,7	4,3	5,0	
17	47,2	102,9	83,2	71,9	59,5	48,5	4,6	5,2	
18	48,6	108,9	88,0	76,1	63,0	51,4	4,8	5,5	
19	49,9	115,0	92,9	80,3	66,5	54,2	5,1	5,7	
0,20	51,2	121,0	97,8	84,5	70,0	57,1	5,4	6,0	**9,8** (c= 2,45)
21	52,5	127,1	102,7	88,8	73,5	59,9	5,6	6,2	0,82
22	53,7	133,1	107,6	93,0	77,0	62,8	5,9	6,4	
23	54,9	139,2	112,5	97,2	80,5	65,6	6,2	6,7	
24	56,1	145,2	117,4	101,5	84,0	68,5	6,5	6,9	
0,25	57,3	151,3	122,3	105,7	87,5	71,3	6,7	7,2	
26	58,4	157,3	127,2	109,9	91,0	74,2	7,0	7,4	
27	59,5	163,4	132,1	114,2	94,5	77,0	7,3	7,6	
28	60,6	169,4	136,9	118,4	98,0	79,9	7,5	7,9	
29	61,7	175,5	141,8	122,6	101,5	82,7	7,8	8,1	
0,30	62,7	181,5	146,7	126,8	105,0	85,6	8,1	8,4	
32	64,8	193,6	156,5	135,3	112,0	91,3	8,6	8,8	
34	66,8	205,7	166,3	143,7	119,0	97,0	9,1	9,3	
36	68,7	217,8	176,1	152,2	126,0	102,7	9,7	9,8	
38	70,6	229,9	185,9	160,6	133,0	108,4	10,2	10,3	0,83
0,40	72,4	242,0	195,6	169,1	140,0	114,1	10,8	10,7	**9,5** (c= 2,92)
42	74,2	254,1	205,4	177,5	147,0	119,8	11,3	11,2	
44	76,0	266,2	215,2	186,0	154,0	125,5	11,8	11,6	
46	77,7	278,3	225,0	194,4	161,0	131,3	12,4	12,1	
48	79,3	290,4	234,8	202,9	168,0	137,0	12,9	12,5	
0,50	81,0	302,5	244,5	211,4	175,0	142,7	13,5	13,0	
52	82,6	314,6	254,3	219,8	182,0	148,4	14,0	13,4	
54	84,2	326,7	264,1	228,2	189,0	154,1	14,5	13,9	
56	85,7	338,8	273,9	236,7	196,0	159,8	15,1	14,3	
58	87,2	350,9	283,7	245,1	203,0	165,5	15,6	14,8	
0,60	88,7	363,1	293,5	253,6	210,1	171,2	16,1	15,3	
64	91,6	387,3	313,0	270,5	224,1	182,6	17,2	16,1	
68	94,4	411,5	332,6	287,4	238,1	194,0	18,3	17,0	0,84
72	97,2	435,7	352,1	304,4	252,1	205,4	19,4	17,9	
76	99,8	459,9	371,7	321,3	266,1	216,8	20,5	18,8	**9,1** (c= 3,47)
0,80	102,4	484,1	391,3	338,2	280,1	228,2	21,5	19,7	
Coul. Coëff.:		0,89	0,88	0,86	0,85	0,83			

Compound-Masch. — Die Spalten 0,20 / 0,15 / 0,125 / 0,10 / 0,08 geben die Indic. Leistung $\frac{Ni}{c}$ in Pfdk. (pro 1 Meter Kolbengeschw.).

O Qu. Met.	D Centm.	0,20	0,15	0,125	0,10	0,08	Subtr. Cmpr. Lstg. (pro $c=1$ m)	Leer-gang Lstg. (pro $c=1$ m)	C_i bei $\frac{l_i}{l}=$ 0,125
0,80	102,4	484,1	391,3	338,2	280,1	228,2	21,5	19,7	$\frac{1}{1+\mu}=0{,}94$
84	105,0	508,3	410,8	355,1	294,1	239,7	22,6	20,6	
88	107,4	532,5	430,4	372,0	308,1	251,1	23,7	21,4	
92	109,8	556,7	450,0	388,9	322,1	262,5	24,8	22,3	
96	112,2	580,9	469,5	405,8	336,1	273,9	25,8	23,2	
1,00	115	605	489	423	350	285	27	24	**9,1** (c= 3,68)
05	117	635	514	444	368	300	28	25	
10	120	666	538	465	385	314	30	26	
15	123	696	563	486	403	328	31	27	
20	125	726	587	507	420	343	32	28	
1,25	128	757	612	528	438	357	34	29	
30	131	787	636	549	455	371	35	31	
35	133	817	661	570	473	385	36	32	
40	135	848	685	592	490	400	38	33	
45	138	878	710	613	508	414	39	34	
1,50	140	908	734	634	525	428	40	35	0,945
60	145	968	783	676	560	457	43	37	
70	149	1029	832	719	595	485	46	39	
80	154	1089	880	761	630	514	48	41	
90	158	1150	929	803	665	542	51	43	
2,00	162	1210	978	845	700	571	54	45	**8,9** (c= 4,08)
10	166	1271	1027	888	735	599	56	47	
20	170	1331	1076	930	770	628	59	50	
30	174	1392	1125	972	805	656	62	52	
40	177	1452	1174	1015	840	685	65	54	
2,50	181	1513	1223	1057	875	713	67	56	
60	185	1573	1272	1099	910	742	70	58	
70	188	1634	1321	1142	945	770	73	60	
80	192	1694	1369	1184	980	799	75	62	
90	195	1755	1418	1226	1015	827	78	64	
3,00	198	1815	1467	1268	1050	856	81	66	0,950
20	205	1936	1565	1353	1120	913	86	70	
40	211	2057	1663	1437	1190	970	91	75	
60	217	2178	1761	1522	1260	1027	97	79	
80	223	2299	1859	1606	1330	1084	102	83	
4,00	229	2420	1956	1691	1400	1141	108	87	**8,8** (c= 4,49)
20	235	2541	2054	1775	1470	1198	113	91	
40	240	2662	2152	1860	1540	1255	118	95	
60	246	2783	2250	1944	1610	1313	124	99	
80	251	2904	2348	2029	1680	1370	129	103	
5,00	256	3025	2445	2114	1750	1427	135	107	
20	261	3146	2543	2198	1820	1484	140	111	
40	266	3267	2641	2282	1890	1541	145	116	
60	271	3388	2739	2367	1960	1598	151	120	
80	276	3509	2837	2451	2030	1655	156	124	
6,00	281	3631	2935	2536	2101	1712	161	128	0,955
20	285	3752	3032	2621	2171	1769	167	132	
40	290	3873	3130	2705	2241	1826	172	136	
60	294	3994	3228	2790	2311	1883	178	140	
80	299	4115	3326	2874	2381	1940	183	144	**8,7** (c= 4,73)
7,00	303	4236	3424	2959	2451	1997	188	148	
Coul. Coëff.:		0,89	0,88	0,86	0,85	0,83			

Zweicylinder-Auspuff-Maschinen (mit Expans.-Steuerung).

Abs. Adm. Sp. $p = 13$ Kgr. od. Atm.

Red. Füll. $\frac{l_i}{l} =$	0,20	0,15	0,125	0,10	0,08
$C_i =$	7,0	6,6	6,3	6,2	6,1
$xC_i'' =$	6,1	5,8	5,7	5,6	5,7

Corr. Woolf- und Receiv.-Woolf-Masch.
Für $N' = \frac{1}{2} N$ ohne Spannungs-Abfall:

bei (normal) $\frac{l_i}{l} =$	0,125	0,113	0,10
wenn $R = \frac{1}{4} v$; $v:V =$	0,28	0,25	0,22
„ $R = v$; $v:V =$	0,34	0,30	0,27
„ $R = \infty$; $v:V =$	0,41	0,37	0,33

red. Füll. $\frac{l_i}{l} =$	0,20	0,15	0,125	0,10	0,08	Subtr. Cmpr. Lstg.	Leergang Lstg.	C_i bei $\frac{l_i}{l} = 0,10$
O Qu. Met. / D Centm.	Indic. Leistung $\frac{N_i}{c}$ in Pfdk. (pro 1 Meter Kolbengeschw.)					pro $c = 1$ m		
0,080 — 32,4	53,0	43,0	37,3	31,0	25,4	2,3	2,9	$\frac{1}{1+\mu} = 0,90$
084 — 33,2	55,6	45,2	39,1	32,5	26,7	2,4	3,1	
088 — 34,0	58,3	47,3	41,0	34,1	27,9	2,5	3,2	
092 — 34,7	60,9	49,5	42,9	35,6	29,2	2,6	3,3	
096 — 35,5	63,6	51,6	44,7	37,2	30,5	2,8	3,4	
0,100 — 36,2	66,2	53,8	46,6	38,7	31,8	2,9	3,5	**9,8** (bei $c = 2,15$)
105 — 37,1	69,5	56,4	48,9	40,7	33,4	3,0	3,6	
110 — 38,0	72,9	59,1	51,3	42,6	34,9	3,2	3,8	
115 — 38,8	76,2	61,8	53,6	44,6	36,5	3,3	3,9	
120 — 39,7	79,5	64,5	55,9	46,5	38,1	3,5	4,1	
0,125 — 40,5	82,8	67,2	58,3	48,4	39,7	3,6	4,2	
130 — 41,3	86,1	69,9	60,6	50,4	41,3	3,7	4,3	0,90
135 — 42,1	89,4	72,6	62,9	52,3	42,9	3,9	4,5	
140 — 42,8	92,7	75,3	65,2	54,3	44,5	4,0	4,6	
145 — 43,6	96,0	78,0	67,6	56,3	46,1	4,2	4,8	
0,15 — 44,4	99,4	80,6	69,9	58,1	47,6	4,3	4,8	
16 — 45,8	106,0	86,0	74,6	62,0	50,8	4,6	5,1	
17 — 47,2	112,6	91,4	79,2	65,8	54,0	4,9	5,4	
18 — 48,6	119,2	96,8	83,9	69,7	57,2	5,2	5,6	
19 — 49,9	125,8	102,1	88,5	73,6	60,4	5,5	5,9	
0,20 — 51,2	132,5	107,5	93,2	77,5	63,5	5,8	6,1	**9,3** (c = 2,56)
21 — 52,5	139,1	112,9	97,9	81,3	66,7	6,0	6,4	
22 — 53,7	145,7	118,3	102,5	85,2	69,9	6,3	6,6	
23 — 54,9	152,3	123,6	107,2	89,1	73,1	6,6	6,9	0,92
24 — 56,1	158,9	129,0	111,8	92,9	76,2	6,9	7,1	
0,25 — 57,3	165,6	134,4	116,5	96,8	79,4	7,2	7,4	
26 — 58,4	172,2	139,8	121,2	100,7	82,6	7,5	7,6	
27 — 59,5	178,8	145,1	125,8	104,6	85,8	7,8	7,9	
28 — 60,6	185,4	150,5	130,5	108,4	89,0	8,1	8,1	
29 — 61,7	192,0	155,9	135,1	112,2	92,1	8,4	8,4	
0,30 — 62,7	198,7	161,3	139,8	116,2	95,3	8,6	8,6	
32 — 64,8	211,9	172,0	149,1	123,9	101,6	9,2	9,1	
34 — 66,8	225,2	182,8	158,4	131,7	108,0	9,8	9,6	
36 — 68,7	238,4	193,5	167,8	139,4	114,3	10,4	10,1	
38 — 70,8	251,7	204,3	177,1	147,2	120,7	10,9	10,5	0,93
0,40 — 72,4	264,9	215,0	186,4	154,9	127,0	11,5	11,0	**9,0** (c = 3,04)
42 — 74,2	278,2	225,8	195,7	162,7	133,4	12,1	11,5	
44 — 76,0	291,4	236,5	205,0	170,4	139,7	12,7	12,0	
46 — 77,7	304,7	247,3	214,4	178,2	146,1	13,2	12,4	
48 — 79,3	317,9	258,0	223,7	185,9	152,4	13,8	12,9	
0,50 — 81,0	331,2	268,8	233,0	193,7	158,8	14,4	13,4	
52 — 82,6	344,4	279,5	242,3	201,4	165,1	15,0	13,9	
54 — 84,2	357,7	290,3	251,6	209,2	171,5	15,6	14,3	
56 — 85,7	370,9	301,0	261,0	216,9	177,8	16,1	14,8	
58 — 87,2	384,2	311,8	270,3	224,7	184,2	16,7	15,3	
0,60 — 88,7	397,4	322,5	279,6	232,4	190,6	17,3	15,7	
64 — 91,6	423,9	344,0	298,2	247,9	203,3	18,4	16,6	
68 — 94,4	450,4	365,5	316,9	263,4	216,0	19,6	17,6	0,94
72 — 97,2	476,9	387,0	335,5	278,9	228,7	20,7	18,5	
76 — 99,8	503,3	408,5	354,2	294,3	241,4	21,9	19,4	**8,7** (c = 3,61)
0,80 — 102,4	529,8	430,0	372,8	309,8	254,1	23,0	20,3	
Coul. Coëff.:	0,895	0,88	0,865	0,85	0,84			

Compound-Masch. Für gleiche Arbeit in den Quadranten ohne Spannungs-Abfall:

bei (normal) $\frac{l_i}{l} =$	0,125	0,113	0,10
wenn $R = \infty$; $v:V =$	0,35	0,34	0,32
„ $R = v$; $v:V =$	0,38	0,36	0,34
eventuell $v:V =$	0,45	0,42	0,39

red. Füll. $\frac{l_i}{l} =$	0,20	0,15	0,125	0,10	0,08	Subtr. Cmpr. Lstg.	Leergang Lstg.	C_i bei $\frac{l_i}{l} = 0,10$
O Qu. Met. / D Centm.	Indic. Leistung $\frac{N_i}{c}$ in Pfdk. (pro 1 Meter Kolbengeschw.)					pro $c = 1$ m		
0,80 — 102,4	529,8	430,0	372,8	309,8	254,1	23,0	20,3	$\frac{1}{1+\mu} = 0,94$ / 0,90
84 — 105,0	556,3	451,5	391,4	325,3	266,8	24,2	21,2	
88 — 107,4	582,8	473,0	410,1	340,8	279,5	25,3	22,1	
92 — 109,8	609,3	494,5	428,7	356,3	292,2	26,5	23,1	
96 — 112,2	635,8	516,0	447,4	371,8	304,9	27,6	24,0	
1,00 — 115	662	538	466	387	318	29	25	**8,6** (c = 3,87)
05 — 117	695	564	489	407	334	30	26	
10 — 120	729	591	513	426	349	32	27	
15 — 123	762	618	536	446	365	33	28	
20 — 125	795	645	559	465	381	35	29	
1,25 — 128	828	672	583	484	397	36	30	
30 — 131	861	699	606	504	413	37	32	
35 — 133	894	726	629	523	429	39	33	
40 — 135	927	753	652	543	445	40	34	
45 — 138	960	780	676	563	461	42	35	
1,50 — 140	994	806	699	581	476	43	36	
60 — 145	1060	860	746	620	508	46	38	0,945
70 — 149	1126	914	792	658	540	49	40	
80 — 154	1192	968	839	697	572	52	43	
90 — 158	1258	1021	885	736	604	55	45	
2,00 — 162	1325	1075	932	775	635	58	47	**8,5** (c = 4,25)
10 — 166	1391	1129	979	813	667	60	49	
20 — 170	1457	1183	1025	852	699	63	51	
30 — 174	1523	1236	1072	891	731	66	53	
40 — 177	1589	1290	1118	929	762	69	56	
2,50 — 181	1656	1344	1165	968	794	72	58	
60 — 185	1722	1398	1212	1007	826	75	60	
70 — 188	1788	1451	1258	1046	858	78	62	
80 — 192	1854	1505	1305	1084	890	81	64	
90 — 195	1920	1559	1351	1122	921	84	66	
3,00 — 198	1987	1613	1398	1162	953	86	69	
20 — 205	2119	1720	1491	1239	1016	92	73	
40 — 211	2252	1828	1584	1317	1080	98	77	
60 — 217	2384	1935	1678	1394	1143	104	82	0,950
80 — 223	2517	2043	1771	1472	1207	109	86	
4,00 — 229	2649	2150	1864	1549	1270	115	90	**8,4** (c = 4,66)
20 — 235	2782	2258	1957	1627	1334	121	94	
40 — 240	2914	2365	2050	1704	1397	127	99	
60 — 246	3047	2473	2144	1782	1461	132	103	
80 — 251	3179	2580	2237	1859	1524	138	107	
5,00 — 256	3312	2688	2330	1937	1588	144	111	
20 — 261	3444	2795	2423	2014	1651	150	116	
40 — 266	3577	2903	2516	2092	1715	156	120	
60 — 271	3709	3010	2610	2169	1778	161	124	
80 — 276	3842	3118	2703	2247	1842	167	128	
6,00 — 281	3974	3225	2796	2324	1906	173	133	
20 — 285	4106	3333	2889	2401	1969	179	137	
40 — 290	4239	3440	2982	2479	2033	184	141	0,955
60 — 294	4371	3548	3076	2556	2096	190	145	
80 — 299	4504	3655	3169	2634	2160	196	149	**8,3** (c = 4,92)
7,00 — 303	4636	3763	3262	2711	2223	202	154	
Coul. Coëff.:	0,895	0,88	0,865	0,85	0,84			

Zweicylinder-Auspuff-Maschinen (mit Expans.-Steuerung).

Abs. Adm. Sp. $p = 14$ Kgr. od. Atm.

Red. Füll. $\frac{l_i}{l}=$	0,20	0,15	0,125	0,10	0,08
$C_i' =$	6,9	6,4	6,2	6,0	5,9
$x.C_i'' =$	6,1	5,7	5,5	5,5	5,4

Corr. Woolf- und Receiv.-Woolf-Masch. Für $N' = \tfrac{1}{2}N$ ohne Spannungs-Abfall:

bei (normal) $\frac{l_i}{l}=$	0,125	0,10	0,085
wenn $R = \tfrac{1}{4}v$; $v:V =$	0,29	0,23	0,19
" $R = v$; $v:V =$	0,35	0,28	0,24
" $R = \infty$; $v:V =$	0,42	0,35	0,30

Compound-Masch. Für gleiche Arbeit in den Quadranten ohne Spannungs-Abfall:

bei (normal) $\frac{l_i}{l}=$	0,125	0,10	0,085
wenn $R = \infty$; $v:V =$	0,35	0,32	0,29
" $R = v$; $v:V =$	0,38	0,34	0,31
eventuell $v:V =$	0,46	0,40	0,34

Corr. Woolf- und Receiv.-Woolf-Masch.

red. Füll. $\frac{l_i}{l}=$	O Qu. Met.	D Centm.	0,20	0,15	0,125	0,10	0,08	Subtr. Cmpr. Lstg. pro $c=1$ m	Leergang Lstg. pro $c=1$ m	C_i bei $\frac{l_i}{l}=0,10$
			Indic. Leistung $\frac{N_i}{c}$ in Pfdk. (pro 1 Meter Kolbengeschw.)							
0,080	32,4	57,5	46,9	40,7	34,0	28,0	2,4	3,0	$\frac{1}{1+\mu}=0{,}90$
084	33,2	60,4	49,2	42,8	35,7	29,4	2,5	3,1	
088	34,0	63,3	51,6	44,8	37,3	30,8	2,6	3,2	
092	34,7	66,2	53,9	46,8	39,0	32,2	2,8	3,3	
096	35,6	69,1	56,2	48,9	40,7	33,6	2,9	3,4	
0,100	36,2	71,9	58,6	50,9	42,4	35,0	3,0	3,6	9,6 (bei c=2,23)
105	37,1	75,5	61,5	53,5	44,6	36,7	3,2	3,7	
110	38,0	79,1	64,5	56,0	46,7	38,5	3,3	3,9	
115	38,8	82,7	67,4	58,6	48,8	40,2	3,5	4,0	
120	39,7	86,3	70,3	61,1	50,9	42,0	3,6	4,1	
0,125	40,5	89,9	73,2	63,7	53,0	43,7	3,8	4,3	0,90
130	41,3	93,5	76,2	66,2	55,2	45,5	3,9	4,4	
135	42,1	97,1	79,1	68,8	57,3	47,2	4,1	4,6	
140	42,8	100,7	82,0	71,3	59,4	49,0	4,2	4,7	
145	43,6	104,3	85,0	73,9	61,5	50,7	4,4	4,8	
0,15	44,4	107,9	87,9	76,4	63,7	52,5	4,5	4,9	
16	45,8	115,1	93,8	81,5	67,9	56,0	4,8	5,2	
17	47,2	122,3	99,6	86,6	72,1	59,5	5,1	5,5	
18	48,6	129,5	105,5	91,7	76,4	63,0	5,4	5,8	
19	49,9	136,7	111,3	96,8	80,6	66,5	5,7	6,0	
0,20	51,2	143,9	117,2	101,9	84,9	69,9	6,0	6,3	9,2 (c=2,65)
21	52,5	151,1	123,0	107,0	89,1	73,4	6,3	6,5	
22	53,7	158,2	128,9	112,0	93,4	76,9	6,6	6,8	0,92
23	54,9	165,4	134,8	117,1	97,6	80,4	6,9	7,1	
24	56,1	172,6	140,6	122,2	101,8	83,9	7,2	7,3	
0,25	57,3	179,8	146,5	127,3	106,1	87,4	7,5	7,6	
26	58,4	187,0	152,3	132,4	110,3	90,9	7,8	7,8	
27	59,5	194,2	158,2	137,5	114,6	94,4	8,1	8,1	
28	60,6	201,4	164,1	142,6	118,8	97,9	8,4	8,4	
29	61,7	208,6	169,9	147,7	123,0	101,4	8,7	8,6	
0,30	62,7	215,8	175,8	152,8	127,3	104,9	9,0	8,8	0,93
32	64,8	230,2	187,5	163,0	135,8	111,9	9,6	9,3	
34	66,8	244,6	199,2	173,2	144,3	118,9	10,2	9,8	
36	68,7	259,0	210,9	183,4	152,8	125,9	10,8	10,3	
38	70,6	273,4	222,7	193,6	161,3	132,9	11,4	10,8	
0,40	72,4	287,7	234,4	203,7	169,8	139,9	12,0	11,3	8,8 (c=3,15)
42	74,2	302,1	246,1	213,9	178,3	146,9	12,6	11,8	
44	76,0	316,5	257,8	224,1	186,7	153,9	13,2	12,3	
46	77,7	330,9	269,5	234,3	195,2	160,9	13,8	12,8	
48	79,3	345,3	281,2	244,5	203,7	167,8	14,4	13,3	
0,50	81,0	359,7	293,0	254,7	212,2	174,8	15,1	13,8	
52	82,6	374,1	304,7	264,9	220,7	181,8	15,7	14,3	
54	84,2	388,5	316,4	275,1	229,2	188,8	16,3	14,8	
56	85,7	402,8	328,1	285,2	237,7	195,8	16,9	15,3	
58	87,2	417,2	339,8	295,4	246,2	202,8	17,5	15,7	
0,60	88,7	431,6	351,5	305,6	254,6	209,8	18,1	16,2	0,94
64	91,6	460,4	375,0	326,0	271,6	223,8	19,3	17,1	
68	94,4	489,1	398,4	346,3	288,6	237,8	20,5	18,1	
72	97,2	517,9	421,9	366,7	305,6	251,8	21,7	19,0	
76	99,8	546,7	445,3	387,0	322,6	265,8	22,9	20,0	8,5 (c=3,75)
0,80	102,4	575,4	468,7	407,4	339,5	279,8	24,1	20,9	
Coul. Coëff.:		0,90	0,88	0,865	0,855	0,84			

Compound-Masch.

red. Füll. $\frac{l_i}{l}=$	O Qu. Met.	D Centm.	0,20	0,15	0,125	0,10	0,08	Subtr. Cmpr. Lstg. pro $c=1$ m	Leergang Lstg. pro $c=1$ m	C_i bei $\frac{l_i}{l}=0,10$
			Indic. Leistung $\frac{N_i}{c}$ in Pfdk. (pro 1 Meter Kolbengeschw.)							
0,80	102,4	575,4	468,7	407,4	339,5	279,8	24,1	20,9	$\frac{1}{1+\mu}=0{,}94$
84	105,0	604,2	492,2	427,8	356,5	293,8	25,3	21,9	
88	107,4	633,0	515,6	448,2	373,5	307,7	26,5	22,8	
92	109,8	661,8	539,0	468,5	390,5	321,7	27,7	23,8	
96	112,2	690,5	562,5	488,9	407,4	335,7	28,9	24,7	
1,00	115	719	586	509	424	350	30	26	8,4 (c=3,97)
05	117	755	615	535	446	367	32	27	
10	120	791	645	560	467	385	33	28	
15	123	827	674	586	488	402	35	29	
20	125	863	703	611	509	420	36	30	
1,25	128	899	732	637	530	437	38	31	
30	131	935	762	662	552	455	39	33	
35	133	971	791	688	573	472	41	34	
40	135	1007	820	713	594	490	42	35	
45	138	1043	850	739	615	507	44	36	
1,50	140	1079	879	764	637	525	45	37	0,945
60	145	1151	938	815	679	560	48	39	
70	149	1223	996	866	721	595	51	42	
80	154	1295	1055	917	764	630	54	44	
90	158	1367	1113	968	806	665	57	46	
2,00	162	1439	1172	1019	849	699	60	49	8,2 (c=4,41)
10	166	1511	1230	1070	891	734	63	51	
20	170	1582	1289	1120	934	769	66	53	
30	174	1654	1348	1171	976	804	69	55	
40	177	1726	1406	1222	1018	839	72	58	
2,50	181	1798	1465	1273	1061	874	75	60	
60	185	1870	1523	1324	1103	909	78	62	
70	188	1942	1582	1375	1146	944	81	64	
80	192	2014	1641	1426	1188	979	84	67	
90	195	2086	1699	1477	1230	1014	87	69	
3,00	198	2158	1758	1528	1273	1049	90	71	0,950
20	205	2302	1875	1630	1358	1119	96	75	
40	211	2446	1992	1732	1443	1189	102	80	
60	217	2590	2109	1834	1528	1259	108	84	
80	223	2734	2227	1936	1613	1329	114	89	
4,00	229	2877	2344	2037	1698	1399	120	93	8,1 (c=4,85)
20	235	3021	2461	2139	1783	1469	126	98	
40	240	3165	2578	2241	1867	1539	132	102	
60	246	3309	2695	2343	1952	1609	138	106	
80	251	3453	2812	2445	2037	1678	144	111	
5,00	256	3597	2930	2547	2122	1748	151	115	
20	261	3741	3047	2649	2207	1818	157	120	
40	266	3885	3164	2751	2292	1888	163	124	
60	271	4028	3281	2852	2377	1958	169	128	
80	276	4172	3398	2954	2462	2028	175	133	
6,00	281	4316	3515	3056	2546	2098	181	137	0,955
20	285	4460	3633	3158	2631	2168	187	142	
40	290	4604	3750	3260	2716	2238	193	146	
60	294	4748	3867	3362	2801	2308	199	150	
80	299	4891	3984	3463	2886	2378	205	155	8,1 (c=5,11)
7,00	303	5035	4101	3565	2971	2448	211	159	
Coul. Coëff.:		0,90	0,88	0,865	0,855	0,84			

III. SERIE.

Maschinen mit hohem Dampfdruck (7 bis 14 Atm.)

B.

Dreicylinder-Condensations-Maschinen

als Dreimal-Expansions-Maschinen.

(Im Mittel zwischen ausgiebig geheizten und nicht geheizten Receivern bezw. mit
bloss äusserlich geheizten Receivern.)

Bezeichnungen. Volumina: v_1 Hochdr. Cyl.; v_2 Mitteldr. Cyl.; V Niederdr. Cyl.
Receiver: erster R_1 (zwischen v_1 und v_2); zweiter R_2 (zw. v_2 und V).
Leistungen: N_1 für v_1; N_2 für v_2; N Gesammtleistung der drei Cyl.

Werthe von $\frac{1}{x}$

zur Bestimmung des Abkühlungs-Verlustes C_i'' aus den tabellarischen Ansätzen von xC_i''
(durch Multiplication dieser Ansätze mit $\frac{1}{x}$).

red. Füllung $\frac{l}{l}=$	0,15	0,125	0,10	0,08	0,07	0,06	0,05	0,04	0,035	0,03	0,025	0,02	$=\frac{l}{l}$ (red.Füllung)
$c=0,5$ m	1,09	1,11	1,14	1,16	1,17	1,18	1,19	1,20	1,21	1,21	1,22	1,23	$c=0,5$ m
0,6	0,99	1,01	1,04	1,06	1,07	1,08	1,09	1,10	1,10	1,11	1,11	1,12	0,6
0,7	0,92	0,94	0,96	0,98	0,99	1,00	1,01	1,02	1,02	1,03	1,03	1,04	0,7
0,8	0,86	0,88	0,90	0,92	0,92	0,93	0,94	0,95	0,95	0,96	0,96	0,97	0,8
0,9	0,81	0,83	0,85	0,86	0,87	0,88	0,89	0,90	0,90	0,90	0,91	0,91	0,9
$c=1,0$ m	0,77	0,79	0,80	0,82	0,83	0,83	0,84	0,85	0,85	0,86	0,86	0,87	$c=1,0$ m
1,1	0,73	0,75	0,77	0,78	0,79	0,79	0,80	0,81	0,81	0,82	0,82	0,83	1,1
1,2	0,70	0,72	0,73	0,75	0,75	0,76	0,77	0,78	0,78	0,78	0,79	0,79	1,2
1,3	0,67	0,69	0,70	0,72	0,72	0,73	0,74	0,75	0,75	0,75	0,76	0,76	1,3
1,4	0,65	0,66	0,68	0,69	0,70	0,71	0,71	0,72	0,72	0,72	0,73	0,73	1,4
$c=1,5$ m	0,63	0,64	0,66	0,67	0,67	0,68	0,69	0,69	0,70	0,70	0,70	0,71	$c=1,5$ m
1,6	0,61	0,62	0,64	0,65	0,65	0,66	0,67	0,67	0,67	0,68	0,68	0,69	1,6
1,7	0,59	0,60	0,62	0,63	0,63	0,64	0,65	0,65	0,65	0,56	0,66	0,66	1,7
1,8	0,57	0,59	0,60	0,61	0,62	0,62	0,63	0,63	0,64	0,64	0,64	0,65	1,8
1,9	0,56	0,57	0,58	0,59	0,60	0,61	0,61	0,62	0,62	0,62	0,63	0,63	1,9
$c=2,0$ m	0,54	0,56	0,57	0,58	0,58	0,59	0,59	0,60	0,60	0,61	0,61	0,61	$c=2,0$ m
2,2	0,52	0,53	0,54	0,55	0,56	0,56	0,57	0,57	0,58	0,58	0,58	0,58	2,2
2,4	0,50	0,51	0,52	0,53	0,53	0,54	0,54	0,55	0,55	0,55	0,56	0,56	2,4
2,6	0,48	0,49	0,50	0,51	0,51	0,52	0,52	0,53	0,53	0,53	0,54	0,54	2,6
2,8	0,46	0,47	0,48	0,49	0,49	0,50	0,50	0,51	0,51	0,51	0,52	0,52	2,8
$c=3,0$ m	0,44	0,45	0,46	0,47	0,48	0,48	0,49	0,49	0,49	0,50	0,50	0,50	$c=3,0$ m
3,2	0,43	0,44	0,45	0,46	0,46	0,47	0,47	0,48	0,48	0,48	0,48	0,48	3,2
3,4	0,42	0,43	0,44	0,44	0,45	0,45	0,46	0,46	0,46	0,47	0,47	0,47	3,4
3,6	0,41	0,41	0,42	0,43	0,44	0,44	0,44	0,45	0,45	0,45	0,46	0,46	3,6
3,8	0,39	0,40	0,41	0,42	0,42	0,43	0,43	0,44	0,44	0,44	0,44	0,44	3,8
$c=4,0$ m	0,38	0,39	0,40	0,41	0,41	0,42	0,42	0,43	0,43	0,43	0,43	0,43	$c=4,0$ m
4,2	0,38	0,38	0,39	0,40	0,40	0,41	0,41	0,41	0,42	0,42	0,42	0,42	4,2
4,4	0,37	0,37	0,38	0,39	0,39	0,40	0,40	0,41	0,41	0,41	0,41	0,41	4,4
4,6	0,36	0,37	0,37	0,38	0,39	0,39	0,39	0,40	0,40	0,40	0,40	0,40	4,6
4,8	0,35	0,36	0,37	0,37	0,38	0,38	0,38	0,39	0,39	0,39	0,39	0,40	4,8
$c=5,0$ m	0,34	0,35	0,36	0,37	0,37	0,37	0,38	0,38	0,38	0,38	0,39	0,39	$c=5,0$ m

Note. Diese Werthe von $\frac{1}{x}$ sind für alle Maschinengattungen (bei einer gewissen Füllung $\frac{l}{l}$ und Kolbengeschwindigkeit c) gleich
gross; dieselben sind in der vorangehenden Einleitung für alle Füllungen auf drei Decimalen angegeben.

Corrections-Coëffic. für C_i'' bei dem jeweiligen Hubverhältnisse $l:D$.

Wenn $l:D=$	0,6	0,8	1,0	1,25	1,5	1,75	2	2,5	3	3,5	4	5
Coëffic. $=$	0,73	0,77	0,82	0,87	0,91	0,96	1	1,08	1,15	1,22	1,29	1,41

Dreicylinder-Condens.-Maschinen (mit 3maliger Expansion).

Abs. Adm. Sp. $p = 7$ Kgr. od. Atm.

Red. Füll. $\frac{l_i}{l} =$	0,10	0,08	0,06	0,05	0,04
$C_i =$	5,2	4,9	4,5	4,3	4,1
$xC_i'' =$	4,6	4,3	4,1	3,9	3,8

Dreikurbelmasch. (Kurbeln unter 120°).
Für thunlichst gleiche Arb. in d. Sext. ohne Abfall:

bei (normal) $l_i/l =$	0,08	0,07	0,06
$v_1 : V =$	0,19	0,17	0,15
$v_2 : V =$	0,43	0,41	0,39

Sonstige Angaben (bezügl. d. gleich. Arbeit d. drei Cylind. etc.) s. im Texte.

Zweikurbelmasch. (Kurbeln unter 90°).
Hochdruck u. Mitteldruck an Einer Kurbel.
Für gleiche Arb. an beiden Kurbeln ohne Abfall:

bei (normal) $l_i/l =$	0,08	0,07	0,06	
wenn $R_1 = v_1$; $v_1 : V =$ von	0,14	0,13	0,11	$N_1' = N_2'$
bis	0,20	0,17	0,14	$N_1' > N_2'$
„ $R_2 = v_2$; $v_2 : V =$	0,50	0,46	0,41	$N_1' + N_2' = \tfrac{1}{2} N$

Dreikurbelmasch. (Kurbeln unter 120°)

O (Qu.Met.)	D (Centm.)	0,10	0,08	0,06	0,05	0,04	Subtr. Cmpr. Lstg. (pro $c=1$ m)	Leer-gang Lstg. (pro $c=1$ m)	C_i bei $\frac{l_i}{l}=0{,}07$
0,080	32,4	20,2	17,4	14,2	12,5	10,7	1,0	4,2	$\frac{1}{1+\mu}=0{,}90$
084	33,2	21,2	18,2	14,9	13,1	11,2	1,0	4,3	
088	34,0	22,2	19,1	15,6	13,7	11,8	1,1	4,4	
092	34,7	23,2	20,0	16,3	14,4	12,3	1,1	4,6	
096	35,5	24,2	20,8	17,0	15,0	12,8	1,2	4,7	
0,100	36,2	25,2	21,7	17,8	15,6	13,4	1,2	4,9	8,4 (bei $c=$ 1,58)
105	37,1	26,5	22,8	18,6	16,4	14,0	1,3	5,0	
110	38,0	27,7	23,9	19,5	17,2	14,7	1,4	5,2	
115	38,8	29,0	25,0	20,4	17,9	15,4	1,4	5,4	
120	39,7	30,3	26,1	21,3	18,7	16,0	1,5	5,5	
0,125	40,5	31,5	27,2	22,2	19,5	16,7	1,6	5,7	0,91
130	41,3	32,8	28,3	23,1	20,3	17,4	1,6	5,9	
135	42,1	34,0	29,3	24,0	21,1	18,1	1,7	6,1	
140	42,8	35,3	30,4	24,9	21,8	18,7	1,7	6,2	
145	43,6	36,6	31,5	25,8	22,6	19,4	1,8	6,4	
0,15	44,4	37,8	32,6	26,6	23,4	20,0	1,9	6,5	
16	45,8	40,3	34,7	28,4	25,0	21,4	2,0	6,8	
17	47,2	42,9	36,9	30,2	26,5	22,7	2,1	7,2	
18	48,6	45,4	39,1	32,0	28,1	24,1	2,2	7,5	
19	49,9	47,9	41,3	33,7	29,6	25,4	2,4	7,8	
0,20	51,2	50,4	43,4	35,5	31,2	26,7	2,5	8,1	8,0 ($c=$ 1,87)
21	52,5	52,9	45,6	37,3	32,8	28,1	2,6	8,4	
22	53,7	55,5	47,8	39,1	34,3	29,4	2,7	8,7	
23	54,9	58,0	49,9	40,8	35,9	30,7	2,9	9,0	
24	56,1	60,5	52,1	42,6	37,4	32,1	3,0	9,3	0,92
0,25	57,3	63,0	54,3	44,4	39,0	33,4	3,1	9,6	
26	58,4	65,5	56,4	46,2	40,6	34,8	3,2	9,9	
27	59,5	68,1	58,6	47,9	42,1	36,1	3,3	10,2	
28	60,6	70,6	60,8	49,7	43,7	37,4	3,5	10,5	
29	61,7	73,1	63,0	51,5	45,2	38,8	3,6	10,8	
0,30	62,7	75,6	65,1	53,3	46,8	40,1	3,7	11,1	0,93
32	64,8	80,7	69,5	56,8	49,9	42,8	4,0	11,6	
34	66,8	85,7	73,8	60,4	53,0	45,4	4,2	12,2	
36	68,7	90,8	78,2	63,9	56,2	48,1	4,5	12,8	
38	70,6	95,8	82,5	67,5	59,3	50,8	4,7	13,4	
0,40	72,4	100,8	86,8	71,0	62,4	53,4	5,0	13,9	7,5 ($c=$ 2,22)
42	74,2	105,9	91,2	74,6	65,5	56,1	5,2	14,5	
44	76,0	110,9	95,5	78,1	68,6	58,8	5,5	15,0	
46	77,7	116,0	99,9	81,7	71,8	61,5	5,7	15,5	
48	79,3	121,0	104,2	85,2	74,9	64,1	6,0	16,1	
0,50	81,0	126,0	108,5	88,8	78,0	66,8	6,2	16,6	
52	82,6	131,1	112,9	92,3	81,1	69,5	6,4	17,2	
54	84,2	136,1	117,2	95,9	84,2	72,1	6,7	17,7	
56	85,7	141,2	121,6	99,4	87,4	74,8	6,9	18,2	
58	87,2	146,2	125,9	103,0	90,5	77,5	7,2	18,8	
0,60	88,7	151,3	130,3	106,5	93,6	80,2	7,4	19,3	0,94
64	91,6	161,3	138,9	113,6	99,8	85,5	7,9	20,4	
68	94,4	171,4	147,6	120,7	106,1	90,8	8,4	21,4	
72	97,2	181,5	156,3	127,8	112,3	96,2	8,9	22,5	
76	99,8	191,6	165,0	134,9	118,6	101,5	9,3	23,5	7,2 ($c=$ 2,65)
0,80	102,4	201,7	173,7	142,0	124,8	106,9	9,9	24,6	
Coul. Coëff.:		0,94	0,93	0,92	0,915	0,91			

Zweikurbelmasch. (Kurbeln unter 90°)

O (Qu.Met.)	D (Centm.)	0,10	0,08	0,06	0,05	0,04	Subtr. Cmpr. Lstg. (pro $c=1$ m)	Leer-gang Lstg. (pro $c=1$ m)	C_i bei $\frac{l_i}{l}=0{,}07$
0,80	102,4	201,7	173,7	142,0	124,8	106,9	9,9	24,6	$\frac{1}{1+\mu}=0{,}94$
84	105,0	211,8	182,4	149,1	131,0	112,2	10,4	25,6	
88	107,4	221,8	191,0	156,2	137,3	117,6	10,9	26,6	
92	109,8	231,9	199,7	163,3	143,5	122,9	11,5	27,7	
96	112,2	242,0	208,4	170,4	149,8	128,2	12,0	28,7	
1,00	115	252	217	178	156	134	12	30	7,0 ($c=$ 2,81)
05	117	265	228	186	164	140	13	31	
10	120	277	239	195	172	147	14	32	
15	123	290	250	204	179	154	14	33	
20	125	303	261	213	187	160	15	35	
1,25	128	315	272	222	195	167	16	36	
30	131	328	283	231	203	174	16	37	
35	133	340	293	240	211	181	17	38	
40	135	353	304	249	218	187	17	40	
45	138	366	315	258	226	194	18	41	
1,50	140	378	326	266	234	200	19	42	0,945
60	145	403	347	284	250	214	20	45	
70	149	429	369	302	265	227	21	47	
80	154	454	391	320	281	241	22	49	
90	158	479	413	337	296	254	24	52	
2,00	162	504	434	355	312	267	25	54	6,9 ($c=$ 3,12)
10	166	529	456	373	328	281	26	57	
20	170	555	478	391	343	294	27	59	
30	174	580	499	408	359	307	29	61	
40	177	605	521	426	374	321	30	64	
2,50	181	630	543	444	390	334	31	66	
60	185	655	564	462	406	348	32	69	
70	188	681	586	479	421	361	33	71	
80	192	706	608	497	437	374	35	73	
90	195	731	630	515	452	388	36	76	
3,00	198	756	651	533	468	401	37	78	0,950
20	205	807	695	568	499	428	40	83	
40	211	857	738	604	530	454	42	87	
60	217	908	782	639	562	481	45	92	
80	223	958	825	675	593	508	47	97	
4,00	229	1008	868	710	624	534	50	101	6,8 ($c=$ 3,42)
20	235	1059	912	746	655	561	52	106	
40	240	1109	955	781	686	588	55	111	
60	246	1160	999	817	718	615	57	115	
80	251	1210	1042	852	749	641	60	120	
5,00	256	1260	1085	888	780	668	62	124	
20	261	1311	1129	923	811	695	64	129	
40	266	1361	1172	959	842	721	67	133	
60	271	1412	1216	994	874	748	69	138	
80	276	1462	1259	1030	905	775	72	143	
6,00	281	1513	1303	1065	936	802	74	147	0,955
20	285	1563	1346	1101	967	828	77	152	
40	290	1613	1389	1136	998	855	79	156	
60	294	1664	1433	1172	1030	882	82	161	
80	299	1714	1476	1207	1061	908	84	165	6,7 ($c=$ 3,60)
7,00	303	1765	1520	1243	1092	935	87	170	
Coul. Coëff.:		0,94	0,93	0,92	0,915	0,91			

Dreicylinder-Condens.-Maschinen (mit 3maliger Expansion).

Abs. Adm. Sp. $p = 8$ Kgr. od. Atm.

Red. Füll. $\frac{l_i}{l} =$	0,10	0,08	0,06	0,05	0,04
$C_i' =$	5,1	4,8	4,4	4,2	4,0
$x C_i'' =$	4,6	4,3	4,0	3,9	3,8

Dreikurbelmasch. (Kurbeln unter 120°).
Für thunlichst gleiche Arb. in d. Sext. ohne Abfall:

bei (normal) $l_i/l =$	0,07	0,06	0,05
$v_1 : V =$	0,17	0,15	0,14
$v_2 : V =$	0,41	0,39	0,37

Sonstige Angaben (bezügl. d. gleich. Arb. d. drei Cylinder etc.) s. im Texte.

Zweikurbelmasch. (Kurbeln unter 90°).
Hochdruck u. Mitteldruck an Einer Kurbel.
Für gleiche Arb. an beiden Kurbeln ohne Abfall:

bei (normal) $l_i/l =$	0,07	0,06	0,05	
wenn $R_1 = v_1$; $v_1 : V = \begin{cases}\text{von} \\ \text{bis}\end{cases}$	0,13 / 0,18	0,11 / 0,14	0,10 / 0,11	$N_1' = N_2'$ / $N_1' > N_2'$
„ $R_2 = v_2$; $v_2 : V =$	0,47	0,42	0,36	$N_1' + N_2' = \tfrac{1}{2} N$

Dreikurbelmasch. (Kurbeln unter 120°)

red. Füll. $\frac{l_i}{i}=$ O (Qu. Met.)	D (Centm)	0,10	0,08	0,06	0,05	0,04	Subtr. Cmpr. Lstg.	Leergang Lstg.	C_i bei $\frac{l_i}{l}=$ 0,06
		Indic. Leistung $\frac{N_i}{c}$ in Pfdk. (pro 1 Meter Kolbengeschw.)					pro $c=1$ m		
0,080	32,4	23,2	20,0	16,4	14,4	12,4	1,1	4,3	$\frac{1}{1+\mu}=$ 0,90
084	33,2	24,4	21,0	17,2	15,1	13,0	1,1	4,4	
088	34,0	25,5	22,0	18,0	15,8	13,6	1,2	4,6	
092	34,7	26,7	23,0	18,8	16,6	14,2	1,2	4,7	
096	35,5	27,8	24,0	19,7	17,3	14,8	1,3	4,9	
0,100	36,2	29,0	25,0	20,5	18,0	15,4	1,3	5,0	7,8 (bei $c=$1,69)
105	37,1	30,5	26,2	21,5	18,9	16,2	1,4	5,2	
110	38,0	31,9	27,5	22,5	19,8	17,0	1,5	5,3	
115	38,8	33,4	28,8	23,5	20,7	17,8	1,5	5,5	
120	39,7	34,8	30,0	24,6	21,6	18,5	1,6	5,7	
0,125	40,5	36,3	31,3	25,6	22,5	19,3	1,7	5,8	0,91
130	41,3	37,7	32,5	26,6	23,4	20,1	1,7	6,0	
135	42,1	39,2	33,8	27,6	24,3	20,8	1,8	6,2	
140	42,8	40,6	35,0	28,6	25,2	21,6	1,8	6,3	
145	43,6	42,1	36,3	29,7	26,1	22,4	1,9	6,5	
0,15	44,4	43,5	37,5	30,7	27,0	23,2	2,0	6,7	
16	45,8	46,4	40,0	32,8	28,8	24,7	2,1	7,0	
17	47,2	49,3	42,5	34,8	30,6	26,2	2,2	7,4	
18	48,6	52,2	45,0	36,9	32,4	27,8	2,4	7,7	
19	49,9	55,1	47,5	38,9	34,2	29,3	2,5	8,0	
0,20	51,2	58,0	50,0	41,0	36,0	30,9	2,6	8,4	7,4 ($c=$2,00)
21	52,5	60,9	52,5	43,0	37,8	32,4	2,8	8,7	
22	53,7	63,8	55,0	45,1	39,6	34,0	2,9	9,0	
23	54,9	66,7	57,5	47,1	41,4	35,5	3,0	9,3	0,92
24	56,1	69,6	60,0	49,2	43,2	37,0	3,2	9,6	
0,25	57,3	72,5	62,5	51,2	45,0	38,6	3,3	9,9	
26	58,4	75,4	65,0	53,3	46,8	40,1	3,4	10,2	
27	59,5	78,3	67,5	55,3	48,6	41,7	3,6	10,5	
28	60,6	81,2	70,0	57,4	50,4	43,2	3,7	10,8	
29	61,7	84,1	72,5	59,4	52,2	44,7	3,8	11,1	
0,30	62,7	87,0	75,0	61,4	54,0	46,3	4,0	11,4	
32	64,8	92,8	80,0	65,5	57,6	49,4	4,2	12,0	
34	66,8	98,6	85,0	69,6	61,2	52,5	4,5	12,6	
36	68,7	104,4	90,0	73,7	64,8	55,6	4,8	13,2	0,93
38	70,6	110,2	95,0	77,8	68,4	58,7	5,0	13,8	
0,40	72,4	116,0	100,0	81,9	72,0	61,8	5,3	14,4	7,0 ($c=$2,38)
42	74,2	121,8	105,0	86,0	75,6	64,9	5,5	15,0	
44	76,0	127,6	110,0	90,1	79,2	67,9	5,8	15,5	
46	77,7	133,4	115,0	94,2	82,8	71,0	6,1	16,1	
48	79,3	139,2	120,0	98,3	86,4	74,1	6,3	16,7	
0,50	81,0	145,0	125,0	102,4	90,0	77,2	6,6	17,3	
52	82,6	150,8	130,0	106,5	93,6	80,3	6,9	17,8	
54	84,2	156,6	135,0	110,6	97,2	83,4	7,1	18,4	
56	85,7	162,4	140,0	114,7	100,8	86,5	7,4	19,0	
58	87,2	168,2	145,0	118,8	104,4	89,6	7,7	19,5	
0,60	88,7	174,1	149,9	122,9	108,0	92,6	7,9	20,1	
64	91,6	185,7	159,9	131,1	115,2	98,8	8,5	21,2	0,94
68	94,4	197,3	169,9	139,3	122,4	105,0	9,0	22,3	
72	97,2	208,9	179,9	147,5	129,6	111,2	9,5	23,4	
76	99,8	220,5	189,9	155,6	136,8	117,4	10,0	24,5	6,7 ($c=$2,83)
0,80	102,4	232,1	199,9	163,8	144,0	123,5	10,6	25,6	
Coul. Coëff.:		0,94	0,93	0,92	0,915	0,91			

Zweikurbelmasch. (Kurbeln unter 90°)

red. Füll. $\frac{l_i}{i}=$ O (Qu. Met.)	D (Centm)	0,10	0,08	0,06	0,05	0,04	Subtr. Cmpr. Lstg.	Leergang Lstg.	C_i bei $\frac{l_i}{l}=$ 0,06
		Indic. Leistung $\frac{N_i}{c}$ in Pfdk. (pro 1 Meter Kolbengeschw.)					pro $c=1$ m		
0,80	102,4	232,1	199,9	163,8	144,0	123,5	10,6	25,6	$\frac{1}{1+\mu}=$ 0,94
84	105,0	243,7	209,9	172,0	151,2	129,7	11,1	26,6	
88	107,4	255,3	219,9	180,2	158,4	135,9	11,6	27,7	
92	109,8	266,9	229,9	188,4	165,6	142,0	12,2	28,8	
96	112,2	278,5	239,9	196,6	172,8	148,2	12,7	29,9	
1,00	115	290	250	205	180	154	13	31	6,6 ($c=$3,01)
05	117	305	262	215	189	162	14	32	
10	120	319	275	225	198	170	15	34	
15	123	334	288	235	207	178	15	35	
20	125	348	300	246	216	185	16	36	
1,25	128	363	313	256	225	193	17	37	
30	131	377	325	266	234	201	17	39	
35	133	392	338	276	243	208	18	40	
40	135	406	350	286	252	216	18	41	
45	138	421	363	297	261	224	19	43	
1,50	140	435	375	307	270	232	20	44	0,945
60	145	464	400	328	288	247	21	47	
70	149	493	425	348	306	262	22	49	
80	154	522	450	369	324	278	24	52	
90	158	551	475	389	342	293	25	54	
2,00	162	580	500	410	360	309	26	57	6,4 ($c=$3,33)
10	166	609	525	430	378	324	28	59	
20	170	638	550	451	396	340	29	62	
30	174	667	575	471	414	355	30	64	
40	177	696	600	492	432	370	32	67	
2,50	181	725	625	512	450	386	33	69	
60	185	754	650	533	468	401	34	72	
70	188	783	675	553	486	417	36	74	
80	192	812	700	574	504	432	37	77	
90	195	841	725	594	522	447	38	79	
3,00	198	870	750	614	540	463	40	82	0,950
20	205	928	800	655	576	494	42	87	
40	211	986	850	696	612	525	45	92	
60	217	1044	900	737	648	556	48	96	
80	223	1102	950	778	684	587	50	101	
4,00	229	1160	1000	819	720	618	53	106	6,3 ($c=$3,65)
20	235	1218	1050	860	756	649	55	111	
40	240	1276	1100	901	792	679	58	116	
60	246	1334	1150	942	828	710	61	121	
80	251	1392	1200	983	864	741	63	126	
5,00	256	1450	1250	1024	900	772	66	130	
20	261	1508	1300	1065	936	803	69	135	
40	266	1566	1350	1106	972	834	71	140	
60	271	1624	1400	1147	1008	865	74	145	
80	276	1682	1450	1188	1044	896	77	150	
6,00	281	1741	1499	1229	1080	926	79	155	0,955
20	285	1799	1549	1270	1116	957	82	159	
40	290	1857	1599	1311	1152	988	84	164	
60	294	1915	1649	1352	1188	1019	87	169	
80	299	1973	1699	1393	1224	1050	90	174	6,2 ($c=$3,84)
7,00	303	2031	1749	1434	1260	1081	92	178	
Coul. Coëff.:		0,94	0,93	0,92	0,915	0,91			

Dreicylinder-Condens.-Maschinen (mit 3maliger Expansion).

Abs. Adm. Sp. $p = 9$ Kgr. od. Atm.

Red. Füll. $\frac{l_i}{l} =$	0,08	0,06	0,05	0,04	0,03
$C_i' =$	4,7	4,4	4,2	3,9	3,7
$xC_i'' =$	4,3	4,0	3,9	3,7	3,6

Dreikurbelmasch. (Kurbeln unter 120°).

Für thunlichst gleiche Arbeit in d. Sext. ohne Abfall:

bei (normal) $l_i/l =$	0,06	0,055	0.05
$v_1 : V =$	0,15	0,14	0,13
$v_2 : V =$	0,39	0,38	0,37

Sonstige Angaben (bezügl. d. gleich. Arbeit d. drei Cylind. etc.) s. im Texte.

O Qu. Met.	D Centm.	0,08	0,06	0,05	0,04	0,03	Subtr. Cmpr. Lstg. (pro $c=1$ m)	Leergang Lstg. (pro $c=1$ m)	C_t bei $\frac{l_i}{l} = 0,06$
0,080	32,4	22,6	18,5	16,3	14,0	11,4	1,1	4,3	$-\ =\frac{1}{1+\mu}$
084	33,2	23,7	19,5	17,1	14,7	12,0	1,2	4,5	
088	34,0	24,8	20,4	17,9	15,4	12,5	1,2	4,6	$= 0,90$
092	34,7	26,0	21,3	18,7	16,1	13,1	1,3	4,8	
096	35,5	27,1	22,2	19,5	16,8	13,7	1,4	4,9	
0,100	36,2	28,2	23,2	20,3	17,5	14,2	1,4	5,1	7,8 (bei $c=1,79$)
105	37,1	29,6	24,3	21,4	18,3	14,9	1,5	5,3	
110	38,0	31,0	25,5	22,4	19,2	15,7	1,6	5,5	
115	38,8	32,4	26,7	23,4	20,1	16,4	1,6	5,6	
120	39,7	33,9	27,8	24,4	20,9	17,1	1,7	5,8	
0,125	40,5	35,3	29,0	25,4	21,8	17,8	1,8	6,0	
130	41,3	36,7	30,1	26,5	22,7	18,5	1,8	6,2	
135	42,1	38,1	31,3	27,5	23,5	19,2	1,9	6,4	160
140	42,8	39,5	32,5	28,5	24,4	19,9	2,0	6,5	
145	43,6	40,9	33,6	29,5	25,3	20,6	2,0	6,7	
0,15	44,4	42,3	34,8	30,5	26,2	21,4	2,1	6,9	
16	45,8	45,1	37,1	32,5	27,9	22,8	2,3	7,2	
17	47,2	48,0	39,4	34,6	29,7	24,2	2,4	7,6	
18	48,6	50,8	41,7	36,6	31,4	25,6	2,5	7,9	
19	49,9	53,6	44,0	38,6	33,2	27,0	2,7	8,2	
0,20	51,2	56,4	46,3	40,7	34,9	28,5	2,8	8,6	7,3 ($c=2,13$)
21	52,5	59,2	48,7	42,7	36,7	29,9	3,0	8,9	
22	53,7	62,1	51,0	44,7	38,4	31,3	3,1	9,2	0,92
23	54,9	64,9	53,3	46,8	40,2	32,7	3,2	9,5	
24	56,1	67,7	55,6	48,8	41,9	34,1	3,4	9,9	
0,25	57,3	70,5	57,9	50,8	43,7	35,6	3,5	10,2	
26	58,4	73,3	60,3	52,8	45,4	37,0	3,7	10,5	
27	59,5	76,2	62,6	54,9	47,2	38,4	3,8	10,8	
28	60,6	79,0	64,9	56,9	48,9	39,8	3,9	11,1	
29	61,7	81,8	67,2	58,9	50,7	41,2	4,1	11,5	
0,30	62,7	84,6	69,5	61,0	52,4	42,7	4,2	11,8	
32	64,8	90,3	74,1	65,1	55,8	45,5	4,5	12,4	
34	66,8	95,9	78,8	69,1	59,3	48,4	4,8	13,0	
36	68,7	101,6	83,4	73,2	62,8	51,2	5,1	13,6	0,93
38	70,6	107,2	88,0	77,3	66,3	54,1	5,4	14,2	
0,40	72,4	112,8	92,7	81,3	69,8	56,9	5,6	14,9	6,9 ($c=2,53$)
42	74,2	118,5	97,3	85,4	73,3	59,8	5,9	15,4	
44	76,0	124,1	101,9	89,5	76,8	62,6	6,2	16,0	
46	77,7	129,8	106,6	93,5	80,3	65,5	6,5	16,6	
48	79,3	135,4	111,2	97,6	83,8	68,3	6,8	17,2	
0,50	81,0	141,0	115,8	101,7	87,3	71,2	7,1	17,8	
52	82,6	146,7	120,5	105,7	90,7	74,0	7,3	18,4	
54	84,2	152,3	125,1	109,8	94,2	76,9	7,6	19,0	
56	85,7	158,0	129,7	113,9	97,7	79,7	7,9	19,6	
58	87,2	163,6	134,4	118,0	101,2	82,6	8,2	20,2	
0,60	88,7	169,3	139,0	122,0	104,7	85,4	8,5	20,8	
64	91,6	180,5	148,3	130,1	111,7	91,1	9,0	21,9	
68	94,1	191,8	157,6	138,2	118,7	96,8	9,6	23,0	0,94
72	97,2	203,1	166,8	146,4	125,6	102,5	10,1	24,2	
76	99,8	214,4	176,1	154,5	132,6	108,1	10,7	25,3	6,6 ($c=3,01$)
0,80	102,4	225,7	185,4	162,6	139,6	113,8	11,3	26,5	
Coul. Coëff.:		0,93	0,92	0,915	0,91	0,90			

Zweikurbelmasch. (Kurbeln unter 90°).

Hochdruck u. Mitteldruck an Einer Kurbel.
Für gleiche Arb. an beiden Kurbeln ohne Abfall:

bei (normal) $l_i/l =$	0,06	0.055	0.05	
wenn $R_1 = v_1$; $v_1 : V = \begin{cases}\text{von} \\ \text{bis}\end{cases}$	0,11 / 0,15	0,11 / 0,13	0,10 / 0,12	$N_1' = N_2'$; $N_1' > N_2'$
„ $R_2 = v_2$; $\quad v_2 : V =$	0,43	0,40	0,37	$N_1' + N_2' = \tfrac{1}{2} N$

O Qu. Met.	D Centm.	0,08	0,06	0,05	0,04	0,03	Subtr. Cmpr. Lstg. (pro $c=1$ m)	Leergang Lstg. (pro $c=1$ m)	C_t bei $\frac{l_i}{l} = 0,06$
0,80	102,4	225,7	185,4	162,6	139,6	113,8	11,3	26,5	$\frac{1}{1+\mu}$
84	105,0	237,0	194,6	170,8	146,6	119,5	11,8	27,6	
88	107,4	248,2	203,9	178,9	153,6	125,2	12,4	28,7	$0,94$
92	109,8	259,5	213,2	187,0	160,5	130,9	13,0	29,8	
96	112,2	270,8	222,4	195,2	167,5	136,6	13,5	31,0	
1,00	115	282	232	203	175	142	14	32	6,5 ($c=3,19$)
05	117	296	243	214	183	149	15	33	
10	120	310	255	224	192	157	16	35	
15	123	324	267	234	201	164	16	36	
20	125	339	278	244	209	171	17	38	
1,25	128	353	290	254	218	178	18	39	
30	131	367	301	265	227	185	18	40	
35	133	381	313	275	235	192	19	42	
40	135	395	325	285	244	199	20	43	
45	138	409	336	295	253	206	20	44	
1,50	140	423	348	305	262	214	21	46	
60	145	451	371	325	279	228	23	47	
70	149	480	394	346	297	242	24	50	0,945
80	154	508	417	366	314	256	25	53	
90	158	536	440	386	332	270	27	55	
2,00	162	564	463	407	349	285	28	59	6,3 ($c=3,53$)
10	166	592	487	427	367	299	30	62	
20	170	621	510	447	384	313	31	64	
30	174	649	533	468	402	327	32	67	
40	177	677	556	488	419	341	34	69	
2,50	181	705	579	508	437	356	35	72	
60	185	733	603	528	454	370	37	75	
70	188	762	626	549	472	384	38	77	
80	192	790	649	569	489	398	39	80	
90	195	818	672	589	507	412	41	82	
3,00	198	846	695	610	524	427	42	85	
20	205	903	741	651	558	455	45	90	
40	211	959	788	691	593	484	48	95	
60	217	1016	834	732	628	512	51	101	0,950
80	223	1072	880	773	663	541	54	106	
4,00	229	1128	927	813	698	569	56	111	6,2 ($c=3,88$)
20	235	1185	973	854	733	598	59	116	
40	240	1241	1019	895	768	626	62	121	
60	246	1298	1066	935	803	655	65	126	
80	251	1354	1112	976	838	683	68	131	
5,00	256	1410	1158	1017	873	712	71	136	
20	261	1467	1205	1057	907	740	73	141	
40	266	1523	1251	1098	942	769	76	146	
60	271	1580	1297	1139	977	797	79	151	
80	276	1636	1344	1180	1012	826	82	156	
6,00	281	1693	1390	1220	1047	854	85	161	
20	285	1749	1437	1261	1082	882	87	166	
40	290	1805	1483	1301	1117	911	90	171	0,955
60	294	1862	1529	1342	1152	939	93	176	
80	299	1918	1575	1383	1187	968	96	181	6,1 ($c=4,09$)
7,00	303	1975	1622	1423	1222	996	99	186	
Coul. Coëff.:		0,93	0,92	0,915	0,91	0,90			

Dreicylinder-Condens.-Maschinen (mit 3maliger Expansion).

Abs. Adm. Sp. $p = 10$ Kgr. od. Atm.

Red. Füll. $\frac{l_i}{l}=$	0,08	0,06	0,05	0,04	0,03
$C_i =$	4,7	4,3	4,1	3,9	3,6
$xC_i'' =$	4,3	4,0	3,8	3,7	3,5

Dreikurbelmasch. (Kurbeln unter 120°).
Für thunlichst gleiche Arb. in d. Sext. ohne Abfall:

bei (normal) $l/l =$	0,06	0,05	0,04
$v_1 : V =$	0,15	0,14	0,12
$v_2 : V =$	0,39	0,37	0,34

Sonstige Angaben (bezügl. d. gleich. Arbeit d. drei Cylind. etc.) s. im Texte.

Zweikurbelmasch. (Kurbeln unter 90°).
Hochdruck u. Mitteldruck an Einer Kurbel.
Für gleiche Arb. an beiden Kurbeln ohne Abfall:

bei (normal) $l/l =$	0,06	0,05	0,04	
wenn $R_1 = v_1$; $v_1 : V = \begin{cases} \text{von} \\ \text{bis} \end{cases}$	0,12 / 0,16	0,10 / 0,12	0,082 / 0,092	$N_1' = N_2'$; $N_1' > N_2'$
„ $R_2 = v_2$; $v_2 : V =$	0,44	0,38	0,32	$N_1' + N_2' = \tfrac{1}{2} N$

Dreikurbelmasch. (Kurbeln unter 120°)

O Qu.Met.	D Centm.	0,08	0,06	0,05	0,04	0,03	Subtr. Cmpr. Lstg.	Leergang Lstg.	C_i bei $\frac{l_i}{l}=$ 0,05
0,080	32,4	25,1	20,6	18,1	15,5	12,6	1,2	4,4	
084	33,2	26,4	21,7	19,0	16,3	13,3	1,3	4,6	
088	34,0	27,6	22,7	19,9	17,1	13,9	1,3	4,7	$\frac{1}{1+\mu}=0{,}90$
092	34,7	28,9	23,7	20,8	17,8	14,5	1,4	4,9	
096	35,5	30,1	24,8	21,7	18,6	15,2	1,5	5,1	
0,100	36,2	31,4	25,8	22,6	19,4	15,8	1,5	5,2	7,3 (bei c=1,88)
105	37,1	33,0	27,1	23,7	20,4	16,6	1,6	5,4	
110	38,0	34,5	28,4	24,9	21,3	17,4	1,7	5,6	
115	38,8	36,1	29,7	26,0	22,3	18,2	1,8	5,7	
120	39,7	37,7	31,0	27,1	23,3	19,0	1,8	5,9	
0,125	40,5	39,3	32,3	28,3	24,3	19,8	1,9	6,1	
130	41,3	40,8	33,5	29,4	25,2	20,5	2,0	6,3	0,91
135	42,1	42,4	34,8	30,5	26,2	21,3	2,1	6,5	
140	42,8	44,0	36,1	31,6	27,2	22,1	2,1	6,6	
145	43,6	45,5	37,4	32,8	28,1	22,9	2,2	6,8	
0,15	44,4	47,1	38,7	33,9	29,1	23,7	2,3	7,0	
16	45,8	50,2	41,3	36,2	31,0	25,3	2,5	7,4	
17	47,2	53,4	43,9	38,4	33,0	26,9	2,6	7,7	
18	48,6	56,5	46,4	40,7	34,9	28,4	2,8	8,1	
19	49,9	59,7	49,0	42,9	36,9	30,0	2,9	8,4	
0,20	51,2	62,8	51,6	45,2	38,8	31,6	3,1	8,8	6,8 (c=2,24)
21	52,5	65,9	54,2	47,5	40,7	33,2	3,2	9,1	
22	53,7	69,1	56,8	40,7	42,7	34,8	3,4	9,5	0,92
23	54,9	72,2	59,3	52,0	44,6	36,3	3,5	9,8	
24	56,1	75,3	61,9	54,2	46,6	37,9	3,7	10,1	
0,25	57,3	78,4	64,5	56,5	48,5	39,5	3,8	10,4	
26	58,4	81,5	67,1	58,8	50,4	41,1	4,0	10,8	
27	59,5	84,7	69,7	61,0	52,4	42,7	4,1	11,1	0,93
28	60,6	87,8	72,2	63,3	54,3	44,2	4,3	11,4	
29	61,7	91,0	74,8	65,5	56,3	45,8	4,4	11,8	
0,30	62,7	94,2	77,4	67,8	58,2	47,4	4,6	12,1	
32	64,8	100,5	82,6	72,3	62,1	50,6	4,9	12,7	
34	66,8	106,8	87,7	76,8	66,0	53,7	5,2	13,4	
36	68,7	113,0	92,9	81,4	69,8	56,9	5,5	14,0	0,93
38	70,6	119,3	98,0	85,9	73,7	60,0	5,8	14,7	
0,40	72,4	125,6	103,2	90,4	77,6	63,2	6,1	15,3	6,5 (c=2,66)
42	74,2	131,9	108,4	91,9	81,5	66,4	6,4	15,9	
44	76,0	138,2	113,5	99,4	85,4	69,5	6,7	16,5	
46	77,7	144,4	118,7	104,0	89,2	72,7	7,0	17,1	
48	79,3	150,7	123,8	108,5	93,1	75,8	7,3	17,7	
0,50	81,0	157,0	129,0	113,0	97,0	79,0	7,7	18,3	
52	82,6	163,3	134,2	117,5	100,9	82,2	8,0	18,9	
54	84,2	169,6	139,3	122,0	104,8	85,3	8,3	19,6	
56	85,7	175,8	144,5	126,6	108,6	88,5	8,6	20,2	
58	87,2	182,1	149,6	131,1	112,5	91,6	8,9	20,8	
0,60	88,7	188,4	154,8	135,6	116,4	94,8	9,2	21,4	
64	91,6	201,0	165,1	144,6	124,2	101,1	9,8	22,6	
68	94,4	213,5	175,4	153,7	131,9	107,4	10,4	23,8	0,94
72	97,2	226,1	185,8	162,7	139,7	113,8	11,0	25,0	
76	99,8	238,6	196,1	171,8	147,4	120,1	11,6	26,2	6,2 (c=3,17)
0,80	102,4	251,2	206,4	180,8	155,2	126,4	12,2	27,4	
Coul. Coëff.:		0,93	0,92	0,915	0,91	0,90			

Zweikurbelmasch. (Kurbeln unter 90°)

O Qu.Met.	D Centm.	0,08	0,06	0,05	0,04	0,03	Subtr. Cmpr. Lstg.	Leergang Lstg.	C_i bei $\frac{l_i}{l}=$ 0,05
0,80	102,4	251,2	206,4	180,8	155,2	126,4	12,2	27,4	
84	105,0	263,8	216,7	189,8	163,0	132,7	12,9	28,5	
88	107,4	276,3	227,0	198,9	170,7	139,0	13,5	29,7	$\frac{1}{1+\mu}=0{,}90$
92	109,8	288,9	237,4	207,9	178,5	145,4	14,1	30,8	
96	112,2	301,4	247,7	217,0	186,2	151,7	14,7	32,0	
1,00	115	314	258	226	194	158	15	33	6,1 (c=3,36)
05	117	330	271	237	204	166	16	35	
10	120	345	284	249	213	174	17	36	
15	123	361	297	260	223	182	18	37	
20	125	377	310	271	233	190	18	39	
1,25	128	393	323	283	243	198	19	40	
30	131	408	335	294	252	205	20	42	
35	133	424	348	305	262	213	21	43	
40	135	440	361	316	272	221	21	45	
45	138	455	374	328	281	229	22	46	
1,50	140	471	387	339	291	237	23	47	
60	145	502	413	362	310	253	25	50	0,945
70	149	534	439	384	330	269	26	53	
80	154	565	464	407	349	284	28	56	
90	158	597	490	429	369	300	29	58	
2,00	162	628	516	452	388	316	31	61	5,9 (c=3,73)
10	166	659	542	475	407	332	32	64	
20	170	691	568	497	427	348	34	67	
30	174	722	593	520	446	363	35	69	
40	177	753	619	542	466	379	37	72	
2,50	181	784	645	565	485	395	38	75	
60	185	815	671	588	504	411	40	77	
70	188	847	697	610	524	427	41	80	
80	192	878	722	633	543	442	43	83	
90	195	910	748	655	563	458	44	86	
3,00	198	942	774	678	582	474	46	88	
20	205	1005	826	723	621	506	49	94	
40	211	1068	877	768	660	537	52	99	0,950
60	217	1130	929	814	698	569	55	104	
80	223	1193	980	859	737	600	58	110	
4,00	229	1256	1032	904	776	632	61	115	5,8 (c=4,09)
20	235	1319	1084	949	815	664	64	120	
40	240	1382	1135	994	854	695	67	126	
60	246	1444	1187	1040	892	727	70	131	
80	251	1507	1238	1085	931	758	73	136	
5,00	256	1570	1290	1130	970	790	77	141	
20	261	1633	1342	1175	1009	822	80	147	
40	266	1696	1393	1220	1048	853	83	152	
60	271	1758	1445	1266	1086	885	86	157	
80	276	1821	1496	1311	1125	916	89	163	
6,00	281	1884	1548	1356	1164	948	92	168	
20	285	1947	1600	1401	1203	980	95	173	
40	290	2010	1651	1446	1242	1011	98	178	0,955
60	294	2072	1703	1492	1280	1043	101	184	
80	299	2135	1754	1537	1319	1074	104	189	5,8 (c=4,32)
7,00	303	2198	1806	1582	1358	1106	107	194	
Coul. Coëff.:		0,93	0,92	0,915	0,91	0,90			

Dreicylinder-Condens.-Maschinen (mit 3maliger Expansion).

Abs. Adm. Sp. $p = 11$ Kgr. od. Atm.

Red. Füll. $\frac{l_i}{l} =$	0,06	0,05	0,04	0,03	0,025
$C_i =$	4,3	4,1	3,8	3,6	3,4
$xC_i'' =$	4,0	3,8	3,6	3,5	3,4

Dreikurbelmasch. (Kurbeln unter 120°).
Für thunlichst gleiche Arb. in d. Sext. ohne Abfall:

bei (normal) $l/l =$	0,05	0,045	0,04
$v_1 : V =$	0,14	0,13	0,12
$v_2 : V =$	0,37	0,36	0,34

Sonstige Angaben (bezügl. d. gleich. Arbeit d. drei Cylind. etc.) s. im Texte.

Zweikurbelmasch. (Kurbeln unter 90°).
Hochdruck u. Mitteldruck an Einer Kurbel.
Für gleiche Arb. an beiden Kurbeln ohne Abfall:

bei (normal) $l/l =$	0,05	0,045	0,04	
wenn $R_1 = v_1$; $v_1 : V =$ {von	0,10	0,092	0,083	$N_1' = N_2'$
bis	0,13	0,11	0,10	$N_1' > N_2'$
„ $R_2 = v_2$; $v_2 : V =$	0,39	0,36	0,33	$N_1' + N_2' = \tfrac{1}{2}N$

Dreikurbelmasch. (Kurbeln unter 120°).

red. Füll. $\frac{l_i}{l}=$ O (Qu. Met.)	D (Centm.)	0,06	0,05	0,04	0,03	0,025	Subtr. Cmpr. Lstg.	Leergang Lstg.	C_i bei $\frac{l_i}{l}=$ 0,05
0,080	32,4	22,7	19,9	17,1	13,9	12,2	1,3	4,5	$\frac{1}{1+\mu}=0{,}90$
084	33,2	23,9	20,9	17,9	14,6	12,9	1,4	4,7	
088	34,0	25,0	21,9	18,8	15,3	13,5	1,5	4,8	
092	34,7	26,1	22,9	19,7	16,0	14,1	1,5	5,0	
096	35,5	27,3	23,9	20,5	16,7	14,7	1,6	5,2	
0,100	36,2	28,4	24,9	21,4	17,4	15,3	1,7	5,3	7,2 (bei c=1,98)
105	37,1	29,8	26,1	22,4	18,2	16,1	1,8	5,5	
110	38,0	31,3	27,4	23,5	19,1	16,9	1,8	5,7	
115	38,8	32,7	28,6	24,6	20,0	17,6	1,9	5,9	
120	39,7	34,1	29,9	25,6	20,9	18,4	2,0	6,1	
0,125	40,5	35,5	31,1	26,7	21,7	19,2	2,1	6,3	0,90
130	41,3	36,9	32,3	27,8	22,6	19,9	2,2	6,4	
135	42,1	38,4	33,6	28,9	23,5	20,7	2,3	6,6	
140	42,8	39,8	34,8	29,9	24,3	21,5	2,4	6,8	
145	43,6	41,2	36,1	31,0	25,2	22,2	2,4	7,0	
0,15	44,4	42,6	37,3	32,0	26,1	23,0	2,5	7,2	
16	45,8	45,5	39,8	34,2	27,8	24,5	2,7	7,6	
17	47,2	48,3	42,3	36,3	29,5	26,0	2,9	7,9	
18	48,6	51,1	44,8	38,5	31,3	27,6	3,0	8,3	
19	49,9	54,0	47,3	40,6	33,0	29,1	3,2	8,6	
0,20	51,2	56,8	49,8	42,7	34,7	30,6	3,4	9,0	6,7 (c=2,35)
21	52,5	59,7	52,3	44,9	36,5	32,2	3,5	9,3	
22	53,7	62,5	54,8	47,0	38,2	33,7	3,7	9,7	
23	54,9	65,3	57,3	49,1	40,0	35,2	3,9	10,0	0,90
24	56,1	68,2	59,7	51,3	41,7	36,7	4,0	10,4	
0,25	57,3	71,0	62,2	53,4	43,4	38,3	4,2	10,7	
26	58,4	73,9	64,7	55,6	45,2	39,8	4,4	11,0	
27	59,5	76,7	67,2	57,7	46,9	41,3	4,5	11,4	
28	60,6	79,5	69,7	59,8	48,7	42,9	4,7	11,7	
29	61,7	82,4	72,2	62,0	50,4	44,4	4,9	12,1	
0,30	62,7	85,2	74,7	64,1	52,1	45,9	5,0	12,4	
32	64,8	90,9	79,7	68,4	55,6	49,0	5,4	13,1	
34	66,8	96,6	84,6	72,6	59,1	52,1	5,7	13,7	
36	68,7	102,3	89,6	76,9	62,5	55,1	6,0	14,4	
38	70,6	108,0	94,6	81,2	66,0	58,2	6,4	15,1	0,90
0,40	72,4	113,6	99,6	85,4	69,5	61,2	6,7	15,7	6,4 (c=2,79)
42	74,2	119,3	104,5	89,7	73,0	64,3	7,1	16,3	
44	76,0	125,0	109,5	94,0	76,4	67,4	7,4	17,0	
46	77,7	130,7	114,5	98,3	79,9	70,4	7,7	17,6	
48	79,3	136,4	119,5	102,5	83,4	73,5	8,1	18,2	
0,50	81,0	142,0	124,5	106,8	86,8	76,5	8,4	18,9	
52	82,6	147,7	129,4	111,1	90,3	79,6	8,7	19,5	
54	84,2	153,4	134,4	115,3	93,8	82,7	9,1	20,1	
56	85,7	159,1	139,4	119,6	97,2	85,7	9,4	20,7	
58	87,2	164,8	144,4	123,9	100,7	88,8	9,7	21,4	
0,60	88,7	170,5	149,3	128,2	104,2	91,9	10,1	22,0	0,90
64	91,6	181,8	159,3	136,7	111,2	98,0	10,8	23,3	
68	94,4	193,2	169,3	145,2	118,1	104,1	11,4	24,5	
72	97,2	204,5	179,2	153,8	125,1	110,2	12,1	25,7	
76	99,8	215,9	189,2	162,3	132,0	116,3	12,8	26,9	6,1 (c=3,32)
0,80	102,4	227,3	199,1	170,9	139,0	122,5	13,4	28,2	
Coul. Coëff.:		0,92	0,915	0,91	0,90	0,895			

Zweikurbelmasch. (Kurbeln unter 90°).

red. Füll. $\frac{l_i}{l}=$ O (Qu. Met.)	D (Centm.)	0,06	0,05	0,04	0,03	0,025	Subtr. Cmpr. Lstg.	Leergang Lstg.	C_i bei $\frac{l_i}{l}=$ 0,05
0,80	102,4	227,3	199,1	170,9	139,0	122,5	13,4	28,2	$\frac{1}{1+\mu}=0{,}94$
84	105,0	238,6	209,1	179,4	145,9	128,6	14,1	29,4	
88	107,4	250,0	219,0	188,0	152,9	134,7	14,8	30,6	
92	109,8	261,4	229,0	196,5	159,8	140,8	15,5	31,8	
96	112,2	272,7	239,0	205,0	166,8	147,0	16,1	33,0	
1,00	115	284	249	214	174	153	17	34	6,0 (c=3,52)
05	117	298	261	224	182	161	18	36	
10	120	313	274	235	191	169	18	37	
15	123	327	286	246	200	176	19	39	
20	125	341	299	256	209	184	20	40	
1,25	128	355	311	267	217	192	21	42	
30	131	369	323	278	226	199	22	43	
35	133	384	336	289	235	207	23	44	
40	135	398	348	299	243	215	24	46	
45	138	412	361	310	252	222	24	47	
1,50	140	426	373	320	261	230	25	49	0,945
60	145	455	398	342	278	245	27	52	
70	149	483	423	363	295	260	29	55	
80	154	511	448	385	313	276	30	57	
90	158	540	473	406	330	291	32	60	
2,00	162	568	498	427	347	306	34	63	5,9 (c=3,90)
10	166	597	523	449	365	322	35	66	
20	170	625	548	470	382	337	37	69	
30	174	653	573	491	400	352	39	72	
40	177	682	597	513	417	367	40	75	
2,50	181	710	622	534	434	383	42	77	
60	185	739	647	556	452	398	44	80	
70	188	767	672	577	469	413	45	83	
80	192	795	697	598	487	429	47	86	
90	195	824	722	620	504	444	49	89	
3,00	198	852	747	641	521	459	50	91	0,950
20	205	909	797	684	556	490	54	97	
40	211	966	846	726	591	521	57	103	
60	217	1023	896	769	625	551	60	108	
80	223	1080	946	812	660	582	64	114	
4,00	229	1136	996	854	695	612	67	119	5,8 (c=4,29)
20	235	1193	1045	897	730	643	71	125	
40	240	1250	1095	940	764	674	74	130	
60	246	1307	1145	983	799	704	77	136	
80	251	1364	1195	1025	834	735	81	141	
5,00	256	1420	1245	1068	868	765	84	147	
20	261	1477	1294	1111	903	796	87	152	
40	266	1534	1344	1153	938	827	91	158	
60	271	1591	1394	1196	972	857	94	163	
80	276	1648	1444	1239	1007	888	97	169	
6,00	281	1705	1493	1282	1042	919	101	174	0,955
20	285	1761	1543	1324	1077	949	104	179	
40	290	1818	1593	1367	1112	980	108	185	
60	294	1875	1643	1410	1146	1010	111	190	
80	299	1932	1693	1452	1181	1041	114	196	5,7 (c=4,52)
7,00	303	1989	1742	1495	1216	1072	118	201	
Coul. Coëff.:		0,92	0,915	0,91	0,90	0,895			

Dreicylinder-Condens.-Maschinen (mit 3maliger Expansion).

Abs.-Adm. Sp. $p = 12$ Kgr. od. Atm.

Red. Füll. $\frac{l_1}{l} =$	0,06	0,05	0,04	0,03	0,025
$C_i =$	4,2	4,0	3,8	3,6	3,4
$xC_i'' =$	3,9	3,8	3,6	3,5	3,4

Dreikurbelmasch. (Kurbeln unter 120°).

Für thunlichst gleiche Arb. in d. Sext. ohne Abfall:

bei (normal) $l_1/l =$	0,045	0,04	0,035
$v_1 : V =$	0,13	0,12	0,11
$v_2 : V =$	0,36	0,34	0,33

Sonstige Angaben (bezügl. d. gleich. Arbeit d. drei Cylind etc.) s. im Texte.

red. Füll. $\frac{l_1}{l} =$		0,06	0,05	0,04	0,03	0,025	Subtr. Cmpr. Lstg.	Leergang Lstg.	C_i bei $\frac{l_1}{l}=$ 0,04
O Qu. Met.	D Centm.	Indic. Leistung $\frac{N_i}{c}$ in Pfdk. (pro 1 Meter Kolbengeschw.)					pro $c=1$ m		
0,080	32,4	24,8	21,7	18,6	15,1	13,3	1,5	4,6	$\frac{1}{1+\mu}=$ 0,90
084	33,2	26,0	22,8	19,6	15,9	14,0	1,6	4,7	
088	34,0	27,3	23,9	20,5	16,7	14,7	1,7	4,9	
092	34,7	28,5	25,0	21,4	17,4	15,3	1,7	5,1	
096	35,5	29,8	26,1	22,4	18,2	16,0	1,8	5,2	
0,100	36,2	31,0	27,2	23,3	18,9	16,7	1,9	5,4	6,7 (bei $c=$ 2,06)
105	37,1	32,6	28,5	24,5	19,9	17,5	2,0	5,6	
110	38,0	34,1	29,9	25,7	20,8	18,3	2,1	5,8	
115	38,8	35,7	31,3	26,8	21,8	19,2	2,2	6,0	
120	39,7	37,2	32,6	28,0	22,7	20,0	2,3	6,2	
0,125	40,5	38,8	34,0	29,2	23,7	20,8	2,4	6,4	0,91
130	41,3	40,3	35,3	30,3	24,6	21,7	2,4	6,6	
135	42,1	41,9	36,7	31,5	25,6	22,5	2,5	6,8	
140	42,8	43,4	38,1	32,7	26,5	23,3	2,6	7,0	
145	43,6	45,0	39,4	33,8	27,5	24,1	2,7	7,2	
0,15	44,4	46,5	40,8	35,0	28,4	25,0	2,8	7,4	
16	45,8	49,6	43,5	37,3	30,3	26,7	3,0	7,7	
17	47,2	52,7	46,2	39,6	32,2	28,4	3,2	8,1	
18	48,6	55,8	48,9	42,0	34,1	30,0	3,4	8,5	
19	49,9	58,9	51,6	44,3	36,0	31,7	3,6	8,8	
0,20	51,2	62,0	54,3	46,6	37,9	33,3	3,8	9,2	6,2 (bei $c=$ 2,45)
21	52,5	65,1	57,1	49,0	39,8	35,0	3,9	9,6	
22	53,7	68,2	59,8	51,3	41,6	36,7	4,1	9,9	
23	54,9	71,3	62,5	53,6	43,5	38,4	4,3	10,3	0,90
24	56,1	74,4	65,2	55,9	45,4	40,0	4,5	10,6	
0,25	57,3	77,5	67,9	58,3	47,3	41,7	4,7	11,0	
26	58,4	80,6	70,7	60,6	49,2	43,4	4,9	11,3	
27	59,5	83,7	73,4	62,9	51,1	45,0	5,1	11,7	
28	60,6	86,8	76,1	65,3	53,0	46,7	5,3	12,0	
29	61,7	89,9	78,8	67,6	54,9	48,4	5,5	12,4	
0,30	62,7	93,0	81,5	69,9	56,8	50,0	5,6	12,7	
32	64,8	99,2	86,9	74,6	60,6	53,3	6,0	13,4	
34	66,8	105,4	92,4	79,3	64,4	56,7	6,4	14,1	
36	68,7	111,6	97,8	83,9	68,2	60,0	6,8	14,8	0,93
38	70,6	117,8	103,2	88,6	72,0	63,3	7,1	15,4	
0,40	72,4	124,0	108,7	93,2	75,7	66,7	7,5	16,1	5,9 (bei $c=$ 2,92)
42	74,2	130,2	114,1	97,9	79,5	70,0	7,9	16,7	
44	76,0	136,4	119,5	102,6	83,3	73,3	8,3	17,4	
46	77,7	142,6	125,0	107,2	87,1	76,7	8,6	18,0	
48	79,3	148,8	130,4	111,9	90,9	80,0	9,0	18,7	
0,50	81,0	155,0	135,8	116,5	94,7	83,3	9,4	19,3	
52	82,6	161,2	141,3	121,2	98,5	86,7	9,8	20,0	
54	84,2	167,4	146,7	125,9	102,3	90,0	10,2	20,6	
56	85,7	173,6	152,1	130,5	106,0	93,3	10,5	21,3	
58	87,2	179,8	157,6	135,2	109,8	96,7	10,9	21,9	
0,60	88,7	186,1	163,0	139,9	113,6	100,0	11,3	22,6	
64	91,6	198,5	173,9	149,2	121,2	106,7	12,0	23,9	
68	94,4	210,9	184,8	158,5	128,7	113,4	12,8	25,2	0,94
72	97,2	223,3	195,6	167,8	136,3	120,0	13,5	26,4	
76	99,8	235,7	206,5	177,1	143,9	126,7	14,3	27,7	5,7 (bei $c=$ 3,47)
0,80	102,4	248,1	217,4	186,5	151,4	133,4	15,0	29,0	
Coul. Coëff.:		0,92	0,915	0,91	0,90	0,895			

Zweikurbelmasch. (Kurbeln unter 90°).

Hochdruck u. Mitteldruck an Einer Kurbel.

Für gleiche Arb. an beiden Kurbeln ohne Abfall:

bei (normal) $l_1/l =$	0,045	0,04	0,035
wenn $R_1 = v_1$; $v_1 : V =$ {von	0,092	0,083	0,073	$N_1' = N_2'$
bis	0,11	0,10	0,081	$N_1' > N_2'$
„ $R_2 = v_2$; $v_2 : V =$	0,36	0,33	0,30	$N_1' + N_2' = \tfrac{1}{2}N$

red. Füll. $\frac{l_1}{l} =$		0,06	0,05	0,04	0,03	0,025	Subtr. Cmpr. Lstg.	Leergang Lstg.	C_i bei $\frac{l_1}{l}=$ 0,04
O Qu. Met.	D Centm.	Indic. Leistung $\frac{N_i}{c}$ in Pfdk. (pro 1 Meter Kolbengeschw.)					pro $c=1$ m		
0,80	102,4	248,1	217,4	186,5	151,4	133,4	15,0	29,0	$\frac{1}{1+\mu}=$ 0,94
84	105,0	260,5	228,2	195,8	159,0	140,0	15,8	30,2	
88	107,4	272,9	239,1	205,1	166,6	146,7	16,5	31,4	
92	109,8	285,3	250,0	214,4	174,2	153,4	17,3	32,7	
96	112,2	297,7	260,8	223,8	181,7	160,0	18,0	33,9	
1,00	115	310	272	233	189	167	19	35	5,6 ($c=$ 3,68)
05	117	326	285	245	199	175	20	37	
10	120	341	299	257	208	183	21	38	
15	123	357	313	268	218	192	22	40	
20	125	372	326	280	227	200	23	41	
1,25	128	388	340	292	237	208	24	43	
30	131	403	353	303	246	217	24	44	
35	133	419	367	315	256	225	25	46	
40	135	434	381	327	265	233	26	47	
45	138	450	394	338	275	241	27	49	
1,50	140	465	408	350	284	250	28	50	0,945
60	145	496	435	373	303	267	30	53	
70	149	527	462	396	322	284	32	56	
80	154	558	489	420	341	300	34	59	
90	158	589	516	443	360	317	36	62	
2,00	162	620	543	466	379	333	38	65	5,5 ($c=$ 4,08)
10	166	651	571	490	398	350	39	68	
20	170	682	598	513	416	367	41	71	
30	174	713	625	536	435	384	43	74	
40	177	744	652	559	454	400	45	77	
2,50	181	775	679	583	473	417	47	80	
60	185	806	707	606	492	434	49	83	
70	188	837	734	629	511	450	51	86	
80	192	868	761	653	530	467	53	89	
90	195	899	788	676	549	484	55	91	
3,00	198	930	815	699	568	500	56	94	0,950
20	205	992	869	746	606	533	60	100	
40	211	1054	924	793	644	567	64	106	
60	217	1116	978	839	682	600	68	112	
80	223	1178	1032	886	720	633	71	117	
4,00	229	1240	1087	932	757	667	75	123	5,4 ($c=$ 4,49)
20	235	1302	1141	979	795	700	79	129	
40	240	1364	1195	1026	833	733	83	135	
60	246	1426	1250	1072	871	767	86	140	
80	251	1488	1304	1119	909	800	90	146	
5,00	256	1550	1358	1165	947	833	94	152	
20	261	1612	1413	1212	985	867	98	157	
40	266	1674	1467	1259	1023	900	102	163	
60	271	1736	1521	1305	1060	933	105	169	
80	276	1798	1576	1352	1098	967	109	174	
6,00	281	1861	1630	1399	1136	1000	113	180	0,855
20	285	1923	1685	1445	1174	1034	117	186	
40	290	1985	1739	1492	1212	1067	120	191	
60	294	2047	1793	1538	1250	1100	124	197	
80	299	2109	1847	1585	1287	1133	128	202	5,3 ($c=$ 4,73)
7,00	303	2171	1902	1632	1325	1167	132	208	
Coul. Coëff.:		0,92	0,915	0,91	0,90	0,895			

Dreicylinder-Condens.-Maschinen (mit 3maliger Expansion).

Abs. Adm. Sp. $p = \mathbf{13}$ Kgr. od. Atm.

Red. Füll. $\frac{l}{l} =$	0,05	0,04	0,03	0,025	0,02
$C_i =$	4,0	3,8	3,6	3,4	3,2
$xC_i'' =$	3,8	3,6	3,5	3,4	3,3

Dreikurbelmasch. (Kurbeln unter 120°).
Für thunlichst gleiche Arb. in d. Sext. ohne Abfall:

bei (normal) $l/l =$	0,045	0,04	0,035
$v_1 : V =$	0,13	0,12	0,11
$v_2 : V =$	0,36	0,34	0,33

Sonstige Angaben (bezügl. d. gleich. Arbeit d. drei Cylind. etc.) s. im Texte.

Zweikurbelmasch. (Kurbeln unter 90°).
Hochdruck u. Mitteldruck an Einer Kurbel.
Für gleiche Arb. an beiden Kurbeln ohne Abfall:

bei (normal) $l/l =$	0,045	0,04	0,035	
wenn $R_1 = v_1$; $v_1 : V = \begin{cases}\text{von} \\ \text{bis}\end{cases}$	0,093 / 0,11	0,084 / 0,10	0,074 / 0,83	$N_1' = N_2'$
„ $R_2 = v_2$; $v_2 : V =$	0,37	0,34	0,30	$N_1' \gtrless N_2'$ $N_1' + N_2' = \tfrac{1}{2}N$

Dreikurbelmaschine

red. Füll. $\frac{l}{l}=$ O (Qu.Met.)	D (Centm.)	0,05	0,04	0,03	0,025	0,02	Subtr. Cmpr. Lstg.	Leergang Lstg. (pro $c=1$ m)	C_i bei $\frac{l}{l}=$ 0,04
0,080	32,4	23,5	20,1	16,3	14,3	12,3	1,7	4,7	$\frac{1}{1+\mu}=0{,}90$
084	33,2	24,7	21,1	17,1	15,1	12,9	1,8	4,8	
088	34,0	25,9	22,2	18,0	15,8	13,5	1,9	5,0	
092	34,7	27,0	23,2	18,8	16,5	14,1	2,0	5,2	
096	35,5	28,2	24,2	19,6	17,2	14,7	2,0	5,3	
0,100	36,2	29,4	25,2	20,4	17,9	15,4	2,1	5,5	6,7 (bei $c=2{,}15$)
105	37,1	30,9	26,4	21,4	18,8	16,1	2,2	5,7	
110	38,0	32,3	27,7	22,5	19,7	16,9	2,3	5,9	
115	38,8	33,8	29,0	23,5	20,6	17,7	2,4	6,1	
120	39,7	35,3	30,2	24,5	21,5	18,4	2,5	6,3	
0,125	40,5	36,7	31,5	25,5	22,4	19,2	2,7	6,5	0,91
130	41,3	38,2	32,7	26,5	23,3	20,0	2,8	6,7	
135	42,1	39,7	34,0	27,6	24,2	20,7	2,9	6,9	
140	42,8	41,2	35,3	28,6	25,1	21,5	3,0	7,1	
145	43,6	42,6	36,5	29,6	26,0	22,3	3,1	7,3	
0,15	44,4	44,1	37,8	30,6	26,9	23,0	3,2	7,5	
16	45,8	47,0	40,3	32,7	28,7	24,6	3,4	7,9	
17	47,2	50,0	42,8	34,7	30,5	26,1	3,6	8,3	
18	48,6	52,9	45,3	36,7	32,3	27,6	3,8	8,6	
19	49,9	55,9	47,8	38,8	34,1	29,2	4,0	9,0	
0,20	51,2	58,8	50,3	40,8	35,9	30,7	4,2	9,4	6,2 ($c=2{,}56$)
21	52,5	61,7	52,9	42,9	37,7	32,2	4,5	9,7	
22	53,7	64,7	55,4	44,9	39,4	33,8	4,7	10,1	0,92
23	54,9	67,6	57,9	46,9	41,2	35,3	4,9	10,5	
24	56,1	70,5	60,4	49,0	43,0	36,8	5,1	10,8	
0,25	57,3	73,5	62,9	51,0	44,8	38,4	5,3	11,2	
26	58,4	76,4	65,5	53,1	46,6	39,9	5,5	11,5	
27	59,5	79,4	68,0	55,1	48,4	41,4	5,7	11,9	
28	60,6	82,3	70,5	57,1	50,2	43,0	5,9	12,3	
29	61,7	85,2	73,0	59,2	52,0	44,5	6,1	12,6	
0,30	62,7	88,2	75,5	61,2	53,8	46,1	6,4	13,0	
32	64,8	94,1	80,5	65,3	57,4	49,1	6,8	13,7	
34	66,8	99,9	85,6	69,4	61,0	52,2	7,2	14,4	
36	68,7	105,8	90,6	73,5	64,6	55,3	7,6	15,1	0,93
38	70,6	111,7	95,6	77,6	68,2	58,3	8,1	15,8	
0,40	72,4	117,6	100,7	81,6	71,7	61,4	8,5	16,5	5,9 ($c=3{,}04$)
42	74,2	123,4	105,7	85,7	75,3	64,5	8,9	17,1	
44	76,0	129,3	110,7	89,8	78,9	67,5	9,3	17,8	
46	77,7	135,2	115,8	93,9	82,5	70,6	9,8	18,5	
48	79,3	141,1	120,8	98,0	86,1	73,7	10,2	19,2	
0,50	81,0	147,0	125,8	102,0	89,7	76,8	10,6	19,8	
52	82,6	152,8	130,9	106,1	93,3	79,8	11,0	20,5	
54	84,2	158,7	135,9	110,2	96,9	82,9	11,4	21,2	
56	85,7	164,6	140,9	114,3	100,4	86,0	11,9	21,8	
58	87,2	170,5	146,0	118,4	104,0	89,0	12,3	22,5	
0,60	88,7	176,3	151,0	122,5	107,6	92,1	12,7	23,2	
64	91,6	188,1	161,1	130,6	114,8	98,2	13,6	24,5	
68	94,4	199,9	171,2	138,8	121,9	104,4	14,4	25,8	0,94
72	97,2	211,6	181,2	146,9	129,1	110,5	15,3	27,1	
76	99,8	223,4	191,3	155,1	136,3	116,7	16,1	28,4	5,6 ($c=3{,}61$)
0,80	102,4	235,1	201,4	163,3	143,4	122,8	17,0	29,7	
Coul. Coëff.:		0,915	0,91	0,90	0,895	0,89			

Zweikurbelmaschine

red. Füll. $\frac{l}{l}=$ O (Qu.Met.)	D (Centm.)	0,05	0,04	0,03	0,025	0,02	Subtr. Cmpr. Lstg.	Leergang Lstg. (pro $c=1$ m)	C_i bei $\frac{l}{l}=$ 0,04
0,80	102,4	235,1	201,4	163,3	143,4	122,8	17,0	29,7	$\frac{1}{1+\mu}=0{,}94$
84	105,0	246,9	211,4	171,4	150,6	128,9	17,8	31,0	
88	107,4	258,6	221,5	179,6	157,8	135,1	18,7	32,3	
92	109,8	270,4	231,6	187,8	165,0	141,2	19,5	33,6	
96	112,2	282,2	241,6	195,9	172,1	147,4	20,4	34,8	
1,00	115	294	252	204	179	154	21	36	5,5 ($c=3{,}87$)
05	117	309	264	214	188	161	22	38	
10	120	323	277	225	197	169	23	39	
15	123	338	290	235	206	177	24	41	
20	125	353	302	245	215	184	25	42	
1,25	128	367	315	255	224	192	27	44	
30	131	382	327	265	233	200	28	46	
35	133	397	340	276	242	207	29	47	
40	135	412	353	286	251	215	30	49	
45	138	426	365	296	260	223	31	50	
1,50	140	441	378	306	269	230	32	52	
60	145	470	403	327	287	246	34	55	0,945
70	149	500	428	347	305	261	36	58	
80	154	529	453	367	323	276	38	61	
90	158	559	478	388	341	292	40	64	
2,00	162	588	503	408	359	307	42	67	5,4 ($c=4{,}25$)
10	166	617	529	429	377	322	45	70	
20	170	647	554	449	394	338	47	73	
30	174	676	579	469	412	353	49	76	
40	177	705	604	490	430	368	51	79	
2,50	181	735	629	510	448	384	53	82	
60	185	764	655	531	466	399	55	85	
70	188	794	680	551	484	414	57	88	
80	192	823	705	571	502	430	59	91	
90	195	852	730	592	520	445	61	94	
3,00	198	882	755	612	538	461	64	97	
20	205	941	805	653	574	491	68	103	
40	211	999	856	694	610	522	72	109	
60	217	1058	906	735	646	553	76	115	0,950
80	223	1117	956	776	682	583	81	121	
4,00	229	1176	1007	816	717	614	85	127	5,3 ($c=4{,}66$)
20	235	1234	1057	857	753	645	89	133	
40	240	1293	1107	898	789	675	93	139	
60	246	1352	1158	939	825	706	98	145	
80	251	1411	1208	980	861	737	102	150	
5,00	256	1470	1258	1020	897	768	106	156	
20	261	1528	1309	1061	933	798	110	162	
40	266	1587	1359	1102	969	829	114	168	
60	271	1646	1409	1143	1004	860	119	174	
80	276	1705	1460	1184	1040	890	123	180	
6,00	281	1763	1510	1225	1076	921	127	186	
20	285	1822	1561	1265	1112	952	131	191	
40	290	1881	1611	1306	1148	982	136	197	0,955
60	294	1940	1661	1347	1184	1013	140	203	
80	299	1999	1711	1388	1219	1044	144	209	
7,00	303	2057	1762	1429	1255	1075	148	215	5,3 ($c=4{,}92$)
Coul. Coëff.:		0,915	0,91	0,90	0,895	0,89			

Dreicylinder-Condens.-Maschinen (mit 3maliger Expansion).

Abs. Adm. Sp. $p = 14$ Kgr. od. Atm.

Red. Füll. $\frac{l_i}{l} =$	0,05	0,04	0,03	0,025	0,02
$C_i =$	4,0	3,8	3,6	3,4	3,2
$x C_i'' =$	3,8	3,6	3,5	3,4	3,3

Dreikurbelmasch. (Kurbeln unter 120°).
Für thunlichst gleiche Arb. in d. Sext. ohne Abfall:

bei (normal) $\frac{l_i}{l} =$	0,04	0,035	0,03
$v_1 : V =$	0,12	0,11	0,10
$v_2 : V =$	0,34	0,33	0,31

Sonstige Angaben (bezügl. d. gleich. Arbeit d. drei Cylind. etc.) s. im Texte.

Zweikurbelmasch. (Kurbeln unter 90°).
Hochdruck u. Mitteldruck an Einer Kurbel.
Für gleiche Arb. an beiden Kurbeln ohne Abfall:

bei (normal) $\frac{l_i}{l} =$	0,04	0,035	0,03	
wenn $R_1 = v_1$; $v_1 : V =$ {von	0,085	0,075	0,065	$N_1' = N_2'$
bis	0,10	0,086	0,072	$N_1' \rangle N_2'$
„ $R_2 = v_2$; $v_2 : V =$	0,34	0,31	0,28	$N_1' + N_2' = \frac{1}{2}N$

Dreikurbelmasch. (Kurbeln unter 120°)

red. Füll. $\frac{l_i}{l} =$ O Qu. Met.	D Centm.	0,05	0,04	0,03	0,025	0,02	Subtr. Cmpr. Lstg. pro $c=1$ m	Leergang Lstg. pro $c=1$ m	C_i bei $\frac{l_i}{l}=0{,}035$
0,080	32,4	25,3	21,6	17,5	15,4	13,1	2,0	4,7	$\frac{1}{1+\mu}=0{,}90$
084	33,2	26,5	22,7	18,4	16,1	13,8	2,1	4,9	
088	34,0	27,8	23,8	19,3	16,9	14,4	2,1	5,1	
092	34,7	29,1	24,9	20,1	17,7	15,1	2,2	5,2	
096	35,5	30,3	25,9	21,0	18,4	15,7	2,3	5,4	
0,100	36,2	31,6	27,0	21,9	19,2	16,4	2,4	5,6	**6,2** (bei c=2,23)
105	37,1	33,2	28,4	23,0	20,2	17,2	2,6	5,8	
110	38,0	34,8	29,7	24,1	21,1	18,0	2,7	6,0	
115	38,8	36,3	31,1	25,2	22,1	18,9	2,8	6,2	
120	39,7	37,9	32,4	26,3	23,0	19,7	2,9	6,4	
0,125	40,5	39,5	33,8	27,3	24,0	20,5	3,1	6,6	0,91
130	41,3	41,1	35,1	28,4	25,0	21,3	3,2	6,8	
135	42,1	42,7	36,5	29,5	25,9	22,1	3,3	7,0	
140	42,8	44,2	37,8	30,6	26,9	23,0	3,4	7,2	
145	43,6	45,8	39,2	31,7	27,8	23,8	3,5	7,4	
0,15	44,4	47,4	40,6	32,8	28,8	24,6	3,7	7,6	
16	45,8	50,6	43,3	35,0	30,7	26,2	3,9	8,0	
17	47,2	53,7	46,0	37,2	32,6	27,9	4,1	8,4	
18	48,6	56,9	48,7	39,3	34,6	29,5	4,4	8,8	
19	49,9	60,0	51,4	41,5	36,5	31,2	4,6	9,2	
0,20	51,2	63,2	54,1	43,8	38,4	32,8	4,9	9,6	**5,8** (c=2,65)
21	52,5	66,4	56,8	46,0	40,3	34,4	5,1	9,9	
22	53,7	69,5	59,5	48,2	42,2	36,1	5,4	10,3	0,92
23	54,9	72,7	62,2	50,4	44,1	37,7	5,6	10,7	
24	56,1	75,8	64,9	52,5	46,1	39,3	5,9	11,1	
0,25	57,3	79,0	67,6	54,7	48,0	41,0	6,1	11,4	
26	58,4	82,2	70,3	56,9	49,9	42,6	6,3	11,8	
27	59,5	85,3	73,0	59,1	51,8	44,3	6,6	12,2	
28	60,6	88,5	75,7	61,3	53,7	45,9	6,8	12,5	
29	61,7	91,6	78,4	63,5	55,7	47,5	7,1	12,9	
0,30	62,7	94,8	81,1	65,7	57,6	49,2	7,3	13,3	
32	64,8	101,1	86,5	70,1	61,4	52,5	7,8	14,0	
34	66,8	107,4	91,9	74,4	65,3	55,7	8,3	14,7	
36	68,7	113,8	97,3	78,8	69,1	59,0	8,8	15,4	0,93
38	70,6	120,1	102,7	83,2	72,9	62,3	9,3	16,1	
0,40	72,4	126,4	108,1	87,6	76,8	65,6	9,8	16,8	**5,5** (c=3,15)
42	74,2	132,7	113,5	91,9	80,6	68,8	10,2	17,5	
44	76,0	139,0	118,9	96,3	84,4	72,1	10,7	18,2	
46	77,7	145,4	124,4	100,7	88,3	75,4	11,2	18,9	
48	79,3	151,7	129,8	105,1	92,1	78,7	11,7	19,6	
0,50	81,0	158,0	135,2	109,5	96,0	82,0	12,2	20,3	
52	82,6	164,3	140,6	113,8	99,8	85,2	12,7	21,0	
54	84,2	170,6	146,0	118,2	103,6	88,5	13,2	21,7	
56	85,7	176,9	151,4	122,6	107,5	91,8	13,7	22,4	
58	87,2	183,3	156,8	127,0	111,3	95,1	14,2	23,0	
0,60	88,7	189,6	162,2	131,3	115,1	98,3	14,6	23,7	
64	91,6	202,2	173,0	140,1	122,8	104,9	15,6	25,1	
68	94,4	214,9	183,8	148,9	130,5	111,5	16,6	26,4	0,94
72	97,2	227,5	194,6	157,6	138,2	118,0	17,6	27,8	
76	99,8	240,2	205,4	166,4	145,9	124,6	18,6	29,1	**5,3** (c=3,75)
0,80	102,4	252,8	216,2	175,1	153,5	131,1	19,5	30,4	
Coul. Coëff.:		0,915	0,91	0,90	0,895	0,89			

Zweikurbelmasch. (Kurbeln unter 90°)

red. Füll. $\frac{l_i}{l} =$ O Qu. Met.	D Centm.	0,05	0,04	0,03	0,025	0,02	Subtr. Cmpr. Lstg. pro $c=1$ m	Leergang Lstg. pro $c=1$ m	C_i bei $\frac{l_i}{l}=0{,}035$
0,80	102,4	252,8	216,2	175,1	153,5	131,1	19,5	30,4	$\frac{1}{1+\mu}=0{,}94$
84	105,0	265,4	227,1	183,9	161,2	137,7	20,5	31,8	
88	107,4	278,1	237,9	192,6	168,9	144,2	21,5	33,1	
92	109,8	290,7	248,7	201,4	176,6	150,8	22,5	34,4	
96	112,2	303,4	259,5	210,2	184,2	157,4	23,4	35,7	
1,00	115	316	270	219	192	164	24	37	**5,2** (c=3,97)
05	117	332	284	230	202	172	26	39	
10	120	348	297	241	211	180	27	40	
15	123	363	311	252	221	189	28	42	
20	125	379	324	263	230	197	29	43	
1,25	128	395	338	273	240	205	31	45	
30	131	411	351	284	250	213	32	47	
35	133	427	365	295	259	221	33	48	
40	135	442	378	306	269	230	34	50	
45	138	458	392	317	278	238	35	52	
1,50	140	474	406	328	288	246	37	53	
60	145	506	433	350	307	262	39	56	0,945
70	149	537	460	372	326	279	41	59	
80	154	569	487	393	346	295	44	63	
90	158	600	514	415	365	312	46	66	
2,00	162	632	541	438	384	328	49	69	**5,1** (c=4,41)
10	166	664	568	460	403	344	51	72	
20	170	695	595	482	422	361	54	75	
30	174	727	622	504	441	377	56	78	
40	177	758	649	525	461	393	59	81	
2,50	181	790	676	547	480	410	61	84	
60	185	822	703	569	499	426	63	88	
70	188	853	730	591	518	443	66	91	
80	192	885	757	613	537	459	68	94	
90	195	916	784	635	557	475	71	97	
3,00	198	948	811	657	576	492	73	100	
20	205	1011	865	701	614	525	78	106	
40	211	1074	919	744	653	557	83	112	0,950
60	217	1138	973	788	691	590	88	118	
80	223	1201	1027	832	729	623	93	125	
4,00	229	1264	1081	876	768	656	98	131	**5,0** (c=4,85)
20	235	1327	1135	919	806	688	102	137	
40	240	1390	1189	963	844	721	107	143	
60	246	1454	1244	1007	883	754	112	149	
80	251	1517	1298	1051	921	787	117	155	
5,00	256	1580	1352	1095	960	820	122	161	
20	261	1643	1406	1138	998	852	127	167	
40	266	1706	1460	1182	1036	885	132	173	
60	271	1769	1514	1226	1075	918	137	179	
80	276	1833	1568	1270	1113	951	142	185	
6,00	281	1896	1622	1313	1151	983	146	191	
20	285	1959	1676	1357	1190	1016	151	197	
40	290	2022	1730	1401	1228	1049	156	203	0,955
60	294	2086	1784	1445	1267	1082	161	209	
80	299	2149	1838	1489	1305	1115	166	215	**4,9** (c=5,11)
7,00	303	2212	1892	1532	1343	1147	171	221	
Coul. Coëff.:		0,915	0,91	0,90	0,895	0,89			

Zu den vorangehenden
Zweicylinder-Auspuff- und Dreicylinder-Condens.-Maschinen.

Coëfficient μ der zusätzlichen Reibung

nebst $\dfrac{1}{1+\mu}$.

O Qu.Met.	D Centm.	μ	$\dfrac{1}{1+\mu}$	O Qu.Met.	D Centm.	μ	$\dfrac{1}{1+\mu}$
0,080	32,4	0,108	0,902	0,80	102,4	0,062	0,941
084	33,2	0,107	0,903	84	105,0	0 062	0,942
088	34,0	0,107	0,904	88	107,4	0 062	0,942
092	34,7	0,106	0,904	92	109,8	0.062	0,942
096	35,5	0,105	0 905	96	112,2	0,062	0,942
0,100	36,2	0,104	0 906	1,00	115	0,061	0,942
105	37,1	0,103	0,906	05	117	0,061	0,943
110	38,0	0,102	0.907	10	120	0,061	0,943
115	38,8	0,102	0,908	15	123	0,061	0,943
120	39,7	0,101	0,908	20	125	0,060	0,943
0,125	40,5	0,100	0.909	1,25	128	0,060	0,943
130	41,3	0,099	0,910	30	131	0,060	0.944
135	42,1	0,098	0,910	35	133	0,060	0,944
140	42,8	0,098	0,911	40	135	0.060	0,944
145	43,6	0,097	0,912	45	138	0,059	0,944
0,15	44,4	0,096	0 913	1,50	140	0,059	0,945
16	45,8	0,095	0 914	60	145	0,058	0 945
17	47,2	0,093	0,915	70	149	0,058	0 945
18	48,6	0,092	0.916	80	154	0,058	0,945
19	49,9	0,091	0,917	90	158	0,057	0,946
0,20	51,2	0,090	0,918	2,00	162	0 057	0,946
21	52,5	0,089	0,918	10	166	0,057	0,946
22	53,7	0,088	0 919	20	170	0,056	0,947
23	54,9	0,087	0,920	30	174	0,056	0,947
24	56,1	0,086	0.921	40	177	0,056	0,947
0,25	57,3	0,085	0,921	2,50	181	0,056	0,947
26	58,4	0,085	0 922	60	185	0,055	0,948
27	59,5	0,084	0 923	70	188	0,055	0,948
28	60,6	0,083	0 923	80	192	0,055	0 948
29	61,7	0,082	0 924	90	195	0.054	0,949
0,30	62,7	0,082	0,925	3,00	198	0,054	0,949
32	64,8	0,080	0,926	20	205	0,054	0,949
34	66,8	0,079	0,927	40	211	0,053	0,949
36	68,7	0 078	0,928	60	217	0,053	0,950
38	70,6	0,077	0,929	80	223	0,053	0,950
0,40	72,4	0,076	0,930	4,00	229	0,052	0,951
42	74,2	0,075	0,931	20	235	0,052	0,951
44	76,0	0,074	0,932	40	240	0,051	0,951
46	77,7	0,073	0,932	60	246	0,051	0,952
48	79,3	0,072	0,933	80	251	0,050	0,952
0,50	81,0	0,071	0,934	5,00	256	0,050	0,952
52	82,6	0,070	0,935	20	261	0,050	0,952
54	84,2	0 069	0.935	40	266	0,050	0,953
56	85,7	0,069	0,936	60	271	0,049	0,953
58	87,2	0 068	0,937	80	276	0,049	0,953
0,60	88,7	0.067	0,937	6,00	281	0,049	0,954
64	91,6	0,066	0,938	20	285	0,049	0,954
68	94,4	0 065	0,939	40	290	0,048	0,954
72	97,2	0 064	0,940	60	294	0,048	0,954
76	99,8	0,063	0 941	80	299	0,048	0,955
0,80	102,4	0,062	0,941	7,00	303	0,047	0,955

III. SERIE.

Maschinen mit hohem Dampfdruck.

C.

Zweicylinder-Condensations-Maschinen

für $p = 9, 10, 11$ und 12 Atm.

----·----

Die Zweicylinder-Condens.-Maschinen — präciser „Condens.-Maschinen mit **zweimaliger** oder **zweistufiger** Expansion" — sind in der I. und II. Tabellen-Serie für höchstens $p = 9$ Atm. (absol. Admiss.-Spannung) behandelt, weil zur Zeit der Ausarbeitung dieser Tabellen (um 1880) höhere Spannungen bei Condens.-Maschinen kaum im Gebrauche waren. Die sodann in Anwendung gekommenen Spannungen von mehr als 9 Atm. wurden aber mit damaliger Vorliebe für die Dreicylinder-Condens.-Maschinen ausgebeutet.

Erst später kam man zu der richtigen Erkenntnis, daß die Zweicylinder-Condens.-Maschinen auch noch für höhere Drucke als 9 Atm. den Dreicylinder-Maschinen vorzuziehen sind. Dies veranlaßte die Ausarbeitung der vorliegenden Maschinengruppe C, womit zugleich nachgewiesen wird, daß für Spannungen von 12 und mehr Atm. die Zweicylinder-Maschine ökonomisch nicht mehr am Platze ist und der Dreicylinder-Condens.-Maschine zu weichen hätte.

Die hier folgenden, für die angegebenen vier Spannungen ausgearbeiteten vier Tabellen sind im wesentlichen ähnlich eingerichtet wie die vorangehenden Tabellen über die Dreicylinder-Condens.-Maschinen; nur eine Erweiterung der Breite nach erschien angemessen, wodurch die Erstreckung jeder Tabelle auf zwei Seiten (pag.) des Buches notwendig wurde. Die indicierten Leistungen $\dfrac{N_i}{c}$ (pro 1 m Kolbengeschw.) sind durchaus für 6 (reducierte) Füllungen ($l_1/l = 0{,}10$ bis $0{,}04$) angegeben; daran reihen sich naturgemäß die subtractive Compress.-Leistung $\dfrac{N_c}{c}$ und die Leergang-Leistung $\dfrac{N_0}{c}$ nebst dem Coëffic. μ und $\dfrac{1}{1+\mu}$ der zusätzlichen Reibung; neu angeschlossen ist die Netto-Leistung $\dfrac{N_n}{c}$ bei der beiläufig günstigsten Füllung ($0{,}06$ für $p = 9$ und 10 Atm., dann $0{,}05$ für $p = 11$ und 12 Atm.) sowohl ohne als auch mit „vollkommener" Compression.

Für andere Füllungen ermittelt man die Netto-Leistung mittels

$$\frac{N_n}{c} = \frac{1}{1+\mu}\left(\frac{N_i}{c} - \frac{N_0}{c}\right) \text{ ohne vollkommene Compression}$$

$$\text{und } \frac{N_n}{c} = \frac{1}{1+\mu}\left(\frac{N_i}{c} - \frac{N_c}{c} - \frac{N_0}{c}\right) \text{ mit vollkommener Compression}$$

(hiebei ist $N_i - N_c$ die eigentliche indic. Leistung mit Compress.).

Die „vollkommene" Compression setzt einen schädlichen Raum nicht viel über 2,5 Procent voraus; darüber hinaus ist die Compression bis zur Gegendampfspannung bei Condens. überhaupt nicht gut erzielbar und kann die Compress.-Leistung als dem schädlichen Raume nahe proportional angenommen werden. In der letzten Spalte ist der Total-Dampfverbrauch C_i bei einer mäßigen (unterhalb eingeklammerten) Kolbengeschwindigkeit pro indic. Pferd und Stunde in Kgr. angesetzt. Bei ganz exacter Ausführung und Instandhaltung kann dieser Dampfverbrauch C_i um ein Weniges noch herabgemindert werden (höchstens etwa um 0,4 Kgr.).

Für andere Füllungen und Kolbengeschwindigkeiten ermittelt man $C_i = C_i' + C_i'' + C_i'''$ mittels der Ansätze auf jeder Seite (pag.) links unten in der bekannten, bezw. ersichtlich gemachten Weise. Äußerliche Heizung des Receivers und des Hochdruck-Cylinders wird vorausgesetzt.

Beispiel:

Eine mit der im 5. Beispiel S. 27 (Hilfsbuch I, Text) behandelten Dreicyl.-Condens.-Masch. äquivalente Zweicyl.-Condens.-Masch. ist (zum Vergleiche) für die gleichen Verhältnisse auszumitteln.

Gegeben: $O = 0{,}600 \text{ m}^2$; $D = 0{,}887 \text{ m}$; $p = 11$ Atm. $l_1/l = 0{,}05$; $c = 3{,}3$ m.

Nach der folgenden Tab. S. 174 ist

$$\frac{N_i}{c} = 160{,}8; \quad \frac{N_0}{c} = 20{,}8; \quad \frac{1}{1+\mu} = 0{,}937;$$

somit ist (mit unvollkommener Compression) die Netto-Leistung

$$\frac{N_n}{c} = \frac{1}{1+\mu}\left(\frac{N_i}{c} - \frac{N_0}{c}\right) = 0{,}937 \cdot 140 = 131 \text{ Pfdk. pro m.}$$

Mit $c = 3{,}3$ m ergibt sich:

$$N_i = 160{,}8 \cdot 3{,}3 = 530 \text{ Pfdk.}; \quad N_n = 131 \cdot 3{,}3 = 433 \text{ Pfdk.}$$

Mit Compression hat man

$$\frac{N_c}{c} = 18{,}4, \text{ also } N_c = 60{,}7,$$

somit

$$N_n = \frac{1}{1+\mu}(N_i - N_c - N_0) = 0{,}937\,(530 - 61 - 68) = 0{,}937 \cdot 401 = 376 \text{ Pfdk.}$$

Für den Dampfconsum ist zunächst (nach Tab. S. 174) . . . . $C_i' = 4{,}2$ kg

und $x\,C_i'' = 4{,}0$; hiebei (nach S. 79 oder 157) $\dfrac{1}{x} = 0{,}46$, und (wenn diesfalls

$l : D = 1$) Corr.-Coëff. 0,82; somit . . . . $C_i'' = 4{,}0 \cdot 0{,}46 : 0{,}82 = 1{,}5$ „

zu $N_i = 530$, mit Compr. $530 - 61 = 470$, im Mittel 500 nach S. 189 . . . $C_i''' = 0{,}3$ „

$$C_i = C_i' + C_i'' + C_i''' = 6{,}0 \text{ kg}$$

gegen $C_i = 5{,}8$ kg auf Seite der Dreicylinder-Maschine.

Das Volumen des Hochdruck-Cylinders wäre für das Compound-System 0,31 bis 0,26 V zu nehmen etc.

Vergleich des Dampfconsums C_i (kg pro ind. Pfdk. u. Stde.) der Zweicyl.-
Condens.-Masch. mit jenem der Dreicyl.-Cond.-Masch.

(bei der jeweilig günstigsten Füllung und $l : D = 2$).

Abs. Adm.-Sp. $p =$		9	10	11	12	9	10	11	12
$\dfrac{O}{m^2}$	$\dfrac{D}{m}$	C_i der Zweicyl.-Cond.-Masch.				C_i der Dreicyl.-Cond.-Masch.			
0,10	36,2	8,0	7,8	7,5	7,3	7,8	7,3	7,2	6,7
0,20	51,2	7,4	7,2	7,0	6,7	7,3	6,8	6,7	6,2
0,40	72,4	7,1	6,8	6,6	6,5	6,9	6,5	6,4	5,9
0,80	102,4	6,7	6,5	6,4	6,25	6,6	6,2	6,1	5,7
1,0	115	6,65	6,5	6,25	6,1	6,5	6,1	6,0	5,6
2,0	162	6,4	6,3	6,1	6,0	6,3	5,9	5,9	5,5
4,0	229	6,35	6,2	6,0	5,9	6,2	5,8	5,8	5,4
7,0	303	6,3	6,1	5,9	5,8	6,1	5,8	5,7	5,3

Nach dieser Zusammenstellung verbraucht die Zweicyl.-Masch. bei
$p = 9$ Atm. abs. Adm.-Spannung durchschnittlich nur um 2 bis $2^1/_2$ Procent
mehr Dampf als die Dreicyl.-Masch. Es ist demnach bei $p = 9$ die einfachere
Zweicyl.-Masch. entschieden vorzuziehen.

Bei $p = 10$ und 11 Atm. beträgt der Mehrverbrauch an Dampf auf Seite
der Zweicyl.-Masch. durchschnittlich 5 Procent. Es wird also auch da noch
(im Falle nicht andere Rücksichten dafür sprechen) die complicierte und
teuerere Dreicyl.-Masch. mit Vorteil zu vermeiden und das einfachere Zweicyl.-
System zu wählen sein.

Bei $p = 12$ Atm. verbraucht aber die Zweicyl.-Masch. durchschnittlich
um 9 Prozent mehr Dampf als die Dreicyl.-Masch. Dieser Mehrverbrauch,
bezw. die betreffende Dampfersparnis auf Seite der Dreicyl.-Masch. ist
vollends hinreichend, die Anwendung des Dreicyl.-Systems (namentlich als
Tandem-Compound) schon bei 12 Atm. Spannung als vorteilhafter (im Vergleiche mit der Zweicyl.-Masch.) erscheinen zu lassen.

Bei mehr als 12 Atm. abs. Admiss.-Spannung wird die Dampfersparnis
auf Seite der Dreicyl.-Masch. 10 Procent und mehr betragen, daher die
Zweicyl.-Masch. billigerweise entschieden zu vermeiden sein.

Diese Rücksichten rechtfertigen den Verfasser, daß er die Spannung
$p = 12$ Atm. (zum Überflusse) für die Zweicyl.-Cond.-Masch. noch in Betracht
gezogen, die noch größeren Spannungen hingegen (als der Dreicyl.-Cond.-
Masch. vorteilhaft entsprechend) hier außer acht gelassen hat.

Im Falle jedoch bei einer großen Kesselanlage für mehr als 12 Atm.
Spannung neben Dreicyl.-Masch. auch eine (kleinere und einfachere) Zweicyl.-
Masch. vorkommen sollte oder überhaupt herzustellen wäre, wird man die-
selbe immerhin für 12 Atm. (bei etwas reichlich bemessener Füllung) rechnen
und sodann mit der vorhandenen höheren Spannung (und etwas kleineren
Füllung) betreiben können.

Zweicylinder-Condens.-Maschinen mit Hochdruck.

Absol. Admiss.-Spannung $p = 9$ kg od. Atm.

Reduc. Füll. $\frac{l_i}{i}=$		0,10	0,08	0,07	0,06	0,05	0,04	Subtr. Compr. Lstg.	Leerg. Lstg.	$\frac{1}{1+\mu}$	bei $\frac{l_i}{i}=0,06$ Netto-Lstg. $\frac{N_n}{c}$		C_i
Indic. Spann. $p_i=$		2,58	2,22	2,03	1,82	1,61	1,38						
O	D	Indic. Leistung $\frac{N_i}{c}$ in Pfdk. (pro 1 m)						$\frac{N_c}{c}$	$\frac{N_o}{c}$	(μ)	ohne	mit	(c)
qm	cm										vollk. Compr.		
0,080	32,4	27,6	23,8	21,8	19,5	17,3	14,9	2,1	3,9	0,902	14,1	12,2	8,2
084	33,2	29,0	24,9	22,8	20,5	18,1	15,6	2,2	4,0	(0,108)	14,9	12,9	(1,7)
088	34,0	30,4	26,1	23,9	21,5	19,0	16,4	2,3	4,2		15,6	13,6	
092	34,7	31,7	27,3	25,0	22,5	19,9	17,1	2,4	4,3		16,4	14,2	
096	35,5	33,1	28,5	26,1	23,4	20,7	17,8	2,5	4,5		17,2	14,9	
0,100	36,2	34,5	29,7	27,2	24,4	21,6	18,6	2,6	4,6	0,906	17,9	15,6	8,0
105	37,1	36,2	31,2	28,6	25,6	22,7	19,5	2,7	4,8	(0,104)	18,9	16,4	(1,8)
110	38,0	37,9	32,7	29,9	26,8	23,8	20,5	2,9	4,9		19,9	17,3	
115	38,8	39,7	34,1	31,3	28,1	24,8	21,4	3,0	5,1		20,8	18,1	
120	39,7	41,4	35,6	32,6	29,3	25,9	22,3	3,1	5,3		21,8	19,0	
0,125	40,5	43,1	37,1	34,0	30,5	27,0	23,2	3,2	5,4	0,909	22,8	19,8	7,9
130	41,3	44,8	38,6	35,4	31,7	28,1	24,2	3,4	5,6	(0,100)	23,7	20,7	(1,9)
135	42,1	46,5	40,1	36,7	32,9	29,2	25,1	3,5	5,8		24,7	21,5	
140	42,8	48,3	41,6	38,1	34,2	30,2	26,0	3,6	6,0		25,7	22,4	
145	43,6	50,0	43,1	39,4	35,4	31,3	27,0	3,8	6,1		26,7	23,2	
0,150	44,4	51,7	44,5	40,8	36,6	32,4	27,9	3,9	6,3	0,913	27,7	24,1	7,7
160	45,8	55,2	47,5	43,5	39,0	34,6	29,8	4,2	6,6	(0,096)	29,8	26,0	(2,0)
170	47,2	58,6	50,5	46,2	41,5	36,7	31,6	4,4	6,9		31,9	27,9	
180	48,6	62,1	53,5	49,0	43,9	38,9	33,5	4,7	7,3		34,1	29,7	
190	49,9	65,5	56,4	51,7	46,4	41,0	35,3	4,9	7,6		36,2	31,6	
0,200	51,2	69,0	59,4	54,4	48,8	43,2	37,2	5,2	7,9	0,918	38,4	33,5	7,4
210	52,5	72,4	62,4	57,1	51,2	45,4	39,1	5,5	8,2	(0,090)	40,3	35,2	(2,2)
220	53,7	75,9	65,3	59,8	53,7	47,5	40,9	5,7	8,5		42,2	36,9	
230	54,9	79,3	68,3	62,6	56,1	49,7	42,8	6,0	8,8		44,2	38,6	
240	56,1	82,8	71,3	65,3	58,6	51,8	44,6	6,2	9,1		46,1	40,3	
0,250	57,3	86,2	74,2	68,0	61,0	54,0	46,5	6,5	9,4	0,921	48,0	41,9	7,3
260	58,4	89,7	77,2	70,7	63,4	56,2	48,4	6,8	9,7	(0,085)	49,9	43,6	(2,3)
270	59,5	93,1	80,2	73,4	65,9	58,3	50,2	7,0	10,0		51,9	45,3	
280	60,6	96,6	83,2	76,2	68,3	60,5	52,1	7,3	10,3		53,8	47,0	
290	61,7	100,0	86,1	78,9	70,8	62,6	53,9	7,5	10,6		55,7	48,7	
0,30	62,7	103,5	89,1	81,6	73,2	64,8	55,8	7,8	10,9	0,925	57,6	50,4	7,2
32	64,8	110,4	95,0	87,0	78,1	69,1	59,5	8,3	11,5	(0,082)	61,7	54,0	(2,4)
34	66,8	117,3	101,0	92,5	83,0	73,4	63,2	8,8	12,0		65,8	57,6	
36	68,7	124,2	106,9	97,9	87,8	77,8	67,0	9,4	12,6		69,9	61,2	
38	70,6	131,1	112,9	103,4	92,7	82,1	70,7	9,9	13,2		74,0	64,8	
0,40	72,4	138,0	118,8	108,8	97,6	86,4	74,4	10,4	13,7	0,930	78,1	68,4	7,1
42	74,2	144,9	124,7	114,2	102,5	90,7	78,1	10,9	14,3	(0,076)	82,2	72,0	(2,5)
44	76,0	151,8	130,7	119,7	107,4	95,0	81,8	11,4	14,9		86,3	75,6	
46	77,7	158,7	136,6	125,1	112,2	99,4	85,6	12,0	15,5		90,3	79,2	
48	79,3	165,6	142,6	130,6	117,1	103,7	89,3	12,5	16,0		94,4	82,8	
0,50	81,0	172,5	148,5	136,0	122,0	108,0	93,0	13,0	16,6	0,934	98,5	86,4	7,0
52	82,6	179,4	154,4	141,4	126,9	112,3	96,7	13,5	17,2	(0,071)	102,6	90,0	(2,6)
54	84,2	186,3	160,4	146,9	131,8	116,6	100,4	14,0	17,7		106,7	93,6	
56	85,7	193,2	166,3	152,3	136,6	121,0	104,2	14,6	18,3		110,7	97,2	
58	87,2	200,1	172,3	157,8	141,5	125,3	107,9	15,1	18,8		114,8	100,8	
0,60	88,7	207,0	178,2	163,2	146,4	129,6	111,6	15,6	19,4	0,937	118,9	104,4	6,9
64	91,6	220,8	190,1	174,1	156,2	138,2	119,0	16,6	20,5	(0,067)	127,2	111,7	(2,7)
68	94,4	234,6	202,0	185,0	165,9	146,9	126,5	17,7	21,6		135,5	118,9	
72	97,2	248,4	213,8	195,8	175,7	155,5	133,9	18,7	22,7		143,7	126,2	
76	99,8	262,2	225,7	206,7	185,4	164,2	141,4	19,8	23,8		152,0	133,4	
0,80	102,4	276,0	237,6	217,6	195,2	172,8	148,8	20,8	24,9	0,941 (0,062)	160,3	140,7	6,7 (2,9)

		0,10	0,08	0,07	0,06	0,05	0,04						
$C_i' =$		4,85	4,6	4,45	4,4	4,3	4,2	C_i''' siehe S. 189.					
$x\,C_i'' =$		4,4	4,3	4,2	4,1	4,05	4,05	$\frac{1}{x}$ siehe S. 79.					

Zweicylinder-Condens.-Maschinen mit Hochdruck.

Fortsetzung für $p = 9$ kg od. Atm.

Reduc. Füll. $\frac{l}{i} =$ / Indic. Spann. $p_i =$ — O (qm)	D (cm)	0,10 (2,58)	0,08 (2,22)	0,07 (2,03)	0,06 (1,82)	0,05 (1,61)	0,04 (1,38)	Subtr. Compr. Lstg. $\frac{N_c}{c}$	Leerg. Lstg. $\frac{N_o}{c}$	$\frac{1}{1+\mu}$ (μ)	bei $\frac{l}{i}=0,06$ Netto-Lstg. $\frac{N_n}{c}$ ohne vollk. Compr.	mit vollk. Compr.	C_i (c)
		Indic. Leistung $\frac{N_i}{c}$ in Pfdk. (pro 1 m)											
0,80	102,4	276	238	218	195	173	149	21	25	0,941 (0,062)	160	141	6,7 (2,9)
84	105,0	290	249	228	205	181	156	22	26		168	148	
88	107,4	304	261	239	215	190	164	23	27		176	155	
92	109,8	317	273	250	225	199	171	24	28		185	162	
96	112,2	331	285	261	234	207	178	25	29		193	169	
1,00	115	345	297	272	244	216	186	26	30	0,942 (0,061)	201	177	6,65 (3,1)
05	117	362	312	286	256	227	195	27	32		211	186	
10	120	379	327	299	268	238	205	29	33		221	195	
15	123	397	341	313	281	248	214	30	35		232	204	
20	125	414	356	326	293	259	223	31	36		242	213	
1,25	128	431	371	340	305	270	232	32	37	0,943 (0,060)	252	222	6,6 (3,2)
30	131	448	386	354	317	281	242	34	39		263	231	
35	133	465	401	367	329	292	251	35	40		273	240	
40	135	483	416	381	342	302	260	36	42		283	249	
45	138	500	431	394	354	313	270	38	43		294	259	
1,50	140	517	445	408	366	324	279	39	44	0,945 (0,059)	304	267	6,5 (3,3)
60	145	552	475	435	390	346	298	42	47		325	286	
70	149	586	505	462	415	367	316	44	49		346	304	
80	154	621	535	490	439	389	335	47	52		366	322	
90	158	655	564	517	464	410	353	49	54		387	340	
2,00	162	690	594	544	488	432	372	52	57	0,946 (0,057)	408	358	6,4 (3,5)
10	166	724	624	571	512	454	391	55	59		429	377	
20	170	759	653	598	537	475	409	57	62		449	395	
30	174	793	683	626	561	497	428	60	64		470	414	
40	177	828	713	653	586	518	446	62	67		491	432	
2,50	181	862	742	680	610	540	465	65	69	0,947 (0,056)	512	450	6,4 (3,6)
60	185	897	772	707	634	562	484	68	72		533	469	
70	188	931	802	734	659	583	502	70	74		554	487	
80	192	966	832	762	683	605	521	73	77		575	506	
90	195	1000	861	789	708	626	539	75	79		596	524	
3,00	198	1035	891	816	732	648	558	78	82	0,949 (0,054)	617	543	6,4 (3,7)
20	205	1104	950	870	781	691	595	83	87		659	580	
40	211	1173	1010	925	830	734	632	88	92		701	617	
60	217	1242	1069	979	878	778	670	94	97		742	653	
80	223	1311	1129	1034	927	821	707	99	102		784	690	
4,00	229	1380	1188	1088	976	864	744	104	107	0,951 (0,052)	826	727	6,35 (3,9)
20	235	1449	1247	1142	1025	907	781	109	112		868	764	
40	240	1518	1307	1197	1074	950	818	114	117		910	801	
60	246	1587	1366	1251	1122	994	856	120	122		952	838	
80	251	1656	1426	1306	1171	1037	893	125	127		994	875	
5,00	256	1725	1485	1360	1220	1080	930	130	132	0,952 (0,050)	1035	912	6,3 (4,0)
20	261	1794	1544	1414	1269	1123	967	135	137		1077	949	
40	266	1863	1604	1469	1318	1166	1004	140	142		1120	986	
60	271	1932	1663	1523	1366	1210	1042	146	147		1162	1024	
80	276	2001	1723	1578	1415	1253	1079	151	152		1204	1061	
6,00	281	2070	1782	1632	1464	1296	1116	156	157	0,954 (0,049)	1246	1098	6,3 (4,05)
20	285	2139	1841	1686	1513	1339	1153	161	162		1288	1135	
40	290	2208	1901	1741	1562	1382	1190	166	167		1330	1172	
60	294	2277	1960	1795	1610	1426	1228	172	172		1373	1210	
80	299	2346	2020	1850	1659	1469	1265	177	177		1415	1247	
7,00	303	2415	2079	1904	1708	1512	1302	182	182	0,955 (0,047)	1457	1284	6,25 (4,1)

Cylindervolum.-Verhältnis $v : V$

Woolf- (und Tandem-) System $v : V = 0,28$ bis 0,25

Compound-System $v : V = 0,35$ bis 0,30

Zweicylinder-Condens.-Maschinen mit Hochdruck.

Absol. Admiss.-Spannung $p = 10$ kg od. Atm.

Reduc. Füll. $\frac{l}{i} =$		0,10	0,08	0,07	0,06	0,05	0,04	Subtr. Compr. Lstg. $\frac{N_c}{c}$	Leerg. Lstg. $\frac{N_o}{c}$	$\frac{1}{1+\mu}$	bei $\frac{l}{i} = 0,06$ Netto-Lstg. $\frac{N_n}{c}$		C_i
Indic. Spann. $p_i =$		2,89	2,49	2,28	2,05	1,81	1,56			(μ)	ohne	mit	
O qm	D cm	Indic. Leistung $\frac{N_i}{c}$ in Pfdk. (pro 1 m)									vollk. Compr.		(c)
0,080	32,4	30,8	26,6	24,3	21,8	19,3	16,6	2,3	4,0	0,902	16,1	14,0	7,95
084	33,2	32,3	27,9	25,5	22,9	20,2	17,5	2,4	4,2	(0,108)	16,9	14,8	(1,8)
088	34,0	33,9	29,2	26,8	24,0	21,2	18,3	2,5	4,3		17,8	15,5	
092	34,7	35,4	30,5	28,0	25,1	22,2	19,1	2,6	4,5		18,7	16,3	
096	35,5	37,0	31,9	29,2	26,2	23,1	20,0	2,7	4,6		19,5	17,0	
0,100	36,2	38,5	33,2	30,4	27,3	24,1	20,8	2,8	4,8	0,906	20,4	17,8	7,8
105	37,1	40,4	34,9	31,9	28,7	25,3	21,8	3,0	5,0	(0,104)	21,5	18,8	(1,9)
110	38,0	42,3	36,5	33,4	30,0	26,5	22,9	3,1	5,1		22,6	19,8	
115	38,8	44,3	38,2	35,0	31,4	27,7	23,9	3,2	5,3		23,7	20,8	
120	39,7	46,2	39,8	36,5	32,8	28,9	25,0	3,4	5,5		24,8	21,7	
0,125	40,5	48,1	41,5	38,0	34,1	30,1	26,0	3,5	5,6	0,909	25,9	22,7	7,65
130	41,3	50,0	42,2	39,5	35,5	31,3	27,0	3,7	5,8	(0,100)	27,0	23,7	(2,0)
135	42,1	51,9	44,8	41,0	36,8	32,5	28,1	3,8	6,0		28,1	24,7	
140	42,8	53,9	46,5	42,6	38,2	33,7	29,1	3,9	6,2		29,3	25,7	
145	43,6	55,8	48,1	44,1	39,6	34,9	30,2	4,1	6,3		30,4	26,6	
0,150	44,4	57,7	49,8	45,6	40,9	36,1	31,2	4,2	6,5	0,913	31,4	27,6	7,5
160	45,8	61,6	53,1	48,6	43,7	38,6	33,3	4,5	6,8	(0,096)	33,7	29,5	(2,1)
170	47,2	65,4	56,4	51,7	46,4	41,0	35,4	4,8	7,2		35,9	31,5	
180	48,6	69,3	59,8	54,7	49,1	43,4	37,4	5,1	7,5		38,1	33,5	
190	49,9	73,1	63,1	57,8	51,9	45,8	39,5	5,3	7,9		40,4	35,4	
0,200	51,2	77,0	66,4	60,8	54,6	48,2	41,6	5,6	8,2	0,918	42,6	37,4	7,2
210	52,5	80,8	69,7	63,8	57,3	50,6	43,7	5,9	8,5	(0,090)	44,9	39,4	(2,3)
220	53,7	84,7	73,0	66,9	60,1	53,0	45,8	6,2	8,8		47,1	41,4	
230	54,9	88,5	76,4	69,9	62,8	55,4	47,8	6,5	9,1		49,4	43,4	
240	56,1	92,4	79,7	73,0	65,5	57,8	49,9	6,8	9,4		51,7	45,4	
0,250	57,3	96,2	83,0	76,0	68,2	60,2	52,0	7,0	9,7	0,921	53,9	47,5	7,1
260	58,4	100,1	86,3	79,0	71,0	62,7	54,1	7,3	10,1	(0,085)	56,2	49,5	(2,4)
270	59,5	103,9	89,6	82,1	73,7	65,1	56,2	7,6	10,4		58,5	51,5	
280	60,6	107,8	93,0	85,1	76,4	67,5	58,2	7,9	10,7		60,7	53,5	
290	61,7	111,6	96,3	88,2	79,2	69,9	60,3	8,2	11,0		63,0	55,5	
0,30	62,7	115,5	99,6	91,2	81,9	72,3	62,4	8,5	11,3	0,925	65,3	57,5	7,0
32	64,8	123,2	106,2	97,3	87,4	77,1	66,6	9,0	11,9	(0,082)	69,9	61,6	(2,5)
34	66,8	130,9	112,9	103,4	92,8	81,9	70,7	9,6	12,5		74,5	65,6	
36	68,7	138,6	119,5	109,4	98,3	86,8	74,9	10,1	13,1		79,1	69,7	
38	70,6	146,3	126,2	115,5	103,7	91,6	79,0	10,7	13,7		83,7	73,8	
0,40	72,4	154,0	132,8	121,6	109,2	96,4	83,2	11,3	14,2	0,930	88,3	77,9	6,8
42	74,2	161,7	139,4	127,7	114,7	101,2	87,4	11,8	14,8	(0,076)	93,0	82,0	(2,7)
44	76,0	169,4	146,1	133,8	120,1	106,0	91,5	12,4	15,4		97,6	86,0	
46	77,7	177,1	152,7	139,8	125,6	110,9	95,7	12,9	16,0		102,2	90,1	
48	79,3	184,8	159,4	145,9	131,0	115,7	99,8	13,5	16,6		106,8	94,2	
0,50	81,0	192,5	166,0	152,0	136,5	120,5	104,0	14,1	17,2	0,934	111,4	98,3	6,7
52	82,6	200,2	172,6	158,1	142,0	125,3	108,2	14,7	17,8	(0,071)	116,0	102,4	(2,8)
54	84,2	207,9	179,3	164,2	147,4	130,1	112,3	15,2	18,4		120,7	106,5	
56	85,7	215,6	185,9	170,2	152,9	135,0	116,5	15,8	18,9		125,3	110,5	
58	87,2	223,3	192,6	176,3	158,3	139,8	120,6	16,3	19,5		130,0	114,6	
0,60	88,7	231,0	199,2	182,4	163,8	144,6	124,8	16,9	20,1	0,937	134,6	118,7	6,6
64	91,6	246,4	212,5	194,6	174,7	154,2	133,1	18,0	21,2	(0,067)	143,9	127,0	(3,0)
68	94,4	261,8	225,8	206,7	185,6	163,9	141,4	19,2	22,4		153,2	135,2	
72	97,2	277,2	239,0	218,9	196,6	173,5	149,8	20,3	23,5		162,6	143,5	
76	99,8	292,6	252,3	231,0	207,5	183,2	158,1	21,4	24,7		171,9	151,7	
0,80	102,4	308,0	265,6	243,2	218,4	192,8	166,4	22,6	25,8	0,941 (0,062)	181,2	160,0	6,5 (3,2)

	$C_i' =$	4,8	4,5	4,4	4,3	4,2	4,1	C_i''' siehe S. 189.					
$x\,C_i'' =$		4,4	4,3	4,2	4,1	4,0	4,0	$\frac{1}{x}$ siehe S. 79.					

Zweicylinder-Condens.-Maschinen mit Hochdruck.

Fortsetzung für $p = 10$ kg od. Atm.

Reduc. Füll. $\frac{l}{i}=$; Indic. Spann. $p_i=$; Indic. Leistung $\frac{N_i}{c}$ in Pfdk. (pro 1 m); Subtr. Compr. Lstg. $\frac{N_c}{c}$; Leerg. Lstg. $\frac{N_o}{c}$; $\frac{1}{1+\mu}$ (μ); bei $\frac{l}{i}=0,06$ Netto-Lstg. $\frac{N_n}{c}$ ohne / mit vollk. Compr.; C_i (c).

O (qm)	D (cm)	0,10 / 2,89	0,08 / 2,49	0,07 / 2,28	0,06 / 2,05	0,05 / 1,81	0,04 / 1,56	$\frac{N_c}{c}$	$\frac{N_o}{c}$	$\frac{1}{1+\mu}$ (μ)	ohne	mit	C_i (c)
0,80	102,4	308	266	243	218	193	166	23	26	0,941 (0,062)	181	160	6,5 (3,2)
84	105,0	323	279	255	229	202	175	24	27		190	168	
88	107,4	339	292	268	240	212	183	25	28		200	176	
92	109,8	354	305	280	251	222	191	26	29		209	185	
96	112,2	370	319	292	262	231	200	27	31		218	193	
1,00	115	385	332	304	273	241	208	28	32	0,942 (0,061)	227	201	6,5 (3,3)
05	117	404	349	319	287	253	218	30	33		239	211	
10	120	423	365	334	300	265	229	31	34		251	221	
15	123	443	382	350	314	277	239	32	36		262	232	
20	125	462	398	365	328	289	250	34	37		274	242	
1,25	128	481	415	380	341	301	260	35	39	0,943 (0,060)	285	252	6,45 (3,4)
30	131	500	422	395	355	313	270	37	40		297	263	
35	133	519	448	410	368	325	281	38	41		309	273	
40	135	539	465	426	382	337	291	39	43		320	284	
45	138	558	481	441	396	349	302	41	44		332	294	
1,50	140	577	498	456	409	361	312	42	46	0,945 (0,059)	343	304	6,4 (3,5)
60	145	616	531	486	437	386	333	45	49		367	325	
70	149	654	564	517	464	410	354	48	52		390	345	
80	154	693	598	547	491	434	374	51	54		413	366	
90	158	731	631	578	519	458	395	53	57		436	386	
2,00	162	770	664	608	546	482	416	56	60	0,946 (0,057)	460	407	6,3 (3,7)
10	166	808	697	638	573	506	437	59	63		483	428	
20	170	847	730	669	601	530	458	62	65		507	448	
30	174	885	764	699	628	554	478	65	68		530	469	
40	177	924	797	730	655	578	499	68	70		554	490	
2,50	181	962	830	760	682	602	520	70	73	0,947 (0,056)	578	511	6,25 (3,8)
60	185	1001	863	790	710	627	541	73	76		601	532	
70	188	1039	896	821	737	651	562	76	78		625	552	
80	192	1078	930	851	764	675	582	79	81		648	573	
90	195	1116	963	882	792	699	603	82	83		672	594	
3,00	198	1155	996	912	819	723	624	85	86	0,949 (0,054)	696	615	6,25 (3,9)
20	205	1232	1062	973	874	771	666	90	91		743	657	
40	211	1309	1129	1034	928	819	707	96	96		790	699	
60	217	1386	1195	1094	983	868	749	101	102		837	741	
80	223	1463	1262	1155	1037	916	790	107	107		885	782	
4,00	229	1540	1328	1216	1092	964	832	113	112	0,951 (0,052)	932	824	6,2 (4,1)
20	235	1617	1394	1277	1147	1012	874	118	117		979	866	
40	240	1694	1461	1338	1201	1060	915	124	122		1026	908	
60	246	1771	1527	1398	1256	1109	957	129	128		1074	950	
80	251	1848	1594	1459	1310	1157	998	135	133		1121	992	
5,00	256	1925	1660	1520	1365	1205	1040	141	138	0,952 (0,050)	1168	1034	6,15 (4,2)
20	261	2002	1726	1581	1420	1253	1082	147	143		1216	1076	
40	266	2079	1793	1642	1474	1301	1123	152	148		1264	1118	
60	271	2156	1859	1702	1529	1350	1165	158	154		1311	1160	
80	276	2233	1926	1763	1583	1398	1206	163	159		1359	1203	
6,00	281	2310	1992	1824	1638	1446	1248	169	164	0,954 (0,049)	1407	1245	6,1 (4,25)
20	285	2387	2058	1885	1693	1494	1290	175	169		1454	1287	
40	290	2464	2125	1946	1747	1542	1331	180	174		1502	1329	
60	294	2541	2191	2006	1802	1591	1373	186	180		1549	1372	
80	299	2618	2258	2067	1856	1639	1414	192	185		1597	1414	
7,00	303	2695	2324	2128	1911	1687	1456	197	190	0,955 (0,047)	1644	1456	6,1 (4,3)

Cylindervolum.-Verhältnis $v : V$

Woolf- (und Tandem-) System $v : V = 0,27$ bis $0,24$

Compound-System $v : V = 0,33$ bis $0,28$

Zweicylinder-Condens.-Maschinen mit Hochdruck.

Absol. Admiss.-Spannung $p = 11$ kg od. Atm.

Reduc. Füll. $\frac{l_i}{l}=$ O (qm)	Indic. Spann. $p_i=$ D (cm)	0,10 3,20	0,08 2,76	0,07 2,53	0,06 2,28	0,05 2,01	0,04 1,74	Subtr. Compr. Lstg. $\frac{N_c}{c}$	Leerg. Lstg. $\frac{N_o}{c}$	$\frac{1}{1+\mu}$ (μ)	Netto-Lstg. $\frac{N_n}{c}$ ohne vollk. Compr.	mit vollk. Compr.	C_i (c)
		Indic. Leistung $\frac{N_i}{c}$ in Pfdk. (pro 1 m)											
0,080	32,4	34,2	29,4	27,0	24,3	21,4	18,6	2,4	4,1	0,902 (0,108)	15,6	13,4	7,65 (1,9)
084	33,2	35,9	30,9	28,3	25,5	22,5	19,5	2,6	4,3		16,5	14,1	
088	34,0	37,6	32,3	29,7	26,8	23,6	20,4	2,7	4,5		17,3	14,8	
092	34,7	39,3	33,8	31,0	28,0	24,6	21,3	2,8	4,6		18,1	15,6	
096	35,5	41,0	35,3	32,4	29,2	25,7	22,3	2,9	4,8		18,9	16,3	
0,100	36,2	42,7	36,8	33,7	30,4	26,8	23,2	3,1	5,0	0,906 (0,104)	19,7	17,0	7,5 (2,0)
105	37,1	44,8	38,6	35,4	31,9	28,1	24,4	3,2	5,2		20,8	17,9	
110	38,0	47,0	40,5	37,1	33,4	29,5	25,5	3,4	5,3		21,9	18,9	
115	38,8	49,1	42,3	38,7	35,0	30,8	26,7	3,5	5,5		23,0	19,8	
120	39,7	51,2	44,2	40,4	36,5	32,2	27,8	3,7	5,7		24,1	20,7	
0,125	40,5	53,3	46,0	42,1	38,0	33,5	29,0	3,8	5,8	0,909 (0,100)	25,1	21,7	7,4 (2,1)
130	41,3	55,5	47,8	43,8	39,5	34,8	30,2	4,0	6,0		26,2	22,6	
135	42,1	57,6	49,7	45,5	41,0	36,2	31,3	4,1	6,2		27,3	23,6	
140	42,8	59,7	51,5	47,1	42,6	37,5	32,5	4,3	6,4		28,4	24,5	
145	43,6	61,9	53,4	48,8	44,1	38,9	33,6	4,4	6,5		29,5	25,4	
0,150	44,4	64,0	55,2	50,5	45,6	40,2	34,8	4,6	6,7	0,913 (0,096)	30,6	26,4	7,25 (2,2)
160	45,8	68,3	58,9	53,9	48,6	42,9	37,1	4,9	7,1		32,7	28,3	
170	47,2	72,6	62,6	57,3	51,7	45,6	39,4	5,2	7,4		34,9	30,1	
180	48,6	76,9	66,2	60,7	54,7	48,2	41,8	5,5	7,8		37,1	32,0	
190	49,9	81,1	69,9	64,0	57,8	50,9	44,1	5,8	8,1		39,2	33,9	
0,200	51,2	85,4	73,6	67,4	60,8	53,6	46,4	6,1	8,5	0,918 (0,090)	41,4	35,8	7,0 (2,4)
210	52,5	89,7	77,3	70,8	63,8	56,3	48,7	6,4	8,8		43,6	37,7	
220	53,7	93,9	81,0	74,1	66,9	59,0	51,0	6,7	9,1		45,8	39,6	
230	54,9	98,2	84,6	77,5	69,9	61,6	53,4	7,0	9,5		48,0	41,6	
240	56,1	102,5	88,3	80,9	73,0	64,3	55,7	7,4	9,8		50,2	43,5	
0,250	57,3	106,7	92,0	84,2	76,0	67,0	58,0	7,7	10,1	0,921 (0,085)	52,4	45,4	6,9 (2,5)
260	58,4	111,0	95,7	87,6	79,0	69,7	60,3	8,0	10,4		54,6	47,3	
270	59,5	115,3	99,4	91,0	82,1	72,4	62,6	8,3	10,7		56,8	49,3	
280	60,6	119,6	103,0	94,4	85,1	75,0	65,0	8,6	11,1		59,0	51,2	
290	61,7	123,8	106,7	97,7	88,2	77,7	67,3	8,9	11,4	.	61,2	53,1	
0,30	62,7	128,1	110,4	101,1	91,2	80,4	69,6	9,2	11,7	0,925 (0,082)	63,4	55,1	6,8 (2,6)
32	64,8	136,6	117,7	107,8	97,3	85,8	74,2	9,8	12,3		67,9	59,0	
34	66,8	145,2	125,1	114,6	103,4	91,1	78,9	10,4	12,9		72,4	62,9	
36	68,7	153,7	132,5	121,3	109,4	96,5	83,5	11,0	13,5		76,9	66,8	
38	70,6	162,3	139,8	128,1	115,5	101,8	88,2	11,6	14,1		81,3	70,7	
0,40	72,4	170,8	147,2	134,8	121,6	107,2	92,8	12,2	14,7	0,930 (0,076)	85,8	74,6	6,6 (2,8)
42	74,2	179,3	154,6	141,5	127,7	112,6	97,4	12,8	15,4		90,3	78,5	
44	76,0	187,9	161,9	148,3	133,8	117,9	102,1	13,4	16,0		94,8	82,4	
46	77,7	196,4	169,3	155,0	139,8	123,3	106,7	14,1	16,6		99,2	86,3	
48	79,3	205,0	176,6	161,8	145,9	128,6	111,4	14,7	17,2		103,7	90,2	
0,50	81,0	213,5	184,0	168,5	152,0	134,0	116,0	15,3	17,8	0,934 (0,071)	108,2	94,2	6,55 (2,9)
52	82,6	222,0	191,4	175,2	158,1	139,4	120,6	15,9	18,4		112,8	98,1	
54	84,2	230,6	198,7	182,0	164,2	144,7	125,3	16,5	19,0		117,4	102,0	
56	85,7	239,1	206,1	188,7	170,2	150,1	129,9	17,1	19,6		122,0	106,0	
58	87,2	247,7	213,4	195,5	176,3	155,4	134,6	17,7	20,2		126,6	109,9	
0,60	88,7	256,2	220,8	202,2	182,4	160,8	139,2	18,4	20,8	0,937 (0,067)	131,2	113,8	6,5 (3,05)
64	91,6	273,3	235,5	215,7	194,6	171,5	148,5	19,6	22,0		140,3	121,7	
68	94,4	290,4	250,2	229,2	206,7	182,2	157,8	20,8	23,2		149,3	129,7	
72	97,2	307,4	265,0	242,6	218,9	193,0	167,0	22,0	24,4		158,4	137,6	
76	99,8	324,5	279,7	256,1	231,0	203,7	176,3	23,2	25,6		167,4	145,6	
0,80	102,4	341,6	294,4	269,6	243,2	214,4	185,6	24,5	26,8	0,941 (0,062)	176,5	153,5	6,4 (3,3)

		0,10	0,08	0,07	0,06	0,05	0,04		
$C_i' =$		4,8	4,5	4,3	4,25	4,2	4,1	C_i''' siehe S. 189.	
$\varkappa\,C_i'' =$		4,35	4,25	4,15	4,1	4,0	3,9	$\frac{1}{r}$ siehe S. 79.	

Zweicylinder-Condens.-Maschinen mit Hochdruck.

Fortsetzung für $p = 11$ kg od. Atm.

Reduc. Füll. $\frac{l}{i} =$		0,10	0,08	0,07	0,06	0,05	0,04	Subtr. Compr. Lstg. $\frac{N_c}{c}$	Leerg. Lstg. $\frac{N_o}{c}$	$\frac{1}{1+\mu}$ (μ)	bei $\frac{l}{i} = 0,05$ Netto-Lstg. $\frac{N_u}{c}$ ohne / vollk. Compr.	mit	C_i
Indic. Spann. $p_i =$		3,20	2,76	2,53	2,28	2,01	1,74						(c)
O qm	D cm	Indic. Leistung $\frac{N_i}{c}$ in Pfdk. (pro 1 m)											
0,80	102,4	342	294	270	243	214	186	24	27	0,941	176	153	6,4
84	105,0	359	309	283	255	225	195	26	28	(0,062)	185	161	(3,3)
88	107,4	376	323	297	268	236	204	27	29		194	169	
92	109,8	393	338	310	280	246	213	28	30		203	177	
96	112,2	410	353	324	292	257	223	29	32		212	185	
1,00	115	427	368	337	304	268	232	31	33	0,942	222	193	6,25
05	117	448	386	354	319	281	244	32	34	(0,061)	233	202	(3,5)
10	120	470	405	371	334	295	255	34	36		244	212	
15	123	491	423	387	350	308	267	35	37		255	222	
20	125	512	442	404	365	322	278	37	39		267	232	
1,25	128	533	460	421	380	335	290	38	40	0,943	278	242	6,2
30	131	555	478	438	395	348	302	40	42	(0,060)	289	251	(3,6)
35	133	576	497	455	410	362	313	41	43		301	261	
40	135	597	515	471	426	375	325	43	45		312	271	
45	138	619	534	488	441	389	336	44	46		323	281	
1,50	140	640	552	505	456	402	348	46	48	0,945	335	291	6,2
60	145	683	589	539	486	429	371	49	51	(0,059)	357	311	(3,7)
70	149	726	626	573	517	456	394	52	54		380	331	
80	154	769	662	607	547	482	418	55	57		402	350	
90	158	811	699	640	578	509	441	58	60		425	370	
2,00	162	854	736	674	608	536	464	61	63	0,946	447	390	6,1
10	166	897	773	708	638	563	487	64	66	(0,057)	470	410	(3,9)
20	170	939	810	741	669	590	510	67	68		493	430	
30	174	982	846	775	699	616	534	70	71		516	450	
40	177	1025	883	809	730	643	557	74	74		539	470	
2,50	181	1067	920	842	760	670	580	77	76	0,947	562	490	6,1
60	185	1110	957	876	790	697	603	80	79	(0,056)	585	510	(4,0)
70	188	1153	994	910	821	724	626	83	82		608	530	
80	192	1196	1030	944	851	750	650	86	85		631	550	
90	195	1238	1067	977	882	777	673	89	87		654	570	
3,00	198	1281	1104	1011	912	804	696	92	90	0,949	678	590	6,05
20	205	1366	1177	1078	973	858	742	98	95	(0,054)	724	631	(4,1)
40	211	1452	1251	1146	1034	911	789	104	101		770	671	
60	217	1537	1325	1213	1094	965	835	110	106		816	711	
80	223	1623	1398	1281	1155	1018	882	116	112		862	751	
4,00	229	1708	1472	1348	1216	1072	928	122	117	0,951	908	792	6,0
20	235	1793	1546	1415	1277	1126	974	128	122	(0,052)	954	832	(4,3)
40	240	1879	1619	1483	1338	1179	1021	134	128		1000	872	
60	246	1964	1693	1550	1398	1233	1067	141	133		1046	913	
80	251	2050	1766	1618	1459	1286	1114	147	139		1092	953	
5,00	256	2135	1840	1685	1520	1340	1160	153	144	0,952	1139	993	5,95
20	261	2220	1914	1752	1581	1394	1206	159	149	(0,050)	1185	1034	(4,4)
40	266	2306	1987	1820	1642	1447	1253	165	155		1232	1074	
60	271	2391	2061	1887	1702	1501	1299	171	160		1278	1115	
80	276	2477	2134	1955	1763	1554	1346	177	166		1325	1155	
6,00	281	2562	2208	2022	1824	1608	1392	184	171	0,954	1371	1196	5,9
20	285	2647	2282	2089	1885	1662	1438	190	176	(0,049)	1417	1236	(4,45)
40	290	2733	2355	2157	1946	1715	1485	196	182		1463	1277	
60	294	2818	2429	2224	2006	1769	1531	202	187		1510	1317	
80	299	2904	2502	2292	2067	1822	1578	208	193		1556	1358	
7,00	303	2989	2576	2359	2128	1876	1624	214	198	0,955 (0,047)	1602	1398	5,9 (4,5)

Cylindervolum.-Verhältnis $v : V$

Woolf- (und Tandem-) System $v : V = 0{,}26$ bis $0{,}22$

Compound-System $v : V = 0{,}31$ bis $0{,}26$

Zweicylinder-Condens.-Maschinen mit Hochdruck.

Absol. Admiss.-Spannung $p = 12$ kg od. Atm.

Reduc. Füll. $\frac{l_1}{l}=$ / Indic. Spann. $p_i=$		0,10 / 3,51	0,08 / 3,03	0,07 / 2,78	0,06 / 2,50	0,05 / 2,21	0,04 / 1,91	Subtr. Compr. Lstg. $\frac{N_c}{c}$	Leerg. Lstg. $\frac{N_o}{c}$	$\frac{1}{1+\mu}$ (μ)	bei $\frac{l_1}{l}=0,05$ Netto-Lstg. $\frac{N_n}{c}$ ohne	mit	C_i (c)
O qm	D cm	Indic. Leistung $\frac{N_i}{c}$ in Pfdk. (pro 1 m)									vollk. Compr.		
0,080	32,4	37,4	32,3	29,7	26,6	23,6	20,4	2,6	4,2	0,902	17,5	15,1	7,5
084	33,2	39,3	33,9	31,2	28,0	24,8	21,4	2,8	4,4	(0,108)	18,4	15,9	(2,0)
088	34,0	41,2	35,6	32,6	29,3	26,0	22,4	2,9	4,6		19,3	16,7	
092	34,7	43,0	37,2	34,1	30,6	27,1	23,5	3,0	4,7		20,3	17,5	
096	35,5	44,9	38,8	35,6	32,0	28,3	24,5	3,2	4,9		21,2	18,3	
0,100	36,2	46,8	40,4	37,1	33,3	29,5	25,5	3,3	5,1	0,906	22,1	19,1	7,3
105	37,1	49,1	42,4	38,9	35,0	31,0	26,8	3,5	5,3	(0,104)	23,3	20,1	(2,1)
110	38,0	51,5	44,4	40,8	36,6	32,4	28,0	3,6	5,5		24,5	21,0	
115	38,8	53,8	46,5	42,7	38,3	33,9	29,3	3,8	5,7		25,7	21,9	
120	39,7	56,2	48,5	44,5	40,0	35,4	30,6	4,0	5,9		26,9	22,9	
0,125	40,5	58,5	50,5	46,4	41,6	36,9	31,9	4,1	6,0	0,909	28,0	23,8	7,2
130	41,3	60,8	52,5	48,2	43,3	38,3	33,1	4,3	6,2	(0,100)	29,2	24,8	(2,2)
135	42,1	63,2	54,5	50,1	44,9	39,8	34,4	4,4	6,4		30,4	25,7	
140	42,8	65,5	56,6	51,9	46,6	41,3	35,7	4,6	6,6		31,6	26,7	
145	43,6	67,9	58,6	53,8	48,3	42,2	37,0	4,8	6,8		32,8	27,6	
0,150	44,4	70,2	60,6	55,6	49,9	44,2	38,2	4,9	7,0	0,913	34,0	28,6	7,0
160	45,8	74,9	64,6	59,4	53,3	47,2	40,8	5,3	7,4	(0,096)	36,4	30,9	(2,3)
170	47,2	79,6	68,7	63,1	56,6	50,1	43,3	5,6	7,7		38,8	33,1	
180	48,6	84,2	72,7	66,8	59,9	53,1	45,9	5,9	8,1		41,2	35,4	
190	49,9	88,9	76,8	70,5	63,3	56,0	48,4	6,3	8,4		43,6	37,7	
0,200	51,2	93,6	80,8	74,2	66,6	59,0	51,0	6,6	8,8	0,918	46,1	40,0	6,7
210	52,5	98,3	84,8	77,9	69,9	61,9	53,5	6,9	9,1	(0,090)	48,5	42,2	(2,5)
220	53,7	103,0	88,9	81,6	73,3	64,9	56,1	7,3	9,5		51,0	44,3	
230	54,9	107,6	92,9	85,3	76,6	67,8	58,6	7,6	9,8		53,5	46,5	
240	56,1	112,3	97,0	89,0	79,9	70,8	61,2	7,9	10,1		55,9	48,6	
0,250	57,3	117,0	101,0	92,7	83,2	73,7	63,7	8,2	10,4	0,921	58,4	50,8	6,7
260	58,4	121,7	105,0	96,5	86,6	76,7	66,3	8,6	10,8	(0,085)	60,8	52,9	(2,6)
270	59,5	126,4	109,1	100,2	89,9	79,6	68,8	8,9	11,1		63,3	55,1	
280	60,6	131,0	113,1	103,9	93,2	82,6	71,4	9,2	11,4		65,8	57,2	
290	61,7	135,7	117,2	107,6	96,6	85,5	73,9	9,6	11,8		68,2	59,4	
0,30	62,7	140,4	121,2	111,3	99,9	88,5	76,5	9,9	12,1	0,925	70,7	61,5	6,6
32	64,8	149,8	129,3	118,7	106,6	94,4	81,6	10,6	12,7	(0,082)	75,7	65,9	(2,7)
34	66,8	159,1	137,4	126,1	113,2	100,3	86,7	11,2	13,4		80,6	70,2	
36	68,7	168,5	145,4	133,6	119,9	106,2	91,8	11,9	14,0		85,6	74,6	
38	70,6	177,8	153,5	141,0	126,5	112,1	96,9	12,5	14,6		90,6	78,9	
0,40	72,4	187,2	161,6	148,4	133,2	118,0	102,0	13,2	15,2	0,930	95,6	83,3	6,5
42	74,2	196,6	169,7	155,8	139,9	123,9	107,1	13,9	15,9	(0,076)	100,6	87,7	(2,9)
44	76,0	205,9	177,8	163,2	146,5	129,8	112,2	14,5	16,5		105,6	92,0	
46	77,7	215,3	185,8	170,7	153,2	135,7	117,3	15,2	17,1		110,6	96,4	
48	79,3	224,6	193,9	178,1	159,8	141,6	122,4	15,8	17,8		115,6	100,7	
0,50	81,0	234,0	202,0	185,5	166,5	147,5	127,5	16,5	18,4	0,934	120,6	105,1	6,4
52	82,6	243,4	210,1	192,9	173,2	153,4	132,6	17,2	19,0	(0,071)	125,7	109,6	(3,05)
54	84,2	252,7	218,2	200,3	179,8	159,3	137,7	17,8	19,6		130,8	114,0	
56	85,7	262,1	226,2	207,8	186,5	165,2	142,8	18,5	20,3		135,8	118,5	
58	87,2	271,4	234,3	215,2	193,1	171,1	147,9	19,1	20,9		140,9	122,9	
0,60	88,7	280,8	242,4	222,6	199,8	177,0	153,0	19,8	21,5	0,937	146,0	127,4	6,3
64	91,6	299,5	258,6	237,4	213,1	188,8	163,2	21,1	22,8	(0,067)	156,0	136,1	(3,2)
68	94,4	318,2	274,7	252,3	226,4	200,6	173,4	22,4	24,0		166,0	144,8	
72	97,2	337,0	290,9	267,1	239,8	212,4	183,6	23,8	25,3		175,9	153,6	
76	99,8	355,7	307,0	282,0	253,1	224,2	193,8	25,1	26,5		185,9	162,3	
0,80	102,4	374,4	323,2	296,8	266,4	236,0	204,0	26,4	27,8	0,941 (0,062)	195,9	171,0	6,25 (3,5)
$C'_i =$		4,8	4,5	4,3	4,2	4,15	4,0	C'''_i siehe S. 189.					
$x\,C''_i =$		4,35	4,25	4,15	4,05	3,95	3,9	$\frac{1}{x}$ siehe S. 79.					

Zweicylinder-Condens.-Maschinen mit Hochdruck.

Fortsetzung für $p = 12$ kg od. Atm.

Reduc. Füll. $\frac{l}{i} =$ / Indic. Spann. $p_i =$		0,10 / 3,51	0,08 / 3,03	0,07 / 2,78	0,06 / 2,50	0,05 / 2,21	0,04 / 1,91	Subtr. Compr. Lstg. $\frac{N_c}{c}$	Leerg. Lstg. $\frac{N_o}{c}$	$\frac{1}{1+\mu}$ (μ)	bei $\frac{l}{i} = 0,05$ Netto-Lstg. $\frac{N_n}{c}$ ohne	mit	C_i (c)
O qm	D cm	Indic. Leistung $\frac{N_i}{c}$ in Pfdk. (pro 1 m)									vollk. Compr.		
0,80	102,4	374	323	297	266	236	204	26	28	0,941	196	171	6,25
84	105,0	393	339	312	280	248	214	28	29	(0,062)	206	180	(3,5)
88	107,4	412	356	326	293	260	224	29	30		216	188	
92	109,8	430	372	341	306	271	235	30	31		226	197	
96	112,2	449	388	356	320	283	245	32	33		236	206	
1,00	115	468	404	371	333	295	255	33	34	0,942	246	215	6,1
05	117	491	424	389	350	310	268	35	36	(0,061)	258	226	(3,7)
10	120	515	444	408	366	324	280	36	37		271	237	
15	123	538	465	427	383	339	293	38	39		284	247	
20	125	562	485	445	400	354	306	40	40		296	258	
1,25	128	585	505	464	416	369	319	41	42	0,943	309	269	6,05
30	131	608	525	482	433	383	331	43	44	(0,060)	321	280	(3,8)
35	133	632	545	501	449	398	344	44	45		334	291	
40	135	655	566	519	466	413	357	46	47		347	302	
45	138	679	586	538	483	428	370	48	48		359	313	
1,50	140	702	606	556	499	442	382	49	50	0,945	371	324	6,0
60	145	749	646	594	533	472	408	53	53	(0,059)	396	346	(3,9)
70	149	796	687	631	566	501	433	56	56		421	368	
80	154	842	727	668	599	531	459	59	60		446	389	
90	158	889	768	705	633	560	484	63	63		471	411	
2,00	162	936	808	742	666	590	510	66	66	0,946	496	433	6,0
10	166	983	848	779	699	619	535	69	69	(0,057)	521	455	(4,1)
20	170	1030	889	816	733	649	561	73	72		547	478	
30	174	1076	929	853	766	678	586	76	74		572	500	
40	177	1123	970	890	799	708	612	79	77		598	523	
2,50	181	1170	1010	927	832	737	637	82	80	0,947	623	545	5,95
60	185	1217	1050	965	866	767	663	86	83	(0,056)	649	567	(4,2)
70	188	1264	1091	1002	899	796	688	89	86		674	590	
80	192	1310	1131	1039	932	826	714	92	88		700	612	
90	195	1357	1172	1076	966	855	739	96	91		725	634	
3,00	198	1404	1212	1113	999	885	765	99	94	0,949	751	657	5,9
20	205	1498	1293	1187	1056	944	816	106	100	(0,054)	802	701	(4,3)
40	211	1591	1374	1261	1132	1003	867	112	105		853	746	
60	217	1685	1454	1336	1199	1062	918	119	111		904	791	
80	223	1778	1535	1410	1265	1121	969	125	116		955	835	
4,00	229	1872	1616	1484	1332	1180	1020	132	122	0,951	1006	880	5,9
20	235	1966	1697	1558	1399	1239	1071	139	128	(0,052)	1057	925	(4,5)
40	240	2059	1778	1632	1465	1298	1122	145	133		1108	970	
60	246	2153	1858	1707	1532	1357	1173	152	139		1159	1014	
80	251	2246	1939	1781	1598	1416	1224	158	144		1210	1059	
5,00	256	2340	2020	1855	1665	1475	1275	165	150	0,952	1261	1104	5,85
20	261	2434	2101	1929	1732	1534	1326	172	156	(0,050)	1313	1149	(4,6)
40	266	2527	2182	2003	1798	1593	1377	178	161		1364	1194	
60	271	2621	2262	2078	1865	1652	1428	185	167		1416	1240	
80	276	2714	2343	2152	1931	1711	1479	191	172		1467	1285	
6,00	281	2808	2424	2226	1998	1770	1530	198	178	0,954	1519	1330	5,8
20	285	2902	2505	2300	2065	1829	1581	205	184	(0,049)	1570	1375	(4,65)
40	290	2995	2586	2374	2131	1888	1632	211	190		1621	1419	
60	294	3089	2666	2449	2198	1947	1683	218	195		1672	1464	
80	299	3182	2747	2523	2264	2006	1734	224	201		1723	1508	
7,00	303	3276	2828	2597	2331	2065	1785	231	207	0,955 (0,047)	1774	1553	5,8 (4,7)

Cylindervolum.-Verhältnis $v : V$
Woolf- (und Tandem-) System $v : V = 0,25$ bis 0,21
Compound-System $v : V = 0,28$ bis 0,25

Leergangswiderstand der Eincylinder-Auspuff-Maschinen in Pfdk.

nebst dem Coëfficienten μ der zusätzlichen Reibung.

Kopf: Wirksame Kolbenfläche (O, Qu. Met.) · Kolben-Durchmesser (D, Centm.) · Absol. Admissions-Spannung p in Kgr. oder Atm. — Pferdekräfte pro 1 Meter Kolbengeschwindigkeit $\frac{N_o}{c}$ · Zusätzl. Reibung.

O Qu. Met.	D Centm.	3	$3\tfrac12$	4	$4\tfrac12$	5	$5\tfrac12$	6	$6\tfrac12$	7	8	9	10	11	12	μ	$\dfrac{1}{1+\mu}$
0,020	16,2	0,6	0,6	0,7	0,7	0,7	0,7	0,7	0,7	0,7	0,7	0,8	0,8	0,8	0,8	0,131	0,884
022	17,0	0,7	0,7	0,7	0,7	0,7	0,7	0,8	0,8	0,8	0,8	0,8	0,8	0,9	0,9	0,130	0,885
024	17,7	0,7	0,7	0,7	0,8	0,8	0,8	0,8	0,8	0,8	0,8	0,9	0,9	0,9	0,9	0,129	0,886
026	18,5	0,7	0,8	0,8	0,8	0,8	0,8	0,8	0,9	0,9	0,9	0,9	0,9	0,9	1,0	0,128	0,887
028	19,2	0,8	0,8	0,8	0,8	0,9	0,9	0,9	0,9	0,9	0,9	1,0	1,0	1,0	1,0	0,126	0,888
0,030	19,8	0,8	0,8	0,9	0,9	0,9	0,9	0,9	1,0	1,0	1,0	1,0	1,1	1,1	1,1	0,125	0,889
032	20,5	0,8	0,9	0,9	0,9	0,9	1,0	1,0	1,0	1,0	1,1	1,1	1,1	1,1	1,1	0,124	0,889
034	21,1	0,9	0,9	0,9	1,0	1,0	1,0	1,0	1,0	1,1	1,1	1,1	1,2	1,2	1,2	0,124	0,890
036	21,7	0,9	0,9	1,0	1,0	1,0	1,0	1,1	1,1	1,1	1,2	1,2	1,2	1,3	1,3	0,123	0,891
038	22,3	0,9	1,0	1,0	1,0	1,1	1,1	1,1	1,1	1,2	1,2	1,2	1,3	1,3	1,3	0,122	0,892
0,040	22,9	1,0	1,0	1,1	1,1	1,1	1,1	1,2	1,2	1,2	1,2	1 3	1,3	1,3	1,4	0,121	0,892
042	23,5	1,0	1,1	1,1	1,1	1,1	1,2	1,2	1,2	1,3	1,3	1,3	1,4	1,4	1,4	0,120	0,893
044	24,0	1,1	1,1	1,1	1,2	1,2	1,2	1,2	1,3	1,3	1,3	1 4	1,4	1,4	1,5	0,119	0,894
046	24,6	1,1	1,1	1,2	1,2	1,2	1,3	1,3	1,3	1,3	1,4	1,4	1,5	1,5	1,5	0.118	0,894
048	25,1	1,1	1,2	1,2	1,2	1,3	1,3	1,3	1,3	1,4	1,4	1,5	1,5	1,6	1,6	0,117	0,895
0,050	25,6	1,2	1,2	1,2	1,3	1,3	1,3	1,4	1,4	1,4	1,5	1,5	1,6	1,6	1,7	0,117	0,895
053	26,4	1,2	1,2	1,3	1,3	1,4	1,4	1,4	1,5	1,5	1,5	1,6	1,6	1,7	1,7	0,116	0,896
056	27,1	1,3	1,3	1,3	1,4	1,4	1,4	1,5	1,5	1,5	1,6	1,6	1,7	1,7	1,8	0,115	0,897
059	27,8	1,3	1,3	1,4	1,4	1,5	1,5	1,5	1,6	1,6	1,7	1,7	1,8	1,8	1,8	0,114	0,898
062	28,5	1,4	1,4	1,4	1,5	1,5	1,6	1,6	1,6	1,7	1,7	1,8	1,8	1,9	1,9	0,113	0,898
0,065	29,2	1,4	1,5	1,5	1,5	1,6	1,6	1,7	1,7	1,7	1,8	1,9	1,9	2,0	2,0	0,113	0,899
068	29,9	1,5	1,5	1,5	1,6	1,6	1,7	1,7	1,8	1,8	1,9	1,9	2,0	2,0	2,1	0,112	0,900
071	30,5	1,5	1,5	1,6	1,6	1,7	1,7	1,8	1,8	1,9	1,9	2,0	2,1	2,1	2,2	0,111	0,900
074	31,2	1,5	1,6	1,7	1,7	1,7	1,8	1,8	1,9	1,9	2,0	2,1	2,1	2,2	2,2	0,110	0,901
077	31,8	1,6	1,6	1,7	1,8	1,8	1,8	1,9	1,9	2,0	2,1	2,1	2,2	2,2	2,3	0,109	0,902
0,080	32,4	1,6	1,7	1,8	1,8	1,9	1,9	2,0	2,0	2,0	2,1	2,2	2,3	2,3	2,4	0,108	0,902
084	33,2	1,7	1,8	1,8	1,9	1,9	2,0	2,0	2,1	2,1	2,2	2,3	2,4	2.4	2,5	0,107	0,903
088	34,0	1,7	1,8	1,9	1,9	2,0	2,1	2,1	2,1	2,2	2,3	2,4	2,5	2,6	2,6	0,107	0,904
092	34,7	1,8	1,9	1,9	2,0	2,1	2,1	2,2	2,2	2,3	2,4	2,5	2,5	2,6	2,7	0.106	0,904
096	35,5	1,9	1,9	2,0	2,1	2,1	2,2	2,2	2,3	2,4	2,5	2,5	2,6	2,7	2,8	0,105	0,905
0,100	36,2	1,9	2,0	2,1	2,1	2,2	2,3	2,3	2,4	2,4	2,5	2,6	2,7	2,8	2,9	0,104	0,906
105	37,1	2,0	2,1	2,2	2,2	2,3	2,4	2,4	2,5	2,5	2,6	2,7	2,8	2,9	3,0	0,103	0,906
110	38,0	2,1	2,1	2,2	2,3	2,4	2,4	2,5	2,6	2,6	2,7	2,8	2,9	3,0	3,1	0,102	0,907
115	38,8	2,1	2,2	2,3	2.4	2,4	2,5	2,6	2,6	2,7	2,8	2,9	3,1	3,1	3,2	0,102	0,908
120	39,7	2,2	2,3	2,4	2,5	2,5	2,6	2,7	2,7	2,8	2,9	3,0	3,2	3,3	3,4	0,101	0,908
0,125	40,5	2,3	2,4	2,5	2,5	2,6	2,7	2,8	2,8	2,9	3,0	3,1	3.3	3,4	3,5	0,100	0,909
130	41,3	2,3	2,4	2,6	2,6	2.7	2,8	2,9	2,9	3,0	3,1	3,2	3,4	3,5	3,6	0,099	0,910
135	42,1	2,4	2,5	2,6	2,7	2,8	2,9	3,0	3,0	3,1	3,2	3,4	3,5	3,6	3,7	0,098	0,910
140	42,8	2,5	2,6	2,7	2,8	2,9	3,0	3,0	3,1	3,2	3,3	3,5	3,6	3,7	3 8	0,098	0,911
145	43,6	2,6	2,7	2,8	2,9	3,0	3,1	3,1	3,2	3,3	3,4	3,6	3,7	3,8	3,9	0,097	0,912
0,150	44,4	2,6	2,7	2,8	2,9	3,0	3,1	3,2	3,3	3,4	3,5	3,7	3,8	3,9	4,0	0,096	0,913
155	45,1	2,7	2,8	2,9	3,0	3,1	3,2	3,3	3,4	3,5	3,6	3,8	3,9	4,0	4,1	0,095	0,913
160	45,8	2,8	2,9	3,0	3,1	3,2	3,3	3,4	3,5	3,6	3,7	3,9	4,0	4,1	4,2	0,095	0,914
165	46,5	2,8	3,0	3,1	3,2	3,3	3,4	3,5	3,6	3,7	3,8	4,0	4,1	4,2	4,3	0,094	0,914
170	47,2	2,9	3,0	3,1	3,2	3,4	3,5	3,6	3,7	3,8	3,9	4,1	4,2	4,3	4,4	0,093	0,915
0,175	47,9	3,0	3,1	3,2	3,3	3,4	3,6	3,7	3,7	3,8	4,0	4,2	4,4	4,5	4,7	0,093	0,915
180	48,6	3,0	3,2	3,3	3,4	3,5	3,6	3,7	3 8	3,9	4,1	4,3	4,5	4,7	4,8	0,092	0,916
185	49,3	3,1	3,2	3,3	3,5	3,6	3,7	3,8	3,9	4,0	4,2	4,4	4,6	4,8	5 0	0,092	0,916
190	49,9	3,2	3,3	3,4	3,6	3,7	3,8	3,9	4,0	4,1	4,3	4,5	4,7	4,9	5,1	0,091	0,917
195	50,6	3,2	3,4	3,5	3,6	3,8	3,9	4,0	4,1	4,2	4,4	4,6	4,8	5,0	5,2	0,090	0,917
0,200	51,2	3,3	3,4	3,6	3,7	3,8	4,0	4,1	4,2	4,3	4,5	4,7	4,9	5,1	5,3	0,090	0,918
205	51,8	3,4	3,5	3,7	3,8	3,9	4,1	4,2	4,3	4,4	4,6	4,8	5,0	5,2	5,4	0.089	0,918
210	52,5	3,4	3,6	3,7	3,9	4,0	4,1	4,3	4,4	4,5	4,7	4,9	5,1	5,3	5,5	0,089	0,918
215	53,1	3,5	3,6	3,8	3,9	4,1	4,2	4,3	4,5	4,5	4,8	5,0	5,2	5,4	5,6	0,088	0,919
220	53,7	3,5	3,7	3,9	4,0	4,2	4,3	4,4	4,5	4,6	4,9	5,1	5,3	5,5	5,7	0,038	0,919
0,225	54,3	3,6	3,8	3,9	4,1	4,2	4,4	4,5	4,6	4,7	5,0	5,2	5,4	5 6	5,8	0,087	0,920
230	54,9	3,7	3,9	4,0	4,2	4,3	4,5	4,6	4,7	4,8	5,1	5,3	5,5	5,7	5,9	0,087	0,920
235	55,5	3,7	3,9	4,1	4,2	4,4	4,6	4,7	4,8	4,9	5,2	5,4	5,6	5,8	6,0	0,086	0,921
240	56,1	3,8	4,0	4,2	4,3	4,5	4,6	4,8	4,9	5,0	5,3	5,5	5,7	5,9	6,1	0,086	0,921
245	56,7	3,9	4,1	4,2	4,4	4,6	4,7	4,9	5,0	5,0	5,4	5,6	5,8	6,0	6,2	0,085	0,921
0,250	57,3	3,9	4,1	4,3	4,5	4,6	4,8	4,9	5,1	5,1	5,5	5,7	5,9	6,1	6,3	0,085	0,921
Ad pag. {		2	4	6	8	10	12	14	16	18	20	22	24	26	26		
		28	30	32	34	36	38	40	42	44	46	48	50	52	52		

Leergangswiderstand der Eincylinder-Auspuff-Maschinen in Pfdk.

nebst dem Coëfficienten μ der zusätzlichen Reibung. (Fortsetzung.)

Wirksame Kolbenfläche	Kolben-Durchmesser	Absol. Admissions-Spannung p in Kgr. oder Atm.														Zusätzl. Reibung	
		3	3½	4	4½	5	5½	6	6½	7	8	9	10	11	12		
O Qu. Met.	D Centm.	Pferdekräfte pro 1 Meter Kolbengeschwindigkeit $\dfrac{N_o}{c}$														μ	$\dfrac{1}{1+\mu}$
0,250	57,3	3,9	4,1	4,3	4,5	4,6	4,8	4,9	5,1	5,1	5,5	5,7	5,9	6,1	6,3	0,085	0,921
255	57,8	4,0	4,2	4,4	4,5	4,7	4,9	5,0	5,2	5,2	5,6	5,8	6,0	6,2	6,4	0,085	0,922
260	58,4	4,1	4,3	4,4	4,6	4,8	5,0	5,1	5,2	5,3	5,7	5,9	6,1	6,3	6,5	0,085	0,922
265	59,0	4,1	4,3	4,5	4,7	4,9	5,0	5,2	5,3	5,4	5,8	6,0	6,3	6,5	6,6	0,084	0,922
270	59,5	4,2	4,4	4,6	4,8	4,9	5,1	5,3	5,4	5,5	5,9	6,1	6,4	6,6	6,8	0,084	0,923
0,275	60,1	4,3	4,5	4,7	4,8	5,0	5,2	5,4	5,5	5,6	6,0	6,2	6,5	6,8	7,0	0,083	0,923
280	60,6	4,3	4,5	4,7	4,9	5,1	5,3	5,4	5,6	5,7	6,0	6,3	6,6	6,9	7,1	0,083	0,923
285	61,1	4,4	4,6	4,8	5,0	5,2	5,4	5,5	5,7	5,8	6,1	6,4	6,7	7,0	7,2	0,083	0,924
290	61,7	4,4	4,7	4,9	5,1	5,2	5,4	5,6	5,8	5,9	6,2	6,5	6,8	7,1	7,3	0,082	0,924
295	62,2	4,5	4,7	4,9	5,1	5,3	5,5	5,7	5,8	6,0	6,3	6,6	6,9	7,2	7,5	0,082	0,925
0,300	62,7	4,6	4,8	5,0	5,2	5,4	5,6	5,8	5,9	6,1	6,4	6,7	7,0	7,3	7,6	0,082	0,925
310	63,8	4,7	4,9	5,1	5,4	5,6	5,8	5,9	6,1	6,3	6,6	6,9	7,2	7,5	7,8	0,081	0,925
320	64,8	4,8	5,1	5,3	5,5	5,7	5,9	6,1	6,3	6,4	6,8	7,1	7	8	8	0,080	0,926
330	65,8	4,9	5,2	5,4	5,6	5,9	6,1	6,3	6,4	6,6	7,0	7,3	8	8	8	0,080	0,926
340	66,8	5,0	5,3	5,6	5,8	6,0	6,2	6,4	6,6	6,8	7,1	7,5	8	8	8	0,079	0,927
0,350	67,7	5,2	5,4	5,7	5,9	6,2	6,4	6,6	6,8	7,0	7,3	7,7	8	8	8	0,079	0,927
360	68,7	5,3	5,6	5,8	6,1	6,3	6,5	6,8	7,0	7,2	7,4	7,9	8	8	9	0,078	0,928
370	69,7	5,4	5,7	6,0	6,2	6,5	6,7	6,9	7,1	7,3	7,7	8	8	8	9	0,077	0,928
380	70,6	5,5	5,8	6,1	6,4	6,6	6,8	7,1	7,3	7,5	7,9	8	9	9	9	0,077	0,929
390	71,5	5,6	6,0	6,3	6,5	6,8	7,0	7,3	7,5	7,7	8,2	8	9	9	9	0,076	0,929
0,400	72,4	5,8	6,1	6,4	6,7	6,9	7,2	7,4	7,6	7,8	8,2	9	9	9	10	0,076	0,930
410	73,3	5,9	6,2	6,5	6,8	7,1	7,3	7,6	7,8	8,0	8,4	9	9	9	10	0,075	0,930
420	74,2	6,0	6,3	6,7	7,0	7,2	7,5	7,7	7,9	8,2	8,6	9	9	10	10	0,075	0,931
430	75,1	6,1	6,5	6,8	7,1	7,4	7,6	7,9	8,1	8,3	8,8	9	10	10	10	0,074	0,931
440	76,0	6,3	6,6	6,9	7,2	7,5	7,8	8,0	8,3	8,5	9	9	10	10	10	0,074	0,932
0,450	76,8	6,4	6,7	7,1	7,4	7,7	7,9	8,2	8,4	8,7	9	10	10	10	11	0,073	0,932
460	77,7	6,5	6,8	7,2	7,5	7,8	8,1	8,4	8,6	8,9	9	10	10	10	11	0,073	0,932
470	78,5	6,6	7,0	7,3	7,7	8,0	8,2	8,5	8,7	9,0	10	10	10	11	11	0,072	0,933
480	79,3	6,8	7,1	7,5	7,8	8,1	8,4	8,7	8,9	9,2	10	10	11	11	11	0,072	0,933
490	80,2	6,9	7,2	7,6	7,9	8,3	8,5	8,8	9,0	9,4	10	10	11	11	11	0,071	0,934
0,500	81,0	7,0	7,3	7,7	8,1	8,4	8,7	9,0	9,2	9,5	10	11	11	11	12	0,071	0,934
510	81,8	7,1	7,5	7,9	8,2	8,5	8,8	9,2	9,3	9,7	10	11	11	11	12	0,071	0,934
520	82,6	7,2	7,6	8,0	8,3	8,7	9,0	9,3	9,5	9,9	10	11	11	11	12	0,070	0,935
530	83,4	7,3	7,7	8,1	8,5	8,8	9,1	9,5	9,7	10,0	11	11	12	12	12	0,070	0,935
540	84,2	7,5	7,9	8,3	8,6	9,0	9,3	9,6	9,8	10,2	11	11	12	12	12	0,069	0,935
0,550	84,9	7,6	8,0	8,4	8,8	9,1	9,4	9,8	10,0	10	11	11	12	12	12	0,069	0,936
560	85,7	7,7	8,1	8,5	8,9	9,3	9,6	9,9	10,2	11	11	12	12	12	13	0,069	0,936
570	86,5	7,8	8,3	8,7	9,0	9,4	9,8	10,1	10,4	11	11	12	12	12	13	0,068	0,936
580	87,2	7,9	8,4	8,8	9,2	9,6	9,9	10,2	10,5	11	11	12	13	13	13	0,068	0,937
590	88,0	8,0	8,5	8,9	9,3	9,7	10,1	10,4	10,7	11	12	12	13	13	13	0,067	0,937
0,600	88,7	8,2	8,6	9,0	9,4	9,8	10,2	10,6	10,9	11	12	12	13	13	14	0,067	0,937
620	90,2	8,4	8,9	9,3	9,7	10,1	10,5	10,9	11,2	12	12	13	13	13	14	0,067	0,938
640	91,6	8,6	9,1	9,5	10,0	10,4	11	11,2	12	12	13	13	14	14	14	0,066	0,938
660	93,0	8,8	9,4	9,8	10,3	10,7	11	11,5	12	12	13	14	14	14	15	0,066	0,938
680	94,4	9,1	9,6	10,1	10,5	11,0	11	11,8	12	13	13	14	15	15	15	0,065	0,939
0,700	95,8	9,3	9,9	10,3	10,8	11,3	12	12,1	12	13	14	14	15	15	16	0,065	0,939
720	97,2	9,5	10,1	10,6	11,1	11,6	12	12,4	13	13	14	15	15	16	16	0,064	0,940
740	98,5	9,8	10,4	10,8	11	11,8	12	13	13	14	14	15	16	16	16	0,064	0,940
760	99,8	10,0	10,6	11,1	12	12,1	13	13	13	14	15	15	16	16	17	0,063	0,941
780	101,1	10,2	10,9	11,4	12	12	13	13	14	14	15	16	16	16	17	0,063	0,941
0,800	102,4	10,5	11,1	11,6	12	13	13	14	14	15	15	16	17	17	18	0,062	0,941
820	103,7	10,7	11,3	11,9	12	13	14	14	14	15	16	17	17	18	18	0,062	0,942
840	105,0	10,9	11,6	12,2	13	13	14	14	15	15	16	17	18	18	19	0,062	0,942
860	106,2	11,1	11,8	12,4	13	14	14	15	15	16	16	17	18	18	19	0,062	0,942
880	107,4	11,3	12,0	12,7	13	14	14	15	15	16	17	18	18	19	19	0,062	0,942
0,900	108,6	11,6	12,3	13,0	14	14	15	15	16	16	17	18	19	19	20	0,062	0,942
920	109,8	11,8	12,5	13,2	14	14	15	15	16	17	17	18	19	19	20	0,062	0,942
940	111,0	12,0	12,7	13,5	14	15	15	16	16	17	18	19	20	20	21	0,062	0,942
960	112,2	12,2	13,0	13,7	14	15	16	16	17	17	18	19	20	21	21	0,062	0,942
980	113,4	12,4	13,2	14,0	15	15	16	16	17	18	18	19	20	21	22	0,031	0,942
1,000	114,5	12,7	13,5	14,3	15	15	16	17	17	18	19	20	21	22	23	0,061	0,942
Ad pag.		3	5	7	9	11	13	15	17	19	21	23	25	26	26		
		29	31	33	35	37	39	41	43	45	47	49	51	52	52		

Leergangswiderstand der Eincylinder-Condensations-Maschinen in Pfdk.
nebst dem Coëfficienten μ der zusätzlichen Reibung.

Wirksame Kolbenfläche	Kolben-Durchmesser	Absol. Admissions-Spannung p in Kgr. oder Atm.												Zusätzl. Reibung	
		2½	3	3½	4	4½	5	5½	6	6½	7	8	9		
O Qu.Met.	D Centm.	Pferdekräfte pro 1 Meter Kolbengeschwindigkeit												μ	$\frac{1}{1+\mu}$
0,030	19,8	1,4	1,4	1,4	1,4	1,5	1,5	1,5	1,5	1,5	1,6	1,6	1,6	0,125	0,889
032	20,5	1,4	1,4	1,5	1,5	1,5	1,5	1,6	1,6	1,6	1,6	1,7	1,7	0,124	0,889
034	21,1	1,5	1,5	1,5	1,6	1,6	1,6	1,6	1,7	1,7	1,7	1,7	1,8	0,124	0,890
036	21,7	1,5	1,6	1,6	1,6	1,6	1,7	1,7	1,7	1,8	1,8	1,8	1,9	0,123	0,891
038	22,3	1,6	1,6	1,6	1,7	1,7	1,7	1,8	1,8	1,8	1,8	1,9	1,9	0,122	0,892
0,040	22,9	1,6	1,7	1,7	1,7	1,8	1,8	1,8	1,9	1,9	1,9	2,0	2,0	0,121	0,892
042	23,5	1,7	1,7	1,8	1,8	1,8	1,9	1,9	1,9	2,0	2,0	2,0	2,1	0,120	0,893
044	24,0	1,7	1,8	1,8	1,9	1,9	1,9	2,0	2,0	2,0	2,0	2,1	2,2	0,119	0,894
046	24,6	1,8	1,8	1,9	1,9	2,0	2,0	2,0	2,1	2,1	2,1	2,2	2,2	0,118	0,894
048	25,1	1,8	1,9	1,9	2,0	2,0	2,0	2,1	2,1	2,2	2,2	2,2	2,3	0,117	0,895
0,050	25,6	1,9	2,0	2,0	2,0	2,1	2,1	2,2	2,2	2,2	2,3	2,3	2,4	0,117	0,895
053	26,4	2,0	2,0	2,1	2,1	2,2	2,2	2,2	2,3	2,3	2,3	2,4	2,5	0,116	0,896
056	27,1	2,0	2,1	2,2	2,2	2,2	2,3	2,3	2,4	2,4	2,4	2,5	2,6	0,115	0,897
059	27,8	2,1	2,2	2,2	2,3	2,3	2,4	2,4	2,5	2,5	2,5	2,6	2,7	0,114	0,898
062	28,5	2,2	2,3	2,3	2,4	2,4	2,5	2,5	2,6	2,6	2,6	2,7	2,8	0,113	0,898
0,065	29,2	2,3	2,3	2,4	2,5	2,5	2,6	2,6	2,6	2,7	2,7	2,8	2,9	0,113	0,899
068	29,9	2,4	2,4	2,5	2,5	2,6	2,6	2,7	2,7	2,8	2,8	2,9	3,0	0,112	0,900
071	30,5	2,4	2,5	2,5	2,6	2,7	2,7	2,8	2,8	2,9	2,9	3,0	3,1	0,111	0,900
074	31,2	2,5	2,6	2,6	2,7	2,7	2,8	2,9	2,9	3,0	3,0	3,1	3,2	0,110	0,901
077	31,8	2,6	2,6	2,7	2,8	2,8	2,9	3,0	3,0	3,1	3,1	3,2	3,3	0,109	0,902
0,080	32,4	2,6	2,7	2,8	2,9	2,9	3,0	3,0	3,1	3,2	3,2	3,3	3,4	0,108	0,902
084	33,2	2,7	2,8	2,9	3,0	3,0	3,1	3,2	3,2	3,3	3,3	3,4	3,5	0,107	0,903
088	34,0	2,8	2,9	3,0	3,1	3,1	3,2	3,3	3,3	3,4	3,4	3,5	3,6	0,107	0,904
092	34,7	2,9	3,0	3,1	3,2	3,2	3,3	3,4	3,4	3,5	3,6	3,7	3,8	0,106	0,904
096	35,5	3,0	3,1	3,2	3,3	3,3	3,4	3,5	3,6	3,6	3,7	3,8	3,9	0,105	0,905
0,100	36,2	3,1	3,2	3,3	3,4	3,4	3,5	3,6	3,7	3,7	3,8	3,9	4,0	0,104	0,906
105	37,1	3,2	3,3	3,4	3,5	3,6	3,6	3,7	3,8	3,9	3,9	4,1	4,2	0,103	0,906
110	38,0	3,3	3,4	3,5	3,6	3,7	3,8	3,9	3,9	4,0	4,1	4,2	4,3	0,102	0,907
115	38,8	3,4	3,5	3,6	3,7	3,8	3,9	4,0	4,1	4,1	4,2	4,4	4,5	0,102	0,908
120	39,7	3,5	3,6	3,7	3,8	3,9	4,0	4,1	4,2	4,3	4,4	4,5	4,6	0,101	0,908
0,125	40,5	3,6	3,7	3,8	4,0	4,1	4,2	4,2	4,3	4,4	4,5	4,7	4,8	0,100	0,909
130	41,3	3,8	3,9	4,0	4,1	4,2	4,3	4,4	4,5	4,6	4,6	4,8	4,9	0,099	0,910
135	42,1	3,9	4,0	4,1	4,2	4,3	4,4	4,5	4,6	4,7	4,8	5,0	5,1	0,098	0,910
140	42,8	4,0	4,1	4,2	4,3	4,4	4,5	4,6	4,7	4,8	4,9	5,1	5,3	0,098	0,911
145	43,6	4,1	4,2	4,3	4,5	4,6	4,7	4,8	4,9	5,0	5,1	5,3	5,4	0,097	0,912
0,150	44,4	4,2	4,3	4,4	4,6	4,7	4,8	4,9	5,0	5,1	5,2	5,4	5,6	0,096	0,913
155	45,1	4,3	4,4	4,6	4,7	4,8	4,9	5,0	5,2	5,3	5,4	5,5	5,7	0,095	0,913
160	45,8	4,4	4,5	4,7	4,8	4,9	5,0	5,2	5,3	5,4	5,5	5,7	5,9	0,095	0,914
165	46,5	4,5	4,6	4,8	4,9	5,1	5,2	5,3	5,4	5,5	5,6	5,8	6,0	0,094	0,914
170	47,2	4,6	4,7	4,9	5,0	5,2	5,3	5,4	5,5	5,6	5,8	6,0	6,2	0,093	0,915
0,175	47,9	4,7	4,8	5,0	5,1	5,3	5,4	5,5	5,7	5,8	5,9	6,1	6,3	0,093	0,915
180	48,6	4,8	4,9	5,1	5,3	5,4	5,5	5,7	5,8	5,9	6,0	6,2	6,5	0,092	0,916
185	49,3	4,9	5,0	5,2	5,4	5,5	5,6	5,8	5,9	6,0	6,2	6,4	6,6	0,092	0,916
190	49,9	5,0	5,1	5,3	5,5	5,7	5,8	5,9	6,1	6,2	6,3	6,5	6,8	0,091	0,917
195	50,6	5,1	5,3	5,4	5,6	5,8	5,9	6,1	6,2	6,3	6,5	6,7	6,9	0,090	0,917
0,200	51,2	5,2	5,4	5,6	5,7	5,9	6,0	6,2	6,3	6,5	6,6	6,8	7,1	0,090	0,918
205	51,8	5,3	5,5	5,7	5,8	6,0	6,2	6,3	6,4	6,6	6,7	7,0	7,2	0,089	0,918
210	52,5	5,4	5,6	5,8	6,0	6,1	6,3	6,4	6,6	6,7	6,9	7,1	7,4	0,089	0,918
215	53,1	5,4	5,7	5,9	6,1	6,2	6,4	6,6	6,7	6,8	7,0	7,2	7,5	0,088	0,919
220	53,7	5,5	5,8	6,0	6,2	6,3	6,5	6,7	6,8	7,0	7,1	7,4	7,6	0,088	0,919
0,225	54,3	5,6	5,9	6,1	6,3	6,4	6,6	6,8	7,0	7,1	7,2	7,5	7,8	0,087	0,920
230	54,9	5,7	6,0	6,2	6,4	6,6	6,8	6,9	7,1	7,2	7,4	7,6	7,9	0,087	0,920
235	55,5	5,8	6,1	6,3	6,5	6,7	6,9	7,0	7,2	7,4	7,5	7,8	8,1	0,086	0,921
240	56,1	5,9	6,2	6,4	6,6	6,8	7,0	7,2	7,3	7,5	7,6	7,9	8,2	0,086	0,921
245	56,7	6,0	6,3	6,5	6,7	6,9	7,1	7,3	7,5	7,6	7,8	8,1	8,4	0,085	0,921
0,250	57,3	6,1	6,4	6,6	6,8	7,0	7,2	7,4	7,6	7,8	7,9	8,2	8,5	0,085	0,921
Ad pag.		54	56	58	60	62	64	66	68	70	72	74	76		

Leergangswiderstand der Eincylinder-Condensations-Maschinen in Pfdk.
nebst dem Coëfficienten μ der zusätzlichen Reibung. (Fortsetzung.)

Wirksame Kolbenfläche	Kolben-Durchmesser	Absol. Admissions-Spannung p in Kgr. oder Atm.												Zusätzl. Reibung	
		2½	3	3½	4	4½	5	5½	6	6½	7	8	9		
O Qu.Met.	D Centm.	Pferdekräfte pro 1 Meter Kolbengeschwindigkeit												μ	$\frac{1}{1+\mu}$
0,250	57,3	6,1	6,4	6,6	6,8	7,0	7,2	7,4	7,6	7,8	7,9	8,2	8,5	0,085	0,921
255	57,8	6,2	6,5	6,7	6,9	7,1	7,3	7,5	7,7	7,9	8,0	8,3	8,6	0,085	0,922
260	58,4	6,3	6,6	6,8	7,0	7,3	7,5	7,6	7,8	8,0	8,2	8,5	8,8	0,085	0,922
265	59,0	6,4	6,7	6,9	7,2	7,4	7,6	7,8	8,0	8,1	8,3	8,6	8,9	0,084	0,922
270	59,5	6,5	6,8	7,0	7,3	7,5	7,7	7,9	8,1	8,3	8,4	8,7	9,1	0,084	0,923
0,275	60,1	6,6	6,9	7,1	7,4	7,6	7,8	8,0	8,2	8,4	8,6	8,9	9,2	0,083	0,923
280	60,6	6,7	7,0	7,2	7,5	7,7	7,9	8,1	8,3	8,5	8,7	9,0	9,3	0,083	0,923
285	61,1	6,8	7,1	7,4	7,6	7,8	8,0	8,2	8,4	8,6	8,8	9,1	9,5	0,083	0,924
290	61,7	6,9	7,2	7,5	7,7	7,9	8,2	8,4	8,6	8,7	8,9	9,3	9,6	0,082	0,924
295	62,2	7,0	7,3	7,6	7,8	8,0	8,3	8,5	8,7	8,9	9,1	9,4	9,8	0,082	0,925
0,300	62,7	7,1	7,4	7,7	7,9	8,2	8,4	8,6	8,8	9,0	9,2	9,6	9,9	0,082	0,925
310	63,8	7,3	7,6	7,9	8,1	8,4	8,6	8,8	9,0	9,3	9,5	9,8	10,2	0,081	0,925
320	64,8	7,4	7,8	8,1	8,3	8,6	8,8	9,1	9,3	9,5	9,7	10,1	10,5	0,080	0,926
330	65,8	7,6	8,0	8,3	8,6	8,8	9,1	9,3	9,5	9,8	10,0	10,4	10,7	0,080	0,926
340	66,8	7,8	8,2	8,5	8,8	9,0	9,3	9,5	9,8	10,0	10,2	10,6	11,0	0,079	0,927
0,350	67,7	8,0	8,4	8,7	9,0	9,2	9,5	9,8	10,0	10,3	10,5	10,9	11,3	0,079	0,927
360	68,7	8,2	8,5	8,9	9,2	9,5	9,8	10,0	10,3	10,5	10,7	11,2	11,6	0,078	0,928
370	69,7	8,3	8,7	9,1	9,4	9,7	10,0	10,2	10,5	10,8	11,0	11,5	11,9	0,077	0,928
380	70,6	8,5	8,9	9,3	9,6	9,9	10,2	10,5	10,8	11,0	11,2	11,7	12,1	0,077	0,929
390	71,5	8,7	9,1	9,5	9,8	10,1	10,4	10,7	11,0	11,3	11,5	12,0	12,4	0,076	0,929
0,400	72,4	8,9	9,3	9,7	10,0	10,4	10,7	10,9	11,3	11,5	11,7	12,3	12,7	0,076	0,930
410	73,3	9,1	9,5	9,9	10,2	10,6	10,9	11,2	11,5	11,9	12,0	12,5	13,0	0,075	0,930
420	74,2	9,3	9,7	10,1	10,4	10,8	11,1	11,4	11,7	12,1	12,2	12,8	13,2	0,075	0,931
430	75,1	9,4	9,9	10,3	10,6	11,0	11,3	11,6	12,0	12,3	12,5	13,0	13,5	0,074	0,931
440	76,0	9,6	10,1	10,5	10,8	11,2	11,5	11,9	12,2	12,6	12,7	13,3	13,8	0,074	0,932
0,450	76,8	9,8	10,3	10,7	11,0	11,4	11,8	12,1	12,4	12,8	13,0	13,6	14,0	0,073	0,932
460	77,7	10,0	10,4	10,9	11,2	11,6	12,0	12,3	12,6	13,1	13,2	13,8	14,3	0,073	0,932
470	78,5	10,1	10,6	11,1	11,4	11,8	12,2	12,5	12,9	13,3	13,5	14,1	14,6	0,072	0,933
480	79,3	10,3	10,8	11,3	11,7	12,0	12,4	12,8	13,1	13,5	13,7	14,3	14,9	0,072	0,933
490	80,2	10,5	11,0	11,5	11,9	12,2	12,6	13,0	13,4	13,8	14,0	14,6	15,1	0,071	0,934
0,500	81,0	10,7	11,2	11,7	12,1	12,5	12,9	13,3	13,6	13,9	14,2	14,9	15,4	0,071	0,934
510	81,8	10,8	11,4	11,9	12,3	12,7	13,1	13,5	13,8	14,2	14,5	15,1	15,7	0,071	0,934
520	82,6	11,0	11,6	12,0	12,5	12,9	13,3	13,7	14,1	14,4	14,7	15,4	15,9	0,070	0,935
530	83,4	11,2	11,7	12,2	12,7	13,1	13,5	13,9	14,3	14,6	15,0	15,6	16,2	0,070	0,935
540	84,2	11,4	11,9	12,4	12,9	13,3	13,7	14,1	14,5	14,9	15,2	15,9	16,5	0,069	0,935
0,550	84,9	11,5	12,1	12,6	13,1	13,5	13,9	14,4	14,7	15,1	15,5	16,1	16,7	0,069	0,936
560	85,7	11,7	12,3	12,8	13,3	13,7	14,2	14,6	15,0	15,4	15,7	16,4	17,0	0,069	0,936
570	86,5	11,9	12,5	13,0	13,5	13,9	14,4	14,8	15,2	15,6	16,0	16,7	17,3	0,068	0,936
580	87,2	12,0	12,7	13,2	13,7	14,1	14,6	15,1	15,4	15,8	16,2	16,9	17,5	0,068	0,937
590	88,0	12,2	12,9	13,4	13,9	14,4	14,8	15,3	15,7	16,1	16,5	17,2	17,8	0,067	0,937
0,600	88,7	12,4	13,0	13,6	14,1	14,6	15,0	15,5	15,9	16,3	16,7	17,4	18,1	0,067	0,937
620	90,2	12,7	13,4	14,0	14,5	15,0	15,5	16,0	16,4	16,8	17,2	17,9	18,6	0,067	0,938
640	91,6	13,1	13,8	14,4	14,9	15,4	15,9	16,4	16,8	17,2	17,7	18,4	19,1	0,066	0,938
660	93,0	13,4	14,1	14,7	15,3	15,8	16,3	16,8	17,3	17,7	18,2	18,9	19,6	0,066	0,938
680	94,4	13,8	14,5	15,1	15,6	16,2	16,7	17,3	17,7	18,2	18,6	19,5	20,2	0,065	0,939
0,700	95,8	14,1	14,8	15,5	16,0	16,6	17,2	17,7	18,2	18,7	19,1	20,0	20,7	0,065	0,939
720	97,2	14,4	15,2	15,9	16,4	17,0	17,6	18,2	18,6	19,1	19,6	20,5	21,2	0,064	0,940
740	98,5	14,8	15,6	16,3	16,8	17,4	18,0	18,6	19,1	19,6	20,1	21,0	21,8	0,064	0,940
760	99,8	15,1	15,9	16,6	17,2	17,8	18,5	19,0	19,6	20,1	20,6	21,5	22,3	0,063	0,941
780	101,1	15,5	16,3	17,0	17,6	18,3	18,9	19,5	20,0	20,5	21,1	22,0	22,8	0,063	0,941
0,800	102,4	15,8	16,6	17,4	18,0	18,7	19,3	19,9	20,5	21,0	21,5	22,5	23,4	0,062	0,941
820	103,7	16,1	17,0	17,8	18,4	19,1	19,7	20,4	20,9	21,5	22,0	23,0	23,9	0,062	0,942
840	105,0	16,5	17,3	18,1	18,8	19,5	20,1	20,8	21,4	21,9	22,5	23,5	24,4	0,062	0,942
860	106,2	16,8	17,7	18,5	19,2	19,9	20,5	21,2	21,8	22,4	23,0	24,0	24,9	0,062	0,942
880	107,4	17,2	18,0	18,8	19,6	20,3	21,0	21,7	22,2	22,8	23,4	24,5	25,4	0,062	0,942
0,900	108,6	17,5	18,4	19,2	20,0	20,7	21,4	22,1	22,7	23,3	23,9	25,0	26,0	0,062	0,942
920	109,8	17,8	18,7	19,6	20,4	21,1	21,8	22,5	23,1	23,8	24,4	25,5	26,5	0,062	0,942
940	111,0	18,2	19,1	20,0	20,8	21,5	22,2	23,0	23,6	24,2	24,8	26,0	27,1	0,062	0,942
960	112,2	18,5	19,4	20,3	21,2	22,0	22,6	23,4	24,0	24,7	25,3	26,5	27,6	0,062	0,942
980	113,4	18,9	19,8	20,7	21,6	22,4	23,0	23,8	24,5	25,1	25,8	27,0	28,1	0,061	0,942
1,000	114,5	19,2	20,1	21,1	22,0	22,8	23,5	24,3	24,9	25,6	26,3	27,5	28,7	0,061	0,942
Ad pag.		55	57	59	61	63	65	67	69	71	73	75	77		

Leergangswiderstand der Zweicylinder-Condensations-Maschinen in Pfdk.
nebst dem Coëfficienten μ der zusätzlichen Reibung.

Wirksame Kolbenfläche	Kolben-Durchmesser	Absol. Admissions-Spannung p in Kgr. oder Atm.									Zusätzl. Reibung	
		4	**4½**	**5**	**5½**	**6**	**6½**	**7**	**8**	**9**		
O Qu.Met.	D Centm.	Pferdekräfte pro 1 Meter Kolbengeschwindigkeit									μ	$\frac{1}{1+\mu}$
0,065	29,2	2,9	2,9	3,0	3,0	3,1	3,1	3,2	3,3	3,3	0,113	0,899
068	29,9	3,0	3,0	3,1	3,1	3,2	3,2	3,3	3,4	3,4	0,112	0,900
071	30,5	3,1	3,1	3,2	3,2	3,3	3,3	3,4	3,5	3,5	0,111	0,900
074	31,2	3,1	3,2	3,3	3,3	3,4	3,4	3,5	3,6	3,6	0,110	0,901
077	31,8	3,2	3,3	3,4	3,4	3,5	3,5	3,6	3,7	3,8	0,109	0,902
0,080	32,4	3,3	3,4	3,5	3,5	3,6	3,6	3,7	3,8	3,9	0,108	0,902
084	33,2	3,5	3,5	3,6	3,7	3,7	3,8	3,8	3,9	4,0	0,107	0,903
088	34,0	3,6	3,6	3,7	3,8	3,8	3,9	4,0	4,1	4,2	0,107	0,904
092	34,7	3,7	3,8	3,8	3,9	4,0	4,0	4,1	4,2	4,3	0,106	0,904
096	35,5	3,8	3,9	3,9	4,0	4,1	4,2	4,2	4,4	4,4	0,105	0,905
0,100	36,2	3,9	4,0	4,1	4,1	4,2	4,3	4,3	4,5	4,6	0,104	0,906
105	37,1	4,1	4,1	4,2	4,3	4,4	4,4	4,5	4,6	4,8	0,103	0,906
110	38,0	4,2	4,3	4,4	4,4	4,5	4,6	4,7	4,8	4,9	0,102	0,907
115	38,8	4,3	4,4	4,5	4,6	4,7	4,7	4,8	5,0	5,1	0,102	0,908
120	39,7	4,5	4,6	4,6	4,7	4,8	4,9	5,0	5,1	5,3	0,101	0,908
0,125	40,5	4,6	4,7	4,8	4,9	5,0	5,0	5,1	5,3	5,4	0,100	0,909
130	41,3	4,8	4,8	4,9	5,0	5,1	5,2	5,3	5,4	5,6	0,099	0,910
135	42,1	4,9	5,0	5,1	5,2	5,3	5,3	5,5	5,6	5,8	0,098	0,910
140	42,8	5,0	5,1	5,2	5,3	5,4	5,5	5,6	5,8	5,9	0,098	0,911
145	43,6	5,2	5,3	5,3	5,5	5,6	5,6	5,8	5,9	6,1	0,097	0,912
0,150	44,4	5,3	5,4	5,5	5,6	5,7	5,8	5,9	6,1	6,3	0,096	0,913
155	45,1	5,4	5,5	5,6	5,7	5,8	5,9	6,1	6,2	6,4	0,095	0,913
160	45,8	5,5	5,6	5,7	5,9	6,0	6,1	6,2	6,4	6,6	0,095	0,914
165	46,5	5,7	5,8	5,9	6,0	6,1	6,2	6,4	6,5	6,7	0,094	0,914
170	47,2	5,8	5,9	6,0	6,2	6,3	6,4	6,5	6,7	6,9	0,093	0,915
0,175	47,9	5,9	6,0	6,1	6,3	6,4	6,5	6,7	6,8	7,1	0,093	0,915
180	48,6	6,0	6,2	6,3	6,4	6,5	6,6	6,8	7,0	7,2	0,092	0,916
185	49,3	6,2	6,3	6,4	6,6	6,7	6,8	7,0	7,1	7,4	0,092	0,916
190	49,9	6,3	6,4	6,5	6,7	6,8	6,9	7,1	7,3	7,5	0,091	0,917
195	50,6	6,4	6,6	6,7	6,9	7,0	7,1	7,3	7,4	7,7	0,090	0,917
0,200	51,2	6,5	6,7	6,8	7,0	7,1	7,2	7,4	7,6	7,9	0,090	0,918
205	51,8	6,6	6,8	6,9	7,1	7,2	7,4	7,5	7,8	8,0	0,089	0,918
210	52,5	6,8	6,9	7,1	7,2	7,4	7,5	7,7	7,9	8,2	0,089	0,918
215	53,1	6,9	7,0	7,2	7,4	7,5	7,7	7,8	8,1	8,3	0,088	0,919
220	53,7	7,0	7,2	7,3	7,5	7,7	7,8	7,9	8,2	8,5	0,088	0,919
0,225	54,3	7,1	7,3	7,5	7,6	7,8	7,9	8,1	8,4	8,6	0,087	0,920
230	54,9	7,2	7,4	7,6	7,8	7,9	8,1	8,2	8,5	8,8	0,087	0,920
235	55,5	7,4	7,5	7,7	7,9	8,1	8,2	8,4	8,7	8,9	0,086	0,921
240	56,1	7,5	7,6	7,9	8,0	8,2	8,4	8,5	8,8	9,1	0,086	0,921
245	56,7	7,6	7,8	8,0	8,2	8,4	8,5	8,6	9,0	9,2	0,085	0,921
0,250	57,3	7,7	7,9	8,1	8,3	8,5	8,6	8,8	9,1	9,4	0,085	0,921
Ad. pag.		80	82	84	86	88	90	92	94	96		

Leergangswiderstand der Zweicylinder-Condensations-Maschinen in Pfdk.
nebst dem Coëfficienten μ der zusätzlichen Reibung. (Fortsetzung.)

Wirksame Kolbenfläche	Kolben-Durchmesser	Absol. Admissions-Spannung p in Kgr. oder Atm.									Zusätzl. Reibung	
		4	**4½**	**5**	**5½**	**6**	**6½**	**7**	**8**	**9**		
O Qu.Met.	D Centm.	Pferdekräfte pro 1 Meter Kolbengeschwindigkeit									μ	$\dfrac{1}{1+\mu}$
0,250	57,3	7,7	7,9	8,1	8,3	8,5	8,6	8,8	9,1	9,4	0,085	0,921
255	57,8	7,8	8,0	8,2	8,4	8,6	8,8	8,9	9,2	9,5	0,085	0,922
260	58,4	7,9	8,1	8,4	8,5	8,7	8,9	9,1	9,4	9,7	0,085	0,922
265	59,0	8,1	8,3	8,5	8,7	8,9	9,0	9,2	9,5	9,8	0,084	0,922
270	59,5	8,2	8,4	8,6	8,8	9,0	9,2	9,3	9,7	10,0	0,084	0,923
0,275	60,1	8,3	8,5	8,8	8,9	9,1	9,3	9,5	9,8	10,1	0,083	0,923
280	60,6	8,4	8,6	8,9	9,1	9,3	9,4	9,6	10,0	10,3	0,083	0,923
285	61,1	8,5	8,7	9,0	9,2	9,4	9,6	9,8	10,1	10,4	0,083	0,924
290	61,7	8,7	8,9	9,1	9,3	9,5	9,7	9,9	10,3	10,6	0,082	0,924
295	62,2	8,8	9,0	9,3	9,4	9,6	9,8	10,0	10,4	10,7	0,082	0,925
0,300	62,7	8,9	9,1	9,4	9,6	9,8	10,0	10,2	10,5	10,9	0,082	0,925
310	63,8	9,1	9,4	9,6	9,8	10,0	10,2	10,4	10,8	11,2	0,081	0,925
320	64,8	9,3	9,6	9,8	10,1	10,3	10,5	10,7	11,1	11,5	0,080	0,926
330	65,8	9,6	9,8	10,1	10,3	10,5	10,8	11,0	11,4	11,8	0,080	0,926
340	66,8	9,8	10,0	10,3	10,6	10,8	11,0	11,2	11,7	12,0	0,079	0,927
0,350	67,7	10,0	10,3	10,6	10,8	11,1	11,3	11,5	12,0	12,3	0,079	0,927
360	68,7	10,3	10,5	10,8	11,1	11,3	11,6	11,8	12,3	12,6	0,078	0,928
370	69,7	10,5	10,7	11,0	11,3	11,6	11,9	12,1	12,6	12,9	0,077	0,928
380	70,6	10,7	11,0	11,3	11,6	11,8	12,1	12,3	12,8	13,2	0,077	0,929
390	71,5	11,0	11,2	11,5	11,8	12,1	12,4	12,6	13,1	13,5	0,076	0,929
0,400	72,4	11,1	11,5	11,8	12,0	12,4	12,6	12,8	13,4	13,8	0,076	0,930
410	73,3	11,4	11,7	12,0	12,3	12,6	12,9	13,1	13,7	14,1	0,075	0,930
420	74,2	11,6	11,9	12,2	12,5	12,9	13,1	13,4	14,0	14,4	0,075	0,931
430	75,1	11,8	12,2	12,5	12,8	13,1	13,4	13,6	14,3	14,6	0,074	0,931
440	76,0	12,0	12,4	12,7	12,9	13,4	13,6	13,9	14,6	14,9	0,074	0,932
0,450	76,8	12,2	12,7	12,9	13,2	13,6	13,9	14,1	14,8	15,2	0,073	0,932
460	77,7	12,5	12,9	13,2	13,4	13,9	14,1	14,4	15,1	15,5	0,073	0,932
470	78,5	12,7	13,0	13,4	13,7	14,1	14,4	14,7	15,4	15,8	0,072	0,933
480	79,3	12,9	13,2	13,6	13,9	14,4	14,6	14,9	15,7	16,0	0,072	0,933
490	80,2	13,1	13,4	13,9	14,2	14,6	14,9	15,2	15,9	16,3	0 071	0,934
0,500	81,0	13,3	13,7	14,1	14,5	14,8	15,2	15,4	16,1	16,6	0,071	0,934
510	81,8	13,5	13,9	14,3	14,7	15,1	15,4	15,7	16,4	16,9	0,071	0,934
520	82,6	13,7	14,1	14,6	15,0	15,3	15,7	16,0	16,6	17,2	0,070	0,935
530	83,4	13,9	14,4	14,8	15,2	15,6	15,9	16,2	16,9	17,5	0,070	0,935
540	84,2	14,2	14,6	15,0	15,5	15,8	16,2	16,5	17,2	17,8	0,069	0,935
0,550	84,9	14,4	14,8	15,3	15,7	16,0	16,5	16,7	17,5	18,0	0,069	0,936
560	85,7	14,6	15,0	15,5	15,9	16,3	16,7	17,0	17,7	18,3	0,069	0,936
570	86,5	14,8	15,2	15,7	16,2	16,5	17,0	17,3	18,0	18,6	0,068	0,936
580	87,2	15,0	15,5	15,9	16,4	16,8	17,2	17,5	18,3	18,9	0,068	0 937
590	88,0	15,2	15,7	16,2	16,7	17,0	17,5	17,8	18,5	19,2	0,067	0,937
0,600	88,7	15,4	15,9	16,4	16,9	17,3	17,7	18,1	18,8	19,4	0,067	0,937
620	90,2	15,9	16,3	16,8	17,3	17,8	18,2	18,6	19,3	20,0	0,067	0,938
640	91,6	16,3	16,8	17,3	17,8	18,2	18,7	19,1	19,9	20,5	0,066	0,938
660	93,0	16,7	17,2	17,7	18,3	18,7	19,1	19,6	20,4	21,1	0,066	0,938
680	94,4	17,1	17,6	18,2	18,7	19,2	19,6	20,1	20,9	21,6	0,065	0,939
0,700	95,8	17,5	18,1	18,6	19,2	19,7	20,1	20,6	21,4	22,2	0,065	0,939
720	97,2	18,0	18,5	19,1	19,6	20,2	20,6	21,1	22,0	22,7	0,064	0,940
740	98,5	18,4	18,9	19,5	20,1	20,6	21,1	21,6	22,5	23,3	0,064	0,940
760	99,8	18,8	19,4	20,0	20,6	21,1	21,6	22,1	23,0	23,8	0,063	0,941
780	101,1	19,2	19,8	20,4	21,0	21,6	22,1	22,6	23,6	24,4	0,063	0,941
0,800	102,4	19,6	20,2	20,9	21,5	22,0	22,6	23,1	24,1	24,9	0,062	0,942
820	103,7	20,0	20,7	21,3	22,0	22,5	23,0	23,6	24,6	25,5	0,062	0,942
840	105,0	20,4	21,1	21,7	22,4	23,0	23,5	24,1	25,1	26,0	0,062	0,942
860	106,3	20,8	21,5	22,2	22,9	23,4	24,0	24,6	25,6	26,6	0,062	0,942
880	107,4	21,3	21,9	22,6	23,3	23,9	24,5	25,1	26,2	27,1	0,062	0,942
0,900	108,6	21,7	22,4	23,0	23,8	24,3	25,0	25,6	26,7	27,7	0,062	0,942
920	109,8	22,1	22,8	23,5	24,2	24,8	25,4	26,0	27,2	28,2	0,062	0,942
940	111,0	22,5	23,2	23,9	24,7	25,3	25,9	26,5	27,7	28,8	0,062	0,942
960	112,2	22,9	23,7	24,3	25,1	25,7	26,4	27,0	28,2	29,3	0,062	0,942
980	113,4	23,4	24,1	24,7	25,6	26,2	26,9	27,5	28,8	29,9	0,061	0,942
1,000	114,5	23,8	24,5	25,2	26,0	26,7	27,4	28,0	29,2	30,4	0,061	0,942
Ad pag.		81	83	85	87	89	91	93	95	97		

Leergangswiderstand sehr grosser Eincylinder-Auspuff-Maschinen in Pfdk.

nebst dem Coëfficienten μ der zusätzlichen Reibung.

Wirksame Kolbenfläche O Qu. Met.	Kolben-Durchmesser D Centm.	Absol. Admissions-Spannung p in Kgr. oder Atm. / Pferdekräfte pro 1 Meter Kolbengeschwindigkeit $\frac{N_o}{c}$														Zusätzl. Reibung μ	$\frac{1}{1+\mu}$
		3	3½	4	4½	5	5½	6	6½	7	8	9	10	11	12		
1,00	115	13	14	14	15	16	16	17	17	18	19	20	21	22	23	0,061	0,942
05	117	13	14	15	16	16	17	17	18	19	20	21	22	23	24	0,061	0,943
10	120	14	15	16	16	17	18	18	19	20	20	22	23	24	25	0,061	0,943
15	123	14	15	16	17	18	18	19	20	20	21	23	23	25	25	0,061	0,943
20	125	15	16	17	17	18	19	20	20	21	22	24	24	25	26	0,060	0,943
1,25	128	15	17	17	18	19	20	20	21	22	23	24	25	26	27	0,060	0,943
30	131	16	17	18	19	20	20	21	22	23	24	25	26	27	28	0,060	0,944
35	133	16	18	19	19	20	21	22	23	24	25	26	27	28	29	0,060	0,944
40	135	17	18	19	20	21	22	23	24	24	26	27	28	29	30	0,060	0,944
45	138	17	19	20	21	22	23	23	24	25	26	28	29	31	31	0,059	0,944
1,50	140	18	19	21	22	22	23	24	25	26	27	29	30	31	32	0,059	0,945
55	143	19	20	21	22	23	24	25	26	27	28	30	31	32	33	0,059	0,945
60	145	19	20	22	23	24	25	26	27	28	29	31	32	33	34	0,058	0,945
65	147	20	21	22	23	24	26	26	27	28	30	32	33	34	35	0,058	0,945
70	149	20	22	23	24	25	26	27	28	29	31	33	34	35	36	0,058	0,945
1,75	151	21	22	24	25	26	27	28	29	30	31	33	35	36	37	0,058	0,945
80	154	21	23	24	25	27	28	29	30	31	32	34	36	37	38	0,058	0,946
85	156	22	23	25	26	27	28	29	30	32	33	35	37	38	39	0,057	0,946
90	158	22	24	25	27	28	29	30	31	32	34	36	38	39	40	0,057	0,946
95	160	23	25	26	27	29	30	31	32	33	35	37	39	40	41	0,057	0,946
2,00	162	24	25	27	28	29	31	32	33	34	36	38	40	41	42	0,057	0,946
10	166	25	26	28	29	31	32	33	34	35	37	40	41	42	43	0,057	0,946
20	170	26	27	29	30	32	34	35	36	37	39	41	43	44	45	0,056	0,947
30	174	27	28	30	32	33	35	36	37	39	41	43	45	46	47	0,056	0,947
40	177	28	30	32	33	35	36	37	39	40	42	45	47	48	49	0,056	0,947
2,50	181	29	31	33	34	36	38	39	40	42	44	47	49	50	52	0,056	0,947
60	185	30	32	34	36	37	39	40	42	43	46	48	51	52	54	0,055	0,948
70	188	31	33	35	37	39	41	42	43	45	47	50	52	54	56	0,055	0,948
80	192	32	34	36	38	40	42	43	45	47	49	52	54	56	58	0,055	0,948
90	195	33	35	38	39	41	43	45	46	48	51	54	56	58	60	0,054	0,949
3,00	198	34	37	39	41	43	45	46	48	50	53	56	58	60	62	0,054	0,949
10	202	35	38	40	42	44	46	48	49	51	54	57	60	62	64	0,054	0,949
20	205	36	39	41	43	45	48	49	51	53	56	59	62	64	66	0,054	0,949
30	208	37	40	42	44	47	49	51	52	54	57	61	64	67	69	0,054	0,949
40	211	38	41	44	46	48	50	52	54	56	59	62	65	68	71	0,053	0,949
3,50	214	39	42	45	47	49	52	53	55	58	61	64	67	70	73	0,053	0,950
60	217	40	43	46	48	51	53	55	57	59	63	66	69	72	75	0,053	0,950
70	220	42	44	47	49	52	55	56	58	61	64	68	71	74	77	0,053	0,950
80	223	43	46	48	51	53	56	58	60	62	66	70	73	76	79	0,053	0,950
90	226	44	47	50	52	55	57	59	61	64	68	71	75	78	81	0,052	0,950
4,00	229	45	48	51	53	56	59	61	63	66	69	73	77	80	83	0,052	0,951
10	232	46	49	52	55	57	60	62	64	67	71	75	79	82	85	0,052	0,951
20	235	47	50	53	56	59	61	64	66	69	73	77	80	84	87	0,052	0,951
30	237	48	51	54	57	60	63	65	67	70	74	78	82	86	90	0,051	0,951
40	240	49	52	55	58	61	64	66	69	72	76	80	84	88	92	0,051	0,951
4,50	243	50	53	56	59	62	65	68	70	73	77	82	86	90	94	0,051	0,952
60	246	51	55	58	61	64	67	69	72	75	79	83	88	92	96	0,051	0,952
70	248	52	56	59	62	65	68	71	73	76	81	85	89	94	98	0,051	0,952
80	251	53	57	60	63	66	70	72	75	78	82	87	91	96	100	0,050	0,952
90	253	54	58	61	64	68	71	73	76	79	84	89	93	98	102	0,050	0,952
5,00	256	55	59	62	66	69	72	75	78	81	86	90	95	100	105	0,050	0,952
20	261	57	61	65	68	72	75	78	81	84	89	94	99	104	108	0,050	0,952
40	266	59	63	67	70	74	78	81	84	87	92	97	102	106	111	0,050	0,953
60	271	61	66	69	73	77	80	83	87	90	95	101	106	110	115	0,049	0,953
80	276	63	68	72	75	79	83	86	90	93	99	104	109	114	119	0,049	0,953
6,00	281	65	70	74	78	82	86	89	93	96	102	108	113	118	123	0,049	0,954
20	285	67	71	76	80	84	89	92	96	99	105	111	117	122	128	0,049	0,954
40	290	69	74	79	83	87	91	95	99	102	108	114	120	126	132	0,048	0,954
60	294	71	76	81	85	90	94	98	102	105	112	118	124	130	136	0,048	0,954
80	299	73	78	83	88	92	97	100	105	109	115	121	128	134	140	0,048	0,955
7,00	303	75	81	86	90	95	100	103	108	112	118	125	131	137	144	0,047	0,955
Ad pag. {		100	101	102	103	104	105	106	107	108	109	110	111	26	26		
		112	113	114	115	116	117	118	119	120	121	122	123	52	52		

Leergangswiderstand sehr grosser Eincylinder-Condens.-Masch. in Pfdk.

nebst dem Coëfficienten μ der zusätzlichen Reibung.

Wirksame Kolbenfläche	Kolben-Durchmesser	Absol. Admissions-Spannung p in Kgr. oder Atm.												Zusätzl. Reibung	
		$2^1/_2$	3	$3^1/_2$	4	$4^1/_2$	5	$5^1/_2$	6	$6^1/_2$	7	8	9		
O Qu.Met.	D Centm.	Pferdekräfte pro 1 Meter Kolbengeschwindigkeit												μ	$\dfrac{1}{1+\mu}$
1,00	115	19	20	21	22	23	24	24	25	26	26	28	29	0,061	0,942
05	117	20	21	22	23	24	25	25	26	27	27	29	30	0,061	0,943
10	120	21	22	23	24	25	26	27	27	28	29	30	31	0,061	0,943
15	123	22	23	24	25	26	27	28	28	29	30	31	32	0,061	0,943
20	125	22	24	25	26	26	28	29	29	30	31	32	34	0,060	0,943
1,25	128	23	25	26	27	27	29	30	30	31	32	34	35	0,060	0,943
30	131	24	26	26	27	28	30	31	32	32	33	35	36	0,060	0,944
35	133	25	26	27	28	29	31	32	33	33	34	36	38	0,060	0,944
40	135	26	27	28	29	30	32	33	34	35	36	37	39	0,060	0,944
45	138	26	28	29	30	32	33	34	35	36	37	38	40	0,059	0,944
1,50	140	27	29	30	31	33	34	35	36	37	38	40	41	0,059	0,945
55	143	28	30	31	32	34	35	36	37	38	39	41	43	0,059	0,945
60	145	29	30	32	33	34	36	37	38	39	40	42	44	0,058	0,945
65	147	30	31	33	34	35	37	38	39	40	41	43	45	0,058	0,945
70	149	31	32	34	35	36	38	39	40	41	42	45	46	0,058	0,945
1,75	151	31	33	35	36	37	39	40	41	42	43	46	48	0,058	0,945
80	154	32	34	36	37	38	40	41	43	44	45	47	49	0,058	0,946
85	156	33	35	36	38	39	41	42	44	45	46	48	50	0,057	0,946
90	158	34	36	37	39	40	42	43	45	46	47	49	52	0,057	0,946
95	160	35	36	38	40	41	43	45	46	47	48	51	53	0,057	0,946
2,00	162	36	37	39	41	42	44	46	47	48	49	52	54	0,057	0,946
10	166	37	39	41	43	44	46	48	49	50	52	54	57	0,057	0,946
20	170	39	41	43	44	46	48	50	51	53	54	57	59	0,056	0,947
30	174	40	42	44	46	48	50	52	53	55	56	59	62	0,056	0,947
40	177	42	44	46	48	50	52	54	55	57	58	61	64	0,056	0,947
2,50	181	43	45	48	50	52	54	56	57	59	60	64	67	0,056	0,947
60	185	45	47	49	52	54	56	58	60	61	63	66	69	0,055	0,948
70	188	46	49	51	53	56	58	60	62	63	65	68	72	0,055	0,948
80	192	48	50	53	55	58	60	62	64	66	67	71	74	0,055	0,948
90	195	49	52	55	57	60	62	64	66	68	70	73	77	0,054	0,949
3,00	198	51	54	56	59	62	64	66	68	70	72	76	79	0,054	0,949
10	202	52	55	58	61	63	66	68	70	72	74	78	82	0,054	0,949
20	205	54	57	60	63	65	68	70	72	74	76	80	84	0,054	0,949
30	208	55	58	62	65	67	70	72	74	76	79	83	87	0,054	0,949
40	211	57	60	63	66	69	72	74	76	79	81	85	89	0,053	0,949
3,50	214	58	62	65	68	71	74	76	79	81	83	87	92	0,053	0,950
60	217	60	63	67	70	73	76	78	81	83	85	90	94	0,053	0,950
70	220	61	65	68	72	75	78	80	83	85	88	92	98	0,053	0,950
80	223	63	67	70	74	77	80	82	85	87	90	94	100	0,053	0,950
90	226	65	68	72	76	79	82	84	87	90	92	97	103	0,052	0,950
4,00	229	66	70	74	78	81	84	86	89	92	94	99	104	0,052	0,951
10	232	68	72	75	79	82	86	88	91	94	97	102	106	0,052	0,951
20	235	69	73	77	81	84	88	90	93	96	99	104	109	0,052	0,951
30	237	71	75	79	83	86	89	92	95	98	101	106	111	0,051	0,951
40	240	72	76	80	84	88	91	94	97	100	103	108	114	0,051	0,951
4,50	243	74	78	82	86	90	93	96	100	102	105	111	116	0,051	0,952
60	246	75	80	84	88	92	95	98	102	105	108	113	118	0,051	0,952
70	248	77	81	86	90	93	97	100	104	107	110	115	121	0,051	0,952
80	251	78	83	87	92	95	99	102	106	109	112	118	123	0,050	0,952
90	253	80	84	89	93	97	101	105	108	111	114	120	126	0,050	0,952
5,00	256	81	86	91	95	99	103	107	110	113	116	122	128	0,050	0,952
20	261	84	89	94	99	103	107	111	114	118	121	127	133	0,050	0,952
40	266	87	92	98	102	107	111	115	118	122	125	132	138	0,050	0,953
60	271	90	96	101	106	110	115	119	123	126	130	136	143	0,049	0,953
80	276	93	99	104	109	114	118	123	127	131	134	141	148	0,049	0,953
6,00	281	97	102	108	113	118	122	127	131	135	138	146	153	0,049	0,954
20	285	100	105	111	116	121	126	131	135	139	143	150	158	0,049	0,954
40	290	103	109	115	120	125	130	135	139	144	147	155	162	0,048	0,954
60	294	106	112	118	123	129	134	139	144	148	152	159	167	0,048	0,954
80	299	109	115	121	127	132	138	143	148	152	156	164	172	0,048	0,955
7,00	303	112	118	125	131	136	142	147	152	157	160	169	177	0,047	0,955
Ad pag.		126	127	128	129	130	131	132	133	134	135	136	137		

Leergangswiderstand sehr grosser Zweicylinder-Condens.-Masch. in Pfdk.
nebst dem Coëfficienten μ der zusätzlichen Reibung.

Wirksame Kolbenfläche	Kolben-Durchmesser	Absol. Admissions-Spannung p in Kgr. oder Atm.									Zusätzl. Reibung	
		4	**4½**	**5**	**5½**	**6**	**6½**	**7**	**8**	**9**		
O Qu.Met.	D Centm.	Pferdekräfte pro 1 Meter Kolbengeschwindigkeit									μ	$\dfrac{1}{1+\mu}$
1,00	115	24	25	25	26	27	27	28	29	30	0,061	0,942
05	117	25	26	26	27	28	29	29	30	32	0,061	0,943
10	120	26	27	27	28	29	30	30	32	33	0,061	0,943
15	123	27	28	28	29	30	31	32	33	34	0,061	0,943
20	125	28	29	29	30	31	32	33	34	36	0,060	0,943
1,25	128	29	30	31	32	32	33	34	36	37	0,060	0,943
30	131	30	31	32	33	34	34	35	37	38	0,060	0,944
35	133	31	32	33	34	35	36	36	38	40	0,060	0,944
40	135	32	33	34	35	36	37	38	39	41	0,060	0,944
45	138	32	34	35	36	37	38	39	41	42	0,059	0,944
1,50	140	33	35	36	37	38	39	40	42	44	0,059	0,945
55	143	34	36	37	38	39	40	41	43	45	0,059	0,945
60	145	35	37	38	39	40	41	42	44	46	0,058	0,945
65	147	36	38	39	40	41	43	44	46	47	0,058	0,945
70	149	37	39	40	41	43	44	45	47	49	0,058	0,945
1,75	151	38	40	41	43	44	45	46	48	50	0,058	0,945
80	154	39	41	42	44	45	46	47	49	51	0,058	0,946
85	156	40	42	43	45	46	47	48	51	53	0,057	0,946
90	158	41	43	44	46	47	48	49	52	54	0,057	0,946
95	160	42	44	45	47	48	50	51	53	55	0,057	0,946
2,00	162	43	45	46	48	49	51	52	54	57	0,057	0,946
10	166	45	47	49	50	52	53	54	57	59	0,057	0,946
20	170	47	49	51	52	54	55	56	59	62	0,056	0,947
30	174	49	51	52	54	56	57	59	62	64	0,056	0,947
40	177	51	53	55	56	58	60	61	64	67	0,056	0,947
2,50	181	53	55	57	59	60	62	63	67	69	0,056	0,947
60	185	55	57	59	61	62	64	66	69	72	0,055	0,948
70	188	56	59	61	63	65	66	68	71	74	0,055	0,948
80	192	58	61	63	65	67	69	70	74	77	0,055	0,948
90	195	60	63	65	67	69	71	73	76	80	0,054	0,949
3,00	198	62	65	67	69	71	73	75	79	82	0,054	0,949
10	202	64	66	69	71	73	75	77	81	85	0,054	0,949
20	205	66	68	71	73	75	77	80	83	87	0,054	0,949
30	208	68	70	73	75	78	80	82	86	90	0,054	0,949
40	211	70	72	75	77	80	82	84	88	92	0,053	0,949
3,50	214	72	74	77	79	82	84	86	91	95	0,053	0,950
60	217	73	76	79	82	84	86	89	93	97	0,053	0,950
70	220	75	78	81	84	86	89	91	96	100	0,053	0,950
80	223	77	80	83	86	88	91	93	98	102	0,053	0,950
90	226	79	82	85	88	90	93	96	100	105	0,052	0,950
4,00	229	81	84	87	90	93	95	98	103	108	0,052	0,951
10	232	83	86	89	92	95	97	100	105	110	0,052	0,951
20	235	85	88	91	94	97	100	102	107	112	0,052	0,951
30	237	86	90	93	96	99	102	105	110	115	0,051	0,951
40	240	88	92	95	98	101	104	107	112	117	0,051	0,951
4,50	243	90	94	97	100	103	106	109	115	120	0,051	0,952
60	246	92	95	99	102	105	108	111	117	122	0,051	0,952
70	248	94	97	101	104	108	111	114	119	125	0,051	0,952
80	251	95	99	103	106	110	113	116	122	127	0,050	0,952
90	253	97	101	105	108	112	115	118	124	130	0,050	0,952
5,00	256	99	103	107	111	114	117	120	126	132	0,050	0,952
20	261	103	107	111	115	118	122	125	131	137	0,050	0,952
40	266	106	111	115	119	122	126	129	136	142	0,050	0,953
60	271	110	114	119	123	127	130	134	140	147	0,049	0,953
80	276	114	118	123	127	131	135	138	145	152	0,049	0,953
6,00	281	117	122	127	131	135	139	143	150	157	0,049	0,954
20	285	121	126	131	135	139	144	147	155	162	0,049	0,954
40	290	124	129	135	139	144	148	152	159	167	0,048	0,954
60	294	128	133	139	144	148	152	156	164	172	0,048	0,954
80	299	132	137	142	148	152	157	161	169	177	0,048	0,955
7,00	303	135	141	146	152	157	161	165	173	182	0,047	0,955
Ad pag.		138	139	140	141	142	143	144	145	146		

Bemerkung

über die vorangehenden Tabellen des Leergangswiderstandes und der zusätzlichen Reibung.

———•◦•———

Die in diesen Tabellen (S. 178 bis 186) zu den Maschinen-Serien I und II des Hilfsbuches angegebenen Leergangswiderstände sind genau so (und zwar hinlänglich reich) bemessen, wie dieselben zu der Festsetzung der Nutzleistung $\frac{N_e}{c}$ der Haupt-Tabellen in Rechnung gebracht wurden.[*)] Hingegen ist der Coëfficient μ der zusätzlichen Reibung in den eben vorangehenden Tabellen der Leergangswiderstände um ein Bedeutendes minder reichlich bemessen, als dies in der I. und II. Maschinen-Serie des Hilfsbuches bei Festsetzung der Nutzleistung geschehen ist. Will man sonach (behufs grösserer Sicherheit der Rechnung, wie solche in der Praxis häufig beliebt wird) die zusätzliche Reibung bedeutend hoch (namentlich bedeutend höher, als sie sich bei guten Maschinen thatsächlich gestaltet) anschlagen, so hat man die Nutzleistung aus den Haupttabellen des Hilfsbuches Serie I und II unmittelbar zu entnehmen, — sonst aber von der indicierten Leistung der Haupttabellen den Leergangswiderstand (in Pfdk.) abzuziehen und diese Differenz mit $\frac{1}{1+\mu}$ zu multipliciren.

Für die III. Serie (Maschinen mit hohem Dampfdruck, und zwar: Zweicylinder-Auspuff-Maschinen und Dreicylinder-Condens.-Maschinen) sind die Leergangs-Widerstände in den einzelnen Tabellen selbst angegeben, die zusätzliche Reibung ist aber in der letzten Spalte jeder Tabelle (durch einzelne quergedruckte Angaben von $\frac{1}{1+\mu}$) nur beiläufig und sodann auf der Seite 166 genauer erledigt. (Die betreffenden Angaben von μ und $\frac{1}{1+\mu}$ entsprechen beiläufig den thatsächlichen Verhältnissen guter Maschinen, ohne eine wesentliche Ueberschätzung des zusätzlichen Reibungswiderstandes.)

———

*) Jede Spalte dieser eben vorangehenden Tabellen enthält in der untersten Zeile die Angabe derjenigen Seite des Hilfsbuches, zu welcher diese Spalte den Leergangswiderstand (pro 1 m Kolbengeschw.) in Pfdk. angibt.

———•◦•———

Dampflässigkeits-Verlust C_i''' (im Dampfcylinder allein)

pro indicierte Pferdekraft und Stunde in Kgr. bei gutem Maschinenbetriebs-Zustande.

A. Bei den Eincylinder-Maschinen (mit Auspuff und mit Condens.*).

N_i Pfdk. indic.	Kolbengeschwindigkeit c in Met.							
	0,6	0,8	1,0	1,2	1,5	2,0	2,5	3,0
2½	8,1	7,0	6,2	5,6	5,0	4,3	3,8	3,4
3	7,5	6,4	5,7	5,2	4,6	3,9	3,5	3,2
3½	7,0	5,9	5,3	4,8	4,2	3,6	3,2	2,9
4	6,6	5,6	5,0	4,5	4,0	3,4	3,0	2,7
4½	6,2	5,3	4,7	4,2	3,7	3,2	2,8	2,6
5	6,0	5,1	4,5	4,0	3,6	3,1	2,7	2,5
5½	5,7	4,8	4,3	3,9	3,4	2,9	2,6	2,3
6	5,5	4,7	4,1	3,7	3,3	2,8	2,5	2,3
6½	5,3	4,5	4,0	3,6	3,2	2,7	2,4	2,2
7	5,1	4,4	3,8	3,5	3,1	2,6	2,3	2,1
7½	5,0	4,2	3,7	3,4	3,0	2,5	2,2	2,0
8	4,9	4,1	3,6	3,3	2,9	2,5	2,2	2,0
8½	4,7	4,0	3,5	3,2	2,8	2,4	2,1	1,9
9	4,6	3,9	3,4	3,1	2,7	2,3	2,1	1,9
9½	4,5	3,8	3,4	3,0	2,7	2,3	2,0	1,8
10	4,4	3,7	3,3	3,0	2,6	2,2	2,0	1,8
11	4,3	3,6	3,2	2,9	2,5	2,2	1,9	1,7
12	4,2	3,5	3,1	2,8	2,5	2,1	1,8	1,7
13	4,0	3,4	3,0	2,7	2,4	2,0	1,8	1,6
14	3,9	3,3	2,9	2,6	2,3	1,9	1,7	1,5
15	3,8	3,2	2,8	2,5	2,2	1,9	1,6	1,5
16	3,7	3,1	2,7	2,4	2,1	1,8	1,6	1,4
17	3,6	3,0	2,7	2,4	2,1	1,8	1,6	1,4
18	3,5	3,0	2,6	2,3	2,0	1,7	1,5	1,4
19	3,5	2,9	2,5	2,3	2,0	1,7	1,5	1,3
20	3,4	2,8	2,5	2,2	1,9	1,6	1,5	1,3
22	3,3	2,8	2,4	2,1	1,9	1,6	1,4	1,3
24	3,2	2,7	2,3	2,1	1,8	1,5	1,4	1,2
26	3,1	2,6	2,3	2,0	1,8	1,5	1,3	1,2
28	3,0	2,5	2,2	1,9	1,7	1,4	1,3	1,1
30	2,9	2,4	2,1	1,9	1,7	1,4	1,2	1,1
32	2,9	2,4	2,1	1,8	1,6	1,4	1,2	1,1
34	2,8	2,3	2,0	1,8	1,6	1,3	1,2	1,1
36	2,7	2,3	2,0	1,8	1,5	1,3	1,1	1,0
38	2,7	2,2	2,0	1,7	1,5	1,3	1,1	1,0
40	2,6	2,2	1,9	1,7	1,5	1,2	1,1	1,0
42	2,6	2,2	1,9	1,7	1,5	1,2	1,1	1,0
44	2,6	2,1	1,8	1,6	1,4	1,2	1,0	0,9
46	2,5	2,1	1,8	1,6	1,4	1,2	1,0	0,9
48	2,5	2,1	1,8	1,6	1,4	1,2	1,0	0,9
50	2,4	2,0	1,8	1,6	1,4	1,1	1,0	0,9

N_i Pfdk. indic.	Kolbengeschwindigkeit c in Met.								
	1,0	1,2	1,5	2,0	2,5	3,0	3,5	4,0	5,0
50	1,8	1,6	1,4	1,1	1,0	0,9	0,8	0,8	0,7
55	1,7	1,5	1,3	1,1	1,0	0,9	0,8	0,7	0,6
60	1,7	1,5	1,3	1,1	0,9	0,8	0,8	0,7	0,6
65	1,6	1,4	1,2	1,0	0,9	0,8	0,8	0,7	0,6
70	1,6	1,4	1,2	1,0	0,9	0,8	0,7	0,7	0,6
75	1,5	1,4	1,2	1,0	0,9	0,8	0,7	0,6	0,6
80	1,5	1,3	1,1	1,0	0,8	0,7	0,7	0,6	0,5
85	1,5	1,3	1,1	0,9	0,8	0,7	0,7	0,6	0,5
90	1,4	1,3	1,1	0,9	0,8	0,7	0,7	0,6	0,5
95	1,4	1,2	1,1	0,9	0,8	0,7	0,7	0,6	0,5
100	1,4	1,2	1,1	0,9	0,8	0,7	0,6	0,6	0,5
110	1,4	1,2	1,0	0,9	0,7	0,7	0,6	0,6	0,5
120	1,3	1,2	1,0	0,8	0,7	0,6	0,6	0,5	0,5
130	1,3	1,1	1,0	0,8	0,7	0,6	0,6	0,5	0,5
140	1,3	1,1	1,0	0,8	0,7	0,6	0,5	0,5	0,5
150	1,2	1,1	0,9	0,8	0,7	0,6	0,5	0,5	0,4
175	1,2	1,0	0,9	0,7	0,6	0,6	0,5	0,5	0,4
200	1,2	1,0	0,9	0,7	0,6	0,5	0,5	0,5	0,4
225	1,1	1,0	0,8	0,7	0,6	0,5	0,5	0,4	0,4
250	1,1	1,0	0,8	0,7	0,6	0,5	0,5	0,4	0,4
300	1,0	0,9	0,8	0,6	0,5	0,5	0,4	0,4	0,3
350	1,0	0,9	0,8	0,6	0,5	0,5	0,4	0,4	0,3
400	1,0	0,8	0,7	0,6	0,5	0,4	0,4	0,4	0,3
450	0,9	0,8	0,7	0,6	0,5	0,4	0,4	0,4	0,3
500	0,9	0,8	0,7	0,5	0,4	0,4	0,4	0,3	0,3
550	0,9	0,8	0,7	0,5	0,4	0,4	0,4	0,3	0,3
600	0,9	0,8	0,6	0,5	0,4	0,4	0,3	0,3	0,3
650	0,9	0,7	0,6	0,5	0,4	0,4	0,3	0,3	0,3
700	0,9	0,7	0,6	0,5	0,4	0,4	0,3	0,3	0,3
750	0,8	0,7	0,6	0,5	0,4	0,4	0,3	0,3	0,2
800	0,8	0,7	0,6	0,5	0,4	0,4	0,3	0,3	0,2
850	0,8	0,7	0,6	0,5	0,4	0,3	0,3	0,3	0,2
900	0,8	0,7	0,6	0,5	0,4	0,3	0,3	0,3	0,2
950	0,8	0,7	0,6	0,5	0,4	0,3	0,3	0,3	0,2
1000	0,8	0,7	0,6	0,5	0,4	0,3	0,3	0,3	0,2
1200	0,8	0,7	0,5	0,4	0,4	0,3	0,3	0,3	0,2
1400	0,7	0,6	0,5	0,4	0,4	0,3	0,3	0,3	0,2
1600	0,7	0,6	0,5	0,4	0,3	0,3	0,3	0,2	0,2
1800	0,7	0,6	0,5	0,4	0,3	0,3	0,3	0,2	0,2
2000	0,7	0,6	0,5	0,4	0,3	0,3	0,3	0,2	0,2
4000	0,6	0,6	0,5	0,4	0,3	0,3	0,2	0,2	0,2
9000	0,6	0,5	0,4	0,3	0,3	0,2	0,2	0,2	0,1

*) Bei exacter Ausführung und Instandhaltung kann dieser Antheil des Dampfverlustes knapp auf die Hälfte herabgebracht werden; bei sichtlicher Dampflässigkeit kann hingegen C_i''' auf das Doppelte und noch höher steigen.

Die Berechnung geschah mittelst $C_i''' = \tfrac{1}{2}\left(\dfrac{17{,}6}{\sqrt{N_i c}} + \dfrac{1}{c}\right)$.

B. Bei den **Zweicylinder-Maschinen** (mit Auspuff und mit Condens.).

N_i Pfdk. indic.	Kolbengeschwindigkeit c in Met.							
	0,6	0,8	1,0	1,2	1,5	2,0	2,5	3,0
10	3,8	3,2	2,8	2,5	2,2	1,9	1,7	1,5
11	3,6	3,1	2,7	2,4	2,1	1,8	1,6	1,5
12	3,5	3,0	2,6	2,3	2,1	1,8	1,6	1,4
13	3,4	2,9	2,5	2,3	2,0	1,7	1,5	1,4
14	3,3	2,8	2,4	2,2	1,9	1,6	1,5	1,3
15	3,2	2,7	2,3	2,1	1,9	1,6	1,4	1,3
16	3,1	2,6	2,3	2,1	1,8	1,5	1,4	1,2
17	3,1	2,6	2,2	2,0	1,8	1,5	1,3	1,2
18	3,0	2,5	2,2	2,0	1,7	1,5	1,3	1,2
19	2,9	2,4	2,1	1,9	1,7	1,4	1,3	1,1
20	2,9	2,4	2,1	1,9	1,6	1,4	1,2	1,1
22	2,8	2,3	2,0	1,8	1,6	1,3	1,2	1,1
24	2,7	2,3	2,0	1,8	1,5	1,3	1,1	1,0
26	2,6	2,2	1,9	1,7	1,5	1,3	1,1	1,0
28	2,5	2,1	1,9	1,6	1,4	1,2	1,1	1,0
30	2,5	2,1	1,8	1,6	1,4	1,2	1,0	0,9
32	2,4	2,0	1,7	1,5	1,4	1,1	1,0	0,9
34	2,4	2,0	1,7	1,5	1,3	1,1	1,0	0,9
36	2,3	1,9	1,7	1,5	1,3	1,1	1,0	0,9
38	2,3	1,9	1,6	1,5	1,3	1,1	1,0	0,8
40	2,2	1,9	1,6	1,4	1,2	1,0	0,9	0,8
42	2,2	1,8	1,6	1,4	1,2	1,0	0,9	0,8
44	2,2	1,8	1,6	1,4	1,2	1,0	0,9	0,8
46	2,1	1,8	1,5	1,4	1,2	1,0	0,9	0,8
48	2,1	1,7	1,5	1,4	1,2	1,0	0,8	0,8
50	2,1	1,7	1,5	1,3	1,1	1,0	0,8	0,8

N_i Pfdk. indic.	Kolbengeschwindigkeit c in Met.								
	1,0	1,2	1,5	2,0	2,5	3,0	3,5	4,0	5,0
50	1,5	1,3	1,1	1,0	0,8	0,8	0,7	0,6	0,5
60	1,4	1,3	1,1	0,9	0,8	0,7	0,6	0,6	0,5
70	1,3	1,2	1,0	0,8	0,7	0,7	0,6	0,6	0 5
80	1,3	1,1	1,0	0,8	0,7	0,6	0,6	0,5	0,5
90	1,2	1,1	0,9	0,8	0,7	0,6	0,6	0,5	0,4
100	1,2	1,0	0,9	0,7	0,6	0,6	0,5	0,5	0,4
110	1,1	1,0	0,9	0 7	0,6	0,6	0,5	0,5	0,4
120	1,1	1,0	0,8	0,7	0,6	0,5	0,5	0,5	0,4
130	1,1	1,0	0,8	0,7	0,6	0,5	0,5	0,4	0,4
140	1,1	0,9	0,8	0,7	0,6	0,5	0,5	0,4	0,4
150	1,0	0,9	0,8	0,6	0,5	0,5	0,4	0,4	0,4
200	1,0	0,9	0,7	0,6	0,5	0,5	0,4	0,4	0,3
250	0,9	0,8	0,7	0,6	0,5	0,4	0,4	0,4	0,3
300	0,9	0,7	0,6	0,5	0,4	0,4	0 4	0,3	0 3
400	0,8	0,7	0 6	0,5	0,4	0,3	0,3	0,3	0,3
500	0,8	0,7	0 6	0,5	0,4	0,3	0,3	0,3	0,2
600	0,7	0,6	0,5	0,4	0,4	0,3	0 3	0,3	0,2
700	0,7	0,6	0,5	0,4	0,4	0,3	0.3	0,3	0,2
800	0,7	0,6	0,5	0,4	0,3	0,3	0,3	0 2	0,2
900	0,7	0,6	0,5	0 4	0,3	0,3	0,3	0 2	0,2
1000	0,6	0,5	0,5	0,4	0,3	0,3	0,2	0,2	0 2
1500	0,6	0,5	0,4	0 3	0,3	0,2	0,2	0,2	0,2
2000	0,6	0,5	0,4	0,3	0,3	0,2	0,2	0,2	0,2
4000	0,6	0 5	0,4	0,3	0,2	0,2	0,2	0,2	0,1
9000	0,5	0,4	0,3	0,3	0,2	0,2	0 2	0,1	0,1

C. Bei den **Dreicylinder-Maschinen**.

N_i Pfdk. indic.	Kolbengeschwindigkeit c in Met.							
	0,6	0,8	1,0	1,2	1,5	2,0	2,5	3,0
10	3,1	2,6	2,3	2,1	1,8	1,6	1,4	1,2
11	3,0	2,5	2,2	2,0	1,8	1,5	1,3	1,2
12	2,9	2,5	2,2	2,0	1,7	1,5	1,3	1,2
13	2,8	2,4	2,1	1,9	1,6	1,4	1,2	1,1
14	2,7	2,3	2,0	1,8	1,6	1,4	1,2	1,1
15	2,6	2,2	1,9	1,8	1,5	1,3	1,2	1,0
16	2,6	2,2	1,9	1,7	1,5	1,3	1,1	1,0
17	2,5	2,1	1,9	1,7	1,5	1,2	1,1	1,0
18	2,5	2,1	1,8	1,6	1,4	1,2	1,1	1,0
19	2,4	2,0	1 8	1,6	1,4	1,2	1,0	1,0
20	2,4	2,0	1,7	1,6	1,4	1,2	1,0	0,9
22	2,3	1,9	1,7	1,5	1,3	1,1	1,0	0,9
24	2,2	1,9	1,6	1,5	1,3	1,1	1,0	0,9
26	2,2	1,8	1,6	1,4	1,2	1,0	0,9	0,8
28	2,1	1,7	1,5	1,4	1,2	1,0	0,9	0,8
30	2,0	1,7	1,5	1,3	1,2	1,0	0 9	0,8
32	2,0	1,7	1,5	1,3	1,1	1,0	0,8	0,8
34	2,0	1,6	1,4	1,3	1,1	0,9	0,8	0,7
36	1,9	1,6	1,4	1,2	1,1	0,9	0,8	0,7
38	1,9	1 6	1,4	1,2	1,1	0,9	0,8	0,7
40	1,8	1,5	1,3	1,2	1,0	0,9	0,8	0,7
42	1,8	1,5	1,3	1,2	1,0	0,9	0,7	0,7
44	1,8	1,5	1,3	1,1	1,0	0,8	0,7	0,7
46	1,8	1,5	1,3	1,1	1,0	0,8	0,7	0,6
48	1,7	1,5	1,3	1,1	1,0	0,8	0,7	0,6
50	1 7	1,4	1,2	1,1	1,0	0,8	0,7	0,6

N_i Pfdk. indic.	Kolbengeschwindigkeit c in Met.								
	1,0	1,2	1,5	2,0	2,5	3,0	3,5	4,0	5,0
50	1,2	1,1	1,0	0,8	0,7	0,6	0,6	0,5	0,5
60	1,2	1,0	0,9	0,8	0,7	0,6	0,5	0,5	0 4
70	1,1	1,0	0,8	0,7	0,6	0,5	0,5	0 5	0,4
80	1,1	0,9	0,8	0,7	0,6	0,5	0,5	0,4	0,4
90	1,0	0,9	0,8	0,7	0,6	0,5	0,5	0,4	0,4
100	1,0	0,9	0,7	0,6	0,5	0,5	0,4	0,4	0,4
110	1,0	0,8	0,7	0,6	0,5	0,5	0,4	0,4	0,3
120	0,9	0,8	0,7	0,6	0,5	0,5	0,4	0,4	0,3
130	0,9	0,8	0,7	0,6	0,5	0,4	0,4	0,4	0,3
140	0,9	0,8	0,7	0,5	0,5	0,4	0,4	0,4	0,3
150	0,9	0,8	0,7	0,5	0,5	0,4	0,4	0,3	0,3
200	0,8	0,7	0,6	0,5	0,4	0,4	0,4	0,3	0,3
250	0,8	0,7	0,6	0,5	0,4	0,4	0,3	0,3	0,3
300	0,7	0,6	0,5	0,4	0,4	0,3	0,3	0,3	0,2
400	0,7	0,6	0,5	0,4	0,4	0,3	0,3	0,2	0,2
500	0,6	0,5	0,5	0.4	0,3	0,3	0,3	0,2	0,2
600	0,6	0,5	0,4	0,4	0 3	0,3	0,2	0,2	0,2
700	0,6	0,5	0,4	0,3	0,3	0,3	0,2	0,2	0,2
800	0,6	0,5	0,4	0,3	0,3	0,3	0,2	0,2	0,2
900	0,6	0,5	0,4	0,3	0,3	0,2	0,2	0,2	0,2
1000	0,6	0,5	0,4	0,3	0 3	0,2	0,2	0,2	0,2
1500	0,5	0,4	0,4	0 3	0,2	0,2	0,2	0,2	0,2
2000	0,5	0,4	0,4	0,3	0,2	0,2	0,2	0,2	0,1
4000	0,5	0,4	0,3	0,3	0,2	0,2	0,2	0,1	0,1
9000	0,4	0,4	0,3	0,2	0,2	0,2	0,1	0,1	0,1

Die linksseitige Bemerkung ist auch hier giltig.

Die Ansätze unter B. betragen 0,85, jene unter C. aber 0.70 der linksseitigen Werthe.

Fliegner's Tabelle für gesättigte Wasserdämpfe. $\frac{1}{A} = 436$.

Atm. od. Kgr. pro qcm	Millim. Quecksilbersäule	Temperatur		Flüssigkeits-Wärme q	Innere latente Wärme ϱ	Aeussere latente Wärme $\varepsilon = APu$	Gesammtwärme $\lambda = 606,5 + 0,305 t$	u	$\frac{\varrho}{u}$	Specifisches		τ	$\frac{r}{T}$	Atm. od. Kgr. pro qcm
		Celsius t	Fahrenheit							Volumen v (für 1 Kgr.) in cbm	Gewicht σ (für 1 cbm) in Kgr.			
0,1	73,55	45,579	114,042	45,649	539,634	35,119	620,402	15,31184	35,24	15,31284	0,0653	0,15463	1,8041	0,1
0,2	147,10	59,755	139,559	59,890	528,347	36,488	624,725	7,95430	66,42	7,95530	0,1257	0,19836	1,6975	0,2
0,25	183,88	64,633	148,339	64,798	524,455	36,960	626,213	6,44586	81,36	6,44686	0,1551	0,21300	1,6628	0,25
0,3	220,65	68,742	155,736	68,934	521,175	37,357	627,466	5,42919	95,99	5,43019	0,1842	0,22518	1,6344	0,3
0,4	294,20	75,467	167,841	75,710	515,808	37,999	629,517	4,14193	124,53	4,14293	0,2414	0,24482	1,5893	0,4
0,5	367,76	80,899	177,618	81,189	511,476	38,509	631,174	3,35798	152,32	3,35898	0,2977	0,26042	1,5541	0,5
0,6	441,31	85,484	185,871	85,818	507,826	38,929	632,573	2,82887	179,52	2,82987	0,3534	0,27341	1,5252	0,6
0,7	514,86	89,469	193,044	89,844	504,659	39,285	633,788	2,44691	206,24	2,44791	0,4085	0,28458	1,5007	0,7
0,75	551,63	91,285	196,313	91,680	503,218	39,444	634,342	2,29302	219,46	2,29402	0,4359	0,28964	1,4897	0,75
0,8	588,41	93,003	199,405	93,427	501,847	39,592	634,866	2,15776	232,58	2,15876	0,4632	0,29439	1,4793	0,8
0,9	661,96	96,187	205,137	96,639	499,337	39,861	635,837	1,93105	258,58	1,93205	0,5176	0,30316	1,4605	0,9
1,0	735,51	99,088	210,358	99,576	497,048	40,098	636,722	1,74828	284,31	1,74928	0,5717	0,31108	1,4436	1,0
1,1	809,06	101,758	215,164	102,281	494,899	40,356	637,536	1,59956	309,40	1,60056	0,6248	0,31833	1,4283	1,1
1,2	882,61	104,235	219,623	104,792	492,934	40,566	638,292	1,47390	334,44	1,47490	0,6780	0,32500	1,4142	1,2
1,25	919,39	105,410	221,738	105,984	492,001	40,665	638,650	1,41840	346,87	1,41940	0,7045	0,32816	1,4076	1,25
1,3	956,16	106,548	223,786	107,138	491,098	40,761	638,997	1,36705	359,24	1,36805	0,7310	0,33120	1,4013	1,3
1,4	1029,71	108,717	227,691	109,339	489,378	40,942	639,659	1,27505	383,81	1,27605	0,7837	0,33699	1,3893	1,4
1,5	1103,27	110,763	231,373	111,416	487,756	41,111	640,283	1,19497	408,17	1,19597	0,8361	0,34241	1,3781	1,5
1,6	1176,82	112,699	234,858	113,382	486,221	41,270	640,873	1,12461	432,35	1,12561	0,8884	0,34752	1,3676	1,6
1,7	1250,37	114,539	238,170	115,252	484,762	41,420	641,434	1,06230	456,33	1,06330	0,9405	0,35236	1,3578	1,7
1,75	1287,14	115,425	239,765	116,153	484,060	41,492	641,705	1,03374	468,26	1,03474	0,9664	0,35468	1,3530	1,75
1,8	1323,92	116,290	241,322	117,032	483,375	41,561	641,968	1,00671	480,15	1,00771	0,9923	0,35694	1,3484	1,8
1,9	1397,47	117,966	243,339	118,737	481,955	41,688	642,480	0,95663	503,81	0,95763	1,0442	0,36131	1,3394	1,9
2,0	1471,02	119,570	247,226	120,369	480,776	41,824	642,969	0,91177	527,30	0,91277	1,0956	0,36548	1,3312	2,0
2,1	1544,57	121,109	249,996	121,935	479,557	41,946	643,438	0,87087	550,66	0,87187	1,1470	0,36946	1,3232	2,1
2,2	1618,12	122,590	252,662	123,443	478,385	42,062	643,890	0,83360	573,88	0,83460	1,1982	0,37328	1,3156	2,2
2,25	1654,90	123,310	253,958	124,177	477,814	42,119	644,110	0,81617	585,43	0,81717	1,2237	0,37513	1,3119	2,25
2,3	1691,67	124,017	255,231	124,897	477,254	42,174	644,325	0,79947	596,96	0,80047	1,2493	0,37695	1,3083	2,3
2,4	1765,22	125,395	257,711	126,301	476,163	42,281	644,745	0,76811	619,92	0,76911	1,3002	0,38048	1,3013	2,4
2,5	1838,78	126,726	260,107	127,658	475,109	42,384	645,151	0,73918	642,75	0,74018	1,3510	0,38388	1,2946	2,5
2,6	1912,33	128,015	262,427	128,972	474,090	42,483	645,545	0,71241	665,47	0,71341	1,4017	0,38716	1,2882	2,6
2,7	1985,88	129,264	264,675	130,246	473,101	42,579	645,926	0,68757	688,08	0,68857	1,4523	0,39033	1,2819	2,7
2,75	2022,65	129,874	265,773	130,869	472,618	42,625	646,112	0,67580	699,35	0,67680	1,4775	0,39188	1,2789	2,75
2,8	2059,43	130,476	266,857	131,483	472,141	42,671	646,295	0,66444	710,58	0,66544	1,5028	0,39340	1,2759	2,8
2,9	2132,98	131,653	268,975	132,684	471,210	42,760	646,654	0,64287	732,98	0,64387	1,5531	0,39638	1,2701	2,9
3,0	2206,53	132,798	271,036	133,853	470,304	42,846	647,003	0,62269	755,28	0,62369	1,6034	0,39926	1,2645	3,0
3,1	2280,08	133,913	273,043	134,992	469,422	42,929	647,343	0,60378	777,47	0,60478	1,6535	0,40206	1,2591	3,1
3,2	2353,63	134,999	274,998	136,102	468,563	43,010	647,675	0,58601	799,58	0,58701	1,7035	0,40479	1,2539	3,2
3,25	2390,41	135,531	275,956	136,645	468,142	43,050	647,837	0,57753	810,59	0,57853	1,7285	0,40612	1,2513	3,25
3,3	2427,18	136,057	276,903	137,183	467,726	43,088	647,997	0,56929	821,60	0,57029	1,7535	0,40743	1,2488	3,3
3,4	2500,73	137,090	278,762	138,239	466,908	43,165	648,312	0,55352	843,53	0,55452	1,8034	0,41001	1,2438	3,4
3,5	2574,29	138,099	280,578	139,271	466,111	43,238	648,620	0,53863	865,36	0,53963	1,8531	0,41252	1,2390	3,5
3,6	2647,84	139,085	282,353	140,279	465,331	43,311	648,921	0,52454	887,12	0,52554	1,9028	0,41497	1,2343	3,6
3,7	2721,39	140,049	284,088	141,265	464,569	43,381	649,215	0,51119	908,80	0,51219	1,9524	0,41737	1,2298	3,7
3,75	2758,16	140,523	284,941	141,750	464,195	43,415	649,360	0,50477	919,62	0,50577	1,9772	0,41854	1,2275	3,75
3,8	2794,94	140,992	285,786	142,230	463,824	43,449	649,503	0,49852	930,40	0,49952	2,0019	0,41970	1,2253	3,8
3,9	2868,49	141,915	287,447	143,175	463,093	43,516	649,784	0,48648	951,93	0,48748	2,0514	0,42198	1,2210	3,9
4,0	2942,04	142,820	289,076	144,102	462,377	43,581	650,060	0,47503	973,36	0,47603	2,1007	0,42421	1,2168	4,0

Fliegner's Tabelle (Fortsetzung).

Atm. od. Kgr. pro qcm	Millim. Quecksilbersäule	Temperatur Celsius t	Temperatur Fahrenheit	Flüssigkeits-Wärme q	Innere latente Wärme ϱ	Aeussere latente Wärme $\varepsilon = APu$	Gesammtwärme $\lambda = 606{,}5 + 0{,}305t$	u	$\dfrac{\varrho}{u}$	Specifisches Volumen v (für 1 Kgr.) in cbm	Specifisches Gewicht σ (für 1 cbm) in Kgr.	τ	$\dfrac{r}{T}$	Atm. od. Kgr. pro qcm
4,0	2942,04	142,820	289,076	144,102	462,377	43,581	650,060	0,47503	973,36	0,47603	2,1007	0,42421	1,2168	4,0
4,1	3015,59	143,707	290,673	145,010	461,677	43,644	650,331	0,46412	994,74	0,46512	2,1500	0,42639	1,2127	4,1
4,2	3089,14	144,576	292,237	145,901	460,989	43,706	650,596	0,45371	1016,0	0,45471	2,1992	0,42853	1,2086	4,2
4,25	3125,92	145,004	293,007	146,339	460,651	43,736	650,726	0,44868	1026,7	0,44968	2,2238	0,42958	1,2067	4,25
4,3	3162,69	145,429	293,772	146,775	460,315	43,766	650,856	0,44377	1037,3	0,44477	2,2484	0,43062	1,2047	4,3
4,4	3236,24	146,266	295,279	147,633	459,653	43,825	651,111	0,43427	1058,4	0,43527	2,2974	0,43267	1,2009	4,4
4,5	3309,80	147,088	296,758	148,475	459,004	43,883	651,362	0,42518	1079,6	0,42618	2,3464	0,43467	1,1971	4,5
4,6	3383,35	147,895	298,211	149,303	458,365	43,940	651,608	0,41647	1100,6	0,41747	2,3954	0,43664	1,1934	4,6
4,7	3456,90	148,689	299,640	150,117	457,738	43,995	651,850	0,40812	1121,6	0,40912	2,4443	0,43858	1,1898	4,7
4,75	3493,67	149,080	300,344	150,518	457,429	44,022	651,969	0,40408	1132,0	0,40508	2,4686	0,43953	1,1880	4,75
4,8	3530,45	149,469	301,044	150,918	457,121	44,049	652,088	0,40011	1142,5	0,40111	2,4931	0,44047	1,1863	4,8
4,9	3604,00	150,236	302,425	151,705	456,514	44,103	652,322	0,39242	1163,3	0,39342	2,5418	0,44233	1,1828	4,9
5,0	3677,55	150,991	303,784	152,480	455,917	44,155	652,552	0,38503	1184,1	0,38603	2,5905	0,44416	1,1794	5,0
5,1	3751,10	151,734	305,121	153,242	455,331	44,206	652,779	0,37792	1204,8	0,37892	2,6391	0,44596	1,1761	5,1
5,2	3824,65	152,465	306,437	153,993	454,753	44,256	653,002	0,37107	1225,5	0,37207	2,6877	0,44773	1,1729	5,2
5,25	3861,43	152,827	307,089	154,365	454,467	44,280	653,112	0,36774	1235,8	0,36874	2,7119	0,44860	1,1712	5,25
5,3	3898,20	153,185	307,733	154,733	454,183	44,305	653,221	0,36447	1246,1	0,36547	2,7362	0,44946	1,1697	5,3
5,4	3971,75	153,895	309,011	155,462	453,623	44,353	653,438	0,35811	1266,7	0,35911	2,7847	0,45117	1,1665	5,4
5,5	4045,31	154,594	310,269	156,180	453,071	44,400	653,651	0,35197	1287,2	0,35297	2,8331	0,45285	1,1634	5,5
5,6	4118,86	155,282	311,508	156,888	452,526	44,447	653,861	0,34605	1307,7	0,34705	2,8814	0,45451	1,1604	5,6
5,7	4192,41	155,961	312,730	157,586	451,989	44,493	654,068	0,34033	1328,1	0,34133	2,9297	0,45613	1,1574	5,7
5,75	4229,18	156,298	313,336	157,932	451,724	44,515	654,171	0,33754	1338,3	0,33854	2,9539	0,45694	1,1559	5,75
5,8	4265,96	156,631	313,936	158,274	451,460	44,538	654,272	0,33480	1348,4	0,33580	2,9780	0,45774	1,1545	5,8
5,9	4339,51	157,292	315,126	158,954	450,938	44,582	654,474	0,32945	1368,8	0,33045	3,0262	0,45932	1,1516	5,9
6,0	4413,06	157,944	316,299	159,625	450,423	44,625	654,673	0,32428	1389,0	0,32528	3,0743	0,46088	1,1488	6,0
6,1	4486,61	158,587	317,457	160,287	449,914	44,668	654,869	0,31927	1409,2	0,32027	3,1224	0,46241	1,1460	6,1
6,2	4560,16	159,222	318,600	160,940	449,413	44,710	655,063	0,31441	1429,4	0,31541	3,1705	0,46392	1,1432	6,2
6,25	4596,94	159,536	319,165	161,263	449,164	44,731	655,158	0,31204	1439,4	0,31304	3,1945	0,46467	1,1419	6,25
6,3	4633,71	159,849	319,728	161,585	448,918	44,751	655,254	0,30971	1449,5	0,31071	3,2184	0,46542	1,1405	6,3
6,4	4707,26	160,467	320,841	162,222	448,428	44,792	655,442	0,30514	1469,6	0,30614	3,2665	0,46689	1,1378	6,4
6,5	4780,82	161,079	321,942	162,852	447,945	44,832	655,629	0,30072	1489,6	0,30172	3,3143	0,46834	1,1352	6,5
6,6	4854,37	161,683	323,029	163,474	447,468	44,871	655,813	0,29642	1509,6	0,29742	3,3622	0,46977	1,1326	6,6
6,7	4927,92	162,279	324,102	164,088	446,997	44,910	655,995	0,29225	1529,5	0,29325	3,4101	0,47118	1,1301	6,7
6,75	4964,69	162,575	324,635	164,393	446,762	44,930	656,085	0,29021	1539,4	0,29121	3,4339	0,47188	1,1288	6,75
6,8	5001,47	162,869	325,164	164,696	446,530	44,949	656,175	0,28820	1549,4	0,28920	3,4578	0,47258	1,1276	6,8
6,9	5075,02	163,452	326,214	165,296	446,070	44,987	656,353	0,28426	1569,2	0,28526	3,5056	0,47395	1,1251	6,9
7,0	5148,57	164,028	327,250	165,890	445,615	45,024	656,529	0,28043	1589,0	0,28143	3,5533	0,47531	1,1227	7,0
7,1	5222,12	164,598	328,276	166,478	445,163	45,061	656,702	0,27671	1608,8	0,27771	3,6009	0,47666	1,1203	7,1
7,2	5295,67	165,161	329,290	167,058	444,719	45,097	656,874	0,27309	1628,5	0,27409	3,6484	0,47798	1,1179	7,2
7,25	5332,45	165,441	329,794	167,347	444,498	45,115	656,960	0,27131	1638,3	0,27231	3,6723	0,47864	1,1167	7,25
7,3	5369,22	165,718	330,292	167,633	444,279	45,132	657,044	0,26956	1648,2	0,27056	3,6960	0,47929	1,1155	7,3
7,4	5442,77	166,270	331,286	168,202	443,843	45,167	657,212	0,26612	1667,8	0,26712	3,7436	0,48059	1,1132	7,4
7,5	5516,33	166,815	332,267	168,764	443,413	45,202	657,379	0,26278	1687,4	0,26378	3,7910	0,48187	1,1110	7,5
7,6	5589,88	167,355	333,239	169,321	442,985	45,237	657,543	0,25952	1706,9	0,26052	3,8385	0,48314	1,1087	7,6
7,7	5663,43	167,889	334,200	169,872	442,564	45,270	657,706	0,25634	1726,5	0,25734	3,8859	0,48439	1,1065	7,7
7,75	5700,20	168,154	334,677	170,146	442,354	45,287	657,787	0,25478	1736,2	0,25578	3,9096	0,48501	1,1054	7,75
7,8	5736,98	168,418	335,152	170,418	442,145	45,304	657,867	0,25324	1746,0	0,25424	3,9333	0,48562	1,1043	7,8
7,9	5810,53	168,941	336,094	170,958	441,732	45,337	658,027	0,25021	1765,4	0,25121	3,9807	0,48685	1,1021	7,9
8,0	5884,08	169,459	337,026	171,493	441,323	45,369	658,185	0,24726	1784,9	0,24826	4,0280	0,48806	1,1000	8,0

Anhang.

Fliegner's Tabelle (Fortsetzung).

Atm. od. Kgr. pro qcm	Millim. Queck-silber-säule	Temperatur		Flüssig-keits-Wärme	Innere latente Wärme	Aeussere latente Wärme	Ge-sammt-wärme	u	$\dfrac{\varrho}{u}$	Specifisches		τ	$\dfrac{r}{T}$	Atm. od. Kgr. pro qcm
		Celsius	Fahren-heit							Volumen	Gewicht			
		t		Wärme q	Wärme ϱ	$\varepsilon = APu$	$\lambda=606,5$ $+0,305\,t$			v (für 1 Kgr.) in cbm	σ (für 1 cbm) in Kgr.			
8,0	5884,08	169,459	337,026	171,493	441,323	45,369	658,185	0,24726	1784,9	0,24826	4,0280	0,48806	1,1000	8,0
8,1	5957,63	169,972	337,950	172,023	440,917	45,401	658,341	0,24438	1804,2	0,24538	4,0753	0,48925	1,0979	8,1
8,2	6031,18	170,480	338,864	172,548	440,515	45,433	658,496	0,24157	1823,5	0,24257	4,1225	0,49044	1,0958	8,2
8,25	6067,96	170,732	339,318	172,808	440,316	45,449	658,573	0,24019	1833,2	0,24119	4,1461	0,49102	1,0947	8,25
8,3	6104,73	170,983	339,769	173,067	440,119	45,464	658,650	0,23883	1842,8	0,23983	4,1696	0,49161	1,0937	8,3
8,4	6178,28	171,482	340,668	173,583	439,723	45,496	658,802	0,23614	1862,1	0,23714	4,2169	0,49277	1,0917	8,4
8,5	6251,84	171,976	341,557	174,093	439,334	45,526	658,953	0,23352	1881,4	0,23452	4,2640	0,49392	1,0896	8,5
8,6	6325,39	172,465	342,437	174,599	438,947	45,556	659,102	0,23096	1900,5	0,23196	4,3111	0,49505	1,0876	8,6
8,7	6398,94	172,950	343,310	175,100	438,564	45,586	659,250	0,22846	1919,7	0,22946	4,3581	0,49618	1,0857	8,7
8,75	6435,71	173,191	343,744	175,349	438,373	45,601	659,323	0,22722	1929,3	0,22822	4,3817	0,49673	1,0847	8,75
8,8	6472,49	173,430	344,174	175,596	438,184	45,616	659,396	0,22600	1938,9	0,22700	4,4053	0,49729	1,0837	8,8
8,9	6546,04	173,906	345,031	176,089	437,807	45,645	659,541	0,22361	1957,9	0,22461	4,4522	0,49839	1,0818	8,9
9,0	6619,59	174,379	345,882	176,578	437,434	45,674	659,686	0,22127	1976,9	0,22227	4,4990	0,49948	1,0799	9,0
9,1	6693,14	174,846	346,723	177,061	437,065	45,702	659,828	0,21897	1996,0	0,21997	4,5461	0,50056	1,0780	9,1
9,2	6766,69	175,310	347,558	177,541	436,699	45,730	659,970	0,21672	2015,0	0,21772	4,5931	0,50164	1,0761	9,2
9,25	6803,47	175,541	347,974	177,780	436,515	45,745	660,040	0,21562	2024,5	0,21662	4,6164	0,50217	1,0752	9,25
9,3	6840,24	175,770	348,386	178,017	436,335	45,758	660,110	0,21452	2034,0	0,21552	4,6399	0,50270	1,0743	9,3
9,4	6913,79	176,226	349,207	178,489	435,974	45,786	660,249	0,21237	2052,9	0,21337	4,6867	0,50375	1,0724	9,4
9,5	6987,35	176,679	350,022	178,958	435,616	45,813	660,387	0,21026	2071,8	0,21126	4,7335	0,50479	1,0706	9,5
9,6	7060,90	177,127	350,829	179,422	435,261	45,841	660,524	0,20819	2090,7	0,20919	4,7803	0,50582	1,0688	9,6
9,7	7134,45	177,572	351,630	179,882	434,910	45,867	660,659	0,20617	2109,5	0,20717	4,8270	0,50684	1,0670	9,7
9,75	7171,22	177,793	352,027	180,111	434,735	45,881	660,727	0,20517	2118,9	0,20617	4,8504	0,50735	1,0662	9,75
9,8	7208,00	178,014	352,425	180,340	434,560	45,894	660,794	0,20418	2128,3	0,20518	4,8738	0,50786	1,0653	9,8
9,9	7281,55	178,451	353,212	180,793	434,215	45,920	660,928	0,20223	2147,1	0,20323	4,9205	0,50886	1,0635	9,9
10,00	7355,10	178,886	353,995	181,243	433,871	45,946	661,060	0,20032	2165,9	0,20132	4,9672	0,50986	1,0618	10,00

Fliegner's Tabelle (Schluss).

| Atm. od. Kgr. pro qcm | Millim. Queck-silber-säule | Temperatur | | Flüssig-keits-Wärme q | Innere latente Wärme ϱ | Aeussere latente Wärme $\varepsilon = APu$ | Ge-sammt-wärme $\lambda = 606{,}5 + 0{,}305\,t$ | u | $\dfrac{\varrho}{u}$ | Specifisches | | $\imath$ | $\dfrac{r}{T}$ | Atm. od. Kgr. pro qcm |
		Celsius t	Fahren-heit							Volumen v (für 1 Kgr.) in cbm	Gewicht σ (für 1 cbm) in Kgr.			
10,00	7355,10	178,886	353,995	181,243	433,871	45,946	661,060	0,20032	2165,9	0,20132	4,9672	0,50986	1,0618	10,00
10,25	7538,98	179,957	355,923	182,353	433,024	46,010	661,387	0,19571	2212,6	0,19671	5,0836	0,51231	1,0576	10,25
10,50	7722,86	181,008	357,814	183,442	432,193	46,072	661,707	0,19131	2259,1	0,19231	5,1999	0,51472	1,0534	10,50
10,75	7906,73	182,040	359,672	184,513	431,376	46,133	662,022	0,18711	2305,5	0,18811	5,3160	0,51707	1,0494	10,75
11,00	8090,61	183,053	361,495	185,563	430,576	46,192	662,331	0,18309	2351,7	0,18409	5,4321	0,51938	1,0454	11,00
11,25	8274,49	184,049	363,288	186,597	429,788	46,250	662,635	0,17924	2397,8	0,18024	5,5482	0,52164	1,0415	11,25
11,50	8458,37	185,027	365,049	187,612	429,015	46,306	662,933	0,17556	2443,7	0,17656	5,6638	0,52386	1,0378	11,50
11,75	8642,24	185,989	366,780	188,611	428,255	46,361	663,227	0,17203	2489,4	0,17303	5,7793	0,52604	1,0340	11,75
12,00	8826,12	186,935	368,483	189,594	427,506	46,415	663,515	0,16864	2535,0	0,16964	5,8948	0,52818	1,0304	12,00
12,25	9010,00	187,866	370,159	190,561	426,770	46,468	663,799	0,16539	2580,4	0,16639	6,0100	0,53028	1,0268	12,25
12,50	9193,88	188,782	371,808	191,513	426,046	46,520	664,079	0,16226	2625,7	0,16326	6,1252	0,53234	1,0234	12,50
12,75	9377,75	189,685	373,433	192,452	425,331	46,571	664,354	0,15926	2670,7	0,16026	6,2399	0,53437	1,0199	12,75
13,00	9561,63	190,573	375,031	193,376	424,629	46,620	664,625	0,15636	2715,7	0,15736	6,3549	0,53637	1,0166	13,00
13,25	9745,51	191,449	376,608	194,287	423,936	46,669	664,892	0,15357	2760,5	0,15457	6,4696	0,53833	1,0133	13,25
13,50	9929,39	192,311	378,160	195,184	423,254	46,717	665,155	0,15088	2805,2	0,15188	6,5841	0,54026	1,0100	13,50
13,75	10113,26	193,162	379,692	196,070	422,580	46,764	665,414	0,14829	2849,7	0,14929	6,6984	0,54216	1,0068	13,75
14,00	10297,14	194,001	381,202	196,944	421,916	46,810	665,670	0,14578	2894,2	0,14678	6,8129	0,54404	1,0037	14,00
14,25	10481,02	194,828	382,690	197,806	421,261	46,855	665,922	0,14336	2938,5	0,14436	6,9271	0,54588	1,0006	14,25
14,50	10664,90	195,644	384,159	198,656	420,615	46,900	666,171	0,14102	2982,7	0,14202	7,0413	0,54770	0,9976	14,50
14,75	10848,77	196,449	385,608	199,495	419,979	46,943	666,417	0,13876	3026,7	0,13976	7,1551	0,54949	0,9946	14,75
15,00	11032,65	197,244	387,039	200,324	419,349	46,986	666,659	0,13657	3070,6	0,13757	7,2690	0,55125	0,9917	15,00

Fliegner-Connert's Tabelle für gesättigte Wasserdämpfe.*) $\frac{1}{A}=424$.

Atm. od. Kgr. pro qcm	Millim. Quecksilbersäule	Temperatur		Flüssigkeits-Wärme q	Innere latente Wärme ϱ	Aeussere latente Wärme $\varepsilon=APu$	Gesammtwärme $\lambda=606{,}5+0{,}305\,t$	u	$\dfrac{\varrho}{u}$	Specifisches		τ	$\dfrac{r}{T}$	Atm. od. Kgr. pro qcm
		Celsius t	Fahrenheit							Volumen v (für 1 Kgr) in cbm	Gewicht σ (für 1 cbm) in Kgr.			
0,1	73,55	45,579	114,042	45,649	539,347	35,406	620,402	15,0121	35,93	15,0131	0,0666	0,15463	1,8041	0,1
0,2	147,10	59,755	139,559	59,890	528,134	36,701	624,725	7,7806	67,88	7,7816	0,1285	0,19836	1,6975	0,2
0,3	220,65	68,742	155,736	68,934	521,025	37,507	627,466	5,3009	98,29	5,3019	0,1886	0,22518	1,6344	0,3
0,4	294,20	75,467	167,841	75,710	515,706	38,101	629,517	4,0387	127,69	4,0397	0,2475	0,24482	1,5893	0,4
0,5	367,76	80,899	177,618	81,189	511,409	38,576	631,174	3,2712	156,34	3,2722	0,3056	0,26042	1,5541	0,5
0,6	441,31	85,484	185,871	85,818	507,782	38,972	632,573	2,7540	184,38	2,7550	0,3630	0,27341	1,5252	0,6
0,7	514,86	89,469	193,044	89,844	504,630	39,314	633,788	2,3813	211,91	2,3823	0,4198	0,28458	1,5007	0,7
0,8	588,41	93,003	199,405	93,427	501,835	39,604	634,866	2,0990	239,08	2,1000	0,4762	0,29439	1,4793	0,8
0,9	661,96	96,187	205,137	96,639	499,316	39,882	635,837	1,8789	265,75	1,8799	0,5319	0,30316	1,4605	0,9
1,0	735,51	99,088	210,358	99,576	497,021	40,125	636,722	1,7013	292,14	1,7023	0,5874	0,31108	1,4436	1,0
1,1	809,06	101,758	215,164	102,281	494,909	40,346	637,536	1,5552	318,23	1,5562	0,6426	0,31833	1,4283	1,1
1,2	882,61	104,235	219,623	104,792	492,950	40,550	638,292	1,4328	344,05	1,4338	0,6974	0,32500	1,4142	1,2
1,3	956,16	106,547	223,786	107,138	491,121	40,738	638,997	1,3287	369,63	1,3297	0,7520	0,33120	1,4013	1,3
1,4	1029,71	108,717	227,691	109,339	489,405	40,915	639,659	1,2391	394,97	1,2401	0,8064	0,33699	1,3893	1,4
1,5	1103,27	110,763	231,373	111,416	487,786	41,081	640,283	1,1612	420,07	1,1622	0,8604	0,34241	1,3781	1,5
1,6	1176,82	112,699	234,858	113,382	486,255	41,236	640,873	1,0928	444,96	1,0938	0,9142	0,34752	1,3676	1,6
1,7	1250,37	114,539	238,170	115,252	484,800	41,382	641,434	1,0321	469,72	1,0331	0,9679	0,35236	1,3578	1,7
1,8	1323,92	116,290	241,322	117,032	483,415	41,521	641,968	0,9780	494,29	0,9790	1,0214	0,35694	1,3484	1,8
1,9	1397,47	117,966	243,339	118,737	482,089	41,654	642,480	0,9295	518,65	0,9305	1,0747	0,36131	1,3394	1,9
2,0	1471,02	119,570	247,226	120,369	480,820	41,780	642,969	0,8857	542,87	0,8867	1,1278	0,36548	1,3312	2,0
2,1	1544,57	121,109	249,996	121,935	479,603	41,900	643,438	0,8460	566,91	0,8470	1,1806	0,36946	1,3232	2,1
2,2	1618,12	122,590	252,662	123,443	478,431	42,026	643,890	0,8102	590,51	0,8112	1,2327	0,37328	1,3156	2,2
2,3	1691,67	124,017	255,231	124,897	477,303	42,125	644,325	0,7766	614,61	0,7776	1,2860	0,37695	1,3083	2,3
2,4	1765,22	125,395	257,711	126,301	476,213	42,231	644,745	0,7461	638,27	0,7471	1,3385	0,38048	1,3013	2,4
2,5	1838,78	126,726	260,107	127,658	475,160	42,333	645,151	0,7180	661,78	0,7190	1,3908	0,38388	1,2946	2,5
2,6	1912,33	128,015	262,427	128,972	474,140	42,433	645,545	0,6920	685,17	0,6930	1,4430	0,38716	1,2882	2,6
2,7	1985,88	129,264	264,675	130,246	473,152	42,528	645,926	0,6678	708,52	0,6688	1,4952	0,39033	1,2819	2,7
2,8	2059,43	130,476	266,857	131,483	472,193	42,619	646,295	0,6454	731,63	0,6464	1,5452	0,39340	1,2759	2,8
2,9	2132,98	131,653	268,975	132,684	471,262	42,708	646,654	0,6244	754,74	0,6254	1,5989	0,39638	1,2701	2,9
3,0	2206,53	132,798	271,036	133,853	470,357	42,793	647,003	0,6048	777,71	0,6058	1,6507	0,39926	1,2645	3,0
3,1	2280,08	133,913	273,043	134,992	469,475	42,876	647,343	0,5864	800,61	0,5874	1,7024	0,40206	1,2591	3,1
3,2	2353,63	134,999	274,998	136,102	468,616	42,957	647,675	0,5692	823,29	0,5702	1,7537	0,40479	1,2539	3,2
3,3	2427,18	136,057	276,903	137,183	467,779	43,035	647,997	0,5529	846,05	0,5539	1,8053	0,40743	1,2488	3,3
3,4	2500,73	137,090	278,762	138,239	466,962	43,111	648,312	0,5376	868,60	0,5386	1,8566	0,41001	1,2438	3,4
3,5	2574,29	138,099	280,578	139,271	466,164	43,185	648,620	0,5232	890,99	0,5242	1,9076	0,41252	1,2390	3,5
3,6	2647,84	139,085	282,353	140,279	465,384	43,285	648,921	0,5095	913,41	0,5105	1,9588	0,41497	1,2343	3,6
3,7	2721,39	140,049	284,088	141,265	464,621	43,329	649,215	0,4965	935,79	0,4975	2,0100	0,41737	1,2298	3,7
3,8	2794,94	140,992	285,786	142,230	463,875	43,398	649,503	0,4842	958,02	0,4852	2,0609	0,41970	1,2253	3,8
3,9	2868,49	141,915	287,447	143,175	463,145	43,464	649,784	0,4725	980,20	0,4735	2,1118	0,42198	1,2210	3,9
4,0	2942,04	142,820	289,076	144,102	462,429	43,529	650,060	0,4614	1002,23	0,4624	2,1625	0,42421	1,2168	4,0
4,1	3015,59	143,707	290,673	145,010	461,728	43,593	650,331	0,4508	1024,24	0,4518	2,2132	0,42639	1,2127	4,1
4,2	3089,14	144,576	292,237	145,901	461,040	43,655	650,596	0,4407	1046,15	0,4417	2,2639	0,42853	1,2086	4,2
4,3	3162,69	145,429	293,772	146,775	460,366	43,715	650,856	0,4311	1067,89	0,4321	2,3141	0,43062	1,2047	4,3
4,4	3236,24	146,266	295,279	147,633	459,704	43,774	651,111	0,4218	1089,86	0,4228	2,3650	0,43267	1,2009	4,4
4,5	3309,80	147,088	296,758	148,475	459,053	43,834	651,362	0,4130	1111,51	0,4140	2,4153	0,43467	1,1971	4,5
4,6	3383,35	147,895	298,211	149,303	458,415	43,890	651,608	0,4046	1133,01	0,4056	2,4653	0,43664	1,1934	4,6
4,7	3456,90	148,689	299,640	150,117	457,787	43,946	651,850	0,3964	1154,86	0,3974	2,5162	0,43858	1,1898	4,7
4,8	3530,45	149,469	301,044	150,918	457,170	44,000	652,088	0,3887	1176,15	0,3897	2,5659	0,44047	1,1863	4,8
4,9	3604,00	150,236	302,425	151,705	456,563	44,054	652,322	0,3812	1197,70	0,3822	2,6163	0,44233	1,1828	4,9
5,0	3677,55	150,991	303,784	152,480	455,966	44,106	652,552	0,3740	1219,16	0,3750	2,6665	0,44416	1,1794	5,0
5,1	3751,10	151,734	305,121	153,242	455,378	44,159	652,779	0,3671	1240,47	0,3681	2,7165	0,44596	1,1761	5,1
5,2	3824,65	152,465	306,437	153,993	454,800	44,209	653,002	0,3605	1261,58	0,3615	2,7660	0,44773	1,1729	5,2
5,3	3898,20	153,185	307,733	154,733	454,231	44,257	653,221	0,3541	1282,78	0,3551	2,8159	0,44946	1,1697	5,3
5,4	3971,75	153,895	309,011	155,462	453,669	44,307	653,438	0,3479	1304,02	0,3489	2,8659	0,45117	1,1665	5,4
5,5	4045,31	154,594	310,269	156,180	453,116	44,355	653,651	0,3419	1325,29	0,3429	2,9161	0,45285	1,1634	5,5
5,6	4118,86	155,282	311,508	156,888	452,572	44,401	653,861	0,3362	1346,14	0,3372	2,9654	0,45451	1,1604	5,6
5,7	4192,41	155,961	312,730	157,586	452,035	44,447	654,068	0,3306	1367,32	0,3316	3,0154	0,45613	1,1574	5,7
5,8	4265,96	156,631	313,936	158,274	451,505	44,493	654,272	0,3253	1387,96	0,3263	3,0644	0,45774	1,1545	5,8
5,9	4339,51	157,292	315,127	158,954	450,982	44,538	654,474	0,3201	1408,87	0,3211	3,1140	0,45932	1,1516	5,9
6,0	4413,06	157,944	316,299	159,625	450,466	44,582	654,673	0,3150	1430,05	0,3160	3,1643	0,46088	1,1488	6,0

*) Die Erklärung zu dieser und der **vorangehenden** Tabelle findet man in dem Theoret. Theile, I. Absch. § 5.

Fliegner-Connert's Tabelle (Fortsetzung und Schluss).

Atm. od. Kgr. pro qcm	Millim. Quecksilbersäule	Temperatur		Flüssigkeits-Wärme q	Innere latente Wärme ϱ	Aeussere latente Wärme $\varepsilon=APu$	Gesammtwärme $\lambda=606,5 +0,305\,t$	u	$\dfrac{\varrho}{u}$	Specifisches		τ	$\dfrac{r}{T}$	Atm. od. Kgr. pro qcm
		Celsius t	Fahrenheit							Volumen v (für 1 Kgr.) in cbm	Gewicht σ (für 1 cbm) in Kgr.			
6,0	4413,06	157,944	316,299	159,625	450,466	44,582	654,673	0,3150	1430,05	0,3160	3,1643	0,46088	1,1488	6,0
6,1	4486,61	158,587	317,457	160,287	449,958	44,624	654,869	0,3102	1450,54	0,3112	3,2131	0,46241	1,1460	6,1
6,2	4560,16	159,222	318,600	160,940	449,455	44,668	655,063	0,3055	1471,21	0,3065	3,2623	0,46392	1,1432	6,2
6,3	4633,71	159,849	319,728	161,585	448,959	44,709	655,254	0,3009	1492,05	0,3019	3,3120	0,46542	1,1405	6,3
6,4	4707,26	160,467	320,841	162,222	448,471	44,749	655,442	0,2965	1512,55	0,2975	3,3610	0,46689	1,1378	6,4
6,5	4780,82	161,079	321,942	162,852	447,987	44,790	655,629	0,2922	1533,15	0,2932	3,4103	0,46834	1,1352	6,5
6,6	4854,37	161,683	323,029	163,474	447,509	44,830	655,813	0,2880	1553,85	0,2890	3,4598	0,46977	1,1326	6,6
6,7	4927,92	162,279	324,102	164,088	447,037	44,870	655,995	0,2840	1574,07	0,2850	3,5084	0,47118	1,1301	6,7
6,8	5001,47	162,869	325,164	164,696	446,571	44,909	656,175	0,2800	1594,90	0,2810	3,5583	0,47258	1,1276	6,8
6,9	5075,02	163,452	326,214	165,296	446,109	44,948	656,353	0,2762	1615,17	0,2772	3,6071	0,47395	1,1251	6,9
7,0	5148,57	164,028	327,250	165,890	445,654	44,985	656,529	0,2725	1635,43	0,2735	3,6559	0,47531	1,1227	7,0
7,1	5222,12	164,598	328,276	166,478	445,203	45,021	656,702	0,2689	1655,65	0,2699	3,7047	0,47666	1,1203	7,1
7,2	5295,67	165,161	329,290	167,058	444,758	45,058	656,874	0,2653	1676,43	0,2663	3,7547	0,47798	1,1179	7,2
7,3	5369,22	165,718	330,292	167,633	444,317	45,094	657,044	0,2619	1696,51	0,2629	3,8033	0,47929	1,1155	7,3
7,4	5442,77	166,270	331,286	168,202	443,880	45,130	657,212	0,2586	1716,47	0,2596	3,8516	0,48059	1,1132	7,4
7,5	5516,33	166,815	332,267	168,764	443,449	45,166	657,379	0,2553	1736,97	0,2563	3,9012	0,48187	1,1110	7,5
7,6	5589,88	167,355	333,239	169,321	443,022	45,200	657,543	0,2522	1756,63	0,2532	3,9489	0,48314	1,1087	7,6
7,7	5663,43	167,889	334,200	169,872	442,600	45,234	657,706	0,2491	1776,80	0,2501	3,9979	0,48439	1,1065	7,7
7,8	5736,98	168,418	335,152	170,418	442,181	45,268	657,867	0,2461	1796,75	0,2471	4,0464	0,48562	1,1043	7,8
7,9	5810,53	168,941	336,094	170,958	441,768	45,301	658,027	0,2431	1817,23	0,2441	4,0961	0,48685	1,1021	7,9
8,0	5884,08	169,459	337,026	171,493	441,358	45,334	658,185	0,2403	1836,70	0,2413	4,1437	0,48806	1,1000	8,0
8,1	5957,63	169,972	337,950	172,023	440,952	45,366	658,341	0,2375	1856,64	0,2385	4,1923	0,48925	1,0979	8,1
8,2	6031,18	170,480	338,864	172,548	440,550	45,398	658,496	0,2347	1877,08	0,2357	4,2421	0,49044	1,0958	8,2
8,3	6104,73	170,983	339,769	173,067	440,152	45,430	658,650	0,2321	1896,39	0,2331	4,2894	0,49161	1,0937	8,3
8,4	6178,28	171,482	340,668	173,583	439,758	45,461	658,802	0,2295	1916,16	0,2305	4,3378	0,49277	1,0917	8,4
8,5	6251,84	171,976	341,557	174,093	439,367	45,492	658,953	0,2269	1936,39	0,2279	4,3872	0,49392	1,0896	8,5
8,6	6325,39	172,465	342,437	174,599	438,980	45,523	659,102	0,2244	1956,24	0,2254	4,4359	0,49505	1,0876	8,6
8,7	6398,94	172,950	343,310	175,100	438,597	45,553	659,250	0,2220	1975,66	0,2230	4,4836	0,49618	1,0857	8,7
8,8	6472,49	173,430	344,174	175,596	438,217	45,583	659,396	0,2196	1995,52	0,2206	4,5324	0,49729	1,0837	8,8
8,9	6546,04	173,906	345,031	176,089	437,840	45,612	659,541	0,2173	2014,91	0,2183	4,5801	0,49839	1,0818	8,9
9,0	6619,59	174,379	345,882	176,578	437,466	45,642	659,686	0,2150	2034,73	0,2160	4,6289	0,49948	1,0799	9,0
9,1	6693,14	174,846	346,723	177,061	437,097	45,670	659,828	0,2128	2054,03	0,2138	4,6765	0,50056	1,0780	9,1
9,2	6766,69	175,310	347,558	177,541	436,730	45,699	659,970	0,2106	2073,74	0,2116	4,7251	0,50164	1,0761	9,2
9,3	6840,24	175,770	348,386	178,017	436,366	45,727	660,110	0,2085	2092,88	0,2095	4,7725	0,50270	1,0743	9,3
9,4	6913,79	176,226	349,207	178,489	436,005	45,755	660,249	0,2064	2112,43	0,2074	4,8208	0,50375	1,0724	9,4
9,5	6987,35	176,679	350,022	178,958	435,647	45,782	660,387	0,2043	2132,39	0,2053	4,8701	0,50479	1,0706	9,5
9,6	7060,90	177,127	350,829	179,422	435,293	45,809	660,524	0,2023	2151,72	0,2033	4,9180	0,50582	1,0688	9,6
9,7	7134,45	177,572	351,630	179,882	434,941	45,836	660,659	0,2004	2170,36	0,2014	4,9644	0,50684	1,0670	9,7
9,8	7208,00	178,014	352,425	180,340	434,591	45,863	660,794	0,1984	2190,48	0,1994	5,0141	0,50786	1,0653	9,8
9,9	7281,55	178,451	353,212	180,793	434,245	45,890	660,928	0,1965	2209,90	0,1975	5,0624	0,50886	1,0635	9,9
10,00	7355,10	178,886	353,995	181,243	433,901	45,916	661,060	0,1947	2228,56	0,1957	5,1089	0,50986	1,0618	10,00
10,25	7538,98	179,957	355,923	182,353	433,054	45,980	661,387	0,1902	2276,83	0,1912	5,2291	0,51231	1,0576	10,25
10,50	7722,86	181,008	357,814	183,442	432,223	46,042	661,707	0,1859	2325,03	0,1869	5,3494	0,51472	1,0534	10,50
10,75	7906,73	182,040	359,672	184,513	431,406	46,103	662,022	0,1818	2372,97	0,1828	5,4694	0,51707	1,0494	10,75
11,00	8090,61	183,053	361,495	185,563	430,605	46,163	662,331	0,1779	2420,49	0,1789	5,5885	0,51938	1,0454	11,00
11,25	8274,49	184,049	363,288	186,597	429,817	46,221	662,635	0,1742	2467,38	0,1752	5,7065	0,52164	1,0415	11,25
11,50	8458,37	185,027	365,049	187,612	429,044	46,277	662,933	0,1706	2514,91	0,1716	5,8262	0,52386	1,0378	11,50
11,75	8642,24	185,989	366,780	188,611	428,283	46,333	663,227	0,1672	2561,50	0,1682	5,9439	0,52604	1,0340	11,75
12,00	8826,12	186,935	368,483	189,594	427,534	46,387	663,515	0,1639	2608,51	0,1649	6,0629	0,52818	1,0304	12,00
12,25	9010,00	187,866	370,159	190,561	426,798	46,440	663,799	0,1607	2655,87	0,1617	6,1828	0,53028	1,0268	12,25
12,50	9193,88	188,782	371,808	191,513	426,073	46,493	664,079	0,1577	2701,79	0,1587	6,2996	0,53234	1,0234	12,50
12,75	9377,75	189,685	373,433	192,452	425,359	46,543	664,354	0,1548	2747,80	0,1558	6,4168	0,53437	1,0199	12,75
13,00	9561,63	190,573	375,031	193,376	424,657	46,592	664,625	0,1520	2793,80	0,1530	6,5342	0,53637	1,0166	13,00
13,25	9745,51	191,449	376,608	194,287	423,964	46,641	664,892	0,1492	2841,58	0,1502	6,6560	0,53833	1,0133	13,25
13,50	9929,39	192,311	378,160	195,184	423,282	46,689	665,155	0,1466	2887,33	0,1476	6,7732	0,54026	1,0100	13,50
13,75	10113,26	193,162	379,692	196,070	422,609	46,735	665,414	0,1441	2932,75	0,1451	6,8898	0,54216	1,0068	13,75
14,00	10297,14	194,001	381,202	196,944	421,945	46,781	665,670	0,1417	2977,73	0,1427	7,0057	0,54404	1,0037	14,00
14,25	10481,02	194,828	382,690	197,806	421,290	46,826	665,922	0,1393	3024,34	0,1403	7,1255	0,54588	1,0006	14,25
14,50	10664,90	195,644	384,159	198,656	420,645	46,870	666,171	0,1370	3070,40	0,1380	7,2442	0,54770	0,9976	14,50
14,75	10848,77	196,449	385,608	199,495	420,009	46,913	666,417	0,1348	3115,79	0,1358	7,3615	0,54949	0,9946	14,75
15,00	11032,65	197,244	387,039	200,324	419,380	46,955	666,659	0,1327	3160,36	0,1337	7,4771	0,55125	0,9917	15,00

Beiläufige Preise und Gewichte der Eincylinder-Auspuff-Maschinen
(ohne Dampfhemd).

Note. Der Mehrpreis für Präcisions-Steuerung kann wenigstens um die Hälfte höher als der Mehrpreis für Coulissen-Steuerung angeschlagen werden. (Siehe auch die Note bei den Condens.-Maschinen.)

Wirksame Kolbenfläche	Kolben-Durchmesser	Leicht gebaute Maschinen (für 3 bis 5 Atmosph.)					Mittelstark gebaute Maschinen (für 5 bis 7 Atmosph.)					Sehr kräftig gebaute Maschinen (für 7 bis 10 Atmosph.)				
		Beiläufiger Preis		Mehrpreis für Coulissen-Steuerung		Beiläufiges Gewicht	Beiläufiger Preis		Mehrpreis für Coulissen-Steuerung		Beiläufiges Gewicht	Beiläufiger Preis		Mehrpreis für Coulissen-Steuerung		Beiläufiges Gewicht
O Qu.Met.	D Centm.	Gulden à 2 Mk. $=\frac{1}{10}$ Liv.	Francs à $\frac{1}{4}$ Rubel	Gulden	Francs	Kgr.	Gulden à 2 Mk. $=\frac{1}{10}$ Liv.	Francs à $\frac{1}{4}$ Rubel	Gulden	Francs	Kgr.	Gulden à 2 Mk. $=\frac{1}{10}$ Liv.	Francs à $\frac{1}{4}$ Rubel	Gulden	Francs	Kgr.
0,020	16,2	610	1530	150	370	880	720	1790	155	390	1310	840	2090	165	410	1750
022	17,0	660	1650			960	780	1940			1440	910	2270			1930
024	17,7	710	1770			1050	840	2090			1580	980	2450			2100
026	18,5	760	1890			1140	900	2240			1710	1050	2630			2280
028	19,2	810	2010			1230	960	2380			1840	1120	2810			2450
0,030	19,8	860	2140	180	440	1310	1010	2530	190	470	1970	1190	2990	200	500	2630
032	20,5	900	2250			1410	1070	2670			2110	1260	3160			2820
034	21,1	950	2370			1510	1130	2820			2260	1330	3330			3010
036	21,7	1000	2490			1600	1180	2960			2400	1400	3500			3200
038	22,3	1040	2610			1700	1240	3100			2550	1470	3680			3400
0,040	22,9	1090	2720	200	510	1790	1300	3250	215	540	2690	1540	3850	230	570	3590
042	23,5	1140	2840			1890	1360	3390			2840	1610	4020			3790
044	24,0	1180	2960			1990	1410	3530			2990	1680	4200			3990
046	24,6	1230	3070			2090	1470	3680			3140	1750	4370			4190
048	25,1	1280	3190			2190	1530	3820			3290	1820	4540			4390
0,050	25,6	1320	3310	230	570	2290	1590	3960	245	610	3440	1890	4710	260	650	4590
053	26,4	1390	3480			2450	1670	4170			3680	1990	4970			4900
056	27,1	1460	3650			2610	1750	4380			3920	2090	5220			5220
059	27,8	1530	3820			2770	1830	4590			4160	2190	5470			5540
062	28,5	1600	3990			2930	1920	4790			4400	2290	5730			5860
0,065	29,2	1660	4160	260	655	3090	2000	5000	280	700	4630	2390	5980	295	735	6180
068	29,9	1730	4320			3260	2080	5210			4880	2490	6230			6510
071	30,5	1800	4490			3430	2170	5410			5140	2590	6490			6850
074	31,2	1870	4660			3590	2250	5620			5390	2690	6740			7180
077	31,8	1940	4830			3760	2330	5830			5640	2800	6990			7520
0,080	32,4	2000	5000	290	725	3930	2420	6040	310	770	5890	2900	7250	325	810	7850
084	33,2	2090	5220			4160	2530	6310			6240	3030	7580			8320
088	34,0	2180	5450			4390	2630	6580			6590	3170	7910			8790
092	34,7	2270	5670			4630	2740	6860			6940	3300	8250			9250
096	35,5	2350	5890			4860	2850	7130			7290	3430	8580			9720
0,100	36,2	2440	6110	320	800	5090	2960	7400	350	870	7640	3560	8910	370	925	10180
105	37,1	2550	6380			5410	3100	7740			8120	3730	9320			10820
110	38,0	2660	6650			5730	3230	8070			8590	3890	9730			11460
115	38,8	2770	6930			6050	3360	8410			9070	4060	10140			12100
120	39,7	2880	7200			6370	3500	8750			9550	4220	10550			12740
0,125	40,5	2990	7470	360	905	6690	3630	9080	385	965	10030	4380	10960	420	1050	13370
130	41,3	3100	7740			7010	3770	9420			10510	4550	11380			14010
135	42,1	3210	8010			7330	3900	9750			10990	4710	11790			14650
140	42,8	3320	8290			7640	4030	10090			11470	4880	12200			15290
145	43,6	3430	8560			7960	4170	10430			11940	5040	12610			15930
0,150	44,4	3530	8830	400	1000	8280	4300	10760	435	1090	12420	5210	13020	470	1180	16560
155	45,1	3640	9090			8620	4440	11090			12930	5370	13420			17240
160	45,8	3750	9360			8960	4570	11430			13440	5530	13830			17920
165	46,5	3850	9630			9300	4700	11760			13950	5700	14240			18600
170	47,2	3960	9900			9640	4840	12090			14460	5860	14640			19280
0,175	47,9	4070	10160	440	1100	9980	4970	12420	480	1200	14970	6020	15050	525	1315	19960
180	48,6	4170	10430			10320	5100	12760			15480	6190	15450			20650
185	49,3	4280	10700			10660	5240	13090			15990	6350	15860			21330
190	49,9	4390	10960			11000	5370	13420			16510	6510	16270			22010
195	50,6	4490	11240			11340	5500	13760			17020	6670	16670			22690
0,200	51,2	4600	11500	475	1185	11680	5630	14080	525	1315	17530	6830	17080	575	1440	23370
205	51,8	4710	11770			12050	5770	14410			18080	6990	17490			24100
210	52,5	4810	12030			12420	5900	14740			18630	7160	17890			24840
215	53,1	4920	12300			12790	6030	15070			19180	7320	18290			25580
220	53,7	5020	12560			13160	6160	15400			19730	7480	18700			26310
0,225	54,3	5130	12830	510	1275	13520	6290	15730	570	1425	20290	7640	19100	620	1550	27050
230	54,9	5240	13090			13890	6420	16060			20840	7800	19510			27790
235	55,5	5340	13360			14260	6550	16390			21390	7960	19910			28520
240	56,1	5450	13620			14630	6680	16720			21940	8120	20310			29260
245	56,7	5550	13890			15000	6810	17050			22500	8280	20720			30000
0,250	57,3	5660	14150	530	1325	15370	6950	17370	600	1500	23050	8450	21120	670	1675	30730

(Fortsetzung.)

Wirksame Kolbenfläche O Qu.Met.	Kolben-Durchmesser D Centm.	Leicht gebaute Maschinen (für 3 bis 5 Atmosph.) Beiläufiger Preis Gulden à 2 Mk. $=1/10$ Liv.	Francs à $1/4$ Rubel	Mehrpreis für Coulissen-Steuerung Gulden	Francs	Beiläufiges Gewicht Kgr.	Mittelstark gebaute Maschinen (für 5 bis 7 Atmosph.) Beiläufiger Preis Gulden à 2 Mk. $=1/10$ Liv.	Francs à $1/4$ Rubel	Mehrpreis für Coulissen-Steuerung Gulden	Francs	Beiläufiges Gewicht Kgr.	Sehr kräftig gebaute Maschinen (für 7 bis 10 Atmosph.) Beiläufiger Preis Gulden à 2 Mk. $=1/10$ Liv.	Francs à $1/4$ Rubel	Mehrpreis für Coulissen-Steuerung Gulden	Francs	Beiläufiges Gewicht Kgr.
0,250	57,3	5660	14150	530	1325	15370	6950	17370	600	1500	23050	8450	21120	670	1675	30730
255	57,8	5790	14480			15750	7110	17770			23620	8640	21600			31400
260	58,4	5920	14800			16120	7270	18170			24190	8840	22090			32250
265	59,0	6050	15120			16500	7430	18570			24750	9030	22580			33000
270	59,5	6180	15450			16880	7590	18970			25320	9220	23060			33760
0,275	60,1	6310	15770	560	1400	17260	7750	19370	630	1575	25890	9420	23550	710	1775	34520
280	60,6	6440	16100			17640	7910	19770			26460	9611	24030			35270
285	61,1	6570	16420			18020	8070	20170			27030	9810	24520			36030
290	61,7	6700	16750			18400	8230	20570			27590	10000	25010			36790
295	62,2	6830	17070			18770	8390	20970			28160	10190	25490			37550
0,300	62,7	6960	17400	590	1475	19150	8550	21370	670	1675	28730	10390	25970	760	1900	38310
310	63,8	7210	18030			19890	8850	22140			29840	10760	26910			39790
320	64,8	7460	18660			20630	9160	22910			30950	11140	27850			41270
330	65,8	7714	19290			21370	9470	23680			32060	11510	28790			42750
340	66,8	7970	19910			22110	9780	24450			33170	11890	29720			44230
0,350	67,7	8220	20540	650	1625	22850	10090	25220	740	1850	34280	12260	30660	820	2050	45710
360	68,7	8470	21170			23590	10390	25990			35390	12640	31600			47190
370	69,7	8718	21800			24330	10700	26760			36500	13010	32530			48670
380	70,6	8970	22430			25070	11010	27530			37610	13390	33470			50150
390	71,5	9220	23050			25820	11320	28300			38720	13760	34410			51630
0,400	72,4	9470	23680	700	1750	26560	11630	29070	790	1975	39830	14140	35340	890	2225	53110
410	73,3	9730	24320			27300	11940	29860			40950	14520	36300			54600
420	74,2	9980	24960			28050	12260	30640			42070	14900	37250			56100
430	75,1	10240	25600			28800	12570	31430			43190	15280	38210			57590
440	76,0	10490	26240			29540	12880	32210			44310	15660	39160			59090
0,450	76,8	10750	26880	760	1900	30290	13200	33000	850	2125	45430	16050	40120	960	2400	60580
460	77,7	11010	27520			31040	13510	33790			46550	16430	41080			62070
470	78,5	11260	28160			31780	13830	34570			47680	16810	42030			63570
480	79,3	11520	28800			32530	14140	35360			48800	17190	42990			65060
490	80,2	11770	29440			33280	14450	36140			49920	17570	43940			66560
0,500	81,0	12030	30080	800	2000	34030	14770	36930	910	2275	51040	17960	44900	1030	2575	68050
510	81,8	12290	30730			34800	15090	37730			52200	18350	45870			69600
520	82,6	12550	31380			35570	15410	38530			53360	18740	46840			71140
530	83,4	12810	32040			36340	15730	39330			54520	19130	47820			72690
540	84,2	13080	32690			37120	16050	40130			55680	19520	48790			74240
0,550	84,9	13340	33340	850	2125	37890	16370	40930	960	2400	56840	19910	49770	1090	2725	75780
560	85,7	13600	34000			38660	16690	41730			58000	20300	50740			77330
570	86,5	13860	34650			39440	17010	42540			59160	20690	51710			78880
580	87,2	14120	35301			40210	17330	43340			60320	21080	52690			80420
590	88,0	14380	35950			40990	17650	44140			61480	21470	53660			81970
0,600	88,7	14640	36600	890	2225	41760	17980	44940	1020	2550	62640	21850	54630	1160	2900	83520
620	90,2	15180	37960			43390	18640	46600			65090	22660	56660			86790
640	91,6	15730	39310			45030	19310	48270			67540	23470	58680			90060
660	93,0	16270	40670			46660	19970	49930			70000	24280	60710			93330
680	94,4	16810	42030			48300	20640	51600			72450	25090	62730			96600
0,700	95,8	17350	43380	980	2450	49940	21310	53260	1130	2825	74900	25900	64750	1300	3250	99870
720	97,2	17890	44740			51570	21970	54930			77360	26710	66780			103140
740	98,5	18440	46090			53210	22640	56590			79810	27520	68800			106410
760	99,8	18980	47450			54840	23300	58260			82260	28330	70830			109690
780	101,1	19520	48810			56480	23970	59920			84720	29140	72850			112960
0,800	102,4	20070	50160	1070	2675	58110	24640	61590	1240	3100	87170	29950	74870	1430	3575	116230
820	103,7	20630	51570			59850	25330	63310			89780	30790	76970			119700
840	105,0	21190	52980			61590	26020	65040			92380	31630	79070			123180
860	106,2	21750	54380			63330	26710	66770			94990	32470	81170			126660
880	107,4	22320	55790			65070	27400	68490			97600	33310	83270			130130
0,900	108,6	22880	57200	1160	2900	66800	28090	70220	1350	3375	100210	34150	85370	1570	3925	133610
920	109,8	23440	58600			68540	28780	71950			102810	34990	87470			137080
940	111,0	24010	60010			70280	29470	73680			105420	35830	89570			140560
960	112,2	24570	61420			72020	30160	75400			108030	36670	91670			144040
980	113,4	25130	62820			73760	30854	77130			110630	37510	93770			147510
1,000	114,5	25690	64230	1260	3150	75490	31540	78860	1460	3650	113240	38350	95870	1700	4250	150990

Beiläufige Preise und Gewichte der Eincylinder-Condensations-Maschinen
ohne und mit Dampfhemd.

Note (auch für die Auspuffmaschinen annähernd giltig). Für das Dampfhemd allein beträgt das Mehrgewicht etwa 4% des Gewichtes und der Mehrpreis etwa 5% des Preises gewöhnlicher Maschinen. — Für Maschinen über 1 qm Kolbenfläche können die Preis- und Gewichts-Angaben der letzten Zeile auf folg. S. (O = 1,000 Qu. Met.) beiläufig als pr. 1 qm Kolbenfläche giltig angenommen werden.

Wirksame Kolbenfläche O Qu.Met.	Kolben-Durchmesser D Centm.	Leicht gebaute Maschinen (für 3 bis 5 Atmosph.)					Mittelstark gebaute Maschinen (für 5 bis 7 Atmosph.)					Sehr kräftig gebaute Maschinen (für 7 bis 10 Atmosph.)				
		Beiläufiger Preis				Beiläuf. Gewicht gewöhn. Masch. (ohne Hemd) Kgr.	Beiläufiger Preis				Beiläuf. Gewicht gewöhn. Masch. (ohne Hemd) Kgr.	Beiläufiger Preis				Beiläuf. Gewicht gewöhn. Masch. (ohne Hemd) Kgr.
		gewöhnl. Masch. (ohne Hemd)		mit Präc. Steuerung u. Hemd			gewöhnl. Masch. (ohne Hemd)		mit Präc. Steuerung u. Hemd			gewöhnl. Masch. (ohne Hemd)		mit Präc. Steuerung u. Hemd		
		Gulden à 2 Mk. =1/10 Liv.	Francs à 1/4 Rubel	Gulden à 2 Mk. =1/10 Liv.	Francs à 1/4 Rubel		Gulden à 2 Mk. =1/10 Liv.	Francs à 1/4 Rubel	Gulden à 2 Mk. =1/10 Liv.	Francs à 1/4 Rubel		Gulden à 2 Mk. =1/10 Liv.	Francs à 1/4 Rubel	Gulden à 2 Mk. =1/10 Liv.	Francs à 1/4 Rubel	
0,030	19,8	1200	3010	•	•	1640	1360	3400	•	•	2410	1570	3930	•	•	3180
032	20,5	1270	3170	•	•	1760	1430	3580	•	•	2580	1660	4150	•	•	3410
034	21,1	1330	3330	•	•	1880	1510	3770	•	•	2760	1750	4370	•	•	3640
036	21,7	1390	3490	•	•	2000	1580	3960	•	•	2940	1840	4590	•	•	3870
038	22,3	1460	3650	•	•	2120	1660	4150	•	•	3110	1930	4820	•	•	4100
0,040	22,9	1520	3810	1890	4720	2240	1730	4330	2140	5350	3290	2020	5040	2480	6200	4330
042	23,5	1590	3970	1960	4900	2370	1810	4520	2230	5560	3470	2110	5260	2580	6450	4580
044	24,0	1650	4130	2030	5080	2490	1880	4710	2310	5780	3650	2190	5480	2680	6700	4820
046	24,6	1710	4290	2110	5270	2620	1960	4890	2400	5990	3840	2280	5700	2780	6950	5060
048	25,1	1780	4460	2180	5450	2740	2030	5080	2480	6200	4020	2370	5930	2880	7210	5300
0,050	25,6	1850	4620	2250	5640	2870	2110	5270	2570	6410	4200	2460	6150	2980	7460	5540
053	26,4	1940	4850	2360	5900	3070	2220	5540	2690	6720	4500	2590	6470	3130	7820	5930
056	27,1	2030	5080	2470	6160	3260	2330	5820	2810	7030	4790	2720	6790	3280	8190	6310
059	27,8	2130	5310	2570	6430	3460	2440	6090	2940	7340	5080	2850	7120	3420	8550	6690
062	28,5	2220	5540	2680	6690	3660	2550	6360	3060	7650	5370	2980	7440	3570	8910	7080
0,065	29,2	2310	5780	2780	6960	3860	2650	6630	3181	7950	5660	3100	7760	3710	9280	7460
068	29,9	2400	6010	2890	7220	4070	2760	6900	3300	8260	5970	3230	8090	3860	9640	7870
071	30,5	2500	6240	3000	7480	4280	2870	7180	3430	8570	6280	3360	8410	4010	10010	8270
074	31,2	2590	6470	3100	7750	4490	2980	7450	3550	8880	6580	3490	8730	4150	10370	8680
077	31,8	2680	6700	3210	8010	4700	3090	7720	3670	9190	6890	3620	9060	4300	10730	9080
0,080	32,4	2770	6934	3310	8280	4910	3200	7990	3800	9490	7200	3750	9380	4440	11100	9490
084	33,2	2890	7240	3450	8620	5200	3340	8350	3960	9890	7630	3920	9800	4630	11570	10050
088	34,0	3020	7540	3580	8960	5490	3480	8700	4120	10290	8050	4090	10220	4820	12040	10620
092	34,7	3140	7840	3720	9300	5780	3620	9060	4270	10690	8480	4260	10650	5010	12510	11180
096	35,5	3260	8140	3860	9640	6070	3770	9410	4430	11080	8910	4430	11070	5200	12990	11740
0,100	36,2	3380	8440	3990	9980	6370	3910	9770	4590	11480	9340	4600	11490	5380	13460	12310
105	37,1	3530	8810	4160	10390	6760	4080	10200	4790	11970	9920	4810	12020	5610	14030	13080
110	38,0	3670	9180	4320	10800	7160	4260	10640	4980	12450	10500	5020	12540	5840	14610	13850
115	38,8	3820	9550	4490	11220	7560	4430	11080	5180	12940	11090	5220	13060	6070	15180	14620
120	39,7	3970	9920	4650	11630	7960	4610	11510	5370	13420	11670	5430	13580	6300	15760	15390
0,125	40,5	4120	10290	4820	12040	8360	4780	11950	5560	13910	12260	5640	14100	6530	16340	16160
130	41,3	4270	10660	4980	12460	8760	4950	12380	5760	14390	12840	5850	14630	6760	16910	16930
135	42,1	4410	11030	5150	12870	9160	5130	12820	5950	14880	13430	6060	15150	6990	17490	17700
140	42,8	4561	11400	5310	13280	9560	5300	13260	6150	15360	14010	6270	15670	7220	18060	18470
145	43,6	4710	11770	5480	13690	9950	5480	13690	6340	15850	14600	6480	16190	7450	18640	19240
0,150	44,4	4860	12140	5640	14110	10350	5650	14130	6530	16330	15180	6680	16710	7690	19220	20010
155	45,1	5000	12510	5800	14510	10780	5820	14560	6720	16800	15810	6890	17220	7910	19780	20840
160	45,8	5150	12870	5970	14910	11200	6000	14990	6910	17280	16430	7100	17740	8140	20350	21660
165	46,5	5290	13230	6130	15310	11630	6170	15420	7100	17750	17050	7300	18250	8370	20910	22480
170	47,2	5440	13590	6290	15710	12050	6340	15850	7290	18220	17680	7510	18770	8590	21470	23300
0,175	47,9	5580	13960	6450	16120	12480	6510	16280	7480	18690	18300	7710	19280	8820	22040	24120
180	48,6	5730	14320	6610	16520	12900	6680	16700	7670	19170	18930	7920	19800	9040	22600	24950
185	49,3	5870	14680	6770	16920	13330	6860	17130	7860	19640	19550	8130	20310	9270	23170	25770
190	49,9	6020	15050	6930	17320	13750	7030	17560	8040	20110	20170	8330	20830	9500	23730	26590
195	50,6	6160	15410	7090	17720	14180	7200	17990	8230	20590	20800	8540	21340	9720	24290	27410
0,200	51,2	6310	15770	7250	18130	14610	7370	18420	8420	21060	21420	8740	21850	9940	24860	28240
205	51,8	6450	16130	7410	18520	15070	7540	18840	8610	21530	22100	8950	22360	10160	25410	29130
210	52,5	6600	16490	7570	18920	15530	7710	19270	8800	21990	22770	9150	22870	10390	25970	30020
215	53,1	6740	16850	7730	19310	15990	7880	19690	8990	22460	23450	9350	23380	10610	26520	30910
220	53,7	6890	17210	7880	19710	16450	8050	20120	9170	22930	24120	9560	23890	10830	27080	31800
0,225	54,3	7030	17570	8040	20100	16910	8220	20540	9360	23390	24800	9760	24400	11050	27640	32690
230	54,9	7170	17930	8200	20500	17370	8390	20970	9550	23860	25470	9970	24910	11270	28190	33580
235	55,5	7320	18290	8360	20890	17830	8560	21390	9730	24320	26150	10170	25420	11500	28750	34470
240	56,1	7460	18650	8520	21290	18290	8730	21820	9920	24790	26820	10370	25930	11720	29300	35360
245	56,7	7610	19010	8670	21680	18750	8900	22240	10110	25260	27500	10580	26440	11940	29860	36250
0,250	57,3	7750	19370	8830	22080	19210	9070	22670	10290	25720	28170	10780	26960	12170	30420	37140

Fortsetzung.

Wirksame Kolbenfläche O Qu.Met.	Kolben-Durchmesser D Centm.	Leicht gebaute Maschinen (für 3 bis 5 Atmosph.)					Mittelstark gebaute Maschinen (für 5 bis 7 Atmosph.)					Sehr kräftig gebaute Maschinen (für 7 bis 10 Atmosph.)				
		gewöhnl. Masch. (ohne Hemd) Gulden à 2 Mk. =1/10 Liv.	gewöhnl. Masch. Francs à 1/4 Rubel	mit Präc. Steuerung u. Hemd Gulden à 2 Mk. =1/10 Liv.	mit Präc. Steuerung u. Hemd Francs à 1/4 Rubel	Beiläuf. Gewicht gewöhn. Masch. (ohne Hemd) Kgr.	gewöhnl. Masch. (ohne Hemd) Gulden à 2 Mk. =1/10 Liv.	gewöhnl. Masch. Francs à 1/4 Rubel	mit Präc. Steuerung u. Hemd Gulden à 2 Mk. =1/10 Liv.	mit Präc. Steuerung u. Hemd Francs à 1/4 Rubel	Beiläuf. Gewicht gewöhn. Masch. (ohne Hemd) Kgr.	gewöhnl. Masch. (ohne Hemd) Gulden à 2 Mk. =1/10 Liv.	gewöhnl. Masch. Francs à 1/4 Rubel	mit Präc. Steuerung u. Hemd Gulden à 2 Mk. =1/10 Liv.	mit Präc. Steuerung u. Hemd Francs à 1/4 Rubel	Beiläuf. Gewicht gewöhn. Masch. (ohne Hemd) Kgr.
0,250	57,3	7750	19370	8830	22080	19210	9070	22670	10290	25720	28170	10780	26960	12170	30420	37140
255	57,8	7920	19810	9030	22580	19630	9280	23190	10530	26310	28870	11030	27580	12450	31110	38100
260	58,4	8100	20260	9240	23090	20050	9490	23710	10760	26910	29560	11280	28200	12730	31810	39070
265	59,0	8280	20700	9440	23600	20470	9700	24230	11000	27500	30260	11530	28820	13010	32510	40040
270	59,5	8460	21150	9640	24110	20900	9900	24750	11240	28090	30950	11780	29440	13290	33210	41010
0,275	60,1	8640	21590	9850	24620	21320	10110	25280	11470	28680	31650	12020	30060	13570	33910	41980
280	60,6	8810	22040	10050	25120	21740	10320	25800	11710	29270	32340	12270	30680	13850	34610	42950
285	61,1	8990	22480	10250	25630	22160	10531	26320	11950	29870	33040	12520	31300	14130	35310	43920
290	61,7	9170	22930	10450	26140	22580	10740	26840	12190	30460	33730	12770	31920	14410	36010	44890
295	62,2	9350	23370	10660	26650	23010	10950	27360	12420	31050	34430	13020	32540	14690	36710	45860
0,300	62,7	9530	23820	10860	27150	23430	11150	27880	12660	31640	35130	13260	33160	14960	37410	46830
310	63,8	9870	24680	11250	28130	24270	11560	28890	13110	32780	36390	13740	34360	15500	38760	48520
320	64,8	10220	25540	11650	29110	25120	11960	29900	13570	33920	37660	14220	35550	16040	40110	50210
330	65,8	10560	26400	12040	30090	25960	12360	30900	14020	35060	38930	14700	36750	16580	41460	51900
340	66,8	10900	27260	12430	31070	26800	12760	31910	14480	36200	40190	15180	37940	17120	42810	53590
0,350	67,7	11250	28110	12820	32050	27650	13160	32910	14940	37340	41460	15650	39140	17660	44150	55280
360	68,7	11590	28970	13210	33030	28490	13570	33920	15390	38480	42730	16130	40340	18200	45500	56970
370	69,7	11940	29830	13610	34010	29340	13970	34930	15850	39630	44000	16610	41530	18740	46850	58660
380	70,6	12280	30690	14000	34980	30180	14370	35930	16300	40770	45260	17090	42730	19280	48200	60350
390	71,5	12620	31550	14390	35960	31020	14770	36940	16760	41910	46530	17570	43920	19820	49550	62050
0,400	72,4	12960	32410	14780	36950	31870	15180	37940	17220	43050	47800	18050	45120	20360	50900	63730
410	73,3	13310	33280	15180	37940	32760	15590	38970	17680	44210	49140	18530	46340	20910	52280	65530
420	74,2	13660	34160	15580	38940	33660	16000	39990	18150	45380	50490	19020	47560	21460	53650	67320
430	75,1	14010	35040	15980	39940	34550	16410	41020	18620	46540	51830	19510	48780	22010	55030	69110
440	76,0	14360	35910	16380	40940	35450	16820	42040	19080	47700	53180	20000	50000	22560	56410	70900
0,450	76,8	14710	36790	16780	41940	36350	17230	43070	19550	48870	54520	20490	51220	23110	57780	72700
460	77,7	15060	37660	17180	42940	37240	17640	44100	20010	50030	55860	20970	52440	23670	59160	74490
470	78,5	15410	38540	17580	43940	38140	18050	45120	20480	51200	57210	21460	53660	24220	60530	76280
480	79,3	15760	39420	17980	44940	39030	18460	46150	20950	52360	58550	21950	54880	24770	61910	78070
490	80,2	16110	40290	18380	45940	39930	18870	47170	21410	53520	59900	22440	56100	25320	63290	79870
0,500	81,0	16470	41170	18770	46930	40830	19280	48200	21870	54680	61240	22930	57310	25870	64660	81660
510	81,8	16820	42060	19180	47950	41760	19700	49240	22350	55870	62640	23420	58560	26430	66060	83520
520	82,6	17180	42960	19590	48970	42690	20110	50290	22820	57060	64030	23920	59800	26990	67470	85370
530	83,4	17540	43850	19990	49990	43610	20532	51330	23300	58240	65420	24420	61040	27550	68870	87230
540	84,2	17900	44740	20400	51000	44540	20950	52380	23770	59430	66810	24910	62290	28110	70270	89080
0,550	84,9	18250	45640	20810	52020	45470	21370	53430	24250	60610	68200	25410	63530	28670	71680	90940
560	85,7	18610	46530	21220	53040	46400	21790	54470	24720	61800	69600	25910	64770	29230	73080	92800
570	86,5	18970	47420	21620	54060	47330	22200	55520	25200	62990	70990	26410	66010	29790	74480	94650
580	87,2	19320	48310	22030	55080	48250	22620	56560	25670	64170	72380	26900	67260	30350	75880	96510
590	88,0	19680	49210	22440	56090	49180	23040	57610	26150	65360	73770	27400	68500	30910	77290	98360
0,600	88,7	20040	50100	22840	57110	50110	23460	58650	26620	66550	75170	27900	69750	31470	78690	100220
620	90,2	20781	51960	23690	59230	52070	24330	60820	27610	69010	78110	28930	72330	32640	81600	104150
640	91,6	21520	53810	24540	61340	54040	25200	63000	28590	71480	81050	29970	74910	33810	84520	108070
660	93,0	22270	55670	25380	63460	56000	26070	65170	29580	73940	84000	31000	77500	34970	87430	112000
680	94,4	23010	57520	26230	65580	57960	26940	67340	30560	76410	86940	32030	80080	36140	90350	115920
0,700	95,8	23750	59380	27070	67690	59930	27810	69520	31550	78870	89890	33060	82670	37300	93260	119850
720	97,2	24490	61240	27920	69810	61890	28670	71690	32540	81340	92830	34100	85250	38470	96180	123770
740	98,5	25230	63090	28770	71920	63850	29540	73860	33520	83800	95770	35130	87830	39640	99090	127700
760	99,8	25980	64950	29610	74040	65810	30410	76040	34510	86270	98720	36160	90420	40800	102010	131620
780	101,1	26720	66800	30460	76160	67770	31280	78210	35490	88730	101660	37200	93000	41970	104920	135550
0,800	102,4	27460	68660	31310	78270	69740	32150	80380	36480	91200	104600	38230	95580	43130	107840	139470
820	103,7	28230	70590	32190	80460	71820	33050	82630	37500	93760	107730	39310	98260	44340	110860	143640
840	105,0	29000	72510	33060	82660	73910	33960	84890	38530	96320	110860	40380	100950	45550	113890	147810
860	106,2	29770	74440	33940	84850	75990	34860	87150	39550	98870	113990	41450	103630	46760	116910	151990
880	107,4	30540	76360	34820	87050	78080	35760	89400	40570	101430	117120	42520	106310	47970	119940	156160
0,900	108,6	31310	78290	35700	89240	80170	36660	91660	41600	103990	120240	43590	108990	49180	122960	160330
920	109,8	32080	80220	36580	91440	82250	37560	93910	42620	106550	123370	44670	111670	50390	125990	164500
940	111,0	32850	82140	37450	93630	84340	38470	96170	43640	109110	126500	45740	114350	51600	129010	168670
960	112,2	33620	84070	38330	95830	86420	39370	98430	44670	111660	129630	46810	117030	52810	132040	172840
980	113,4	34390	85990	39210	98020	88510	40270	100680	45690	114220	132760	47880	119710	54020	135060	177010
1,000	114,5	35170	87920	40090	100220	90590	41170	102940	46710	116780	135890	48960	122390	55232	138080	181180

Uebersicht des Dampf-Consums nebst der Leistung der „gewöhnlichen" Dampfmaschinen

(Condensations-Maschinen mit Dampfhemd, Zweicylinder-Maschinen mit Receiver vorausgesetzt) bei den (beiläufig) besten normalen Füllungen und bei dem mittleren Hubverhältnisse $\frac{l}{D} = 2$.

Abs. Adm. Sp. $p =$ 3, 4, 5, 6, 7, 9 (wiederholt für jede der drei Gruppen).

Den besten normalen nächstgelegene Füllungen (für alle drei Gruppen gleich):

Cond. Ausp.	$p=3$	4	5	6	7	9
Coul.	0,7	0,5	0,4	0,333	0,333	0,3
Exp.	0,5	0,333	0,333	0,3	0,25	0,20
1 Cyl.	0,20	0,15	0,125	0,125	0,10	0,10
2 Cyl.	.	0,125	0,10	0,10	0,07	0,07

Indic. Leistung $\frac{N_i}{c}$ in Pfdk. (pro 1 m Kolbengeschwindgk.)

O qm	D cm	Cond. Ausp.	$p=3$	4	5	6	7	9
0,030	20	$c=$	.	.	.	.	.	.
		Coul.	6,1	7,2	8,4	9,3	11,6	15,0
		Exp.	5,3	6,5	9,2	11,2	12,2	14,7
		1 Cyl.	5,5	6,3	7,2	8,8	9,0	11,9
		2 Cyl.	.	.	.	.	.	.
0,040	23	$c=$	.	.	.	.	.	.
		Coul.	8,1	9,6	11,2	12,4	15,5	20,0
		Exp.	7,1	8,6	12,3	14,9	16,3	19,6
		1 Cyl.	7,3	8,4	9,6	11,8	12,1	15,9
		2 Cyl.	.	.	.	.	.	.
0,050	26	$c=$	.	.	.	.	.	.
		Coul.	10,1	12,1	13,9	15,4	19,4	25,0
		Exp.	8,9	10,8	15,4	18,6	20,4	24,4
		1 Cyl.	9,1	10,5	12,0	14,7	15,1	19,8
		2 Cyl.	.	.	.	.	.	.
0,065	29	$c=$	.	.	.	.	.	.
		Coul.	13,1	15,7	18,1	20,1	25,2	32,5
		Exp.	11,5	14,0	20,0	24,2	26,5	31,8
		1 Cyl.	11,9	13,7	15,6	19,1	19,6	25,8
		2 Cyl.	.	10,9	12,0	14,6	13,4	17,8
0,080	32	$c=$	.	.	.	.	.	.
		Coul.	16,1	19,3	22,3	24,7	31,0	40,0
		Exp.	14,2	17,3	24,6	29,8	32,6	39,1
		1 Cyl.	14,6	16,8	19,2	23,5	24,1	31,7
		2 Cyl.	.	13,5	14,8	17,9	16,5	21,9
0,100	36	$c=$	.	.	.	.	.	.
		Coul.	20,7	24,2	27,8	30,9	38,8	50,0
		Exp.	17,7	21,6	30,8	37,3	40,7	48,9
		1 Cyl.	18,3	21,0	24,0	29,4	30,2	39,6
		2 Cyl.	.	16,8	18,5	22,4	20,6	27,3
0,125	40	$c=$	.	.	.	.	.	.
		Coul.	25,2	30,2	34,8	38,6	48,5	62,5
		Exp.	22,2	27,0	38,5	46,6	50,8	61,6
		1 Cyl.	22,8	26,3	30,0	36,7	37,7	49,5
		2 Cyl.	.	21,0	23,1	28,0	25,7	34,2
0,150	44	$c=$	.	.	.	.	.	.
		Coul.	30,2	36,2	41,8	46,3	58,2	75,0
		Exp.	26,6	32,4	46,2	55,9	61,0	73,3
		1 Cyl.	27,4	31,6	36,0	44,1	45,2	59,4
		2 Cyl.	.	25,2	27,7	33,6	30,9	41,0
0,200	51	$c=$	.	.	.	.	.	.
		Coul.	40,3	48,3	55,7	61,7	77,6	100
		Exp.	35,5	43,2	61,6	74,6	81,4	97,7
		1 Cyl.	36,5	42,1	48,0	58,8	60,3	79,2
		2 Cyl.	.	33,7	36,9	44,9	41,2	54,6
0,250	57	$c=$	.	.	.	.	.	.
		Coul.	50,4	60,4	69,6	77,2	97,0	125
		Exp.	44,3	53,9	77,0	93,2	102	122
		1 Cyl.	45,7	52,6	60,0	73,5	75,4	99,0
		2 Cyl.	.	42,1	46,2	56,1	51,5	68,3

Dampf-Consum C_i pro indic. Pfdk. u. Stde. in Kgr. (bei der Kolbengesch. c in Met.)

O qm	D cm	Cond. Ausp.	$p=3$	4	5	6	7	9
0,030	20	$c=$	0,91	1,05	1,18	1,29	1,40	1,58
		Coul.	31,1	25,3	22,1	20,0	18,5	16,8
		Exp.	27,6	22,1	19,0	17,1	15,8	13,8
		1 Cyl.	17,3	15,0	13,6	12,9	11,8	10,6
		2 Cyl.	.	.	.	.	.	.
0,040	23	$c=$	0,96	1,10	1,23	1,34	1,46	1,65
		Coul.	.	.	.	.	.	.
		Exp.	.	.	.	.	.	.
		1 Cyl.	.	.	.	.	.	.
		2 Cyl.	.	.	.	.	.	.
0,050	26	$c=$	0,99	1,14	1,27	1,39	1,51	1,71
		Coul.	.	.	.	.	.	.
		Exp.	.	.	.	.	.	.
		1 Cyl.	.	.	.	.	.	.
		2 Cyl.	.	.	.	.	.	.
0,065	29	$c=$	1,02	1,18	1,32	1,44	1,56	1,77
		Coul.	29,2	23,6	20,8	18,8	17,4	15,5
		Exp.	25,6	20,3	17,6	16,1	14,7	13,1
		1 Cyl.	15,4	13,4	12,2	11,6	10,8	10,2
		2 Cyl.	.	11,3	10,4	9,7	8,9	8,2
0,080	32	$c=$	1,06	1,22	1,37	1,49	1,62	1,83
		Coul.	.	.	.	.	.	.
		Exp.	.	.	.	.	.	.
		1 Cyl.	.	.	.	.	.	.
		2 Cyl.	.	.	.	.	.	.
0,100	36	$c=$	1,10	1,27	1,42	1,56	1,69	1,91
		Coul.	.	.	.	.	.	.
		Exp.	.	.	.	.	.	.
		1 Cyl.	.	.	.	.	.	.
		2 Cyl.	.	.	.	.	.	.
0,125	40	$c=$	1,15	1,32	1,48	1,62	1,76	1,99
		Coul.	27,8	22,5	19,7	17,9	16,7	15,1
		Exp.	24,3	19,2	16,8	15,3	14,0	12,4
		1 Cyl.	14,0	12,4	11,4	10,9	10,2	9,6
		2 Cyl.	.	10,5	9,5	9,1	8,4	7,8
0,150	44	$c=$	1,19	1,37	1,53	1,68	1,82	2,06
		Coul.	.	.	.	.	.	.
		Exp.	.	.	.	.	.	.
		1 Cyl.	.	.	.	.	.	.
		2 Cyl.	.	.	.	.	.	.
0,200	51	$c=$	1,26	1,45	1,62	1,78	1,92	2,17
		Coul.	27,0	21,8	19,3	17,3	16,2	14,8
		Exp.	23,4	18,7	16,3	14,8	13,6	12,1
		1 Cyl.	13,4	11,8	11,0	10,5	9,8	9,3
		2 Cyl.	.	10,0	9,2	8,8	8,1	7,5
0,250	57	$c=$	1,32	1,52	1,70	1,86	2,01	2,27
		Coul.	.	.	.	.	.	.
		Exp.	.	.	.	.	.	.
		1 Cyl.	.	.	.	.	.	.
		2 Cyl.	.	.	.	.	.	.

Netto-Leistung $\frac{N_n}{c}$ in Pfdk. (pro 1 m Kolbengeschwindgk.)

O qm	D cm	Cond. Ausp.	$p=3$	4	5	6	7	9
0,030	20	$c=$	.	.	.	.	.	.
		Coul.	4,3	5,2	6,1	6,8	8,7	11,4
		Exp.	3,7	4,6	6,8	8,4	9,2	11,2
		1 Cyl.	3,4	4,1	4,8	6,1	6,3	8,6
		2 Cyl.	.	.	.	.	.	.
0,040	23	$c=$	.	.	.	.	.	.
		Coul.	5,9	7,1	8,3	9,3	11,9	15,5
		Exp.	5,0	6,3	9,3	11,4	12,5	15,2
		1 Cyl.	4,7	5,6	6,5	8,2	8,4	11,4
		2 Cyl.	.	.	.	.	.	.
0,050	26	$c=$	.	.	.	.	.	.
		Coul.	7,5	9,1	10,5	11,8	15,0	19,6
		Exp.	6,4	8,0	11,8	14,4	15,8	19,1
		1 Cyl.	6,0	7,1	8,3	10,4	10,7	14,5
		2 Cyl.	.	.	.	.	.	.
0,065	29	$c=$	.	.	.	.	.	.
		Coul.	9,9	12,0	13,9	15,6	19,8	25,9
		Exp.	8,5	10,6	15,6	19,0	20,9	25,2
		1 Cyl.	8,1	9,5	11,0	13,9	14,2	19,2
		2 Cyl.	.	7,2	8,0	10,1	9,0	12,5
0,080	32	$c=$	.	.	.	.	.	.
		Coul.	12,3	14,9	17,3	19,3	24,6	32,1
		Exp.	10,7	13,2	19,3	23,7	25,9	31,3
		1 Cyl.	10,2	11,9	13,8	17,3	17,7	24,0
		2 Cyl.	.	9,1	10,1	12,6	11,3	15,7
0,100	36	$c=$	.	.	.	.	.	.
		Coul.	15,6	18,9	22,0	24,5	31,1	40,6
		Exp.	13,5	16,7	24,5	29,9	32,8	39,6
		1 Cyl.	13,0	15,2	17,6	22,1	22,6	30,4
		2 Cyl.	.	11,6	12,9	16,1	14,4	19,9
0,125	40	$c=$	.	.	.	.	.	.
		Coul.	19,8	24,0	27,8	31,0	39,4	51,3
		Exp.	17,2	21,2	31,0	37,9	41,5	50,1
		1 Cyl.	16,6	19,4	22,4	28,0	28,7	38,5
		2 Cyl.	.	14,8	16,5	20,5	18,4	25,3
0,150	44	$c=$	.	.	.	.	.	.
		Coul.	24,0	29,0	33,7	37,5	47,7	62,0
		Exp.	20,9	25,7	37,6	45,8	50,2	60,6
		1 Cyl.	20,2	23,5	27,2	34,0	34,8	46,6
		2 Cyl.	.	18,1	20,0	24,9	22,4	30,7
0,200	51	$c=$	.	.	.	.	.	.
		Coul.	32,6	39,3	45,6	50,7	64,4	83,8
		Exp.	28,3	34,8	50,8	62,0	67,8	81,8
		1 Cyl.	27,5	32,1	37,0	46,1	47,2	63,2
		2 Cyl.	.	24,7	27,3	33,9	30,5	41,8
0,250	57	$c=$	.	.	.	.	.	.
		Coul.	41,2	49,7	57,6	64,1	81,4	106
		Exp.	35,8	44,0	64,2	78,2	83,8	103
		1 Cyl.	35,0	40,7	46,8	58,3	59,8	80,0
		2 Cyl.	.	31,4	34,7	43,0	38,7	52,9

(Fortsetzung.)

O qm	D cm	Cond. Ausp.	Indic. Leistung $\frac{N_i}{c}$ in Pfdk. (pro 1 m Kolbengeschwindgk.)						Dampf-Consum C_i pro indic. Pfdk. u. Stde. in Kgr. (bei der Kolbengesch. c in Met.)						Netto-Leistung $\frac{N_n}{c}$ in Pfdk. (pro 1 m Kolbengeschwindgk.)					
Abs. Adm. Sp. $p =$			3	4	5	6	7	9	3	4	5	6	7	9	3	4	5	6	7	9
			Den besten normalen nächstgelegene Füllungen:																	
		Coul.	0,6	0,4	0,333	0,3	0,3	0,25	0,6	0,4	0,333	0,3	0,3	0,25	0,6	0,4	0,333	0,3	0,3	0,25
		Exp.	0,4	0,333	0,3	0,25	0,20	0,15	0,4	0,333	0,3	0,25	0,20	0,15	0,4	0,333	0,3	0,25	0,20	0,15
		1 Cyl.	0,20	0,15	0,125	0,125	0,10	0,10	0,20	0,15	0,125	0,125	0,10	0,10	0,20	0,15	0,125	0,125	0,10	0,10
		2 Cyl.	·	0,125	0,10	0,10	0,07	0,07	·	0,125	0,10	0,10	0,07	0,07	·	0,125	0,10	0,10	0,07	0,07
		$c =$	·	·	·	·	·	·	1,32	1,52	1,70	1,86	2,01	2,27	·	·	·	·	·	·
0,25	57	Coul.	43,8	47,7	57,4	69,2	87,8	105	26,1	21,5	19,0	17,2	16,2	14,4	35,4	38,5	46,8	57,0	73,3	88,0
		Exp.	36,9	53,9	71,3	81,7	86,5	100	22,9	18,4	16,0	14,4	13,2	11,9	29,3	44,0	59,1	68,1	72,1	83,4
		1 Cyl.	45,7	52,6	60,0	73,5	75,4	99,0	13,1	11,6	10,6	10,3	9,6	9,1	35,0	40,7	46,8	58,3	59,8	80,0
		2 Cyl.	·	42,1	46,2	56,1	51,5	68,3	·	9,9	9,0	8,6	7,8	7,3	·	31,4	34,7	43,0	38,7	52,9
		$c =$	·	·	·	·	·	·	1,37	1,57	1,76	1,93	2,08	2,36	·	·	·	·	·	·
0,30	63	Coul.	52,6	57,2	68,9	83,1	105	126	·	·	·	·	·	·	42,9	46,6	56,6	69,0	88,6	106
		Exp.	44,3	64,7	85,5	98,1	104	120	·	·	·	·	·	·	35,5	53,3	71,5	82,4	87,2	101
		1 Cyl.	54,8	63,1	72,0	88,2	90,5	119	·	·	·	·	·	·	42,5	49,4	56,8	70,7	72,5	100
		2 Cyl.	·	50,5	55,4	67,3	61,8	81,9	·	·	·	·	·	·	·	38,2	42,1	52,3	47,1	64,2
		$c =$	·	·	·	·	·	·	1,42	1,62	1,82	2,00	2,15	2,44	·	·	·	·	·	·
0,35	68	Coul.	61,4	66,8	80,4	96,9	123	147	·	·	·	·	·	·	50,5	54,8	66,6	81,1	104	125
		Exp.	51,7	75,5	100	114	121	140	·	·	·	·	·	·	41,8	62,6	84,0	96,8	102	118
		1 Cyl.	64,0	73,6	84,0	103	106	139	·	·	·	·	·	·	50,1	58,2	66,9	83,2	85,3	114
		2 Cyl.	·	58,9	64,7	78,5	72,1	95,6	·	·	·	·	·	·	·	45,0	49,7	61,5	55,5	75,5
		$c =$	·	·	·	·	·	·	1,46	1,67	1,87	2,06	2,22	2,51	·	·	·	·	·	·
0,40	72	Coul.	70,1	76,3	91,8	111	141	168	25,4	21,2	18,5	16,7	15,8	14,1	58,0	63,0	76,5	93,2	120	144
		Exp.	59,1	86,3	114	131	138	160	22,3	17,8	15,5	13,9	13,0	11,5	48,1	72,0	96,5	111	118	136
		1 Cyl.	73,1	84,2	96,0	118	121	159	12,7	11,2	10,3	10,0	9,3	8,9	57,7	67,0	77,0	95,7	98,1	131
		2 Cyl.	·	67,3	73,9	89,7	82,4	109	·	9,5	8,7	8,3	7,6	7,1	·	51,9	57,2	70,8	63,8	86,9
		$c =$	·	·	·	·	·	·	1,50	1,73	1,93	2,12	2,28	2,58	·	·	·	·	·	·
0,45	77	Coul.	78,9	85,8	103	125	158	189	·	·	·	·	·	·	65,6	71,3	86,6	105	135	162
		Exp.	66,5	97,1	128	147	156	179	·	·	·	·	·	·	54,4	81,5	109	126	133	154
		1 Cyl.	82,2	94,7	108	132	136	178	·	·	·	·	·	·	65,4	75,9	87,2	108	111	148
		2 Cyl.	·	75,7	83,1	101	92,7	123	·	·	·	·	·	·	·	58,9	64,9	80,2	72,3	98,4
		$c =$	·	·	·	·	·	·	1,54	1,78	1,98	2,17	2,34	2,65	·	·	·	·	·	·
0,50	81	Coul.	87,7	95,3	115	139	175	210	·	·	·	·	·	·	73,3	79,6	96,6	118	151	181
		Exp.	73,9	108	143	163	173	199	·	·	·	·	·	·	60,7	90,9	122	140	149	172
		1 Cyl.	91,4	105	120	147	151	198	·	·	·	·	·	·	73,1	84,8	97,4	121	124	165
		2 Cyl.	·	84,1	92,3	112	103	137	·	·	·	·	·	·	·	65,8	72,5	89,6	80,8	110
		$c =$	·	·	·	·	·	·	1,60	1,85	2,06	2,26	2,44	2,76	·	·	·	·	·	·
0,60	89	Coul.	105	114	138	166	211	252	25,1	20,5	18,0	16,4	15,5	13,8	88,4	96,0	117	142	182	218
		Exp.	88,6	129	171	196	208	239	21,9	17,4	15,1	13,7	12,6	11,2	73,3	110	146	169	179	207
		1 Cyl.	110	126	144	176	181	238	12,2	10,8	10,0	9,8	9,0	8,6	88,3	102	118	146	149	199
		2 Cyl.	·	101	111	135	124	164	·	9,2	8,5	8,1	7,4	6,9	·	79,6	87,6	108	97,6	133
		$c =$	·	·	·	·	·	·	1,65	1,91	2,13	2,34	2,52	2,85	·	·	·	·	·	·
0,70	96	Coul.	123	133	161	194	246	294	·	·	·	·	·	·	104	112	136	166	213	255
		Exp.	103	151	200	229	242	279	·	·	·	·	·	·	85,9	128	172	198	209	242
		1 Cyl.	128	147	168	206	211	277	·	·	·	·	·	·	104	120	138	171	175	233
		2 Cyl.	·	118	129	157	144	191	·	·	·	·	·	·	·	93,4	103	127	114	155
		$c =$	·	·	·	·	·	·	1,70	1,97	2,20	2,41	2,60	2,94	·	·	·	·	·	·
0,80	102	Coul.	140	153	184	221	281	336	·	·	·	·	·	·	119	129	156	190	244	293
		Exp.	118	173	228	262	277	319	·	·	·	·	·	·	98,5	147	197	227	240	277
		1 Cyl.	146	168	192	235	241	317	·	·	·	·	·	·	119	138	158	196	201	268
		2 Cyl.	·	135	148	179	165	218	·	·	·	·	·	·	·	107	118	146	131	178
		$c =$	·	·	·	·	·	·	1,78	2,06	2,30	2,52	2,72	3,08	·	·	·	·	·	·
1,00	115	Coul.	175	191	230	277	351	420	24,5	20,1	17,7	15,9	15,1	13,4	149	162	196	239	306	367
		Exp.	148	216	285	327	346	399	21,3	17,0	14,7	13,4	12,3	11,0	124	185	247	285	301	348
		1 Cyl.	183	210	240	294	302	396	11,8	10,5	9,8	9,4	8,8	8,4	150	173	199	246	252	336
		2 Cyl.	·	168	185	224	206	273	·	8,9	8,2	7,9	7,2	6,8	·	135	149	183	165	224

Vergleichende Uebersicht des Dampf-Consums der Auspuff-Maschinen aller Systeme.

(Nach den Regeln des „Practischen Theiles" des Hilfsbuches.)

a. Gewöhnliche Auspuff-Maschinen.

Dampf-Consum gewöhnl. Auspuff-Maschinen.

Hubverhältniss $l:D$ {Eincylinder-Maschine 2:1; Zweicylinder-Maschine 1,5:1} Hochdruck-Cylinder $l':D'=2:1$	$p=6$					$p=8$					$p=10$					$p=12$				
	$\frac{l_i}{l}$	C_i'	C_i''	C_i'''	C_i	$\frac{l_i}{l}$	C_i'	C_i''	C_i'''	C_i	$\frac{l_i}{l}$	C_i'	C_i''	C_i'''	C_i	$\frac{l_i}{l}$	C_i'	C_i''	C_i'''	C_i
$N_i=10$, $c=1{,}5$ m — Eincyl. mit Coulisse	0,4	11,5	5,8	2,6	19,9	0,333	10,0	5,7	2,6	18,3	0,3	9,1	5,7	2,6	17,4	·	·	·	·	·
„ „ Expans. ohne Hemd	0,3	9,9	4,9	2,6	17,4	0,25	8,6	4,8	2,6	16,0	0,20	7,8	4,6	2,6	15,0	·	·	·	·	·
„ „ Expans. mit „	0,3	9,6	4,7	2,6	16,9	0,25	8,3	4,5	2,6	15,4	0,20	7,5	4,3	2,6	14,4	·	·	·	·	·
Zweicylinder (mit Expans.)	·	·	·	·	·	·	·	·	·	·	·	·	·	·	·	·	·	·	·	·
$N_i=10$, $c=2$ m — Eincyl. mit Coulisse	0,4	11,5	5,0	2,2	18,7	0,333	10,0	4,9	2,2	17,1	0,3	9,1	4,9	2,2	16,2	·	·	·	·	·
„ „ Expans. ohne Hemd	0,3	9,9	4,2	2,2	16,3	0,25	8,6	4,1	2,2	14,9	0,20	7,8	4,1	2,2	14,1	·	·	·	·	·
„ „ Expans. mit „	0,3	9,6	4,0	2,2	15,8	0,25	8,3	3,9	2,2	14,4	0,20	7,5	3,7	2,2	13,4	·	·	·	·	·
Zweicylinder (mit Expans.)	·	·	·	·	·	·	·	·	·	·	·	·	·	·	·	·	·	·	·	·
$N_i=50$, $c=2$ m — Eincyl. mit Coulisse	0,4	11,5	5,0	1,1	17,6	0,333	10,0	4,9	1,1	16,0	0,3	9,1	4,9	1,1	15,1	·	·	·	·	·
„ „ Expans. ohne Hemd	0,3	9,9	4,2	1,1	15,2	0,25	8,6	4,1	1,1	13,8	0,20	7,8	4,1	1,1	13,0	·	·	·	·	·
„ „ Expans. mit „	0,3	9,6	4,0	1,1	14,7	0,25	8,3	3,9	1,1	13,3	0,20	7,5	3,7	1,1	12,3	·	·	·	·	·
Zweicylinder (mit Expans.)	·	·	·	·	·	0,20	8,0	3,1	1,0	12,1	0,15	6,9	3,0	0,9	10,8	0,125	6,4	3,0	0,9	10,3
$N_i=50$, $c=3$ m — Eincyl. mit Coulisse	0,4	11,5	4,0	0,9	16,4	0,333	10,0	4,0	0,9	14,9	0,3	9,1	3,9	0,9	13,9	·	·	·	·	·
„ „ Expans. ohne Hemd	0,3	9,9	3,4	0,9	14,2	0,25	8,6	3,4	0,9	12,9	0,20	7,8	3,3	0,9	12,0	·	·	·	·	·
„ „ Expans. mit „	0,3	9,6	3,2	0,9	13,7	0,25	8,3	3,1	0,9	12,3	0,20	7,5	3,1	0,9	11,5	·	·	·	·	·
Zweicylinder (mit Expans.)	·	·	·	·	·	0,20	8,0	2,6	0,8	11,3	0,15	6,9	2,4	0,8	10,1	0,125	6,4	2,4	0,8	9,5
$N_i=250$, $c=3$ m — Eincyl. mit Coulisse	0,333	10,9	4,3	0,5	15,7	0,3	9,6	4,1	0,5	14,2	0,25	8,7	4,2	0,5	13,4	·	·	·	·	·
„ „ Expans. ohne Hemd	0,25	9,7	3,6	0,5	13,8	0,20	8,4	3,4	0,5	12,3	0,15	7,6	3,3	0,5	11,4	·	·	·	·	·
„ „ Expans. mit „	0,25	9,3	3,3	0,5	13,1	0,20	8,0	3,2	0,5	11,7	0,15	7,1	3,1	0,5	10,7	·	·	·	·	·
Zweicylinder (mit Expans.)	·	·	·	·	·	0,15	7,8	2,6	0,4	10,9	0,125	6,8	2,4	0,4	9,6	0,10	6,3	2,6	0,4	9,4
$N_i=250$, $c=4$ m — Eincyl. mit Coulisse	0,333	10,9	3,7	0,4	15,0	0,3	9,6	3,6	0,4	13,6	0,25	8,7	3,6	0,4	12,7	·	·	·	·	·
„ „ Expans. ohne Hemd	0,25	9,7	3,1	0,4	13,2	0,20	8,4	3,0	0,4	11,8	0,15	7,6	2,9	0,4	10,9	·	·	·	·	·
„ „ Expans. mit „	0,25	9,3	2,9	0,4	12,6	0,20	8,0	2,8	0,4	11,2	0,15	7,1	2,7	0,4	10,2	·	·	·	·	·
Zweicylinder (mit Expans.)	·	·	·	·	·	0,15	7,8	2,3	0,4	10,5	0,125	6,8	2,1	0,3	9,3	0,10	6,3	2,1	0,4	8,7
$N_i=1000$, $c=4$ m — Eincyl. mit Coulisse	0,333	10,9	3,7	0,3	14,9	0,3	9,6	3,6	0,3	13,5	0,25	8,7	3,6	0,3	12,6	·	·	·	·	·
„ „ Expans. ohne Hemd	0,25	9,7	3,1	0,3	13,1	0,20	8,4	3,0	0,3	11,7	0,15	7,6	2,9	0,3	10,8	·	·	·	·	·
„ „ Expans. mit „	0,25	9,3	2,9	0,3	12,5	0,20	8,0	2,8	0,3	11,1	0,15	7,1	2,7	0,3	10,1	·	·	·	·	·
Zweicylinder (mit Expans.)	·	·	·	·	·	0,15	7,8	2,3	0,2	10,4	0,125	6,8	2,1	0,2	9,2	0,10	6,3	2,1	0,2	8,6

Dampf-Consum exacter Auspuff-Maschinen.

b. Exacte Auspuff-Maschinen.

Hubverhältniss $l:D$ { Eincylinder-Maschine 2:1 / Zweicylinder-Maschine 1,5:1 } Hochdruck-Cylinder $F:D'=2:1$		$\psi=6$					$\psi=8$					$\psi=10$					$\psi=12$				
		$\frac{l}{i}$	C_i'	C_i''	C_i'''	C_i	$\frac{l}{i}$	C_i'	C_i''	C_i'''	C_i	$\frac{l}{i}$	C_i'	C_i''	C_i'''	C_i	$\frac{l}{i}$	C_i'	C_i''	C_i'''	C_i
$N_i=10$, $c=1,5$ m	Eincyl. mit Coulisse	0,4	10,7	5,4	1,3	17,4	0,333	9,2	4,9	1,3	15,4	0,3	8,3	4,9	1,3	14,5	·	·	·	·	·
	Expans. ohne Hemd	0,3	9,4	4,6	1,3	15,3	0,25	8,1	4,4	1,3	13,8	0,20	7,3	4,3	1,3	12,9	·	·	·	·	·
	Expans. mit "	0,3	8,9	4,0	1,3	14,2	0,25	7,6	3,9	1,3	12,8	0,20	6,8	3,8	1,3	11,9	·	·	·	·	·
	Zweicylinder (mit Expans.) . .	·	·	·	·	·	·	·	·	·	·	·	·	·	·	·	·	·	·	·	·
$N_i=10$, $c=2$ m	Eincyl. mit Coulisse	0,4	10,7	4,4	1,1	16,2	0,333	9,2	4,3	1,1	14,6	0,3	8,3	4,2	1,1	13,6	·	·	·	·	·
	Expans. ohne Hemd	0,3	9,4	3,9	1,1	14,4	0,25	8,1	3,8	1,1	13,0	0,20	7,3	3,7	1,1	12,1	·	·	·	·	·
	Expans. mit "	0,3	8,9	3,5	1,1	13,5	0,25	7,6	3,4	1,1	12,1	0,20	6,8	3,3	1,1	11,2	·	·	·	·	·
	Zweicylinder (mit Expans.) . .	·	·	·	·	·	·	·	·	·	·	·	·	·	·	·	·	·	·	·	·
$N_i=50$, $c=2$ m	Eincyl. mit Coulisse	0,4	10,7	4,4	0,6	15,7	0,333	9,2	4,3	0,6	14,1	0,3	8,3	4,2	0,6	13,1	·	·	·	·	·
	Expans. ohne Hemd	0,3	9,4	3,9	0,6	13,9	0,25	8,1	3,8	0,6	12,5	0,20	7,3	3,7	0,6	11,6	·	·	·	·	·
	Expans. mit "	0,3	8,9	3,5	0,6	13,0	0,25	7,6	3,4	0,6	11,5	0,20	6,8	3,3	0,6	10,6	·	·	·	·	·
	Zweicylinder (mit Expans.) . .	·	·	·	·	·	0,20	7,7	2,8	0,5	11,0	0,15	6,6	3,0	0,5	10,1	0,125	6,1	3,0	0,5	9,5
$N_i=50$, $c=3$ m	Eincyl. mit Coulisse	0,4	10,7	3,5	0,5	14,7	0,333	9,2	3,5	0,5	13,2	0,3	8,3	3,4	0,5	12,2	·	·	·	·	·
	Expans. ohne Hemd	0,3	9,4	3,2	0,5	13,0	0,25	8,1	3,1	0,5	11,7	0,20	7,3	3,1	0,5	10,8	·	·	·	·	·
	Expans. mit "	0,3	8,9	2,8	0,5	12,2	0,25	7,6	2,8	0,5	10,8	0,20	6,8	2,7	0,5	10,0	·	·	·	·	·
	Zweicylinder (mit Expans.) . .	·	·	·	·	·	0,20	7,7	2,6	0,4	10,6	0,15	6,6	2,4	0,4	9,4	0,125	6,1	2,4	0,4	8,9
$N_i=250$, $c=3$ m	Eincyl. mit Coulisse	0,333	10,1	3,8	0,3	14,2	0,3	8,8	3,6	0,3	12,7	0,25	7,9	3,7	0,3	11,9	·	·	·	·	·
	Expans. ohne Hemd	0,25	9,2	3,3	0,3	12,8	0,20	7,9	3,2	0,3	11,3	0,15	7,1	3,1	0,3	10,4	·	·	·	·	·
	Expans. mit "	0,25	8,6	2,9	0,3	11,8	0,20	7,3	2,8	0,3	10,4	0,15	6,4	2,7	0,3	9,3	·	·	·	·	·
	Zweicylinder (mit Expans.) . .	·	·	·	·	·	0,15	7,5	2,6	0,2	10,4	0,125	6,5	2,4	0,2	9,1	0,10	6,0	2,7	0,2	8,9
$N_i=250$, $c=4$ m	Eincyl. mit Coulisse	0,333	10,1	3,3	0,2	13,6	0,3	8,8	3,1	0,2	12,1	0,25	7,9	3,1	0,2	11,2	·	·	·	·	·
	Expans. ohne Hemd	0,25	9,2	2,8	0,2	12,2	0,20	7,9	2,7	0,2	10,8	0,15	7,1	2,7	0,2	10,0	·	·	·	·	·
	Expans. mit "	0,25	8,6	2,5	0,2	11,3	0,20	7,3	2,4	0,2	9,9	0,15	6,4	2,3	0,2	8,9	·	·	·	·	·
	Zweicylinder (mit Expans.) . .	·	·	·	·	·	0,15	7,5	2,3	0,2	10,0	0,125	6,5	2,1	0,2	8,8	0,10	6,0	2,1	0,2	8,3
$N_i=1000$, $c=4$ m	Eincyl. mit Coulisse	0,333	10,1	3,3	0,2	13,6	0,3	8,8	3,1	0,2	12,1	0,25	7,9	3,1	0,2	11,2	·	·	·	·	·
	Expans. ohne Hemd	0,25	9,2	2,8	0,2	12,2	0,20	7,9	2,7	0,2	10,8	0,15	7,1	2,7	0,2	9,9	·	·	·	·	·
	Expans. mit "	0,25	8,6	2,5	0,2	11,3	0,20	7,3	2,4	0,2	9,9	0,15	6,4	2,3	0,2	8,9	·	·	·	·	·
	Zweicylinder (mit Expans.) . .	·	·	·	·	·	0,15	7,5	2,3	0,1	9,9	0,125	6,5	2,1	0,1	8,8	0,10	6,0	2,1	0,1	8,2

Vergleichende Uebersicht des Dampf-Consums der Condens.-Maschinen aller Systeme.

(Nach den Regeln des „Practischen Theiles" des Hilfsbuches.)

a. Gewöhnliche Condens.-Maschinen.

Dampf-Consum gewöhnl. Condens.-Maschinen.

Hubverhältniss $l:D$ { Eincylinder-Maschine 2:1 / Zweicylinder-Maschine 1,5:1 / Dreicylinder-Maschine 1:1 } Hochdruck-Cylinder $l':D'=2:1$	$p=6$					$p=8$					$p=10$					$p=12$				
	$\frac{l_i}{l}$	C_i'	C_i''	C_i'''	C_i	$\frac{l_i}{l}$	C_i'	C_i''	C_i'''	C_i	$\frac{l_i}{l}$	C_i'	C_i''	C_i'''	C_i	$\frac{l_i}{l}$	C_i'	C_i''	C_i'''	C_i
$N_i=10$, $c=1{,}5$ m — Eincyl.-Masch. ohne Hemd	0,15	6,8	4,3	2,6	13,7	0,125	6,4	4,2	2,6	13,2	·	·	·	·	·	·	·	·	·	·
Eincyl.-Masch. mit „	0,15	6,4	3,6	2,6	12,6	0,125	5,9	3,5	2,6	12,0	·	·	·	·	·	·	·	·	·	·
Zweicylinder-Masch.	·	·	·	·	·	·	·	·	·	·	·	·	·	·	·	·	·	·	·	·
Dreicylinder-Masch.	·	·	·	·	·	·	·	·	·	·	·	·	·	·	·	·	·	·	·	·
$N_i=10$, $c=2$ m — Eincyl.-Masch. ohne Hemd	0,15	6,8	3,7	2,2	12,7	0,125	6,4	3,7	2,2	12,3	·	·	·	·	·	·	·	·	·	·
Eincyl.-Masch. mit „	0,15	6,4	3,1	2,2	11,7	0,125	5,9	3,0	2,2	11,1	·	·	·	·	·	·	·	·	·	·
Zweicylinder-Masch.	·	·	·	·	·	·	·	·	·	·	·	·	·	·	·	·	·	·	·	·
Dreicylinder-Masch.	·	·	·	·	·	·	·	·	·	·	·	·	·	·	·	·	·	·	·	·
$N_i=50$, $c=2$ m — Eincyl.-Masch. ohne Hemd	0,15	6,8	3,7	1,1	11,6	0,125	6,4	3,7	1,1	11,2	·	·	·	·	·	·	·	·	·	·
Eincyl.-Masch. mit „	0,15	6,4	3,1	1,1	10,6	0,125	5,9	3,0	1,1	10,0	·	·	·	·	·	·	·	·	·	·
Zweicylinder-Masch.	0,125	5,5	2,5	0,9	8,9	0,10	4,9	2,4	1,0	8,3	0,07	4,5	2,2	1,0	7,7	0,06	4,2	2,1	1,0	7,3
Dreicylinder-Masch.	·	·	·	·	·	0,07	4,5	2,0	0,8	7,3	0,06	4,2	1,9	0,8	6,9	0,05	4,0	1,9	0,8	6,7
$N_i=50$, $c=3$ m — Eincyl.-Masch. ohne Hemd	0,15	6,8	3,0	0,9	10,7	0,125	6,4	3,0	0,9	10,3	·	·	·	·	·	·	·	·	·	·
Eincyl.-Masch. mit „	0,15	6,4	2,5	0,9	9,8	0,125	5,9	2,4	0,9	9,2	·	·	·	·	·	·	·	·	·	·
Zweicylinder-Masch.	0,125	5,5	2,0	0,8	8,2	0,10	4,9	2,0	0,8	7,6	0,07	4,5	1,8	0,8	7,1	0,06	4,2	1,7	0,8	6,7
Dreicylinder-Masch.	·	·	·	·	·	0,07	4,5	1,6	0,6	6,7	0,06	4,2	1,6	0,6	6,4	0,05	4,0	1,5	0,6	6,1
$N_i=250$, $c=3$ m — Eincyl.-Masch. ohne Hemd	0,125	6,6	3,0	0,5	10,1	0,10	6,3	3,0	0,5	9,8	·	·	·	·	·	·	·	·	·	·
Eincyl.-Masch. mit „	0,125	6,2	2,4	0,5	9,1	0,10	5,7	2,3	0,5	8,5	·	·	·	·	·	·	·	·	·	·
Zweicylinder-Masch.	0,10	5,2	2,0	0,4	7,6	0,08	4,7	1,9	0,4	7,1	0,06	4,3	1,8	0,4	6,5	0,05	4,1	1,7	0,4	6,2
Dreicylinder-Masch.	·	·	·	·	·	0,06	4,3	1,6	0,4	6,3	0,05	4,0	1,5	0,4	5,9	0,04	3,7	1,4	0,4	5,5
$N_i=250$, $c=4$ m — Eincyl.-Masch. ohne Hemd	0,125	6,6	2,6	0,4	9,6	0,10	6,3	2,6	0,4	9,3	·	·	·	·	·	·	·	·	·	·
Eincyl.-Masch. mit „	0,125	6,2	2,1	0,4	8,7	0,10	5,7	2,0	0,4	8,1	·	·	·	·	·	·	·	·	·	·
Zweicylinder-Masch.	0,10	5,2	1,7	0,3	7,2	0,08	4,7	1,7	0,4	6,7	0,06	4,3	1,5	0,3	6,1	0,05	4,1	1,5	0,3	5,9
Dreicylinder-Masch.	·	·	·	·	·	0,06	4,3	1,4	0,3	6,0	0,05	4,0	1,3	0,3	5,6	0,04	3,7	1,3	0,3	5,3
$N_i=1000$, $c=4$ m — Eincyl.-Masch. ohne Hemd	0,125	6,6	2,6	0,3	9,5	0,10	6,3	2,6	0,3	9,2	·	·	·	·	·	·	·	·	·	·
Eincyl.-Masch. mit „	0,125	6,2	2,1	0,3	8,6	0,10	5,7	2,0	0,3	8,0	·	·	·	·	·	·	·	·	·	·
Zweicylinder-Masch.	0,10	5,2	1,7	0,2	7,1	0,08	4,7	1,7	0,2	6,6	0,06	4,3	1,5	0,2	6,0	0,05	4,1	1,5	0,2	5,8
Dreicylinder-Masch.	·	·	·	·	·	0,06	4,3	1,4	0,2	5,9	0,05	4,0	1,3	0,2	5,5	0,04	3,7	1,3	0,2	5,2

Table header — Hubverhältniss $l:D$ { Eincylinder-Maschine 2:1 / Zweicylinder-Maschine 1,5:1 / Dreicylinder-Maschine 1:1 }; Hochdruck-Cylinder $l':D' = 2{:}1$.

Maschine	$p=6$					$p=8$					$p=10$					$p=12$				
	$\frac{l_i}{l}$	c_i'	c_i''	c_i'''	c_i	$\frac{l_i}{l}$	c_i'	c_i''	c_i'''	c_i	$\frac{l_i}{l}$	c_i'	c_i''	c_i'''	c_i	$\frac{l_i}{l}$	c_i'	c_i''	c_i'''	c_i
$N_i=10$, $c=1{,}5$ m — Eincyl.-Masch. ohne Hemd	0,15	6,0	3,8	1,3	11,1	0,125	5,6	3,7	1,3	10,6	·	·	·	·	·	·	·	·	·	·
Eincyl.-Masch. mit „	0,15	5,7	3,2	1,3	10,2	0,125	5,2	3,0	1,3	9,5	·	·	·	·	·	·	·	·	·	·
Zweicylinder-Masch.	·	·	·	·	·	·	·	·	·	·	·	·	·	·	·	·	·	·	·	·
Dreicylinder-Masch.	·	·	·	·	·	·	·	·	·	·	·	·	·	·	·	·	·	·	·	·
$N_i=10$, $c=2$ m — Eincyl.-Masch. ohne Hemd	0,15	6,0	3,2	1,1	10,3	0,125	5,6	3,2	1,1	9,9	·	·	·	·	·	·	·	·	·	·
Eincyl.-Masch. mit „	0,15	5,7	2,7	1,1	9,5	0,125	5,2	2,6	1,1	8,9	·	·	·	·	·	·	·	·	·	·
Zweicylinder-Masch.	·	·	·	·	·	·	·	·	·	·	·	·	·	·	·	·	·	·	·	·
Dreicylinder-Masch.	·	·	·	·	·	·	·	·	·	·	·	·	·	·	·	·	·	·	·	·
$N_i=50$, $c=2$ m — Eincyl.-Masch. ohne Hemd	0,15	6,0	3,2	0,6	9,8	0,125	5,6	3,2	0,6	9,4	·	·	·	·	·	·	·	·	·	·
Eincyl.-Masch. mit „	0,15	5,7	2,7	0,6	9,0	0,125	5,2	2,6	0,6	8,4	·	·	·	·	·	·	·	·	·	·
Zweicylinder-Masch.	0,125	5,5	2,3	0,5	8,2	0,10	4,9	2,2	0,5	7,6	0,07	4,4	2,0	0,5	6,9	0,06	4,2	2,0	0,5	6,7
Dreicylinder-Masch.	·	·	·	·	·	0 07	4,5	2,0	0,4	6,9	0,06	4,2	1,9	0,4	6,5	0,05	4,0	1,9	0,4	6,3
$N_i=50$, $c=3$ m — Eincyl.-Masch. ohne Hemd	0,15	6,0	2,6	0,5	9,1	0,125	5,6	2,6	0,5	8,7	·	·	·	·	·	·	·	·	·	·
Eincyl.-Masch. mit „	0,15	5,7	2,2	0,5	8,4	0,125	5,2	2,1	0,5	7,8	·	·	·	·	·	·	·	·	·	·
Zweicylinder-Masch.	0,125	5,5	1,8	0,4	7,7	0,10	4,9	1,8	0,4	7,1	0,07	4,4	1,6	0,4	6,4	0,06	4,2	1,6	0,4	6,2
Dreicylinder-Masch.	·	·	·	·	·	0,07	4,5	1,6	0,3	6,4	0,06	4,2	1,6	0,3	6,1	0,05	4,0	1,5	0,3	5,8
$N_i=250$, $c=3$ m — Eincyl.-Masch. ohne Hemd	0,125	5,8	2,4	0,3	8,5	0,10	5,4	2,6	0,3	8,3	·	·	·	·	·	·	·	·	·	·
Eincyl.-Masch. mit „	0,125	5,4	2,2	0,3	7,8	0,10	4,9	2,1	0,3	7,2	·	·	·	·	·	·	·	·	·	·
Zweicylinder-Masch.	0,10	5,2	1,8	0,2	7,2	0,08	4,7	1,8	0,2	6,7	0,06	4,3	1,6	0,2	6,1	0,05	4,1	1,6	0,2	5,9
Dreicylinder-Masch.	·	·	·	·	·	0,06	4,3	1,6	0,2	6,1	0,05	4,0	1,5	0,2	5,7	0,04	3,7	1,4	0,2	5,3
$N_i=250$, $c=4$ m — Eincyl.-Masch. ohne Hemd	0,125	5,8	2,3	0,2	8,3	0,10	5,4	2,3	0,2	7,9	·	·	·	·	·	·	·	·	·	·
Eincyl.-Masch. mit „	0,125	5,4	1,9	0,2	7,5	0,10	4,9	1,8	0,2	6,9	·	·	·	·	·	·	·	·	·	·
Zweicylinder-Masch.	0,10	5,2	1,5	0,2	6,9	0,08	4,7	1,5	0,2	6,4	0,06	4,3	1,4	0,2	5,9	0,05	4,1	1,4	0,2	5,7
Dreicylinder-Masch.	·	·	·	·	·	0,06	4,3	1,4	0,2	5,8	0,05	4,0	1,3	0,2	5,5	0,04	3,7	1,3	0,2	5,1
$N_i=1000$, $c=4$ m — Eincyl.-Masch. ohne Hemd	0,125	5,8	2,3	0,2	8,3	0,10	5,4	2,3	0,2	7,9	·	·	·	·	·	·	·	·	·	·
Eincyl.-Masch. mit „	0,125	5,4	1,9	0,2	7,4	0,10	4,9	1,8	0,2	6,9	·	·	·	·	·	·	·	·	·	·
Zweicylinder-Masch.	0,10	5,2	1,5	0,1	6,8	0,08	4,7	1,5	0,1	6,3	0,06	4,3	1,4	0,1	5,8	0,05	4,1	1,4	0,1	5,6
Dreicylinder-Masch.	·	·	·	·	·	0,06	4,3	1,4	0,1	5,8	0,05	4,0	1,3	0,1	5,4	0,04	3,7	1,3	0,1	5,1

Vergleichende Tabelle

über die Grenzen des Dampf-Consums C_i (pro indic. Pfdk. u. Stde.)
für alle Maschinen-Gattungen
im Mittel der Angaben des Pract. und des Theoret. Theiles des Hilfsbuches.

A. Maschinen mit Auspuff.

Hubver-{ Eincyl.-M. $l:D=2$ hältniss{ Zweicyl.-M. $l:D=1{,}5$ Hochdruck-Cyl. $l':D'=2$	Eincylinder-Maschinen						Zweicylinder-Maschinen (mit Expans.-Steuerung)	
	mit Coulissen-Steuerung		mit Expans.-Steuerung					
			ohne Dampfhemd		mit Dampfhemd			
	$\frac{l'}{l}$	C_i	$\frac{l'}{l}$	C_i	$\frac{l'}{l}$	C_i	$\frac{l'}{l}$	C_i
$N_i=10$ Pfdk. $\quad p=6$ Atm. $c=1{,}5$ m	0,4	19,3 bis 17,2	0,3	17,2 bis 15,3	0,3	16,3 bis 14,0	.	.
$p=8$ „	0,333	17,9 „ 15,5	0,25	15,9 „ 13,9	0,25	14,8 „ 12,5	.	.
$p=10$ „	0,3	17,0 „ 14,7	0,20	15,1 „ 13,2	0,20	13,9 „ 11,6	.	.
$p=12$ „	.	.	.	.	.	.	.	.
$N_i=10$ Pfdk. $\quad p=6$ Atm. $c=2$ m	0,4	18,2 bis 16,2	0,3	16,2 bis 14,4	0,3	15,3 bis 13,3	.	.
$p=8$ „	0,333	16,8 „ 14,6	0,25	14,9 „ 13,1	0,25	13,9 „ 11,8	.	.
$p=10$ „	0,3	15,9 „ 13,8	0,20	14,1 „ 12,4	0,20	13,0 „ 11,0	.	.
$p=12$ „	.	.	.	.	.	.	.	.
$N_i=50$ Pfdk. $\quad p=6$ Atm. $c=2$ m	0,4	17,1 bis 15,6	0,3	15,1 bis 13,9	0,3	14,2 bis 12,8	.	.
$p=8$ „	0,333	15,7 „ 14,1	0,25	13,8 „ 12,6	0,25	12,8 „ 11,3	0,20	11,8 bis 11,0
$p=10$ „	0,3	14,8 „ 13,2	0,20	13,0 „ 11,8	0,20	11,9 „ 10,4	0,15	10,6 „ 9,8
$p=12$ „	.	.	.	.	.	.	0,125	10,0 „ 9,2
$N_i=50$ Pfdk. $\quad p=6$ Atm. $c=3$ m	0,4	16,0 bis 14,6	0,3	14,1 bis 13,1	0,3	13,4 bis 12,0	.	.
$p=8$ „	0,333	14,6 „ 13,2	0,25	12,8 „ 11,8	0,25	12,0 „ 10,6	0,20	11,1 bis 10,4
$p=10$ „	0,3	13,7 „ 12,4	0,20	12,0 „ 11,0	0,20	11,1 „ 9,8	0,15	9,9 „ 9,2
$p=12$ „	.	.	.	.	.	.	0,125	9,3 „ 8,6
$N_i=250$ Pfdk. $\quad p=6$ Atm. $c=3$ m	0,333	15,3 bis 14,2	0,25	13,7 bis 12,8	0,25	12,8 bis 11,6	.	.
$p=8$ „	0,3	14,0 „ 12,8	0,20	12,4 „ 11,5	0,20	11,4 „ 10,2	0,15	10,8 bis 10,3
$p=10$ „	0,25	13,2 „ 12,0	0,15	11,6 „ 10,8	0,15	10,4 „ 9,3	0,125	9,6 „ 9,0
$p=12$ „	.	.	.	.	.	.	0,10	9,1 „ 8,6
$N_i=250$ Pfdk. $\quad p=6$ Atm. $c=4$ m	0,333	14,7 bis 13,7	0,25	13,1 bis 12,3	0,25	12,3 bis 11,2	.	.
$p=8$ „	0,3	13,4 „ 12,3	0,20	11,8 „ 11,0	0,20	10,9 „ 9,8	0,15	10,4 bis 9,9
$p=10$ „	0,25	12,5 „ 11,5	0,15	11,0 „ 10,2	0,15	10,0 „ 8,9	0,125	9,2 „ 8,7
$p=12$ „	.	.	.	.	.	.	0,10	8,6 „ 8,1
$N_i=1000$ Pfdk. $\quad p=6$ Atm. $c=4$ m	0,333	14,6 bis 13,6	0,25	13,0 bis 12,2	0,25	12,1 bis 11,1	.	.
$p=8$ „	0,3	13,2 „ 12,1	0,20	11,7 „ 10,9	0,20	10,8 „ 9,7	0,15	10,3 bis 9,8
$p=10$ „	0,25	12,4 „ 11,4	0,15	10,9 „ 10,2	0,15	9,9 „ 8,8	0,125	9,1 „ 8,7
$p=12$ „	.	.	.	.	.	.	0,10	8,5 „ 8,1

Die fettgedruckten Angaben von C_i in Kgr. gelten für „gewöhnliche" Maschinen, die daneben („bis")
Dass die Differenz von C_i zwischen „gewöhnlich" und „exact" bei kleinen Maschinen überhaupt namhaft
merklich — bei kleinen Maschinen (pro Pfdk. u. Stde.) bedeutend ausgibt. (Siehe die beiden vorangehenden

B. Maschinen mit Condensation.

Hubverhältniss {Eincyl.-M. $l:D=2$; Zweicyl.-M. $l:D=1,5$; Dreicyl.-M. $l:D=1$; Hochdruck-Cyl. $l':D'=2$}		Eincylinder-Maschinen				Zweicylinder-Maschinen		Dreicylinder-Maschinen	
		ohne Dampfhemd		mit Dampfhemd					
		$\frac{l'}{l}$	C_i	$\frac{l'}{l}$	C_i	$\frac{l'}{l}$	C_i	$\frac{l'}{l}$	C_i
$N_i=10$ Pfdk. $c=1,5$ m	$p=\ 6$ Atm.	0,15	13,9 bis 11,6	0,15	12,5 bis 10,3	·	·	·	·
	$p=\ 8$ „	0,125	13,6 „ 11,4	0,125	12,0 „ 9,8	·	·	·	·
	$p=10$ „	·	·	·	·	·	·	·	·
	$p=12$ „	·	·	·	·	·	·	·	·
$N_i=10$ Pfdk. $c=2$ m	$p=\ 6$ Atm.	0,15	12,9 bis 10,9	0,15	11,6 bis 9,7	·	·	·	·
	$p=\ 8$ „	0,125	12,6 „ 10,6	0,125	11,2 „ 9,2	·	·	·	·
	$p=10$ „	·	·	·	·	·	·	·	·
	$p=12$ „	·	·	·	·	·	·	·	·
$N_i=50$ Pfdk. $c=2$ m	$p=\ 6$ Atm.	0,15	11,8 bis 10,3	0,15	10,6 bis 9,1	0,125	8,8 bis 8,2	·	·
	$p=\ 8$ „	0,125	11,6 „ 10,1	0,125	10,1 „ 8,6	0,10	8,2 „ 7,6	0,07	7,3 bis 6,9
	$p=10$ „	·	·	·	·	0,07	7,7 „ 6,9	0,06	6,9 „ 6,5
	$p=12$ „	·	·	·	·	0,06	7,3 „ 6,7	0,05	6,6 „ 6,2
$N_i=50$ Pfdk. $c=3$ m	$p=\ 6$ Atm.	0,15	10,9 bis 9,5	0,15	9,7 bis 8,5	0,125	8,2 bis 7,7	·	·
	$p=\ 8$ „	0,125	10,6 „ 9,2	0,125	9,2 „ 8,0	0,10	7,6 „ 7,1	0,07	6,7 bis 6,4
	$p=10$ „	·	·	·	·	0,07	7,1 „ 6,4	0,06	6,4 „ 6,1
	$p=12$ „	·	·	·	·	0,06	6,7 „ 6,2	0,05	6,1 „ 5,8
$N_i=250$ Pfdk. $c=3$ m	$p=\ 6$ Atm.	0,125	10,4 bis 9,2	0,125	9,1 bis 8,1	0,10	7,6 bis 7,3	·	·
	$p=\ 8$ „	0,10	10,2 „ 9,0	0,10	8,6 „ 7,6	0,08	7,1 „ 6,8	0,06	6,3 bis 6,1
	$p=10$ „	·	·	·	·	0,06	6,5 „ 6,1	0,05	6,0 „ 5,8
	$p=12$ „	·	·	·	·	0,05	6,2 „ 5,9	0,04	5,6 „ 5,4
$N_i=250$ Pfdk. $c=4$ m	$p=\ 6$ Atm.	0,125	9,8 bis 8,8	0,125	8,7 bis 7,7	0,10	7,3 bis 7,0	·	·
	$p=\ 8$ „	0,10	9,6 „ 8,5	0,10	8,2 „ 7,2	0,08	6,8 „ 6,5	0,06	6,0 bis 5,9
	$p=10$ „	·	·	·	·	0,06	6,1 „ 5,9	0,05	5,7 „ 5,5
	$p=12$ „	·	·	·	·	0,05	5,9 „ 5,7	0,04	5,3 „ 5,2
$N_i=1000$ Pfdk. $c=4$ m	$p=\ 6$ Atm.	0,125	9,7 bis 8,8	0,125	8,6 bis 7,6	0,10	7,1 bis 7,0	·	·
	$p=\ 8$ „	0,10	9,5 „ 8,5	0,10	8,1 „ 7,2	0,08	6,6 „ 6,4	0,06	5,9 bis 5,8
	$p=10$ „	·	·	·	·	0,06	6,0 „ 5,8	0,05	5,6 „ 5,5
	$p=12$ „	·	·	·	·	0,05	5,8 „ 5,6	0,04	5,2 „ 5,1

angesetzten für „exacte“ Maschinen.

grösser ist, als bei grossen Maschinen, liegt vornehmlich in dem Dampflässigkeitsverlust, welcher — wenn überhaupt Tabellen.)

Nachträgliche Zugabe

für alle Verbundmaschinen.

———

Einfache Darstellung über die practische Bestimmung der Cylinder-Volumenverhältnisse bei Maschinen mit zweimaliger und dreimaliger Expansion.

Das System der Verbundmaschinen hat den ursprünglichen und eigentlichen Zweck, die vorteilhafte sehr starke Expansion bei entsprechend hohen Dampfspannungen auf zwei oder mehrere Dampfcylinder zu verteilen.

Bei der Durchführung dieses Principes erscheint vor Allem als naheliegend und natürlich die Anforderung, daß diese Verteilung der Expansion auf die einzelnen Cylinder eine möglichst gleichmäßige sei. Hierbei wird (außer allem anderen) der Kolbendruck in den einzelnen Dampfcylindern, hiermit auch der Umfangsdruck in den einzelnen Kurbelkreisen innerhalb engerer Grenzen variabel sein, und wird demnach die Maschine gleichförmiger rotieren, als (unter sonst gleichen Umständen) bei jeder anderen Verteilung der Expansion. —

Bezeichnet nun bei einer Verbundmaschine mit zweimaliger Expansion

V das (gegebene) Volumen des Niederdruck-Cylinders,

$\dfrac{l_1}{l}$ die (gegebene) auf diesen Cylinder bezogene (reducierte) Füllung,

v das (zu bestimmende) Volumen des Hochdruck-Cylinders,

$\dfrac{l_1'}{l'}$ die (zu bestimmende) Füllung dieses Hochdruck-Cylinders,

so ist für die gleichmäßig zu verteilende Expansion

$$\frac{v}{V} = \frac{l_1'}{l'}$$

während unter allen Umständen

$$\frac{v}{V} \cdot \frac{l_1'}{l'} = \frac{l_1}{l}$$

Hieraus folgt für die Einzelfüllungen

$$\frac{v}{V} = \frac{l_1'}{l'} = \sqrt{\frac{l_1}{l}}$$

In ähnlicher Weise hat man für eine Verbundmaschine mit dreimaliger Expansion, wenn v_1 das Volumen des Hochdruck-Cylinders, v_2 das Volumen des Mitteldruck-Cylinders ist, und die übrigen Bezeichnungen $\left(V, \dfrac{l_1}{l} \text{ und } \dfrac{l_1{}'}{l'} \right)$ ungeändert bleiben, als Ausdruck für die gleichmäßig zu verteilende Expansion:

$$\frac{v_2}{V} = \frac{v_1}{v_2} = \frac{l_1{}'}{l'}$$

während unter allen Umständen

$$\frac{v_2}{V}\,\frac{v_1}{v_2}\,\frac{l_1{}'}{l'} = \frac{l_1}{l}$$

Hieraus folgt für die Einzelfüllungen

$$\frac{v_2}{V} = \frac{v_1}{v_2} = \frac{l_1{}'}{l'} = \sqrt[3]{\frac{l_1}{l}}$$

und sodann

$$\frac{v_1}{V} = \frac{v_1}{v_2}\,\frac{v_2}{V} = \sqrt[3]{\left(\frac{l_1}{l}\right)^2}$$

Die Ausdrücke für die gleichmäßige Verteilung der Expansion, bezw. für die Gleichheit der Füllung der einzelnen Cylinder sind somit naheliegend und einfach.

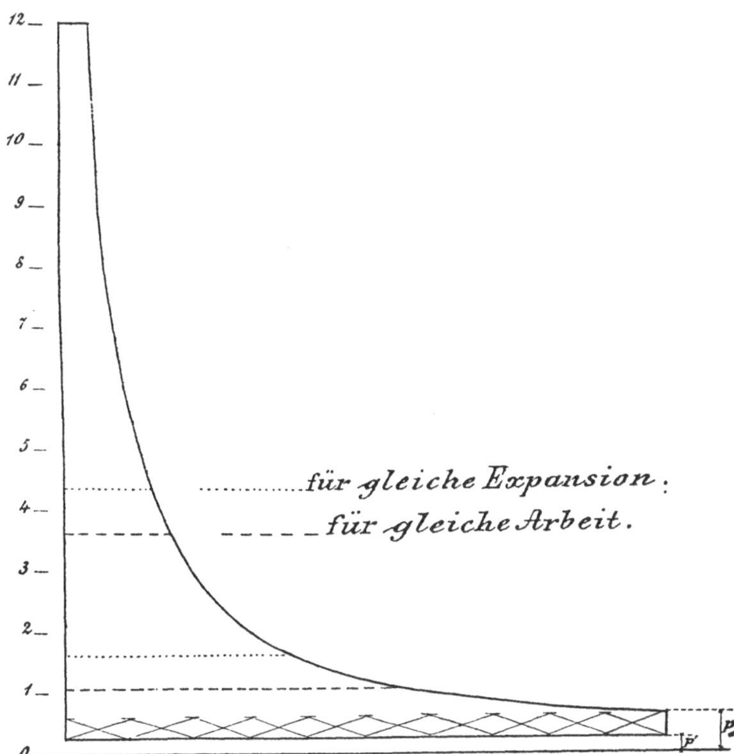

Ein zweites wesentliches Moment bildet bei den Verbundmaschinen die Verteilung der Arbeit auf die einzelnen Dampfcylinder.

Bei einer jeden Verbundmaschine wird der untere Streifen der Diagramm-
fläche, dessen Höhe gleich ist dem Unterschiede zwischen der Expansions-
Endspannung p_e und der Ausströmungsspannung p', und welcher in vor-
stehender Figur diagonal gekreuzt ist, von dem Niederdruck-Cylinder in
Anspruch genommen; um die ganze übrige Arbeitsfläche teilen sich bei
gleichmäßig verteilter Expansion (vermöge der Mariotte'schen Linie als
Expansionscurve) die sämtlichen Dampfcylinder einschließlich des Niederdruck-Cylinders zu gleichen Anteilen, welcher letztere somit im Vergleiche
mit jedem der vorgelegten Cylinder ein Plus an Leistung entwickelt, welches
eben durch die Fläche des bezeichneten (gekreuzten) Streifens gegeben ist
und desto größer ausfällt, je größer $p_e - p'$, d. h. je kleiner die Totalexpansion ist.

Nur in dem idealen Falle, wenn man im Niederdruck-Cylinder bis zur
Ausströmungsspannung (zu einer Spitze des Indicatordiagramms) expandiert,
wenn also $p_e - p' = 0$ ist und der genannte Arbeitsstreifen in dem Diagramme
verschwindet, bringt die gleichförmig verteilte Expansion bezw. die gleiche
Füllung zugleich die gleiche Arbeit der einzelnen Dampfcylinder mit sich,
wie dies folgends noch deutlicher zum Vorschein kommen wird. Da nun in
der Anwendung der Unterschied $p_e - p'$ mindestens 0,2 bis 0,4 Atm. beträgt,
so wäre bei gleichmäßig verteilter Expansion die Arbeit des Niederdruck-
Cylinders stets ansehnlich größer als die Arbeit jedes der vorgelegten
Cylinder, welche letzteren jedoch einzeln die gleiche (kleinere) Arbeit leisten.

In Wirklichkeit gestaltet sich aber diese Ungleichheit der Leistungen
noch größer, als nach unserer gegenwärtigen Betrachtung, welche auf dem
annähernden (idealen) Dampfdiagramm beruht, wobei namentlich die Spannungen in den Receivern als constant, also die Receiver als sehr groß angenommen sind, und von den schädlichen Räumen so wie von der Compression etc. abgesehen wird, welches letztere jedoch wenig von Wesenheit ist.

Nun wird in der Anwendung gewöhnlich die Anforderung gestellt, daß
die Leistung der einzelnen Cylinder einer Verbundmaschine nach Möglichkeit
eine gleiche sei. Natürlicherweise bringt diese Anforderung ein anderes
Größenverhältnis der Cylindervolumen mit sich, als jenes, welches der gleichmäßig verteilten Expansion entspricht, beziehungsweise es wird durch die
Anforderung der Gleichheit der Arbeit die eben ins Auge gefaßte Gleichheit
der Füllung der einzelnen Cylinder, also die gleichmäßige Verteilung der
Expansion aufgehoben, oder doch mehr oder weniger wesentlich beeinträchtigt.

Die Bedingung der annähernd gleichen Leistung der einzelnen
Dampfcylinder läßt sich auf Grundlage des obigen idealen Dampfdiagrammes
nämlich unter Annahme einer constanten Receiverspannung bei Vernachlässigung der schädlichen Räume etc. unschwer zum Ausdrucke bringen,
welcher zunächst für Maschinen mit zweimaliger Expansion lautet*):

$$\operatorname{lognat} \frac{v}{V} = \frac{1}{2}\left(1 + \operatorname{lognat} \frac{l_1}{l} - \frac{p'}{p_e}\right)$$

Indem man hiernach für gegebene Werte von $\dfrac{l_1}{l}$ nebst p_e und p'

---

*) Die Ableitung findet man in dem „Theoretischen Teile" dieses Hilfsbuches.

das Volumenverhältnis $\dfrac{v}{V}$ bestimmt, ergibt sich sodann die Füllung des Hochdruck-Cylinders

$$\frac{l_1{}'}{l'} = \frac{l_1}{l} : \frac{v}{V}$$

von der Größe $\dfrac{v}{V}$ verschieden, und zwar ist gewöhnlich in ansehnlichem Maße (namentlich desto mehr, je mehr $p_e > p'$, d. h. je kleiner die Total-expansion ist):

$$\frac{v}{V} > \frac{l_1{}'}{l'}$$

d. h. die gleiche Verteilung der Arbeit auf die beiden Dampfcylinder er-fordert gemeiniglich ein bedeutend größeres Volumen des Hochdruck-Cylinders, d. h. eine bedeutend teurere Maschine, als die gleichmäßig verteilte Expansion. Bei hohen Expansionsgraden nähert sich jedoch $\dfrac{v}{V}$ der Füllung $\dfrac{l_1{}'}{l'}$ und wenn vollends $p_e = p'$ wird, d. h. wenn im Niederdruck-Cylinder bis zur Ausströmungsspannung p' expandiert wird, so ergibt der obige Ausdruck (wegen $\dfrac{p'}{p_e} = 1$):

$$\text{lognat } \frac{v}{V} = \frac{1}{2}\,\text{lognat } \frac{l_1}{l}$$

oder

$$\frac{v}{V} = \sqrt{\frac{l_1}{l}}$$

und sodann

$$\frac{l_1{}'}{l'} = \frac{l_1}{l} : \frac{v}{V} = \sqrt{\frac{l_1}{l}}$$

somit

$$\frac{v}{V} = \frac{l_1{}'}{l'} = \sqrt{\frac{l_1}{l}}$$

d. h. bei der (idealen) Expansion bis zur Ausströmungsspannung p' im Niederdruck-Cylinder wird die gleiche Verteilung der Arbeit durch die gleichmäßige Verteilung der Expansion auf beide Cylinder erreicht, wie dies schon angedeutet worden ist. —

Für eine Maschine mit dreimaliger Expansion lautet der diesfalls doppelte Ausdruck für die gleiche Verteilung der Arbeit auf alle drei Cylinder (abermals für constante Spannung in den Receivern etc.) mit Bei-behaltung der obigen Bezeichnungen:

$$\text{lognat } \frac{v_2}{V} = \frac{1}{3}\,\text{lognat } \frac{l_1}{l} + \frac{2}{3}\left(1 - \frac{p'}{p_e}\right) \ \ldots\ \text{a)}$$

$$\text{und}\ \left(\frac{v_1}{V}\right)^2 = \frac{v_2}{V} \cdot \frac{l_1}{l} \ \ldots\ \text{b)}$$

Wegen der stets giltigen Beziehung

$$\frac{v_2}{V}\,\frac{v_1}{v_2}\,\frac{l_1{}'}{l'} = \frac{l_1}{l}$$

$$\text{d. h.} \quad \frac{v_1}{V}\cdot\frac{l_1{}'}{l'} = \frac{l_1}{l}$$

folgt aus b) auch

$$\frac{l_1{}'}{l'} = \frac{v_1}{v_2} \ \ldots \text{ad b)}$$

Diese letzte Beziehung (ad b) besagt, daß bei einer Dreicylinder-Maschine für die gleiche Arbeitsverteilung auf alle drei Cylinder im Hochdruck- und im Mitteldruck-Cylinder der gleiche Expansionsgrad stattfindet; hingegen ergibt sich mittelst der Hauptbeziehung a) das Verhältnis $\frac{v_2}{V}$ stets größer als $\frac{v_1}{v_2}$ und als $\frac{l_1{}'}{l'}$; dieses findet in desto größerem Maße statt, je kleiner $\frac{p'}{p_e}$ also je größer p_e, d. h. je kleiner die Totalexpansion ist. Wenn hingegen sehr stark und schließlich bis zur Ausströmungsspannung p' im Niederdruck-Cylinder expandiert wird; d. h. wenn $p_e = p'$ ist, so ergibt sich aus a):

$$\text{lognat } \frac{v_2}{V} = \frac{1}{3}\text{lognat } \frac{l_1}{l}.$$

$$\text{d. h.} \quad \frac{v_2}{V} = \sqrt[3]{\frac{l_1}{l}}$$

Aus b) folgt sodann

$$\frac{v_1}{V} = \sqrt[3]{\left(\frac{l_1}{l}\right)^2}$$

Durch Division ergibt sich

$$\frac{v_1}{v_2} = \sqrt[3]{\frac{l_1}{l}}$$

und mit Rücksicht auf ad b) auch

$$\frac{l_1{}'}{l'} = \frac{v_1}{v_2} = \sqrt[3]{\frac{l_1}{l}}$$

Es ist somit für die gleiche Arbeitsverteilung bei der (idealen) Expansion im Niederdruck-Cylinder bis zur Ausströmungsspannung

$$\frac{v_2}{V} = \frac{v_1}{v_2} = \frac{l_1{}'}{l'} = \sqrt[3]{\frac{l_1}{l}}$$

$$\text{und } \frac{v_1}{V} = \sqrt[3]{\left(\frac{l_1}{l}\right)^2}$$

Wir erkennen hierin sofort die Ausdrücke für die gleichmäßig verteilte Expansion, wonach also auch bei der Verbundmaschine mit dreimaliger Expansion die gleiche Arbeit der einzelnen Cylinder und die gleichmäßige Verteilung der Expansion auf dieselben gleichzeitig stattfindet, wenn die Totalexpansion bis zur Ausströmungsspannung im Niederdruck-Cylinder (in eine Endspitze des Dampfdiagramms) getrieben wird.

Die eben gepflogene Betrachtung betrifft diejenigen Dreicylinder-Maschinen, bei welchen durch jeden einzelnen Dampfcylinder eine besondere Kurbel betätigt wird; die drei Kurbeln sind gegenseitig um je 120° verstellt.

Es erübrigt die Dreicylinder-Maschine mit dreimaliger Expansion noch als Zweikurbel-Maschine (die Kurbeln unter 90°) und zwar mit isoliertem Niederdruck-Cylinder (Hochdruck und Mitteldruck hintereinander an einer gemeinschaftlichen Kurbel) in Betracht zu ziehen.

Die gleichmäßige Verteilung der Expansion auf die drei einzelnen Dampfcylinder wird hier in derselben Weise zum Ausdruck kommen, wie dies bereits dargestellt worden ist. Die gewünschte Verteilung der Arbeit wird jedoch diesmal eine andere sein. Man wird nämlich die Gleichheit der Arbeit von den beiden Kurbeln verlangen. Demgemäß werden Hochdruck- und Mitteldruck-Cylinder zusammen eine Arbeit gleich jener des Niederdruck-Cylinders zu leisten haben, welcher letztere somit die Hälfte der Gesamtarbeit zu bewältigen haben wird.

Es ist sehr naheliegend, daß hierbei der Mitteldruck- und Niederdruck-Cylinder gegenseitig in das gleiche Verhältnis treten werden, wie der Hochdruck- und Niederdruck-Cylinder einer Zweicylinder- als Compound-Maschine; diesem Mitteldruck-Cylinder wird aber sodann noch ein Cylinder als Hochdruck-Cylinder vorzulegen sein, welcher sich mit dem Mitteldruck-Cylinder in die zweite Hälfte der Arbeit — am besten zu gleichen Anteilen — zu teilen haben wird.

Die Bedingungen dieser Arbeitsverteilung lauten (in Gemäßheit des Vorangehenden, und zwar im Hinblick auf die Zweicylinder-Maschine):

$$\text{lognat } \frac{v_2}{V} = \frac{1}{2} \left(1 + \text{lognat } \frac{l_1}{l} - \frac{p'}{p_e}\right) \ldots \alpha)$$

$$\left(\frac{v_1}{V}\right)^2 = \frac{v_2}{V} \frac{l_1}{l} \ldots \beta)$$

Wegen der stets giltigen Beziehung

$$\frac{v_2}{V} \frac{v_1}{v_2} \frac{l_1{}'}{l'} = \frac{l_1}{l}$$

$$\text{d. h. } \frac{v_1}{V} \frac{l_1{}'}{l'} = \frac{l_1}{l}$$

folgt aus $\beta)$ auch diesfalls:

$$\frac{l_1{}'}{l'} = \frac{v_1}{v_2} \ldots \text{ad } \beta)$$

Diese letzte Beziehung (ad β) besagt, daß bei einer Dreicylinder-Maschine auch als Zweikurbel-Maschine im Hochdruck- und Mitteldruck-Cylinder der gleiche Expansionsgrad stattfindet, wenn diese Cylinder die gleiche Arbeit leisten sollen.*) Das Volumenverhältnis $\frac{v_2}{V}$ nach α wird abermals von $\frac{v_1}{v_2} = \frac{l_1{}'}{l'}$ verschieden, jedoch diesmal kleiner als $\frac{v_1}{v_2}$ oder $\frac{l_1{}'}{l'}$ sein, d. h. die beiden vorgelegten Cylinder werden bei der Zweikurbel-Maschine kleiner sein, als bei der Dreikurbel-Maschine.

---

*) Man merke, daß die beiden vorgelegten Cylinder (Hochdruck und Mitteldruck) bei gleichen Füllungen $\frac{l_1{}'}{l'} = \frac{v_1}{v_2}$ stets auch die gleiche Arbeit leisten, weil nämlich in beiden bis zur Ausströmungsspannung (Receiverspannung) expandiert wird. Die Vermeidung eines Spannungsabfalles wird hier durchwegs vorausgesetzt; nur der Niederdruck-Cylinder hat seinen unvermeidlichen Spannungsabfall von p_e bis p'.

Für die (ideale) Totalexpansion bis $p_e = p'$ ergibt sich aus $\alpha)$

$$\operatorname{lognat} \frac{v_2}{V} = \frac{1}{2} \operatorname{lognat} \frac{l_1}{l}.$$

d. h. $\quad \dfrac{v_2}{V} = \sqrt{\dfrac{l_1}{l}}$

Aus $\beta)$ folgt sodann

$$\frac{v_1}{V} = \sqrt[4]{\left(\frac{l_1}{l}\right)^3}$$

Dabei ist

$$\frac{v_1}{v_2} = \frac{l_1'}{l'} = \sqrt[4]{\frac{l_1}{l}}$$

dermalen unumgänglich von $\dfrac{v_2}{V}$ verschieden und zwar $= \sqrt{\dfrac{v_2}{V}}$, wie es vermöge der diesmaligen Arbeitsverteilung in zwei Hälften der Natur der Sache entspricht.

Die vorhergehenden Betrachtungen über die Einrichtung der Cylinder-Volumenverhältnisse bei den Verbundmaschinen lassen sich folgends zusammenfassen:

Wir haben an diese Maschinen zwei Anforderungen zu stellen, welchen einzeln durch gewisse, bestimmbare Cylinder-Volumenverhältnisse zu entsprechen wäre, und zwar:

Erstens die nächstliegende und natürliche Anforderung, daß die stets hohe Expansion dieser Maschinen auf die einzelnen Cylinder möglichst gleichmäßig zu verteilen ist, daß also diese einzelnen Cylinder nach Möglichkeit die gleiche Füllung erhalten.

Zweitens die nicht minder wichtige Anforderung, daß die Gesamtleistung der Maschine auf die einzelnen Cylinder möglichst gleichmäßig verteilt sei, daß also jeder Cylinder annähernd die gleiche Arbeit leiste*).

Jede dieser beiden Anforderungen ist zumeist im gleichen Maße berechtigt, erheischt aber an und für sich eine andere Größe der Cylinder-Volumenverhältnisse. Es wäre demnach durchaus nicht entsprechend, an der einen oder der andern Anforderung irgend capriciös zu beharren, denn jede Einseitigkeit der gestellten Anforderung würde einen Mangel an Correctheit auf der andern Seite mit sich bringen.

Was insbesondere die Anforderung der gleichen Arbeit der einzelnen Cylinder betrifft, so führt dieselbe in vielen Fällen (namentlich bei mäßigen Dampfspannungen und bei mäßigen Expansionsgraden) zu ganz mangelhaften Verhältnissen in der Dampfverteilung und erfordert unter allen Umständen verhältnismäßig große vorgelegte Cylinder (Hochdruck und Mitteldruck) und sonach eine teuere Maschine. Man wird demnach gemeiniglich auf die

---

*) Bei der Dreicylinder- als Zweikurbel-Maschine wird diese Anforderung in angegebener Weise modificiert.

genau gleiche Verteilung der Arbeit mit Vorteil zu verzichten und nur die annähernd gleiche Arbeit der einzelnen Cylinder ins Auge zu fassen haben. Darüber hinaus wäre zumeist der Vorwurf der reinen Caprice gerechtfertigt.

Aus dieser Rücksicht dürfte es für die Anwendung wohl stets genügen, bei der Wahl der Cylinder-Volumenverhältnisse nur diejenige annähernd gleiche Verteilung der Arbeit in Betracht zu ziehen, welche auf Grundlage der vorangehenden Betrachtung (unter Annahme einer constanten Receiverspannung, abgesehen von den schädlichen Räumen etc.) zum Vorschein kommt.

Die hier beigegebenen Tabellen werden uns ohne weiteres dahin führen, zu beurteilen, in wie weit wir in einzelnen Fällen zum mindesten auf der annähernd gleichen Arbeitsverteilung beharren dürfen, oder aber (bei weitem häufiger und in der Regel) auch der andern gerechten Anforderung, nämlich jener der gleichmäßig verteilten Expansion eine Concession zu machen haben. Vorwiegend werden jene beiden Anforderungen nach dem Prinzipe der Gleichberechtigung zu behandeln sein.

Die Tabellen betreffen alle gangbaren Arten der Verbundmaschinen und enthalten für die üblichen Dampfspannungen und Expansionsgrade die Cylinder-Volumenverhältnisse und Einzelfüllungen in drei Spalten und zwar:

    a) für gleichmäßig verteilte Expansion,
    b) für nahe gleiche Arbeit der Dampfcylinder (bezw. der Kurbeln),
    c) Mittelwerte aus a und b.

Die dem obigen Principe der „Gleichberechtigung" entsprechenden „Mittelwerte" (unter c) werden gemeiniglich für die Anwendung zu empfehlen sein; es wird jedoch keinen Anstand haben, aus etwa vorhandenen Gründen zu mittleren Werten zwischen den Spalten b und c zu greifen, ja in Ausnahmefällen selbst von den Angaben der Spalte b Gebrauch zu machen, insoweit dieselben überhaupt annehmbar sind.

Dieses nach links Greifen wird insbesondere dann gerechtfertigt sein, wenn die betreffende Maschine zeitweilig bedeutend über ihre Normalleistung zu beanspruchen wäre, und somit eine bedeutend größere Füllung erfahren sollte, als diejenige, welche bei der Wahl des Cylinder-Volumenverhältnisses ins Auge gefasst wurde. Jedenfalls wird aber die Maschine desto teurer ausfallen, je mehr man sich von der gleichförmigen Verteilung der Expansion entfernt, und je mehr man die nahe gleiche Arbeit der Dampfcylinder anstrebt.*) —

Einzelne und detaillierte Angaben über die Cylinder-Volumenverhältnisse sind in den Tabellen des Hilfsbuches enthalten; namentlich erscheinen hierin die Volumenverhältnisse für die gleichmäßig verteilte Expansion unter dem Schlagworte „der gleichen Arbeit in den Quadranten, bezw. Sextanten" der

---

*) Man beachte übrigens, daß unter allen Umständen (selbst bei der größten Beanspruchung der Maschine) $\frac{l_1'}{l'} < 0{,}5$ sein soll, und daß überhaupt $\frac{v}{V}$ bezw. $\frac{v_2}{V} \leqq 0{,}5$ sein muß, wenn man bei der Dampfverteilung Unregelmäßigkeiten vermeiden will.

216   Anhang.

Cylinder-Volumenverhältnisse und Füllungen der Zweicylinder-Condens.-Maschinen.

$p' = 0{,}2$ Atm.

Erklärung für die Anwendung	Absolute Admissions-Spannung p	Reducierte (norm.) Füllung $\dfrac{l_1}{l} = \dfrac{p_e}{p}$	a) Für gleichmäßig verteilte Expansion $\dfrac{v}{V} = \dfrac{l_1'}{l'}$	b) Für nahe gleiche Arbeit der Dampfcylinder $\dfrac{v}{V}$	$\dfrac{l_1'}{l'}$	c) Mittelwerte (vorwiegend anzuwenden) $\dfrac{v}{V}$	$\dfrac{l_1'}{l'}$
Mäßige Expansion bis $p_e = 0{,}6$ Atm.	$p = 5$	0,120	0,346	0,48	0,25	0,41	0,29
	6	0,100	0,316	0,44	0,23	0,38	0,26
	7	0,086	0,293	0,41	0,21	0,35	0,24
	8	0,075	0,274	0,38	0,20	0,33	0,23
	9	0,066$_7$	0,258	0,36	0,19	0,31	0,22
	10	0,06	0,245	0,342	0,176	0,293	0,205
	11	0,054$_5$	0,234	0,326	0,167	0,280	0,195
	12	0,05	0,224	0,312	0,160	0,268	0,187
Mittlere Expansion bis $p_e = 0{,}5$ Atm.	$p = 5$	0,100	0,316	0,42	0,24	0,37	0,27
	6	0,083	0,289	0,39	0,22	0,34	0,24
	7	0,071	0,266	0,36	0,20	0,32	0,22
	8	0,062$_5$	0,250	0,34	0,18	0,30	0,21
	9	0,055$_6$	0,236	0,32	0,17	0,28	0,20
	10	0,05	0,224	0,302	0,166	0,263	0,190
	11	0,045$_5$	0,213	0,288	0,158	0,250	0,181
	12	0,041$_7$	0,204	0,276	0,151	0,240	0,174
Hohe Expansion bis $p_e = 0{,}4$ Atm.	$p = 5$	0,080	0,283	0,36	0,22	0,32	0,25
	6	0,067	0,258	0,33	0,20	0,30	0,22
	7	0,057	0,239	0,31	0,18	0,28	0,20
	8	0,050	0,224	0,29	0,17	0,26	0,19
	9	0,044$_4$	0,211	0,27	0,16	0,24	0,185
	10	0,04	0,200	0,257	0,156	0,228	0,175
	11	0,036$_4$	0,191	0,245	0,149	0,218	0,167
	12	0,033$_3$	0,183	0,235	0,142	0,209	0,160
Sehr hohe Expans. bis $p_e = 0{,}3$ Atm.	$p = 5$	0,060	0,245	0,29	0,21	0,27	0,23
	6	0,050	0,224	0,26	0,19	0,245	0,21
	7	0,043	0,207	0,245	0,175	0,23	0,19
	8	0,037$_5$	0,194	0,23	0,16	0,21	0,18
	9	0,033$_3$	0,183	0,22	0,155	0,20	0,17
	10	0,03	0,173	0,205	0,147	0,189	0,159
	11	0,027$_3$	0,165	0,195	0,140	0,180	0,151
	12	0,025	0,158	0,187	0,134	0,172	0,145
Ideale Expansion bis $p_e = p' = 0{,}2$ Atm.	$p = 5$	0,040	0,200	0,200	0,200	0,200	0,200
	6	0,033	0,183	0,183	0,183	0,183	0,183
	7	0,029	0,169	0,169	0,169	0,169	0,169
	8	0,025	0,158	0,158	0,158	0,158	0,158
	9	0,022$_2$	0,149	0,149	0,149	0,149	0,149
	10	0,02	0,141	0,141	0,141	0,141	0,141
	11	0,018$_2$	0,135	0,135	0,135	0,135	0,135
	12	0,016$_7$	0,129	0,129	0,129	0,129	0,129

Bezeichnungen: p_e Expansions-Endspannung; V Volumen des Niederdruck-Cylinders (gegeben), v Volumen und $\dfrac{l_1'}{l'}$ Füllung des Hochdruck-Cylinders.

Cylinder-Volumenverhältnisse und Füllungen der Zweicylinder-Auspuff-Maschinen.

$p' = 1,15$ Atm.

Erklärung für die Anwendung	Absolute Admissions-Spannung p	Reducierte (norm.) Füllung $\frac{l_1}{l} = \frac{p_e}{p}$	a) Für gleichmäßig verteilte Expansion $\frac{v}{V} = \frac{l_1'}{l'}$	b) Für nahe gleiche Arbeit der Dampfcylinder		c) Mittelwerte (vorwiegend anzuwenden)	
				$\frac{v}{V}$	$\frac{l_1'}{l'}$	$\frac{v}{V}$	$\frac{l_1'}{l'}$
Mäßige Expansion bis $p_e = 1,7$ Atm.	$p = 8$	0,212₅	0,461	0,54	0,39	0,50	0,425
	9	0,189	0,435	0,51	0,37	0,47	0,40
	10	0,170	0,412	0,485	0,35	0,45	0,38
	11	0,154₅	0,393	0,46	0,33	0,43	0,36
	12	0,142	0,377	0,44	0,32	0,41	0,35
	13	0,131	0,362	0,425	0,31	0,39	0,33
	14	0,121	0,348	0,41	0,30	0,38	0,32
Mittlere Expansion bis $p_e = 1,5$ Atm.	$p = 8$	0,187₅	0,434	0,49	0,39	0,46	0,41
	9	0,167	0,409	0,46	0,36	0,43	0,39
	10	0,150	0,387	0,435	0,345	0,41	0,37
	11	0,136	0,369	0,41	0,33	0,39	0,35
	12	0,125	0,354	0,40	0,315	0,38	0,33
	13	0,115	0,339	0,38	0,30	0,36	0,32
	14	0,107	0,327	0,37	0,29	0,35	0,31
Hohe Expansion bis $p_e = 1,3$ Atm.	$p = 8$	0,162₅	0,403	0,43	0,38	0,41	0,40
	9	0,144	0,380	0,40	0,36	0,39	0,37
	10	0,130	0,361	0,38	0,34	0,37	0,35
	11	0,118	0,344	0,36	0,325	0,35	0,34
	12	0,108	0,329	0,35	0,31	0,34	0,32
	13	0,100	0,316	0,335	0,30	0,33	0,30
	14	0,093	0,305	0,32	0,29	0,31	0,30
Sehr hohe Expans. bis $p_e = 1,2$ Atm.	$p = 8$	0,150	0,387	0,40	0,37	0,39	0,38
	9	0,133	0,365	0,38	0,35	0,37	0,36
	10	0,120	0,346	0,35	0,335	0,35	0,34
	11	0,109	0,330	0,34	0,32	0,335	0,32
	12	0,100	0,316	0,32	0,305	0,32	0,31
	13	0,092	0,304	0,31	0,29	0,31	0,30
	14	0,086	0,293	0,30	0,28	0,30	0,29
Ideale Expansion bis $p_e = p' = 1,15$ Atm.	$p = 8$	0,144	0,379	0,38	0,38	0,38	0,38
	9	0,128	0,358	0,36	0,36	0,36	0,36
	10	0,115	0,339	0,34	0,34	0,34	0,34
	11	0,104₅	0,323	0,32	0,32	0,32	0,32
	12	0,096	0,310	0,31	0,31	0,31	0,31
	13	0,088₅	0,297	0,30	0,30	0,30	0,30
	14	0,082	0,287	0,29	0,29	0,29	0,29

Bezeichnungen wie links.

Cylinder-Volumenverhältnisse und Füllungen der Dreicylinder-Condens.-Maschinen.

A. Mit drei Kurbeln unter 120°.

$p' = 0,2$ Atm.

Erklärung für die Anwendung	Absolute Admiss.-Spannung p	Reduc. (norm.) Füllung $\frac{l_1}{l} = \frac{p_e}{p}$	a) Für gleichmäßig verteilte Expansion		b) Für nahe gleiche Arbeit der Dampfcylinder				c) Mittelwerte (vorwiegend anzuwenden)			
			Einzelfüllungen $\frac{v_2}{V} = \frac{v_1}{v_2} = \frac{l_1'}{l'}$	$\frac{v_1}{V}$	Einzelfüllungen $\frac{v_2}{V}$	$\frac{v_1}{v_2}$	$\frac{l_1'}{l'}$	$\frac{v_1}{V}$	Einzelfüllungen $\frac{v_2}{V}$	$\frac{v_1}{v_2}$	$\frac{l_1'}{l'}$	$\frac{v_1}{V}$
Mäßige Expansion bis $p_e = 0,6$ Atm.	$p = 8$	0,075	0,422	0,178	0,66	0,34	0,34	0,224	0,50	0,39	0,39	0,195
	9	0,067	0,406	0,164	0,64	0,33	0,33	0,209	0,50	0,365	0,365	0,183
	10	0,060	0,391	0,153	0,61	0,32	0,32	0,195	0,50	0,35	0,35	0,173
	11	0,0545	0,379	0,144	0,59	0,31	0,31	0,183	0,49	0,33	0,33	0,162
	12	0,050	0,368	0,135	0,58	0,30	0,30	0,173	0,47	0,325	0,325	0,153
	13	0,046	0,359	0,129	0,565	0,29	0,29	0,163	0,46	0,32	0,32	0,145
	14	0,043	0,350	0,122	0,55	0,28	0,28	0,154	0,45	0,31	0,31	0,138
Mittlere Expansion bis $p_e = 0,5$ Atm.	$p = 8$	0,0625	0,397	0,158	0,59	0,33	0,33	0,193	0,50	0,35	0,35	0,175
	9	0,0555	0,382	0,146	0,57	0,315	0,315	0,178	0,48	0,34	0,34	0,162
	10	0,050	0,368	0,135	0,55	0,30	0,30	0,166	0,46	0,33	0,33	0,151
	11	0,0455	0,357	0,127	0,535	0,29	0,29	0,156	0,44	0 32	0,32	0,142
	12	0,042	0,347	0,120	0,52	0,28	0,28	0,146	0,43	0,31	0,31	0,134
	13	0,0385	0 338	0,114	0,505	0,275	0,275	0,139	0,42	0,30	0,30	0,127
	14	0,036	0,329	0,108	0,49	0,27	0,27	0,132	0,41	0,29	0,29	0,120
Hohe Expansion bis $p_e = 0,4$ Atm.	$p = 8$	0,050	0,368	0,135	0,51	0,32	0,32	0,162	0,44	0,34	0,34	0,148
	9	0,044	0,354	0,125	0,50	0,30	0,30	0,150	0,42	0,32	0,32	0,137
	10	0,040	0,342	0,117	0,48	0,29	0,29	0,139	0,41	0,31	0,31	0,128
	11	0,036	0,331	0,110	0,465	0,28	0,28	0,130	0,40	0,30	0,30	0,120
	12	0,033	0,322	0,104	0,45	0,27	0,27	0,122	0,39	0,29	0,29	0,113
	13	0,031	0,313	0,098	0,44	0,265	0,265	0,117	0,38	0,285	0,285	0,108
	14	0,029	0,306	0,094	0,43	0,26	0,26	0,111	0,37	0,28	0,28	0,102
Sehr hohe Expans. bis $p_e = 0,3$ Atm.	$p = 8$	0,0375	0,335	0,112	0,42	0,30	0,30	0,125	0,375	0,32	0,32	0,118
	9	0,033	0,322	0,103	0,40	0,29	0,29	0,116	0,36	0,30	0,30	0,109
	10	0,030	0,311	0,096	0,39	0,28	0,28	0,108	0,35	0,29	0,29	0,102
	11	0,027	0,301	0,091	0,38	0,27	0,27	0,101	0,34	0,28	0,28	0,096
	12	0,025	0,292	0,085	0,365	0,26	0,26	0,096	0,33	0,275	0,275	0,091
	13	0,023	0,285	0,081	0,36	0,255	0,255	0,091	0,32	0,27	0,27	0,086
	14	0,021	0,278	0,077	0,35	0,25	0,25	0,086	0,31	0,26	0,26	0,082
Ideale Expansion bis $p_e = p' = 0,2$ Atm.	$p = 8$	0,025	0,292	0,085	0,29	0,29	0,29	0,085	0,29	0,29	0,29	0,085
	9	0,022	0,281	0,079	0,28	0,28	0,28	0,079	0,28	0,28	0,28	0,079
	10	0,020	0,271	0 074	0,27	0,27	0,27	0,074	0,27	0,27	0,27	0,074
	11	0,018	0,263	0,069	0,26	0,26	0,26	0,069	0,26	0,26	0,26	0,069
	12	0,017	0,255	0,065	0,255	0,255	0,255	0,065	0,255	0,255	0,255	0,065
	13	0,015	0,249	0,062	0,25	0,25	0,25	0,062	0,25	0,25	0,25	0,062
	14	0,014	0,243	0,059	0,24	0,24	0,24	0,059	0,24	0,24	0,24	0,059

Bezeichnungen: p_e Expansions-Endspannung; V Volumen des Niederdruck-Cylinders (gegeben); v_2 Volumen des Mitteldruck-Cylinders; v_1 Volumen und $\frac{l_1'}{l'}$ Füllung des Hochdruck-Cylinders.

B. Mit zwei Kurbeln unter 90°.

(Niederdruck-Cylinder isoliert.)

$p' = 0,2$ Atm.

Erklärung für die Anwendung	Absolute Admiss.-Spannung p	Reduc. (norm.) Füllung $\frac{l_1}{l} = \frac{p_e}{p}$	a) Für gleichmäßig verteilte Expansion — Einzelfüllungen $\frac{v_2}{V} = \frac{v_1}{v_2} = \frac{l_1'}{l'}$	$\frac{v_1}{V}$	b) Für nahe gleiche Arbeit der Dampfcylinder — Einzelfüllungen $\frac{v_2}{V}$	$\frac{v_1}{v_2}$	$\frac{l_1'}{l'}$	$\frac{v_1}{V}$	c) Mittelwerte (vorwiegend anzuwenden) — Einzelfüllungen $\frac{v_2}{V}$	$\frac{v_1}{v_2}$	$\frac{l_1'}{l'}$	$\frac{v_1}{V}$
Mäßige Expansion bis $p_e = 0,6$ Atm.	$p = 8$	0,075	0,422	0,178	0,38	0,44	0,44	0,169	0,40	0,43	0,43	0,174
	9	0,067	0,406	0,164	0,36	0 43	0,43	0,154	0,38	0,42	0,42	0,159
	10	0,060	0,391	0,153	0,34	0,42	0,42	0,143	0,37	0,40	0,40	0,148
	11	0,0545	0,379	0,144	0,325	0,41	0,41	0,133	0,35	0,39	0,39	0,138
	12	0,050	0,368	0,135	0,31	0,40	0,40	0,125	0,34	0,38	0,38	0,130
	13	0,046	0,359	0,129	0,30	0,39	0,39	0,118	0,33	0,37	0,37	0,123
	14	0,043	0,350	0,122	0,29	0,38	0,38	0,111	0,32	0,365	0,365	0,117
Mittlere Expansion bis $p_e = 0,5$ Atm.	$p = 8$	0,0625	0 397	0 158	0,34	0,43	0,43	0,145	0,37	0,41	0,41	0,152
	9	0,0555	0,382	0,146	0,32	0,42	0,42	0,134	0,34	0,40	0,40	0,140
	10	0,050	0.368	0,135	0,30	0,41	0,41	0,123	0,33	0,39	0,39	0,128
	11	0,0455	0,357	0,127	0,29	0,40	0,40	0,114	0,32	0,38	0,38	0,121
	12	0,042	0,347	0,120	0,28	0 39	0,39	0,107	0,31	0,37	·0,37	0,114
	13	0,0385	0 338	0,114	0,27	0,38	0,38	0,101	0,305	0,36	0,36	0,108
	14	0,036	0,329	0,108	0,26	0,37	0,37	0,095	0,30	0,35	0,35	0,102
Hohe Expansion bis $p_e = 0,4$ Atm.	$p = 8$	0 050	0 368	0,135	0,29	0,42	0,42	0,120	0,33	0,39	0,39	0,128
	9	0,044	0,354	0,125	0,27	0,40	0,40	0,108	0,31	0,38	0,38	0,117
	10	0,040	0,342	0 117	0,26	0,39	0,39	0,101	0,30	0,37	0,37	0,109
	11	0,036	0,331	0.110	0,25	0,38	0,38	0,094	0,29	0,36	0,36	0,102
	12	0.033	0,322	0 104	0,24	0,37	0,37	0,088	0,28	0,35	0,35	0,097
	13	0,031	0,313	0,098	0,23	0,365	0,365	0,083	0,27	0,34	0,34	0,091
	14	0,029	0,306	0,094	0,22	0,36	0,36	0,078	0,26	0,33	0,33	0,c86
Sehr hohe Expans. bis $p_e = 0,3$ Atm.	$p = 8$	0,0375	0,335	0,112	0,23	0,405	0,405	0 093	0,28	0,365	0,365	0,103
	9	0,033	0,322	0,103	0,22	0,39	0,39	0,085	0,27	0,35	0,35	0,095
	10	0,030	0,311	0,096	0.21	0,38	0,38	0,078	0,26	0,34	0,34	0,088
	11	0,027	0,301	0,091	0,20	0 37	0,37	0,073	0.25	0,33	0,33	0,082
	12	0,025	0,292	0.085	0,19	0,365	0,365	0,068	0,24	0,32	0,32	0,077
	13	0,023	0,285	0,081	0,18	0,36	0,36	0,065	0,23	0,315	0,315	0,073
	14	0,021	0,278	0.077	0,17	0,35	0,35	0,061	0,225	0,31	0,31	0,069
Ideale Expansion bis $p_e = p' = 0,2$ Atm.	$p = 8$	0,025	0,292	0,085	0,16	0,40	0,40	0,063	0,225	0,33	0,33	0,075
	9	0,022	0,281	0,079	0,15	0,39	0,39	0,057	0,215	0,32	0,32	0,069
	10	0,020	0,271	0 074	0,14	0,38	0,38	0,053	0,21	0,31	0,31	0,064
	11	0,018	0,263	0,069	0,135	0,37	0,37	0 049	0,20	0,30	0.30	0,060
	12	0,017	0,255	0,065	0,13	0,36	0,36	0,046	0,19	0,295	0,295	0,056
	13	0,015	0,249	0,062	0,125	0,35	0,35	0,044	0,185	0,29	0,29	0,053
	14	0,014	0,243	0,059	0,12	0,345	0,345	0,042	0,18	0,28	0,28	0,051

Bezeichnungen wie links; ferner $\frac{v_1}{v_2}$ Füllung des Mitteldruck-Cylinders und $\frac{v_2}{V}$ Füllung des Niederdruck-Cylinders.

Compound-Maschinen in der Voraussetzung sehr großer Receiver ($R = \infty$). Bei den Angaben für die gleiche Arbeit im allgemeinen sind dortselbst (außer $R = \infty$) insbesondere noch bestimmte (endliche) Receiverräume ins Auge gefaßt und bei den Zweicylinder-Maschinen auch besonders namentlich das System Woolf mit verschieden großen Receiverräumen in Betracht gezogen.*) Diese subtilen Unterscheidungen bleiben hier selbstverständlich ausgeschlossen, denn hier wurde der ganze Gegenstand lediglich von den beiden wesentlichen und practisch wichtigen Gesichtspunkten erstlich der gleichmäßig verteilten Expansion, dann der annähernd gleich verteilten Arbeit erledigt und jede Subtilität von vorneher vermieden.

Immerhin darf die vorliegende „Nachträgliche Zugabe" zu dem „Practischen Teile" des Hilfsbuches als eine leicht verständliche und für die Anwendung wohl brauchbare Beleuchtung des wichtigen Gegenstandes namentlich für diejenigen hingenommen werden, welche sich mit der subtileren und unumgänglich complicierteren Entwicklung desselben Gegenstandes in dem „Theoretischen Teile" (aus den betreffenden Abhandlungen meines Mitarbeiters Prof. A. Káš auszugsweise aufgenommen) nicht befassen wollen. Die Resultate dieser detaillierten Untersuchungen sind allerdings auch in den Tabellen dieses „Practischen Teiles" des Hilfsbuches an den betreffenden Stellen angesetzt, um für die Anwendung ohne weiteres benutzt und mit den Ergebnissen der vorliegenden sehr einfachen Betrachtung verglichen werden zu können, oder aber auch umgekehrt.

Durch diese Betrachtung mit den zugehörigen Tabellen wird zugleich eine leichte Uebersicht des Ganzen geboten.

---

*) Bei den Woolf'schen Maschinen (mit gleichsinniger Bewegung der beiden Kolben ist — gleichgiltig, ob dieselben nebeneinander oder hintereinander (Tandem) eine gemeinschaftliche Kurbel betätigen — die Verteilung der Arbeit auf beide Cylinder eigentlich nicht von Belang. Man könnte daher dieselben füglich immer für die gleichmäßige Verteilung der Expansion einrichten. Wenn man die Arbeitsverteilung dennoch berücksichtigen will, so verfahre man nach den Angaben in den betreffenden Tabellen des Hilfsbuches.